中国地球物理学史

中国地球物理学会　编著

中国科学技术出版社

·北　京·

图书在版编目（CIP）数据

中国地球物理学史 / 中国地球物理学会编著 . —北京：中国科学技术出版社，2017

ISBN 978-7-5046-7635-1

Ⅰ. ①中… Ⅱ. ①中… Ⅲ. ①地球物理学—科学史—中国 Ⅳ. ① P3-092

中国版本图书馆 CIP 数据核字（2017）第 182757 号

责任编辑	夏凤金　张　金
装帧设计	中文天地
责任校对	杨京华
责任印制	马宇晨

出　　版	中国科学技术出版社
发　　行	中国科学技术出版社发行部
地　　址	北京市海淀区中关村南大街16号
邮　　编	100081
发行电话	010-62173865
投稿电话	010-63582180
传　　真	010-62179148
网　　址	http://www.cspbooks.com.cn

开　　本	787mm×1092mm　1/16
字　　数	970千字
印　　张	42.25
版　　次	2017年8月第1版
印　　次	2017年8月第1次印刷
印　　刷	鸿博昊天科技有限公司
书　　号	ISBN 978-7-5046-7635-1/P·193
定　　价	140.00元

《中国地球物理学史》编委会

前　言

　　中国科学技术协会于 2008 年启动了学科史研究试点工作，首批列入试点的有地质学、通信学、中西医结合学和化学等 4 个学科。第二批试点于 2010 年年初启动，有地球物理学、力学、工程光学等 3 个学科。中国地球物理学会于 2010 年承担了地球物理学科史研究试点项目，成立了以郭建为组长的课题组，开展了中国地球物理学学科史研究和《中国地球物理学学科史》的编写工作。按照项目要求，用两年时间于 2011 年完成这项工作。

　　2011 年 12 月 26 日，中国地球物理学会组织召开《中国地球物理学学科史》研讨会暨专家评审会，应邀出席会议的有 39 人，实到 28 人，其中专家评审组成员 12 人（以姓氏汉语拼音为序）：常旭（研究员）、陈运泰（院士）、蒋宏耀（研究员）、刘宝诚（教授）、刘光鼎（院士）、曲克信（研究员）、石耀霖（院士）、汪集暘（院士）、王平（教授）、许厚泽（院士，郝晓光代）、许绍燮（院士）、臧绍先（教授），其他方面代表 16 人。会议由刘光鼎主持。评审组经过充分讨论，肯定了课题组的成绩，也指出了不足和改进意见。评审意见如下：

　　中国地球物理学会组织编写的《中国地球物理学学科史》，是中国第一部按照科学发展史体例编写的中国地球物理学科发展史，内容完整、全面。《中国地球物理学学科史》在内容上涵盖了地球物理学的各个主要分支学科，在时间上跨越了古代、近代和现代三个历史阶段。

　　《中国地球物理学学科史》编撰遵循集中统一和分散相结合的原则，在专家顾问组指导下，编委会确定编写大纲和要求，遴选各个分支学科的专家、学者承担相关部分的撰写工作，资料翔实，有重要的学术参考价值。

　　《中国地球物理学学科史》的编写，是一项复杂的系统工程，涉及科研、产业、高校诸多部门和在各个历史阶段、在地球物理学各个分支学科的众多专家、学者的学术成就和业绩，为全面、客观地反映这一历史进程，建议编写组根据专家意见，在力所能及的范围内，进一步修改、补充和完善，力求做到各分支学科之间和古代、近代、现代之间的平衡，有些史料有待进一步核实、准确表达。

2012 年 4 月,《中国地球物理学学科史》由中国科学技术出版社出版后,受到了地球物理学界的广泛关注。广大科技人员充分肯定了这项工作的重要意义,认为能在两年时间里完成中国地球物理学学科史编写这样一项复杂工作,是高效的。《中国地球物理学学科史》的出版对于中国地球物理学发展具有重要借鉴意义。同时,一些热心中国地球物理事业发展的人士通过各种渠道提出了许多宝贵意见和建议,指出了不足乃至错误之处。

中国地球物理学学科发展历史研究是一项学科基本建设工作。这项工作包括三个层面:史料的挖掘、收集和整理;在充分掌握史料基础上,对重大科研成果和重要历史人物做出客观、科学评价;进而得到学科发展和学科文化的规律性认识,明确其在科学和社会发展中的准确定位。2012 年《中国地球物理学学科史》出版,为中国地球物理学学科史搭起了框架,为学科史研究工作开了个头,起到抛砖引玉的作用。这项工作有待更多人的关注和深入研究。

中国科学院为中国地球物理学科建设与发展做出了突出贡献。1950 年,以中国科学院地球物理研究所成立为标志,开启了中国地球物理事业的新篇章。20 世纪五六十年代,以赵九章所长为代表的老一辈地球物理学家和所党委书记卫一清,将地球物理学科发展与经济发展、国防建设紧密结合,使得本学科的传统研究领域,如地震学、地磁学、重力学、地球物理勘探和大气物理学等分支学科得以迅猛发展,并创建了空间物理学。地球物理学为大庆油田、胜利油田的发现和中国"两弹一星"事业做出了重要贡献,这一时期成为中国地球物理学发展史上最为辉煌的一页。

20 世纪 70 年代末改革开放以后,在国家经济和社会发展战略需求指引下,中国地球物理学研究继承优良传统,充分发挥地球物理学学科交叉和综合优势,在基础研究方面与国际接轨,不断扩大应用研究领域。资源、环境、灾害、工程、国土安全地球物理学等新的学科生长点不断涌现。中国地球物理学呈现出空前繁荣发展的局面。

如今,中国地球物理学科的开创者和早期开拓者大多已作古,曾为新中国地球物理事业做出重要贡献的地球物理学家也都年事已高,20 世纪 80 年代后成长起来的年轻一代地球物理学工作者逐步担当重任,成为创新发展的主力。承前启后,薪火相传,是中国地球物理工作者的历史责任。目前,亟待厘清中国地球物理学科在中国的萌芽、成长和发展历程,通过综合分析、提炼和展示中国地球物理学科的学术思想、应用、成就和贡献,以有助于探索地球物理学在中国的发展途径与前景。

继中国科协之后,中国科学院继续支持深入开展学科史研究工作。2012 年初,中国科学院重点部署项目"中国地球化学、地球物理学科发展史研究"正式立项。中国科学院地质与地球物理研究所和中国地球物理学会共同承担"中国地球物理学科发展史研究"课题,成立了《中国地球物理学史》课题组。中国地球物理学会秘书长、教授级高级工程师郭建任课题组组长,成员有王广福(研究员)、曲克信(研究员)、贺振华(教授)、刘少华(编审)、董静等人。

为了推进中国地球物理学科发展史研究和撰写工作,在中国地球物理学会的支持下,聘请中国地球物理学界知名专家组成顾问组。专家顾问组由 30 人组成:刘光鼎

（首席科学家，院士），（以下按姓氏汉语拼音排序）常旭（研究员）、陈颙（院士）、陈运泰（院士）、程业勋（教授）、蒋宏耀（研究员）、李绪宣（教授级高级工程师）、刘宝诚（教授）、刘振兴（院士）、曲克信（研究员）、石耀霖（院士）、孙升林（教授级高级工程师）、滕吉文（院士）、万卫星（院士）、汪集旸（院士）、王椿镛（研究员）、王妙月（研究员）、王平（教授）、王水（院士）、王小牧（教授级高级工程师）、吴忠良（研究员）、夏国治（教授级高级工程师）、许厚泽（院士）、许绍燮（院士）、杨文采（院士）、姚振兴（院士）、臧绍先（教授）、张九辰（研究员）、张永刚（教授级高级工程师）、朱日祥（院士）。

《中国地球物理学史》是在"中国地球化学、地球物理学科发展史研究"课题支持下，在《中国地球物理学学科史》基础上补充、修订完成的。《中国地球物理学史》与《中国地球物理学学科史》相比较，总体架构基本没变，在内容上进行了补充、修改和完善，个别错误之处做了订正。对中国地球物理学科形成和发展做出杰出贡献的老一辈地质学家、物理学家、气象学家的历史地位认识有了进一步提升，发展脉络更加清晰。

概论部分只做了少许变动，突出了在中国地球物理学发展中形成的独具中国特色的中国地球物理学文化。

第一篇中国古代对地球物理现象的观察和认知，在内容上进行了补充和修订。

第二篇孕育中的中国地球物理学，有较大变动，对在新中国成立之前为中国地球物理学科形成和发展做出了开拓性、奠基性贡献的人物和事迹进行了补充，并努力从历史发展的角度对其做出客观、公正的评价。

第三篇中国地球物理学术共同体的形成和发展，在内容上做了较大补充。

第四篇中国地球物理学的形成和发展，这一篇仍秉承《中国地球物理学学科史》集中和分散相结合的原则，在专家顾问组指导下，课题组根据第一版出版后收集到的反馈意见，提出了修改思路和意见，并有重点地征求《中国地球物理学科发展史》各分支学科负责人的意见，确定分支学科编写提纲和写作要求，再确定各分支学科负责人负责组织完成初稿，最后由课题组定稿。在这一篇中补充了核地球物理学，并根据学科发展和应用前景新增了环境地球物理学、考古地球物理学、军事地球物理学等分支学科。这一篇中各分支学科撰写负责人是：王培德、许忠淮（地震学），王谦身、孙和平（重力学），赵国泽（地球电磁学），程业勋、吴慧山、尉中良、杨玉荣、王南萍（核地球物理学），何丽娟（地热学），滕吉文、王椿镛（地球内部物理学），石耀霖、蔡永恩（地球动力学），肖佐、洪明华（空间物理学），贺振华（勘探地球物理学），程业勋、杨进、潘玉玲（环境地球物理学），蒋宏耀（考古地球物理学），刘代志（军事地球物理学）。地磁学由课题组直接负责，参与撰写的有杜陵、安振昌、刘长发等。海洋地球物理学由李绪宣作了部分增补。

《中国地球物理学史》附录中国地球物理学大事年表，在内容和思路上做出了较大调整。《中国地球物理学史》采用的写史方法是分门别类、多条脉络，其特点是脉络清晰，但是整体感、历史感不强。为了弥补这一不足，在附录的大事记中，以时间为序，以人物和事件为线索，强调他们之间的关联性，希冀把地球物理学发展的总体脉络勾画出来。

《中国地球物理学史》列出了 1800 余篇参考文献，囊括了中国地球物理学发展进程中的主要参考文献。此版采用著者 – 出版年制标记方法，以便于写作、修改、录排和阅读，更利于与国外期刊接轨。

时间跨度上溯上古时代，下至当前。由于历史原因，在史料中没有包含港澳台地区的资料，待条件成熟后予以补充。

《中国地球物理学史》成稿后，将书稿分送《中国地球物理学史》专家顾问组成员和有关专家审阅。2017 年 4 月 13 日，中国地球物理学会召开《中国地球物理学史》审稿会。会后，主编根据与会者提出的审核意见，进行最后修订。

中国地球物理学科发展史研究和出版工作，得到了中国地球物理学会名誉理事长刘光鼎、理事长陈颙和原中国科学院资源环境科学与技术局、中国地震局地球物理研究所、中国科学院地质与地球物理研究所、中国科学院紫金山天文台青岛观象台领导的关心和支持。感谢地球物理学界有关单位和广大地球物理学科技工作者的热情参与和支持，特别是要感谢中国科学院国家空间研究中心徐荣栏研究员（国际宇航科学院院士）、浙江大学地球科学学院徐义贤教授、中国地震局地质研究所徐道一研究员、吉林大学地球探测科学与技术学院刘财教授、中国石油化工集团公司赵殿栋教授级高级工程师、中国地震局中国地震台网中心宋臣田研究员、中国地质调查局广州海洋局陈洁教授级高级工程师、中国石油大学（华东）印兴耀教授、中国地震局地球物理研究所汪纬林高级工程师、北京市地震局赵子玉高级工程师、中国科学院地质与地球物理研究所杨京凤副研究馆员等，为本书的编写提供了许多具体帮助。

谨以此书献礼中国地球物理学会成立 70 周年！

目录
CONTENTS

第一篇　中国古代对地球物理现象的观察和认知

第二篇 孕育中的中国地球物理学（20世纪初—1949年）

第三篇　中国地球物理学学术共同体的形成和发展
（1949—2015年）

第四篇　中国地球物理学的形成和发展（1949—2015年）

概　论

地球物理学是以地球为研究对象的一门应用物理学（傅承义，1985）。发展到今天，已经成为一门以应用物理学的理论、方法与技术，研究地球本体及其周围空间和相关天体及其场的物理结构、性质、运动和动力、能量过程的科学。地球物理学广泛应用于地球深部构造探测、资源勘探、自然灾害的预测预防、环境保护以及空间探测等诸多领域。

一、地球物理学科的形成

从科学发展史上看，学科是一个适时而变的框架，科学活动在这一框架中得以组织。学科不是一个简单的是与不是的命题，而是取决于科学活动的目标和内容一致认同的程度。共识的程度是关键，共识包括概念、方法、制度、社会等诸多方面（Good，2000）。学科的发展是非目的性的，学科的发展经历了从不成熟到成熟的无规律阶段，而后在修辞学内对学科的构成加以界定。科学家们用诸多元素：现象、方法、仪器、理论、分析方法、组织手段（杂志、政府机构和大学职位），把学科组装起来。

科学家们在 19 世纪末 20 世纪初创立了地球物理学。地球物理学作为一个顶层框架，它根植于地理学和物理学。地球物理学的中层和底层框架，即地球物理学的分支学科，如地磁学、重力学、地震学等，其形成要早得多。

（一）经典的物理学研究是近代地球物理学创建的根基

16—17 世纪，以 1542 年哥白尼（K.Kopernik）发表"日心说"为标志的第一次科学革命，打破了中世纪神学和经验哲学的束缚，建立以观测、实验和数学分析为主导的近代自然科学体系。

地磁学是地球物理学各分支学科中最先向近代科学转变的一个分支。1600 年，英国医生兼物理学家吉尔伯特（W. Gilbert）发表了名著《论磁》，在广泛收集各种地磁观测资料的基础上，通过实验，论证了地球仿若一个大磁体，存在两极；并解释了磁偏角、磁倾角的存在，继而在全球范围内开展了大规模地磁测量。19 世纪 30 年代，德国数学家、物理学家高斯（C. F. Gauss）发明了地磁场强度测量方法，并用球谐分析方法分析了地球磁场，从而奠定了地磁场分析的理论基础（祁贵仲，1985）。

1687年，牛顿（I. Newton）的科学巨著《自然哲学的数学原理》（第一版）发表，提出了万有引力定律。重力学是万有引力的产物（傅承义，1985）。重力主要来源于地球引力，还与地球自转产生的离心力及其他天体的引力有关。通过测量重力场分布，可以研究地球的形状、内部结构以及构造运动。重力场测量始于意大利科学家伽利略（G. Galileo），他于1590年通过自由落体实验测得重力加速度为$9.8m/s^2$，并实证重力加速度与质量无关；1673年荷兰物理学家惠更斯（C.Huygens）发表《摆动的时钟》，提出用摆来测量重力加速度；1740年，法国科学家布格（P. Bouguer）用摆测出万有引力常数，对重力学发展做出了重要贡献。

地震学的形成虽然滞后于地磁学和重力学，但对地球物理学的形成和发展却起到了决定性作用。在相当长一段时间里，地震学发展停留在经验性的描述阶段，这与欧洲很少发生地震不无关系。直到19世纪，数学物理学家为研究以太性质而发展的弹性波在三维空间传播理论，部分应用于地震波，奠定了地震波的理论基础。1831年法国数学家泊松（S. D. Poisson）发现了地震波有两种形式：纵波和横波；1885年英国物理学家瑞利（Lord Rayleigh）发现了沿地面传播的地震波面波，后被称为瑞利波。地震学的进一步发展受到地震观测的制约。

日本是个多地震的国家。19世纪60年代明治维新之后，从欧美聘请许多外教，以发展本国科学技术。其中英籍采矿、地质专家米尔恩（J. Milne）受聘任东京帝国大学采矿地质教授，因身受日本地震的困扰，他认识到地震学的重要，从此毕生致力地震学研究。在1880年横滨地震之后，参与了日本地震学会的创建，1890年研制成功水平摆地震仪，在世界上最先实现了地震连续观测（萩原尊礼，1985）。

1889年4月18日德国的波茨坦和威廉港两个固体潮观测站用长周期水平摆意外地记录到东京发生的一次地震，德国物理学家帕什维茨（E. von Rebeur-Paschwitz）把这一结果公布之后（Von，1899），在欧洲学术界引起很大轰动，这是世界上公认的第一张能够分辨出纵波和横波的长周期地震记录图。地震波携带的关于震源和地球内部构造的信息，对欧洲数学物理学家、地震学家产生了巨大吸引力。

1889年，德国物理学家维歇特（E.Wiechert）在哥尼斯堡大学获得博士学位，研究的是固体弹性波理论，而后留校从事物质结构、电学理论、阴极射线和有关地球质量、形状的研究工作。1897年他应聘到哥丁根大学，担任地球物理研究所所长和地球物理学教授。维歇特是一位卓越的物理学家、地震学家，为地球物理学的形成和发展做出了重要贡献：创建了世界上第一个地球物理研究所，成为世界上第一位地球物理学教授；创建了哥丁根大学地球物理学派，培养出古登堡（B. Gutenberg）等一大批地球物理学博士；1897年提出地球内部结构新模型，在地表以下1500km（实际约为2900km）为铁质地核和地幔的分界面；1900年研制出世界上第一台具有现代地震仪全部属性的倒立摆式地震仪；最早提出地震勘探方法（Mulligan，2001；Schröder and Treder，1999）。

与维歇特同一时代、也是维歇特好友的俄国数学物理学家伽利津（Б. Б. Голицын），对地震学发展同样做出了历史性贡献。他于 1906 年发明的电磁放大照相记录地震仪，奠定了现代地震仪的理论基础。伽利津也是最早通过地震波研究地球内部结构的科学家之一，1912 年出版的《测震学讲义》介绍了地震波和地震仪理论、地震记录分析方法，堪称地震学和测震学开山之作（基尔诺斯，1957）。伽利津于 1908 年当选俄罗斯科学院院士，1911 年当选国际地震学联合会主席，其卓越贡献对苏联地震学和测震学发展产生了深远影响。

现代地震仪的出现和地震台站在世界范围内的广泛建立，促进了地震资料交换和地震研究的国际合作。1901 年，在法国斯特拉斯堡成立了国际地震学联合会（NAS）。此时地震走时表开始使用，由地震记录反演地下不同深度地震波速度结构取得了巨大进展。地球内部结构有许多新发现：1906 年英国地震学家奥尔德海姆（R. D. Oldham）发现核幔边界地震波速度明显改变，这一深度为 3100km；1909 年克罗地亚地球物理学家莫霍洛维奇（A. Mohorovecic）发现了地壳与地幔之间存在一个地震波不连续界面，深度 30~40km，后称"莫霍面"；1914 年古登堡修正了奥尔德海姆的结果，得出核幔分界面的深度为 2900km。

20 世纪初是地震学发展的辉煌时期。地震学对地球深部探测的不可替代的作用，促成了地球物理学作为一个兼具完整理论体系和重大实用价值的学科的形成。从 19 世纪末到 20 世纪初，在地球物理学的框架下，逐步完成了各个分支学科的整合。1919 年，国际大地测量学和地球物理学联合会（IUGG）在比利时首都布鲁塞尔成立。

（二）现代地理学家全局性思维产生了"地球物理学"一词及其概念

地球物理学一词源于德文"geophysik"，最早出现在 1834 年（Buntebarth，1981）。19 世纪上半叶，近代地理学奠基人之一——德国地理学家李特尔（C. Ritter）的地理学研究方法受到了时为德国大学生弗勒贝尔（J. Frobel）的尖锐批评。弗勒贝尔指出李特尔把地理学要素进行人本主义处理，采用分地区的研究方法，是对地理学完全不科学的表述。弗勒贝尔认为，地球是宇宙空间的一个个体，所有纯粹地理学要素应作为整个地球一个说明部分，联系起来加以考察。如此建立起来的理论地理学应该和描述地理学分开，成为自然科学的一部分。1834 年，在他和老师的通信中，把这个关于地球一般理论的科学称为地球物理学（geophysik）。

1834—1880 年间，"地球物理学"一词在出版物中出现过多次。1848 年梅尔大百科全书收录了地球物理学条目。1849 年德国地质学家瑙曼（C. F. Nauman）出版《地球构造学教程》，该书由地球物理学、大地测量学和深部构造学三部分组成。19 世纪六七十年代，"地球物理学"不时出现在德文、英文、意大利文文献中，第一个连续出版的地球物理杂志《地球物理文集》于 1887 出版。从 1899 年起，《物理学杂志》每年都把德语大学的天体物理学、地球物理学、气象学、空间物理学课程列出。通过这些出版物的传播，"地球物理学"这一名词和概念逐步得到了认同（Good，2000）。

（三）地球物理学学术共同体的形成

现代地球物理学的形成，得益于现代物理学的理论创造和实践，以及地理学家的全局性思维。1914—1918 年第一次世界大战后，第一个国际科学合作组织国际大地测量和地球物理学联合会（IUGG）于 1919 年 7 月 28 日在比利时首都布鲁塞尔成立。IUGG 成立之初有 6 个分支机构，包括大地测量学、地震学、气象学、地磁与地电学、物理海洋学及火山学，后来又包括水文学。IUGG 的成立标志着地球物理学独立学科地位的确立。

二、中国古代文明对地球物理学的贡献

（一）指南针的发明与磁偏角、磁倾角现象的发现

春秋战国时期（前 770—前 221），《管子·地数编》《吕氏春秋·精通编》都有磁石吸铁的记载。在之后的漫长历史岁月中，劳动人民通过生产实践活动，逐步认识到磁石的指向性。中国古代科技史专家王振铎经过考证认为，战国末到李唐天宝年间（742—756），哲人学者所指的司南为辨别方向的仪器，利用的是磁石指极性。宋代发明指南针之前，就发明了指向仪器——司南（王振铎，1948）。对于这样一种观点，学术界尚存有争议。但最晚在宋代中国就发明了指南针，并发现了磁倾角、磁偏角，是学术界普遍接受的看法。

北宋庆历元年（1041）司天监堪舆家、天文学家杨惟德著《茔原总录》中定量记录了磁偏角现象的存在。磁针指向中国古罗盘上的丙午位，即南偏东 7.5°。40 多年以后，沈括也发现人造磁针指向并非正南而是南略偏东。在地磁学术界里还有一种看法，认为唐代天文学家、高僧一行于 720 年最早测量了磁偏角（徐文耀，2003），并绘制出中国古代磁偏角变化图（朱岗崑，2005）。从科学史角度看，这种观点尚未被普遍接受，还有待进一步考证。

北宋曾公亮、丁度等受皇上之命编撰的《武经总要》问世，书中详细介绍了指南鱼的做法：将剪成鱼形的铁片烧红后，使鱼尾对准正北方向，向下倾斜放入水中，冷却后做成磁针。磁针向下倾斜放入水中得到最佳的磁化效果，显然与磁倾角的存在有关。

宋代已经把指南针用于军事和航海。1119 年，朱彧所著《萍洲可谈》中，记叙了"舟师识地理，夜则观星，昼则观日，阴晦观指南针"。中国元代的航海针经，已按二十四个方位区别方位，称二十四至，包括十二地支、八天干和四卦。到了明朝，航海家郑和先后七次率领大规模船队下西洋，每次都是用指南针和二十四至测量方位。郑和下西洋比哥伦布发现新大陆（北美洲）要早半个世纪。此外，南宋末年陈元靓所著《事林广记》中，记载了旱罗盘的两种形式：指南鱼和指南龟。

中国人发明了指南针，客观揭示了地磁偏角、磁倾角现象的存在，可谓地磁学研究的先驱。这种认知尚属经验阶段，与现代地磁学仅一步之遥。沈括已经认识到这一

点，"磁石指南，莫可原其理"。但宋代以后中国没有按照沈括已经认识到的科学发现的轨迹走下去，与现代地磁学的发展失之交臂。

（二）张衡发明候风地动仪

东汉著名科学家、发明家，杰出的政治家、文学家张衡（78—139），于132年发明了能够验证地震发生方位的仪器——候风地动仪，成为中国古代文明史中的一颗璀璨明珠。

最早记载这一发明的是南朝宋范晔（398—445）所修撰的《后汉书》中的《张衡传》。候风地动仪发明后，置于洛阳灵台上，与浑象、浑仪、圭表、刻漏等天文仪器一起，供观测之用，史载138年曾测到陇西发生的一次地震。后因社会动荡，候风地动仪失传了。后人曾致力于候风地动仪复制和研究，虽有记载，但无史料可供查证。至今，只有《后汉书·张衡传》中对候风地动仪的结构和原理196个字的描述。王振铎经过20余年的考证研究，于1959年制成候风地动仪1∶2复原模型（王振铎，1963a，1963b），现陈列于中国国家博物馆。这一工作得到历史学界、科技界和广大公众的认同。

候风地动仪实物失传了，如何认识中国古代这一伟大发明？中国老一辈地震学家从历史唯物主义和科学唯物主义出发，做了精辟论述。中国地震事业的先驱、中国第一台近代地震仪研制者、现代地震观测的奠基人李善邦对候风地动仪的设计思想和复原工作作了科学的历史唯物主义的分析："今之张衡候风地动仪再造图像都是根据《后汉书》所说做的。……都大同小异，惟内部的'都柱'安置，《后汉书》没有详述，很可能是吊着的或倒置的。"无论哪种，都是物体惯性作用所致（李善邦，1991）。《中国大百科全书固体地球物理学·测绘学·空间科学》卷中，收录了王振铎撰写的"候风地动仪"词条（王振铎，1985）。该卷主编、著名地震学家傅承义指出，张衡制造了世界上最早的地震仪，"但更重要的是他的科学概念。地动仪的设计充分证明张衡已经知道地震是由远处一定方向传来的地面震动，这是一个本质的理解，现代地震学正是根据这种认识建立起来的。"

（三）中国历史地震记录是地震学研究的宝库

地震学是一门以观测为主的科学。在人类历史上，用现代地震仪观测地震的历史只有百余年，虽然地震仪记录（地震图）是地震学研究的重要基础，但是资料有限。在地震仪发明之前的漫长历史岁月中，有许多关于地震发生的文字记载（历史地震记录）无疑是对现代地震观测资料的补充，对地震学研究具有重要科学价值。

中国拥有5000年悠久历史，幅员辽阔，又是一个地震多发国家。自古以来，天人合一的思想占有重要地位。自殷商代（前16世纪—前11世纪）开始，每个朝代均设有史官，辑记国家大事和天文、地理等自然现象和灾异。宋、元之后，各种地方志盛行，记录的内容更加丰富。在这些古籍中，有大量地震记载，上可追溯到传说中的尧舜时期有关地震的描述。世界上最早的地震文字记录见《竹书纪年》中"泰山震"（前

1831）的记载，几千年连绵不断，成为人类共同的宝贵科学文化遗产。

新中国成立后，大规模经济建设急需建设场地的抗震烈度资料。仅有的几个地震台站观测资料无法满足需要。1953年中国科学院组织地震、地质、地理、历史、建筑等方面专家，通力合作，用2年多时间，查阅了8000多种文献典籍，收集了从公元前1177年到公元1955年间的15 000条地震记录，涉及大小地震8000多次，经过逐条考证、审核，由中国科学院地震工作委员会历史组编辑《中国地震资料年表》上、下两卷，1956年由科学出版社出版，为建立抗震规范提供了可靠的依据。

1966年邢台地震、1976年唐山地震等发生后，大地震的发生引起社会广泛关注，对地震历史记录在地震学研究中的科学价值的认识有了进一步提高。1978年，中国科学院、中国社会科学院和国家地震局联合发起成立了中国地震历史资料编辑委员会。由谢毓寿、蔡美彪任主编，组织各省、市、自治区地震和历史工作者参加，在《中国地震资料年表》基础上，又做一次更广泛的搜集整理、分析和补充，历时10年，完成了5卷《中国历史地震资料汇编》编辑出版工作，1983年由科学出版社出版。

历史地震学研究是中国地球物理学独特的研究领域。《中国历史地震资料汇编》的出版，引起国际地震学界的广泛关注，成为地震学家的重要参考文献。

三、中国地球物理学的孕育

（一）外国人在中国境内开展的近代地磁与地震观测

梁启超在《中国近三百年学术史》①中提到，明末清初的"西学东渐"过程中，以利玛窦为代表的西方传教士扮演了重要角色，中国科技亦由此开启了由传统走向近代的序幕。到17世纪下半叶，早年的清康熙帝对于西方科技有强烈的求知欲，延揽许多欧洲学者（传教士），学习西方科学，大大促进了"西学"的传入。正是在这一时期，地磁偏角和倾角测量开始传入中国。由于作为西学传播主体的天主教过分干预政治，引起康熙的强烈不满。到18世纪初，对于"西学"毫无兴趣的雍正帝继位后，"西学东渐"逐渐衰落。直到1840年鸦片战争之后，中国被迫门户开放，从而也阻断了中国自主发展科学技术的道路。19世纪下半叶，俄、法、日、德、美等国相继在中国土地上进行地磁和地震观测，固定台站的地磁、地震观测记录也开始出现。最早的是俄国于1842年在北京建立的皇家观象台（陈宗器，1944），至今保存了1870—1882年间较为完整的磁偏角和水平强度记录资料。历史最久、影响最大的当属法国天主教会于清同治十一年（1872）2月在上海徐家汇建立的天文台（上海科学技术志编纂委员会，2003）。早期主要是气象要素记录，同治十三年（1874）开始地磁观测。徐家汇天文台附属地磁台几易其址，1933年迁至上海松江县与佘山天文台合在一处，直到第

---

① 此书原为1923年秋至1924年春夏间，梁启超在清华大学讲授中国近三百年学术史课程的讲义，2011年由商务印书馆整理出版。

二次世界大战爆发。佘山地磁台保存有自 1877 年 2 月以来的连续记录资料，具有重要科学价值。1904 年增加了地震观测。20 世纪 30 年代，徐家汇天文台的地震仪达到了当时的世界先进水平。

此外，19 世纪末、20 世纪初日本在中国台湾和东北、俄国在东北、德国在青岛等地也相继建有地震台或地磁台。

上述工作虽然有其自身的科学价值，但他们都是为各自的国家利益服务。在客观上对中国地球物理学发展起到了一定推动作用。

（二）早期中国地球物理学架构的建立

20 世纪初，留学欧美和日本的中国地质学家、物理学家、气象学家通过自己的努力探索，共同推动了中国早期地球物理学学科建立。

地球物理学各个分支学科自 20 世纪初陆续传入中国，但在中国学术界，"地球物理学"一词的使用在较长一段时间内并不规范，也不统一。"地球物理学"一词最早见诸 1925 年地质学家翁文灏撰写的《惠氏大陆漂移说》一文（翁文灏，1925）。该文介绍了惠格纳（A.Wegener，今译魏格纳）大陆漂移说及其地球物理学、生物学、古气候学、地理学之证据。翁文灏以其对地球物理学学科的深刻理解和其厚重的中国文化底蕴，最早将"Geophysics"译作"地球物理学"。直到 30 年代，地球物理学发展初见端倪，特别是地球物理探矿成为物理学除核子物理之外另一个重要应用研究领域，而备受物理学家关注，地球物理学作为一门应用物理学的学科地位才得以确立。物理学家叶企孙、严济慈、丁西林等人发挥了重要作用。

1. 地震学

地质学家翁文灏为中国地震学和地球物理学早期发展做出了开拓性贡献。翁文灏于 1912 年毕业于比利时鲁汶大学地质系，获得博士学位，时年 23 岁。回国后任职于 1913 年刚刚成立的北洋政府工商部地质调查所。1921 年任代理所长，1926 年任所长，直到 1938 年担任国民政府经济部长后辞去所长职务。1929 年，清华大学地理学系成立（1933 年改名地学系），翁文灏兼任系主任。

1920 年 12 月 16 日，甘肃海原（今宁夏海原）发生 8.5 级大地震，20 多万同胞罹难。第二年 4 月，翁文灏率队到地震灾区进行为期 4 个多月的地震地质考察。回到地质调查所后，翁文灏结合中国历史地震资料，从地震地质角度对海原地震进行了深入研究，发表了一系列论文和专著。其中《中国某些地质构造对地震的影响》一文，于 1922 年在比利时召开的第 13 届国际地质大会上宣读，引起了很大反响。翁文灏认为，研究地震空间分布规律"厥有二途，一曰历史经验，二曰地质构造"。李善邦、傅承义都高度评价了这次海原地震考察的历史意义。傅承义说，中国用现代科学方法观测地震，是从海原地震开始的（刘宝诚和吴忠良，1999）。

翁文灏逐渐认识到，研究地震除地质学方法外，必须用物理学方法观测地震。海原大地震后，在他的推动下，经过近 10 年不懈努力，由李善邦主事，1930 年在北京西山鹫峰建成了中国第一个地震台——鹫峰地震台，9 月 20 日 13 点 02 分 02 秒

（GMT）记录到第一个地震。鹫峰地震台编辑出版《地震月报》（*Monthly Sesmological Bulletin*）、《鹫峰地震台专报》（*Bulletin of the Chiufeng Seismic Station*），与世界各地地区台站进行交换。这是中国现代地震学的开端。

中国地震学早期发展还和气象有关。1924 年，蒋丙然等人代表中国政府从日本人手中接管了青岛观象台。1925 年从德国进口水平向维歇特地震仪，开始地震观测工作。1929 年，王应伟应邀到青岛观象台任气象地震科长，负责地震观测。1931 年王应伟发表中国第一部地震学专著《近世地震学》。为研究地震与海啸、气候的关系，1931 年，中央研究院气象研究所在南京北极阁开始筹建中国第二个地震台站。竺可桢所长委托金咏深主事，1932 年正式建成投入观测。1937 年前共出版《地震季报》4 卷 16 期。

抗战期间，中国自建的两个地震台被迫关闭。1941 年李善邦辗转到重庆北碚，用自行研制的机械记录水平向地震仪建成战时中国唯一的地震台——北碚地震台，1943 年 6 月 21 日记录到成都附近发生的地震。

1947 年春，中国第一位地球物理学博士傅承义应气象研究所所长赵九章之邀，回国主持气象研究所地球物理研究工作。同时，应赵九章之请，秦馨菱、谢毓寿帮助北极阁地震台恢复了观测。抗战胜利后，地质调查所迁回南京水晶台旧址，在所内建地震台，1948 年下半年开始观测。

2. 地磁学

中国早期地磁学研究是从地磁场基本测量开始的，包括各地地磁场强度、磁偏角、磁倾角测量和地磁场长期变化的台站观测。

国人参与地磁测量工作始于 20 世纪 20 年代初。国人独立进行的地磁测量是 1932 年教育部中央气象台青岛观象台吕蓬仙、徐汇阔 2 人在山东半岛高密、潍县、蓬莱等 11 个测点进行磁偏角、水平强度和磁倾角及经纬度的测量，并根据测量结果绘制出中国第一幅区域地磁图——山东半岛地磁图。稍后，桂质廷参加了美国华盛顿卡内基研究所在中国境内组织的地磁测量工作。中国系统的地磁测量工作始于 30 年代中后期，当属中央研究院物理研究所陈宗器等人和地质调查所李善邦等人先后在东南沿海和西南等地区的工作。1946—1947 年在陈宗器主持下，在全国范围内开展地磁测量，包括刘庆龄和胡岳仁在四川和长江流域、刘庆龄和周绳祖在东南沿海和首次在南海海域（包括西沙群岛永兴岛和南沙群岛太平岛）所做的地磁三分量绝对测量。

中国的地磁观测始于 20 世纪 30 年代。1930 年，中央研究院物理研究所所长丁燮林（丁西林）提出建立中国第一个地磁台。在中央研究院 1931 年度工作报告中将其列入计划。1932 年秋，在丁燮林所长亲自主持下，中国第一个地磁台——南京紫金山地磁台开始兴建。1933 年 5 月，陈宗器结束"中国西北科学考察团"的考察工作，回到南京地磁台负责筹建工作，主要是地磁仪器调试，还做了重力仪器调试工作。10 月，他又受聘参加"绥新公路查勘队"，担任地形和天文测量，直到 1935 年 2 月。返回物理研究所后，继续负责地磁台建设工作。1936 年 9 月，陈宗器留学德国，陈志强接替他的工作。1936 年 10 月，紫金山地磁台全部建成，随后开始安装仪器。主要仪器标准仪和记录仪都是产自英国、德国和丹麦。仪器试运行不久，1937 年抗战全面爆发后，物理研究所内迁。地磁台先后迁到广西融安丹洲、桂林良丰，1944 年撤至重庆北碚。抗战胜利后又迁回南京，在北极阁下面半山腰建起一简易地磁台。

3. 重力学

中国早期重力学研究是从重力仪器的研制和重力测量开始的。

1928 年，中央研究院物理学研究所成立之初，就从理论和应用两个方面看到了重力测量的重要性，丁燮林所长亲自主持了重力测量仪器——"新摆"和"重力秤"的研究（杨舰，2003）。

20 世纪 30 年代初，严济慈领导的国立北平研究院物理学研究所开始有计划地测定中国领土的重力加速度。该所与法国人雁月飞（R.P.Lejay）管理的徐家汇天文台合作，利用便携式相对重力测量仪荷 – 雁氏弹性摆，以上海徐家汇天文台为原点，于1933 年 5 月起至 1935 年 4 月间，鲁若愚、张鸿吉等在中国交通较为方便的华北地区进行重力测量。而后，又相继在中国东南沿海、华中以及西南地区进行过重力测量。1933—1939 年前后共测重力点 200 余处。由于所用荷 – 雁氏弹性摆没有恒温设备，所以测得的重力加速度精度不算高（误差 5~10 毫伽）。

1937 年，地质调查所方俊受到翁文灏赏识和推荐，赴德国耶拿地震研究所进修，学习地球重力学。1938 年底回国后，任职于李善邦主持的地质调查所物探室，兼职于中央大学地理系，讲授测量学和地图学。他还特别关注重力仪器的研制工作。

抗战胜利后，1947 年 2 月，北平研究院物理学研究所迁回北平。在严济慈所长的大力支持下，顾功叙和助手曾融生对 1934—1939 年期间测得的中国南部各省 208 个测点重力加速度值进行了分析，绘制了重力异常分布图，并进行了重力均衡改正的研究。

4. 勘探地球物理学

中国地球物理勘探工作始于 20 世纪 30 年代初的地质部门。1930 年，中央研究院地质研究所所长李四光发表文章《扭转天平之理论》，详细介绍了扭秤的原理及其在地质勘查中的应用。1934—1936 年夏，实业部地质调查所[①]派李善邦以访问学者身份访问美国和德国，考察地震学和地球物理探矿。1936 年，丁毅在安徽当涂铁矿做过自然电场法找矿试验，1937 年抗战全面爆发，鹫峰地震台被迫关闭，李善邦和秦馨菱南下，先后在湖南、贵州、四川、西康等地铅锌矿、铁矿做物探工作。

1934 年，顾功叙留学美国。1936 年在美国科罗拉多矿业学院获勘探地球物理硕士学位。1938 年回国，受聘北平研究院物理学研究所任研究员，1939—1946 年间，先后在云南、贵州两省 12 个矿区，用磁法、电法进行找矿工作。他的工作得到他的老师时任经济部部长的翁文灏的大力支持，派遣张鸿吉、王子昌、胡岳仁协助他工作。

翁文波于 1936 年留学英国。1939 年获英国伦敦大学应用地球物理博士学位。同年冬回国，受聘中央大学物理系任教授。其间，他在四川省巴县石油沟（今属重庆巴南区）首次成功地进行了电测井试验。1941 年赴玉门油矿任工程师，从事重力、磁力

---

① 地质调查所历史上隶属关系的变动：1928年6月隶属农矿部；1930年隶属实业部；1938年初隶属经济部；1941年更名为经济部中央地质调查所。

勘探工作，开创了中国石油物探先河。1946 年 6 月，翁文波调往上海中国石油公司任勘探室主任。其间，中国石油公司先后派出 2 个重力勘探队，对中国台湾岛西部平原进行重力勘探，历时 2 年多。而后又在江苏省南部和上海郊区做过一些重力勘探工作。

5. 空间物理学

中国空间物理学研究起步于 20 世纪 30 年代。主要研究领域包括：通过地磁场变化研究电离层，根据无线电技术与电波传播理论对电离层的探测研究，基于分子光谱学对大气光谱的研究，基于粒子物理学对宇宙线的探测研究。中国早期的一批物理学家和无线电物理学家，紧跟世界的步伐，在上述研究领域取得了令人瞩目的研究成果。

1929 年春，巴黎国际臭氧委员会决定，要重新精确测定臭氧层紫外吸收系数，严济慈积极参加测定工作。1932 年，他精确测定了臭氧在全部紫外区（215~345nm）的吸收系数，国际臭氧委员会依据他测定的吸收系数定位标准值。

熊子敬于 1934 年首先对宇宙射线的微粒性假说作了符合验证；1935 年清华大学霍秉权在国内首先制成了威尔逊（Wilson）云室，并发表了论文《镭 E 的 α 射线谱》。1937 年，留学英国的胡乾善以《五重符合法研究射线簇射》的论文获伦敦大学博士学位，在英国皇家学会会刊上，陆续发表了他在宇宙线探测方面的研究成果。1939 年，郭贻诚在美国加州理工学院从事宇宙线探测研究，获得博士学位。

1935 年，中央研究院物理研究所陈茂康等人设计了一套单频的高频探测仪器，用于电离层观测和研究。1937—1938 年期间，华中大学理学院院长、物理系主任桂质廷则利用脉冲垂测仪，进行了近 9 个月的电离层定时观测，成为中国早期最为系统连续的电离层观测。

在抗日战争期间，重庆大学工学院院长冯简（冯君策）在重庆建立了中国第一个电波研究所——交通部电波研究所，编制出版《中国各地短波应用频率之预测》，供国内短波通讯参考。抗战胜利后，时为国立武汉大学理学院院长的桂质廷建成了武汉大学游离层实验室，开始了电离层长期观测。

1936 年 6 月 19 日，中国北部及远东、太平洋西部发生日全食，中国 9 个学术团体预先成立了中国日食观测委员会。与地球物理有关的观测项目有两项：青岛观象台刘朝阳等人进行地磁观测；中央研究院陈茂康带领梁百先等在上海观测日偏食的电离层效应。1934 年 11 月，刚刚成立的南京紫金山天文台预报了 1941 年 9 月 21 日中国将发生日全食。中国科学家独立进行了这次日全食的天文与地球物理观测。此次观测分东南、西北两队进行，西北由中国天文学会会长高鲁带领在甘肃临洮进行（潘云唐，1989），中央研究院物理研究所陈宗器带领陈志强、吴乾章等组成的东南队在福建崇安进行观测。1944 年 7 月 20 日，清华大学任之恭等在昆明使用固定频率脉冲进行垂测，对日环食期间的电离层 E 层电子浓度进行了观测，得到了非常好的结果。任之恭的观测结果报道发表后，受到电离层实验发现者之一的阿普尔顿（Edward Victor Appleton）赞赏。

6. 中国地球物理学科架构的形成

以上工作初步搭起了地球物理学科的底层（分支学科）框架，赵九章则为中国地球物理学科顶层框架的构建做出了重要贡献。

赵九章，1933 年毕业于清华大学物理系，1935 年赴德国柏林大学攻读动力气象学，1938 年获博士学位。他倡导把数学物理方法引进气象学研究领域，以"使我国在气象学方面有其独立的贡献"。这一思想在 20 世纪 50 年代进一步发展为"数理化、新技术化和工程化"的治所理念，作为中国科学院地球物理研究所发展的指导方针。1937 年他的《信风带主流间的热力学》一文被中国近代气象学的创始人、中央研究院气象研究所所长竺可桢誉为"新中国建国以前理论气象学研究方面最主要的收获"。1938 年赵九章回国，受聘于西南联大任教授，兼中央研究院气象研究所研究员。1944 年 1 月经竺可桢所长推荐，赵九章任气象研究所代理所长，1947 年任所长。任所长期间，赵九章力主把地球的气体和固体部分的研究融为一体，积极推进地球物理学科的整合。除气象研究外，在赵九章和陈宗器的推动下，物理研究所地磁台合并到气象研究所，组建地磁组。同时成立普通地球物理组，邀请傅承义回国主持固体地球物理研究工作。傅承义是赵九章在清华大学物理系的同窗好友。1940 年赴加拿大麦吉尔大学攻读勘探地球物理学，1941 年获硕士学位，后转赴美国加州理工学院，师从古登堡攻读地球物理学和地震学。1944 年获地球物理博士学位，1946 年受聘该校助理教授。其间，傅承义在美国《地球物理学（Geophysics）》杂志上发表一组"地震波研究"论文，1960 年被该杂志评选为"地球物理学的经典著者"。

中央研究院气象研究所的地磁、地震研究，经济部中央地质调查所（前地质调查所）的地震、地球物理探矿研究和北平研究院物理研究所的重力、地球物理探矿研究三大部分，形成了中国地球物理学的初步架构。

（三）中国地球物理学术共同体的初步形成

1940 年春，经济部地质调查所和北平研究院共同组建"地球物理工作委员会"，以促进地球物理工作的进行。1941 年春，翁文灏建议扩大委员会范围，征得学术机关及地球物理专家同意后，将地球物理工作委员会改名为"中国地球物理工作委员会"，目的在于促进及联络国内各种地球物理研究工作，并编印出版了《地球物理专刊》（李书华，1941）。

抗战胜利后的地球物理学家云集南京、上海，1947 年 2 月，陈宗器与顾功叙、王之卓、翁文波等人发起筹备中国地球物理学会。8 月 3 日中国地球物理学会在上海正式成立，陈宗器当选为理事任第一届理事长。确定学会研究对象为测地学、地震学、气象学、地磁与地电学、海洋学、火山学、地壳构造物理学、应用地球物理学，并决定出版《中国地球物理学报》。

四、中国地球物理学的形成和发展

（一）奠基阶段（1949—1966 年初）

1949 年前中国地球物理研究基础十分薄弱，仅有 2 个地震台、1 个地磁台、2 个电离层观测台勉强维持工作，气象台站也不到 100 个。少数地球物理学精英分散在几个部门，在艰难的环境中维持工作。

1950 年 4 月中国科学院地球物理研究所在南京成立。它是在原中央研究院气象研究所基础上（气象和地磁），合并了中央地质调查所地球物理研究室、北平研究院物理学研究所的物理探矿部分后成立的，赵九章任所长，陈宗器、顾功叙任副所长。考虑到原中央研究院气象研究所的悠久历史和国际影响，中国科学院地球物理研究所成立之初对外的英文名称是 Institute of Geophysics & Meteorology，Academia Sinica（中国科学院地球物理与气象研究所）。地球物理研究所成立之初，设气象、地磁、地震和应用地球物理 4 个研究组。新中国地球物理事业从这里开始起步。20 世纪 50 年代，中国地球物理学科体系的建立和学科制度的形成，主要是一边倒向苏联学习，从社会主义建设需要出发，经历了引进、消化、吸收过程，为中国地球物理学发展奠定了坚实基础。20 世纪 50 年代后期，中国地球物理学在自力更生的发展道路上创造了辉煌业绩，为"两弹一星"事业做出了重要贡献。

气象学研究首先是从天气学开始的。新中国成立之初，解放战争还没有结束，许多沿海岛屿尚未解放，国民经济正在恢复，1950 年 10 月抗美援朝战争爆发。天气预报为解放战争、抗美援朝和经济建设、防汛救灾做出了卓越贡献，并促进了天气学的发展。与此同时，开展了中长期天气预报和数值天气预报工作。大气环流研究对于天气预报以及基本理论都有重要意义。青藏高原是地球上的最大障碍物，它对中国的天气和气候以及整个北半球大气环流有极深的影响。1958 年，叶笃正、朱抱真出版的专著《大气环流的若干基本问题》系统地讨论了北半球大气环流的基本特征和影响大气环流变化的主要因子。60 年代，叶笃正与陶诗言等发现东亚和北美环流在过渡季节（6 月和 10 月）有急剧变化的现象。这一发现为中国天气预报的长足发展奠定了坚实的理论基础。社会主义经济建设的高速发展，推动了中国气候学的发展。气象学是 50 年代地球物理学最有成绩的门类之一。由于历史原因，以及气象学本身的发展相对于固体地球物理学而独立，故在本书《中国地球物理学史》的论述中，没有列入气象学。

国家大规模经济建设的开展，促进了地震学研究的发展。用李善邦研制的 51 式地震仪建起了中国最早的地震观测台网。1953 年，中国科学院地震工作委员会成立，李四光、竺可桢分别兼任正、副主任，成员有赵九章（兼任秘书）、李善邦（综合组组长）、范文澜（历史组组长）、张文佑（地质组组长）。其主要职责是协助国家开展地震烈度鉴定工作。先后编制出版了《中国地震资料年表》《中国地震目录》。在此基础上，开展了地震烈度、地震区划研究，并形成了独具中国特色的历史地震学研究领域。1956 年后，在苏联专家帮助下，地震仪设计能力大大提高，地震观测台网建设速度加快，微观地震和宏观地震研究同步发展，地震波理论研究也取得长足进步。1958 年"大跃进"年代，地震预报提上了地球物理研究所议事日程。

地磁学的早期工作是在全国范围内建设地磁台，开展地磁测量，编制中国地磁图；同时，开展地磁场短期变化及其相关现象，以及岩石磁性、古地磁的研究。1957 年，地质部航测大队 904 队的杨华和合肥矿业学院（今合肥工业大学）的徐嘉炜根据航磁测量结果和地质构造，发现了"郯城—庐江深断裂系"（简称"郯庐大断裂"）[①]。

20 世纪 50 年代起，中国有计划地在全国范围内开展了重力测量。1957 年至 1958 年方俊主持了全国天文重力水准网布设工作，在苏联帮助下建立了国家重力测量基准网，包括 1957 年建立的国家重力测量基本网（简称"57 网"）和一等重力网。该网的建立为中国进一步开展大规模重力测量创造了必要的条件。1957 年，苏联第一颗人造地球卫星发射成功。发射卫星必须考虑地球重力场的影响，方俊开始致力于地球重力场对卫星轨道影响的研究，并利用卫星观测资料研究地球形状和地球重力场。1965 年，他编写的《地球形状和地球重力场（上）》一书由科学出版社出版，该书奠定了卫星、导弹发射测绘保障的理论基础。

勘探地球物理学是新中国成立后地球物理学发展最快的分支学科，中国科学院地球物理研究所和产业部门联手，先后举办了多期不同层次地球物理勘探培训班，一大批专业骨干迅速成长。在苏联专家的指导和帮助下，在石油地震勘探、地球物理测井、航空磁测和综合地球物理勘探等方面，取得了不少新经验与发展。1957 年，地质部物理探矿研究所成立，顾功叙任所长。20 世纪 50 年代末，顾功叙领导的地球物理勘探工作和时任石油科学研究院副院长翁文波领导的石油地球物理勘探工作为大庆油田的发现做出了重要贡献。1982 年，"大庆油田发现过程中的地球科学工作"荣获国家自然科学奖一等奖，翁文波、顾功叙名列 23 位获奖者名单之中。60 年代，中国勘探地球物理走上了独立自主、自力更生的发展道路。海洋物探、航空物探和区域地质调查得到全面发展。

新中国成立后，为了经济建设和发展国防的需要，大力发展原子能工业，1955 年，中国与苏联签订了两项铀矿普查协议，在苏联帮助下，把 γ 测量方法应用于全国铀矿普查工作，并开展地面 γ 测量普查油气田试验。地质部物理探矿研究所和 1959 年成立的第二机械工业部北京铀矿地质研究所都相继开展了放射性物探研究工作。1959 年秋，在苏联专家帮助下北京地质学院正式成立放射性矿产地球物理勘探专业，同时举办研究生班。1961 年，南京大学的铀矿地质专业开设放射性地球物理专门化。长春地质学院等院校地球物理专业也相继开设放射性勘探课程。20 世纪 60 年代后，中国走上了自力更生发展铀矿勘探事业的道路。核地球物理勘探事业的发展，为中国原子能工业发展和"两弹一星"事业做出了重要贡献，并带动了核地球物理学的发展。

1955 年，中国决定参加国际地球物理年（1957 年 7 月 1 日—1958 年底）活动，包括世界日、气象学、地磁学、地震学、太阳活动、宇宙线、电离层、经度与纬度等 8 项科学观测。为此，成立了国际地球物理年中国委员会。其间因国际上有人制造"两个中国"的局面，中国政府声明退出此项计划，但原定的各种观测活动照常进行。国际地球物理年期间，苏联发射成功世界上第一颗人造地球卫星。国际地球物理年活动对于中国高空物理和地球深部研究产生了巨大推动作用。

1956 年，国家科委组织制订了《1956—1967 年科学技术发展远景规划》。提出

---

①　徐嘉炜.《郯庐》的探索——风雨争斗四十年.

13个方面57项重要科学技术任务，其中第10项"地球物理、地球化学和其他地质勘探方法的掌握及新方法研究"、第33项"中国地震活动性及其灾害防御的研究"等都与地球物理学有关。

1957年2月，中国地球物理学会第一次全国代表大会召开，中断了10年工作的中国地球物理学会重新开始活动。

1957年夏，中国科学院测量制图研究室在南京成立。1959年初，改名为中国科学院武汉测量及地球物理研究所（后改名为中国科学院测量制图研究所），方俊担任所长。1961年，该所与武汉高空物理研究所等合并，成立中国科学院测量及地球物理研究所。1965年，改名为中国科学院测量与地球物理研究所。

1957年，苏联第一颗人造卫星升空，预示着人类空间时代的到来。中国科学院地球物理研究所所长赵九章，力主开展空间科学和空间探测技术研究。1958年，中国科学院把人造卫星研究列为中国科学院一项重大任务，成立中国科学院"581"组，负责领导、规划、协调"581"任务。"581"组后改组为地球物理研究所二部。1964年12月7日，赵九章上书周总理，建议实施卫星发射计划。1970年4月24日中国第一颗人造卫星"东方红一号"发射成功。

1959年，中国科学院确定44项重大研究项目，其中赵九章负责主持地球物理学科基本理论研究，其中的："地壳及地球内部构造的研究"和"太阳活动与地球物理相关现象的研究"，分别由傅承义、陈宗器任组长。由于地球物理研究所二部成立，1960年地球物理研究所的体制进行了较大调整。在原物理探矿研究室基础上建立地壳物理研究室，顾功叙兼研究室主任，曾融生任副主任，从而开创了中国地壳深部探测研究和高温高压模拟实验之先河。1961年，根据傅承义提议，中国科学院地球物理研究所成立第七研究室，目标是（核）爆炸的力学效应和（核）爆炸的远距离侦察，借任务提高地震学的全面水平。1964年10月16日，地球物理研究所圆满完成了中国首次核试验地震效应观测和爆炸TNT当量估算任务。1965年3月，正式承担了核爆炸试验远距离侦察任务。

1966年1月，根据学科发展需要和承担国家任务的实际情况，经国家科委批准，中国科学院地球物理研究所分成四部分：由承担火箭、卫星研究任务的二部组建中国科学院应用地球物理研究所（现为中国科学院空间科学与应用研究中心）；由二室（天气控制研究室）组建中国科学院大气物理研究所；由地球物理研究所西南工作站组建中国科学院昆明地球物理研究所；改组后的中国科学院地球物理研究所只保留固体地球物理研究部分。

至此，中国地球物理学完整的学科体系初步形成，并在20世纪五六十年代大庆油田的发现和"两弹一星"事业中创造了中国地球物理学的辉煌。

（二）在"文革"十年的动荡中缓慢前行（1966—1977年）

1966年3月8日、22日河北省邢台地区先后发生两次强烈地震。1976年7月28日，河北省唐山地区发生7.8级大地震，其间10年，正值中国大陆地震活动高峰期，大震连年，先后共发生 7 级以上破坏性地震 8 次，给人民生命财产和国民经济带来了难以估量的重大损失。中国地球物理工作重心转向以地震预报为中心的地震工作。这期间也正是"文革"空前浩劫的 10 年，科技工作受到严重干扰。中国地球物理学发展面临严峻考验。

邢台地震是新中国成立后首次遭受严重破坏和伤亡的地震，引起党和国家的高度关注。国务院总理周恩来两次视察地震现场，看望灾民，听取地震工作汇报。周总理号召科技工作者，到现场去，到实践中去，发扬独创精神，努力突破地震预报科学难题。来自中国科学院、地质部、石油部、国家测绘总局、国家海洋局的地球物理、地质、石油、测绘广大科技人员和有关高等院校的师生，响应党的号召，义无反顾地奔赴地震区，用各种手段监测地震活动规律，探索地震预报途径。

1971 年 8 月，国务院批准成立国家地震局，统一领导全国地震工作。把地震工作纳入国家发展计划。根据周总理关于地震工作的一系列重要指示，1972 年全国第二次地震工作会议上，确立了"以预防为主"的地震工作方针，提出了"长、中、短、临渐进式预报"的思路，逐渐成为中国地震学家预测大地震的主要做法，并指导震情会商等一系列有关工作的进行。

1975 年 2 月 4 日，辽宁海城发生 7.3 级强烈地震，中国地震学家对此次地震做出了成功的短临预报，大大减轻了人员伤亡和经济损失。海城地震预报被认为是人类历史上第一次成功地对强烈地震做出有科学依据并有社会效益的预报，在国内外引起巨大反响。稍后，中国地震学家又不同程度地先后预报了龙陵 7.4 级（1976 年 5 月 29 日）和松潘—平武 7.2 级（1976 年 8 月 16 日）地震。

海城地震的成功预报和 1976 年 7 月 28 日河北唐山 7.8 级地震的漏报，是地震预报现实的客观反映。中国地球物理学家竭尽其所能，尝试将国际上流行的地球物理学方法和理论乃至其他学科中可供借鉴的理论、方法和技术，引入地震预报研究，在地震预报实践中做了许多探索性工作。

在这一历史时期，重力学研究也转向服务于地震预报。1966 年邢台地震后，中国科学院和石油部有关人员首先在邢台和北京地区布设重力网，开展动态重力测量和重力场变化的解释及理论模型研究。1970 年，中国科学院测量与地球物理研究所划归国家地震局建制，组建为国家地震局武汉地震大队，从事大地测量学和重力学的科研人员大都归属地震大队，武昌时辰站的仍留在中国科学院。

勘探地球物理学因其与生产实际联系紧密，而且野外勘探和技术层面工作较多，故在这一阶段受到的影响相对较小。初步完成了中国物探仪器工业化生产布局，物探仪器基本实现了国产化，物探仪器率先实现了由光点记录到磁带记录再到数字记录的转变；物探技术从地面扩展到海洋、空中和地下，海洋物探、航空物探和区域地质调查得以发展；勘探成果显著。

"文革"期间，中国空间物理学研究受到阻碍。20 世纪五六十年代起步的磁层物理研究停顿了下来。电离层观测研究没有大的发展，特别是在电离层基础研究方面基本处于停滞状态。电离层研究也主要是以应用研究为主，包括与民用和国防工程建设有关的电离层模式、电离层扰动以及与工程精度或可靠性有关的电波传播问题研究。1966 年邢台地震后，开展了地震电离层效应研究。

"文革"当中，正常科研工作秩序遭到破坏，但军工任务例外，作为政治任务格外受到重视。广大科研人员、后勤保障人员以饱满的政治热情全力以赴完成任务。

中国科学院地球物理研究所承担了核爆炸的地震效应观测（"21 号"任务）、地震核侦察（"320"任务）、地下工程防护研究（"705"任务）以及首次全国地磁普测及 1970 年中国地磁图编制（"3912"任务）等多项国防任务。

中国科学院测量与地球物理研究所承担了国防科委下达的"701"任务，为中国第一颗人造卫星"东方红一号"发射提供发射站及跟踪站的地心坐标。1966 年至 1967 年，该所重力组在国内首先开展垂线偏差对惯性导航的影响及太平洋地区垂线偏差分布的研究。重力组还承担了"705"任务，即全球重力场研究，构建了中国第一个顾及中国资料的全球重力场模型。

20 世纪六七十年代，建立在大陆漂移、海底扩张学说基础上的岩石层板块构造理论被认为是地球科学史上的一次重大变革，对地球科学特别是地球物理学产生了深刻影响。由于受到"文革"的干扰，中国广大地球物理工作者在这场变革中却置身度外。直到 70 年代初，顾功叙、傅承义（1972）、尹赞勋（1973）等老一辈地球物理学家才把这一理论介绍到中国。

（三）全面发展阶段（1978 年—）

1978 年，中国共产党第十一届三中全会做出了全面实行改革开放的重大决策。中国科技事业发展迎来了新的春天。

"文革"前近 20 年时间里，全国设有地球物理专业的 20 余所高等院校培养出数以万计的地球物理专门人才，他们在科研和生产第一线为国家做出了重要贡献，为中国地球物理学发展打下了坚实基础，并造就了一批杰出的地球物理学家（王广福等，1993）。改革开放后，他们的思想得到解放，聪明才智得以充分发挥，学术上迅速与国际接轨。他们走出国门，广泛参与地球物理国际组织、国际计划和学术交流活动，以新的全球构造理论岩石层板块构造学说为指导，把信息技术的最新成果应用于地球物理观测中，全面推进中国地球物理学发展。

1977 年 8 月，IUGG 在英国达勒姆召开特别大会，会议决定恢复中国席位。IUGG 中国国家委员会主席、中国地球物理学会理事长顾功叙率中国代表团（成员有：陈运泰、董颂声、张裕明等）出席此间召开的国际地震学与地球内部物理学协会（IASPEI）和国际火山学与地球内部化学协会（IAVCEI）联合学术年会。而后，中国相继参加了"全球地学大断面（GGT）"计划、"全球应力图项目"、"全球地震危险性评估项目"、"国际减灾十年"等国际合作计划，国际合作和交往也日渐增多。在石油地震勘探方面，有中美、中法、中日、中俄等合作；在岩石层人工地震探测方面，有中法、中美合作；在古地磁方面，有中英、中日、中法合作；在天然地震方面，有中美、中德合作。

1979 年 11 月，中国地震学会成立，顾功叙任理事长。1980 年 7 月，时隔 17 年，中国地球物理学会第三次会员代表大会暨学术讨论会召开。新老地球物理学家齐聚一堂，共商中国地球物理学发展大计。老一辈地球物理学家顾功叙、翁文波、傅承义、方俊分别在大会上做报告。会上，顾功叙当选理事长，翁文波、傅承义、朱岗崑、方俊、赵文津、朱大绶当选为副理事长。中国地球物理学会和中国地震学会在改革开放中，为促进地球物理学科全面发展和更好地为经济和社会发展服务方面，发挥了桥梁和纽带作用。

改革开放后，科研单位、产业部门和高等院校共同推进中国地球物理事业发展，在基础研究和应用研究两个方面逐步与国际全面接轨；并充分发挥地球物理学学科交叉、综合优势，培植新的学科生长点，环境地球物理学、考古地球物理学、军事地球物理学以及天灾预测地球物理等应运而生。

1. 地震学

地震学是地球物理学的基础。地震预报是地震学核心问题之一。为了加强地震预报工作，1978 年，中国科学院同国家地震局协商，将其地震研究工作全部划归国家地震局，成立了国家地震局地球物理研究所、地质研究所、地震研究所。1980 年，国家地震局分析预报中心成立。从 1983 年起，国家地震局实施了一项全国性重点科研项目，用 3 年时间对 1966 年以来的地震预测预报方法进行全面清理，提出了一些经验性的预测方法，并开展了有针对性的基础研究。而后中国地震学家尝试过多种地震预报分析方法和理论模型，如 P、S 波波速比变化，加、卸载响应比，模糊数学分析，模式识别，图像动力学，尾波 Q 值变化，"地震熵"等。总体来说，预测效果不理想。1998年，国家基础研究项目"大陆强震的机理与预测研究"，在总结了 20 余年强震发震机理基础上，提出了中国大陆强震成因的"活动地块说"，认为大多数 7 级以上大陆强震均分布在"活动地块"的边界带上。

1978 年以后，国家地震局提出把工作重点转移到地震科学技术现代化上来，从而加快了地震观测现代化步伐。从 1983 年起到 2001 年，相继建成中国数字地震台网、全国地震卫星速报台网和中国国家数字地震台网，实现了大地震速报和为研究人员提供多种地震数据服务，并为核爆炸地震学研究奠定了基础。

在地震学理论研究中，在傅承义等老一辈地球物理学家培养下，一批后起之秀在均匀层状介质和各向异性介质中地震波传播理论、地震学反演方法、地震破裂力学、震源物理等方面，取得了可以和国际同行相媲美的研究成果，国际上的学术地位大幅提升，在国际组织中任职的人越来越多。在工程地震学中，2001 年完成了以地震动参数（峰值加速度和特征周期）表示的中国地震区划图，还给出了峰值加速度和地震烈度的对照表。中国地震区划工作进入了先进国家的行列。

20 世纪 70 年代末以来，中国地震研究的成果表现在如下方面：①建立、发展和完善了全国、区域和地方三级地震观测系统和地震前兆观测系统，形成了中国自己的地震仪器和前兆观测仪器的设计和生产体系；②形成了经验性和综合性的地震预报研究思路和渐近式的地震预报工作程序，对地震前兆现象进行了系统的清理和研究，建立了京津唐张地震预报试验场和滇西地震预报试验场，在国际地震预测研究中独树一帜；③通过地球物理探测研究和地质研究，得到中国大陆及邻近地区的深部结构、构造运动和地球物理场的基本图像，对青藏高原的研究和对大别山超高压变质带的研究等因其在地球动力学中的重要意义受到国际地学界的普遍关注；④对一系列破坏性地震进行了详细的现场调查，积累了丰富的基础资料；⑤及时将国际上新近发展起来的概念和方法以及其他学科领域中的新的方法和技术引进地震研究，在理论、观测、实验和计算等方面，初步建立了具有中国特色、与国际接轨、具有自主创新能力的地震学研究体系。

2008年5月12日，四川省汶川县附近发生8.0级地震，这是新中国成立以来发生的破坏性最强、涉及范围最广、救灾难度最大的一次地震。这次地震无疑是对新中国60年地震工作的一次实践检验。汶川地震发生前曾有过在这一地区发生强震的中、长期预报意见，但是中国地震局没有正式发布预报。地震发生后，中国地震局台网中心的计算机识别自动定位程序用3分钟完成快速定位，经过人工核实，12分钟向中国地震局准确上报了震中位置和震源参数，为部署抗震救灾工作争取了宝贵时间。这表明中国的地震观测技术业已走在了世界前列。中国地震局地球物理研究所陈运泰领导的科研小组很快根据地震台网的观测资料，分析了汶川地震破裂过程，解释了宏观破坏的分布，给出了救灾重点部位。在24小时里提出的这份报告，在抗震救灾部署中发挥了重要作用。这足以表明，中国在地震学理论研究中的先进水平。汶川地震发生后，启动了大规模余震观测，对于余震活动发展趋势做出判断。中国研发的具有自主知识产权的流动地震观测系统"巨灾"观测系统第一次应用，就出色完成了任务（中国科学技术协会和中国地球物理学会，2009）。

2. 地磁学

1978年，中国科学院地球物理研究所和国家地震局地球物理研究所分建后，与地震预测探索研究有关的地磁观测工作由国家地震局地球物理研究所承担。1983—1984年，国家地震局实施了"地磁学科清理研究"项目，对震磁前兆与预测预报方法的系统清理、实用化攻关研究及台站充实调整，重新制订出相应规章制度和标准。震磁效应观测系统有明显改善。总结了震磁前兆特征、以磁报震的判据和指标等，使中国震磁研究迈上了一个新台阶。

20世纪60年代初发现地球磁层后，地磁学的观测与研究领域从地面和近地空间延伸到磁层空间和行星际空间。80年代，中国部分地磁科学工作者逐渐把变化磁场研究的视角转向太阳风–磁层–电离层–高层大气的耦合过程研究。1997年6月，国家实施重大科学工程项目"东半球空间环境地基综合监测子午链"（简称"子午工程"）。120°E经度圈地磁台链建设是"子午工程"重要组成部分。台链北起漠河，途经北京、武汉，南至海南三亚并延伸到南极中山站，同时还发挥上海到拉萨北纬30°地磁台链的作用。1989年，中国科学院地球物理研究所北京十三陵地磁台率先实现记录数字化。1998年国家地震局开始对全国地磁台网进行数字化改造，2007年基本完成。

1984年11月，中国首次组队赴南极科学考察，中国科学院地球物理研究所派员参加南极长城站建站工作，并开展了哨声、地磁脉动观测。而后，又有国家地震局地球物理研究所和北京大学参加南极地磁考察和研究工作。

中国古地磁研究始于 20 世纪 50 年代末。70 年代后，中国古地磁和考古地磁学研究有了突飞猛进的发展，拥有国际一流的综合实验室和先进的实验设备，专业人才迅速成长，在磁性地层学、黄土古地磁研究、考古地磁研究和构造磁学等方面，取得了一批备受瞩目的研究成果。开辟了国内地质时期地磁场古强度研究的新领域，发现了晚中生代地磁极性倒转频率与强度变化为负相关的重要规律，将古地磁学研究范畴拓展到认识地球深部动力学过程。21 世纪初，朱日祥领导的科研团队在生物地磁学研究领域取得了一批国际瞩目成果，为中国地磁学发展注入了新的活力。

3. 地球电磁学

地球电磁学（Earth Electromagnetics 或 Geo-Electromagnetics，简称 EM；又可称为电磁地球物理学，EM Geophysics）是指近年来基于地球地磁学理论迅速发展起来的应用地球电磁学研究领域，通过在地球表面测量天然的或（和）人工产生的电场或（和）磁场，利用电学原理或电磁感应原理对测量数据进行分析，借以研究地球内部的电磁学性质，主要是服务于浅层电磁勘探、地球深部电磁探测、航空和海洋电磁探测以及地震电磁监测等。这一应用研究领域近年来获得了长足发展。

地球电磁学是由传统的电法和电磁法发展起来的。中国电法勘探始于 20 世纪 30 年代，由当时北平研究院物理研究所的顾功叙开创。后在傅良魁等人的推动下，电法勘探有了较大发展。电磁法以 20 世纪 50 年代初提出的大地电磁法为标志，使电磁法进入新的发展阶段。20 世纪 60 年代，中国开始研究发展大地电磁法，并从研究强震区深部结构为主，发展为包括深部结构探测、油气构造探查、矿床和地热资源勘探、地震和火山监测等多种应用领域的重要地球物理探测方法。特别是 20 世纪 80 年代以后，各种电磁学方法在中国得到深入研究和广泛应用。中国所有的大型油气田都进行了电磁法勘探，是世界上开展电磁勘探工作量最多的国家。80 年代，中国部署 11 条地学大断面（GGT）的大地电磁测深探测工作。90 年代以来，中国在青藏高原及其周边地区大地电磁探测结果在国际上引起了广泛关注。1966 年邢台地震后，电磁法积极参与地震预测工作。特别是 1996 年中国地震学会地震电磁专业委员会成立后，在诸多电磁学方法中，地电场法、地电阻率法、引潮力谐振共振波短临预测法、大地电磁法、人工源极低频电磁法、卫星电磁法和数学物理模拟等的应用发展迅速。

20 世纪 70 年代，中国引进航空磁测设备，航空电磁法开始应用于地质填图、间接找矿、水文和农业生态地质调查、环境监测等方面。航空电磁法以其探测范围广、速度快等特点具有明显的优势。进入 21 世纪，得到了国家高技术研究发展计划（"863"计划）等项目的大力支持。

80 年代国际上开展了大规模观测天然源海底大地电磁信号的岩石层及深部电磁研究（EMSLAB）探测计划。中国的海洋电磁探测工作始于 20 世纪 90 年代中期。1998 年开始，中国地质大学（北京）等单位在国家"863"计划资助下，首次在中国东海水深 130m 陆架区获得海底 MT 数据，同时开展了海底无限长线源电磁场的研究。其后，同济大学在雷州半岛近岸地区，实现了海陆电场和磁场分离同步采集的大地电磁勘探。

2003年，中国地球物理学会地球电磁专业委员会成立，赵国泽任主任委员。

4.重力学

1957年，中国建成了重力测量基准网"57网"。由于"57网"采用的绝对重力基准有14mGal常差，中国于1978年决定重建国家重力基本网。1985年9月，"85国家重力基本网"建成并正式启用。1998年由国家测绘局发起，总参测绘局和中国地震局参加，建立第三代国家重力基本网。2002年圆满完成了"2000国家重力基本网"的建设工作。与此同时，基于地质、矿产、石油、地震、大型工程建设、军事等部门的需要，建立起局域重力网——专题网。自20世纪80年代初，中国地震局地球物理研究所建立了流动重力监测台网（包括京津唐张地区并有所扩大），其目的是由重力变化监测地震。根据地震监测的需要，区域地震重力测量监测网一般都布设在地震多发、构造活动强烈地区。进入21世纪，中国境内相继发生昆仑、汶川、玉树等大地震，对重力网建设提出了新的要求。建立强震地区高密度的跟踪网，利用强震现场研究重力变化与地震的关系。2008年5月12日，汶川地区发生8.0级大地震，震后迅速布设了大地震应急重力网和科学考察网。此外，自80年代起，中国陆续建立了一些由专项观测的绝对重力点组建的绝对重力点网。此外专题重力网还有：1998—2001年，国家启动"中国地壳运动观测网络"工程中，首次形成覆盖全国与GPS站并置的统一动态重力网；21世纪初，中国地震局启动"中国数字地震观测网络计划"，建立全国统一的数字地震重力网，是该计划的一部分；2007—2010年，国家发展和改革委员会启动新的重大科学基础设施，由中国地震局与总参测绘局、中国科学院、国家测绘局、中国气象局、教育部合作共建中国大陆构造环境监测网络（以下简称陆态网络），是一个以全球卫星导航定位系统为主的国家级地球科学综合监测网络，其中包括重力网。

重力网的建设带动了重力测量仪器研发和重力观测技术的发展。重力测量仪器由50年代简单的摆仪、石英重力仪发展到多种类型的精密仪器，包括绝对重力仪、相对重力仪、海上重力仪、航空重力仪及研制中的卫星重力仪、冷原子重力仪等。重力测量仪器的精度由毫伽级提高到微伽级。

在重力学理论研究方面，中国科学院测量与地球物理研究所、武汉测绘科技大学、西安测绘研究所开展了大地测量边值问题理论、重力场变化及其场模型构建、大地水准面和地球形状研究。1994年武汉测绘科技大学利用全球较新的$30' \times 30'$和中国较高精度的$30' \times 30'$平均空间异常研制成360阶WDM94重力场模型，可使全球$30' \times 30'$重力异常的精度达$8.734 \times 10^{-5} m \cdot s^{-2}$。在固体地球潮汐研究方面，建立了武汉国际重力潮汐基准，给出了精密天文、大地及地球物理测量的潮汐改正模型。在潮汐变化模型和负荷潮汐以及地球潮汐应用也做了很多研究工作。

70年代起中国科学院地球物理研究所和国家地震局地质研究所先后对青藏高原、海南岛—中沙群岛—西沙群岛剖面和华北地区、西北地区、山东郯庐断裂带等地进行了均衡重力的研究。

重力场变化与地震的关系已成为重力学一个重要研究领域。动态重力测量亦被列为地震监测九大技术手段之一。中国的地震重力测量成果已在地震监测，地壳运动、地球动力学研究及国家基础测绘中得到了应用。

5. 地热学

中国的地热学研究始于 20 世纪 50 年代，李四光在地质部地质力学研究所组建了中国第一个地热研究组。60 年代初，中国科学院地质研究所构造地质研究室在张文佑主持下成立了地热研究小组，开展了大地热流测量和理论地热学研究。70 年代后，特别是 1973 年世界能源危机已经显露出来，以地热资源开发利用为中心的中国地热研究工作有了一个突破性进展。科研、生产和高校等部门形成了一支稳定的地热研究队伍。

地热学研究包括理论地热学、应用地热学和测量地热学（实验地热学）三个研究领域。地热测量是地热学研究的基础。中国科学院地质研究所最早建成了地热实验室，研制出岩石热物理参数和岩石热导率测试设备（沈显杰等，1988）。中国科学院地球物理研究所、北京大学、国家地震局地质研究所、地矿部地质力学研究所等单位相继在中国大陆和海域开展大地热流测量工作，现已累积热流数据 1200 余个，并开展了岩石层热结构研究。热流数据的增长和深部地热研究的覆盖面方面，已达到国际同类研究水准。80 年代，中国与美国、日本等国家合作，开展了海底热流调查。在矿山地热研究中已跻身世界先进行列。80 年代后，与大气温室效应相关联的全球气候变暖问题引起了学术界和国际社会的极大关注，古气候变化对现今地温分布具有一定影响，从而促进了利用钻孔地温数据研究地面温度变化历史的热情。

中国系统的地热学研究起步不算早，但在老一辈地质学家、地球物理学家的支持下，经过汪集暘等一批地热学家近半世纪的不懈努力，在理论地热学和应用地热学研究中建立起颇具中国特色的地热研究体系，在大地热流、深部地热、矿山、油田地热和地热资源方面取得一批创新性的成果。中国年轻地热学家活跃于国际地热学界，多人次担任"国际热流委员会"（IHFC）委员或"国际地热协会"（IGA）理事、国际地热学杂志 Geothermics 编委等职务。

中国地热学研究取得的成绩主要得益于：理论联系实际，以任务带学科的指导思想；野外观测和实验研究并重；随着经济发展和科技进步，研究领域不断扩大；老一辈地质学家、地球物理学家的关心和重视；重视年轻人培养。

6. 核地球物理学

地球核辐射场研究是核地球物理学的基础。"文革"之前，核地球物理学研究主要是服务于生产的方法研究，20 世纪 80 年代之后开始了核辐射场研究，使核地球物理学研究进入了全面、深入发展时期。

20 世纪 70 年代，煤炭和石油部门根据散射 γ 测井定量解释的需要，研究了无限介质中点源 γ 辐射迁移理论，提出了迁移方程模型，并研究了测定介质密度的 γ–γ 测井方法和测定介质有效原子序数的 γ–γ 测井方法。80 年代，适应 γ 能谱测量定量解释的需要，进行了无限大和半无限大放射性物质层中 γ 射线多次散射的能量迁移研究。

20 世纪 80 年代末，开展了辐射环境研究，对全国的宇宙射线电离量的分布进行了调查，了解了空间分布、纬度分布和随海拔高度分布的基本情况。90 年代初，对宇宙射线中的中子在地面形成的反射中子，以及宇宙射线与地表物质核作用产生的中子，进行了研究，发现与地表含氢量关系密切，能反映地层含水情况。

大自然放射性核素在地面和大气形成的 γ 辐射场基本模型，是苏联在 20 世纪 50 年代中期提出的，在算法上有所改进。华东地质学院在 1991 年出版了《铀矿物探 γ 场理论计算及其应用》。1983—1990 年，国家环保局组织对全国环境（本底）天然放射性 γ 辐射水平进行了全面调查。

在核地球物理学应用研究中，20 世纪七八十年代，高灵敏度累积测氡技术迅速发展，先后从美国和加拿大引进航空 γ 测量设备，随后又开始自行研制。出现了很多种测氡方法，迅速用于普查深部盲矿。发展了铀矿勘探 γ 测井、钾盐勘探 γ 能谱测井、煤田勘探核测井、油气勘探核测井等多项测井技术。

核地球物理学方法在铀矿的普查勘探、寻找油气藏、寻找钾磷矿产、地下水源的探测等方面都有新发展。在地质灾害勘查中，特别是地震预测研究中，前兆水氡异常分布与活动断裂关系研究、前兆水氡异常分布的区域性研究、水氡异常对强震危险区预测方法等研究，都取得了很有价值的成果。

7. 地球内部物理学

中国地球内部物理学研究始于 20 世纪 50 年代中叶。20 世纪 80 年代以来，中国地球物理学家在这一领域国际前沿课题上取得了一大批的科研成果。利用深地震宽角反射/折射剖面、深地震反射剖面、地震转换波测深技术及大地电磁测深方法，相继在中国东部和西部地区、青藏高原、大陆边缘海以及一些重点地区开展大规模的测深工作。80 年代初，中国地震层析成像方法研究取得了重要进展。1986 年，发表了第一批中国华北地区地震层析三维速度彩色图像。而后，又发表了一系列三维速度结构层析成像图，揭示了中国大陆及其边缘的板块俯冲带、板内裂谷带、碰撞构造带以及主要地震活动区岩石层结构的许多重要信息。1988 年，国际岩石圈委员会（ICL）倡议实施的全球地学大断面（GGT）计划，确定 195 条地学大断面，形成全球地学大断面网。中国承担 11 条，全长 20 995km，由国土资源部和中国地震局等部门完成。全球地学大断面是集地质、地球物理、地球化学观测资料于一体的解释性的垂向大地构造图，在地球科学研究中有重要价值。发生在中国大陆的地震绝大多数是大陆地震，板块构造理论对于大陆地震成因的解释遇到困难。中国地震学家对中国大陆地震发生的深部构造环境研究，一直为国际科学界所关注。1982 年、1992 年和 2004 年先后三次在北京召开了大陆地震国际学术讨论会。

独具中国特色的青藏高原研究在世界上率先揭开了青藏高原地球深部构造的"面纱"。自 1974 年起，由中国科学院组织对青藏高原进行了多次地球物理综合考察，包括人工源地震深部探测、重力场和磁力场观测、大地电磁测深探测、热流测量和古地磁研究等，取得了一批令人瞩目的创新性研究成果，开启了青藏高原深部探索研究之先河，得到了国内外同行的高度评价。滕吉文率先揭示了青藏高原陆－陆碰撞、地壳短缩增厚和隆升的深部奥秘。80 年代以后，针对青藏高原展开了广泛的国际合作考察和研究。

中国地球内部物理学研究紧密服务于国家发展的战略需求，为强烈地震发生深部构造环境研究、油气资源预测、攻深探盲寻找大矿富矿指明了方向。

8. 地球动力学

地球动力学是用力学方法研究地球整体运动及其内部和表面构造运动的动力学过程和驱动机制的一门科学。它不仅有重要科学意义，而且在地震和地质灾害的预测和预防、大型工程场地安全评估以及矿产和油气资源的开发等方面都有重要应用。

1944 年，李四光创立了地质力学，其"涵意为应用材料力学之原理，并就岩石层变形后其所受应力分配之现象，以解释地质构造。更由是而求出若干地质学原理。"他提出用力学观点和方法研究地质构造的成因和演化，将地质构造分成不同的构造体系，应用于构造、找矿、地震等研究。他认为构造运动以水平为主，并提出地球自转速率的变化可能是地球表面巨型构造运动的力源。1966 年，河北邢台地震后，李四光力主地应力观测，并开展了利用地应力预测地震的尝试。

20 世纪 60 年代岩石层板块构造学说的确立，使地球动力学的发展也进入了一个新阶段。70 年代初，由傅承义、尹赞勋、李春昱把这一学说介绍到中国。1970 年，北京大学地质地理系创建了地质力学专业。王仁在推动力学与地质学结合和培养相应人才方面，在利用力学原理研究多层地球自转速率变化引起的应力场、地质构造和地震迁移等方面做出了奠基性的工作，为中国地球动力学发展做出了重要贡献。1993 年，北京大学创建地球动力学研究中心。2003 年，中国科学院研究生院计算地球动力学实验室成立，2011 年成为中国科学院重点实验室。它已成为中国地球动力学研究重要机构和国际交流的纽带以及中国计算地球动力学高级人才的培养中心。

地球应力场是地球动力学的一个核心概念。中国地球应力场定量研究始于 20 世纪 60 年代，主要研究方法包括现场绝对地应力测量、震源机制分析、活断层滑动特征分析以及反演方法等。从 20 世纪 80 年代起，开始利用地震资料、深部地球物理探测结果和高温高压实验数据，研究岩石层和地幔动力学。与此同时，地球动力学在地震预测、地震危险性评估和矿产资源勘探等方面获得了广泛应用。

9. 勘探地球物理学

1978 年改革开放后，确立了以经济建设为中心的发展方针，推动了勘探地球物理事业全面发展。物探作为地质工作中的高新技术，在地矿、石油、煤炭、铁道等部门获得广泛应用。扩大国际合作与交流，引进先进技术和管理经验。通过科技攻关，取得了一批有重大意义的科研成果。中美两国勘探地球物理学家于 1981 年 9 月在北京联合召开了"中美石油地球物理勘探联合学术讨论会"。中国勘探地球物理学界与世界许多国家的交往频繁展开。地球物理勘探技术与设备更新换代，信息化、数字化水平不断提高，迈向世界先进水平。商业性物探工作体制初步建立，并开始走向国际市场。受到经济高速发展和市场需求的推动，油气地球物理、海洋地球物理和航空地球物理快速发展（夏国治等，2004）。

进入21世纪，中国勘探地球物理进入全面、协调、可持续发展阶段：勘探领域和勘探目标向全面、多样化方向发展；油气地球物理技术获得了全面进步；勘探技术向着综合、协调发展的目标稳步前进，地质与地球物理勘探相结合、钻井工程与工艺相结合，勘探效率大幅提高。多项优秀勘探成果获得国家科技进步奖一等奖。

10. 空间物理学

1957年国际地球物理年，对中国地球物理学研究起到了巨大的推动作用。50多年来，经过赵九章、陈宗器、桂质廷、梁百先、刘庆龄、吕保维、钱骥、朱岗崑等老一辈地球物理学家、空间物理学家及后继学者的不断努力，中国空间物理的观测研究已发展成了基于地面、气球、火箭和卫星等自主观测系统的国际先进研究领域。在地面观测方面，形成了全国性的包括南极中山站和长城站的地磁和电离层观测台网，并建成了沿东经120°北起漠河南至三亚的地磁和电离层观测链；建立了地基臭氧、气辉、VFH雷达、激光雷达和倾斜滤光片光度计等观测设备；建立了北京和广州两个宇宙线观测台；建立了多波段的太阳观测系统。在20世纪80—90年代太阳活动22周峰年期间，中国科学院组织的重大项目"日地系统整体行为研究"进行了为期5年的日地空间物理联合观测，取得了较全面和系统的观测数据。在气球探测方面，中国科学院建立了气球探空系统，目前已具有大容量、高高度和长距离的探测能力。在火箭探测方面，中国的火箭探测自1958年在赵九章的倡导和组织下起步后，40年来在气象火箭和探空火箭的研制和探测方面都有长足的发展。在气象火箭方面，中国先后研制了"T7"、"和平二号"、"和平六号"和"织女一号"四种型号，先后开展了多批次的中层大气探测，取得了大气风、温度、压力和密度的大量探测数据，为中层大气研究和国防部门提供了有价值的科学数据。在探空火箭探测方面，从60年代中期研制的"T7A"火箭到80年代中后期研制的织女号探空火箭，探空高度达到147km，为中国利用探空火箭开展科学和技术试验打下了良好基础。在卫星探测方面，1970年成功发射第一颗人造卫星以后至1998年，先后发射了"实践1号"、"实践2号"、两颗气球卫星、"实践4号"科学卫星和"实践5号"等系列科学卫星，取得了高空大气密度、高能粒子环境及粒子事件效应等科学数据资料。同时，自1980年以来先后在通信卫星、气象卫星上搭载太阳X射线探测器、高能粒子探测器和静电电位差计，在中国首次获得了太阳X射线爆发和同步高度高能电子的资料，首次测量了太阳质子事件、重离子事件和银河宇宙线的异常成分。在这些探测基础上，开展的空间物理研究取得了迅速的发展，得到了国际学术界广泛认可。

刘振兴主持的中国与欧洲空间局合作的"地球空间双星探测计划"项目在2010年9月获得国际宇航科学院颁发的杰出团队成就奖，同年获国家科技进步奖一等奖。2010年代末，由魏奉思主持建设的"东半球空间环境地基综合监测子午链"（简称"子午工程"）是中国空间科学领域开工建设的第一个国家重大科技基础设施项目，具有重要科学意义。以子午工程为基础，通过国际合作，实施由中国科学家率先创意并具有牵头引领地位的"国际空间天气子午圈计划"，对大幅度提升中国在日地关系这一重要基础科学领域的国际地位具有重要战略意义，将使中国成为世界空间领域的先进国家之一。

11. 海洋地球物理学

20 世纪中叶，海洋地球物理研究为岩石层板块构造学说的确立做出了决定性贡献。海洋地球物理在地球科学发展中占有十分重要的地位。中国的海洋地球物理事业起步于 20 世纪 50 年代。改革开放后，海洋地球物理学与国家发展的战略需求紧密结合，在仪器设备、数据采集、资料处理和成果解释等方面全面与国际接轨，并建立了一支具有相当规模和水平的科研与技术队伍，为海底油气资源探查、环境保护和灾害防治以及为维护海洋主权和权益做出了重要贡献；对中国海的形成演化取得了基本认识，为开发利用中国海奠定了理论基础。取得的主要成果有：①先后发现渤海、黄海、北部湾、珠江口、东海陆架和琼东南等沉积盆地，并在南黄海以外的各个沉积盆地发现工业油气流，使中国近海油气资源勘探开发取得重要突破；②对中国海地质地球物理工作进行了系统总结，其中以刘光鼎主编的《中国海区及邻域地质地球物理系列图》为其典型代表；③完成"大陆架及邻近海域勘查和资源远景评价研究"和"126 国土资源大调查"等一系列项目，建立了中国大陆架及邻近海域的信息库，为维护国家海洋主权和权益提供了重要科学依据；④ 80 年代后期开展了太平洋多金属结核的实地调查，获得了 $15km^2$ 的"先驱投资者"开辟区。1990 年开始对南极多学科的综合性考察，完成了"南极大陆和陆架盆地岩石圈结构、形成、演化和地球动力学以及重要矿产资源潜力研究"；⑤ 1996 年启动的"863"计划海洋领域探查与资源开发技术主题，开展高分辨率海底地震、多波多分量、海洋大地电磁等关键技术研究，取得了多项成果；⑥进行近海工程地质调查与评价，形成了技术方法系列，建立了国家标准。

传统的海洋地球物理学研究的对象是海底固体部分地球物理学，和固体地球物理学相比，在研究方法上，只是观测条件不同。进入 21 世纪，海洋地球物理学研究在向着海底和水体圈层之间耦合作用方面延伸。

当前，海洋地球物理学发展较快的研究领域有海洋深部地球物理与大陆边缘动力学、海洋天然气水合物地球物理、深水油气地球物理、海洋工程地质、海洋环境地球物理以及地震海洋学等。重点研究地区包括大陆边缘海和洋脊。在中国则主要是研究大陆边缘海的形成和演化。

12. 环境地球物理学

中国环境地球物理学科形成于 20 世纪八九十年代。

1972 年 6 月 5 日联合国在瑞典首都斯德哥尔摩召开了联合国人类环境会议，会议通过了《联合国人类环境宣言》，把环境保护和争取和平、经济与社会发展并列为世界三大协同发展目标，提醒发达工业国家要把环境保护提到议事日程上来。然而，环境恶化的趋势并没有得到遏止，而且呈现全球变化趋势，温室效应、臭氧层破坏、酸雨等全球性环境事件密集频发。1992 年，为纪念斯德哥尔摩第一次人类环境会议 20 周年，联合国在巴西召开联合国环境与发展大会，会议通过了关于环境与发展的《里约热内卢宣言》和《21世纪行动议程》。"里约宣言"指出，和平、发展和保护环境是互相依存、不可分割的，世界各国应在环境与发展领域加强国际合作，为建立一种新的、公平的全球伙伴关系而努力。中国国务院总理李鹏出席大会，表明中国政府对环境保护的关注。巴西联合国环境与发展大会之后，各国为履行环保承诺，做出了许多努力。中国的环境保护工作和环境科学研究开始提上重要议事日程。

环境科学是跨学科的新研究领域。1978年，中国环境科学学会成立。80年代，在中国地球物理学会推动下，地球物理学开始涉足环境科学。1989年，在中国地球物理学会召开的学术年会上，提出了地球物理学的一个新领域——环境地球物理探测。1993年2月20日，中国地球物理学会环境地球物理专业委员会成立。学会主要领导都参与了筹建工作，常务副理事长夏国治兼任主任。1994年，中国地球物理学会理事长刘光鼎提出"地球物理学科应在环境科学方面开拓新领域，逐步形成环境地球物理学"。随后，高等院校的地球物理专业逐步开设环境地球物理相关课程，有的学校开始培养研究生。许多地球物理学者发表文章，出版著作，介绍国内外环境地球物理的发展和成就。与此同时，中国地球物理学会和环保部合作，积极开展咨询、建议活动。进入21世纪以来，城市生活垃圾填埋场、工业、矿山的废物堆放场的渗漏监测、地下水的污染检测等在全国相继展开。

环境地球物理学的主要研究内容有：①全球性环境变化问题，如气候变暖与极端气候频发、臭氧层破坏、酸雨、土地荒漠化和盐碱化、沙尘暴、淡水资源污染等；②地质灾害的勘查。中国地处亚洲板块的东部，受到太平洋板块的俯冲和印度板块的碰撞、挤压，地质构造复杂，是形成中国地质灾害多发的根本原因。还有一些不合理的经济活动，导致生态地质环境的恶化，灾害多发；③地下污染物的地球物理勘查，如垃圾填埋场对地下污染的调查与研究、非水相物质地下污染的调查研究、矿山地下污染调查、矿山地下污染及污染场地调查与研究、垃圾填埋场选址等；④环境辐射调查研究，包括天然辐射外照射（宇宙射线、天然放射性元素辐射）水平的调查研究、对氡危害的认识与剂量控制研究等。

13. 考古地球物理学

在漫长的人类发展史中，有文字记载的历史只占几百分之一，了解没有文字记载的人类古代社会历史，要靠研究古代人类活动的物质遗存（遗迹和遗物）。此外，在文字出现之后，也还有大量的人类遗存没有文字显示，或有显示而无法判断真伪，这些都属于考古学研究范畴。随着考古学研究的发展，地球物理学的原理、方法和技术逐步引入考古领域，主要是在物质遗存考古发掘和测年两个方面。进而形成了横跨自然科学和社会科学两大门类的一门新兴学科——考古地球物理学。

中国的考古工作古已有之。最早可追溯到公元1—2世纪东汉时期的"古学"，11世纪中叶诞生了以研究青铜器和石刻为对象的"金石学"。但是考古学作为一门科学是18世纪末、19世纪初起源于欧洲。在其后，重、磁、电、震、放射性等地球物理勘探方法和航空、卫星、遥感技术在考古工作中发挥了越来越大的作用。

中国把地球物理学用于考古工作始于20世纪50年代。1956年，国家决定发掘明代十三陵中的定陵后，为了找到进入地宫的通道，曾在其上做过电阻率探测试验。后来大型古墓的发掘工作叫停。直到20世纪70年代末改革开放后，大规模建设使得各地抢救性文物保护和发掘的任务十分繁重，地球物理方法在陆地考古地球物理调查、水下考古、古遗存年代测定和文物保护等方面获得了广泛应用，取得了一批重要考古成果。

张立敏、蒋宏耀积极倡导地球物理学与考古工作相结合，推进考古工作者与地球物理工作者的合作，对于推动中国考古地球物理的形成和发展起了重要作用。2000年，他们的专著《考古地球物理学》一书出版。

14. 军事地球物理学

为国防建设服务是中国地球物理学家的优良传统。20世纪50年代初，抗美援朝战争期间，最优秀的气象学家都投入到气象保障任务中。20世纪五六十年代，以赵九章、钱骥为代表的中国地球物理学家为中国的"两弹一星"事业做出了重要贡献。随着太空时代的到来，太空军事化趋势愈演愈烈，国家安全环境面临着重大挑战。在新形势下，更加凸显了地球物理作为武器和作战保障任务的意义。地球物理学应为建立中国战略防御体系做出应有贡献。2003年在陕西省地球物理学会学术年会上，刘代志提出了构建地球物理新的分支学科——军事地球物理学。在时任中国地球物理学会理事长刘光鼎支持下，2004年中国地球物理学会国家安全地球物理专业委员会成立，刘代志任主任委员。

军事地球物理学是地球物理学与军事科学、技术科学交叉形成的一个地球物理学分支学科。主导这一领域研究工作的是军事部门，以及从事地球物理、气象、测绘工作的科研单位和高等院校。20世纪五六十年代，军事地球物理以"两弹一星"为主，包括核爆炸地震效应观测、防护和核爆炸远距离侦察、人造地球卫星的研发等。70年代以后，围绕空间环境安全问题，开展了地球物理场辅助导航、空间环境监测、灾害性空间天气预报与预警、电磁武器与防护等研究。此外，地球物理方法技术在非传统军事行动领域发挥了特殊作用，如特殊矿产资源的勘探和灾害救援行动等。

五、中国地球物理学文化

（一）中国地球物理学发展纳入国家发展计划

中国是发展中的社会主义国家，发展经济和为人民谋福祉是始终不渝的发展目标。在这一历史进程中，作为地球科学的先导学科，地球物理学能够在地下资源勘探、环境监测和保护、自然灾害预测和预防、空间探索和国家安全等诸多领域有所作为，国家对于地球物理学发展给予了有力扶持。

1949年10月1日新中国刚一诞生，11月中国科学院即宣告成立。1950年4月，中国科学院地球物理研究所成立，中央人民政府政务院任命赵九章为所长，陈宗器、顾功叙为副所长。20世纪50年代初，人才培养成为发展中国地球物理学的首要任务。中国科学院与产业部门通力合作，不拘一格培养人才，举办多期地球物理勘探、地震培训班；在新成立的地质院校设立地球物理探矿专业；1956年，北京大学物理系开办地球物理专门化；1958年，中国科学院创办的中国科学技术大学创立应用地球物理系。同时，派遣留学生去苏联学习，聘请苏联专家到地球物理研究所等一些研究机构指导工作。一批地震、地磁、重力等观测台站相继建立并投入使用。

1956年国家科委制订的《1956—1967年科学技术发展远景规划》中，其中有两项直接与地球物理学有关。

1955年6月，中国科学院决定参加国际地球物理年（1957年7月1日—1958年12月底）活动。这是新中国成立后第一次参与世界规模的国际科学合作，为此专门成立了国际地球物理年中国委员会。后因国际上有人图谋制造"两个中国"，中国政府宣布退出此项计划。但原定的各种观测活动照常进行。其间，苏联发射成功世界上第一颗人造地球卫星。这一活动推动了中国地球物理学各分支学科以及测绘学的建立和发展。1957年夏，中国科学院测量制图研究室在南京成立。1961年改组为中国科学院测量及地球物理研究所。为了开展卫星和火箭探测研究事业，1958年，中国科学院以地球物理研究所为依托组建"581"组，后改组为地球物理研究所二部。

为了适应国民经济发展和学科本身发展的需要，1966年1月，经国家科委批准，中国科学院地球物理研究所分成4个研究所：中国科学院地球物理研究所、中国科学院应用地球物理研究所、中国科学院大气物理研究所、中国科学院昆明地球物理研究所。

1966年3月，河北省邢台地区发生强烈地震，引起党和国家的高度关注。1971年8月，国务院批准成立国家地震局（现为中国地震局），统一领导全国地震工作，中国科学院地球物理研究所划归国家地震局领导。地震工作不仅是一项科学技术性工作，而且纳入各级政府部门的管理范畴。1972年召开的全国第二次地震工作会议，确立了"以预防为主"的地震工作方针，标志中国地震学研究进入了以地震预测为前沿的新发展阶段。为了有利于地球物理学科发展，1978年中国科学院重新组建中国科学院地球物理研究所，主要研究方向是固体地球物理学。

1997年下半年，中国科学院向中央提出了《迎接知识经济时代，建设国家创新体系》的调研报告，建议国家组织实施"知识创新工程"。1998年6月，经国家科技教育领导小组审议，原则通过了中国科学院《关于"知识创新工程"试点的汇报提纲》。按照规划，知识创新工程试点第一阶段（1998—2000年）为启动阶段，所际整合、组建创新基地。中国科学院决定将地质研究所和地球物理研究所合并，成立中国科学院地质与地球物理研究所。

（二）以任务带学科促进地球物理学发展

20世纪50年代，党对科学研究工作提出了理论联系实际、科学为生产服务的方针，中国地球物理学的发展是实施这一方针的典型范例之一。从80年代地球物理面向国民经济主战场，到 20 世纪末中国科学院实施"知识创新工程"，地球物理学科发展始终面向国家战略发展需求和世界科学发展前沿，一脉相承。

新中国成立之初，大规模社会主义建设需要，促进了地震学、勘探地球物理学、气象学和地磁学的发展。

国际地球物理年期间，苏联于 1957 年发射了第一颗人造地球卫星。1958 年，毛主席在中共八大二次会议上提出"我们也要搞人造卫星"。同年，中国科学院成立 581 组，专门研究卫星问题。下设办公室和技术组。技术组由赵九章主持，定期开会，邀请有关专家参加，讨论卫星工作。技术组以地球物理研究所为依托，加上由院内外新调来人员，建立 8 个研究组：总体组、电学组、空间光辐射组、遥测组、结构组、雷达定位组、环境模拟和高空大气组。初步形成了比较完整的卫星、火箭探测技术和高空物理探测研究的实体。1959 年卫星计划进行调整，581 组改组为地球物理研究所二部。1964 年 12 月 27 日，赵九章上书周恩来总理，建议实施卫星发射计划。1970 年 4 月 24 日中国第一颗人造卫星"东方红一号"发射成功[①]。这一国家工程有力地促进了中国地球物理科技事业的发展。

1961 年 7 月，中国科学院地球物理研究所第七研究室成立，著名地球物理学家傅承义任室主任。他在"关于（七室）学术方向的一些意见"中，提出了七室发展有两个主要方向：（核）爆炸的力学效应和（核）爆炸的远距离侦察。前者着眼于核武器试验，做国防部门的有力助手；后者是国际瞩目的问题，和前者有密切的联系。从长远看，更多的是提高地震学的全面水平，应当借任务来带动学科。1963 年 5 月，中国科学院地球物理研究所正式承担了中国首次核试验地震观测两项任务：地震效应观测；地震观测，研究地震波与当量、距离的关系，同时还承担了试验场区气象保障任务。1964 年 10 月 16 日，中国首次核试验成功。地球物理研究所圆满完成试验任务，受到国防科委和中国科学院的嘉奖。1965 年 3 月 20 日，国家正式下达任务，建立核侦察系统，由中国科学院地球物理研究所承担。同年 12 月 24 日，成功地速报了苏联在中亚地区进行的一次地下核爆炸试验。上述任务对于中国地震观测技术水平的提高和核爆炸地震学的发展起了推动作用[②]。

20 世纪八九十年代，中国大庆油田和其他早期开发的主力油田都已先后进入开发的中晚期，提高采收率是保持油田稳产高产的重要途径。20 世纪 80 年代末开始，中国地球物理学家开展了油储地球物理预研工作。1992 年，国家自然科学基金委员会同中国科学院、中国石油天然气总公司、大庆石油管理局设立并共同资助了由刘光鼎主持的"八五"重大项目"陆相薄互层油储地球物理学理论和方法研究"。在 5 年时间里，先后有中国科学院、中国石油天然气总公司、地矿系统和高等院校多位专家密切合作，取得了丰硕研究成果：发表论文 400 多篇，提交实用化成果报告 121 篇；结合

---

① 中国科学院空间科学与应用研究中心史第一卷（1958年10月—1987年8月），内部资料.

② 王广福，熊绍柏，郝维诚，等. 中国科学院地球物理研究所军工史——核爆炸的地震观测和地震侦察. 中国科学院地球物理研究所，1990年.

研究工作需要，培养了 51 名博士、152 名硕士。1997 年 6 月课题通过验收。陆相薄互层油储研究的一些理论性和实用性成果，对于油储地球物理学的学科发展和大庆油田乃至中国石油工业的发展都有很大的促进作用（刘光鼎等，1998）。

"九五"期间，由国家自然科学基金会和大庆油田有限责任公司联合资助的"九五"重大项目"陆相油储地球物理理论及三维地质图像成图方法"，以大庆油田可持续发展为目标，全国科技界大规模投入，"产、学、研"一体化，最终以大庆火山岩大气田重大发现为标志，开拓了油气勘探新领域，确保了每年 1 亿吨油气储量的新发现，并对其后的胜利油田开发具有重要指导意义。

（三）具有中国特色的地震预报实践探索之路

地震，这种突如其来的自然灾害，给人类造成了巨大灾难与痛苦。地震预报不仅是科学问题，也是社会问题。实现地震预报，是人类的美好愿望，更是地震学家义不容辞的责任。

地震预报是举世公认的科学难题，困难在于地球内部的不可入性，大地震的非频发性和地震物理过程的复杂性。科学意义上的地震预报系指同时给出未来地震的发生时间、地点、能量（震级）和概率，还应给出各种参数的误差范围。地震预报通常分为长期（10 年以上）、中期（1~10 年）、短期（10 日至数月）和临震（1~10 日）预报。这种划分方法缺乏物理基础，只是为研究方便，对于广大公众而言，最为关注的是短、临震预报（陈运泰，2009）。

中国的地震预报起步不算早，但正如傅承义在 1963 年所指出的，"我国社会制度优越，史料丰富，地震类型和地质条件的多样性，都给地震预报的研究提供了最有利的条件"（傅承义，1963）。

1966 年 3 月 8 日，河北省邢台地区隆尧县发生 6.8 级强烈地震。接着，3 月 22 日又在宁晋县发生强烈地震，震级高达 7.2 级。这是新中国成立以来破坏和伤亡最为严重的大地震，引起党、国家和全社会的极大关注。广大地震工作者和地质、石油、测绘等部门的科技人员，奔赴地震灾区，密切监视灾情，揭开了中国地震预报科学探索实践的序幕。经过近 10 年不懈努力，中国地震工作者成功地预报了 1975 年 2 月 4 日海城地区发生的 7.3 级地震，避免了重大人员伤亡。海城地震成功预报被认为是世界上第一个具有科学意义、并收到实际社会效益的成功的强震预报。然而，1976 年，以几乎完全相同的预报思路和预报方法，对河北唐山大地震没有做出预报。这充分说明地震预报的复杂性。

海城地震本身有其特殊性。最主要是前震震群发育很典型，且很集中；出现大范围地下水位变化和与之相关的各种宏观异常现象，如地形变、地电、地光、地温以及动物行为等（李善邦，1991）。同时，也与地震学家的正确判断、地方政府的大胆决策以及与地震区广大群众之间良性互动密不可分。海城地震预报成功并不表明地震预报有了实质性突破，但是它使我们看到了地震预报的希望，地震不是不可能预报的。海城地震成功预报的经验值得吸取。

1. 地震工作的集中统一领导

邢台地震发生后，中国科学院、地质部、石油部、国家测绘总局、国家海洋局以及部分高校的广大科技人员奔赴地震区，地震工作形成了多学科联合攻关的局面。为集中统一领导地震工作，1967 年 3 月 27 日河间地震后，国家科委于 4 月成立了京津地区地震工作领导小组及其办事机构京津地区地震办公室。12 月，京津地区地震办公室与中国科学院地球物理局合并，建立国家科委地震办公室，统一管理全国地震和抗震工作。1969 年 7 月 18 日，渤海发生 7.4 级地震。当天晚上，周总理在听取这次地震和地震工作汇报时指出，地震工作必须联合起来。周总理当即指示成立中央地震工作小组，地质部部长李四光任组长，中国科学院负责人刘西尧任副组长，由国家科委地震办公室和地质部地震地质办公室组成中央地震工作小组办公室，具体负责组织和协调全国地震工作。1970 年 1 月 5 日，云南通海又发生 7.8 级地震，根据周总理指示，1 月 17 日—2 月 9 日，中央地震工作小组在北京召开第一次全国地震工作会议，讨论地震工作全局性问题。会议建议建立国家地震局，下设华北、西北、西南、中南 4个地震大队。地震活动强烈的省、自治区、直辖市成立地震工作管理机构，在中央统一规划下负责统一组织领导本地区地震工作。自始，着手统一组建全国地震队伍，一部分直属筹建中的国家地震局，另一部分属地方建制。从而，一个从中央到地方的多学科、多方法、专群结合的地震监测、预报、科研体系基本形成。1971 年 8 月，国家地震局正式成立。这标志着中国的地震工作纳入国家发展计划，为实现地震预报宏伟目标创造了有利条件。

2. "以预防为主"的地震工作基本方针的确立

1956 年制定和实施的《1956—1967 年全国科学技术发展远景规划》，确定 57 项重大科学技术任务中，第 33 项是"中国地震活动性及其安全防御的研究"，明确指出，为彻底解决防震问题，还需要开展地震规律和地震预报方法研究。

邢台地震后，周总理多次指示地震工作要加强预测研究。1970 年 1 月 5 日，周总理在听取通海地震震情汇报时指出："地震是有前兆的，可以预测的，可以预防的，要解决这个问题。"地震工作要"以预防为主"。1972 年全国第二次地震工作会议上，确立了"以预防为主"的地震工作指导方针。这一方针对于中国地震事业的发展起了积极推动作用。1982 年，国家地震局对地震工作方针进行了调整，但是以预防为主的基本方针没有改变。

3. 多学科联合、多途径探索的地震预测之路

1966 年 3 月邢台地震之后，来自科研单位、产业部门和高等院校的广大科技人员，在地震区，利用各自优势，尝试利用一切可能手段监视地震活动，探索地震预测的途径。形成了多学科联合、多路探索的生动局面。在很短时间里，建起了一批地震和前兆观测台站，初步形成了地震前兆预测台网，从而使中国地震预报研究进入了以大量地震前兆观测为基础的、多学科联合攻关的经验预测阶段。在邢台地震及其以后的地震预报探索实践中，逐步形成的地震预报组织形式与发布程序，为地震预报体制的建立提供了经验。在 1972 年召开的全国第二次地震工作会议上，提出了"长、中、

短、临渐近式预报"的思路，并指导一年一度的全国地震形势会商会有序进行。按照这一做法，中国曾不同程度地预报了一些强震或中强地震，取得了减轻地震灾害的实效（《当代中国》丛书编辑委员会，1992）。

除了中国地震局（前身国家地震局）统领全国地震工作外，在地震和天灾预测研究领域还活跃着一支不可忽视的跨部门、跨学科群众性学术团体——中国地球物理学会天灾预测专业委员会。天灾预测专业委员会不仅为跨学科天灾预测研究提供了学术交流平台，而且集聚了一批热衷于天灾预测研究的地震、地质、气象、水利、天文等方面专家学者，为了人民福祉，他们敢于攻坚世界科学难题，在天灾预测实践中，积累了丰富经验，有许多成功预测的案例。

4. 专群结合的地震预测工作的发展

中国地域辽阔，地震分布广泛，地震地质构造和地震类型差别很大。作为地震预报主要手段的地震前兆现象有几十种，尚未找到一种确定性的前兆现象，地震前兆现象机理研究任重道远。目前，地震预测研究在一定程度上还处在经验阶段，经验要靠实践去积累。邢台地震经验表明，向地震危险区广大群众普及地震基本知识，提高对地震发生规律的认识，是广大群众的要求，也是地震工作的一部分。地震区广大群众一旦对地震发生规律有了一定认识，他们会自发地组织起来，积极投入到各种前兆现象的监测和观察中，这对地震短、临预报有重要价值。把以地震区广大干部群众为主体的非专业群测群防队伍纳入到地方地震工作体系，无疑是对专业地震工作的重要补充。2009年5月1日起实施的《中华人民共和国防震减灾法》中第八条"国家鼓励、引导社会组织和个人开展地震群测群防活动，对地震进行监测和预防。"邢台地震以来的地震预测实践表明，专家与群众相结合是中国地震工作一条成功经验。

（四）充分发挥地球物理学学科综合优势，不断提升解决重大科学技术问题的能力

地球物理学包括许多分支学科，如地震学、地磁学、重力学、地球电磁学、地热学、核地球物理学等。这些分支学科是按照物理学的部门划分的。但是地球物理学所研究的问题，往往是综合性的，如认识地球、地下资源的勘探、自然灾害的预测、环境监测和保护等。因此，在发展地球物理学各分支学科的同时，应该注重地球物理综合研究。

迄今为止，地球物理学为认识地球提供了最基本最有效的方法。常用的地球物理学方法是反演法：通过在地表进行各种地球物理场（重力场、磁场、电磁场、地磁场、地温场、辐射场等）观测，推测地球内部的结构、形态和物质组成以及各种物理参数。但是，地球物理反演问题的解具有不确定性，非唯一的。它在很大程度上依赖于初始模型的建立和各种方法之间的相互约束。前者要求在地质学、地球物理学和地球化学科层面上的综合，而后者有赖于地球物理方法联合反演。

中国地球物理学的发展就是遵循学科综合这一思路，在解决重大科学和技术课题上，做出了重要贡献。

　　1975—1985 年期间，中国科学院与地质矿产部、国家地震局和有关高等院校进行了为期 10 年的青藏高原综合地球物理研究。动用了重力、地磁与古地磁、地热、大地电磁测深、天然地震和人工源地震等手段，在南起中印边界的亚东向北，直达青藏高原北部纳木湖畔布设了一条长达 900km 的超长地球物理探测剖面。各个学科均采集到了丰富的第一手资料。通过地球物理综合研究，在世界上率先揭开了青藏高原深部的"面纱"，首次揭示了青藏高原深部壳幔的物理结构，发现了印度板块与欧亚板块的界带——碰撞挤压过渡带。1980 年在北京召开了青藏高原国际学术讨论会，与会外国科学家对中国青藏高原地球物理研究成果给予高度评价。1985 年，"青藏高原及其邻近地区地球物理场特征与大陆板块构造研究"获中国科学院重大成果奖一等奖（滕吉文，2007）。

　　在新中国成立后的近半个世纪里，中国油气勘探经历了第一次创业的辉煌。在国际学术界普遍认为只有在海相地层才能找到石油的理论禁锢下，中国只有一个年产 10 余万吨的玉门油矿，因而被戴上了"贫油国"的帽子。新中国成立后，在广大石油地质、地球物理工作者共同努力下，发展了陆相生油理论，在新生代陆相碎屑岩中发现了油藏，并先后建成了大庆、胜利、辽河等大型油田。80 年代，生产石油达到 1.7 亿吨，位居世界第五。具有中国特色的陆相生油理论，为世界油气勘探理论做出了重要贡献。至 90 年代，随着中国经济的高速发展，对油气的需求迅猛增加，而油气的增产幅度已满足不了需要，从 1993 年开始进口原油，到了 2010 年，进口数量已超过需求量的 50%，远远超越了公认的 1/3 能源安全底线。2001 年 6 月，刘光鼎提出"关于中国油气资源第二次创业的建议"，除了继续深化发掘隐蔽的新生代油气藏地层——岩性油气藏外，提出需要找到油气开发的新领域。油气资源的二次创业就是要在前新生代（中生代、古生代乃至元古代）碳酸盐岩地层中找到油气。两个月后，温家宝副总理对此建议做出重要批示"要重视油气资源战略勘察工作，争取在前新生代海相碳酸盐岩地层中，有新的突破"（刘光鼎，2007）。

　　油气资源二次创业的理念，是在全球板块构造学说指导下，从地球物理场出发，对中国大陆构造框架及其演化史认真研究，并与自 20 世纪三四十年代以来，中国油气勘探的历史经验相结合的基础上提出来。这一理论认为：在古生代中国古大陆拼合过程中形成的海相沉积地层，有优越的有机生烃条件。虽然在中生代受到多起造山运动的破坏、挤压和改造，其中油气藏受到破坏，但是肯定还会有残留盆地或未被破坏部分，蕴藏着丰富的油气藏。海相地层是个复杂的地质体，古生代残留盆地的油气储存空间和陆相地层不同，勘探方法需要创新。要采用区域地质－地球物理综合研究方法、地球物理联合反演方法。

　　在这一思路的启发和引领下，中国石油化工集团总公司组织完成的重大科研项目"海相深层碳酸盐岩天然气成藏机理、勘探技术与普光大气田的发现"，获得 2006 年度国家科学技术进步奖一等奖，同时被评为 2006 年度"国家十大科技进展"之一。普光大气田的发现，是发挥地球物理学科综合优势的一个范例，也使我们看到了破解中国海相油气勘探这一世界性难题的希望。

参考文献

萩原尊禮. 1985. 地震學百年［M］. 東京：東京大學出版社.

陈运泰. 2009. 地震预测：回顾与展望［J］. 中国科学：D 辑 地球科学，39（12）：1633–1658.

陈宗器. 1944. 中国境内地磁观测之总检讨［J］. 学术汇刊，1（2）：99–126.

《当代中国》丛书编辑委员会. 1992. 当代中国地震事业［M］. 北京：当代中国出版社.

傅承义，陈运泰，祁贵仲. 1985. 地球物理学基础［M］. 北京：科学出版社.

傅承义. 1963. 有关地震预告的几个问题［J］. 科学通报，(3)：30–36.

傅承义. 1972. 大陆漂移海底扩张和板块构造［M］. 北京：科学出版社.

傅承义. 1985. 固体地球物理学、测绘学和空间科学［G］//中国大百科全书总编辑委员会，中国大百科全书出版社编辑部. 中国大百科全书：固体地球物理学 测绘学 空间科学. 北京，上海：中国大百科全书出版社.

郭增建，耿庆国，王涌泉，等. 2007. 中国地球物理学会推动重大天灾综合预测研究［G］//中国地球物理学会. 辉煌的历程：中国地球物理学会 60 年. 北京：地震出版社，30–42.

基尔诺斯. 1957. 测震学的几个问题［M］. 张奕麟，译. 北京：科学出版社.

李善邦. 1991. 中国地震［M］. 北京：地震出版社.

李书华. 1941. 发刊词［J］. 地球物理专刊，(1).

刘宝诚，吴忠良. 1999. 中国近代地震学才创业史笔记［C］//陈运泰. 中国地震学会成立 20 周年文集. 北京：地震出版社，476–498.

刘光鼎，李幼铭，吴永刚，等. 1998. 陆相油储地球物理导论［M］. 北京：科学出版社.

刘光鼎. 2007. 关于中国油气资源的第二次创业的建议［J］. 特种油气藏，14（1）：1–2.

潘云唐. 1989. 中国地震地质科学的先驱——纪念翁文灏先生诞辰一百周年［J］. 地震地质，11（2）：16–18.

祁贵仲. 1985. 地磁学［G］//中国大百科全书总编辑委员会，中国大百科全书出版社编辑部. 中国大百科全书：固体地球物理学 测绘学 空间科学. 北京：中国大百科全书出版社.

《上海科学技术志》编纂委员会. 2003. 上海科学技术志［M］. 上海：上海社会科学院出版社.

沈显杰，杨淑珍，张文仁. 1988. 岩石热物理性质及其测试［M］. 北京：科学出版社.

滕吉文. 2007. 青藏高原地球物理研究的第一批重大成果和对几个重要科学问题的认识和思考［G］//中国地球物理学会. 辉煌的历程：中国地球物理学会 60 年. 北京：地震出版社，349–368.

王广福，林邦左，冯玉英，等. 1993. 中国地球物理人才资源的评估——历史、现状、趋势和对策. 地球物理学进展，6（3）：16–28.

王振铎. 1948. 司南指南针与罗经盘——中国古代有关静磁学知识之发现及发明（上）［J］. 考古学报，(3)：181–184.

王振铎. 1963a. 张衡候风地动仪的复原研究［J］. 文物，(2)：1–9.

王振铎. 1963b. 张衡候风地动仪的复原研究（续）［J］. 文物，(4)：1–20.

王振铎. 1985. 候风地动仪［G］//中国大百科全书总编辑委员会，中国大百科全书出版社编辑部. 中国大百科全书：固体地球物理学 测绘学 空间科学. 北京：中国大百科全书出版社.

翁文灏. 1925. 惠氏大陆漂移说［J］. 科学，10（2）：281–293.

夏国治，许宝文，陈云升，等. 2004. 二十世纪中国物探（1930—2000）［G］. 北京：地质出版社.

徐文耀. 2003. 地磁学［M］. 北京：地震出版社.

杨舰. 2003. 丁燮林关于"新摆"和"重力秤"的研究——中央研究院物理研究所早期研究工作的个案分析［J］. 自然科学史研究，22（增刊）：1–11.

尹赞勋. 1973. 板块构造述评 [J]. 地质科学,（1）：56–88.

中国地球物理学会. 2009. 地球物理学科学发展报告 [M]. 北京：中国科学技术出版社.

朱岗崐. 2005. 古地磁学——基础、原理、方法、成果与应用 [M]. 北京：科学出版社.

Buntebarth G.1981.Eine klein Historie zur Namengebung der Fachdisziplin Geophysik [J]. Journal of Geophysics，49：247–248.

Good G A.2000.The Assembly of Geophysics：Scientific Disciplines as Frameworks of Consensus [J]. Stud. Hist. Phil. Mod. Phys.，31（3）：259–292.

Mulligan J F.2001.Emil Wiechert（1862–1928）：Esteemed Seismologist，Forgotten Physicist [J]. Am. J. Phys.，69（3）：277–287.

Schröder W，Treder H J.1999.Some Aspects in Emil Wiechert's Scientific Work [J]. Acta Geodaetica Et Geophysica Hungarica，34（1–2）：181–186.

Von Rebeur–Paschwitz E. 1899. The Earthquake of Tokio [J]. Nature，April 18：294–296.

第一篇

中国古代对地球物理现象的观察和认知

　　地球物理作为一门现代科学的历史不长，在中国的起步也晚于西方。虽然大多数地球物理名词不可能在中国古籍中找到，但是如果从中国五千年悠久的古代文明中细加探寻并予以思考，就会发现这一学科的历史也可追溯到中华文明的初期。其中，有些历史记载和地球物理的关系是明显的，例如指南针的发明与地磁学的关系、地震的史料与地震学的关系等，有些则需要从浩如烟海的古文献和各种史料中去挖掘、考证、分辨。

　　中国古代政治哲学思想中，天人合一理念占据重要位置。最早起源于春秋战国时期，经西汉思想家董仲舒等学者的阐述，到宋明两代形成占主导地位的儒家思想体系。天就是自然界，人就是人类。人是天的一部分。人类的政治、伦理等社会现象是自然的直接反映。古代中国统治者自称天子，皇权受命于天。在中华文明的远古传说中，中华民族祖先黄帝轩辕氏的诞生或许就和地球物理现象联系在一起。每个朝代都设置太史、钦天监等官职，除记载史事，编写史书，监管国家典籍、天文历法、祭祀等外，都非常关注包括天文、地理在内的各种自然现象，即所谓"天象"记录。因此，中国与西方相比，这些古代天象记录具有明显的系统性和官方的可靠性，不论是极光、流星、陨石，还是地震、潮汐、火山、地热等等，其时间、地点都记录得比较详细和准确，为今天的科学研究提供了珍贵的资料。

　　中国是地震多发国家，历史地震史料丰富且悠久。早在帝舜三十五年（公元前2222年）就有"墨子曰：'三苗欲灭时，地震泉涌'"的记载（见李昉《太平御览》）。自殷（公元前1401年）开始，历代朝廷都把地震作为灾情记录下来。此外，古书、地方志以及档案、碑帖、家谱乃至野史中都有有关地震的记载。跨越3000多年的历史地震资料，是对只有百余年历史的地震仪器记录（地震图）资料的重要补充，对于地震灾害防御研究有重要价值。早在东汉时期（25—220年），太史令张衡就发明了能够探明地震方位的候风地动仪，虽然实物已经失传，但是基于惯性作用原理的设计理念和地震是从地下传过来的远处震动的唯物主义认识，与现代地震学观点是一致的。

　　中国古代很早对地磁现象就有了感性认识。早在公元前3世纪，就发现了磁石的指极性，汉唐甚至之前，中国就有了关于磁（慈）、针等相关的字样记载，确切的细节记载则不迟于宋代。杨维德、曾公亮、沈括先后记载了磁针指极和地理南北极之间的夹角、和水平面的夹角现象以及指南针的制作方法。虽然中国未能将这些现象和地球整体属性联系起来，像吉伯（William Gilbert）及其后的学者那样利用磁针进行的观测并建立地磁学，但其作为地球物理学的基本探测工具，在地磁学与地球物理学发展过程中的作用是毋庸置疑的。沈括所记载的悬丝安置磁针的方法，至今仍为现代地磁仪器所借鉴。

中国古代关于地热现象的认识源于温泉。最早见诸先秦古籍《山海经》，称温泉为汤谷、温源谷。学者、文人很早就认识到温泉的医疗作用，并对温泉成因、分类、用途进行了研究。中国古代对温泉的利用除洗浴治病外，还将其用于农田灌溉和提取硫黄。中国是最早从温泉中提取硫黄的国家。

早在战国时期，就认识到海水涨落与月亮盈亏有关，这些认识主要是直观经验的总结。到了唐代以后，有人试图对海洋潮汐成因做出理论解释。唐宝应、大历年间（公元 762—779 年）窦叔蒙所著《海涛志》是中国第一部关于潮汐的科学论著，据此推算潮汐周期平均值与现代准确值十分相近。

极光是人用肉眼可直接观察到的空间物理现象，是一种绚丽多彩的高空发光现象。一般出现在高磁纬地区。中国大部分地区（特别是政治、经济中心）处于中低纬地区，极光现象难得一见。但在太阳活动激烈年份也有例外。此外，无论在东方还是西方古时都无"极光"一词，而且极光形态也不一，故对古时极光的界定存在困难。中国对极光现象的观察留下了宝贵的文字、图画资料，其时间、地点的准确性和描述的科学性、完整性，对于研究太阳活动和地磁场长期变化有重要意义。中华文明的远古传说中，中华民族的祖先黄帝轩辕氏的诞生或许就和极光现象联系在一起而记载于《史记·五帝纪》中。经过物理学家、地球物理学家、历史学家共同努力，对浩瀚古籍的超越搜寻和全面甄别，共收集到 300 余条可靠的极光记录，这些资料得到了国际同行的赞许。

第一章
中国古代对地球物理现象的观察和认识

第一节　指南针的发明与磁偏角、磁倾角现象的发现

指南针是利用磁铁在地磁场中的南北指极性制成的一种指向仪器，它在古代航海、军事和铁矿石勘测上曾起过重要作用。

一、中国古代发明了指南针

在春秋战国时（前770—前221年），采矿和冶炼业发展上已有相当规模。在寻找铁矿过程中，人们开始认识了磁石。在古代中国没有"磁"这个字。由于古人把磁石吸铁比作"母子相恋"，才多把"磁"字写成"慈"字。《管子·地数篇》中有"上有慈石者，下有铜金"的记述。这一记载很可能意味着人们会利用吸铁性去寻找铜金，或许可作为勘探地球物理学的远祖著述。

中国古代不但发现了磁石的吸铁性，而且也发现了磁石的指极性。春秋齐国（前770—前476年）《鬼谷子·谋》中记到："故郑人之采玉也，必载司南，为其不惑也。"东汉王充在《论衡》中说"司南之杓，投之于地，其柢指南"，这是对司南最早、最清楚的一次表述。王振铎经过考证认为，战国末到李唐天宝年间（742—756年），哲人学者在文献、典籍中记载的司南即是辨别方向的仪器，利用的是磁石指极性。宋代发明指南针之前，就发明了指向仪器——司南，并判定司南为勺形天然磁石配合地盘，并尝试制作了司南的复原模型（王振铎，1948）。20世纪50年代初，考古学家和物理学家合作以天然磁石制作勺形司南，因天然磁石磁矩小、底部摩擦力大而未成功。将司南理解为可指向的磁勺，虽是主流看法，但是从古文献考证到实验验证方面在学术界一直存有争议（刘亦丰等，2010）。不过，这一争议并不影响中国古代发明了指南针的事实。

物理史学专家戴念祖（2001）指出，指南针发明的时间最晚是在唐中晚期的八、九世纪，其时占卜家已经用了指南针。关于"磁针"的文字记载也初见于唐代段成式

于 843 年成书的《酉阳杂俎》等一些杂散的文学、堪舆、记事性文献中，但不太具备科学的准确性。11 世纪北宋时期。曾公亮、丁度受皇命主编、成书于康定元年到庆历四年（1040—1044 年）的《武经总要》中有关于水浮指南鱼的记载："若遇天景曀霾，夜色瞑黑，又不能辨方向，则当纵老马前行，令识道路，或出指南车或指南鱼以辨所向。指南车法世不传。鱼法以薄铁叶剪裁，长二寸、阔五分，首尾锐如鱼形，置炭火中烧之，候通赤，以铁钤钤鱼首出火，以尾正对子位，蘸水盆中，没尾数分则止，以密器收之。用时，置水碗于无风处，平放鱼在水面令浮，其首常南向午也。"这里记录的，即是以没有磁化的铁片，经过淬火制成磁化的落叶铁——一种低碳钢的方法。这种人工磁化方法要比英国物理学家吉伯记载的早 500 余年。这一段文字清楚表明，最晚在 11 世纪初，不但发明了指南鱼，而且获得了实际应用。

指南针发明的集大成者是北宋著名学者沈括（图 1-1-1）。他在 1088 年所著《梦溪笔谈》（卷二十四杂志一）指出"方家以磁石磨针锋，则能指南，然常微偏东，不全南也。水浮多荡摇。指爪及碗唇上皆可为之，运转尤速，但坚滑易坠，不若缕悬为最善。其法取新纩中独茧缕，以芥子许蜡，缀于针腰，无风处悬之，则针常指南。其中有磨而指北者，予家指南、北者皆有之。"从中可见：方家用磁石磨针锋，制造指南针；支撑磁针的方法有 4 种，即水浮、放在指甲上、放在碗边和用一根蚕丝悬挂；发现磁偏角现象。在现代地磁仪设计中缕悬法原理还在采用。

在稍晚一些的史籍中，也记载了应用天然磁石制作指南针的方法。南宋末年陈元靓所著《事林广记》中记载了旱罗盘的两种形式——指南鱼和指南龟。记述"以木刻鱼子，如拇指大，开腹一窍，陷好磁石一块子，却以蜡填满，用针一半金从鱼子口中钩入，令没放水中，自然指南。以手拨转，又复如初。以木刻龟子一个，一如前法制造，但于尾边敲针入去，用小板子，上安以竹钉子，如箸尾大，龟腹下微陷一穴，安钉子上，拨转常指北"（图1-1-2）。

北宋时期指南针已经应用于航海和军事。朱彧所著《萍洲可谈》中，记叙了"舟师识地理，夜则

图1-1-1　北宋政治家、科学家沈括[1]
（1031—1095）

图1-1-2　南宋时期出现的木刻指南龟（复原模型）

---

[1]　图引自朱岗崑、孙枋友所编《指南针和现代地磁学》（人民教育出版社，1985年）。

图1-1-3　张仙人瓷俑
（又称罗盘仙人俑）

观星，昼则观日，阴晦观指南针"。《萍洲可谈》成书于1111—1117年，但记述的是1086年的事。学术界公认，宋代之前中国发明了指南浮针和用于航海的水罗。20世纪80年代考古新发现，又佐证了中国最早发明了旱罗盘。1985年5月，在江西临川县出土的南宋庆元四年（1198年）的墓葬中发现一大批陶俑，其中有一件题名"张仙人"的俑（图1-1-3）一式二件，俑高22.2cm，手捧一件大罗盘，是古代风水先生的形象。此罗盘模型磁针装置方法与宋代水浮针不同，其菱形针的中央有一明显的圆孔，形象地表现出采用轴支承的结构。证明早在12世纪，中国就已使用旱罗盘确定方位（王刚，1991；戴念祖，2001）。

二、中国最早发现了磁偏角、磁倾角现象

在科学史上，中国最早于北宋时期（公元960—1127年）就发现磁偏角、磁倾角现象的存在。

在《武经总要》水浮指南鱼制法中，提到要"没尾数分为止"，从现代地磁观点来看，"没尾数分"即铁叶倾斜与磁力线方向保持一致。而这一方向与水平面有一夹角。这种经验性的做法在客观上揭示了磁倾角现象的存在。这一发现要比德国人哈特曼（G. Hartmann）1544年发现磁倾角早了近500年。

至于磁偏角，物理学史专家戴念祖认为，北宋庆历元年（1041）司天监堪舆家、天文学家杨惟德著《茔原总录》中"客主的取，宜匡四正以无差，当取丙壬针于其止处，中而格之，取方直之正也。……故取丙午壬子之间是天地中，得南北之正也"已表明磁偏角的存在（戴念祖，2001）。所谓"匡四正以无差"，即无误差的指出东南西北方向；"当取丙午针"，即使指南针对着罗盘的丙、午针方位之间。图1-1-4为中国古代罗盘方位示意图，利用地支、天干和八卦文字将圆周分为24等分，每等分相当于现在的15°。丙午之间即为7.5°。这是世界历史上第一次记录，并且是定量记录了磁偏角现象的存在。

《梦溪笔谈》中记载"方家以磁石磨针锋，则能指南。然常微偏东，不全南也"，公元1115年寇宗奭《本草衍义》中记载"以针横贯灯心，浮水上，亦指南，然常偏丙位"，丙位即针端指南偏东约15°，按照现在对磁偏角的定义，丙位时磁偏角为-15°（即偏西15°）与中国大部分地区磁偏角在-10°～+2°之间相近，这比哥伦布1492年横渡大西洋时发现磁偏角现象早了400余年。

宋代关于磁偏角的记载可以说还很不系统，到了明代，来自皇家的官方与个人、有意和无意的两个活

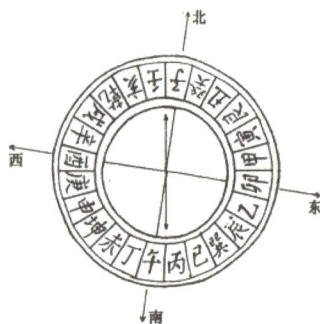

图1-1-4　中国古代罗盘方位示意图

动却使中国在磁偏角测量上留下了更具超前意义的记录。出自官方的是 1405—1433 年间郑和船队 27 000 多船员、200 多艘船只的七次远洋航行，这是有意的国家政治、经济活动，而中国航行家的精细导航技术、船队的缜密组织管理、官家的严谨保留档案记录的传统，无意中在科学上给中国和世界留下了从太平洋西岸经中国南海、马六甲海峡、和印度洋沿南亚、阿拉伯海岸直至东非海岸的详细的磁偏角记录——罗盘的针位图，从现代地磁学来看，这无疑是人类历史上的第一次航（海）磁测量、第一次地磁测量活动。

有目的地对地磁偏角进行测量的是朱元璋的第九代孙朱载堉，相对于宋代的文字描述和郑和船队的针位记录，朱载堉在细分圆周为 100 等分——其称之为"刻"的基础上，测得了更精确的磁偏角数值：1 又 1/3 刻，换算可得 4° 48′并得出"八方之地，各有偏向"的结论。从现代科学的角度看，这无疑是地磁观测定量化的一大进步，而且相对于地磁学的开创者吉伯认为地磁偏角各地相同来看，不能不说朱载堉的工作具有相当的科学与实验意义（戴念祖，2001）。

宋代以前，中国发明了指南针，客观揭示了磁偏角和磁倾角现象，可谓地磁学研究的先驱。这种认知，尚属经验阶段，与现代地磁学还差关键的一步。沈括已经认识到这一点，他在《梦溪笔谈》中说："磁石之指南，犹柏之指西，莫可原其理。"可惜的是，宋代以后中国没有按照沈括认识到的科学发现的轨迹走下去，与现代地磁学的建立失之交臂。

第二节　候风地动仪——中国古代的伟大科学成就

中国是地震多发国家，中国人对地震的观察和记载相当久远。有文字可考的最早记录可追溯到公元前 23 世纪（帝舜三十五年）"地震泉涌"的记载。《竹书纪年》一书中提到"三十五年帝命夏后征有苗"、"三十五年帝命夏后征有苗，有苗氏来朝"。帝指舜帝，夏后指大禹，大禹征三苗的时间在帝舜三十五年。通鉴外记注引随巢子汲冢纪年云：三苗将亡天雨血夏有冰地坼及泉。《太平御览》引此云：三苗欲灭时地震坼泉涌。帝舜时代大约是在公元前 23 世纪。《竹书纪年》中载公元前 1831 年"泰山震"。此外，《春秋》《国语》《晏子春秋》《左传》等先秦古籍中也都有关于地震的叙述。

公元前 193 年至公元 128 年是中国历史上一个地震活跃期（吴忠良和刘宝诚，1989）。这时正值自秦始皇统一中国后中国第一个大统一王朝——汉朝（前 202—公元 8 年西汉，20—220 年东汉）。东汉伟大政治家、科学家和发明家张衡（78—139 年）就是生活在这一历史地震活跃期的后期（图 1-1-5）。据李善邦 1991 年所著《中国地震》中记载，在张衡任太史令前后的 92—128 年间（东汉和帝永元四年至顺帝永建三年），京师洛阳和郡国共发生 6 次地震。张衡就是在这一历史背景下发明了候风地动仪，一

图1-1-5 张衡（78—139）[1]

种可以验证地震发生及其方位的仪器——验震器。

张衡所处时代，农业、手工业和文化、科学技术相当发达。张衡博学多才，卓尔不群，两次出任太史令，任期达14年，执掌天时星历研究工作，拥有丰富的图书、人力等社会资源。安定的社会环境和得天独厚的研究条件，使他聪明才智得以充分发挥。他在天文学、地学、机械制造等方面都有很高的造诣。他先后复制了应用磁针的指南车，发明了土圭、自动三轮、自飞木雕，候风地动仪的发明为其辉煌成就的杰出代表。

5世纪中叶，南朝刘宋时期史学家范晔修撰的《后汉书·张衡传》中，对候风地动仪有如下的描述："阳嘉元年，复造候风地动仪。以精铜铸成，员径八尺，合盖隆起，形似酒尊，饰以篆文、山、龟、鸟、兽之形。中有都柱，傍行八道，施关发机。外有八龙，首衔铜丸，下有蟾蜍，张口承之。其牙机巧制，皆隐在尊中，覆盖周密无际。如有地动，尊则振，龙机发吐丸，而蟾蜍衔之。振声激扬，伺者因此觉知。虽一龙发机，而七首不动，寻其方面，乃知震之所在。验之以事，合契若神。自书典所记，未之有也。尝一龙机发而地不觉动，京师学者咸怪其无征。后数日驿至，果地震陇西，于是皆服其妙。自此以后，乃令史官记地动所从方起。"

候风地动仪发明后，置于洛阳灵台上，与浑象、浑仪、圭表、刻漏等天文仪器一起，供观测之用。史载公元138年曾测到陇西发生的一次地震。可惜候风地动仪没能流传下来。它是在哪个朝代遗失的，至今尚无确证。有一种看法认为，可能是在"永嘉之乱"（307—312年）后失落的。历史上虽有记载，有人曾致力于候风地动仪的复原研究，如《魏书·信都芳传》说，南北朝时的信都芳著有《器准》一书；又如《隋书·临孝恭传》也说，临孝恭著有《地动铜仪经》，可惜这些著作均已失传。《后汉书·张衡传》中的196个字，成为迄今为止的唯一历史佐证，它承载的是中国古代的一项伟大发明，为世人所瞩目。

19世纪末，现代地震仪诞生前夕，日本现代地震学奠基人之一、1880年当选日本地震学会第一任理事长的服部一三，1875年从美国回国后，曾请一位画家按照《后汉书·张衡传》中的描述画了一幅候风地动仪图像（萩原尊礼，1985）。这是现代地震学发展史上复原候风地动仪的最早尝试，在国际上产生了广泛影响，也表明了日本地震学界对候风地动仪的推崇（图1-1-6）。其后，英国地震学家米尔恩（J. Milne）、日本地震学家萩原尊礼等先后进行过复原研究。1882年，米尔恩在其所著的《地震和地球的其他运动》一书中，详细介绍了候风地动仪，充分肯定了这一发明的伟大科学意义。受到候风地动仪的启迪，19世纪90年代初，他发明了水平摆地震仪。

---

① 图引自中国人民邮政发行的邮票。

图1-1-6　候风地动仪复原图像（日本服部一三，1875）[①]

　　中国古代科技史专家王振铎自1936年始，致力于候风地动仪的研究，经过20余年不断探索、改进，于1959年制成候风地动仪1∶2复原模型，陈列于中国国家博物馆（王振铎，1963a，1963b），见图1-1-7。这一工作得到了中国史学界、科技界和公众的广泛认同，并在世界上产生了巨大反响。候风地动仪复原模型成为了中国古代科技成就的符号和象征。

　　中国现代地震观测的奠基人、中国第一台现代地震仪设计制造者李善邦对候风地动仪的设计思想和复原工作做了科学的历史唯物主义的分析："今之张衡候风地动仪再造图像都是根据《后汉书》所说做的。……都大同小异，惟内部的'都柱'安置，《后汉书》没有详述，很可能是吊着的或倒置的。"无论哪种，都是物体惯性作用所致（李善邦，1991）。惯性作用原理仍是现代地震仪的理论基础。地震学家傅承义在其主编的《中国大百科全书固体地球物理学·测绘学·空间科学》中，收录了王振铎撰写"候风地动仪"词条。傅承义精辟地指出："东汉张衡在公元132年设计制造了世界上最早的地动仪，这是人所共知的，但更重要的是他的科学概念。地动仪的设计充分证明张衡已经知道地震是由远处一定方向传来的地面震动。这是一个本质的理解，现代地震学正是根据这种认识建立起来的。"（傅承义，1985）。

图1-1-7　候风地动仪复原模型
（王振铎，1959）

────────────

[①]　图片摘自萩原尊禮《地震學百年》（東京大學出版社，1985年）。

张衡发明候风地动仪伟大意义在于，从他朴素的唯物主义思想中，我们看到了现代地震学的萌芽。候风地动仪的科学意义和历史价值为国际地震学界所称道。在1952年新西兰地震学家、地震波走时表发明人之一的布伦（K. E. Bullen）所著《地震学引论》、1955年苏联著名地震学家萨瓦林斯基（Ф.П.Саварёнский）和测震学家基尔诺斯（Д. П. Кирнос）合著《地震学和测震学》、1958年美国地震学家李希特（C. F. Richter）所著《地震学基础》等地震学经典著作中被广泛引用。

第三节 地热现象

地热是来自地球内部的一种能量。地球是一个庞大的热库，蕴藏着巨大的热能。这种热能通常通过岩石层传导到地球表面，温泉是最常见的地热露头，而火山则是最强烈的地热显示。火山最常见的形式是：地下岩浆和伴生的气、水沿地壳薄弱处，以爆炸或喷射的形式冲出地表；有时岩浆沿着地壳裂缝"宁静"地溢出，冷却后形成熔岩流；也有时没有岩浆喷溢，只有喷射气体和灰尘（刘嘉麒，1999）。

由于中国特定的地质条件，自全新世（1万年以来）起，特别是有历史记载以来，中国缺少现代火山活动。在中国古代典籍中，如《山海经》《神异经》《水经注》等书中多有对"火山"的记载，但大都与现代地质学意义上的火山并不相同，多为神话传说，或指其他自然现象（如地下煤层自燃而冒火冒烟的山）。中国西南最著名的火山是云南省腾冲县的打鹰山。明代旅行家徐弘祖（号霞客）在1639年登顶打鹰山时，对火山口地形及其浮岩做了生动、翔实的描述，并记述了当地百姓对打鹰山火山喷发的印象，但徐弘祖当时还不认识打鹰山是地质学意义上的火山。后人根据徐弘祖所著《徐霞客游记》和实地考察，推断打鹰山喷发年代应当在明代万历三十七年（1609年）（刘嘉麒，1999）。也有人提出异议，根据现代岩石测龄结果，打鹰山喷发时间最早是20万年前，最晚是5万年前，1609年火山喷发一说缺少科学依据。17世纪以来，东北长白山、黑龙江五大连池、西昆仑和台湾等地都有火山喷发，但是古籍中的记述不足为火山活动的科学凭证。

中国古代对温泉的记录却很丰富，起源也很早。先秦古籍《山海经》中称温泉为汤谷、温源谷。《山海经》是中国古代富有神话色彩的地理书，共有3经18卷。在其海经13卷《海内东经》中曾记述："温水出崆峒山，在临汾南，入河，华阳北。"

对温泉的利用则应在史前时代。人们借助大自然的恩赐，利用热矿泉来治疗疾病和消除疲劳。温泉利用的最早记载是西周末年，周幽王（前781—前771年）在镐京城东的骊山温泉建过"骊宫"。秦始皇（前259—前210年），为了治疗身上的疮伤，在骊山建"骊山汤"。

自东汉魏晋南北朝以来，不断发现新的温泉和温泉医疗、保健作用，有关温泉的文献很多。如东汉张衡于96年到骊山考查，作《骊山·温泉赋》，详细记述了温泉的治病、除秽、保健的功能，这是中国古代有关温泉治病的最早记录。北魏郦道元在其所著《水经注》中不但记载了"鲁山皇女汤"的治病功能，还记载了另外39处温泉，包括北京延庆佛峪口温泉。唐朝贞观十八年（644年）辽宁汤岗子温泉被人发现。唐高宗总章元年（668年）高僧释道世编撰的《法苑珠林》第十二卷，节选了王玄策3次出使印度（643—661年）所撰写《王玄策行传》（已失传）部分段落："吐蕃国西南有一涌泉，平地涌出，激水遂高五六尺，甚热，煮肉即熟，气上冲天，像似气雾。"但不知其具体地点。据20世纪末考古发现认为，这处涌泉很可能是西藏定日附近的鲁鲁下沸泉。

唐代《初学记》是一部类书（中国古代一种大型的资料性书籍），取材于群经诸子、历代诗赋以及唐初著作，由徐坚等辑录。《初学记》记载了温泉治病的事实，列举了全国温泉的位置、温泉的性质和功能以及有关温泉的诗赋。

关于温泉的成因，宋代唐庚在其《汤泉记》中，批评了地形说和硫质说，而提出"自为一类，受性本然"。南宋末年词人周密在公元1290年完成的《齐东野语》中认为，温泉之热是地下硫黄和矾石燃烧的结果。

1596年，明代李时珍所著《本草纲目》记载了温泉的治病功效："方士每教患有疥癣、风癫、杨梅疮者饱食入池，久浴后出汗，以旬日自愈也。"李时珍还引用宋代胡仔所著《苕溪渔隐丛话》，将温泉分成五类：硫黄泉、朱砂泉、矾石泉、雄黄泉和砒石泉。

中国古代对温泉的利用，除用于洗浴治病外，还被用于农业灌溉和提取硫黄。

北魏郦道元在《水经注》卷三十九中有载："县界有温泉水，在郴县之西北，左右有田亩数千亩。资之以溉……"稍后，唐代《元和郡县志》记载："温泉在县北，常溉田。十二月种，明年三月熟，又可一年三熟。"

中国是从温泉中提取矿物原料硫黄最早的国家。硫黄主要产于高热温泉区，如云南腾冲和台湾。《徐霞客游记》详细记载了徐弘祖于己卯年（1639年）五月初七冒雨造访腾冲县硫黄塘的情况，包括沸泉喷水、喷气壮观场景以及养磺养硝过程（廖志杰和汪集旸，2007）。

第四节　潮汐现象

古代称海水白天上涨为"潮"，夜晚上涨为"汐"。潮汐是海洋中最为常见的一种现象。中国有漫长的海岸线，潮汐规律性的涨落乃至蔚为壮观的场面，自然引起人们的关注和研究。早在2000多年前的《山海经》就有"鲸出洞时则退潮，入洞时则涨潮"之说。

成书于战国时期（前475—前221年）中国医书《黄帝内经·灵枢》（《灵枢经》）说到"月满则海水西盛，月廓空则海水东盛"。东汉王充的《论衡》写道："涛之起也，随月盛衰"。这些记载说明了海水的涨落与月亮的盈亏有密切关系。北宋的余靖在《海潮图序》中说："潮之涨退，海非增减。……彼竭此盛，往来不绝。"说明他已认识到海洋中的潮汐实际上是一种波动过程。

上述记载都是直观经验的总结。唐代以后，有人试图对于海洋潮汐成因做出理论解释。在古代各种潮汐说中，自然感应说最具说服力。潮汐升降与月相变化的同步关系，自然使古人把前者的产生原因归结为后者，认为潮汐是月与海水相感应的结果。唐代封演的论述颇具代表性："虽月有大小，魄有盈亏，而潮常应之，无毫厘之失。月，阴精也，水，阴气也。潜相感致，体于盈缩也。"古人不仅认识到潮汐与月球的运行有关，而且进而认识到潮汐是日月共同作用的结果。北宋张载即指出："海水潮汐……间有大小之差，则系日月朔望，其精相感。"张载说的较为概括，与其同时代的张君房经过长期观察研究后，对日月如何相互感应而引起潮汐的，作了具体阐述："日迟月速，二十九日差半而月一周天。……凡月周天则及于日，日月会同，谓之合朔，合朔则敌体，敌体则气交，气交则阳生，阳生则阴盛。阴盛则朔日之潮大也。自此而后，月渐之东，一十五日，与日相望，相望则光偶，光偶则致感，致感则阴融，阴融则海溢，海溢则望日之潮犹朔之大也。斯又体于自然也。"

海洋潮汐是有规律现象，潮汐预报的推算方法古已有之。唐代宝应、大历年间（762—779 年）窦叔蒙所著《海涛志》，是中国古代第一部关于潮汐的科学论著。全书分六章，第一章总论，论述潮汐成因；第二章论涛数，论述海洋潮汐涨落循环规律；第三章论涛时，论述对高低潮时的推算方法；第四章论涛期，论述潮汐日、月、年内的变化规律；第五章论朔望体象，论述日月运行自然现象与君臣将相的人间行为；第六章论春秋仲涛解，阐述一年内出现大潮的问题。《海涛志》中指出潮时与月相之间关系，据此所推算的潮汐周期平均值与现代准确数值十分相符（苏纪兰等，2007）。

第五节　极光现象

在地球高纬度地区，每当夜幕将临之际，夜空中经常出现绚丽多彩的发光现象。有时在地平线上出现微弱绿光，或占满了大部分天空的红色光弧；有时忽然间闪耀着明亮的射线，忽然间射线散开成明亮的光带，还会摆动；有时突然间一片巨大的光幕自天空向下垂落；有时在天顶上忽然闪耀着火焰，光辉沿着整个天空传播……这就是所谓的极光现象——唯一能用肉眼看到的空间物理现象。现代研究认为，极光是由来自太阳活动区的高能带电粒子撞入地球极区高层大气后所激发的发光现象，主要是发生在被称为极光带（地磁纬度 65° ~70°）的区域。

极光从遥远的古代就引起了人们的注意。当然，无论是西方还是东方，都不是从一开始就有"极光"一词来指称这种绚丽多彩的高空奇观。在古代西方，阿那克西米尼（Anaximenes）、阿那克萨哥拉（Anaxagoras）和亚里士多德（Aristotle）都曾叙述过可以认为是极光的现象。他们称其为"稀有的景色"、天上的"裂缝"，有的甚至称之为"流星"或"闪烁的星"。直到 17 世纪，才由伽桑迪（Gassendi）将之命名为"北方的曙光"，其希腊单词 Aurora borealis，对应英语为 Northen light，即便此时，西方的极光记录仍经常与彗星相混淆，直到 18 世纪，现在的极光概念才逐渐明晰起来。Aurora 一词一直在英语中沿用至今，原来并没有"极地、极区"的含义，中国近代学者根据科学发展对这一发光现象区域特点的认识，将其翻译为极光。

由于中国地域，特别是政治经济核心区域远离极区，严格地说中国政权核心区域的记载应该没有"极区的光"的现象记载。但是在太阳活动剧烈的年份，极光可以扩展到远离极区的中低纬地域。而远古文明中的不同纬度地区对极光的相关记载，正是研究历史地磁与日地空间物理的宝贵资料。在这方面，中国和东方文明中优良的观察、记录传统为人类留下了宝贵的文字甚至图画资料。

从现在国际上历史极光记录的发掘研究看，中国的极光记录资料由连续性强的记录点获取的，是由官方机构和官员作为一项职务工作进行的，这些官员在每个朝代的每个首都国家天文台上记录，观测的经纬度记录清楚，记录的时间都很细微，描述用语科学、准确、不漏。记录出现的地点、消失的地点，极光的形状、运动、情景、云彩等项目详尽。

1974 年底，在中国科学院、教育部和国家文物事业管理局共同召开的整理研究祖国天文学规划座谈会上，中国科学院的北京天文台、云南天文台、地球物理研究所、贵阳地球化学研究所、海洋研究所、空间物理研究所、图书馆，国家海洋局，北京大学地球物理系、地质地理系等单位共同承担了整理和研究中国古代天象记录的工作。这是一项内容繁多、工作量巨大的任务。全国各地 300 多人参与其中，历时近 3 年，查阅了 15 万卷史书、全国地方志及其他古籍，共收集中国古代天象记录 1 万多项，其中极光记录 300 多项。中国科学院地球物理研究所的曾治权、空间物理研究所的金之肇、北京大学地球物理系的李宪之和宋礼庭，在共同完成天象记录的普查后，负责完成了"极光"部分的审核和整理。1988 年《中国古代天象记录总集》由江苏科学技术出版社出版（北京天文台，1988）。《中国古代天象记录总集》的出版引起了国内外同行的关注。其间，参与此项工作的金立肇、曾治权和日本地磁学家福岛直就古代极光资料研究进行过交流，对日本学者福岛直、庆松光雄等人发表的中国、日本、朝鲜古代极光年表的部分内容持有不同看法。但国内学者的意见也不尽一致。这种学术上的争论，有待通过资料考证和对太阳活动及地磁场长期变化规律认识不断深入逐步求得解决 [①]。

关于极光最早的记载可以上溯到中国上古时候的传说时代，中华文明史上某些民族领袖的诞生，在远古传说中就和极光联系在一起。《帝王世纪》中就记载着黄帝诞生的一种传说："（黄帝）母曰附宝（扶朴），见大电光绕北斗枢星，照郊野，感附宝，孕二十五月，生黄帝于寿丘"。而《山海经》记载的"钟山之神"触龙，身长千里，在夜空中发光，经现代学者分析，认为就是极光。再如据《古微书》卷 5，在尧时有"赤光起"的记载。最早而确实的北极光记录是大约在公元前 950 年的《竹书纪年》《太平御览》（卷 874）和《古今图书集成·历象汇编·庶征典》卷 102 等史籍的记载："周昭

---

① 金立肇，曾治权. 东方古极光资料整理研究中的一些问题——与福岛、庆松先生等商榷极光资料的真伪（打印稿）. 1982年4月，未正式发表。

王末年，夜清，五色光贯紫微。"并将其与统治者的去世相关联："其年，王南巡不返"（戴念祖，2002）。中国古代关于极光最确切的科学记录，当属《汉书·天文志》记载公元前 32 年，"孝成建始元年九月戊子，有流星出文昌，色白，光烛地，长可四丈，大一围，动摇如龙蛇形。有顷，长可五六丈，大四围所，诎折委屈，贯紫宫西，在斗西北子亥间，后诎如环，北方不合，留一刻所。"（戴念祖，1975）。这里流星即指极光。这一记录，有极光出现的时间、方位、形态，几乎达到了现代极光观测站的记录标准。

在中国古代的历史文献中，对极光现象描述大致有 3 类，一是与流星、彗星等天象相混并用于与之相关的象形描绘，如"枉矢"（流星）、"天狗"、"蚩尤旗"（彗星）、"星陨如雨"等（曹冲，1989；朱岗崑，2006），这不是其主要形式、用作记载较少，近年学者有些对其指称极光也有不同看法；二是用直观、形象的词汇直接描述，如赤光、金光、天赤、赤云、黄云、"开天眼"等；三是用"气"来描述，约有 80% 的极光记录使用了"赤气"、"紫气"、"黄气"等，从西汉时期的《开元占经》卷 3.《太平御览》卷 1 所见"天北有赤者如席，长十余丈，或曰赤气"的记载以后，随着时间的推移，这种与"气"相关的描述用词被越来越多的应用（戴念祖，2002）。比较中外对极光描述的用词，中国更加接近现代科学对于极光产生机制的认识。

物理学史专家戴念祖，以及曾治权、金立肇对中国古代极光现象的研究得到了国际极光研究者的认同和称赞（戴念祖和陈美东，1980a，1980b；庆松光雄，1970；Dai，1984）。

通过中国的记录，人们首先认识到了极光可以到达地球纬度很低的地区，这在欧洲也有记载，但是中国的记载更丰富、连续且具有官方机构的可靠性。有些记载还和欧洲的记录时间一致，例如《旧五代史》卷 76 记载到：937 年 12 月 14 日夜，"有赤白气相间，如耕垦竹林之状，自亥至丑，生北浊，过中天，时明时暗，偏二十八宿，彻曙方散"。《宋史·志·卷九》记载：1014 年 9 月 29 日，"大中祥符七年正月己西，含誉星见。其年九月丙戌，又见似彗有尾而不长"。1138 年 10 月 6 日，南宋都城临安（今杭州），"有赤气如火，出现在紫微垣内，或正北方有赤气如火影"。这 3 次极光在欧洲有记载，这为世界古代极光的研究，提供了极好的相互印证与地域分布资料。

这种连续性记录还有另一个重大意义。由这些记录，结合其他一些国家的记录，可以把对太阳活动强度的研究向前推近 2000 年，即由直接太阳活动观测的 18 世纪前推到公元前 2 世纪（戴念祖和陈美东，1980c；Dai et al.，1983）。

在这些对极光现象各种精彩的文字描述之外，中国古代文献中也有用绘图甚至是彩色绘图描绘的极光。这种尝试应该很早就开始了，而现在所能见到的是 15 世纪明代初期的绘图。在编撰于洪熙元年（1425 年）的佚名著作《天元玉历祥异赋》中，一些对天空所谓"气"的彩色绘图和现代一些典型类型的极光照片极其相似，甚至可以和现代彩色极光照片相比拟，可以看成古代极光的彩色图集。

关于中国历史上对极光现象记载的认识，在学术界有广泛共识：这些珍贵的记录资料为世界极光资料积累做了重要贡献，对于研究太阳活动和地磁场长期变化具有重要科学价值，同时也反映了中国直到 17 世纪末的科学成就（江晓原，2009）。但在具体事件认知上难免存有争议。

参考文献

北京天文台．1988．中国古代天象记录总集［M］．南京：江苏科学技术出版社．

曹冲．1989．极光的故事［M］．北京：海洋出版社．

戴念祖．1975．我国古代的极光记载和它的科学价值［J］．科学通报，（10）：457-464．

戴念祖．2001．物理学卷［G］//卢嘉锡．中国科学技术史．北京：科学出版社．

戴念祖．2002．电和磁的历史［G］//戴念祖．中国物理学史大系．长沙：湖南教育出版社．

戴念祖，陈美东．1980a．关于中、朝、日历史上北极光记载的几点看法［J］．科技史文集：第 6 辑 天文学史专辑，56．

戴念祖，陈美东．1980b．历史上的北极光与太阳活动［J］．科技史文集：第 6 辑天文学史专辑，69．

戴念祖，陈美东．1980c．中、朝、日历史上的北极光年表［J］．科技史文集：第 6 辑 天文学史专辑，87．

傅承义．1985．固体地球物理学、测绘学和空间科学［G］//中国大百科全书总编辑委员会，中国大百科全书出版社编辑部．中国大百科全书：固体地球物理学 测绘学 空间科学．北京：中国大百科全书出版社．

江晓原．2009．中国古代天学概述［G］//路甬祥．走进殿堂的中国古代科技史．上海：上海交通大学出版社，55-56．

李善邦．1991．中国地震［M］．北京：地震出版社．

廖志杰，汪集暘．2007．地热学思想史［M］//涂光炽．地学思想史．长沙：湖南教育出版社，75-109．

刘嘉麒．1999．中国火山［M］．北京：科学出版社，5-8．

刘亦丰，刘亦末，刘秉正．2010．司南指南文献新考［J］．自然辩证法通讯，32（5）：54-59．

苏纪兰，汪品先，方国洪，等．2007．海洋学思想史［M］//涂光炽．地学思想史．长沙：湖南教育出版社，403-432．

王刚．1991．南宋堪舆旱罗盘的发明之发现［J］．中国科技史料，12（1）：68．

王振铎．1948．司南指南针与罗经盘［J］．中国考古学报，（4）．

王振铎．1963a．张衡候风地动仪的复原研究（续）［J］．文物，（4）：1-20．

王振铎．1963b．张衡候风地动仪的复原研究［J］．文物，（2）：1-9．

吴忠良，刘宝诚．1989．地震学简史［M］．北京：地震出版社．

朱岗崑．2006．极光故事与探索［M］．北京：气象出版社．

庆松光雄（Keimatsu M）．1970．中国、朝鲜和日本观察的极光和黑子年表（A Chronology of Aurora and sunspots observed in China，Korea and Japan）［J］．Ann.Sci.Kanazawa.Univ.7，part 1 and 2．

萩原尊禮．1985．地震學百年［M］．東京：東京大學出版社．

Dai N E，Chen M D，Zhang E J，et al.1983.Periodicities in the Occurrence of Aurora as Indicators of Solar Variability［G］//Marcia Neugebauer.Solar Wind Five.New York：NASA Conference Publication，2280：349-352．

Dai N Z.1984.Historical record of aurora in the orient［J］．EOS（Transction AGU），65（16）：9257．

第二章
地磁和地震观测从欧洲传入中国

　　1543 年哥白尼在其出版的《天体运行论》中提出日心说，标志着自然科学开始从神学桎梏中解放出来。1590 年，伽利略通过自由落体实验求出地球重力加速度为 9.8m/s²，而且证明了重力加速度与质量无关；1600 年，英国吉伯发表了地磁学的开山之作《磁体论》，提出磁针指极性是源于地球本身是一块巨大磁石。这两大发现奠定了地球物理学两大分支学科——地磁学和重力学的基础。至 1687 年，牛顿发表《自然哲学的数学原理》，开启了包括引力在内的力学定量化、数学化的阶段。而在这一时期，随着清王朝巩固政权，西方的现代科学开始随着各种人员交流被带入中国。在地球物理学方面，首先传入中国的是地磁与地震观测。

第一节　现代地磁观测传入中国

　　17 世纪现代地磁学建立之初，地磁观测仪器面世不久，为了更全面研究地磁场在全球各地区的分布和交通运输的需要，俄、英、法、德等国即开始了在中国进行现代意义上的地磁观测。观测工作有三种：地磁测量、地磁台长期记录和地磁异常区探测。
　　中国最早的地磁测量是 17 世纪下半叶，清初著名数学家、天文学家梅文鼎（1633—1721 年）在南京、苏州所做的磁偏角测量（陈宗器等，1938）。外国人于康熙二十二年（1683 年）及五十二年（1713 年）在北京所做的磁偏角测定，观测者姓名已无记载，由 W.Van Bemmeln 收集发表方得以流传。1703—1709 年，P.Jartoux 及 P.Regis 测定了山海关、嘉峪关及吉林某处（北纬 43° 50′，东经 130° 29′）等三点的磁偏角。1711 年他们又在山东登州、莱州进行了两处地磁测量。在香港，也很早就进行了一处地磁观测，而且复测次数最多，所测地磁要素有偏角及倾角两项。在上海，徐家汇地磁台建成以前也做了地磁偏角及倾角的测量。
　　1840 年以后，俄、法、英等国大大扩展了在中国的存在与活动范围，在自然科学、地学以至地磁学领域，一方面开始建立长久性的观象台，一方面逐步开展了大范围、多点次的地磁测量。俄国人借地利之便，首先于 1842 年在北京由沙皇政府的领土部门设立了皇家观象台。他们一边着手设立地磁台作长期观测记录，一边选择测点做测线进行地磁测量（陈宗器，1944）。1867—1913 年，俄国人先后在中国东北、蒙古、新疆南部及阿尔泰、华北、华东、中原及京、沪、港等省区进行了 263 个测点的地磁测量，这些测量资料为之后俄国绘制 1909.5 年份的亚洲北部地磁图所用。其在北京建设的地磁台，经过时断时续的观测，终于自 1870 年起，进行了 13 年不间断的磁偏角和水平分量观测记录。该台每日进行绝对观测，磁偏角和磁倾角的观测精度为 0.1′，地磁场水平分量的观测精度为 10 伽马。

比俄国稍后的是法、英两国，也各自在其租借地着手建立地磁台。法国天主教耶稣会于 1872 年在上海徐家汇创建观象台（或称徐家汇天文台），除常规气象观测外，自 1874 年 3 月起开始地磁记录，和北京地磁台同列为世界最早的 20 个地磁台，而其自 1876 年开始即连续进行记录，成为世界地磁学界极其重视的珍贵数据资料。该地磁台人员自 1897 年至 1937 年先后在长江流域、沿海城市及港口、中国南部及西部海岸多地进行地磁测量。

1883 年英国人在香港、汕头、厦门等三处测定了地磁倾角。1885 年建立了香港地磁台，作为香港观象台的一部分。而对于香港最早的地磁测点，该台也进行了 5 次复测。加上其他外国人在中国的复测和法、美海军的复测，从 1782 年到 19 世纪末，该测点共进行了 12 次磁偏角测量和 19 次磁倾角测量。

相对于英、法更晚的是德国政府，其于 1899 年在青岛石柱也建立了地磁台。但相对于俄国而言，该台后来居上，以其连续的观测记录，与香港、上海地磁台并称为远东三台。

这些在中国领土上进行的工作，没有吸纳中国方面参加。但其长期、大范围的测量活动，一方面给世界地磁学留下了早期的珍贵资料，另一方面也对中国现代科学的发展产生了一定的影响。

第二节　现代地震观测传入中国

在中国用现代地震仪观测地震是从 19 世纪末开始的。当时正值清末，外国侵略者在中国划分势力范围，进行经济掠夺和传教等活动，与此同时也开始在中国建立地震台，记录地震。

日本占领中国台湾后，于 1897 年在台北建立台北地震台，1898 年在台南、1902 年在台中、1903 年在台东、1907 年在恒春、花莲、阿里山、高雄和澎湖等地相继建立地震台。1935 年后又增建了宜兰、新竹、嘉义、新港、兰屿、玉山和大武等 7 个地震台，形成了地震观测台网。这些台站使用的是大森式地震仪（摆锤重 14kg）。1930

年以后增加了水平向维歇特地震仪。通过几十年的连续工作，为台湾省地区的地震活动积累了大量资料。1904年，日本在大连建立地震台，自1904年9月7日至1945年9月9日，日本投降终止记录，总共留下原始地震记录图594张，其中213张记录清晰（包括1923年9月1日日本关东大地震地震图、1927年中国甘肃古浪地震地震图、1931年中国新疆富蕴地震地震图）（中国地震局，2002，2003a，2003b）。这些世界著名8级大震记录，有重要的价值。1904—1908年，日本人相继在大连、沈阳和长春等地建立了地震台。从现有记录图来看，日本建立的地震台站维护欠佳，记录断断续续，质量不高。

1904年在法国天主教教会创办的上海徐家汇天文台（气象、天文、地磁观测为主）增设了地震观测，建立了中国大陆上第一个地震台（国家地震局科技监测司，1987）。同年1月22日，大森式水平分量地震仪投入使用，2月5日正式编辑地震观测报告，与气象、地磁数据（1874年开始地磁观测）合刊出版，发表于徐家汇天文台年报之中。为了提高该台地震检测能力，1909年4月15日增设维歇特水平分量地震仪（摆锤重1200kg）。1915年和1924年又分别增设了俄国伽利津式和德国维歇特垂直分量地震仪（摆锤重80kg），开始进行三分量地震观测。为研究地脉动，1932年1月又装设了俄国伽利津–卫立普水平分量地震仪。徐家汇的地震观测设备已经达到了当时的先进水平。由于日本侵略和台站经费不足，1941—1949年，除维歇特水平分量地震仪勉强维持记录以外，其余仪器有的停止了记录，有的断断续续记录。此外，法国天主教传教士曾在陕西西安以北的通远坊一地短期观测过地震。天津中法工商学院也设立过临时地震观测站（1941年7月），记录过小地震。

1909年德国教会工作人员西伯格建立了青岛地震台。台站安装了小型维歇特式水平分量地震仪和垂直分量地震仪。记录保持到1923年11月。1924年由中国接管青岛观象台，蒋丙然任台长。观测工作保持到1937年。由于战事，其记录大部分已经遗失，现保存的《青岛市观象台地震报告》，仅有1931—1932年的3册。

参考文献

陈宗器. 1944. 中国境内地磁观测之总检讨［J］. 学术汇刊，1（2）：99–126.

中国地震局. 2002. 中国早期地震台历史地震图鉴：第一卷［M］. 北京：地震出版社.

陈宗器，等. 1938. 北碚地磁志［J］// 竺可桢先生六旬寿辰纪念专刊，气象学报，20（1、2、3、4期合刊）.

国家地震局科技监测司. 1987. 中国地震台志：第一卷 第一分册［M］. 北京：地震出版社.

中国地震局. 2003a. 中国早期地震台历史地震图鉴：第二卷［M］. 北京：地震出版社.

中国地震局. 2003b. 中国早期地震台历史地震图鉴：第三卷［M］. 北京：地震出版社.

孕育中的中国地球物理学
（20世纪初—1949年）

近代地球物理学起源于欧洲。早在 17 世纪末、18 世纪初（清康熙年间），外国学者就把地磁测量传入了中国，但仅测磁偏角一项（陈宗器，1944）。由于清政府实行闭关锁国政策，严重阻碍了"西学东进"进程。1840 年鸦片战争之后，中国被迫开放门户。19 世纪下半叶起，俄、法、日、德、美等国相继在中国土地上进行较大规模地磁测量，并开始修建用于早期地磁、地震观测的固定台站，最早建成的台站是 1842 年（清道光二十二年）俄国在北京建立的皇家观象台。历时之久、影响最大的台站当属 1872 年（清同治十一年）法国天主教会在上海徐家汇建立的天文台，其早期工作主要是气象要素记录，1874 年（清同治十三年）开始地磁观测，1904 年增加地震观测。此外，俄国、日本在中国东北，日本在中国台湾，德国在青岛等地也建有地震台和地磁台。上述工作有其自身的科学价值，但在鸦片战争之前，清政府闭关锁国政策阻碍了近代科学的传播；其后，中国沦为半殖民地半封建社会，内忧外患，也使中国科学技术向现代化发展的进程受到了制约。

图2-0-1 章鸿钊
（1877—1951）

中国早期地球物理学的发展并没有因循欧美等西方国家及日本传入中国的地磁、地震观测思路，而是得益于中国的地质学家、物理学家洞悉世界科学发展前沿和国家发展需求，经过自己的努力，探索出了一条理论研究和实际应用紧密结合的中国地球物理学发展道路。在这一探索进程中，地质学家章鸿钊（图 2-0-1）、丁文江（图 2-0-2）、李四光（图 2-0-3），以地质学家翁文灏（图 2-0-4）为首的地质调查所以及严济慈（图 2-0-5）领导的北平研究院物理学研究所、丁燮林（图 2-0-6）领导的中央研究院物理研究所、竺可桢（图

图2-0-2 丁文江
（1887—1936）

2-0-7）领导的中央研究院气象研究所做出了开拓性、奠基性贡献。

中国物理学界一代宗师叶企孙（图2-0-8）为中国地球物理事业早期人才的培养做出了杰出贡献。1923年，时年25岁的叶企孙获得美国哈佛大学哲学博士学位。1924年初回国，被当时国内仅有的两所国立大学之一、久负盛名的国立东南大学聘为物理系副教授，与气象学家竺可桢共事，结为好友。叶企孙在东南大学任教3个学期，陈宗器、李善邦是其学生。1925年叶企孙应邀北上，创建改制后的清华大学物理系，自1928年起任清华大学理学院院长、物理系主任，与地质系主任翁文灏结交。使他看到了物理学在地质学、气象学中的应用前景。1929年，推荐李善邦投身地震事业。清华大学物理系先后培养出赵九章、傅承义、翁文波、秦馨菱、刘庆龄、何泽庆等一批杰出地球物理学家。自1933年起，叶企孙以清华大学特种研究事业委员会主席身份掌管清华大学留美事业。当时代表国家选派留学生仅有清华大学一校。这是关系国家、民族未来的大事。叶企孙以其远见卓识和大公无私的爱国主义情怀，从科学发展和国家需要出发设置留美学科。在他的支持下，顾功叙放弃了喜欢的弹道学专业而赴加拿大攻读勘探地球物理学科。1934年叶企孙让他赏识的

图2-0-3 李四光（1889—1971）

图2-0-4 翁文灏（1889—1971）

图2-0-5 严济慈（1901—1996）

图2-0-6 丁燮林（1893—1974）

图2-0-7 竺可桢（1890—1974）

图2-0-8 叶企孙（1898—1977）

学生赵九章赴德国攻读高空气象学，使中国的气象发展进入一个新阶段。其后，翁文波、傅承义先后留学英国、美国攻读应用地球物理。叶企孙不愧为中国地球物理学界的恩师。

1937年抗日战争全面爆发后，叶企孙以实际行动积极投身抗日救亡活动，并支持他的学生熊大缜到冀中根据地参加革命。不幸，1939年熊大缜被打成"国民党特务"处死。叶企孙因此受到株连，"文革"中备受折磨，惨遭冤狱，长期被列入另册。1977年叶企孙含冤去世。1988年，熊大缜和叶企孙被平反昭雪。

第一章
地磁观测

第一节　中国早期地磁测量与地磁图编绘

一、中国早期的地磁测量

中国早期的地磁测量工作是从国人参加外国人在中国境内主导的地磁测量工作开始的，而后逐步走向独立进行。

（一）国人早期参与的地磁测量

中国人参与地磁测量工作始于 20 世纪 20 年代。1922—1923 年，受中国政府委托，并由中国海关提供必要条件，由法国人管理的上海徐家汇地磁台（新中国成立后，1950 年底由上海军管会接管）派员鲁如曾对南起汕头、北至山海关的沿海重要城市、港湾 16 处进行地磁测量。

20 世纪 20 年代末，中国学术团体协会与瑞典地理学家斯文·赫定（S. Hedin）合作组建的中国西北科学考察团，进行了为期 6 年多的综合性野外考察。陈宗器于 1925 年毕业于东南大学物理系，师从物理学家叶企孙。1929 年 5 月进入中央研究院物理研究所工作，不久派往西北科学考察团，作为瑞典天文学家安博特（N. Ambolt）助手，担任天文、地形测量工作，兼做水文、气象测量。由于陈宗器由塔城进疆手续受阻，被迫改变行程，做地质学家霍涅尔（N. horner）助手，取道内蒙古，于 1929 年末至 1930 年初半年时间里，在内蒙古苏尼特左旗 7 处测得磁偏角（王忱，2005）。1931 年初，抵达新疆罗布泊、

20 世纪初，美国华盛顿卡内基研究所在世界范围内展开地磁测量。在中国境内共测 553 处之多（复测点累计计算）。中国早期地球物理学家、空间物理学家桂质廷（图 2-1-1）1924 年获美国普林斯顿大学物理学博士学位。1930 年任武昌华中大学理学院院长兼物理系主任。桂质廷利用暑假，参加了卡内基研究所的地磁测量工作。1932 年 7~9 月与布朗（F. C. Brown）合作在华北、西北、华中复测 8 个点，新测 2 个点，其测量结

果于 1933 年发表在《中国物理学报》第一卷第一期
（Brown and Kwei，1933）；1933 年 7 月在西南测量 5 个
点；1935 年 7~8 月在华南复测 6 个点。1936 年，他发
表了极区磁扰日变化与经纬度的依赖关系文章（Kwei，
1936）。

　　徐家汇地磁台与北平研究院物理学研究所合作，
于 1934 年 2 月—1935 年 1 月、1937 年 3—6 月先后
在中国南部及西部海岸、中国中部及西南 8 省区开展
地磁测量，共完成测点 44 个，另有 4 个测点在越南境
内。北平研究院物理学研究所龚惠和徐家汇地磁台的
法国人比尔格（P. Burgaud）参与此项工作。

图2-1-1　桂质廷（1895—1961）

（二）国人早期独立进行的地磁测量

　　中国境内由国人独立进行的地磁测量，最早是在 1922 年。受中国政府委托，徐家
汇地磁台派国人鲁如曾于 1922 年 5 月—1923 年 3 月对广东汕头至辽宁牛庄之间的 16
个测点进行了地磁测量，该磁测资料刊于徐家汇地磁年报第十二卷中。

　　1932 年，教育部中央气象台青岛观象台吕蓬仙、徐汇阔 2 人在山东半岛高密、潍
县、蓬莱等 11 个测点进行磁偏角、水平强度和磁倾角及经纬度的测量。

　　1936 年 3~6 月，中央研究院物理研究所应海道测量局之请，对中国东部及东南沿
海四省市（广东、福建、浙江和上海）14 个港口城市进行了地磁测量，陈宗器负责，
鲁如曾协助，见图 2-1-2。此为中国自己进行系统地磁测量的开始。1939 年陈志强、
周寿铭、林树棠等先后两次在广西进行了地磁测量，共测 20 点；1940 年，陈宗器和

图2-1-2　1936年陈宗器在进行地磁测量[1]

――――――――――

　　[1]　图引自中国地球物理学会所编《辉煌的历程：中国地球物理学会60年》（地震出版社，
2007年）.

陈志强在良丰雁山测量一点。1941—1942 年，中央研究院物理研究所与福建省气象局合作，陈宗器和舒盘铭、陈宗器和吴乾章、吴乾章和舒盘铭先后在福建各地复测和新测地磁测点共 13 个。

经济部中央地质调查所在李善邦主持下，于 1940—1941 年在四川、湖南、贵州三省共完成地磁测点 38 个；1942 年 9 月—1943 年 1 月，刘庆龄在四川、云南共完成地磁测点 10 个。

抗战期间，中央研究院物理研究所和经济部中央地质调查所都迁到北碚，为了加强地磁测量工作，1945 年陈宗器与李善邦协商一致同意，中央地质调查所的地磁仪器和刘庆龄等人员合并到物理研究所。

1945 年 12 月至 1946 年 5 月，陈宗器在重庆北碚地区进行了详细的地磁三分量绝对测量，共完成 15 个测点。

1946—1947 年在陈宗器主持下，在全国范围内开展地磁测量。刘庆龄和胡岳仁在四川测量 16 点，在长江流域测量 21 点；刘庆龄和周绳祖在东南沿海和南海海域共测 10 点，其中 1947 年 4 月 25—28 日在西沙群岛永兴岛的测量以及 1947 年 5 月 22—23 日在南沙群岛太平岛的测量，是中国学者首次在中国南海海域完成的地磁三分量绝对测量。

陆地测量总局亦做过地磁偏角的测量工作。

二、中国早期的地磁图编绘

（一）1932 年山东半岛地磁图

吕蓬仙和徐汇阔根据 1932 年在山东半岛获得的 11 个野外地磁测点和青岛地磁台共 12 个地点的三分量地磁数据，于 1933 年编绘出版 1932 年山东半岛地磁图，包括磁偏角、水平强度和磁倾角共 3 幅彩色地磁图（吕蓬仙，1933）。根据地磁图出版时间的先后，1932 年山东半岛地磁图是中国学者绘制的中国第一幅区域地磁图（图 2-1-3，图 2-1-4，图 2-1-5）。

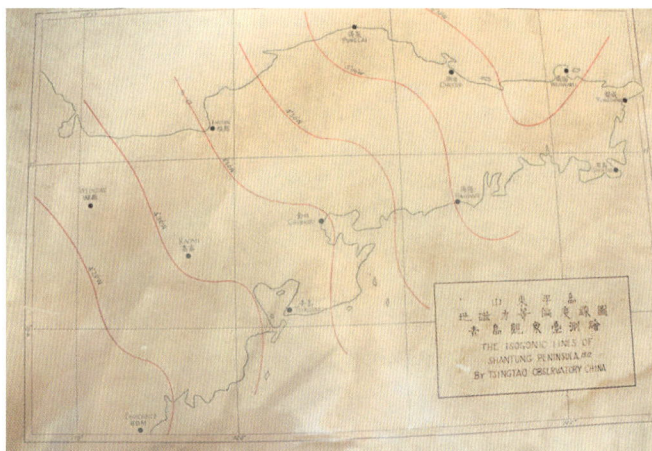

图2-1-3　1932年山东半岛磁偏角图

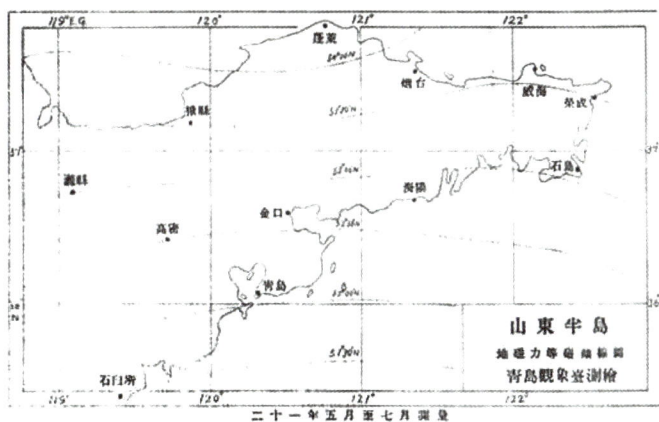

图2-1-4 1932年山东半岛磁倾角图

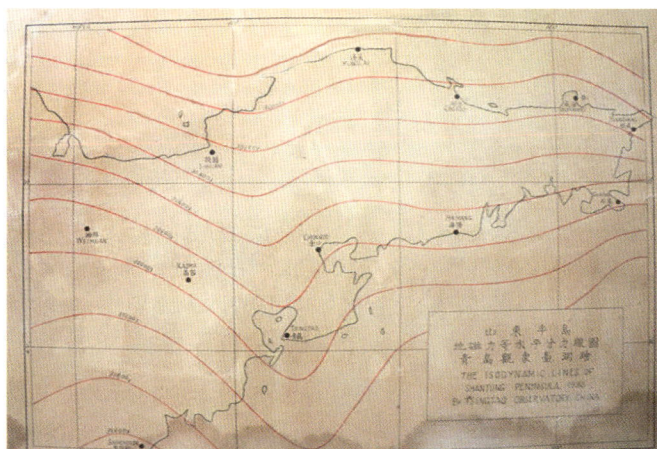

图2-1-5 1932年山东半岛水平强度图

（二）1915.0年和1936.0年中国（部分地区）地磁图

1937年，上海徐家汇地磁台比尔格和鲁如曾共同编绘1915.0年和1936.0年中国地磁图。虽然称作"中国地磁图"，但图幅范围仅为18°N~44°N，98°E~125°E。远没有涵盖整个中国地区，实际是中国部分地区地磁图。该地磁图是根据1906—1936年期间的415个地磁测点数据编绘的。1915.0年地磁图只有磁偏角地磁图，1936.0年地磁图包括三个地磁要素：磁偏角、水平强度和垂直强度。

（三）《1946.1年四川北碚地区地磁图》

陈宗器等根据1945年12月至1946年5月在四川北碚地区15个测点的磁偏角、磁倾角和水平强度及其日变观测资料，编绘《1946.1年四川北碚地区地磁图》，包括磁偏角、磁倾角和水平强度三幅地磁图，并分析了地磁场的空间变化特征。陈宗器在地磁测量过程中设立地磁日变站和进行地磁仪器比测的做法，对保证地磁数据的精度十分必要，对当今中国地磁测量仍具有重要的指导意义。

（四）《1945.0 年东亚地磁图》

1950 年，朱岗崑根据国外发表的 1945.0 年地磁场网格点（5°×5°或 10°×10°）数据以及刘庆龄和李善邦于 1940—1943 年在中国西南地区的地磁测量数据、陈宗器和刘庆龄于 1946—1947 年所获得的地磁数据绘制了《1945.0 年东亚地磁图》，包括磁偏角图、水平强度图、垂直强度图和磁倾角图共四幅地磁图。每幅地磁图上只有等值线，而无等变线。该图的范围为 10° N~60° N，80° E~150° E，包括了中国绝大部分地区，但没有包括新疆、西藏的西部地区（朱岗崑，1950）。

第二节　中国自建的第一个地磁观测台
——南京紫金山地磁台

鉴于中国在远东、太平洋西岸的地理位置，俄、法、英、德先后在北京、上海、香港、青岛等地建立了地磁台，为其各自利益服务，中国人长期未能参与其中工作。第一次世界大战结束后，日本未能如愿继承德国在胶东半岛的地位，不过却继承了其青岛观象台。1924 年，中国政府由教育部所属中央气象台收回了青岛观象台，其中的地磁台成为中国所有的第一个地磁台。而中国自建的第一个地磁台当属南京紫金山地磁台。

在 1931 年中央研究院工作报告中提出要建立自己地磁台。这项工作由中央研究院物理研究所所长丁燮林（又名丁西林）亲自领导。考虑到地磁与天文学科较为密切，故台址确定在南京紫金山天文台附近。1932 年，由谢启鹏负责台站选址和磁场分布的详细测量。1933 年 5 月，陈宗器结束中国西北科学考察团的考察工作，回到南京地磁台筹建工作，主要任务是调试地磁仪器。不久，他又受聘参加绥新公路查勘队，担任地形和天文测量，直到 1935 年。建筑公司承包建造实验室、办公室、宿舍，并于 1934 年建成。由于标准室和记录室结构特殊，所用建材要求没有磁性，建筑公司不肯承包，只得自己雇工管理，进行施工。1935 年 8 月，陈宗器返回物理研究所后，继续负责地磁台建设工作。1936 年 9 月，陈宗器赴德国留学，其工作由陈志强接替。1936 年底紫金山地磁台全部落成（图 2-1-6）。随后安装仪器，包括英国剑桥仪器公司的大理石制赫姆霍茨线圈舒斯特标准 H 磁强计 1 套、斯密士轻便 H 磁强计 1 套（改装后可测 H 和 D）、标准感应仪 1 套，德国阿斯卡尼亚公司的轻便感应仪 1 套、磁法磁强计 1 套，丹麦制造的拉柯斯相对记录仪（H、D、Z）1 套。此外，还有物理研究所工厂试制的 H、D、Z 绝对值测量电流计以及台站用的辅助设备。标准仪和记录仪调试完毕试运行不久，1937 年抗战全面爆发，不久日军占领南京，地磁台遭到破坏，仪器迁至广西桂林。地磁台初建时期，参加地磁台工作的还有周寿铭、林树棠、吴乾章等。

1940 年 4 月陈宗器回国，抵达南京迁往广西融安丹洲（现属三江侗族自治县）地

图2-1-6　1935年陈宗器拍摄的南京紫金山地磁台全貌（陈雅丹提供）

磁台。1941年，陈宗器领导筹建桂林良丰地磁台，自1943年夏至1944年夏，有一年的观测记录。1944年因战事迫近，良丰地磁台撤至重庆北碚。

抗战胜利后，物理研究所迁回上海。物理研究所地磁组合并到气象研究所，1947年迁往南京。由于紫金山地磁台被日本人完全毁坏，无法恢复，所以另择新址，在北极阁下面半山腰建一简易地磁台，维持观测。

中国独立完成南京紫金山地磁台建设，表明中国在建筑材料的无磁性检测和台址磁场的均衡性测量等方面，可以满足其精密要求，这是中国现代科学精密实验设施建设的一个良好开端。地磁台使用的地磁观测仪器，虽然大多为外国制造，但是中国学者能独立安装、调试及使用这些现代精密测量科学仪器，标志着中国开始有能力进入现代科学实验研究的行列。

至20世纪40年代末，中国初步度过了从外国人独步于中国境内的现代地磁学观测到中国学者逐步参与、继而自主创业的阶段。在动乱的战争年代，丁燮林以及陈宗器、陈志强、刘庆龄、周寿铭、吴乾章等老一辈地磁学家坚持不懈，从无到有，建设并维护了自己的地磁台，培育了自己的地磁观测研究人才，为新中国的地磁事业发展打下了一定的基础。陈宗器对这一阶段的工作进行了全面的检视，并提出了在空间和时间上加密地磁测量、增设地磁台和培训观测工作人员以及仪器制造等3条建议（陈宗器，1944）。这些探索性的工作和经验、建议，对新中国的地磁科学发展具有深远的意义。

参考文献

陈宗器. 1944. 中国境内地磁观测之总检讨［J］. 中央研究院学术汇刊，1（2）：99-126.

梁百先，王燊. 1985. 桂质廷［G］//中国大百科全书总编辑委员会，中国大百科全书出版社编辑部. 中国大百科全书：固体地球物理学 测绘学 空间科学. 北京，上海：中国大百科全书出版社.

王忱. 2005. 高尚者的墓志铭 [M]. 北京：中国文联出版社.

朱岗崑. 1950. 中国的地磁场 [J]. 中国科学：A 辑数学，1（1）：57-69.

Brown F C，Kwei C T. 1933. Results of magnetic observations in north China [J]. Acta Physica Sinica，1（1）.

Kwei C T. 1936. Some evidences of the dependence of diurnal variation on magnetic disturbance in the polar latitudes on longitude [J]. Terr. Mag. and Atm. Elec.，41（4）：57-64.

第二章
地震考察与观测

第一节　海原地震的科学考察

中国的地震考察始于 20 世纪初叶。

1913 年 12 月 21 日，云南省嶍峨县（今峨山彝族自治县）发生 7 级地震，云南省交通厅派省会甲种农业学校校长张鸿翼赴灾区调查（高继宗，2010）。

1913 年 9 月工商部地质调查所成立后，开展了中国早期的地质调查和地质教育工作。大规模的地质学研究和教育始于 1916 年。因为地震与地质学密切相关，所以遇有地震，地质调查所就会对宏观地震做些相应研究。

1917 年 1 月 24 日，安徽省霍山县发生强烈地震，极震区烈度达 8 度。1918 年 4 月，地质调查所派刘季辰前往调查，结束后提出《民国六年一月至三月地震调查报告》（霍山县地方志编纂委员会，1993）。按照罗西－福勒（Rossi-Forel）烈度标准，绘制了震区烈度图。

1920 年 12 月 16 日，甘肃省海原县（现为宁夏回族自治区海原县）发生强烈地震，破坏最为严重的地区宏观烈度竟达 12 度，极震区面积达 2 万平方千米，有感范围超过了大半个中国，据德国地球物理学家古登堡计算，这次地震震级达 8.5 级，是中国有史以来发生的最大地震之一，在世界上也属罕见。地震造成 20 多万同胞罹难和极大的财产损失（国家地震局兰州地震研究所和宁夏回族自治区地震队，1980）。海原大地震发生第二年，1921 年 4 月，北洋政府内务、教育、农商、交通四个部同派委员 6 人，由农商部地质调查所所长翁文灏率队，带领谢家荣、王烈等 5 人赴灾区开始为期 4 个月的艰苦调查（图 2-2-1）。在他们的调查报告中写道："此行目的，尤注意科学之研究。故除调查震灾状况，勘探山崩地裂诸现象外，复从事于地质之考察，申明此次地震之起源及地壳之关系。"调查结束后，翁文灏深感地震灾害之惨烈，开始潜心研究地震。他认为："地震现象在地理上的分布较有规律可循，循此规律，厥有二途：一曰历史经验，二曰地质构造。"他搜集和翻阅了大量历史地震资料，结合地质构造，用

图2-2-1 翁文灏（左）在海原地震极震区考察[①]

科学的方法，对海原地震进行了深入研究，其内容涉及：海原大地震震中、发震时刻、极震区及人员伤亡情况；地震前后的一些异常现象；余震活动；海原地震的地质构造背景和地震成因分析，发表调查报告和研究论文 10 余篇。1921年，翁文灏发表《甘肃地震考》和《甘肃地震的历史记载》，分析了甘肃历史地震的分布、烈度和频度，提出了地震构造成因的看法。1922年，发表了两篇重要论文《中国某些地质构造对地震的影响》和《中国震中地域及其地质》，根据掌握的中国历史记载中 3500 余条地震史料，结合地质构造，总结出中国 16 条地震带及其地震发生的频次，从而开创了中国历史地震研究之先河。《中国某些地质构造对地震的影响》一文在 1922 年 8 月第 13 届国际地质大会上宣读，在国际学术界引起很大反响（国家地震局兰州地震研究所和宁夏回族自治区地震队，1980；陈洪鹗和许瑛，1994）。

自海原大地震起，地质调查所正式承担起地震调查的责任。国内任何一地发生地震，均设法汇集报告，进行研究。同时认识到，地震研究应该有长期观测的地震台，但限于人员及经费，当时未能如愿。翁文灏在中国开创了用现代的科学方法研究地震的先河，在中国地球物理学发展史上具有里程碑的意义。翁文灏不愧为中国现代地震研究的鼻祖。

第二节　中国早期的地震观测

在中国土地上最早进行地震观测者当属法国天主教耶稣会于 1872 年在上海创办的上海徐家汇观象台，该台下设地震研究部等 6 个研究部，分设于上海徐家汇和佘山。1907 年开始地震观测。1909 年，德国人在其所建的青岛观象台内也进行过地震观测。

北京鹫峰地震台是中国自行筹建的第一个地震台，1930 年建成，开始地震观测。一年后，中央研究院气象研究所在南京建成北极阁地震台（李善邦，1948）。

---

① 图引自国家地震局兰州地震研究所所著《一九二〇年海原大地震》（北京：地震出版社，1980 年）。

一、中国自建的第一个地震台——鹫峰地震台

1920 年甘肃海原大地震发生后，地质调查所所长翁文灏亲自带队对地震灾区进行考察并进行了深入研究。他认识到，地震研究仅靠地震考察和地震地质、历史地震等宏观资料是不够的，还要建立地震台，进行长期观测。为实现这一目标翁文灏做出巨大努力，用了近 10 年时间，克服重重困难，才建成中国第一个地震台——鹫峰地震台（图 2-2-2）。

图2-2-2　1930年李善邦拍摄的鹫峰地震台全貌[1]

1929 年，北平社会名流林行规律师，将其在北平西北郊北安河鹫峰山坡上所建别墅旁的一块土地及建筑仪器室的费用赠与地质调查所，始得在鹫峰山建地震研究室。翁文灏认识到观测地震属于物理学研究范畴，故身兼清华大学地理系主任的他敦请物理系主任叶企孙介绍物理系毕业生来做地震研究，叶企孙则推荐了其在南京东南大学物理系任教时的学生、1926 年毕业的李善邦主持其事。1930 年夏，得到中华教育文化基金董事会协助，从德国购买一台维歇特水平向地震仪（图 2-2-3）。1930 年初李善邦被派往上海，向由法国人管理的上海徐家汇地震台学习地震观测，遇到很多困难，没有取得预期效果，李善邦不得不回到北平，自己摸索。1930 年 6 月，仪器室已经建成，先安装水平向维歇特地震仪。把这台从没接触过的地震仪安装起来并非易事。其间，清华大学物理系吴有训教授曾到鹫峰地震台协助安装。1930 年

图2-2-3　1930年鹫峰地震台最早使用的德国造维歇特水平向地震仪

---

①　图引自中国地球物理学会所编《辉煌的历程：中国地球物理学会 60 年》（地震出版社，2007 年）。

图2-2-4 李善邦在地质调查所鹫峰
地震研究室门前留影

9月20日13点02分02秒（GMT）鹫峰地震台记录到第一个地震。接着又安装了垂直向维歇特地震仪。1932年8月，又添置了精密的伽利津－卫立浦（Galizin-Wilip）地震仪（1台垂直向、2台水平向）。自此，中国有了自己的地震台，并建立了地质调查所鹫峰地震研究室，开启了地震观测研究（图2-2-4）。当时，在社会上产生了巨大反响，迎来社会名流前往参观（图2-2-5）。

1931年，清华大学物理系练习生贾连亨给李善邦当助手。为了加强地震研究力量，地质调查所派李善邦去日本东京帝国大学的地震研究所研习。由于"九一八"事变，他提前于1931年10月回国。1934年秋到1936年夏，李善邦又以访问学者身份先去美国加州理工学院地震研究室研习地震学和地球物理探矿，后去德国波茨坦地球物理研究所和耶那地震研究所访问学习，研习地震学。1937年，应李善邦之请，叶企孙把清华大学物理系毕业生秦馨菱推荐到鹫峰地震台工作。

图2-2-5 1930年夏丁文江（后左）、胡适（后右）、翁文灏（前左二）等参观鹫峰地震台合影

鹫峰地震台将记录到的地震图作初步研究，按月将报告分发给世界各地震台，名曰 *Monthly Seismological Bullitin*（《地震月报》），其较重要地震，藉各地交换所得之报告，详加研究，确定震中位置、震源深度、发震时刻、地壳构造，杂以个别地震研究论文，出版 *Seismological Bullitin of the Chiufeng Seismic Station*（《鹫峰地震研究室地震专报》，图2-2-6），作为较详研究之地震约300个。《鹫峰地震研究室地震专报》共出版三卷：第

一卷，1930—1931年（英文），由翁文灏作序；第二卷，1932年；第三卷上册，1933年。这三卷专报汇集了1930—1933年鹫峰地震台的主要成果——地震记录。鹫峰地震台自1930年9月开始记录到1937年8月停止记录，共记录到2472个地震，震中分布世界各地。鹫峰地震台当时已跻身东亚一流地震台的行列。

1937年抗日战争全面爆发后，地质调查所西迁重庆北碚，鹫峰地震台停止记录，贾连亨冒险把伽利

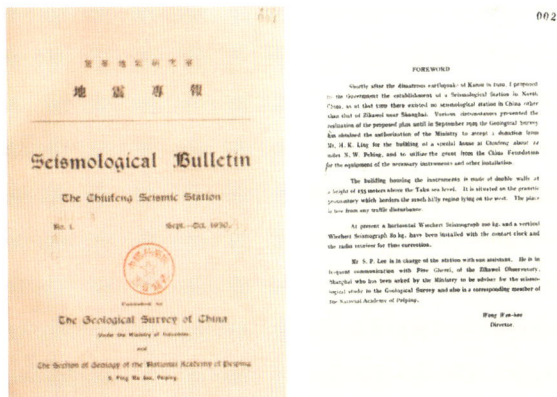

图2-2-6　《鹫峰地震研究室地震专报》第一期封面（左），翁文灏作序（右）

津-卫利浦地震仪运到燕京大学物理系存放。抗战胜利后，地质调查所迁往南京，设水晶台地震台继续记录，1948年春把存放于燕京大学的地震仪器运往南京继续使用。1955年该仪器又运回北京，在中关村中国科学院地球物理研究所地下室进行记录，现存白家疃地震台。

二、南京北极阁地震台

南京北极阁地震台是中国自己筹建的第二个地震台。中央研究院气象研究所所长竺可桢为了探求地震、海啸与气象的关系，决定建立一个地震台。台址选在南京北极阁。1930年4月破土动工，1931年4月选派学气象的金咏深去日本学习（图2-2-7），九一八事变后提前回国，于同年10月回到南京，随即和其助手孙儒芳共同安装德国制

图2-2-7　1931年李善邦（前排左四）、金咏深（前排左一）在日本研习地震①

---

①　图片由肖承邺提供。

造大型水平向（重锤 20t）、垂直向（重锤 1t）维歇特地震仪各一台，1934 年又安装了伽利津 - 卫利浦地震仪。北极阁地震台 1932 年 7 月 8 日 10 时 45 分 19 秒（GMT）记录到第一个地震。

《地震季报》是刊登北极阁地震台的地震资料和研究的刊物。1932 年 9 月创刊，出版 1 卷至 5 卷第 2 期（1932 年 9 月—1936 年 12 月）。

1937 年抗战全面爆发，气象研究所迁离南京，北极阁地震台遭到严重破坏，被迫停止记录。维歇特地震仪就一直存放在北极阁的地下室内。

1945 年抗战胜利后，气象研究所迁回南京，1947 年气象研究所所长赵九章请地质调查所的秦馨菱和谢毓寿协助，在南京北极阁恢复大维歇特地震仪记录。地震仪恢复运转后，由该所的钱骥负责管理和维护。而后，该台迁往鸡鸣寺，一直到 1950 年中国科学院地球物理研究所成立。

三、北碚地震台和水晶台地震台

抗战期间，李善邦来到重庆北碚，在极端困难条件下，与助手秦馨菱一起试制成水平摆式地震仪——霓式地震仪，东西向、南北向各一台，于 1943 年 9 月开始记录地震，并将记录数据打成油印报告与国外交换。至抗战胜利共记录到 109 个地震。这是抗战时期中国内地唯一的地震台。1944 年后，谢毓寿调入地质调查所，协助李善邦参与地震台管理工作。1946 年底，北碚地震台迁往南京珠江路水晶台，1947 年春恢复记录。油印的地震报告仍沿用北碚地震台序号。1948 年春地质调查所把存放在燕京大学的伽利津 - 卫利浦地震仪运往南京水晶台，下半年才部分恢复观测，取名水晶台地震台（图 2-2-8）。

图 2-2-8　李善邦（右二）与助手秦馨菱（左二）、谢毓寿（右一）、孙庆煊（左一）在工作中

第三节　中国自行研制的第一台地震仪——霓式地震仪

1939 年，地质调查所（归属经济部）在重庆北碚恢复工作，成立地球物理实验室，李善邦任主任，开拓了那里地球物理探矿和地磁测量工作。但他无时不在考虑在抗战的大后方恢复地震观测和研究工作的问题。以前的地震仪都留在沦陷区，进口地震仪已不可能。他决心自己动手研制地震仪，以记录川滇地震为目的，采用结构简单、加工容易、维护费用低的机械滚筒（熏烟纸）记录方式。在原材料极端匮乏，设备和

加工条件极其简陋，连电力供应都无法保证的情况下，自力更生，因陋就简，自行设计、自己加工。在其助手秦馨菱的协助下，1942 年冬地震仪制造出来。1943 年夏开始试记录，6 月 22 日凌晨记录到发生在成都附近的地震。这就是抗战时期，中国大陆唯一的地震台——北碚地震台。为了纪念中国地震事业的开拓人翁文灏，李善邦把仪器命名为霓式地震仪（翁文灏字咏霓）（图 2-2-9）。

图2-2-9　霓式地震仪

中国地球物理工作委员会创办的《地球物理专刊》1945 年第 3 号刊登了李善邦撰写的论文《霓式地震仪原理及设计制造经过》。

霓式地震仪只有水平向，采用的是水平摆结构，周期 5s，无阻尼，记录滚筒由旧钟表零件组装推动钟推动，运行平稳，记录曲线上的时号、分号是由普通闹钟经过改进安装上时、分接触片打上去的。为了提高时间精度，每隔一两个小时就要通过电子管交流收音机与授时台信号校对钟差。在极端困难条件下研制出的霓式地震仪，虽然结构简单，但能满足测震的基本要求。霓式地震仪不辱使命，在抗战胜利前，共记录到 109 个地震（最远的是 1943 年 2 月 24 日土耳其地震），并将地震记录编成报告，与国际地震资料中心（ISS）、法国中心（BCTS）以及古登堡等处交换，填补了欧亚大陆广大地区的空白，因此，赢得了国际地震学界的广泛赞誉与尊重。李善邦为中国地震学早期发展做出了奠基性贡献。

参考文献

陈洪鹗，许瑛. 1994. 中国当代地球物理学的开拓者 [M]. 北京：地震出版社.

高继宗. 2010. 嵋峨地震成灾　张鸿翼奉命考察 [OL]. 2010-09-15 [2011-11-25]. http://www.csi.ac.cn/

manage/html/4028861611c5c2ba0111c5c558b00001/_content/10_09/15/1284539236366.html.

国家地震局兰州地震研究所，宁夏回族自治区地震队. 1980. 一九二〇年海原大地震［M］. 北京：地震出版社.

霍山县地方志编纂委员会. 1993. 霍山县志［M］. 合肥：黄山书社.

李善邦. 1948. 三十年来我国地震研究［J］. 科学，30（6）.

第三章
地球形状与重力测量

第一节　重力测量

　　20 世纪二三十年代，中国学术团体协会与瑞典地理学家斯文・赫定（S. Hedin）合作，在中国西北进行了为期 6 年多的综合考察。1929 年，中央研究院物理研究所陈宗器参加第二阶段考察，原计划协助瑞典天文学家安博特在新疆进行大地测量。后因故没能成行，改变考察行程转赴内蒙古。安博特在新疆完成 160 个点经纬度测量和 40 个点重力加速度绝对值测量（罗桂环，2009）。

　　《中央研究院物理学研究所十七年度报告（A）》（1928 年）中对重力测量的意义是从两方面认识的："应用固宜注意，学理亦宜同时注重，欲期有进一步之发明，或国际上学术地位之增进，实非此不可。"从实际应用层面上来看，重力测量特别是重力异常值对于了解地质构造、探查矿址和油气资源分布等有重要的意义。从科学上来看，测量地面的重力值，可以研究地球重力场，进而了解地球形状及地球内部构造和物质组成。对于其重要性进一步指出，"地磁重力大气诸研究……为物理研究中之比较的有地域性质者，此种问题决无他人可以代庖……若不急起研究，则不持于吾国发展前途发生障碍，且易引起他国由文化侵略而渐入经济侵略之害"。该所将重力测量列入研究计划。丁燮林所长亲自主持了重力测量仪器——"新摆"和"重力秤"的研究（杨舰，2003）。

　　1931 年，严济慈从法国归来，任国立北平研究院物理学研究所所长（图 2-3-1），开始有计划地测定中国领土的重力加速度。但是，在当时的条件下，在中国开展大规模的重力测量工作，遇到了难以克服的困难。主要是测量仪器问题。当时大多数重力测量仪器非常笨重，拆装不便，完成一次测量所需时间很长，无法完成这样庞大的工作。20 世纪 30 年代初，法国天主教神父、徐家汇天文台台长雁月飞与物理学家荷尔威克（Fermand Hoiweck）合作研制出便携式相对测量重力仪，即荷 - 雁氏弹性摆（方俊，2004a），重仅几千克，完成一个测点仅需几分钟时间，完全满足大规模测量需要。1933 年 5 月，国立北平研究院物理学研究所提议，雁月飞作为北平研究院特约研究员

图2-3-1　30年代中期北平研究院物理研究所人员合影[1]（前排左起：盛耕雨、严济慈、李书华、饶毓泰、朱广才、吴学蔺；后排左起：钱临照、鲁若愚、陆学善、钟盛标）

（图2-3-2），合作建立中国重力测量网，使用的仪器即荷 – 雁氏弹性摆。以上海徐家汇天文台为原点，在中国交通较为方便地区进行重力测量。实施这一计划，自1933年5月起至1935年4月历时2年多。

1933年5月7日至7月26日，首先在中国华北地区进行重力加速度测量工作。这是雁月飞在中国进行的第一次大规模重力加速度测定。此次测量所覆盖的区域达10万km^2，测点主要集中在河北、山西两省，少部分测点位于察哈尔、山东和河南三省，以北平为华北的基点，太原为次基点。各测点之间距离平均为100km。北平研究院物理学研究所鲁若愚参与了测量工作。测量结果和数据分析在1934年《国立北平研究院五周年工作报告》上发表。雁月飞和鲁若愚合作的2篇论文《华北东重力加速度之测定部》《华北东重力加速度之概况》曾在法国科学院宣读，其核心内容是包括实测数据与归算值以及由此得出的《华北东部重力加速度布氏等较差曲线图》。

在完成了中国华北地区重力测量工作后，至1935年7月，雁月飞又与张鸿吉等人相继在中国东南沿海、华中以及西南地区进行了测量。1935年，雁月飞与张鸿吉合作发表《长江流域重力加速度之测定》《长江流域重力加速度之概况》，同时发表的还包括《中国布格等较差曲线图》。

从1936年雁月飞提交给法国国家大地测量与地球物理委员会的报告中可以看出，雁月飞20世纪30年代在中国进行的

图2-3-2　雁月飞（R.P. Pierre Lejay，1898—1958）

---

[1]　图引自严济慈所著《严济慈文选》（上海教育出版社，2000年）。

重力加速度测量事实上是远东重力研究的一部分。从 1933 年 2 月 15 日自马赛出发，至 1935 年 7 月 18 日返回巴黎，在近两年半的时间里，雁月飞在远东的 323 个测点完成了重力加速度测量，其中 173 个测点在中国。这 173 个测点及测定时间如下：马赛—上海途中 19 个测点，其中 6 个在中国（1933 年 3 月 23 日—4 月 15 日）；华北 33 个测点（1933 年 5 月 7 日—7 月 26 日）；长江下游 2 个测点（1933 年 7 月 27—29 日）；中国南部沿海 44 个测点（1934 年 5 月 7 日—7 月 6 日）；中国中部 67 个测点（1934 年 11 月 4 日—1935 年 2 月 10 日）；中国西南 21 个测点（1935 年 3 月 28 日—1935 年 4 月 25 日）。

与该报告同时发布的还包括三幅曲线图：《爪哇布格等较差曲线图》《中国布格等较差曲线图》及《远东重力研究》（吴燕和江晓原，2007；吴燕，1933）。

1937—1939 年间，北平研究院物理学研究所又在云南、贵州和广西等地继续进行了一些重力测量。1933—1939 年前后共测重力点 200 余处。由于所用荷 - 雁氏弹性摆没有恒温设备，所以测得的重力加速度精度不算高，误差约为 5~10mGal（毫伽）（方俊，2004b）。

1938 年方俊留学德国一年后回国，主要致力于地图投影及重力学研究，并先后任职于中央大学、同济大学，讲授大地测量学和重力测量学。他还特别关注重力仪器的研制工作，对当时摆仪研制中存在的问题进行了探讨。在 1941—1945 年期间，他发表了"重力摆的支悬问题"（方俊，1941a）和"静重力仪"（方俊，1942a）等论文。

抗战胜利后，1947 年 2 月，北平研究院物理学研究所迁回北平，恢复了地球物理方面的研究工作。这时，刚从厦门大学数理系毕业仅 1 年的曾融生进入北平研究院物理研究所，给顾功叙当助手。在严济慈所长的大力支持下，对雁月飞与鲁若愚、张鸿吉在 1934—1939 年期间测得的中国南部各省 208 个测点重力加速度值进行了分析，绘制了《重力异常分布图》，并进行了重力加速度均衡改正的研究，发表论文 2 篇：顾功叙、曾融生、张忠胤撰写的《中国境内 208 处重力加速度测点之海陆均衡变差（一）》（顾功叙等，1999）；顾功叙、曾融生撰写的《中国境内 208 处重力加速度测点之海陆均衡变差（二）》（顾功叙和曾融生，1999）。

第二节　地球形状研究[①]

地球重力场与地球形状研究是地球物理学和大地测量学中的共同课题。

地球上一点的重力，系指地球引力、地球自转产生的惯性离心力及除地球外的天体引力三种力的合力。因为后两种力很小，所以重力主要指地球的引力。重力的大小与

---

① 这一节的部分内容参考了中国科学院测量与地球物理研究所张赤军 2011 年 6 月 19 日撰写的文章《1950 年前的重力测量与地球形状的发展史》（未正式发表）。

地球形状有关（夏坚白，1941），因此，可以用重力场分布研究地球形状。

地球的形状，可以用三种不同方式来定义：一是地球表面的固体（大陆）和液体（水面）的形状；二是大地水准面的形状（近似地可认为是平均海平面的形状）；三是正常地球或参考地球的形状，从数学上讲，最简单的是旋转椭球。尽管上述三者的定义不同，但相互关系密切，如果从人类认识过程看，首先是球形，后是椭球形，最后是大地水准面形状。

利用地面观测资料研究地球形状的经典方法是弧度测量，即根据地面上测得的子午线弧长，推算地球扁率。由于18、19世纪进行的弧度测量，都是在地球重力场中观测的，地面坐标的计算可在椭球上进行，而椭球的法线与观测中的垂线不一致，需考虑垂线偏差的影响，且测定高程中，必须知道它的基准面——大地水准面，即高程测量中起算面。大地水准面是一个假想的、与静止海面相重合的重力等位面。它可以利用地面重力观测通过斯托克斯积分求得。因此，物理大地测量的形成与发展是必然的结果。通过地面观测的重力异常值（物理量）和大地水准面起伏（几何量）之间的联系，把重力测量的手段运用到研究地球形状和确定地面点坐标成为20世纪30年代末、40年代初国际上备受关注的问题。大地测量和地球物理学家方俊（图2-3-3）1937—1938年在德国耶拿地震研究所进修。其间，他敏锐地感觉到重力学是极有前途的研究方向和领域，于是他专程去维也纳访问，请教维也纳天文台台长霍普夫纳（F. Hopfner）教授，并刻苦钻研著名大地测量学家黑尔默特（F. R. Helmert）的著作。他很注意作者的这样一个想法：重力测量确定的地球形状对指导航行、矿产勘察和水利建设有很重要的意义。后因他不满德国的政治环境而回国。回国后，他在中国地理研究所大地测量组工作，首先在中国开拓了重力测量与地球形状的研究，还根据中国已有的重力值写出了《我国的地壳均衡问题》的论文，他在地质学术会上宣读，受到与会科学家的好评。之后，他又完成了《重力异常与垂线偏差》一文，在中国首次系统论述利用斯托克斯及维宁曼尼斯公式推算垂线偏差的问题。他根据所收集到的一批印度重力资料，在计算工具十分简陋落后的情况下，采用自己设计的模板推算了喜马拉雅山脉南麓的两个点（Kalianpur 和 Kesri）之间的相对垂线偏差，并以之与大地测量联测结果相比较，得到十分满意的结果。此项工作不仅在当时国内是首次，在国际上也刚开始不久，文章很快就在1946

图2-3-3　1937年，方俊（左）与曾世英（中）、李春昱（右）向美国波士顿博物馆来访人士证实，世界最高峰是珠穆朗玛峰[1]

① 图引自方俊所著《方俊院士文集》（科学出版社，2004）。

年《美国地球物理学会会刊》(*Transaction of America Geophysical Society*) 上发表，审稿人指出，这是在国际上提出这种研究的较早的论文（许厚泽，1991）。继之，他首次在中国开展了"地壳均衡说之新研究"、"中国重力分布及地壳均衡说"、"重力公式与三轴椭球"、"司托克斯公式与垂线偏差"、"重力摆动影响及其改正"的研究，与之相应的论文发表在当时的《测量》杂志上（方俊，1941b，1942b，1943，1944a，1944b，1944c）。但总体说来，地球形状研究工作还是薄弱的。

参考文献

方俊. 1941a. 重力摆的支悬问题 [J]. 测量，1（2）.

方俊. 1941b. 地壳均衡说之新研究 [J]. 测量，2.

方俊. 1942a. 静重力仪 [J]. 测量，2（1）：22-26.

方俊. 1942b. 中国重力分布及地壳均衡说 [J]. 测量，2（3，4）.

方俊. 1943. 重力公式与三轴椭球 [J]. 测量，3（1）.

方俊. 1944a. 司托克斯公式与垂线偏差 [J]. 测量，4（2）.

方俊. 1944b. 重力摆动影响及其改正 [J]. 测量，4（4）.

方俊. 1944c. 普朗摆测量 [J]. 测量，4（4）.

方俊. 2004a. 荷 - 雁两氏弹性摆 [M] // 方俊. 方俊院士文集. 北京：科学出版社，1-7.

方俊. 2004b. 重力测量 [M] // 方俊. 方俊院士文集. 北京：科学出版社，135-138.

顾功叙，曾融生. 1999. Isostatic Anomalies of 208 Chinese Gravity Stations（Second Peper）[G] //《顾功叙文集》编委会. 顾功叙文集. 北京：地质出版社.

顾功叙，曾融生，张忠胤. 1999. Isostatic Anomalies of 208 Chinese Gravity Stations（First Peper）[G] //《顾功叙文集》编委会. 顾功叙文集. 北京：地质出版社.

罗桂环. 2009. 中国西北科学考查团综论 [M]. 北京：中国科学技术出版社.

吴燕. 2009. 1933 年，谁来测量中国？[J]. 先锋国家历史.（10）：104-109.

吴燕，江晓原. 2007. 雁月飞 1930 年代在中国进行的重力加速度测定及其评价 [J]. 自然科学史研究，26（3）：377-388.

夏坚白. 1941. 天文重力和大地三角测量之关系 [J]. 测量，1（2）.

许厚泽. 1991. 方俊院士 [G] // 卢嘉锡. 中国现代科学家传记（第二集）. 北京：科学出版社.

杨舰. 2003. 丁燮林关于"新摆"和"重力秤"的研究——中央研究院物理研究所早期研究工作的个案分析 [J]. 自然科学史研究，22（增刊）：1-11.

第四章
孕育中的空间物理学

空间时代以 20 世纪 50 年代发射人造地球卫星为起始标志。在此之前，没有形成明确的空间物理学科，但国内外科学家已在以下几个领域进行着空间物理学正式形成前的研究工作：（1）根据电磁学理论，由地面磁场变化对高空导电大气层（即电离层）的探讨、推测与研究；（2）无线电工程技术与电波传播学者对电离层的直接确认与探测研究——这是自然探索的驱动，也是因为这方面当时就有巨大的实用需求；（3）发端于电离层介质在实验室也得以实验研究而发展成为新学科的磁流体力学和等离子体物理学，其在理论上的辉煌进展和在天体物理、地球物理、核武器和核工业的巨大应用前景，吸引了许多杰出的物理学家；（4）基于分子光谱学对大气光谱的研究；（5）基于粒子物理学对宇宙线的探测研究。其中与地磁学有关的研究起步较早，但中国学者 20 世纪 30 年代才开始以较大范围的地磁测量和建立地磁台，开展了现代地磁学研究。对于等离子体物理和磁流体力学理论与实验研究，受到实验条件限制，尚未开展。在其他三个方面，中国最早的一批物理学家和无线电专家，紧跟世界的步伐，取得了一些世界瞩目的研究成果。

第一节　大气吸收光谱学与宇宙线物理观测研究

1928 年，严济慈在法国获得博士学位，回国后受聘四所大学任教授。1929 年重返法国从事科学研究工作。1930 年底回国，北平研究院院长李石曾正式邀请他出任北平研究院物理学研究所所长并筹建镭学研究所。

国立北平研究院物理学研究所成立之初，严济慈积极开展了大气光谱研究。其研究的目的，是通过臭氧对紫外线和 X 光谱的吸收系数测量，研究臭氧层的厚度等参数。当时科学界刚刚认识到臭氧层的存在及其厚度沿纬度的分布，认为这和季节、气候及天气都极有关系。这是当时从传统的气候、气象学孕育出现代高空大气物理学的新领域。1929 年，巴黎臭氧会议决议测定此一圈层的吸收系数，严济慈等积极落实了相关观测研究。他用一氖管做光源，用 Hilger 水晶分光仪摄取臭氧吸收光谱，再经显微光度计分析，至 1933 年，研究了 215~345nm 之间紫外吸收区域的全部光谱，测得极大值和极小值吸收带 450 余个，测定了每个谱带的吸收系数。这首先验证了国外发现的观测结果，并发现了几个新的亮带（严济慈和钟盛标，1932，1933）。法国科学院周刊发表了这一结果后，欧洲学者予以了验证，确实在大气吸收光谱中找到了这几条亮带，并利用这一发现研究了大气紫外吸收区域的长波段特性。1933 年国际臭氧委员会将严济慈精确测定的吸收系数定为标准值，称为"严济慈系数"[①]。这是中国物理学家的工作得到世界科学界承认的开端，也是中国空间物理学早期成长的萌芽。

在宇宙线观测研究方面，熊子敬于 1934 年首先对宇宙射线的微粒性假说作了符合验证（戴念祖，1993）；1935 年由清华大学霍秉权在国内首先制成了威尔逊（Wilson）云室，并发表了论文《镭 E 的 α 射线谱》（北京市科学技术志编辑委员会，2002）。这一时期在英国师从布莱克特（B.Blacktt）的胡乾善，于 1936 年代表 B.Blacktt 赴苏联学术交流，与苏联物理学家在海拔 4000m 的高加索山区进行宇宙射线的探测工作。1937 年，胡乾善以《五重符合法研究射线簇射》的论文获伦敦大学博士学位，在英国皇家学会会刊上陆续发表了他的这些研究成果（Hu，1937；Hu，et al.，1937）。胡乾善于抗战时期回国，因缺乏研究宇宙射线的条件，转入实用的力学研究与教学。

20 世纪 30 年代后期，北京大学郭贻诚曾在美国加州理工学院从事宇宙粒子云室研究，拍摄了 31 000 张以上的粒子径迹照片，测定了宇宙线中高达 100MeV 的电子能量损耗，并从理论上讨论了损耗机制，还测定了宇宙线中介子的质量。他是中国早期从事宇宙线研究的先驱者之一（北京市科学技术志编辑委员会，2002）。

1944 年，北京大学褚圣麟指导研究生进行地磁纬度 28° 31′ 处宇宙线强度的东西效应测量，并对极区和赤道圈的宇宙吸收定律中的指数差做出了估算（北京市科学技术志编辑委员会，2002）。

1948 年，赵忠尧在美国麻省理工学院（MIT）用 G-MJ 计数管控制云室记录宇宙线事例，得到几十个纯电磁级联簇射和混合簇射事例（北京市科学技术志编辑委员会，2002）。

第二节　电离层物理及电波传播观测研究

电离层的科学观测与研究始于 1924 年英国人阿普尔顿（Sir E. V. Appleton）和巴尼特（M. A. F. Barnett），及 1925 年美国人布雷特（G. Breit）和图夫（M. A. Tuve）。这

---

① 见《中国科学院物理研究所所志》编委会，《中国科学院物理研究所所志》科学发展与变迁（1928—2010）初稿。

两个研究组分别独立对电离层无线电回波进行了观测实验。之后，国际上利用垂直探测装置对电离层进行探测，并从 20 世纪 30 年代初开始设置永久观测站，开展电离层的常规观测。中国的电离层实验观测大约在 10 年之后才展开。在此之前，英格兰人艾德斯（N. H. Edes）曾利用英国皇家海军设于中国沿海地区的短波电台通信数据，对中国上空电离层短波跳距特性进行过分析（Edes，1930）。法国传教士雁月飞亦于 20 世纪 30 年代初在上海徐家汇观象台进行过电离层观测工作（Lejay，1940）。

20 世纪 30 年代，中国开始出现了电离层观测和研究。1935 年，中央研究院物理研究所陈茂康率朱恩隆、张熙等人设计了一套单频的高频探测仪器，在上海用 6.2MHz 固定频率电波研究电离层视高和游离强度，通过观测确定了电离层的 F 层的离化是紫外线作用结果，而 E 层的离化除紫外线外，也有非紫外线的作用。这是有记载的中国最早的电离层观测和研究（Ts'en and Chang，1935）。陈茂康后来又将这一探测设备发展成一套可变频的手动测高仪，并对 1936 年 6 月 19 日上海日偏食和 1941 年 9 月 21 日福建日全食期间的电离层进行了观测。

在湖北武昌，华中大学理学院院长、物理系主任桂质廷则利用脉冲垂测仪，于 1937—1938 年期间进行了近 9 个月的电离层定时观测，并整理发表了观测数据（Sung and Kwei，1938）。桂质廷实现了中国早期最为系统连续的电离层观测，其结果揭示出武昌电离层临界频率较世界同类地区的异常（高）现象，引起国外同行（如电离层实验发现者之一的图夫）的特别注意。

上海和武昌的电离层观测工作因日本侵华战争全面爆发和两地的失陷而先后中断。

在抗日战争期间，西南联大无线电研究所在极其困难的条件下，坚持进行了电离层观测与研究。

为了战时通信的需要，重庆大学工学院院长冯简（冯君策，图 2-4-1）在重庆小龙坎的中国国际广播电台内建立了中国第一个电波研究所——交通部电波研究所，在经费困难、人员奇缺的情况下，做了很多开创性的工作。该所自行设计研制了手动电离层测高仪，先后建立了重庆、北平、兰州和南京等观测站；编制了重庆、兰州等站电离层月报，并汇总编印，同武昌站的资料一道，与美国标准局中央电波传播实验室（CRPL）等国外机构进行数据和资料交换。此前，同盟国仅有美国标准局和英国马可尼（Marconi）的电离层长期观测数据，中国电波研究所由此成为同盟国电离层物理研究和军事通信的基础数据资源鼎足之一。同时参考 CRPL 的预测，利用中国自己的电离层观测，编制出版《中国各地短波应用频率之预测》，供国内短波通讯参考，特别是用于抗战期间的军事通信。中国的电离层物理研究一经诞生，即为国际反法西斯战争和自己的抗日战争做出了巨大贡献（梁百先等，1994）。

抗战时期，冯简同时兼任中央广播事业管理处总工程师、中央广播电台（国际）台长，他在重庆主持建设中国自己建设的第一座短波电台——中国国际广播电台。这座电台除天线外，全部设备装于地下。在整个抗战时期，日军不断对重庆狂轰滥炸，而该台的中国之声（The Voice of China）坚持对全世界广播，从未中断。日军对这个电台恨之入骨，称之为"重庆之蛙"。珍珠港事件爆发后，远东盟国电台更是尽入日军

之手，只有这只"蛙"仍然鸣之不已。外国记者云集
重庆，用这只"蛙"转播、传真、发稿，向全世界连
续揭露和控诉日军侵略的罪行，报道远东战场的信息。

　　冯简也是中国赴北极考察第一人。抗战时中美通
信中，重庆至美国东部电波传播要经过北极，关于极
光对电波传播的影响引起了冯简的极大兴趣，他决心
要亲赴北极拿到第一手资料。1947年秋，他代表中国
赴巴黎参加联合国教科文组织国际会议，为考察北极
对无线电波传播的影响，取道挪威北极城市特罗姆瑟
（Tromso），到达北极圈内，在罕见的异常艰苦的环境
和条件下，采集了他所需要的第一手科学数据和资料，
并且与重庆进行6900km远距离短波通信试验，获得成
功。回国后，著有《余在北欧时所见之北极光》一书。

图2-4-1　冯简（1896—1962）

冯简成为中国到达北极的第一人，也是中国到达北极进行科学研究获巨大成功的第一
位科学家。

　　重庆解放前夕，冯简去了台湾，任台湾大学机电系教授。

　　抗战胜利后，受聘于国立武汉大学理学院院长的桂质廷，利用其从美国带回的手
动式电离层测高仪，在武大位于四川乐山的临时校址进行了电离层观测。后随武汉大
学回迁，成立了武汉大学游离层实验室，在武昌开始了长期的电离层的日常观测。武
汉大学坚持进行了连续常规的电离层观测，一直持续到中国科学院地球物理研究所建
立武汉地球物理观象台，随后由地球物理研究所延续这一观测工作，在武昌取得了中
国早期时间最长（约一个太阳黑子周期）的连续记录，并进行整理出版，与CRPL交
换，产生了较大的影响。

　　除此之外，武汉大学还开展了一些颇具水平和特色的电离层研究工作。其中，在
桂质廷的建议下，梁百先等人分析了1946年两分时全球电离层临界频率的分布，独立
发现了"电离层赤道异常"现象（Liang，1947），即电离层临频的分布与地磁赤道很
好的对称，并在午后至午夜前有位于赤道南、北两侧的双峰值，在午夜则只有赤道上
空一个峰值。此外，桂质廷、梁百先、龙咸灵、王燊等人还利用武昌电离层观测对电
离层 E_s、E_2 现象及日食的电离层效应等进行了分析研究（Liang，et al.，1948；Lung，
1948，1949；Wang，1999）。

第三节　日食的日地物理综合观测

　　中国物理学家在20世纪30年代注意到了日食对于地球空间物理研究的重要价值，
在国家动荡的情形下，依然抓住机会，对中国的日食地球物理效应进行了观测研究。

1936 年 6 月 19 日，中国北部及远东、太平洋西部发生日全食，中国 9 个学术团体预先成立了中国日食观测委员会，其间与地球物理有关的观测进行了两项：青岛观象台刘朝阳等人进行了地磁观测，发表了《日全食观测报告》；中央研究院陈茂康带领梁百先等在上海观测了日偏食的电离层效应（Ts'en, et al., 1936）。中国还派出了两个观测队赴日本和苏联进行了观测。这是中国第一次对日食进行天文及地球物理效应观测研究。中央研究院院长蔡元培特为《日全食观测报告》一书写了一页题词，期望此良好结果一方面作为此次观测"重大纪念"，一方面更可裨益于天文、地球物理及电磁研究工作者"迎头赶上"科学的潮流[①]。

1934 年 11 月，南京紫金山天文台建立，1937 年预报 1941 年 9 月 21 日中国将发生日全食。中国天文学会、中央研究院天文研究所、金陵大学、清华大学等单位联合成立了中国日食观测委员会和中国日食观测队，中央研究院院长蔡元培任会长，张钰哲任队长。至 1941 年，因日本侵华战争，日食地区国土大部沦陷，原定合作观测的外国学者无法成行，中国科学家独立承担起这次日全食的天文与地球物理观测任务。此次观测分东南、西北两队进行。张钰哲率领西北观测队赴甘肃临洮，以天文观测为主。中央研究院物理研究所陈宗器带领陈志强、吴乾章等组成的东南队在福建崇安进行地磁观测。

这次日全食的地磁效应、电离层效应的观测，研究了太阳微粒辐射（粒子辐射）对无线电通信的影响（陈宗器，2008）。这些既是当时国际上地球物理的崭新研究领域，同时也对中国的抗日战争具有极其重要的实际意义，这一观测受到媒体高度关注，由当时的中央广播电台台长冯简亲自带队赴现场向全国直播，并在英、美等国同步转播，不但普及了科学知识，而且也振奋了全民族的抗战精神，提高了中国的国际地位（张志明，1991），堪称科学救国、兴国的典范。

1944 年 7 月 20 日，清华大学任之恭等在昆明使用固定频率脉冲进行垂测，对日环食期间的电离层 E 层电子浓度进行了观测，得到了非常好的结果（Jen, et al., 1944）。任之恭的观测结果报道发表后，曾被电离层实验发现者之一的阿普尔顿称赞。

参考文献

北京市科学技术志编辑委员会. 2002. 北京科学技术志［M］. 北京：科学出版社，480.

陈宗器. 2008. 日食、电离层及地磁之相互关系［M］//陈斯文，陈雅丹. 摘下绽放的北极星. 北京：中国科学技术出版社.

戴念祖. 1993. 引论——中国近代物理学史概述［C］//戴念祖. 20 世纪上半叶中国物理学论文集粹. 长沙：湖南教育出版社，1.

梁百先，李钧，马淑英. 1994. 我国的电离层研究［J］. 地球物理学报，37（增刊）：51-73.

严济慈，钟盛标. 1932. 臭氧在 3050Å 与 3400Å 间之吸收光谱［J］. 法国科学院周刊，195.

---

① 中国日全食观测委员会. 民国二十五年六月十九日日全食观测报告. 1936年.

严济慈，钟盛标. 1933. 臭氧在 2150Å 与 3050Å 间之吸收光谱［J］. 法国科学院周刊，196.

张志明. 1991. 民国春秋［J］. 5.

Edes N H. 1930. Some experiences with short-wave wireless telegraphy［J］. Proc. I. R.E., 18: 2011.

Hu C S. 1937. Studies of Cosmic-Ray Showers by Quintuple Coincidences［J］. Proceedings of the Royal Society of London. Series A, Mathematical and Physical Sciences, 158（895）: 581-590.

Hu C S, Kisilbasch B B, Ketiladge D.1937. Investigation of Cosmic-Ray Showers at 4000 m. above Sea-Level［J］. Proceedings of the Royal Society of London. Series A, Mathematical and Physical Sciences, 161（904）: 95-107.

Jen C K, Chow K T, Lo Y T, et al. 1944.An observation on the ionosphere during the solar eclipse of July 20. 1944［J］. Phys. Rev., 66（7-8）: 226.

Lejay P. 1940. Etude de L'ionosphere a Shanghai measure de coefficient de reflection des region ionisees［J］. C. R. Acad. Sci.Paris, 210（11）: 381-385.

Liang P H, 1947. F_2 ionization and geomagnetic latitudes［J］. Nature, 1960（4071）: 642-644.

Liang P H, Lung H L, Wang S, 1948.A study of ionospheric data obtained at Wuchang, Sept. 1946 through Dec. 1947［J］. Chinese J. Phys., 7（3）: 115-131.

Lung H L.1948. The existence of E_2-layer in the ionosphere near sunrise［J］. 武汉大学理科季刊，9（1）: 35-40.

Lung H L.1949. Seasonal variation of world wide F_2 ionization for noon and midnight hours［J］. J. Geophys. Res., 54: 177.

Sung P L, Kwei C T.1938.Ionospheric measurements at Central China College, Wuchang, China［J］. Terr. Mag. Atmos. Elec., 43（4）: 453-461.

Ts'en M K, Chu E L, Liang P H.1936.Measurements of ionization in the ionospheric layers during the partial solar eclipse of June 19, 1936 at Shanghai［J］. Chinese J. Phys., 2（2）: 169-177.

Ts'en M K, Chang N H.1935.A preliminary report on the investigation of the ionospheric layers over China［J］. Chinese J. Phys., 1（3）: 92-100.

Wang S.1949. Sporadic E ionization, auroral display and geomagnetic latitude［J］. Proc. URSI, 7: 249.

第五章
地球物理勘探工作开始起步

中国的地球物理勘探工作起步于 20 世纪 30 年代。第一次世界大战之后，随着技术进步和经济高速发展，对矿产资源需求猛增，新技术开始应用于矿产勘查和地质调查。在这一时期，物理学的发展开始更加注重实际应用。30 年代，核子物理和勘探地球物理是物理学两个重要领域。20 年代末先后成立的中央研究院物理研究所和北平研究院物理学研究所都把地球物理学和地球物理勘探工作列入研究计划。

1930 年，中央研究院地质研究所所长李四光在《地质评论》上发表《扭转天平之理论》一文，详细介绍了扭秤用于地质勘查的基本原理及其应用的局限性，认为只有在平原地区才能适用，如用于山区，需做复杂的地形改正。

实业部地质调查所在中国首先开始了地球物理探矿工作。1934 年秋到 1936 年夏，

图2-5-1　1935年李善邦（左）访问美国，与正在美国科罗拉多矿业学院攻读硕士学位的顾功叙合影

实业部地质调查所派李善邦先后到美国、德国访问考察，除研习地震学外，已开始关注地球物理探矿问题（图 2-5-1）。他在美国曾去野外参加过地震探矿试验；在德国购得新型扭秤和水平向磁秤各 1 台。其后，李善邦和助手秦馨菱开始兼做地球物理探矿工作。1936 年，丁毅在安徽当涂铁矿做过自然电场法试验，并发表了论文《电力探矿在当涂铁矿之初步试验》。

抗日战争全面爆发后，北平研究院物理学研究所地球物理方面的工作转向物理探矿。1938 年，顾功叙回国，应严济慈所长之邀到国立北平研究院物理学研究所任研究员。1933 年，顾功叙考取清华大学公费留学生，科目是勘探地球物理。在翁文灏、袁复礼、叶企孙指导下，在留学预备班完成了地球物理基础课补习。次年赴美国科罗拉多矿业学院攻读地球物理勘探专业。1936 年获得

硕士学位，答辩论文题目是《两种扭秤探矿地形改正的新方法》。1938年顾功叙辗转回到了昆明。应聘内迁昆明的北平研究院物理学研究所研究员。1940年，王自德国留学归来。1939年王子昌毕业于哥廷根大学地球物理研究所，获哲学博士学位，博士论文《野外测定岩石磁化率的简单方法》。回国后，先后任职昆明叙昆铁路探矿工程处、北平研究院物理学研究所等几个部门。顾功叙的工作得到翁文灏的大力支持，应国民政府资源委员会西南矿产测勘处邀请，1939—1946年间，在张鸿吉、王子昌、胡岳仁等人的协助下，在云南、贵州两省12个铁、铜、铅锌与煤矿区开展物探找矿工作。

1934年翁文波从清华大学物理系毕业，到北平研究院物理学研究所工作。1936年经所长严济慈推荐，考取公费留学，赴英国伦敦大学帝国理工学院攻读应用地球物理专业。他独立研制成功不稳定零长式重力探矿仪，1939年获得博士学位。年底回国，到重庆任中央大学物理系教授。1940年，他在四川巴县石油沟进行了中国第一次电阻率和自然电位测井试验。随后，利用暑假赴玉门油矿进行地质调查和重力、磁力勘探工作。1941年翁文波辞去教授职务，到玉门油矿开创中国石油地球物理勘探事业。

傅承义于1933年毕业于清华大学物理系，毕业后留校任助教，兼做热力学和核物理研究工作。1938年考取公费留学。他原来的志向是核物理，但是在全民抗战时期，核物理研究离实际应用太远，所以放弃核物理改学勘探地球物理。后因身体原因，才改行师从古登堡攻读普通地球物理学。

饱含远见卓识和爱国情怀的中国一代地质学、物理学大师，为中国勘探地球物理事业发展精心布局，不仅为支援抗战做出了重要贡献，也为后续发展奠定了坚实基础。

第一节　重力勘探

1934—1936年间，李善邦在湖南省常宁水口山铅锌矿做过2个月的扭秤试验（秦馨菱，1996）。1937年底到1938年6月，李善邦、秦馨菱再次到水口山做物探工作（图2-5-2）。在新冲、清水塘和龙王山3处，开展扭秤测量，共做测点300多个，以期为即

图2-5-2　1938年李善邦（左一）在湖南水口山做重力勘探

将开采完的老矿找到新的矿体，后来在新冲布钻，验证有矿（李善邦和秦馨菱，1941）。1940年春末夏初，地质调查所方俊用扭秤在贵州西北威宁妈姑铁矿开展探测，同时秦馨菱用磁秤探测，二者所得结果皆与已知的矿体边界相符（中国地震局，2002）。

翁文波在石油地质勘探中最早应用重力勘探方法。1940年，他带领赵仁寿携自己在英国留学时研制的零长重力仪和回国后研制的磁力仪去玉门油矿进行重、磁测量。1941年，翁文波毅然告别中央大学，奔赴戈壁荒漠中的玉门油矿，任地质室副主任（图2-5-3）。

图2-5-3　1942年翁文波在甘肃玉门油矿[①]
（左起：翁文波、童宪章、张锡龄、陈贲）

1945年10月，甘肃油矿局组建中国第一个地球物理勘探队——重、磁力队，翁文波任队长。他率领丛范滋、李德生、汤任先、任永堂等20余人，沿河西走廊玉门到文殊山进行大面积十万分之一的重力普查，兼做地质普查工作，直到1946年3月，才回到玉门油矿。提交了20幅综合图和一份由丛范滋执笔的《甘肃走廊西部重力测量提要》报告。翁文波在 Nature《自然》杂志上发表了"山根问题的研究"一文（陆邦干，1985）。所用的仪器是刚从美国引进的哈爱兰特零长式重力仪和一架德国制造磁力仪。

1946年8月，中国石油总公司在上海组建，翁文波出任勘探室主任。其间，他极力推动甘肃省分公司成立重力队、电测队。1946年10月、1947年10月，中国石油公司先后派出2个重力勘探队，对中国台湾岛西部平原进行重力勘探，历时2年多，1948年11月结束。共计完成比例尺1∶50 000等重力线图14幅，比例尺1∶10 000万局部构造详查图21幅。重力勘探队回到上海后，对江苏省南部和上海郊区做过一些重

①　图引自中国地球物理学会所编《辉煌的历程：中国地球物理学会60年》（地震出版社，2007年）。

力工作。这一时期工作除由中国石油公司编写的《台湾重力勘探》外，在 1948 年《中国地球物理学报》第一卷第二期上发表了李德生的《根据重力异常研究台湾西部平原的地下构造起伏》、丛范滋的《台湾表层之平均比重》、翁文波的《重力加速度勘探在台湾》和赵仁寿、丛范滋的《上海及其附近之重力加速度测量》论文。

第二节　磁法和电法勘探

实业部地质调查所是中国早期开展磁法和电法勘探的部门。1935 丁毅年毕业于中央大学地质系，次年任地质调查所调查员，在安徽省当涂铁矿做过自然电场法勘探试验，发表了《电力探矿之当涂铁矿之初步试验》一文，是中国电法勘探的开篇之作（丁毅，2004）。李善邦、秦馨菱等人在发展中国早期磁法和电法勘探方面也做出了重要贡献。1939 年 9 月，李善邦、秦馨菱又带 3 台德国产垂直分量磁秤在四川省綦江铁矿做探测工作，在 3 个矿区测定了赤铁矿矿体埋藏的边界，对矿储量作了估算。1940年春，秦馨菱和方俊带磁秤和扭秤，在贵州西北威宁妈姑铁矿进行探测，发现火成赤铁矿矿体并不比矿体露头部分大多少。1940 年 11 月，他们在会理县毛姑坝铁矿、西昌泸沽铁矿进行探测，发现矿体是磁铁矿，露头已严重风化，出现了一层拳头大小的矿块，厚度 1~2 尺（1 尺 ≈ 0.33m）。1936 年，地质学家常隆庆在西康盐边县攀枝花（今属四川省）进行地质调查时发现了攀枝花铁矿。抗战期间，先后有三批地质学家进行勘查。1941 年 3 月，李善邦和秦馨菱奉资源委员会之命，赴攀枝花的营盘山、尖包包和倒马坎 3 个矿区进行了第一次地球物理探测，包括测绘地形图，进行地表调查，利用磁秤进行探测，并采矿样带回所进行化验分析。根据探测和化验结果确认，攀枝花为含钛磁铁矿，综合攀枝花、倒马坎储量约 1600 万吨，很有开采价值（四川省攀枝花市志编纂委员会，1994）。从而为攀枝花铁矿后来的开发做出了历史性贡献。1941 年太平洋战争爆发后，战事吃紧，物资条件更加困难，地质调查所的物理探矿工作已无法维系。

1938 年，顾功叙回国后，开始了中国早期在云、贵两省的物探工作。他的老师翁文灏主持资源委员会的工作，对其开展工作给予很大支持，将 1 套旧的磁力仪和 1 套从英国买的电法勘探仪器交他使用。从 1939 年到 1946 年，顾功叙在王子昌、张鸿吉、胡岳仁等协助下，先后利用磁法、自然电流法和电阻率法，在云南易门军哨、安宁砂场、贵州威宁章赫、水城观音山等铁矿区，云南巧家落雪、汤丹等铜矿区，云南鲁甸铅银矿区、云南会泽矿山厂铅锌矿区和昭通褐煤区以及云南个旧锡矿区开展了中国最早的地球物理勘探工作。依此，顾功叙等人编写了 5 篇探测报告和发表《中国西南山区大地电流调查一些新异常结果》《国立北平研究院物理学研究所重力地磁和地球物理勘探工作》2 篇文章（顾功叙，1999；严济慈和顾功叙，1999）。

1940 年，翁文波任教中央大学期间，研制出了中国第一台地电测井仪和双磁针不稳定式磁力仪，在四川巴县石油沟一号井成功进行了中国第一次电阻率和自然电位测井试验，开创了中国使用测井技术勘探石油天然气的先河（陈洪锷和许瑛，1994）。他利用暑假时间到玉门油矿进行石油地质调查，用测井仪研究油井内的油气水层深度，在潜在的油气层开展重力和磁力探测，寻找储田构造，写出了《甘肃油矿物理探矿报告》。1942年1月，在玉门油矿的石油河、甘油泉、石油沟等地，使用自制或改制的罗盘磁变仪和电测仪进行磁法和电法勘探。根据电测结果，推断了地层倾角变化、油层位置和砾石层厚度等。根据磁力异常结果推断了地下背斜构造。

参考文献

陈洪锷，许瑛. 1994. 中国当代地球物理学的开拓者 [M]. 北京：地震出版社.

丁毅. 2004. 电力探矿之当涂铁矿之初步试验 [G]// 夏国治，许宝文，陈云升，等. 二十世纪中国物探（1930—2000）. 北京：地质出版社.

顾功叙. 1999. 中国西南山区大地电流调查一些新异常结果 [G]//《顾功叙文集》编委会. 顾功叙文集. 北京：地质出版社，43-52.

李善邦，秦馨菱. 1941. 湖南水口山铅锌矿区试用扭秤方法探测结果 [J]. 地球物理专刊，（1）：1-16.

陆邦干. 1985. 石油工业地球物理勘探早期发展史大事记（1939年—1952年）[J]. 石油地球物理勘探，20（4）：338-343.

秦馨菱. 1996. 前地质调查所的地震、物探和地球物理工作 [G]// 程裕淇，陈梦熊. 前地质调查所（1916—1950）的历史回顾——历史评述与主要贡献. 北京：地质出版社，130-140.

四川省攀枝花市志编纂委员会. 1994. 攀枝花市志 [M]. 成都：四川科学技术出版社.

严济慈，顾功叙. 1999. 国立北平研究院物理研究所重力地磁和地球物理勘探工作 [G]//《顾功叙文集》编委会. 顾功叙文集. 北京：地质出版社，53-55.

中国地震局. 2002. 中国地震事业的先驱李善邦 [M]. 北京：地震出版社.

第六章
地球物理学术共同体的初步形成

　　20 世纪 20 年代，地球物理学开始被介绍到中国，地球物理研究方法逐渐获得应用。20 世纪 30 年代，中国近代自然科学研究机构体制初步建立。较早出国留学的蔡元培、李石曾、章鸿钊、丁文江、翁文灏和李四光等人，回国后相继承担了建立、主持地质调查所、中央研究院、国立北平研究院等中国近代科研机构的任务。他们重视实际应用并延揽、培养人才，一批学子远涉重洋，到欧美、日本等国学习、考察地球物理学。学成回国后，他们在不同的科研机构、大学和部门致力于地震学、地磁学、重力学、勘探地球物理学和气象学等方面的工作，为地球物理事业的发展做出了开创性、奠基性的贡献，中国地球物理学术共同体初步得以形成。

第一节　早期与地球物理有关的科研机构

一、地质调查所

　　1912 年，民国南京临时政府在实业部矿政司设置地质科，由章鸿钊主事。章鸿钊建议成立相应的科研和教育机构，但未能付诸实施。1913 年 9 月，地质调查所成立，为工商部矿物司所属，丁文江任第一任所长。1913 年底到 1914 年初，工商部与农林部合并为农商部，地质调查所也随之改称农商部矿政司地质调查所。1921 年，丁文江辞去所长之职，翁文灏任代所长。而后地质调查所隶属关系几经变化：农矿部（1928年）、实业部（1930 年）、经济部（1938 年），1941 年更名为经济部中央地质调查所。地质调查所是中国近代"第一个名副其实的科学研究机构"和"中国近代科学的代表与骄傲"，在国际科学界为中国赢得了声誉。地质调查所的成功及其成就，已经远远超出地质学本身，对中国土壤学、地理学、考古学、古人类学、大地测量学、特别是地震学和地球物理学都产生了深远影响（国连杰，2012）。

　　地质调查所早期的 3 位负责人章鸿钊、丁文江和翁文灏，不仅非常重视地质学的理论基础研究，同时非常重视有关的新学科的开拓和发展，如地震学和地球物理学等。20 世纪初，地震学在中国还没有形成一门学科，由于与地质有关，遇有地震，就由地质调查所搜集资料，编写报告，并稍做研究（中央地质调查所，1941）。例如，1917年安徽地震、1918 年福建地震、1920 年甘肃地震、1925 年云南地震、1933 年四川叠溪以及 1937 年山东菏泽地震，均有编写的报告。

1920 年甘肃海原大地震，翁文灏、谢家荣等考察后，曾发表有关文章和参加国际学术会议（翁文灏，1930；郭文魁等，2004）。他们撰写的文章成为中国近代史开展地震地质研究最早的经典文献之一。1925 年，翁文灏在介绍魏格纳大陆漂移说时，在中国第一次使用"地球物理学"一词。1930 年，翁文灏结集出版的《锥指集》，论述了中国地质学、地震学、矿床学、地理学的研究状况。翁文灏被认为是研究中国地震地质学第一人。

地质调查所于 1929 年成立地震研究室，在北京西山鹫峰建成了中国第一个地震台，1930 年 9 月 20 日 13 时 02 分 02 秒该地震台记录到了第一个地震。从此，"实业部鹫峰地震研究室"成立，鹫峰地震台正式记录。中国有了第一个现代地震台，它也是当时东亚最重要的地震观测点（李善邦，1948）。

1937 年抗日战争全面爆发，地质调查所迁离北平，鹫峰地震台停止记录。直到1943 年上半年，由李善邦、秦馨菱等在重庆北碚亲自设计并制造成功 1 台地震仪，中国才恢复地震记录（李善邦，1945；秦馨菱，1996），这也是抗战时期中国大陆唯一的地震台——北碚地震台。

1946 年，地质调查所迁回南京旧址，利用北碚地震台拆迁回来的地震仪器开始记录。1948 年，中国台湾气象厅赠送的 2 台维歇特地震仪和 1 台大森式（Omori）地震仪运抵南京；同年，又把抗战时存放在燕京大学物理系的鹫峰地震台的地震仪运至南京。至此，南京珠江路已经具有地震观测的条件，这就是水晶台地震台。

地质调查所在地震观测与研究、物理探矿及普通地球物理学（如地磁学）等方面，在中国起到了开创性作用。

二、国立中央研究院

国立中央研究院（以下简称中央研究院）于 1927 年成立，并于 1928 年开始成立下属 23 个研究所，其中与地球物理有关的研究所有气象研究所、物理研究所和地质研究所。

中央研究院气象研究所成立于 1928 年，首任所长竺可桢。1931 年该所在南京鸡鸣寺的北极阁建立了中国第二个地震台——北极阁地震台。1937 年抗日战争全面爆发，北极阁地震台停止记录。1947 年恢复记录。

中央研究院物理研究所成立于 1928 年。1932 年在所长丁燮林的主持下，在南京紫金山筹建地磁台。1929 年 5 月，陈宗器受聘中央研究院物理研究所，任助理研究员。随即被派往中瑞联合西北科学考查团，担任天文和地形测量工作。1933 年、1935 年陈宗器参加筹建南京紫金山地磁台和观测工作，1936 年全部建成。

中央研究院物理研究所从1932年到1949年，前后建立永久性和临时性地磁台5个；进行过1次日全食观测；地磁测量遍及15个省市和地区。这些测量数据为其后绘制1∶600万系列《1950.0年代中国地磁图》提供了所需部分资料。

抗战期间，中央研究院物理研究所迁到重庆北碚。陈宗器极力主张开展地磁观测研究工作，并与李善邦协商将地质调查所的地磁工作并入中央研究院物理研究所，包括仪器设备和刘庆龄等研究人员。刘庆龄于1945年进入物理研究所，成为陈宗器的助手。抗日战争胜利后，中央研究院物理研究所迁回上海，地磁部分随同迁回，后迁至南京九华山。

1944年赵九章被推荐任气象研究所代理所长，1947年正式担任所长。赵九章不仅为中国的气象和大气物理研究做出卓越贡献，而且极力开拓"大地球物理科学"。1947年，他与物理研究所陈宗器商量，一致同意把中央研究院物理研究所的地磁部分编入中央研究院气象研究所，并在所址南京北极阁建立地磁观测点。北极阁地磁台于1947年完工，1948年3月开始记录，1948年因战争原因被迫停止，全部记录共9个月。1947年，已取得地震学博士学位、并在地震波理论方面颇有建树的傅承义，受赵九章之邀，从美国回国，主持气象研究所地球物理研究工作（图2-6-1）；1949年朱岗崑在英国取得地球物理学和地磁学博士学位后回国，到气象研究所工作。此时，气象研究所已具备大地球物理学科的雏形。

图2-6-1　1944年傅承义与著名地球物理学家古登堡等在美国的一个学术会议上合影（照片中央为傅承义，其右戴眼镜者为古登堡）[①]

---

① 图引自中国地球物理学会所编《辉煌的历程：中国地球物理学会60年》（地震出版社，2007年）。

1928 年 1 月，地质研究所成立，所长李四光于 1930 年在地质研究所的单印本上发表了《扭转天平之理论》一文，推介了重力探矿方法。

三、国立北平研究院

国立北平研究院（以下简称"北平研究院"）于 1929 年成立，创办人李石曾任院长，李书华任副院长。其下属研究所有物理学研究所和地质学研究所等。

物理学研究所所长由李书华兼任。1931 年严济慈回国，被聘为北平研究院物理学研究所所长。1929—1937 年间，物理学研究所的朱广才、鲁若愚、翁文波和张鸿吉等人，沿黄河（陕西宝鸡—山东利津）测定了 7 个点的经纬度作为基点之用；测定了北平及津浦、宁沪杭沿线诸点的经纬度；测定了珠江流域地磁场的长期变化；与徐家汇天文台雁月飞合作，测定了中国 18 省重要城市计 220 余处的重力加速度，初步完成全国重力图。

1936 年，顾功叙在美国科罗拉多矿业学院获地球物理硕士学位，后在加州理工学院地震专家古登堡指导下做地球物理和地震学研究工作，1938 年回国，应聘当时已迁往云南昆明的北平研究院物理学研究所任研究员，进行物理探矿研究工作。1939—1945 年，顾功叙在云南和贵州的多个矿区，分别用电阻率法、自然电流法、电法及磁法进行矿区探测，并撰写多篇探测报告（陈洪鹗和许瑛，1994）。

1947 年后，顾功叙和助手曾融生一起，对中国 208 个重力加速度测点的重力均衡进行了研究。

1948 年 6 月，严济慈和顾功叙联名在《中国地球物理学报》（现名《地球物理学报》）第 1 卷第 1 期发表《国立北平研究院物理学研究所重力地磁和地球物理勘探工作》论文，叙述了中国地球物理工作情况。

四、教育部中央观象台和青岛观象台

1911 年辛亥革命成功后，蔡元培任临时政府教育部总长，1912 年接收了清政府钦天监（现北京古观象台），在此创建中央观象台，下设历数、天文、气象、地震地磁四个科，天文学家高鲁任台长，蒋丙然任地震地磁科长。1916 年王应伟任磁力科技正，后任气象科科长。"气象"一词即诞生于此，中央观象台开创了中国的气象事业；1917 年在其所办刊物《观象丛报》上介绍了地球磁力学和实用磁力学。

1924 年 2 月 15 日，蒋丙然等代表中国政府从日本人手中正式接管青岛观象台，下设气象地震、天文磁力两个科，蒋丙然任台长兼气象地震科科长。关于地震工作，旧时留下的仪器多已损坏，1925 年从德国购置维歇特水平地震仪，进行地震观测。关于地磁工作，购置了沙士郎中型磁力仪，除对青岛地区进行观测外，1932 年 5 月又派吕蓬仙和徐汇阔 2 人携带仪器对山东半岛进行了地磁测量。

1929 年，应青岛观象台台长蒋丙然邀请，王应伟赴该台任气象地震科科长，并兼任天文磁力科科长。天文磁力科曾利用德国人留下的子午仪及测时设备参加国际经度测量，同时利用 160 mm 口径的蔡司（Zeiss）天文望远镜进行太阳黑子观测。

王应伟执掌气象地震科后，利用维歇特水平地震仪进行连续记录，地震观测水平得到提高，对地震图进行分析，定出震中位置。1931 年，王应伟出版专著《近世地震学》。1937 年日本再度强占青岛观象台，抗战胜利后 1946 年归还中国。

五、地质勘探部门

1942 年，资源委员会矿产测勘处成立（其前身为 1940 年成立的西南矿产测勘处）。矿产测勘处是全国性的矿产测勘机构，测勘处处长谢家荣在 1946 年《矿测近讯》中强调了"地性矿区"的重要性。

1939 年翁文波从英国获应用地球物理博士学位后回国，在中央大学任物理系教授，并开设地球物理勘探课程。其间，曾在四川巴县石油沟油矿成功地进行了中国首次电测井勘探石油、天然气。1945 年 10 月，他在甘肃玉门油矿成立了中国第一个石油重、磁力队，并在河西走廊玉门到文殊山之间进行了重、磁力普查。他为开创石油物探做出卓越贡献，是中国石油物探的奠基人和开拓者。1946 年，中国石油公司在上海成立，翁文波任勘探室主任并主持筹备了上海地球物理实验室。1947 年 10 月，中国石油公司组成第二个重力队，翁文波被调往台湾工作（陈洪鹗和许瑛，1994）。

六、高等院校

部分有条件的高等院校开展了地球物理相关研究。

1930 年，时任武昌华中大学（1939 年后改名武汉大学）理学院院长、物理系主任的桂质廷利用暑假，参加了美国卡内基研究所在中国的地磁测量工作。1937—1938 年，桂质廷利用脉冲垂测仪，在武汉地区进行了连续 9 个月的电离层定时观测，这是中国最早的电离层连续、系统观测，发现武昌电离层临界频率较世界同类地区的异常（高）现象，引起国外同行的关注。抗战胜利后，1945 年武汉大学在桂质廷领导下创建了中国第一个电离层与电波传播实验室——武汉大学游离层实验室，这也是中国第一个空间物理和无线电物理研究的专门机构。

抗战期间，1937 年重庆大学工学院院长冯简主持建设了中国第一座 35 千瓦短波电台——中国国际广播电台，这是盟军在远东唯一可利用的短波电台。同时，创建了中国第一个电波研究所——交通部电波研究所，这对中国的全球通信具有重大意义。电波研究所由此成为同盟国电离层物理研究和军事通讯的基础数据资源鼎足之一，为世界反法西斯战争和抗日战争胜利做出了重要贡献，也为电离层物理研究积累了重要的观测资料。

抗战期间，西南联大无线电研究所在极其困难的条件下，坚持进行了电离层观测与研究。

1947 年，中央大学（现南京大学）物理系周长宁开展了宇宙线的实验探测研究，并在当年的《科学世界》上发表了《宇宙线现象》的文章。

第二节　地球物理专业人才培养与教育

一、留学回国人员

20世纪二三十年代，是中国地球物理学的初创阶段，地球物理研究工作、人才培养与教育分散在地质和物理等部门。中国早期地球物理发展主要是由留学回国人员推动的，与地球物理学有关的早期留学人员如表2-6-1所示。

表2-6-1　与地球物理学有关的早期留学回国人员表

姓名	留学所在国	回国时间	所获学位	回国后工作单位
章鸿钊	日本	1911年	地质学学士	经济部地质调查所
丁文江	英国	1911年	动物学和地质学双学士	经济部地质调查所
翁文灏	比利时	1912年	地质学博士	经济部地质调查所
蒋丙然	比利时	1912年	气象学博士	教育部中央观象台
王应伟	日本	1915年	数学学士	教育部中央观象台
竺可桢	美国	1918年	气象学博士	中央研究院气象研究所
丁燮林	英国	1919年	理科硕士	北京大学
李四光	英国	1920年	地质学硕士	北京大学
李书华	法国	1922年	理学博士	北京大学
桂质廷	美国	1924年	物理学博士	华中大学、武汉大学
冯简	美国	1924年	无线电通信硕士	交通部电波所
叶企孙	美国	1924年	哲学博士	东南大学
严济慈	法国	1927年	科学博士	上海大同大学等多所大学
涂长望	英国	1934年	气象学硕士	清华大学
赵九章	德国	1938年	气象专业博士	中央研究院气象研究所
顾功叙	美国	1938年	地球物理勘探硕士	北平研究院物理所
翁文波	英国	1939年	应用地球物理博士	重庆中央大学
梁百先	英国	1939年	理科硕士	武汉大学
王子昌	德国	1940年	哲学博士	北平研究院物理所
傅承义	美国	1947年	地球物理博士	中央研究院气象研究所
吕保维	美国	1947年	哲学博士	邮电部电信科学研究所
朱岗崑	英国	1949年	物理学博士	中央研究院气象所
顾震潮	瑞典	1950年	气象学博士	中国科学院地球物理研究所
叶笃正	美国	1950年	气象学博士	中国科学院地球物理研究所

二、派遣出国学习人员

1930 年后，中国有了自己的地球物理学实体，但招聘的技术人员大都来自物理、地质和数学专业的大学毕业生。为了加快发展，各研究部门派遣研究人员出国学习地球物理专业知识，当时派出人员见表 2-6-2。

表 2-6-2　派遣出国人员统计表

出国人员	派往国家	时间	专业	派出单位
陈宗器	德国	1936 年	地磁学	中央研究院物理研究所
	英国	1939 年	地球物理学地球物理探矿	中央研究院物理研究所
李善邦	日本	1931 年	地震学	经济部地质调查所
	美国、德国	1934—1936 年	物理探矿、地震学	经济部地质调查所
金咏深	日本	1931 年	地震学	中央研究院气象研究所
方　俊	德国	1937—1938 年	地震学、重力、地球物理学	经济部地质调查所
秦馨菱	美国	1945—1946 年	勘探地球物理	经济部地质调查所

三、萌芽中的地球物理高等教育

新中国成立前，地球物理专业高等教育，除气象专业外，尚属空白。20 世纪三四十年代，与地球物理有关一批留学回国人员选择到高等院校任教，在物理系开设了与地球物理相关的专业课程。

桂质廷于 1924 年获美国普林斯顿大学物理学博士学位，1925 年回国，先后在多所高校任职。三四十年代先后任职武昌华中大学、武汉大学工学院院长、物理系主任，从事地磁与电离层教学、研究工作，武汉大学成为中国空间物理学研究重要基地。桂质廷是中国空间物理学的奠基人之一。

涂长望于 1933—1934 年在英国利物浦大学攻读地理学博士学位。1934 年，应中央研究院气象研究所所长竺可桢之邀提前回国，受聘气象研究所研究员，并先后在清华大学、浙江大学、中央大学任职教授。

赵九章于 1935 年赴德国柏林大学攻读气象学，主修动力气象学、高空气象学和海洋动力学等课程，1938 年获博士学位，回到母校清华大学。回国受聘西南联大（1937年，清华大学内迁昆明，与北京大学、南开大学联合成立西南联大）理学院地质地理气象系，开设理论气象学、大气物理学、高空气象学等课程。1944 年，竺可桢推荐赵九章为中央研究院气象研究所代理所长，1947 年任所长。其间，兼任中央大学气象系教授（图 2-6-2）。

图2-6-2　1947年，赵九章（前排左二）与中央大学气象系毕业生合影[①]

方俊于1937—1938年在德国耶那地震研究所进修。1938年回国，先在中央大学地理系讲授测量学与地图投影学，1941年到土木系，讲授大地测量学；1943年任同济大学测量系教授，讲授重力测量学。

翁文波于1939年获英国伦敦大学帝国理工学院应用地球物理学博士学位，回国后任职国立中央大学物理系教授，在中国第一个开办地球物理勘探课程。

1939年9月，梁百先留英回国，获英国伦敦大学帝国理工学院应用地球物理学硕士学位，同年12月受聘于国立武汉大学物理系任教授，先后从事普通物理学和电磁学的教学工作。

第三节　中国地球物理学会成立

一、中国地球物理工作委员会成立

20世纪30年代，中国地球物理学发展尚处在萌芽时期。1937年抗日战争全面爆发后，东北、华北大片国土沦陷。地球物理基础工作以及国际合作被阻断，把有限的地球物理力量集中起来，集思广益，为战时经济服务，就更凸显地球物理学界联合起来的重要性。1940年春，经济部地质调查所与国立北平研究院联合成立地球物理工作委员会。1941年春，翁文灏提议扩大委员会的范围，经征得学术机构和地球物理学专家的同意，改名为中国地球物理工作委员会。

---

① 图引自《赵九章》一书（吴阶平等主编，中国当代著名科学家丛书，贵州人民出版社出版，2005年）。

中国地球物理工作委员会主任委员李书华（国立北平研究院）、副主任尹赞勋（经济部地质调查所）。委员有：方俊（经济部地质调查所）、王子昌（西南矿产探勘处）、李善邦（经济部地质调查所）、翁文波（中央大学）、翁文灏（经济部）、张鸿吉（北平研究院物理学研究所）、陈宗器（中央研究院物理研究所地磁台）、严济慈（北平研究院物理学研究所）、顾功叙（北平研究院物理学研究所）（李善邦和秦馨菱，1941）。中国地球物理工作委员会只设会团体会员。会员单位有国立北平研究院、经济部地质调查所、西南矿产测勘处、中央大学和中央研究院物理研究所。工作委员会决定出版不定期刊物《地球物理专刊》（*Geophysicel Memoirs*），使各方研究结果得以集中发表。1941年，《地球物理专刊》第1号刊印发行。中国地球物理工作委员会是中国地球物理学工作者出版学术刊物的最早组织，也是中国地球物理学会的前身。

二、中国地球物理学会成立

1945年抗日战争胜利后，为了谋求地球物理学的全面发展和普及，并与国际地球物理学发展接轨，地球物理学界谋划成立中国地球物理学会。1947年2月，陈宗器、顾功叙、王之卓、翁文波4人会晤，商讨成立地球物理学会之事，并推陈宗器为筹备主任。

中国地球物理学会成立大会于1947年8月3日在上海前中央研究院礼堂召开。原定与会会员代表26人（共有会员54人）。实到14人，他们是：翁文波、赵仁寿、李德生、王纲道、谢毓寿、黄席棠、王子昌、陈宗器、张宗璜、胡岳仁、王之卓、陈志强、吴乾章、林大中；另12人因交通不变，不能亲自到会，委托他人代理，他们是：秦馨菱（谢毓寿代）、丛范慈（李德生代）、孟尔盛（赵仁寿代）、刘德嘉（王刚道代）、李善邦（翁文波代）、顾功叙（陈宗器代）、吕炯（郑子政代）、李树堂（陈志强代）、傅承义（陈宗器代）、石延汉（吴乾章代）、刘庆龄（胡岳仁代）、夏白坚（王之卓代）。会员代表分别在中央研究院、北平研究院、中央地质调查所（前地质调查所）、中央气象局、国防部测量局、资源委员会中国石油公司等下属部门实际工作或高校任教。会议的来宾有北平研究院的严济慈、中国石油公司的严爽、社会局的代表卢海珊等。

中国地球物理学会成立之后，于1947年8月17日在上海召开了第一次理事、监事联席会议。会议讨论并确定学会的研究对象地球物理学的分支学科有：测地学、地震学、气象学、地磁及地电学、海洋学、火山学、水文学、地壳构造物理和应用地球物理学等9个学科。联席会议还推选了学报委员会及地球物理学名词审查委员会组成人员，翁文波任学报委员会主任，王之卓任名词审查委员会主任。

1948年4月20日，中国地球物理学会在南京北极阁中央研究院气象研究所召开第三次理事、监事联席会议和学报委员会会议。联席会议由陈宗器理事长主持，讨论了学报经费、会员入会和理事分工等事宜。学报委员会会议由翁文波主持，讨论了学报出版的具体事项，确定了学报中、英文名称:《中国地球物理学报》、*Journal of the Chinese Geophysical Society*。为了便于国内外学术交流，依照各国专门学报惯例，学报文章用英、德、法三种文字之任何一种发表，附中文摘要。创刊号于1948年发行刊登论文9篇、评论3篇、通信1篇。

1948 年 10 月 9—11 日，由中华自然科学社发起，在南京的中国科学社、中华自然科学社、中国天文学会、中国气象学会、中国物理学会、中国地球物理学会、中国地理学会、新中国数学会、中国动物学会、中国遗传学会等 10 个科学团体联合，在南京举办联合学术会议，并共同举办科学展览。联合学术会议之后，10 日下午在中央大学气象系举行了中国地球物理学会第一届年会。出席年会共有 19 人：李善邦、傅承义、章元龙、叶连俊、谢毓寿、丛范慈、赵仁寿、吴乾章、秦馨菱、陈志强、陈宗器、谢家泽、石延汉、刘庆龄、胡岳仁、朱炳海、吕炯、卢鉴、薛钟彝。另有 8 人，会前委托他人代表，他们是：翁文波、林大中、李德生、陈贲、赵九章、王之卓、王刚道、方俊（秦馨菱和汪纬林，1994）。

年会由陈宗器主持。会议听取了理事会、学报委员会、名词审查委员会的报告。会上宣读了论文，其中气象方面论文 15 篇、地球物理论文 20 篇。竺可桢与会听讲。会议特别建议教育部在大学理学部设地球物理系，或在物理、地质、地理、气象系内设地球物理学组。按照中国地球物理学会章程的规定，改选了 1/3 理事。新当选的理事是赵九章、叶企孙、夏白坚，与上一届留任的 6 名理事李善邦、王之卓、顾功叙、方俊、王子昌、赵仁寿一起，组成新一届理事会，当即推举赵九章为理事长，陈宗器为总干事。

第四节　国际合作与交流

20 世纪初，中国的地球物理学还处在分支学科的初期和发展中，一些重大事件的记载，已不再限于县志的范围，并逐步让国内和国际上更多的人了解、关注和交流。

1922 年 8 月 10 日，第 13 届国际地质大会在比利时布鲁塞尔举行，时任地质调查所代所长的翁文灏在会上发表了"中国某些地质构造对地震之影响"的报告，在国际学术界引起很大反响，受到很高赞誉。

1930 年以后，地震台的建成和地震观测的顺利进行，促成观测资料与国际上的交流，当时出版的地震、地球物理刊物如下：

《地震专报》（*Seismological Bulletin of the Chiu Feng Seismic Station*），记载鹫峰地震研究室地震仪的记录与研究成果，共出版 3 卷：第 1 卷，1930—1931 年（英文）；第 2 卷，1932 年；第 3 卷上册，1933 年。这 3 卷专报汇集了 1930—1933 年鹫峰地震台的成果及地震记录。在这一期间，该台曾与全球的主要台站即时进行过记录交换，并在国际上颇有影响和地位。

《地震季报》，是南京北极阁地震台的季刊，1932 年创刊，共出版 1 卷至 5 卷 2 期（1932 年 9 月至 1936 年 12 月）。

《地震月报》，1933 年鹫峰地震台油印出版用于国际地震资料交换。

《地球物理专刊》（*Geophysical Memoirs*），只出版 1~3 号，出版年限分别为 1941 年

2 月、1941 年 5 月和 1945 年 2 月（图 2-6-3）。

《中国地球物理学报》（*Journal of the Chinese Geophysical Society*）在 1948 年 6 月出版第一卷第一期（英文，图 2-6-4）。

图2-6-3　《地球物理专刊》第1号

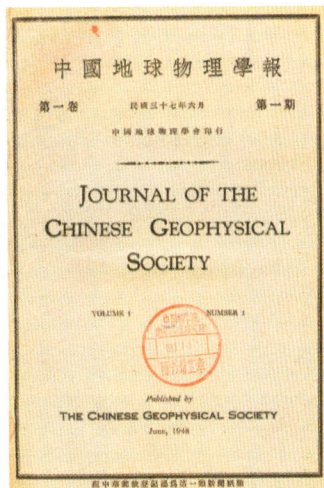

图2-6-4　《中国地球物理学报》
第一卷第一期

更早的气象、地球物理刊物：1914 年 7 月，教育部中央观象台创办《气象丛报》，它是中国最早的气象刊物；1915 年 7 月扩充为《观象丛报》，增加了天文、地磁、地震、历象等资料。中央观象台曾利用这些专刊与国内外 300 多处学术机构进行交流，获取学术资料。

参考文献

陈洪鹗，许瑛. 1994. 中国当代地球物理学的开拓者 [M]. 北京：地震出版社.

郭文魁，殷维翰，谢学锦，等. 2004. 谢家荣与矿产测勘处 [M]. 北京：石油工业出版社.

国连杰. 2012. 丁文江、翁文灏与地质调查所的科学文化 [J]. 科学文化评论，9（3）：29-51.

李善邦. 1945. 霓式地震仪原理及设计制造经过 [J]. 地球物理专刊，（3）.

李善邦. 1948. 三十年来我国地震研究 [J]. 科学，30（6）：163-165.

李善邦，秦馨菱. 1941. 湖南水口山铅锌矿区试用扭秤方法探测结果 [J]. 地球物理专刊，第一号，中国地球物理工作委员会印行.

秦馨菱. 1996. 前地质调查所的地震、物探和地球物理工作 [G] // 程裕淇，陈梦熊. 前地质调查所（1916—1950）的历史回顾：历史评述与主要贡献. 北京：地质出版社，130-140.

秦馨菱，汪纬林. 1994. 中国地球物理学会的成立与发展 [J]. 地球物理学报，37（S1）：1-14.

翁文灏. 1930. 锥指集 [M]. 北平西城兵马司九号地质图书馆.

陈宗器. 1947. 中国地球物理学会 [J]. 科学，29（10）：314.

中央地质调查所. 1941. 中央地质调查所概况：二十五周年纪念 [M].

第三篇

中国地球物理学学术共同体的形成和发展（1949—2015年）

中国的地球物理学是在新中国成立后发展起来的新兴学科。新中国成立之前，在地质、物理、气象等研究部门涌现了地球物理学的涓涓细流。新中国成立后，根据国家经济建设的需要，1950年成立了中国科学院地球物理研究所，涓涓细流汇聚成河。中国科学院地球物理研究所的成立，标志中国地球物理学发展开启了新的篇章。

20世纪五六十年代，一些高等院校相继建立了地球物理系或专业，主要任务是培养地球物理专门人才，以满足国家对人才之急需。这一时期，地质、石油、煤炭、冶金等产业部门相继组建了一大批地球物理勘探队伍，以满足国民经济发展的需要。1955年，党中央国务院决定在全国范围内，开展石油天然气普查工作：地质部负责普查和部分详查工作，燃料化学工业部负责细测和钻探工作，中国科学院承担科学研究任务。这一时期，地球物理学科研机构、高等院校、产业部门之间界限分明。70年代末，改革开放使这种格局发生了深刻变化。高等院校不仅仅是人才培养基地，而且成为地球物理学研究的重要方面；产业部门在大量引进国外仪器和技术的基础上，根据中国实际情况进行整合和创新，陆续建立起一批以市场需要为导向，集服务、生产、科研于一体的新型产业，不但取得了很好的经济效益，而且为地球物理学发展注入了新的活力；科研机构肩负起地球物理高端人才培养的重任。中国呈现出产（产业部门）、学（高等院校）、研（科研机构）联合共促地球物理学发展的新局面。在中国地球物理学的发展进程中，由老一辈地球物理学家创立的中国气象学会、中国地球物理学会、中国地震学会，以及空间、地质、石油等部门、行业相继建立的地球物理民间学术团体，团结广大地球物理工作者，凝聚共识、开拓进取，为地球物理学发展提供了跨行业、跨部门学术交流的平台。

第一章
中国地球物理学研究机构

第一节　中国地球物理事业的发展源头

　　2007 年，原中国科学院副院长叶笃正在纪念中国地球物理学会成立 60 周年撰写的《为我国地球物理科学发展立了大功的人——纪念赵九章先生和卫一清同志》一文中写道："我国地球物理科学的发展与中国科学院地球物理研究所的发展壮大密不可分。现今我国地球物理学科蓬勃发展的大好形势是在原中国科学院地球物理研究所奠定坚实的基础上形成的。"20 世纪下半叶至 21 世纪初，在中国地球科学发展中具有重要影响的 4 个研究所——中国科学院地质与地球物理研究所、中国地震局地球物理研究所、中国科学院大气物理研究所、中国科学院空间科学与应用研究中心，都与中国科学院地球物理研究所有深厚的渊源。他们共同创造了 20 世纪五六十年代中国地球物理事业的辉煌，为经济与社会发展、国防建设做出了重要贡献。

一、中国科学院地球物理研究所成立

　　20 世纪上半叶，地球物理因其在石油勘探和找矿中的成就，其重要性在中国逐渐被人们所认识。在物理学界，除了核子核物理之外，物理学家又有了新的用武之地。一些物理学有识之士选择了地球物理研究方向，他们人数不过几十人，分散在几个部门，然而正是他们，后来成为发展中国地球物理事业的精英。1949 年伴随着新中国诞生，中国科学院成立。中国科学院建院之初，接收了前中央研究院（中研院）、北平研究院（北研院）等研究机构，在此基础上，整合建立了中国科学院第一批研究所，中国科学院地球物理研究所就是其中之一（王扬宗等，2010）。

　　1950 年 1 月 26 日，中国科学院副院长竺可桢主持召开地球物理机构调整座谈会。出席人员有李宪之、叶企孙、赵九章、陈宗器、陶孟和、涂长望、丁西林、汪志华、李善邦、顾功叙、竺可桢、钱三强、严济慈。会议决定以前中央研究院气象研究所（所长赵九章）为基础，组建中国科学院地球物理研究所，其中包括 1947 年并入气

图3-1-1　中国科学院地球物理研究所原中关村所址

象研究所的前中央研究院物理研究所的地磁部分（陈宗器负责）、前经济部中央地质调查所的地震和地球物理探矿部分（李善邦负责）和前北平研究院物理研究所的地球物理探矿部分（顾功叙负责）。1950年4月6日，中国科学院地球物理研究所在南京正式成立，成为中国科学院第一批建立的13个研究所之一，任命赵九章为所长，陈宗器、顾功叙为副所长。考虑到气象研究所已有20多年的历史和其在国内外的广泛影响，故中国科学院地球物理研究所早期对外使用名称是地球物理与气象研究所（Institute of Geophysics and Meteorology，Academia Sinica）。地球物理研究所下设4个学科组：气象组、地磁组、地震组和应用地球物理组。同年12月，气象组由南京迁往北京，并成立地球物理研究所北京工作站，顾震潮任主任。中国科学院和中央气象局共同接受上海徐家汇观象台及佘山天文气象台，成立上海联合工作站，陈宗器任主任。其中地震、地磁观象台由中国科学院地球物理研究所接收。中国科学院地球物理研究所成立之初，工作分散在南京、上海、北京三地，李善邦曾任代理所长，主持南京工作，直到1954年，中国科学院地球物理研究所由南京迁往北京新所址（图3-1-1）。1955年5月，卫一清奉调地球物理研究所，任党委书记、副所长（图3-1-2）。

图3-1-2　中国科学院地球物理研究所成立之初所领导
（左起：所长赵九章，副所长陈宗器、顾功叙，党委书记、副所长卫一清）

二、中国地球物理专业人才培养的摇篮

新中国地球物理事业的蓬勃发展，最为急需的是地球物理专业人才。可是旧时中国没有地球物理专业人才培养机制。因此，中国科学院地球物理研究所成立之初，把人才培养当作第一要务，地球物理研究所科研精英几乎全部投身到人才培养工作中去。

1949 年冬，东北工业部地质调查所率先举办了物探培训班，由顾功叙任教。1950 年 3 月，华东军政委员会重工业部南京地质探矿专修学校成立，谢家荣任校长，下设物理探矿专修班，招收学员 30 人。担任物探教员的有李善邦、顾功叙、傅承义、秦馨菱、曾融生、孟尔盛等。1951 年 9 月，物探班提前毕业，这是新中国自己培养的第一批物探专业人才。1952 年夏，地质部成立，地球物理研究所副所长顾功叙借调到地质部，任地质矿产司副司长兼物探室主任。在顾功叙建议下，地质部和石油管理总局共接收了来自清华大学、北京大学等多所高校 80 余名物理系应届毕业生，在北京举办了为期一个多月的地球物理探矿训练班，为冶金、石油、地质、煤炭等系统培养了一批地球物理勘探高端人才。顾功叙、傅承义等亲自授课，秦馨菱指导野外作业。

1952 年 9 月在长春成立东北地质学院。同年 11 月在北京成立北京地质学院。顾功叙在东北地质学院创建地球物理勘探系，并任系主任。1953 年 5 月，傅承义受中国科学院派遣，到北京地质学院领导筹备中国第一个物理探矿教研室，秦馨菱、曾融生、刘光鼎等任教。

1953—1956 年，中国科学院地球物理研究所先后举办了 3 期地震训练班，由李善邦授课，历时数月，培训学员约 80 人。他们中很多人后来成为地震观测和实验室工作的领导和骨干。

1956 年，中国科学院地球物理研究所与北京大学合作，在物理系成立地球物理教研室，开办地球物理专门化，傅承义任教研室主任，王子昌任副主任。师资由地球物理研究所顾功叙、李善邦、曾融生、陈志强、谢毓寿等兼任。1958 年，中国科学院创办中国科学技术大学，采用"所系合作"办学方式，师资力量主要来自研究所。共设立 13 个系，第 13 系为应用地球物理系，赵九章所长兼任系主任。是年，中国科学院创办兰州地球物理专科学校，设立天气控制、高空物理、地震预报 3 个专业，校长由赵九章兼任，副校长由中国科学院兰州分院刘文忠和傅承义兼任。而后校长是苏可非，副校长曹德纲。

东北地质学院（现属吉林大学）、北京地质学院（现更名为中国地质大学）、北京大学、中国科学技术大学为早期中国地球物理事业发展培养了一大批栋梁之材，他们为新中国地球物理事业发展做出了重要贡献。

三、以任务带学科促进中国地球物理事业发展（1950—1966 年）

新中国成立之初，遭到连年战乱破坏的经济亟待恢复和发展，人民生活需要改善，

特别是 1950 年朝鲜战争爆发，新中国面临严峻考验。正是在这种情况下，党对科学工作提出了理论结合实际、科学为生产服务的方针。这一方针受到了广大地球物理工作者的热烈拥护。中国科学院地球物理研究所成立时，结合国民经济恢复发展和国防建设的需要，成立了气象组、地磁组、地震组和应用地球物理组。1952 年，为了发展新中国的海洋事业，又成立了海浪组。

气象组主要研究工作包括天气学、大气物理学、气候学与云雾、降水物理等，重点是为国防和经济建设提供气象预报服务。中国科学院地球物理研究所组建之初，解放战争还没有结束，许多沿海岛屿尚未解放，国民经济正在恢复，1950 年 10 月朝鲜战争爆发，这一切都需要气象服务。地球物理研究所气象专家最多，中国科学院地球物理研究所与军委气象局合作，成立联合天气分析预报中心（简称"联心"）和联合气候资料中心（简称"联资"），共同承担气象保障任务。顾震潮任"联心"主任，陶诗言任副主任。地球物理研究所派出杨鉴初、刘匡南、章震越、朱抱真等众多气象专家参加"联心"、"联资"的工作。这一机构阵容强大，气象服务水平可与发达国家的气象台相媲美。"联心"的工作到 1955 年结束，它为解放战争、抗美援朝和经济建设、防汛救灾做出了卓越贡献，并为中国现代天气预报业务培养了一大批专业人才，为以后的天气分析预报发展奠定了基础。

地磁组由陈宗器领导。1960 年陈宗器逝世后，地磁组相继由朱岗崑、陈志强负责。主要研究任务是测量、编绘中国第一套《1950.0 年代中国地磁图》。建立长春、北京、广州、拉萨、兰州、武汉以及乌鲁木齐和佘山地磁台，参加"国际地球物理年"观测。与邮电科学院合作，中国首次开展地磁暴预报和电离层骚扰预报。成立磁暴组，建立等离子体模拟实验室。建立地磁实验室，开展考古地磁研究等。

地震组由李善邦领导。主要研究任务是建立全国地震台网，开展地震波和中国地震活动性研究，为工程建设提供地震烈度资料。1953 年开始的第一个五年计划，急需为全国各地开展的大规模工程建设提供可靠的地震烈度资料，这是关系到工程安全的百年大计。为此，中国科学院成立了地震工作委员会，李四光、竺可桢分别任正、副主任，赵九章兼任委员会秘书，李善邦任综合组组长。地震工作委员会作为国家计划委员会咨询机构，主要职责是审核国家重大工程烈度资料，为工程安全保驾护航。

应用地球物理组由傅承义领导。主要研究任务是掌握近代各种地球物理探矿方法，进行航空及地面地磁、重力等综合勘探，为区域地质构造和油田、煤田、金属矿勘探服务。1955 年，国家开展了大规模石油普查，中国科学院和产业部门有明确分工，科学院负责科学研究工作，产业部门负责普查和勘探工作。

1952 年，根据国家需要，中国科学院地球物理研究所组建海浪组，主要从事海浪、潮汐研究和海洋科学调查，其目的是：对于每年频繁肆虐我国东南沿海地区的台风提供一种辅助预报手段；对海洋作业、海岸建设提供科学依据；为海军舰艇提供海况环境保证（钱伟长等，2005）。中国科学院地球物理研究所与青岛海洋生物研究所、应用物理研究所，加上海军，组成了一个特殊的研究集体，由赵九章主持。地球物理研究所参加人员有朱抱真、管秉贤、何鹤芳、孙超（1956 年，赴苏联科学院海浪实验室学习）。1953—1955 年间，在北京组织了海浪理论讲座，赵九章亲自授课。其间，用自行研制的热电堆式海浪自记仪、海浪表面波自记仪做试验观测。1956 年，赵九章任国务院科学规划委员会气象组、海洋组两个组组长。他组织海洋科学家拟定了海洋科学规划，1956 年和 1957 年进行了海洋同步观测，这可以说是全国海洋普查的序幕。1958 年，赵九章提出"海洋无人漂浮站"的研制计划。此后，赵九章主要工作转向空间科学。中国科学院地球物理研究所的海浪研究工作虽然维系时间不长，但对中国海洋科学发展起了先导作用。

国际地球物理年是国际科学联合会（ICSU）组织的一次全球性的地球物理联合观测，规定从 1957 年 7 月 1 日到 1958 年 12 月 31 日（为期 18 个月）世界各国共同进行多达 13 个项目的联合观测，包括世界日、气象学、地磁学、极光与气辉、电离层、太阳活动、宇宙线、经纬度测定、冰川学、海洋学、火箭与人造卫星、地震学、重力测量。1955 年 6 月，中国科学院决定参加国际地球物理年活动，成立国际地球物理年中国委员会，竺可桢副院长任主任委员，赵九章、涂长望任副主任委员，陈宗器任秘书，积极组织中国科学院地球物理研究所及其相关单位参加了除冰川学、海洋学、火箭与人造卫星、重力测量之外的各项观测活动，借此推动地球物理研究所建立了一大批观测台站。后因国际上有人制造"两个中国"的局面，1957 年 8 月，竺可桢致函国际地球物理年特别委员会，宣布中国政府发表声明中途退出此项计划，但各项观测照常进行。国际地球物理年活动推动了中国地球物理学各分支学科的建立和发展。

在国际地球物理年期间，苏联成功发射第一颗人造地球卫星，开创了人类空间发展的新时代。1958 年 5 月 17 日，毛泽东主席在中共中央八大二次会议上指出："我们也要搞人造卫星。"赵九章所长敏锐地认识到，地球物理面临极好的发展机遇。中国科学院地球物理研究所应该在空间技术、空间科学和空间应用三个方面有所作为。1958 年，中国科学院把人造卫星发展规划设想草案列为一项重大任务，代号"581"任务，并决定成立"581"组，负责领导、规划、协调"581"任务，组长钱学森，副组长赵九章、卫一清，成员包括中国科学院各有关研究所主要领导。1958 年 9 月，以中国科学院地球物理研究所为依托，成立了"581"组办公室，由赵九章、卫一清主持，定期召开会议，为"581"任务实施做了大量规划、组织、协调工作。从地球物理研究所各研究室抽调了重要力量，与院内外新调来的人员一起组建了 8 个研究组：总体组、电子学组、空间光辐射组、遥测组、结构设计组、雷达定位组、环境模拟组和高空大气组（王扬宗等，2010），从而形成了初期的、较小但又比较完整的卫星、火箭探测的总体和高空物理探测的研究实体。10 月，中国科学院派遣高层大气物理访苏代表团赴苏考察，赵九章、卫一清任正、副团长（图 3-1-3）。1959 年 4 月 16 日，毛泽东主持召开第十六次最高国务会议，赵九章应邀出席。1959 年底，

图3-1-3　1958年10月赵九章率中国科学院高层大气物理访苏代表团赴苏联考察
（左起：杨嘉墀、翻译何大智、克里米亚天文台台长彼得罗夫斯基、杨树智、卫一清、钱骥、赵九章）

"581"组改名为中国科学院地球物理研究所二部，空间物理研究工作也开始起步。1966年2月，中国科学院地球物理研究所二部改名为中国科学院应用地球物理研究所。

1959年，中国科学院地球物理研究所（不包括二部）下设5个研究室：天气气候研究室、高空物理研究室、地震预报研究室、地磁研究室和物理探矿研究室。

1960年3月，中国科学院地球物理研究所兰州分所成立，傅承义任所长。下设天气控制、物探和地震3个业务组及兰州观象台。1965年，改名为中国科学院兰州地球物理研究所。

1961年，中国科学院地球物理研究所机构调整。7月，在傅承义建议下，成立第七研究室，从事地震核侦察研究，借以全面提高地震学研究水平。其目标是爆炸的力学效应和爆炸的远距离侦察，傅承义任室主任。1962年底，国防科委向中国科学院地球物理研究所下达了参加我国首次核试验地震参数测量任务（又称"21号"任务）。1963年5月，中国科学院地球物理研究所与国防科委第21研究所正式签订"21号"任务三项协议书：核爆炸地震效应观测；核爆炸地震观测，速报核爆炸当量；核爆炸空气中气压波的测量。前两项任务由傅承义领导，试验场区工作由许绍燮、张奕麟负责，第三项任务由孙超领导。为了完成上述任务，所党委书记卫一清兼任七室党支部书记，举全所之力，全力以赴。此外，地球物理研究所还承担了核试验场区气象保障任务，由顾震潮领导。1964年10月16日，中国进行了首次核爆炸试验，用地震法成功速报了原子弹爆炸"当量"。地球物理研究所所承担的全部任务均圆满完成，受到国防科委和中国科学院的表彰。顾震潮荣立一等功，许绍燮、曲克信荣立二等功，多人荣立三等功。

1965年3月20日，中央专门委员会决定建立我国核侦察系统，并给中国科学院地球物理研究所正式下达地震核侦察任务，即"320"任务，由七室承担。1965年12月，中国地震核侦察系统首次成功地速报了苏联的一次地下核试验。该系统对苏联中亚地区和北极地区地下核试验速报成功率均在90%以上。

1965年8月，根据国家三线建设需要，中国科学院地球物理研究所在云南昆明建立西南工作站。开展地震、固体地球物理、气象、区域地震活动性研究。

20世纪60年代中叶，中国科学院地球物理研究所职工多达1400余人，研究领域涵盖固体地球物理、气象和空间物理三大部分，同时承担与核试验有关的重大国防任务和国家经济建设任务。为了有利于学科发展和科研管理，1966年，中国科学院决定把地球物理研究所一分为四：中国科学院地球物理研究所（北京），所长赵九章，副所长顾功叙；中国科学院应用地球物理研究所（陕西），赵九章兼任所长；中国科学院大气物理研究所（北京），1973年顾震潮任所长；中国科学院昆明地球物理研究所（昆明），负责人王汉珍。

四、在地震预测探索实践道路上推进固体地球物理发展（1966—1978年）

1966年3月，邢台发生强烈地震。这是新中国成立后发生在人口密集地区造成严重破坏和伤亡的一次地震，引起了党中央、国务院和全国人民的高度关注。周恩来总理亲临邢台地震现场视察，指挥抗震救灾工作。根据周恩来总理对加强地震工作的指示精神，1971年8月，国家地震局成立，由中国科学院代管，统领全国地震工作，开启了中国地震预报探索实践的艰难历程。中国科学院地球物理研究所建制划归国家地震局，实行国家地震局和中国科学院双重领导，同时继续承担非地震科研任务。1975年，国家地震局独立，成为国务院直属单位。因此，在工作计划安排上，非地震科研工作，除国防任务外，受到很大制约。当时正值文化大革命时期，正常的科研工作受到干扰。在困难情况下，中国科学院地球物理研究所坚持地震预报的正确方向，同时，推进固体地球物理学科的发展，努力完成多项重大科研与国防任务。

（一）地震预报的艰难探索

早在1956年，我国制定的十二年长远科学规划中，地震预报研究提上日程。由傅承义和刘恢先负责起草的第33项任务"中国地震活动性及其灾害防御的研究"第4中心课题"地震预告方法的研究"中，提出解决地震预报问题的科学途径和应采取的具体措施，列举了五个方面工作：地震成因的研究，重点是地震地质和震源的物理机制；开展地震前兆观测；在地震频发地区，连续积累地震观测资料，发现地震发生的时间规律；在地震区进行长期、重复的大地测量，以研究地震前后地形变化；地震区地磁场变化研究。中国科学院地球物理研究所开展了高温高压岩石力学实验与震源物理、震源机制研究，并组织广大科研人员奔赴地震试验场进行观测与研究，探索地震预报途径。1971 年 8 月，组建山西地震实验场，1972 年 5 月落实工作，在山西临汾地区开展地震监测。1971 年 10 月，新疆地震预报研究队成立，在新疆喀什、阿克苏地区，开展地震预测研究。

1972 年 11 月，在山西临汾召开的地震科学讨论会上，决定建立全国地震形势会商会制度，推动全国地震预报工作进一步走向科学化与制度化。

（二）核爆炸的地震观测与地震侦察

"文革"期间，地球物理研究所广大科技人员，排除干扰，以"抓革命、促生产"的名义，除继续承担并出色地完成"21 号"、"320"任务外，1970 年又承担了工程兵司令部下达的核爆炸工程防护研究任务（"705"任务）。自 1964 年参加我国首次核爆炸试验到 1978 年前后 15 年时间里，地球物理研究所先后 12 次参加了地面、空中、地下核爆炸试验和导弹 - 核武器试验地震效应观测以及工程防护试验工作，还有多次化爆模拟试验，直接参加人员多达 200 余人，为国防建设和核爆炸地震学发展做出了重要贡献。

1990 年，中国科学院地球物理研究所 40 周年所庆之际，长期领导中国核试验工作的时任中国人民解放军副总参谋长张爱萍、国防科委副主任张震寰，应邀为《中国科学院地球物理研究所军工史 核爆炸的地震观测和地震侦察》（内部出版）一书题词。张爱萍的题词是"无名英雄 屡建奇功 艰苦奋斗 勇攀高峰"；张震寰的题词是"大力协同，显示了社会主义的优越性。艰苦奋斗，是我们的优良传统。中国的知识分子，只要为他们创造了必要的条件，包括自己创造的在内，就可以做出优秀的成绩来。"（图3-1-4）。

（三）"3912"任务

1969 年 1 月，应中国人民解放军空军司令部要求，中国科学院向地球物理研究所下达了"首次全国地磁普测及 1970 年中国地磁图编制"任务，代号"3912"任务。任务内容有三项：①地磁测量，在 1969—1972 年间，在全国范围内，完成了 1882 个测点的地磁偏角、倾角、水平强度和地理经纬度及目标方位角的测量，这是中国历史上最大一次地磁测量；②地磁测量数据处理与地磁图编绘，1974 年出版了1∶300 万《1970.0 中国地磁图》，包括磁偏角、磁倾角、水平强度、垂直强度和总强度等 5 个地磁要素；③地磁场模型计算与地磁场研究。该项工作获 1978 年全国科学大会奖。

（四）青藏高原地球物理科学考察

1972 年，中国科学院制订了"青藏高原 1973—1980 年综合科学考察规划"，成立了中国科学院青藏高原综合科学考察队，并于 1973—1980 年对高原主体的西藏自

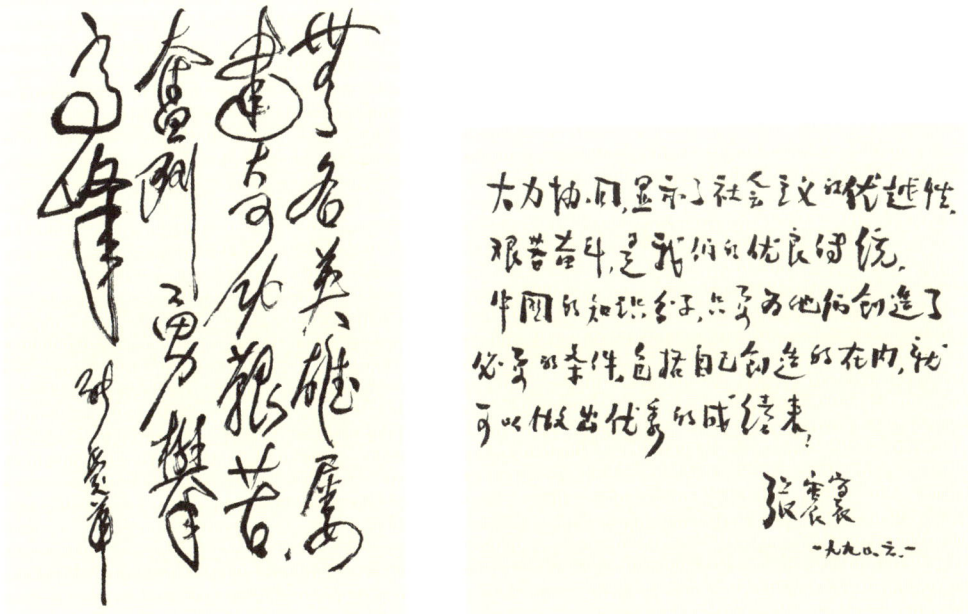

图3-1-4　张爱萍题词（左）、张震寰题词（右）

治区进行了全面、系统的科学考察。

1975年初，中国科学院地球物理研究所组建中国科学院青藏高原综合科学考察队地球物理科学考察分队，赴西藏进行地震、重力、古地磁科学考察。1977年，中国科学院地球物理研究所单独组队，对青藏高原进行第三次地球物理考察。考察内容包括重力、地磁、地震、大地电磁测深和人工地震等项目。来自科研院所、高等院校等18个单位的228人参加。滕吉文、姚振兴等一大批年轻地球物理学家，承担起科考重任，在青藏高原内部获得了大量的第一手地球物理观测数据，取得了第一批重大科研成果，从而揭开了青藏高原深部构造的神秘面纱，极大地促进了青藏高原的科学研究工作。

1980年5月，由中国科学院主持的青藏高原科学讨论会在北京召开。这是第一次在中国召开地球科学国际会议，也是关于青藏高原研究的第一次国际会议。内容涵盖地球物理、地质、地理、生物等学科。来自中国和21个国家的近300名科学家与会。大会由中国科学院副院长钱三强主持。中国科学院地球物理研究所滕吉文在大会上做报告"青藏高原及其邻近地区的地球物理场特征与大陆板块构造"。报告中提出青藏高原地壳巨厚、岩石圈相对较薄的论点与论据，给出印度板块与欧亚板块碰撞的特异构造背景，认为两个板块相衔不是一条缝合线，而是一条宽达500km的碰撞、挤压过渡带。会后出版《青藏高原科学讨论会文集》（英文）2卷。

"青藏高原及其邻近地区地球物理场特征与大陆板块构造研究"获1985年中国科

学院重大成果奖一等奖。

（五）富铁矿任务

1975 年 9 月，全国富铁矿会战开始。地球物理研究所抽调非地震研究的精兵强将，组织地震、地磁、重力、地电、综合分析和岩石物理性质实验室 6 个业务组参加会战。1978 年，成立了富铁矿研究室。

五、中国科学院地球物理研究所的重建（1978—1999 年）

1975 年，国家地震局成为国务院直属单位，名义上中国科学院地球物理研究所已不复存在。1978 年中国科学院和国家地震局协商并经国务院批准，对已归属国家地震局的地球物理研究所进行调整，将其非地震研究力量留在科学院，重新组建中国科学院地球物理研究所（简称"院地球所"）。老一辈地球物理学家傅承义、朱岗崑留在了院地球所。中国科学院武汉岩土力学研究所副所长陈宗基调入院地球所，与傅承义一起任所负责人。1983 年，傅承义任名誉所长，陈宗基任所长。

分所是一个困难的抉择，本来地震学与地球物理学密不可分。重建的中国科学院地球物理研究所不但失去了地震学的重要依托，而且研究力量薄弱（近 2/3 的研究力量留在了国家地震局地球物理研究所），基础理论研究更显逊色，观测手段和实验设施匮乏，一些地球物理重要分支学科，如重力学、地电学、高空物理学等还是空白。重建后的中国科学院地球物理研究所集中研究力量，开展地震基础理论、地壳和上地幔、地球动力学、高空物理学、地磁学、勘探地球物理、新技术以及重力等研究工作。滕吉文、姚振兴、蒋宏耀、王妙月、刘福田、徐文耀等一批中青年地球物理学家逐步担起了科研重担。

20 世纪 70 年代末开始，中国科学院地球物理研究所以国际"岩石层动力学和演化计划"为契机，着眼于勘察地下资源、减轻自然灾害、改善生活环境 3 个主要目标，开展固体地球物理研究工作。

1983—1985 年，对攀西裂谷带的岩石层结构、动力学演化及成矿规律进行了研究，圈定了找矿远景有利地区。1985—1987 年，国家科委、中国科学院和福建省共同启动"福建地热勘察、开发和利用研究"项目，由中国科学院地球物理研究所牵头，近百人参加。

70 年代末、80 年代中，开展地磁和高空物理观测研究。1984 年，首次参加了南极科学考察，在长城站进行了地磁、脉动、哨声观测。而后，在长城站和中山站建立了地磁与高空物理观象台，进行地磁、脉动、哨声的常年观测。建立以漠河、北京十三陵、三亚 3 个地磁台为骨干的地磁台链。开展磁暴预报及磁层物理研究。测量编绘了 1980.0 年代和 1990.0 年代中国地磁图。

1989 年，地球物理学家、海洋地质学家刘光鼎由地质矿产部调任中国科学院地球物理研究所所长（1989—1993 年）。在总结中国科学院地球物理研究所创业 40 年经验基础上，刘光鼎提出，地球物理研究所应将主要力量投入为国民经济建设服务的主战场。为了解决人才断层问题，在研究工作中，把年轻人推到第一线培养锻炼。科研重在创新，倡导独立思考。经过全所上下反复讨论协商，凝聚共识，所务委员会决定在地球物理研究所建立 4 个研究中心，并提出四大研究课题。4 个中心是地高温高压物性实验中心、地球物理成像中心、地磁台链和资料信息中心。四大课题是地球深部及岩石层物理、盆地演化和油气资源评价、油储地球物理、地磁与空间环境。4 个中心、四大课题旨在继承和发挥地球物理研究所现有优势，联合所内外、国内外地球物理学家共同推进地球物理学科发展，为国家发展和国民经济建设服务，对地球物理研究所未来发展做出了周密部署。

1993 年 10 月，中国科学院地球物理研究所换届，中国科学院尝试通过公开招聘，遴选所长。改革开放后中国培养的第一批博士徐文耀当选新一届地球物理研究所所长（1993—1997 年）。1994 年，地球物理研究所成为中国科学院院所体制改革基础研究所改革试点单位。根据中国科学院推出的重大科研改革措施——建立北京现代地球科学研究中心，地球物理研究所负责筹建。同时，地球物理研究所又是国家科委基础研究所改革的试点所。

第二节　中国科学院系统有关地球物理研究机构

一、中国科学院地质与地球物理研究所

1998 年初，党中央、国务院批准中国科学院实施知识创新工程。中国科学院确定了"面向国家战略需求，面向世界科学前沿，加强原始科学创新，加强关键技术创新与系统集成，攀登世界科技高峰，为我国经济建设、国家安全和社会可持续发展不断做出基础性、战略性、前瞻性的重大创新贡献"的新时期办院方针。

1999 年，中国科学院将两个具有 50 年悠久历史和厚重科研积淀、并在国际上卓有成就但文化背景不同的研究所——地球物理研究所和地质研究所，整合而成中国科学院地质与地球物理研究所，以发挥地质、地球物理学科综合优势，为地球科学发展开创新局面。丁仲礼先后任常务副所长、所长（王扬宗等，2010）。2004 年将中国科学院武汉数学物理研究所的电离层研究室整体调整到该所。整合原中国科学院兰州地质研究所，建立了中国科学院地质与地球物理研究所兰州油气资源研究中心。2007 年，进入知识创新工程三期期间，朱日祥任所长。

中国科学院地质与地球物理研究所是从事固体地球科学研究与教育的综合性学术机构，以固体地球各圈层相互作用及其资源、环境、工程地质问题作为主攻方向。在科研布局上基本形成了地球动力学、环境与灾害、能源矿产"三足鼎立"的研究格局。共设有地球深部结构与过程、岩石层演化、工程地质与水资源、油气资源、固体矿产资源、新生代地质与环境、地磁与空间物理等 7 个研究室和特提斯研究中

心；建有岩石圈演化国家重点实验室和国家空间环境野外科学观测研究站，以及工程地质力学、矿产资源研究、地球深部研究、油气资源研究和新生代地质与环境5个中国科学院重点实验室。另外在干旱区环境演化与全球变化、地球磁场与地球外核动力学、俯冲碰撞造山的岩石学过程、青藏高原东部隆升的深部结构与地表过程响应以及地球早期演化的微区同位素制约等研究方向上建成5个国家自然科学基金委创新研究群体。还在漠河、北京、三亚建有地磁观测台站，在南极建有地球物理观测研究台站。

该所设有地质学、地球物理学、地质资源与地质工程3个一级学科博士研究生培养点，海洋地质学二级学科的博士、硕士培养点，地质学、地球物理学、地质资源与地质工程3个一级学科博士后流动站。

二、中国科学院空间科学与应用研究中心

中国科学院空间科学与应用研究中心（简称"空间中心"）是1987年7月由中国科学院空间物理研究所与中国科学院空间科学技术中心合并组建而成，孙传礼任中心主任（1987—1992年）。中国科学院空间物理研究所的前身是中国科学院"581"组（1958年10月—1959年11月）、中国科学院地球物理研究所二部（1959年2月—1966年1月）、中国科学院应用地球物理研究所（1966年2月—1968年1月）、国防科委空间物理及探测技术研究所（1968年2月—1973年）、七机部五院505所（1973—1978年10月）。1978年11月，七机部五院505所划归中国科学院，更名为中国科学院空间物理研究所。中国科学院空间科学技术中心成立于1979年2月，李德仲、王大珩先后任主任。1987年组建空间中心时，遥感卫星地面站分出，成立中国遥感卫星地面站。

空间中心是中国科学院在空间科学与应用研究方面的核心研究机构。其主要任务是开展空间科学与应用领域基础性和前瞻性的科研工作。瞄准国家重大战略需求和科技前沿，着力发展空间物理、空间环境、微波遥感和电子信息等方面的相关科学技术，引领空间科学发展，带动空间技术创新。主要研究领域：卫星探测，载人航天工程应用，月球探测与火星探测，火箭探测，微波遥感，空间物理与空间环境。主要研究方向：太阳、行星及地球空间物理基础前沿问题，灾害性空间天气事件连锁变化过程，天基和地基空间环境监测与探测，空间环境预报、空间环境效应预测及相关研究，航天器综合电子设备、空间系统的仿真与综合性信息技术，以及微波遥感技术与应用研究。

承担的代表性任务有：空间科学先导专项，载人航天和探月工程、核高基、高分和北斗导航等国家科技重大专项，中俄联合探测火星计划"萤火一号"，地球空间双星探测计划，风云、海洋系列以及多颗应用卫星的有效载荷、相关支持系统的任务，牵头国家空间科技领域规划战略研究，牵头国家重大科技基础设施项目子午工程，以及空间物理基础研究国家重大项目、国家杰出青年科学基金、空间环境保障"973"项目、

空间天气建模"973"项目，多项国家"863"计划重大课题。

空间中心在 50 多年发展中，开创了中国火箭探测、空间物理与空间环境研究的新领域，同时也是中国微波遥感技术的主要研究单位之一，在中国人造地球卫星、载人航天工程、探月工程 3 个具有里程碑意义的航天任务中，均做出了重要贡献。

三、中国科学院大气物理研究所

中国科学院大气物理研究所（简称"大气物理所"）是大气科学的综合性研究机构。其前身是 1928 年成立的中央研究院气象研究所、1950 年成立的中国科学院地球物理研究所。1966 年 1 月，中国科学院决定，将天气气象研究室从地球物理研究所分出，正式成立中国科学院大气物理研究所，下设 5 个研究室：大气遥感研究室、大气环流和大气动力研究室、云和降水物理研究室、大气边界层物理和大气湍流研究室、气候与长期天气预报研究室。1972 年，顾震潮为大气物理所首任所长，而后历任所长：叶笃正（1978—1984 年，1988 年后任名誉所长）、陶诗言（1981—1984 年，代行所长职务）、曾庆存（1984—1993 年）、洪钟祥（1993—1997 年）、王明星（1997—2001 年）、王会军（2001—2005 年常务副所长，2005 年所长）。

大气物理所主要研究大气中各种运动和大气中各种物理化学过程的基本规律及其与周边环境的相互作用，发展新的探测手段和实验方法，为天气、气候和环境监测、预报和控制提供理论和方法。主要研究领域为气候动力学与天气预测、边界层物理、大气环境与大气化学、中层大气与全球环境探测、灾害性天气与预报理论、云降水物理与人工影响天气和全球变化。

大气物理所秉承老一辈气象学家、地球物理学家的优良传统，在"文化大革命"中，排除干扰，坚持科研工作，建成了 325 m 高的气象观测塔，用于大气边界层气象要素观测和大气环境监测。在河北省香河建成中国第一个平流层高空气球观测基地——香河大气综合观测试验站。开创了卫星气象学、红外遥测、大气微波辐射传输和遥感、大气红外辐射和传输等新的研究领域，为国防和国民经济建设做出了重要贡献。

1978 年，改革开放后，大气物理所先后建成了大气科学和地球流体力学数值模拟开放实验室（1985 年）、大气边界层物理和大气化学开放实验室（1991 年）、中层大气和地球环境探测开放实验室（1995 年）、中国科学院东亚区域气候环境重点实验室（1995 年）。

1998 年 6 月，中国科学院开始实施知识创新工程，1999 年 7 月，大气物理所成为首批进入创新工程试点单位研究所。2001 年，进入知识创新工程二期即全面推进阶段。2005 年，大气物理所知识创新工程二期工作综合质量评估为优，被评为中国科学院 A 类研究所。

四、中国科学院测量与地球物理研究所

中国科学院测量与地球物理研究所（简称"测地所"），主要从事地球重力学、空间大地测量、地球自转以及环境灾害与湿地生态研究。

该所的前身是中国科学院测量制图研究室，1957 年 8 月在南京成立，1958 年迁至武汉。1959 年，改名为中国科学院武汉测量制图研究所，方俊任所长。1961 年，中国科学院武汉测量制图研究所与武汉高空大气物理研究所、湖北机械研究所（部分）合并，成立中国科学院测量及地球物理研究所。1965 年 3 月，更名为中国科学院测量与地球物理研究所，方俊任所长。1970 年，该所整建制划归国家地震局，组建为国家地震局武汉地震大队。1978 年 5 月，经协商将原所主要从事大地重力学的科技人员和武昌时辰站全部调回中国科学院，重建中国科学院测量与地球物理研究所，方俊任所长（1978—1983 年），后为名誉所长（1983—1998 年）。国家地震局武汉地震大队改名为国家地震局地震研究所。1983 年，许厚泽任所长（1983—1996 年）。1988 年，中国科学院水生生物研究所湖泊生态研究室地理组划归测地所，成立了环境与国土研究室。

该所的传统研究领域是地球重力学、大地天文学、大地测量学、航空摄影测量学、地图学和测量仪器研制。1978 年改革开放以后，在国内率先完成了从传统大地测量到依据地面和空间技术相结合的现代大地测量和动力大地测量学的转变，形成了地球重力学、空间大地测量、地球自转、环境灾害与湿地生态研究 4 个主要研究方向。

1999 年，该所的中国科学院动力大地测量重点实验室进入中国科学院知识创新工程一期试点。2002 年，该所进入知识创新工程第二期试点，确定了"一个方向、两大目标和三个面向"的创新发展战略。一个方向是以大地测量学研究为主要方向；两大目标是瞄准科学发展前沿和瞄准国家目标；三个面向是面向国际大地测量学科前沿、面向国家建设和国家安全、面向国家可持续发展战略和需求。

五、中国科学院武汉岩土力学研究所

中国科学院武汉岩土力学研究所（简称"武汉岩土所"）是专门从事岩土力学基础与应用研究、以工程应用背景为特征的综合性研究机构。

武汉岩土所的前身是中国科学院武汉力学研究所，成立于 1958 年 10 月。根据当时中南地区工农业蓬勃发展的需要筹建，主要计划从事船舶推进内燃水泵及深耕犁的研究。1959 年发展为 5 个研究室，规划主要从事空气动力学研究。1961 年中国科学院进行机构调整，武汉力学研究所、武汉机械研究所（部分）、广州力学研究所（筹备）合并组建中南力学研究所，所址设在武汉，其学科方向放弃空气动力学，转为岩土力学为主，水动力学为辅。1962 年，改名为中国科学院武汉岩石力学研究所。此后，研究所数易其名：1963 年，中国科学院岩体土力学研究所；1970 年，中国科学院湖北岩体土力学研究所；1978 年，中国科学院武汉岩体土力学研究所；1985 年，中国科学院武汉岩土力学研究所。2002 年，中国科学院武汉岩土力学研究所进入中国科学院知识创新工程体系。

武汉岩土所拥有岩土力学与工程国家重点实验室、湖北省环境岩土工程重点实验室、能源与废弃物地下储存研究中心、中国岩土工程研究中心和岩土工程检测中心等科研、开发单元。

武汉岩土所致力于重大工程安全与灾害控制、深部资源及能源高效安全开发、废弃物地质处置和利用方面的基础性、战略性、前瞻性工作。通过几代人的努力，在计算岩石力学、智能岩石力学、施工过程力学、特殊土土力学、岩石动力学、岩石流变力学、地下工程与地下空间、边坡工程与滑坡防治、地基工程、能源地下储存与废弃物处置等方面的研究形成了独特的优势，在国内处于领先地位，在国际上颇具影响力。

六、中国科学院海洋研究所

中国科学院海洋研究所（简称"海洋研究所"）是从事海洋科学基础研究与应用基础研究、高新技术研发的综合性海洋科研机构。

海洋研究所的前身是中国科学院水生生物研究所青岛海洋生物研究室，1950 年 8 月正式成立。1954 年，该研究室改名为中国科学院海洋生物研究室。1957 年，中国科学院海洋生物研究室扩大建制为中国科学院海洋生物研究所。1959 年，研究所发展方向进行调整，改变单一海洋生物学研究为海洋植物、海洋动物、海洋地质、海洋化学、物理海洋等多学科研究，并改名为中国科学院海洋研究所，首任所长童第周，副所长曾呈奎。海洋研究所确定的重点学科领域是海洋资源持续利用和海洋环境安全保证。主要研究方向为：海洋生物资源持续利用的理论与方法学，大陆边缘地质演化与油气资源成藏理论，中国近海及西太平洋关键动力过程、变异机制分析及预测，近海生态环境演变关键过程及其人类活动的影响。学科前沿部署为：深海环境与生命过程，分子海洋学等。

海洋研究所基础研究部分包括：中国科学院实验海洋生物学重点实验室、中国科学院海洋生态与环境科学重点实验室、中国科学院海洋环流与波动重点实验室、中国科学院海洋地质与环境重点实验室、海洋生物分类与系统演化实验室。应用研究部分包括：中国科学院海洋生物技术研发中心、中国科学院实验海洋环境工程技术研究发展中心和海洋腐蚀与防护研究发展中心。中国科学院海洋地质与环境重点实验室的前身是 1959 年成立的海洋地质与地球物理研究室，是中国最早的海洋地质与地球物理科学研究集体之一。

七、中国科学院南海海洋研究所

中国科学院南海海洋研究所（简称"南海海洋所"）是研究热带海洋为主的综合性海洋研究所，1959 年初创建于广州，1962 年改为中国科学院海洋研究所南海分所，1966 年恢复为中国科学院南海海洋研究所。1998 年进入中国科学院知识创新工程试点序列。

南海海洋所重点研究热带边缘海海洋水圈—地圈—生物圈圈层结构及其相互作用特征与演变规律，探讨其对资源形成和环境变化的控制及影响，发展具有南海特色的热带海洋资源与环境过程理论体系和应用技术。基础研究主要集中在中国科学院热带海洋环境动力学重点实验室、中国科学院边缘海地质重点实验室、中国科学院热带海洋生物可持续利用重点实验室、广东省/中国科学院应用海洋生物学重点实验室及广东省海洋药物重点实验室;应用基础研究和高技术创新研究主要集中在4个学科研究室(物理海洋、海洋环境与生态、海洋地质和应用海洋生物研究室)和科技产品开发中心;环境调查、环境评价和工程勘察等咨询服务主要集中在海洋环境工程中心。

中国科学院边缘海地质重点实验室2003年9月正式成立,是由中国科学院南海海洋研究所和中国科学院广州地球化学研究所共同组建的学术平台。南海海洋研究所长期从事南海海洋地质地球物理研究,在海洋地球物理探测、古海洋学等方面取得一系列重要成果。广州地球化学研究所长期从事有机地球化学、同位素地球化学和大陆边缘地质地球化学研究,在地球化学和大地构造研究方面具有很强的学术优势。中国科学院边缘海地质重点实验室的建立,为两所地球物理、大地构造和地球化学等专家开展富有成效的合作提供了良好的工作平台,增强了大陆边缘和边缘海地球动力学研究领域的原始创新能力。

八、中国科学院青藏高原研究所

中国科学院青藏高原研究所(简称"青藏高原研究所")是中国科学院根据国家经济社会发展重大战略需求,面向世界科学前沿,按照新的体制和模式,新组建的研究单位之一。2003年12月正式成立,姚檀栋任所长。

青藏高原研究所实行"一所三地"的特殊运作方式,分别在拉萨、北京、昆明设"部"。其中,拉萨部主要负责野外实验研究和支撑系统台站的运行与管理;北京部主要负责建立高水平的研究室和开展室内科研工作,以及提供便利的国际学术交流舞台,吸引国际一流研究人才,组建具有国际水平和创新能力的科研队伍等工作;昆明部主要负责开展极端环境生物种质资源研究和建立种质资源库等工作。

青藏高原研究所的研究方向是:围绕青藏高原隆升过程及其对亚洲和北半球气候环境影响这一核心科学问题,研究青藏高原地球动力、地表过程与环境变化、极端环境下生物的生态适应性及生物遗传资源等若干领域的国际前沿科学问题,为适应和改善东亚地区人类生存环境服务。青藏高原研究所的主要任务是:受中国科学院委托,站在国家青藏高原研究重大科学问题需求的高度,组织围绕青藏高原研究的综合项目和计划,协调有关青藏高原研究的长期科研活动,有意识地促进各部门(单位)间优势力量的联合。调动国内外积极因素,充分利用现有资源,有力地推动青藏高原科学研究的发展。在支撑平台方面,加强数据采集平台建设,加强有特色、高水平的实验室建设,组建一支具有国际水平和创新能力的科研队伍,将青藏高原研究所建设成为开放型的、组织管理与国际接轨的国际一流水平的研究机构,逐步产出地表与大气过程、生物遗传资源等方面具有重大国际影响的原创性研究成果,持续产出有重要影响的研究论文,形成国际一流的科研团队,建成国际青藏高原研究中心。其科学目标是:通过第一手原始数据和国际前沿的研究手段,在青藏高原岩石圈结构与演化、青藏高原环境演变与全球变化、青藏高原地表与大气过程、生物遗传资源等方面,形成原创性的具有重大国际影响的研究成果。

第三节　统领中国地震事业的中国地震局

中国地震局既是中国地震学最高学术研究机构，又是具有行政职能的国务院直属事业单位，负责管理全国地震工作、并经国务院授权承担《中华人民共和国防震减灾法》赋予的行政执法职责。中国地震局成立于 1971 年，时称国家地震局，1998 年更名为中国地震局。

1966 年 3 月 8 日，邢台发生强烈地震。这是新中国成立后发生在人口密集地区造成严重破坏和伤亡的一次地震，特别是地震危及京津地区，引起了党中央、国务院的极大关注。根据周总理指示，国家科委迅速组织中国科学院广大地震工作者和地质、石油、测绘等部门以及部分高等院校 30 多个单位科技人员，奔赴地震灾区，架设台站，密切监视震情发展。从此，揭开了中国地震预报探索实践的序幕。

1966 年 5 月，中国科学院成立地球物理局，决定中国科学院所属地球物理研究所、昆明地球物理研究所、兰州地球物理研究所、地质研究所、兰州地质研究所、工程力学研究所划归地球物理局，承担地震工作；测量与地球物理研究所与中南大地构造室待定。1967 年 3 月，国务院决定：在国家科委内设立京津地区地震办公室，主管京津地区地震预报工作；在国家基本建设委员会内设立京津地区抗震办公室，主管京津地区的抗震工作。同年 12 月，京津地区地震办公室与中国科学院地球物理局合并建立国家科委、中国科学院地震办公室，对外称国家科委地震办公室，直接领导管理原地球物理局所属单位。

1969 年 7 月 18 日，渤海发生 7.4 级地震。中央为了加强地震工作的统一领导，决定成立中央地震工作小组，地质部部长李四光任组长、中国科学院负责人刘西尧任副组长。由国家科委地震办公室和地质部地震办公室组成中央地震工作小组办公室（简称"中央地办"），作为中央地震工作小组的办事机构。

1970 年 1 月，中央地震工作小组在北京召开第一次全国地震工作会议，建议成立国家地震局，设在中国科学院，负责地震工作的具体组织实施。将中国科学院、地质部、石油工业部、国家测绘总局承担地震工作队伍成建制划归国家地震局领导。其中包括：中国科学院原地球物理局所属研究机构；地质部的地震地质大队及其所属的华北、中南、西南、西北 4 个大队，水文地质工程地质研究所，第一物探大队；国家测绘总局的地震测量队、第二大地测量队、第七大地测量队；石油工业部六四六厂的二〇三、三〇五、三〇六队等 10 余个单位，5000 多人。这一举措充分显示了国家对地震工作的极大决心。广大科技人员积极响应国家号召，很多人放弃了熟悉的专业、工作环境，投身到减轻地震灾害和艰难的地震预测探索工作中。在统一归口基础上，中央地办将上述单位按任务组建成直属筹建中的国家地震局建制和地方建制两部分。

1971 年 8 月，国务院批准正式成立国家地震局，作为中央地震工作小组的办事机构，由中国科学院代管，中央地办撤销（卫一清等，1993）。国家地震局的成立，标志着中国地震工作进入了一个新的阶段。国家地震局直属单位有：地球物理研究所、地质研究所、工程力学研究所、地震地质大队、地震测量队、地球物理勘探大队；先后组建了兰州、新疆、成都、昆明、广州、福州、武汉、沈阳等 8 个地震大队，实行以地方为主的双重领导。此外还组建了北京、天津、河北、山西、陕西、宁夏、山东、安徽、湖南、江苏等 10 个省（或自治区、直辖市）地震队。

1975 年底，国家地震局归属国务院直属单位。1977 年 11 月国务院批转国家地震局《关于加强地震预测预防工作的几项措施的请示报告》，批准除台湾省外其他各省、自治区、直辖市均建立地震工作机构。1978 年，国家地震局相关研究所冠名国家地震局。

1978 年 9 月 5 日，中国科学院和国家地震局协商并经国务院批准，决定对原属中国科学院的地球物理研究所、地质研究所、武汉地震大队（前身测量与地球物理研究所）进行调整，将其中非直接从事地震研究的力量从中分出，重建中国科学院地球物理研究所、地质研究所、测量与地球物理研究所。留在国家地震局的部分，正式命名为国家地震局地球物理研究所、国家地震局地质研究所，武汉地震大队改名国家地震局地震研究所。

1983 年机构改革时，国务院批准各省、市、自治区地震局（办）由以地方政府领导改为由国家地震局与地方政府双重领导以国家地震局为主的管理体制。

中国地震局有 16 个直属单位，它们是：地球物理研究所、地质研究所、地壳应力研究所、地震预测研究所、工程力学研究所、中国地震台网中心、地球物理勘探中心、第一监测中心、第二监测中心、防灾科技学院、地壳运动监测工程研究中心、中国地震应急搜救中心、中国地震灾害防御中心、地震出版社、机关服务中心、深圳防震减灾科技交流培训中心。

一、中国地震局地球物理研究所

国家地震局地球物理研究所成立于 1978 年 6 月，其前身是中国科学院地球物理研究所。1998 年，国家地震局更名为中国地震局，该研究所随之更名为中国地震局地球物理研究所（以下简称"局地球物理所"）。

1978 年局地球物理所建立以来，继承并发扬了赵九章、陈宗器、顾功叙、李善邦、傅承义、秦馨菱、谢毓寿、曾融生、陈志强、刘庆龄等老一辈地球物理学家优良传统和作风，涌现出陈运泰、陈颙、许绍燮、胡聿贤、王椿镛、吴忠良等一批优秀地震学家、地球物理学家。该所在防震减灾事业和地球物理科技发展方面做出过重要贡献：中国第一代全国地震台网；中国第一代全国地磁台网；中国第一个遥测地震台网——北京遥测地震台网；中国第一个全国数字地震台网——中国数字地震台网（CDSN）；中国第一个中国历史地震图缩微库；中国第一代、第三代、第四代地震区划图；中国第一代地磁图；世界上第一次将地震预测预报研究写入国家中长期科学和技术发展规划，并在中国地震预测预报研究的创业阶段发挥重要作用；开创中国地球物理观测仪器的研制工作；开创中国深部构造研究；开创中国宏观地震学研究和历史地震研究；开创中国震源物理研究；开创中国核爆炸地震监测研究；开创中国数字地震学研究；开创中国近震源强地面运动地震学研究；开创中国地震社会学研究；开始中国矿山地震研究；倡导创立中国第一个科学基金——地震科学联合基金；倡导创立亚洲地震委员会（ASC）。

作为中国地震局所属的国家级、公益性、科技型研究所，定位是：在经向上是国家创新体系中公益性研究机构的重要组成部分，在纬向上是国家防震减灾工作中科技创新的主体。在国家创新体系中，按照科技部科技体制改革方案（2003 年），局地球物理所的研究方向确定为："以地震孕育与发生机制、地震灾害预测与工程应用为主要研究领域，开展地球物理学相关的基础研究和应用研究，重点加强地震学、地球内部物理学、地磁学、工程地震学 4 个优势学科和观测、实验两个基地的建设。"在国家防震减灾科技支撑体系中，推动三大工作体系（防震减灾监测预报、震灾预防和应急救援）建设，必须充分发挥科技的支撑和引领作用。地震科技创新必须紧密结合防震减灾事业发展的需求，着力突破制约防震减灾事业发展的科技瓶颈，支撑防震减灾事业发展。同时，必须着眼未来，开展前瞻性、前沿性的研究，引领防震减灾事业发展。局地球物理所近年来先后承担了国家自然科学基金重大项目和重大计划课题、"973"项目、国家科技支撑计划项目、国家科技基础性工作项目、科技部国际合作重大项目、地震行业科研专项重大项目、国家重大科学工程建设项目、国家社会科学基金重大项目等。

在国家科技计划项目和行业专项支持下，局地球物理所在面向震后应急救援的强震危险区划关键技术研究与中国地震动参数区划图编制、震源参数快速测定技术研究、重大工程设计地震动参数确定方法与技术、核电厂地震安全问题研究、输油气管道和生命线工程抗震分析方法和技术、基于地震参数的灾情准实时估计关键技术研究、区域尺度介质变化主动源监测技术、区域地震走时表编制与地震精确定位、地震预测基础理论与应用研究、首都圈地区地震预警参数确定关键技术研究、高速铁路地震预警关键技术研究、应对巨大地震的信号传输系统、无人机灾情快速获取系统、中国地磁参考场和中国地磁图的观测与编图、地震立体观测系统技术研发、中国大陆地壳上地幔精细结构探查、青藏高原东部及邻区地壳上地幔结构和变形特征研究、活断层的地球物理探测技术与应用等方面取得了一批重要科技成果。

该所建有科技部批准的国家野外科学观测研究站和科技部国际科技合作基地——北京国家地球观象台；中国地震局重点实验室——地震观测与地球物理成像实验室。主要科技基础条件平台包括：国家地磁台网中心，国家地震台网数据备份中心，信息服务网络中心，中国地震台阵技术中心，中国地震台阵数据中心，地震现场流动监测技术中心，国家测震台网仪器质量检测中心技术系统，满足大规模科学计算的并行计算平台，与云南、新疆和甘肃三地地震局合作建设的主动震源探测平台，活断层探测技术平台，中国南极长城站地震台等。设有中国地震局测震学科技术协调组和电磁学科技术协调组、全国地震标准化技术委员会秘书处、中国地震学会、防震减灾工程技术研究院等机构，建立了跨研究室的地震预测研究推进组和地震应急技术推进组。还设有国际大地测量和地球物理联合会（IUGG）中国委员会秘书处、国际地震学与地球内部物理学协会（IASPEI）中国委员会秘书处和中国地球物理学会秘书处。

该所主办的学术刊物有：《地震学报》（与中国地震学会合办，中、英文版）、《地震地磁观测与研究》、《国际地震动态》、《世界地震译丛》、《CT 理论与应用研究》。该所拥有我国馆藏最丰富、历史最悠久的地球物理图书及资料，藏有自 1869 年以来的地磁地震等地球物理资料和 20 余万册专业书刊，编辑出版多种学术期刊。

二、中国地震局地震预测研究所

中国地震局地震预测研究所的前身是国家地震局分析预报中心。1975 年，以原国家地震局分析预报室和北京市地震队为基础，筹建国家地震局分析预报中心，1980 年 1 月正式成立，中心首任主任梅世蓉。1998 年 4 月，改名为中国地震局分析预报中心，2004 年更名为中国地震局地震预测研究所。下设地震中长期综合预测研究室、地震构造研究室、地震流体研究室、数字地震学应用研究室、地震形变研究室、地震电磁研究室、地震观测技术研究中心、地壳运动观测网络数据中心、计算与网络中心、地震灾害信息研究中心、兰州基地。

地震预测研究所以多学科的交叉、渗透、融合为特色，主要研究任务有三项：一是在地震学研究方面，开展震源环境、地震过程和震源破裂机理等地震科学的基础研究，为地震预测提供理论依据；二是在地震预测研究方面，承担地震中期和长期预报任务，承担地震预报攻关任务，开展地震数值预测理论与方法研究，开展地震前兆机理研究；三是地震观测方法与技术研究。

三、中国地震局地震研究所

中国地震局地震研究所前身是中国科学院测量与地球物理研究所。1971 年，国家地震局成立时，中国科学院测量与地球物理研究所建制划归国家地震局，改名武汉地震大队。1978 年 5 月，武汉地震大队改名国家地震局地震研究所，1998 年，更名中国地震局地震研究所。

地震研究所是以地壳形变、地球动力学与地震研究为特色的综合性研究所。长期以来，将大地测量学、地球物理学、地质学与地震学相结合，以地壳运动及其动力学机制研究为基础，致力于地震预报基础理论和基本方法的研究，开展地壳稳定性、水库地震监测与成因机制研究，开展地震工程、地震地质灾害评估及防治、岩土工程及工程减灾研究，长期服务于国家重大工程建设与防灾减灾工作。研究所具有雄厚的测量与地球科学仪器研究与开发的技术力量以及完善的基础实验室，是中国地震局地壳形变和重力学科牵头单位。

近年来地震研究所在地壳运动研究、宽频带数字地震观测技术、卫星激光测距、重力观测技术发展与重力测量、地球固体潮形变观测技术与理论研究、地震预测预报研究、水库诱发地震研究等地震科学领域取得了重要进展。

四、中国地震局兰州地震研究所

中国地震局兰州地震研究所的前身是 1959 年成立的中国科学院地球物理研究所兰州分所，1962 年定名为中国科学院兰州地球物理研究所。主管陕、甘、宁、青、新 5 省（区）的地震台站建设和地震监测、分析、预报工作，并负责西北 5 省（区）及内蒙古的地震烈度工作。1970 年由中国科学院兰州地球物理研究所、兰州地质研究所、国家测绘总局第七测量大队、地质部西北地震地质大队合并成立兰州地震大队，由中央地震工作领导小组直接管理。1978 年在原兰州地震大队的基础上组建国家地震局兰州地震研究所。1998 年，国家地震局改名中国地震局，兰州地震研究所随之改名为中国地震局兰州地震研究所，该所现在是科技部直属国家级科研机构。

兰州地震研究所与中国科学院地球物理研究所有深厚的渊源。在地球物理学、地震学研究中，有深厚的基础。地震学基础研究方面，重视具有区域特色的学科并兼顾一般性学科研究。地电学科为其传统优势研究领域，是全国牵头单位，黄土动力学学科在全国处于领先地位，地下流体学科为全国监测技术人才培养基地，强震机理和地震预测以及地震学、地震地质、工程地质等领域也具有一定的优势。

五、中国地震局地壳应力研究所

中国地震局地壳应力研究所是中国地震局直属研究所，成立于 1966 年。初建时名称为地质部地震地质大队。1966 年邢台地震后，在周恩来总理的亲切关怀和李四光部长的直接推动下组建的，承担地震地质勘查与研究。1971 年划归国家地震局，1986 年改建为国家地震局地壳应力研究所，1998 年更名为中国地震局地壳应力研究所。

地壳应力研究所的重点研究领域和方向是：地壳动力学理论研究、地壳应力场和形变场研究、地震构造力学机理研究、地震预测理论与方法研究、地震前兆理论和观测技术研究、大地测量理论与观测技术研究、重力和固体潮理论与观测研究、遥感和卫星影像等空间信息技术的应用研究、地震与地质灾害的机理与监测预警技术研究。下设地壳动力学、地震前兆观测技术、断层力学、地壳应力、地震监测与预测、工程地质、地球物理探测与地震救援技术、地壳运动与遥感应用、地震信息网络等 9 个研究室。

六、中国地震局地球物理勘探中心

中国地震局地球物理勘探中心的前身是 1955 年成立的地质部华北石油普查大队（二二六队）。1958 年，二二六队的物探部分分出，组建了中原石油物探大队和华东石油物探大队。1962 年，中原石油物探大队改名地质部第一物探大队。1966 年邢台地震后，第一物探大队参加京津地区地震监测与研究工作。1971 年，国家地震局成立，地质部第一物探大队建制划归国家地震局，名为国家地震局地球物理勘探大队，队部由北京迁往郑州。1991 年改名国家地震局地球物理勘探中心，1998 年改为中国地震局地球物理勘探中心。

中国地震局地球物理勘探中心是中国地震局直属科研事业单位，主要从事地球深部、浅部地球物理探测研究的科研机构。主要科研方向：以深、浅人工地震探测方法为主，重力、电、磁等其他地球物理方法为辅，依托现代新技术、新方法，综合探测研究地球内部结构构造、大陆强震的构造背景和孕震环境、深、浅活动构造、介质物性和状态及与强震孕育发生、地震灾害、火山活动的关系，为防震减灾，保障人民生命财产安全和国民经济建设服务。下设地震测深、反射地震、综合地球物理、地震监测预报、重磁电探测方法、地震测深钻爆技术、勘探地震波激发、地震仪器研制与维护、工程地震、测绘与地理信息等研究室。

七、中国地震局地质研究所

中国地震局地质研究所的前身是中国科学院地质研究所。1978 年国家地震局地质研究所和中国科学院地质研究所分建，标志国家地震局地质研究所正式成立。1998 年国家地震局地质研究所更名为中国地震局地质研究所。

中国地震局地质研究所是综合地质学、地球物理学、地球化学和大地测量学多学科地球科学研究机构，是国内唯一以研究新构造运动和现今地球动力作用为主的国家级研究所。下设：活动构造研究室、活动火山研究室、地震中长期预测研究室、地震区划与工程地震研究室、地震应急技术与减灾信息研究室、固体地球物理与深部构造研究室、空间对地观测与地壳形变研究室、构造物理实验室、新构造与年代学实验室、新构造与地貌研究室。设有地震动力学国家重点实验室、活动构造与火山中国地震局重点实验室。

地质研究所主要从事地震科学和防震减灾领域中的基础理论研究，研究方向的设置围绕着以下五个科学技术问题：一是以揭示强震发生地点和强度为主要目标的地震构造环境研究；二是以探索强震孕育过程和机理为主要目标的地震动力学研究；三是以发展地震预测新方法为主要目标的对地观测技术综合研究；四是以认识火山喷发机理和火山灾害预测为主要目标的活动火山研究；五是以地震灾害综合防御和地震应急理论为主要目标的地震成灾机理和地震地质研究。同时，该所还从事新生代构造演化、现代地壳运动、构造物理与高温高压岩石力学、现今地球动力过程、深部地球物理、现代火山作用等地球科学理论的基础研究。

地质研究所编辑出版学术期刊《地震地质》，创刊于 1979 年，先后被国内外多个著名检索系统收录。

八、中国地震局地震工程力学研究所

中国地震局工程力学研究所的前身是中国科学院土木建筑研究所，1954 年在哈尔滨成立，首任所长刘恢先。1962 年更名为中国科学院工程力学研究所。1971 年起，受国家地震局和中国科学院双重领导。1978 年改名国家地震局工程力学研究所，确定以地震工程和安全工程为主要研究方向。1998 年 4 月，所名改为中国地震局工程力学研究所。

中国地震局工程力学研究所是中国最早系统地开展地震工程、防护工程和岩土工程研究的研究所，被誉为中国培养地震工程人才的基地。研究所现设有工程地震与强震动观测研究室、基础设施抗震研究室、城市与工程综合防灾研究室、结构工程抗震研究室、信息技术与工程材料研究室、测量仪器研究室和岩土工程抗震研究室等7个研究室。拥有地震模拟、强震动观测、土动力学、伪动力学、岩石力学、材料力学、仪器研制等门类齐全的部门开放实验室。率先开展了强震观测、工程地震、结构抗震、震害预测、地震模拟试验、抗震设计规范、工程振动测量等研究。

九、中国地震局中国地震台网中心

中国地震台网中心于2004年10月由原中国地震局地震信息中心、中国地震局地震预测研究所技术部及预报部、中国地震局地球物理研究所九室、中国地震局地质研究所前兆信息等4个单位（部门）为主整合组建而成。中国地震台网中心是中国地震局直属事业单位，是中国防震减灾工作的重要业务枢纽、核心技术平台和基础信息国际交流的重要窗口。

中国地震台网中心承担着全国地震监测、地震中短期预测和地震速报；国务院抗震救灾指挥部应急响应和指挥决策技术系统的建设和运行；全国各级地震台网的业务指导和管理；各类地震监测数据的汇集、处理与服务。地震信息网络和中国地震台网中心能够实时汇集145个国家数字地震台、2个小孔径台阵、6个火山台网连续波形数据，准实时汇集792个区域数字地震台站的数据，并从美国地质调查局地震信息中心（USGS/NEIC）准实时汇集全球地震台网（GSN）77个台站的地震波形数据；各区域地震台网中心能够通过中国地震台网中心准实时收集临近区域地震台网部分台站的波形数据，时间延迟在5s之内，能够有效解决网外和网缘地震速报以及地震编目问题。

中国地震台网中心通过国家数字地震台站和区域数字地震台站资料的联合应用，能够对中国大陆绝大部分地区的地震监测能力达到$M_L2.5$，其中对华北大部分地区、东北、华中、西北部分地区及东部沿海地区地震监测能力达到$M_L2.0$，部分地震重点监视防御区、人口密集的主要城市达到$M_L1.5$；通过全球地震台网与国家地震台网数据的联合应用，大幅度提高了对我国边境地区和国外地震的速报速度和定位精度。

中国地震台网中心对国内及邻区的$M_S \geqslant 4.5$的地震速报初定位时间不超过10分钟，精定位时间不超过20分钟；对区域数字测震台网内$M_L \geqslant 3.0$的地震速报时间不超过10分钟；30分钟之内完成对国内$M_S \geqslant 4.5$地震的震源机制解的速报。

十、中国地震局第一监测中心

中国地震局第一监测中心的前身是1966年邢台地震后在天津组建的国家测绘总局地震测量队。1971年更名为国家地震局地震测量队，1978年更名为国家地震局测量大队，1991年更名为国家地震局第一地形变监测中心，2002年更名为中国地震局第一监测中心。

中国地震局第一监测中心是以大地测量手段为主，从事地震预测预报科学研究；

板块运动、地壳运动学、地球动力学、GPS 气象学研究；地壳形变监测、数据处理及相关软件的开发和应用；监测仪器研制与检测等工作。近年来被上海、广州等大城市地铁工程所广泛采用的"隧道形变自动化监测系统"是中心自行研制的，因很好地解决了隧道施工、使用中变形的实时自动监测而受到用户的赞誉，创造了较好的经济效益和社会效益。

十一、中国地震局第二监测中心

中国地震局第二监测中心于 1991 年 5 月在西安成立，前身是原国家测绘总局第七大地测量队。1966 年邢台地震后，开始承担地震形变测量任务。1970 年国家测绘总局体制改革，第七测量大队改属国家地震局兰州地震大队领导，改名兰州地震大队地震测量队。1978 年 7 月，兰州地震大队地震测量队改为国家地震局直属机构，更名为国家地震局第二测量大队，1991 年改称国家地震局第二地形变监测中心，2002 年改称中国地震局第二监测中心。

第二监测中心主要职责：地震监测、地震预报、大地形变观测、大地重力观测、GPS 地震观测、地籍测量、地形测量、大地测绘等。

第二监测中心是承担中国西部地区地震形变监测和地震预测研究的专业队伍。归属地震系统建制 40 年来，以精密水准测量、跨断层综合形变测量、重力测量、GPS 测量等为主要技术，长期从事地震监测预测、地震应急观测、国家重大科学工程项目、科学考察与试验等野外科技工作，为地震预报和科学研究采集大量可靠的地壳形变原始资料。

"九五"、"十五"和"十一五"期间，先后承担了地震预报科技攻关、"中国地壳运动观测网络"和"中国数字地震观测网络"等重大科学工程，建立了包括全球卫星定位（GPS）、重力、流动水准等现代测量技术的西部地区地壳运动与形变综合观测系统，使中国西部地区地震监测预报研究有了长足进步。

十二、地壳运动监测工程研究中心

地壳运动监测工程研究中心（简称"地壳工程中心"）是中国地震局直属的集项目管理、工程建设和科学研究三位一体的事业单位，成立于 2004 年。该中心以服务于国家防震减灾事业、国民经济建设、社会减灾、科学研究和国防建设为宗旨，下设办公室、人事教育处、财务部、研究发展部和大地测量与地壳运动研究室、空间对地观测研究室、地震观测研究室。

地壳工程中心承担的主要任务是负责国家建设项目"中国数字地震观测网络"项目的组织和管理；承担中国地震局、总参测绘局、中国科学院、国家测绘局和中国气象局五部委联合承建的国家重大科学工程"中国地壳运动观测网络"的项目法人职责；负责国家重大科技基础设施建设项目"中国大陆构造环境监测网络"的组织、实施，是项目的法人单位。

"中国地壳运动观测网络"是以全球卫星定位系统（GPS）观测技术为主，辅之已有的甚长基线射电干涉测量（VLBI）和人卫测距（SLR）等空间技术，结合精密重力和精密水准测量构成的大范围、高精度、高时空分辨率的地壳运动观测网络。"中国地壳运动观测网络"是一个综合性、多用途、开放型、数据资源共享、全国统一的观测网络，具有连续动态监测功能。

"中国大陆构造环境监测网络"（以下简称"陆态网络"）由中国地震局、总参测绘局、中国科学院、国家测绘局、中国气象局和教育部联合实施。2007 年 12 月项目开工建设，2012 年 3 月项目顺利通过国家发展和改革委员会组织的国家验收。陆态网络以卫星导航定位系统（GNSS）观测为主，辅以 VLBI、SLR 等空间技术，并结合精密重力和水准测量等多种技术手段，由基准网、区域网、数据系统和运行维护设施构成。基准网由 260 个连续观测的基准站组成。其中，3 个基准站并置有 VLBI 观测、6 个基准站并置有 SLR 观测、30 个基准站并置连续重力观测和 1 个超导重力站，并联测精密水准和重力；在缅甸、老挝建设了集甚宽频带地震观测、强震动观测、GNSS 和重力观测为一体的 4 个综合地震观测台。区域网由 2000 个不定期观测的 GNSS 区域站和 70 个 InSAR 实验观测角反射器阵列组成。数据系统由 1 个国家数据中心和 5 个数据共享子系统组成。运行维护设施包括实时监控系统、运行维护保障系统和检测测试系统。

第四节　产业部门中有关地球物理学的科研机构

勘探地球物理学，或称地球物理勘探（简称"物探"），被公认为地质勘查中的高科技，在地质普查、找矿、工程勘测中发挥了不可替代的重要作用。产业部门地球物理研究机构现已成为中国勘探地球物理学发展的骨干和中坚。

新中国成立之初，为适应国民经济恢复和发展需要，国家采取了一系列特殊措施，举办各种培训班，抓紧培养了一批地球物理勘探专业技术干部。在此基础上，地质、石油以及煤炭、冶金、核工业、水电、铁道、建材、化工等产业部门相继组建了本部门的物探专业队伍。但是，这一时期物探工作有很大的部门局限性，所解决的问题往往局限于一个不大的勘探工区的一些非常具体的生产问题，而对物探在地质普查中的作用认识不足。地质部的苏联专家看到了问题的症结，提出了"物探要转向地质普查"、"物探要大大地走在地质工作的前面"等一系列具有战略指导意义的建议。1954年地质部召开物探工作会议，地质部总工程师顾功叙在会议总结中指出："正确提出地质任务是物探工作能取得成果的关键……，物探工作应该远远地走在地质勘探工作的前面……"这是中国物探发展进程中的一次重要转折（顾功叙，1999a，1999b）。

1955 年 8 月，地质部成立地球物理探矿局。1956 年初，按大区建立了北方、西方、西南、南方 4 个物探大队，开始承担全国石油普查任务，而后又相继建立了华北、华东、东北石油物探大队，1959 年又成立西北石油物探大队。1957 年 2 月，地质部地球物理探矿局正式成立地球物理探矿研究所。冶金、石油部门也建立了物探研究机构，分别隶属于冶金部北京地质研究所和石油科学研究院。1967年，地质部航空物探大队在北京成立。1960年5月，地质部在天津正式建立了中国第一个海上综合物探队——渤海综合物探大队，对渤海地区开展海洋石油物探工作。1964年，地质部在南京组建海洋地质科学研究所，在南黄海地区开展地震初查工作。

20世纪60年代初，大庆石油会战结束后，燃料化学工业部系统地震队伍南下，参加华北石油会战。此后全部地震队伍及其管理机构独立划出，于1964年6月在河北省徐水县成立646厂，成为石油部门直接指挥的石油物探队伍的统一管理机构。1973年7月，燃料化学工业部将其改名为地球物理勘探局。这是中国规模最大的以石油物探为主的物探机构。

20世纪五六十年代，业已形成了多样化的物探队伍，既有国家地质主管部门主管的直属物探队伍（航空、海洋和石油）和各省（市）、自治区地质主管部门直属物探（物化探）大队，又有各工业部门的物探队伍，服务于行业需要。其中石油和煤炭、核工业、冶金、水电、铁路交通部门物探队伍具有相当规模。他们在油气资源勘探方面，特别是对大庆油田的发现和中国东部大油田的连续发现，隐伏煤田、铀矿、金属与非金属矿新矿床的发现以及在水文与工程物探中，都发挥了重要作用，同时开启了中国海洋石油物探工作。

随着物探专业技术人员的迅速成长，物探队伍不断扩大，物探方法研究和物探仪器的研制提上日程。地质、石油、煤炭、冶金、核工业、水电、铁道等多部门建立了与物探有关的研究机构。这些植根于生产一线、生产和科研紧密结合的物探队伍，逐渐成为发展中国地球物理事业的一支骨干力量。

改革开放以后，贯彻以经济建设为中心的方针，推动了勘探地球物理事业全面发展。20世纪90年代，计划经济体制下的地质工作体制改革提上日程，其核心是政企分开和政事分开。1998年，按照国务院机构改革方案，地质矿产部与相关部门组建国土资源部。地质系统组建"野战军"和"地方部队"，前者从事国家战略性、基础性公益性地质工作，由地质事业费支出，由中国地质调查局负责管理；后者系指分布在各省的地质队，多数改为企业体制，均按属地化管理原则，由地方管理。原隶属于各省地矿局的物探大队和地质队的物探力量，经组合调整，并入各省的地质调查院或地质勘查局，仍隶属事业单位的物探总人数大大缩减。

石油、煤炭、冶金、有色金属等工业部门的物探队伍中，中国石油天然气总公司较早完成了转制工作，油气物探工作较快地实现了市场化。工程物探方面，在改革初期就向市场化体制过渡。

至今，中国产业部门物探单位，都已完成体制转型。新经济体制的实行，推动了中国不同部门、不同层次物探单位的技术进步。航空物探、海洋物探、三维高分辨率地震勘探以及水文、工程、环境物探都有长足进步，推动了中国物探企业走出国门，跻身世界物探服务市场。物探科研与生产、服务相结合的发展模式，也为中国地球物理学科发展模式提供了有益的借鉴（夏国治等，2004）。

一、地质矿产部门

（一）中国地质科学院地质力学研究所

中国地质科学院地质力学研究所是 1956 年由著名地质学家、时任地质部部长的李四光亲自创立的，所址北京。起初称地质部地质力学研究室，后改为地质矿产部地质力学研究所，2000 年更名为中国地质科学院地质力学研究所，为国土资源部中国地质调查局的直属事业单位。

地质力学研究所主要从事大地构造、大陆动力学、矿产资源、油气资源、第四纪地质与环境以及地质灾害调查研究工作。以地质力学创新为先导，开展新构造运动研究、能源和矿产资源调查、地壳稳定性评价和地质灾害调查研究以及第四纪地质环境调查研究。

根据国土资源部 1999 年《关于地质调查与地质科技管理体制改革的意见》文件，地质力学所定位为"推动地质力学创新体系建设，从事新构造运动与地质灾害研究，开展重大工程区域地壳稳定性评价研究工作"，同时开展油气资源战略评价研究。地质力学研究所在学科结构、研究领域等方面进行了调整，调整后主要学科有地质力学、环境工程、第四纪地质与新构造、石油地质、矿产资源。

地质力学所下设地应力与地壳稳定性研究室、矿田构造研究室、第四纪地质与环境研究室、能源地质研究室、地质灾害研究室、新构造与活动构造研究室、极地地质研究室、科技信息室和国土资源部新构造运动与地质灾害重点实验室、国土资源部古地磁与古构造重建重点实验室。

（二）中国地质科学院地球物理地球化学勘查研究所

中国地质科学院地球物理地球化学勘查研究所（简称"物化探所"）的前身是地质部物探局地球物理探矿研究所，1957 年 2 月创建于北京，顾功叙兼任所长。现隶属于国土资源部地质调查局，所址河北省廊坊市。

物化探所担负着推动中国物探化探两大学科应用基础理论研究、方法新技术研究与开发的任务，同时也是地质勘查行业高技术的集散地和辐射源。

2001 年，在国家科技体制改革方案中，物化探所被国家定位为"非营利性科研机构"，2004 年底进入国家基础研究创新队伍，以承担应用基础性创新研究任务，瞄准物化探学科发展的前沿，不断地推出原始创新成果，推动物化探学科的发展，并积极做好国土资源部地质"野战军"组建准备工作，为国家地质工作和国土资源大调查提供技术支撑。下设电磁综合研究室、地震方法研究室、地下物探研究室、矿产资源研究室、油气与深部物探研究室、航空物探研究室、应用地球化学研究室、化探方法研究室、矿产勘查地球化学与标准物质研究室、中心实验室和信息中心。

物化探所主要研究领域有弹性波场探测、电（磁）场精细快速探测、位场探测、地下物探、多元信息集成与可视化、深穿透地球化学与地球化学块体理论与方法、生态环境地球化学与多目标多尺度地球化学填图、应用基础地球化学与分析测试、油气物化探理论与方法技术等。

自 1957 年建所以来，先后完成国家各级各类科研项目逾 1500 项，包括国家攀登项目、国家科技攻关项目、国家"863"项目、国家"973"项目、部门重点科技项目等。

（三）国土资源部广州海洋地质调查局

广州海洋地质调查局是国土资源部下属的多学科、多功能的综合性海洋地质调查研究机构，主要从事国家基础性、综合性、战略性和公益性的海洋地质调查研究工作。其前身是始建于 1964 年的原地质部海洋地质科学研究所（南京）。

广州海洋地质调查局紧紧围绕海洋资源、环境与权益三个主题，坚持以地质找矿为中心，在油气资源调查、海洋工程地质与灾害地质调查、大洋地质科学考察、南极科学考察、新能源（天然气水合物）调查、海洋高科技等领域成绩显著。下设海洋区域地质调查所、海洋矿产地质调查所、海洋环境地质与工程地质调查所、海洋地质勘查技术方法所、海洋地质科学发展战略研究所、资料处理研究所和一个船舶大队。

广州海洋地质调查局海洋区域地质调查所是一支专门从事海洋区域地质调查的队伍。主要利用地质（海底取样和钻探）、地球物理（地震、重力、磁力、多波束测深等）、航空遥感等技术方法对海底沉积层结构、物质组成、地球化学特征、海洋地球物理场、矿产分布、地形地貌特征开展不同比例尺的调查研究，编制相应的基础地质图件，编写地质报告，为海洋资源开发利用、海洋基础地质研究、海洋划界和国防建设提供基础地质资料。

广州海洋地质调查局实现了"踏遍中国海、挺进太平洋、登上南极洲"的宏伟目标，向国家提交了一大批具有国内外先进水平的地质勘查和科研成果报告，获得了近百项国家、省部级地质勘查和科研成果奖，堪称中国海洋地质调查劲旅。

（四）中国国土资源航空物探遥感中心

中国国土资源航空物探遥感中心（简称"航遥中心"）前身是地质部航空物探大队，1957 年创建于北京，2000 年 8 月开始使用现名称。航遥中心是国土资源部中国地质调查局直属事业单位，是中国从事航空物探和国土资源遥感技术研究、开发和勘查应用的专业技术中心，也是国家遥感中心的国土资源分部。

航遥中心的主要职责和任务为：国土资源航空物探、遥感调查与监测，以及相关地球物理勘查、地质测绘、工程测量等工作；航空物探、遥感方法技术、仪器及软件的研发与推广；航空物探、遥感资料开发应用研究和信息化建设；航空物探、遥感科学研究和国际合作与交流；科技开发、技术服务与经营工作；国土资源部和中国地质调查局交办的其他工作。

航遥中心内设有卫星应用研究中心、军民融合地质研究中心、航空地球物理国际研究中心和遥感应用研究中心 4 大业务板块、22 个研究室。拥有国土资源部航空地球物理与遥感地质重点实验室、博士后科研工作站、国家航空地球物理科技创新研究培育基地等科技创新平台和国家重点领域科技创新团队。

60 年来，航遥中心取得了丰硕的科技创新与地质找矿成果，先后获得国家科技进步奖、自然科学奖等 9 项，省部级成果奖 160 余项；曾获全国地质勘查功勋单位、全国地质勘查行业先进集体、全国测绘质量表彰单位、全国五一劳动奖状、全国模范职工之家等多项荣誉称号。

二、石油系统

（一）中国石油天然气集团公司东方地球物理勘探有限责任公司

中国石油天然气集团公司东方地球物理勘探有限责任公司（简称"东方地球物理公司"）是中国石油天然气集团公司（以下简称"中石油"）独资的地球物理专业化技术服务公司，2002 年 12 月，由中石油物探局（其前身是 1964 年在河北徐水县成立的燃料化学工业部六四六厂）、新疆地调处、吐哈物探公司、青海物探公司、长庆物探处、华北物探公司、大港物探公司 7 家单位共同组建，总部设在河北涿州。公司主要从事国内外陆地、海上地震勘探及综合物化探采集、处理、解释，以及与地球物理（化学）勘探有关的技术及装备研发、产品研制、技术引进与产品销售服务等业务。东方地球物理公司拥有完善的科研体系，业已成为国内最大的物探技术研究中心、地震数据处理中心和地质研究中心，是当今世界上著名的地球物理服务公司之一，陆上勘探市场份额居全球第一位，综合实力位居全球物探公司第三位。

东方地球物理公司拥有完善的科研体系，先后挂牌国家人事部博士后科研工作站、中国石油天然气集团公司物探技术研究中心和中国石油大学硕士研究生工作站。物探技术研究中心是集油气勘探方法研究和软件开发一体化的综合物探技术研究机构，同时也是国家发展改革委员会批准成立的"油气勘探计算机软件国家工程研究中心"。其主要任务是以石油工业计算机应用和实际生产需要为出发点，以科研成果为基础，研制集成化的油气勘探软件系统和集成平台，实现多学科油气勘探综合研究应用软件一体化、工程化。

（二）中国石油勘探开发研究院

中国石油勘探开发研究院是中国石油天然气股份有限公司所属的研发机构，主要肩负全球油气业务发展战略规划研究、油气勘探开发重大应用基础理论与技术研发、全球油气业务技术支持与生产技术服务、高层次科技人才培养等职责，综合科研实力在国内石油上游研究领域处于领先地位。其前身是石油部北京石油科学研究院，成立于 1958 年。先后经历了石油科学研究院（1958—1972 年）、石油勘探开发规划研究院（1972—1978 年）、石油勘探开发科学研究院（1978—1998 年）和中国石油勘探开发研究院（1998—　）四个发展阶段。

勘探开发研究院包括北京院区、廊坊分院、西北分院、杭州地质研究院 4 个单位，业务领域涵盖油气勘探、油气开发、采油工程、海外业务、信息化与标准化、技术培训与研究生教育等方面。中国石油勘探开发研究院研究生部是石油工业上游各专业为主的研究生教育机构，成立于 1984 年 9 月。

（三）中国石化石油勘探开发研究院

中国石化石油勘探开发研究院是中国石油化工股份有限公司油气勘探开发决策的参谋部门，是为上游发展提供技术支撑和技术服务的综合性研究机构。其主要职责是：承担公司油气勘探开发战略、规划研究；承担国家及公司重点研究项目的研究工作和牵头组织工作；参与重大项目的技术经济论证、设计审查；承担国外油气资源、信息研究，参与利用国外资源的选区评价论证及可行性研究；提出上游发展规划建议等。

中国石化石油勘探开发研究院于 2000 年 7 月在北京成立，是以新星石油公司原有7 个科研单位（北京规划研究院、北京计算中心、无锡实验地质研究所、荆州新区勘探研究所、南京石油物探研究所、合肥石油化探研究所、德州石油钻井研究所）为基础，吸纳其他油田部分科研骨干组建而成。

中国石化石油勘探开发研究院下设：战略规划研究所、海外油气战略研究所、项目评价研究所、重点项目技术支持中心、油气地球物理研究中心、地面工程研究所、西北勘探研究中心、油气勘探研究所、天然气研究所、油田开发研究所、提高采收率技术研究所、采油工程研究所、信息技术研究所、无锡石油地质研究所（下设盆地研究中心、实验地质研究中心、油气化探研究中心和西北勘探研究室 4 个研究部门）等15 个研究所、中心。

（四）中国石油化工股份有限公司石油物探技术研究院

中国石油化工股份有限公司石油物探技术研究院（简称"物探院"）是中国石化从事油气地球物理技术研发的直属研究机构，下设物探战略规划研究所、地震采集技术研究所、地震成像技术研究所、油藏地球物理研究所、地球物理软件研究所、地球物理实验中心、地震处理解释中心、地球物理信息中心等 8 个科研业务部门。其主要任务是承担国家及中国石化石油地球物理勘探方面的基础性、前瞻性和重大项目攻关与核心技术研发，自主知识产权物探专业软件开发及产品推广，新技术应用试验，并提供全方位的物探技术支持与服务，为中国石化可持续发展提供资源保证。

物探院以原中国石化石油勘探开发研究院南京石油物探研究所为基础组建的。南京石油物探研究所是基于 20 世纪 50 年代起在华北平原和华东地区开展全国油气大普查的地质部石油地球物理勘探技术队伍，于 1977 年在南京创建成立国家地质总局石油物探研究大队，1983 年更名为地质矿产部石油物探研究所，1997 年更名为中国新星石油公司石油物探研究所，2000 年更名为中国石化石油勘探开发研究院南京石油物探研究所，2009 年 11 月 28 日组建成立中国石油化工股份有限公司石油物探技术研究院。

物探院拥有国内领先、国际先进的全数字化地球物理模拟实验装备、高温高压岩石物理测试装备、地面和井中地震采集仪器装备、大型高性能计算机系统和配套齐全的地震资料处理解释软件等一系列先进实用的设施装备。

（五）中石化石油工程地球物理有限公司

中石化石油工程地球物理有限公司（简称中石化地球物理公司）成立于 2012 年底，是由胜利、中原、河南、江汉、江苏油田及华北、华东、西南石油局等 8 家非上市油田企业所属的 10 家物探公司（大队、处）和国际石油工程有限公司物探工程部整合而成。该公司是中国石化集团集物探资料采集、处理、解释、技术研发、装备制造、油藏服务于一体的专业技术服务公司，现有从业人员 8666 人。其下属单位发展历史悠久，前身分别是 20 世纪五六十年代成立的地质部东北石油物探大队、华东石油物探大队、第四石油物探大队和石油部江汉石油勘探处；以及 20 世纪七八十年代成立的石油工业部河南物探大队、胜利油田地质调查指挥部、江苏油田地调处、滇黔桂石油勘探局物探公司、中原油田地球物理勘探公司和地质矿产部湖南石油指挥部。

中石化地球物理公司是全球第五大、陆上勘探第二大的地球物理技术服务公司。公司科研体系完善，技术底蕴深厚，产业链条完整。高精度地震勘探、可控震源高效采集、超深低幅度隐蔽油气藏勘探、非常规地球物理等多项技术在国内外处于领先和先进水平，是中国油气地球物理勘探的重要力量。

（六）中国石化股份有限公司油田系统物探研究机构

胜利油田有限公司物探研究院（简称"胜利物探研究院"）是中国石化股份有限公司油田系统最大的物探技术研究院，除此之外，还有中原油田分公司物探研究院、河南油田分公司石油物探技术研究院、江汉油田分公司物探研究院、江苏油田分公司物探技术研究院。

胜利物探研究院隶属中国石化胜利油田有限公司，院址山东省东营市。其前身是 1986 年 10 月成立的计算中心，2001 年初计算中心与物探研究所合并重组为胜利油田物探研究院。它是中国石化集团公司重点科研院所，是该集团公司最大的地震资料处理解释、地质综合研究单位之一。主要从事石油勘探地震资料处理解释和地质综合研究、油田勘探部署、井位部署和圈闭管理；负责勘探数据库建设与管理、油藏地球物理技术研究、勘探开发信息化建设与服务。

地震处理计算机系统 CPU 总数达 6500 多个，理论运算速度达到每秒 40 万亿次。具有多套世界先进的地震处理软件。与同济大学、石油大学等高校合作建立了油藏综合地球物理实验室、信息与软件工程实验室、地震反演联合实验室、地震成像联合实验室、多波多分量地震联合研究中心等多个实验室。

（七）中国海洋石油总公司地球物理重点实验室

中国海洋石油总公司地球物理重点实验室是中国海洋石油总公司所属的地球物理技术研发机构，于 2004 年 7 月 6 日在北京挂牌成立。其主要职能是：①从生产实践中提出面向生产实际的勘探地球物理学研究课题；②努力消化、吸收国内外先进的勘探地球物理科技成果，进行开发创新研究；③以总公司整体效益为中心，确定重点研究方向，开展学科超前研究和应用基础研究，探索地球物理勘探新技术，服务于海上油气田的勘探和开发。

2011年2月，以该实验室为基础，吸纳了中海油田服务股份有限公司和中国石油大学（北京）、西安交通大学的一批优秀人才，经国家发改委批准组建成立海洋石油勘探国家工程实验室。实验室下设海洋石油地球物理勘探技术集成与应用中心实验室、海洋石油地球物理勘探数据分析实验室、海洋石油地球物理勘探波动信号特征分析实验室、海洋石油勘探装备设计与集成实验室及海洋石油勘探测井技术实验室等5个分室。

三、国家海洋局系统

（一）国家海洋局第一海洋研究所

国家海洋局第一海洋研究所（简称"海洋一所"）是重点从事应用基础研究、高技术发展和公益服务的综合性海洋研究所。前身系海军海洋航海科学技术研究所，成立于1958年，所址天津。1964年划归国家海洋局建制，1965年迁址青岛。

海洋一所的主要研究领域为：中国近海、大洋和极地海域自然环境要素分布及变化规律，包括海洋资源与环境地质；海洋灾害发生机理及预测方法；海气相互作用与气候变化；海洋生态环境变化规律和海岛海岸带保护与综合利用等。下设8个研究室（中心）：海洋环境与数值模拟研究室、海洋地质与地球物理研究室、海洋物理与遥感研究室、海洋与气候研究中心、海洋生态研究中心、海岛海岸带研究中心、海洋工程环境与测绘研究中心、海洋信息与计算中心。拥有海洋环境科学与数值模拟、海洋沉积与海洋地质、海洋生态环境科学与工程、海洋生物活性物质、数值分析与应用5个国家海洋局重点实验室。

多年来，海洋一所承担了国家科技攻关、国家海洋"863"、国家海洋"973"、国家自然科学基金、国家攀登计划、国防科工委攻关课题及大型海洋调查任务等一系列重大基础研究和应用研究项目。

（二）国家海洋局第二海洋研究所

国家海洋局第二海洋研究所（简称"海洋二所"）创建于1966年，所址杭州。海洋二所定位是从事海洋基础研究、应用基础研究和高新技术研究，促进海洋科技进步，为海洋管理、公益服务、海洋经济发展及海洋安全提供科技支撑。

海洋二所近年来通过科技体制改革对原有的学科结构进行了调整，应用基础研究机构设置包括：①重点实验室：卫星海洋环境动力学国家重点实验室，国家海洋局海底科学重点实验室，国家海洋局海洋动力过程与卫星海洋学重点实验室，国家海洋局海洋生态系统与生物地球化学重点实验室，国家海洋局第二海洋研究所工程海洋学重点实验室；②研究中心：海洋遥感与数值预测研究中心，海底资源环境研究中心，海洋生态环境监测与灾害防治研究中心，工程海洋学研究中心，国家海岛开发与管理研究中心，中国大洋勘测技术与深海科学研究开发基地。

国家海洋局海底科学重点实验室在海洋地球物理研究中，率先在中国渤海、黄海、东海进行地球物理探测，系统研究陆架浅海的构造格局和油气远景，以及冲绳海槽的地壳性质与演化；在南海首次取得深海地壳属性的重要证据，发现含钴型锰结壳和具油气潜力的陆坡盆地。

多年来，承担了多项国家"973"重大基础研究项目、国家"863"高新技术项目、国家科技支撑项目、国家自然科学基金重大和重点项目、国家重大专项、国防安全项目和部、省重点科技项目。

四、煤炭、冶金系统

（一）中国煤炭地质总局地球物理勘探研究院

中国煤炭地质总局地球物理勘探研究院是集科研与生产、技术研发和推广于一体的中央直属企业化管理的事业单位，具有甲级地球物理勘查资质、乙级水文地质、工程地质、环境地质调查、固体矿产勘查、液体矿产勘察资质。该院核心技术是资源勘探地震数据采集和资料处理，同时可以针对业主生产区域实际情况开展地学科研攻关。建有目前煤炭工业系统最大、装备最先进的地震数据处理中心，拥有世界先进的地震勘探技术和设备。

中国煤炭地质总局地球物理勘探研究院前身是燃料化学工业部煤炭地质计算机站（代号108厂），1974年在河北涿县（今涿州）组建。而后数易其名，2001年，定名为中国煤炭地质总局地球物理勘探研究院，院址河北省保定。

中国煤炭地质总局地球物理勘探研究院下属地球物理勘查技术研究所成立于1974年，其前身是煤炭部地震资料处理和解释中心，是一家集地震数据处理、资料解释、综合地质研究、物探新技术新方法研发于一体的科研生产单位，是煤炭系统最大的、技术领先的综合性科研实体，也是国内知名度较高的物探技术研究单位之一。

（二）中国冶金地质勘查工程总局地球物理勘查院

中国冶金地质勘查工程总局地球物理勘查院，成立于1965年初，院址河北保定，系中国冶金地质总局所属事业单位。1965年4月，在原鞍山地质勘探公司物探总队基础上，冶金部在保定成立冶金部地球物理探矿公司，负责全国冶金系统物化探技术、设备供应等管理工作，其所属的综合物探队承担部重点物化探找矿项目；其直属仪器厂承担了电法、磁法物探仪器的研制和生产任务。该院长期致力于航空、地面、井中地球物理、地球化学勘查方法、技术及设备研发，广泛应用于航空和地面矿产勘查、地质调查、工程勘查、地理信息、环评治理和电力设备制造等业务领域。

该院拥有航空物探、地球物理、地球化学和固体矿产4个甲级勘查资质，特别是在航空物探方面有丰富的理论与实践经验。

参考文献

顾功叙. 1999a. 一九五四年物探技术的新情况与我们应有的努力［G］//《顾功叙文集》编委会. 顾功叙文集. 北京：地质出版社，100-104.

顾功叙. 1999b. 物探工作会议总结［G］//《顾功叙文集》编委会. 顾功叙文集. 北京：地质出版社，105-107.

钱伟长，朱光亚，杨福家，等. 2005. 赵九章［G］//《赵九章》编写组. 中国当代著名科学家丛书. 贵阳：贵州人民出版社.

王扬宗，曹效业. 2010. 中国科学院院属单位简史（第一卷 上册）［G］//中国科学院院史工作委员会. 中国科学院院史丛书. 北京：科学出版社.

卫一清，丁国瑜. 1993. 当代中国的地震事业［G］//邓力群，马洪，武衡. 当代中国. 北京：当代中国出版社，1993：16-43.

夏国治，许宝文，陈云升，等. 2004. 二十世纪中国物探（1930—2000）［M］. 北京：地质出版社.

第二章
中国地球物理学高等教育

第一节　中国地球物理学高等教育事业发展概况

　　旧中国地球物理、应用地球物理（勘探地球物理）高等教育是个空白。新中国成立后，为满足矿产资源勘查的需要，急需组建物探队伍，当务之急是不拘一格培养地球物理专门人才：一方面产业部门因生产需要举办了各种短期培训班，另一方面地球物理高等教育事业开始起步。

　　1949 年冬，东北工业部地质调查所率先举办物探训练班，由顾功叙任教。

　　1950 年 3 月，谢家荣创办南京地质探矿专修学校，该校下设四个专业，其中包括物探和探矿。李善邦、顾功叙、傅承义、秦馨菱、孟尔盛等任教。虽然只招生一届116 人，1952 年结业，但是这一届很多人后来成为地质勘探的骨干力量。

　　1952 年 8 月地质部刚一成立，就决定建立地质学院。9 月，成立东北地质学院（1957 年改名长春地质学院，后改名长春科技大学，现合并到吉林大学）。11 月，成立北京地质学院（即现北京、武汉两地的中国地质大学）。两所学校均设有勘探地球物理专业。同年，在湖南长沙成立中南矿冶学院（现为中南大学），设立地球物理探矿专业。1953 年，燃料工业部成立北京石油学院（现为中国石油大学），设有地球物理勘探专业。1956 年 10 月，成都地质学院（现为成都理工大学）成立。同年，重工业部在广西桂林成立桂林地质学校（后多次更名，现为桂林理工大学），设立地球物理探矿专业。这些院校的地球物理探矿专业，主要是为产业部门培养地球物理勘探方面应用型专业技术人才，以解燃眉之急。20 世纪 50 年代，应用地球物理高等教育体系初步形成。

　　1956 年，国家制定了《1956—1967 年科学技术发展远景规划》，其中有两项与地球物理学有关："地球物理、地球化学和其他地质勘探方法的掌握及新方法研究"、"中国地震活动性及其灾害防御研究"。这一重大举措，推动了地球物理学基础研究和应用研究比肩发展。北京大学与中国科学院地球物理研究所联合，在北京大学物理系开设地球物理专门化。1958 年 9 月，中国科学院创办中国科学技术大学，设立应用地球物理系。云南大学在 20 世纪 60 年代初开设地球物理学课程。上述 3 所综合性大学开设的地球物理学专业，侧重于培养从事基础地球物理学研究的普通地球物理专门人才。与此同时，勘探地球物理专业教育也得到蓬勃发展。隶属于不同部委的大约 10 所大学和学院设立地球物理专门化，培养应用地球物理专门人才。

1977 年恢复高考，至 1997 年，高等学校的地球物理学教育步入正常轨道。基本上是综合性大学侧重于理论地球物理，工科院校侧重于应用地球物理。至 1997 年，能授予地球物理学学士学位（理）和应用地球物理学士学位（工）的高校近 20 所。

20 世纪 90 年代末，随着国家经济体制改革的发展，地质、矿产、石油等产业部门转制，地质勘探行业受到很大影响，尤其是地球物理勘探行业进入市场后，地质院校毕业生就业压力陡增。在这种形势下，地质院校纷纷扩展办学领域，改变校名，除中国地质大学还保留了地质名称外，其他校名都去"地质"化。在专业设置上，应用地球物理专业受到很大冲击。1998 年教育部颁布实施新修订的《普通高等学校本科专业目录》中，开设了 40 余年的应用地球物理专业并入勘查技术与工程专业。在这个新专业中，应用地球物理仅被作为一种技术方法和手段，这不但削弱了应用地球物理学作为地球物理学的一个重要分支学科的地位，使其发展受到制约，从长远看，也不利于专业本身的发展。虽然高等院校应用地球物理专业形式上不存在了，实质上却迎来了应用地球物理学科专业"多元化"发展的新局面。部分高校在 1998 年以后纷纷设立地球物理学专业，到目前为止，开设地球物理学专业的高校已达到 10 所，其中大部分学校的地球物理学专业是在原应用地球物理专业的基础上发展起来的。虽然其课程设置各具特色，但主干专业基础课和专业课还是应用地球物理的课程体系；部分院校在"勘查技术与工程"专业名义下，仍按照应用地球物理专业方向办学。北京大学、中国科学技术大学、武汉大学、云南大学等综合性大学所设地球物理专业以理论（普通）地球物理学为主，而行业性院校则多以应用地球物理学为主的办学格局并没有大的改变。

中国地球物理高等教育事业经过 60 多年的发展，高校数目超过 20 所，培养的本科毕业生超过 7 万人。在地球物理专业人才培养和科研工作中，为国家做出了重要贡献。同时应看到，当前地球物理学高等教育办学模式单一，将应用地球物理的各个分支学科分别设在不同的行业院校，将理论地球物理设在综合性大学的做法，导致基础研究和应用研究割裂，以应用地球物理为主的院校创新能力日渐降低。以理论地球物理为主的综合性大学由于缺少产业部门的支持，办学积极性长期低迷，办学的经济和社会效益甚微，创新动力不足。这一模式已不适合要求知识与技术不断创新的高等教育发展需要。此外，行政化办学理念对高校办学的过多干涉与束缚，严重影响了学科发展 [①] 。

在改革发展的新形势下，国家采取了一系列重大教育改革措施。1995 年正式启动

---

① 徐义贤. 我国地球物理高等教育的演变与改革方向（未正式发表）。

"211 工程"，即面向 21 世纪，重点建设 100 所左右的高等学校和一批重点学科。这是中国为落实科教兴国战略而实施的一项跨世纪战略工程。到 2015 年，已有 116 所高等院校进入"211 工程"，与地球物理学有关的有 14 所：北京大学、中国科学技术大学、武汉大学、中南大学、云南大学、长安大学、中国矿业大学（北京）、中国矿业大学（徐州）、中国地质大学（北京）、中国地质大学（武汉）、中国石油大学（北京）、中国石油大学（华东）、同济大学和吉林大学。"985 工程"是为建设若干所世界一流大学和一批国际知名的高水平研究型大学而实施的建设工程。现有高校 39 所，与地球物理学有关的高校有 6 所：北京大学、中国科学技术大学、武汉大学、吉林大学、中南大学和同济大学。

第二节　普通地球物理学高等教育

一、北京大学地球与空间科学学院

北京大学地球物理学系成立于 1959 年 1 月，其前身是物理系地球物理专门化。1956 年由北京大学物理系和中国科学院地球物理研究所共建，地球物理教研室主任由傅承义兼任，王子昌任副主任。中国老一辈地球物理学家傅承义、顾功叙、王子昌、李善邦、陈志强、曾融生、谢毓寿等人先后任教。其中固体物理学专业为中国同类专业中历史最久、唯一的国家重点学科。60 多年来，地球物理系为国家培养了大批杰出科学家、工程技术专家及高级管理人才，他们在地震预测研究、地球物理学、空间环境和空间应用等领域做出了杰出贡献。

2001 年 10 月，作为北京大学创建世界一流大学的一个重要举措，在原北大地质学系、地球物理系的固体地球物理学专业、空间物理学专业、北大遥感与地理信息系统研究所和城市与环境学系的 GIS 的基础上，成立了北京大学地球与空间科学学院，使其成为中国地球科学人才培养的重要基地，承担着为国家现代化建设输送地质学、地球物理学、空间科学、遥感、地理信息系统和测绘科学与技术等方面的高级专门人才的重任，也是北京大学创建世界一流大学的一支重要力量。

北京大学地球与空间科学学院设有 5 个本科生专业（地质、地球化学、固体地球物理学、空间科学与技术、地理信息系统），3 个一级学科博士、硕士授权点，并设有地质学、地球物理学、地理学、测绘学 4 个博士后流动站；设有国家理科基础科学人才培养基地 1 个（地质学），国家基金委创新群体 1 个（地球物理学），国家重点学科 3 个（构造地质学、固体地球物理学、地理信息系统），教育部重点实验室 1 个（造山带与地壳演化重点实验室），北京市重点实验室 1 个（空间信息集成与 3S 工程应用），北京市重点学科 1 个（空间物理学）。

二、中国科学技术大学地球和空间科学学院

中国科学技术大学是中国科学院所属的一所综合性全国重点大学，于 1958 年 9 月在北京成立。1970 年初，学校迁至合肥市。下设地球和空间科学等 14 个学院、27 个系以及研究生院、软件学院等，在上海、苏州分别设有研究院。

中国科学技术大学地球和空间科学学院的前身是 1978 年组建的地球和空间科学系，其基础主要是建校之初的应用地球物理系。1958 年建校之时，第 13 系应用地球物理系由中国科学院地球物理研究所负责筹建，着眼于为中国人造卫星事业培养人才，下设高空大气物理和天气控制两个本科专业。1961 年专业进行了调整，共设探空技术、高空物理、天气物理和地壳物理四个专业，中国科学院地球物理研究所所长赵九章兼系主任，直到 1964 年。1978 年，成立地球和空间科学系，下设地球物理、空间物理和地球化学三个专业。

三、云南大学资源环境与地球科学学院

云南大学始建于 20 世纪三四十年代，是中国西部边疆最早建立的综合性大学之一。

云南大学资源环境与地球科学学院前身是成立于 1976 年的云南大学地球物理系。当时的地球物理系由气象专业（1971 年成立，属云南大学物理系）和地球物理专业组成（1976 年成立）。学院成立于 2002 年 4 月，由地球物理系、云南省地理研究所和云南大学澄江动物群研究中心等单位共同组成。该学院现有 5 个系、2 个研究所、2 个研究中心，分别是大气科学系、地球物理系、区域与资源规划系、地理信息科学系、地质系；云南省地理研究所、云南大学地质所；东南亚气候与环境研究中心、云南大学遥感地质研究中心。

云南大学是继北京大学，中国科学技术大学之后拥有地球物理学系的高校。从 2008 年起，中国科学院地质与地球物理研究所设立了云南大学地球物理专业励志奖学金，专门奖励地球物理学专业的优秀学生。地球物理系拥有数字化地震实验室、地磁与地电、超声模型、重力实验室，配备了 24 道数字地震仪、宽频数字地震仪、数字化高密度电法仪、超声波探测仪、高性能计算机集群。主要研究方向有全球地震活动性与预测、地球内部物理、地球磁场变化、地球重力场、地震安全性评价、工程质量检测、地震工程等。

四、武汉大学测绘学院

武汉大学测绘学院的前身是 1958 年成立的武汉测绘学院。1978 年武汉测绘学院被国家批准为全国重点大学，1985 年武汉测绘学院更名为武汉测绘科技大学。1993 年，武汉测绘科技大学的大地测量系与工程测量系合并，组建为地学测量工程学院。2000 年 8 月，教育部将武汉测绘科技大学、武汉水利电力大学、湖北医科大学与武汉大学合并重组，成立了新的武汉大学。在新武汉大学建制下，以原地学测量工程学院为基础，组建了武汉大学测绘科学与技术学院。2001 年 9 月更名为武汉大学测绘

学院。

武汉大学测绘学院下设测绘工程，卫星应用工程，地球物理3个教学系；地球物理学、测绘工程2个专业和城市空间信息工程、大地测量与卫星导航、工程与工业测量、航天航空测绘等4个专业方向。

融固体地球物理学、现代测绘于一身是武汉大学测绘学院地球物理学专业的特色。

五、中国科学院大学地球科学学院

地球科学学院是中国科学院大学20个直属教学单位之一，成立于2012年10月。拥有中国科学院计算地球动力学重点实验室、国科大计算中心和地球系统科学中心等研究性机构。地球科学学院在地球物理学、地质学、大气科学、测绘科学与技术等4个一级学科领域招收硕士、博士研究生。同时还承担着中国科学院、中国地震局、国家海洋局、国家测绘局和中国地质科学院等所属20多个研究所的研究生集中教学任务。与美国、日本、法国等多所大学的相关院系或研究所以及国际组织建立了比较广泛的国际合作基础。

第三节 应用地球物理学高等教育

一、吉林大学地球探测科学与技术学院

2000年6月，吉林大学与吉林工业大学、白求恩医科大学、长春科技大学、长春邮电学院合并组建新的吉林大学。长春科技大学的前身是1952年9月成立的东北地质学院，1958年改名为长春地质学院，1997年改名为长春科技大学。

吉林大学地球探测科学与技术学院的前身是长春科技大学地球探测与信息技术学院，成立于1997年。由当时的地球物理系（1952年成立）、地球化学系（1995年成立）和遥感地质教研室（1978年成立）共同组成地球探测与信息技术学院，测绘工程系（1996年成立）于1999年并入学院。2001年底，地球探测与信息技术学院更名为吉林大学地球探测科学与技术学院。

地球探测科学与技术学院下设4个教学系：地球物理系、地球化学系、测绘工程系、遥感与地理信息系统系；3个院管研究所：地球物理研究所、地球化学研究所和地学信息系统研究所。设有勘查技术与工程（含应用地球物理、应用地球化学两个方向）、地球物理学、测绘工程、地理信息系统4个本科生专业。

在学术型研究生培养方面，设有7个专业：地图学与地理信息系统、固体地球物理学、空间物理学、大地测量学与测量工程、地图制图学与地理信息工程、地球探测与信息技术、核技术与应用。

二、中国地质大学（北京）地球物理与信息技术学院

中国地质大学的前身是 1952 年组建的北京地质学院。1974 年，迁校至武汉，改名武汉地质学院。1978 年在北京原校址恢复办学，成立武汉地质学院北京研究生部。1987 年，在武汉地质学院及其研究生院基础上，成立中国地质大学，在北京、武汉两地相对独立办学，称作中国地质大学（北京）和中国地质大学（武汉）。2005 年 3 月，京汉两地正式独立办学。

中国地质大学（北京）现有国家一级重点学科 2 个：地质学、地质资源与地质工程。涵盖国家二级重点学科 8 个：矿物学、岩石学、矿床学，地球化学，古生物学与地层学，构造地质学，矿产普查与勘探，地质工程，第四纪地质学，地球探测与信息技术。

中国地质大学（北京）下设 13 个院、系。其中在国内颇具影响的地球物理与信息技术学院，前身是 1952 年组建的北京地质学院地球物理探矿系（简称"物探系"），是国内第一个地球物理探矿系，由傅承义、谭承泽创立，国内许多著名地球物理学家，如秦馨菱、翁文波、曾融生、顾功叙、刘光鼎等曾先后在该系任教。设有地球物理学和测控技术与仪器 2 个本科专业。设有国土资源部工程地球物理开放研究实验室、国土资源部岩石圈构造与动力学开放研究实验室，是中国地质大学海洋地学研究中心的组成部分。

近年来，地球物理与信息技术学院在保持地球物理勘探教学和科研传统优势的同时，在国内率先发展了地球物理信息技术，使地球物理的应用达到了一个崭新的水平。在海洋与深部地球物理、资源与能源勘探地球物理、城市环境与工程地球物理、地球物理仪器开发等各个应用领域取得了瞩目的成果。

三、中国地质大学（武汉）地球物理与空间信息学院

中国地质大学（武汉）地球物理与空间信息学院与中国地质大学（北京）地球物理与信息技术学院同源。其前身都是北京地质学院地球物理探矿系，属北京地质学院建校初期最早的四个系之一。1975 年学校迁址武汉，即武汉地质学院地球物理探矿系，1987 年更名为中国地质大学（武汉）应用地球物理系，1999 年更名为中国地质大学（武汉）地球物理系，2003 年 5 月更名为中国地质大学（武汉）地球物理与空间信息学院。

地球物理与空间信息学院是理科（地质学）基础科学研究和教学人才培养基地、教育部"211"工程建设的重点学科所在地，现有学科体系理工兼备，以工为主，涵盖地球物理学、地质资源与地质工程两个一级学科。其中，该院负责建设的地球探测与信息技术二级学科属于地质资源与地质工程国家一级重点学科，固体地球物理学是湖北省优势重点学科。地球物理学是"211"工程重点建设的学科，也是"地球系统过程与矿产资源"和"三峡地质灾害研究"两个"985"优势学科平台的支撑学科。

地球物理与空间信息学院现设有应用地球物理系、固体地球物理系、地球信息

科学与技术系、地球探测与信息技术实验教学中心。拥有一个校级研究所：地球内部成像与探测研究所；两个院级研究所：能源地球物理研究所、地球空间信息研究所。地球物理与空间信息学院是"地质过程与矿产资源"国家重点实验室和"岩土钻掘与防治"教育部工程研究中心的支撑学院之一，建有 10 多个专业实验室。

四、成都理工大学地球物理学院

成都理工大学是一所以理工为主、地学为优势、多学科协调发展的省属重点大学，由国土资源部和四川省共建。其前身是成都地质勘探学院，1956 年 3 月成立，1958 年更名成都地质学院，1993 年更名为成都理工学院，2001 年由教育部批准组建成都理工大学（合并四川商业高等专科学校和有色金属地质职工大学）。

成都理工大学是非教育部直属高校中唯一拥有两个国家重点实验室，分别是气藏地质及开发工程国家重点实验室和地质灾害防治与地质环境保护国家重点实验室；拥有隶属教育部的地球探测与信息技术重点实验室。现拥有地球探测与信息技术等 4 个国家级重点学科，固体地球物理学等 15 个省部级重点学科。

成都理工大学地球物理学院是该校国家重点学科（地质资源与地质工程）和两个国家重点实验室及教育部重点实验室的主要支撑单位。学院前身是 1958 年建立的成都地质学院地球物理勘探系。2010 年 10 月，由原成都理工大学信息工程学院地球物理系、应用物理系、空间信息与数字技术系合并组建成立地球物理学院。多年来，学院依托传统优势学科，在地球探测与信息技术、应用地球物理学科的科研及高层次人才培养方面取得重大成果，形成了特色显著、优势突出的学科专业发展方向。

五、同济大学海洋与地球科学学院

同济大学海洋与地球科学学院成立于 2002 年，其前身是创建于 1975 年的海洋地质与地球物理系。学院学术方向以海洋及相邻陆区的资源和环境为总目标，探索和发展海洋及相邻陆区资源、环境定量研究中的新思路、新途径和新方法，使本学科成为以海陆结合为特色、与国际海洋地质学科前沿接轨的培养高层次人才的基地，成为中国海及西太平洋边缘海古环境及综合地球物理研究的中心之一。

该学院设有地质学、地球物理学、地球信息科学与技术、海洋资源开发技术等专业。

六、东华理工大学地球物理与测控技术学院

东华理工大学（原华东地质学院）是工业和信息化部、国家国防科技工业局、国土资源部、中国核工业集团公司与江西省人民政府重点共建的一所具有地学和核科学特色的多学科综合性大学。学校现有南昌、杭州两个校区，其前身最早可追溯到 1956 年 6 月第二机械工业部创立的（山西）太谷地质学校，1959 年迁至江西抚州市。学校设有地球物理与测控技术学院、地球科学学院、测绘工程学院、水资源与环境工程学院等 20 多个教学单位，还设有独立学院——长江学院。

东华理工大学核工程与地球物理学院源于1956年设立的放射性地球物理勘探专业，是该校具有显著特色和优势的品牌学院，也是中国核专业人才培养的重要基地。学院设有地球物理系、核工系和测控系三个教学系，设有环境与工程地球物理研究所、粒子与核技术研究所、辐射防护与工程研究中心、测试计量技术与仪器研究所四个科研机构，包括勘查技术与工程、地球物理学、核工程与核技术、核技术（国控）、辐射防护与环境工程（国控）、测控技术与仪器6个本科专业。

七、桂林理工大学地球科学学院

桂林理工大学前身是重工业部物探总队于1956年在广西桂林创建的桂林地质专科学校。建校50余年时间里，五改归属、十易校名。2009年3月学校改名桂林理工大学。

桂林理工大学有地球科学学院等19个二级学院，并设有研究生院，在7大学科门类中设有69个本科专业。

桂林理工大学地球科学学院现设有资源勘查工程、勘查技术与工程（工程物探方向、应用地球化学方向）、宝石及材料工艺学、资源环境与城乡规划管理、地质学、地球物理学等6个本科专业。拥有科学研究机构：有色及贵金属隐伏矿床勘查教育部工程研究中心、隐伏矿床预测研究所、地质调查研究、矿产资源勘查与经济评价研究所、广西隐伏金属矿产勘查重点实验室、遥感应用研究所、珠宝教育与检测中心、多媒体软件开发与应用研究所。

八、长安大学地质工程与测绘学院

长安大学由西安公路交通大学、西安工程学院、西北建筑工程学院于2000年合并组建而成，是"211工程"重点建设大学和国家"985工程优势学科创新平台"建设高校。

地质工程与测绘学院是长安大学重点建设学院，由地质工程、应用地球物理、测绘工程和安全工程四大学科群组成。下设地质工程、地球物理、测绘科学和安全工程4个系和1个实验中心，拥有2个一级学科博士点和2个博士后科研流动站，12个二级学科博士点，14个硕士点，2个工程硕士授权领域及7个本科专业。

地球物理学科是长安大学"211工程"重点建设学科，其前身是西安地质学院地球物理勘探专业。现设有勘查技术与工程和地球物理学2个本科专业，地球探测与信息技术、固体地球物理学、空间物理学和资源与深部地球物理4个硕士点，地球探测与信息技术和资源与深部地球物理2个博士点，一个地质资源与地质工程博士后科研流动站和教育部矿产资源与地质工程重点实验室。2011年，勘查技术与工程成为省级特色专业。

九、中国石油大学（北京）地球物理与信息工程学院

中国石油大学的前身是1953年成立的北京石油学院，1988年更名为石油大学，2005年更名为两个办学实体：中国石油大学（北京）、中国石油大学（华东）。

中国石油大学（北京）现设有地球科学学院、石油工程学院、地球物理与信息工程学院等11个学院（部），以及4个直属研究院。

中国石油大学（北京）地球物理与信息工程学院由5个系（物探系、测井系、计算机系、自动化系、电子工程系）、3个实验教学中心（地球物理实验教学中心、计算机实验教学中心、信息工程实验教学中心）和多个研究实体组成，地球科学学院以及石油工程学院一起，共同支撑"油气资源与探测国家重点实验室"。

物探系历史悠久，是中国石油大学（北京）勘探地球物理和固体地球物理学科建设的基层教学、科研机构。

十、中国石油大学（华东）地球科学与技术学院

中国石油大学（华东）现有东营、青岛两个校区。学校建有研究生院，有地球科学与技术学院、石油工程学院等12个教学学院（部）。

中国石油大学（华东）地球科学与技术学院的前身是1954年成立的北京石油学院石油地质系，1961年更名为石油勘探系，1996年为石油大学石油资源科学系，2000年更名为地球资源与信息学院，2011年更名为中国石油大学（华东）地球科学与技术学院。有地质、地球物理、测井、资源、测绘等5个教学系，6个本科专业。

十一、东北石油大学地球科学学院

东北石油大学前身是东北石油学院。1960年5月，创建于松辽石油会战指挥部所在地安达。2010年4月，更名为东北石油大学。

东北石油大学地球科学学院前身是大庆石油学院石油勘探系，是东北石油大学建校时的四个主干系之一。2001年校院管理体制改革时更名为地球科学学院。下设资源勘查工程、勘查技术与工程、地球物理、地球化学4个系和1个油气地质研究所、1个实验中心。

十二、西南石油大学资源与环境学院

西南石油大学的前身是1958年成立的四川石油学院，1970年7月更名为西南石油学院，2005年12月更名为西南石油大学。

西南石油大学资源与环境学院的前身是西南石油学院勘探系，是1958年建院伊始的三个院系之一。2002年6月重新组建成立了一个教学科研并重，本科教育与研究生教育并重，以工为主，理、工并重的资源与环境学院。石油和天然气地质勘探学科为特色和优势。资源与环境学院下设5个教研室、4个研究所：基础地质教研室（构造与盆地研究所），矿物岩石教研室（碳酸盐岩研究所），油气地质教研室（油气藏地质研究所），应用地球物理教研室（应用地球物理研究所），地理信息系统教研室。学院有四个本科专业：资源勘查工程、勘察技术与工程、资源环境与城乡规划管理、地理信息系统。

十三、长江大学地球物理与石油资源学院

长江大学是2003年4月由原江汉石油学院、湖北农学院、荆州师范学院、湖北省卫生职工医学院合并组建而成。江汉石油学院的前身为1950年创办的北京石油工

业学校（翁文波是创办人之一），1978年改名江汉石油学院。

长江大学地球物理与石油资源学院的前身是江汉石油学院地球物理勘探（简称"物探系"）和地球物理系，是长江大学办学历史最早、在国内外具有较大影响的院（系）之一。

十四、中国矿业大学资源与地球科学学院

中国矿业大学的前身是创办于1909年的焦作路矿学堂，后改称焦作工学院。1950年，以焦作工学院为基础在天津建立了新中国第一所矿业高等学府——中国矿业学院。1953年迁至北京，改称北京矿业学院。1978年，在江苏省徐州市重新建校，更名为中国矿业大学。

中国矿业大学资源与地球科学学院的前身是北京矿业学院煤田地质系，1995年以煤田地质系为基础成立了资源与环境科学学院。该学院现有地质工程、地球物理学、水文与水资源工程、资源环境与城乡规划管理、煤及煤层气资源等5个本科生专业，下设5个研究所（能源地质研究所、地球物理研究所、水资源与水防治研究所、煤矿工程地质研究所、地球信息科学研究所）和2个中心（教学试验中心，分析测试中心）。

十五、中南大学地球科学与信息物理学院

中南大学由中南工业大学、湖南医科大学与长沙铁道学院于2000年4月合并组建而成。中南工业大学的前身为创建于1952年的中南矿冶学院，1985年改名为中南工业大学。

中南大学地球科学与信息物理学院是2010年10月由原中南大学地学与环境工程学院和信息物理工程学院合并组建而成。学院设有6个系和2个研究院：应用地球物理系、地质资源系、测绘与遥感科学系、地质工程系、地理信息系、生物医学工程系；地质调查研究院、资源勘查与环境地质研究院。设有6个本科专业（方向）：地质工程（含地质资源与勘察工程两个专业方向）、地球信息科学与技术、测绘工程、地理信息系统和生物医学工程。学院设有5个一级学科：地质资源与地质工程、测绘科学与技术、生物医学工程、地质学和地理学。

学院在国家"211工程"和"985工程"建设中，建有地球探测与信息技术国家重点学科、矿产普查与勘探、大地测量学与测量工程2个省级重点学科、地质工程及生物医学工程2个校级重点学科。建有有色金属成矿预测教育部重点实验室、有色资源与地质灾害探查湖南省重点实验室、中国有色金属信息物理工程中心、湖南省地理空间信息工程技术研究中心等教学科研平台。

十六、合肥工业大学资源与环境工程学院

合肥工业大学资源与环境工程学院前身是始建于1950年的淮南煤炭工业专科学校，当时设置采矿科、地质科。1954年成立合肥矿业学院，先后设立地建系、地质系。1958年学校改制为教育部直属的合肥工业大学。当时的地质系先后设置了放射

性地质、地球物理勘探、地质普查与勘探、水文地质、金属非金属地质和煤田地质等 6 个专业。1972 年地质系的煤田专业支援淮南煤炭学院组建地质系，保留了地质普查与勘探、地球物理勘探、水文地质与工程地质三个本科专业。1987 年地质系改名资源与环境科学系。1998 年教育部进行专业目录调整，学院原地质普查与勘探专业和水文地质与工程地质专业分别调整为资源勘查工程专业和勘查技术与工程专业，地球物理勘探专业不复存在。2000 年资源与环境科学系又增设地理信息系统本科专业。2001 年 9 月正式建立资源与环境工程学院，下设 5 个本科专业：资源勘查工程、勘察技术与工程、地理信息系统、环境工程、地质学。

十七、中国海洋大学海洋地球科学学院

中国海洋大学的前身是私立青岛大学，始建于 1924 年。几经变迁，于 1959 年发展成为山东海洋学院。1988 年更名为青岛海洋大学，2002 年 10 月更名为中国海洋大学。

中国海洋大学海洋地球科学学院的前身是山东海洋学院海洋地质地貌系。学院下设海洋地球科学系、地球探测与信息技术系、河口海岸带研究所和地质地球物理研究所、海洋地球化学研究所、资源与环境工程勘察设计检测研究中心。拥有地质学（海洋地质方向）、勘查技术与工程、地球信息科学与技术 3 个本科专业。

十八、防灾科技学院

防灾科技学院隶属于中国地震局，位于北京东燕郊国家高新技术产业开发区，其前身是国家地震局天水地震学校，1983 年由甘肃省天水市迁至河北省三河县燕郊镇。1992 年更名为防灾技术高等专科学校，2006 年 2 月升格更名为防灾科技学院。学校以防灾减灾特色学科专业为主体、以相关学科专业为支撑，以本科教育为主，兼有研究生教育和其他层次教育。

防灾科技学院立足行业、面向社会，以防灾减灾类特色专业群建设为核心，涉及地球物理学、测绘类等 14 个专业类，20 余个本科专业。学院已有地球物理学、勘查技术与工程、电气工程及其自动化和金融学 4 个院级重点专业，其中地球物理学专业和勘查技术与工程专业还分别被评为省级和国家级特色专业建设点。

第三章
地球物理专业高端人才的培养

第一节　中国早期地球物理专业研究生培养工作

新中国成立之初，为了国家长远发展需要，在发展普通高等教育的同时，也将研究生教育工作提上了日程。

一、具有中国特色的研究生教育体制的确立

1951年6月，中国科学院、教育部联合发布《中国科学院所属研究机构、中央教育部所属高等学校研究部1951年暑期招收研究实习员、研究生办法》，目的是为科研培养人才，为高校培养师资。这一办法的发布，标志着具有中国特色的研究生教育体制的初步确立。在国外，通常只有高等院校才有学位授予权，而在中国，得到国务院授权的科学研究机构也有资格授予硕士和博士学位，中国研究生招收工作进入国家统一招生的轨道，即实行科学研究单位和高等院校同样拥有学位授予权。1955年8月，国务院通过《中国科学院研究生暂行条例》，规定培养目标是四年制的授予副博士学位的专业研究人才。1956年，中国科学院首届研究生招考。

1956年7月，中国科学院地球物理研究所计划招收副博士研究生7人，专业涵盖气候学、长期预告、大型天气过程、地震学、普通地球物理学。实际录取3人：刘振兴（气候学，导师赵九章、朱岗崑），周晓平（天气数值预报，导师顾震潮），陈隆勋（大气环流，导师叶笃正）。武汉测量与地球物理研究所招收副博士研究生许厚泽（重力学，导师方俊）。许厚泽、刘振兴分别于1991年、1995年当选为中国科学院院士。

1958年"大跃进"后，研究生教育已名存实亡。1960、1961年中国科学院研究生恢复招生，1962年才渐趋正常。1960年，北京大学地球物理系毕业生都亨成为赵九章空间物理专业第一个研究生。1962年，中国科学院地球物理研究所录取的研究生有陈运泰（导师曾融生）、姚振兴（导师傅承义）、陈培善（导师顾功叙）。1963年录取的

研究生有许忠准（导师顾功叙）、徐果明（导师傅承义）、丁一汇（导师陶诗言）、傅竹风（导师赵九章）、黄润恒（导师朱岗崑）、张可苏、周家斌（导师叶笃正）、吕达仁（导师顾震潮）。1964年录取的研究生有胡友秋、赵仲和、汪洪七、钱家栋（导师赵九章），钱永甫、刘金达、陈月娟（导师叶笃正），赵理曾、庄洪春（导师孙超），赵高祥、林爽斌（导师陶诗言），赵思雄（导师杨鉴初），吴钦岳（导师顾震潮）。1964年武汉测绘学院录取研究生陈俊勇（导师叶雪安），1978年被国家选送到奥地利格拉茨技术大学留学，1981年获科学技术博士学位。1965年录取的研究生有冯锐（导师傅承义）。"文革"前夕，研究生教育又受到政治运动的冲击和干扰而停办。陈运泰、陈俊勇于1991年、姚振兴于1999年、吕达仁于2005年当选中国科学院院士，丁一汇于2005年当选中国工程院院士。

二、派遣研究人员赴苏联、东欧国家留学

20世纪50年代初期，在当时特殊的历史情况下，为迅速培养工业化建设急需的各种专门人才，我国政府采取一边倒的政策，向苏联及东欧国家大量派遣留学人员。从1950年到1965年，派出的人数总计达10698人。

1956年，中国科学院地球物理研究所派往苏联的研究生有：梅世蓉（地震记录分析和解释）、方蔚青（地震地质学）、葛碧茹（地震地质学）、叶世元（地震仪器）、周正高（地磁）、谈国权（工程地质学）、周秀骥（大气物理）、朱永禔（大气物理）、孙超（海浪）。同年，梅世蓉被派往苏联科学院大地物理研究所，师从著名地球物理学家萨瓦连斯基，1960年取得副博士学位。回国后，一直从事地震预报研究，1994年获国家地震局"有贡献的地震预报专家"称号。1962年，周秀骥获苏联科学院应用地球物理研究所数理科学副博士学位，1997年当选中国科学院院士。

1956年，曾庆存毕业于北京大学物理系，1957年留学苏联，1961年获苏联科学院应用地球物理研究所数理科学副博士学位，1980年当选中国科学院院士。1958年，中国科学院地球物理研究所派徐楚孚赴瑞典留学，攻读电离层物理。1959年，北京大学地球物理系派宋仲和赴苏联莫斯科大学物理系攻读地球物理学研究生。中国科学院地球物理研究所派滕吉文到苏联科学院大地物理研究所、刘祖滨到苏联科学院地磁、电离层和电波传播研究所攻读研究生。滕吉文于1962年取得苏联科学院大地物理研究所物理—数学副博士学位。回国后在地球物理研究所从事深部构造和地球动力学研究工作，1999年当选中国科学院院士。

马在田于1952年由国家选派去苏联留学，1957年毕业于苏联列宁格勒矿业学院地球物理系，回国后在石油部门从事石油地球物理勘探工作，在反射地震的理论方法和技术研究中做出了重要贡献，1991年当选中国科学院院士。王涛于1952年考入长春地质学院，后留学莫斯科石油学院深造，学习石油地质勘探，获得莫斯科石油学院地质矿产学副博士学位，1963年回国，分配到石油部研究院当总地质师，1985年6月任石油工业部部长。

第二节　面向地球物理学科前沿培养高端人才

一、培养硕士、博士研究生和博士后

1977 年 9 月 10 日，经国务院批准，中国科学院筹建中国第一个研究生院——中国科学技术大学研究生院。10 月，中国科学院与教育部联合发出《关于一九七七年招收研究生具体办法的通知》，标志着中国研究生教育制度中止了 12 年之后恢复。中国科学院的 73 个研究所与 208 所高校以及中国社科院、部委所属 89 个单位，于 1978 年招收了恢复研究生教育后的第一批研究生。1980 年《中华人民共和国学位条例》、1981 年《中华人民共和国学位条例暂行实施办法》开始实施。2000 年，中国科学技术大学研究生院更名中国科学院研究生院。2001 年 2 月，中国科学院下发文件，明确了研究生院"三统一、四结合"的办学方针，即"统一招生、统一教育管理、统一学位授予"的职能和"院所结合的领导体制、院所结合的师资队伍、院所结合的管理制度、院所结合的培养体系"的组织形式。

重新组建的中国科学院研究生院，由北京的 4 个教学园区、京外的 5 个教育基地、分布全国的 100 余个研究生培养单位组成；实行"三统一、四结合"的办学方针；完善了在集中教学园区完成为期一年的课程教学、进入研究所跟随导师在科研实践中开展课题研究并完成学位论文的"两段式"培养模式；形成了以研究生院为平台和形象、以培养单位为基础和延伸的完整教育体系。2012 年 7 月，中国科学院研究生院更名为中国科学院大学，2014 年，有 6 个专业开始招收本科生。

除高等院校、中国科学院外，中国地震局和产业部门的科研机构，如中国地震局地球物理研究所、地球物理勘探中心、地质研究所、兰州地震研究所；国土资源部中国地质科学院岩石圈中心、地质研究所；中国石油勘探开发研究院、中国石化石油勘探开发研究院、中国煤炭地质总局地球物理勘探研究院、中国石油集团东方地球物理勘探有限责任公司、中国海洋石油总公司和中国冶金地质勘查工程总局地球物理勘查院等，也肩负起研究生培养任务。根据自身特点，紧密结合生产实践，培养实用型高端研究人才。

1983 年 2 月，中国科学院地球物理研究所徐文耀成为中国授予的第一位地学博士，导师朱岗崑。1985 年，国家地震局授予王椿镛固体地球物理博士学位，成为国家地震局培养的第一位博士，导师曾融生。朱日祥师从朱岗崑，于 1989 年在中国科学院地球物理研究所获博士学位。杨元熹师从周江文，1991 年获中国科学院测量与地球物理研究所博士学位。朱日祥、杨元熹分别于 2003 年、2007 年当选中国科学院院士。

二、派遣科研人员出国深造

1972 年，国家开始恢复公派留学生制度。改革开放后，派遣规模不断扩大。1981 年国家允许单位公派留学生，使公派留学生人数迅速增加。20 世纪 70 年代末 80 年代初，开启了自费留学大潮。1978—1996 年间，累计留学人数达到 27 万，其中国家公派 3.7 万，单位公派 8.6 万，自费留学 13.9 万。派遣国家以欧美、日本等国为主。公派留学人员回归率逐年提高，1997 年以后国家公派回归率达到 95% 以上。留学生回国后，对于我国科学技术发展起到了巨大推动作用（陈学飞，2004）。2001—2013 年间，中国科学院地学部新增 55 名院士中，留学回国人员 39 人，占 71%。

1981 年，地质矿产部杨文采被公派赴加拿大麦吉尔（McGill）大学进修，后考取该校博士研究生，并于 1984 年取得地球物理学博士学位。1987—1988 年他赴英国帝国理工学院作博士后研究，1992 年回国，2005 年当选中国科学院院士。石耀霖于 1982 年获得伯克利加州大学硕士学位，1986 年获博士学位，2001 年当选中国科学院院士。

成都理工大学贺振华长期从事地球物理与信息、信号处理方面的教学和科学研究工作，1983 年至 1985 年留学美国，在休斯敦大学从事波动方程偏移和地球物理正、反演方面的研究，取得了有价值的研究成果。回国后，在勘探地球物理学教学和野外工作中，发挥了重要作用。

1992 年，长春地质学院黄大年获得"中英友好奖学金项目"全额资助，赴英国攻读博士学位，师从英国皇家科学院院士古宾斯教授。1996 年获英国利兹大学地球物理学博士学位。1997 年 1 月，任职英国剑桥 ARKeX 航空地球物理公司从事技术研发工作。2009 年，他响应国家号召，放弃了国外的优厚待遇，作为第二批国家"千人计划"入选专家，全职回到吉林大学地球探测科学与技术学院任教授，为发展中国的地球物理探测事业忘我工作，做出了重要贡献。

三、开展国际合作研究

在国际合作中，参加人员赴国外进行工作，接触新的实验技术，掌握快捷的计算方法，提高了科研人员的科学水平。1980 年，中美签订《中华人民共和国国家地震局和美利坚合众国国家科学基金会、美利坚合众国内政部地质调查局地震研究科学技术合作议定书》。在执行议定书的过程中，中美地震科技人员进行了频繁的交往。1980—1984 年底，双方人员交流 253 人次，其中美方来华 155 人次，中方赴美 98 人次（卫一清等，1993）。

国际合作促进了双方地球物理研究的发展。1980—1982 年，中国地质矿产部和中国科学院与法国国家科学研究中心、国家天文地球物理研究院共同进行"西藏喜马拉雅山地质构造和地壳上地幔的形成和演化"的合作项目。在执行项目中，中方派出有关地球物理学科的科研人员赴法国研究单位参加实验室工作和计算工作。通过合作，提高了科研能力，发表了当时代表前沿水平的有价值的学术论文（滕吉文等，1980，

1985；中国科学院地球物理研究所，1981）。

中国一批年轻地球物理学家开始走向世界。王妙月于 1979—1981 年间在美国哥伦比亚大学做访问学者，回国后，主要从事石油勘探基础性研究工作。姚振兴于 1980—1982 年在美国南加州大学、加州理工学院做访问学者从事理论地震图及其应用研究。1980—1981 年，赵仲和在美国地质调查局做访问学者，从事地震台网分析与定位工作。1980—1983 年，冯锐在加拿大、美国当访问学者，从事合成地震图和地球物理反演研究。1981—1983 年，陈运泰成为美国洛杉矶加州大学地球与行星物理研究所访问学者。

第三节　中国科学院院士和中国工程院院士

一、中国科学院院士

1955 年，中国科学院实行学部制，学部是国家在科学技术方面的最高咨询机构。同年，产生中国科学院第一批学部委员。1992 年，中国科学院第六次学部委员大会通过《中国科学院院士章程》。1993 年 10 月，学部委员改称为院士，按照章程规定，遴选中国科学院院士。1993 年随着中国工程院的成立，部分院士既是中国科学院院士，又是中国工程院院士。自 1994 年开始，增选外籍院士。

中国科学院院士是国家设立的科学技术方面的最高学术称号，为终身荣誉。中国科学院现设数学物理学部、化学部、生命科学和医学学部、地学部、信息技术科学部和技术科学部六个学部。1955—2015 年中国科学院地学部院士名单见表 3-3-1。

表 3-3-1　1955—2015 年中国科学院地学部院士名单

年份	院士名单
1955 年	李四光、杨钟健、竺可桢、黄汲清、谢家荣、尹赞勋、田奇镌、乐森璕、孙云铸、许杰、何作霖、张文佑、武衡、孟宪民、赵九章、侯德封、俞建章、夏坚白、顾功叙、涂长望、黄秉维、程裕淇、斯行健、裴文中
1957 年	王竹泉、冯景兰、傅承义
1980 年	丁国瑜、马杏垣、王仁、王之卓、王曰伦、王恒升、王钰、王鸿祯、方俊、毛汉礼、业治铮、卢衍豪、叶连俊、叶笃正、孙殿卿、任美锷、刘东生、刘光鼎、关士聪、池际尚（女）、李春昱、李星学、朱夏、杨遵仪、吴汝康、谷德振、宋叔和、张伯声、张宗祜、张炳熹、陈永龄、陈述彭、陈国达、岳希新、周立三、周廷儒、周明镇、赵金科、郝诒纯（女）、侯仁之、施雅风、郭文魁、郭承基、涂光炽、陶诗言、秦馨菱、袁见齐、贾兰坡、贾福海、顾知微、徐仁、徐克勤、翁文波、高由禧、高振西、谢学锦、谢义炳、黄劲显、程纯枢、曾庆存、曾融生、董申保、谭其骧、穆恩之

续表

年份	院士名单
1991 年	马在田、马宗晋、叶大年、孙大中、孙枢、孙鸿烈、李吉均、李钧、李德仁、李德生、刘宝珺、安芷生、许厚泽、朱显谟、杨起、肖序常、吴传钧、汪品先、沈其韩、张弥曼（女）、陈庆宣、陈运泰、陈俊勇、陈梦熊、苏纪兰、欧阳自远、周秀骥、赵其国、赵柏林、袁道先、徐冠华、黄荣辉、盛金章、常印佛、傅家谟
1993 年	王水、文圣常、丑纪范、李廷栋、陈颙、赵鹏大、殷鸿福、郭令智、章申、程国栋
1995 年	刘昌明、刘振兴、许志琴（女）、汪集暘、周志炎、於崇文、席承藩、秦蕴珊、巢纪平、戴金星
1997 年	马瑾（女）、王德滋、田在艺、冯士筰、任纪舜、戎嘉余、吴国雄、张彭熹、林学钰（女）、童庆禧
1999 年	伍荣生、吴新智、张本仁、张国伟、郑度、姚振兴、高俊、滕吉文、翟裕生、薛禹群
2001 年	王颖、石耀霖、李小文、李崇银、金玉玕、胡敦欣、钟大赉、徐世浙、涂传诒
2003 年	邓起东、叶嘉安、刘嘉麒、朱日祥、李曙光、陆大道、陈旭、秦大河、贾承造、符淙斌
2005 年	丁仲礼、王铁冠、吕达仁、杨文采、邱占祥、金振民、魏奉思
2007 年	张经、杨元喜、姚檀栋、穆穆
2009 年	周卫健（女）、郑永飞、莫宣学、陶澍、翟明国
2011 年	万卫星、石广玉、刘丛强、周忠和、郭华东、高山、龚健雅、傅伯杰、焦念志、舒德干
2013 年	王成善、王会军、吴立新、张培震、陈骏、金之钧、周成虎、郭正堂、崔鹏、彭平安
2015 年	杨树锋、吴福元、沈树忠、张人禾、陈大可、陈发虎、陈晓非、郝芳、夏军、高锐

二、中国工程院院士

中国工程院是我国工程技术界最高咨询性学术机构，成立于1994年。中国工程院由院士组成。中国工程院院士是国家设立的工程科学技术方面的最高学术称号，为终身荣誉。院士由选举产生。第一批中国工程院院士诞生于1994年。2008年10月，全体中国工程院院士表决通过《中国工程院章程》。

中国工程院分10个学部。表3-3-2列出与地学有关的能源与矿业工程学部（部分）、农业、轻纺与环境工程学部（部分）院士名单。

表 3-3-2　1994—2015 年中国工程院与地学有关（部分）院士名单

年份	院士名单
1994 年	张宗祜、何继善、常印佛、李德仁、胡海涛
1995 年	王思敬、刘广志、汤中立、李庆忠、郑绵平、韩德馨、翟光明、李泽椿
1997 年	陈毓川、金庆焕、胡见义、卢耀如、金翔龙
1999 年	刘广润、许绍燮、邱中建、周世宁、倪维斗、裴荣富、鲜学福
2001 年	多吉、沈忠厚、范维澄、赵文津、韩大匡、谢和平

续表

年份	院士名单
2003 年	苏义脑、李焯芬、张铁岗
2005 年	安继刚、袁士义、康玉柱、童晓光、丁一汇
2007 年	彭苏萍
2009 年	马永生、袁亮、周守为
2011 年	李晓红、苏万华、孙龙德、徐铼、张玉卓、赵宪庚
2013 年	蔡美峰、陈勇、郭剑波、李阳、欧阳晓平、夏佳文、赵文智
2015 年	李家彪

参考文献

陈学飞. 2004. 改革开放以来大陆公派留学教育政策的演变及成效 [J]. 复旦教育论坛，2（3）：12-16.

滕吉文，王绍舟，姚振兴，等. 1980. 青藏高原及其邻近地区的地球物理场特征与大陆板块构造 [J]. 地球物理学报，23（3）：254-268.

滕吉文，尹周勋，熊绍柏. 1985. 西藏高原北部地区色林错—蓬错—那曲—索县地带地壳结构与速度分布 [J]. 地球物理学报，28（增刊 I）：28-41.

卫一清，丁国瑜. 1993. 当代中国的地震事业 [G] // 邓力群，马洪，武衡. 当代中国. 北京：当代中国出版社，1993：16-43.

中国科学院地球物理研究所. 1981. 西藏高原当雄—亚东地带地壳与上地幔结构和速度分布的爆炸地震研究 [J]. 地球物理学报，24（2）：155-170.

第四章
中国地球物理学社会团体

中国地球物理学社会团体主要有中国地球物理学会、中国气象学会、中国地震学会等全国一级学会。此外，有些全国性学会下设地球物理学专业组织，如中国空间学会空间物理专业委员会、中国石油学会物探专业委员会（中国石油物探学会）、中国地质学会勘探地球物理专业委员会以及中国金属学会地质学术委员会物化探专业委员会、中国煤炭学会煤田地质专业委员会煤田物探学组。2009年，一种新的交流方式：泛珠三角港澳台地球物理研讨平台成立，它将与环渤海地球物理论坛联手构建成一个地球物理科技活动的大平台。

第一节　中国地球物理学会

一、中国地球物理学会的重建与发展

1950年8月，中华全国自然科学专门学会联合会（简称全国科联，中国科学技术协会前身）在北京成立。1953年12月，在全国科联领导下，开始对中国学会进行整顿和改组。推举赵九章等15人组成中国地球物理学会筹备委员会，赵九章任主任，陈宗器任秘书长。筹备委员会推举傅承义等10人为《地球物理学报》编辑委员会委员。学报文章改用中文撰写，附外文摘要，每年出2期。

经过3年多的筹备，中国地球物理学会第一次全国会员代表大会和中国科学院地球物理研究所学术委员会成立大会于1957年2月5日至9日在北京联合举行。全国共有会员141人、会员代表26人与会，到会的学术委员21人。与会的知名人士和有关领导有中国科学院副院长竺可桢，全国科联代表、北京大学教授叶企孙，地质部副部长何长工，中国科学院生物地学部副主任尹赞勋。

中国地球物理学会筹备委员会主任赵九章致开幕词，他简单回顾了地球物理学科过

去的发展情况。旧时中国广大地球物理科学工作者热切希望将在中国既分散又极为薄弱的地球物理学科组织起来，于是在1947年成立了中国地球物理学会，但所能做的工作毕竟有限。新中国成立后，随着国防和经济建设的需要，地球物理学开始了新阶段。新中国成立7年来地球物理科学事业发展和研究成绩远远超过了解放前二三十年的成绩（赵九章，1957）。大会有5项报告反映了这些成就：赵九章所长介绍了该所工作情况和1957年方针和任务；中央气象局局长涂长望提出气象业务计划和存在的问题；地质部物探局总工程师顾功叙《地质部地球物理探矿工作》，石油部地质勘探局总工程师翁文波《石油矿藏的地球物理勘探》，国际地球物理年中国国家委员会秘书陈宗器《国际地球物理年活动情况》分别做报告。大会收到论文33篇：气象方面17篇，地球物理（固体地球物理、地球物理探矿、高空物理等）16篇，分两组宣读讨论。会议期间，还举行了"关于季风问题"和"中国地震区域划分图及其说明"两个专题讨论，邀请会外专家参与讨论，学术气氛热烈。

会员代表大会讨论通过了中国地球物理学会会章，选举产生了中国地球物理学会第一届理事会组成人员（理事）。理事会选举产生理事长赵九章、副理事长翁文波、秘书长傅承义，成立了常务理事会，并改组了《地球物理学报》编辑委员会。

2015年12月底，中国地球物理学会有注册会员15 760人，团体会员74个。

中国地球物理学会是一个跨学科、跨部门、跨行业的民间学术团体。由于历史上的原因，学会成立之初的主要领导后来都是中国科学院地球物理研究所的领导，而且学会的规模和活动范围有限，所以，在1987年以前，中国地球物理学会一直是挂靠在中国科学院地球物理研究所，实为代管。中国科学院地球物理研究所为中国地球物理学会的最初发展、壮大做出了历史性贡献。

随着地球物理事业的蓬勃发展，单一挂靠体制的弊端日渐显现。在中国科学技术协会的支持下，以中国地球物理学会的创始人、学会"三老"顾功叙、傅承义、翁文波（图3-4-1）为首的中国地球物理学会第四届常务理事会决定走改革之路，改变单一挂靠体制，实行"多单位支持"。1986年底，中国科学技术协会把中国地球物理学会列为体制改革试点单位，经过多方努力，完成了管理体制由单一挂靠到多方支持的过渡。按照新的管理体制成立的学会办公室，作为学会常务理事会的办事机构，对常务理事会负责。中国地球物理学会理事、常务理事通过民主选举产生。学会专职工作人员实行聘任制。20余年实践经验表明，这一改革是成功的。目前中国地球物理会的主要支持单位有中国科学院、国土资源部、中国地震局、中国石油天然气总公司、中国石油化工集团公司、中国海洋石油总公司、中国煤炭地质总局、中国石油集团东方地球物理勘探有限责任公司和中国石化集团国际石油勘探开发有限公司等9家单位。这些单位有行政资源优势，在人、财、物三方面对学会给予支持；学会具有学科综合和人才优势，努力为支持单位做好服务工作，共同促进了地球物理学发展。

2007年9月，在纪念中国地球物理学成立60周年之际，中国地球物理学会出版了纪念文集《辉煌的历程：中国地球物理学会60年》。

图3-4-1 中国地球物理学会"三老"——翁文波、顾功叙、傅承义（由左至右）

二、民主办会

中国地球物理学会有民主办会的优良传统。在老一辈地球物理学家的影响下，这一传统一直传承下来。

1957 年 2 月，中国地球物理学会第一次全国代表大会与中国地球物理研究所学术委员会成立大会在北京召开。会上，选举产生了中国地球物理学会第一届理事会，赵九章当选为理事长，陈宗器为秘书长，顾功叙当选为《地球物理学报》编辑委员会主任委员。

1963 年，中国地球物理学会在北京召开了第二次全国代表大会暨第三届学术年会，共有 400 人参加，提交论文 119 篇，这些论文比较全面地反映了当时中国地球物理学科的发展。地球物理勘探方面的论文大多是以实际资料为基础，经实验研究和理论分析而取得的成果；固体地球物理方面的论文反映出地震仪器研制和利用天然地震资料分析研究而逐渐步入微观地震学研究；空间物理学在当时较年轻，但发展很快。代表大会选举产生了第二届理事会，顾功叙任理事长。

"文革"期间，学会停止了活动。1980 年 7 月，中国地球物理学会在苏州召开了第三次全国代表大会，选举产生了第三届理事会，顾功叙连任理事长。这是学会恢复活动后的首次大会，到会代表 289 人，提交论文 359 篇。为加强会员之间的联系，促进地球物理学科的学术交流，理事会决定设立固体地球物理、勘探地球物理、地磁与空间物理、地球物理仪器 4 个专业委员会。

1988 年，中国地球物理学会经历了管理体制改革的洗礼，产生了第四届理事会后，自此，地球物理学会焕发了生机，学会组织机构和学术活动规范化，每 5 年进行一次换届选举被确定下来。第四届理事会的产生在中国地球物理学会发展史上具有里程碑式的意义。

中国地球物理学会历届理事会领导成员见表 3-4-1、图 3-4-2。

表 3-4-1　中国地球物理学会历届理事长、副理事长、秘书长

届数	任职时间	理事长	副理事长	秘书长
首届	1947 年 8 月—1948 年 10 月	陈宗器	—	
	1948 年 10 月—1957 年 2 月	赵九章	陈宗器为总干事，李善邦为会计	
一届	1957 年 2 月—1963 年 9 月	赵九章	翁文波	陈宗器
二届	1963 年 9 月—1980 年 7 月	顾功叙	翁文波	傅承义
三届	1980 年 7 月—1988 年 8 月	顾功叙	翁文波、傅承义、方俊、朱岗崑、赵文津、朱大绶	傅承义
四届	1988 年 8 月—1993 年 9 月	翁文波	夏国治（常务）、蒋宏耀、曾融生、熊光楚	曲克信
五届	1993 年 9 月—1998 年 10 月	刘光鼎	夏国治（常务）、钟辛生、陈颙、何继善	曲克信
六届	1998 年 10 月—2003 年 10 月	刘光鼎	钟辛生、陈颙、何继善、曾绍金、周佰修	朱日祥
七届	2003 年 10 月—2007 年	王水	徐文荣、李绪宣、刘启元、王平、张永刚	朱日祥
八届	2008 年 10 月—2012 年	陈颙	常旭、李绪宣、石耀霖、孙升林、王平、王小牧、张永刚	郭建
九届	2012 年 10 月—	陈颙	常旭、陈晓非、曲寿利、王小牧、吴秋云、熊盛青	郭建

陈宗器（首届首任理事长）　　赵九章（首届第二任、第一届理事长）

顾功叙（第二、三届理事长）　翁文波（第四届理事长）　刘光鼎（第五、六届理事长）

王水（第七届理事长）　　　陈颙（第八、九届理事长）

图3-4-2　中国地球物理学会历届理事长

中国地球物理学会最高权力机构是全国会员代表大会，由会员代表大会选举产生理事会，理事会领导学会工作。常务理事会由理事会选举产生，在理事会闭会期间，行使理事会权力。秘书处是在常务理事会领导下负责处理日常事务性工作的常设办事机构。学会下设7个工作委员会：组织工作委员会、国际交流委员会、学术交流委员会、宣传出版工作委员会、社会服务工作委员会、科学普及工作委员会、继续教育工作委员会；16个专业委员会（括号内为成立时间）：固体地球物理委员会（1980）、勘探地球物理委员会（1980）、仪器与观测系统委员会（1980，1988年改名地球物理技术委员会）、地磁与高空物理委员会（1980）、天灾预测专业委员会（1992）、环境地球物理专业委员会（1993）、信息技术专业委员会（1993）、中国大陆动力学专业委员会（1994）、海洋地球物理专业委员会（1998）、工程地球物理专业委员会（1997）、流体地球科学专业委员会（1998）、地球电磁专业委员会（2003）、国家安全地球物理专业委员会（2005）、空间天气专业委员会（2007）、矿山安全地球物理专业委员会（2009）、地热专业委员会（2009）、浅地表地球物理专业委员会（2014）、岩石物理专业委员会（2016）。

中国地球物理学会设有地方学会和分会：湖南地球物理学会（1984）、桂林地球物理学会（1984）、陕西地球物理学会（1986）、北京地球物理学会（1987）、上海地球物理学会（1987）、云南地球物理学会（1987）、湖北地球物理学会（1988）、江苏地球物理学会（1989）、河北地球物理学会（1990）、安徽地球物理学会（1992）、河南地球物理学会（1993）、吉林地球物理学会（1994）、浙江地球物理学会（1994）、广西地球物理学会（2000）、山东地球物理学会（2003）、山西地球物理学会（2005）、广东地球物理学会（2007）、辽宁地球物理学会（2008）、甘肃地球物理学会（筹备）、江西地球物理学会（筹备）、四川地球物理学会（筹备）、新疆地球物理学会（筹备）、贵州地球物理学会（筹备）、海南地球物理学会（筹备）和北美中国地球物理学会分会（1996）、铁道分会（2013）。

中国地球物理学会负责管理两项基金：顾功叙地球物理基金、傅承义地球物理基金。顾功叙地球物理基金设立顾功叙科技发展奖，用于奖励在地球物理科学技术与经济建设相结合方面做出突出贡献的地球物理工作者；傅承义地球物理基金设立傅承义青年科技奖，用于奖励具有良好科学精神和职业道德、在促进地球物理学基础和应用基础研究方面有创新性工作成果的青年地球物理工作者（45岁以下）。两个奖项均于1996年设立，每年评选一次。

三、学术年会

推进学术交流活动，促进学科发展，是学会的重要职责。中国地球物理学会有优良的学术传统。自学会成立之日起，就把学术交流作为学会的首要任务。1948年10月，中国地球物理学会成立第二年，就联合10个学术团体在南京召开了"联合学术年会"。1957年，中国地球物理学会成立大会也是一次地球物理学术盛会。1963年9月，在北京召开了"中国地球物理学会1963年学术讨论会"。1980年7月，在苏州召开了"中国地球物理学会第三次代表大会暨学术讨论会",这次大会标志着中国地球物理学会发展进入了一个新阶段。1982年10月,在北京召开了中国地球物理学会第三届理事会第二次会议。这次会议用2天议事,用3天作学术报告,这在中国地球物理学会发展史上尚属首次。到会理事50人,提交学术论文42篇。理事长顾功叙、副理事长翁文波、傅承义、朱岗崑、赵文津、朱大绶都做了报告。他们就地球物理各学科的发展进行了评述,并介绍了各自的工作。1988年12月召开的第四届理事会第三次常务理事会决定,从1989年起,对学术活动方式逐步进行改革,试行召开综合性年会。1989年10月,在合肥召开了"1989年地球物理综合学术讨论会",按照此前综合性年会排序,此次学术讨论会称第五届年会。从1990年在武汉召开的学术大会开始正式命名为"中国地球物理学会学术年会",每年一届,到2015年已连续召开31届。学术年会活动内容、规模和影响不断扩大,业已成为中国地球物理学会每年一次的盛会。

学术年会以学术活动为主,内容包括大会报告、专题讨论会、跨学科的专题讨论和论坛。大会报告分大会特邀专家报告和"傅承义青年科技奖"候选人报告。前者具有前瞻性、指导性意义,后者旨在为中青年地球物理工作者提供一个施展才能的平台。专题讨论会是学术年会最主要的活动内容。专题的划分以分支学科为主,兼顾应用。

学术年会每年在全国各地轮流举办。学术年会与当地经济和社会发展重大问题相结合,安排专门讨论会或论坛。2004年第20届年会在西安举行,结合我国西部开发发展战略,专门举办了"西部大开发的地球物理战略问题论坛"。2005年第21届年会在长春举行,专门安排了"地球物理与振兴东北老工业基地讨论会",参加讨论的与会代表有200多人。

四、建议咨询活动

改革开放后,党中央多次强调,要加快建立健全民主的科学决策制度,提高决策水平,将其视为实现社会主义现代化建设发展战略的十分重要的组成部分。科技工作者参与决策是时代赋予的责任。1990年,中国科协设立了优秀建议奖,并制定了《中国科学技术协会优秀建议奖奖励条例》。为贯彻这一条例,1991年8月,中国地球物理学会专门拟定了《中国地球物理学会优秀建议奖奖励办法》,要求广大会员尤其是学会理事和各专业委员会,要为国家经济建设和社会发展献计献策。

1991年9月,中国地球物理学会勘探地球物理委员会与中国地质学会矿床地质专业委员会、勘探地球物理专业委员会联合,就我国急需解决的铜矿找矿工作提出了8点具体建议。在我国地下水资源污染日趋严重的情况下,中国地球物理学会环境地球物理专业委员会与中国环境学会水环境专业委员会联合,于1997年召开了"水环境污染防治学术讨论会";2001年又与多个单位联合召开了"新世纪城乡环境污染控制技术研讨会",并做了大量实地考察工作,获取了大量精准数据,向有关部门反映地下水污染应引起重视,刊登在2003年5月《光明日报》编印的《情况反映》的"专家呼吁"上，曾培炎副总理为此专门作了批示：我国城市地下水普遍受污染，水质污染严重超标，应高度重视，要从紧急发展与可持续发展的要求认真对待。

2001 年 6 月，中国地球物理学会时任理事长刘光鼎，面对国家油气资源需要从国外大量进口的严峻形势，从国家安全战略高度出发，提出"中国油气资源的二次创业"建议。他把从新生代陆相沉积盆地中获得油气资源称作是中国石油天然气工业的第一次创业，认为第二次创业，就应该突破新生代，向中生代和古生代海相碳酸盐岩地层找油，同时提出了实现这一突破的关键所在。8 月，中国科协以科技工作者建议报送国务院，温家宝总理见后很快批示给国土资源部和中国三大石油公司："要重视油气资源战略勘查工作，争取在前新生代海相碳酸盐岩层中有新的突破。"这一建议获得第五届中国科协优秀建议一等奖。2003 年 8 月，刘光鼎与涂光炽、刘东生等 11 位院士通过"中国科学院院士建议"，提出"创建大兴安岭有色金属基地"建议。8 月，国务院办公厅 521 期"专报信息"上转载这一院士建议，温家宝总理在"专报信息"签批："发改委、国土资源部参研"。

2011 年 8 月，国务院批准实施《全国地下水污染防治规划（2011—2020）》，《规划》强调"加强环境监测和执法监督"。中国地球物理学会积极配合，于 2012 年 4 月，向环保部建议，筹建一支地下污染地球物理探测专业队伍，召开环境地球物理工作会议，逐步建立由经过认定的专业勘探地球物理队伍参与污染监督管理机制，并向环保部提供了《地下水污染源检（监）测的地球物理勘查方法》等相关资料。

五、科普工作与继续教育

科学普及是以提高公民科学文化素质、实现人与社会、人与自然和谐发展为目的的全民终身科学教育。加强科普工作是实现科教兴国战略的重要措施。1994 年党中央、国务院发布《关于加强科学技术普及工作的若干意见》。2002 年，全国人大颁布了《中华人民共和国科学技术普及法》。2006 年，制定并实施《全民科学素质行动计划纲要（2006—2010—2020）》，旨在全面推动我国公民科学素质建设，通过发展科学技术教育、传播与普及，尽快使全民科学素质在整体上有大幅度的提高，实现到 21 世纪中叶我国成年公民具备基本科学素质的长远目标。

中国地球物理学会以高度政治责任感和使命感做好科普工作。领导重视，老科学家带头，组织有力。1996 年成立了科学普及工作委员会和继续教育工作委员会，具体负责组织领导工作。在广大科技工作者参与下，开展了多层次、多种形式的科普活动。

（一）面向广大青少年的科普工作

1985 年，由中国地球物理学会主办的地球物理青少年夏令营在青岛开营，老一辈地球物理学家谢毓寿任青岛夏令营名誉营长。1989 年在北京举办地球物理青少年夏令营，中国老一辈地球物理学家、中国地球物理学会理事长顾功叙、副理事长傅承义、翁文波、朱岗崐、赵文津以及在京的常务理事、理事均出席了开营仪式。顾功叙、翁文波在开幕式上联合发表了热情洋溢的讲话，对青少年寄予厚望；顾功叙、傅承义等老一辈科学家亲自作科普报告。1999 年，北京地球物理夏令营是以环境保护为重点开营的，刘光鼎理事长、环境地球物理专业委员会主任程业勋与学生们一起参加夏令营活动，作科普报告，指导实地考察。为此，《北京晚报》等几家报纸作了专题报道。

为使科普工作与学校课外活动和学生素质教育相结合，自 2000 年起，中国地球物理学会先后在北京牛栏山中学、北京电业中学等 4 所学校建立了青少年科普教育基地。北京电业中学的"地震活动小组"积极开展地震观测、预报活动，得到联合国教科文组织的关注，拍摄了电视专题节目，向全世界介绍。与中国地质大学（北京）共建"全国科普教育基地——中国地质大学（北京）博物馆"。学会以这些基地为依托，举办科普讲座，进行科学调研和科技小论文评选，开展灾害防御演习等活动，使青少年增加了课外知识，提高了对科学的兴趣。

（二）面向社会大众的科普宣传工作

中国地球物理学会积极参加北京市科技周（1995 年启动）、全国科技活动周（2001 年启动）组织的活动，以及联合国"世界地球日（4 月 22 日）"、"世界环境日（6月 5 日）"活动。从学会领导到各个专业委员会、工作委员会到广大会员，层层落实。科普进社区、进学校、进军营，举办科普报告会、图片展览，提供咨询服务。"地球物理与经济建设"、"节约水资源"、"生命与生态环境"、"宇宙起源"、"地震与防震"等方面科普报告受到社会各界广泛好评。

2000 年，中国地球物理学会在中国科学院"科普博览网站"上，建立了虚拟博物馆"中国地震馆"和"中国矿物馆"。2001 年 10 月，中国地球物理学会完成了中国科协"西部科普工程"中的两个专项：编制《西部农村房屋抗震知识科普挂图》（8 张）和《找水新技术》科普文选。《西部农村房屋抗震知识科普挂图》在新疆抗震中发挥了重要作用，在 2003 年 10 月召开的科普工作会议上，获优秀科普项目奖。

中国地球物理学会根据中国科协《关于举办 2013 年科技活动周》和《关于开展全国院士专家集中援黔行动的通知》精神，围绕全国科技周"科技创新，美好生活"主题和贵州"加速发展、加快转型、推动跨越"的主基调，2012 年 5 月，学会理事长陈颙、秘书长郭建亲自率团参加在贵阳召开的中国科协年会和"科技援黔"系列活动。学会科学普及工作委员会为年会专门设计制作一套"保护环境，善待地球"科普展板；刘光鼎、陈颙、何继善院士寄语贵州青少年；陈颙、何继善院士和 4 位地球物理专家为当地群众作了 6 场科普报告；陈颙、陈运泰、何继善院士和郭建、中国国土资源航空物探遥感中心主任王平等专家与当地企事业单位开展交流，探讨援黔方案。此次科技周活动达到了预期效果。

（三）面向领导干部的科普工作

1991 年是中国大灾之年，根据受灾的实际情况，在 4 月召开的全国天灾预报研讨会后，中国地球物理学会同有关学会一起，以"防灾和减灾"为题，针对科技管理人员和地方领导干部，先后在兰州、西安、太原、石家庄和北京等地作了多场报告。

1996年，刘光鼎在"百名院士百场报告会"上作《地球物理与国民经济建设》报告，出席报告会的高层管理、研究人员占到80%以上。2001年，刘光鼎提出的"油气资源二次创业"理念，对我国经济社会可持续发展具有重要意义。中国地球物理学会先后在北京、青岛、杭州、上海、云南、兰州、郑州等地举行了"油气资源二次创业"专题讲座。2002年，又先后在胜利、大港、辽河、大庆、中原等油田举办了多场报告会，刘光鼎应邀为中石油、中石化和国土资源部做了专题报告。

（四）科普工作与学术活动相结合——继续教育的一条新路

中国地球物理学会根据广大地球物理工作者尤其是在基层工作的科技人员要求和市场需要，充分发挥学会人才济济、知识密集的优势，把科普工作、学术活动和继续教育紧密结合，有针对性地举办各种培训班，为继续教育闯出一条新路。

1989年，根据全国建筑行业需求，中国地球物理学会与中国建筑学会联合举办了第一个以继续教育为目的的培训班——全国桩基无损动态检测培训班，受到业界内外的广泛好评。2001年10月，在北京举办了"高等级公路质量无损检测学习班"，推广使用地球物理方法连续、快速、无损检测新技术。2002年4月，中国地球物理学会、中国土木工程学会、中国岩土力学与工程学会联合举办了"隧道衬砌质量与隧道施工地质预报培训班"，培训班以学术报告为主，分专题由多名专家主讲。通过培训，不但解决了实际问题，而且提高了对物探方法重要性的认识。这是把科普工作、学术活动和继续教育结合起来的一次成功尝试。

2007年，中国地球物理学会继续教育工作委员会成立。2008年、2010年、2012年先后召开了3次工作会议，使中国地球物理学会继续教育工作走上全面、有序发展的新阶段。

自2007年至2013年，和各省地球物理学会联合举办了《城市工程地球物理探测规范》、新仪器新技术培训等培训班12届，累计培训人员718人。同时，根据会员单位要求组织上岗人员培训，探讨开展"全国工程教育专业认证教育"工作，联合有条件和有需求的会员单位组织"学历培训"。继续教育工作委员会注意把学会专业委员会人才济济的优势与地方学会、会员单位技术需求相结合，起到了重要的桥梁作用。

六、出版物

中国地球物理学会主办（联合主办）5种刊物:《地球物理学报》、《地球物理学进展》、《中国地球物理》（年刊）、《会讯》（中国地球物理学会会讯）和 Applied Geophysics。

《地球物理学报》是中国第一个地球物理学术期刊，也是中国较早地与国际接轨的学术期刊之一。曾获中国科学院优秀期刊奖一等奖、中国科协首届优秀学术期刊奖一等奖、首届全国优秀期刊奖一等奖、中国科学院优秀期刊奖特别奖、国家期刊奖、第三届中国出版政府奖期刊奖、中国百种杰出学术期刊奖；曾入围中国期刊方阵，被评为双高期刊；曾连续获基金委重点学术期刊专项基金、中国科协精品期刊项目资助。曾获"新中国60年有影响力的期刊"、"国家百强科技期刊"、"中国数字化百强期刊"等称号。为中国科协精品科技期刊工程第四期（2015—2017）TOP50入选期刊。《地球物理学报》是中国被世界四大检索系统同时选用的9种刊物之一。中国地球物理学会"三老"——顾功叙、翁文波、傅承义为《地球物理学报》发展做出了奠基性、历史性贡献。

《地球物理学进展》创刊于1986年，现由中国科学院地质与地球物理研究所和中国地球物理学会共同主办，为地球物理学综合性、情报性学术期刊。主要报道国内外地球物理学研究动态和最新进展，刊登创新性研究成果以及综述性文章。

《中国地球物理》是中国地球物理学会编辑出版的年刊。从1990年中国地球物理学会第六届学术年会起，每年年会出版一期，将年会上的大会报告和遴选的论文详细摘要结集出版。起初定名《中国地球物理年刊》，2003年改为现名。2002年，与中国期刊社签约出版电子版，并进入该社检索系统。

Applied Geophysics 是中国地球物理学会主办的以应用地球物理为主的综合性地球物理英文季刊，主要向国外介绍中国在应用地球物理学研究中的最新进展，特别是新思想、新理论、新方法、新产品，地球物理勘探实例剖析与生产管理经验，交叉学科综合应用，以及重大科技活动等。其前身是1989年创刊的英文版《中国地球物理学会会志》，2004年7月改为现名。

《会讯》是中国地球物理学会秘书处主办的信息性、报道性刊物，创办于1982年，1993年正式出版，现为季刊。2004年第4期起，会讯电子版面世、上网。办刊宗旨是传达中国科协精神和学会领导机构的决策，报道学会活动，团结广大会员，群策群力，共同办好学会。栏目设置：科协精神、学会活动、学术交流、科技信息、科学园地、地方学会活动、建议、报道、重要通知等。《会讯》向会员免费赠送。

第二节　中国气象学会

新中国成立后，中国气象学会在北京重建。自1958年9月中国科学技术协会（简称"中国科协"）成立，中国气象学会成为中国科协的组成部分，挂靠在中央气象局。1966年受"文革"影响，学会暂停活动。1978年，中国气象学会重新恢复活动。此后，在中国科协和中国气象局的领导下，学会全方位地开展活动，充分发挥了其在促进气象科技进步、推动气象现代化建设和气象事业发展中的不可替代的特殊作用。至2010年10月第二十七届理事会成立，新中国成立后中国气象学会历届理事会名誉理事长、理事长、副理事长、秘书长见表3-4-2。

表3-4-2 新中国成立后中国气象学会历届名誉理事长、理事长、副理事长和秘书长

历届理事会	名誉理事长	理事长	副理事长	秘书长
第一届（1951.4—1954.8）	—	竺可桢	涂长望	张宝堃
第二届（1954.8—1958.8）	—	竺可桢	涂长望	蒋金涛
第三届（1958.8—1962.8）	—	赵九章	张乃召	蒋金涛
第十八届（1962.8—1978.12）	竺可桢	赵九章	张乃召	蒋金涛
第十九届（1978.12—1982.10）	张乃召	叶笃正	吴学艺、程纯枢、谢义炳、谢光道、黄士松	程纯枢（兼）
第二十届（1982.10—1986.10）	—	叶笃正	谢义炳、陶诗言、章基嘉、黄士松、谢光道	章基嘉（兼）
第二十一届（1986.10—1990.10）	叶笃正、谢义炳	陶诗言	章基嘉、黄士松、曾庆存、周秀骥、王锡友	章基嘉（兼）
第二十二届（1990.10—1994.10）	陶诗言、黄士松	章基嘉	曾庆存、周秀骥、王锡友、刘式达、陆渝蓉	彭光宜
第二十三届（1994.10—1998.10）	—	邹竞蒙	刘式达、陆渝蓉、周秀骥、唐万年、曾庆存	彭光宜
第二十四届（1998.10—2002.10）	邹竞蒙	曾庆存	唐万年、马鹤年、伍荣生、黄嘉佑、陈联寿	王春乙
第二十五届（2002.10—2006.10）	叶笃正、陶诗言、曾庆存	伍荣生	黄荣辉、陈联寿、郑国光、唐万年、刘建发、李万彪	王春乙
第二十六届（2006.10—2010.10）	叶笃正、陶诗言、曾庆存、伍荣生	秦大河	李崇银、郑国光、黄荣辉、谈哲敏、李福林、谭本馗	王春乙
第二十七届（2010.10—2014.10）	叶笃正、陶诗言、曾庆存、伍荣生	秦大河	李福林、谈哲敏、张人禾、王会军、费建芳、胡永云、李廉水	翟盘茂
第二十八届（2014.10—）	曾庆存、伍荣生、秦大河	王会军	宇如聪、费建芳、钱泽宏、端义宏、杨修群、胡永云、李廉水	翟盘茂

一、年会

1924年中国气象学会成立之初，就建立了年会制度，初期是每年一次，后因战乱等原因，时断时续。2002年，第二十五届理事会决定恢复和建立年会制度。2003年12月，以"新世纪气象科技创新与大气科学发展"为主题的2003年年会在北京召开。来自全国气象、海洋、环境、遥感等10个学科的600多位专家学者与会。大会设立7个分会场，还在广东设立分会场。大会安排10个特邀报告，年会获得圆满成功。而后，各省级气象学会也建立了年会制度。年会制度的恢复，开拓了学会开展学术交流的思路，实现了"参与、共享、合作、创新"的年会宗旨，发挥了学会的品牌效应，提高了学会的国际影响力。

二、学术期刊

《气象学报》创刊于1925年。1950年12月,《气象学报》(季刊)第21卷恢复出版。"文革"期间,1966年7月《气象学报》停刊,1979年恢复,当年共出4期。著名气象学家涂长望、赵九章、叶笃正、谢义炳都担任过期刊主编。随着改革开放的深入,《气象学报》重新确立了"坚持把社会效益第一、及时反映我国在大气科学方面优秀的研究成果、促进国际学术交流、扩大我国大气科学工作的影响并提高学术地位放在首位"的办刊宗旨,使《气象学报》的国际知名度和影响力迅速提升。2003年、2005年先后荣获"第二届国家期刊奖百种重点科技期刊"、"第三届国家期刊奖百种重点科技期刊"。2002—2007年,连续5年被评为"百种中国杰出学术期刊"。2007年、2008年连续两年获得"中国科协精品科技期刊工程"项目资助。

1987年起,《气象学报》开始出版英文版,季刊。办刊宗旨是展示我国气象科研成果,促进国际气象交流。为了保证英文版《气象学报》的质量,除加强编辑的水平和力量外,在编委会中,还聘请了10余名国际知名气象学家任国外编委。《气象学报》(英文版)自2007年第1期起被SCIE正式收录。

《气象知识》是中国气象学会主办的科普性刊物,1981年正式创刊,季刊,次年改为双月刊、常规版、科普活动增刊、校园增刊。《气象知识》杂志按照"精准定位,精准推广"的期刊运营理念,初步形成了"一刊三版"的分众化发展模式,将其打造成为"气象信息员的知识读本,气象科普活动的实用材料,中小学科技实践的辅助资料"。1997年3月,《气象知识》荣获中共中央宣传部、国家科委、新闻出版总署联合颁发的"全国优秀科技期刊"二等奖,同年4月获中国科协"中国科协优秀科技期刊"二等奖。

三、科普工作

1978年,中国气象学会科普工作委员会成立,1986年,改名气象科学普及工作委员会。为了贯彻中共中央、国务院《关于加强科学技术普及工作的若干意见》和全国科普工作会议精神,中国气象局与中国气象学会先后于1997年、2003年两次召开全国气象科普工作会议,部署气象科普工作,打造气象科普"品牌",开拓气象科普活动领域,推进气象科普社会化。

每年3月23日世界气象日前后,中国气象学会与中国气象局根据世界气象组织确定世界气象日主题,开展有针对性的宣传纪念活动。

为丰富暑期生活,促进青少年的全面发展,1982年中国气象学会委托江西、福建、上海等6省市气象学会,在厦门鼓浪屿举办了第一届全国青年气象夏令营。从此,夏令营的足迹遍布祖国大江南北,至2012年,已连续举办了31届,6万多名青少年在气象夏令营中磨炼了意志,增加了知识。为纪念气象夏令营成立30周年,中国气象学会联合中国气象局开展了"气象夏令营——我的难忘之旅"征文比赛;中国气象学会组织编印了《营旗飘飘——纪念全国青少年气象夏令营30周年》、联合华风集团拍摄了《我爱气象夏令营》专题片、举办了"全国青少年气象夏令营30年图片展"。其中《我爱气象夏令营》获第七届"中国纪录片国际选片会"入围作品奖（中国气象学会，2008）。

第三节　中国地震学会

中国地震学会是由中国从事地震科技研究与防震减灾工作的科技人员自愿结成的、公益性的、全国性的学术团体，是中国科学技术协会下属的一级学会。

中国地震学会的办会宗旨是遵守国家宪法、法律、法规和国家政策，遵守社会道德风尚，贯彻"科学技术必须面向经济建设"和"百花齐放，百家争鸣"的方针，贯彻"经济建设同减灾一起抓"的指导思想，团结广大地震科技工作者，大力开展地震科学技术的学术交流和讨论，积极推动地震科学技术的繁荣和发展，发掘和培养优秀青年科技人才，普及地震科学技术知识，坚持实事求是的科学态度和优良学风，弘扬尊重知识、尊重人才的风尚，倡导献身、创新、求实、协作精神，充分发挥在技术政策、法规制定和重大决策中的科技咨询作用，为防震减灾事业做出贡献。业务范围是：围绕地震科技和防震减灾开展学术交流活动，组织学术讨论会、报告会和各种讲座以及科学考察等活动；编辑出版《地震学报》等学术刊物、科技教材、科技音像制品、科普宣传等资料；开展防震减灾科学普及活动，宣传地震科学技术经验，推广地震科学技术成果，举办有关科技展览；对国家相关政策制定和国民经济建设发挥科技咨询作用，鼓励会员对防震减灾工作提出建议，做出贡献，经常向有关部门反映科技工作者的意见和呼声；积极开展国际学术交流活动，加强同国外地震科学技术团体和科技工作者的友好往来与合作；促进海峡两岸大陆与台湾的学术交往；推动民间的学术交流；促进祖国的和平统一；根据学科发展需要，举办各种培训班和科技考察；努力提高会员的素质和学术水平；接受政府和有关部门委托，承担有关科技服务项目；根据建立社会主义市场经济的需要，发挥学科优势，开展合法经营活动。

中国地震学会成立于改革开放后的1979年。是年11月在辽宁大连召开了中国地震学会首届全国会员代表大会暨第一次学术大会，顾功叙当选理事长。大会决定了组织机构、《地震学报》、专业委员会等事宜。1985年1月24日在北京召开了中国地震学会第二届全国会员代表大会暨第二次学术大会，陈运泰当选第二届理事长。1991年1月20日在北京召开了中国地震学会第三届理事会成立大会，丁国瑜任理事长。自始，中国地震学会每4年召开一次全国会员代表大会，改选学会领导机构。到2015年9月，已召开了9届全国会员代表大会。中国地震学会历届理事长：第一届（1979—1985）顾功叙、第二届（1985—1991）陈运泰、第三届（1991—1994）丁国瑜、第四届（1994—1998）陈运泰、第五届（1998—2002）陈运泰、第六届（2002—2006）陈颙、第七届（2006—2010）张国民、第八届（2010—2015）陈运泰、第九届（2015—）张培震（图3-4-3）。

顾功叙（第一届）　　　陈运泰（第二、四、　　　丁国瑜（第三届）
　　　　　　　　　　　　　五、八届）

陈颙（第六届）　　　　张国民（第七届）　　　张培震（第九届）

图3-4-3　中国地震学会历届理事长

　　中国地震学会是发展我国地震科技事业的一支重要社会力量，至2012年有会员1687人。下设21个分支机构：地震学专业委员会、地震地质专业委员会、地震预报专业委员会、地震工程专业委员会、地震观测技术专业委员会、地壳深部探测专业委员会、地壳形变测量专业委员会、构造物理专业委员会、历史地震专业委员会、地震科技情报专业委员会、地震科技管理专业委员会、地震社会学专业委员会、地震流体专业委员会、工程勘察专业委员会、地震电磁学专业委员会、空间对地观测专业委员会、强震动观测技术与应用专业委员会、青年科技工作委员会、普及工作委员会、国际交流委员会和编辑委员会。

一、民主办会

　　坚持民主办会，按照章程办事，加强组织建设，是学会顺利开展各项工作的保证。中国地震学会的换届选举工作，通过多年的摸索已逐渐制度化。每个会员都有选举权和被选举权，按会员单位配名额，通过会员提名和民主投票产生代表大会代表和理事。理事会成员、常务理事会成员都由代表大会民主投票选举产生。由会员代表直接选举学会领导机构，增强了广大会员的参与意识，使得年富力强的业务骨干很容易被选进学会的领导班子。中国地震学会历来坚持民主办会的原则，学会做出的重大决策和决定都经过理事会和常务理事会的集体讨论。

二、学术活动

学术交流是学会最具生命力、吸引力和凝聚力的工作，是学会的立会之本。充分发挥学会跨行业、跨部门、跨地区以及知识密集、人才荟萃的优势，围绕科技创新和学科前沿的重点问题，举办多种形式的学术交流活动。自 1992 年开始，每两年（偶数年份）举办一次学术大会，逢奇数年份举办各专业委员会小型学术研讨会。

中国地震学会学术交流活动有以下几个特点：注重地震科技的基础理论研究，深入开展学术交流活动；发挥地震科技组织的作用，积极为社会稳定做贡献；促进政府部门与民间科技组织的科技合作；广泛开展国际科技交流；加强海峡两岸科技界的交往；实施精品战略，期刊网站工作健康发展。

三、咨询服务

在发挥科技咨询作用，为国民经济建设服务方面，中国地震学会组织有关专家学者积极参加中国科协组织的减轻自然灾害学术研讨会，每年就我国地震活动的发展趋势及减轻地震灾害的办法编写《减轻自然灾害白皮书》，向国家和政府有关部门提出减轻地震灾害的建议。组织召开"沿海经济发达地区地震预报学术研讨会"，提高沿海经济发达地区政府部门抵御地震灾害的能力。组织召开"大城市活动构造探测和沿海海域地震地质与地球物理学术讨论会"，协助政府有关部门分析研究大城市地震危险性和活动构造精确定位问题。

四、科普与继续教育

为了弘扬科学精神，普及科学知识，传播科学思想和科学方法，中国地震学会充分发挥学会开展科普工作的优越性，大力开展科学普及工作。

在中国地震学会和中国地震局共同举办的"全国优秀地震科普作品奖"评比活动中，全国地震系统有 29 个单位将近年来的 200 余件地震科普作品参加了评比活动。与中国科协科学普及部共同制作的《地震奥秘》多媒体展示系统，提供给全国各地的科技馆，为进一步推动全国科技馆的发展、增加科技馆的展出内容做出了应有的贡献。

由中国地震学会编辑出版的《院士专家谈地震》《地震学今昔谈》《防震减灾宣传挂图》《地震科学知识宣传手册》等地震科普作品，对提高地震科普人员的科技素质和增强群众的防震减灾意识起到了很大的作用。

中国地震学会和中国地震局常年共同举办"全国青少年地震科技夏令营"活动，对提高青少年的地震科学兴趣和增强防震减灾意识有着极其深远的意义。中国地震学会与台湾"中央大学"地球科学系连续 7 年举办了海峡两岸地球科学夏令营活动，海峡两岸的青少年通过一起学习地球科学知识，一起游览祖国大陆和台湾的美丽风光，达到了促进相互交流和团结友谊的目的。

中国地震学会由于在开展科普工作中的优异表现，被中宣部、中国地震局于 2002 年授予"防震减灾宣传工作先进集体"的光荣称号。

五、出版刊物

中国地震学会主办（或合办）的学术期刊有《地震学报》（中、英文版）、《地震》、《国际地震动态》和《地震地磁观测与研究》。

中国地震学会主办的《地震学报》创刊于 1979 年，现已成为中国地震学领域最具影响力的学术刊物。1988 年《地震学报》英文版 *Acta Seismologica Sinica* 创刊，2009 年改名 *Earthquake Science*（《地震科学》）。

《地震》的前身是《地震战线》，创刊于 1967 年。1981 年，国家地震局地震分析预报中心成立，接管了《地震战线》，更名《地震》。现由中国地震学会和中国地震局地震预测研究所合办。办刊宗旨是交流地震观测、地震前兆、强震机理与预测等研究成果，推动地震预报探索研究及其成果在防震减灾中的应用。

《国际地震动态》是地震科技信息研究类月刊，创刊于 1971 年，现由中国地震学会和中国地震局地球物理研究所联合主办。该刊以出版周期短、时效性强为特点。其宗旨是及时报道国内外在地震科研领域的最新成果，介绍学术交往活动、科研规划、会议、专业机构等。

《地震地磁观测与研究》是中国地震观测技术类唯一的一份科技期刊，1979 年创刊，1980 年正式出版，中国地震工作的开拓者李善邦题写刊名。现由中国地震学会地震观测技术专业委员会、中国地震台网中心、中国地震局地球物理研究所联合主办。

第四节　中国石油学会物探专业委员会

中国石油学会（CPS）物探专业委员会，通称中国石油物探学会（SPG），是根据石油地球物理勘探行业发展的需要，由 CPS 设立的二级专业分支机构，成立于 1979 年 11 月。起初的名字是中国石油地球物理学家学会，名誉理事长为顾功叙、傅承义、翁文波，理事长为林运根。它是中国石油物探行业一个全国性跨部门、跨地区的由广大物探工作者组成的学术团体。拥有 71 个团体会员，2 万余名个人会员。其会员囊括中国石油天然气集团公司（CNPC）、中国石油化工集团公司（SINOPEC）、中国海洋石油总公司（CNOOC）和 12 所大学所属的地球物理部门。下设学术交流部、技术服务部、办公室、编辑部和专家顾问委员会。现挂靠在中国石油天然气集团东方地球物理勘探有限责任公司。

物探专业委员会的宗旨是：为中国石油工业发展服务，为广大技术人员服务，为推动物探行业技术进步服务；组织石油地球物理勘探领域技术人员开展国际、国内学术与技术交流，举办专业技术培训等相关活动；促进研究成果的应用和向产品的转化。坚持学术民主和组织上的开放，根据学科发展和技术应用的需求开展活动。

主要活动包括：全国性行业的学术交流会议和新技术培训、技术服务咨询活动等。

与国际勘探地球物理学家学会（SEG）[①]及其他一些国家的同行有着密切的交往。1994 年，SEG 在北京设有联络部，现有中国会员 800 人，学生会员 150 人。SPG 与 SEG 北京联络部办事机构联合办公，每两年联合召开一次国际技术报告会、四年举办一次大型国际会议和展览。SPG 在推动中美、中苏（俄）勘探地球物理交流与合作方面发挥了重要作用。

中国石油学会物探专业委员会主办的刊物有《石油地球物理勘探》《物探装备》。

第五节　国际交流与合作

一、中国地球物理学走向世界

国际大地测量与地球物理联合会（IUGG）是国际科学联合会（ICSU）所属的 20 个民间科学组织中较大的一个。IUGG 下设八个国际学会：国际冰冻圈科学协会（IACS）、国际大地测量学协会（IAG）、国际地磁学和高空物理学协会（IAGA）、国际水文科学协会（IAHS）、国际气象学与大气科学协会（IAMAS）、国际海洋物理科学协会（IAPSO）、国际地震学和地球内部物理学协会（IASPEI）、国际火山学和地球内部化学协会（IAVCEI）。1977 年 8 月，在英国达勒姆召开的特别大会决定恢复中国成员国资格。1979 年，IUGG 中国委员会成立，顾功叙任主席，同年率团出席了第十七届国际大地测量与地球物理联合会大会（图 3-4-4）。自此，中国地球物理学家开始在 IUGG 大会上崭露头角，影响力不断增强，逐渐成为 IUGG 大会的一支重要力量。先后任 IUGG 中国委员会主席一职的有叶笃正（1983—1991 年）、刘光鼎（1991—1995 年）、陈俊

图3-4-4　1979年，顾功叙率中国代表团参加IUGG第17届大会，其间在我国驻澳大利亚大使馆合影（左起：滕吉文、曾融生、傅承义、顾功叙、罗焕炎、张郢珍）

[①]　SEG：2012年以前翻译为美国勘探地球物理学家学会，2012年之后改为国际勘探地球物理学家学会。

勇（1995—2003年）、陈运泰（2003—2011年）、吴国雄（2011年—）。叶笃正、陈俊勇、陈运泰先后当选IUGG执行局委员，吴忠良当选IUGG下属组织地震学与地球内部物理学协会（IASPEI）副主席（第二十三届）、主席（第二十四届）。2009年10月在澳大利亚墨尔本举行的第二十五届IUGG大会上，与会的中国科学家有14人担任15个分会的召集人或联合召集人，13人在IUGG下属组织中任职，吴国雄当选国际气象学和大气科学协会（IAMAS）主席。

世界数据中心（WDC）也是国际科学联合会所属的科学组织，形成于1957—1958年国际地球物理年期间。WDC在世界各地建有几十个学科中心。20世纪80年代后期，中国地球科学工作者提议成立WDC中国学科中心。在时任中国科学院副院长叶笃正、孙鸿烈的积极推动下，1988年，WDC中国协调委员会和WDC中国中心（WDC–D）会成立，下设地球物理学、地震学等9个学科中心。

二、中美地球物理学家的交往与合作

改革开放后，中国地球物理学会率先走出国门。

1974年4月，顾功叙率领中国地震代表团赴美国、加拿大访问考察。年底，以弗·普雷斯为团长的美国地震代表团来华访问和考察，从而打开了中美地震科技交流的大门。

1978年6月，美国哥伦比亚大学地球物理学教授郭宗汾来华进行学术交流和探亲，转达他受美国勘探地球物理学家学会（SEG）主席诺兹伍德（Northwood，E.J.）委托，邀请中国地球物理学会代表团赴美国旧金山参加10月举行的SEG第48届年会。中国地球物理学会接受了邀请。考虑到SEG是以勘探地球物理为主，顾功叙理事长建议，代表团由石油部负责组团，中国科学院和国家地质总局派人参加。代表团以中国地球物理学会专家组名义赴会，组长金祖荣，副组长蒋宏耀、黄绪德，成员共10人。专家组受到SEG领导层的热烈欢迎（图3–4–5）。李庆忠、黄绪德在年会上作了学术报告，介绍石油部和国家地质总局的物探工作。会后，还访问了美国6家大石油公司、2家地球物理服务公司和4所大学的地球物埋系，初步建立了中国地球物理学会与SEG之间的友好合作关系。

1979年9月，美国勘探地球物理学家学会对中国进行了回访，并向中国地球物理学会赠送一套原版期刊*Geophysics*合订本共43卷（1936—1978年）。同年11月，中美建交之后，中国派出了以顾功叙为团长的中国地球物理学家代表团（成员12人，分别来自中国科学院、地质部、石油部）参加SEG第49届年会，并顺访了10个石油公司和物探公司，进一步加深了双方的联系。由此打开了中美两国勘探地球物理学界广泛交流的渠道。

1980年1月，中国和美国双方在北京签订了《中华人民共和国国家地震局和美利坚合众国国家科学基金会、美利坚合众国内政部地质调查局地震研究科学技术合作议定书》及其7个附件。国家地震局局长邹瑜代表中方签字，美国国家科学基金会会长、美国内政部地质调查局局长代表美方签字。议定书有效期5年（图3–4–6）。

1979年6月，美国气象学会代表团访华。同年9月，以叶笃正理事长为首的中国

图3-4-5　1978年10月中国地球物理学会组团参加美国SEG第48届年会，与SEG代表合影（左起：高名远、谢剑明、张德忠、金祖荣、SEG代表、SEG代表、黄绪德、付良魁、李庆忠、蒋宏耀、王金霞、王谦身）

图3-4-6　1980年1月24日中美双方在北京签订了地震研究科学技术合作议定书

气象学会代表团回访美国气象学会。而后中美两国气象学界的互访、学术交流不断增多。1984 年 3 月，共同主办了"国际青藏高原和山地气象学术讨论会"；1986 年 8 月，举办了"北京国际辐射会议"。与此同时，与瑞典、日本、韩国、澳大利亚等建立了合作关系，并积极参与各国际民间和区域性气象组织的活动，与世界气象组织建立了良好合作关系。

1981 年 9 月，由中国地球物理学会和美国 SEG 共同发起，在北京召开了"中美石油地球物理勘探联合学术讨论会"（图 3-4-7）。这是第一次在中国举行的中美地球物理学术交流会。与会正式代表 95 人（中方 55 人，美方 40 人），列席代表 350 人。提交论文 68 篇，宣读 40 篇。这次会议进一步加强了两国勘探地球物理学家之间的联系。而后，中国石油物探学会（SPG）与美国 SEG 合作，开展多层次、全方位合作。

1994 年，SEG 在北京设立了联络部，具有 SEG 中国分会性质，地点设在涿州物探局，

图3-4-7 1981年9月，在北京召开的中美石油地球物理勘探联合学术讨论会合影①

与石油学会物探专业委员会联合办公。联络部设主席、副主席及秘书若干人。每两年换届。孟尔盛、陈祖传、王小牧、赵化昆先后任主席。1997年5月，中国地球物理学会和美国地球物理联合会（AGU）在北京签署了双方加强学术交流与联系的合作协议。

三、中苏（俄）地球物理学家的交往与合作

中苏（俄）两国地球物理学家的交往与合作有着深厚的历史渊源。早在20世纪50年代，"向苏联学习"是中国政府的重要方针。在地震、物探等方面聘请苏联专家来华帮助工作。同时，中国派出大批留学人员赴苏联及东欧国家学习。他们回国后成为中国地球物理事业的骨干力量。1957年国际地球物理年期间，中苏两国地球物理学家在地震、地磁、空间探测等方面进行了卓有成效的合作，获得了大量观测资料，对中国地球物理学发展起到重要推动作用。

改革开放后，中断了近20年的中苏之间科技交流活动逐渐复苏，两国地球物理学家实现了互访。1991年下半年，应中国地球物理学会邀请，苏联地球物理学家代表团先后参加了在广西桂林召开的第二届全国岩溶物探学术讨论会和在北京召开的计算机在地学中的应用国际讨论会，并进行了学术交流活动。1995年，由中国地球物理学会牵头在北京召开了中俄物探技术研讨会，从此，中国地球物理学会与俄罗斯欧亚地球物理学会建立了合作关系。2000年6月，在莫斯科举行了第二次中俄石油地球物理勘探技术交流会。会议就地震勘探、储层预测和油田开发过程中的动态监控等问题进行了广泛交流。共计有52个单位220名专家与会，中方由时任中国地球物理学会理事长的刘光鼎率团与会，团员29人，来自中国地球物理学会、中国科学院地质与地球物理研究所、中国石油天然气集团公司、大庆油田等16个单位。俄方代表来自欧亚地球物理学会、中央地球物理研究院、俄罗斯石油大学以及石油公司等36家单位共191人。大会共宣读报告30篇，其中中方12篇。

---

① 图片由SEG提供。

四、国际学术交流活动

（一）大陆地震活动和地震预报国际学术讨论会

"大陆地震活动和地震预报国际学术讨论会"于 1982 年 9 月 8 日至 14 日在北京举行。这次会议是中国代表于 1979 年 4 月在巴黎国际地震讨论会上倡议召开的，由联合国教科文组织、联合国救灾署、联合国环境规划署、国际地震学与地球内部物理协会等组织联合发起和资助，中国地震学会主办。会议组织委员会由顾功叙、马杏垣、梅世蓉、丁国瑜、许绍燮和世界知名地震学家组成。来自中国、美国、日本、苏联、英国、澳大利亚、加拿大、德意志民主共和国、法国、印度以及中国香港等 23 个国家和地区的 104 位代表与会，中国正式代表 54 人。大会宣读论文 72 篇，其中中国 28 篇。大会设 5 个专题（图 3-4-8）。

图3-4-8　大陆地震活动和地震预报国际学术讨论会

（二）勘探地球物理北京'89 国际讨论会

1987 年 2 月，中国地球物理学会常务理事陆邦干率中国地球物理学会代表团赴澳大利亚参加勘探地球物理国际讨论会。其间，与美国 SEG 主席达成在中国举办勘探地球物理国际讨论会的共识，并得到了中国科协的大力支持。为此，中国地球物理学会、中国石油学会、中国地质学会三个学会联合组成中国勘探地球物理联合会（UCEG）对外联系。商定，UCEG 与 SEG 在北京联合召开勘探地球物理国际讨论会，每 4 年一次，由各学会轮流承办，1989 年由中国地球物理学会负责筹办。为此成立了中方以顾功叙为首、美方以 SEG 主席拉尔（R. L.Larner）为首的指导委员会和由双方人员组成的组织委员会。"勘探地球物理北京'89 国际讨论会"1989 年 8 月在北京召开。有来自 16 个国家的 207 名外宾与会，国内代表 460 人。收到论文 365 篇，其中国外 75 篇。144 篇论文作了大会报告。内容涉及地震勘探所有前沿课题和应用地球物理的各个方面。这次会议受到了国内外一致好评。美国 SEG 代表团团长、SEG 主席拉尔说："我们一致认为这个会开得好，这是一次真正具有国际水平的国际会议，无论是学术上还是组织工作都是高水平的。"（图 3-4-9）。

图3-4-9　1989年，顾功叙（右一）主持"勘探地球物理北京'89国际讨论会"
开幕式。（右三为严济慈，左一为翁文波）

（三）计算机在地学中的应用国际研讨会

由中国地球物理学会和美国面向地学的计算机学会（CCGS）共同主办、地矿部北京计算中心承办的计算机在地学中的应用国际研讨会（ISCAG），于 1991 年 9 月 2—6 日在北京召开。与会中外专家 500 余人，收到论文 250 余篇，会上宣读 140 篇，评出优秀论文 12 篇。中国地球物理学会理事长翁文波作大会报告"地震远程预测"。会议场设立 4 个分会场：人机联合工作站，计算机层析成像，人工智能、模式识别与专家系统，应用软件工程。讨论专题主要涉及地球物理数据处理与解释、地球化学计算与数学地质、正演与反演、人工智能、应用软件与软件工程、巨型机、微型机应用及工作站、采集的计算机控制以及数据通信、自动化管理、数据控制、用户界面等有关计算机应用问题。

第五章
中国地球物理学术期刊

作为科技成果集中传播的基本载体，科技期刊对于学科的形成和发展、对于学术交流有重要推动作用。科技期刊是科技发展的动态历史，也是科技发展水平的一个重要标志。

1947 年中国地球物理学会成立之时，决定出版《地球物理学报》。1948 年 6 月，*Journal of the Chinese Geophysical Society*（《中国地球物理学报》）第一卷第一期出版，除"文革"期间停刊（1973 年复刊）外，至今已有 60 余年历史，是中国地球物理学史上最为悠久、学术水平堪称一流的地球物理综合性刊物，是中国地球物理学标志性刊物。经过 60 余年的不懈努力，中国地球物理学术期刊由最初的《中国地球物理学报》一枝独秀，发展为有近 50 余种刊物国内外公开出版发行，其内容涵盖普通地球物理、勘探地球物理和应用地球物理各个分支学科（见表 3-5-1）。

表 3-5-1 中国地球物理学期刊统计表（截至 2012）

刊名		文种	创刊时间	国内收录①	国外收录②	主办单位	ISSN	备注
期刊名称（曾用名）	译名							
地球物理学报	Chinese Journal of Geophysics	中文	1948	中文核心期刊，CSTPC，CSCD	SCI，CA，AJ，CBST，SA	中国地球物理学会和中国科学院地质与地球物理研究所	0001-5733	
地质与勘探	Geology and Exploration	中文	1957	中文核心期刊，CSTPC，CSCD	—	中国冶金地质总局，有色金属矿产地质调查中心，中国地质学报	0495-5331	③
地球物理勘探	—	中文	1957	—	—	地质部地球物理探矿局	—	
石油物探	Geophysical Prospecting for Petroleum	中文	1962	中文核心期刊，CSTPC，CSCD	EI	中国石油化工股份有限公司石油技术物探研究院	1000-1441	

续表

刊名 期刊名称（曾用名）	译名	文种	创刊时间	国内收录①	国外收录②	主办单位	ISSN	备注
石油地球物理勘探	Oil Geophysical Prospecting	中文	1966	中文核心期刊，CSTPC，CSCD	EI	东方地球物理勘探有限公司	1000-7210	
世界地震译丛	Translated World Seismology	中文	1970	—	—	中国地震局地球物理研究所	1003-3238	
国际地震动态	Recent Developments in World Seismology	中文	1971	—	—	中国地震学会和中国地震局地球物理研究所	0253-4975	
煤田地质与勘探	Coal Geology &Exploration	中文	1973	中文核心期刊，CSTPC，CSCD	—	中煤科工集团西安研究院	1001-1986	
石油勘探与开发	Petroleum Exploration and Development	中文／英文	1974	中文核心期刊，CSTPC，CSCD	SCI，EI，CA，AJ	中国石油天然气股份有限公司，勘探开发研究院，中国石油集团科学技术研究院	1000-0747	
测井技术	Well Logging Technology	中文	1977	中文核心期刊，CSTPC，CSCD	—	中国石油集团测井有限公司	1004-1338	③
地震研究	Journal of Seismological Research	中文／英文	1978	中文核心期刊，CSTPC，CSCD	CBST	云南省地震局	1000-0666	
地震学报	Acta Seismologica Sinica	中文	1979	中文核心期刊，CSTPC，CSCD	EI，AJ，CBST，SA	中国地震学会	1000-9116	
地震地质	Seismology and Geology	中文	1979	中文核心期刊，CSTPC，CSCD	—	中国地震局地质研究所	0253-4967	
地震地磁观测与研究	Seismological and Geomagnetic Observation and Research	中文	1979	CSTPC	—	中国地震台网中心，中国地震学会地震观测技术专业委员会	1003-3246	
物探与化探	Geophysical and Geochemical Exploration	中文	1979	CSTPC，CSCD	CA，AJ	中国国土资源航空物探遥感中心	1000-8918	

续表

刊名		文种	创刊时间	国内收录①	国外收录②	主办单位	ISSN	备注
期刊名称（曾用名）	译名							
物探化探计算技术	Computing Techniques for Geophysical and Geochemical Exploration	中文	1979	CSTPC，CSCD	—	成都理工大学，中国地质科学院	1001-1749	
地震（地震战线）	Earthquake	中文	1981（1967）	中文核心期刊，CSTPC，CSCD	—	中国地震局地震预测研究所	1000-3274	
华南地震	South China Journal of Seismology	中文	1981	CSTPC	—	广东省地震局	—	
地震工程与工程振动	Journal of Earthquake Engineering and Engineering Vibration	中文	1981	中文核心期刊，CSTPC，CSCD		中国地震局工程力学研究所，中国力学学会	—	
四川地震	Earthquake Research in Sichuan	中文	1981	—	—	四川省地震局、四川省地震学会	1001-8115	
福建地震	FuJian Seismology	中文	1981	—	—	福建省地震局	1005-2127	③
空间科学学报	Chinese Journal of Space Science	中文	1981	中文核心期刊，CSTPC，CSCD	CA，AJ，CBST，SA	中国科学院空间科学与应用研究中心，中国空间科学学会	0254-6124	
华北地震科学	North China Earthquake Sciences	中文	1983	CSTPC	—	河北省地震局	1003-1375	
中国地震	Earthquake Research In China	中文	1985	中文核心期刊，CSTPC，CSCD	CBST	中国地震局	1001-4683	
世界地震工程	World Earthquake Engineering	中文	1985	中文核心期刊，CSTPC，CSCD	—	中国地震局工程力学研究所，中国力学学会	1007-6069	
地球物理学进展	Progress in Geophysics	中文	1986	中文核心期刊，CSTPC，CSCD	—	中国科学院地质与地球物理研究所，中国地球物理学会	1004-2903	
灾害学	Journal of Catastrophology	中文	1986	中文核心期刊，CSTPC，CSCD	—	陕西省地震局	1000-811X	
内陆地震	Inland Earthquake	中文	1987	CSTPC	—	新疆维吾尔自治区地震局	1001-8956	

续表

刊名		文种	创刊时间	国内收录①	国外收录②	主办单位	ISSN	备注
期刊名称（曾用名）	译名							
Earthquake Research in China	中国地震研究	英文	1987	—	—	中国地震台网中心	0891-4176	
CT理论与应用研究	Computerized Tomography Theory and Applications	中文	1989	CSTPC	—	中国地震局地球物理研究所，同方威视技术股份有限公司	1004-4140	
山西地震	Earthquake Research in Shanxi	中文	1989	—	—	山西省地震学会	1000-6265	
高原地震	Plateau Earthquake Research	中文	1989	—	—	青海省地震局	1005-586X	③
自然灾害学报	Journal of Natural Disasters	中文	1992	中文核心期刊，CSTPC，CSCD	—	中国灾害防御协会，中国地震局工程力学研究所	1004-4574	
极地研究（南极研究）	Chinese Journal of Polar Research	中文	1997（1988）	中文核心期刊，CSTPC，CSCD	CA	中国极地研究中心，国家海洋局极地考察办公室	1007-7073	
Geo-spatial Information Science	地球空间学信息科学学报	英文	1998	—	—	武汉大学	1009-5020	
城市与减灾（城市防震减灾）	City and Disaster Reduction	中文	1998	—	—	北京市地震局	1671-0495	
Earthquake Engineering and Engineering Vibration	地震工程与工程振动	英文	2002	CSCD	—	中国地震局工程力学研究所主办，美国多学科地震工程研究所中心（MCEER）协办	1671-3664	
防灾减灾工程学报（地震学刊）	Journal of Disaster Prevention and Mitigation Engineering	中文	2003（1981）	中文核心期刊，CSTPC，CSCD	AJ	中国灾害防御协会，江苏省地震局	1672-2132	④
Journal of Geophysics and Engineering	地球物理与工程	英文	2004	—	SCI	中国石化石油勘探开发研究院南京石油物探研究所主办，伦敦大学帝国理工学院油藏地球物理研究中心协助编辑	1742-2132	

续表

刊名		文种	创刊时间	国内收录①	国外收录②	主办单位	ISSN	备注
期刊名称（曾用名）	译名							
工程地球物理学报	Chinese Journal of Engineering Geophysics	中文	2004	—	—	中国地质大学（武汉），长江大学	1672–7940	
Applied Geophysics	应用地球物理学	英文	2004	CSCD	SCI；AJ；SA	中国地球物理学会	1672–7975	
地震工程学报（西北地震学报）	Northwestern Seismological Journal	中文	2006（1979）	中文核心期刊，CSTPC，CSCD		中国地震局兰州地震研究所，中国地震学会	1000–0844	④
震灾防御技术	Technology for Earthquake Disaster Prevention	中文	2006	CSTPC	—	中国地震台网中心	1673–5722	
Earthquake Science（Acta Seismologica Sinica）	地震科学（地震学报）	英文	2009（1988）	CSCD		中国地震学会	1000–9116	
油气藏评价与开发	Reservoir Evaluation and Development	中文	2010（1978）	—	—	中国石化石油勘探开发研究院南京石油物探研究所	2005–1426？	
防灾减灾学报（东北地震研究）	Seismological Research of Northeast China	中文	2010（1985）	—	—	辽宁省地震局，吉林省地震局，黑龙江省地震局	1674–8565	
Geodesy and Geodynamics	大地测量与地球动力学	英文	2010	—	—	中国地震局地震研究所	1674–9847	⑤
Advances in Polar Science（Chinese Journal of Polar Science）	极地科学进展（极地研究）	英文	2011（1990）	—	—	中国极地研究中心，国家海洋局极地考察办公室	1674–9928	
大地测量与地球动力学（地壳形变与地震）	Journal of Geodesy and Geodynamics	中文	2012（1981）	中文核心期刊，CSTPC	—	中国地震局地震研究所	1671–5942	

注：

①国内收录选定以国内三大检索系统为主。

CSTPC：1991 年中国科技信息研究所建立的《中国科技论文与引文分析数据库》（又称《中国科技论文统计源期刊》《中国科技核心期刊》）；

中文核心期刊：北京大学图书馆自 1992 年起，每隔 4 年出版一期的《中文核心期刊要目总览》；

CSCD：中国科学院文献情报中心于 1997 年建成的《中国科学引文数据库》。

②国外收录选定以世界六大著名科技文献检索系统为依据。

SCI：美国科学情报研究所编辑出版的《科学引文索引》；

EI：美国工程信息公司编辑出版的《工程索引》；

CA：美国化学学会、英国化学学会和德国化学情报文献社合做出版的《化学文摘》；

AJ：全俄科学技术情报研究所编辑出版的《文摘杂志》；

CBST：日本科技文献公司编辑出版的《科学技术文献速报》；

SA：英国电气工程师学会编辑出版的《科学文摘》。

③ 1960 年停刊。

④ 电子版 ISSN 为：1742–2140。

⑤ 2010 年,《勘探地球物理进展》《试采技术》和《华东油气勘探》三刊并刊发行，刊名《油气藏评价与开发》。

第一节　中国地球物理学术期刊的发展历程

一、中国勘探地球物理学术期刊率先起步

20 世纪 50 年代初，中国地球物理学发展尚处在初创阶段。主要任务是培养人才，向苏联学习，积累经验，完善地球物理基础设施建设。1954 年,《地球物理学报》自第三卷开始恢复出版，刊登的内容既有科研成果，也有介绍苏联科研成就的翻译文章。

50 年代中期以后，随着国民经济的恢复发展，找矿工作在全国大规模开展，地球物理勘探队伍不断发展壮大，产业部门主办的勘探地球物理刊物相继面世，稍许改变了《地球物理学报》一枝独秀的局面。1957 年 1 月，地质部地球物理探矿局主办的《地球物理勘探》创刊（双月刊），成为中国首次正式编辑出版的地球物理勘探期刊，顾功叙任主编（1960 年停刊）。1957 年，冶金工业部地质局主办的《地质与勘探》创刊（半月刊）。而后地质部创办的《石油物探》（1962 年，内部发行）、地质部地球物理探矿研究所创办的《物探化探快报》（1963 年，正式发行）、石油部创办的《石油地球物理勘探》（1966 年，正式发行）相继面世。这些刊物创办之初，多是动态性、情报性质的刊物，主要是介绍国外先进地球物理勘探技术的翻译文章和国内物探工作经验交流为主。

二、中国地球物理学术期刊在"文革"中曲折前行

1966 年 3 月，邢台地区发生强烈地震，全国人民投入到抗震救灾工作中。广大科技工作者奔赴地震灾区，普及地震知识，开展了以"群测群防专群结合"为特点的地震预报实践探索活动。在这样一场规模空前的科学实验中，科技期刊、科普读物本应成为有力的工具。然而，"文革"风暴席卷全国，从 1966 年下半年到 1971 年下半年近 6 年的时间里，全国的科技期刊几乎全部停刊，其中包括《地球物理学报》和刚刚起步的勘探地球物理期刊。在这困难的历史时期，曾参与邢台地震考察的中国科学技术大学固体地球物理专业应届毕业生，以"抓革命促生产"名义创办了一份手抄刊物《地震战线》。经历了"文化大革命"洗礼,《地震战线》以其顽强的生命力，从一开

始手抄油印到内部发行，到正式出版发行，成为地震战线和出版战线上的奇葩。《地震战线》不但在普及地震知识、推动地震群测群防工作的开展上起到了积极作用，而且从政治、社会、科学不同视角真实记录了中国地震预报实践探索的艰难历程，保存下来许多珍贵史料，如周恩来总理对邢台地震工作的指示、讲话，对于研究中国地震预报的历史具有重要参考价值。

1971 年，周总理亲自过问了在北京召开的全国出版工作座谈会。会后，国务院向党中央呈报《关于出版工作座谈会的报告》，提出逐步恢复和创办一些新刊物，这时科技期刊出版工作才开始出现转机。1972 年，《地质与勘探》《石油物探》《石油地球物理勘探》复刊；1973 年，《地球物理学报》复刊。新创办的刊物主要和地震、资源勘探有关：《国际地震动态》（1971 年），《煤田地质与勘探》（1973 年），《石油勘探与开发》（1974 年），《世界地震译丛》（1975 年），《物探与化探》（1977 年），《测井技术》（1977 年），《石油物探丛刊》（1978 年，试刊）。

三、中国地球物理学术期刊的全面大发展

1976 年，结束了"文革"十年的动乱。尤其是 1978 年改革开放后，迎来了科学的春天。中国地球物理科技期刊迎来了前所未有的发展机遇。

"文革"十年（1966—1976 年）正是中国地震高发期，经过 10 年探索，中国地震事业进入了稳步发展的新阶段。1978 年 9 月，国家地震局地球物理研究所、地质研究所和地震研究所成立。1979 年，中国地震学会成立，标志着中国地震学学科地位的跃升。以此为契机，地震学期刊迅猛发展，除中国地震学会、国家地震局直属科研机构主办的《地震学报》（中、英文）、《地震》（原《地震战线》，1981 年改名）、《地震研究》《中国地震》《中国地震研究》（英文）、《地震地质》《地震工程与工程振动》（中、英文）等刊物外，地方地震研究机构创办的刊物也得到强势发展。据统计，到 20 世纪末，中国出版的地震学期刊多达 22 种。

1981 年，《空间科学报》创刊。1986 年，《地球物理学进展》创刊。

应用地球物理学期刊，稳步发展，内部刊物纷纷转为正式发行，新的期刊不断面世。期刊内容除勘探地球物理外，还涉及工程、灾害、环境等诸多领域。在勘探地球物理方面，1979 年《石油物探》、1980 年《石油地球物理勘探》相继由内部刊物到正式出版发行，新创办了《物探化探计算技术》（1979）、《石油物探译丛》（1980）、《石油仪器》（1987）、《物探装备》（1991）、《油气地球物理》（2003）；在工程地球物理方面有《工程地球物理学报》（2004）；在灾害防御地球物理方面有《灾害学》（1985）、《防灾减灾工程学报》（1989）、《自然灾害学报》（1992）、《震灾防御技术》（2006）等。

四、中国地球物理学术期刊发展的国际化趋势

随着中国地球物理学走向世界，地球物理学期刊与国际接轨受到了关注。《地球物理学报》《地震学报》《极地研究》《地震工程与工程振动》等中文期刊相继在 1986 年、1988 年、1989 年出版了英文版 *Chinese Journal of Geophysics*，*Acta Seismologica*

Sinica，*Chinese Journal of Polar Science*，*Journal of Earthquake Engineering and Engineering Vibration*，向着期刊国际化进程迈出了第一步。而后，一批立足国内、面向国外发行的英文版期刊面世，其办刊宗旨是向世界介绍中国地球物理学研究成果：1988 年国家地震局地震台网中心主办 *Earthquake Research in China*（《中国地震研究》），1998 年武汉大学主办 *Geo-spatial Information Science*（《地球空间信息科学》），2004 年中国地球物理学会主办 *Applied Geophysics*（《应用地球物理学》），2009 年中国地震学会主办 *Earthquake Science*（《地震科学》），这些成果使期刊国际化进程又向前跨进了一步。

2004 年，中国石油化工集团公司石油勘探开发研究院南京石油物探研究所创办的英文期刊 *Journal of Geophysics and Engineering*（《地球物理与工程》）当属中国主办的第一份国际地球物理学期刊。首先是办刊理念的转变，树立全球化办刊理念和意识，吸纳国内外优秀科学家组成国际化的编审团队和科学家联系群体，采用与国际接轨的规范化的管理制度，成功创办了中国第一份国际地球物理学期刊。创刊当年即被美国《科学引文索引》（SCI）收录。

2013 年，中国科协和财政部、教育部、国家新闻出版广电总局、中国科学院、中国工程院等六部委联合实施中国科技期刊国际影响力提升计划，重点支持国内出版的一批英文刊物，旨在促进我国科技期刊国际化发展，提升英文科技期刊国际影响力与核心竞争能力，其长远目标定位在 2020 年，使我国一批英文科技期刊学术质量和国际影响力达到世界先进水平。经过评审，76 种英文期刊入选该计划，其中包括地球物理方面的英文期刊 *Journal of Earthquake Engineering and Engineering Vibration* 和 *Geo-spatial Information Science*。

五、中国地球物理期刊发展任重道远

中国地球物理期刊经过 60 余年发展，成绩斐然，中国业已成为地球物理学期刊大国。特别是地震学期刊的数量之多，远超过世界上任何国家。但是，要进一步走向期刊强国，中国地球物理期刊的学术质量和国际影响力尚有待提高。被国际知名的六大检索系统检索的期刊数量只有 10 种，不到 1/5，而且与国际知名地球物理期刊相比，影响因子普遍偏低，均不到 1.0。期刊的发展现状，明显落后于我国地球物理学发展水平，这导致了中国科学家的高水平学术论文不能在国内科学界得到快速、有效的传播，同时加剧了大量优秀科技成果流失到国外学术期刊，不利于我国科技期刊取得首发权，学术影响力难以有效提高。

为了打造获得国际同行认可的地球物理精品学术期刊，首先是办刊理念的转变。以往模式是由科技社团、科研院所、高等院校部门办刊，出版规模小、发行量少、经营能力弱，难以参与国际竞争格局。应树立全球化办刊理念、办刊意识，积极参与国际竞争；吸纳国内外优秀科学家组成国际化编审团队和科学家联系群体，使稿源、受众群体国际化；同时，充分利用数字化的多维出版手段，使管理和经营方式规范化、国际化。南京石油物探研究所是一个以地球物理勘探应用研究为主的研究所，并不具备国内地球物理学科资源优势，也没有长期办刊经验，但是由于办刊理念的转变，能在不到 2 年时间里（从申请到出版），成功创办了具有一定国际影响的综合性地球物理学期刊 *Journal of Geophysics and Engineering*，其办刊理念和实践经验值得研究借鉴。

第二节　普通地球物理学期刊

一、《地球物理学报》

《地球物理学报》是中国第一份综合性地球物理学术期刊，创刊于 1948 年，也是中国较早与国际接轨的学术期刊之一。1947 年，中国地球物理学会成立时，为了国内外学术交流和国际期刊交换需要，决定出版《地球物理学报》。为此组建了学报委员会，委员有：翁文波（主任委员）、方俊、李善邦、赵九章、陈宗器、傅承义、顾功叙、谢家泽。《地球物理学报》第一卷第一期，1948 年 6 月出版，刊名《中国地球物理学报》（英文名 *Journal of the Chinese Geophysical Society*），按照各国学报惯例，文章可用英、德、法三种文字中任何一种发表。新中国成立前只出版了 1 卷共 2 期。第 1 期刊登论文 9 篇、评论 3 篇、通信 1 篇。第 2 期 1949 年出版。1950—1951 年出版了第 2 卷共 3 期。1954 年第 3 卷起，文章改用中文发表，刊名《地球物理学报》，外文名用拉丁文 *Acta Geophysica Sinica*。"文革"期间停刊。1973 年复刊后，郭沫若为《地球物理学报》题写刊名，自第 17 卷起一直沿用至今（图 3-5-1）。

图3-5-1　不同历史时期《地球物理学报》版面

1986 年，美国阿伦顿出版公司（Allenton Press, Inc.）从中国科学院出版的 160 种期刊中挑选出包括《地球物理学报》在内的 10 种期刊翻译出版英文版，英文版为季刊，定名 *Chinese Journal of Geophysics*，从 1988 年起出版发行（傅承义，1988）。

为了适应科技期刊国际化、网络化发展趋势，1999 年《地球物理学报》与美国地球物理联合会（AGU）签订协议，从 2000 年起，由《地球物理学报》编辑部编辑，在美国地球物理联合会网站上发布 Chinese Journal of Geophysics 英文电子版（双月刊）。自 1999 年第 42 卷起，《地球物理学报》中、英版的英文刊名统一为 Chinese Journal of Geophysics。老一辈地球物理学家创办国际化地球物理期刊的夙愿在 50 多年后终于得以实现。

经过 60 多年的努力，《地球物理学报》为中国地球物理学学科发展做出了杰出贡献，连续获得中国百种杰出学术期刊奖（中信所）；1985 年被评为中国科学院优秀期刊；1990 年获中国科学院优秀期刊一等奖；1992 年获中国科学院优秀期刊一等奖；1992 年获中国科协首届优秀学术期刊一等奖；1992 年获首届全国优秀期刊一等奖；1996 年获中国科学院优秀期刊一等奖；1997 年获第二届全国优秀科技期刊一等奖；2000 年获中国科学院优秀期刊奖特别奖；2001 年入围中国期刊方阵，被评为双高期刊；1999—2005 年连获三届国家期刊奖；2009 年获"新中国 60 年有影响力的期刊"称号（中国期刊学会，中国出版科学研究所）；2006—2009 年连续获基金委重点学术期刊专项基金资助；2009—2014 年获中国科协精品期刊项目资助；2013 年获"国家百强科技期刊"称号（国家新闻出版广电总局颁发）；2014 年获第三届中国出版政府奖期刊奖；2015 年和 2016 年获"中国数字化百强期刊"称号（中国刊博会）；成为精品科技期刊工程第四期（2015—2017 年）TOP50 入选期刊（中国科协）。

《地球物理学报》已与国外 96 家单位建立了刊物交换关系；国际 10 余种知名检索系统或数据库收录学报有关论文，如：美国科学引文索引（SCI）、英国科学文摘（SA）、美国化学文摘（CA）、俄罗斯文摘杂志（AT）、日本科学技术文献速报（CBST）、俄罗斯文摘杂志（AJ）、TULSA 石油文摘（TULSA PA）、法国文摘通报（PASCAL）等。学报连续获得专项基金资助。学报已成为展示中国地球物理学最新科技成果、与国内外开展学术交流的重要窗口和平台（言静霞等，2007）。

中国老一辈地球物理学家赵九章、陈宗器、方俊、顾功叙、傅承义、翁文波、李善邦等亲自缔造和培育了《地球物理学报》。翁文波、傅承义、顾功叙先后担任《地球物理学报》主编。他们的学术风范、严谨的治学态度和一丝不苟的学风，在《地球物理学报》办刊过程中得以传承和发展。特别是在傅承义任主编（17 年）、名誉主编（11 年）的 28 年时间里，严把稿件质量关，率先垂范以身作则，要求编辑部对待来稿坚持以公当先、以诚对众、质量第一的原则，看稿不看人，拒绝学术上的宗派作风。因此，《地球物理学报》获得了学术界的尊重和广泛好评。1990 年，刘光鼎任《地球物理学报》主编，顺利完成了学报的接班工作。刘光鼎主编继承了傅承义等前辈的优良传统，与时俱进，把地球物理学的发展与国民经济、社会发展紧密结合，使《地球物理学报》的影响不断扩大，为中国《地球物理学报》走向世界做出了新贡献。

《地球物理学报》始终保持一个由中外知名地球物理学家组成的编委会和一个相对稳定并有较高业务素养、精悍、高效、敬业的编辑部（图 3-5-2）。《地球物理学报》编辑部卓有成效的工作，是办好学报的重要保证。编辑部每个成员分工明确、各尽其责，紧密配合，共聚能量。原常务副主编言静霞、郭爱缨以及孙群，现任常务副主编

图3-5-2　《地球物理学报》主编傅承义与编辑部成员合影
（右起：孙群、言静霞、傅承义、郭爱缨、雷卡侠、汪海英）

刘少华等发挥了重要作用。

二、《空间科学学报》

《空间科学学报》（*Chinese Journal of Space Science*）是中国科学院空间科学与应用研究中心和中国空间科学学会共同主办的空间科学综合性学术刊物，1981 年创刊，双月刊，主编刘振兴。

《空间科学学报》立足于空间科学的前沿，积极反映该领域内的新发现、新创造、新见解、新理论和新方法，展示空间科学发展的进程和水平，广泛开展学术交流，促进空间科学的发展。主要内容包括：以空间为研究对象的研究成果，以及与空间特殊环境有关的基础研究、应用研究和高技术研究成果。具体报道范围包括：日地空间物理、空间天气学和空间环境科学、太阳系与行星科学、微重力科学、空间生命科学、空间化学、地球空间科学、空间基础物理实验、空间天文学以及空间科学探测实验和应用等相关技术。

《空间科学学报》是中国自然科学核心期刊，被英国《科学文摘》（SA）、美国《化学文摘》（CA）和俄罗斯《文摘杂志》（AJ）收录。

三、《地球物理学进展》

《地球物理学进展》是由中国科学院地质与地球物理研究所与中国地球物理学会共同主办的地球物理学综合性学术期刊，主编刘光鼎，刘少华任常务副主编、编辑部主任。

该刊创刊于 1986 年，由中国科学院地球物理研究所主办，时任所长陈宗基任主编，林邦佐负责编辑部工作。起初作为情报性刊物，以翻译文章为主，内部发行。1991 年正式出版发行，主编刘光鼎，对办刊方向和发展战略作了调整：改变情报性刊物为动态性质的学术性刊物，作为《地球物理学报》的补充，以综述、评述和综合地球物理研究为主；科学内容侧重固体地球物理，兼顾空间物理和大气、海洋地球物理。

强调《地球物理学进展》要成为培养青年地球物理学家的摇篮。进入 21 世纪，中国科学院地球物理研究所、地质研究所合并成立中国科学院地质与地球物理研究所，对办刊宗旨进一步作了调整：主要报道国内外地球物理最新进展和成果，评价地球物理学科现状和发展趋势，探讨地球物理学发展战略，刊登有创新性的工作成果或意义重大的研究论文、专论、综述、快报和其他文章。栏目设置：论文、综述、研究快报。

2003 年，改由中国科学院地质与地球物理研究所和中国地球物理学会共同主办，成立《地球物理学报》和《地球物理学进展》联合编辑部，充分利用《地球物理学报》资源优势和在地球物理学界的广泛影响，进一步提高了《地球物理学进展》的办刊质量，扩大了在学术界的影响力。2007 年，由季刊改为双月刊。

《地球物理学进展》为中国自然科学核心期刊。

四、《极地研究》

《极地研究》创刊于 1988 年，取名《南极研究》，1997 年改为现名，由中国极地研究中心和国家海洋局极地考察办公室主办，季刊。《极地研究》为集中反映南北极多学科考察研究成果的综合性学术刊物。它是极地科学工作者发表最新研究成果的园地，也是进行国际国内极地考察研究学术交流的窗口。主要刊登以极地为研究对象或以极地为探测平台的基础研究、应用研究和高技术研究成果，反映该领域的新发现、新创造、新理论和新方法。具体报道范围包括：极地冰川学、极地海洋科学、极地大气科学、极区空间物理学、极地地质学、极地地球物理学、极地地球化学、极地生物与生态学、极地医学、南极天文学，极地环境监测、极地工程技术、极地信息，以及极地政策研究与管理科学等。

《极地研究》（英文版）创刊于 1989 年，刊名 *Chinese Journal of Polar Science*，2011年更名为 *Advances in Polar Science*。该刊所设栏目有学术论文、研究记录、研究综述、研究简报、会议报道、学术讨论、新书简介等。内容包括有关极地的天、地、生、医各学科的理论探索、科学发现、学术评论、探测及实验的技术与方法、冰川工程与建设，以及极地各种现象变化对全球的影响等。

五、*Geo-spatial Information Science*

Geo-spatial Information Science（GIS）中文刊名为《地球空间信息科学学报》，是武汉大学主办的、国内唯一的英文版地球空间信息科学专业学术期刊，1998 年创刊，主编李德仁。曾用名《物测译文》。*Geo-spatial Information Science* 依托原武汉测绘科技大学，面向国际测量界和地球空间信息科学界开放办刊，按国际惯例运作。其办刊宗旨是通过发表具有创新性和重大研究价值的地球空间信息科学理论成果，引导测绘和地球空间信息科学发展的方向，促进国内外学术交流。

内容包括综述与展望、学术论文和研究报告、本领域重大科技新闻，涉及地球空间信息科学研究的主要方面包括地理信息系统、地球动力学、物理大地测量、全球定位系统、大地测量、工程测量、遥感、摄影测量、测绘仪器、地图学、图形图像学等领域，尤其是数字摄影测量、遥感技术、全球定位系统、地理信息系统及其集成理论。

为确保发表论文的先进性和方向性，该刊建有一个由 21 位国际知名测绘专家（其中有 15 位分布在美国、德国、奥地利、荷兰、瑞士、日本、中国香港等国家和地区）进行稿件组织和终审的体系。经过几年的探索，该刊已经形成以测绘学为专业特色和辐射优势的办刊格局，在国内外测量界具有广泛的影响。

该刊被英国《科学文摘》（SA）和俄罗斯《文摘杂志》（AJ）收录。2013 年，入选中国科技期刊国际影响力提升计划项目。

六、*Journal of Geophysics and Engineering*

Journal of Geophysics and Engineering（*JGE*，《地球物理与工程》）是由中国石化石油勘探开发研究院南京石油物探研究所主办、伦敦大学帝国理工学院协办、英国物理学会出版社出版发行的一份国际性地球物理与工程专业英文科技期刊，主要登载地球物理与油气藏工程方面的高质量文章，特别是岩石物理、勘探地球物理、油藏综合地球物理以及相关的工程地球物理等内容，2004 年创刊。杂志的定位将跨越传统的科学与工程之间的区分，充分反映中国地球物理学科发展、油气地球物理勘探开发科技水平和发展趋势。在英国申请国际标准刊号 ISSN1742-2132，电子版刊刊号 ISSN1742-2140。

设有三个编辑部，分别在南京石油物探研究所、伦敦大学帝国理工学院油藏地球物理研究中心和英国物理学会出版社。伦敦大学帝国理工学院油藏地球物理研究中心协助编辑，委托英国物理学会出版社印刷并在全球发行。主编由伦敦大学帝国理工学院地球科学和工程系主任、著名地球物理学家瓦纳（M. Warner）和南京石油物探研究所所长郭建担任。伦敦大学帝国理工学院油储地球物理中心主任王仰华任常务副主编。编委由国际知名勘探地球物理学家组成。

自 2004 年创刊，即被 SCI 收录，影响因子 0.787（2010 年）。

七、《大地测量与地球动力学》

《大地测量与地球动力学》的前身是 1981 年创刊的《地壳形变与地震》，由国家地震局地震研究所主办，2012 年改为现名，成为中国唯一一份报道大地测量学在地球动力学领域研究和应用成果的高级学术刊物，季刊，由中国地震局地震研究所、地壳运动监测工程研究中心、中国地震局地壳应力研究所、中国地震局第一监测中心、中国地震局地球物理勘探中心、中国地震局第二监测中心、中国科学院测量与地球物理研究所、中国地震应急搜救中心等 8 家单位联合主办。《大地测量与地球动力学》主要报道地球科学领域的新理论、新方法、新进展、新成果。具体内容：大地测量学的新理论和新方法；利用大地测量理论和方法对地壳运动及变形研究、监测的新成果；运用大地测量理论和方法探讨地震预测预报的新方法和新成果；利用地质学、地质力学、地球物理学等学科理论和方法研究地壳运动及地壳变形的新成果；对地观测技术研究的新进展、新成果等。栏目设置：院士论坛、地壳形变、新构造运动、深部探测、地震预报、观测技术、学术讨论、科研简报、综述、水库地震等。院士论坛、水库地震和观测技术栏目是我国科技期刊少有的特色栏目。

第三节　地震学期刊

一、《地震战线》与《地震》

《地震战线》是中国地震期刊发展史上的一朵奇葩，创刊于1967年，1981年改名为《地震》。

1966年3月8日和22日，河北省邢台地区相继发生6.8级和7.2级地震，造成了严重破坏和人员伤亡。全国人民投入到抗震救灾当中。中国科学院地球物理研究所组成地震考察队，和地质、石油、测绘、水电等部门的广大科技人员以及中国科学技术大学（中科大）固体地球物理专业应届毕业生奔赴地震灾区，建立地震台站，监测地震活动，并开展群测群防工作，积极探索地震预报途径。不久，文化大革命爆发，正常的生产秩序受到破坏，抗震救灾和地震工作受到极大干扰。中科大的十几名同学返回学校参加文化大革命，成立了"红鹰战斗队"，队长石耀霖。这时，全国科技期刊全部停刊，各种小报铺天盖地到处泛滥。亲历了地震灾区广大人民的痛苦遭遇，想到自己所学专业和地震密切相关，"红鹰战斗队"的同学们萌生了创办一个地震刊物的想法，使坚守在地震预报第一线的地震工作者，能够有一块交流信息、研讨地震预报工作的阵地，同时又能向广大群众普及地震知识。1967年5月，"红鹰战斗队"以"抓革命，促生产"的名义，创办了手工刻版油印刊物《地震战线》（图3-5-3）。时任中国科学院院长郭沫若应邀为《地震战线》书写刊名（第三期开始使用），并题词"把毛泽东思想伟大红旗插上地震预报科学的最高峰"（图3-5-4）。《地震战线》自1967年5月创刊，1973年改为内部发行，共出53期。受众群体是专业地震人员和群测群防点的业余测报人员。其内容可分三类：第一类是政治思想宣传报道和文化大革命动态；第二类是有关地震知识和地震预报研究的学术性文章；第三类是地震动态报道。在《地震战线》第6期上，收集整理了周恩来总理关于地震工作的讲话和指示，成为后来许多正式文件引用的依据。1974年后，《地震战线》由中国科学院地球物理局（后为国家地震局）接管，正式出版发行，直到1981年，改名《地震》。

《地震战线》是文化大革命的产物，具有鲜明的时代特色。它真实反映了那个年代中国地震事业发展的艰难历程。从这个意义上讲，《地震战线》承载的历史使命，远远超出了作为一本科技期刊本身的价值。虽然《地震战线》本身带有明显的时代烙印，但它不失为中国最早地震学专业期刊，见证了中国地震预报实践探索的起步过程，对于地震学科史研究有重要参考价值。

1980年，国家地震局分析预报中心成立，接管了《地震战线》，刊名改为《地

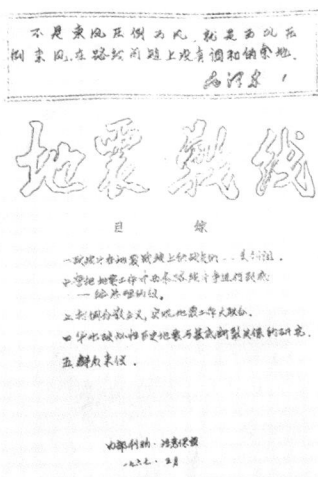

图3-5-3　《地震战线》创刊号

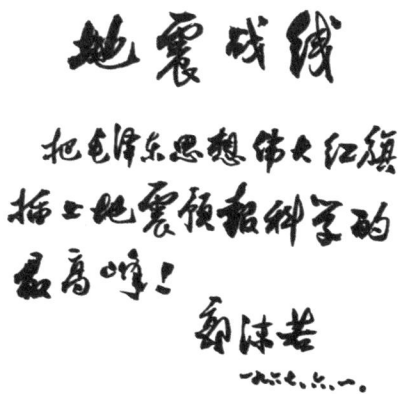

图3-5-4　郭沫若为《地震战线》书写的刊名和题词[1]

震》，主编是当年积极参加《地震战线》创办工作的张国民。

《地震》为中国科技核心期刊，由中国地震局地震预测研究所和中国地震学会相关专业委员会共同主办，其办刊宗旨是交流地震观测、地震前兆、强震机理与预测等研究成果，推动地震预报探索研究及其成果在防震减灾中的应用。栏目设置：研究论文、综述、实验研究、学术讨论、研究简报以及地震目录速报等。

二、《世界地震译丛》

《世界地震译丛》1970 年创刊，是 1966 年邢台地震后最先创办的学术性期刊之一，由中国科学院地球物理研究所主办，其办刊宗旨是介绍国外地震学研究的最新成果，打开中外交流的一扇大门。《世界地震译丛》现由中国地震局地球物理研究所主办，双月刊。该刊主要译载国际地震学新理论、新方法、新技术。其内容涵盖地震、地质、地球物理、地球化学、地震工程、工程抗震和地震预报、地震前兆、震源物理、岩石实验、地震减灾、地学观测及数据处理、地电地磁以及石油物探、矿山与地震和核电站选址与地震等方面。有专家、学者严格把关，力求译文的权威性、准确性、先进性。该刊对于从事地震学研究人员有重要学术参考价值。

三、《国际地震动态》

《国际地震动态》1971 年创刊，是 1966 年邢台地震后最先创办的学术性期刊之一，由中国科学院地球物理研究所主办，其办刊宗旨与《世界地震译丛》互为补充，侧重于报道、介绍国际地震学界活动，借以推动中国地震事业的发展。现由中国地震学会和中国地震局地球物理研究所共同主办，是地震科技信息与进展类月刊。主要栏目设

---

[1]　图片引自周玉凤. 2012.《地震战线》与地震预报知识的普及. 中国科技史杂志，33（1）。

置有综述与评述、学术论文、探索与争鸣、项目进展与成果介绍、会议信息与会议概述、书刊评介、人物与机构介绍等。《国际地震动态》的特色是内容宽泛，注重实效性、可读性，具有重要学术价值和史料价值，有广泛读者群体，是地震学界颇受欢迎、有较大影响的刊物。

四、《地震研究》

《地震研究》是云南省地震局主管主办的地震学类科技期刊，1978 年创刊。1978—1982 年为中文版，自 1983 年起改为中、英文混合版。主要刊登有关地震学、地震监测预报、地震地质、地震工程和工程抗震及防震减灾等方面具有创新内容的学术论文、研究报告，也刊登反映地震学进展的综合评论及动态性文章，栏目设置：地震预报、地震学、地震地质、工程地震。

《地震研究》为中国自然科学核心期刊，曾荣获中国地震局优秀期刊一等奖、云南省优秀期刊奖等奖项。被日本《科学技术文献速报》（CBST）收录。

五、《地震学报》

《地震学报》是由中国地震学会主办的地震学综合性学术刊物。1979 年创刊（季刊），名誉主编秦馨菱，主编陈运泰（图 3-5-5）。《地震学报》主要刊登地震学方面的具有创新性的研究成果和技术成就，也登载一些与地震有关的地球物理、地震地质、地震工程等方面的学术论文及研究简报；登载本学科不同学术观点的文章；介绍地震学及其有关的重大学术问题的研究现状和发展；登载与地震学有关的评述文章；反映地震学及其有关科技工作动态。

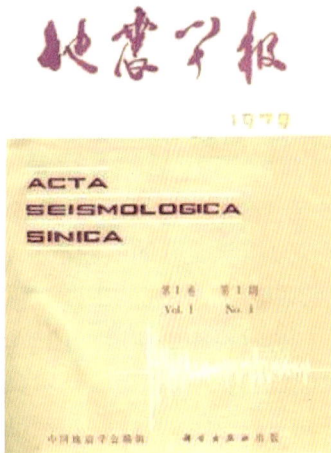

图3-5-5　《地震学报》创刊号

《地震学报》是中国自然科技核心期刊，多次荣获中国地震局科技期刊一等奖，中国科协科技期刊评比一、二等奖和全国优秀期刊评比一、二等奖。《地震学报》被多家国际知名检索系统收录：美国《工程文摘》（EI），俄罗斯《文摘杂志》（AJ）、英国《科学文摘》（SA）、日本《科学技术文摘速报》（CBSTJ）。

六、《地震地质》

《地震地质》由中国地震局地质研究所主办，1979 年创刊，主编马瑾。主要介绍活动构造、新构造、地球内部物理、构造物理、地球动力学、地球化学、地震预测、新年代学、工程地震、火山学、减轻地质灾害等方面的研究成果。栏目设置：研究论文、科研简讯、快讯、新技术应用、专题综述、学术争鸣和新闻信息。研究论文：报道学科前沿的创新性科研成果（新思路、新方法、新认识、新发现），对本学科领域有一定影响或对今后的研究工作有较大的参考价值。

20 世纪 90 年代获全国优秀科技期刊评比三等奖，中国地震局首次科技期刊评比二等奖，2009 年中国地震学会组织的中国地震局系统优秀期刊评比一等奖。

《地震地质》为中国自然科学核心期刊。被俄罗斯《文摘杂志》（AJ）、日本《科技文献速报》（CBST）收录。

七、《地震工程与工程振动》

《地震工程与工程振动》由中国地震局工程力学研究所与中国力学学会主办，1981 年创刊，双月刊，主编谢礼立。

办刊宗旨是反映中国地震工程与工程振动方面的科研成果，促进学术交流，为我国防震减灾工作服务。刊载内容主要包括：强震观测与分析；工程结构抗震理论；结构、工程体系的震害调查总结和震害评定；地震危险性分析和地震小区划；岩土地震工程和场地效应；建筑物与生命线系统的抗震性能和设计原理；结构地震模拟实验；结构控制技术和智能材料的应用；结构健康诊断；抗震设计规范、标准；地震社会问题；土木建筑、道桥以及水利工程方面的抗震问题等。

《地震工程与工程振动》是中国自然科学核心期刊。曾获中国地震局系统优秀期刊评比一等奖，首届黑龙江省出版精品工程奖提名奖。

八、《世界地震工程》

《世界地震工程》是由中国地震局主管、中国地震局工程力学研究所与中国力学学会共同主办的专业科技期刊，涉及领域为地震工程科学领域的建筑工程和其他土木工程结构的抗震、防震和减灾，1985 年正式创刊，季刊。其办刊宗旨是介绍国内外地震工程领域的学术交流，推动我国地震工程科学研究的发展，为我国防震抗震工作服务。主要报道：国外国内抗震验算；地震工程实践论述；强震观测与分析；土木基础设施的地震危险性分析；场地效应和岩土地震工程；建筑物与生命线系统的抗震性能和设计原理；结构控制技术和性能材料在结构反应控制中的应用；结构健康诊断的理论和实践；抗震设计规范、标准；土木建筑、道桥以及水利等工程方面的振动问题。

该刊同时被多个知名文献数据库收录：中国科学院文献情报中心《中国科学引文数据库》和《CNKI 中国期刊全文数据库》；中国科学文献计量评价研究中心《中国学术期刊综合评价数据库统计源刊》和《中国学术期刊综合评价数据库》。

该刊系中国自然科学核心期刊、中国核心期刊（遴选）数据库源刊、中国科技论文统计源刊，为《中国学术期刊（光盘版）检索与评价数据规范》执行评优活动中的《CAJ–CD 规范》执行优秀期刊。

九、《中国地震》

《中国地震》是唯一由中国地震局主管和主办的中文版地球科学学术期刊，1985 年创刊，丁国瑜任主编。内容涉及地球科学的诸多领域：地球物理学、地震地质学、地震工程学、地震预测与预防、历史地震研究、灾害学、地震社会学，以及环境与资源等。主要以发表研究论文为主，也报道相关学科的研究综述与述评、研究进展与动态、研究短讯、新技术与新方法等。主要栏目有：科研论文、综述与述评、科研短文、历史地震研究、新技术与新方法等。

该刊为中国自然科学核心期刊，被日本《科技文献速报》（CBST）收录。

十、《灾害学》

《灾害学》杂志是由陕西省地震局主办，创刊于 1986 年，为国内外正式发行的综合性自然科学季刊，刊登各种有关自然灾害内容的稿件，也兼顾人文灾害的稿件。该刊的创办得到了钱学森、于光运等著名科学家、社会活动家的热情关注和大力支持，目前共有 11 位院士为该刊顾问。

该刊的办刊宗旨是：对各种灾害（自然灾害和人文灾害）进行综合系统地探讨研究；通过对各种灾害事件的分析讨论，总结经验，吸取教训；广泛交流灾害科学的学术思想、研究方法、研究成果；报道国内外关于灾害问题的研究动态和防灾抗灾对策；揭示和探索各种灾害发生演化的客观规律。目的是提高人类抗御灾害的科技水平和能力，最大限度地减轻灾害造成的人员伤亡和财产损失。《灾害学》辟有"理论·思路与争鸣"、"预测·防治与对策"、"灾例·经验与教训"、"人文灾害研究"、"综述·资料与信息"、"救援·应急与管理"等栏目。

《灾害学》杂志为中国科技核心期刊，曾连续两届荣获全国优秀科技期刊评比三等奖。

十一、*Earthquake Research in China*

Earthquake Research in China（ERC,《中国地震研究》英文版）是由中国地震局主办的综合性英文版学术刊物，创刊于 1987 年，季刊，陈颙任主编。

中国拥有 3000 多年的历史地震记载，并且具有抵御地震灾害的丰富经验。在中国，地震分布地域广、震源浅和烈度人，使得中国成为世界上遭受地震破坏最严重的国家之一。据统计，1949 年以来，有 300 多次 6 级以上的地震发生在中国。其中，50 多次 7 级以上的地震，造成重大的人员伤亡和财产损失。中国政府对地震研究工作给予极大的重视，尤其是地震预报工作。近年来，中国在地震观测、地震数据的分析与研究以及地震预测方面均取得大量成果。为了反映中国地震研究和地震预测的成果，促进国际学术交流与合作，主要发表国内外地球科学工作者在地球物理学、地震学、地质学等领域中的重要研究成果，以及中国地震工作的指导方针和政策、地震社会学和地震工作对策等。

十二、*Acta Seismologica Sinica* 和 *Earthquake Science*

Acta Seismologica Sinica（《地震学报》英文版）创刊于 1988 年，是中国地震学会主办的地震学综合性学术刊物，陈运泰任主编。《地震学报》英文版与《地震学报》中文版自 1994 年起内容一一对应，同步出版，国内外正式发行。主要刊登地震学方面的

具有创新性的研究成果和技术成就，也登载与地震有关的地球物理、地震地质、工程地震等的学术论文及研究简报；登载本学科不同学术观点的文章；介绍地震学及其有关的重大学术问题的研究现状和发展；登载与地震学有关的评述文章；反映地震学及其有关科技工作动态。主要栏目有：学术论文、研究简报、学术讨论、综述等。

曾多次获中国地震局科技期刊评比优秀奖、国际交流奖，2002 年第三届中国科协优秀科技期刊二等奖，2003 年第二届国家期刊百种重点期刊奖。

2009 年起，将英文刊名 *Acta Seismologica Sinica* 更改为 *Earthquake Science*（《地震科学》），对期刊的封面、版本以及版式都做了相应的调整。《地震学报》中文版中的一些优秀的论文仍在 *Earthquake Science* 上同时刊登。

十三、《自然灾害学报》

《自然灾害学报》是由中国地震局主管，中国灾害防御协会和中国地震局工程力学研究所共同主办的灾害科学的综合性学术期刊。1992 年正式创刊，双月刊，国内外正式发行。

《自然灾害学报》以反映自然灾害的孕育和发生机理、灾害的预测和预防、灾害的危险性评估、灾害与人类社会的关系及其影响、其他防灾减灾系统工程方面研究成果，促进国内外学术交流为办刊宗旨。主要刊载灾害防御研究，灾害的预测，灾害的危险性评估，农业减灾，气象减灾，城市减灾，减灾方针和管理体制，自然灾害的社会因素，国内外地震灾害损失预测，增强减灾意识，防灾减灾系统工程等方面的问题。

《自然灾害学报》是中国自然科学核心期刊引文数据库来源期刊。曾获中国地震局系统优秀期刊评比一等奖，首届黑龙江省出版精品工程奖提名奖。

十四、*Journal of Earthquake Engineering and Engineering Vibration*

Journal of Earthquake Engineering and Engineering Vibration（《地震工程与工程振动》英文版）由中国地震局工程力学研究所主办，恢先地震工程学基金会（中国）和美中地震工程学基金会（美国）协办，2002 年创刊，半年刊，是反映中国地震工程与工程振动领域最新成果和国外该领域最新进展的学术性期刊，旨在促进国际学术交流，推动地震工程与工程振动学科的发展，减轻地震灾害。

栏目设置：强震观测与分析，结构和工程体系震害评定，土木基础设施的地震危害性和危险性分析，场地效应和岩土地震工程。主要刊登下列内容的综述、研究论文和科研简报：结构和工程体系震害评定，强震观测与分析，土木基础设施的地震危害性与危险性分析，场地对结构的影响和岩土工程，建筑物与生命线系统的抗震性能和设计原理，结构控制，现有基础设施系统的修复策略，结构动力学以及和地震工程相关的阻尼理论的进展，应急传感与监测系统和高性能材料在地震工程中的应用，以及风、波浪和其他动荷载下土木工程结构振动问题。

该刊为美国《科学引文索引》（SCI）和《工程索引》（EI）双检索期刊。2013 年，获得中国科协和财政部、教育部、国家新闻出版广电总局、中国科学院、中国工程院联合实施的中国科技期刊国际影响力提升计划的 B 类资助。

十五、《防灾减灾工程学报》

《防灾减灾工程学报》的前身是 1981 年江苏省地震局主办的《地震学刊》，2003 年改为现名，由中国灾害防御协会和江苏省地震局主办，南京工业大学、河海大学、大连理工大学、上海交通大学、中国科学院武汉岩土力学研究所、广州大学共同协办。刊登内容以防御和减轻各类自然灾害为主，主要包括：地震与地质灾害、气象灾害、爆炸与火灾、植物灾变以及其他对人类生存和社会发展造成危害的各类灾害；涉及领域包括地球物理、地震工程与工程抗震、岩土工程以及与工程有关的气象、水灾、火灾等。更名后，收稿量持续增加，学术质量迅速提高。

现为中国自然科学核心期刊，被俄罗斯《文摘杂志》（AJ）收录。

十六、《地震工程学报》

《地震工程学报》的前身是 1979 年创刊的《西北地震学报》，2006 年改为现名。

《西北地震学报》是由中国地震局兰州地震研究所会同陕西、宁夏、新疆、青海四省（区）地震局以及中国地震局第二监测中心共同创办的地震学学术刊物。办刊宗旨：促进和繁荣我国西北地区地震科技事业，及时报道和交流最新科研成果和技术进步，活跃学术思想，开展学术争鸣，鼓励探索新的学科领域和方向，培养人才，提高地震科技队伍素质和专业水平，为经济建设和防震减灾事业提供服务。主要栏目：地震学、地球物理学、地震地质学、工程地震学、地下流体化学、地震成因、地震观测、地震预报、深部探测、形变测量、勘探方法、大震对策、震害预防、地震安全性评价、抗震救灾应急措施等领域的理论、技术、实验、观测、考察仪器研制方面的成果、论文、评述、动态、报道。

进入 21 世纪，国家对防震减灾工作指导方针做出调整，由地震监测预报和地震科学研究转变为地震监测预报、震害防御、应急救援和科技创新"3+1"工作体系，走综合防震减灾之路。基于防震减灾新形势要求，中国地震局兰州地震研究所决定将《西北地震学报》改名改版，走联合办刊之路。《地震工程学报》由中国地震局兰州地震研究所联合清华大学土木工程学院，依托中国地震学会和中国土木工程学会，联合主办。《地震工程学报》坚持地震科学研究和地震工程并重的办刊原则，在保留了原《西北地震学报》的特色基础上，增设地震工程方面的科技成果。

十七、《防灾减灾学报》

《防灾减灾学报》的前身是 1986 年辽宁省地震局、吉林省地震局和黑龙江省地震局共同主办的《东北地震》，2010 年改为现名，由辽宁省地震局、吉林省地震局、黑龙江省地震局和中国灾害防御协会联合主办。主要栏目：地震监测预报、地震地质、工程地震、深震、火山、仪器研制、计算机应用、防震减灾等。

第四节　应用地球物理学期刊

一、《地质与勘探》

《地质与勘探》是面向矿产勘查生产单位、科研院所和专业院校、矿山企业、地质勘查施工企业的综合性技术期刊，由中国冶金工业部地质勘查总局、有色金属矿产地质调查中心、中国地质学会主办。该刊1957年1月创刊，原为地质部地质局内部刊物，后国内公开发行。1961—1963年停刊，"文革"时再度停刊，1972年复刊。

办刊宗旨：坚持理论联系实际，坚持推广和普及科技新成果，以刊载矿产地质、矿产资源评价、成矿规律与成矿预测、地球物理和地球化学勘查、地质勘探技术、商业地质经济、矿山环境与水文地质、工程地质等专业科研成果为主要内容，理论联系实际，科研指导生产，促进地勘科技成果的应用与发展，宣传和普及地质成果理论知识，提高技术人员的理论素质和技术水平，交流生产实践经验，引进先进技术、方法和新工艺，发现和培养专业技术人才。主要栏目设置：金属矿产，油气资源，煤田地质，海洋地质，地球物理，地球化学，遥感地质，矿产经济，专家论坛，前缘综述，水文·工程·环境，深部找矿，新技术、新方法，境外矿产。

二、《石油物探》

《石油物探》创刊于1962年，是中国最早的一份石油物探科技期刊。最初是原地质矿产部石油地质海洋地质局系统内部交流的刊物。1979年向国内外正式发行，现由中国石化石油勘探开发研究院南京石油物探技术研究所主办。其办刊宗旨是介绍科技成果，推广先进技术，开展学术讨论，交流工作经验，直接为发展我国石油地球物理勘探事业服务。重视能反映石油物探技术动向的新思想、新技术的论文，注重其实用性和针对性。刊登的内容主要是地震、测井、电法、磁法和重力等地球物理勘探新理论、新技术和新成果，以地震勘探为主。栏目设置：科技论文、勘探开发史例、经验交流、综合评述以及学术讨论等。

《石油物探》被美国《工程索引》（EI）收录。

三、《石油地球物理勘探》

《石油地球物理勘探》是伴随中国石油工业的飞速发展而迅速成长起来的综合性科技期刊，创刊于1966年，由石油部646厂主办。1968年停刊，1971年复刊，1980年由内部发行改为公开发行。现由中国石油天然气集团公司东方地球物理勘探有限责任公司主办。其办刊宗旨是及时传播物探技术信息，推广新技术、新经验，促进物探领域的科技进步，坚持为社会主义经济建设服务，力求做到提高和普及相结合，理论和应用并重。主要报道内容：各种地球物理勘探方法（地震勘探、重磁勘探、电法勘探、井中地球物理测试）的新理论、新技术、新工艺和新经验，各种地球物理勘探方法的应用新成果及典型实例，地球物理数据处理新方法，物探技术方面软件开发与应用，地球物理的评述、讨论和论坛，我国知名地球物理学家的生平事迹介绍，国内外地球物理技术发展动态及学术活动，国内外相关刊物题录介绍等。

1992年、1997年荣获全国优秀科技期刊一等奖，1999年荣获首届"国家期刊奖"。被美国《工程索引》（EI）收录。

四、《煤田地质与勘探》

《煤田地质与勘探》创刊于1973年，是煤田地质领域创办时间最长、最有影响力、面向国内外正式发行的煤田地质行业学术与实用技术并重的综合性科技期刊，由中煤科工集团西安研究院主管和主办。其坚持正确的办刊方向和宗旨，致力于交流煤田地质方面的新发现、先进经验、技术革新和科学试验成果等，介绍国内外有关新技术及发展方向。主要栏目有：煤田地质、矿井地质、煤层气、水文地质、工程地质、环境地质、煤田物探、探矿工程和综合信息等。

《煤田地质与勘探》是中国自然科学核心期刊，被美国《工程索引》（EI）、《化学文摘》（CA）收录。曾获第二届全国优秀科技期刊奖，2009年陕西省精品科技期刊奖。

五、《石油勘探与开发》

《石油勘探与开发》（*Petroleum Exploration and Development*）创刊于1974年，由中国石油天然气集团公司主管，中国石油勘探开发研究院主办。以促进石油地质勘探、油气田开发及石油工程理论技术发展为办刊宗旨，以传播、交流最新石油科学技术为目的，报道中国与世界石油勘探地质、油气田开发、石油工程最新理论技术发展动态与研究成果。栏目设置：油气勘探、油气田开发、石油工程、综合研究、学术讨论等。以中、英文两种语言全球同步发行。中文版（国外作者论文翻译成中文）在期刊主页（www.cpedm.com）和中国知网、万方数据知识服务平台、维普网三大期刊数据平台网络发行，同时发行纸质印刷版；英文版在全球最大出版商爱思唯尔（Elsevier）的ScienceDirect平台上全球发行。

《石油勘探与开发》是中国自然科学核心期刊，被美国《科学引文索引》（SCI）、美国《工程索引》（EI）、美国《化学文摘》（CA）、俄罗斯《文摘杂志》（AJ）收录。10次获得"百种中国杰出学术期刊"奖；2012年被评为"中国最具国际影响力学术期刊"；2008年、2011年两次获评国家科技部"中国精品科技期刊"。

《石油勘探与开发》英文版读者分布在包括美国、英国、俄罗斯、伊朗、法国、马来西亚、澳大利亚、巴西等主要产油国在内的83个国家和地区，在学术上国际影响不断扩大，为世界先进石油理论技术进入中国，中国石油工业界的科研成果走向世界搭建了高端科技交流与合作的平台。

六、《测井技术》

《测井技术》于1977年创刊，是国内唯一全面反映中国测井技术发展现状、水平及动向的科技类刊物，由中国石油天然气集团公司主管，中国石油集团测井有限公司主办。

办刊宗旨是：总结、交流我国测井行业的科研成果和生产经验，介绍国外先进测井技术，促进中国测井技术的发展，满足石油工业勘探开发需要。内容涵盖测井技术的理论研究、实验分析、仪器设计与数据采集、测井资料分析处理、石油地质解释、动态监测技术、软件开发、射孔技术以及科技信息动态等，覆盖了与测井相关的各个领域。主要栏目设置：综述，岩石物理研究，方法研究，处理解释，测井仪器，测井应用，动态监测，射孔技术。

《测井技术》是中文核心期刊，被美国《化学文摘》（CA）和俄罗斯《文摘杂志》（AJ）收录。获1992年全国优秀科技期刊奖二等奖，1997年集团公司优秀科技期刊奖，2000年陕西省优秀科技期刊奖一等奖。

七、《物探与化探》

《物探与化探》于1979年创刊，由国土资源部主管，中国地质勘查技术院主办。《物探与化探》与著名地球物理学家、中国勘探地球物理事业的奠基人顾功叙于1957年主持创办并任主编的《地球物理勘探》（1960年停刊）有很深的渊源。《物探与化探》在秉承《地球物理勘探》办刊宗旨的基础上，提出了"面向国民经济建设，促进物探化探科技进步、交流与推广；侧重应用，服务基层；学术性与技术性相结合，生产、科研和教学兼顾"的办刊方针。

《物探与化探》有广大读者群，读者对象是国土资源、环境监查、冶金、石油化工、水利、电力、建设、建材、铁道、煤炭、核工业等行业，以及各大专院校从事地球物理、地球化学及相关专业的生产、科研、教学人员和大专院校学生。该刊具有很强的实用性，既有理论研究又有实际应用，可满足生产单位、科研院所、大专院校科技人员及物化探工作者的需要。

《物探与化探》是中文核心期刊，被美国《化学文摘》（CA）、俄罗斯《文摘杂志》（AJ）收录。1992年在地矿部科技期刊评比中获二等奖；1997年，在中国地球物理学会50周年庆祝大会（北京）上受到表彰。

八、*Applied Geophysics*

Applied Geophysics（《应用地球物理》）是由中国地球物理学会主办的一份综合性应用地球物理专业英文版季刊。原为1989年创刊的英文版《中国地球物理学会会志》（翁文波任主编），2004年7月更改现名，正式创刊，主编范伟粹。

主要报道应用地球物理学在能源、资源、环境、灾害、工程、信息、军事、探测等方面有创新性、高水平的科研成果与前沿性研究，实际应用中的重大突破以及相关边缘学科进展，特别关注应用地球物理学科的最新成就和发展，包括新思想、新理论和新方法；地球物理勘探实例剖析；交叉学科的综合应用。倡导学科渗透、技术综合；突出创新、讲求实效；注重成果并及时跟踪前沿技术研究信息。设有学术专论、科学技术与方法研究、能源资源勘探、工程勘察、资料处理与解释的综合研究、交叉学科的综合应用、典型实例分析、国际交流与合作、专访、专家论坛等栏目。

2009—2012年连续被 SCI 收录。2010 年，经过国际应用地球物理同行评审，被遴选为十大国际应用地球物理杂志之一（位列第七）。

九、《油气藏评价与开发》

《油气藏评价与开发》的前身是《石油物探丛刊》（1978年试刊）、《石油物探译丛》（1981年创刊），1989年改名《勘探地球物理进展》。2010 年，中国石油化工集团公司决定把《勘探地球物理进展》《试采技术》和《华东油气勘探》三种科技期刊并刊发行，取名《油气藏评价与开发》，主办单位是中国石化石油勘探开发研究院南京石油物探技术研究所。办刊方针：坚持面向油田科研与生产，促进我国油田开发技术的提高，加快石油及天然气工业发展的办刊方针。主要报道内容：国内有关油气藏评价与开发工程方面的科研成果和先进经验，并有重点和针对性地介绍国外先进技术、发展水平和方向。栏目设置：油气地质、油气藏评价、石油工程、非常规油气、综合信息等。

参考文献

傅承义. 1988. 中国地球物理学报情况汇报——纪念《地球物理学报》创刊40周年［J］. 地球物理学报，31（6）：611–612.

曲克信. 2007. 光辉的历程——纪念中国地球物理学会成立60年［G］// 中国地球物理学会. 辉煌的历程：中国地球物理学会60年. 北京：地震出版社，1–15.

言静霞，孙群，郭爱缨. 2007. 传承与发展——纪念《地球物理学报》创刊60年［G］// 中国地球物理学会. 辉煌的历程：中国地球物理学会60年. 北京：地震出版社，484–495.

赵九章. 1957. 中国地球物理学会第一次会员代表大会开幕词［J］. 地球物理学报，6（1）.

中国气象学会. 2008. 中国气象学会史［M］. 上海：上海交通大学出版社.

第四篇

中国地球物理学的形成和发展（1949—2015年）

20世纪50年代初，党对科研工作提出了理论联系实际、科研为生产服务的方针，科研机关、大专院校及产业部门密切配合，打基础（建设观测台站，培养干部）、学习苏联、建立日常业务。在地震方面，在苏联专家帮助下，初步建立了全国地震台网，为国家重点工程建设提供了地震烈度资料；在地磁方面，建立了北京、广州、长春等地磁台，出版了1：800万中国地磁图；在勘探地球物理方面（油气、煤田、金属矿探矿），初步掌握了各种现代地球物理勘探方法，为国家资源勘察与经济建设做出了重要贡献；在气象学方面，气候基本资料的整理已有了基础，天气学研究已全面开展；高等教育和培训班双管齐下，培养了一大批地球物理专业人才。到50年代中期，地震学、地磁学、勘探地球物理学和气象学等分支学科体系初步形成。

1956年，中国决定参加国际地球物理年（1957年7月—1958年12月）活动，成立了中国委员会开始进行筹备。参加科学观测的项目有世界日、气象学、地磁学、地震学、太阳活动、宇宙线、电离层、经度与纬度等8项。其间因国际上有人制造"两个中国"的局面，中国政府声明退出此项计划，但原定的各种观测活动照常进行。国际地球物理年期间，苏联发射成功世界上第一颗人造地球卫星。国际地球物理年活动对于推动中国地球物理学各分支学科的建立和发展起到重要作用。1958年，人造地球卫星研制列为中国科学院第一项重大任务。为此，中国科学院地球物理研究所专门成立了二部，负责人造卫星科学问题研究，同时发展空间物理学。

20世纪五六十年代是中国地球物理事业发展的辉煌年代。地球物理学家为50年代大庆油田的发现和其后的"两弹一星"事业做出了重要贡献。1982年，"大庆油田发现过程中的地球科学工作"荣获国家自然科学奖一等奖，地球物理学家翁文波、顾功叙名列23位获奖者名单之中。1999年国庆50周年前夕，地球物理学家赵九章、钱骥和其他21位科学家一起荣获国家颁发的"两弹一星功勋奖章"。

1966年3月，河北省邢台地区发生强烈地震。邢台地震是新中国成立后首次遭受严重破坏和伤亡的一次地震，引起党和国家的高度关注。紧接着"文革"爆发，地球物理学发展面临巨大挑战。

　　邢台地震而后十年（1966—1975年），正值中国大陆地震活动进入高发期。中国地球物理学家努力排除"极左"思潮干扰，全力投入地震监测和地震预报探索实践。经历了1975年海城地震的成功预报的喜悦和1976年唐山地震漏报的教训。认识到，在地震预报工作中地球物理学任重道远。"文革"中少受干扰的是与"两弹一星"等军工任务有关的地球物理工作以及产业部门的勘探地球物理工作。

　　1978年，中国共产党第十一届三中全会做出了全面实行改革开放的重大决策。中国科技事业发展迎来了春天。"文革"之前17年，初步奠定了发展地球物理学的坚实基础，全国设有地球物理专业的20余所高等院校培养出数以万计的地球物理专门人才，造就了一批杰出的地球物理学家。改革开放后，他们的聪明才智得到充分发挥，走出国门，广泛参与地球物理国际组织、国际计划和学术交流活动，许多人开始在国际组织中任职。以新的全球构造理论——板块构造学说为指导，把信息技术的最新成果应用于地球物理，中国地球物理学进入了全方位的大发展时期。

　　1998年，党中央、国务院做出建设国家创新体系的重大决策，决定由中国科学院开展知识创新工程试点。实施知识创新工程的关键是科研思路的转变。在推进国家创新体系建设中，中科院初步实现了由单纯以学科为主进行科技布局向根据国家战略需求和科技发展态势聚焦创新目标并优选创新领域的转变，由以跟踪为主向以原始科学创新为主的转变，由以模仿为主向关键技术自主创新与重大系统集成为主的转变，由以分散的研究模式为主向加强跨学科、跨所力量的组织与凝聚、产学研紧密结合的转变。

　　进入21世纪，中国地球物理学进入了与世界同步、全方位发展的新阶段。除地震学、地磁学、地电学、重力学、地热学、核地球物理学、地球内部物理学、地球动力学、空间地球物理学、海洋地球物理学、勘探地球物理学等传统地球物理学研究领域外，充分发挥地球物理学在地球科学中的先导作用和学科综合优势，根据国家发展战略需求，形成了一些新的学科生长点，如环境地球物理学、军事地球物理学、考古地球物理学、天灾预测研究等。

第一章
地 震 学

　　地震学一词是英国学者在 1858 年发明的。19 世纪后半叶，观测手段的发展和理论研究的进步，奠定了现代地震学的理论基础。人们早期关于地球内部结构的认识，主要来自地震学的研究成果。地震学在人类认识地球、减轻自然灾害方面发挥了重要作用。中国的现代地震学是在 19 世纪末 20 世纪初，由外国传教士在中国领土上建立观象台并进行地震观测开始的。1949 年新中国成立后，中国地震学获得了飞跃发展。新中国成立初期，地震观测和一些地震工程研究主要采取了苏联的技术和理论。随国家的发展，中国地震学也广泛吸收了欧洲、美国和日本等国地震学的研究成果，经过半个多世纪的努力，中国地震学的研究大体上已经做到与世界地震学研究的同步发展，在整个学科发展中做出了自己的贡献。

　　中国是一个地震多发的国家，历史上曾经发生过多次强烈地震。新中国成立以后发生的几次强烈地震给人民生命财产造成巨大损失，同时也推动和激励了地震学的发展。仅从 1966 年到 1976 年的 10 年间，在经济发达、人口稠密的地区就发生了一系列强烈地震，例如 1966 年 3 月河北省邢台地区发生的 6.8 级、7.2 级地震，造成 8000 余人死亡，倒塌房屋 508 万余间。1970 年 1 月云南通海 7.7 级地震，造成 15 000 余人死亡，倒塌房屋 33.6 万余间。1976 年 5 月云南龙陵 7.3 级、7.4 级地震，人员死亡 98 人，倒塌房屋 42 万余间。1976 年 4 月内蒙古和林格尔 6.2 级地震，死亡 28 人，房屋倒塌 3 万余间。特别是 1976 年 7 月，河北唐山 7.8 级地震，24 万余人死亡，65 万余间房屋倒塌。这次地震，震撼了全国，引起了从党中央、国务院到广大群众对地震的高度重视。即便在"文革"时期，地震工作也没有停顿，不仅保留了较为完整的一支地震工作科研队伍，而且还有所发展。20 世纪 70 年代后期，"文革"结束后，中国地震学界很快就打开了国际交往和海峡两岸交流的大门，走向世界。这在当时的学术界是最先在这一方面取得突破的。频繁发生的大地震，也推动了中国地震学的发展。中国地震学家活跃在国际地震学界，在国际地震学主要学术刊物上发表的论文逐渐增多，其影响不断扩大，学术地位不断提高，在国际地震学术组织中也有了越来越多的中国地震学家担任领导职务。

从 20 世纪 60 年代的邢台地震到 2008 年 5 月四川汶川 8.0 级地震，中国地震学研究发生了巨大变化。在地震预测探索实践中，积累了丰富经验。从汶川地震中获取的信息和取得的科研成果看，在震源过程、地震构造、强地面运动等方面都获得了比以前更多的认识。在抵御地震这一自然灾害的进程中，又向前跨进了一步。

新中国成立以来，特别是 20 世纪 70 年代以来，中国地震研究的成果表现在如下几个方面：

历史地震学是中国的独特研究领域，也是中国古代文明对现代地震学发展做出重要贡献的证明。20 世纪 50 年代初，在中国建设发展和减灾需求的推动下，中国地震学家和历史学家联手开创历史地震学研究先河。由于中国历史地震记载悠久、内容丰富，到 20 世纪后半叶，中国历史地震研究就取得了举世瞩目的成果：获得了跨越 3000 年以上的历史强地震目录及相应灾害记载，成为抗御地震灾害研究的宝贵基础资料；建立、发展和完善了全国、区域和地方三级地震观测系统和地震前兆观测系统，形成了中国自己的地震仪器和前兆观测仪器的设计和生产体系；形成了经验性和综合性的地震预报研究思路和渐近式的地震预报工作程序，对地震前兆现象进行了系统的清理和研究，建立了京津唐张地震预报试验场和滇西地震预报试验场；通过地球物理探测研究和地质研究，得到中国大陆及邻近地区的深部结构、构造运动和地球物理场的基本图像，对青藏高原的研究和对大别山超高压变质带的研究等因其在地球动力学中的重要意义受到国际地学界的普遍关注；对一系列破坏性地震进行了详细的现场调查，积累了丰富的基础资料；及时将国际上新近发展起来的概念和方法以及其他学科领域中的新的方法和技术引进地震研究，在理论、观测、实验和计算等方面，初步建立了具有中国特色、与国际接轨、具有自主创新能力的地震学研究体系（陈运泰等，2003）。

第一节　历史地震学

中国地震频繁，灾害严重，地震史料文字记载丰富而悠久。早在公元前 2222 年帝舜三十五年，就有"墨子曰：'三苗欲灭时，地震泉涌'"（《墨子》《太平御览》）的记载。自公元前 1401 年商王盘庚迁都殷（改国号为"殷"）开始，历代朝廷都设吏官辑记国家大事，地震被作为灾情大事记录下来。《竹书纪年》《诗经》《吕氏春秋》等著名古籍中，以及《史记》《汉书》《新元史》《太平御览》《古今图集成》《续文献通考》《清史稿》等古书和大量地方志书中，都有很多地震灾情记录。地震史料还存在于大量档案、碑帖、家谱等史料乃至野史中。历史地震学的主要任务是，将分散在不同历史时期、各种文献资料中的地震记载整理出来，使之成为一个系统的专项的记载，为地震研究提供基础资料。

一、中国历史地震资料搜集和整理

（一）编辑《中国地震资料年表》

1953 年中国实施第一个五年计划，国家开始大规模经济建设。在建设设计时需要根据地震烈度进行抗震设计。当时，地震观测资料很少，无法满足这种急需。在中国古代文献中有大量的历史地震资料，可以通过历史地震资料为地震烈度鉴定提供科学依据。为完成这项工作，中国科学院成立了地震工作委员会，李四光为主任委员，下设地质、历史、综合三个组。由历史组范文澜、金毓黻和综合组李善邦主事，经中国科学院地球物理研究所和历史第三研究所密切配合，在几所大学和北京市有关单位大力支持下，历时 2 年，翻阅了 8000 余种古今中外文献，从中摘出地震记载 15 000 余条，包含自公元前 1831 年（夏朝）以来的 10 000 余次地震，编辑成《中国地震资料年表》上、下册，1956 年底出版（中国科学院地震工作委员会历史组，1956），成为研究中国历史地震的基础资料。《中国地震资料年表》的出版是国家经济建设的急需，也是对中国地震学界乃至世界地震学界的巨大贡献。由于受当时历史条件所限，宁波天一阁、上海徐家汇等一些重要图书馆藏书和大量地方志、野史、档案、碑帖、家谱等尚未查阅或未被发现，难免遗漏，还有待继续补充完善。

1957 年初，中国科学院地球物理研究所赠书《中国地震资料年表》给日本东京大学地震研究所。日本著名历史学家、地震学家庆松光雄自 20 世纪 30 年代末开始终其一生致力于中国历史地震研究。在他最先读过《中国地震资料年表》后，对该书给予了积极评价，同时从学术研究角度出发，结合自己的研究成果对该书提出了批评意见，并两次致信郭沫若院长，引起了中国科学院的重视。庆松光雄的批评意见可概括为三方面：一是地震发生时间中西历换算上有误；二是地震事件史实有误；三是对国外同类研究工作引用不够。应中国科学院地球物理研究所请求，庆松光雄将其意见整理成文，于 1972 年正式发表《〈中国地震资料年表〉批判》（庆松光雄，1972）。

庆松光雄严谨的治学态度值得赞赏，他的批评意见大部分是对的（吴开统，1994），其主要学术观点对于推进中国历史地震研究具有积极意义。

（二）编辑《中国地震历史资料汇编》

1977 年，中国科学院、中国社会科学院和国家地震局联合成立中国地震历史资料编辑委员会和总编室，谢毓寿任总编室主任。在《中国地震资料年表》基础上，编委会组织力量查阅包括过去从未使用过的古藏文档案、清代满文档案、民国档案、海关档案、各种善本和抄本的历代地方志、各地的特藏文献和碑帖、题记等。同时通过出国访问、交流，广泛搜集了各国地震台站的观测报告和中国台湾、香港等地的地震资料。历经 5 年，查阅了 2 万余种各类文献资料，从中摘出地震资料 5 万余条，校订和统一地震台网观测的地震参数 2 万余组。最终编辑成 5 卷 7 册约 700 万字的《中国地震历史资料汇编》，1983 年正式出版（谢毓寿和蔡美彪，1983）。

《中国地震历史资料汇编》记载的历史地震条数比《中国地震资料年表》增加了2倍多，并考证修订了《中国地震资料年表》中的几百处错误，解决了专家学者们对地震史料记载中长期争论的一些问题，将中国有文字记载的地震历史上溯到公元前23世纪的帝舜时期。《中国地震历史资料汇编》的问世受到国内外专家学者的高度评价，1987年中国图书评委会授予该书编者国家图书奖，1989年国家地震局授予该书编者科学技术进步奖一等奖。

二、中国历史地震资料的分析与研究

（一）编辑地震目录

1954年，时任中国地震历史资料编辑委员会副主任委员的李善邦，在完成《中国地震资料年表》编辑工作后，立即组织人员分析年表中的每一次破坏性地震的发震时间、震中位置、地震强度等参数和破坏范围、影响范围，并把近代有仪器观测的地震参数采纳进来，确定了自公元前1831年至公元1955年的1180次地震（震级 $\geqslant 4\frac{3}{4}$），编辑成《中国地震目录》第一集（李善邦，1960a）。接着，研究人员又以县为单位按地区分编，把全部地震分列到全国2000多个县名下，同时总结出各县的地震基本烈度，编辑成《中国地震目录》第二集（李善邦，1960b）。这两集地震目录为研究地震活动和地震区域划分提供了基础依据。

以后中国几次续编和修订地震目录，主要是新增加了仪器记录的地震。闵子群等主编的《中国历史强震目录》，包含了对1911年前的历史地震的部分修改，主要是对有争议的事件分别做了专题研究，删除了一些非地震事件，将有疑义的事件编入附录；对1604年、1695年等6次特大地震的震级或震中位置作了修改；增加了1411年和1833年2次西藏8级地震，订正了14次7级以上的地震参数。

（二）编辑历史地震等烈度图

20世纪50年代后，中国学者根据历史记载资料和宏观地震调查资料，分析编绘出较完整的（有3条以上等震线）等烈度线图300余幅。历史地震涉及的地名及其地理内容与现在的有所不同，震中位置、地震破坏程度和范围有些不实之处，历史地震记载详简不一。为尽量真实地反映历史地震，1983年国家地震局地球物理研究所、复旦大学中国历史地理研究所联合主编，地图出版社、上海市地震局参与合作，共同编辑出版了《中国历史地震图集》，分远古至元代时期、明代时期和清代时期三分册，先后于1986年、1990年出版，共含近600幅历史地震的等烈度线图（国家地震局地球物理研究所和复旦大学中国历史地理研究所，1986，1990）。

（三）历史地震现场考察

1950年后，中国科学院地球物理研究所组织过多次历史地震现场考察。绝大多数地震考察结果均已汇编成册。其中，时振梁等编辑的《中国地震考察》第一卷和第二卷，由地震出版社于1987年、1990年先后出版。该书刊载了1917年至1970年的65

次地震调查（考察）报告。

（四）历史地震震级表

1958 年，李善邦根据中国 1906—1955 年 33 次地震的仪器记录，分析总结出适用于处理中国历史地震震级的公式，进而编制成《实用震级表》。该表将地震历史资料与仪器记录资料联系起来。

1995 年，闵子群在主编《中国历史地震目录》时，考虑到地区性特点，建立了中国大陆东部地区、西部地区和台湾地区的震级 – 震中烈度关系式；对于低烈度的地震，给出了等震线范围与震级的经验关系式。

第二节　地震观测系统建设

地震学是一门观测的科学，地震观测是地震学的基础。地震学的研究成果在很大程度上有赖于地震观测的结果。

1950 年 4 月，中国科学院地球物理研究所在南京成立，李善邦主持地震研究工作。他首先把南京水晶台地震台和鸡鸣寺地震台的地震仪器集中在一起建立了鸡鸣寺地震台，1952 年 5 月 31 日开始观测记录，新中国的地震观测研究事业开始起步。

新中国成立至今，中国地震观测从当初只有 1 个地震台、3 名工作人员的极为微弱的观测力量发展到拥有强大观测能力、覆盖全国的完备的地震台网；完成了数字化进程，并且已经成为全球最先进的地震观测体系的重要组成部分。

一、中国大陆地震观测系统的建立与完善——模拟地震记录阶段

（一）全国地震观测台网的建立

新中国成立后，国家把建设重点放到了地震活动性较强的黄河流域诸省市。为了确定建设地区地震危险性，一方面，要搜集历史地震记录，进行评估；另一方面，监测这一地区近期地震活动，建立地震台站。为此，1951 年中国科学院地球物理研究所李善邦研制成功 51 式地震仪。为了培养地震观测人员，中国科学院地球物理研究所自 1953—1956 年先后举办了三期短期地震培训班，从甘肃、陕西、山西等省抽调 100 多名年轻干部，进行短期培训，由李善邦亲自主持（图 4-1-1）。1954—1956年，用 51 式地震仪建起了中国第一个地震观测台网，分布在 9 个省区的 21 个台站，这是中国第一个大范围的中强地震观测台网（《当代中国的地震事业》编委会，1993）。

（二）全国基本地震台网的建立

为了发展中国地震事业，需要建立具有高灵敏度的基本地震台网。

图4-1-1　中国科学院地球物理研究所赵九章所长（前排左一）、顾功叙副所长（二排左二）
及李善邦（前排右一）、傅承义（二排左一）与第一届、第二届地震培训班学员合影

　　1956 年，中国引入当时比较先进的苏联生产的基尔诺斯（基式）地震仪，其频率
特性为在 0.2~10s 范围内是位移平坦型，放大倍数为 1000~3000 倍，电流计与地震计
之间采用电磁耦合，照相记录，适于记录大震和远震。随后中国又仿造了一批基式仪。
除基式仪外，通过引进加技术改进仿造了一批万倍级的哈林式微震仪和维开克短周期
地震计。

　　1956 年，中国决定参加 1957 年国际地球物理年活动（1957 年 7 月 1 日—1958 年
12 月），地震学作为主要观测项目，对全国基本地震台网建设是个有利推动。1957 年
3—5 月，用中国生产的基式地震仪先后建立了昆明、成都、兰州、南京、上海佘山、
拉萨、广州、北京等 8 个基本地震台，7 月 1 日正式投入地震观测，一个符合国际地
球物理年规定标准、具有当代水平的地震观测台网在中国建成了。1958 年前后，在原
有的长春、西安、包头中强震台站上配备了基式地震仪，并增设了武汉基本台。至此，
全国兴建的第一批 12 个基准台的任务完成了。

　　1960 年后又新设立了乌鲁木齐、喀什、泰安、高台、格尔木等基本台，同时还在
银川、西宁、太原、大连等原有台增加了基式地震仪。此外，1965 年中国科学院昆明
地球物理研究所设立了贵阳地震台。1966 年邢台地震、1969 年渤海地震后，沈阳市科
委筹建沈阳地震台，1971 年国家地震局将其改名沈阳地震基准台。黑龙江省牡丹江地
区科技局建立了牡丹江地震台。由 24 个基准台组成的全国基本地震台网形成，其中多
数台站还同时设置了高放大倍率的仿苏短周期地震仪。该台网能监测全国大部分地区
发生的 4 级以上的地震，基本观测资料先后参加了国际交换，使中国地震工作进入国
际行列。

（三）地震观测设备的研制

1951 年，李善邦在其 20 世纪 40 年代研制的霓式地震仪基础上，经过改进，重新研制成功大型和小型两种 51 式水平向地震仪（图 4-1-2）。同年，许绍燮、张奕麟研制成功每日钟差仅有 0.5 秒的天文钟，作为 51 式地震仪的时间服务系统。而后，又在 51 式地震仪基础上发展成 513 型中强震仪。1958 年，许绍燮、张奕麟研制了电子管放大器和熏烟笔记录器，与维开克地震计配合组成 581 型微震仪。

图4-1-2　大51式地震仪（左）、小51式地震仪（右）

20 世纪 50 年代，中国地震仪器研制主要是仿制苏联的地震仪为主，如基式地震仪、维开克地震仪、哈林地震仪以及一些工程地震仪。60 年代，进入了自行研制地震仪的迅速发展阶段。中国科学地球物理研究所设计并研制了一系列模拟记录地震仪。例如：琴朝智等研制出 62 型电流计照相记录短周期地震仪，62 型地震计曾在中国第一个有线传输地震台网（638 台网）的建设中发挥过重要作用；王耀文等研制的由 64 型地震计及附件组成的 64 型短周期地震仪，一般在区域地震台站使用；陆其鹄等研制出由 65 型地震计及附件组成的适于流动地震观测的 65 型短周期地震仪；琴朝智、沈梦培主持研制出 DD-1 型墨水笔记录的短周期地震仪，该型地震仪在全国地震基准台网和区域地震台网上得到广泛应用；赵子玉、赵松年、孟繁喜等研制出 DK-1 型墨水笔记录中长周期地震仪，安装于全国地震基准台，主要用于地震速报；琴朝智主持研制的 763 型长周期地震仪，是全国地震基准台网基本设备之一；李凤杰主持研制的 JD-2 型深井地震观测系统，1981 年以后在全国 10 多个省市的 60 多个台站配装，解决了大城市及平原地区地震的有效监测问题（李凤杰等，1995）。由 DD-1 型、DK-1 型、763 型 3 种地震仪（图 4-1-3）组成的全国基本地震台网的地震观测频带与美国建立的世界标准地震台网（WWSSN）具有相接近的频带。

（四）区域遥测地震台网的建设

1966 年 3 月 8 日和 22 日，河北邢台连续发生了 6.8 级和 7.2 级强烈地震，造成严重破坏和人员伤亡。为保卫首都，迅速掌握北京及周边的地震活动状况，3 月 23 日经由周恩来总理决定在北京地区建立有线传输的地震监测台网。中国科学院地球物理研

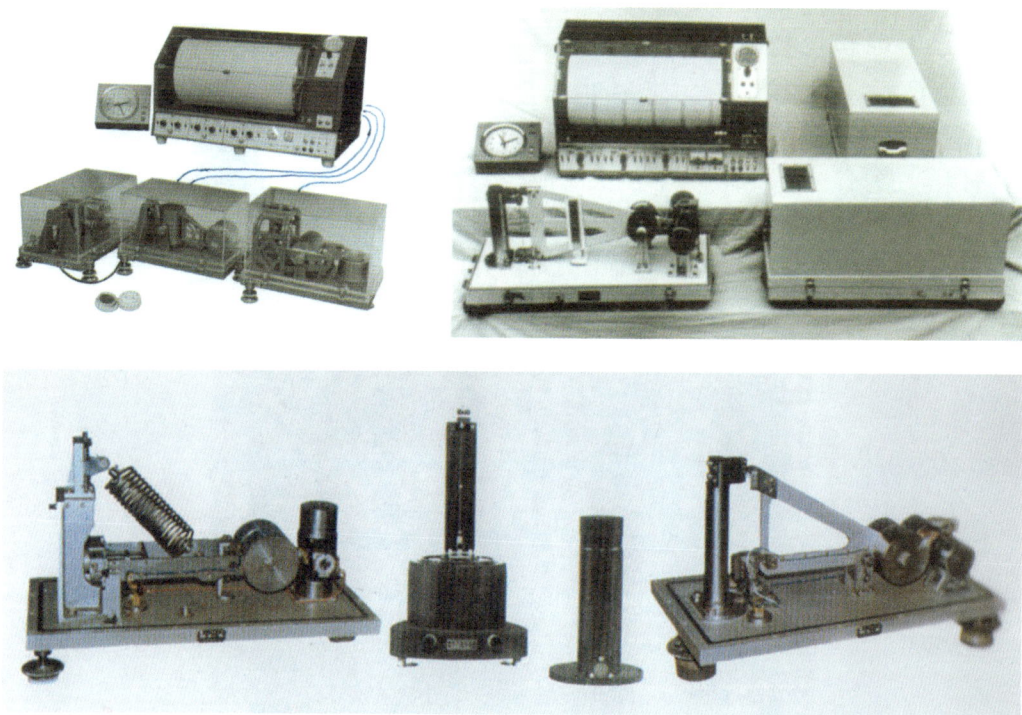

图4-1-3　DD-1型地震仪（上左）、DK-1型地震仪（上右）、763型地震仪（下）

究所承担了北京区域遥测地震台网的建设任务，由许绍燮、张奕麟、曲克信等具体组织实施。在国家邮电部门的大力支持下，仅用了8天时间，就完成了设计、选台、基建、仪器安装和调试工作，含8个子台、由8条专用电话线传送地震信号的遥测地震台网于4月1日建成。它是中国首次将电信遥测技术应用于地震观测的台网，也是世界上较早建成的区域遥测地震台网之一（中国地震局地球物理研究所，2006）。

1975年2月4日辽宁海城7.3级地震后，为了加强北京、上海两大城市和地震多发地区的地震监测能力和大震速报能力，中国对北京遥测地震台网进行了改造和扩建，还新建了上海、沈阳、兰州、成都和昆明5个区域电信传输地震台网。北京台网由原来8个子台、单分向短周期仪器配置、人工分析处理数据的台网，扩展为21个子台、20套十万倍级或万倍级短周期、10套千倍级或百倍级中长周期、5套十倍级中强震地震遥测，同时拥有笔绘记录和模拟磁带记录并行，计算机实时数据采集处理与人工分析相结合的大型区域遥测地震台网。1978—1979年，北京遥测地震台网进行了重大技术改造，对台站和记录中心进行了标准化和正规化建设。新建的上海、沈阳、兰州、成都和昆明等5个区域电信传输地震台网，其规模和设备配置与北京台网类同。

为建设这六大区域地震台网，1976—1982年国家地震局组织实施了"768工程"（电信传输地震台网观测分析处理系统项目），它是一个从设计、研制、生产、技术集成到工程建设的庞大系统工程。该工程总体设计组组长为张奕麟，副组长为庄灿涛。"768工程"是一个综合性科技工程项目，历经7年的攻关和技术开发，1982年12月圆满通过了国家地震局组织的验收和鉴定（庄灿涛和杨晓源，2006）。6 个区域台网建成后，网内地震监测能力一般为 M_L 2.0~2.5；由于配有不同放大倍率的仪器，还可记录区域内 M_L 5.0 级、国内 6.0 级和国外 7.0 级地震，使大地震的速报时间从以前的数小时提高到建网后的 20 分钟以内。"768 工程"是中国地震观测发展史上的一座重要里程碑。

"PTY-8 地震遥测设备"是为六大区域电信传输遥测地震台网设计的主要传输设备，由张孟申、周公威与上海电信设备二厂人员共同研制（图 4-1-4）。它在 1 个电信载波话路（300~3400Hz）上可同时传输 8 路地震信号，与 PAM 设备配合可用其中 1 路传输 3 路中长周期地震信号或 6 路长周期地震信号，与 PCM 设备配合可用其 1 路传输多种地震前兆信号。以上六个区域台网的成功建设和运行，为其他地区加强地震监测提供了经验。1985—1998 年，西昌、银川、呼和浩特、太原、临汾、郑州、邯郸、嘉祥、南京、汕头、大同、天津、唐山、乌鲁木齐等 10 余个无线遥测台网陆续建成（后统一更名为遥测地震台网），大大提高了各自地区的地震监测能力和速报能力。

图4-1-4　PTY-8地震遥测设备（左图为发送机，右图为接收机）

（五）走时表编制和地震定位方法的不断改进

地震观测系统的首要任务是地震定位，区域台网建立后，对区域地震的定位使用过和达法、石川法等较为普遍使用的办法。远震定位则使用国外学者编制的全球平均走时表（J-B 表）。为提高定位精度，中国科学院地球物理研究所于 1971 年组织人员研制中国地区地震走时表，该项研究搜集、整理 500 多个台站记录到的境内外 200 多次地震的记录，得到 P 波和 S 波到时数据 20 000 多条，采用当时先进的计算方法，得到适合中国情况的走时表。使用这个走时表后，定位精度明显高于使用（J-B 表）的结果。在这之后，甘肃、江苏等地也编制了适用于当地的走时表。20 世纪 80 年代以后，由于计算机在地震学界得到越来越广泛的使用，一些新的定位程序和方法也陆续引入国内，如 HYPO71 定位程序、主事件法、双差法定位程序等。80 年代中国地震学家开始运用震源位置和地壳速度结构联合反演的技术，以后逐步发展成层析成像技术，为地震发生发展环境带来很多新的认识。

二、地震台网建设的数字化进程

20 世纪 70 年代之前，地震仪记录都是采用模拟记录方式，称之为模拟地震仪。70 年代后数字技术迅速发展，在地震记录中被广泛采用，形成了地震记录系统一个波澜壮阔的数字化进程。

在数字化进程的前期，地震信号仍以模拟量的方式进行传输，到达台网中心后，通过计算机系统的模／数转换模块的转化才变成数字量。这一技术方式只是在存储环节和随后的分析中是以数字的形式进行，从获得地震的信息而言比较过去的模拟记录地震仪并没有很大的改进。这一技术方式在 70 年代后期开始在国内外的地震记录系统得到应用，因为它可以充分利用已有的模拟观测系统，应用范围很广泛，中国的一些区域台网在这一时期也都采用过这种技术。一直到 90 年代才逐步被宽频带数字地震观测系统所取代。

20 世纪 70 年代后期，美国的一些仪器制造企业陆续开发出数字地震仪，地震动的电信号经放大、滤波后即进行模／数转换成为数字信号，之后的传输、处理、记录环节等都是以数字方式进行，这一模式加上电子反馈技术在传感器环节的应用，形成了新一代的宽频带、大动态数字地震仪，为地震记录系统带来革命性的变化。通过国际合作和技术引进，中国地震局地球物理研究所、工程力学研究所等单位于 80 年代初期先后装备了数字地震仪，并用于地震观测。这表明尽管由于历史的原因和"文革"的破坏，中国数字地震设备的研制与世界先进水平相比有较大差距，但数字化的地震观测研究与国际先进水平相比差距并不大。

（一）中国数字地震台网（CDSN）建设

1983—1987 年，根据 CDSN 中美地震科技合作协议，中国国家地震局与美国地质调查局（USGS）合作建成了中国数字地震台网（CDSN）。该台网包括：北京、兰州、恩施、昆明、琼中、上海、乌鲁木齐、海拉尔、牡丹江等 9 个台站，及位于国家地震局地球物理研究所的 CDSN 数据管理中心（DMC）和台网维修中心（NMC）。CDSN 采用国际上先进的硬软件设备。台站记录分为 4 个频带：短周期（SP）、中周期（BB）、长周期（LP）、甚长周期（VLP），数据采样率分别为 40，20，1，0.1 sps，地震记录动态范围为 120 dB。1987 年 10 月，该台网通过中美双方联合邀请的国际地震专家组的技术评审和验收，投入正式运行，正式向国内外研究团体提供地震数据。CDSN 是国内最早建成的全国规模的数字地震台网，也是国际上技术一流的台网，它产出的高质量地震数据及其高运行率在国际地震学界享有盛誉，该国际合作项目的实施促进了中国数字地震观测技术发展，也为中国数字地震学研究起到了开路作用。曲克信为 CDSN 中美合作项目中方主任。牟其铎为 CDSN/DMC 负责人，周公威为 CDSN/NMC 负责人。1993—2001 年，CDSN 执行了二期技术改造计划，主要包括：增设西安台和拉萨台；用智能化的台站设备更换原有设备，产出具有国际地震数据交换标准格式（SEED）的大动态范围地震数据（140 dB），将 STS–1 地震计原来的宽频带数据信道（5~0.04Hz）改为其宽带信道（8.5~0.003Hz），并由触发改为连续记录；更新 CDSN/DMC 的 SUN 计算机网络系统及应用软件包；实现了地震数据由台站向 CDSN/DMC 的实时传输（中国地震局地球物理研究所，1995）。1990 年后，由周公威担任 CDSN 中美合作项目中方第二任主任。2002—2007 年，中方在数据管理中心自主开发了 CDSN 数字地震实时分析系统（周公威等，2007）。

（二）数字地震观测系统的自主研发

20 世纪 80 年代初期，中国地震学界由于使用国外制造数字地震仪，在观测和研究方面迅速缩小了与国际先进水平的差距，与此同时数字设备的自主研发也在加快进行。

1. 数字地震观测设备及软件研制

"八五"期间（1990—1995 年），中国科技人员设计研制了多种数字地震观测设备和相应软件。数字化地震仪器，如 JC–V100–1 型便携式短周期地震计、JC–V100–3D 型便携式三分向短周期地震计、FBS–3 型三分向宽频带地震计、SLJ–100 型三分向加速度计、JCZ–1 型超宽频带地震计、SMA–100 型数字强震仪等（图 4–1–5）。还研制了多种地震数据采集器、GPSC 型数字钟、DSTx 型数字地震无线发射机、DSRx 型数字地震无线接收机等。其中 JCZ–1 型超宽频带地震计频带在 DC（直流）~20Hz 之间，其加速度特性在 DC~60s 之间呈平坦型，速度特性在 360s~20 Hz 呈平坦型，技术水平达到国际先进。

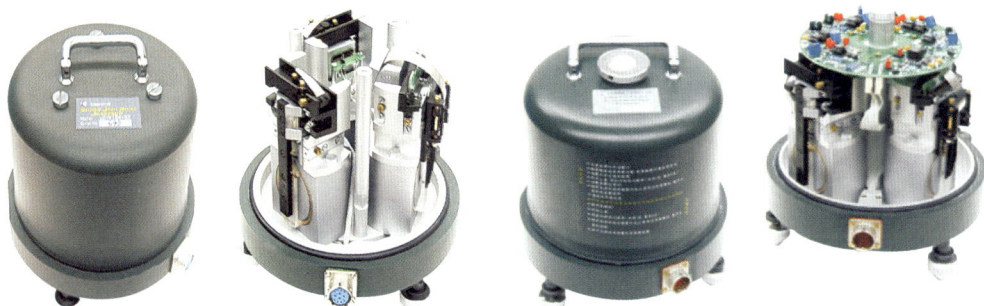

（a）JC–V104型便携式三分向短周期地震计　　　　（b）FBS–3型三分向宽频带地震计

（c）SLJ–100型三分向加速度计　　　　（d）JCZ–1型超宽频带地震计

图4–1–5　数字地震计

研制的软件系统包括：EDPS-MCR 型 PC/UNIX 多路实时数据汇集软件包，EDSP-RTS（SUN）型台网地震数据实时处理软件包，EDSP-RTS（PC）型台网地震数据实时处理软件包，EDSP-IAS（SUN）型台网地震数据分析处理软件包，DESP-IAS（PC）型台网地震数据分析处理软件包（孙其政，1999）。

2. 全国地震卫星速报台网建设

1995 年中国开始建设全国地震卫星速报台网，在当时的条件下，技术难度相当大。最终建成的台网含沈阳、武汉、泉州、贵阳、呼和浩特、成都、喀什、上海和高台等 9 个台，采用电动换能反馈型宽带地震计（频带 20s~20 Hz）和 DST-2 型数据采集器，16 位定点数据，动态范围达 90 dB 以上，采样率为 10 sps。台站采用短波接收时钟，台网中心用 GPS 接收的时钟。该台网的数据传输选用了中国通信广播公司的 VNET 数据卫星系统的卫星数据网。该卫星速报台网于 1996 年 12 月通过国家地震局的验收，投入正式运行（庄灿涛和杨晓源，2006）。

从 2002 年 1 月 1 日 0 时起，该台网的大地震速报工作，转由后来建设的"中国国家数字地震台网"承担。

（三）国家数字地震台网的建设

"九五"期间（1996—2000 年），在国家的大力支持下，中国的数字台网建设得到了高速发展，中国地震局建成了由 48 个数字地震台、中国地震卫星通信专用网、1 个国家地震台网中心、1 个台网备份中心组成的国家数字地震台网。台站设备主要有 JCZ-1 型超宽带地震计、FBS-3B 宽频带地震计、EDAS-3.24 型地震数据采集器。台网中心配置了相应的计算机硬、软件系统，具有地震参数快速测定、产生地震速报目录、编制台网观测报告及地震目录等功能，并向用户提供数据库、图件库、软件库和磁介质服务。该台网可实时监测发生在中国境内的 $Ms \geqslant 3.5$ 地震。

"九五"期间，先后完成了区域台网内有人值守的 33 个台站的数字化改造，包括六大区域遥测地震台网在内的 21 个区域遥测地震台网的数字化改造。装备了宽频带地震计和 16 位地震数据采集器等设备。数据传输方式多样化，多为公用通信网的 DDN 或自建的超短波无线、扩频微波等方式。此外，还为多地震的省市地震局配置了 146 套流动地震仪，用于流动地震观测（庄灿涛和杨晓源，2006）。数字强震台网包括 50 个固定台站，还配备 30 套流动台站设备，并在首都圈建立 1 个强震遥测台网，其全国数据中心设在中国地震局工程力学研究所。

"十五"期间（2001—2005 年），中国地震局实施了"中国数字地震观测网络工程"计划，除了进一步扩大国家数字地震台网的规模外，还对已有数字地震台网进行升级改造。主要内容包括：①区域数字地震台网的观测频带由 20s~20 Hz 速度平坦型扩展至 60s~20Hz；②新系统可通过互联网络实时传送波形数据，新数据采集器允许台站存储大量地震观测数据供用户临时调用；③国家数字地震台网的台站数由 48 个扩展为 150 个，其中有 7 个台建在中国周边国家。区域数字地震台网由原来的 19 个增加到 31 个；④新建由 600 套地震仪构成的流动数字地震观测系统，用于地震现场应急观测和科学研究；⑤除扩建原长白山天池、云南腾冲、黑龙江五大连池 3 个火山监测台网外，又新建海南琼北、长白山龙岗、黑龙江镜泊湖 3 个数字化的火山监测网（庄灿涛和杨晓源，2006）。

中国数字强震动台网项目完成了固定强震动台站、地震动强度速报台站、专用台阵、国家强震动台网中心、区域强震动数据中心、地震动强度速报中心等建设，共建设强震台 1154 个。中国地震活断层探测技术系统项目完成了活断层工程技术系统和 20 个城市活断层探测与地震危险性评价工程的建设任务。中国地震应急指挥技术系统项目实施了国务院抗震救灾指挥部指挥场所的建设与改造，完成了国家、省级、现场流动应急指挥技术系统和 60 个重点城市的地震应急决策反应系统的建设任务。中国地震信息服务系统项目建成了全国行业卫星通信网，完成了国家地震信息服务系统中心及全国 709 个地震信息服务子节点的建设，形成了覆盖全国的地震行业信息网络。

中国数字地震观测网络项目的建成，大大提高了中国地震台站的密度，优化了网点布局，提升了中国地震监测能力，中国前兆、测震、强震台站的密度分别达到每万平方千米 0.4 个、0.88 个、1.2 个，监测设备数字化率达到 95%，地震速报时间从 30 分钟缩短到 10 分钟，地震监测的震级下限从 4.5 级改善到 2.5 级；极大地推动了中国地震前兆观测向密集化、综合化的现代观测模式发展，台网产出为地震研究和地震预测提供更全面和丰富的地球背景物理场和化学场信息；大幅度增强了大城市地震烈度速报能力以及强震动流动观测能力，为政府应急反应决策、震害快速评估和震后重建提供科学依据；在城市土地利用、规划建设、重大工程选址、抗震设防标准制定方面，促进了城市、重大工程规划的合理性和科学性；有力地提高了地震应急指挥的多级联动和应急信息的协同共享的能力，为各级政府进行抗震救灾指挥提供功能完善的指挥场所和各种必要的支撑平台；为防震减灾事业及相关科学研究工作搭建了现代化观测体系和跨区域、跨部门的共享网络，项目产出的各类数据，可为公众提供全面翔实的地震信息服务。

中国数字地震观测项目的建成，为中国实现防震减灾技术系统的数字化、网络化、集成化奠定了坚实的基础，标志着中国防震减灾基础设施和技术系统现代化建设迈上了一个新的台阶，在中国防震减灾史上具有里程碑式的意义。中国数字地震观测网络项目的建设成果，必将在提升中国防震减灾工作水平、增强中国综合防御和减轻地震灾害的能力，保障和促进经济建设和社会发展方面发挥重要效益。

经过 1990 年以后的十几年努力，中国已经独立自主地建立了先进的数字地震台网系统。不计矿山、石油、企业等部门的地方台站和各种流动观测台站，全国和区域的数字地震台站至 2010 年已达 1000 个以上；台网在技术水平、规模和应用等方面，已达到了世界先进水平。中国制造的地震仪器不仅装备了自己的台网，还出口到美国、日本、印尼等十多个国家。

（四）数字地震台阵建设

地震台阵是在一定距离范围内按某一几何形状布设的一组地震仪，利用每台地震仪记录到的地震波的相干性，提取微弱地震动信号。美、欧等国在 20 世纪 50 年代后期即开始地震台阵的建设，主要目的是进行核爆炸的监测。1996 年全面禁止核试验条约签订后，在世界范围内地震台阵建设有一个比较大的发展。中国 20 世纪 70 年代在河北怀来进行了地震台阵实验。2001 年上海市地震局建成佘山地震台阵，其主要目的是监测东、黄海地震。通过这些台阵的建设，不仅积累了经验，而且取得了一系列成果。全面禁止核试验条约签订后，按国际监测系统的要求，中国建设了海拉尔台阵和兰州地震台阵。

"十五"期间，中国建设了西藏那曲地震台阵。西藏地区无论从地震活动的角度还是从地下结构研究的角度都非常重要，但西藏的自然环境和交通条件又不容许像中国内地那样大规模布设常规地震台网。于是采用地震台阵的方案便进入日程。那曲地震台阵是中国地震局"十五""中国数字地震观测网络工程"项目中的一个子项目。中国地震局地球物理研究所和北京市地震局合作，2004 年 8 月在那曲镇西南 4km 外的十多个测点作了野外观测。通过这个测量确定了那曲台阵地区的噪声水平和那曲台阵内外环半径的参考值，再经过筛选确定了各个子台的位置。该台阵按内外两环的环形台阵方式布设，中心子台 1 个，内环设 3 个子台，外环设 5 个子台。那曲台阵的地震仪器配置：DS-4A 型三分向短周期反馈地震计，JDF-1 型短周期井下地震计，TDE-324CI 型数据采集系统，CTS-2 型三分向宽频带地震计（图 4-1-6）。信号汇集记录中心设在那曲地震台，配置信号汇集、处理系统和 SDH 网络连接。采用光缆埋设或架设连接，实现光电转换，IP 传输。所有子台信号汇集到那曲地震台，通过 2M 专用光缆将汇集中心接收到的数据实时传输至拉萨的西藏区域地震台网中心并入中国地震局行业信息网。该台网中心配备的分析处理系统具备滤波、聚束、f-k 分析、台阵定位、数据归档和备份功能。

那曲台阵建设历时 3 年，经历了阵址勘选、总体设计、基建、设备安装和试运行后，于 2008 年 1 月投入正式运行。该台阵对提升西藏地区的监测能力，提高西藏及全国地震台网的定位精度，是一个重要贡献。那曲小孔径地震台阵有二个特点：一是海拔高，每一个子台的海拔高度均超过 4500m，二是地表和井下地震计联合观测（9 个

（a）DS-4A 型三分向短周期反馈地震计

（b）JDF–1型短周期井下地震计　　　（c）CTS–2型三分向宽频带地震计

图4-1-6　那曲台阵的地震仪器配置

子台中有 4 个安装井下地震计），三是台阵配置的数字地震观测设备全部是具有国际先进水平的国产设备 [①]。

三、地震流动观测和流动观测系统建设

地震流动观测或为强化某一地区的地震监测，或为某一项科研课题搜集资料，更多的是强地震发生后的余震监测。强震后的余震监测对于强震后地震发展趋势判断、确定震源范围、积累资料是十分重要的环节。

中国地震流动观测始于 1954 年的山丹地震，1954 年 2 月 11 日，甘肃省山丹地区发生 $7\frac{1}{4}$ 级地震，中国科学院地球物理研究所由谢毓寿、郭增建等带队，出动 3 台 51 式百倍地震仪到震中区进行野外观测，共记得 84 次余震记录。

1966 年 3 月，河北省邢台地区发生了一系列强烈地震，中国科学院地球物理研究所对邢台地震做了大规模的流动观测。邢台地震第一次强震是发生在 3 月 8 日 05 时 29 分的 6.8 级地震，地球物理所由李凤杰等带队的流动观察队已于 3 月 7 日先期到达现场，并于该次地震发生之前就开始了记录。以后流动台网陆续增加到 12 台地震仪，构成具有相当密度的地震流动观测台网。此后无论是 1975 年 2 月的海城地震还是 1976 年 7 月的唐山地震，凡是发生强烈地震的情况下，中国地震工作者都组织余震的流动观测。

1981 年，通过国际合作中国地震工作者引进了便携式的数字地震仪，为中国地震科研工作提供了一个新的有力的手段，使得获取地震的近场强地面运动资料成为可能。在此以后，流动数字地震仪的数量不断增加，在监测和科研中发挥了重要作用。利用在 1985 年 4 月云南禄劝 6.3 级地震的野外观测中获得的近场资料，陈运泰领导的课题组在国际地震学研究中首创以近场体波记录实行矩张量反演，使得求取中、小地震的震源

---

① 郑重，徐平，陈亚明. 2008. 那曲台阵总体设计和建设概况. 地震监测，（1）：16–19.

机制成为可能（倪江川等，1991）。在1992年6—8月的海南省东方黎族自治县的近场观测中，实现了世界地震观测历程中首次在横波窗内有两台仪器同时获得地震记录，且表现与理论预计完全一致，有力地支持了介质各向异性和横波分裂的理论（Gao et al.，1998）。

在陆续引进国外设备的同时，国内自行研制的流动观测设备也投入运行，1987年，当时的北京台网开始研制并装备了无线传输的流动台网，1989年大同地震发生时，该流动台网即加入余震观测的行列。以后，流动台网又迈入数字化进程，2001年，在"首都圈防震减灾示范区示范工程"中，国家地震局地球物理所和分析预报中心各建立了一个流动的数字观测台网，用于强地震发生后的余震监测。流动台网建设后除1989年大同地震外，还参与了1998年1月张北—尚义6.2级，2001年11月昆仑山口西8.1级、2003年2月新疆伽师—巴楚6.8级，2003年10月甘肃民乐—山丹6.1级等地震的余震观测。

2008年5月12日汶川8.0级地震的余震观测是中国地震流动观测又一次新的突破。地震后重庆市地震局派出的流动观测队在当天就到达现场，随后又有地球物理研究所等派出的6支地震流动观测队陆续到达震区。7支流动观测队在长度达300多千米的余震活动范围内架设了40余台流动观测地震台，与固定台站相结合，构成了总数超过100个地震台的汶川地震余震观测台网。到2008年7月底，汶川8.0级地震余震区共发生余震20 964次，其中4.0~4.9级207次，5.0~5.9级30次，6.0~6.9级6次，余震的最大震级为6.4级。汶川地震余震观测实现了流动台、固定台的统一联网。所有参加观测的地震台记录到的数据全部实时地传送到成都和北京。突破了以往利用流动台网进行余震观测时，所记录的数据只能是由在现场的部分地震学家进行处理的限制，实现了在成都和北京的多位地震学家同时研究的新的格局。其间，中国地震局地球物理研究所组织了数十位地震学家使用多种方法进行余震的精确定位，使得定位的精确度大为提高。精确的余震分布表明，汶川地震就是映秀—北川断裂的活动，余震分布也集中在映秀—北川断裂带上，离开这条主干断裂，几乎就没有什么地震活动。这一研究成果有助于决策抢修由西部通往灾区的道路，帮助部署道路抢修工作。为汶川地震的抗震救灾做出了贡献。汶川地震余震观测中所表现出的另一项突出的技术进步是地球物理研究所完成的"巨灾"观测系统，这个系统完全采用中国拥有自主知识产权的数据传输系统，适用于地震数据大容量、高数率的特点，也适应地震现场电源等设备完全破坏情况下的运转。汶川地震余震观测表明中国的地震流动观测已经达到国际先进水平。

四、援外地震台网和境外地震台站建设

（一）援外台网建设

2003年5月，阿尔及利亚6.7级地震发生后，中国援建了阿尔及利亚数字地震台网，含2个超宽带地震台、8个宽带地震台和1个台网中心，采用的是中国生产的数

字地震观测设备和数据处理系统，以及 VSAT 卫星数据传输终端。另外，还援建了 1 个由 10 套短周期数字地震仪组成的流动数字地震台网。

2004 年 12 月，印度洋地震海啸发生后，中国成为第一个援建印尼地震台网的国家。建设规模包括 8 个宽频带地震台、2 个超宽频带地震台和数据处理系统，全部采用了中国生产的软、硬件设备。

（二）境外地震台站建设

中国与缅甸、老挝接壤的边境地带是地震频繁发生的地区，在境外地震台设置之前对这些地震的控制只能靠中国境内一侧的地震台，观测精度和前兆资料的获取均受到很大限制。通过政府间的协议，在 2006—2009 年期间，中国在老挝和缅甸各设立了 2 个集宽频带数字地震观测、GNSS 地壳形变观测与重力观测为一体的观测站，以及相应的数据中心，使边境地区的地震观测条件得到很大改善。

中国自 1984 年开始派科考队员参加南极科考，先后在南极建立了长城、中山两个常年科学考察站。1985 年第二次科考期间，国家地震局地球物理研究所在南极建立了地震台，观测一直持续至今。2007 年 11 月—2008 年 2 月，该所在参加第 24 次南极科考期间，对长城站地震台的各种观测设备进行了全面改造和升级。

五、人工震源探测系统建设

人类对于地球内部结构、组成及其演化的知识主要来自天然地震激发的地震波，然而天然地震是一种不可控制也无法预知的"振动源"，为克服这一弊病，地震工程技术人员发展了多种"人工震源"，近年在地震科研中得到应用的是气枪震源和精密控制机械震源。

作为"十五"期间（2001—2005 年）"中国数字地震观测网络工程"的一个子项目，中国地震局地球物理研究所在"十五"期间，建设了人工震源探测系统：大容量气枪和精密控制机械震源。大容量气枪震源是通过高压空气在水中瞬时释放来激发信号，应用于水库、湖泊等激发环境。地球物理所使用的大容量气枪震源由 4 条枪组成，每条枪容量 2000in^3，共计 8000in^3。2006 年 6—11 月期间由陈颙院士组织，在河北省遵化市上关湖水库开展了大规模气枪可控震源水库实验，实验的主要目的是尝试大容量气枪震源在深部探测和地震预测研究中应用的可行性。

精密控制机械震源是中国研制的，目前有作用力为 40t 和 10t 两种，该系统由两个精密控制的偏心旋转质量块合成运动产生垂直作用力，输出频率精确控制的连续信号。该系统已应用于汶川地震断裂带动态监测和水库地震动态监测[①]。

无论在国内还是国外，人工震源探测系统在设备研发、使用以及有关理论方面的研究，在勘探地球物理领域取得的进展都遥遥领先于地震学领域。"十五"期间地震部门引进了这些装备，成为观测系统的一个组成部分。

---

① 中国地震局地球物理研究所实验地球物理研究室年报，2009：23–27.

六、地震观测设备质量检测中心建立

进入 21 世纪，中国已经成为地震观测设备生产大国，为了给所生产仪器提供标准化的特性参数，中国于 2009 年建成台网观测设备质检中心，这是中国地震局地震观测设备标准化检测、标定和试验的场所。检测中心由地震计噪声检测系统、地震计振动检测系统、测震仪器电子性能检测系统、测震仪器环境试验系统和地震仪功能检验系统构成。质检中心配置的低频振动台，频带范围为 0.0002~160 Hz，位移失真度小于 1μm，负载在 20 kg 以上。该中心于 2009 年投入运行，并参加了由中国测试技术研究院主导发起的低频振动标准装置全国量值比对测试 [1]。

第三节　地震学理论研究

地震学理论研究是地震学研究的核心，通常被认为是传统的地震学的研究范畴。地震学理论研究对象主要是地震震源和地震波的传播。

一、地震波理论研究

地震波理论的基础是弹性介质中波的产生与传播理论。由于地球介质分层和不均匀的结构特点，波的形态和特性也是多种多样，特性各异，也就构成了丰富的地震波传播理论。在这一理论的发展过程中国地球物理学家做出了杰出的贡献。

（一）各向同性介质中地震波

地震波理论研究的先驱傅承义 1946—1947 年在国际上权威性的美国 *Geophysics*（《地球物理学》）杂志上连续发表了 3 篇关于地震波研究的系列论文，系统研究了地震波的反射与折射、面波以及首波的传播等问题。1960 年，为纪念该杂志创刊 25 周年，经过严格评选，傅承义因这一组原始创新性论文被该刊评为"地球物理学经典著者"。他回国后的部分论著《地震面波的能量束》《关于瑞利波方程的无关根》《地表层的土质对于地震勘探的几种影响》等，以"关于弹性波的传播理论和地震勘探的一些问题"项目于 1956 年荣获国家自然科学奖三等奖。

1949 年新中国成立后，傅承义把主要精力投身于地球物理教育事业，主持创建勘探地球物理培训班，参与创建北京地质学院物探教研室、北京大学地球物理专业、中国科学技术大学地球物理系，培养了一批地球物理学、地震学专门人才，他们中的很多人在地震波理论研究方面成绩卓著，有的人后来成为中国科学院院士。60 年代他为中国科学技术大学地球物理系编写的《地震学讲义》，以及之后与陈运泰、祁贵仲合作编写的

---

① 中国地震局地球物理研究所地球物理观测技术研究室年报，2009：35–37.

《地球物理学基础》等著作堪称中国地球物理学经典之作。

20 世纪 50—60 年代，在傅承义、顾功叙、曾融生等老一辈地球物理学家的培养下，新一代优秀地震学家和地球物理学家走上中国地球物理学科的最前沿。

从 20 世纪 70 年代开始有关分层均匀介质中地震波传播的理论研究，就发表了一批有国际先进水平的学术论文。例如陈运泰采用无量纲的实数 6×6 元素的 Haskell 矩阵和 Hansen 展开，获得了多层水平、均匀、各向同性弹性半空间中一般类型震源的平面体波响应谱的形式解和面波的频散方程，进而导出了点源辐射的瑞利波和勒夫波的位移谱表示式（陈运泰，1974），是中国这一时期具有代表性的科研成果。

在面波的应用性研究中，徐果明采用沿曲线积分的广义雷当变换得到了球面上大圆的积分变换和反变换对。他的理论研究结果在面波反演研究中有广泛的应用。朱良保等（2001）用保角变换将球面局部区域延拓到整个球面域，在变换后的球面域上用球谐函数来拟合速度函数，面波群速度的反演转换成球谐系数的线性化反演，提出了一种新的面波反演方法。

以解析解的方式表达地震波的传播，要求地球介质可以用相对简单的数学模型加以描述，这一类模型到 20 世纪 60 年代基本上解决了。而在这个时期由于地震波传播理论日渐成熟、计算技术快速发展，计算理论地震图成为新的发展趋势。针对不同介质模型、不同地震波的类型的求解，国外地震学家相继发展了反射率法、广义射线法、离散有限波数法等算法（谢小碧等，1992）。由于介质情况的多样性和地震波的复杂性，不断有新的算法面世以解决各类较为复杂的情况，中国地震学家也参与到这一进程之中。

姚振兴（1979）推广了计算合成地震图的反射率法，使其不仅能计算轴对称问题，还可计算非轴对称震源（水平力、剪切位错）的合成地震图；姚振兴和哈科莱德（Yao and Harkrider，1983）结合了肯耐特（Kennett）用广义反射透射矩阵法计算被积函数和布雄（Bouchon）用离散波数法计算波数积分的优点，又采用了复数频率，发展了一种计算合成地震图的方法，可给出近场问题的精确解。

王椿镛（1982）将多层介质内的反射率法推广到介质层内的速度允许在垂直方向连续变化的情况。在该方法中，介质层的基本矩阵采用高频条件下的 WKBJ 渐近解表示，可以处理层内一个回折点的情况。

20 世纪 90 年代，陈晓非系统地发展了含不规则界面的二维层状介质中地震波传播的理论，可用解析方法计算出体波（SH、P 和 SV）和面波（勒夫波）的合成地震图（Chen，1990，1996，1999）。他通过严格推导所建立起来的完整理论和方法，引起国际同行的重视。

在非均匀介质中地震波传播的理论研究方面，2001 年，李世雄（2001）将苏联学者提出的马斯洛夫（Maslov）方法推广到地震学中来，将几何光学射线在半空间求解，解决了波动方程高频近似中的焦散问题。

使用离散数值方法分析地震波传播问题时，需要合理处理有限计算区域人工边界的影响，为此，廖振鹏等（1984）提出了一种多次透射的方法，可处理以任意角度入射到人工边界的弹性体波和面波的透射问题。这一有效方法被国内外同行多次引用。国外解决波动方程偏移主要是用有限差分法（1972 年）和克希霍夫积分法（1978 年），牟永光（1984）率先应用有限单元方法求解倾斜地层产生的弹性波偏移，可同时对反射纵波和反射横波进行偏移。

（二）各向异性介质中地震波

20 世纪 90 年代后，各向异性介质中地震波的激发和传播成为热门研究领域，中国学者也做出了有影响的贡献。姚陈等（Yao and Xiong，1993）在半空间各向异性介质中，研究了位错源产生的地震波远场辐射，首先在国内模拟了天然地震近场横波分裂特征。

张忠杰等（Zhang et al.，2000）考虑了含裂缝的黏弹性介质的应力 - 应变关系式，建立了波动方程，方程中裂缝的非弹性效应用位移的三阶时间导数表示。对裂缝诱导的非弹性各向异性介质的地震波速度及衰减的理论分析结果表明，分裂横波的衰减或介质品质因子的变化对裂缝内充填物的性质是敏感的，或可作为裂缝内流体类型的一种标志。

徐果明和倪四道（Xu and Ni，1998）重新构建了运动 - 应力矢量，证明了在一般各向异性的耗散层状介质中，系统方程中的系统矩阵和传播矩阵有双重对称性质；对于单斜对称耗散的单层或多层介质，给出了由传播矩阵计算其逆矩阵和由系统矩阵的本征向量矩阵计算其逆矩阵的简便方法。

对于复杂的各向异性介质，以解析方式加以研究难度过大，而有限元等数值方法的研究可以发挥作用。如周辉等（1997）利用六面体单元和三线性插值函数，推导出了在任意弹性各向异性介质中三维三分量波动方程所满足的有限元方程，发展了有效算法和计算程序，提供了求各向异性介质中波动方程数值解的一个工具；裴正林和牟永光（2004）模拟了三维各向异性介质中的弹性波场。

二、地震震源研究

随着观测资料的日渐积累，人类对地震震源的了解也逐步深入，对地震震源的发生发展过程、形态、运动学和动力学过程进行了多方面的研究。

（一）震源物理的观测研究

1906 年通过旧金山地震，雷德（Reid，H. F.）提出了地震震源的弹性回跳理论，从此对震源的研究开始一步步引向深入。20 世纪 50 年代后期，国际地震学界确认了双力偶点源模型可描述构造地震的震源特征，并开始了震源机制解的测定。60 年代开始，应力降、断层尺度、破裂方式等有关震源的研究逐步进入了地震学家的研究范畴。

1971—1972 年，国家地震局成立震源机制会战组，进行了 2 次会战。地球物理研究所、地质研究所、哈尔滨工程力学研究所以及兰州、昆明、成都等 6 个地震大队组织相关科研人员参加，地球物理研究所王妙月为会战组负责人。第 1 次会战，处理了自 1931 年到 1969 年间发生在全球的 6 级（部分地区 5 级半）以上地震的震源机制 P 波初动解。第 2 次会战，对其中中国地震台网基式地震仪记录的大地震进行了断层面判断和断层面参数以及地震距、应力降等震源参数提取。会战成果结集出版（内部）《中国地震震源机制研究》（共 2 集）。该项成果为中国震源物理研究以及构造应力场研究提供了基础性资料，因而获得国家地震局科技进步奖二等奖。

1975 年陈运泰、林邦慧等（1975）在地球物理学报上发表了《根据地面形变的观测研究 1966 年邢台地震的震源过程》的科研论文，这是中国地球物理学家首次应用现代地震震源理论对国内大地震的观测资料进行解释的科研工作，在这篇论文中提出关于断层面各类参数的定义和求解方法。1976 年，王妙月、杨懋源等（1976）系统研究了新丰江水库地震的震源机制，并以此为基础讨论了新丰江水库地震的成因，从此以后震源机制的概念在中国地震学界不仅被广泛接受还得到了应用。1966 年邢台地震后，随着地震台数量的不断增加，地震学界有条件对更多的地震求解震源机制，并得到应力场的分布。1979 年，许忠淮、刘玉芬等发表论文《京、津、唐、张地区地震应力场的方向特征》，认为可以把单个的地震震源的描述综合起来观测整个地区的应力场（许忠淮等，1979）。之后，周蕙兰（1985）用地震波记录反演了 1966 年邢台地震、1975 年海城地震和 1976 年唐山地震的地震断层结构和震源参数，郑斯华和铃木次郎（1992）则反演了青藏高原周围地震的震源过程，这些研究成果使得对国内大地震的震源的了解日渐深入。

由于需要计算地震破裂所形成的应力降，地震破裂尺度、破裂模型进入了地震学家的研究范畴。随着在地震震源不同方位的记录频谱差别被发现，地震学家开始注意到地震的破裂方式，单侧破裂、双侧破裂等概念进入研究领域，在 20 世纪 70 年代，中国地震学对震源的研究内容已经达到了非常丰富的阶段。

1970 年吉尔伯特（F.Gilbert）在地震学研究中引入了地震矩张量，地震矩张量是一个普遍概念，它可描述各种形式的震源，并把剪切位错源（双力偶源）归为其中的一种表述。在这之后全球一些主要地震机构广泛采用了地震矩张量表达地震震源特性。1991 年，陈运泰指导的研究生倪江川等（1991）率先在全球利用地震近场记录反演得到地震矩张量解，所用的数据为 1985 年 4 月 18 日云南禄劝 6.1 级地震的 3 次余震的近场记录。此后将该测定方法常态化并向全国各地震机构推广。在这之后，逐步扩大所用数据的范围，例如利用中国数字地震台网的资料反演 1990 年青海共和 6.9 级地震及其 3 次余震的地震矩张量解等。至 2010 年，中国地震局地球物理所已可与世界重要研究机构基本同步地测定和发布世界发生的大地震的地震矩张量解，为地震应急工作提供参考。郑天愉和姚振兴（1994）等则使用了根据 P 波波形记录反演全地震矩张量（不用迹为零的约束）的方法，测定了一批地震的地震矩张量。

以地震矩张量表达震源仍然是把震源当作点源来考虑，这是一种简化的模型。在上面所介绍的有关震源破裂面的研究已经把震源作为"面"来考虑了，国际地震学界提出了震源面的"凹凸体"、"障碍体"模型。也由于数字地震仪的广泛使用，地震学家获得了一批震源附近的地震记录，为复杂震源过程的研究创造了条件。中国地震学家开展复杂震源过程的研究始于 20 世纪 90 年代后，例如，谢小碧和姚振兴（1991）利用长周期远震波形和水平大地测量资料联合反演了 1976 年唐山 7.8 级地震的复杂破裂过程；姚振兴和纪晨（1997）反演出了1994年9月16日台湾海峡6.6级地震断层面上的滑动矢量分布等图像；2000年陈运泰和许力生发展了子断层震源时间函数加权叠加的方法，根据长周期和宽频带体波波形记录，在时间域反演出了青藏高原3次大地震断层面上破裂时空演化的快照图像（Chen and Xu，2000）。2001年11月14日昆仑山地震发生后，许力生和陈运泰（2004）用全球长周期波形资料反演了这次地震的破裂过程，给出了断层面上滑动率和滑动量的时、空变化图像。

谢小碧和姚振兴（1987）利用高频的强震记录反演了1976年云南龙陵6.2级余震断层面的破裂方式和位错在断层面上的不均匀分布特征；郑天愉和姚振兴（1993）在1993年利用了一个单台的三分量加速度记录，尝试反演了1976年唐山地震断层的破裂特征。

地震学理论研究，作为科学除了揭示地震震源的物理过程外，也在防震减灾事业中发挥作用，郑天愉等（Zheng et al，1990）以唐山地震区的地震为例，利用小地震的记录作为经验格林函数，根据大震的震源时间函数与这些经验格林函数的褶积推算出了大地震可能产生的近场强地面震动。

2008年5月12日，四川省汶川发生8.0级大地震后，陈运泰领导的研究组张勇、许力生等利用全球地震台网的长周期远震波形记录，及时反演出了该地震断层面上滑动量的时、空变化快照图像（张勇等，2008）。结果表明，汶川地震断层面上有两个滑动最大的区域，一个在汶川—映秀下方，另一个在北川一带，该结果在震后24小时内即上报有关部门，一项科学的探索开始在减轻地震灾害的实践中发挥作用。2008年汶川地震后姚振兴研究组王卫民等构制了汶川大地震的双铲状分段有限断层震源模型，根据远场P波和SH波的波形记录及37个近场同震位移观测值，采用非线性的模拟退火算法，反演出了汶川地震发生时断层面上破裂滑动量的快照分布图像（图4-1-7）（王卫民等，2008）。这些研究都表明了中国的震源模型成像研究已达到国际水平。

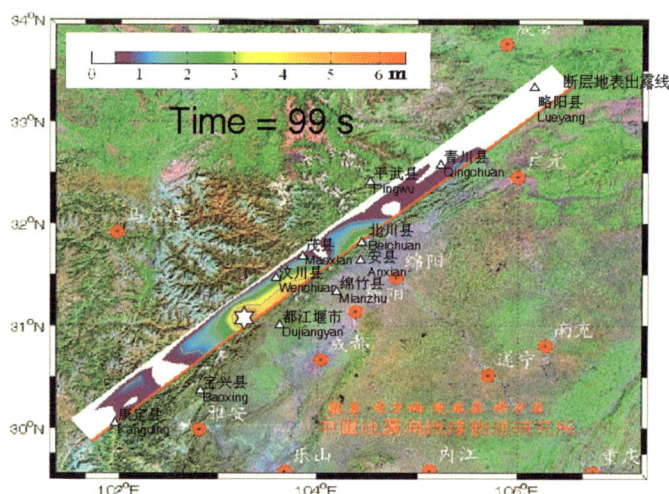

图4-1-7　根据长周期远震波形记录反演得到的汶川地震断层面滑动量的空间分布

（二）震源破裂力学研究

对地震震源破裂力学过程的研究是震源理论的一个组成部分。为研究地震断层破裂扩展的物理条件，1986 年陈运泰和诺波夫（L.Knopoff）在世界上较早地构建了裂纹扩展模型，从理论上分别研究了弹性介质和黏弹性介质中带有滑动弱化带的裂纹的静态扩展特征（Chen and Knopoff，1986）；1987 年，陈运泰等又构建了裂纹自发破裂扩展的数值模型，研究了地震序列形成的物理原因，较早地给出了破裂会以快速扩展和慢速蠕变（胶着）形态交替出现的可能物理条件（Chen et al，1987）。

李世愚和陈运泰（1998）先后于 1993 年和 1998 年研究了平面内剪切（II 型）断层的自然破裂速度超过 S 波传播速度问题。他们发展了俄国学者在薄机翼附近超声流动理论中的数学方法，得到了超 S 波速破裂的应力强度因子，证明了它的收敛性，从而证明了 II 型断层超 S 波速破裂的存在。他们得到的动态解可退化为断层问题的静态解，并且 3 种类型断层的静态解具有统一的形式。

张海明和陈晓非研究了半无限空间中平面断层，特别是与自由表面斜交断层的三维自发破裂传播的问题，得到了均匀各向同性半空间内的三维弹性动力学方程的格林函数，并研究了在半空间内断层上的自然破裂行为（Zhang and Chen，2006a，2006b）。

尹祥础等（1988）进行了多种岩石断裂力学的实验研究，涵盖了单裂纹到多裂纹、二维裂纹到三维裂纹、单轴压到高围压（0.8GPa）的实验研究，获得了受压条件下断裂角（裂纹扩展的方向角）和裂纹角（裂纹走向与最大主压应力方向的夹角）的实验结果。李世愚等（Li et al. 2011）发展了三维破裂的最大张应力破裂准则，揭示了国际上原有理论的缺陷，利用第一主微分面集合方法，成功地拟合了含 III 型成分裂纹的三维初始破裂图像，与国际上几个重要实验结果相符。

（三）震源物理实验研究

震源物理实验研究是在实验室内用设备模拟地震发生时的高温、高压环境，研究各类岩石破裂过程，探索岩石断裂前的表现。具备能产生高温高压的设备和容器是进行实验研究前提条件。1975 年中国科学院地球物理研究所高龙生、葛焕称等在自行研制的 3×10^9Pa 静水三轴压力容器，开始了震源物理的实验研究（高龙生和葛焕称，1975）。1981 年，国家地震局地球物理研究所王耀文等又研制成功中国第一台 10^{10}Pa 液压三轴容器，容器筒体采用 3 层缩套配合技术，并采用了具有特色的引线密封技术（王耀文等，1981）。中国地震学科研人员曾用这套设备做过大量震源物理高温高压方面的实验。

陈颙等（1979）在 1979 年研究了均匀岩样在加压破坏过程中的应力加载途径及相应主破裂前的"前兆"变化，给出了 3 种不同应力途径下不同的前兆显示，论证了中等主应力对岩石破坏强度有明显影响。

耿乃光等（1986）观测了岩石破裂各个阶段的声发射现象。结果表明，b 值大小除决定于应力状况和介质性质外，还受温度、流体、加力和破裂方式等多因素的控制，

b 值不是某一因素决定的；简单地把 b 值下降与大地震的发生直接联系起来并不合适。

马胜利等在双轴压缩条件下对挤压型和拉张型雁列式断层的变形破坏过程进行了实验研究（马胜利等，1995a，1995b）。结果表明，变形破坏过程的前期以雁列区的破裂贯通为主，后期以沿断层的滑动为主；挤压型雁列区对断层滑动有阻碍作用，有较强的应变释放和声发射活动，而拉张型雁列区难以产生快速的应变释放和较强的声发射活动，雁列区对后期的滑动也无明显的阻碍作用。

第四节　工程地震学

工程地震学是为工程建设服务的一个地震学分支。新中国成立以后，大规模经济建设提上日程，在工程建设迫切的需求下，工程地震学受到高度重视，得到迅速发展。

20 世纪 50 年代初期，中国在工程地震学领域可以说是一片空白。中国科学院地震工作委员会于 1953 年 11 月 28 日成立，由李四光、竺可桢二位副院长分别担任正、副主任，从此中国有了专门机构负责工程地震。工程地震的第一步是编制《中国地震目录》，自 1954 年起，李善邦等首先从浩瀚的历史资料中摘分出大量关于地震的记载，经科学分析，编制成《中国地震目录》，从此有了可以完整了解中国地震活动总貌的珍贵资料。而对于国家重点建设工程需要做出评估的地震危险性，采取专家讨论的办法来解决，在这过程中提出了"基本烈度"的概念。当时规定凡重点建设区，烈度达到 7 度或 7 度以上地区的地震烈度，都由地震工作委员会及有关专家讨论决定。

地震现场宏观考察是检验各类建筑物抗震性能和地基影响最可靠的办法，所取得的资料也是评定地震烈度、估计历史地震震级和灾后重建的重要依据。自 1952 年山西崞县（现原平市）地震以后，中国地震工程人员对每次重要地震都进行考察。1954 年湖北蒲圻（今赤壁市）和甘肃山丹接连发生地震，恰逢国家计委和中国科学院正联合举办学习班，培养从事地震考察和烈度评定的专业人才，遂组织学员赴地震现场考察，新中国的专业队伍就在这个过程中成长起来（谢毓寿，1990）。

1956 年甘肃白银厂进行了 1400t 的大爆破，中国科学院地球物理研究所对此爆破做了观测和研究，这是中国首次大当量爆破的地球物理研究。

1954 年 10 月，中国科学院土木建筑研究所成立，刘恢先任所长。该所后来改称中国科学院工程力学研究所，所内设立抗震结构题目组，开始地震工程的系统的研究工作。

一、地震烈度表的编制

20 世纪 50 年代，世界各国已有 50 多个地震烈度表，大多数为 12 度表。由于国情不同，外国烈度表不适用于中国。不论是针对历史地震的考察还是对当时已发生地震的烈度鉴定，都迫切需要一张适合中国国情的地震烈度表。中国科学院地震工作委员会聘请建筑、结构、材料、工程、水文、地质、地基基础等方面的专家组成考察队，由谢毓寿主持奔赴华北、西北、西南及东南各地进行地震地质和各类建筑物普查，根据普查资料进行综合研究，通过力学分析对比，在苏联工程地震专家麦德维杰夫（C. B. Медведев）的协助下，并参考了国外通用的地震烈度表，编制了一份适合中国国情的地震烈度表，后又经李善邦、傅承义的修订，于 1957 年最终完成，起名为《新的中国地震烈度表》（谢毓寿，1957），从此中国有了划分宏观烈度的标准。1959 年经批准在全国推广使用。

1980 年，刘恢先（1988）带领国家地震局工程力学研究所、国家地震局地球物理研究所等单位的专家，对《新的中国地震烈度表》进行了补充和修改，于 1990 年编制成《中国地震烈度表（1980）》出版。

1999 年，陈达生、时振梁等根据强震观测记录分析和模拟实验结果，并参考了 1992 年的《欧洲地震烈度表》，将《中国地震烈度表（1980）》制订为国家标准《GB/T 17742-1999 中国地震烈度表》。2008 年，孙景江、袁一凡等人根据烈度判据研究的新进展，又将 1999 年的烈度表修订为《GB/T 17742-2008 中国地震烈度表》。

二、地震区划图的编制

地震区划是各个国家进行建设所必需的基础性工作。1955 年应中国科学院邀请，苏联科学院派出了地震学家工作团协助中国编制地震区划图。中国方面主持此项工作的是李善邦、徐煜坚。根据当时确定的两条原则：曾经发生地震的地区，同样强度的地震还可能重演；地质条件或地质特点相同的地区，地震活动有可能相同。结合全国的地震构造和地震活动资料，于 1957 年编制成第一版《中国地震烈度区划图》。这一版本烈度区划图由于划分的高烈度区过大，没有被建筑部门广泛采用。

1970 年，以邓启东为首的地震学者开始编制新的地震烈度区划图（国家地震局，1981）。这次编图工作中明确了地震基本烈度的概念：在未来 100 年内，在一般场地条件下，该地可能遭遇的最大地震烈度。首先划分出地震危险区，并对危险区未来 100 年内可能发生的地震地点和强度进行统计预测，从而计算出全国可能遭受到的最大地震烈度的分布。这幅地震区划图于 1977 年公布，是中国第一幅具有明确时间概念的地震区划图，可为工程场区未来可能经受的最大地震烈度提供评估。中国工程地震学界认为这是第二代烈度区划图。

地震区划工作是在资料不完备和认识不完备的基础上的一种科学决策过程，所以地震区划的结果必然具有不确定性，但前两版区划图的表现形式是确定性的，将其应用到实际工作中肯定有一定风险。参考国际上出现的以概率形式表示地震区划结果的工作，国家地震局于 1986 年启动了编制具有概率含义的地震区划图的工作。这次编制工作改进了美国柯奈尔（C. A. Cornell）提出的地震危险性概率分析方法：对地震活动时间进程采用了分段泊松模型；在划分潜在震源区时，先划分地震带，再在带内划分强震可能发生的地区；不再采用无方向性的地震动衰减关系，而采用了基于中国丰富历史地震资料的有方向性的地震动衰减关系。由此形成了中国的"地震活动时间非平稳、空间非均匀"的地震危险性概率分析方法（国家地震局，1991）。用这种方法编制出了《中国地震烈度区划图（1990）：超越概率 50 年 10%》。该图表示的地震烈度的含义是：在未来 50 年内，当地遭受的地震烈度达到或超过图中表示烈度值的概率是10%。这张图的编制方法和原则，1987 年在广州召开的国际地震区划会议和 1989 年在美国斯坦福召开的国际地震区划会上，得到了国际同行的认可。该图还出版了英文版。这是第三代烈度区划图，主持此项课题的是高文学和时振梁。

随着建筑技术的发展及大量新型建筑物的出现，用地震烈度表示地震影响已经不能满足建设事业的要求，1996 年中国地震局开始编制以地震动参数（加速度和震动周期）所表示的地震区划图，胡聿贤为主编。这是第四代烈度区划图，于 2001 年出版。在搜集、整理和系统分析多年积累的地震、地质、地球物理、工程地震资料以及相应研究成果的基础上，形成了作为地震区划工作基础的一系列中间成果，特别是考虑了区域地震动特征，最终编制了以峰值加速度和特征周期两个参数所表示的地震动参数区划图，其概率水平仍为 50 年超越概率 10%，用峰值加速度和特征周期这两个参数简略表示地震动反应谱。这份图的编制完成，使中国进入了世界地震区划工作水平先进的行列。该图颁布后，基本烈度不再作为建筑物抗震的指标（胡聿贤，2001）。

三、强地震动观测

强地震动记录是工程地震研究的基础。中国的强震观测工作开始于 1962 年。由于广东省河源地区发生了 6.2 级地震，邻近的新丰江水库和水坝面临着地震的威胁。为了测量大坝地区的地震动和水坝对地震的反应，中国科学院工程力学研究所在水坝上建立了中国的第一个实验性强震观测台站，所采用的观测仪器是 RD7-1-12-66DO 多道强震加速度记录仪。从此，强震观测迅速发展。

1966 年邢台地震以后，中国地震学家和工程技术人员开始自己研制强震仪，工程力学研究所首先研制成功 RDZ1 型强震仪。此后该所又先后研制了 RZS-2 型和 GQ Ⅲ型强震加速度仪，并且都进行了小批量的生产。1978 年地球物理研究所研制成功 5 倍强震仪。20 世纪 80 年代以后，通过引进、仿制等途径，中国用于强震观测的仪器有多种型号，除以上型号外还有 RD7-1，SQ-4，GQ Ⅱ，GQ Ⅲ，GQ Ⅲ A，GQ Ⅳ，SCQ-1等在各个固定强震台上工作，其中多数为中国自行研发的仪器。除中国地震局外，建筑、水电等多系统的多单位也都进行了强地震动观测工作，形成了具有一定规模的强震观测台网，到 21 世纪初，全国已有 600 个以上固定台站，并且在中国地震局工程力学研究所建立了强震数据中心（谢礼立等，1986）。

通过多年观测记录，中国已经积累了相当数量的强震记录，出版各种强震记录约19 种。2008 年汶川 8.0 级大地震发生时，中国有 420 个强震台获得了加速度记录，其中 50 余个台的加速度大于 100 Gal（中国地震局震害防御司，2008）。汶川地震强震观测取得的资料极大丰富了中国强震记录资料库。

四、地震动衰减特征和相位特性的研究

了解地震动衰减特征是在烈度区划和工程地震设计中必不可少的条件。在当前情况下，地震动衰减关系主要是由观测数据通过统计方法得到的，而衰减特性又与区域地质特征、地形、地貌、场地条件、地震类型、辐射图形等多种因素相关，因此符合实际的衰减关系依赖于大量的观测数据。中国强震观测起步较晚，资料缺乏在很长一段时间影响了这一研究的进展，随着中国科研力量的增强，强震观测获取资料的快速增加，衰减特性的研究也取得越来越大的成绩。

中国地震烈度衰减关系最初的建立是通过各次大地震的烈度鉴定得到的，中国有大量地震破坏记载，通过分析破坏程度的空间分布，得到了各次地震的等震线，进而可得到相对可靠的地震烈度衰减关系。

当中国需要建立地震动参数（如峰值加速度、反应谱等）的衰减关系，而中国又没有积累到足以建立地震动衰减关系的资料时，这就成为中国工程地震工作进展的一个障碍。1984 年胡聿贤（胡聿贤和张敏政，1984）提出了通过不同地区地震烈度衰减关系特征的比较，可以在不同地区之间进行加速度衰减关系转换的思想，暂时解决了在加速度仪器记录资料不足的条件下，建立合适的加速度衰减关系的问题。研究人员通过以加速度记录丰富的美国西部地区的地震烈度衰减关系与中国地震烈度衰减关系的比较，将在美国西部得到的地震动（加速度、速度、反应谱等参数）的衰减关系转换得到了可以在中国应用的地震动衰减关系（霍俊荣等，1992）。

现代超高层、大跨度建筑物的大量出现，要求了解长周期（3s 以上）范围的地震动衰减特征。俞言祥博士等在胡聿贤院士的指导下，将强地震动观测的加速度记录资料和长周期成分丰富的天然地震的地震仪位移记录资料结合，研究了地震动长周期成分的衰减特征。为分析强地震动对建筑结构的影响，有必要分析地震强地震动的特性，20 世纪 90 年代前，人们着重研究不同频率地震动幅值的特征，赵凤新和胡聿贤（1996）研究了地震动的相位特征对地震动反应谱的影响，这一课题的提出使该项研究处于世界前沿。

五、重大工程结构的地震动输入研究

减轻地震灾害的主要技术途径是合理地描述和预测地震动，地震区划是一种"预测"，适用于一般民用建筑。对于"生命线"和其他重要、重大工程，除应用地震区划外还需要用更为细致的方法加以考虑。

中国地震工程界从 20 世纪 50 年代开始应用反应谱理论，60 年代初，中国专家已认识到场地条件对反应谱的影响，并依据当时仅有的 28 条强震记录，对不同场地的峰值加速度和反应谱进行统计分析。

对"生命线"和其他重大工程的地震危险性评估是工程地震工作的一个重要环节，就是从计算得到的不同周期的地震动峰值，得到满足这些周期的峰值统计特征的人工合成地震波时程。赵凤新和张郁山（2006）在合成技术上提出了一些新的算法，使这

一工作的计算速度和精度大为提高。

从 20 世纪 90 年代开始，郑天愉等致力于探索地震学方法在评估重大工程结构地震动输入中的实际应用。无论是实际观测，还是在地震危险性评估中，中国地震学家都注意到了复杂地形条件的土层地震反应的计算，很多研究人员开展了这类地震反应的理论和数值计算研究，包括三维土层模型的地震动反应计算，得到了在科学和实践上都有意义的一批研究成果（廖振鹏和郑天愉，1997）。金星和廖振鹏（1994）提出了用具有随机性的傅里叶谱矩阵描写地震动场，初步建立了反映场地特征的描述地震动场的随机经验模型。

六、工程地震的国家标准和小区划

20 世纪 80 年代后，国家经济建设大规模开展，相应的建设工程的地震安全性评价工作也以前所未有的态势发展，对这项工作需要加以规范。在 1990 年地震烈度区划图编制工作所形成的地震危险性概率计算方法的基础上，1994 年中国颁布了地震部门标准《工程场地地震安全性评价工作规范》，该规范将工程场地地震安全性工作分为 4 个级别，各有不同的技术要求，最高的一级工作，是对以核电厂为代表的具有极端重要性、一旦破坏会导致极其严重灾害的工程而规定的。

1999 年，对这份部门标准作了修订，2005 年再经修订，成为国家标准《工程场地地震安全性评价 GB17741–2005》（中国标准出版社，2005），主要改变内容是取消了地震烈度复核，代之以地震动参数符合复核。以国家标准形式规范工程场地地震安全性评价工作，在世界上是中国独有的。此后，中国所有建设工程都由全国地震区划图或各个等级的地震安全性评价工作提供抗震标准，提高了整个社会抗御地震灾害的能力。

执行国家标准《工程场地地震安全性评价 GB17741–2005》，在城市和大型工程项目（如油田、开发区、城市新区等）的规划工作中，都开展了地震小区划工作。目前已有大量的省市、开发区、油田等进行了地震小区划工作。中国学者研究了地震的场地的影响，区分出结构振动和地基失效，这一研究成果已经反映在中国的抗震设计规范中。

积中国工程地震学 60 余年研究成果，2006 年胡聿贤所著《地震工程学》（第二版）由地震出版社出版，同时在美国用英文出版。该书为工程地震学经典之作。

第五节　地震预报研究

中国是地震多发的国家，历史上曾多次遭受到地震造成的巨大灾害。新中国成立后，地震工作一直得到党和政府的高度关注。中国地震学家和广大地球物理工作者亲身经历了 20 世纪六七十年代邢台、唐山大地震之惨烈，深刻认识到地震预报在减轻地震灾害中的巨大意义，把攻克地震预报这一举世瞩目的科学难题作为地震学研究主要目标。

一、中国地震预报研究的起步与学科形成

1906 年，日本地震学家今村明恒在他所写的一篇论文中曾确认东京近海的相模湾为地震空区，成功地预报了 1923 年 M_S 8.2 日本关东大地震。今村明恒还曾经成功地预报了 1944—1946 年日本南海道大地震，他在国际地震学界开创了中、长期地震预报的先河。在这之后，世界上还有一些地震学家以"地震空区"的概念预报过地震，苏联的费道托夫（С. А. Федотов）则是首先用现代地震科学原理阐明地震空区概念的地震学家。

中国的地震预报事业在 1949 年中华人民共和国成立后得到实质性的发展。20 世纪 50 年代，为了给国家经济建设提供地震烈度鉴定和区划基础资料，中国科学院地球物理研究所开展了大规模地震考察工作。通过考察研究，对中国地震活动规律性有了初步认识。考察人员发现，群众反映了很多地震前的异常现象，如动物行为异常、土壤喷沙冒水等。民间还流传许多地震预防预测和预警方法。这就为中国早期地震预报中关于"前兆"的概念提出了思路。

1956 年"中国地震活动性及其灾害防御的研究"正式纳入国家 12 年（1956—1967 年）科学远景规划，其中地震预报研究是规划中提出的 4 个中心问题之一。1963 年傅承义撰写了《有关地震预告的几个问题》一文，他说："地震预告是一个伟大崇高的科学命题。……经过几代学人的点滴探索，已积累了大量的地震知识，虽不足以完全揭开地震发生之谜，但曙光已经在望"。对于地震预告这样一个极复杂的科学问题，他指出"预告的直接标志就是前兆，寻找前兆一直是研究地震预告的一条重要途径"。

1958 年，中国科学院地球物理研究所派郭增建等 6 人组成地震预报考察队赴甘肃考察 1920 年海原大地震的宏观地震前兆（图 4-1-8）。其后又考察了 1954 年 2 月 11 日甘肃山丹 $7\frac{1}{4}$ 级地震。

图4-1-8　1958年9月，郭增建等6人到宁夏海原县南华山山脚下考察
（左起：赵荣国、蒋明先、郭增建、王贵美、安昌强、刘成吉）

1966 年 3 月 6 日，河北省邢台地区宁晋县发生 5.2 级地震，中国科学院地球物理研究所立即派出以李凤杰为首的地震考察队赴震区。7 日晚在宁晋县耿庄桥小学建起第一个临时地震台，监测当地地震活动。3 月 8 日、22 日在隆尧县、宁晋县相继发生 6.8 级和 7.2 级两次大地震，这两次地震的受灾面积达 10 余万平方千米，损坏房屋 508 万间，8054 人死亡，38 451 人受伤。这是新中国成立以来发生在人口稠密地区最强烈的一次地震，中国科学院地球物理研究所等机构的一批科学家、青年科技工作者奔赴地震现场开展调研工作。他们目睹了地震的灾难，亲耳倾听了受灾群众发出的呼吁：希望把地震预报搞出来！3 月 8 日地震当晚，周恩来总理召开会议听取震情汇报，在会上向地震工作者提出要开展地震预报研究的指示，号召科技工作者行动起来，到现场去，到实践中去，发扬独创精神来努力突破科学难题，研究出地震发生的规律来。3 月 22 日地震发生后，周总理再次来到邢台，在视察地震工作时，对在场的中国科学技术大学地震专业的同学们说，希望他们能解决地震预报问题（周恩来，1995）。

中国科学院随即向广大科技工作者传达了周恩来总理关于开展地震预报的指示，有关地学方面研究的地球物理研究所、地质研究所等单位迅速调整科研力量，重组或新组相应的研究科室，地震预报和地震的基础研究得到有力的加强。不仅有关地学学科的研究所，包括其他学科的研究所如中国科学院工程力学研究所、物理研究所、生物物理研究所、声学研究所也都发挥各自的专业特点投入力量研究地震预报问题。而在中国科学院系统之外，地质部、石油部、国家测绘总局、北京大学、中国科学技术大学等单位也都在地震预报上投入力量，开展相应的科研工作。

为应对邢台地区的地震灾害和连续不断的余震，中国科学院地球物理研究所派出地震综合考察队，在邢台地区架设地震台站开展地震监测，进行灾害评估和地震趋势判断。在地震现场一支地震工作的专业队伍很快成长起来。3 月 26 日宁晋百尺口发生 6.2 级强余震。在地震现场考察的研究人员林邦慧等，根据序列性地震发生的"密集—平静"特征，对这次强余震做出了成功的预报（林邦慧，2017）。这次成功预报的尝试鼓舞了中国广大地震工作者开始探索具有中国特色的地震预报科学之路。

中国老一辈地质学家也积极投身到地震预报之中。邢台地震后，时任地质部部长李四光用很多精力关注地震预报问题，指出要多注意河间方向，以后他又提出以测量地应力作为地震预测的一种手段（张重远等，2012）。翁文波在邢台地震后受周总理嘱托，赴地震灾区考察，从此开始天灾预测理论和实践探索研究。他从创新思维出发创立了以信息预测为核心的"预测论"（翁文波，1984）。1992 年，翁文波在其中国地球物理学会理事长任上，支持成立中国地球物理学会天灾预测专业委员会。这是一个群众性学术团体，汇聚了地球物理、地质、水利、气象等领域一大批热衷地震等天灾预测研究的专家学者，积极参加天灾预测实践探索活动，成为地震预测研究队伍中的一支重要力量。

1967 年 3 月河北河间地区发生 6.3 级地震，严重波及京津地区，根据周恩来总理"要密切注视京津地区地震动向"的指示，地震工作部门先后在天津及河北北部建立测震、形变、流体、电磁等多种地震监测台站与相关流动观测，正式开始了京津地区的综合地震监测预报工作。1969年7月18日，渤海发生7.4级地震，当天晚上，周恩来总理接见地震工作者，宣布成立中央地震工作领导小组，李四光任组长。1970年云南通海发生7.7级强震，为统一管理和有效推进地震工作，1971年国务院成立国家地震局，各省、市、自治区地震工作机构也先后建立，为在全国开展地震监测研究和抗震工作奠定了组织基础。

从1966年邢台地震开始，由于中国东、中部人口稠密地区的大地震连续不断，在国家政策引导下，不仅仅建立了地震主管的政府机构、专业队伍，而且在各个地方都形成了一支支业余测报队伍，"群测群防"成为政策导向。在中国"地震预报"在当时成为有广泛群众参与，多学科、多部门进行大规模的科学探索活动。

二、地震预报的成功与挫折

20世纪六七十年代以后，地震预测在世界上一些科学技术发达的国家受到越来越多的重视。美国在1964年3月27日阿拉斯加大地震后开始重视并逐渐加强地震预测研究。1965年普瑞斯等提出了地震预测和震灾预防研究十年计划——"地震预测：十年研究计划建议书"（Press et al., 1965）。1977年美国国会通过了《减轻地震灾害法案》，把地震预测工作列为美国政府地震研究的正式目标。70年代，在苏联报道了地震波波速比（纵波速度 V_P 与横波速度 V_S 的比值 V_P/V_S）在地震之前降低之后，美国纽约兰山湖地区观测到了震前波速比异常，随之出现了大量有关震前波速异常、波速比异常等前兆现象的报道，在理论方面提出了"膨胀－扩散模式"、"膨胀－失稳模式"等有关地震前兆的物理机制。这些理论和观察很快被中国地震学家所接受。多种地震预测的分析方法和理论模型应运而生，如地震活动分数维分析、模糊数学分析、模式识别、数理统计、图像动力学、专家系统分析、尾波 Q 值变化、固体潮对地壳的加卸载响应比等。除地震学本身的一些方法外，地磁学方法，大地电阻率方法、重力学方法、地下流体的物理学、化学分析方法也都加入到地震预报的行列中来。

借鉴苏联塔吉克地震队的经验，为在地震现场开展地震、地形变、地电、地磁、地下水、水化等前兆探索，1971年起开始了地震实验场的探索，先后有新疆巴楚地震实验场（1971—1975年，后移交新疆地震大队），山西临汾地震实验场（1971—1974年）。1980年又在滇西大理地区建立了更为长期的地震预报实验场，开展了地震预报方法、特别是短临预报方法的试验研究。

1966—1976年是中国大陆主要在华北和西南地区地震活动频繁的10年，也是中国地震预测试验研究活跃的10年。在此期间，分析地质构造特征、地震活动特征、地壳形变等观测资料，并尽力搜索重、磁、电、水等观测值的变化与强震活动的可能联系都是研究工作重点，也初步提出一些经验性的预测方法。中国首份探讨地震监测预报科研问题的期刊《地震战线》（后改为《地震》）即创刊于这个时期。1971年傅承义发表了《关于地震发生的几点认识》一文，提出了孕震区的"红肿理论"（傅承义，1971）。这一理论质疑了只在震源区附近寻找地震前兆的传统观念，指出强地震的孕震区可能是很大的。1976年傅承义编著的《地球十讲》由科学出版社出版，其中论述了地震预测的可能性。

在大量地震预报实践的基础上，中国地震工作者成功地预报了海城地震。

1966年后，华北的强地震多发生在沿东北—西南方向延伸的河北凹陷构造带上，1969年7月发生渤海6.9级强震后，该带继续发生强震的可能性引起广泛关注。1974年开始，辽宁省地震大队发现营口、海城一带地震活动明显增加，一些宏观异常情况大量出现。引发海城地震临震预报的关键因素是主震前3天发生的序列性前震。当地的石硼峪地震台2月1日记到1次本地（距台不到20km）小地震，2日记到7次，3日突增达几百次，4日上午地震继续发生，并出现2次强有感（4.2级和4.7级）地震，引起普遍警觉。4日中午以后又突然出现了地震活动的相对平静，这种"密集—平静"现象促成了地震研究人员和当地政府决心发布临震预报，临震预报发布仅过了两三小时，7.3级强震于晚上7时36分发生。地震发生时当地绝大多数群众已经撤离到户外，一场巨大人员伤亡的悲剧得以避免。

1975年中国海城地震预报是世界上实现了大量减少人员伤亡、减轻财产损失的强震预报成功的第一例。尽管该次预报是在特定的地震活动和社会背景条件下发生的事件，但它毕竟是人类历史上首次取得显著社会效益的强震预报。海城地震预报的成功对近代中国地震预报学科的发展产生了巨大影响，有关该次地震预报的学术研究、讨论持续了几十年，在国际地震学界也引起广泛关注。

海城地震后，中国地震工作者又对几次在境内发生的地震做出过不同程度的短期预报。云南地震局研究人员主要根据序列性地震活动发展的时空变化特征，成功预测了1995年7月12日云南孟连中缅边境的7.3级地震。对1976年5月云南省龙陵7.4级，1976年8月松潘—平武7.2级等地震也做出过一定程度的预报。

对海城和少数其他地震的成功预报并不表明地震预报有了实质性突破。1976年，以几乎完全相同的预报思路和预报方法，对河北唐山7.8级地震没有做出预报。对2008年四川汶川8.0级地震也没有做出预报，这两次强烈地震都造成了巨大的人员伤亡，当然，没有做出预报的地震不止这两次。海城地震本身有其特殊性。最主要是前震震群相对发育，且很集中；出现大范围地下水位变化和与之相关的各种宏观异常现象（地形变、地电、地光、地温以及动物行为异常等）。同时，也与地震学家的正确判断、地方政府的大胆决策以及与地震区广大群众的理解和支持密不可分。即使是唐山地震，地震之前也确实出现了不少宏观异常现象，地震工作者对这些现象曾提出过不同的解释，河北省地震局6位地震工作者赴唐山落实异常，不幸恰遇地震发生而罹难。河北省青龙县偏向于"有震"的判断，采取了预报措施，使全县数万人的生命得以免遭伤害。青龙县的经验得到联合国教科文组织的表彰。

中国的地震预报始于1966年的邢台地震，经过几十年的努力，对于现在地震预报达到的水平，地震专家以及现在中国地震局的领导层有这样一个共识："我们还只能是在某些有利的条件下对某种类型的地震做出一定程度的预报。"这是一个客观的、实事求是的评价（孙其政等，1994）。

三、有关地震预报理论的讨论

（一）关于地震预报的争论

地震预报是举世公认的科学难题。20 世纪中叶以来，虽然不断有人探讨地震预报问题，但由于问题的复杂性和艰巨性，收效甚微。在这一背景下，1997 年东京大学地球物理物理学教授盖勒（R Geller）从地震分布的幂指数律出发，认为地震的发生是自组织临界过程，而自组织临界过程是不能预报的。他的文章发表在颇有影响力的自然科学期刊 Science（《科学》）上，因而引起了全球地震学界的一场大讨论。

这场讨论也不可避免地影响到中国地震学界。盖勒的观点遭到国际上很多地震学家也包括很多中国地震学家的反对。陈运泰从力学角度说明，地震发生发展过程不是"自组织临界（SOC）现象"，而是"自组织（SO）"，但不"临界（C）"现象，实现地震预测不是不可能的。中国地震学界对地震预报的主流观点，是持积极的观点。从 1993 年到 2009 年，陈运泰在《地震学刊》《求是》《2007 年科学发展报告》《中国科学》等刊物上发表了多篇文章，系统阐述了世界地震学界发展地震预报学科的进程，地震预报面临的困难的根本原因。提出"地震预测要知难而进"，对地震预报取得成功应持"审慎的乐观"态度（陈运泰，2009）。

（二）地震预报是一项需要长期坚持不懈的探索性课题

为解决地震预报这个世界性难题，中国政府、地震学家和广大人民群众付出了巨大的努力，尽管地震预报的实际效果与我们的预期相差还很大，但这种努力不是没有效果的，包括在学术上的进步。几十年来，中国的地震工作者在各类学术刊物上、在国际、国内的学术会议上发表了大量的有关地震预报的学术论文、学术报告。在总结国内外地震专家和群众在预报方面理论和实践的基础上，梅世蓉、冯德益、张国民于1993 年对中国地震预测研究进行了总结，出版了专著《中国地震预报概论》，比较系统地介绍了地震预报的理论和方法。

1997 年，滕吉文提出地震孕育必须有一个可集能量的介质和结构，并着手研究震源区介质物理性质和在力系作用下的特异结构的关系（滕吉文，1997）。2008 年 5 月 12 日汶川大地震发生后，发表文章《2008 汶川 M_s 8.0 地震发生的深层过程和动力学响应》，入选"精品期刊顶尖论文平台——领跑者 5000"。2010 年，在《地球物理学报》发表《强烈地震孕育与发生的地点、时间及强度预测的思考与探讨》（滕吉文，2010）。

1998 年，张培震、邓起东、张国民等承担了中国科学技术部列项的国家重大基础研究项目"大陆强震的机理与预测研究"。研究认为，中国大陆晚新生代和现代构造变形是以活动地块运动为主要特征。中国大陆几乎所有 8 级和 80% ~90% 7 级以上强震都发生在活动地块边界上。因此，研究活动地块的几何特征、运动方式及其对强震控制作用具有重要理论意义和实用价值（张培震等，2003）。这项研究的学术思想承袭了张文裕的"断块学说"。研究成果在地震发生的地点预测方面取得明显进展，成为地震学在整个基础研究领域较有影响的课题。对于强地震发生和现代构造运动关系的认识，可追溯到20世纪六七十年代。1974年，郭增建根据地质构造和7~8.5级大地震分布规律，把中国的地壳块体划分成9个巨块，并提出了7~8.5级大地震都发生在不同块体边界带上的观点。1983年，阎志德、郭履灿按照郭增建的观点对甘青川块体及其地震活动特性进行了进行了论证和引用（阎志德和郭履灿，1983；郭增建和韩廷本，2006）。

1998年全国人大常委会通过了《中华人民共和国防震减灾法》，此法在2009年又进行了修订，其中规定了监测预报、灾害预防、地震应急救援与灾后重建等是防震减灾的主要工作内容。这是在减轻地震灾害方面比较完善、全面的法律文件，使地震预测、预报工作得以在法律框架内顺利地进行。

中国的地震预报事业在以健康的姿态向前发展。

（三）天灾预测论——探索地震预测新途径

翁文波是中国老一辈地球物理学家、石油工业杰出科学家。他与地震预报有深厚渊源。1934年他毕业于清华大学物理系，毕业前在北京鹫峰地震台实习，完成的毕业论文是《天然地震预报》。1966年3月8日邢台地震后，周恩来总理指名翁文波到地震现场考察，并嘱托他开展天然地震研究工作。自始，他改变了研究方向，矢志不移地投入到天灾预测理论探索和研究中。

经过近20年的不懈努力，他把哲学和现代科技融为一体，以抽象体系、物理体系和信息体系为理论基础，把自然科学和社会科学预测统一起来，于20世纪80年代初，先后发表了"可公度性"（翁文波，1981）、《预测论基础》（翁文波，1984）。创立了独特的以信息预测为核心的天灾预测新理论——预测论。其后又发表了《信息数学——天灾预测的数学基础》（翁文波等，1988）、《天干地支纪历与预测》（翁文波等，1993）、《预测学》（翁文波，1996）、《初级数据分布》（翁文波，2004）。他认为，预测的基础是认识科学，认识科学的基础是认识体系。翁文波把人类的认识体系划分为抽象体系、物理体系和信息体系三个子体系。物理体系和信息体系都是建立在抽象体系之上。信息预测是以信息为基础的预测，是以研究对象中特性为基础的，重点是不确定性、不稳定性、非排中、可数（量子化、离散性）、可公度性等。这和通常的以物理为基础的统计预测不同，统计预测是以研究对象中的共性为基础。翁文波认为，人类认识体系主要局限于物理体系之内，即时间、空间和物质方面。虽然有多学科交叉和边缘学科的研究，但不能代替总体的认识，这是现代科学发展存在的一个大问题。预测科学的目标是要不断提高总体认识和它的精度，并发挥智能的作用（陈颙，2012）

翁文波不仅创立了天灾预测论，而且投入预测地震、洪涝、旱灾等自然灾害的预测实践，接受公众检验。他在1984年出版的《预测论基础》一书中，应用可公度性公式预测了1991年华中某地有大洪水。实际情况是：1991年，中国长江、淮河一带发生了罕见洪灾。1991年底，翁文波应美国勘探地球物理学家协会（SEG）前会长、中国地球物理学会第一位外籍会员格林（C. H. Green）的请求，向他个人预报：1992年

6 月 19 日在美国加州要发生 6.8 级地震。实际情况是：1992 年 6 月 28 日，在美国加州发生 7.4 级地震，这让美国学者惊奇不已。

翁文波创立的信息预测理论是个巨大的知识创新工程，要解决的是举世公认的科学难题，有漫长的路要走。1994 年 9 月，中国石油天然气总公司在人民大会堂主持召开"翁文波先生'预测论'学术座谈会"。同年 10 月，为了继承和发扬翁文波在科学事业的献身精神，孜孜不倦、不畏艰难的探索精神，将他创立的预测理论继续发展下去，为人类造福，严济慈、黄汲清、王淦昌、傅承义、武衡等 17 位知名专家、学者，发出"为当代预测宗师翁文波先生组建科学基金会倡议书"，为建立翁文波科学基金会筹集资金，用于发展预测理论及其学术交流（严济慈等，2012）。

1992 年 5 月，中国地球物理学会成立天灾预测专业委员会，中国地球物理学会理事长翁文波兼任第一任主任。天灾预测专业委员会聚集了一批有志天灾预测研究的各行各业专家、学者，在郭增建、耿庆国、高建国等历届主任的领导下，继承翁文波遗愿，秉承"学科交叉、综合预测和预测实践"新理念，通过天灾预测实践，努力探讨天灾预测的新途径。

第六节　为经济建设和国防建设服务的地震学

地震学主要是研究天然地震，重点是构造地震，而人类的生产活动也会引起地面的强烈震动，引起地震动的还有火山活动，火山地震本身也属于构造运动，但它与火山活动有关。在研究这些震动过程中应用了地震学发展起来的一些方法。本节介绍以下 4 方面的进展。

一、水库地震研究

水库地震又称水库诱发地震，指因水库蓄水或水位变化引起库区附近地震活动水平变化的现象。因为水库地震威胁大坝和整个水库的安全，所以世界上有大型水库的国家都给予高度关注。

广东省新丰江水库 1959 年 10 月开始蓄水后，周围的居民感觉到了地震，1960 年 7 月 18 日发生 4.3 级地震，震中烈度达 6 度。中国科学院地球物理研究所立即派人携带地震仪赶赴地震现场，并急电正在浙江新安江上游观测研究爆破地震的谢毓寿等直赴广东领导观测，经过两个多月的观测，确定在大坝区存在大量微震活动的现象，显然地震活动与水库蓄水有关。地球物理所领导决定组建新丰江地震考察队，由谢毓寿任队长，闵子群、许绍燮任副队长，由包括地震学和地质学两方面的专家组成，配备 4 台放大倍率为万倍的地震仪。这些人员和设备很快到达现场，并开展观测和研究。经过一年多的野外工作，观察到数万次地震，确定了震源区和地震活动规律。这些结果提交给政府有关部门，根据这些结果政府部门及时决定按地震烈度 8 度对大坝进行加固。一期加固工程即将竣工之际，1962年3月19日，在离大坝1~2km处发生了6.1级主震，虽然105m高的大坝产生了一定的损坏，但整体还是安然无恙的，经受住了烈度8度地震的袭击，使之成为世界水库诱发地震工程中通过抗震加固显著减轻了地震灾害的范例。

对新丰江水库地震的大量研究工作取得一些新认识。由于水库地震总是有前震的，因而及时对库区地震活动进行监测是防止或减轻水库地震灾害的基础。研究还注意到主震发生前1个多月内小地震发生出现"密集—平静"现象，这可能是强地震将要发生的预兆。大量观测资料表明，大多数地震发生在大坝附近的深水峡谷区，深度多在4~11km范围内；多数为走滑断层型地震，后期余震有一些正断层型地震。这些特征令人相信，新丰江水库地震是水库蓄水诱发了构造应力释放的结果。此项研究的规模和深度在世界水库地震研究中是位于前列的。

1975年，在加拿大阿尔伯塔省班夫市召开了首届国际诱发地震讨论会，中国派出以中国科学院哈尔滨工程力学研究所刘恢先为团长、国家地震局地质研究所马瑾为副团长的代表团与会，代表团成员王妙月在会上宣读了《新丰江水库地震震源机制及其成因探讨》等论文，受到与会代表的好评。该文章于1976年1月在《中国科学》上发表。

中国建设的水库中，除新丰江水库外，湖北丹江口、青海龙羊峡、辽宁参窝、广西大化等水库也都在蓄水后发生地震，所以水库地震的观测与研究在中国一直受到高度重视。水利建设部门和地震预报管理部门建设了具有很强监测能力的水库地震台网，例如丹江口、二滩、大桥、小浪底、龙羊峡等水库监测台网。特别是中国的三峡地震台网，长江三峡水库坝高183m，水库蓄水前国家就建成了三峡遥测数字地震台网，含24个子台。2003年6月水库蓄水后，引起微震频发，至2008年底，该台网共记录到库区发生的7000余次地震，最大的是发生在库首区的2008年9月27日3.7级和11月22日4.6级地震。因蓄水引起频发的地震深度多较浅，平均约2~3km。丰富的地震观测研究结果为评估库坝区的地震安全性提供了依据（杨晓源，1999）。

水库地震的科研人员对丹江口、龙滩等10余座水库的诱发地震都专门进行过研究，主要是地震活动性、震源机制等方面的内容。

二、核爆炸地震学

核爆炸地震学的研究对象主要是地下核爆炸、水下核爆炸和地面核爆炸，其中以地下核爆炸为主。作为地震学的一个分支学科，核爆炸地震学使用地震学的观测手段和理论方法，研究核爆炸的地震效应、地下核爆炸的监测和核爆炸的物理性质，并利用核爆炸这一已知震源进行针对地球内部结构和天然地震的震源过程的地震学研究（谢礼立等，1986）。

（一）中国早期核爆炸的地震学研究

中国核爆炸地震学研究工作始于1956年。1956年夏季美国在太平洋马绍尔群岛进行了一系列大气层核试验。苏联派遣一个专家组来华，希望与中国合作建立用于核侦察的地震台站。为了论证用地震方法侦察核爆炸的可能性，在李善邦的建议下，从佘山地震台的伽利津 – 卫立浦式地震仪的地震图中，查到了 1945 年美国在比基尼岛上进行的第一次核爆炸试验地震记录图。在中国科学院副院长竺可桢领导下，成立了由赵九章、马大猷、钱三强等 3 人组成的核侦察领导小组，负责组织实施。地球物理研究所的地震核侦察工作由赵九章所长直接领导。中方参加地震侦察工作的有谢毓寿以及曲克信、柏自兴、瞿章、钱兆霞等人。

（二）1964 年中国首次核试验的地震学观测

20 世纪 50 年代，美、苏两国在大气层中进行了一系列大规模核爆试验，引起全世界普遍关注。1958 年 8 月，各国专家聚会日内瓦，讨论禁止大气层核试验问题，其中涉及地下核试验的侦察和监督问题。核试验的侦察和识别不但具有政治、军事意义，而且与地震学一系列基本问题密切相关。基于这样一种认识，傅承义提出开展核爆炸地震侦察与识别研究工作。1961 年 7 月，中国科学院地球物理研究所专门成立研究室——七室，傅承义任室主任。傅承义在 "关于（七室）学术方向的一些意见" 中，提出了七室发展有两个主要方向：核爆炸的力学效应和核爆炸的远距离侦察。前者着眼于核武器试验，做国防部门的有力助手；后者是国际瞩目的问题，和前者有密切的联系，从长远看，更多的是提高地震学的全面水平，应当借任务来带动。

1963 年 5 月，中国科学院地球物理研究所正式承担了中国首次核试验与地震有关的两项任务（"21 号任务"）：地震效应观测；地震观测，研究地震波与当量、距离的关系。1964 年初，许绍燮、张奕麟任七室代理副主任。"21 号任务" 的科学问题由傅承义领导，技术问题和现场组织实施由许绍燮、张奕麟负责。为完成这项任务通过自行研制和仿制了 8 种类型的观测系统，用于爆炸当量测量等参数的取得。在第一次核爆实验之前还进行了若干次化学爆破的实验，这些实验都是在自然条件非常恶劣的戈壁滩上进行的，地球物理工作人员不畏艰苦逐一完成了实验。1964 年 10 月 16 日 14时 50 分，中国首次核试验成功。爆炸后仅用十几秒时间地球物理研究所就根据地震记录，成功报出爆炸当量。"零时" 以后，又在放射性严重污染的场地再次进行化学爆炸效应的测量，以取得必要的参数。地球物理所的工作人员在极其恶劣的环境中圆满完成了上级布置的各项任务，受到国防科委和中国科学院的嘉奖，观测集体和主要参试人员荣立军功。而后地球物理研究所又先后 10 次参加中国地面、空中、地下核试验。1970 年又承担了 "地下工程防护研究任务"（"705 任务"）。"21 号任务" 和 "705 任务"一直持续到 1978 年地球物理研究所分所为止。其间，在理论研究、观测技术等方面，均取得了一批有价值的成果（王广福，2007）。

在研制近场强地面运动位移、速度、加速度测量所需仪器及其配套设备的过程中，采用遥测技术、模拟磁带记录技术、反馈技术，解决了抗干扰、防电磁、防光、防核辐射等一系列观测问题；依据相似理论，根据地震波衰减规律成功速报了核爆炸当量；在地下核试验中，探讨了爆炸后空腔及 "烟囱" 的形成和发展过程；在工程防护研究工作中，从二维轴对称理论和面波激发与传播出发，探讨了面波破坏机理，解释了空中核爆炸试验中地动参数极大值并非一定发生在地表的观测结果，而与介质条件、爆炸冲击波超压大小有关，为工程防护设计提供了新认识。此外，还对地下核爆炸诱发天然地震的问题进行了观测研究。

1965 年 3 月 20 日，国家正式下达任务，建立中国核侦察系统，由中国科学院地球物理研究所七室承担。同年 12 月 24 日，成功地速报了苏联在中亚地区进行的一次地下核爆炸试验。1966 年共作了 8 次速报，与国外报道资料对比，漏报 3 次小当量爆炸。1967 年共作了 13 次速报，与国外报道相比，达到了基本上无错报漏报的水平。

中国地震台站的地震仪灵敏度偏低，记录到的远震信号较弱，增加了爆炸信号的识别难度。这是一项保密性质极强的工作，可供参考的资料很少，地球物理研究所七室广大科研人员通过不断探索，总结出一套经验与理论相结合的识别方法，进行综合分析判断。这些方法是：定点对象法。对于来自同一场地的爆炸信号，震相相对比较稳定，可以找到可供识别的特征；初动判别法。在爆心周围地震台站接收到的是压缩地震波，初动应向上，对地震而言，初动方向则呈象限分布；P、S 波比值法。如果爆炸发生在均匀、各向同性介质中，理论上不激发 S 波，与地震相比，爆炸产生 S 波要小，地震的 S 波成分要大；震级比较法。爆炸产生的面波要比体波发育，面波震级 M 和体波震级 m 之比是个简单有效的判据；周期与震级的关系。对于体波震级相同的地震事件，地震波谱中最大值周期 T 较之爆炸记录到的要长，即 T 与 m 的关系有明显差别。同时还总结出地下核爆炸与体波震级 m 的转换关系。

中国科学院地球物理研究所在 20 世纪六七十年代为中国地下核试验的地震侦察工作做出了开拓性贡献。

（三）地下核试验的地震监测

1958 年夏天，各国专家聚会日内瓦探索禁止核试验在技术上可行的侦察与监督问题，当时认为主要困难在于如何区别爆炸与地震的信号。随后美国实施了"维拉（Vela）"计划，在全球布设地震台网，推动了全球地震台网的建立，也开始了地下核爆作的侦查与监督。

为全面防止核武器扩散与促进核裁军进程，从而增进国际和平与安全的条约，联合国一些会员国提出缔结《全面禁止核试验条约》（CNTBT）。为了给 CNTBT 的全球核查系统做好技术准备，裁军委员会会议（CCD）于 1976 年 7 月 22 日决定设立"审议关于检测和识别地震事件的国际合作措施特设科学专家小组"（GSE）。中国自 1986 年春季会议开始，正式派遣地震专家参加 GSE 活动；于 1990 年 3 月批准参加全球地震监测系统试验（GSETT）第二次国际联试 GSETT–Ⅱ。中国选定北京、兰州、海拉尔三个台站参加联试。台站配备 BB–13 型宽频带地震计和 GS–13 短周期地震计。3 个台站的数字地震信号通过卫星链路的 C 频段直传至位于北京的国家地震局地球物理研究所 GSE 国家数据中心（NDC）。参加这次 GSETT–Ⅱ联试，展示了中国在国际活动中的作用。

1996 年 9 月 10 日，第 50 届联合国大会通过《全面禁止核试验条约》（CNTBT）。

为监视该条约的遵守情况，全面禁止核试验条约组织（CNTBTO）在全球建立专门的国际监测系统（IMS）。中国是 CNTBT 缔约国之一，根据 IMS 的计划，中国地震局地球物理研究所承担了中国境内的海拉尔台阵（PS12）和兰州台阵（PS13）建设任务。2004 年 9 月，中国地震局组织了对"全面禁核试 IMS 海拉尔台阵建设"项目和"全面禁核试 IMS 兰州台阵建设"项目进行了验收。

中国地震局地球物理研究所吴忠良、陈运泰、牟其铎以 20 世纪 80 年代以来核爆炸地震学的最新研究成果为基础，结合中国实际情况，发表了专著《核爆炸地震学概要》（吴忠良等，1994）。

在参与国际核查的进程中，中国核爆炸地震学研究工作逐步向国际先进水平靠近。

三、矿山地震研究

中国矿山地震监测始于 1959 年，北京门头沟煤矿用当时中科院地球物理研究所研制的 581 型微震仪监测矿山地震活动。1976 年唐山地震前后，中国陆续在吉林辽源煤矿、北京门头沟煤矿、抚顺龙凤煤矿、辽宁北票煤矿、山西大同煤矿、河北开滦煤矿、山东枣庄陶庄煤矿等一些有矿震活动的矿区架设了三分向地震仪，监测矿震活动。1984 年，从波兰引进的地音 – 微震观测系统分别在北京门头沟矿、抚顺龙凤矿、四川天池矿和山东陶庄矿等几个冲击地压严重的地区运转。1990 年后，许多矿区架设了数字地震仪，有的是井下观测系统。

根据地震观测结果，一般可判定具体煤矿的矿震的主要成因。例如，北京门头沟煤矿 1984—1995 期间记录到的 $M1.0$ 以上的 9 万余次矿震中，绝大多数发生在老的采空区内，真正发生在开采工作面的矿震只有 530 次（约占 0.5%），说明采空区的沉陷是矿震的主要起因（张少泉等，1996）。而对抚顺老虎台煤矿 2003 年 6 月—2004 年 6 月矿震的定位结果说明，矿震主要分布在矿区东、西两侧的正在开采区的附近，矿震是由当前的开采活动诱发的。

在判断矿震发生趋势以至控制矿震（冲击地压）发生方面，地震研究取得了一些实用的成果。如 2005 年对山东兖州鲍店煤矿矿震的监测结果，显示了矿震发生与煤层开采进程快慢相关的证据，即开采进程加快或进程不稳定时，容易诱发较大矿震（和雪松等，2007），因而控制进程可以缓解矿震的发生。

姜福兴等（2006）于 2004—2005 年期间研究了山东泰安华丰煤矿的矿震活动。他们在采掘区顶板和底板内布置了多组检波器，采用自制的微震定位监测系统测定微震参数。他们的分析结果揭示了该矿上、下采煤层的掘进尺度之间有相互影响，并注意到控制上、下两煤层开采面的相对推进位置，可缓解上煤层掘进前锋的应力集中程度，从而降低冲击地压的威胁程度。

四、火山地震研究

中国国土上存在一定数量的活火山，这些火山基本处于休眠状态，然而对人类生命财产的威胁依然存在。20 世纪 80 年代以后，中国地震部门在吉林长白山天池和龙岗、云南腾冲、黑龙江五大连池、海南琼北、黑龙江镜泊湖等火山区陆续开展了地震监测研究，有些地区还包含深部结构探测、地壳形变、地球化学等监测手段。在中国地震局地质研究所建立了国家火山研究中心。

地震监测表明，中国火山地区地震活动相对活跃，依据观测资料对火山地震进行了广泛的研究，研究内容主要是火山地震活动的空间分布、类型、特征，与构造的关系，讨论了火山喷发的危险性。

在上述地区中，长白山天池地区的火山地震活动最活跃。1985—1992年，吉林地震局每年6—9月，用一台DD-1型微震仪在天池北侧3km处观测火山地震。1992年后，夏季流动观测增至3~5台，1999年在天池火山山腰建了一个三分向宽频带固定地震台。观测结果表明，2002年夏季后，火山区地震活动明显增强，月频次从几次增为200多次，2002、2003、2004年发生的最大地震震级分别为2.9、3.2和3.8。

2002—2003年夏季，吴建平等（2007）在长白山天池火山区布设了15套宽频带数字地震仪，记录到大批火山地震，平均每日超过30次。其中，2002年8月20日在4个小时内记录到500多次可以分辨的地震，最大M_L=2.2。两次夏季观测记录对几百个地震定位的结果说明，地震集中分布在天池东北和西南两个区域，地震与天池边缘距离小于3km，震源深度小于5km。西南区地震分布在一条北西—南东向近直立的断层上。他们认为天池火山区的地震基本都是高频的火山构造地震。

1996—2000年期间，云南省地震局用10~15台数字地震仪在腾冲火山区进行过3期流动观测，2001—2005年期间继续有流动观测，结果说明，腾冲火山区经常发生小震群活动。结合地质和其他地球物理方面的工作，腾冲火山的研究取得丰硕成果（皇甫岗，1997）。

参考文献

庆松光雄. 1972.「中国地震资料年表」批判——中国の歴史的地震研究に関する諸問題［M］. 発行：庆松先生退官記念事業会.

陈培善. 1995. 中国地震基本台网的发展与现状［G］//陈运泰. 地球与空间科学观测技术进展.北京：地震出版社，42-50.

陈颙，姚孝新，耿乃光. 1979. 应力途径、岩石的强度和体积膨胀［J］. 中国科学：A辑 数学，（11）：1093-1100.

陈颙. 2012.《20世纪回眸 翁文波院士与天灾预测》之序［G］//中国地球物理学会，纪念翁文波先生百年诞辰文集. 北京：地震出版社，28-30.

陈运泰. 1974. 多层弹性半空间中的地震波（二）［J］. 地球物理学报，17（3）：173-185.

陈运泰. 2009. 地震预测：回顾与展望［J］. 中国科学：D辑：地球科学，39（12）：1633-1658.

陈运泰，林邦慧，林中洋，等. 1975. 根据地面形变的观测研究1966年邢台地震的震源过程［J］. 地球物理学报，18（3）：165-182.

陈运泰，朱传镇，吴忠良. 2003. 中国现代地震学的回顾与展望［J］. 院士论坛 世界科技研究与发展，25（1）：12-16.

《当代中国的地震事业》编委会. 1993. 当代中国的地震事业［M］. 北京：当代中国出版社，33-34.

周恩来. 1995. 周恩来关于防震减灾工作讲话、谈话、指示、批示汇编［G］// 方樟顺. 周恩来与防震减灾. 北京：中央文献出版社，21.

傅承义. 1971. 关于地震发生的几点认识［J］. 地震战线. 8：35-36.

高龙生，葛焕称. 1975. 中国大陆岩石标本在高压下弹性波速的初步研究［J］，地球物理学报，18（1），26-38.

耿乃光. 1986. b值模拟实验的进展和我国b值模拟实验的开端［J］. 地震学报，8（3）：330-333.

郭增建，韩廷本. 2006. 块、带、源观点与青藏高原北块边界大震［J］. 地震研究，29（3）：300-303.

国家地震局. 1981. 中国地震烈度区划工作报告［M］. 北京：地震出版社.

国家地震局. 1991. 中国地震烈度区划图（1990）［M］. 北京：地震出版社.

国家地震局地球物理研究所，复旦大学中国历史地理研究所. 1986，1990. 中国历史地震图集（第一、第二、第三分册）［M］. 北京：中国地图出版社.

和雪松，李世愚，潘科，等. 2007. 矿山地震与瓦斯突出的相关性及其在震源物理研究中的意义［J］. 地震学报，29（3）：314-327.

胡聿贤. 2001. GB18306-2001中国地震动参数区划图［S］. 北京：中国标准出版社.

胡聿贤，张敏政. 1984. 缺乏强震观测资料地区地震动参数的估算方法［J］. 地震工程与工程振动，4（1）：1-11.

皇甫岗. 1997. 腾冲火山研究综述［J］. 地震研究. 20（4）：431-437.

霍俊荣，胡聿贤，冯启民. 1992. 关于通过烈度资料估计地震动的研究［J］. 地震工程与工程振动，12（3）：1-14.

姜福兴，杨淑华，成云海，等. 2006. 煤矿冲击地压的微地震监测研究［J］. 地球物理学报，49（5）：1511-1516.

金星，廖振鹏. 1994. 地震动随机场的物理模拟［J］. 地震工程与工程震动，14（3）：11-19.

李凤杰，周璐璐，胡履端，等. 1995. JD-2型深井地震观测系统［G］// 陈运泰. 地球与空间科学观测技术进展. 北京：地震出版社，173-182.

李善邦. 1960a. 中国地震目录（第一集）［M］. 北京：科学出版社.

李善邦. 1960b. 中国地震目录（第二集）［M］. 北京：科学出版社.

李世雄. 2001. 波动方程的高频近似与辛几何［M］. 北京：科学出版社.

李世愚，陈运泰. 1998. 分形断层的隧道效应和平面内剪切断层的跨S波速破裂［J］. 地震学报，21（1）：17-23.

廖振鹏，黄孔亮，杨柏坡，等. 1984. 暂态波透射边界［J］. 中国科学：A辑 数学，26（6）：556-564.

廖振鹏，郑天愉. 1997. 工程地震学在中国的发展［J］. 地球物理学报，4（增刊）：177-191.

林邦慧. 2017. 运用"密集—平静—大震"特点成功预测1966年邢台Ms 6.2强余震——纪念1966年邢台地震50周年［J］. 地震地磁观测与研究，38（1）：1-6.

刘恢先. 1988. 地震工程学科在中国的发展——回顾与前瞻［J］. 地震工程与工程振动，8（2）：1-7.

马胜利，邓志辉，马文涛，等. 1995a. 雁列式断层变形过程中物理场演化的实验研究（一）［J］. 地震地质，17（4）：327-335.

马胜利，刘力强，邓志辉，等. 1995b. 雁列式断层变形过程中物理场演化的实验研究（二）［J］. 地震地质，17（4）：336-341.

牟永光. 1984. 有限单元法弹性波偏移［J］. 地球物理学报，27（3）：268-278.

倪江川，陈运泰，王鸣，等. 1991. 云南禄劝地震部分余震的矩张量反演［J］. 地震学报，13（4）：412-419.

裴正林，牟永光. 2004. 三维各向异性介质中弹性波波场数值模拟［G］// 张中杰，高锐，吕庆田，等. 中国大陆地球深部结构与动力学研究：庆贺滕吉文院士从事地球物理研究50周年. 北京：科学出版社，1001-1012.

孙其政. 1999. 中国数字化地震观测〔J〕. 地震地磁观测与研究, 20（5-6）：16-17.

孙其政, 吴书贵. 1994. 中国地震监测预报40年（1966-2006）〔M〕. 北京：地震出版社.

滕吉文. 1997. 地震孕育的深部介质和构造环境研究〔C〕// 陈运泰. 中国地震学研究进展——庆贺谢毓寿教授八十寿辰. 北京：地震出版社, 146—153. 滕吉文. 2010. 强烈地震孕育与发生的地点、时间及强度预测的思考与探讨〔J〕. 地球物理学报, 53（8）：316-333.

王椿镛. 1982. 层状不均匀介质中合成地震图的反射率法〔J〕. 地球物理学报, 25（5）：424-433.

王广福. 2007. 我国核爆炸地震观测和地震侦察工作回顾〔G〕// 中国地球物理学会. 辉煌的历程：中国地球物理学会60年. 北京：地震出版社, 331-336.

王妙月, 杨愁源, 胡毓良, 等. 1976. 新丰江水库地震的震源机制及其成因初步探讨〔J〕. 地球物理学报, 19（1）：3-17.

王卫民, 赵连锋, 李娟, 等. 2008. 四川汶川8.0级地震震源过程〔J〕. 地球物理学报, 51（5）：1403-1410.

王耀文, 郝晋升, 刘永恩. 1981. 10 000公斤/厘米^{2}高压容器的研制〔J〕. 地球物理学报, 24（1）：56-64.

翁文波. 1981. 可公度性〔J〕. 地球物理学报, 24（9）：151-154.

翁文波. 1984. 预测论基础〔M〕. 北京：石油工业出版社.

翁文波. 2004. 初级数据的分布〔M〕. 北京：石油工业出版社.

翁文波, 吕牛顿. 1988. 信息数学——天灾预测的数学基础〔J〕, 世界科技,（3-4）.

翁文波, 张清. 1993. 天干地支纪历与预测〔M〕. 北京：石油工业出版社.

翁文波. 1996. 预测学〔M〕. 北京：石油工业出版社.

翁文波. 2004. 初级数据的分布〔M〕. 北京：石油工业出版社.

吴开统. 1994. 略论《中国地震资料年表》——兼评庆松光雄之批判〔J〕. 山西地震, 77（2）：6-7.

吴建平, 明跃红, 张恒荣, 等. 2007. 长白山天池火山区的震群活动研究〔J〕. 地球物理学报, 50（4）：1089-1096.

吴忠良, 陈运泰, 牟其铎. 1994. 核爆炸地震学概要〔M〕. 北京：地震出版社.

谢礼立, 彭克中, 于双久. 1986. 中国强震观测发展现状〔J〕. 地震工程与工程振动, 6（2）：27-36.

谢小碧, 姚振兴. 1987. 1976年云南龙陵6.2级余震强震记录的理论模拟〔J〕. 地球物理学报, 30（2）：159-168.

谢小碧, 郑天愉, 姚振兴. 1992. 理论地震图计算方法〔J〕. 地球物理学报, 35（6）：790-801.

谢毓寿. 1990. 我所早期的工程地震工作〔G〕// 地球物理研究所40年编委会. 地球物理研究所40年（1950-1990）, 北京：地震出版社, 16-19.

谢毓寿, 蔡美彪. 1983. 中国地震历史资料汇编〔G〕. 北京：科学出版社.

谢毓寿. 1957. 新的中国地震烈度表〔J〕. 地球物理学报, 6（1）：35-47.

许力生, 陈运泰. 2004. 从全球长周期波形资料反演2001年11月14日昆仑山口地震时空破裂过程〔J〕. 中国科学：D辑 地球科学, 34（3）：256-264.

许忠淮, 刘玉芬, 张郑珍. 1979. 京、津、唐、张地区地震应力场的方向特征〔J〕. 地震学报, 1（2）, 121-132.

严济慈, 黄汲清, 王淦昌, 等. 2012. 为当代预测宗师翁文波先生组建科学基金会倡议书〔G〕// 中国地球物理学会, 纪念翁文波先生百年诞辰文集. 北京：地震出版社, 17-18.

阎志德, 郭履灿. 1983. 论甘青川发震块体及其地震活动特征〔J〕. 科学通报,（2）：111-115.

杨晓源. 1999. 我国近年水库地震监测综述〔J〕. 地震地磁观测与研究, 20（2）：3-15.

姚振兴, 纪晨. 1997. 时间域有限地震断层的反演问题〔J〕. 地球物理学报, 40（5）：691-701.

姚振兴. 1979. 层状介质、非轴对称震源情况下的反射法〔J〕. 地球物理学报, 22（2）：181-194.

尹祥础, 李世愚, 李红, 等. 1988. 闭合裂纹面相互作用的实验研究〔J〕. 地球物理学报, 31（3）：306-314.

张培震, 邓起东, 张国民, 等. 2003. 中国大陆的强震活动与活动地块〔J〕. 中国科学：D辑 地球科学, 33

（增刊）：12–20.

张少泉，任振启，张连城，等. 1996. "中尺度地震预报实验场"的思路与方案—门头沟煤矿矿山地震的观测与应用研究［J］. 地震学报，18（4）：529–537.

张勇，冯万鹏，许力生，等. 2008. 2008 年汶川大地震的时空破裂过程［J］. 中国科学：D 辑 地球科学，38（10）：1186–1194.

张重远，吴满路，陈群策，等. 2012. 地应力测量方法综述［J］. 河南理工大学学报（自然科学版），31（3）：305–310.

赵凤新，胡聿贤. 1996. 地震动反应谱与相位差谱的关系［J］. 地震学报，18（3）：287–291.

赵凤新，张郁山. 2006. 拟合峰值速度与目标反应谱的人造地震动［J］. 地震学报，28（4）：429–437.

郑斯华，铃木次郎. 1992. 西藏高原及其周围地区地震的地震矩张量及震源参数的尺度关系［J］. 地震学报，14（4）：423–434.

郑天愉，姚振兴. 1993. 用近场记录研究唐山地震的震源过程［J］. 地球物理学报，36（2）：44–54.

郑天愉，姚振兴. 1994. 中国台湾以东地区地震矩张量研究及其构造意义［J］. 地球物理学报，37（4）：478–486.

中国科学院地震工作委员会历史组. 1956. 中国地震资料年表［M］. 北京：科学出版社.

中国地震局地球物理研究所. 2006. 地震监测志［M］. 北京：地震出版社.

中国地震局震害防御司. 2008. 汶川 8.0 级地震未校正加速度记录（中国强震记录汇报，第十二集，第一卷）［M］. 北京：地震出版社.

周公威，张伯明，吴忠良，等. 2007. 中国数字地震台网（CDSN）的近期发展［J］. 地球物理学进展，22（4）：1130–1134.

周辉，徐世浙，刘斌，等. 1997. 各向异性介质中波动方程有限元法模拟及其稳定性［J］. 地球物理学报，40（6）：833–841.

周蕙兰. 1985. 浅源走滑大震震源过程的某些特征［J］. 地球物理学报，28（6）：579–587。

朱良保，许庆，陈晓非. 2001. 保角变换在区域面波群速度反演中的应用［J］. 地球物理学报，44（1）：64–71.

庄灿涛，杨晓源. 2006. 我国地震台网发展回顾［G］// 中国地球物理学会. 辉煌的历程：中国地球物理学会 60 年. 北京：地震出版社，406–422.

Chen X F.1990. Seismograms synthesis for multi–layered media with irregular interfaces by global generalized reflection/transmission matrices method. I. Theory of two– dimensional SH case［J］. Bull. Seismol. Soc. Am., 80（6A）：1696–1724.

Chen X F.1996. Seismograms synthesis for multi–layered media with irregular interfaces by global generalized reflection/transmission matrices method. III. Theory of 2D P–SV case［J］. Bull. Seismol. Soc. Am., 86（2）：389–405.

Chen X F.1999. Love waves in multilayered media with irregular interfaces：I. Modal solutions and excitation formulation［J］. Bull.Seismol.Soc.Am., 89（6）：1519–1534.

Chen Y T，Chen X F，Knopoff L.1987. Spontaneous growth and autonomous contraction of a two–dimensional earthquake fault［M］//Wesson R. Mechanics of Earthquake Faulting. Techtonophsics，144：5–17.

Chen Y T，Knopoff L.1986.The quasi–static extension of a shear crack in a viscoelastic medium. Geophys［J］. J. R. astr，Soc.，87（3）：1025–1039.

Chen Y T，Xu L S. 2000. A time–domain inversion technique for the tempo–spatial distribution of slip on a finite fault plane with applications to recent large earthquakes in Tibetan Plateau［J］. Geophys. J. Int.，143（2）：407–416.

Gao Y，Wang P D，Zheng S H，et al. 1998. Temporal changes in shear–wave splitting at an isolated swarm of small earthquakes in 1992 near Dongfang，Hainan Island，southern China［J］. Geophys. J. Int. 135：102–112.

Li S Y，He T M，Teng C K. 2011. Theoretical and experimental study of 3–D initial fracture and its significance to faulting［J］. Earthquake Science，24（3）：283–298.

Press F, Benioff H, Frosch R A, et al. 1965. Earthquake Prediction: A Proposal for A Ten Year Program of Research. Washington DC: White House Office of Science and Technology, 134.

Xie X B, Yao Z X. 1991. The faulting process of Tangshan earthquake inverted simultaneously from the teleseismic waveforms and geodesic deformation data [J]. Phys. Earth Planet. Inter., 66 (3-4): 265-277.

Xu G M, Ni S D.1998. The symmetries of the system matrix and propagator matrix for anisotropic media and of the system matrix for periodically layered media [J]. Geophys. J. Int., 135 (2): 449-462.

Yao C, Xiong Y. 1993. Far field radiation pattern from an anisotropic dislocation point source [J]. J Can Soc Expl Geophys, 29 (1): 315-323.

Yao Z X, Harkrider, D G. 1983. A generalized reflection-transmission coefficient matrix and discrete wavenumber method for synthetic seismograms [J]. Bull. Seis. Soc. Am., 73 (6A): 1685-1699.

Zhang H M, Chen X F. 2006a. Dynamic rupture on a planar fault in three dimensional half space: I. Theory[J]. Geophys. J. Int, 164 (3): 633-652.

Zhang H M, Chen X F. 2006b. Dynamic rupture on a planar fault in three dimensional half space: II. Validations and numerical experiments [J]. Geophys. J. Int, 167 (2): 917-932

Zhang Z J, Teng J W, He Z H. 2000. Azimuthal anisotropy of seismic velocity, attenuation and Q value in viscous EDA media [J]. Science in China, Ser. E, 43 (1): 19-24.

Zheng T Y, Yao Z X, Xie L L. 1990. A semi-empirical approach for predicting strong ground motion[J]. Geophys. J. Int., 100 (1): 9-18.

第二章
地 磁 学

　　新中国成立后，中国地磁学得到了稳步发展。这首先得益于国民经济发展和国防建设的需要；另外，地磁学对于研究地球构造、形成和演化以及人类生存环境，具有重要科学意义。在国际极年、国际地球物理年、国际磁层研究、日地能量计划等重大国际地球物理联合观测研究计划中，地磁学都占有重要地位。因此，国家对地磁学发展给予了足够的重视。在1956年国家科委制定的12年科学规划中，地磁学研究列入其中。

　　早在20世纪40年代，陈宗器等老一辈地磁学家就对中国地磁学发展有了初步构想，新中国成立后，这一构想变成规划得以实现。在全国范围内开展了地磁测量，开始编制中国地磁图；组建了中国地磁观测系统中的全国地磁基本台（通称"老八台"）；为迎接和实施国际地球物理年的观测项目做好了各种准备工作。20世纪五六十年代，陈宗器、陈志强、刘庆龄、周寿铭、吴乾章等老一辈地磁学家，从无到有培养了一大批地磁学科技人才，为中国地磁学发展做出了奠基性贡献（陈洪鹗，1992）。

　　1957年苏联第一颗人造地球卫星发射成功，地磁学的观测和研究领域从地面和近地空间延伸到广阔的宇宙空间。人类逐步认识到普遍存在于单个星体和宇宙空间的磁场，在天体形成、演化、生物进化以及宇宙发展过程中所起的重要作用，从而大大丰富和发展了地磁学研究领域。

　　60多年来，中国地磁学在实验观测技术、理论和应用研究等方面均取得重要进展，开展了青藏高原、南极地磁考察，开辟了震磁效应、生物地磁学等新的研究领域。

第一节　中国地磁测量与中国地磁图

　　地磁测量，按测量的空间范围，一般可分为陆地（或称地面）磁测、海洋磁测、航空磁测和卫星磁测以及某种项目需求的地磁场梯度测量；按测量的地磁要素，可分为单要素磁测（地磁总强度或地磁垂直强度等）和三要素磁测（地磁总强度、磁偏角、磁倾角）；按测量的类型，可分为相对值测量和绝对值测量。中国地磁测量是指陆地三要素绝对值测量，根据测量数据编汇相应的中国地磁图。

1950—2010年，中国科学院地球物理研究所、中国地震局地球物理研究所先后组织8次全国范围地磁测量和1次青藏高原地磁测量，共正式编制出版8套中国地磁图和1套青藏高原地磁图。

20世纪50年代，中国的地磁测量侧重于西北、中部、东南、东北等地，后来逐步扩大到西南、青藏高原乃至珠穆朗玛峰地区以及海洋岛屿、海礁等全国范围。测量技术由单纯的地磁经纬仪的磁法和天文经纬仪的天文方法测量，逐渐发展到电法数字显示，包括数字化核旋磁力仪与GPS卫星定位的空间技术相结合的综合测量；测量周期由10年缩短为5年。当今中国地磁测量技术与规模堪与世界发达国家相比。

在地磁图编制理论和方法研究上也取得了很大进展，由基本利用陆地地磁测量数据编制，发展到采用陆地、海洋、航空、卫星磁测和国际地磁台站、国际地磁参考场模型以及球冠谐分析、曲面样条函数等数学方法的综合分析编绘。编图周期由10年发展为5年，可以与世界发达国家看齐。完善了包括海岛、海洋在内的地磁图编绘，也为维护中国海洋主权和权益提供了科学支持。

一、中国地磁测量

（一）1950年中国地磁测量

在陈宗器领导下，由陈志强主持，自1950年至1953年9月，先后派刘庆龄、胡岳仁、周炜、章公亮等分别组队进行野外地磁测量，共计完成西北地区22个测点、华北地区13个测点和东北地区20余个测点。主要是在当时条件允许情况下，填补此前中国地磁测量的空缺之处。使用小型Smith磁强计测量磁偏角（D）和地磁水平强度（H），使用Askania地磁感应仪测量磁倾角（I），使用天文方法（北极星时角法或太阳时角法）测量目标方位角及测点经、纬度。此外，还利用了此前十余年来华东、华中、华南等地区的地磁测量资料，新老测点共有300余个。

（二）1960年中国地磁测量

在陈宗器直接指导下，中国科学院地球物理所的薛小桢、任国泰、刘长发等20余人于1957—1962年先后在西北、西南和福建沿海等地区共完成445个地磁控制测点的地磁测量，是新中国成立以来首次完成一个年代的全国地磁测量。使用小型Smith磁强计测量磁偏角和地磁水平强度，使用Askania地磁感应仪测量磁倾角，使用天文方法（北极星时角法或太阳时角法）测量目标方位角及测点经、纬度。

（三）1964—1966年青藏高原及珠穆朗玛峰地区地磁测量

1964年、1965年，中国科学院地球物理研究所先后派薛小桢、任国泰、安振昌、徐振武、黄绍希、王居易、刘成瑞等40余人次，在西藏军区的大力支持下，于

1964—1965年完成青藏高原（西藏藏西南、藏东南、藏北）共测量83个地磁三要素观测点。其间，薛小栒、黄绍希、徐振武、王居易、刘成瑞于1964年在日喀则地区的卓奥友峰（又称乔乌雅峰）6300m处完成地磁三要素绝对值测量，这是当时世界海拔最高的地磁测点。

1966年，中国科学院地球物理研究所安振昌、黄绍希、王世元参加中国科学院组织的珠穆朗玛峰综合科学考察，在珠穆朗玛峰地区进行了详细的地磁测量，取得10个测点的地磁数据。安振昌、王世元还在珠穆朗玛峰北坳6565m处进行了地磁三要素绝对值测量。这是世界地磁测量史上海拔最高的地磁三要素绝对值测量。使用偏角磁力仪测量磁偏角、地磁感应仪测量磁倾角、石英水平磁强计（QHM仪）测量地磁水平强度，使用天文方法测量目标方位角和测点经、纬度。

（四）1970年中国地磁测量

1969年1月，中国科学院地球物理研究所承担了"全国地磁普测"军工任务，为期4年，史称"3912"任务。5月正式组建"3912"队，徐振武任队长。任国泰、安振昌、刘成瑞、张维玺、王居易、贾士中等100余人次参加，在1969年6月—1972年8月的3年时间里，在全国范围完成了1882个测点的地磁三要素绝对值测量。这是中国首次进行的全国地磁普测，也是迄今为止测点最多的一次全国地磁测量。使用偏角磁力仪测量磁偏角、地磁感应仪测量磁倾角、石英水平磁强计测量地磁水平强度，使用天文方法测量目标方位角和测点的经、纬度。

（五）1980年中国地磁测量

中国科学院地球物理研究所于1976—1980年在全国范围共复测198个点（即地磁长期变化点），1978年以前使用偏角磁力仪测量磁偏角、地磁感应仪测量磁倾角、QHM仪测量地磁水平强度；1978年以后改用质子旋进磁力仪测量地磁总强度（F），不再测量磁倾角，使用天文方法测量目标方位角。

（六）1990年中国地磁测量

中国科学院地球物理研究所于1982—1990年在全国共复测156点，其中郑双良、田玉刚和海军航保部里弼东、王斌在西沙群岛的永兴岛和南沙群岛的永暑礁进行了地磁三要素测量。1986年以前，使用偏角磁力仪测量磁偏角、QHM仪测量地磁水平强度、CZM-2型质子旋进磁力仪测量地磁总强度；1986年以后，使用DIM-100型磁通门地磁经纬仪测量磁偏角和磁倾角、CZM-2型质子旋进磁力仪测量地磁总强度，使用天文方法测量目标方位角。

（七）2000年中国地磁测量

1998—2000年，中国科学院地球物理研究所承担国家自然科学基金委员会重大项目"中国地区地磁场长期变化与地磁图编制"，夏国辉等在全国共完成118个地磁复测点测量。使用DIM-100型磁通门地磁经纬仪测量磁偏角和磁倾角、CZM-2型质子旋进磁力仪测量地磁总强度，使用天文方法测量目标方位角。

（八）2005年中国地磁测量

21世纪初，中国地震局地球物理研究所继中国科学院地球物理研究所之后，承担了中国地磁测量和地磁图编制工作。在顾左文等主持下，2002—2004年进行全国地磁测量，共1119个地磁复测点和新测点，其中包括西沙群岛的永兴岛，南沙群岛的永暑礁、南薰礁和渚碧礁。使用CTM-DI型磁力仪测量磁偏角和磁倾角、G-856质子旋进磁力仪测量地磁总强度；使用ProMark2差分GPS测量目标地理方位角和测点经、纬度及高程。使用差分GPS测量目标地理方位角在中国尚属首次，地磁测点数量位居中国地磁测量史上第2位，可称作是中国的第二次地磁普测。在时间间隔上也把中国的地磁测量周期从10年一次加密到了5年一次。

（九）2010年中国地磁测量

中国地震局地球物理研究所和安徽、云南、甘肃、河北、黑龙江等省以及新疆维吾尔自治区地震局于2008—2009年共同进行的全国地磁测量，共851个地磁复测点和新测点，其中包括中国西沙群岛的永兴岛和南沙群岛的永暑礁等测点。使用CTM-DI型磁力仪测量磁偏角和磁倾角，G-856质子旋进磁力仪测量地磁总强度，使用ProMark2差分GPS测量目标地理方位角和测点经、纬度及高程。

二、中国地磁图

（一）《1950.0年代中华人民共和国地磁图》

中国首幅地磁图编制工作是在陈宗器指导下，由陈志强、刘庆龄负责。除上述地磁测量资料外，还利用了上海佘山地磁台和南京北极阁地磁台记录图资料和地磁组历年积存国人和外国人在中国境内所测量的地磁数据，共计有千余个，经过地磁场长期变化改正，均归算至1950年1月1日零时的数据，用线性内插法，编绘1950.0年代中国地磁图。1953年，该图通过中国科学院的审查，竺可桢副院长十分重视，认为该图代表了中国的科学水平。1955年6月《1950.0年代中华人民共和国地磁图》（1∶800万）正式出版，包括中国地磁等偏角线及其年变率图、地磁等倾角线及其年变率图、地磁等水平强度线及其年变率图、地磁等垂直强度线及其年变率图等4幅图。这是中国人自己编制的中国第一套全国地磁图，在中国地磁图编图史上具有里程碑意义，为后来的编图工作起到了示范和指导作用。

（二）《1960.0年代中华人民共和国地磁图》

在刘庆龄指导下，任国泰、薛小桢等根据1960年前后测量的445个地磁测点数据，于1964年3月编印出版1∶800万《1960.0年代中华人民共和国地磁图》，包括磁偏角图、磁倾角图、地磁水平强度图和地磁垂直强度图共4个要素地磁图，1964年出版。

（三）《1965.0 年代青藏高原地磁图》

在陈志强指导下，安振昌、任国泰、徐元芳等根据青藏高原 93 个地磁测点数据，经过数据处理，于 1968 年编印出版 1∶300 万《1965.0 年代青藏高原地磁图》，包括磁偏角图、磁倾角图、地磁水平强度图和地磁垂直强度图共 4 个要素的地磁图，这是有史以来第一套青藏高原地磁图（安振昌等，1985）。

（四）《1970.0 年代中国地磁图》

地磁图编制由徐振武、任国泰、安振昌、徐元芳、王月华和刘澄海等根据 1882 个地磁测点以及 7 个地磁台的地磁数据，首次采用电子计算机进行数据处理，于 1973 年 12 月编制出版 1∶300 万《1970.0 年代中国地磁图》，包括 5 个地磁要素，即磁偏角图、磁倾角图、地磁水平强度图、地磁垂直强度图和地磁总强度图，首次增加了地磁总强度图。由于测点数量多，编图质量大大提高，该套地磁图首次采用大比例尺的等值线和等年变线图。

"1970.0 年代中国地磁图和地磁场模式组"获 1978 年全国科学大会奖。主要获奖人员为徐振武、任国泰、安振昌等。

（五）《1980.0 年代中国地磁图》

夏国辉等利用 1980 年前后的 198 个地磁复测点、27 个国内外地磁台和 1970 年前后的 1684 个归算的地磁测点，共 1909 个地磁测点的数据，于 1982 年编制出版 1∶300 万《1980.0 年代中国地磁图》，包括磁偏角图、磁倾角图、地磁水平强度图、地磁垂直强度图和地磁总强度图共 5 个要素地磁图（夏国辉等，1988）。"1980.0 年代中国地磁图及其数学模式"获 1984 年中国科学院科技进步奖二等奖，主要完成人员为夏国辉、郑双良、王居易等。

（六）《1990.0 年代中国地磁图》

夏国辉等利用 1990 年前后的 156 个地磁复测点、30 个国内地磁台、28 个国外地磁台、1736 个 1970 年前后归算的地磁测点、134 个近似实测点（依曲面样条模型计算）和 158 个国际地磁参考场（IGRF）的地磁计算点，共计 2242 个测点的地磁数据，于 1993 年 12 月编印出版《1990.0 年代中国地磁图》（1∶600 万），包括磁偏角图、磁倾角图、地磁水平强度图、地磁垂直强度图和地磁总强度图。同时还首次编制出版根据地磁场泰勒多项式模型绘制的中国模型地磁图，包括磁偏角图、磁倾角图和地磁总强度图共 3 个要素地磁图（夏国辉等，1994）。"1990.0 年代中国地磁图及其数学模式"获 1990 年中国科学院科技进步奖二等奖，主要完成人员为夏国辉、张凤玉、吴莉兰等。

（七）《2000.0 年代中国地磁图》

安振昌、夏国辉等根据 120 个地磁复测点，39 个地磁台以及 28 个国际地磁参考场（IGRF）计算点的地磁数据，编制了《2000.0 年代中国地磁图》，由于经费有限，起初仅有电子版。而后，在中国地震局地球物理研究所协助下，于 2004 年 6 月出版《2000.0 年代中国地磁图》（1∶600 万），包括磁偏角图、磁倾角图和地磁总强度图共 3 个要素的地磁图，以及各自相应的根据 4 阶泰勒多项式模型编绘的中国模型地磁图。

（八）《2005.0 年代中国地磁图》

中国地震局地球物理研究所顾左文、高玉芬、高孟潭、高金田、陈斌等和中国科学院地质与地球物理研究所安振昌、夏国辉等根据 1119 个测点、34 个国内地磁台、3 个国外地磁台、38 个国际地磁参考场（IGRF-10）的地磁计算点，共计 1194 个测点的地磁数据，于 2005 年 12 月编制出版《2005.0 年代中国地磁图》（1∶600 万）。这是中国首次采用球冠谐分析（SCHA）方法和曲面 Spline 方法等编绘中国地磁图（模型图）。这两种模型地磁图均包括磁偏角图、磁倾角图和地磁总强度图。

"中国地磁图技术平台建设与 2005.0 年代中国地磁图"获 2007 年中国地震局防灾减灾优秀成果奖二等奖，主要参加人员有顾左文、高玉芬、安振昌、高孟潭、高金田等。

（九）《2010.0 年代中国地磁图》

顾左文、高金田、陈斌、袁洁浩、倪喆、徐如刚等根据 2008—2009 年的 849 个地磁测点、32 个国内地磁台、11 个国外地磁台、430 个 2005 年归算的地磁测点、23 个海岛测点、167 个国外地磁测点、46 个 IGRF-11 的地磁计算点，共计 1558 个测点的地磁数据，于 2011 年 1 月编印出版《2010.0 年代中国地磁图》（1∶600 万），包括球冠谐模型和曲面 Spline 模型等两种数学模型地磁图。"2010.0 中国地磁参考场研究与应用"获得了 2014 年中国地震局防震减灾科技成果奖一等奖，获奖人员：顾左文、陈斌、袁洁浩、倪喆、徐如刚等。上述两种模型图均根据 3 阶泰勒多项式长期变化模型绘制年变率的等变线图，均包括磁偏角图、磁倾角图和地磁总强度图。

第二节　地磁观测系统和观测实验技术

一、全国地磁台网建设

（一）全国地磁基本台网建设（1950—1966 年）

早在 1944 年，陈宗器就在《中国境内地磁观测之总检讨》一文中指出，为了研究中国地磁场长期变化规律，中国境内需设地磁台 13 处。台站按其重要性分成等级，有的可永久设置，有的可临时设置。1950 年，中国科学院地球物理研究所甫一成立，就开始规划中国地磁台站的建设。在国际地球物理年推动下，中国建成了长春、北京、拉萨、广州、兰州、武汉等6个台与后补建的乌鲁木齐台及原有的佘山台共8个地磁台（通称"老八台"），初步形成全国地磁基本台网。

"老八台"是在陈宗器、陈志强、刘庆龄、周寿铭等老一辈地磁学家的领导和直接参与下建成的。陈宗器直接抓地磁台管理工作，亲自拟定了中国《地磁台观测报告》的内容和编辑出版相关事宜。"老八台"的建成和相应规章管理制度的制定为中国地磁观测台网的建设和发展奠定了初步基础，同时为地磁仪器研制、地磁观测技术发展和地磁学研究培养了一批专业人才，为中国地磁学后续发展提供了保障。

上海佘山地磁台的前身是上海徐家汇观象台，通常称之为徐家汇天文台（图4-2-1），法国人始建于1873年。徐家汇天文台分徐家汇天文台与佘山天文台两部分。佘山天文台有天文、地磁等观测科目。地磁观测自1877年开始附设于徐家汇，后因电车通至该处，地磁记录受到干扰，1908年迁入昆山县陆家浜。1932年又迁到佘山。地磁台安装有地磁记录仪和地磁绝对值观测仪。新中国成立前一直由法国人管理。1950年12月，上海市军事管制委员会下令同时接管了徐家汇气象台和佘山天文台[①]。1951年2月，中国科学院地球物理研究所接管佘山天文台地磁观测，成立佘山地磁台，由陈志强负责。1952年底，陈志强调回所，由周炜接替负责佘山观象台工作。佘山地磁台在中国地磁观测史上观测时间最长、资料最为连续完整，在国际上也是为数不多的古老地磁台之一。国际地球物理年期间，地磁台业务由杨凤鸣负责。

图4-2-1　上海徐家汇天文台远景

长春地磁台位于长春市南岭。1951年秋，中国科学院长春综合研究所决定筹建长春地磁台，由周寿铭负责，刘传薪参与台址勘测和台站建设工作。1957年正式投入观测，同年由中国科学院地球物理研究所接管，并正式参加国际地球物理年观测。1958

[①]　引自1951年《科学通报》"科学动态"栏目。

年，周寿铭和刘传薪被调到北京地球物理研究所工作，由周锦屏负责长春地磁台工作。

北京地磁台位于北京市西郊白家疃，是由陈宗器等老一辈地磁学家亲自创建的（图4-2-2）。1952年7月开始兴建。1957年建成并正式投入观测。陈宗器力促李善邦把地震台也建在白家疃。此后，由单一的北京地磁台逐步发展成为包括地磁、地震、地电和宇宙线等观测项目的北京地球物理观象台。国际地球物理年期间，北京地磁台先后由胡岳仁、苏先樱、徐元芳、孙枋友等负责。地电台工作在周寿铭指导下，先后由周正高、朱连等负责。

图4-2-2　北京白家疃地磁台

拉萨地磁台是世界上海拔最高（3655m）的地磁台，位于拉萨市西郊七一农场以西，属国际地球物理年计划为中国科学院地球物理研究所所建。1956年7月，地球物理研究所派周锦屏等到西藏拉萨筹备建立拉萨地球物理观象台。在西藏工委的大力支持下，用一年时间高效建成了拉萨地磁台。1957年7月1日拉萨地球物理观象台的地磁台正式开始观测记录。国际地球物理年期间工作人员有：章公亮、周锦屏、陆开武、魏永佳、扎西、阿蓉、刘成瑞、刘长发。拉萨地球物理观象台负责人为章公亮。1958年，章公亮离任，台务工作由刘成瑞负责，地磁业务由刘长发负责。

广州地磁台位于广州市东南郊10km处石榴岗。1954年2月，地球物理研究所陈志强带领章公亮等到广州进行地磁台选址、建设，1955年竣工。而后陈志强带领杜陵等安装仪器，1958年广州地磁台正式投入国际地球物理年观测记录。杜陵、顾保成先后负责广州地磁台务工作。

兰州地磁台位于兰州市黄河北盐场堡村刘家坪。1955年10月，陈志强带领顾保成、周锦屏携带地磁仪器勘选台址。1957年8月建成。1959年1月正式观测记录。国际地球物理年期间地磁台业务由王仕明负责。

武汉地磁台位于武汉市豹子澥镇南，是中国科学院地球物理研究所与武汉大学合作，配合武汉高空物理研究所而建立。1956年9月，陈宗器与武汉大学桂质廷、梁百先到武汉选择了花岭、豹澥两个备选测区，最后建在豹子澥。1959 年正式投入观测记录。国际地球物理年期间先后由詹贤鋆、林茂存负责台务工作。

乌鲁木齐地磁台是在国际地球物理年期间中国科学院地球物理研究所在中国西部地区规划拟建的永久性地磁台，位于乌鲁木齐市东南郊的水磨沟。因未能在国际地球物理年期间建成，1965 年开始补建。1970 年 1 月，开始观测，1973 年新疆地震局接管。

20 世纪 60 年代初，各地磁台完成了地磁仪器的常数测定和地磁仪器国际标准化的比测工作，从而提高了地磁台观测数据的服务质量（刘庆龄，1961；孙枋友，1963）。

1964 年 8 月，中国科学院地球物理研究所召开了 1964 年度地震地磁全国台站会议。

会议制订了《地磁台站工作条例》和《地磁台站工作规程》，为实现全国地磁基本台站工作正规化奠定了基础。

"老八台"长期积累了共有百余年的地磁观测资料，为全球地磁学研究和国际地磁参考场模型建立提供了可靠资料，成为世界资料中心的重要台站。1984 年，日本地球百年（1882—1983 年）纪念事务委员会赠送中国百年老台佘山地磁台金质奖章，其他 7 个地磁台获得银奖。1994 年，国际大地测量和地球物理学联合会（IUGG）下属协会——国际地磁学和高层大气学协会（IAGA），为表彰长期从事地磁台站工作的国家地震局地球物理研究所周锦屏，授予他"长期服务奖"。

（二）地震地磁台网建设（1966—1978 年）

1966 年 3 月，邢台地震发生后，陈志强等积极倡导开展震磁关系研究。中国科学院地球物理研究所先后在邢台、天津、山西、云南等地震区建立或协助建立了地磁台，从而迎来了继"老八台"之后的第二次建台高潮，陆续建立各种地磁台站和地磁测点逾百个。红山地磁台就是在全国建立最早、服务于地震预报的区域性地磁台。

1970 年 4 月，中央地震工作小组办公室委托中国科学院地球物理研究所召开了 1970 年度全国地磁基本台站会议。会议明确了地磁台的首要任务是探讨震磁关系，并制定开展地震预报的具体措施，决定开展历史大地震与震磁关系的研究，组织积压资料处理会战等。1972 年 8 月 20—30 日，国家地震局在山东泰安召开地震观测台站工作会议。会议制定出《地震台站观测工作技术规范（草案）》，其中包括地磁台站。1973 年 10 月，国家地震局在河北保定召开"地磁规划会议"。这次会议对全国地磁台现状进行了评估，会议决定对全国 153 个地磁台分类进行管理，用两年时间（1974—1975 年）对其进行"整顿、巩固、提高"。1977 年 10 月，国家地震局颁发《地震台站观测规范（试行）》，地磁台站观测是该规范中的一部分。

1978 年，中国科学院地球物理研究所一分为二，与地磁研究有关的第十研究室（震磁关系研究）划归国家地震局地球物理研究所，第五研究室（地磁研究）留在中国科学院地球物理研究所。全国基本地磁台网和地震地磁台归属国家地震局，并组建为国家地震局地磁台网，其后为中国地磁台网。

（三）国家地震局地磁台网布局的调整与标准化建设（1978—1998年）

1. 国家地震局地磁台网布局调整

1981年在广东佛山召开了全国地磁观测台网的发展规划会议，制定了"地磁观测项目全国基本台站布局方案"，提出了中国地磁观测台网布局的五大原则：能反映中国地磁场的主要特征；为地磁测量提供通化数据；为震磁关系的研究提供背景场；捕捉震磁信息；考虑已有台站的基础。依此，将地磁台划分为I类基本台、II类基本台、区域台网和流动磁测。规划的I类基本台15个，II类基本台28个。1984年，国家地震局对地磁台网进行调整，I类基本台15个不变：北京、佘山、广州、琼中、兰州、长春、武汉、乌鲁木齐、喀什、拉萨、通海、成都、满洲里、泉州、格尔木；将II类台的数量由28个减为21个：红山、昌黎、贵阳、大连、邕宁、呼和浩特、郑州、静海、银川、泰安、嘉峪关、天水、南京、和田、乾县、邵阳、西昌、德都、太原、蒙城、杭州。

2. 规章、规范的制订

1990年，国家地震局主持制订《地磁台站观测规范》开始实施。

"九五"（1996—2000年）期间，中国地震局实施了全国范围内的地震观测与前兆观测的数字化技术改造，为适应新形势的需要，2001年8月，国家地震局颁发了《地震及前兆数字观测技术规范（电磁观测）（试行）》。

3. 中国地磁矢量测量实用标准的建立

1978年12月，由国家地震局地球物理研究所和中国科学院地球物理研究所联合，用国际地磁与高层大气学协会提供的地磁标准比测仪器，在北京台进行了比测。依此，建立了"我国地磁台的实用标准"。这一结果已得到IAGA所属地磁标准比测服务部的肯定。

1986—1990年间，从美国引进了高精度G856型质子旋进磁力仪，从加拿大引进DIM-100型磁通门磁力仪，用于仪器比测。由孙枋友主持，测量并建立了"我国地磁台的矢量实用标准"（聂华山，1989）。此后，中国不仅有了地磁强度标准，而且增加了角度标准。

（四）中国地磁台网（GNC）的数字化、现代化建设（1998年—）

1998年，中国地震局着手对地磁台网进行数字化改造。2004年，中国地震局所属108个地磁台站组成的中国地磁台网（GNC），由中国地磁台网中心（CGNC）负责管理。GNC包括在线运行的国家地磁台37个和以地震预报为目的区域地磁观测站71个。

1. 中国地磁台网（GNC）的全面数字化技术改造

从"九五"计划开始，中国地震局所属地磁台站开始进行数字化技术改造。到2001年，共有20个地磁台安装了21套国产GM-3三分量磁通门磁力仪，33个台站配备了国产CTM-DI型磁力仪。同台站已有的质子旋进磁力仪配套，使所有国家级地磁台站实现了按地磁"D、I、F"三要素组合进行地磁场的绝对值观测。此后，整个台网按INTERMAGNET标准进行技术升级改造。三分量磁通门磁力仪和奥弗豪森

（Overhauser）磁力仪的采样率都为 1Hz；在数据采集中采用 GPS 技术以获得精确的时间基准。

"十五"期间，中国地震局完成了地磁台网数字化建设，该台网包括 29 个国家基准台和 58 个国家基本台。台站使用的相对记录仪器大部分是由中国地震局地球物理所研制生产的 GM3 型和 GM4 型磁通门磁力仪。绝对观测仪器大部分是国产的 G856 质子旋进磁力仪和 CTM-DI 型磁力仪。为了便于进口的磁力仪入网，中国地震局地球物理研究所还研制了 FHDZ-M15 型地磁总场与分量组合观测系统，使进口仪器变成网络仪器。中国地震局的地磁台网使用 VPN 网络，台网中心可以方便地监视和管理台网中所有的仪器。

2. 现代化的集中数据处理

中国地磁台网的信息结点有台站、省地震局、中国地震台网中心和中国地磁台网中心四级，每级结点及其数据链接使用 Oracle 数据库技术。该技术的使用不仅对数据质量的监控得到加强，而且准实时的时效特征十分明显，使得全台网的数据质量状况更加公开、透明。中国地震局开展了与数字地磁观测有关的规范或技术标准的编制工作，已经发布和实施的有：地磁观测技术规范、地磁观测环境技术要求、地磁台站建设规范、地磁观测网设计技术要求。在编制过程中，都充分参考了 IAGA 对建设地磁观测网的推荐意见，并充分吸纳了中国地磁观测网在近半个世纪以来的建设、运行和管理经验，使编制出的标准既符合中国的基本国情，又在吸收国际先进经验的基础上具有一定的前瞻性。

2007 年基本实现台网的全部数字化改造后，实现了中国地磁台网全部观测数据的信息化管理，使台网的技术管理模式发生了重大变革。目前，中国地磁台网观测技术已经达到国际先进台站水平。这些地磁台站的数据已经成为国家地震科学数据共享工程和 21 世纪国家重大科技基础设施项目"东半球空间环境地基综合监测子午链"（简称"子午工程"）的重要组成部分，在科学研究、国民经济建设和国防领域发挥着重要作用。

（五）中国科学院地磁台链建设

20 世纪 50 年代末 60 年代初，空间探测发现了地球外层空间存在磁层。磁层是地球的重要保护层。太阳风 – 磁层 – 电离层能量耦合过程，具有高度非线性，表现出很强的突发性特征。在地球表面进行地磁观测成为研究这一过程的一种重要手段。因此，70 年代末，"国际磁层研究（IMS）"计划在北半球建成了六条地磁台子午链，对极区磁亚暴，太阳风—磁层—电离层耦合等问题研究取得一些新的结果。中国科学院地球物理研究所从 70 年代末开始规划，就"关于补建我国地磁台网"先后三次向中国科学院提出报告，获准先行建立北京十三陵地磁台和漠河地磁台。1985 年 6 月又提出"补建地磁台链"补充报告。在 1986 年召开的"中国科学院野外台站工作会议"上建议在东经 120° 附近，自低纬度到高纬度建立由多个地磁台组成的东亚地磁子午台链。这个台链以北京、漠河、三亚地磁台为骨架，加上东经 120° 附近已有的地磁台组成，这条链向北与俄罗斯协作,可延伸到北极圈,向南与菲律宾、澳大利亚协作可延伸至中山站,使之成为世界上最长的一条地磁子午台链,用于空间环境监测和地磁观测双重目的,使中国地磁观测台网大为扩展(刘长发,1990)。

1. 中国科学院地磁台链建设与观测研究

中国科学院地磁台链的台站建设与观测研究工作由中国科学院地球物理研究所地磁研究室组织实施,刘长发具体负责。

漠河地磁台位于中国最北端的黑龙江省漠河县北极村。1981 年 7 月漠河日偏食观测结束后,刘长发等携地磁仪器继续进行两年适应性的试验观测,积累了高寒地区建台经验。1988 年 9 月台站基建完工,开始安装仪器。1989 年开始观测。而后又陆续安装了哨声天线、地磁脉动仪以及电离层观测仪器设备,与地磁仪器同步进行常规观测。

北京(十三陵)地磁实验中心台(简称"北京十三陵地磁台",图 4-2-3)位于北京市昌平区十三陵镇德胜口村。经过 5 年多的选址和试验观测,1990 年 8 月竣工投入使用。建有无磁性的地磁记录室、观测室、控制室、地磁实验室、古地磁实验室和两个仪器比测亭以及一般办公设施。1990 年开始安装仪器。在地磁记录室内安装有两套数字磁力仪,同时记录地磁场三要素(D,H,Z)日变化,实现了地磁场变化的长距离微机记录的实时监控。1994 年安装了 CHS 型标准质子旋进矢量磁力仪,该仪器在国内率先实现了地磁场矢量(F,H,D)的全自动化观测,与地磁数字磁力仪组合成为中国首个数字化、自动化地磁观测台站。2006 年十三陵地磁台增加了电离层观测仪器设备,与地磁仪器同步进行常规观测。

图4-2-3　北京十三陵地磁台

三亚地磁台位于中国海南省最南端三亚市田独镇大茅村。为了承担"第 22 太阳活动周峰年日地整体行为联合观测与研究"等研究项目,1988 年 8 月,在三亚市鹿回头建立了临时地磁台进行地磁观测。后多次易址,最后确定现址,2001 年 12 月,三亚地磁台工程通过验收。2004 年安装地磁仪器正式工作。2006 年实现电离层仪器与地磁仪器同步进行常规观测。

　　漠河地磁台、北京十三陵地磁台、三亚地磁台均于2008年列入21世纪国家重大科技基础设施项目"东半球空间环境地基综合监测子午链"（简称"子午工程"）空间环境监测系统的地磁（地电）监测分系统，承担子午工程联合观测任务。

　　南极长城站地磁与高空物理观测台位于长城站区西南"八达岭"山西南的小山包上。在1985年第2次南极科学考察期间，中国科学院地球物理研究所、国家地震局地球物理研究所和北京大学派员，携带不同类型的地磁仪器，赴长城站进行试验性的度夏观测，同时开展地磁考察工作。1986年第3次南极考察，中国科学院地球物理研究所在长城站组装建立了"南极长城站地磁与高空物理观测台"，进行地磁、哨声、脉动等常年观测。国家地震局地球物理研究所建立无磁性实验室，安装记录地磁场日变化和地磁脉动仪等观测仪器。1995年10月第12次南极科考开始，南极长城站地磁台由国家地震局地球物理研究所管理。2001年起，南极长城站地磁、地震观测暂停。

　　南极中山站地磁与高空物理观测台（图4-2-4）建在中山站西面五岩岗的侧坡上。1989年由中国科学院地球物理研究所开始筹建，1990年初组装建成。从此，地磁、哨声和脉动等列入南极中山站科考常年观测项目。

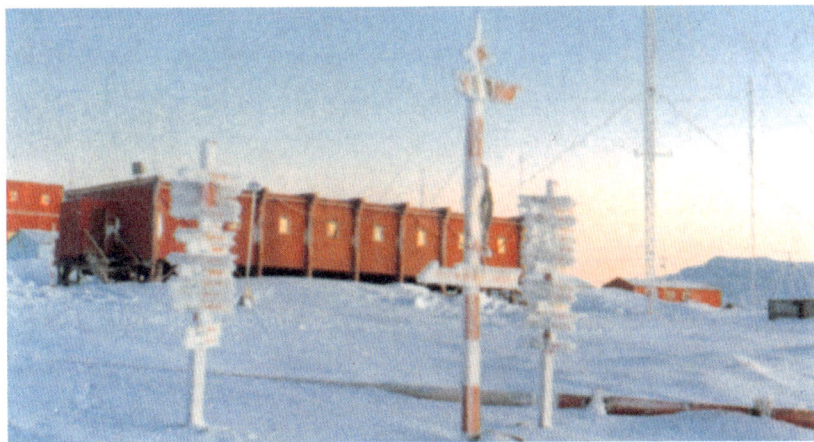

图4-2-4　南极中山站地磁与高空物理观测台

　　2. 中国科学院地磁台站数字化与全球化建设

　　北京十三陵地磁台建成后，于20世纪90年代初与苏联科学院地磁、电离层和电波传播研究所合作，实现了地磁台站数字化记录。北京十三陵地磁台成为中国第一个数字化地磁台。1992年又分别安装在南极长城站和南极中山站地磁台，实现了自动化和数字化观测。1994年安装了CHS型标准质子旋进矢量磁力仪，与地磁数字磁力仪组合成为中国首个数字化、自动化地磁观测台站。

　　2001年4月，北京十三陵地磁台正式加入国际地磁台网计划（INTERMAGNET）。其后，中国地震局的甘肃兰州台、广东肇庆台也分别于2002年和2003年先后成为INTERMAGNET的成员。

二、地磁测试仪器的研制

地磁测试仪器主要服务于地球物理勘探和地磁学科等观测研究。它是随着地球物理科研工作的发展和国民经济及国防建设的需要而发展起来的。

（一）早期地磁测试仪器的研制

20 世纪 50 年代初期，中国地球物理工作基础十分薄弱。地磁测试仪器非常缺乏，地质勘探部门只有几台单分量刃口式磁秤，地磁科研部门只有一些三四十年代从国外购买的仪器或外国人留下的旧仪器（陈宗器，1944，1949；刘庆龄，1948；陈志强，1950）。

20 世纪五六十年代，中国地磁测试仪器以仿制为主，如北京地质仪器厂仿制了德国的单分量刃口式磁秤，使地质勘探工作中有了中国自己生产的仪器（丁鸿佳，1958）。

图4-2-5　57型地磁记录仪

1955—1957 年秋，在刘庆龄主持下，中国科学院地球物理研究所在 La Cour 式地磁记录仪基础上研制了 57 型地磁记录仪，记录 D，H，Z 三要素（图 4-2-5），旋即生产 14 套，参加国际地球物理年观测，这是中国地磁台站第一次用上了国产地磁仪器。20 世纪 60 年代，57 型地磁记录仪装备了地震现场地磁台。仪器性能良好，使用方便。1958 年，又仿制了"十一型"地磁经纬仪（即日本 GSI 型仪）两套。该仪器可测磁偏角、磁倾角和地磁水平强度。

地磁测试仪器仿制工作本身也包含着大量研究工作。中国第一个五年计划完成后，有色金属、永磁材料、高导磁合金材料及电子元器件等工业的发展，为地磁测试仪器研制创造了有利的条件。

（二）地磁仪器的国产化

20 世纪六七十年代是中国地磁仪器国产化的发展阶段。

北京地质仪器厂研制生产了一批单分量仪器，如 CR1–60 型和 CR2–69 型刃口式磁力仪，CSZ–61 型悬丝式磁力仪、CSC–3 型和 CSC–3A 型悬丝式零点读数磁力仪等（毛双星和唐光后，1989；杜陵等，1994）。1960 年后的 20 年间，这类仪器的生产量共达 7500 多台用于野外工作。北京地质仪器厂从 70 年代初开始研制生产质子旋进磁力仪，到 1983 年研制生产了 CHD–1 型至 CHD–6 型，CZM–1 型至 CZM–2 型等 8 个型号质子旋进磁力仪，产量 1600 多台，测量地磁场总强度的灵敏度达 1 nT。北京地质仪器厂成为中国研制生产地磁测试仪器的主要基地。

1965 年黄鹤龄等仿制设计"102 大感应磁力仪"测量磁倾角，1968 年仪器试制完成，后用于佘山等地磁台。

1968 年 5 月，中国科学院地球物理研究所杜陵、李春景、张景秀等在 57 型地磁记录仪基础上，设计制造慢速、中速和快速等三种小型三要素野外地磁记录仪共 15 套，用于 1968 年新疆日全食地磁观测。1972 年、1977 年，杜陵、黄鹤龄等在上述小型地磁记录仪基础上，先后又研制出 CB2 型和 CB3 型三要素地磁记录仪（图 4-2-6）近 300 套，用于地震地磁台站，到 21 世纪初仍有 30 余台在地磁台网中运行（杜陵等，1994）。

图4-2-6　CB3型地磁记录仪

1968 年，中国科学院地球物理研究所刘士杰、苏先缨、马连元等研制出磁饱和倾角仪，用于 1968 年新疆日全食观测。1973 年又研制出测量磁偏角、磁倾角的磁通门磁力仪（顾子明和黄鹤龄，1979），为新疆乌鲁木齐地磁台提供了新的角测手段。1977 年中国科学院地球物理研究所杜陵、王秀山等研制 CJ6 型地磁经纬仪（图 4-2-7），该仪器可以测量地磁场水平强度（H）和磁偏角（D），1980 年投入地磁台使用，到 1985 年前后三批共生产 58 台，装备了国内主要地磁台站和流动磁测队伍，使中国地磁台站和流动磁测的观测仪器实现了国产化。"CJ6 型地磁经纬仪的设计、研制和批量生产"获 1985 年中国科学院重大科技成果奖二等奖。

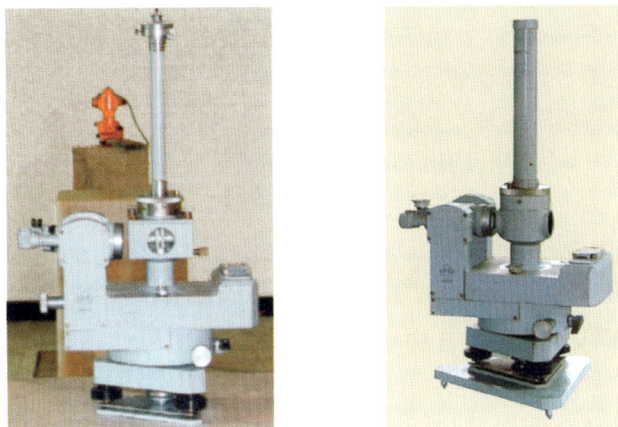

图4-2-7　CJ6型地磁经纬仪（左：偏角测定管外部，右：地磁水平强度管）

（三）高精度新型地磁仪器的研发

从 20 世纪 80 年代初到 90 年代中期，长春地质学院、北京地质仪器厂、中国科学院地球物理研究所等单位开始采用新技术、新材料研制质子旋进磁力仪，磁通门磁力仪。

1. 质子旋进磁力仪

1957 年，秦馨菱首先将测量地磁场总强度绝对值（F）的质子旋进磁力仪介绍到国内，这类仪器观测精度高，稳定性好，适合野外工作和地磁台使用。北京地质仪器厂根据长春地质学院的科研成果从 20 世纪 70 年代初开始先后研制出 CHD-5 型、CHD-6 型采用晶体管电路和 CZM-1.CZM-2 型 CMOS 采用集成电路的质子旋进磁力仪。

1984 年国家地震局地球物理研究所周之富、顾子明等研制出 ZZZ-1 型和 ZZZ-2 型质子旋进磁力仪（图4-2-8）。其中 ZZZ-2 型质子旋进磁力仪仍在中国地震局北京地磁台使用。

图4-2-8　ZZZ-2型质子旋进磁力仪（左：显示器，右：探头）

1988 年，地质矿产部航空物探总队研制出 HZXC-86A 型高灵敏度质子旋进磁力仪（田福生，1988），该仪器应用微机自动控制和实时信号处理。北京地质仪器厂从加拿大 Scintrex 公司引进的 IGS-2/MP-4 型质子旋进磁力仪（包括梯度仪）采用微机控制，测量程序自动化，该仪器已实现部分国产化（毛双星等，1989）。1996 年核工业部地质研究所引进美国 Geometric 公司的技术，在国内生产了 G856 型质子旋进磁力仪，并用于中国地震局地磁台和流动磁测工作。

1991 年，中国科学院地球物理研究所杜陵、王秀山等人与北京光学仪器厂、北京信远新技术研究所合作，研制出 CHS 型标准质子旋进矢量磁力仪，该仪器在国内率先实现了地磁场矢量（F、H、D）的全自动化观测。该仪器于 1994 年在北京十三陵地磁台使用。

20 世纪 70 年代初。北京大学地球物理系利用 CHD-5 型质子旋进磁力仪首先实现了质子旋进磁力仪的分量（即测量地磁水平强度和地磁垂直强度）观测。其后长春地质学院与安徽六安无线电厂研制出 QHXM-75 型分量质子旋进磁力仪。北京地质仪器厂先后生产了 CZFM-1 型和 CZFM-2 型分量质子旋进磁力仪。90 年代末，中国地震局的综合测量队与江苏地震局合作，研制了 FHD-1 型和 FHD-2B 型质子矢量磁力仪（图 4-2-9），用于测量地磁场三要素（F、H、D），其中 FHD-2B 型广泛用于全国地磁台站。

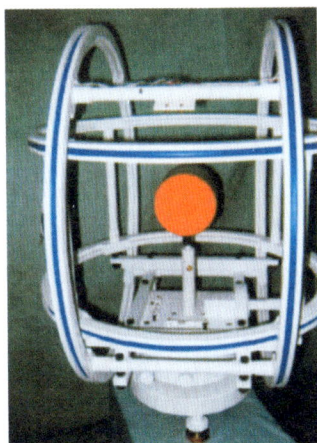

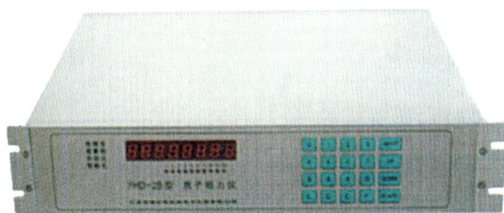

图4-2-9　FHD-2B型质子矢量磁力仪（左：探头，右：显示器）

2. 磁通门磁力仪

磁通门磁力仪具有分辨率高，容易实现数字记录、安装调试简便等优点。早在 20 世纪 70 年代，中国科学院地球物理研究所就开展了这方面的试验研究（杜陵，1996）。80 年代初，中国科学院地球物理研究所刘士杰、卢军、苏先缨、马连元等研制出 CTM-302 型高分辨率三分量磁通门磁力仪（刘士杰等，1990）。该仪器荣获 1982 年中国科学院重大科技成果奖二等奖。并于 1985 年和 1989 年安装在南极长城站和南极中山站地磁台工作。

国家地震局地球物理研究所为配合地下电性结构的研究，1984 年完成 DCM-1 型数字地磁脉动观测系统的研制（周军成等，1986），实现了地磁脉动信号数字记录，用于野外磁测深和地磁台地磁相对记录。该系统的传感器为周勋等研制的 GM-1 型磁通门磁力仪（周勋等，1983）。其后，又研制了 GM3 型和 GM4 型磁通门磁力仪（图4-2-10），并装设在地震局属下的 29 个国家基准台和 58 个国家基本台的大部分台站，作为地磁记录仪使用。中国科学院空间科学与应用中心黄源高于 1986 年研制 SDM 型自动补偿数字显示磁力仪（黄源高，1986）；陈斯文和黄源高（1992）研制出 Brown 环芯磁通门磁力仪。

1992 年，中国科学院地球物理研究所王秀山、刘士

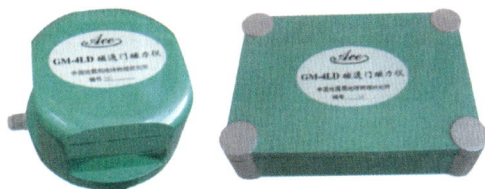

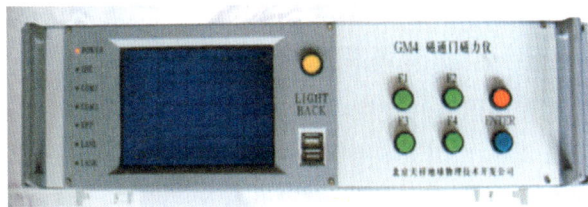

图4-2-10　GM4型磁通门磁力仪（上：探头，下：显示器）

图4-2-11　CTM-DI型磁力仪

杰等人，与北京光学仪器厂、北京地质仪器厂合作研制出 CTM-DI 型磁力仪（图 4-2-11）用于测量磁偏角和磁倾角，主要性能指标达到国际上 90 年代初同类型仪器的水平。1995 年，《CTM-DI 型磁力仪的研制》获得中国科学院科技进步奖二等奖，王秀山、刘士杰、夏国辉等人获奖。其后，该仪器投入批量生产，在中国地震局和中国科学院等地磁台网和野外地磁测量中得到应用。

3. 超高分辨率地磁仪器的研制

早在 20 世纪 70 年代，地质矿产部航空物探总队就开始进行氦光泵磁力仪的研究，到 80 年代，已拥有生产跟踪式氦光泵磁力仪的专利技术（王劲东等，2009）。70 年代末，北京地质仪器厂研制出铯（Cs）自激式光泵磁力仪。同一时期，中国计量科学研究院也研制出了氦光泵梯度磁强计，灵敏度为 0.0035nT（金惕若等，1982）。这些研制成果为以后超宽频带、超高分辨率的地磁仪器研制奠定了基础。

（四）地磁仪器的数字化

20 世纪 90 年代末到 21 世纪初，中国地磁测试仪器向数字化、自动化方向发展。

1984 年，国家地震局地球物理研究所研制出 DCM-1 型数字地磁脉动观测系统，率先实现地磁脉动数字记录。1990 年，中国科学院地球物理研究所与苏联科学院地磁、电离层和电波传播研究所合作，在苏联巴甫洛夫光电转换磁变仪的基础上，由中国科学院地球物理研究所研制 MD-1 型数据采集与微机记录监控系统，在北京十三陵地磁台实现了磁变仪记录系统数字化。北京十三陵地磁台成为中国第一个数字化地磁台。而后，又研制出 MD-2 型数据采集与微机记录监控系统，1995 年通过专家评审认为达到 90 年代初国际上同类型仪器的先进水平（张平等，1995），1992 年分别安装在南极长城站和南极中山站地磁台，实现了自动化和数字化观测。 1993 年，国家地震局地球物理研究所在中国南极长城站安装了 1 套自动化地磁台站系统。

（五）空间磁场观测仪器

随着中国空间观测技术跻身世界先进行列，中国空间磁场观测仪器也得到很大发展。从 2000 年开始，中国科学院空间科学与应用研究中心先后研制了用于双星探测 2 号（TC-2）的低频波探测器（LFEW）和用于"萤火一号"卫星的磁通门磁力仪（王劲东等，2009）。

三、地磁实验技术

（一）零磁空间实验室

1980 年，中国科学院地球物理研究所史美光负责研建弱磁空间实验室。1982 年完成实验用的约 4m×4m×4m 矽钢片板房建设；1983 年建成用 Co 基非晶合金材料制成的磁屏蔽体（即"八三型大磁屏蔽室"），并在冶金部钢铁研究院召开的鉴定会上通过了弱磁空间实验室建设方案。1983 年中国科学院批复同意"地球所、空间中心、空间物理所"在香山合建 290 ㎡ "弱磁实验室工程"。1984 年 11 月，史美光等在全国地磁学术讨论会上作了"大型弱磁空间的研制报告"。"弱磁实验室工程"计划于 1985 年开始基建，后因故停建（史美光等，1984）。

1987 年国家地震局地球物理研究所在北京白家疃地磁台建成了零磁实验室。其中的主要设备（8m³ 的磁屏蔽室）是由国家地震局地球物理研究所和冶金部钢铁研究总院联合研制的。内部空间剩余磁场强度为 20 nT。零磁空间实验室在地球物理学、物理学以及生物磁学、医学和人体科学等方面具有广泛应用前景（周勋等，1995）。这项成果获得国家地震局 1990 年度科学技术进步奖二等奖。

（二）国家弱磁基准的建立

20 世纪 80 年代，为解决国防、生产和科研部门弱磁测量和仪器标定的问题，中国计量研究院于 1988 年建立了弱磁基准实验室，并制定了《弱磁感应强度国家主基准》（金惕若，1988）。"十一五"期间（2000—2005 年），中国地震局地球物理研究所在弱磁空间实验室的基础上，建立了弱磁感应强度测量仪器检定系统。作为地震行业标准，中国地震局在地磁观测仪器方面完成了《磁通门磁力仪进网技术要求》（DB/T30.1-2008）、《质子旋进磁力仪进网技术要求》（DB/T30.2-2008）和《弱磁感应强度测量仪器检定规程》（DB/T28-2008）3 个标准的编写。在此期间，中国计量科学研究院量子技术研究室在原有的磁感应强度标准装置的基础上研制出了自动稳场装置，使线圈中心处的磁场总强度值波动不超过 3 pT，提高了磁感应强度标准装置的检定精度。

2006 年，中国地震局地球物理研究所研制出磁感应强度检定系统，为磁场测量仪器的标定提供恒定磁场的感应强度标准。标定范围 25 000~70 000nT，标定精度不低于 0.3 nT。对于相对测量仪器标定精度可达 0.1%。

第三节　地磁场研究

地球磁场主要部分来自于地球内部，称之为内源磁场（又称地球基本磁场），包括来自液态的金属外核的主磁场（地核磁场）和来自岩石层的岩石层磁场（地壳磁场）；另外一部分来自地球外部，称之为外源磁场（又称地球变化磁场），其物理机制是主要源于高空各种电流体系以及地球内部的感应电流体系。

20 世纪 50 年代开始，中国地磁学家对地球磁场的形态和理论进行了一系列的分析与研究。1966 年邢台地震后 10 余年时间里，强震活动频繁，中国地磁学科技工作者全力投入地震磁效应研究和地震预报实践探索之中。

20 世纪 70 年代末改革开放后，地磁学基础性研究工作得以全面发展，应用和创新研究稳步前进。80 年代以后，地磁学步入与国际接轨的全面发展新阶段。在地磁场基本理论、磁层物理、磁暴理论及其预报、震磁效应和震磁预报、古地磁和考古地磁研究以及南极地磁科学考察和研究中，取得了一系列研究成果。21 世纪初，开辟了生物地磁学这一新的研究领域，为中国地磁学发展注入了新的活力。

一、地球内源磁场研究

20 世纪 50 年代开始，中国地磁学家开始探讨地球磁场的起源，并逐步开展了地球内源磁场的数学描述和形态学研究。特别是改革开放之后，国际合作研究得到了加强。1985—1987 年，在中国科学院与英国皇家学会资助下，中国科学院地球物理研究所与英国地质调查局（BGS）开展关于"地磁场观测技术和分析研究"的国际合作，对提高中国地磁观测技术和分析研究水平起到了积极的作用，中方负责人为史美光、安振昌（安振昌等，1992）；1990—1992 年和 1997—1999 年，国家自然科学基金委员会与俄罗斯科学院、俄罗斯基础研究基金委员会先后资助中国科学院地球物理研究所与俄罗斯科学院地磁电离层电波传播研究所进行了"东亚地磁场及其长期变化研究"和"区域（中国和西伯利亚）和全球地磁模型的研究"的国际合作，首次根据实测地磁数据，计算了东亚地磁场模型，深入分析研究了地磁场及其长期变化的时空分布特征，中方负责人为安振昌（安振昌，2002）。

"地球基本磁场分析方法"获得 1985 年中国科学院重大科技成果奖二等奖，主要获奖人员：安振昌、夏国辉、徐元芳等。中国科学院地球物理研究所"地球磁场的时空结构与地球内部物理过程"获得 1996 年中国科学院自然科学奖一等奖，主要参加人员有朱日祥、安振昌、徐文耀等。

（一）地球磁场起源研究

地球磁场的起源是地球物理学的一个基本理论问题。20 世纪 60 年代初，陈志强和祁贵仲根据地磁场起源的发电机理论，提出了地磁场倒转的电磁模型，认为地磁场的倒转是地核内部环形场反向的结果（陈志强和祁贵仲，1964）。1983 年，蒋志在《科学通报》发表文章，认为地球自转变化引起核－幔差异运动是地球基本磁场赖以产生的动力来源，进而解释了地球磁场倒转现象（蒋志，1983）。厉凯等利用海德（Hide）提出的方法，用地面观测到的磁场值计算出液态地核半径及核面无通量线上的流速（厉凯等，1986）。20 世纪 90 年代初，马石庄（1993）利用多台 CPU 微型计算机研究了旋转分层导电流体的双扩散磁流体动力学不稳定性，探讨了地核磁流体发电机过程、地磁极性转换、核幔界面磁场分布以及核幔耦合等问题。刘祖滨等（1982）对地磁场极性变化与古磁层关系进行了研究。

（二）中国及邻近地区地磁场模型（式）的研究

中国学者分别采用数理统计方法、多项式方法、球冠谐分析方法、矩谐分析方法、自然正交分量（NOC）方法等拟合方法和曲面 Spline 插值方法建立中国及邻近地区的地磁模型，分析研究地磁场及其长期变化的时空分布特征。

多项式模型。陈宗器于 1948 年首次计算了 1946.1 年重庆北碚地区地磁场泰勒多项式模型（Chen，1948）。任国泰、薛小桢等编绘《1960.0 年代中国地磁图》时，采用泰勒多项式模型分析处理资料。安振昌、夏国辉等（安振昌等，1982，1991）计算了 1950—1980 年（时间间隔为 10 年）中国及邻近地区地磁场泰勒多项式模型，提出地磁场泰勒多项式模型展开原点的移动，对地磁场的拟合效果没有任何影响的新观点，并认为 5 阶泰勒多项式模型能更好表示中国地磁场的分布；他们还用勒让德多项式计算了 1980.0 年东亚地区地磁场模型（安振昌等，1995）。其后，夏国辉等（1988）、徐元芳等（1994）、徐文耀等（Xu et al.，2003）用多项式模型对中国和邻近海域地磁场以及东亚地区地磁场进行过研究。

（1）曲面 Spline 模型。曲面 Spline 方法是一种插值方法，不仅能很好地表示地磁场及长期变化的时空分布特征，而且能很好地表示地磁异常场以及地磁场水平梯度的分布。1982 年，安振昌首先将曲面 Spline 方法用于计算中国及邻近地区地磁场及其长期变化模型（安振昌等，1982）。高金田（2006）用曲面 Spline 方法描述了 1900—1936 年中国部分地区地磁场及其长期变化的时空变化特征。顾左文等（2009）、陈斌等（2010）用曲面 Spline 模型计算了 2000—2005 年中国地区地磁场长期变化，并与其他模型进行了比较。

（2）矩谐模型。80 年代初，徐文耀和朱岗崑（1984）对中国及邻近地区的地磁场进行了矩谐分析，对矩谐模型的截断水平、光滑处理及误差分析等问题进行了讨论。王月华等（1999）计算了 1980.0 年东亚地区地磁场的矩谐模型，分析研究了地磁场的时空变化特征。

（3）球冠谐模型。90 年代初，安振昌（1993）提出，球冠极点必须位于测区（研究区域）的中心，球冠半角大小的选取以能够覆盖全部测点为宜，并对截断阶数等问题进行了讨论，认为 8 阶球冠谐模型能更好地表示中国地磁场的分布。在此基础上，安振昌等还计算了中国及邻近地区、青藏高原以及东亚地区地磁场球冠谐模型。顾左文等（2004）计算了京津冀地区地磁场球冠谐模型、2003 年中国地区地磁场球冠谐模型、2005.0 年中国地区地磁场及 2005—2010 年地磁场长期变化球冠谐模型。

（4）自然正交分量（NOC）模型。王月华（2002）利用 1985—1997 年 23 个地磁台的年均值，建立了中国及邻近地区地磁场长期变化的 NOC 模型，分析了长期变化的分布特征。2009 年，顾左文等利用中国地磁台数据，建立了中国及邻近地区地磁场长期变化的 NOC 模型，分析研究了中国地区地磁时空变化（顾左文等，2009）。

（三）主磁场（地核磁场）及其长期变化的研究

地球主磁场及其长期变化起源于地球外核的磁流体发电机过程。中国学者对地磁场的球谐分析进行了深入研究。20世纪80年代初，吴文京（1983）、祁贵仲在《中国科学（B辑）》发表文章，从地磁场球谐分析是"三维问题"出发，研究了由于测点离散化而产生的一系列理论问题，指出了使用条件。吴文京（1984）还探讨了球谐分析方法的误差。

中国学者利用多种区域和全球模型研究东亚大陆地磁场及其长期变化的时空分布特征，取得了一些重要研究成果（任国泰，1981）。

1999年，安振昌（1999）根据国际地磁参考场（IGRF）模型，分析了1900—2000年非偶极磁场的全球变化，研究了全球九大磁异常中心强度和位置的时间变化规律。徐文耀等（2000）以1900—1995年（外推至2000年）IGRF模型为基本资料，分析了100年间的地磁场变化。他还用自然正交分量方法建立了一种地球主磁场的NOC模型（徐文耀，2002）。云南大学康国发等（2008）利用历史地磁场模型GUFM1和IGRF-10，采用小波变换方法，研究了地球偶极矩、磁场能量和西向漂移等参数的长期变化，还研究了1690—2000年地磁场总能量和各个分量的能量、偶极磁场和非偶极磁场能量在地球内部的分布及长期变化特征以及非偶极磁场的变化特征，利用全球地磁模型POMME-4.2S，分析全球和中国地区地磁场长期变化速度和加速度的分布特征。

（四）岩石层磁场（地壳磁场）的计算与研究

中国学者根据美国MAGSAT卫星磁测数据和中国地面三分量绝对测量数据，计算研究了中国等地区岩石层磁场的空间分布特征，取得一系列重要研究成果。

1. 卫星磁异常研究

20世纪90年代初，安振昌首次从卫星磁测数据提取卫星磁异常，不仅绘制了卫星磁异常图，而且建立了卫星磁异常的球冠谐模型、矩谐模型和等效偶极源模型，研究了中国地区岩石层磁场的空间分布特征，为研究岩石层结构提供了新证据（An Z C et al，1992）。

安振昌等（1996）对中国及邻近地区和亚洲地区的美国MAGSAT卫星磁测数据进行了处理，编绘中国及邻近地区MAGSAT卫星磁异常图、亚洲地区MAGSAT卫星磁异常图。安振昌等计算和研究了中国及邻近地区、亚洲地区和欧洲地区的MAGSAT卫星磁异常的球冠谐模型，分析研究了卫星磁异常的三维结构，探讨了卫星磁异常与岩石层构造的关系。徐元芳等（2000）计算和研究了中国及邻近地区MAGSAT卫星磁异常的等效偶极源模型，分析了亚洲地区视磁化强度的分布规律。王月华（1992）计算和研究了中国及邻近地区MAGSAT卫星磁异常的矩谐模型。21世纪初，康国发等（2010）还利用德国CHAMP卫星资料建立的高阶地磁模型POMME-4.2S，计算了中国及邻近地区400 km高度的卫星磁异常及其垂直梯度，分析了卫星磁异常与岩石层构造的关系。

2. 地面磁异常研究

20世纪80年代，任国泰等（任国泰和阎雅芬，1985，1987）研究了福建、攀西裂谷等地区的磁异常分布特征，探讨了磁异常与地壳结构的关系。

20 世纪 90 年代初期，顾左文等利用曲面 Spline 等方法，分析研究安徽、云南、新疆和四川等地区岩石层磁场的空间分布特征，探讨了磁异常与大地构造和地震活动的关系；研究了长江三角洲地区地磁短周期变化异常（顾左文等，1994）。

安振昌等以国际地磁参考场（IGRF）为正常背景场，计算了 1950—2000 年（时间间隔为 10 年）中国地区岩石层磁场的球冠谐模型（安振昌，2003）；以中国地磁模型（泰勒多项式模型和球冠谐模型）为正常背景场，计算中国地区岩石层磁场的球冠谐模型，分析研究中国地区长波长磁异常的空间分布特征；以 IGRF 模型和中国地磁模型为正常背景场，建立了中国地区岩石圈磁场的曲面 Spline 模型，初步分析了短波长磁异常的空间分布特征。

二、地球变化磁场研究

叠加在地球基本磁场之上的各种短期、快速变化部分通常称为地球的变化磁场。理论分析得知，变化磁场源自高空电离层、磁层甚至外层空间电流体系的影响，也有地球内部感应电流体系的作用。因其可以探究高空及地球内部电性分布，所以成为固体地球物理学和空间物理学研究的热门领域，变化磁场研究对无线电通信、导航、地球物理勘探、航天等领域有着越来越重要的实用价值。

（一）磁暴与地球磁情预报研究

磁暴是指全球同时发生的强烈的地磁场扰动。这种扰动源于太阳耀斑爆发、日冕物质抛射等活动的影响。磁暴的幅度虽然只有地球基本磁场强度的百分之几或更小，但它却有可能给人类生活和生产活动带来很大影响，甚至灾难性后果。因此，研究和预报磁暴是地磁学和日地关系研究中的重要内容之一。

1950 年，中国科学院地球物理研究所接管了法国人管理的佘山地磁台。在陈宗器领导下，陈志强等对佘山地磁台两处台址历年磁照图进行了整理和初步统计分析，先后完成了 1908—1956 年磁暴目录、1922—1956 年地磁 K 指数的量算和初步统计分析、1933—1953 年地磁弯扰的量算等工作。

1956 年，"开展磁暴发生机制、规律以及磁暴预报方法的研究"，列入国家 12 年科学发展远景规划第 38 项重点研究项目。1957 年苏联成功发射了世界上第一颗人造地球卫星，标志着人类空间时代的到来。1958 年，中国科学院地球物理研究所在制定第二个五年计划纲要时，"电离层骚扰预报方法的建立"确定为地磁研究室的优先开展项目，并提出了要解决的一些科学问题（电离层骚扰形态、扰动指标、与通信的关系，电离层骚扰与太阳活动、地磁扰动的关系等）和应采取的具体措施（预报方法研究，基本观测工作的建立，加强与邮电部邮电科学研究院电波传播研究所、天文台、电子学研究所合作研究，注意国际资料交换等）。地磁研究室成立电离层骚扰预报磁暴组，陈志强任组长，章公亮为副组长，主要成员有胡岳仁、刘传薪、郑体容、蒋伯琴等人。1958 年 10 月，该组在中国首次开展了磁暴预报和电离层骚扰预报。

1959 年底，地球物理研究所决定，以地磁研究室磁暴组为基础，邀请该所其他研究室以及北京大学、中国科学技术大学有关人员参加，组建一个以空间物理研究为主的磁暴理论研究集体。在赵九章领导下，该集体围绕当时空间物理重大前沿问题（内外辐射带和磁暴形成理论、日地相关关系的物理机制等），举办学习讨论班和各种学术活动，并开展等离子体模拟实验。根据空间物理学领域第一位诺贝尔奖获得者阿尔文（H.Alfven）的思想，在赵九章领导下，在中国开展地球辐射带的模拟实验工作。徐荣栏等利用辉光放电形成的亮区，在实验室模拟了辐射带在不同地磁场干扰情况下的变化。1964 年，阿尔文在访问地球物理研究所期间，赞扬了这一对实验结果。这一研究集体发表了多篇在当时颇具影响的实验研究论文（徐荣栏和周国成，1963；Xu et al，1964；Jaw，1965）和理论研究论文（蒋伯琴，1960；刘传薪，1961；章公亮，1964；濮祖荫和李文艺，1964；刘振兴和濮祖荫，1964；都亨，1964；都亨和赵九章，1964）。最为重要的是这一研究集体为中国空间物理学发展，培养了一批训练有素的专门人才。

1966 年初，中国科学院对地球物理研究所进行机构调整，空间物理研究部分划归应用地球物理研究所。1970 年，中国科学院地球物理研究所根据国防和国民经济建设需要，重启磁暴研究工作，重新成立了磁暴组，主要成员有：杜铁良（组长）、曾治权、高美庆、詹志佳等。自 1972 年 9 月起，中国科学院地球物理研究所与北京天文台合作，每月（后改为半月）向有关部门书面发出地球磁情预报意见（含磁静日、磁扰日的日期、最大 K 指数等）和其他服务项目。

1975 年海城地震发生后，为加强地震预报工作，地磁工作的重点转向震磁关系研究。这时磁暴、磁情活动预报服务工作曾治权、郑体容等仍在坚持。1978 年，地球磁情预报作为太阳活动预报的一部分，获得了全国科学大会奖。1982 年参与了中国首次向太平洋发射远程导弹的磁情预报工作。

1980 年以后，高美庆等（1990）、师恩琦等（1990，1994）、周晓燕等（周晓燕和朱岗崑，1994）对地磁活动预报及其机理开展了进一步的研究。

1992 年 2 月，中国日地物理预报中心在北京成立，属国际无线电科联口地数据快速交换及世界日服务组织下的中国区域警报中心。该中心由中国科学院领导，下辖 4 个中心，分别设在中国科学院地球物理研究所（地球物理预报中心）、北京天文台（太阳活动预报中心）、空间科学与应用研究中心（空间环境预报中心）和机电部电波传播研究所（电离层预报中心）。（高美庆等，1992）。

当今，地球磁暴（磁情）预报已纳入"子午工程"环境监测预报系统中的内容。

（二）地磁脉动的观测和研究

地磁脉动是指地磁场的短周期（0.2 s 至 600 s 左右）变化，是地球变化磁场中的一种重要类型。它来源于近地太阳风和磁层内部的超低频电磁扰动，与太阳风–磁层–电离层耦合过程有密切关系。因此，它反映太阳风和磁层相互作用及磁层亚暴等空间扰动现象发展过程的信息。地磁场脉动现象最早是 1861 年观测到的，但在国际上开展大规模地磁脉动观测研究工作，则是始于 1957 年国际地球物理年期间。

20世纪70年代中后期，中国科学院地球物理研究所、空间物理研究所、国家地震局地球物理研究所等单位开始了地磁脉动观测研究。他们以北京为常年观测点，北至漠河，南至海南，西至甘肃兰州、新疆喀什，海外到南极洲长城站、中山站，进行了多年、大范围的地磁脉动观测。在此基础上，对中国常见的Pi2.Pi3等类型脉动（孙炜和王鼎益，1981；杨少峰等，1989）、日全食、日环食、日偏食区地磁脉动效应（张景秀等，1987；陈斯文和王德驹，1987；王德驹等，1999）和南极地区地磁脉动特征做了研究（徐宝连等，1987；杨少峰和肖福辉，1994；杨少峰等，1997）。

（三）地磁日变场及其电流体系研究

磁静日太阳日变化 Sq 在地磁日变场中较早被发现、较早确定了它的来源和产生机制。在中国最早（1948年）研究 Sq 的是桂质廷。1975年，祁贵仲（1975）用"逐次近似法"分析了中国6个地磁台1959年冬、春和夏3个季节的 Sq 场，得出的结论是：中国大部分地区各分量 Sq 场的纬度变化与全球一致，幅度呈明显的季节性变化（但广州地磁台例外）；Sq 的经度变化较纬度变化要小一个数量级。而后，陈冠冕（陈冠冕和王鼎盛，1979）、陈伯舫（1982）对地磁日变形态、高玉芬（高玉芬和祁燕琴，1981）、祁燕琴（祁燕琴等，1984）对日变场幅度分布和高空电流体系关系、徐文耀（徐文耀等，1983）对产生地磁日变场的各种电流体系进行了研究，并提出了地面诊断空间环境的方法（徐文耀，1984；徐文耀等，1990）。

（四）地球变化磁场与太阳活动的统计关系研究

自1859年9月1日英国天文学家卡林顿（R.C.Carrington）第一次观察到大耀斑后的17小时，地面上记录到很强烈的磁暴以来，磁暴与耀斑的关系逐渐引起人们的重视。早在20世纪60年代，蒋伯琴（1960）、章公亮（1962，1984）、朱岗崑（1962）就在这方面做过研究。

鉴于地球轨道附近的行星际激波特性取决于太阳爆发事件的持续时间，赵学溥等（赵学溥和张树里，1978）利用北京天文台密云站观测资料探讨了由射电爆发预测地磁暴的可能性。郭佑民（1984）对伴随2级以上耀斑、持续时间大于10分钟的200MHz射电爆发和地磁暴的相关性进行了分析计算和讨论，发现二者的相关率为80%。

刘传薪（1961）、都亨（1961）、高美庆等（高美庆和史忠先，1983）研究认为，日冕绿线、谱斑、太阳宁静区暗条消失都可能是地磁扰动的来源。

地磁共转扰动是在太阳活动周的下降及极小时期一种主要的日地扰动现象。胡岳仁（1958，1959）最早注意这种扰动具有稳定的卡林顿周分布规律。章公亮（1986）做了深入研究，以探索可能的预测地磁共转扰动的方法，并且寻找能反映扰动源——冕洞结构的特性及其演化的信息。彭丰林等（1988）分析了中国五个地磁台地磁三要素异常磁静日与太阳黑子数的关系。

（五）地球变化磁场与行星际介质参数的关系研究

研究行星际介质参数与磁暴强度之间的关系，对于了解磁暴产生的条件以及地磁活动的预报有很重要的意义。林乃国等（Lin and Tschu, et al, 1982）发现磁暴主相的发展很大程度上依赖于相应的太阳风－磁层能量耦合函数的大小。张树礼（1983）、谢榴香等（谢榴香和都亨，1985）分别分析了四种不同类型行星际磁场扇形边界对地磁活动的影响。师恩琦（1983）分析了第 19~21 太阳活动周中行星际磁场扇形边界和地磁 Ap 指数的关系。徐文耀等（徐文耀和师恩琦，1987）研究了行星际磁场扇形效应对 H 日变化的贡献。曾小苹等（曾小苹和林云芳，1994）用磁暴期间最大 aa 指数考察了行星际磁场的强度及其扇形边界对地磁场的影响。

磁云是行星际空间的一种重要的瞬变扰动。章公亮（Zhang and Burlaga, 1988）利用第 21 太阳活动周极大时期（1978—1982 年）的行星际观测资料，研究了与磁云相关的磁暴和宇宙线强度下降的统计特征。

早在 20 世纪 50 年代，人们就已经注意到地面宇宙线强度和地磁场之间具有某种关系。80 年代，叶宗海等（1987）发现宇宙线 Forbush 下降的幅度随磁暴的增强而加大，下降的持续时间随磁暴的减弱而增加，下降的速度随磁暴的增强而加速。经研究，他进一步指出，地磁暴越强，暴时增加越明显；暴时增加在中纬度较大，低纬度次之，高纬度最小；一般情况下，暴时增加较大者出现在白昼一侧，这说明环电流的不对称特性（叶宗海和孙小青，1992）。

（六）日食地磁效应的观测和研究

日食地磁效应是指日食发生过程中由于月亮遮掩太阳而引起的地磁场变化。

从新中国成立到 1997 年，中国共组织了 6 次规模较大的日全食、日环食和日偏食观测，由中国科学院等单位统一组织，包括太阳光学和射电、电离层、气象和地磁等观测项目。这六次是：1968 年 9 月 22 日出现在新疆的日全食的观测，1980 年 2 月 16 日出现在云南的日全食的观测，1981 年 7 月 31 日在日偏食区黑龙江漠河进行的观测，1983 年 6 月 11 日在巴布亚新几内亚日全食区的观测，1987 年 9 月 23 日在中国中部日环食区的观测和 1997 年 3 月 9 日在漠河进行的日全食观测。发表了一系列分析文章，如刘长发等（1981，1986）、张景秀等（1983）、陈斯文等（陈斯文和王德驹，1983）。

（七）磁暴和电离层骚扰关系研究

涂传诒（1983）分析了中纬度地区三个电离层站（满洲里站、美国比尔里卡站和德国弗莱堡站）的负相电离层暴开始时间与磁暴主相开始时间的关系，提出了一个计算电离层暴负相开始时间的模式。王劲松等（王劲松和肖佐，1994）也对中纬度地区负相电离层暴开始时间与磁暴主相开时时间的对应关系进行了研究，还讨论了负相电离层暴发生的"时间禁区"问题。索玉成等（1981）分析了中国海南地区电离层骚扰的正负相特性、季节变化、禁时效应与磁暴的相关性，证明电离层骚扰有很强的地区性。李利斌等（1996）利用 1980 年 4 月至 1990 年 12 月共 136 次急始型磁暴资料，统计研究了武昌地区电离层总电子含量（TEC）的变化。吴健等（1998）利用中国 9 个电离层站在 1977—1986 年间观测的 foF 2 月中值，研究了地磁活动对 foF 2 月中值平均行为的影响和国际参考电离层（IRI）平均误差及标准偏差。蒋和荣等（1993）从全球电离层暴的发展概貌、能量传输等角度，利用遍布全球的 52 个电离层垂测站资料，研究 1958 年 7 月 8 日磁暴期间全球电离层扰动的发展变化、各扇区的响应特性、扰动的传播轨迹及速度等。陈耿雄等（1995）研究了极隙区场向电流对高纬度电离层电场和电流体系的影响。

（八）地球变化磁场与大气物理现象关系的研究

地磁扰动期间，大量的能量粒子注入极区和高纬度地区，对高层大气产生强烈的大尺度加热，并形成大尺度的上升流，然后通过纬向流动再影响到较低纬度区域。杨鉴初（1961）研究了 1909—1952 年间历次大磁暴前后中国 9 个气象站逐日温度变化的情况。叶宗海等（叶宗海和薛顺生，1988）、王卫国等（1988）探讨了臭氧变化与磁暴的关系。叶宗海等（叶宗海和薛顺生，1989）研究发现，地磁暴发生后大气的涡度面积指数出现明显的扰动，不同的磁暴类型，涡度面积指数扰动的特征不同，且有明显的季节效应。20 世纪 90 年代，曾小苹（曾小苹等，1992）、曾治权（1996）等进一步对太阳活动及其引起的地磁场扰动在某些条件下可能会造成灾害性天气作了探讨。秦国泰等（1999）研究了强烈地磁活动期间地球热层大气的成分和密度的变化。

三、地震磁效应研究与地震预测

地震磁效应（震磁效应）系指地震孕育、发生的过程中，在震中附近地区出现的地磁场异常变化现象。这种现象的发现、研究已有近百年的历史。20 世纪 50 年代初开始介绍到国内（М.И.拉披娜，1954）。中国的地震磁效应观测实验和理论研究是在 20 世纪 50 年代以后。

1966 年邢台地震发生后，中国逐步建立震磁效应观测系统，开展了压磁效应、感应磁效应、膨胀磁效应、热磁效应、电磁流体效应等研究。在野外观测、室内实验与理论研究的同时，积极探索利用地磁场异常预报地震的方法。20 世纪 80 年代，中国地震局对震磁前兆与预测预报方法进行了系统清理、实用化攻关研究及台站的充实调整，使震磁效应观测系统有了明显改善；在资料处理及识别震磁信息方面，采用了较为科学的方法，总结了震磁前兆特征、以磁报震的判据和指标等，获得了一些震磁效应的较好震例，对有的地震在震前作了一定程度的预测，显示了震磁前兆在地震预测预报方面的积极作用。

（一）地震磁效应预测地震的提出

1956 年，中国制定了《1956—1967 年科学技术发展远景规划》（简称"12 年科学规划"）。在规划制定过程中，中国科学院地球物理研究所赵九章、陈宗器、顾功叙、李善邦等 12 人参加了科学规划中重要科学技术任务说明书编写工作。地球物理学科共提出 5 项重要科学技术任务，包括 24 个中心问题。中心问题之一是地磁及其相关现象研究，说明书由陈宗器、傅承义、李善邦、陈志强、刘庆龄等编写，所列研究内容之一是地磁与地震相关的观测和研究。这是中国首次提出开展震磁关系研究。

地震磁效应是中国地球物理学家、特别是地磁学家热衷探讨的课题。由于它涉及对重大自然灾害的预报，所以观测到的震磁相关事件都会引起很大关注。尽管对地震磁效应及其预测地震等存有争议，但对其研究意义和重要性认识没有不同。

1966年3月8日，邢台地区隆尧县发生6.8级强烈地震，引起党中央、国务院和全国人民的极大关注。中国科学院地球物理研究所于3月12日和18日先后两次派人到地震区进行地磁测量，发现了地磁场前后有10 nT的变化，但是难以确定这种变化与地震发生之间的关系。3月22日，邢台地区宁晋县又发生7.2级强震。4月，地球物理研究所主持召开"关于地磁与地震关系座谈会"。会上，顾功叙、傅承义、陈志强、周寿铭等从理论和实验两方面论证了地震发生时地应力集中导致压磁效应，地磁场会发生变化。但是这种变化要比地磁日变化小得多，现在仪器灵敏度低难以分辨。中国地球物理学家开始对震磁关系研究的艰难探索。

（二）地震地磁关系研究

从1966年邢台地震到1975年海城地震的10年时间里，是强震频繁活动的10年。中国广大地震地磁科技工作者在地震现场边观测、边研究、边预报，在全国范围内揭开了以地震预报探索研究为目的的地震地磁预报科学实践的序幕。

1. 地震地磁观测系统的建立

1966年5月，国家科委在北京召开"邢台地震科学讨论会"，会议总结交流了邢台地震区地震考察、观测经验，并制定了防震抗灾和地震预报规划，确定邢台为试验基地。会后，中国科学院地球物理研究所在红山建立了地磁台，并与石油部建立的磁力站，组成了区域地震地磁监测小台网。1967年3月27日，河北省河间、大城县发生6.3级大地震，地球物理研究所在天津建立青光地磁台后移交给天津地震队，并协助北京大学在昌黎建立地磁台。华北地区地震地磁监测台网初步形成。1970年4月，山西省临汾地区发生4.4级地震，地球物理研究所组建山西地震队，开展地震预报试验。在临汾、洪洞等地建立临时地磁台，并与当地磁力站组成了区域地震地磁监测小台网。1974年5月11日，云南省昭通发生7.1级大地震，地球物理研究所协助昆明地震大队，在地震区盐津、高桥和非震区的昆明建立地震地磁台监测系统，开展地震预报工作。

1974年2月，中国科学院地球物理研究所开始筹建京、津、唐等地区有线传输地磁台网，1977年建成，共有7个台，每天将质子核旋磁力仪观测的地磁总强度（F）数据实时传送到北京地磁台网控制中心。这是中国第一个区域性的地磁有线自动传输台网。

1975年辽宁海城7.3级地震后，国家地震局下属13个单位与辽宁省地震局在地震活动区布设了由800个测点构成的地磁监测网，开展了震磁前兆的观测与研究，进行地震监测预报工作，获得了良好的效果（国家地震局科技监测司，1988，1990；Zhan et al.，1999）。

根据中美地震研究合作协议，1980—2006年期间，美国地质调查局（USGS，负责人：M.Johnston）与国家地震局合作，在京津（负责人：祁贵仲、詹志佳）和滇西（负责人：陈忠义、姚富鑫）2 个试验场，开展了野外地磁观测与大地测距（詹志佳，1981），取得了大量准确可靠的观测资料。根据这些资料，分析比较了区域地磁场的分布与变化，研究了震磁前兆信息与活动断裂的构造磁效应，获得了有意义的科研成果（詹志佳等，1992a；Zhan et al.，2004）。

1982—2002 年进行的地下核爆炸磁效应和水库构造磁效应的观测研究是地震磁效应的良好模拟，是震磁前兆在野外条件下大尺度的现场试验，对地磁预报地震的研究具有科学意义和应用价值（Zhan，1989；詹志佳等，1992b；Gu et al.，2006）。

2. 压磁效应的实验研究

早在 1966 年，顾功叙、陈志强等就提出了高温高压条件下的压磁实验问题。邢台地震科学讨论会后，中国科学院地球物理研究所科研计划中列入了"压磁效应实验室建设"项目，开展调研和筹备工作。

为了验证压磁效应，1971 年 5 月，中国科学院地球物理研究所在四川渡口（今攀枝花市）参加了百吨级人工爆破观测，研究岩石破裂应力变化而引起的压磁效应。

1974 年 4 月，地球物理研究所地磁研究室讨论了"压磁实验室方案"报告。筹建工作由郝锦绮负责。1977 年岩石电磁模拟实验室建成。国家地震局地球物理研究所郝锦绮、兰州地震研究所徐明发和地质矿产部地质力学研究所马醒华等专门研制了磁屏蔽筒及无磁性压杆，通过试验首次得到了岩石剩余磁化强度随压力变化的规律（郝锦绮等，1989）。郝锦绮、冯锐等（郝锦绮等，2002）对岩石破裂过程中电导率变化机理进行了研究。郝锦绮、龙海丽对受压岩石上的自电位变化进行了层析成像的理论和实验研究。结果表明，正电荷出现的最大概率区与岩石裂隙位置的一致性，反映出裂隙尖端正负电荷分离的微观过程（龙海丽和郝锦绮，2005）。

3. 地震磁效应与震磁效应预测地震的物理基础研究

1969 年 2 月，中国科学院地球物理研究所地磁研究室祁贵仲代表全室向全所汇报了"邢台地磁预报地震工作总结"。根据邢台地震现场地磁观测资料分析结果指出，地震引起的地磁场变化还没有发现能够超过仪器的观测误差范围（2nT 左右）。这一认识引起了人们的广泛关注和热议。

地震引发地磁效应的机理，至今有压磁效应、感应磁效应、膨胀磁效应、热磁效应、电磁流体效应等之说。

压磁效应，或称构造磁现象，系指地表下构造应力积累过程中可导致地表地磁场异常变化，在有的震例中观测到地磁场有缓慢变化现象，故可将其作为地震前兆手段之一（任熙宪等，1984；范国华等，1979）。

感应磁效应，系指地震孕育过程中，震区附近介质电导率出现局部异常，使外源磁场在地球内部感应电流作用下发生畸变，引起地磁场局部异常。1974 年，北京大学陈伯舫指出，渤海西岸的昌黎—唐山地区是一个电导率异常区，可能与地震活动强弱有关系（陈伯舫，1974）。中国科学院地球物理研究所祁贵仲等在理论上建立了三维电磁感应数值方法的基本方程和求解方法，并估算了地震感应磁效应量级、空间分布特征和频率特征（中国科学院地球物理研究所第十研究室第二组，1977）；阐述了震磁效应分析基本原理，提出了"空间相关"和"现象相关"分析方法，利用邢台地震区的震例，研究红山地磁台地磁场空间相关性及其在地震预报中的应用（中国科学院地球物理研究所第十研究室第一组，1977）。

祁贵仲（1978）根据邢台地震震例提出膨胀磁效应理论，认为震源区由于岩石介质的微破裂和膨胀过程中液体扩展可产生流动电场引起地磁场变化，地震区地壳岩石中低阻层的存在，将产生足以观察到的地磁异常。徐世浙（1979）进一步分析了压磁效应与膨胀磁效应的关系和发生的条件。

祁贵仲等应用三维电磁感应的数值理论，对唐山地震与渤海地区地磁短周期异常现象进行了分析，发现渤海地区有一上地幔高导层的局部隆起，与隆起构造相应的附加热应力，其量级高达千巴，很可能是唐山地震的重要动力来源（祁贵仲等，1981）。龚绍京、吴占峰根据昌黎、青光两个地磁台的观测结果，发现电导率短周期变化可能与唐山地震有关（龚绍京和吴占峰，1986）。严大华对磁暴短周期感应场和佘山地区地幔电导率进行了研究（严大华，1980）。

曾小苹等提出，核幔边界的幔羽磁流体物质上涌是地震电磁流体效应的一种可能成因，并考虑了电离层的背景作用，计算了一个地下和电离层组成的等效平面电流模型在地面产生的磁场分布，结果与强震前地球磁场的异常动态图像较吻合（曾小苹等，2001）。

（三）利用地震磁效应预测地震的实践探索

1. 地震磁效应前兆现象清理研究

1971 年 4 月，"全国地磁预报地震经验交流会"在河北三河举行。会上，推荐了地磁预报地震的两种经验预报方法：红绿灯法和磁暴二倍法。1973 年 10 月，国家地震局在河北保定召开"地磁规划会议"，从数学模型和物理机制两方面分析了震磁关系，进一步理清了地磁预报地震的思路。

1983—1985 年，国家地震局为了推进地震预报研究，对各种地震前兆和预报方法进行了系统的清理攻关。为此，成立了地磁清理攻关小组，由章公亮负责，成员有陈忠义、林云芳、李献智、马森林、沈万鸿。组织地震局系统大约 270 名地磁科技人员参与此项工作。清理攻关成果由国家地震局科技监测司组织，以《地震监测与预报方法清理成果汇编》地磁、地电分册出版（国家地震局科技监测司，1988）。

2. 地磁预报地震方法实用化探索研究

1987—1988 年，国家地震局组织了"地震前兆与预报方法实用化研究"。地磁学科集中了全国地磁科技骨干 100 多人参加，在地磁长趋势变化异常预测地震（国家地震局科技监测司，1990）、地磁垂直分量日变"低点位移"预报地震（国家地震局科技监测司，1990）、地磁短周期变化预报地震三个方面取得了进展（曾小苹等，1998）。这些研究使震磁前兆研究和预测预报方法、预测预报经验和预测水平更加系统化、实用化，便于推广。这些工作形成的《地磁学科分析预报地震方法指南及实用软件系统》，获得国家地震局 1991 年度科学技术进步奖二等奖，获奖者林云芳、丁鉴海、马森林等。

（四）地磁预测地震的深化探索

20 世纪 90 年代上半叶，按照国家地震局"八五"地震短临预报攻关研究的安排，对地磁短临预报地震方法及其判据、指标开展了深入研究。

20 世纪 90 年代下半叶，国家地震局把地磁学科应用地震会商作为"九五"地磁重点课题，建立了中短期年度（1 年尺度）地震预报的前兆标志体系，并给出其效能评价。曾小苹、林云芳、续春荣等人的研究成果，成为 1998 年联合国在北京举办"地磁方法预报灾害"的地磁方法研讨会专用教材（曾小苹等，1998）。此次专题研讨会是中国地震局首次在全球范围举办的推广灾害预测技术的研讨会。

中国地磁学家在地震磁效应的探索研究中涉及三个方面：一是研究反映孕震介质物性的参数及其动态图像与孕震过程的关系（曾小苹等，1998；徐文耀等，1978；范国华等，1992）、地磁日变低点位移法等（丁鉴海等，1994）；二是研究涉及场源关系的地磁空间分布及其动态演化与强震的关系（曾小苹等，1998）；三是研究地球磁场的转折性特征与地震关系的结构分析法（李琪等，2006；陈伯舫，2006）。另外，沈宗丕等应用"磁暴二倍法"预测全球大震的发生时间有时有较好的对应效果（沈宗丕和许道一，1996）。

2005 年江西瑞昌 5.7 级地震发生后，中国地震局流动地磁技术团队（负责人：顾左文、陈斌、袁洁浩），在大华北、南北地震带和南北天山等三个地震重点监测区布设了由 500 多个测点组成的地磁测网，开展了地磁三分量的测量工作。应用这些磁测数据，分析研究了 10 多个大于等于 5.0 级地震前后岩石圈磁场的分布与变化，结果表明，震前存在局部岩石圈磁变化异常的前兆信息（顾春雷等，2010，2012）。2010—2015 年间，根据局部岩石圈磁变化异常，在震前几个月至 1 年，比较成功地圈定了包括 2013 年芦山 7.0 级地震在内的 15 次大于等于 5.0 级地震的发生地点，在年度的地震预报会商会上，对地震危险地区的研判方面发挥了较好的作用（倪喆等，2014；Cheng et al.，2016）。目前，地震预报仍然是国际的科学难题，今后还有很多工作要做，还有很长的路要走。

四、地磁生物学与生物地磁学研究

地磁学与生物学交叉形成两个研究领域——地磁生物学（Geomagnetobiologiy）和生物地磁学（Biogeomagnetism）。两者的研究对象不同，但又都和地磁场有关，因此研究内容又有重叠之处。

（一）地磁生物学

地磁生物学主要研究地磁场及其时空变化对生物影响作用的规律和机理。由于地磁生物学与地磁场有密切关系，中国的一些地球物理学家、地磁学家也对此予以关注。

1985 年曾治权等将苏联生物学家杜布罗夫（A. N. Dubrov）1974 年出版专著《地磁场和生命》由英译本译成中文。《地磁场和生命》翻译出版，对中国地磁生物学研究起到了一定推动作用。

中国科学院地球物理研究所刘祖滨等于 1989 年、1990 年对不同品种春玉米在自制的"种籽磁化处理机"（0.2~0.4 T）的不同磁场条件下进行磁化处理，并进行了田间对比种植试验。1992 — 1993 年中国科学院地球物理研究所和首都师范大学生物系合作，分别在山西省曲沃县农作物原种场和北京市房山区石楼镇双柳树村进行小麦种籽的磁化试验，并对磁化过程的生物效应机理做了分析（刘祖滨等，1990，1992）。

（二）生物地磁学

生物地磁学是一个新的研究领域。生物磁性和生物磁场是生物基本属性之一。生物地磁学是通过地磁场异常研究微生物活动对地球浅层介质的各种改造作用、探讨极端环境中的生命、认识地磁场对生物的影响以及全球气候变化引起的生态响应等。

21 世纪初，中国科学院地质与地球物理研究所朱日祥、潘永信研究集体，在国内首先开展了生物地磁学研究，创建了生物地磁学实验室（潘永信和朱日祥，2011）。该实验室建有生物磁学研究专用磁屏蔽室（12m³），装备大型自动补偿赫姆霍兹线圈、德国洪堡基金会捐赠的趋磁细菌测量系统、MPMS-5 低温磁性测量系统等先进测试设备。其主要研究方向包括：纳米磁性颗粒的生物矿化作用；生物源纳米磁性颗粒的磁学研究；地磁场对生命过程的影响（潘永信等，2004）。

2007 年底，中国科学院和法国科研中心批准成立中 – 法生物矿化与纳米结构联合实验室，旨在共建一个高水平的生物矿化领域多学科国际化综合研究和交流的平台，拓展生物地学和生物材料学的交叉学科研究，2010 年正式挂牌。中方参加单位有中国科学院地质与地球物理研究所、海洋研究所、电工研究所、福建物质结构研究所和中国农业大学生物学院。中方负责人潘永信。联合实验室的研究方向包括生物在地学、海洋生态、元素与物质循环、环境污染治理再生中的作用、磁场环境与生命过程、人类健康等科学问题，揭示生物矿化的生物学、物理学和化学过程，研究生物成矿、生物矿物的开发与利用，为国民经济发展服务。研究内容包括三个方面：趋磁细菌及其磁小体研究；铁磁性矿物的生物矿化与地质成矿作用；生物源磁性纳米颗粒在医学和污染治理方面应用。

近年来，中国在生物地磁学研究中，取得了许多颇具世界影响力的创新性研究成果。朱日祥团队已在国际著名刊物发表十多篇生物地磁研究的高水平论文，其中两篇成为《自然·中国》"研究亮点文章"。2010 年 9 月，第二届趋磁细菌和生物矿化国际会议在北京中国科学院地质与地球物理研究所顺利召开，潘永信担任会议主席。

地磁场就像一个覆盖全球的天然"全球定位系统"，许多地球生物能利用体内的"磁罗盘"感知地磁偏角、倾角或强度，从而实现准确定向和导航，如海洋中的大马哈鱼和带刺龙虾、爬行类的蝾螈、昆虫类的蚂蚁和蜜蜂、哺乳类的蝙蝠和鼹鼠等（Wang et al.，2007；Tian et al.，2010）。动物地磁导航不仅是动物利用地磁场的最直接证据，而且其导航机制可为人类仿生地磁导航研究提供重要参考。

趋磁细菌是趋磁性微生物及矿化的典型代表，它们能依赖在细胞内矿化合成的呈链状排列的几十个至数百个晶形完好、化学纯度高、粒度均匀（35~120 nm）、有生物膜包被的单畴磁铁矿或胶黄铁矿（称为磁小体链），沿地磁场定向游弋，并快速定位到最适环境 / 层位。研究发现，趋磁细菌在湖泊至海洋环境中普遍存在，包括球菌、杆菌、弧菌等形态和较古老的硝化螺菌门类（Lin et al，2011）。它们的群落结构与生态环境密切相关，化石磁小体已成为沉积磁学和古环境重建的重要研究对象。趋磁细菌也为研究地磁场影响微生物提供了理想的对象（Pan et al，2009）。

此外，趋磁细菌等合成的生物源磁性纳米颗粒在磁热疗、磁靶向治疗、磁性材料、生物传感器、重金属回收等方面，具有重要潜在应用价值。磁小体矿化基因研究、铁蛋白等仿生技术（Cao et al，2010），将开辟绿色环保的新型磁性纳米材料制备途径。

五、中国南极地磁观测与研究

南极洲远离人类自然分布的其他陆地，是地球物理探测最少的一块大陆，但在地球科学研究中具有重要地位。20 世纪 70 年代，中国决定开展南极科学考察。1980 年 8 月，朱岗崐向中国科学院领导提出组织南极考察的建议（朱岗崐，2007）。

1984 年 11 月，中国首次组队赴南极科考。1985 年 2 月，在乔治王岛菲尔德斯半岛西南端建成了中国第一个常年越冬南极科学考察站——南极长城站（62° 13′ S，58° 58′ W），并开展了地质、地貌、气象、地球物理、生物、海洋等科学考察活动。从此，中国每年都组队进行南极科学考察。1989 年 2 月，中国又在东南极大陆的拉斯曼丘陵地（南极圈内）建成第二个常年科考站——南极中山站（69° 22′ S，76° 23′ E），为深入南极腹地科考创造了条件。南极长城站、中山站与中国的地磁台以及大洋洲、美洲的地磁台形成了一条北半球沿东经 120° E，及南半球沿西经 60° W 经线区域的全球地磁子午台链，对全球的地磁与空间物理研究具有重大意义。

（一）南极长城站地磁考察

南极长城站位于亚极光区和南大西洋地磁异常区，有利于地磁、电离层、日地物理等综合观测。它是中国唯一建立在西半球的地磁台站。

1984 年 10 月，中国首次组队南极科学考察，中国科学院地球物理研究所派贺长明参加了南极长城站建站工作，并开展了哨声、地磁脉动观测。首次获得南极哨声 - 甚低频发射、地磁脉动观测资料，并为其后的南极地磁考察创造了条件。

在第 2 次南极科学考察期间（1985 年 10 月—1986 年 12 月），中国科学院地球物理研究所派杨义碧继续开展哨声、脉动常年观测。为了建立常年观测的地磁台，需要做仪器准备。中国科学院地球物理研究所焦承民、国家地震局地球物理研究所林云芳和北京大学贾国强等 3 人携带仪器，到长城站进行试验性的度夏观测。中国科学院地球物理研究所在菲尔德斯半岛的中部和南部，进行 7 条测线、总计线路长 12km、近 300 个测点的地磁总强度（F）剖面测量，并在长城站地区及菲尔德斯半岛北部和菲尔德斯海峡以南的阿德雷岛、奈尔逊岛、乌拉圭站东、长城站平顶山西北和诺姆湾等处，共布设 5 个地磁长期变化测点，进行了天文测量（方位角和经、纬度）和地磁场三要素（D，I，F）绝对值测量，同时对正式地磁台预选区一处地址进行了地磁总强度（F）梯度测量，为正式建台做准备。

第 3 次南极考察期间（1986 年 10 月—1987 年 12 月），中国科学院地球物理研究所张平在长城站组装北京预做的无磁性房屋，建成"南极长城站地磁与高空物理观测台"，进行地磁、哨声、脉动等常年观测（张平等，1991）。国家地震局地球物理研究所建成无磁性实验室，安装记录地磁场日变化和地磁脉动的仪器。

第 5 次南极考察期间（1988 年 10 月—1989 年 12 月），在中国科学院地球物理研究所马石庄工作基础上，杨友华在长城站完成了"地磁仪器标定实验室"的建设工作，对 CTM—302 型磁通门磁力仪进行标定。

第 9 次南极科考期间（1992 年 10 月—1993 年 4 月），中国科学院地球物理研究所李宝岱，在长城站安装了新的"地磁数字磁力仪"，实现了地磁台数字化记录。

第 11 次南极科考期间（1994 年 10 月—1995 年 12 月），中国科学院地球物理研究所吴宝元在长城站对数字磁力仪定期进行了标定，表明多年来仪器工作稳定，观测资料可靠。1995 年 10 月第 12 次南极科考开始，南极长城站地磁测量由国家地震局地球物理研究所一家承担。

（二）南极中山站地磁考察

南极中山站位于基本不变磁纬 75° S 左右，白天处于极隙区，晚上处于极盖区，一天有两次进出极光带，特别适合日地物理观测研究。

第 6 次南极科考期间（1989 年 10 月—1990 年 4 月），中国科学院地球物理研究所杨义碧参加中山站建站工作，并开展了地磁总强度、哨声、脉动等度夏观测，首次获得中山站一批珍贵的南极观测资料。

第 7 次南极科考期间（1990 年 10 月—1992 年 4 月），中国科学院地球物理研究所刘春节在中山站建立了临时地磁台，开展了地磁、哨声、脉动等常年观测工作。1991 年 10 月，第 8 次南极科考期间（1991 年 10 月—1993 年 4 月），刘春节与陈宝生等组装建立了"南极中山站地磁与高空物理观测台"，开展地磁、哨声、脉动等常年观测工作。第 9 次南极科考期间（1992 年 10 月—1993 年 4 月），焦承民在开展地磁、哨声、脉动等常年观测的同时，在中国科学院武汉测量与地球物理研究所刘成恕协助下，利用"极地"号科考船一船两站停靠机会，完成了长城站和中山站的大地电磁探测工作。第 10 次南极科考期间（1993 年 10 月—1995 年 1 月），杨友华安装了新的"地磁数字磁力仪"，实现了地磁台数字化自动化记录。第 27 次南极科考期间（2010 年 10 月—2012 年 3 月），中国科学院武汉测量与地球物理研究白磊，一人承担地磁和重力两项常年观测工作。而后，中国科学院地质与地球物理研究所与武汉测量与地球物理研究所合作，两所轮换共同承担地磁和重力两项观测任务。

（三）南极地磁观测研究成果

1984 年 12 月，中国科学院地球物理研究所贺长明在中国首次南极科学考察期间，使用自行研制的 GM 型接收机对哨声进行了 37 天连续定向观测和三分量地磁脉动观测，获取了哨声和甚低频发射、地磁脉动观测资料，徐宝连、孙炜等对观测资料进行了分析处理。这是中国首次获得的极地地磁脉动资料，在开展中高纬地区地磁脉动的观测研究方面迈出了第一步（徐宝连等，1987）。

林云芳、贾国强等利用第二次南极科考期间（1986 年 1—3 月）长城站观测的地磁总强度（F）资料和同期北京地磁台地磁日变化、磁暴、磁亚暴以及太阳耀斑效应进行了对比分析，不仅获知两地日变化一致和差别产生的条件、大磁暴发展过程的全球一致性，而且获得太阳耀斑效应在背面也有所反映的有意义的结果（林云芳等，1989）。

孔祥儒等根据第 9 次南极科考期间（1993—1994 年）焦承民等在长城站和中山站进行的大地电磁测深资料进行了分析研究，获得了两个地区地下电导率结构的信息（孔祥儒等，1993；孔祥儒等，1994）。

刘长发等对第 7 次南极中山站科考期间，记录到的 1991 年 3 月 24 日的特大磁暴进行了分析，表明南极极隙区与中低纬度的磁暴形态及其发展过程等具有很大差异（刘长发等，1996）。刘长发等根据南极中山站地磁台与北京地磁中心台的地磁三要素（D、H、Z）资料对比分析，得出南极极隙区的地磁变化的某些特点（刘长发等，1995）。

1981 年中国科学院地理研究所张青松在东南极洲西福尔丘陵的晚更新世海相地层中采集了 24 块定向标本。1983—1984 年中国科学院地球化学研究所李华梅在横贯山脉和罗斯岛也采集了 29 块古地磁标本。长城站建成后，中国科学院地质研究所郑祥身在此区域采集了一批古地磁标本。刘椿、朱日祥等（刘椿等，1991）研究了乔治王岛菲尔德斯半岛白垩纪晚期和第三纪早期火山岩的古地磁学及其大地构造意义。通过这些标本和其他地区标本的分析，得出的主要成果有：侏罗纪以前南极洲是冈瓦纳古陆的一部分；侏罗纪后南极洲从冈瓦纳古陆分离；侏罗纪以来南极洲漂移速度与洋脊扩张速度相当。

（四）南极地磁资料汇编出版

1991 年初，中国科学院地球物理研究所将南极长城站的地磁、哨声、脉动等观测资料，整编成《哨声年报》《脉动目录》和《地磁观测报告》。1995 年，中国南极考察委员会、中国科学院地球物理研究所，首批出版了中国南极长城站地磁台《地磁观测报告》（中、英文，第 1 卷—第 4 卷，1986—1989 年，每年一卷）。1995 年，中国南极考察委员会、中国科学院地球物理研究所，首批出版了中国南极中山站地磁台《地磁观测报告》（中、英文，第 1 卷，1991）。以后每年按此格式陆续出版至今。

第四节　古地磁和考古地磁研究

早在 20 世纪 40 年代，当古地磁学作为一门新兴的边缘学科刚刚创立的时候，地质学家李四光就预见到古地磁方法在研究地壳运动问题时的重要作用而倡导古地磁学研究。

中国科学院地球物理研究所成立之初，副所长兼地磁组组长陈宗器已经认识到作为基础性研究的岩石磁性学的重要性和发展前景，力主开展古地磁学研究。1951 年，中国科学院地球物理研究所开始筹建物理探矿实验室，其任务之一是研制用于测量岩石磁化率的仪器。1953 年，秦馨菱与曾融生研制出用于测量岩石标本磁化率的无定向磁力仪，其灵敏度达到 10^{-8}Oe（CGSM 单位）。而后又研制出小型无定向磁力仪，用于磁性材料测量。1956 年，地球物理研究所派遣地磁组周正高到苏联科学院地球物理研究所攻读古地磁、地磁脉动等研究课题。1957 年，陈宗器在其起草的《地磁组第二个五年计划纲要（草案）》中，作为地磁组 3 个重点研究课题之一"地壳及岩石磁性的研究"中就包括古地磁的研究 [1]。同时，中国科学院地球物理研究所在北京白家疃地磁台建立了"古地磁实验室"，安装有该所研制的无定向磁力仪和国外购买的捷克式无定向磁力仪等设备，以供各单位的岩石标本、古地磁和考古地磁标本等磁性材料之测定。

1958 年夏秋，苏联科学院地质研究所大地构造和古地磁专家 Π. Н. 克鲁泡特金教授来华访问，帮助并指导在中国尝试开展古地磁研究工作。有关部门组织北京大学、中国科学院地球物理研究所、地质研究所和地质部地质力学所科研人员组成科研小组，由王子昌教授领导，用时 4 个月先后在分属华北、华南板块的 7 个省市进行了野外地质调查和古地磁标本采集，共采得古生代和中生代手标本四百余块。其中晚古生代和中生代的标本在国内利用秦馨菱、曾融生研制的无定向磁力仪测量其剩余磁性，所得结果发表在《地球物理学报》上。与此同时，中国科学院地质研究所张文佑与英国杜伦大学 A. E. M. 纳恩教授合作在甘肃尝试开展了类似的工作（张文佑和 A. E. M 纳恩，1959）。虽然这些结果的精度有限，但它们确是中国的首批古地磁研究结果，具有重要意义。1964 年，"世界地磁与古地磁会议"在莫斯科举行，陈志强在会上宣读了他与王子昌、邓兴惠合作撰写的《中国古地磁研究的一些结果》，引起了国外同行的广泛兴趣和赞许。王子昌在积极筹划在北京大学建立了古地磁实验室后，便开始着手在教学中培养中国年轻的古地磁研究人才的工作。王子昌是中国古地磁研究实践的先行者和学科带头人。

1959 年，中国科学院将"岩石磁性古地磁学，古代地层岩石天然剩余磁化强度的测定；磁乱区域岩石磁化率的测定"列入 44 项重大研究项目研究内容。其后，中国科

---

[1]　中国科学院编译出版委员会主编，十年来的中国科学·地球物理学（1949—1959），科学出版社（内部资料）。

学院、地质部和高等学校部分单位也开始关注和开展古地磁工作。北京地质学院谭承泽教授为古地磁研究培养了一大批骨干人才。

在 60 年代后半期至 70 年代前半期的十多年间，在国际上由于板块构造学说的兴起促进了古地磁学科的高速发展。70 年代中期，中国古地磁研究得以全面发展。

20 世纪 90 年代初，中国科学院为建古地磁开放实验室，批准中国科学院地球物理研究所古地磁实验室从美国引进 2G 超导磁力仪及热退磁等设备，魏青云和李冬节、卢军、曹冠宇等对古地磁实验室进行现代化改造，对院内外有关单位开展了古地磁、考古地磁、岩石标本及弱磁性材料的测定工作，为建设古地磁开放实验室奠定了初步基础。1995 年，朱日祥担任古地磁实验室主任，在其领导下，经过 7 年左右的努力，通过引进和研制相结合途径，建成了能够开展岩石力学、古地磁学、古强度和同位素测年等研究、实验手段齐全、具备"零磁实验环境"（静磁屏蔽室面积达 25m^2，实验环境磁场强度 <300 nT）的岩石磁学与古地磁实验室。该实验室每年都有一批重要实验数据在国际著名学术刊物上发表，已经成为岩石磁学与古地磁研究领域国内外重要研究中心之一。

一、磁性地层学

1974 年，地质部地质力学研究所率先在云南开展了对元谋人遗址剖面的磁性地层研究，建立了该剖面的古地磁极性序列，得出含元谋人化石层位的地质年代为 1.7Ma B.P.（距今 1.7×10^6 年）（李普等，1976）。随后一些旧石器时代古人类遗址（如蓝田人、周口店人等）的磁性地层工作相继展开，取得了一些有学术意义的成果。其中泥河湾遗址（泥河湾层）工作最多也最深入，争论激烈。直到 21 世纪初在朱日祥等（Zhu et al.，2001）的系统研究后，才取得了较为一致的认识。

一些油田，如大庆、辽河、塔里木等，高校和科研院所参与合作，相继对其含油、气的白垩纪和第三纪地层剖面开展了磁性地层学研究工作，其结果为这些含油、气地层的划分、对比提供了重要的资料。在油气勘探开发中还用古地磁方法为钻孔岩芯定向进行了研究，取得了很好的效果，对指导生产起了一定作用。

一些水文地质单位也开展了大量磁性地层工作，为找水、打井确定层位提供了重要依据和宝贵资料。

21 世纪以来，一些学者对青藏高原北缘及中亚地区新生代地层开展了大量磁性地层学研究，结合相关学科，为青藏高原北缘和天山造山带的新生代隆升及变形过程研究提供了可靠基础（Sun et al.，2005）。另一方面，某些老地层界线剖面的磁性地层学研究也取得了一些有意义的结果（Yang et al.，2002）。

二、黄土古地磁研究

中国北方广泛分布的第四纪黄土是全球变化研究的良好记录，地层学研究倍受瞩目。20 世纪 70 年代，不同研究者从午城和洛川剖面开始，先后在西峰、宝鸡、蓝田等 10 多条剖面上开展了大量深入细致的研究工作，取得了许多重要成果（李华梅等，

1974；刘东生，1985）。通过建立各剖面的磁极性序列，并对相互间不同层段进行对比、划分和年代确定，为中国黄土地层的地质年代学研究积累了十分重要的科学资料。其中，通过对黄土地层底部与第三纪红黏土层顶部附近的磁极性层序对比，提出中国第四纪的下限年龄为 2.48 MaB.P.（距今 2.48×10^6 年）。这一观点得到了多数相关学者的认同。该年龄值 2008 年被重新厘定为 2.58 Ma B.P.（距今 2.58×10^6 年）。此外，还较好地建立了磁极性序列中一些重要界限与黄土层序的对应关系，如 B/M 界限位于黄土层 L8 或 S8 中，M/G 界限位于黄土层 L32 底部至红黏土层中等。21 世纪 10 年代后期，有关黄土 – 古土壤是否能可靠记录剩磁，是否存在 Luck-in 效应已引起广泛关注。

在对黄土磁学性质的研究中发现，其磁化率、频率磁化率、饱和剩磁等磁学参数对气候变化反应敏感，可以作为表征地层形成时古气候冷暖变化的替代指标。近年来，类似研究扩展到近、现代河湖相等沉积物。对近代特别是全新世古气候变迁、环境演化研究提供了重要的科学资料。另一方面，通过磁性测量监测和研究城市环境污染状况方面也取得了重要成就，推动了一门新的分支学科——环境磁学在中国的发展。

三、极性转换期间地磁场形态学研究

20 世纪 90 年代，朱日祥等人在对黄土沉积物磁极性序列的精细研究中注意到，极性转换期间地磁场具有特殊的形态变化特征，这些特殊性与地磁场起源和地球内部动力学过程密切相关（Zhu et al.，1994）。

四、构造古地磁学研究

构造古地磁学研究是古地磁学的主要研究领域之一。通过对地球各大陆、地块上各地质时期岩石的古地磁测量，揭示各地块在不同时期运动、漂移、离合聚散的情况，恢复其地史时期中的古地理位置，研究它们之间相互关系的形成、演化过程。这方面的资料是板块构造学说立论的重要支柱之一，受到地学界的普遍重视。

中国现代构造古地磁工作开始于 20 世纪 80 年代初期。1980 年，中国地质科学院与澳大利亚国立大学合作，在中国大陆三大主要地块——华北、华南（扬子）和塔里木对二叠—三叠系地层进行了研究，提出晚古生代末期这些块体相互独立，华北和扬子分别处于赤道附近低纬度地区，塔里木则位于北纬 35° 左右。这一结果在 Nature（《自然》1981，第 293 期）发表后受到国内外地学界的极大关注，改变了对国内大地构造格局和演化历史的根本认识。

1985 年，林金录（Lin et al.，1985）对华北、华南地块若干地质时代的地层开展了系统的古地磁研究，发表了华北、华南地块第一套显生宙初步的视极移曲线。1987 年赵西西也对华北和华南地块的二叠—三叠系进行研究，提出了华北、扬子两地块碰撞和相对旋转的模式（Zhao and Coe，1987）。随后通过修订补充数据，对华北和华南地块晚二叠纪以来的漂移运动过程作了进一步讨论，讨论了二者碰撞的时间和拼合过

程。马醒华和杨振宇等补充了中生代关键地层，如中、晚三叠世和早、中侏罗世的古地磁数据，并编制了华北地块晚二叠世以来的视极移曲线，讨论了华北、华南两地块与西伯利亚板块的碰撞拼合过程（Yang et al.，1992；Ma et al.，1993）。通过对中国三大陆块早二叠世以来数据进行的系统分析，建立了三大陆块和欧亚大陆的古地块重建图。华北地块早古生代的工作进展较慢，20世纪90年代才陆续取得了一批较可靠的早寒武世、中奥陶世、志留纪、泥盆纪较好的数据，填补了空白（Huang et al.，2000）。与此同时，在华南地块也获得一些新数据，对华南的显生宙视极移曲线进一步完善。在塔里木地块，20世纪80年代中期发表了第一条晚古生代视极移曲线。之后许多研究者对该地块的数据作了补充，并对其构造地质意义作了讨论。除上述较系统、有代表性的工作外，还有许多人先后做了大量工作。对于青藏地块，1972年中国科学院制定了"1973—1980综合科考计划"，青藏高原科考任务包含利用古地磁测量岩石剩余磁性，了解青藏高原地块的漂移过程，印度板块和欧亚板块的碰撞、缝合过程等，即便自然条件困难，研究工作相对较少，时空分布也不均匀，仍然取得了一些开拓性的进展（朱志文，1981），特别是20世纪80年代初期，中、法合作所取得的古地磁研究结果，为冈瓦纳大陆裂解之后一些微陆块以不同速度向北漂移，青藏高原地壳聚敛、缩短提供了科学证据（周姚秀等，1990）。

客观地说，到20世纪90年代初，现代化超导磁力仪引进之前，中国的构造古地磁学已有了很大发展，积累了一大批数据。但由于当时条件限制，水平参差不齐，数据结果多有差异，可靠性相差较大。

为进一步提高中国古地磁研究水平，对一些关键问题集中开展一次更为系统、深入的研究工作，国家自然科学基金委员会组织了"八五"重点项目"中国显生宙古地磁极移曲线的建立与地块运动研究"，开展了广泛的国际合作。中国古地磁学者分别在华北、扬子、塔里木地块采集了大量标本，利用超导磁力仪等最先进的仪器设备进行剩磁测量和岩石磁学实验研究，取得了一批新的、可靠性很高的数据。结合前人已有的、经过国际通用的数据可靠性判据严格筛选出的一批数据，编制了显生宙[华北（553×10^6年）、扬子（526×10^6年）、塔里木（481×10^6年）]以来，三大地块古地磁综合数据表和相应的视极移曲线，并结合印度、西伯利亚和澳大利亚板块的古地磁数据及其他大陆板块的相关资料，对三大地块与邻区构造演化及古大陆重建进行了深入的讨论（朱日祥等，1998）。这是迄今对中国古地磁近30年研究工作的总结与综合成果，得到学术界广泛的认可。

21世纪10年代后期，又有不少研究者，特别是一批年轻学者为改善中国古地磁数据在时间和空间分布上的缺陷，提高一些特殊地区如造山带等疑难地区数据的可靠性方面开展工作，新的成果很多。特别是国内在古地磁测量中对岩石磁学实验研究日益重视，取得突出的进步。这对提高古地磁研究水平，提高数据可靠性起到了重大作用。

总之，经过50年的努力，中国古地磁学研究已经取得了突飞猛进的发展。研究条件得到了极大改善，拥有了国际一流的综合实验室，人才的成长十分迅速，不少人已成为国家级学科带头人。很多科研成果在国际上得到承认，在国际学术交流中拥有了重要发言权。

五、地磁场古强度

地磁场强度是约束地核发电机工作状态的关键参数。地质历史时期地磁场古强度研究已成为认识地球内部演化的重要窗口。在 20 世纪 80 年代，中国学者开始利用 Thellier 方法研究第四纪火山熔岩流记录的地磁场古强度，并提出了测定古强度的新方法，初步探讨了地磁场强度与宇宙射线通量、气候变化的关系。至 20 世纪 90 年代中期，中国学者在成功设计样品在真空或氩气环境下热处理设备的基础上，建立了更为完善的古强度研究平台。中国科学院地质与地球物理研究所古地磁学与地质年代学实验室，在国际上率先实现了古强度、岩石磁学与同位素测年研究紧密结合。针对中生代以来，特别是白垩纪正极性超静磁（CNS，83×10^6~120×10^6 年）期间地磁场强度变化及相关地球内部过程等重要前沿科学问题，开展了中国大陆火山岩序列的古强度和同位素年代学研究，获得了大批有精确年代约束的重要古强度数据，得出了地球内部演化的新认识：发现在 CNS 前地磁场强度与地磁场倒转频率呈负相关，CNS 期间地磁场强度在高值波动，超静磁带发生可能反映了外核对流与深俯冲、超级地幔柱形成和核幔边界的变化有关（Pan et al.，2004）。2006 年，"岩石剩磁机理与古地磁场"获 2006 年国家自然科学奖二等奖，主要获奖人朱日祥、张毅刚、潘永信。对汉诺坝玄武岩研究发现，地磁场强度在早中新世时期约为现今的一半，到中中新世时略有升高。

此外，中国学者利用陆相风成沉积物、湖泊和海洋沉积物的连续序列，开展了晚新生代地磁场相对古强度研究，取得了重要进展。

六、考古地磁学

考古地磁学是利用历史时期的文物（如陶瓷、砖等）在烧结时获得的热剩磁，研究古代地磁场及其长期变化。中国考古地磁学研究始于 20 世纪 60 年代。首先进行了北京地区史期地磁场长期变化的研究（邓兴惠和李东节，1965），随后对初唐时期西藏拉萨古砖记录的地磁场记录进行了测定。20 世纪 80 年代，魏青云等（Wei et al.，1982）开展了陕西、北京、洛阳等地区考古强度和地磁场倾角值变化研究，获得了中国过去 6000 年的地磁长期变化曲线，发现中国与日本的曲线大体相似但存在相位延迟，而中国与英国的曲线则相差甚远。另外，发现四川地区 5000 年以来地磁场强度的长期变化存在跨时 1000 余年的"M"型振荡变化。对比发现洛阳、广东和福建的数据，也存在同样的变化。

参考文献

安振昌，徐元芳，夏国辉，等. 1982. 表示局部地区地磁场及其长期变化分布的数学方法［J］. 地球物理学报，25（增刊）：711-717.

安振昌，任国泰，薛小桢，等. 1985. 青藏高原及珠穆朗玛峰地区的地磁场［J］. 地球物理学报，28（增刊）：

226–233.

安振昌，徐元芳，王月华. 1991. 1950—1980 年中国地区主磁场模型的建立与分析 [J]. 地球物理学报，34（5）：585–593.

安振昌，徐元芳，王月华，等. 1992. 中国地区 MAGSAT 卫星标量和矢量磁异常图 [J]. 空间科学学报，12（2）：144–149.

安振昌. 1993. 中国地区地磁场的球冠谐和分析 [J]. 地球物理学报，36（6）：753–764.

安振昌，谭东海，V.P.Golovkov，等. 1995.1980.0 年东亚地磁场的勒让德多项式模型 [J]. 地球物理学报，38（2）：227–233.

安振昌，谭东海，王月华，等. 1996. 亚洲 MAGSAT 卫星磁异常图 [J]. 地球物理学报，39（4）：461–469.

安振昌. 1999. 1900-2000 年非偶极子磁场的全球变化 [J]. 地球物理学报，42（2）：169–177.

安振昌. 2002. 中国地磁测量地磁图与地磁场模型的回顾 [J]. 地球物理学报，45（增刊）：189 –196.

安振昌. 2003. 1950-1990 年中国地磁剩余场冠谐分析 [J]. 地球物理学报，46（6）：767–771.

陈斌，顾左文，高金田，等. 2010. 中国地区地磁长期变化研究 [J]. 地球物理学报，53（9）：2144–2154.

陈伯舫. 1974. 渤海西岸的电导率异常. 地球物理学报. 17（3）：169–172.

陈伯舫. 1982. 沿海台站间地磁日变形态相位差的半月周期变化 [J]. 地球物理学报，25（1）：41–49.

陈伯舫. 2006. 与澜沧大震可能相关的震磁效应——小波分析一例 [J]. 华南地震，26（2）：16–19.

陈耿雄，徐文耀，师恩琦. 1995. 极隙区场向电流对高纬度电离层电场和电流体系的影响 [J]. 地球物理学报，38：571–580.

陈冠冕，王鼎盛. 1979. 两台地磁场垂直分量日变形态的位相关系分析 [J]. 地球物理学报，22（1）：56–65.

陈洪鹗. 1992. 中国当代地球物理学的开拓者——陈宗器 [J]. 国际地震动态. 161（5）：19–22.

陈斯文，王德驹. 1983. 日食期间地磁场总强度的观测和分析 [C]. 一九八〇年二月十六日中国云南日全食观测文集 [C]. 北京：科学出版社，19–173.

陈斯文，王德驹. 1987. 日食期间地磁微脉动的观测 [J]. 一九八一年七月三十一日中国漠河日食观测文集. 北京：科学出版社，29–33.

陈斯文，黄源高. 1992. 微功耗环芯型磁通门磁力仪 [J]. 电测与仪表，1：17–38.

陈志强，祁贵仲. 1964. 地磁场倒转的电磁模型 [J]. 地球物理学报，13（4）：273–285.

陈志强. 1950. 关于 H 记录仪的装置 [J]. 地球物理学报，2（1）：83–86.

陈宗器. 1944. 中国境内地磁观测之总检讨 [J]. 学术汇刊，1（2）：99–126.

陈宗器. 1949. 四川北碚地区之地磁测量 [J]. 地球物理学报，1（12）：177–186.

邓兴惠，李东节. 1965. 北京地区史期地磁场及其变化的研究 [J]. 地球物理学报，14（3）：181–196.

丁鸿佳. 1958. 磁秤 [M]. 北京：地质出版社.

丁鉴海，卢振业，黄雪香. 1994. 地震地磁学 [M]. 北京：地震出版社.

都亨. 1961. 关于 1942—1943，1952—1953 年谱斑与磁扰的关系 [J]. 地球物理学报，10（2）：151–159.

都亨，赵九章. 1964. 带电粒子穿入地磁场的一种机制 [J]. 地球物理学报，13（3）：201–210.

都亨. 1964. 磁暴主相的经度不对称性 [J]. 地球物理学报，13（3）：211–215.

杜陵，吴天彪，刘士杰. 1994. 中国地磁测试仪器的发展 [J]. 地球物理学报，37（增刊 1）：295–300.

杜陵. 1996. 地磁观测仪器和地磁台自动化的发展 [C] // 徐文耀. 地磁、大气、空间研究和应用——庆贺朱岗崑教授八十寿辰，北京：地震出版社，24–30.

范国华，侯作中，詹志佳，等. 1979. 唐山地震对北京地区地磁场总强度的影响 [J]. 地震学报，1：39–49.

范国华，顾左文，姚同起，等. 1992. 云南地磁短周期变化异常及地下电导率结构 [J]. 地震学报，14（2）：201–210.

高金田，安振昌，顾左文，等. 2006. 用曲面 Spline 方法表示 1900—1936 年中国（部分地区）地磁场及其长期变化的分布 [J]. 地球物理学报，49（2）：398–407.

高美庆, 史忠先. 1983. 太阳宁静区的暗条消失与磁暴 [J]. 地球物理学报, 26（增刊）: 620-627.

高美庆, 项静怡, 孔楠, 等. 1990. 第22太阳周地磁活动峰年值和时间的预估 [J]. 空间科学学报, 10: 241-246.

高美庆, JoAnn Joselyn, 高铭, 等. 1992. 磁暴的太阳源和中国日地物理预报中心 [C] // 1992年中国地球物理学会第八届学术年会论文集, 270.

高玉芬, 祁燕琴. 1981. 中国地区地磁垂直分量日变幅的分布及高空电流体系焦点位置的移动 [J]. 地震学报, 3（2）: 143-151.

龚绍京, 吴占峰. 1986. 唐山地震可能伴随的地电导率变化 [J]. 地震学报, 8（1）: 28-36.

顾春雷, 张毅, 徐如刚, 等. 2010. 地震前后岩石圈磁场变化特征分析 [J]. 地球物理学进展, 25（2）: 472-477.

顾春雷, 张毅, 顾左文, 等. 2012. 华北地震区岩石圈磁异常场零值线与中强震震中分布关系 [J]. 西北地震学报, 25（2）: 174-179.

顾子明, 詹闲律. 1964. 地磁目视记录仪准确度的提高 [J], 地球物理学报, 13: 24-28.

顾子明, 黄鹤龄. 1979. 磁通门磁力仪测量倾角的方位误差 [J], 地球物理学报, 22（1）: 84-87.

顾左文, 范国华, 姚同起, 等. 1994. 长江三角洲地区地磁短周期变化异常的描述及解释 [J]. 地球物理学报, 37（6）: 66-77.

顾左文, 安振昌, 高金田, 等. 2004. 京津冀地区地磁场球冠谐分析 [J]. 地球物理学报, 47（6）: 61-66.

顾左文, 陈斌, 高金田, 等. 2009. 应用NOC方法研究中国地区地磁时空变化 [J]. 地球物理学报, 52（10）: 2602-2612.

郭佑民. 1984. 耀斑, 200MHg射电爆发和地磁暴 [J]. 北京大学学报,（1）: 68-73.

国家地震局科技监测司. 1988. 地磁、地电分册 [G] // 地震监测与预报方法清理成果汇编. 北京: 地震出版社.

国家地震局科技监测司. 1990. 地震预报方法实用化研究文集: 地磁地电专辑 [C]. 北京: 学术书刊出版社.

郝锦绮, 黄平章, 张天中, 等. 1989. 岩石剩余磁化强度的应力效应 [J]. 地震学报, 11（4）: 381-391.

郝锦绮, 冯锐, 周建国, 等. 2002. 岩石剩余磁化强度的应力效应 [J]. 地震学报, 45（3）: 426-434.

胡岳仁. 1958. 太阳自转对地磁场的影响 [J]. 地球物理学报, 7（2）: 103-107.

胡岳仁. 1959. 太阳自转对地磁场的影响（二）[J]. 地球物理学报, 8（2）: 123-131.

黄源高. 1986. SDM型自动补偿数字显示磁力仪 [J]. 地学仪器, 5: 1-3.

蒋伯琴. 1960. 太阳耀斑与磁暴的关系 [J]. 地球物理学报, 9（1）: 38-46.

蒋和荣, 杨美华, 刘玉玲, 等. 1993. 1958年7月8日磁暴的电离层响应 [J]. 空间科学学报, 13（3）: 224-230.

蒋志. 1983. 核 - 幔差异运动与地磁场倒转 [J]. 科学通报,（1）: 50-53.

金惕若, 瞿清昌, 肖良照. 1982. He^{4}光泵梯度磁强计 [J], 地球物理学报, 25（1）: 87-91.

金惕若. 1988. 中国的弱磁基准 [J]. 地球物理学报, 31（6）: 713-715.

康国发, 白春华, 高国明. 2008. 地磁场长期变化和日长十年尺度变化的周期特征 [J]. 地球物理学报, 51（2）: 369-375.

康国发, 高国明, 白春华, 等. 2010. 中国及邻近地区CHAMP卫星磁异常的分布特征 [J]. 地球物理学报, 53（4）: 895-903.

孔祥儒, 张建军, 焦承民. 1993. 西南极菲尔德斯半岛长城站地区深部电性结构 [J]. 南极研究, 5（3）: 40-47.

孔祥儒, 张建军, 焦承民. 1994. 东南极中山站地区大地电磁测深研究 [J]. 南极研究, 6（4）: 33-36.

М.И.拉披娜. 1954. 地磁与地震现象 [J]. 章公亮, 译. 地球物理学报, 3（2）: 191-213.

李华梅, 安芷生, 王俊达. 1974. 午城黄土剖面古地磁研究的初步结果 [J]. 地球化学,（2）: 93-104.

李利斌, 吴振华, 王炳康. 1996. 武昌地区急始型磁暴期间电离层电子总含量的变化 [J]. 空间科学学报,

16（2）：133-139.

李普，钱方，马醒华，等. 1976. 用古地磁方法对元谋人化石年代的初步研究［J］. 中国科学，1976（6）：579-591.

李琪，林云芳，曾小苹. 2006. 应用小波变换提取张北地震的震磁效应［J］. 地球物理学报，49（3）：253-261.

厉凯，徐文耀，朱岗崐. 1986. 地核半径及核面无通量线上流速的确定［J］. 地球物理学报，29（2）：117-123.

林云芳，曾小苹，贾国强. 1989. 中国南极长城站的地磁现象及其初步分析［J］. 地球物理学报，32（4）：457-464.

刘传薪. 1961. 日冕绿区与地磁扰动间的某些问题［J］. 地球物理学报，10（1）：17-26.

刘椿，朱日祥，郑祥身，等. 1991. 西南极乔治王岛菲尔德斯半岛白垩纪晚期和第三纪早期火山岩的古地磁学及其大地构造意义［J］. 南极研究（地质专刊），3（2）：136-143.

刘东生. 1985. 黄土与环境［M］. 北京：科学出版社.

刘庆龄. 1948. 1940—1942年中国地磁调查的初期报告结果［J］，地球物理学报，1（1）：78-87.

刘庆龄，黄鹤龄，徐元芳. 1961. 磁棒的温度系数和感应系数的测定［J］，地球物理学报，10：126-131.

刘士杰，卢军，马连元，等. 1990. CTM-302型三分量高分辨率磁通门磁力仪的研制和应用［J］. 地球物理学报，33（5）：566-576.

刘长发，黄鹤龄，安振昌，王月华. 1981. 一九八〇年二月十六日云南日全食地磁效应的分析［J］. 地球物理学报，24（3）：269-278.

刘长发. 1986. 巴布亚新几内亚日全食的地磁场效应［J］. 地球物理学报，29（6）：631-635.

刘长发. 1990. 我所地磁学科的发展与地磁台链的建设［C］// 地球物理研究所四十年编委会，地球物理研究所四十年. 北京：地震出版社，38-40.

刘长发，刘春节，焦承民，等. 1995. 南极中山站1991年地磁静日Sq变化［J］. 南极研究，7（3）：82-88.

刘长发，刘春节，杨友华，等. 1996. 南极中山站与北京地磁中心台1991年3月24日磁暴的变化特征［J］. 南极研究，8（1）：54-58.

刘振兴，濮祖荫. 1964. 磁暴期间外辐射带结构的变化［J］. 地球物理学报，13（3）：189-200.

刘祖滨等. 1982. 地磁场极性变化与古磁层研究［J］. 地球物理学报. 25（增刊）：685-695.

刘祖滨，史美光，仇艾夫，等. 1990. 磁场处理对玉米发育和产量的影响［C］//1990年中国地球物理学会第六届学术年会论文集，441.

刘祖滨，仇艾夫，李东节，等. 1992. 大宗作物种籽磁性的基础实验研究［C］//1992年中国地球物理学会第八届学术年会论文集，249.

龙海丽，郝锦绮. 2005. 自电位层析成像的理论与实验研究［J］. 地球物理学报，48（6）：1343-1349.

马石庄. 1993. 旋转分层导电流体的双扩散磁流体动力学不稳定性［J］. 地球物理学报，36：579-568.

毛双星，唐光后. 1989. 地球物理勘探仪器的回顾和展望［J］. 地学仪器，1：10-16.

倪喆，陈双贵，袁洁浩，等. 2014. 芦山7.0级地震前后岩石圈地磁变化异常研究［J］. 地震研究，37（1）：61-65.

聂华山. 1989. 中国地磁矢量测量实用标准的建立［J］. 地球物理学报，32（3）：347-350.

潘永信，邓成龙，刘青松，等. 2004. 趋磁细菌磁小体的生物矿化作用和磁学性质研究进展［J］. 科学通报，49（24）：2505-2510.

潘永信，朱日祥. 2011. 生物地球物理学的产生与研究进展［J］. 科学通报，56（17）：1335-1344.

彭丰林，朱岗崐. 1988. 中国地区地磁异常静日（AQD）的初步分析［J］. 地球物理学报，31（3）：249-256.

濮祖荫，李文艺. 1964. 磁暴主相期间外辐射带结构的变化［J］. 地球物理学报，13（2）：91-105.

祁贵仲. 1975. 局部地区地磁日变分析方法及中国地区Sg场的经度效应［J］. 地球物理学报，18（2）：

104–117.

祁贵仲. 1978. "膨胀"磁效应 [J]. 地球物理学报, 21 (1)：18–33.

祁贵仲, 詹志佳, 侯作申, 等. 1981. 渤海地区地磁短周期变化异常、上地幔高导层的分布及其与唐山地震的关系 [J]. 中国科学 (A辑), 7 (7)：869–879.

祁燕琴, 高玉芬, 冯忠孝, 等. 1984. 1979–1980 年中国地区地磁日变场幅度的空间分布及逐日变化 [J]. 空间科学学报, 4 (3)：222–231.

秦国泰, 孙丽琳, 李宏. 1999. 在强地磁活动期间热层大气成分和密度的变化 [J]. 空间科学学报, 19 (2)：141–147.

秦馨菱. 1957. 质子旋进磁力仪 [J]. 地球物理勘探, 1 (1)：1–5.

任国泰. 1981. 关于东亚大陆磁场的研究 [J]. 地球物理学报, 24 (4)：404–414.

任国泰, 阎雅芬. 1985. 关于福建及邻近地区地壳深部场源磁异常的研究 [J]. 地球物理学报, 28 (6).

任国泰, 阎雅芬. 1987. 攀西及邻近地区地磁区域场特征与地壳结构的关系 [J]. 地球物理学报, 30 (6).

任熙宪, 祁贵仲, 詹志佳. 1984. 唐山地震前后北京地区地磁场总强度的变化 [J]. 地震学报, 6 (3)：271–286.

师恩琦. 1983. 第 19、20、21 太阳周中地磁活动特点及其与太阳活动的关系 [J]. 地球物理学报, 26 (增刊)：610–619.

师恩琦, 郑体容, 徐文耀. 1990. 峰年联测期间的地磁活动预报 [J]. 云南天文台台刊, 专集 3：318.

师恩琦, 陈耿雄, 郑体容. 1994. 长寿命太阳活动事件与地磁活动重现 [J]. 地球物理学进展, 9 (增刊)：100–107.

史美光, 仇艾夫, 杨友华, 等. 1984. 大型弱磁空间的研制报告 [C] // 中国地球物理学会第一次全国地磁学术讨论会文摘, 48.

沈宗丕, 许道一. 1996. 磁暴月相二倍法对应全球 ≥ 7.5 大地震的效果分析 [C] //1996 年中国地球物理学会第十二届学术年会论文集, 294.

孙枋友. 1963. 我国各地磁台 QHM 比测 [C] // 中国地球物理学会一九六三年学术会议论文集. 北京：科学出版社, 237–238.

孙炜, 王鼎益. 1981. 北京地区 Pi2 型地磁脉动的初步分析 [J]. 地球物理学报, 24 (2)：136–143.

孙炜. 1986. 磁层亚暴期间高纬地区三维电流体系 [J]. 地球物理学报, 29 (4)：407–418.

索玉成, 刘培静, 史彩芝, 等. 1981. 海南地区电离层骚扰的某些特征 [J]. 地球物理学报, 24 (1)：19–25.

田福生. 1988. HZXC-86A 型高灵敏度质子旋进磁力仪的研制 [J]. 航空物探技术, 1 (1)：1–6.

涂传诒. 1983. 中纬电离层暴负相的开始时间与磁暴主相开始时间的对应关系及其理论模式 [J]. 空间科学学报, 3 (1)：36–43.

王德驹, 陈斯文, 周国成. 1999. 用地磁脉动的日食效应探讨甚低纬区 Pc 3–4 地磁脉动源 [J]. 地球物理学报, 42 (4)：460–464.

王劲东, 赵华, 周斌, 等. 2009. 火星空间环境磁场探测研究——"萤火1号"磁强计的研制与应用 [J]. 物理, 38 (11)：782–795.

王劲松, 肖佐. 1994. 中纬电离层负相暴开始时间与磁暴主相开始时间的对应关系 [J]. 空间科学学报, 14 (3)：191–197.

王卫国, 郭昌, 秦方. 1988. 东亚中纬度地区臭氧变化与磁暴关系探讨 [J]. 云南大学学报, 10 (1)：69–76.

王月华. 1992. MAGSAT 卫星矢量磁异常的矩谐分析 [J]. 地球物理学报, 35 (5)：655–660.

王月华, 安振昌, Golovkov V P, 等. 1999. 东亚地区地磁场的理论分析与矩谐模型 [J]. 地球物理学报, 42 (5)：640–647.

王月华. 2002. 1985—1997 年中国地磁场长期变化的正交模型. [J]. 地球物理学报, 45 (5)：624–630.

吴健，索玉成，权坤海. 1998. 地磁活动对电离层 fOF2 月中值的影响与国际参考电离层误差［J］. 空间科学学报，18（1）：32–38.

吴文京. 1984. 关于地磁球谐分析方法应用于局部地区的问题［J］. 科学通报，29（16）：999.

吴文京. 1985. 地磁球谐分析的唯一性问题及 Backus 效应的一种解释［J］. 科学通报，30（2）：131–136.

夏国辉，郑双良，吴莉兰，等. 1988. 1980 年代中国地磁正常场图及其数学模式［J］. 地球物理学报，31（1）：82–89.

夏国辉，里弼东，张凤玉，等. 1994. 中国附近海域地磁偏角图及其数学模式（1990. 0）［J］. 测绘学报，23（1）：23–28.

谢榴香，都亨. 1985. 行星际磁场扇形边界与地磁扰动［J］. 空间科学学报，5（3）：209–213.

徐宝连，孙炜，杨少峰，等. 1987. 中国南极长城站地磁脉动记录的分析［J］. 地球物理学报，30（1）：1–9.

徐荣栏，周国成. 1963. 带电粒子在磁场中的运动区及其模型实验［J］. 地球物理学报，12（2）：121–130.

徐世浙. 1979. 关于磁效应和膨胀磁效应［J］. 地震学报，1：76–81.

徐文耀，祁骙，王仕明. 1978. 甘肃省东部地区短周期地磁变化异常及其与地震的关系［J］. 地球物理学报，21（3）：218–224.

徐文耀，朱岗崑，松下祯见. 1983. 分层电离层模型中的 L 电流体下［J］. 地球物理学报，26（6）：503–514.

徐文耀，朱岗崑. 1984. 我国及邻近地区地磁场的矩谐分析［J］. 地球物理学报，27：511–522.

徐文耀. 1984. 磁扰日的 L 电流体系［J］. 地球物理学报，27（4）：323–337.

徐文耀，师恩琦. 1987. 行星际磁场扇形结构对中低纬地磁场的影响［J］. 地球物理学报. 30（3）：226–235.

徐文耀，张满莲，林云芳，等. 1990. 中低纬度区变化地磁场的结构分析［J］. 地球物理学报，33（1）：12–21.

徐文耀，魏自刚，马石庄. 2000. 20 世纪地磁场的剧烈变化［J］. 科学通报，45（14）：1563–1566.

徐文耀. 2002. 地球主磁场的 NOC 模型［J］. 中国科学：D 辑 地球科学，32（7）：576–587.

徐元芳，安振昌，V. P. Golovkov，等. 1994. 近 30 年来东亚地区地磁长期变化分析［J］. 地球物理学报，37（增刊）：287–295.

徐元芳，安振昌，黄宝春，等. 2000. 亚洲地区视磁化强区分布［J］. 中国科学（D 辑），30（4）：388–392.

严大华. 1980，磁暴短周期感应场和佘山地区地幔电导率［J］. 地球物理学报，23：396–402.

杨鉴初. 1961. 大磁暴后我国温度的变化［J］. 地球物理学报. 10（2）：101–111.

杨少峰，孙炜，徐宝连. 1989. 北京地区 Pc3 地磁脉动的偏振特征［J］. 地球物理学报，32（1）：13–19.

杨少峰，肖福辉. 1994. 南极长城站 Pi2 地磁脉动特征［J］. 地球物理学报，37（5）：580–585.

杨少峰，杜爱民，陈宝生. 1997. 南极长城站 Pi3 地磁脉动特征［J］. 地球物理学报，40（3）：311–316.

叶宗海，卢钦棠，宗秋刚. 1987. 宇宙线强度变化与磁扰 K 类型［J］. 空间科学学报，7（4）：306–311.

叶宗海，薛顺生. 1988. 地磁暴期间中低纬度地区大气臭氧含量的变化［J］. 空间科学学报，8（2）：150–158.

叶宗海，薛顺生. 1989. 在地磁暴期间大气气旋的变化［J］. 空间科学学报，9（1）：74–78.

叶宗海，孙小青. 1992. 宇宙线暴时增加及其特征［J］. 空间科学学报，12（4）：270–278.

詹志佳. 1981. 中美首次地磁观测合作及美国西部地磁台网的简况［J］. 国际地震动态，（2）：8–10.

詹志佳，姚富鑫，M Johnston，等. 1992a. 中美地磁总强度日变化的分析比较［J］. 地震学报，14（1）：83–89.

詹志佳，高金田，胡荣盛，等. 1992b. 地下核爆炸前后的地磁观测及其结果［J］. 地震学报，14（3）：351–355.

张景秀，刘长发，杜铁良，等. 1983. 磁扰期间地磁场日食效应的分析［J］. 空间科学学报，3（2）：152–

169.

张景秀，林夏，张川平. 1987. 1981 年 7 月 31 日漠河日食地磁脉动观测［G］//一九八一年七月三十一日中国漠河日食观测文集. 北京：科学出版社，20-25.

张平，焦承民，刘长发. 1991. 南极长城站地磁台的建设［J］. 南极研究，3（1）：59-62.

张平，刘春节，刘长发. 1995. MD-2 型磁变仪数据采集系统的研制［J］. 地球物理学报，38（5）：637-649.

张树礼. 1983. 不同类型扇形边界对地磁活动的影响［J］. 空间科学学报. 3（4）：300-304.

张文佑，A E M 纳恩. 1959. 中国岩石的一些古地磁研究［J］. 科学记录，3（1）：37-38

章公亮. 1962. 短论——太阳活动对地磁场影响的南北不对称性［J］. 地球物理学报，11（1）：92-94.

章公亮. 1964. 磁流体冲击波在非均匀磁场中的传播［J］. 地球物理学报，13（1）：1-10.

章公亮. 1984. 太阳耀斑引起的日球和地磁扰动［J］. 中国科学：A 辑，（3）：254-262.

章公亮，高玉芬，陆晨，等. 1986. 太阳活动极小时期地磁共转拟动的似稳结构——第 13 至 20 太阳周［J］. 中国科学：A 辑，（8）：882-888.

赵学溥，张树理. 1978. 146MHgC 型爆发与地磁暴［J］. 北京大学学报，（2）：87-91.

中国科学院地球物理研究所第十研究室第二组. 1977. 地震感应磁效应（一）［J］. 地球物理学报，20（1）：70-80.

中国科学院地球物理研究所第十研究室第一组. 1977. 地磁场的空间相关性及其在地震预报中的应用［J］. 地球物理学报，20（3）：169-184.

曾小苹，林云芳，续春荣. 1992. 地球磁场大面积短暂异常与灾害性天气相关初探［J］. 自然灾害学报，1（2）：59-65.

曾小苹，林云芳. 1994. aa 指数与 IMF 的关系［J］. 空间科学学报，14（3）：233-236.

曾小苹，林云芳，续春荣，等. 1998. 地磁方法预报灾害——联合国"地磁方法研讨会"专用教材［M］. 北京：联合国经济与社会事务署（纽约）和联合国开发计划署（北京），113.

曾小苹，刘正彦，林云芳，等. 2001. 幔羽现象与地震电磁流体效应的可能联系——电磁流体效应和屏幕电流模型［J］. 地学前缘，8（2）：253-258.

曾治权. 1996. 太阳活动、地磁场干扰因子与我国水旱灾害受灾面积的相关分析［J］. 中国减灾，6（4）：48-51.

周军成，周勋，程安龙，等. 1986. DCM-1 型数字地磁脉动观测系统［J］，地震学报，8（3）：317-320.

周晓燕，朱岗崑. 1994 重现性地磁活动的数值预报［J］. 空间科学学报，14：237-243.

周勋，安郁秀，郑沙樱. 1983. 环形芯磁通门磁力仪探头的灵敏度［J］. 地震地磁观测与研究，4（1）：83-88.

周勋，刘秀兰，金海强，等. 1995. 零磁空间及其在弱磁测量中的应用［C］//陈运泰. 地球与空间科学观测技术发展——庆贺秦馨菱院士八十寿辰. 北京：地震出版社，369-375.

周姚秀，鲁连仲，陈显尧，等. 1990. 西藏古地磁研究与初步探讨［J］//袁学诚，周姚秀，李立，等. 喜马拉雅岩石圈构造演化——西藏古地磁与大地电磁研究，中华人民共和国地质矿产部地质专报. 北京：地质出版社，7（6）：1-119.

朱岗崑. 1962. 关于太阳质子爆发的地球物理效应——研究 1959 年 7 月及 1960 年 11 月日地关系重大事件纪要［J］. 地球物理学报，11（2）：183-208.

朱岗崑. 2007. 关于国际极地年（IPY）与国际地球物理年（IGY）. 青藏高原地球物理研究的第一批重大成果和对几个重要科学问题的认识和思考［G］//中国地球物理学会. 辉煌的历程：中国地球物理学会 60 年. 北京：地震出版社，432-436.

朱日祥，杨振宇，吴汉宁，等. 1998. 中国主要地块显生宙古地磁视极移曲线与地块运动［J］. 中国科学：D 辑 地球科学，28（增刊）：1-16.

朱志文. 1981. 西藏高原古地磁及大陆漂移［J］. 地球物理学报，24（1）：40-49.

An Z C, Ma S Z, Tan D H, et al. 1992. A spherical cap harmonic model of the satellite magnetic anomaly field over China and adjacent areas [J]. J. Geomag. Geoelectr., 44: 243–252.

Cao C Q, Tian L X, Liu Q S, et al. 2010. Magnetic characterization of non–interacting, randomly oriented, nanometer–scale ferrimagnetic particles[J]. J. Geophys. Res. 115: B07103.

Chen P C.1948. A detailed geomagnetic survey of Pehpei District, Szechuan, China, Chinese J. Geophys (Acta Geophysica Sinica) (in Chinese), 1 (2): 177–186.

Cheng B, Ni Z, Yuan J, et al. 2016. Anomalous variations of Lithosphere magnetic field before several earthquakes. International 2016 EMSEV Workshop: Abstracts. Lanzhou, China, August 35–29: 183.

Gu Z, Zhan Z, Gao J, et al. 2006. Seismomagnetic research in Beijing and its adjacent area, China [J]. Physics and Chemistry of the Earth, 31 (4–9): 258–267.

Huang B C, Otofuji Y, Yang Z Y, et al. 2000. New Silurian and Devonian palaeomagnetic results from the Hexi Corridor terrene, Northwest China and their tectonic implications [J]. Geophys J Int, 140 (1): 132–146.

Jaw Jeou–jang. 1965. Some theoretical investigations and model experiments on the struture of radiation belts and its variation during a magnetic storm [J]. Scientia Sinica, 14 (11): 1646–1662.

Lin J L, Fuller M, Zhang W Y. 1985. Preliminary Phanerozoic polar wander paths for the North and South China blocks [J]. Nature, 313: 444–449.

Lin N G, Tschu K K. 1982. A study of geomagnetic storms at Beijing in terms of Solar Wind Planet [J]. Space Sci., 30 (7): 669–675.

Lin W, Jogler C, Schuler D, et al. 2011. Metagenomic analysis reveals unexpected subgenomic diversity of magnetotactic bacteria within the Phylum Nitrospirae [J]. Applied and Environmental Microbiology, 77 (1): 323–326.

Ma X H, Yang Z Y, Xing L S. 1993. The lower Cretaceous reference pole from the North China, and its tectonic implications [J]. Geophysical J Int, 115 (1): 323–331.

Pan Y X, Lin W, Li J, et al. 2009. Reduced efficiency of magnetotaxis in magnetotactic coccoid bacteria in higher than geomagnetic fields [J]. Biophys J.97 (4): 986–991.

Pan Y, Hill M, Zhu R, et al. 2004. Further evidence for low intensity of the geomagnetic field during the early Cretaceous time: using the modified Shaw method and microwave technique [J]. Geophysical Journal International, 157: 553–564.

Sun Z M, Yang Z Y, Pei J L, et al. 2005. Magnetostratigraphy of Paleogene sediments from northern Qaidam Basin, China: implications for tetonic uplift and block rotation in northern Tibetan Plateau [J]. Earth Planet Sci Lett, 237: 635–646.

Tian L X, Lin W, Zhang S Y, et al. 2010. Bat head contains soft magnetic particles: evidence from magnetism [J]. Bioelectromagnetics, 31 (7): 499–503.

Wang Y N, Pan Y X, Parsons S, et al. 2007. Bats respond to polarity of a magnetic field [J]. Proc. R. Soc. B. 274 (1627): 2901–2905.

Wei Q Y, Li D, Cao G, et al. 1982. Intensity of the geomagnetic field near Loyang, China between 500 BC and AD 1900 [J]. Nature, 296 (5859): 728–729.

Xu R L, Zhou G C, Zhao J Z. 1964. The allowed region of changed particles moving in a magneticy field [J]. Scientia Sinica, 13: 1835–1842.

Xu W Y, Xia G H, An Z C, et al. 2003. Magnetic survey and China GRF 2000 [J]. Earth Planet Space, 55 (4): 215–217.

Yang Z Y, Courtillot V, Besse J, et al. 1992. Jurassic paleomagnetic constraint on the collision of the North and South China blocks [J]. Geophys Res Lett, 19 (6): 577–580.

Yang Z, Sun Z, Otofuji Y, et al. 2002. Magnetostratigraphic Constraints on the Gondwanan Origin of North China: Cambrian/Ordovician boundary results [J]. Geophysical Journal International, 151: 1–10.

Zhan Z. 1989. Investigations of tectonomagnetic phenomena in China [J]. Physics of the Earth and Planetary Interiors, 57: 11–22.

Zhan Z, Gao J, Zhang H, et al. 1999. Seismomagnetic signals observed in China[M]//Hayakawa M(Ed.).Atmospheric and ionospheric Electromagnetic Phenomea Associated with Earthquakes, Terra Scientific Publishing Company, Tokyo, Japan. 185–196.

Zhan Z, Johnston M, Gu Z, et al. 2004. Seismomagnetic Observation and Research in Beijing Area, China [C] // Chen Y. 2004. Advances in Seismology and Physics of Earth's Interior in China. Beijing: Seismological Press, 146–159.

Zhang G L, Burlaga L F.1988. Magnetic clouds, geomagnetic disturbance and cosmic ray decreases [J]. J.Geophys. Res., 93 (A4): 2511–2518.

Zhao X X, Coe R S. 1987. Paleomagnetic constraints on the collision and rotation of North and South China [J]. Nature, 327: 141–144.

Zhu R X, Hoffman K A, Potts R, et al. 2001. Earliest presence of human in northeast Asia [J]. Nature, 2001, 413: 413–417.

Zhu R X, Laj C, Mazand A. 1994. The Matuyama–Bruhes and upper Jaramillo transitions recorded in a loess section at weinan, north central China [J]. Earth and Planetary Science Letter, 125: 143–158.

第三章
地球电磁学

地球电磁学（Earth Electromagnetics 或 Geo-Electromagnetics，简称 EM；又可称为电磁地球物理学，EM Geophysics）是地球物理学主要的分支学科之一，有着悠久的发展历史（Zhao et al，2015）。早在 17 世纪中叶就开始利用磁罗盘直接找磁铁矿，19 世纪末到 20 世纪逐步推广磁法找矿，并开始研究利用地磁测深法（GDS）研究地球深部模型，A Schuster（1889）、S Chapman 和 A Price（1930）利用周期由一天到数周周期的全球地磁观测资料，先后获得了两个不同的地球模型，一个模型认为地球是一个导电体（Schuster，1889），另一个则认为地球是由表层的绝缘覆盖层和下伏的电阻率为 $28\Omega \cdot m$ 或 $2.3\Omega \cdot m$ 均匀的导电球组成（Chapman，1919；Chapman and Price，1930）。由于 GDS 利用的资料周期长，对地下的敏感层位集中在中地幔的过渡带（400~610km）及其以下（Alan and Alan，2012）。

在同一时期，电法（电学地球物理，Electrical geophysics）作为油气和导电矿物勘探的实用工具，由斯伦贝谢（Schlumberger）兄弟在 20 世纪 20 年代早期提出，它是通过人工把电流输入到地下或诱发地下电流进行勘探，可以研究的地下结构尺度比 GDS 小得多，仅限于地壳最上层，但是发展很快。

鉴于 GDS 和电法对地球勘探范围之间存在巨大的间隙或空白，20 世纪中期将磁场和电场相结合，弥补和粘合这一巨大间隙，并同时观测电场和磁场的全新的大地电磁法（MT）（Rikitake，1948；Tihonov，1950；Louis，1953）诞生，从而使得地球电磁学获得革命性的发展（Alan and Alan，2012）。卡尼亚尔（Cagniard）在他的原创文章中，把 MT 写为 magneto-telluric，用 magneto 意喻磁场，用 telluric 意喻地下电场，彰显其是由电、磁结合并区别于之前方法的电磁学新方法。70 年代 magneto 和 telluric 之间的连线 "–" 就不再使用了，而直接写为 Magnetotelluric.

MT 既可高精度的探测地下电性的水平变化，也可探测其垂向即随着深度的变化。MT 之所以在过去几十年取得巨大进展，是基于：（1）低能耗、低成本的 24 位传感器和采集技术；（2）对观测中电磁噪声的认识并伴随着数据处理算法的革命性进步；（3）对实践中遇到的近表面局部畸变这一"祸害"的识别和剔除能力的提高；（4）计算机能力的提高伴随着二维、三维模型和反演技术的发展。在 70 年代 MT 观测一般是在少数测点观测并用一维模型解释，经平滑粘合成二维拟断面；到 1990 年沿着剖面在几十个测点进行测量已成为常事，通过 robust 数据处理获得可靠的响应函数并有效解释电流畸变现象，快速二维模型和反演也成为标准过程；到 2010 年可以进行区域的多条剖面数百个测点的观测，半自动化进行数据处理，使用干扰约束或多变量、多测点消除畸变，包括各向异性的二维解释等成为常用技术，三维反演模型的解释也已进入实用阶段（Alan and Alan，2012）。

由于 MT 和其他电磁法如人工源声频电磁法（CSAMT）、瞬变电磁法（TEM）等的诞生和快速发展，自 70 年代开始"地球电磁学"（Earth Electromagnetics）的称谓开始被广泛使用。狭义上，地球电磁学指以大地电磁为开端的交变电磁场（或扩散场范畴）的一类方法的研究和应用；广义上，它涵盖了传统的研究地下电性的电学地球物理、通过探测磁性进行勘探的磁法，以及一大类交变电磁场方法。此后，地球电磁学的研究和应用以超乎人们预料的速度得到飞速发展，包括人工源和天然源场源的各种电磁分支技术已发展到 30 种左右，探测地球的深度涵盖自地壳表面到地幔过渡带以下，成为地球物理学应用非常广泛的重要的科学领域，21 世纪初期"电磁地球物理学"（Electromagnetic Geophysics）称谓被广泛使用（Zhdanov，2010；赵国泽等，2012；Zhao et al，2015）。

中国自 20 世纪 30 年代开始推广应用电法、磁法找矿，在 50 年代后得到普遍应用。大地电磁法在 1966 年邢台地震后开始研究和应用，之后交变电磁场法作为地球电磁学中的主要一类方法得到迅速发展，至 20 世纪末、21 世纪初，中国成为世界上用电磁法进行油气、矿产勘探研究等应用最广的国家，被国际知名学者誉为"电磁勘探中心在中国"。在这期间，发表了关于电法、磁法、交变电磁场法研究和应用的大量论文、专著和教程。在电学方面，如傅良魁等《电法勘探》（上册）（1961）、傅良魁《电法勘探教程》（1983）、李金铭《地电场和电法勘探》（2004）；在磁学方面，如西安地质学院《磁法勘探》（1979）、何继善等《金属矿电法勘探》（1980）、北京大学、中国科学技术大学地球物理教研室《地磁学教程》（1986）、徐文耀《地磁学》（2003）；在电磁学方面，如国家地震局地质研究所大地电磁测深组、国家地震局兰州地震研究所大地电磁测深组《大地电磁测深》（1981）、石应骏等《大地电磁测深法》（1984）、刘国栋等《大地电磁测深研究》（1984a）、陈乐寿等《大地电磁测深法》（1990）、朴化荣《电磁测深法原理》（1990）、牛之琏《时间域电磁法原理》（1992）、刘国栋等《电磁方法研究与勘探》（1993a）、石昆法《可控源音频大地电磁法理论与应用》（1999）、王家映《地球物理反演理论》（2002）、徐文耀《地球电磁现象物理学》（2009）。

地球电磁学研究应用技术中，既有利用天然场源的，也有利用人工场源的，适于很宽的探测深度范围、各种不同的探测目标，以及从普查到精查的各种需求。并能够针对各种不同需求，开展单一电磁方法或者组合电磁方法的专门探测或联合探测，在油气勘探、金属和非金属矿探查、地下水和地热探测、工程和环境勘查、地壳和上地幔结构与动力学探测研究，以及地震、火山等灾害引起的电磁异常监测等方面取得了许多重要成果。本章在介绍地球电磁学的物理基础以及不同类型物理场源研究应用的基础上（第一节），分浅层电磁勘探（第二节）、深部电磁探测（第三节）、地震电磁监测（第四节）和海洋、航空电磁探测（第五节）分别介绍地球电磁学的发展历史。

第一节　地球电磁学的形成

地球电磁学是基于传统的磁法、电法和电磁法而发展起来的，是地球物理学中最具活力的分支学科之一，而且具有既能探测地下目标体又能观测空间环境的特点（赵国泽等，2009a）。地球电磁学具有完备和自洽的理论体系，其物理基础是麦克斯韦电磁场理论。当不考虑电、磁场随时间变化的性质时（如直流电法DC），由麦克斯韦方程组导出的赫姆霍兹方程简化为位场方程；当在绝缘介质或者相对很高频率范围时（如探地雷达法GPR），赫姆霍兹方程简化为波动方程；把地球视为具有一定的导电性，在很宽的信号频率范围情况下（如大地电磁MT），赫姆霍兹方程简化为扩散方程，所有各种不同的分支探测技术分属于位场、波动场和扩散场理论范畴（Zhdanov，2010；赵国泽等，2012）。

一、位场方法的发展

以位场为基础的电法勘探可以追溯到19世纪初福克斯（P. Fox）在硫化金属矿上发现的自然电场现象。它是基于欧姆定律，通过向大地输送电流，在地面测量两点间的电位，研究地下的电阻率和极化特征等，达到探测地下构造和矿床的目的。中国电法勘探始于20世纪30年代，由当时北平研究院物理研究所的顾功叙开创，采用的仪器是自制的电位计和英制Magger电阻率仪。从1939年到1946年，顾功叙、王子昌携张鸿吉、胡岳仁等先后在安徽当涂、马鞍山，贵州水城、赫章，云南东川汤丹、落雪、个旧、昭通、会泽、易门等地的一些铁矿、硫化金属矿床、锡矿、褐炭矿等矿区进行过自然电场法、电阻率剖面法和电测深法，取得了一些试验和实际效果。新中国成立后，顾功叙、傅承义、翁文波、秦馨菱、孟尔盛等中国地球物理先驱们主持培训了一批地球物理技术骨干，为中国物探事业的发展（包括电法）奠定了基础，建立了物探专业队伍，一门新兴、先进的勘查地球物理学，投入了国家大规模经济建设的行列。至今，电法已经成为包括多种勘探手段的有效的研究应用领域（傅良魁等，1961；张赛珍等，1994）。

以位场理论为基础的磁法勘探是一种古老的勘探方法，自17世纪中叶开始瑞典人利用磁罗盘直接找磁铁矿，到20世纪初已经发展成可用于找矿、研究地质构造和地质填图等。它是基于地下岩石、矿物的磁性差异，在地面、空中（航空磁测）和海洋（海洋磁测）等测量磁场异常，以达到探测地下构造和矿床勘探等目的。中国于1936年在攀枝花、易门、水城等地开始了试验性的磁法勘探，至今磁法广泛用于地面、航空和海洋的勘探（西安地质学院，1979；申宁华，1989）。

二、波动场方法的发展

以波动场理论为基础的勘探方法中探地雷达最具有代表性，其中位移电流起主导作用，数据处理方法可借鉴地震反射资料处理方法。20 世纪初国外提出了探地雷达的概念，探测相对高导电性构造。中国在 20 世纪 60 年代开始研制仪器，80—90 年代通过引进仪器得到快速发展，在工程、灾害地质和考古等方面得到推广应用（李大心，1994）。

三、扩散场方法的发展

以交变电磁场为主的电磁方法的理论基础是扩散场理论，其主要是以电磁感应原理为基础探测地下构造、石油、矿产，以及地热、水文、工程和环境等需要的勘探目的。扩散电磁场方法吸收了先前发展起来的以位场为理论基础的电法、磁法的优点，弥补了它们的不足，成为涉及方法技术最多、应用最广的地球物理学分支。

交变电磁场方法的诞生和发展以 20 世纪 40—50 年代初提出的大地电磁法（MT）为标志（Rikitake，1948；Tikhonov A N，1950；Cagniard L，1953）。大地电磁法的诞生，不仅开创了交变电磁场方法发展的历史，而且推动地球电磁学研究和应用进入到新的历史发展阶段。大地电磁法同时测量随时间变化的电场和磁场，基于电磁场在地下的传播和感应作用探测地下构造。它不受高阻层屏蔽，探测深度大，利用天然场源，成本低。它的提出和发展不仅大大扩展了电磁法的应用领域，而且催生了此后众多其他的电磁方法，其观测频率范围可以从很高的频率（如 RMT 法）到很低的频率（如 Network-MT），探测深度可从地面到数百千米深。

中国自 20 世纪 60 年代开始研究发展大地电磁法，并从研究强震区深部结构为主，发展为包括深部结构探测、油气构造探查、矿床和地热资源勘探、地震和火山监测等多种应用领域的主要地球物理方法。各种人工源交变场电磁法，如 20 世纪 70 年代诞生的 CSAMT 法（可控源声频大地电磁法，Controlled Source Audio-Frequency Magnetotelluric）、TEM 法（瞬变电磁法，Transient Electromagnetic），以及 21 世纪初提出的 CSELF 法（人工源极低频电磁法，Control Source Extremely Low Frequency）等的诞生和发展，更进一步提高了探测精度和应用效果，至今发展成包括利用天然源和人工源的 20 多种交变电磁场方法（Zhao et al，2015）。

四、地球电磁学的应用

至 21 世纪初，国际上数十种电磁法的绝大多数在中国得到研究应用，有的方法还是中国自主研发的。电磁学方法的应用，涉及人类活动或社会经济发展的几乎所有方面，探测深度从地表到地下近 100km。较浅层的勘探包括：探查地下管线、铁路（公路）路基、桥梁（大坝）基础、隧道地质构造、核废料分布；较深层的勘探包括：勘探金属矿和非金属矿、地下水、地热田、煤田、油气田等；深部探测包括：地壳上地幔直至地幔过渡带的结构，也包括活动构造区（断裂构造）以及潜在的地震、火山活动区的深部构造等。通过监测地下电性的变化或者空间电磁场的变化，可进行地震等自然灾害的监测预测以及环境监测；在海洋探测方面，可用于资源勘探和深部结构探测（赵国泽等，2009a）。

到21世纪。几乎所有已开采或即将开采的较大型金属矿区都采用了电磁勘探，电磁法是矿产资源的首选勘探方法之一。中国在寻找大型水源地、地热以及水利基础探查方面取得良好效果，是地下水、热勘探的最佳方法。中国所有的大型油气田，都进行了电磁法勘探，是世界上电磁勘探工作量最多的国家。

电磁法在中国大陆深部结构研究中占有重要地位，在有重要研究意义的地区都开展了深部电磁探测。20世纪80年代基于电磁探测，最早提出了中国岩石层厚度的分布图像（刘国栋，1994）。90年代以来，中国在青藏高原及其周边地区的大地电磁探测结果，引起国内外专家的关注（Chen et al，1996；Wei et al，2001）。赵国泽等提出，在地块内部的地壳具有成层性结构，而在构造活动区或造山带地壳结构呈现高阻体和低阻带相互交织的特点（赵国泽等，2008）。

20世纪50年代末，中国就开始进行地震灾害的监测预测研究，经过几代人的努力，利用电磁法已经可以给出某些强地震前物理上可解释的异常现象（张云琳等，1994；钱复业等，2009；Zhao，2009）。中国电磁地球物理学的研究、发展和应用得到国际同行的普遍认可，世界著名的大地电磁专家沃泽夫（K. Vozoff）曾说"电磁探测中心在中国"（王家映，2006）。

自1984年11月26日到12月2日举行的第一次地球电磁感应学术会议到至21世纪初，共举行了12届大规模地球电磁学术研讨会，前两届为全国性的，从1994年的第三届会议开始，每届会议都吸引国际知名专家参加，后更名为"中国国际地球电磁学术研讨会"。2003年在中国地球物理学会的支持下，成立了"地球电磁专业委员会"，建立了网站（中国地球物理学会地球电磁专业委员会，2011）。2008年在北京举办了盛况空前的第19届国际地球电磁感应学术研讨会，来自五大洲43个国家和地区的注册专家、学者达480多人，会议报告和展示论文近400篇，是往届最大规模研讨会，参会人数和论文数约为以往的2倍，2010年3月分别在 *Surveys in Geophysics* 和《地球物理学报》出版论文专辑，在国际上产生重要影响（Korja et al，2010）。

第二节　浅层电磁勘探

一、浅层电磁勘探方法的发展

（一）电阻率法

电阻率法又称垂向电测深法（包括电剖面法和电测深法等），是最早也是最常用的电法之一。1950 年在新疆组建了中国第一支电法队，之后在新疆、四川和甘肃等地区开展工作。20 世纪 60 年代，石油电法队伍达到 56 支之多，在环渤海湾盆地的山东济阳、河北冀中拗陷进行联片垂向电测深普查，为发现胜利油田和华北油田提供了重要资料。70 年代末到 80 年代初，在二连盆地的普查成果至今依然对地震部署具有指导作用。

20 世纪 50 年代至 70 年代，电阻率法仪器主要是仿苏联的 ЭPC–23 电法仪，数据的定量解释主要采用手工计算和量板，曾编制出版电测深理论曲线册（交通部第四铁路工程局等，1974）。70 年代到 80 年代中期，国产 DDC–A、DDC–2A 和 DDC–2B 小型电法仪和苏制 ЭП–5 型车载电法仪成为主流设备。60 年代初，通过物理模拟手段以及各种解析和数值计算手段，提出了对二、三维地形影响进行校正的多种方法。70 年代以后，数字处理解释得到较快发展，各种正演和反演算法得到研究和应用（罗延钟等，1987）。

20 世纪 90 年代后，数百道电阻率测量仪器出现，高密度电阻率法或称电阻率 CT 成像技术得到应用。到 21 世纪初，已有 20 多个单位先后研制生产了微机化的电位仪、电阻率仪、高密度电阻率仪，基本实现了电测深仪的国产化。

（二）激发极化法

激发极化法（IP）是中国应用领域最广的电法之一，并且演变出时域激电法、频域激电法、双频激电法、频谱激电法、磁激发极化、天然源激发极化和高密度激发极化法等多种分支技术（李金铭，2004）。激发极化法在地下水、金属矿床勘探等方面得到广泛应用并成为主要勘探手段，在油气勘探中成为识别油水边界的有效方法。

1957 年，在苏联专家帮助下开始了激发极化法的研究。20 世纪 60 年代中期至 70 年代初，自主发展了双向短脉冲及短导线工作方法技术，引进了频域激电方法技术，其中提出的双频激电法是对变频法的重要发展（何继善，2006）。1983 年，中国第一台微机化激发极化法接收机问世。20 世纪 80 年代开始了频谱激电法（SIP）或称复电阻率法（CR）的理论研究和应用，同时提出伪随机三频激电法的研究和应用。1998 年第一次由美国勘探地球物理协会（SEG）出版了中国学者罗延钟等的频谱激电法专著（Luo et al，1998）。目前，时域激电仪、频域激电仪等达数十种。其中频域激电仪已发展出伪随机三频及多频、多频相位激电的仪器。

（三）充电法

20 世纪 50 年代初，充电法开始在中国得到应用。50 年代后期中国物探工作者开始应用充电法测定地下水流向流速的试验。20 世纪 70 年代末出版了专著。20 世纪 80 年代以来，提出把充电法用于油井裂缝展布方位及注水流向的测定，研制生产了专用仪器，充电法在地下管线探测工作中也起到了重要作用（何裕盛等，1978）。

（四）自然电场法

自然电场法（也称自然电位法、氧化还原电位法，简称自电法，SP）是应用最早的电法之一。20 世纪 50 年代初，它与电阻率法及磁法一并被称为金属矿物探工作的"三大法宝"。除用于良导电性金属矿和石墨矿外，还用于探测浸染状硫化金属矿和地下煤层自燃现象。60 年代初，基于过滤电场原理，开展了自然电位环形观测法研究潜水流向和地下水沉降漏斗等工作。80 年代初，引进了可用于直接预测烃类赋存及其远景的氧化还原电位法，提出了燃料电池理论假设，对采集技术进行了改进，提高了对弱异常的测量精度（李金铭，2004）。

（五）大地电磁测深法及其发展

1956—1958 年，对大地电流法仪器 ЭПO–4 进行改装，应用于很多探区。60 年代，中国引入大地电磁法（MT）。1979 年，刘国栋等牵头，国家地震局、石油部、北京地质学院等共同参与，开展了大地电磁方法、仪器研制和大地电磁数据处理方法研究，研制出"SD–1 型数字大地电磁仪"（国家地震局地质研究所大地电磁测深组，1981），并于1985 年获国家科技进步奖二等奖。进而，石油物探局将之改进为 SD–2 型数字大地电磁仪。1979 年，国家地震局刘国栋等举办了中国首届大地电磁短训班，编写了中国第一本系统讲授大地电磁法的《大地电磁测深法教程》（石应骏等，1984）。原地质矿产部邀请刘国栋等举办了大地电磁学习班，陈乐寿等开设了关于大地电磁的研究生课程。之后相继出版专著《大地电磁测深研究》（刘国栋等，1984a）、《大地电磁测深法》（陈乐寿等，1990），全面系统地阐述了当时国内外的大地电磁方法、数据处理和反演解释，对中国的大地电磁测深法推广起到了指导作用。

在石油勘探中，20 世纪 90 年代初，大地电磁取代垂向电测深成为含油气盆地结构探测的首选方法，在普查盆地基底结构、沉积层展布、盆山接触关系等方面发挥了重要作用（王家映，2006）。石油物探局地调五处与中国地质大学（武汉）等院校合作对电磁阵列剖面法（EMAP）进行了研究，提出了针对山地勘探的采集方法和相应的资料处理解释方法（何展翔等，2001a），命名为中国连续电磁剖面法（CEMP），形成了一套比较规范的勘探方法，在国内和国外的勘探中得到应用，平均每年实施约3000~10 000km 长剖面的油气勘探工作。21 世纪初，提出的三维小面元多道阵列式采集方式，实现了三维正反演模拟，每年三维电磁勘探面积平均达 500 km^2（何展翔，2001a）。

此外，20 世纪 70 年代中期，引进的频率在数赫兹到数千赫兹的地面甚低频法技术和 90 年代引进的频率在 0.1~10 kHz 的声频大地电磁测深法（AMT）得到研究和应用。与大地电磁法相比，这两类方法勘探深度较浅、采集时间短、效率高、设备轻便、成本低，被广泛地用于地质及构造填图、金属矿产与地下水勘查、地质灾害调查及考古调查等。

（六）可控源声频大地电磁法

20 世纪 70 年代引进的可控源声频大地电磁法（CSAMT）（石昆法，1999）是目前应用最多的可控源电磁测深法之一。80 年代之后，在油气、煤炭、地下水、金属非金属矿产勘查及基础地质调查等方面，进行了广泛的研究和应用。

1985 年，石油物探局地调五处引进 GDP12 电磁探测仪在贵州安顺开展 CSAMT 应用于油气勘探的试验；1987 年，何继善等利用从美国进口的 GDP16 开展了 CSAMT 法金属矿勘探；1991 年，赵国泽等利用从德国进口的 MMS-05 电磁仪，在广东三水盆地用 CSAMT 进行油气勘探；1987 年，西安煤炭研究所等用天然源频率测深方法，在煤田勘探等领域推广应用。随后在中国大多数较浅层的含油气盆地开展了 CSAMT 油气勘探，并发展了大功率 CSAMT 设备，开展了理论和方法技术研究。目前，视电阻率、三维静校正、二维至三维正反演等都取得了进步（阮百尧等，2005）。

在 CSAMT 仪器从加拿大等进口的同时，国内也一直在研发自己的仪器（林品荣，2006；何展翔，2011b）。

迄今，大地电磁仪器设备主要靠国外进口，美国、加拿大、德国的公司垄断了中国市场。其先进的制造技术对中国进行封锁。"十二五"期间，中国地质科学院董树义为首席科学家的"深部探测技术与实验研究"专项（SinoProbe）得到国家 5 年 12 亿资金的支持，其中 30% 经费用于支持核心设备研制。地面电磁探测系统（SEP）是关键设备之一，由中国科学院地质与地球物理研究所底青云主持研发。北京工业大学、中国地质大学（北京）、北京中色物探有限公司等单位参与其中。SEP 包括发射、接收、采集质量监控、软件和综合集成等 5 个分系统。SEP 各分系统及总系统经过实验室考核实验、野外实验考核以及与加拿大凤凰公司、美国地球物理勘探公司同类先进设备对比试验，表明 SEP 系统已基本赶上国外同类先进设备水平，达到了工程化试验要求。

（七）瞬变电磁法

中国瞬变电磁法（TEM）起步于 20 世纪 70 年代。1987 年，由刘国栋牵头与德国科隆大学等合作，在河北唐山地震区和大港油田等地开展了电性源的长偏移距瞬变电磁法（也称建场法，LOTEM）探测（刘国栋等，1993b）。90 年代中国地质科学院地球物理地球化学勘查研究所的 WDC-1.西安地质学院及中南大学的 SD-1 智能化瞬变电磁仪器系统问世。1991 年，石油物探局成立了中苏合作队，在陕西靖边地区开展了建场法试验，并于 1992 年从俄罗斯引进固定源建场测深电法仪 Ц Э C-3 型，装备了 1 个建场测深电法队。吉林大学等研制了 GPS 信号同步的 ATEM-Ⅱ型仪器（嵇艳鞠等，2003）。瞬变电磁仪国产化程度较高，大功率建场法成为油气勘探中识别目标体的有效方法。很多单位也开展了理论基础及方法技术研究，牛之琏（1992）的《时间域电磁法原理》专著，产生了较大影响。朴化荣（1990）、蒋邦远（2000）、张赛珍（张赛珍等，1994）、李貅（2002）等也分别介绍了相关方法。

多道编码源瞬变电磁法（MTEM）是国外研发的新方法，可用于陆上、海上油气探中油气水的辨识，和地震勘探相配合，可以大大提高油气探测的成功率。"十二五"期间，中国科学院地质与地球物理研究所朱日祥、底青云牵头承担了"深部资源区探测核心设备研发"专项，开展了 MTEM 的研究，基本赶上了国外 MTEM 方法、技术和陆上仪器设备的水平（参见本书第四篇第十章第一节）。

（八）探地雷达

探地雷达（GPR）也称地质雷达。中国在 20 世纪 60 年代末 70 年代初就有地质、煤炭等部门进行了有关研究和实验。1990 年开始引进探地雷达系统，此后在中国的应用迅速扩大。到 21 世纪初，中国投入水文、工程、环境勘查工作的探地雷达系统已达 100 余套。

（九）其他电磁勘探新技术

21 世纪以来，中国电磁法勘探技术得到了新的发展，一批具有自主知识产权的电磁勘探技术产生。何继善提出了广域电磁法和伪随机信号电法（何继善，2010），何展翔等在固定源建场测深法理论基础上，提出了两分量多参数时间域 – 频率域电磁测深法（简称时频电磁法，TFEM），勘探结果经钻探验证吻合率达到 75% 以上。井地时频电磁法油水识别方面的成功应用受到国内外关注（He et al，2010）。

"十二五"期间，国家基础工程极低频探地工程项目（WEM）是世界上首个极低频探地电磁探测用于资源探测和地震预测的工程项目。该项目和何继善的伪随机信号源广域电磁法一样，使中国在电磁勘探领域实现从跟路追赶国际水平向自主知识创新发展的转变（参见本书第四篇第十一章第一节）。

二、浅层勘探应用

（一）金属及非金属矿产勘查

20 世纪 50 年代初，由顾功叙指导在吉林石嘴子铜矿开展的自然电场法工作是新中国成立后第一个金属矿电法勘探项目。主要采用自然电场法、电阻率法、充电法和等电位线法等。50 年代末，激发极化法开始推广应用，使浸染状有色金属矿体也成为电法的有效勘查对象。60 年代初到 80 年代初，中国从事金属非金属矿产勘查的电法队伍估计达 100~150 个班组。到 21 世纪初，几乎所用电磁法都已经应用于金属及非金属矿产勘查，成为常规技术（李金铭，2004；何继善，1980）。

（二）地下水（含地下热水）勘查

电磁法是勘查地下水的主要方法，从 20 世纪 50 年代末开始，中国北方地区开展了大规模电法农业找水的应用，有些省区还建立了专门的电测队伍。早期主要使用直流电阻率剖面法和测深法，70 年代激发极化找水方法也得到应用。而后其他电磁法被普遍使用。到 21 世纪初，中国已找到的大中型水源地近 1000 个，其中大型以上的近 500 个，约 70% 的水源地已开采利用。

20 世纪 50 年代末，电阻率法就开始应用于地热勘查。80 年代以来大地电磁法和可控源声频大地电磁法等在勘查地下热水方面颇受青睐。到 21 世纪初，中国已在 20 多个省市区开展了勘查地热田的电法工作，并取得良好效果（孔祥儒等，1991；白登海等，1994）。其中，西藏羊八井等多个地区的效果很好。

（三）工程地质勘查

中国早期的工程电法主要是围绕水库、隧道、路基等进行，1950 年在官厅水库的工程地质勘查中使用的是电阻率法。20 世纪 80 年代以来，随着中国工业和城市建设的迅猛发展，工程勘查的领域也在不断扩大，要求不断提高。高密度电阻率法、探地雷达和其他电磁法已成为铁道、公路、桥梁、水坝、核电站、地铁、高层建筑、地下管线和考古等探查的主要方法（王兴泰，1996）。

（四）煤田勘探

1954 年电法已在煤田勘探方面取得良好效果，此后电磁法成为中国煤田物探工作中主要方法之一（陈明生，1999）。其中，频率测深法是较早用于煤田勘查并得到发展的方法。20 世纪 80 年代后期以来，中国煤田物探任务重点转向矿区精查，CSAMT 法等成为主要方法之一。煤田巷道透水和煤田水文勘查也是多数煤田应用电磁法的主要领域，不仅减少或避免了灾害性事件的发生，经济效益也非常明显（Zhao et al，2004）。

（五）石油勘探

1950 年，组建了新中国第一支石油电法队 701 队，此后电磁法成为石油勘探的主要方法之一，石油勘探也成为电磁法应用的重要领域。20 世纪 50 年代到 80 年代初，主要利用垂向电测深法、激发极化法、大地电流法、自然电位法等在新疆、四川、山东、内蒙古、华北等地区开展工作。2002 年石油系统的电法队都统一在中国石油总公司东方综合物化探部旗下，电磁法队伍扩大到了近 20 支（He et al，2010）。除大地电磁法主要用于探测盆地结构及盆山关系之外，可控源电磁法包括建场法、复电阻率法、时频电磁法等也在油田开发中得到应用。除石油部门外，地震、有色金属等其他部门和大学也参与了相当数量的勘探项目。

第三节 深部电磁探测

一、大地电磁法

1966 年邢台地震后，原中国科学院地质研究所刘国栋等开始对大地电磁法进行全面研究，包括仪器设备、数据处理、反演解释和应用。早期以地震预测和深部探测为主，后迅速在石油等浅层勘探领域推广。1967 年和 1971 年，刘国栋等先后研制成光电转换模拟大地电磁仪和感应式大地电磁仪——LH-1 大地电磁仪，并取得第一批大地电磁观测数据（国家地震局地质研究所大地电磁测深组，1981）。后与国家地震局兰州地震研究所和郑州物探大队联合研制成 LH-2 大地电磁仪。在此基础上，进一步研制出"SD-1"型数字大地电磁仪。

20 世纪 70 年代—80 年代，刘国栋等利用大地电磁法首次获得较系统的深部结构探测研究成果，并组织出版了中国第一部大地电磁研究应用论文集《大地电磁测深》（国家地震局地质研究所大地电磁测深组，1981）。研究发现，在华北平原盆地地壳内较普遍存在低阻层，其深度在盆地内部较小，向盆地外围深度逐渐加大，与莫霍面深度的变化趋势相同（刘国栋等，1984b）。1976 年唐山地震后的大地电磁法观测发现，在地壳表层之下存在 3 层结构，中间层为低阻层。在上地幔也发现了高导层，其深度沿横向的变化趋势也与莫霍面深度的变化趋势相似（刘国栋等，1982）。

20 世纪 80 年代全球地学断面计划（GGT）在中国境内计划进行的 11 条地学断面中，大地电磁探测发挥了重要的作用。其中，刘国栋较明确地提出，在中国东部、中部的岩石层厚度分布特点（刘国栋，1994）。根据大地电磁探测结果，李立（1996）、徐常芳（1996）分别勾画出了中国大陆地壳上地幔电性特征。

20 世纪 90 年代国家"八五"计划期间，由刘国栋牵头在华北地区实施深部探测项目，其中国际上成熟的大地电磁法二维反演方法首次得到应用。研究结果表明，强地震震源区多位于地壳结构出现明显变化的边界带附近，华北平原和太行山隆起之间电性岩石层厚度的陡变带与中国东部的巨型重力梯级带对应，并发现地壳浅部为北东走向、深部地壳和上地幔为北西走向的"交叉式"结构（Zhao et al，1997）。

20 世纪 90 年代，中国地震局地质研究所赵国泽研究组首次用大地电磁法在中国近代活动的火山地区包括长白山火山、五大连池火山等开展了深部探测，发现在长白山天池火山下方约 15km 深度存在低阻体，推测为火山岩浆囊（汤吉等，2006）。五大连池火山深部显示为高电阻率特征，具有与长白山不同的深部结构（詹艳等，1999）。

青藏高原是中国独具的地质现象，为国际普遍关注，早在 20 世纪 80 年代初，中国地质科学院袁学诚等通过中法合作开展了深部电磁结构探测。1994 年中国科学院地球物理研究所在青藏高原西部建立了一条 590km 长的综合地球物理剖面，对其深部构造和动力学特性进行研究。表明青藏西部地区的地壳上地幔电性结构具有强烈的横向不均的特征（孔祥儒等，1999）。90 年代后，陈乐寿、魏文博等先后在喜马拉雅造山带开展了中美合作的 INDEPTH 计划（魏文博等，1997），赵国泽等在青藏东北边缘和东边缘带开展了"973"计划项目（赵国泽等，2008），白登海等在喜马拉雅东构造结附近等进行了深部探测（Bai et al，2010）。研究表明，在喜马拉雅造山带约 15km 深度发现低阻层，它与地震方法发现的壳内低速层一致，推测为具流动性的软弱层（Wei et al，2001）；并提出在青藏高原东北边缘和东边缘地壳中下部较普遍存在的低阻层可能是地壳内"管流层"的证据（赵国泽等，2008）。基于龙门山造山带和汶川地震区的探测结果，提出青藏高原地壳内管流层向东、南的运动，受到扬子地块的阻挡，形成向南、北东方向的绕流运动（Bai，2010），而龙门山造山带则成为被绕流包围的"死"区，承受来自青藏高原的巨大压力，积累很强的地震应力，导致 2008 年汶川 8.0 级地震的发生（赵国泽等，2009b）。

在中国广大地区包括华北、东北，天山及其两侧，上、中、下扬子地区，青藏高原的腹部及其周缘的大地电磁深部结构探测结果表明，中下地壳低阻层不像以前认为的只存在于构造活动区，而是在各种活动程度的地块内部存在，但在不同地块的接触带地区，却往往显示为高阻体和低阻带相互交织的复杂结构（赵国泽等，2008）。21世纪初开始的地壳探测工程（Sino-Probe）正在逐步实施，通过中国大陆地区全面的大地电磁探测研究，不仅可为地震等灾害预测和地球动力学研究提供基础数据，而且可为矿床资源的预测和勘探提供基础资料（魏文博等，2010）。为使电磁法能够更准确地探测上地幔更深层的结构，充分发挥电磁法的优势，21世纪初，长周期（可达数万秒）的探测仪器和技术得到发展和应用。

在数据处理和解释方面，20世纪70年代早期，采用手工量取大地电磁信号、计算标量阻抗和用量板法进行大地电磁数据处理和反演。1979年国家地震局地质研究所刘国栋等与石油工业部物探局刘仁等以及北京地质学院陈乐寿等合作开展大地电磁张量阻抗数据处理方法和一维自动模拟反演方法研究。20世纪80年代，先后引进、开发了克服电磁干扰的参考道大地电磁方法（赵国泽等，1986）和基于统计原理的robust数据处理方法（江钊等，1993）。在反演解释方面，先后有王家映（2002）提出的"模拟地震法"；陈明生等（1983）提出的改进的广义逆矩阵法；赵国泽等（1990）提出的大地电磁二维反演法；徐世浙等（1997）和谭捍东等（2003）分别开展了三维大地电磁反演研究。

20世纪80年代末，引进开发的阻抗张量分解技术得到应用，以克服长期困扰资料解释的局部畸变的影响（赵国泽等，1996），后成为数据解释的必经步骤。90年代国际上先进的快速松弛二维反演法（RRI）和非线性共轭梯度反演法（NLCG）等被引进和应用，成为数据反演的主要方法。进入21世纪以来，三维正演技术已经接近实用化，数据综合处理和解释数据库达到较高的水平，成为国外软件的补充（陈小斌等，2004）。

二、网式大地电磁法（Network-MT）

20世纪90年代，国家地震局地质研究所赵国泽等引进开发了网式大地电磁法（Network-MT），以探测岩石层以下更深层的结构（赵国泽等，2001）。网式大地电磁法可获得周期达数十万秒、上百万秒超长周期范围的视电阻率等数据，反演深度可达地幔过渡带（410~660km）。在中国东北及其南边界的7个测点的探测结果表明，在过渡带深度范围的电阻率总体上随深度增大而减小，并且是从地表到这一深度之间电阻率减小最快的深度段；而在过渡带之下，电阻率随深度变化较平缓。其中，在东北地区的过渡带内约520km深度附近，出现电阻率的局部极大值，把过渡带分成上、下两部分，下部的导电性更强。此外，华北和东北之间的边界带附近，电阻率随深度变化比两侧的复杂，显示在边界带比在地块内部的岩石层和过渡带的结构复杂（赵国泽等，2009b）。

20世纪90年代引进开发的人工源极低频电磁法（CSELF）也用于深度构造探测（赵国泽等，2003），并在河南某油田获得比地震勘探更多的信息。

第四节　地震电磁监测

地球电磁学是地震预测研究领域最为活跃的学科之一，是 1966 年 3 月河北邢台地震以后发展起来的、有明显效果的地震预测特别是短临预测方法，现已发展成为地震科学的重要分支——地震电磁学。1996 年成立了中国地震学会地震电磁专业委员会，钱家栋任首届主任。在诸多电磁学方法中，地电场法、地电阻率法、引潮力谐振共振波短临预测法、大地电磁法、人工源极低频电磁法、卫星电磁法和数学物理模拟等的应用发展十分迅速。

一、地电场法

1959 年下半年中国科学院地球物理研究所在北京白家疃观象台建立了中国第一个地电场台站。1962 年中国科学院兰州地球物理研究所钱复业、赵玉林等在甘肃兰州刘家坪建立了中国第二个地电场台。1966 年邢台 7.2 级地震后，这两个台均迁至邢台开展地震前兆探索研究。1975 年 2 月 4 日海城 7.3 级地震前，在距震中 20 km 的冶金部冶金 102 队群测点，观测到地电场的突然变化及潮汐力的脉冲信号（钱复业等，1998），据此有关部门提出预测意见，得到国务院的通报表扬。

二、地电阻率法

地电阻率法原称形变电阻率法。1967 年 4 月初赵玉林等建立了中国第一个形变电阻率河北里坦观测站，同年 4 月 19 日里坦 4.0 级地震（震中距 3 km）前取得了世界上第一个地电阻率前兆震例。同时，在邢台试验场建立 18 个形变电阻率台站（河北省地震局，1986）。同期地质部、石油部等单位在京津、华北、云南、四川等地，建立了数十个形变电阻率台。

1970 年，赵玉林等用千斤顶对自然土层加压，测量地电阻率变化的实验表明：加压后电阻率减小，受力时电阻率呈现出明显的各向异性变化（钱复业等，1998）。这一实验结果为后来自然条件下岩（土）层的实验（赵玉林等，1978；赵玉林等，1990）所验证，对探索形变电阻率地震前兆有一定指导意义。

钱复业等在邢台试验场工作期间，积累近台（震中距 5 km）和远台（震中距 380 km）5~7.4 级地震视电阻率中期趋势前兆震例 20 余例，发现其时空分布规律主要有：①视电阻率异常与未来强震震中区的小地震活动性可对应；②视电阻率趋势异常持续时间愈长，出现异常地理范围愈大，则震级愈大；③近台视电阻率趋势异常出现早，远台出现晚；④视电阻率趋势异常有下降和上升两类；⑤同一测点，不同方位测线视电阻率异常的形态和幅度不同（钱复业，1998）。

1973 年国家地震局兰州地震大队赵玉林、陈友发负责建立了中国第一个地电学预报地震研究组。1983—1986 年，国家地震局组织所属 21 个单位，116 个地电台站，450 余人，对以地电阻率法为主的有关技术进行了全面的清理攻关。并由钱复业、于谋明、赵玉林执笔，代表地电清理攻关小组写出了《地电阻率研究现状与在地震预报中的效能》报告。1987—1988 年在地震预报方法实用化攻关中，地电攻关组的 32 个研究成果汇编在《地磁地电专辑》中。

1990 年赵玉林等研究得出，在受力条件下，当利用电阻率和孔隙度经验关系阿契（Archie）公式时，其中的结构指数不再是常数，而是与应变有关的函数，表明岩土层受力时电阻率随应变呈指数灵敏变化（赵玉林等，1990），从而为中国电阻率的前兆测量建立了理论实验基础。

1976 年 7 月 28 日唐山 7.8 级强震视电阻率中期前兆的这些规律是极其典型的。赵玉林（赵玉林等，1978）、秦馨菱（秦馨菱等，1991）、顾功叙（Gu，1980）、钱复业（钱复业等，1982）、钱家栋（钱家栋等，1981）进行了报道。顾功叙指出：①在像唐山地震这样的大震之前，布署在震中附近地区的 9 个台的台网上有地电阻率连续记录的资料是十分罕见的；②在接近震中的台站上地电阻率值以明显的数量减小，而随着台站震中距的增加，地电阻率的下降变得愈来愈不明显，这一现象似乎并非偶然。

1976 年唐山 7.8 级地震前，国家地震局报国务院的报告中明确提出宝坻台存在可靠的视电阻率趋势异常；1976 年 1 月 6 日国家地震局报送国务院全国会商会文件中，指出宝坻、唐山等台存在明显视电阻率下降异常。

中国地震局一直重视地震电磁监测仪器的研制，赵家骝等研制的 ZD8T 地电阻率仪等被许多台站使用。

三、引潮力谐振共振波短临预测法（HRT）

钱复业等于 1990 年提出短临地震前兆模型，其中把日月引力波作为输入"黑箱"的扰动，把实测地电数据作为输出，判断地壳介质（黑箱）中是否有震源孕育。分析表明，位移增量是一种谐和"波动"，其振幅与震源处介质刚度成反比（Qian et al，1990）。

赵璧如等将 21 世纪初才发展起来的码分多址（CDMA）高新技术，首次应用到地电阻率测量，研制出 PS100 型 IP 到仪器可控源高精度大地电测仪（赵璧如等，2006），以克服地电阻率测量中抗游散电流严重干扰的问题。为捕捉强震的短临前兆，2003 年底，中国地震局特批在川滇地区增设 4 个 PS-100 台，进行观测实验。2004 年 4 月至 5 月各台先后投入观测（Zhang et al，2006），2004 年 12 月 26 日印尼苏门答腊 9 级海啸大地震前，设在川滇地区的 PS-100 台（震中距 2900km），首次记录到从苏门答腊 9 级地震震源传来的共振波（简称 RT 波）波动前兆。RT 波有快、慢 2 种波速，其到时差与震中距成正比，利用多台可交汇出震中，其幅度衰减过程与震级有关。结合 HT 波模式（起潮力短临前兆模式），2006 年钱复业进一步完善并提出 HRT 波模式（钱复业等，2009）。利用 HRT 波传播特征，可以记录远区的地震，分析预测地震三要素。

利用这项技术记录到 2005 年巴基斯坦 7.8 级、中国九江 5.7 级地震、中国台湾 7.2 级地震和 2010 年中国玉树 7.1 级等多个强震。其中，4 次国内 7 级以上强震均显示 HRT 波存在。特别是汶川 8.0 级和玉树 7.1 级地震前，分析人员还在临震前有所觉察。在玉树地震前 4 天报告了地震咨询委员会，预测的地震发生时间与实际相差 1 天，震级和地点分别与实际的接近。HRT 波短临预测方法试验为地电预测地震方法积累了经验。

四、大地电磁法

1965 年兰州地球物理研究所钱复业等采用静磁原理磁变仪和大地电流仪，在中国甘肃省嘉峪关（1932 年昌马 7.6 级强震区）、天水（1954 年 8 级强震区）地区的观测发现，震源区下存在直立的深大导电断层带及莫霍界面的错断（钱复业等，1998）。

1966 年刘国栋等用大地电磁法在邢台地震区沿两条相距 1km 的平行测线进行观测，未发现大地电流场振幅和相位的差异。1976 年唐山大地震前、后，刘国栋等在北京凤河营地区进行大地电磁重复观测，地震前观测 1 次地壳电阻率，地震后观测 2 次。震前和震后相比，发现大震前电阻率下降了近 20%，震后逐渐恢复（国家地震局地质研究所大地电磁测深组，1981）。

1990—1993 年，张玉琳等在中国西北地区固定观测点进行了 8 次 MT 重复观测，发现在测点南 30km 处发生的 6.0 级地震前后电阻率的变化与上述结果类似，并提出了地震预报意见（张云琳等，1994）。1998 年 1 月 10 日河北张北地震发生后，赵国泽等前往曾于 1994 年在震中附近的大地电磁测点进行重复观测，通过连续 10 天观测，并与地震前（1994 年）的结果对比显示，在震后第 3 天 TM 极化的视电阻率比 1994 年的增大，而 TE 极化的视电阻率比 1994 年的减小；而在震后 10 天，它们显示向 1994 年的电阻率恢复，资料还显示，地震前、后的电性走向有小量的偏移（汤吉等，1998）。中国地震局系统现已有 300 多个地震台站，记录最高频率可达 20 Hz 的电场的扰动变化，进行地震监测。

另外，自 20 世纪 70 年代后，在多个强地震区的观测还发现，地震多发生在地壳电性发生横向变化的边界带或其附近，大多数余震发生在地壳中部低阻层的上方（Zhao et al，2009；刘国栋等，1983）。

五、人工源极低频电磁法（CSELF）

20 世纪 90 年代，赵国泽等通过中俄合作发展了人工源极低频电磁法（CSELF）。该方法既吸收了大地电磁法信号覆盖范围大、探测深度大等优点，也吸收了人工源电磁法信号强度大的优点，特别适合于利用台网进行地震监测（赵国泽等，2003）。"十五"计划期间，国家地震局建立了 12 个 CSELF 台站，"十一五"把该技术作为国家重大科学基础设施建设的内容，再建 30 个台站。

1999 年 5 月，首次利用 CSELF 技术在首都圈地区测量 6500 km 外的俄罗斯科拉半岛发射台发射的信号。其中在天津宝坻地震台连续 10 天（5 月 4 日—14 日）的观测期间，在距地震台约 100km 的河北迁安发生了 4.2 级地震，观测的电磁场自震前 3 天开始出现大幅度的波动，达到正常波动的近 2 倍，同时视电阻率增大约 10%，地震后都逐步恢复（赵国泽等，2003）。2005 年 9 月，首次利用中国的发射台在云南和北京地区的地震台进行了近 1 个月的地震监测试验，其间在距云南 2 个地震台约 50~100 km 发生 3.6 级地震，记录显示地震前 2 天，两个台站都出现电磁场突然增大现象，震后恢复正常值，而在距震中约 2000 km 的北京地区的 2 个台站都没有出现异常（Zhao et al，2009）。

六、卫星电磁和数理模拟

21 世纪初以来，利用卫星电磁测量进行地震监测的试验受到高度重视，已发射了多颗卫星。中国在 2003 年即开始了前期研究和准备，现已进入卫星发射立项的实质阶段（赵国泽等，2007）。

电磁场和地壳电阻率被认为是对地震前兆反应最灵敏的物理量之一。数理模拟就是基于电磁物理学原理，北京大学黄清华等通过数学计算和物理实验模拟，研究地震引起的电磁异常可能的产生和传播过程，以及可能出现的电磁异常现象特点，进而研究地震发生的机理，已经取得有成效的进展（黄清华，2005）。

第五节　海洋电磁和航空电磁探测

一、海洋电磁

海洋电磁探测的主要方法可以分为天然源海底大地电磁法（MT）和人工场源海洋可控源电磁法（CSEM）。国际上于 20 世纪 80 年代开展了由多个国家的几十所大学和研究机构参加的大规模观测天然源海底大地电磁信号的岩石层及深部电磁研究（EMSLAB）探测计划。中国研究人员参加了这项工作，通过研究获得了东太平洋胡安德富卡（Juan de Fuca）板块的岩石层二维结构（赵国泽等，1990）。

中国的海洋电磁探测工作始于 20 世纪 90 年代中期。1994 年长春科技大学开始研制海底阵列式大地电磁测深仪，在辽东湾浅海滩涂区进行了 MT 数据采集试验（李桐林等，1999）。1998 年开始，中国地质大学（北京）等单位在国家"863"计划资助下，开展了海底大地电磁探测研究，研制成功首台工作水深可达 500m 的海底 MT 测深仪和数据处理软件包，首次在中国东海水深 130m 陆架区获得海底 MT 数据（魏文博等，2001），同时开展了海底无限长线源电磁场的研究。2005 年，中国地质大学（北京）在琼海东南海域进行了陆地远参考点和多点海底 MT 同步数据采集，工作水深超过 1000m，验证了仪器的实用性，并于 2006 年在南黄海开展对古生代地层的探测，取得具体地质成果（魏文博等，2009）。2006 年，同济大学在雷州半岛近岸地区，通过在陆上布置磁道，近岸浅海 – 潮间带布置电道，实现了海陆电场和磁场分离同步采集的大地电磁勘探，表明海洋电磁法在海底火山岩覆盖区、碳酸盐岩等地区能够取得可靠的结果（于鹏等，2006）。

1998 年，同济大学等单位利用陆用瞬变电磁仪，研制了水平共轴磁偶极 – 偶极装置的瞬变电磁浅水探测系统和解释软件，在东海水深 20m 以内海域进行了实地测量；2005 年，吉林大学研制了浅海底瞬变电磁探测仪器和数据处理解释软件，并通过海试进行了验证；2007 年，中国地质大学（北京）魏文博研究组开展了用于海底天然气水合物探测的拖曳式电偶源频率域电磁观测及数据处理系统研究，并于 2010 年夏季在南中国海西沙海域进行了海上测试；何展翔等基于对频率域三维海洋电磁模拟及模型灵敏度分析，通过对海洋可控源实测电磁数据的处理，提出了海洋可控源电磁数据处理方法和定量确定高阻异常边界的方法（何展翔，2009）；罗维斌、汤井田等提出伪随机多频海洋电磁观测方案，可以在时间域和频率域同时辨识海底高阻层（罗维斌，2008）；李予国等研究了使用海面拖曳系统在浅水区瞬变电磁效应特征（Li et al，2007）。

海洋电磁法探测在中国已经走向实用阶段。2007—2010 年，中国大洋矿产资源研究开发协会牵头，8 个单位协同合作组成团队，研制成功拖曳式深海瞬变电磁系统，并于 2010 年底参加了在"大洋一号"上的大型装备海试。线框舱、仪器、通信控制等设备运转正常，验证了对金属及非金属物体拥有探测能力。2011 年参加"大洋一号"环球科考，在已知的海底硫化矿带获得了明显异常。

自 20 世纪末始经过 10 多年的努力，中国的海洋电磁探测研究已经有了良好的开端，并取得了一定成果。

二、航空电磁

这里说的航空电磁法不同于传统意义的测量位场磁场的航空磁测，而是测量交变电磁场，称为航空电磁法（Airborne Electromagnetics，简称 AEM）。航空电磁法于 20 世纪 50 年代崛起于加拿大，中国科研人员也着手研究和跟踪，70 年代通过引进设备并获得较快发展（周凤桐等，1997）。航空电磁法又分为时间域和频率域电磁法，其物理基础与地面时间域和频率域电磁法交变电磁场相同，其中时间域方法发展较快，并在地质填图、间接找矿、水文和农业生态地质调查、环境等方面得到应用（雷栋等，2006）。进入 21 世纪，在"863"计划等支持下，启动了固定翼时间域航空电磁勘查系统研发课题，在专用飞机改装设计、大磁矩发射、数据收录等方面取得了突破性进展，研制成功了基于国产 Y12IV 型飞机的专用飞机（胡平等，2012）。自主研制了时间域直升机吊舱系统样机，在数据正演等方面取得进展（殷长春等，2013）。航空电磁法以其探测范围广、速度快等特点具有明显的优势，不仅在资源、环境勘查等方面有重要的应用价值，在灾害监测、预测等方面也具有潜在的应用前景。

参考文献

白登海，廖志杰，赵国泽，等. 1994. 从 MT 探测结果推论腾冲热海热田的岩浆热源［J］. 科学通报，39（4）：344-347.

北京大学，中国科学技术大学地球物理教研室. 1986. 地磁学教程［M］. 北京：地震出版社.

陈乐寿，王光锷. 1990. 大地电磁测深法［M］. 北京：地质出版社.

陈明生，陈乐寿，王天生，等. 1983. 用改进广义逆矩阵方法解释大地电磁测深及电测深资料［J］. 地球物理学报，26（4）：390-400.

陈明生. 1999. 电偶源瞬变电磁测深研究［J］. 煤田地质与勘探，27（1）：55-59.

陈小斌，赵国泽，詹艳. 2004. MT 资料处理与解释的 Windows 可视化集成系统［J］. 石油地球物理勘探，39（增刊）：11-16.

傅良魁. 1983. 电法勘探教程［M］. 北京：地质出版社.

傅良魁，李金铭，罗延钟，等. 1961. 电法勘探（上册）［M］. 北京：中国工业出版社.

国家地震局地质研究所大地电磁测深组，国家地震局兰州地震研究所大地电磁测深组. 1981. 大地电磁测深［M］. 北京：地震出版社.

国家地震局地质研究所大地电磁测深组. 1981a. SD-1 型数字大地电磁测深仪［M］// 国家地震局地质研究所大地电磁测深组，国家地震局兰州地震研究所. 大地电磁测深. 北京：地震出版社.

国家地震局地质研究所大地电磁测深组. 1981b. 风河营地区的深部电性结构及其在唐山地震前后的变化［M］// 国家地震局地质研究所大地电磁测深组，国家地震局兰州地震研究所. 大地电磁测深. 北京：地震出版社，89-95.

何继善. 2006. 双频激电法［M］. 北京：高等教育出版社.

何继善. 2010. 广域电磁法和伪随机信号电法［M］. 北京：高等教育出版社.

何继善，温佩琳，牛之琏，等. 1980. 金属矿电法勘探［M］. 北京：冶金工业出版社.

何裕盛，夏万芳. 1978. 充电法［M］. 地质出版社.

何展翔. 2011. 我国大功率可控源电磁技术的现状与展望［J］. 物探装备.

何展翔，江纹波，罗卫峰，等. 2001. 西部山区 CEMP 采集方法技术试验研究［J］. 地震地质，23：201-206.

何展翔，王志刚，孟翠贤，等. 2009. 基于三维模拟的海洋 CSEM 资料处理［J］. 地球物理学报，52（8）：2165-2173.

河北省地震局. 1986. 一九六六年邢台地震［M］. 北京：地震出版社，210-228.

胡平，李文杰，李军峰，等. 2012. 固定翼时间域航空电磁勘查系统研发进展［J］. 地球学报，33（1）：7-12

黄清华. 2005. 地震电磁信号传播的控制模拟实验［J］. 科学通报，50（16）：1774-1778.

嵇艳鞠，林君，程德福，等. 2003. ATEM-II 瞬变电磁仪数据处理软件的研制与应用［J］. 吉林大学学报（地球科学版），33（2）：242-245.

江钊，刘国栋，孙洁，等. 1993. Robust 估计及其在大地电磁资料处理中的应用［M］// 刘国栋，邓前辉. 电磁方法研究与勘探. 北京：地震出版社，60-69.

蒋邦远. 2000. 实用近区磁源瞬变电磁法勘探［M］. 北京：地质出版社.

交通部第四铁路工程局，交通部科学研究院. 1974. 对称电测深二层及三层量板［M］. 北京：人民交通出版社.

孔祥儒，刘士杰，张建军，等. 1991. 福建东部地区大地电磁测深研究［J］. 地球物理学报，34（6）：724-735.

孔祥儒，王谦身. 1999. 青藏高原西部综合地球物理剖面和岩石圈结构与动力学［J］. 科学通报，44（12）：1257-1265.

雷栋，胡祥云，张素芳. 2006. 航空电磁法的发展现状地质找矿论丛［J］. 21（1）：40-53.

李大心. 1994. 探地雷达方法与应用［M］. 北京：地质出版社.

李金铭. 2004. 地电场和电法勘探［M］. 北京：地质出版社.

李立. 1996. 中国大陆地壳上地幔电性特征［J］. 地球物理学报，39（增刊）：130-140.

李桐林，翁爱华，林君. 1999. 海洋环境中大地电磁测深阻抗的 ROBUST 估计［J］. 长春科技大学学报，29（1）：81-83.

李貅. 2002. 瞬变电磁测深的理论与应用［M］. 西安：陕西科学技术出版社.

刘国栋. 1994. 中国大陆岩石圈结构与动力学［J］. 地球物理学报，37（增刊）：65-81.

林品荣. 2006. 电磁法综合探测系统研究［J］. 地质学报，80（10）：1539-1548.

刘国栋，陈乐寿. 1984a. 大地电磁测深研究［M］. 北京：地震出版社.

刘国栋，邓前辉. 1993a. 电磁方法研究与勘探［M］. 北京：地震出版社.

刘国栋，顾群，史书林，等. 1983. 津唐渤和周位地区地壳上地幔电性结构及其与地震活动性的关系［J］. 地球物理学报，26：149-157.

刘国栋，虢顺民，刘昌铨. 1982. 地震地质背景［M］//国家地震局《一九七六年唐山地震》编辑组. 一九七六年唐山地震. 北京：地震出版社，71-130.

刘国栋，史书林，王宝均. 1984b. 华北地区壳内高导层及其与地壳构造活动性的关系［J］. 中国科学：B 辑 化学，（9）：839-848.

刘国栋，张木生，邓前辉，等. 1993b. 唐山大震区的深部瞬变电磁法勘探［M］//刘国栋，邓前辉. 电磁方法研究与勘探. 北京：地震出版社，1-21.

罗维斌，汤井田. 2008. 海底油气藏及天然气水合物的时频电磁辨识［J］. 地球物理学进展，23（6）：1841-1848.

罗延钟，张桂青. 1987. 电子计算机在电法勘探中的应用［M］. 武汉：武汉地质学院出版社.

牛之琏. 1992. 时间域电磁法原理［M］. 长沙：中南工业大学出版社.

朴化荣. 1990. 电磁测深法原理［M］. 北京：地质出版社.

钱复业，卢振业，丁鉴海，等. 1998. 电磁学分析预报方法［M］. 北京：地震出版社，100-101.

钱复业，赵璧如，钱卫，等. 2009. 汶川 8.0 级地震 HRT 波地震短临波动前兆及 HRT 波地震短临预测方法——关于实现强震短临预测可能性的讨论［J］. 中国科学：D 辑 地球科学，39（1）：11-23.

钱复业，赵玉林，于谋明，等. 1982. 地震前地电阻率异常变化［J］. 中国科学：B 辑 化学，（9）：831-839.

钱家栋，等. 1981. 几次浅源大震前后地壳浅部视电阻率观测结果［C］//巴黎国际地震预报讨论会论文集译文集，北京：地震出版社.

秦馨菱，Pedersen L. B.，赵玉林，等. 1991. 唐山地震区地壳电性结构及 MT 探索潜在震源的可能性［J］. 地震学报，13（3）：354-363.

阮百尧，王有学. 2005. 三维地形频率域人工源电磁场的边界元模拟方法［J］. 地球物理学报，48（5）：1197-1204.

申宁华. 1989. 磁法勘探的科技进展［J］. 物探与化探，13（5）：347-355.

石昆法. 1999. 可控源音频大地电磁法理论与应用［M］. 北京：科学出版社.

石应骏，刘国栋，吴广耀，等. 1984. 大地电磁测深法［M］. 北京：地震出版社.

谭捍东，余钦范，Booker J，等. 2003. 大地电磁三维快速松弛反演［J］. 地球物理学报，46（6）：850-855.

汤吉，赵国泽，王继军，等. 1998. 张北 – 尚义地震前后电阻率的变化及分析［J］. 地震地质，20（2）：164-171.

汤吉，赵国泽，詹艳，等. 2006. 基于地下电性结构探讨中国东北活动火山形成机制［J］. 岩石学报，22（6）：

1503–1510.

　　王家映. 2002. 地球物理反演理论［M］. 高等教育出版社.

　　王家映. 2006. 我国石油电法勘探评述［J］. 勘探地球物理进展，29（2）：77–81.

　　王兴泰. 1996. 工程与环境物探新方法新技术［M］. 北京：地质出版社.

　　魏文博，陈乐寿，谭捍东，等. 1997. 西藏高原大地电磁深探测——亚东 – 巴木错沿线地区壳幔电性结构［J］. 现代地质，11（3）：366–374.

　　魏文博，邓明，谭捍东，等. 2001. 我国海底大地电磁探测技术研究的进展［J］. 地震地质，23（2）：131-137.

　　魏文博，邓明，温珍河，等. 2009. 南黄海海底大地电磁测深试验研究［J］. 地球物理学报，52（3）：740-749.

　　魏文博，金胜，叶高峰，等. 2010. 中国大陆岩石圈导电性结构研究——大陆电磁参数"标准网"实验（SinoProbe–01）［J］. 地质学报，84（6）：788–800.

　　西安地质学院. 1979. 磁法勘探［M］. 北京：地质出版社.

　　徐常芳. 1996. 中国大陆地壳上地幔电性结构及地震分布规律［J］. 地震学报，18（2）：254–261.

　　徐世浙，阮百尧，周辉，等. 1997. 大地电磁场三维地形影响的数值模拟［J］. 中国科学：D 辑 地球科学，27（1）：15–20.

　　徐文耀. 2003. 地磁学［M］. 合肥：中国科学技术大学出版社.

　　徐文耀. 2009. 地球电磁现象物理学［M］. 合肥：中国科学技术大学出版社.

　　徐文耀，国连杰. 2007. 空间电磁环境研究在军事上的应用［J］. 地球物理学进展，22（2）：335–344.

　　殷长春，黄威，贲放. 2013. 时间域航空电磁系统瞬变全时响应正演模拟［J］. 地球物理学报，56（9）：3153–3162.

　　于鹏，王家林，吴建生，等. 2006. 海陆联测的大地电磁数据处理与综合解释［J］. 同济大学学报（自然科学版），34（9）：1264–1269.

　　詹艳，赵国泽，白登海，等. 1999. 黑龙江五大连池火山群大地电磁探测和研究初步结果［J］. 地质论评，45（sup）：400–408.

　　张赛珍，王庆乙，罗廷钟. 1994. 中国电法勘探发展概况［J］. 地球物理学报，37（增刊）：409–424.

　　张云琳，刘晓玲，安海静，等. 1994. MT 重复测量在地震中短期预报中的应用：祁连山中段 MT 剖面［J］. 地球物理学报，37（2）：200–210.

　　赵璧如，赵健，张洪魁，等. 2006. PS100 型 IP 到端可控源高精度大地电测仪——CDMA 技术首次在地电阻率测量中的应用［J］. 地球物理进展，21（2）：675–682.

　　赵国泽，陈小斌，蔡军涛. 2007. 电磁卫星和地震预测［J］. 地球物理学进展，22（3）：667–673.

　　赵国泽，陈小斌，王立凤，等. 2008. 青藏高原东边缘地壳"管流"层的电磁探测证据［J］. 科学通报，53（3）：345–350.

　　赵国泽，陈小斌，肖骑彬，等. 2009. 汶川 Ms8.0 级地震成因三"层次"分析—基于深部电性结构［J］. 地球物理学报，52（2）：553–563.

　　赵国泽，何展翔，魏文博. 2009. 地球电磁学科的发展与展望［M］// 中国科学技术协会. 2008—2009 地球物理学学科发展报告. 北京：中国科学技术出版社，52–69.

　　赵国泽，刘国栋. 1986. 地壳上地幔的大地电磁模型及参考道方法的研究和应用［G］// 国家地震局地质研究所. 地震地质论文集. 天津：天津科学技术出版社.

　　赵国泽，陆建勋. 2003. 利用人工源超低频电磁波监测地震的试验和分析［J］. 中国工程科学，5（10）：27–33.

　　赵国泽，汤吉，梁竞阁，等. 2001. 用大地电磁网在长春等地探测上地幔电导率结构［J］. 地震地质，23（2）：143–152.

　　赵国泽，汤吉，刘铁胜，等. 1996. 山西阳高 – 河北容城剖面大地电磁资料的初步解释——阻抗张量分解技术及其应用［J］. 地震地质，18（4）：66–74.

赵国泽，行武毅. 1990. 东太平洋 Juan de Fuca 板块的磁变研究［J］. 地球物理学报，33（5）：521–529.

赵国泽，詹艳. 2012. 电磁地球物理法的发展和应用研究现状［G］// 徐文骏等. 王子昌先生诞辰百年纪念文集，北京大学出版社，29–39.

赵玉林，钱复业. 1978. 唐山 7.8 级强震前震中周围形变电阻率的下降异常［J］. 地球物理学报，21（3）：181–190.

赵玉林，钱复业，许同春. 1990. 岩土层受力时电阻率变化与应变的关系［J］. 地震学报，12（1）：87–93.

周凤桐，陈本池. 1997. 航空电磁法的应用现状与前景［J］. 国外地质勘探技术，1997（2）：1–5.

中国地球物理学会地球电磁专业委员会. 电磁委员会简介［OL］.［2011–12–02］. http://www.geoem.info/.

Alan D Chave，Alan G Jones.2012.The magnetotelluric method：theory and practice［M］. New York：Cambridge University Press.

Bai D H，Martyn J. Unsworth，Max A. Meju，et al.2010. Crustal deformation of the eastern Tibetan plateau revealed by magnetotelluric imaging［J］. Nature–Geosciences，3（5）：358–362.DOI：10.1038/NGEO830.

Cagniard L.1953. Basic theory of the magneto–telluric method of geophysical prospecting［J］. Geophys. 18：605–635

Chapman S，Price A.1930. The electric and magnetic state of the interior of the earth as nferred from terrestrial magnetic variations［J］. Phil. Trans. R. Soc. Lond.，A229，427–460，

Chapman S.1919.The solar and lunar diurnal variation of the earth's magnetism［J］. Phil. Trans. R. Soc. Lond.，A218，1–118.

Chen L S，Booker J R，Jones A G，et al.1996.Electrically Conductive crust in southern Tibet from INDEPTH magnetotelluric surveying［J］. Science，274（5293）：1694–1696.

Gu G X. 1980.On the strategy of earthquake prediction［M］//Claude J A，Coulomb J. Source Mechanism and Earthquake prediction，National Center for Scintific Reserch，Paris，99–107.

He Z X，Hu W B，Dong W B. 2010. Petroleum Electromagnetic Prospecting Advancesand Case Studies in China［J］. Surveys in Geophysics. DOI 10. 1007/s10712–009–9093–z.

Korja T，Zhao G Z.2010.Preface to the Special Issue on "The 19th Electromagnetic Induction Workshop"［J］. Surveys in Geophysics，133–136.DOI 10.1007/s10712–009–9092–0.

Li Y，Constable S.2007.2D marine controlled–source electromagnetic modeling：Part 2–The effects of bathymetry［J］. Geophysics，72（2）：WA51–WA62.

Luo Y Z，Zhang G Q.1998.Theory and Application of Spectral Induced Polarization［M］. Tulsa：Society of Exploration Geophysicists.

Qian F Y，Zhao Y L，Xu T C，et al.1990.A model of an impending–earthquake precursor of geoelectricity triggered by tidal forces［J］. Phys Earth Planet Int，62：284–297.

Rikitake T.1948.Note on electromagnetic induction within the earth［J］. Bull. Earthquake Res. Inst.，24，1–9.

Schuster A.1889.The diurnal variation of terrestrial magnetism［J］. Phil. Trans. R. Soc. Lond.，A180，467–518.

Tikhonov A N.1950.On investigation of electrical characteristics of deep strata of the Earth's crust［J］. Dok/. Akad. Nauk SSSR，73，295–297

Wei W B，Unsworth M，Jones A，et al. 2001. Detection of Widespread Fluids in the Tibetan Crust by Magnetotelluric Studies［J］. Science，292（5517）：716–718.

Zhang H K，Zhao B R，Zhao Y L，et al. 2006. PS100 anti–interference electrical observation system and its application to earthquake predic–tion study［J］. Phys Chem Earth，31：172–181.

Zhao G Z，Bi Y X，Wang L F，et al. 2015. Advances in alternating electromagnetic field data processing for earthquake monitoring in China［J］. Science China Earth Sciences，58（2）：172–182

Zhao G Z，Jiang Z，Liu G D，et al.1997.Two–dimensional inversion and interpretation of Magnetote Sluric data in a seismic active area of northern part of North China［J］. Proc 30th Int Geol Congr，20：69–82.

Zhao G Z, Liu G D. 1990. A new inversion scheme for two-dimensional modeling [J]. Journal of Geomagnetism and Geoelctricity, (42): 1209–1220.

Zhao G Z, Zhan Y, Chen X B, et al. 2004. Detection on the ground water using EM methods [M] // Progress in Environmental and Engineering Geophysics. Science Press USA Inc., 354–358.

Zhao G Z, Zhan Y, Wang L F, et al. 2009. Electromagnetic anomaly before earthquakes measured by EM experiment [J]. Earthquake Science, 22 (4): 395–402.

Zhdanov S Michael. 2010. Electromagnetic geophysics: Notes from the past and the road ahead [J]. Geophysics, 75 (5): 75A49–75A66.

第四章
重 力 学

　　重力学是一门古老的地球科学。它是牛顿万有引力的产物，因此是地球物理学中历史最为久远的一个分支学科。重力学研究的是重力场及其在时间和空间上的变化规律，重力场的理论、特征、测量与处理方法，及其在大地测量、地球内部研究、资源探查、工程建设、国防建设、灾害预测、环境保护等方面的广泛应用。

　　中国的重力测量工作和研究可追溯到 20 世纪二三十年代，时任中央研究院物理研究所所长的丁燮林在 1928 年亲自主持了重力测量仪器"新摆"和"重力秤"的研究（杨舰，2003）。1933 年 5 月至 1935 年 4 月，国立北平研究院物理学研究所鲁若愚与徐家汇天文台台长法国天主教神父雁月飞等合作，应用便携式相对测量重力仪即荷 – 雁式弹性摆（方俊，2004）在中国华北、华东、西南等地进行了两年多的重力加速度测量工作，共测量了 173 个测点，开启了中国重力学研究和重力测量的先河。此后至 1949 年，国立北平研究院物理学研究所、实业部地质调查所、中国石油公司等部门又继续在各地区进行了重力测量与重力勘探工作，并取得成果（方俊，2004）。方俊、顾功叙、翁文波等学者先后发表了多篇有关重力学方面的经典性论文（方俊，1941，1942；顾功叙等，1999；顾功叙和曾融生，1999；吴燕和江晓原，2007）。

　　新中国成立后，根据国家国民经济建设、国防建设及地球科学发展的需要，随着时代、科技的进步，重力学科也与时俱进，在理论、方法、仪器、技术、特别是应用等各方面都得到了很大的发展。自 20 世纪 50 年代以来，重力测量仪器由简单的摆仪发展到多种类型的精密仪器，包括绝对重力仪、相对重力仪、海上重力仪、航空重力仪及研制中的卫星重力仪、冷原子重力仪等。重力测量仪器的精度由毫伽级提高到微伽级，1∶100 万比例尺的区域重力测量面积已达到 940 万 km²。依靠重力勘探方法寻找石油天然气、煤田、金属矿、岩盐、地热等资源取得了丰硕的成果，在地球重力场边值理论、重力场模型、地球形状、地球潮汐等理论研究方面获得了全面的进展与深入，重力测量数据处理、分析、解释的方法技术均有很大改进和提高。

　　1957 年人造卫星的成功发射，为地球重力学研究开辟了新的途径。随着人造卫星轨道摄动解算地球重力场方法的不断成熟，建立了多种不同阶次的地球重力场模型，大大丰富人类对地球重力场的认识。随之，地球重力场研究超出了研究地球形状即大地水准面的范畴，利用卫星重力场研究全球岩石圈深部结构和全球构造取得了重要进展，地球重力场成为远程导弹和卫星轨道计算中不可缺少的因素。

21 世纪初，国际上三颗重力卫星 CHAMP、GRACE 和 GOCE 成功发射，使卫星重力观测技术、数据处理与解释方法获得快速发展，卫星提供的数据和信息广泛地应用于地球科学、环境科学、灾害预报、军事与国防等诸多领域。人类利用卫星重力测量技术与卫星信息提升了对地球的认知能力，迎来了一个前所未有的卫星重力探测时代。

第一节　重力测量

重力学是一门观测的科学，建立在重力（场）测量基础上。重力资料不但是重力学研究的基础，而且对于一个国家具有重要国防意义。因此，重力测量一直备受专家学者的重视。重力测量通常是指陆地重力测量。广义上，重力测量还包括海洋（海底）重力测量、航空重力测量和卫星重力测量。海洋（海底）重力测量在本书第四篇第十章海洋地球物理学中已有详述。中国尚未发射重力观测卫星，只是利用国外卫星重力观测资料开展了研究。

一、重力测量（陆地）

1951 年，中国科学院大地测量组（中国科学院测量与地球物理研究所前身）从中国科学院物理研究所调来 1 台旧式四摆重力仪。1952 年秋，自德国购回 1 台作相对重力测量的四摆仪。1954—1955 年，与总参测绘局一起依照苏联的重力测量规范，制定中国的重力测量计划。依此计划，1953 年，方俊带领数人，用新引进的四摆仪测定南京、镇江、常熟、杭州等地的相对重力值。

1954—1956 年，在张善言的带领下按原计划用摆仪开展了全国重力基本点和一、二等点的测量工作。先后测定了北京、青岛、南京、哈尔滨、武汉等基点及若干一、二等点，其中南京、北京 2 点为基本点。在此期间，共测重力点 100 多个，这些点上的经纬度和高程大部由 Wild T3 经纬仪和水准仪测得。当时美国人乌拉（Woolard）用沃登（Worden）重力仪将青岛与国际重力网进行联测，由此，青岛重力点成为重力测量起算点，中国在此期间测量的相对重力值皆以青岛起算，使测量结果与国际系统相联系。

1956 年上半年，由国家测绘总局负责，方俊和苏联的布朗什等参与，开展由 103 个重力基准点和一等点组成的测量工作，建立了中国最早的重力基准网和一等重力网。该工作由苏联航空重力队于 1956—1957 年完成，采用 9~12 台 CH—3 重力仪观测，其精度为0.15mGal。该网的建立为中国进一步开展大规模重力测量创造了必要的条件，该网一直沿用到1985年新的基准网建成。

1957年，中国科学院测量制图研究室（中国科学院测量与地球物理研究所前身）继续在广州、汕头、南昌等地进行了一等重力点的测量。同年，张善言（1956）提出将徐家汇天文台发布的时间信号与重力摆的摆动同时记录摄影胶片上，从而改变了摆仪工作慢的情况，使摆仪的测量速度接近重力仪的测量速度。1955年，已开始用相对重力仪测量一般重力点的实验。研究人员用1台诺伽（Norgaard）重力仪和1台CH—3重力仪测遍江苏省南部各市县。测量得出结论，它与摆仪相比，不但测量速度快而且精度也高。

1957年，由于国家天文重力水准任务的需要，中国科学院测量制图研究室与国家测绘总局重力队提出了平原与山区的重力布置方案，并开始施测重力和进行实验（中国科学院测量制图研究所重力组，1959）。

二、航空重力测量

航空重力测量是一种以空中飞行器为载体进行重力测量的技术。相对于地面逐点测量的方式，航空重力测量能够快速高效地进行大面积区域重力场信息的获取，并且不受地面交通和地形环境的限制。但是由于是在运动状态下进行测量，飞行的速度、加速度、姿态、震动等因素都会对重力测量产生直接的影响，因此，除了提高重力传感器灵敏度和精度之外，消除各种干扰影响是提高航空重力测量水平的主要问题。

中国的航空重力测量已经起步。有关部门在2000年从美国引进了一台航空重力仪。西安测绘研究所以此重力仪为核心，建立了航空重力测量系统。2002年11月，通过了这个系统的鉴定。

西安测绘研究所研制的航空重力测量系统CHAGS（Chinese Airborne Gravimetry System）由硬件系统和数据处理系统组成（夏哲仁等，2004）。硬件系统包括重力传感器分系统、定位传感器分系统、高度传感器分系统、姿态传感器分系统、数据采集子系统。数据处理系统由5个模块组成，可以实现：①观测数据的采集、滤波、改正以得到空中重力异常；②对测量误差进行检验、补偿及平差；③将空中重力异常向下延拓到地面或大地水准面。该系统2002年的实际试验表明，地面实测重力异常的向上延拓与空中重力异常的差值标准差为±3.68mGal，将空中重力异常向下延拓到地面与地面数据的比对精度为±4.25mGal，与国外同类型系统的精度相当。

近年来，地质调查和海洋测绘部门还引进俄罗斯的GT–1A进行了地质普查和海洋重力测量。现在已取得一批可应用的数据成果。

关于消除飞行的速度、加速度、姿态、震动等各种干扰影响以得到具有一定精度的重力异常问题，已经发表了一些有价值的文章（肖云和夏哲仁，2003；柳林涛和许厚泽，2004；夏哲仁等，2004；王兴涛等，2004；孙中苗和李迎春，2003；孙中苗等，2004a，2004b）。目前尚未见有应用航空重力资料解决中国的各种实际问题（包括勘探问题）的成果发表。

三、重力测量标定系统——重力基准的建立

为检测和标定重力仪格值，确定重力仪各项校正系数，必须建立重力仪标定基线场。20世纪50年代，中国测绘部门曾在京津公路建立一条野外基线场。此后，北京地质仪器厂在十三陵也建立了一条基线，以标定其生产的重力仪。随着重力测量精度的日益提高，对基线场的精度要求愈来愈高。因此，1973年总参谋部测绘局在北京高崖口选建一条重力基线；1978年由国家地震局在高崖口和南京紫金山建立了两条精度较高的重力基线（魏文光，1981）。其后，各地以这两个基线场为基础分别建立区域性重力仪比测基线。在20世纪70年代相继建成北京高崖口、雅安、辽宁北镇、山东长岭等区域性重力仪标定场。

至1982年，全国建立16条区域性重力仪比测基线。由于重力差较小，故称为短基线检定场。从1983年开始对16条短基线检定场进行了清理，结果认为北京高崖口、南京紫金山两基线系统误差小、精度高，被认定为国家地震局系统标准重力基线场，有四条不符合要求被废止。昆明野毛山、西安沣峪口、兰州七道梁、成都龙泉驿、乌鲁木齐永丰渠等7条短基线作为区域性比测基线。

20世纪80年代初，国家地震局陆续引进LCR重力仪并在全国使用。针对全球测程的LCR重力仪，原有短基线比测场已不相适应，国家地震局地震研究所在80年代初期在江西庐山建立可用于LCR重力仪比测的基线场。1985年10月，由日本东京大学中川一郎等携带4台LCR重力仪以及国家地震局引进的2台LCR重力仪联合对庐山基线进行观测，同时完成北京—武汉—广州重力长基线观测，建立长短结合的重力仪标定基线场。1986年由德国汉诺威大学大地测量研究所托尔格等携带4台LCR重力仪（D和G）和中方2台LCR重力仪联合完成庐山重力基线及北京—武汉—广州长基线的再次联测，同时在武汉利用高层建筑完成小段差的垂直标定基线的观测。新的重力仪标定基线系统将适应大量程LCR重力仪包括周期误差在内的格值函数的系统标定，基线场精度提高到$5 \times 10^{-5} \sim 10^{-4}$。在建立"2000国家重力基准网"及全国地震重力网时，同时完成了哈尔滨—北京—西安—昆明—南宁长基线及江西庐山、北京灵山等8个国家级短基线的观测，使地震重力基准和国家重力基准统一起来。

总之，中国重力基线的建立，对提高测量精度、监测仪器性能、标定仪器常数、统一重力参数点等方面起了重要作用。

第二节　重力观测台网

一、重力基准网

1957年，在苏联帮助下建立了国家重力测量基准网。这是中国第一个重力测量基

准网，包括两部分：第一部分是 1957 年建立的国家 1957 重力测量基本网（简称"57网"），它包括重力基本点 27 个，其联测精度为 ±0.15mGal；第二部分是同时布设的一等重力网，共 82 个点，重力一等点的联测精度为 ±0.25mGal。它的绝对重力基准采用当时的波茨坦系统，是通过与苏联重力控制网的阿拉木图、伊尔库茨克和赤塔 3 个点的联测而引入中国，因此"57 网"含有约 ±14mGal 的起始数据误差。1958 年，中国科学院测量制图研究室与国测重力队一起测量了重力点近 200 个，其中二等点 132个。1958—1959 年，中国科学院测量制图研究室与国家测绘总局一起拟定了重力测量细则。此间还研究了快速确定重力点坐标和高程的方法，实验成功的地形气压测高仪，在 30km 范围内的测量精度在 2.0~2.5m，该精度已能满足一般重力点的要求。

由于"57 网"有约 14mGal 的常差，且波茨坦系统已废弃，中国于 1978 决定重建国家重力基本网，即"85 国家重力基本网"。1985 年 9 月，"85 国家重力基本网"建成并正式启用。该网由 6 个基准点、46 个基本点和 5 个引点组成，基准点观测采用了绝对重力测量，基准点和基本点的联测采用相对重力测量，为了扩大重力范围，平差时利用 5 个国际重力基点作为基准点，平差结果的平均中误差为 $8 \times 10^{-8} \mathrm{m} \cdot \mathrm{s}^{-2}$，最大中误差为 13μGal，重力系统属 IGNS-71 系统。

1998 年由国家测绘局发起，总参测绘局和中国地震局参加，开始共同建立"2000国家重力基本网"，经过近三年的艰苦努力，于 2002 年圆满完成。"2000 国家重力基准网"由 259 个重力点组成，其中重力基准点 21 个、基本点 126 个、重力引点 112 个。重力基准点采用绝对重力观测，由中国科学院测量与地球物理研究所、国家测绘局第一测绘大队完成，中德合作的德方仪器 FG5-101 仪器也参加了观测。基准点和基本点用相对重力联测，由国家测绘局第一测绘大队、总参测绘局一大队、中国地震局地震研究所、第二监测中心共同完成。"2000 国家重力基准网"平差结果精度为 7.4μGal，测网覆盖了中国大陆及香港、澳门、南海海域。重力系统属绝对重力系统。在"2000国家重力基准网"建设过程中，还完成了哈尔滨、北京、西安、昆明、南宁 5 个重力基准点和基本点组成的国家级重力仪标定长基线和 8 个（江西庐山、北京灵山、西安沣峪口、成都龙泉驿、昆明狮子山、乌鲁木齐南天山、河南洛阳和辽宁通化）国家级重力仪格值标定场的测定。

二、专题重力网

由地质、矿业、石油、地震、交通、大型工程建设、国防军事等部门和单位根据其本身工作的需要，进行局部范围的重力测量而建立的局域重力网称为专题重力网。它们可以与国家重力基准网衔接，也可能是独立的。几十年来，建立了各种各类的专题重力网。

（一）用于地震监测的重力网（区域重力网）

自 20 世纪 80 年代初，中国地震局地球物理研究所即建立了流动重力监测台网（包括京津唐张地区，30 余年来该网有所扩大），该网的目的是由重力变化监测地震。

根据地震监测的需要，区域地震重力测量监测网一般都布设在地震多发、构造活动强烈地区。最早建立的地震重力监测网是由石油部646厂于1966年建设的河北邢台地震重力复测网，共25个测站，邢台重力小剖面12个站及北京地区重力复测网共22个站。1966年底至1971年初，中国科学院测量与地球物理研究所建立宁北地震重力网。国家地震局及省、自治区、直辖市地震机构成立后，地震监测网得到快速发展，至1980年，全国有河北、河南、湖北、江苏、安徽、新疆、宁夏、福建、广东、云南、四川、陕西、吉林、辽宁、山东等省区的地震机构及国家地震局物探大队、国家地震局综合观测队、国家地震局地震研究所、兰州地震研究所等19个单位开展地震重力测量，共布设区域性测网（环）达46个，测线20多条，重力点2500多个，点距平均为20~30km，基本上都建立在地震多发地区。

从1983年起国家地震局对地震重力测量进行全面清理和评价，1985年完成清理任务。将全国区域性地震监测网调整为33个，测线57条，测站约为2300个。调整后的测网一般都进行过20~30期观测，经过对多期观测成果严密处理后分别于1986年和1988年分两册（1978—1983年，1984—1988年）完成了国家地震局《全国重力重复测量资料汇编》。

进入21世纪，中国境内相继发生昆仑、汶川、玉树等大地震，对中国地震重力测量效果进行了检验，显示出重力测量在地震监测中的重要作用，也对重力网建设提出了新的要求。建立强震地区高密度的跟踪网，利用强震现场研究重力变化与地震的关系。

2001年11月14日，青藏高原北部昆仑山口西发生8.1级地震。震前于1998、2000年对该地区已建成的网络重力网进行观测，震后于2003年增加新观测点进行跟踪观测，跟踪网由绝对重力和相对重力点组成。绝对重力测量由地震研究所用FG5-232完成，相对重力测量由中国地震局地震研究所和第一、二监测中心用LCR仪器共同完成，由于交通条件的限制，测网控制范围较大，但密度仍较稀疏。

2008年5月12日，汶川地区发生8.0级大地震，震后迅速布设大地震应急重力网和科学考察网，应急网一期包括60个测点、64个测段，于2008年5月震后观测；应急网二期包括120个测点、132个测段，于2008年6月观测；科考网包括80个测点、87个测段，于2008年8月观测，网形和应急二期网基本一致。应急网、科考网均采用绝对重力测量和相对重力联测相结合，绝对重力测量由中国地震局地震研究所、国家测绘局第一测绘大队联合承担，后者由中国地震局地震研究所和第一、二监测中心共同完成。

2009年，基于华北震情监测的需要，中国地震局制定了大华北强震强化监视跟踪工作方案，重力测量是强化观测的主要手段之一。根据该地区原有重力工作基础，对首都圈、内蒙古、山西等地震区域网进行整合，在一些重要部位新增240个重力点以增加密度和填补空白。新增绝对重力测量点10个，共920个重力测点构成大华北强震监测重力网，测线总长30 700km，平均点距20km，部分地区50km。全网每年观测2期，绝对重力测量由中国地震局地震研究所承担，相对重力联测由华北地区9个从事地震重力测量的单位共同承担。

2010 年初，中国地震局启动地震行业专项"中国综合地球物理场观测——青藏高原东缘地区"，重力场是该专项的重要组成部分。为此建立专题重力网，由中国地震局地震研究所和第一、第二监测中心共同承担建设任务。此网是在原有南北地震带区域重力网基础上改造、扩建而成，原区域网包括兰州—天水—成都—关中及河西—祁连地区重力网，成都、甘孜和西昌地区重力网，滇西重力网，测点数为 400 个，测段数为 450 个，绝对重力点 10 个，测线总长 21 900km。绝对重力测量由地震研究所承担，相对重力测量由地震研究所和第二监测中心共同完成，2010 年底已完成全网的一期观测。

（二）绝对重力点网

20 世纪 80 年代初，随着可移动式绝对重力仪在国内外研制成功与应用于移动观测，中国陆续建立了一些由专项观测的绝对重力点组建的绝对重力点网。

1980—1981 年，利用中国计量科学研究院 NIM-Ⅱ型可移式绝对重力仪在苏鲁皖境内的郯庐地震带上 4 个测点（沂水、连云港、徐州、怀远），滇西地震试验场 4 个测点（昆明黑龙潭和野毛山、保山、弥渡），北京 4 个测点，测定 12 个绝对重力点。

1981—1983 年，国家测绘局和意大利合作，利用意大利绝对重力仪（IMCG）在中国境内测定 11 个（北京玉渊潭及和平里、三河、西安、郑州、青岛、沂水、连云港、昆明、保山、广州）绝对重力点（郭有光等，1990）。

1988—1995 年期间，国家地震局地震研究所和德国汉诺威大学大地测量研究所在中国云南滇西地震试验场开展重力变化与地震关系的合作研究。利用德方的 JILAG-3 型绝对重力仪在试验区内进行 5 个（昆明黑龙潭和野毛山、保山、楚雄、下关）绝对重力点，北京香山、白家疃和武汉等共 8 个绝对重力点的绝对重力测量，先后于 1990 年、1992 年、1995 年进行 3 次观测，1995 年滇西测点增加了洱源和腾冲。

1990 年，国家测绘局与芬兰大地测量研究所合作，利用芬兰的 JILAG-5 型绝对重力仪在中国境内测定 8 个（北京、哈尔滨、拉萨、昆明、南宁、广州、上海、西安）绝对重力点（丘其宪等，1994）。

1993 年国家测绘局与德国联邦测绘局合作，利用德方 FG5-101 型绝对重力仪在中国境内测定 8 个（北京、哈尔滨、拉萨、昆明、南宁、广州、武汉、西安）绝对重力点。

1996 年，中国科学院测量与地球物理研究所利用购进的 FG5-112 绝对重力仪在中国中部和西南地区建立了由 13 个（武汉、宜昌、恩施、姑咱、西昌、攀枝花、丽江、洱源、下关、楚雄、昆明、南宁）绝对重力点组成的绝对重力网（王勇等，1998）。

2000—2001 年，中国科学院测量与地球物理研究所用自购的 FG5-112，国家测绘局第一测绘大队用自购的 FG5-214，中德合作用德方的 FG5-101 在国内测定了 15 个（漠河、海拉尔、哈尔滨、北京房山、西安、上海、广州、香港、乌鲁木齐、喀什、格尔木、西宁、西藏狮泉河、海口、北京白家疃）绝对重力点。

2001—2003 年，在中国东南沿海的 6 个验潮站上建立了绝对重力观测站，用以研究沿海地区地壳运动和海平面变化，已进行了 2 期观测。

2003 年起，中国科学院测量与地球物理研究所与日本京都大学、日本国土地理院合作，实施"东亚地区重力场变化及地球动力学计划"，在中国境内共布设 10 个绝对重力点进行观测。拉萨地区绝对重力测量用以研究青藏高原的地壳运动及地球动力学问题。先后于 1993 年（FG5-101）、1998 年（FG5-107）、1999 年（FG5-112）、2000 年（FG5-112）进行了多期重复绝对重力复测。

2007 年在中国大陆进行了 12 个观测点的绝对重力观测，组成中国地震绝对重力网，以保证中国地震重力网计算基准的统一，这些点是海南琼中、云南勐腊、西藏拉萨、湖北武汉九峰引力观测站、武汉（IOS，CEA 中国地震局地震研究所重力实验）、四川成都、上海、青海玉树、北京、新疆乌鲁木齐、黑龙江哈尔滨、黑龙江漠河。

（三）中国地壳运动观测网络

1998—2001 年，国家启动"中国地壳运动观测网络"工程（简称"网络工程"），该工程构建了由 25 个基准点、56 个基本点和 1000 个区域站组成的全国统一的地壳运动 GPS 监测网络。同时，在 25 个基准点上进行绝对重力测量，56 个基本点和 25 个基准点间按 100km 点距增设联测点，用相对重力测量进行联测，首次形成覆盖全国与 GPS 站并置的统一动态重力网，简称"网络重力网"，联测点总数约 400 个。全网于 1998 年、2000 年、2002 年和 2005 年完成 4 期观测，其中绝对重力测量由中国科学院测量与地球物理研究所用 FG5-112 绝对重力仪完成，相对重力测量由中国地震局、总参测绘局及国家测绘局用 LCR 重力仪共同完成。在这期间，中美合作，由美国国防影像制图局（NIMA）利用 FG5-107 在昆明、南宁、拉萨等地进行了 1 期绝对重力测量。

21 世纪初，中国地震局启动"中国数字地震观测网络计划"，建立全国统一的数字地震重力网（简称"全国地震重力网"），是该计划的一部分。全国性地震重力网是在网络重力网基础上，增加部分重力联测线，将网络重力网和区域性地震重力网、重力台网联接起来，组成基准统一的全国地震重力网，它由 30 个绝对重力点、407 个基本点和 146 个联测点组成。全国地震重力网将分散布设的地震区域重力、重力台站及国家重力基准网有机地结合为一个整体，平均点距为 100km，能满足全国规模的大尺度重力背景场变化监测的需要，同时对区域网进行有效控制。

（四）中国大陆构造环境监测网络

2007—2010 年，在网络工程基础上，国家发展和改革委员会启动新的重大科学基础设施。中国大陆构造环境监测网络（简称"陆态网络"），是一个以全球卫星导航定位系统为主的国家级地球科学综合监测网络，是中国"九五"重大科学工程"中国地壳运动观测网络工程"的延续，包括基准网、区域网、数据系统三大部分，是中国地震局与总参测绘局、中科院、国家测绘局、中国气象局、教育部合作共建的国家重点科研项目。

陆态网络以全球导航卫星系统 GNSS（Global Navigation Satellite System）观测为主，辅以甚长基线干涉测量（VLBI）、人卫激光测距（SLR）等空间技术，并结合精密重力和水准测量等多种技术手段，建成覆盖中国大陆的高精度、高时空分辨率和自主研发数据处理系统的观测网络。新的工程由 260 个 GNSS 全球导航卫星系统基准点和 1000 个 GNSS 区域点组成。以 260 个 GNSS 基准点为基础，按 100km 的点距增设联测点，用相对重力仪进行联测，并在 260 个基准点中选定 100 个站点进行绝对重力测量，形成陆态网络重力网，总测点数达到 600 个。2010 年完成 1 期观测。绝对重力测量由中国科学院测量与地球物理研究所、中国地震局地震研究所和国家测绘局第一测绘大队分别用 FG5-112.FG5-232 和 FG5-214 完成；相对重力测量由中国地震局地震研究所、第一和第二监测中心、国家测绘局第一测绘大队用 LCR 重力仪共同完成。

第三节　重力观测技术

一、重力仪器

（一）陆上相对重力仪

1949 年以后，西安石油地质仪器厂先后仿制了金属弹簧重力仪、苏式 PAK-3M 石英弹簧重力仪，精度皆为 0.1mGal 量级；20 世纪 70 年代生产的金属弹簧重力仪，精度达到 ±0.05mGal，曾在海南石碌矿区坐富铁矿探测用过。1967 年地质部北京地质仪器厂石英重力仪投产，至 1975 年已生产近 200 台，精度达 ±0.03~ ±0.05mGal。80 年代开始生产 ZSM-Ⅳ型和 ZSM-Ⅴ型高精度、大测程恒温重力仪。上述两厂都试验过由陆上重力仪改装成海底重力仪的工作。1989 年，北京地质仪器厂在 ZSM-Ⅴ型基础上，又研制和生产了 Z-400 型石英弹簧重力仪，读数精度达到 ±0.01mGal（图 4-4-1）。

1978—1986 年国家地震局地震研究所研制的 DZW 型微伽重力仪（朱代远，1986），采用垂直悬挂系统，具有良好的线性。其结构简单，受环境温度、气压影响小，用于长期连续观测固体潮，观测精度达到 1μGal，达到国际同类仪器的水平，填补了中国固体潮仪器观测的空白（图 4-4-2）。

图4-4-1　Z-400型石英弹簧重力仪

图4-4-2 DZW型微伽重力仪

除自行研制相对重力仪外，同时也陆续引进国外的先进的重力仪进行重力测量工作。

从20世纪60年代开始至80年代初，地震重力测量主要使用的仪器为石英弹簧重力仪。这类仪器量程小，受振动、温度等外界干扰严重，仪器零漂大，观测精度一般在50μGal，主要用于大地测量和重力勘探。用这类仪器进行地震重力测量时，通常采取弥补措施，如用2台或4台仪器同时观测，进行温度影响的改正，采用特制的防振装置，缩短闭合时间，以削弱零漂及其非线性影响。通过这些措施，重力测量精度可达到20~30μGal。

20世纪70年代末至80年代初，首先在中美科技合作项目中引进LCR金属弹簧重力仪。80年代中期，国家地震局开始陆续购进LCR重力仪，并逐步取代石英弹簧重力仪。针对LCR重力仪的特点，采用精密重力测量技术和方法，使LCR重力仪的观测精度达到10~15μGal。

20世纪80年代末，加拿大CG-2型重力仪经过技术改进后，形成CG-3.CG-5型自动化石英弹簧重力仪。与LCR重力仪相比，结构简单、操作方便，观测精度与LCR重力仪相当。中国地震局从2009年开始引进CG-5，2010年引进由LCR公司转厂，ZLS公司生产的BURRIES重力仪，用于地震重力测量，这些仪器的精度仍维持在10~15μGal。

中国科学院测量与地球物理研究所与中国地震局地震研究所为满足国家需求已研制成海洋重力仪和航空重力仪。

（二）绝对重力仪

中国计量科学研究院自1965年起开始研制激光绝对重力仪。经过10年努力，1975年研制成功固定式绝对重力仪，测量准确度达到100μGal。1979年该院继续研制成可移式绝对重力仪，准确度为20μGal（图4-4-3）。1980年到巴黎国际计量局世界重力原点进行比对，内符合精度达±16μGal。该仪器重700kg，每测一点的时间是3天，曾在北京等20余城市进行测量。1985年该院用NIM-Ⅱ型可移式绝对重力仪（准确度±14μGal，重量250kg）（郭有光等，1988）在巴黎参加第二次国际绝对重力仪比测。此后，仪器在激光光源等方面有了进一步改进。经与国家地震局合作，在国内多处开展绝对

重力与相对重力联合测量，结果表明其不确定度为
±10μGal；测量速度也大有提高，实现测量与计算自动
化，并于 1988 年 6 月通过国家基金委员会鉴定。该仪器
精度和稳定性都达到国际先进水平，将为提高中国重力
观测精度发挥重要作用。

（三）航空重力仪

　　中国的航空重力测量技术的研究起步较晚，与国际
上技术发达国家相比有较大差距。20 世纪 80 年代末，
中国科学院研制出航空重力仪（张善言等，1990）。总
参测绘研究所在 2002 年通过引进 LCR 航空重力仪集成
了中国第一套实用型的航空重力测量系统，可测量获得
分辨率为 10km，精度 3~5mGal 的地面重力异常。现在，
中国已有多个研究机构正在进行航空重力测量仪器的研
制，可望不久将取得突破性的进展。

图4-4-3　可移式激光绝对重力仪

（四）重力仪器的性能实验、标定及新技术的应用研究

　　随着电子技术的进步，采用 80 年代集成器件对旧型重力仪进行技术性改进与提
高。北京地质仪器厂将原石英重力仪加恒温系统进行温度补偿，提高了仪器的稳定性
和精度。地震部门对原 GS-11、GS-12 型光记录重力仪作电容换能、连续控温等改进，
使其达到 GS-15 型的水平。国家地震局地质研究所采用电磁和静电反馈技术，将重
力仪检测系统由开环变为闭环，实现零位读数，提高了仪器稳定性；其次，采用监测
重力仪摆杆过零位瞬时信息的技术，将叠加于潮汐曲线上的高频信息分出并放大，得
到信噪比很大的地脉动信息，使重力仪变为理想的超低频地震仪（陈益惠等，1987），
用以观测大震前地脉动异常，为地震预报探索新的途径（陈益惠等，1988）。

　　20 世纪 80 年代初，将数字采集与数字滤波技术用于重力观测，实现观测的自动
化、数字化。当时已用 PC-1500 机在野外自动数字采集、计算、存储，经济轻便又不
易出故障，提高了观测精度又避免人为误差和伪数。

　　1982 年中国科学院测量与地球物理研究所建成海浪模拟试验室，它可以模拟产生
不同频率和振幅的正弦振动，为海洋重力仪的动态试验提供了良好条件。

　　1985 年国家地震局地震研究所建成重力试验室，进行地磁、温度、气压等变化对
重力仪性能影响的试验，为中国进行精密重力测量，及对重力仪的性能进行检验和标
定提供较完善的试验条件。

　　武汉地质学院研制的便携式倾斜法格值仪在 1985 年通过鉴定。该仪器用块规使重
力仪器倾斜一个固定角度，以相对的标定方法来标定仪器的格值。该仪器的相对标定
精度可达 1/34~1/44，可以部分地代替野外重力基线场对仪器的标定，现正研制进行绝
对标定的格值仪。

二、重力测量数据处理

随着野外测量和计算技术的发展，重力数据处理和解释方法也取得很大进展。在20世纪80年代，从数据处理、成图到解释的各个环节就已基本实现了计算机化，研制开发了用于数据处理和解释的微机软件包。在当时重力资料解释有两个主要发展趋势：一是采用综合解释，把各种地球物理和地质信息作为统一的系统进行综合解释，其中重磁综合解释主要体现在地质填图和矿产勘查方面，重力与地震的联合解释主要用于深部构造的研究；二是采用计算机模拟技术，即根据先验信息，应用计算机模拟地质体模型，并以模型为指导对目标物进行分析和预测。

（一）重力数据库

在20世纪80年代初，即建立了重力数据库。数据库建在地质矿产部计算中心的M-160计算机上。同时还建立了重力磁带数据文件系统，可以和重力数据库兼容。数据库由重力数据、高程数据和程序三部分组成，可完成各项重力数据的外部改正、数据处理和自动成图。数据库的建成便于数据的检索，实现了重力数据处理、成图和解释的自动化，大大提高了工作效率。

近年来，在军地测绘部门和有关产业部门为其各种专业需要，都建立了各自的重力数据库（刘立言，1986）。

（二）重力正反演

1. 密度界面三维反演

常用的密度界面反演方法有 U 函数法、压缩质面法、空间域迭代法、正则化方法等，当年应用较广的是 Parker–Oldenburg 快速正反演方法，具有计算速度快、精度较高的特点。自1985年使用以来（冯锐等，1986），主要在改善迭代收敛方面提出了一些改进措施，如采用求界面起伏增量的逐次逼近迭代加正则化滤波因子（张贵宾等，1990）；选择滤波器的经验准则，选择迭代加权因了及低通滤波器的截频取值范围（潘作枢和李庆春，1991）。

地震 – 重力联合反演密度界面能起到更强的约束效果，并体现密度模型与地震模型的一致。其中有非块状模型的三维反演（冯锐和陶裕录，1991）；一种以密度等值线表示的梯度模型是将速度等值线变换为密度等值线。计算等值线间地层的重力效应。这种算法现可实现以人机对话方式构制二维密度模型。

关于多层密度界面反演。虽然许多界面反演方法也可进行多界面反演，以及其他一些多层界面反演方法，如应用最优化解线性方程组的 N 层界面反演（陈胜早，1987），利用位场变换法的三维多层界面反演，对垂直叠加异常进行分解后解非线性方程组反演多层界面（刘祥重，1988），但大多数多界面反演方法只适用于界面形态简单、各界面大致平行和同向起伏的情况。多界面反演的效果决定于能否对各界面深度有足够的控制和可靠分离各界面的重力场。

2. 局部异常反演

为构制矿体、岩体和其他地质体模型大多采用计算机模拟。采用的方法一种是最优化反演，另一种是人机对话选择法，两者可以结合起来效果更好。

在最优化反演中，控制随机搜索法能有效搜索目标函数的全局极小点，并可使用约束条件对变量范围加以控制，搜索结果取一组估计值的平均作为最佳估计值。用此方法成功地反演了广西大厂隐伏花岗岩顶面形态（张小路和王钟，1990）。

在微机上进行人机交互式的 2 维、2.5 维和 3 维重磁异常反演，可以在屏幕上显示物体模型和重磁异常图形，可通过光标画出和输入物体模型和修改模型，并可进行重磁异常联合解释（熊光楚，1990）。

利用重力异常与密度的线性关系，对剩余密度给予一定约束范围，反演剩余密度的线性规划方法也有一定进展，提出了有限变量的线性规划法提高反演精度（穆石敏等，1990；汪汉胜，1990）。由于解不够稳定和分辨率较低，这一方法未得到广泛应用。

（三）数理统计和随机过程理论的应用

数理统计和随机过程理论其中包括应用自相关分析确定构造方向，进行重力场分区；应用聚类分析进行异常分类（姜枚等，1982）。利用断层模型重力异常作为子波与实测重力异常作相关分析的相关滤波用于划分断裂和接触带的位置及产状，在秦巴地区确定了深断裂的分布。无须知道信号与干扰统计特征的自调节滤波法可以在非相关的强干扰中划分不同方向的线性弱异常，在内蒙古某火山岩区的强磁场中划分出弱显示断层和接触带（王懋基和张文斌，1992）。

（四）视密度填图

应用频谱法或矩阵法将重力异常反演获得岩石顶面的视密度图，可以提供岩石单元边界和密度的信息。用这一方法在铜陵地区填图中可靠地圈定了岩体边界和密度分布（宋正范，1988）。

中南工业大学（今属中南大学）根据神经网络的思路，应用反向误差传播算法作重力场反演，具有快速、大维数、能充分利用已知信息等特点。在湘南地区进行三维密度填图，圈定了岩体的空间立体分布，取得好的效果。这是立体填图中一种很有前景的方法。

三、重力数据解释方法

（一）解析信号法

解析信号绝对值表示信号能量的包络，其极大值位置反映场源体边界，其半极值点坐标反映场源的埋深。结合重力水平梯度极大值位置可以确定场源的边界、倾向和埋深，这是划分断层和边界的一种有效的定量方法（王懋基和张文斌，1992）。在许多地区的重磁场解释中应用取得了很好效果。

（二）重力场三维曲化平

20世纪90年代发展的三维曲化平方法主要有频率域快速迭代算法（王懋基和张文斌，1992），偶层位法和三角函数法（王万银等，1991）等。这些方法具有精度高，适应性强和计算速度快的优点，曲化平方法当时未得到广泛应用，主要是观测面起伏对高精度重力产生的影响还没有引起足够重视。

（三）均衡异常和均衡原理的应用

均衡异常除用于估计地壳均衡状态外，可以从地形均衡补偿产生的区域异常中分离出由近地表密度不均匀产生的局部异常。这是地形复杂地区圈定局部异常的有效方法。华南地区用于圈定花岗岩分布，在云南圈定出楚雄中生代沉积盆地范围，均获得较好效果。

关于重力均衡的研究，1973年起中国科学院地球物理研究所对青藏高原（Tang et al.，1980；叶正仁和谢小碧，1985）及海南岛—中沙群岛—西沙群岛剖面进行了均衡重力的探讨。国家地震局地质研究所等单位对华北地区、西北地区、山东郯庐断裂带等地亦进行了均衡重力的研究（钱瘦石等，1981；梁桂培等，1983；殷秀华等，1982；冯锐等，1987，1988）。

应用均衡原理计算的自由地幔面深度以及根据实际莫霍面深度与均衡莫霍面深度之差在泉州—黑水地学断面上估计了上地幔密度的横向变化。

第四节　重力学理论与方法研究

一、大地重力学

新中国成立后，中国在地球形状和重力场的理论研究方面开始了新的进步。20世纪50年代，方俊在培养人才的同时，还引进了当时世界上处于领先的莫洛金斯基理论。60年代，方俊在总结了国内外成就的基础上著书《重力测量与地球形状学》；武汉测绘学院天文重力教研组编著了《大地重力学》《地球形状及外部重力场》；1963年许厚泽在对斯托克斯函数的逼近及截断误差研究基础上，指出莫洛坚斯基（Molodensky）的截断系数对于推导垂线偏差并非最优的缺点。70年代以来，中国学者在地球形状及重力场进行了多方面的、很有成效的研究。

在重力模型的研究方面，中国学者将布耶哈默尔（Bjerhammer）球引入多极子模型中进行研究，使得解算更加方便（许厚泽等，1987）；用最小二乘谱组合方法确定重力场；利用多种资料联合求解场的特性，使得场更具有多种信息结构（石磐，1984）。对组合离散状况提出了半核函数方法，并证明了离散状况下扰动位满足再生性质。对奇性弱的点质量模型作了进一步探讨，分析了该方法和斯托克斯理论和最小二乘配置方法的联系，利用泛函分析中 Riesz 表示理论对其解进行了评判，认为它不可能具有最佳逼近和最小模特性，因而不是最佳解（Zhu et al., 1985）。为此提出了地球外部场的虚拟单层密度表现理论，证明了它具有和布耶哈默尔理论一致的优良性质，而且其核函数更简单，将奇异性降低了一阶，故而此方法是布耶哈默尔理论的变换和发展（Hsu et al., 1984；操华胜等, 1955）。

在重力场逼近理论方面，对斯托克斯积分公式在最小二乘逼近的基础上，引入了附加边界值的条件极值逼近和样条逼近，给出了高阶系数的特征性质和近似表示式，将逼近度进一步提高（操华胜等, 1981；许厚泽和朱灼文, 1981；骆鸣津, 1982）。另外，还对椭球上的斯托克斯理论进行了研究，将布耶哈默尔理论推广到顾及扁率一级椭球上的情况，导出了广义的（椭球上的）泊松积分公式和椭球上的 Robin 问题的解，从而给出了椭球上的第一、第三边值问题的解（国家海洋局海洋科技情报研究所, 1979）。此外，对布耶哈默尔问题和莫洛坚斯基问题等方法进行了实用性、方便化的研究。

在基础理论的应用探讨方面，中国学者进行了外空重力场的适应研究（吴晓平, 1984），特别是对顾及地形效应下的外空场适应性和精度状况提出了见解（蒋福珍等, 1982；孟嘉春等, 1986；Chen et al., 1981；许厚泽等, 1978），探讨了大地水准面的地球动力学效应；从动力学角度对青藏高原的大地水准面进行了分析，给出了一些地球物理信息。此外，对中国大地水准面精化问题进行了研究（许厚泽等, 1986），还进行了将 GPS 资料用于确定大地水准面的初步探讨。武汉大学宁津生等利用中国的实际重力资料，结合美国 DMAAC 的 1°×1° 平均重力异常及卫星测高数据，利用卫星位系数与地面重力的联合平差方法，推算出到 180 阶级的 WDM-89 地球重力场模型。这一模型不仅全面反映了全球的重力场，而且较好地反映了中国的重力场。

以上一系列研究成果标志着中国大地重力学理论跨进国际先进行列。与此同时，国家测绘局、总参测绘局及其所属测绘学院、测绘研究所在大地重力学的模型逼近和算子逼近等方面也都做了很有意义的研究。

二、地球重力场和地球形状

（一）边值理论

大地测量边值问题理论是解算地球重力场的核心和基础。现在除了具有地面观测数据之外，还有卫星测高、卫星重力梯度甚至航空重力数据等，这就为求解边值问题提供了多种类型的边界值和边界条件。随着重力场中扰动位的元素不断增加，迫切需要从连续覆盖的观点求解扰动位的边值问题。朱灼文和于锦海等（1992, 1995）提出了给超定边值问题的准解概念，并根据数字理论赋之以严格的定义，并给出了求解原则。随着研究的深入又发表了一些论文（于锦海和朱灼文, 1994；于锦海等, 1995；于锦海和张传定, 2003）。此外，吴晓平（1984）、张传定（张传定等, 1997）、黄谋涛（黄谋涛和管铮, 1994）和黄金水等也做了一些研究（周江文, 1986；刘大杰等,

1991）。武汉测绘科技大学宁津生、边少峰等研究了混合边值问题的数值解法，提出了在频率域中求解和用有限元求解的计算模型，还提出了超定边值问题的样条解法和差分解法（宁津生等，1990a；晁定波和边少锋，1991）。许厚泽和朱灼文（1981）在对斯托克斯（Stokes）函数的逼近及截断误差研究的基础上，提出了高程异常和垂线偏差统一逼近的概念和方法，从而首先在国际上纠正了莫洛坚斯基的截断函数对于推导垂线偏差并非最优的缺点，这将有利于提高大地水准面和垂线偏差的计算。从数据离散分布的观点求解扰动位边值问题属于算子方法。从实用看，骆鸣津（1965）提出的理论是算子方法的一种。该方法保持了莫洛坚斯基方法的理论优点，但绕过了这一方法以复杂的似地形表面作边界面带来的困难，而代之以虚拟球面。20世纪80年代，许厚泽和朱灼文（1984）又提出虚拟单层密度法，它在理论上适于全球解，实用上更适于局部离散逼近解。21世纪初，郝晓光等以水准椭球表面的正常重力为边值条件，解算出地球正常密度函数和地幔正常密度函数（郝晓光和刘根友，2002，2004；郝晓光等，2009）。

在逼近截断计算中，考虑到更有效地应用快速傅里叶变换（FFT）技术提高计算速度，1993年，管泽霖、宁津生提出了一种同时对积分域和核函数截断的新方法：在内域仅取斯托克斯函数的主项（$\csc\psi/2$），由此产生两类性态优良的截断系数公式；提出了在局部重力场逼近中采用B样条拟合离散重力异常或格网平均重力异常。该方法克服了以前采用的样条函数使积分只能在中央区进行的局限。在计算方法上对FFT算法进行了大量研究试验（管泽霖等，1993）。继斯特朗（Strang）于1990年导出斯托克斯积分的球面褶积形式后，王昆杰和李建成（1993）导出了维宁－曼尼斯（Vening-Meinesz）公式的球面褶积形式，同时提出了利用旋转坐标系的方法消去上述褶积形式中存在的近似项误差。宁津生等（1993）又提出一种类似于FFT且与其有密切关系的快速哈雷（Hartley）变换（FHT），有比FFT更快的计算速度。为了快速计算，孟嘉春等（1998）对沃尔什－傅里叶（Walsh-Fourie）变换做了有益的研究。罗志才（1996）、徐新禹等（2009）为更精细地研究地面重力场，对卫星重力梯度的应用做了研究。

（二）重力场变化及其模型

地球重力场模型是指地球引力位按球谐函数展开中引力位系数的集合。传统的地球重力场的测量方法主要包括3种：地面重力观测技术、海洋卫星测高技术和卫星轨道摄动技术。传统重力测量技术的固有局限性导致地球重力场在100~5000km空间分辨率范围内的测量精度较低，因此无论是由3种传统重力测量技术单独或联合测量建立的地球重力场模型都难以满足现代科学和国防发展的需求。

中国首先研究构制地球重力场模型的机构是中国科学院测量与地球物理研究所。1971年，该所基于1966年史密森（Smithson）地球模型1°×1°平均重力异常，应用联合平差计算，构制出中国第一个地球重力场模型。此模型完全阶次到14，共有299个位系数。该模型虽未公开发表，但已在一些任务中得到应用。1977年，西安测绘研究所先后研制了2个地球重力场模型：DQM77A和DQM77B，分别用重力异常积分和联合平差方法计算，完全阶次为 22 阶和 20 阶。1984 年，该所又研制了 4 个地球重力模型：DQM84A，DQM84B，DQM84C 和 DQM84D。与国外同阶次的模型比较，在表示中国局部重力场方面其精度得到了一定程度的改善，使 5°×5° 的平均重力异常的精度为 $7×10^{-5}m·s^{-2}$，高程异常精度为 1.87m，该结果已在国防和地学等科研部门得到了应用。

1989 年，宁津生等（1990b）基于全球卫星跟踪数据、卫星测高数据和地面重力数据，采用联合平差的方法研制成功中国第一个高阶地球重力场模型 WDM-89，完全阶次为 180。通过各种比较检验，该模型优于国内外当时已公开的其他地球重力模型，表示中国局部重力场，精度提高尤为明显。这一成果在中国测绘、地质、地球物理和军事部门有着广泛的应用。目前已普遍用于 GPS 大地高求正高或正常高以取代低等级水准测量，同时用于研究中国及周围地区上地幔形态特征。初步研究表明，WDM-89 所提供的大地水准面起伏在许多方面反映了这种特征的影响。

1993 年，中国科学院测量与地球物理研究所利用中国重力资料和 OSU91 模型，采用剪接法并按椭球调和展开求得一个符合中国重力场的 360 阶全球位模型 IGG93。该模型比 OSU91 模型精度提高了 3 倍，在青藏地区，重力异常模型值的均方误差为 ±11.8mGal。根据这一成果，研究了青藏大地水准面的特征及其与地球内部构造和活动的关系，指出场源物质分布主要在地球深部乃至核幔边界，而它的形状起伏则与地幔构造相对应，岩石层的构造则反映了大地水准面的局部特性。利用这一模型及其他资料，还计算了珠穆朗玛峰的大地水准面及海拔高度，指出该处的大地水准面在参考椭球之下 30.36m，而珠峰的高度为 8847.82m（陆洋和许厚泽，1994；陆洋等，1998）。同样在场源研究方面也有所探讨（方剑和许厚泽，2002）。

1994 年，宁津生和李建成利用全球较新的 30′×30′ 和中国较高精度的 30′×30′ 平均空间异常，研制成 360 阶 WDM94 重力场模型。模型中的高阶部分按严密的椭球谐分析求取，低阶部分则由地面的资料与 $GEMT_2$ 的结果进行联合平差求得。经比较，椭球谐分析优于球谐分析，可使全球 30′×30′ 重力异常的精度达 $8.734×10^{-5}m·s^{-2}$。大地水准面的精度可达分米级，精度要比以往的国内外的模型高（宁津生等，1994）。CQG2000 是中国新一代似大地水准面模型，它是在莫洛坚斯基理论基础上建立，并为实际采用的模型（李建成等，2003）。总参测绘局西安测绘研究所也在国内外已有资料的基础上研制成 360 阶 DQM94A 和 B 地球重力场模型。在构制模型时也是用椭球谐分析代替了球谐分析，并依据赋权方式分 A，B 两种模型，同时提出了局部积分改进谱权综合法和严密的赋权公式的新方法，从而提高了解算精度。与初始模型 OSU91A 相比较，境内的重力异常精度提高 1 倍多，大地水准面的精度提高了 60%。此外，为适应某些部门的需要，还构制了 DQM94C，它是中国第一个分层质点模型，使计算高空重力场时更为方便。航天、地质等部门已于 1995 年应用 DQM94 模型，并反映 DQM94 模型可获得当前中国重力场最好的逼近精度。经比较 DQM94 与 IGG93 很为接近，即使在特高山区的珠穆朗玛峰，两者的大地水准面之差仅为 3cm（石磐，1994；夏哲仁等，1995）。

李斐和鄢建国等还对月球重力场及其特征进行了探索（李斐等，2006；鄢建国等，2006）。

（三）大地水准面与地球形状

在卫星重力技术出现以前，莫洛坚斯基理论中的天文重力水准是测定高程异常差的最好方法。中国的天文重力水准网在世界上堪称是最完善的，由天文重力水准得到的中国高程异常图在中国天文大地网的建立和平差中起着重要的作用。从20世纪50年代末起，在方俊领导下，许厚泽、骆鸣津首先研究了天文重力水准网的最优布设方案。天文重力水准理论是莫洛坚斯基理论。以方俊、许厚泽为首的研究小组从20世纪50年代中期开始，对此开展了广泛研究（方俊，1958，1959；许厚泽和杨慧杰，1962；许厚泽和蒋福珍，1964；许厚泽，1963；B.B. 布洛瓦尔等，1958；中国科学院测量制图研究所重力组，1959；骆鸣津，1965）。1957年，中国科学院测量制图研究室与国家测绘总局重力队一起制订了平原和山区天文重力水准的"重力测量计划"。方俊提出了沿全国一等三角锁布设高精度和低精度两种天文、重力水准路线的实施方案。这一方案与苏联采用的密布法相比，在平原地区重力点的数目可减少40%，山区可减少1/3，节省了人力、时间和经费。1958—1961年，针对中国平原、山区的不同条件，许厚泽等建立了14 000km^{2}的鄂西北天文重力试验场，开展天文、重力水准布设与计算的试验研究。研究结果表明，利用天文水准代替天文重力水准既保证了精度，又减少了工作量。试验中进行了用间接内插法获取高精度空间异常的试验，也得到了很好的结果。1958年，方俊在天文重力水准计算中提出了以平均重力异常为基础的方俊模板代替莫洛坚斯基的椭圆–双曲线模板，使计算大为简化，且精度提高。《天文、重力水准的方俊模板》（俄文版）在《中国科学》上发表后，很快引起国际上重视，先后被编入苏联、东欧及中国的教科书中，称为"方氏模板"，还被莫洛坚斯基的著作所引用。1979年，方俊又设计了按单个天文点先行计算，避免了大量的重复计算，且适用于电子计算机运算。1961—1965年期间，许厚泽在天文重力水准方面提出了用极圆模板代替莫洛坚斯基的椭圆双极模板，大大提高了计算精度并使计算简化，该模板1964年被国家测绘局编入《重力内业计算细则》（丘其宪，1964）。

1957年，苏联第一颗人造地球卫星发射升空，人类开始进入航天时代。方俊看准了中国在不久的将来也一定会发射人造卫星，他确定测绘保障也必须要跟上。他一方面向钱学森建议，发射卫星必须考虑地球重力场的影响，另一方面他在所内亲自向研究生、年轻的科研人员讲授"天体力学"、"地球形状和地球重力场"，并让科研人员沿着这个新方向开始地球重力场对卫星轨道的摄动，利用摄动理论研究地球形状和地球重力场，利用重力资料推算高程异常和垂线偏差，以及利用卫星观测资料研究地球形状和地球重力场等有关课题。他编写的《地球形状和地球重力场（上）》一书于1965年由科学出版社出版。此书成为完成航天、导弹发射等任务中测绘保障的理论基础（下册由于"文革"的影响，1975年才出版）。因方俊的贡献，1978年获全国科学大会奖。

1963 年，许厚泽（1963）改正了莫洛坚斯基对垂线偏差逼近公式的不足，首次建立了一种高逼近级的高程异常和垂线偏差统一逼近模型理论，比日本学者萩原幸男同类文章早发表 7 年。1965 年，骆鸣律研究的《用球函数解算重力测量的基础微分方程》一文发表在《测量与地球物理集刊》第 2 号上，这与国际上著名地球物理学家布耶哈默尔于同年发表的观点一致。1966 年 3 月—1967 年 7 月，在许厚泽主持下，中国科学院测量与地球物理研究所重力组在国内首先进行垂线偏差对惯性导航的影响及太平洋地区垂线偏差分布的研究。这项工作是在以钱学森、方俊为顾问，以王尚荣为组长的"地球引力场研究"专门小组直接领导下进行的。

1966—1971 年，中国科学院测量与地球物理研究所承担了国防科委下达的"701"任务。为中国第一颗人造卫星——东方红一号发射任务服务，确定卫星发射站及跟踪站的地心坐标。方俊被钱学森聘请为任务组顾问。测量与地球物理研究所负责总体方案，总参 57652 部队完成野外工作。中国科学院测量与地球物理研究所组成任务组（主要成员为曹伯强、郑伯荣、熊行政等，有时多达 28 人）历时 3 年，大多数是手工操作，首次采用重力方法确定大地坐标系及地心坐标系的差值，然后将大地坐标系转换为地心坐标系，最后提交发射站及跟踪的地心坐标，大地坐标及二套高程异常、二套垂线偏差等数据结果给有关部门。该成果直接用于东方红卫星的发射。直到 1979 年，被新的成果所替代。为了验证结果的正确性，方俊单纯用全国大地水准面进行平差求得二个坐标系的差值。

1966—1967 年，在许厚泽主持下，重力组在国内首先进行垂线偏差对惯性导航的影响及太平洋地区垂线偏差分布的研究。1970—1971 年，重力组承担了"705"任务，即全球重力场研究，构建了中国第一个顾及中国资料的全球重力场模型（14×14 阶次），共有 299 个位系数。设计出高空扰动位重力赋值方法及平均重力异常估算方案，于 1971 年向七机部一院提供了全球重力场 1°×1° 平均重力异常值和全球重力异常图、14 阶球谐函数系数及有关重力场常数。由似大地水准面推求大地水准面也做了不少研究（蒋福珍和任康，1996；张赤军，1993，1997；边少锋和张赤军，1999；郭春喜等，2008）。

三、地球潮汐

（一）地球潮汐观测

中国在固体潮观测与研究方面的工作起步较晚，20 世纪 50 年代末，根据中苏两国科学院的协议要求，中国科学院测量与地球物理研究所与苏联科学家合作，在兰州开展了中国第一次重力固体潮观测。方俊以 1957 年国际地球物理年开展围绕地球潮汐观测为契机，在中国率先开展了固体潮的研究（方俊，1985）。20 世纪 60 年代初期开始引进 GS-11 重力仪，随后在中国科学院测量与地球物理研究所第一研究室建立固体潮研究组。1978 年，方俊应比利时皇家天文台的邀请率队出国访问，和比利时梅尔基奥尔（P. Melelsior）合作完成中国 9 个站的重力潮汐观测，双方共同发表了中国固体潮观测的论文。从而，填补了中国在这一领域的空白。方俊的专著《固体潮》于1984年出版，为开拓这一工作打下了基础。由于方俊在观测固体潮做出了重大贡献，于1982年当选为国际地潮常设委员会委员。自20世纪80年代以来，中国在该领域的研究取得了长足的进步。80年代，中国科学院测量与地球物理研究所引进了当时世界上最先进的拉科斯特（Lacoste）G型、ET型重力仪和超导重力仪，在武汉建立了重力固体潮观测站，并与比利时、德国和英国等相关研究机构开展了广泛、深入的合作，建立了横贯中国大陆的东西重力潮汐剖面、南北沿海重力固体潮剖面、南极长城和中山永久重力潮汐观测站，并建立了武汉国际重力潮汐基准（毛慧琴等，1989；宋兴黎和毛慧琴，1991）。

早在1959年，中国科学院测量与制图研究室和苏联科学院地球物理研究所就在兰州建立了重力固体潮汐观测站。1968年，中国科学院测量与地球物理研究所在武昌建立了重力固体潮汐观测站。最早用于地震监测的重力台站是1967年春，在河北武清（现天津武清区）架设的一个临时重力台站，利用沃登重力仪进行每小时目视观测；同年夏正式兴建北安河重力台站。同时先后在泉州、广州、沈阳、乌鲁木齐等地建立重力固体潮汐观测站。直至1983年，全国主要地震活动区布设重力固体潮台站17个。1983—1985年，通过对台站布局及仪器等进行清理、改造，数量和质量均在不断提高。真正意义上的组网观测（仪器统一标定、资料统一处理）始于1979年中比重力固体潮合作观测与研究项目。

中国与比利时重力固体潮合作观测和研究是政府间的科技合作项目。执行单位比方为比利时皇家天文台，负责人为台长、国际固体潮中心主任梅尔奥尔，中方为中国科学院测量与地球物理研究所和国家地震局地震研究所，负责人为方俊、许厚泽（中国科学院）、李瑞浩（国家地震局）。根据该项目的协议内容，由比方携带1台LCR重力仪和3台Geodynamics（地球动力学）重力仪在中国建立一个由8个台站组成的重力固体潮观测台网，作为国际固体潮中心"全球重力固体潮剖面测量"的组成部分。8个台站是北京、武汉、广州、兰州、昆明、乌鲁木齐（以上属国家地震局管理台站）、上海天文台（属中国科学院台站）以及1974年比方在香港建立的固体潮观测站。从1979年7月至1980年上半年，由比方携带的仪器在上述台站相继观测半年至1年。在这期间，中方有2台GS重力仪在昆明和乌鲁木齐参加比方观测，国家地震局地震研究所利用 CO_2 石英弹簧重力仪完成了上海天文台的重力固体潮观测，并增加沈阳和青岛两台站进行为期半年至1年的重力固体潮观测。

中国与比利时重力固体潮合作观测与研究项目为地震重力潮汐台网建设提供了科学标准，并很快在全国推广。到1993年，经过优化、改造后的地震重力台站增加到22个，观测质量及资料的连续性等都有很大提高，整体水平接近国际先进水平，成为中国第二代地形变监测台网的主要组成部分。"九五"期间，国家地震局实施"地震前兆观测台网技术改造"，主要内容是推进前兆观测的数字化，进一步改善台站观测条件。"十五"期间，在调整和扩大数字化台网规模的同时，推进台网的网络化。在这期间，地震重力台网增加到30个。郗钦文还对引潮位的展开做了深入研究（郗钦文，

1999）。

2000年中国科学院测量与地球物理研究所许厚泽等在中比、中英和中德国际合作基础上，利用高精度超导重力观测结果为建立点重力台网和固体地球潮汐研究提供了重要参考（许厚泽等，2000）。武汉国际重力潮汐基准是亚太地区唯一的重力潮汐基准，为后续的中国大陆构造环境监测网络布设定了基准。

（二）潮汐变化及其模型

地球的潮汐形变实质上是地球在引潮力作用下的受迫运动，是一个纯粹的地球物理学问题，满足最基本的牛顿运动定律；而地球引力位的扰动满足泊松方程，这二者就构成了地球潮汐的基本运动方程。结合地球介质的本构关系，利用地震学、天文学和大地测量学观测所获得地球的形状、内部界面的分布、内部介质的分层以及基本物理参数（包括密度、拉梅参数等）的分布等，通过潮汐运动方程的求解，即可获得勒夫数的数值解。中国学者采用不同数值积分方法和地球内部不同构造模型，开展了这方面的研究工作，获得了一些有意义的结果。总的来说，由于作用的引潮力是已知的，地球的潮汐运动是目前唯一可以精确预测到的地球物理现象。与其他所有的受迫运动一样，地球的潮汐运动也可以分解成地球所有简正模"共振"运动之和。潮汐运动的主要频段是周日、半日和1/3日，其频率与地球自由振荡的频率相差甚远。由于固体地球总体由固体地幔、流体外核和固体内核组成，核幔边界存在微小的椭率。地球固体地幔与流体外核的自转轴也存在差别，因此地球存在一个非常重要的自转简正模，其周期大约为1天，通常被称为"近周日自由摆动"，在惯性参考系中表现为"自由核章动"，这个简正模的存在将导致周日潮汐勒夫数出现非常显著共振放大现象。此外，固体潮的周期介于地震波周期和地壳构造运动周期之间，其观测与研究有利于深入了解地球对于各种频段信号的响应特征，为认识地球内部结构提供非常有效的约束（徐建桥等，1999，2001；孙和平等，2005a）。

1996年中国科学院测量与地球物理研究所许厚泽、李国营等建立了考虑自转微椭、非均匀地球的潮汐变形理论，这是国际领域最早期的研究工作之一（李国营等，1996）。

（三）负荷潮汐

早在20世纪70年代，许厚泽所提出的重力潮汐理论值算法已为中国地震部门采用。80年代，他领导建成了具有国际先进水平的中国重力潮汐基准以及中国沿海及东西重力潮汐剖面，给出各种精密天文、大地与地球物理测量的潮汐改正模型，研究了具有特色的褶积与球谐函数相组合的海洋负荷的解算方法，发展了顾及地幔侧向不均匀性、椭率、自转及滞弹性的地球潮汐理论（许厚泽等，2010）。1997年，许厚泽在任国际固体地球潮汐委员会主席期间，与美国、加拿大科学家一起倡导了"全球超导重力仪观测的地球动力学研究计划"，利用武汉及全球超导重力仪观测网络资料，检测出地球液核近周日摆动及海洋和大气的重力效应。1986年，中国科学院测量与地球物理研究所根据学科发展的需求，经中国科学院批准，在武汉市郊九峰山地区建立动力大地测量中心实验站，继续进行重力固体潮及相关学科的观测与研究工作，并参与国际GGP（全球地球动力学计划）。至今，该实验站已被纳入国家野外观测站，在海洋大气负荷方面有了更深入的研究（周江存和孙和平，2007；孙和平等，2001；罗少聪，2003）。

1982年许厚泽等发展了重力负荷潮汐计算近区用格林函数与海潮潮高/相位的直接叠积与远区球协函数展开的"远近区结合"方法，在保障计算精度前提下，大大提高了计算速度。同时还研究了不同地球模型和球谐函数展开截断阶数对计算结果的影响。2005年孙和平等提出了顾及不同潮波振幅特征计算重力台站观测和剩余残差矢量的"非等权均值法"，用于检验全球海潮和固体潮模型适定性，可为国家基础测绘提供高精度海潮和重力潮汐模型参考（许厚泽等，1982，孙和平等，2005a）。

20世纪80年代中期，李瑞浩、江先华、孙和平等完成了弹性地球的海潮负荷问题研究。这是中国最早完成的较为系统的海潮负荷研究成果。构建新的地球模型负荷形变的响应函数，把仅限于地球表面变形拓展到地球深部，首次获得了地球弹性变形特征值的深度分部和三类变形参数间的理论检验公式；采用欧拉变换和FFT相结合的方法，取得了球谐展开超大方程组解算方法等方面的突破，成果中获得的东南亚地区海潮负荷数据已经被国际地球潮汐中心（ICET）采用（李瑞浩和江先华，1988；江先华和李瑞浩，1987；孙和平，1987；孙和平和胡延昌，1988）。

气压变化受众多因素影响，大气压变化会导致大气密度的变化，不同密度的空气交替会引起大气质量变化，在低气压时，密度大的空气将被密度低的空气替代，在高气压时，密度小的空气将被密度大的空气替代。研究表明类似于海洋重力负荷问题，而它对重力场观测的影响可归类为：大气质量变化引起的直接效应，大气质量负荷作用下弹性地球产生的变形效应，由于地球变形使内部质量重新分布而引起的附加效应。1995年孙和平等基于标准大气定律和大气圆柱体分布模型，在球形、非旋转、各向同性分布的弹性地球模型基础上引进并构造了大气重力格林函数，解决了质量密度随高程分布复杂的大气负荷理论问题。为高精度超导重力技术研究地球内部结构与动力学的大气重力负荷改正问题提供了重要参考（Sun et al, 1995；Ducarme et al., 1999；孙和平和罗少聪，1998）。

冰川均衡调整（GIA）过程是地球受冰负荷和相应海水负荷的激发，主要体现为地幔物质的流动、地壳的运动和地球重力场的变化。通过GIA过程的正反演解释，能够揭示地幔对流、地球热演化、地震活动、海平面变化等关系。中国的GIA研究主要是基于全球角度展开的，并取得有益的进展。2010年许厚泽等著《固体地球潮汐》中已经述及（许厚泽等，2010）。肖强和许厚泽（1990）基于频率依赖黏滞度模型解算了地球对表面负荷的脉冲响应，指出地幔黏滞性对GIA长期过程起重要作用。孙付平（孙付平和赵铭，1997；朱新慧和孙付平，2005）利用VLBI检测到GIA的水平运动。王贵文（2008）利用GPS监测解释了南极GIA；杨志根（1999，2001）从极移和地球自转速率变化估计了下地幔黏滞度。汪汉胜等则研究了球对称粘弹地球的负荷问题，提出了计算负荷勒夫数的稳定算法，用数值论证了简正模分析中地球模型分层简化的可行性，并将这些方法用于青藏高原的 GIA 研究；发展了横向非均匀地球负荷的有限元算法。该算法考虑自吸引海洋的海平面方程；他们还发现横向非均匀对地壳运动速率、RSL、地球重力场有显著影响，特别对北美横向非均匀模型进行了预测（Wu et al.，2005）。

（四）地球潮汐应用

中国重力固体朝观测与研究始于 80 年代与设立于比利时皇家天文台的国际固体潮汐研究中心的合作，随着观测仪器的不断发展和精度的提高，尤其是超导重力仪器的成功安装和长期观测资料的积累，在国际合作基础上开展了地球动力学、内部结构和地震应用方面的研究，取得了一系列较重要的成果。

1. 中国大陆潮汐因子的空间分布

20 世纪 80 年代中期，中国地震局系统李瑞浩等利用中比合作观测成果及其地震系统独立的重力固体潮网络 10 多个台站的 17 台仪器架次 2890 天的固体潮观测资料，用卡特莱特（Cartwright）的完全展开和维尼迪可夫（Venedikov）调和分析方法，研究了中国大陆重力固体潮空间分布特征，研究了弹簧重力仪对地球潮汐的相应特征，首次绘制了中国大陆重力固体潮潮汐因子空间分布图。结果表明中国大陆潮汐因子具有区域特征，受海潮影响明显，其影响具有两个特点：一是 O1 波负荷效应大于 M2 波，它反映出南中国海周日海洋潮汐大于半日海洋潮汐，这是世界少有的特殊现象；二是在兰州附近出现"重力负荷无潮点"。潮汐因子的空间分布特征及其变化可为研究地震和地球横向不均匀结构提供有效背景资料（李瑞浩等，1997，1998）。

2. 地球自由振荡现象检测

20 世纪 60 年代之后，方俊（1986，1987）发表了对地球自由振荡的研究成果。1985 年，傅承义等在《地球物理学基础》一书中，推导了计算地球自由振荡的理论公式。1990 年，方俊（1990a，1990b）通过计算认为，由于环型振荡方程远比球型的简单，故将整个计算程序分两步进行，即先应用环型振荡数据推求地幔中的一个参数，然后用球型振荡数据做全球反演。雷湘鄂、许厚泽、孙和平等检测到大地震激发的地球自由振荡全部振型（包括 42 个基频、2 个径向和 49 个谐频），利用武汉超导重力仪观测资料发现了大地震激发的球形振荡谱峰分裂现象，发现了由于地球椭率和旋转导致的低阶振型的谱峰分裂和因科里奥利力导致的环型球型耦合现象，检测到与地幔横向介质和内核各向异性有关异常谱峰分裂现象，获得了内核可能具有分层结构特征的证据，可为认识地球内部结构提供重要手段（雷湘鄂等，2002，2004；Park et al，2005；胡小刚等，2006；Hu et al，2009）。

3. 液态地核的动力学效应检测

随着 80 年代美国高精度 GWR 超导重力仪的问世与在世界各地使用，利用地表重力观测研究液态地核的动力学效应成为可能。自 2002 年以来，许厚泽、孙和平等利用"国际地球动力学（GGP）网络"超导重力仪器观测资料，检测到当今国际地学界广泛关注的"地球液态地核近周日共振（自由核章动）现象"，揭示了其与重力过程的紧密联系，精密确定了共振参数（包括共振周期、共振强度和反映地球内部介质特征的品质因子 Q 值等），为认识地球深内部结构提供重要佐证。孙和平等发现了真实液核动力学椭率比流体静力平衡假设下的理论值约大 5% 的重要现象，崔小明等发现自由核章动的 10 年变化规律和核幔边界电磁耦合对其的激发作用（Sun et al，2004，Xu et al，2004；孙和平等，2004，2005a，2009，徐建桥等，2009，崔小明等，2013）。

4. 地球核幔边界黏滞系数

利用解算到的液态地核共振参数（品质因子 Q 值等），孙和平等首次利用重力技术获得在国际上有争议的地球核幔边界黏滞系数在 10^3Pa·s 量级，比高温高压物理实验、地震和磁流体动力学结果更趋合理，与最新空间大地测量 VLBI 结果一致。为探讨地球深内部结构开辟了新技术与方法（孙和平等，2009；崔小明等，2012，2013）。

5. 地球固态内核平动振荡检测

孙和平等利用 GGP 网络超导重力观测资料，开展了小波技术检测亚潮汐频段的特征信号，发展了全球台站资料的叠积技术，利用重力技术检测到尚未完全认识的地球固态内核平动振荡（又称 Slichter 模）现象的存在，讨论了其力学机制。揭示了 8 组公共谱锋，其中 3 组与美国科学家史密斯（Smith）理论相一致，获得了共振周期和品质因子等重要参数，属国际同行领域最早期工作之一，相关工作对认识地球深内部动力学具有重要意义（孙和平等 2004，2006；徐建桥等，2005；江颖等，2016）。

6. 重力固体潮实验模型

孙和平、徐建桥等在国际上首次根据全球 20 个台站的高精度超导重力仪观测资料，在全球资料叠积解算液核的近周日共振参数的基础上，构制了考虑地球液核动力学效应并用作者姓名命名的 SXD 重力固体潮实验模型（即孙和平徐建桥 Ducarme 固体潮实验模型），该模型较国际著名的 DDW 纯重力潮汐理论模型和马修斯（Mathews）基于 VLBI 和考虑核幔边界电磁耦合效应构制的重力潮汐理论模型十分接近，具有良好的一致性。该模型可为地表和空间大地测量提供精密固体潮改正（孙和平等，2003，Xu et al，2004，许厚泽等，2010）。

7. 地球极移和海洋极潮

在考虑大气改正和全球水模型的陆地水负荷效应基础上，胡小刚等和陈晓东等利用全球超导重力台站的重力长期观测精确提取到极潮信号。同时还研究了海洋极潮对地表重力极潮的影响，数值结果表明，海洋极潮负荷对重力极潮因子的影响在 1% 的量级，因此精确的极潮信号提取需要考虑海洋极潮负荷效应（Hu et al，2007；Chen et al，2008，2009）。

8. 重力非潮汐变化与地震

经过多年研究发现重力潮汐因子的变化与地震间的关系。1973 年 2 月 6 日四川炉霍 7.0 级地震，1976 年 5 月 29 日云南龙陵 7.3 级地震，1976 年河北唐山 7.8 级地震以及 2008 年 5 月 12 日汶川地震等，多观测到地震前约 1 年时的重力潮汐因子持续趋势性变化，变化量达到 5%~10% 量级。采用从潮汐观测中提取非潮汐信号，用研究地震前兆，即，将扣除观测潮汐信号中由日月等天体导致的理论潮汐信号（理论值），在得到观测残差序列中提取地震前兆信息（李瑞浩，1988，胡小刚等，2006，2009；Hu et al.，2014）。

9. 地震检测与震源机制解

地球自由振荡的振幅和地震的震源机制有密切的关系，利用长周期自由振荡的观测可对地震的震源机制解实施约束。江颖等，胡小刚等通过理论计算发现标量地震矩 M_0 对自由振荡振幅的影响较大，而断层走向、倾角、滑动方向角和震源深度对自由振荡的振幅影响较小。从而判断不同震源机制解中的地震矩与实际观测符合程度，哪个震级能较好反映地震释放的总能量。在此基础上，联合远和近场观测数据联合反演得到显著改善体波的震源机制解，因此地震后的自由振荡信号可用于约束地震震级和检验地震的震源机制解，它也是目前唯一可对震源机制解进行总体检验和约束的重力学方法（江颖等，2014；Hu et al，2014）。郝晓光、胡小刚等在大地震前连续重力观测中发现了特殊的重力扰动现象（郝晓光等，2001，2008）。中国地震局的重力台站也发现一些潮汐记录曲线在地震前数小时记录中出现异常现象。华中科技大学张雁滨、蒋俊等（2008，2010）也发现并研究了这种现象。由于以往的模拟记录难以进行定量分析，现今的数字记录将为研究这一新的现象提供可能。

10. 潮汐应力对地震的触发作用

20 世纪 70 年代末，高锡铭（1981）研究了固体潮对地震的触发作用，曾选用 1957 年以来有精确断层面的 80 个震级大于 5 级的地震，研究其发震时刻对于潮汐流体静应力、潮汐最大剪切力、沿断层错动矢量的潮汐剪切力的相位分布。结果表明，潮汐流体静应力与地震发震时刻没有明显关系，潮汐最大剪切力对地震有一定触发作用，沿断层错动矢量方向的潮汐剪应力的触发作用尤为明显。

四、地球内部构造研究

地球内部的研究是一项综合性的研究课题，重力方法是其中之一。应用重力异常资料解释地下密度界面起伏的理论和方法早已被研究，但用于实际探讨地壳构造始于 20 世纪 60 年代后期及 70 年代初。当时国家地震局郑州地球物理勘探大队、辽宁地震队等单位，根据重力异常资料采用解析延拓等方法计算深部重力异常，给出了华北、东北等地区一系列重力剖面的莫霍界面深度分布，以及结合地磁、地质等资料、综合地球物理及地质的地壳深部解释剖面图。同时，中国科学院地质研究所、地球物理研究所等单位，用日本坪井忠二的 $\sin x/x$ 方法，根据华北、渤海等地区重力资料，估算了华北地区和一些剖面的地壳厚度、莫霍界面分布轮廓等；应用西藏珠峰地区重力资料估算其地壳厚度分布，指出在地形高程最大的珠峰地带地壳并非最厚之处这一特点。此后，在参考前人方法的基础上，提出用压缩质面反演地下密度界面深度的方法（刘元龙和王谦身，1977a），并在 1975 年海城地震后，首次用以解释辽南沈阳、海城、营口地区地壳深部构造特征（王谦身和刘元龙，1976），提供了研究海城地震发震的深部地壳背景资料。

自 70 年代中后期起，许多单位的专家学者应用各种不同的重力反演方法及统计方法，对不同地区、不同构造单元的沉积岩底部界面、莫霍界面等各种密度界面的深度分布、起伏轮廓进行了计算或估算；同时进行了相应的地质分析与解释，并联系大地构造、地震活动以及矿产资源分布等开展了各种研究目的的探讨和应用研究（卢造勋，1983；刘元龙和王谦身，1977b，1978；钱瘦石等，1981；王谦身等，1982；朱夏，1983；中国科学院华南富铁科学研究队，1986；晏贤富，1981；梁桂培等，1983；王懋基，1981；殷秀华等，1982）。结合深地震编制出莫霍界面深度图，配合地学大断面构制不同地区的岩石圈密度模型，查明上地幔密度的分布，发现了东南沿海存在低密度上地幔。在地壳模型基础上进行深部构造与成矿研究，以及区域成矿远景预测（王懋基，1988）。这不仅使地壳构造研究得到深入和进展，并取得相应的社会与经济效益。

在提高解释方法的精度方面，80年代以来已做出努力，由二维发展到三维反演方法，并用于实际地壳构造的解释（赵文俊等，1983；冯锐，1985，1986）。

重力反演与其他地球物理反演问题一样，存在解的非唯一性。因此，重力反演结果同样也需要与深地震测深、地磁、地电等资料结合起来对照比较，进行综合解释，缩小不确定性，提高解释结果的可靠程度。

五、重力场变化与地震关系研究

（一）动态重力测量（地震重力测量）

动态重力测量用于地震监测开始于20世纪60年代。1966年3月河北邢台地区先后发生6.8级和7.2级强烈地震，造成严重破坏、伤亡及财产损失。为响应周恩来总理提出的"我们应当发扬独创精神来努力突破科学难题"的号召，中国科学院和石油部有关人员首先在邢台和北京地区布设重力网，开展动态重力测量。同年，由于宁夏石嘴山附近的贺兰山区出现了地震活动加强的趋势，建立了宁北重力网。这是中国用于地震监测预报的动态重力测量的开始。而后，在全国布置了一批测段。设在：①过去曾发生过破坏性地震，现又被划为危险区；②强震频度高的地震带（南北地震带等）；③有现代活动断层的地带；④具有重要社会、经济意义的地区（如京津唐地区）。经过10余年观测实践，积累了许多资料，并做了相应的研究（李瑞浩，1988）。

另外，地震部门在全国主要构造区和地震带还布设固定重力台站，观测重力场连续变化。10多年观测资料表明，5级以上大地震前，在重力台站300km范围内观测到50~100μGal量级的重力变化。重力仪零点漂移的偏离常随背景变化，出现异常的年变化。它们不是由于仪器、干扰等因素造成的，可能与整个南北地震带构造活动有关。这些观测成果为深入研究其变化原因和机理提供了资料。

1971年8月国家地震局成立。动态重力测量亦被列为地震监测九大技术手段之一。随着地震事业的发展和重力观测技术的进步，动态重力测量也得到了发展。

1980年，根据中美两国地震科学合作协议，在京津唐张地区设置8个固定重力台站和5条重力流动测量线段。由美方提供TGR-1型和LaCoste-Romberg G型仪器作定点和流动重复测量，几年来已取得一批记录与获得较好震例的成果。

1990、1992 和 1995 年，中国地震局地震研究所与德国汉诺威大学大地测量研究所共同在滇西地震预报实验场和昆明进行了 3 次绝对重力测量，得到各个测点的时变重力值。经研究发现，在香山、黑龙潭、下关和保山观测到了 $-0.1\ \mu m \cdot s^{-2}$ 以上的重力变化。其中前 2 点是地下水位变化引起的，后 2 点是地震活动引起的。

（二）伴随强地震的重力变化观测与研究

1976 年 7 月 28 日唐山 7.8 级地震，观测到地震前重力长期变化、同震变化及震后恢复变化的完整过程。这个过程大致分为 3 个阶段：第一阶段为 1971—1975 年，震区三个重力点均出现长趋势的缓慢上升趋势，最大量值为 $100 \times 10^{-8} m \cdot s^{-2}$，并与高程变化趋势不一致；第二阶段为 1975 年 7 月至 1976 年 7 月 3 个测点均出现重力值下降，并在下降加速过程中发生大地震，唐山测点下降 $50 \times 10^{-8} m \cdot s^{-2}$，其他 2 个测点下降为 $10 \times 10^{-8} m \cdot s^{-2}$；第三个阶段为震后重力恢复阶段。

1980 年美籍华人地球物理学家郭宗汾在京津唐张地区开始了中美关于局部重力场变化与地震发生关系的合作研究，建立了固定重力固体潮台站和流动重力测量相结合的重力观测网，并取得了一些重要结果：在局部重力场变化与地震发生关系的认识上，得到了能较真实反映台站周围深部构造运动并可能与发生在台站周围的地震有关的"剩余重力变化"，这种变化对孕震过程产生了影响；在观测基础上，进行了建模工作；以"联合膨胀模型"为理论依据，对京津唐张地区进行了地震预测，1991—2000 年的 10 年时间里，对中强地震的预测成功率约为 65%。

1996 年 2 月滇西丽江发生 7.0 级地震。用 1990—2002 年的绝对重力测量，在 1995 年和 1996 年（震后）2 次观测中观测到距震中 45km 和 135km 的两个重力点的同震重力变化，分别为 $-14.8 \times 10^{-8} m \cdot s^{-2}$ 和 $-10.9 \times 10^{-8} m \cdot s^{-2}$。王勇等（2004）用一个同震位错的正演获得和观测一致的结果，这是中国首次用绝对重力测量获得的同震重力变化。申重阳（2005）利用 1990—1997 年动态相对重力测量结果，结合地壳和地球物理对断层推断结果，分析了重力变化与地震的关系，其主要前兆模式图像具有主震余震型特征，符合地壳内部密度和地壳形变耦合运动模式。

2001 年 11 月 14 日，在昆仑山口西发生 8.1 级罕见的特大地震，是继 1951 年 11 月 18 日西藏当雄 8.0 级地震后，发生在中国大陆地区震级最大的地震。在大地震震中周围，中国地壳运动观测网络建立了绝对重力和相对重力测点，重力点间的距离一般为 100~200km。重力控制范围大，但测点稀疏。上述测点在 1998 年和 2000 年进行过两次测量，2003 年 2 月又进行震后的追踪观测。测点形成南北向和东西向 2 条邻近震区的重力剖面。结果表明，震前出现重力值下降，最大的幅值达到 $100 \times 10^{-8} m \cdot s^{-2}$，震后趋于恢复。

张为民等（张为民和王勇，2007）利用 FG5-112 绝对重力仪在武汉九峰动力大地测量中心试验站近 10 年观测资料，分析得到九峰站重力变化速率平均以 $1 \times 10^{-8} m \cdot s^{-2}/a$ 增大，相当于地壳垂直位移速率为 -0.38cm/a，该结果与 GPS 观测结果相近（刘经南等，2002）。邢乐林等（2008）利用郫县近15年的绝对重力观测资料，研究发现该测点绝对重力年变化率约为 $5.0 \times 10^{-8} \mathrm{m \cdot s^{-2}}$ 与唐山大地震的重力变化极其相似，呈较大的上升趋势。

2008年5月12日，在四川省境内汶川地区发生8.0级大地震，祝意青等（2009）基于中国大陆1998—2007年（复测周期2~3年）动态重力观测数据分析了汶川8.0级地震前区域重力场变化特征和孕震机理。结果表明，汶川地震前区域重力场出现明显变化，8年累积变化达 $200 \times 10^{-8} \mathrm{m \cdot s^{-2}}$，与孕震过程相关的重力场变化总体呈增大—加速增大—减速增大—发震的过程。

（三）重力场变化的解释及理论模型研究

重力场变化与地震孕育、发生关系的研究，中国始于20世纪70年代末。陈运泰等研究海城、唐山地震重力变化与地震关系时，顾及地壳和上地幔的质量迁移的重力效应，对重力变化进行了解释（Chen et al.，1979；陈运泰等，1980）。80年代初，郭宗汾根据京津唐张地区重力观测网观测结果，发现地震孕育发生及震后恢复过程中，重力变化呈现相当一致的图像，由此提出"联合膨胀模型（CDM）"。而后又进一步提出"改进的联合膨胀模型（MCDM）"（刘克人和王妙月，2010）。申重阳等（2003）基于地壳内部产生形变和物质发生调整及变化（密度变化）同时发生、相互影响，两者是一种耦合的作用，耦合是地壳运动的基本表现形式这一认识，给出了地壳形变与密度变化的耦合运动的基本方程。李瑞浩等（1997）在研究唐山地震的重力变化时，提出唐山地震震前、同震及震后的重力变化可用一个扩容模式的完整过程来模拟。张永志（2000）根据多孔介质中的力学理论，给出了孕震模型参数的变化与地壳介质状态变化及地面重力变化的关系，并合理解释了云南1996年7.0级地震震前震后观测到的重力变化。孙文科（2008）对火山引起的重力变化进行了研究。申重阳等（2009）利用1998年以来实施的中国地壳运动观测网络和中国数字化地震观测网络中重力观测获取的中国大陆动态重力变化，分析研究了汶川8.0级地震前区域重力场特征，反映了该区域大尺度地壳物质运动信息，其重力场动态变化可反映地震孕育发生过程，可为大震中期预测研究提供重要依据。

（四）由局部重力变化发展为全国统一的重力变化动态图像

李辉等（2009）利用1998—2007年5期（1998，2000，2002，2005，2007年）全国性的动态重力测量观测数据，构建了自1998年以来2~3年尺度的全国首幅重力场变化的时间序列动态图像。初步分析表明，1998—2007年中国大陆重力场动态变化具有明显的分区特征，反映了中国大陆近期大尺度地壳构造运动及伴随地震事件的地壳物质运动状态。在差分（相邻两期重力变化的差值）变化图上，对中国近期发生的几次大地震均显示出较为明显的响应。

（五）利用绝对重力测量检测地壳垂直运动

王勇等（2004）根据近10年滇西和拉萨的重复绝对重力观测，得到拉萨绝对重力值从 1993 年至 2000 年年均变化为 $-1.87 \times 10^{-8} \mathrm{m} \cdot \mathrm{s}^{-2}$ 的结果，这和印度板块与欧亚大陆俯冲模型计算的拉萨重力点变化速率一致；将重力变化采用一定的高程转换系数得到拉萨地区地壳运动速率约为 8mm/a，这个结果与 GPS 观测得到的结果基本一致。

（六）利用重力观测资料研究地震的潜在震源区

利用重力观测资料进行地球物理反演研究和判定潜在震源区是重力测量在地震研究中应用的重要内容，并在滇西和三峡水库区得到了很好的研究成果。朱思林等（1993）综合利用 1954—1990 年多个部门 2500 个站的重力测量结果，获得了滇西地区重力场三维精细结构。为了利用重力观测研究三峡蓄水的重力效应，中国地震局地震研究所和中国科学院测量与地球物理研究所在那里进行了有益的实验。

六、南极的重力学研究

1984 年 12 月中国首次赴南极考察，国家测绘局用珠峰型重力仪联测，获得中国南极长城站重力点的重力值为 982 208.83mGal。这是离开了中国本土最远的重力测点（鄂栋臣等，1985）。同时，在考察船"向阳红 10 号"上安装国家地震局地震研究所研制的两台 DEY–Z 型海洋重力仪，沿上海—乌斯怀亚—乔治岛（长城站所在地）—比戈尔水道—麦哲伦海峡—上海进行了长约 41 000km 的测量工作。因无重合点，无法估算精度。但两台仪器的一致性很好，其互差为 4.8mGal。

在 1985—1986 年度的中国第二次南极考察中，中国科学院测量与地球物理研究所用两台 Lacoste–Romberg G 型重力仪进行了长城站附近的重力测量与固体潮观测。并在二次南极考察期间，进行了长城站重力基准点国际联测，建立了极地重力形变网，进行了长城站地区大地水准面差距和自由空间重力异常计算，为反演重力场和地壳结构，了解南极大陆形变、物质分布及引力场变化等提供了重要的基础资料。

在南极考察队的海上航行中，中国地球物理工作者也进行了南大洋的重力测量，由这些数据资料进行分析，获得了东南太平洋测区、德雷克海峡区、南极半岛西北部海区主要三个海区的地球重力异常特征。

1996 年，张赤军等根据 OSU91A 地球重力场模型和地形资料，研究了南极洲的空间重力异常和布格重力异常，分析了空间重力异常变化剧烈的原因及其与高程的相关性，同时根据布格重力异常用两层界面的反演方法计算了冰盖厚度和地壳厚度，冰盖厚度较大的地区位于极区的东南部，而极区周围和西南部地区厚度较小。地壳较厚的地区位于极区的东南部，最大达 56km，西南部地区地壳较薄，最小值为 8km（瞿杰和李光文，1985）。

七、青藏高原综合地球物理科学考察中的重力学研究

青藏高原亦称"世界屋脊"，又称南北极之后的世界"第三极"。一直以来，青藏高原隆起与板块运动的关系、岩石圈构造、矿藏和资源等一系列问题，特别是大陆动力学研究，吸引了全世界无数科学家对其进行思考和探索。

　　自 20 世纪 50 年代起，中外科学家对青藏高原进行了多次多学科的科学考察和局部地区的测量，逐步拉开了对青藏高原科学考察的序幕。

　　1960 年，为配合西藏考察，中国科学院测量制图研究所与国家测绘总局联合组成 105 测量队，重力测量部分由测量制图研究所承担。在西藏东西向大地导线测量干线上测量了 106 个二等重力控制点，为进一步研究青藏地区的重力场及大地水准面打下了基础。1965 年下半年起，中国科学院综合考察委员会组织珠穆朗玛峰科学考察，中国科学院测量与地球物理研究所承担了珠穆朗玛峰附近地区的重力测量任务和重力点的坐标、高程测定任务。1966 年随登山队自北京出发，在登山队员协助下用 2 台重力仪测得了距珠穆朗玛峰最近的海拔最高的重力点，其高程为 6565m，并在其北侧和西侧测有几十个重力点，在海拔 5400m 附近的西绒布冰川还建立了 1 条重力剖面，由此结果，在中国第一次计算了冰川深度。1968 年该所张赤军等再次进藏和昆明地球物理研究所合作，用沃登重力仪在珠穆朗玛峰附近前后 2 次共测量重力点近 200 个。这些重力点为以后测量珠穆朗玛峰准确高程起到重要作用。

　　1973 年组建成立中国科学院青藏高原综合科学考察队，对青藏高原地区进行全面系统的综合考察。1974 年 5 月，中国科学院地球物理研究所组建地球物理分队，参加青藏高原综合科学考察。地球物理科考队队员约 30 人，姚振兴为业务负责人。1975 年 5 月中旬，青藏科考队到达西藏，开展的项目为记录小震活动、重力、古地磁、电磁测深和人工源地震深部探测。

　　1976 年 2 月，中国科学院地球物理研究所独立组建青藏地球物理科考队，王绍舟任队长，滕吉文、姚振兴为业务负责人。全国各地 18 家单位 228 人参加。科考队下设重力、小台网、重力、地磁、大地电磁测深和人工爆炸地震 5 个组。1977 年 4 月进藏，历时半年。

　　中国科学院地球物理研究所在青藏高原中南部测量了两条剖面共 111 个测点。依此导出珠峰地区均衡重力异常为 +120mGal，雅鲁藏布江地区则趋近于零。通过计算与地壳测深资料对比，给出珠峰地区地壳厚度为 50 余千米、雅江地区为 70 余千米（祝恒宾等，1985）。这表明珠峰地带没有达到均衡，说明有大于均衡下沉的力的存在。

　　1980—1982 年，中国地质矿产部、中国科学院与法国国家科学研究中心、法国国家天文地球物理研究院共同进行"西藏喜马拉雅山地质构造和地壳上地幔的形成和演化"的合作项目。李廷栋、滕吉文分别作为地质矿产部和中国科学院的联系人。参加的地球物理项目有长周期地震观测、爆炸地震测深、地磁测量、重力、古地磁、大地电磁测深、地热考察等。由中国科学院地质研究所主持，地球物理研究所、南京古生物研究所、广州地球化学研究所参加（潘裕生和孔祥儒，1998；李廷栋，2010）。

　　考察的成果：在重力学方面：1964—1982 年，中国科学院地球物理研究所和西藏地质局对青藏高原进行过大点距重力测量，局部地区的找矿勘探和重力基点网测量，进行过固体潮观测，据此做出了布格和均衡异常图，并反演了地壳结构。1976—1994 年，中国科学院地球物理研究所先后多次在西藏东部与中部的成都—察隅—吉隆、亚东—羊八井—安多等地段进行了重力测量。在高原西部，结合综合地学剖面工作，完成了吉隆—萨嘎—措勤—改则—鲁谷地段的重力剖面测量。同时又与地质矿产部和法国国家科学研究中心、法国国家天文地球物理研究院合作，完成了高原东部的亚东—格尔木的重力测量。地矿部门还进行了高原最西部沿中巴公路和新藏公路的噶尔—叶城段的重力测量。

2005年7月，国家测绘局组织实施第一测量大队承担的"2005珠穆朗玛峰高度测量"项目通过验收，采用传统的三角高度测量，参照卫星和地面重力测量结果，测得珠穆朗玛峰顶岩面高度为8844.43m（图4-4-4）。

图4-4-4　珠穆朗玛峰高度纪念碑

八、重力垂直梯度测量

1980—1981年成都地质学院用国产ZSM–Ⅲ型石英弹簧重力仪沿苏州—宿县、连云港—西宁进行了首次长距离重力垂直梯度的测量，结果发现中国自东向西有近300E（$1E=10^{-9}s^{-2}$）的变化。此前，长春地质学院和西藏物探队在西藏地区、西安地质学院在北京等地进行过重力垂直梯度测量，但精度不够高。1987年中国科学院测量与地球物理研究所和地球物理研究所先后开展了重力垂直梯度测量的实践——明十三陵地下陵殿的探测等，并研制成功无极调高程差的梯度测量架等实验及研究工作（王谦身等，1995）。

第五节　重力学应用

重力勘探是重力学应用的一个重要方面，现已发展成为勘探地球物理学的一个分支。详见本书第十一章勘探地球物理学。

一、区域地质、地球物理调查

区域（包括深部）地球物理调查是区域地质调查和区域性资源调查评价的重要组成部分，是政府主持的公益性、基础性物探工作的重要内容之一。

20 世纪 70 年代末，根据国外经验和中国的经验，开展了区域重力调查，并将重力测量作为地质调查中的一项基础工作，到 1982 年已有 23 个省、区建立了区域重力测量队伍，已基本完成物探重力一级基点网（联测精度 30~50μGal），改变了过去重力测区互不联系的状态，并为以后大范围区域调查和编制跨省区或全国的重力图创造了条件。目前，中国东部及沿海 14 个省（区）已完成了"五统一"处理的 1∶100 万或 1∶50 万的区域重力资料成果。其他省（区）也正在进行或完成阶段的工作，与此相配合，80 年代初在地质矿产部北京计算中心建立了区域重力数据库，该库由重力原始数据子库、高程数据子库、程序子库构成。具有数据存储、检索、重力数据常规处理和自动成图、解释自动化等功能，大大提高了工作效率。

区域地球物理调查的成果之一是自 20 世纪 50 年代至 20 世纪末，完成了各种比例尺不同物探方法的区域物探调查和编图工作。

21 世纪起，新一轮区域地质调查工作在重力方面的具体工作任务为：尽快完成全国 1∶100 万区域重力调查可测面积，逐步完成全国陆域 1∶25 万区域重力调查。

中、大比例尺重力测量在地质填图和矿产预测中起到十分重要的作用。安徽怀宁地区利用 1∶5 万重力资料圈定火山岩盆地范围和厚度。安徽铜陵地区应用重力资料划分断裂带和褶皱构造、确定基底起伏，圈出与矿化蚀变有关的高密度体。广西大厂矿田根据圈定的隐伏花岗岩体和形态建立的找矿模型在找矿中发挥了重要作用（王钟，1985）。湖南香花岭成矿区根据重力推断的花岗岩模型提出岩体的侵位方式并圈出找矿靶区。内蒙古中部根据二维重磁综合模型进行隐伏矿床预测（张利真，1992）。

二、微重力探测在工程建设中的应用

微重力测量与一般精细重力测量不同，是以产生重力异常很微小（微伽级）的小尺度、小范围、小埋身的物质体为对象。因此，在观测上要求严格细致，处理解释分析上要尽可能考虑各种影响观测精度的因素。微重力测量在 20 世纪 60 年代国外就有研究，但真正实现是在 70 年代微伽重力仪问世之后。中国自 80 年代后期开展了微重力测量的理论、观测方法与技术的研究，取得了相应的成果。提出了观测方法，消除干扰异常及影响观测精度的因素，以及各项改正，特别是地改和接近仪器物体影响的改正方法，观测精度达到 5μGal。并且已经在铁路路基探测与隐伏危险性研究方面（石亚雄等，1991）、矿产资源勘探方面、山体滑坡监测方面和有价值的考古项目——重要陵墓探查等方面投入实际应用，具有明显的成效。在高层建筑、大型土木、水电、国防等工程的基础探测和危险性动态监测、矿山资源勘探和地质构造勘查等方面，也有广泛应用前景。1995 年，科学出版社出版了由王谦身、张赤军等（1995）合著的专著《微重力测量——理论、方法与应用》，对多年来微重力测量工作给以系统的总结。

三、卫星重力场测量数据的应用

1957 年第一颗人造地球卫星发射成功，人类进入了空间时代。60 年代以后，重力学有了新的分支——卫星重力学。为地球重力场研究开辟了新途径。1966 年，考拉（Kaula）首次利用卫星轨道摄动分析理论和地面重力资料建立 8 阶地球重力场模型，目前业已建立了具有 360 阶位系数的 EGM96 地球重力场模型。同时直接利用海洋卫星 GEOSAT 测高数据转换表示的 $30' \times 30'$ 全球海洋重力异常已得到广泛应用。利用卫星重力场研究全球构造和岩石圈深部构造主要有两个方面的成果：①利用地球重力场模型的球谐函数系数计算不同阶数的卫星重力异常，用于研究岩石圈的深层结构；②利用重力球谐函数的不同阶数通过流体运动方程计算岩石圈底部不同尺度的地幔流应力场，用于分析板块边界、板块运动和区域构造。

卫星重力观测技术经历三代发展，到 20 世纪末和 21 世纪初已进入第四代。中国尚未发射重力观测卫星。现今，中国许多研究部门、高等学校的重力专家、教授根据这些卫星发回的各种信息资料，用以研究全球重力场等各方面的问题，并取得很多新的、有重要意义的成果。其中以 GRACE 卫星为主生成重力场模型，为研究重力场变化开创了新途径。这种变化已在大地震引起的重力变化、地球系统水循环等环境变化研究中得到成功应用。随着时间的积累，卫星重力梯度测量（SGG）技术的实施，获取重力场时间变化的能力将会有显著提高，为检测与地震有关的重力场变化也提供了新的途径（孙文科，2002；王武星等，2010；许民等，2013；许朋琨和张万昌，2013）。

参考文献

边少锋，张赤军. 1999. 论大地水准面与似大地水准面的差距 ［C］// 大地测量学论文专集：祝贺陈永龄院士 90 寿辰. 北京：测绘出版社.

B.B. 布洛瓦尔，骆鸣津. 1958. 中国重力测量的布置 ［J］. 测绘学报，2（4）：242–245.

操华胜，朱灼文，王晓岚. 1985. 地球重力场的虚拟单层密度表示理论的数字实现 ［J］. 测绘学报，14（4）：262–273.

崔小明，孙和平，徐建桥，等. 2012. 利用超导重力技术约束核幔耦合参数 ［J］. 中国科学 D 辑：地球科学，42（2）：202–210.

崔小明，孙和平，Rosat S，等. 2013. 贝叶斯算法在拟合自由核章动参数中的应用 ［J］. 地球物理学报，56（1）：53–59.

曾华霖. 2005. 重力场与重力勘探 ［M］. 北京：地质出版社，32–79.

晁定波，边少锋. 1991. 超定边值问题的差分法 ［J］. 武汉测绘科技大学学报，16（1）：4–12.

陈邦彦. 1998. 海洋重力测量的几个特殊问题 ［C］// 陈颙，王水，秦蕴珊，等. 寸丹集——庆贺刘光鼎院士工作 50 周年学术论文集. 北京：科学出版社，11–21.

陈胜早. 1987. N 层变密度模型数学模拟在苏浙皖地区的应用 ［J］. 石油地球物理勘探，22：237–248.

陈益惠，朱涵云，郭自强，等. 1987. GS15 重力仪电磁反馈和观测资料的数字采样分析 ［J］. 地壳形变与地震，7（1）：1-8.

陈益惠，雷雨田，朱涵云，等. 1988. 重力仪高频信息和地脉动的观测研究［J］. 地球物理学报，31（5）：527-539.

陈运泰，顾浩鼎，卢造勋. 1980. 1975 年海城地震与 1976 年唐山地震前后的重力变化［J］. 地震学报，2（1）：21-31.

邓振球，庄道泽. 1997. 物探方法在发现新疆富蕴喀拉通克大型铜镍矿床中的作用［G］//陈颙，刘振兴，邹光华，等. 地球物理与中国建设. 北京：地质出版社，108-110.

鄂栋臣，刘永诺，国晓港. 1985. 南极测绘［J］. 测绘学报，14（4）：305-314.

方剑，许厚泽. 2002. 中国及邻区大地水准面异常的场源深度探讨［J］. 地球物理学报，45（1）：42-48.

方俊. 1941. 重力摆的支悬问题［J］. 测量. 1（2）.

方俊. 1942. 静重力仪［J］. 测量，2（1）：22-26.

方俊. 1958. 天文 - 重力水准的计算模板［J］. 测量制图学报，2（4）：251-262.

方俊. 1959. 山地天文重力水准的计算［J］. 测量制图学报，3（4）：220-230.

方俊. 1985. 固体潮［M］. 北京：科学出版社.

方俊. 1986. 地球自由振荡［M］//中国科学院测量与地球物理研究所. 测量与地球物理集刊. 北京：科学出版社，（7）.

方俊. 1987. 地球自由振荡（续）［M］//中国科学院测量与地球物理研究所. 测量与地球物理集刊. 北京：科学出版社，（8）：53-69.

方俊. 1990a. 地球自由振荡线性反演中的参数核（Ⅰ）［J］. 中国科学：B 辑化学，20（2）：329-336.

方俊. 1990b. 地球自由振荡线性反演的参数核（Ⅱ）［J］. 中国科学：B 辑化学，20（3）：202-207.

方俊. 2004. 方俊院士文集［M］. 北京：科学出版社.

冯锐. 1985. 中国地壳厚度及上地幔密度分布（三维重力反演结果）［J］. 地震学报，7：143-157.

冯锐. 1986. 三维物性分布的位场计算［J］. 地球物理学报，29：399-406.

冯锐，严惠芬，张若水. 1986. 三维位场的快速反演方法及程序设计［J］. 地质学报，（4）：390-403.

冯锐，王均，郑书真，等. 1987. 论华北地区的均衡状态（一）——方法和局部补偿［J］. 地震学报，9（4）：406-416.

冯锐，张若水，郑书真，等. 1988. 论华北地区的均衡状态（二）——复合补偿与深部构造［J］. 地震学报，10（4）：385-395.

冯锐，陶裕录. 1990. 地震 - 重力联合反演［C］//中国地球物理学会. 1990 年中国地球物理学会第六届学术年会论文集，44.

傅承义，陈运泰，祁贵仲. 1985. 地球物理学基础［M］. 北京：科学出版社，352-355.

高锡铭，殷志山，王威中. 1981. 固体潮应力张量对地震的触发作用［J］. 地壳形变与地震，（3）：264-275.

顾功叙，曾融生，张忠胤. 1999. Isostatic Anomalies of 208 Chinese Gravity Stations（First Peper）［G］//《顾功叙文集》编委会. 顾功叙文集. 北京：地质出版社，56-89.

顾功叙，曾融生. 1999. Isostatic Anomalies of 208 Chinese Gravity Stations（Second Peper）［G］//《顾功叙文集》编委会. 顾功叙文集. 北京：地质出版社，90-99.

管泽霖，左传惠，吴黎明，等. 1993. 用 FFT 计算川西地区的高程异常［J］. 武汉测绘科技大学学报，18（3）：11-17.

郭春喜，宁津生，陈俊勇，等. 2008. 珠峰地区似大地水准面精化与珠峰顶正高的测定［J］. 地球物理学报，51（1）：101-107.

郭有光，黄大伦，方永涛，等. 1988. NIM-I 型可移激光绝对重力仪［J］. 地球物理学报，31：73-81.

郭有光，李德禧，黄大伦，等. 1990. 高精度绝对重力仪观测研究［J］. 地球物理学报，33（4）：447-453.

国家海洋局海洋科技情报研究所. 1979a. 1982 海洋年鉴［M］. 北京：海洋出版社.

国家海洋局海洋科技情报研究所. 1979b. 东海地球物理研究工作总结文集［C］. 北京：海洋出版社.

郝晓光，许厚泽，郝兴华，等．2001．重力高频扰动与地震［J］．地壳形变与地震，21（3）：9–13.

郝晓光，刘根友．2002．地球纬向正常密度函数系数的修正［J］．大地测量与地球动力学，22（2）：53–56.

郝晓光，刘根友．2004．地幔纬向正常密度函数［J］．测绘学报，33（2）：105–109.

郝晓光，胡小刚，许厚泽，等．2008．汶川大地震前的重力扰动［J］．大地测量与地球动力学，28（3）：129–131.

郝晓光，方剑，刘根友，等．2009．地球正常密度假说：重力学的参数椭球与纬向密度理论［M］．北京：测绘出版社．

胡小刚，柳林涛，柯小平，等．2006．利用小波方法处理2004 年苏门答腊大地震后的超导重力数据检测低于 1.5mHz 自由振荡信号的耦合和分裂［J］．中国科学 D 辑：地球科学，36（10）：925–935.

胡小刚，郝晓光．2009．台风 Rammasun 和台风 LingLing 对汶川大地震和昆仑山大地震"震前扰动"影响的分析［J］．地球物理学报，52（5）：1363–1375.

胡小刚，郝晓光，薛秀秀．2010．汶川大地震前"非台风扰动"现象的研究［J］．地球物理学报，53（12）：2875–2886.

黄谋涛，管铮．1994．扰动质点赋值模式结构优化及序贯解法［J］．测绘学报，23（2）：81–89.

江先华，李瑞浩．1987．液核地球的周日固体潮响应［J］．地球物理学报，30（1）：61–68.

江颖，胡小刚，刘成利，等．2014．利用地球自由振荡观测约束芦山地震的震源机制解［J］．中国科学 D 辑：地球科学，44（12）：2689–2696.

江颖，徐建桥，孙和平，等．2016．基于旋转微椭地球模型的内核平动振荡三重谱线理论模拟与实验探测［J］．地球物理学报，59（8）：2755–2764.

姜枚，张瑜才，王德夫．1982．试谈统计分析方法在区域重磁资料解释中的某些应用［J］．物探与化探，6：321–327.

蒋福珍，任康．1996．大地水准面时间变化的初步研究［J］．测绘学报，25（3）：201–205.

蒋福珍，许厚泽，张赤军．1982．用卫星测高资料估算洋区垂线偏差和重力异常［J］．测绘学报，11（3）：157–162.

雷湘鄂，许厚泽，孙和平．2002．利用超导重力观测资料检测地球自由振荡［J］．科学通报，47（18）：1432–1436.

雷湘鄂，许厚泽，孙和平．2004．由五个国际超导重力仪台站资料检测到的秘鲁 8.2 级大地震所激发的球形自由振荡现象［J］．中国科学：D 辑地球科学，34（5）：483–491.

李斐，鄢建国，平劲松．2006．月球探测及月球重力场的确定［J］．地球物理学进展，21（1）：31–37.

李国营，彭龙辉，许厚泽．1996．自转微椭、非均匀地球的潮汐变形［J］．地球物理学报，39（5）：672–678.

李辉，申重阳，孙少安，等．2009．中国大陆近期重力场动态变化图像［J］．大地测量与地球动力学，29（3）：1–10.

李建成，陈俊勇，宁津生，等．2003．地球重力场逼近理论与中国 2000 似大地水准面的确定［M］．武汉：武汉大学出版社．

李清林．1997．地球物理勘探在地热资源研究中的应用［G］//陈颙，刘振兴，邹光华，等．地球物理与中国建设．北京：地质出版社，191–193.

李瑞浩，江先华．1988．不同地球模型和数值方法对重力负荷效应计算的影响［J］．地球物理学报，31（4）：478–482.

李瑞浩．1988．重力学引论［M］．北京：地震出版社．

李瑞浩，黄建梁，李辉，等．1997．唐山地震前后区域重力场变化机制［J］．地震学报，19（4）：399–407.

李善邦，秦馨菱．1941．湖南水口山铅锌矿区试用扭秤方法探测结果［J］．地球物理专刊，（1）：1–16.

李善邦．1985．过去 25 年中国地球物理工作之回顾［J］．世界地震译丛，5：1–4.

李廷栋．2010．李廷栋文集［M］．北京：地质出版社．

梁桂培，等. 1983. 甘肃西部地区深部构造［J］. 西部地震学报，5：66–71.

刘大杰，宁津生，晁定波. 1991. 整体大地测量的确定性参数模型［J］. 测绘学报，20（4）：276–289.

刘光鼎. 1979. 海洋物探二十年［J］. 石油物探，2：13–19.

刘克人，王妙月. 2010. 郭宗汾［G］// 孙鸿烈. 2010. 20 世纪中国知名科学家学术成就概览地学卷 地球物理学分册. 北京：科学出版社，195–208.

刘经南，姚宜斌，施闯，等. 2002. 中国大陆现今垂直形变特征的初步探讨［J］. 大地测量与地球动力学，22（3）：1–5.

刘立言. 1986. 重力数据库简介［J］. 物探与化探，10：79–80.

刘清泉. 1986. 冀中拗陷石油重力勘探简评［J］. 石油物探，25（4）：84–91.

刘祥重. 1988. 区域重力波数域解释及找油效果［J］. 石油地球物理勘探，23（1）：110–118.

刘元龙，王谦身. 1977b. 喜马拉雅山脉中部地区的地壳构造及其地质意义探讨［J］. 地球物理学报，20：143–149.

刘元龙，王谦身. 1977a. 用压缩质面法反演重力资料以估算地壳构造［J］. 地球物理学报，20：59–69.

刘元龙，王谦身. 1978. 根据重力资料探讨北京、天津及其邻近地区的地壳构造［J］. 地球物理学报，21：9–17.

刘祖惠，袁恒涌，张毅祥. 1981. 南海中部和北部海域重力异常特征［J］. 地质科学，（2）：105–112.

柳林涛，许厚泽. 2004. 航空重力测量数据的小波滤波处理［J］. 地球物理学报，47（3）：490–494.

卢造勋. 1983. 东北地区的深部构造与地震［J］. 长春地质学院学报，1：113–121.

陆邦干. 1985. 石油工业地球物理勘探早期发展史大事记（1939 年—1952 年）［J］. 石油地球物理勘探，20（4）：338–343.

陆洋，许厚泽. 1994. 区域高阶重力场模型与青藏地区局部位系数模型［J］. 地球物理学报，37（4）：487–498.

陆洋，许厚泽，蒋福珍. 1998. 720 阶高分辨率重力场模型 IGG97L 研究［J］. 地壳形变与地震，18（增刊）：1.

罗少聪. 2003. 大气负荷效应问题研究［D］. 武汉：中科院测量与地球物理所.

罗志才. 1996. 利用卫星重力梯度数据确定地球重力场的理论与方法［D］. 武汉：武汉测绘科技大学.

骆鸣津. 1965. 用球函数解重力测量的基本微分方程［M］// 中国科学院测量与地球物理研究所. 测量与地球物理集刊. 北京：科学出版社，（2）：7–26.

骆鸣津. 1982. 计算重力扰动位的简化方法［M］// 中国科学院测量与地球物理研究所. 测量与地球物理集刊. 第 4 号. 105–118.

毛慧琴，许厚泽，宋兴黎，等. 1989. 中国东西重力潮汐剖面［J］. 地球物理学报，32（1）：62–69.

孟嘉春等. 1986. 空间扰动重力确定方法的比较［J］. 测量与地球物理集刊，第 7 号，84–102.

孟嘉春，蔡喜楣，孟伟. 1998. 引力位的 Walsh–Fourier 级数展开及变换［J］. 地球物理学报，41（S1）：347–356.

穆石敏，申宁华，孙运生，等. 1990. 区域地球物理数据处理方法及其应用［M］. 长春：吉林科学技术出版社.

宁津生，晁定波，边少峰. 1990a. 重力场的样条逼近［J］. 测绘学报，19（4）：241–249.

宁津生，邱卫根，陶本藻. 1990b. 地球重力场模型理论［M］. 武汉：武汉测绘科技大学出版社.

宁津生，晁定波，李建成. 1993. 计算 Stokes 公式的快速 Hartley 变换（FHT）技术［J］. 武汉测绘科技大学学报，18（3）：3–10.

宁津生，李建成，晁定波，等. 1994. WDM94 360 阶地球重力场模型研究［J］. 武汉测绘科技大学学报，19（4）：283–291.

潘裕生，孔祥儒. 1998. 青藏高原岩石圈结构演化和动力学［G］// 孙鸿烈，郑度. 青藏高原研究丛书. 广州：广东科技出版社.

潘作枢，李庆春. 1990. 重力场快速计算及先验信号约束下的界面反演［C］// 中国地球物理学会. 1990 年中国地球物理学会第六届学术年会论文集，186.

钱瘦石，等. 1981. 用压缩质面法反演沂沭河流域的地壳结构［J］. 地震科学研究，3：37–42.

秦馨菱. 1996. 前地质调查所的地震. 物探和地球物理工作［G］// 程裕淇，陈梦熊. 前地质调查所（1916—1950）的历史回顾——历史评述与主要贡献. 北京：地质出版社，130–140.

丘其宪. 1964. 我国高程异常测定的情况和今后意见［G］// 国家测绘局研究所参考资料 103 号. 北京：测绘出版社.

丘其宪，Makinen J，Virtanen H，等. 1994. 1990 年中、芬两国在中国境内的绝对重力测量［J］. 地球物理学报，37（增刊 II）：230–237.

瞿杰，李光文. 1985. 中国石油地球物理勘探记事［J］. 石油地球物理勘探，20：338–343.

全国地质勘查规划编制研究组. 2009. 中国地质勘查工作现状分析与发展规划研究［M］. 北京：地质出版社，19–27.

申重阳，李辉，付广裕. 2003. 丽江 7.0 级地震重力前兆模式研究［J］. 地震学报，25（2）：163–171.

申重阳. 2005. 地壳形变与密度变化耦合运动分析［J］. 大地测量与地球动力学，25（3）：7–12.

申重阳，李辉，孙少安，等. 2009. 重力场动态变化与汶川 Ms8.0 地震孕育过程［J］. 地球物理学报，52（10）：2547–2557.

石磐. 1984. 扰动位的综合确定［J］. 测绘学报，13：241–248.

石磐. 1994. 利用局部重力数据改进重力场模型［J］. 测绘学报，23（4）：276–281.

石亚雄，孙少安，吴丽华，等. 1991. 微重力测量在溶洞探测中的应用［J］. 物探与化探，15：468–470.

宋兴黎，毛慧琴. 1991. 武昌重力基准研究［J］. 地球物理学报，34（3）：381–384.

宋正范. 1988. 视密度填图及其应用［J］. 物探与化探，12：85–90.

孙付平，赵铭. 1997. 冰期后地壳回弹运动的空间大地测量检测［J］. 测绘学报，26（4）：283–288.

孙和平. 1987. 倾斜与应变固体潮观测中的海潮负荷改正［J］. 地震，7（3）：34–43.

孙和平，胡延昌. 1988. 中国近海潮汐对倾斜固体潮观测的影响［J］. 地壳形变与地震，8（3）：269–281.

孙和平，罗少聪. 1998. 大气重力信号的理论计算及其检测［J］. 地球物理学报，41（5）：634–641.

孙和平，周江存，许厚泽. 2001. 中国地壳运动观测网络基准站倾斜固体潮观测中的海潮负荷信号改正问题［J］. 地球物理学进展，16（3）：31–39.

孙和平，徐建桥. Ducarme B. 2003. 基于全球超导重力仪观测资料考虑液核近周日共振效应的固体潮实验模型［J］. 科学通报，48（6）：610–614.

孙和平，徐建桥，Ducarme. 2004. 基于国际超导重力仪观测资料检测地球固态内核的平动振荡［J］. 科学通报，49（8）：803–813.

孙和平，Ducarme，许厚泽，等. 2005a. 基于全球超导重力仪观测研究海潮和固体潮模型的适定性［J］. 中国科学：D 辑地球科学，35（7）：649–657.

孙和平，许厚泽，周江存，等. 2005b. 武汉超导重力仪观测最新结果和海潮模型［J］. 地球物理学报，48（2）：299–307.

孙和平，郑大伟，丁晓利，等. 2006. 利用小波技术检测重力亚潮汐频段的特征信号［J］. 科学通报，51（8）：958–965.

孙和平，崔小明，徐建桥，等. 2009. 超导重力技术在探讨核幔边界黏性特征中的初步应用［J］. 地球物理学报，52（3）：637–645.

孙文珂，左愚. 1986. 重力勘查的近况与展望［J］. 物探与化探，10：410–418.

孙文科. 2002. 低轨道人造卫星（CHAMP、GRACE、GOCE）与高精度地球重力场——卫星重力大地测量的最新发展及其对地球科学的重大影响［J］. 大地测量与地球动力学，22（1）：92–100.

孙文科. 2008. 地震火山活动产生重力变化的理论与观测研究的进展及现状［J］. 大地测量与地球动力学，28（4）：44–53.

孙中苗，李迎春. 2003. 航空重力测量中激光测高数据的处理与应用［J］. 测绘学报，32（11）：11–13.

孙中苗, 石磐, 夏哲仁, 等. 2004a. 利用 GPS 和数字滤波技术确定航空重力测量中的垂直加速度 [J]. 测绘学报, 33 (2): 110–115.

孙中苗, 夏哲仁, 石磐, 等. 2004b. 航空重力测量数据的滤波与处理 [J]. 地球物理学进展, 19 (1): 119–124.

汪汉胜. 1990. 重磁异常有界变量线性规划反演 [C] // 中国地球物理学会. 1990 年中国地球物理学会第六届学术学会论文集, 378.

王贵文. 2008. 南极冰川运动监测与冰后回弹理论及应用研究 [D]. 武汉: 武汉大学.

王昆杰, 李建成. 1993. 一种消除 Stokes 积分卷积化近似误差的有效方法 [J]. 武汉测绘科技大学学报, 18 (4): 34–39.

王懋基. 1981. 中国地壳深部构造的区域特征 [J]. 物探与化探, 5: 1993–204.

王懋基. 1988. 从重力场看华南地壳结构与热流 [C] // 勘查地球物理勘查地球化学文集. 第 7 集. 北京: 地质出版社, 10–12.

王懋基. 1988. 中国东南部内生成矿区的地球物理特征和深部构造 [J]. 物探与化探, 12: 1–9.

王懋基, 张文斌. 1992. 航空物探解释方法及其应用 [M]. 北京: 地质出版社.

王谦身, 刘元龙. 1976. 辽南地区地壳构造轮廓 [J]. 地球物理学报, 19: 165–176.

王谦身, 武传真, 刘洪臣, 等. 1982. 亚洲大陆地壳厚度分布轮廓及地壳构造特征的探讨 [J]. 地震地质, 4 (3): 1–9.

朱夏. 1983. 中国中新生代盆地构造和演化 [M]. 北京: 科学出版社. 48–54.

中国科学院华南富铁科学研究队. 1986. 海南岛地质与石碌铁矿地球化学 [M]. 北京: 科学出版社, 23–32.

王谦身, 张赤军, 周文虎, 等. 1995. 微重力测量——理论、方法与应用 [M]. 北京: 科学出版社.

王万银, 潘作枢, 李家康. 1991. 三维高精度重磁位场曲面延拓方法 [J]. 物探与化探, 15 (6): 415–422.

王武星, 石耀霖, 顾国华, 等. 2010. GRACE 卫星观测到的与汶川 Ms8.0 地震有关的重力变化 [J]. 地球物理学报, 53 (8): 1767–1777.

王兴涛, 石磐, 朱非洲. 2004. 航空重力测量数据向下延拓的正则化算法及其谱分解 [J]. 测绘学报, 33 (1): 33–38.

王宜昌, 杨辉. 1986. 重力异常四次导数的计算及应用 [J]. 地球物理学报, 29 (1): 69–83.

王勇, 许厚泽, 张为民, 等. 1998. 1996 年中国中西部地区高精度绝对重力观测结果 [J]. 地球物理学报, 41 (6): 818–825.

王勇, 张为民, 詹金刚, 等. 2004. 重复绝对重力测量观测的滇西地区和拉萨点的重力变化及其意义 [J]. 地球物理学报, 47 (1): 95–100.

王勇, 柯小平, 张为民, 等. 2009. 基于自由落体的牛顿万有引力常数测定 [J]. 科学通报, 54 (2): 138–143.

王钟. 1985. 大厂矿田的重力低与浅隐伏花岗岩体的形态 [J]. 桂林冶金地质学院学报, 5: 169–177.

魏文光. 1981. 重力仪检定基线的建立及其误差讨论 [J]. 地震学报, 3: 410–420.

吴晓平. 1984. 局部重力场的点质量模型 [J]. 测绘学报. 13: 249–258.

吴欣. 1997. 用物探方法在西藏找到铬铁矿 [G] // 陈颙, 刘振兴, 邹光华, 等. 地球物理与中国建设. 北京: 地质出版社, 103–104.

吴燕, 江晓原. 2007. 雁月飞 1930 年代在中国进行的重力加速度测定及其评价 [J]. 自然科学史研究, 26 (3).

吴燕. 2009. 1933 年, 谁来测量中国? [J]. 先锋国家历史, (10): 104–109.

郗钦文. 1999. 引潮位展开中的面球谐函数及其递推公式 [J]. 地球物理学报, 42 (1): 69–73.

夏哲仁, 林丽, 石磐. 1995. 360 阶地球重力场模型 DQM 94A 及其精度分析 [J]. 地球物理学报, 38 (6): 788–795.

夏哲仁, 石磐, 孙中苗, 等. 2004. 航空重力测量系统 [J]. 测绘学报, 33 (3): 216–220.

肖强, 许厚泽. 1990. PREM-ZSCHAU 滞弹地球模型对表面负荷的脉冲响应 [J]. 地球物理学报, 33 (3):

319–328.

肖云，夏哲仁．2003．航空重力测量中载体运动加速度的确定［J］．地球物理学报，46（1）：62–67．

邢乐林，李辉，何志堂，等．2008．成都基准台绝对重力复测结果分析［J］．大地测量与地球动力学，28（6）：38–42．

熊光楚．1990．MGC 微机软件包简介［C］// 中国地球物理学会．1990 年中国地球物理学会第六届学术年会论文集．

徐楚强．1988．物探工作在北京地热普查中的应用［C］// 陈昌礼．勘查地球物理勘查地球化学文集．第 7 集．北京：地质出版社，104–117．

徐德琼，李全兴，蒋家祯，等．1983．东海莫霍面及其地质意义［J］．海洋通报，2（5）：34–41．

徐建桥，许厚泽，孙和平，等．1999．利用超导重力仪观测资料检测地球近周日共振［J］．地球物理学报，42（5）：599–608．

徐建桥，孙和平，罗少聪．2001．利用国际超导重力观测资料研究地球自由章动［J］．中国科学：D 辑地球科学，31（9）：719–726．

徐建桥，孙和平，傅容珊．2005．地球固态内核平动振荡的研究与检测［J］．地球科学进展，20（7）：740–745．

徐建桥，孙和平，周江存．2009．内核平动三重谱线的实验探测［J］．科学通报，54（22）：3483–3490．

徐新禹，王正涛，邹贤才．2009．GOCE 卫星重力梯度测量误差分析及其模拟研究［J］．大地测量与地球动力学，29（6）：1–5．

许厚泽，杨慧杰．1962．平原天文重力水准的计算模板［J］．测绘学报，5（2）：85–101．

许厚泽．1963．顾及远区域重力异常对垂线偏差影响的计算公式［J］．测绘学报，6（4）：229–243．

许厚泽，蒋福珍．1964．关于重力异常球函数展式的变换［J］．测绘学报，7（4）：252–260．

许厚泽，等．1978．南北构造带潮汐因子的变化［G］// 中国科学院上海天文台．天文地球动力学文集．北京：科学出版社．

许厚泽，朱灼文．1981．斯托克司函数逼近及截断误差估计［J］．地球物理学报，24：26–39．

许厚泽，陈振邦，杨怀冰．1982．海洋潮汐对重力潮汐观测的影响［J］．地球物理学报，25（2）：120–129．

许厚泽，朱灼文．1984．地球上部重力场的虚拟单层密度表示［J］．中国科学：B 辑化学，14（6）：575–580．

许厚泽，等．1987．用直接法计算高空扰动重力［M］// 中国科学院测量与地球物理研究所．测量与地球物理集刊．第 8 号．北京：科学出版社，71–86．

许厚泽，朱灼文，张刚鹏．1987．多极子的平面近似解法［J］．测绘学报，16：249–254．

许厚泽，孙和平，徐建桥，等．2000．武汉国际重力潮汐基准研究［J］．中国科学 D 辑：地球科学，30（5）：549–553．

许厚泽，等．2010．固体地球潮汐［M］．武汉：湖北科技出版社．

许民，叶柏生，赵求东．2013．2002—2010 年长江流域 GRACE 水储量时空变化特征［J］．地理科学进展，32（1）：68–77．

许朋琨，张万昌．2013．GRACE 反演近年青藏高原及雅鲁藏布江流域陆地水储量变化［J］．水资源与水工程学报，24（1）：23–29．

鄢建国，平劲松，李斐，等．2006．应用 LP165P 横型分析月球重力场特征及其对绕月卫星轨道的影响［J］．地球物理学报，49（2）：408–414．

晏贤富．1981．云南及邻区的深部地质构造［J］．地质学报，55：20–29．

杨舰．2003．丁燮林关于"新摆"和"重力秤"的研究——中央研究院物理研究所早期研究工作的个案分析［J］．自然科学史研究，22（增刊）．

杨志根．1996．地球自转变化非潮汐项的冰期后地壳反弹解释［J］．天文学报，37（3）：313–319．

杨志根．2001．平均长期漂移与地球平均下地幔黏性估计［J］．地球物理学报，44（6）：736–746．

叶正仁，谢小碧．1985．攀西地区的重力均衡与地壳密度结构［J］．地球物理学报，28（3）：260-267．

殷秀华，史志宏，刘占坡，等．1982．华北北部的均衡重力异常的初步研究［J］．地震地质，4（4）：27-34．

于锦海，朱灼文．1994．非线性固定重力边值问题［J］．中国科学：B辑化学，24（3）：294-302．

于锦海，朱灼文，操华胜．1995．部分边界固定的自由边值问题［J］．科学通报，40（14）：1301-1303．

于锦海，张传定．2003．GPS-重力边值问题［J］．中国科学：D辑地球科学，33（10）：989-996．

张赤军．1993．上海（吴淞）海面与陆地升降及其趋势［J］．海洋测绘，（4）．

张赤军．1997．珠穆朗玛峰大地水准面和高程的确定——兼述重力垂直梯度在其中的作用［J］．科学通报，42（23）：2543-2545．

张传定，陆仲连，吴晓平．1997．椭球域大地边值问题的实用解式［J］．测绘学报，26（2）：176-183．

张贵宾，申宁华，等．1990．界面位场异常的快速正反演方法［M］//穆石敏，申宁华，孙运生．区域地球物理数据处理方法及其应用，长春：吉林科学技术出版社．

张利真．1992．二维重磁综合模型在内蒙中部隐伏矿床预测中的作用［J］．物探与化探，16（4）：254-258．

张善言．1956．重力测量［J］．测绘通报，2（4）：164-169．

张善言，宗杰．1988．CHZ海洋重力仪的三次海上重力测量［J］．测绘学报，17（3）：231-236．

张善言，周东明，宗杰，等．1990．航空重力仪的试验［J］．地球物理学报，33（1）：70-76．

张为民，王勇．2007．九峰动力大地测量中心实验站绝对重力测量［J］．大地测量与地球动力学，27（4）：44-46．

张小路，王钟．1990．广西大厂隐伏岩体重力反演及其地质意义［J］．桂林冶金地质学院学报，10（4）：417-425．

张雁滨，蒋骏，廖盈春，等．2008．宽频地震计及倾斜、重力仪对长周期波动信号的综合观测［J］．地震学报，30（6）：626-633．

张雁滨，蒋骏，李胜乐，等．2010．热带气旋引起的震颤波［J］．地球物理学报，53（2）：335-341．

张永志．2000．地震孕育过程的重力变化研究［J］．地壳形变与地震，20（1）：8-16．

赵文俊，等．1983．京津唐地区的地壳厚度——用三维正演方法的结果［J］．地震科学研究，No.3．

中国科学院测量制图研究所重力组．1959．山区重力点的布置［J］．测绘学报，3（2）：101-115．

《中国矿床发现史·物探化探》编委会．2002．中国矿床发现史：物探化探卷［M］．北京：地质出版社．

周江存，孙和平．2007．近海潮汐效应对测站位移的负荷影响［J］．地球物理学进展，22（5）：1340-1344．

周江文．1986．大地测量联解法与旋转矩阵［J］．测绘学报，15（1）：1-6．

朱代远．1986．中国第一台高精度重力仪——DWZ型微伽重力仪通过鉴定［J］．地壳形变与地震，6：242．

朱思林，甘家思，徐菊生，等．1993．滇西试验场重力异常特征与强震潜在源区研究［J］．地壳形变与地震，13（2）：1-8．

朱新慧，孙付平．2005．用甚长基线干涉测量数据检测冰期后地壳回弹［J］．地球物理学报，48（2）：74-79．

朱灼文，于锦海．1992．超定大地边值问题的准解［J］．中国科学：B辑化学，22（1）：103-112．

朱灼文，于锦海．1995．扰动重力位混合边值问题的适定性估计理论［J］．科学通报，40（2）：154-157．

祝恒宾，周文虎，武立高．1985．青藏高原重力场特征及其在大地构造上的含义［J］．地球物理学报，28（增刊I）：60-69．

祝意青，徐云马，吕弋培，等．2009．龙门山断裂带重力变化与汶川8.0级地震关系研究［J］．地球物理学报，52（10）：2538-2546．

Chen Y T, Gu H D, Lu Z X. 1979. Variations of gravity before and after Haicheng earthquake, 1975 and Tangshan earthquake, 1976[J]. Physics of the Earth & Planetary Interiors, 18（4）：330-338.

Chen Y H, Du P R, Zhu H Y, et al. 1981. Studies on gravity tide in the regions of Beijing, Sichuan and Xizang（Tibet）[J]. Scientia Sinica, 24（2）：248-255.

Chen X D，Ducarme B，Sun H P，et al. 2008. Loading effect of a self-consistent equilibrium ocean pole tide on the gravimetric parameters of the gravity pole tides at superconducting gravimeter stations［J］. Journal of Geodynamics，45：201–207.

Chen X D，Kroner C ，Sun H P，et al. 2009. Determination of gravimetric parameters of the gravity pole tide using observations recorded with superconducting gravimeters［J］. Journal of Geodynamics，48（3–5）：348–353.

Ducarme B，Sun H P，D'Oreye N，et al. 1999. Interpretation of the Tidal Residuals During the July 11，1991 Total Solar Eclipse［J］. J Geodesy，73（2）：53–57.

Hsu H T，et al. 1984. Representation of gravity field outside the earth using fictitous single layer density［J］. Scientia Sinica，ser. B，27：985–992.

Hu X G，Liu L T，Ducarme B，et al. 2007. Estimation of the pole tide gravimetric factor at the chandler period through wavelet filtering［J］. Geophys. J. Int.，169：821–829.

Hu X G，Liu L T，Kroner C，et al. 2009. Observation of the seismic anisotropy effects on free oscillations below 4 mHz［J］. Journal of Geophysical Research – Solid Earth，114：1–12.

Hu X G，Jiang Y，Sun H P. 2014. Assessing the scalar moment of moderate earthquake and the effect of lateral heterogeneity on Norman modes–An example from the 2013/04/20 Lushan earthquake，Sichuan，China［J］. Physics of the Earth and Planetary Interiors，232：61–71.

Park J ，Song T R ，Tromp J ，et al. 2005. Earth's Free Oscillations Excited by the 26 December 2004 Sumatra — Andaman Earthquake［J］. Science. 308：1139–1144.

Sun H P，Ducarme B，Dehant V. 1995. Effect of the atmospheric pressure on surface displacements［J］. Journal of Geodesy，70：131–139.

Sun H P，Jentzsch G，Xu J Q，et al. 2004. Earth's free core nutation determined using C032 superconducting gravimeter at station Wuhan/China［J］. Journal of Geodynamics，38：451–460.

Tang B X，et al. 1980. Isostatic Gravity Anomalies in Himalayas，Proceedings of Symposium on Qinghai—Xizang Plateau［J］. Science Press，683–689.

Wu P，Wang H，Scotman H. 2005. Postglacial induced surface motions，sea levels and geoid rates on a spherecal，self-gravitating laterally heterogeneous Earth［J］. Journal international of geodynamics，39：127–142.

Xu J Q，Sun H P，Ducarme B. 2004. A global experimental model for gravity tides of the Earth［J］. Journal of Geodynamics，38：293–306.

Zhu Z W，et al. 1985. Discrete exterior boundary value problem in consideration of local topographic effect［J］. Scientia Sinica，ser. B，28：662–671.

第五章
地 热 学

　　地热学是一门正在蓬勃发展的年轻学科。地热学科包括两方面内容：在理论上，阐明区域乃至全球热场分布，了解岩石层热动态、地壳和上地幔热结构以及地球内部热状况、热历史。在应用上，研究地热资源分布规律、形成条件及其开发利用的途径；研究矿区地温状况、深部地温预测、矿井致热因素和矿山热害防治的地质－工程措施；研究各种矿产资源，特别是油气资源形成时的古地温条件，为矿产资源远景预测提供理论依据。20世纪50年代开始，中国先后不同程度地开展了上述各个领域的地热研究。随着国家经济建设事业的发展和科学技术的进步，中国地热研究取得了重大进展。

　　中国是一个温泉广布和热水利用历史悠久的国家，有关各类温泉和热水开发利用的记载可追溯到2000多年以前，但地热作为一门现代科学加以研究则始于20世纪50年代。当时，李四光在他亲自领导的地质部地质力学研究所率先组建起中国第一个地热研究组，派王庆棣去苏联学习理论地热学；60年代，他主持在北京附近的房山花岗岩体上打了一个深500m的钻孔，用于观测地热。1961年，中国科学院地质研究所构造地质研究室在张文佑主持下，成立了地热研究小组，从事理论地热学研究，开展了大地热流测量工作。70年代初，李四光指出，地球是一个庞大的热库，人类应向地球要热，以改善当时因石油危机而出现的世界性能源短缺局面，在中国掀起了一个地热资源普查、勘探和研究的热潮。同期，中国科学院地质研究所开展了系统的矿山地热研究工作（余恒昌等，1991）。进入80年代，石油工业界提出稠油开采中的地热和油田区今、古地温研究问题，在中国东部主要含油气区相继开展了油田地热研究工作（汪缉安等，1986）。90年代，地热研究中出现了一个新的应用领域，即利用钻孔温度资料推断过去几个世纪以来的气候变化，成为全球气候变化研究中一种新手段。进入21世纪，利用热泵技术开发浅层地热能，成为应用地热研究中的一个新热点，并得到快速发展。天然气水合物的研究也从无到有地开展起来。此外，地热界积极参与应对气候变化的行动，开展了地热利用与碳封存一体化的研究，以及基于发震断层震后钻孔测温数据及断裂带内黏土矿物，开展断层摩擦特性和发震机制等研究。

　　经过半个多世纪的努力，中国业已建立起较为全面的地热学科体系（Wang et al.,

1996），究其原因主要有：第一，理论联系实际。国外理论地热学研究主要在大学和科研机构中进行，是以学科需求带动和研究者的个人兴趣为转移；而中国则是以任务带动学科的发展。第二，研究领域不断扩大。随着国民经济的发展和科学技术的进步，无论是应用还是理论地热学都在不断扩展自身的研究领域和空间。第三，野外观测和实验研究并重。从 20 世纪 70 年代初重新组建中国科学院地质研究所地热研究组（1977年正式成立地热研究室）开始，在野外钻孔地温测量的同时，注重地热实验室的建设，自主研发组装了野外钻孔地温测量仪及多种类型的岩石热导仪。第四，中国地学界重视地热学科的发展。老一辈地球物理学家傅承义、顾功叙和地质学家李四光、黄汲清、张文佑、李春昱、马杏垣、叶连俊、刘东生等人倡导或指导了地热研究。第五，地热学研究重视年轻人的培养。迄今为止，汪集晹等已先后培养了数十名具有博士学位的年轻地热学者，这批年轻人已成为中国地热研究的骨干和中坚力量，并活跃于国际地热舞台，多人次担任"国际热流委员会"（IHFC）委员（如黄少鹏、胡圣标、何丽娟、施小斌等）或"国际地热协会"（IGA）理事（如庞忠和、赵平等）以及国际地热学杂志 *Geothermics* 编委等。

第一节　理论地热学

一、中国大陆大地热流与岩石层热结构研究

（一）大地热流的测量和研究

大地热流是地球内热在地表最为直接的显示，同时又能反映发生于地球深部的各种作用过程与能量平衡的信息。因此，大地热流是在地球表面"窥测"地球内热的一个窗口。全球大地热流的测量工作始于 20 世纪 30 年代末，早期的工作进展较为缓慢，截至 1955 年，全球的大地热流数据尚不足 100 个。20 世纪 60 年代，随着板块构造学说的兴起及测量方法的改进，大地热流测量工作进展加快，1965 年的全球热流数据达到了 2000 个，1970 年增至 3127 个。而后的二三十年里，热流测量工作的发展更为迅速，至 1990 年底，全球热流数据已增至 24 639 个（Pollack et al.，1993）。

中国的钻孔地温测量工作始于 20 世纪 50 年代末。1962 年中国科学院地质研究所地热组易善峰等人曾赴大庆进行地热测量工作（易善锋，1966）。20 世纪 70 年代后，在国家和各部门的大力支持下，中国科学院地质研究所地热研究室、中国科学院地球物理研究所地壳和上地幔研究室、北京大学地质系地热组、国家地震局地质研究所、地矿部地科院地质力学研究所等单位在全国陆上各地区以及海域进行了大量的热流测量工作，发表了系列的热流数据，相关成果已总结在历次的热流数据汇编中。大地热流的测量和研究，成为中国地热研究的主要进展之一。1979 年，中国科学院地质研究

所地热组公布了中国第一批大地热流数据，1991 年国际热流委员会（IHFC）将中国大陆地区公开发表的 366 个大地热流数据收入"全球热流数据汇编"（汪集暘等，1990）。截至 1999 年底，中国大陆地区已有 862 个大地热流数据（Hu et al.，2000）。中国热流数据汇编的工作自 1988 年开始，连续不断，至 21 世纪初已完成 6 次主要的汇编，使中国大地热流测量的最新成果得以系统汇总和报道。迄今，中国热流数据已超过 1200 个。

基于系统的研究，20 世纪 80 年代，汪集暘最早提出中国大陆地区热流具有"东高西低"、"南高北低"的特点，东部地区热流值普遍较高（60~70mW/m²，甚至更高），而西北地区普遍较低（40~50mW/m²，甚至更低）。中国大陆地区的高热流出现在藏南及喜马拉雅地热带（80~100mW/m²，或更高）。这种"东高西低"、"南高北低"的热流分布格局，是中、新生代以来中国东部受太平洋板块的强烈影响，而西部受南来的印度板块推挤作用的结果。

（二）岩石层热结构研究

岩石层热结构对了解发生于地球内部深处的各种能量作用过程具有十分重要的意义，也是当今地球动力学研究的前沿课题之一。

中国最早的岩石层热结构研究始于 20 世纪 80 年代下辽河及攀西地区。在下辽河，得到了壳幔热流值及其配分比例（Wang et al.，1988）；在攀西，基于热结构的研究确定出了中国第一个"热流省"（Wang et al.，1991）。

此后，沈显杰等开展了青藏高原热结构的研究（Shen，1996）。从纵贯青藏高原的南北向热流剖面可见，南、北块体的热背景极不均一：南部活动块体以具有高而变幅大的热流为特征（66~364mW/m²，热流平均值 $q \geq 100$mW/m²）；北部稳定块体的热流较低且变幅小（40~47mW/m²）。青藏高原的壳幔热结构亦具有不均一性：南部的喜马拉雅地体具壳源异常型热结构；中部的拉萨—冈底斯地体是异常加热型热结构；而北部的老地体属常规增温型热结构。

汪集暘等基于岩石层"热结构"的概念和大量实际资料，对中国大陆地区岩石层热结构类型作了初步划分（Wang et al.，1992）。中国东部岩石圈热结构以"冷壳热幔"为特征，西部青藏高原则为"热壳冷幔"，中部和西北部地区则表现为"冷壳冷幔"。石耀霖论述了岩石层热结构的分布特点与板块的关系，区域性构造过程的复杂热效应，岩石层的热状态及其决定的岩石层的流变性，同时对加强中国大陆岩圈热结构研究提出了具体建议（石耀霖，1990）。

此后，胡圣标和汪集暘对中国东南地区进行了岩石圈热结构的研究（胡圣标等，1994）；赵平等研究了生热率的分布（赵平等，1996）；王良书等根据中国东部苏北盆地、渤海湾盆地济阳拗陷和西部塔里木盆地岩石层热流变结构研究结果，分析了中国大陆东西部的两种类型盆地岩石层热流变结构特征以及其所反映的地球动力学特性（王良书等，2000）；何丽娟等对中国东部大陆地区岩石层热结构进行了区域性的研究，编制出中国东部大陆莫霍面温度图以及中国东部大陆"热"岩石层厚度图（何丽娟等，2001）。此外，一些热点研究区和含油气盆地的岩石圈热结构研究工作也取得了丰硕的成果，如黑水—泉州地学断面、济阳拗陷、南海、青藏高原以及秦岭造山带、大别山、塔里木盆地等。随着大陆科学钻探的深井测温等基础工作的开展和计算机模拟技术、地球物理勘探技术的发展，目前的岩石圈热结构研究进入了新的发展阶段。

二、中国近海大地热流

海洋热流是大地热流的重要组成部分，是研究海洋地球动力学、沉积盆地演化过程、油气水合物资源评价以及热液循环机制的重要基础数据。自20世纪80年代以来，在中国主要海域的陆架区获得了许多钻井热流数据，通过海底地热探针测量得到了海底热流数据（施小斌等，2000）。

过去30年间，利用钻孔测温资料为中国边缘海陆架区积累了许多热流数据，如在渤海海域共获得112个热流数据；在黄海海域和东海海域共获得26个钻孔的热流数据；在南海北部陆缘获得了一批钻孔热流数据。钱翼鹏等借助CCOP国际合作和交流平台，收集到一批南海南部海域的热流数据。另外，大洋钻探计划（ODP）Leg184航次深海钻探为南海深海盆地提供了5个高质量的热流数据。在海底热流调查方面，中国近年在设备技术研发和热流观测方面都取得了长足进展。早期的调查工作主要是通过与国外研究机构合作完成。1980年初，广州海洋地质调查局与美国哥伦比亚大学拉蒙特－多尔蒂地质观测所第一阶段合作中，利用"维玛号"调查船在南海北部陆缘中部断面取得了90个海底热流数据；1985年，他们在第二阶段合作中利用"康拉德号"调查船开展海底热流调查，获得两条热流剖面共62个热流数据（Nissen et al.，1995）。那时采用冯赫尔岑（Von Herzen）型海底热探针测量热流，而热导率样品则是利用活塞取样设备获得的。这次成功的合作为南海北部陆坡及邻近海盆的热状态研究取得了非常宝贵的热流数据。1990—1991年，中国科学院海洋研究所与日本东京大学地震研究所合作，李乃胜、喻普之与日本上田诚也等专家在"科学1号"调查船上利用日本尤因（Ewing）型热探针开展了海底地温梯度调查和热导率样品采集，并在1个站位放置海底温度长期观测设备。调查海域位于东海陆架舟山—杭州湾外海和冲绳海槽北部。此次中日合作对浅水区的海底热流测量进行了尝试，成果发表于《东海地壳热流》（喻普之等，1992）。20世纪80年代后期，中国科学院南海海洋研究所和广州海洋地质调查局分别从加拿大购买了李斯特（Lister）型的热探针，南海海洋研究所利用这只热探针在南沙地块获得3个站位的热流数据。2004年以来，因为天然气水合物调查的迫切需要，广州海洋地质调查局从德国引进高精度、自容式微型测温单元（MTL）、TK04热导率仪以及台湾大学的李斯特型探针。在国家"863"计划的支持下，联合国家海洋局第一海洋研究所、中国科学院南海海洋研究所、中国科学院地质与地球物理研究所和中国地质大学（武汉），研发成功剑鱼1型多通道海底热流探针和飞鱼1型自容式测温单元以及热流数据处理软件，获得了1项发明专利和5项实用专利，并完成多通道探针式海底沉积物热导率测量设备样机的研发。南海海洋研究所负责研发的"海底原位热流数据处理"软件，获得计算机软件著作权登记；就新型微型热流测量单元的工作原理、单元结构、数据处理进行了阐述，并开展了相关设备的研发；成功研发了带有自动脉冲功能的新型微型测量探头，并利用新型探头组装成了结构与尤因型探针类似，但具备原位地温梯度和原位热导率测量功能的新型探针。海底地热探针设备和数据处理软件等的成功研发，标志着中国已经掌握了海底热流探测与数据处理的关键技术，并在南海海域获得了大批量的海底热流数据（徐行等，2006；李亚敏等，2010），大大改善了南海海域热流站位分布均匀性。2010年以来，南海海洋研究所利用尤因型热探针在南海北部海域和印度洋东北部海域也成功获取了一批海底热流数据。随着国内对海底热流测量技术的掌握和探测设备的配备，中国海底热流调查与相关研究将进入崭新的时代。

三、地温场与构造热演化数值模型

地温场的数值模拟在地热研究工作中是一项不可或缺的研究手段。数值法的广泛应用及电子计算机的发展与普及，为研究较为复杂的地热问题开辟了新的途径，它可以定量评价上述各种因素对区域地温场的影响程度，并进行热流校正。20世纪80年代，中国科学院地质研究所张菊明和熊亮萍结合华北和西藏地区地热研究工作，编制了供地热研究使用的有限元程序，1986年出版了专著《有限单元法在地热研究中的应用》（张菊明等，1986）。

岩石层构造 - 热演化数值模拟是地热学与地球动力学的交叉（汪集旸，2007）。20世纪80年代，构造热演化数值模拟在中国开始起步且迅速发展，并在青藏高原取得了大批研究成果：沈显杰等研究了青藏高原隆升的构造热演化机制（沈显杰等，1992）；石耀霖等阐述了青藏高原构造热演化的主要控制因素（石耀霖等，1992）。朱元清等在求解技术上发展了"迎风"权函数方法，将有限元法、有限差分法和"迎风"权函数法结合起来，使用变网格、变结点方法对地质体的运动介质、运动边界、多热源的非线性、非稳态的构造热演化进行了模拟（朱元清等，1993）。张健等采用三维有限单元法对南海西南海盆的热演化过程进行了模拟计算，通过对变形、温度结构的计算，研究了西南海盆张裂变形、海底扩张持续时间、地幔物质上升、地壳岩墙沿扩张中心的挤入扩张活力、岩浆活动等（张健等，2005）。

何丽娟等将深部岩石层动力学演化与浅部沉积盆地地热演化相结合，利用地球动力学方法，在岩石层尺度上数值模拟研究沉积盆地构造—热演化特征。何丽娟、熊亮萍和汪集旸等，针对中国沉积盆地多期演化特点，对传统的拉张模型进行了改进，提出了多期拉张模型。并将其广泛地应用到东部的沉积盆地，模拟研究了这些盆地中新生代以来的构造—热演化历史，取得了很好的效果（何丽娟等，1995）。

21世纪初，又将模型应用于中国中西部盆地（四川盆地）海相沉积时期的构造 - 热演化模拟工作（He，2014a）。在岩石圈 - 软流圈相互作用和克拉通破坏方面获得了重要成果。通过数值模拟研究指出，在俯冲板块脱水形成的低黏大地幔楔内，活跃地幔对流可通过压缩流变边界层为岩石圈底部提供热源。从地热学角度论证太平洋板块俯冲对华北克拉通破坏的意义，对华北克拉通破坏动力学过程进行了数值检验（He，2014a，2015）。

第二节 应用地热学

一、地热资源开发利用

地热资源是清洁的可再生能源。高温地热可以用于发电，中低温地热可进行热能直接利用，比如：采暖、制冷、干燥、种植、养殖、旅游与医疗等。地热资源的地学研究是应用地热学的主体内容，目的是查明地热资源量和找出优化开采途径。

地热地质是地热资源开发利用的先行工作。20世纪70年代，中国科学院地质研究所、地质部水文地质工程地质研究所等单位参与了广东丰顺县邓屋中国第一个地热电站的地质调查工作。中国科学院自然资源综合考察委员会章铭陶等、北京大学地质学系地热研究室佟伟、张知非、廖志杰等参加了中国科学院青藏高原综合科学考察队，先后对西藏、腾冲、横断山区地热资源进行了考察。中国地质科学院地质力学研究所地热研究室康文华等参加了西藏羊八井热田的地质研究。1977年，中国第一个高温地热电站——西藏羊八井电站成功发电。中国地质科学院水文地质工程地质研究所安可士、姚足金等开展了中国热矿水研究。80年代，国家在天津大学设立天津地热研究培训中心。中国科学院地质研究所地热室陈墨香等开展了华北地区、汪集暘等开展了东南沿海地区地热地质研究。

90年代，在国家"八五"科技攻关计划支持下，沈显杰等在西藏羊八井、庞忠和等在福建漳州、卢润等在天津分别开展了地热储工程研究。进入21世纪，地热资源研究密切结合节能减排的社会需求，向全方位和规模化方向发展。建设部环境工程中心王秉忱等开展了地源热泵技术开发利用浅层地热能研究。在国家"863"计划支持下，中国科学院地质与地球物理研究所庞忠和等开展了地热开发利用中碳封存的研究。

地热资源评价是开展地热资源开发利用的基础。20世纪70—80年代中国地热资源初步调查与评价结果表明，中国地热资源丰富，开发利用潜力很大。进入21世纪，国土资源部组织进行新一轮的全国地热资源评价，中国地质科学院水文地质环境地质研究所王贵玲等开展了全国地热资源评价工作。

热流体的成因分析是地热资源成因分析的重要组成部分。庞忠和对地热水同位素研究进行了总结（顾慰祖，2011）。在中国普遍分布的非火山源地热系统中与世界其他地区差异显著。

赵平（赵平等，2001）研究了西藏羊八井热田的锶、硼、惰性气体同位素研究，为完善地热田成因模式提供了流体来源与混合方面的信息。

地热温标是地热储温度预测的重要手段。庞忠和等提出了新型热力学地热温标——FixAl方法。在漳州地热田热储温度预测获得了可靠的结果，为地热资源勘查与评价提供了依据，也被国外同行广泛采用。他们还用硫酸盐中的氧–18地热温标计算了漳州地热田的热储温度，得到合理的结果（Pang et al.，1998；Pang，2005）。

新构造分析对于基岩山区地下水分布的热水循环通道控制规律的研究导致了具有中国特色的水文地质理论的形成。庞忠和等在漳州地热田、新疆塔什库尔干塔吉克自治县地热田和江苏等地深部地热水的开发利用中，将新构造分析原理拓展到地热田勘查研究中，与地球物理勘探方法如 CSAMT 方法等密切结合，取得了较好效果（庞忠和等，2011）。

地热储优化开采模式是热储工程研究的主要内容。庞忠和等采用示踪回灌试验与水热耦合数值模拟及模糊判别方法研究了北京、天津以及河北雄县牛坨镇地热田灰岩热储的天然状态模拟和生产状态模型，比较了对井采灌与集中采灌对于热田寿命的不同影响，突显后者的优势，对于地热田可持续开发利用意义较大（Duan et al.，2011）。

国内有关地热资源方面的著作主要有：《中国地热资源：形成特点与潜力评价》《地热利用技术》《华北地热》《中低温对流型地热系统》《西藏地热》《腾冲地热》《横断山温泉志》《滇藏地热带》。地热系统成因分类是开展地热资源评价的前提。20 世纪 70—90 年代，中国陆续开展了典型地热系统成因分析，经过多年的凝练和广泛的国际对比，形成了一套"源、通、储、盖"地热田成因综合分析理论。对中国主要的典型地热系统，包括藏滇高温地热带的羊八井热田、腾冲热海热田，东南沿海地热带的漳州地热田、华北盆地地热区的冀东地热田开展了系统的成因分析与综合评价，并初步划分出三种类型：①沉积盆地中低温传导型地热系统；②造山带中低温对流型地热系统；③造山带高温对流型地热系统。相应的地热成因理论为中国地热资源开发利用提供了重要依据，同时也丰富了世界地热地质学理论。

二、油田地热

油田地热是地热学中的一个重要分支学科，而沉积盆地的热体制和热历史则是油田地热学的核心研究内容。汪集旸（1997）根据多年来的工作提出了油田地热研究三原则：①今、古地温并举；②盆地热历史与区域构造 – 热演化相结合；③地质 – 地球物理 – 地球化学三位一体。

中国油田地热研究始于 20 世纪 80 年代初，国家"八五"科技攻关计划开始设立含油气盆地地热研究专题；国家"十一五"油气重大专项开始设置盆地热体制与热历史研究专题。1999 年，国家"973"基础研究项目首次将"典型叠合盆地的热体制和热历史研究"列为研究课题。

关于盆地热历史恢复的方法大体上可以分为两类：一类是从盆地尺度利用古温标方法恢复热历史；另一类则是从岩石层尺度利用地球动力学模型恢复热历史。在对具体沉积盆地的热史研究中，邱楠生等针对海相沉积盆地研发了有机质自由基浓度、镜状体反射率等古温标，胡圣标等开发了 Thermodel 热史恢复软件，何丽娟等建立了裂谷盆地多期非均匀拉张的地球动力学模型，从而形成了多种古温标、多种方法联合反演盆地热历史的方法体系（邱楠生等，2004）。此外，裂变径迹、(U–Th)/He 同位素测年技术等新型古温标测试实验室在中国已先后建立（Qiu et al.，2012，2014）。

许多学者采用不同热史恢复方法研究了中国东部的渤海湾盆地和松辽盆地，中部的鄂尔多斯盆地和四川盆地，西部的塔里木、准噶尔和柴达木盆地以及中国近海含油气盆地的热历史，揭示出不同构造背景沉积盆地热历史的差异，为油气资源评价和油气勘探决策提供了重要依据。

汪缉安等1985年出版的《地热与石油》是最早的油田地热方面的专著。随后，相继出版的有关专著有：《油气盆地地热研究》《中国地温分布的基本特征》《沉积盆地古地温测定方法及其应用》《中国北方沉积盆地构造热演化史研究》及《沉积盆地热体制研究的理论与应用》。

三、矿山地热

矿山地热学的研究内容是各类矿山地温场分布规律及其形成机制，目的是为矿井降温与热害防治提供科学依据。这是一个由中国地热学者在20世纪70年代开创，80年代建立，90年代至21世纪进一步发展的新兴分支学科。国外的研究工作多是在矿山建井期间或生产遇到热害之后进行，而且主要集中在巷道温度、井下微气候以及降温技术等微观尺度和工艺方面的研究。而中国学者则结合煤矿开采的实际需求，着眼于矿山地热成因分析和区域地温预测方法，逐步建立起了系统的矿山地热学科。

20世纪70年代是中国矿山地热学初创时期。中国科学院地质研究所地热组在河北开平盆地进行了地温测量，以了解地温对深部煤炭资源开采的影响。1975年，燃料化学工业部在河南平顶山矿召开了矿山地热座谈会，并组织成立了全国煤矿地温调查小组，发现几乎所有矿区都没有开展测温工作。从此，矿山地热学作为煤矿热害防治的重要学科引起了重视，并迅速发展起来。

20世纪80年代是中国矿山地热学快速发展并形成学科体系的时期。1981年，熊亮萍和高维安基于大量的钻孔测温数据，分析了沉积盆地中隆起区和拗陷区地温场的特点，指出了构造格局对区域地温场的控制作用，提出了热流再分配的概念，对区域隆起与拗陷区的传导型地温分布做出了解释（熊亮萍等，1982）。这些观点在安徽潘集煤矿、山东南定煤矿、江苏徐州三河尖煤矿的热害成因分析中得到了印证。同年，中国科学院地质研究所地热室（1981）主编《矿山地热概论》一书，系统总结了70年代的工作，介绍了钻孔温度平衡、测温方法对比、矿山地温状况评定、高温成因分析以及大型矿区深部地温预测等方面的研究成果。1989年，邓孝以平顶山矿区和新郑矿区为例，剖析了地下水运动的温度场效应，并对煤矿深部地温场进行了预测，与实际观测数据吻合很好。在对一些不同特点的高温矿山进行剖析、对矿山致热机制、地温场影响因素的认识逐渐深入的基础上，完成了矿山地热类型的划分方案（王良书等，1989）。

20世纪90年代是矿山地热广泛应用的时期。各煤矿均开展了测温工作，为矿山地温场的精确刻画提供了基础数据，数值模拟方法进一步应用到煤矿地温场研究中。1991年由余恒昌等主编的《矿山地热与热害防治》一书对煤田地热研究进行进一步的总结与阐述（余恒昌等，1991）。从而，矿山地热学逐渐成为应用地热学的一个独具特色的学科方向。

21世纪是矿山地热学走向深入的时期。2006年，科技部"973"计划重点项目"深部煤炭资源赋存规律、开采地质条件与精细探测基础研究"将地温场列为深部煤炭开采的基本条件之一加以研究。庞忠和等在华北地区开展了矿山地热研究工作（段忠丰等，2008），完成了华北深部地温预测和区域地热编图；提出了煤层、隆起叠加凸起、导水断裂带等热害易发区的局部聚热机制，提高了地温预测的合理性和准确性。

四、其他应用研究

（一）天然气水合物

天然气水合物被誉为21世纪的新型能源。天然气水合物的形成分布与区域地温场密切相关。因此在2002年启动的中国海域天然气水合物资源调查与勘探重大专项（"118"专项）和国家"863"计划、"973"项目中均把地温场列为重要研究内容。

在天然气水合物调查过程中，天然气水合物稳定带是确立有利目标区的重要依据。天然气水合物稳定带的底界是由深度–温度关系曲线和天然气水合物相边界曲线共同界定的。汪集暘、金春爽、王立峰、秦蕴珊、卢振权等采用此方法确定了中国海域和青藏高原冻土区天然气水合物稳定带的底界（Jin et al.，2002；栾锡武等，2003；卢振权等，2009）。

（二）古气候研究

从20世纪80年代开始，全球气候变暖问题引起了国际社会的极大关注。钻孔温度可以反映长周期的古气候变化。地热方法较之其他古气候研究方法有其独到之处（Pollack et al.，2000）。此外，测温钻孔分布广泛，可以弥补其他古气候记录的缺失，地温记录与其他古气候资料有一定的互补性。

1995年，黄少鹏等利用四川攀西地区钻孔温度资料中两个高质量的钻孔温度剖面进行了古气候反演，得到了很好的结果（黄少鹏等，1995；Huang et al.，1995）。2010年，西安交通大学成立了地热与环境实验室，致力于这方面的研究。

（三）地热与碳封存研究

中国沉积盆地中低温地热资源十分丰富，为了实现地热资源的可持续开发利用，地热开发过程中，采灌结合是保持热储压力，延长地热田寿命，防止环境破坏的有效开发模式。中国于1982年首次在北京城区地热田进行了地热回灌试验，随后西藏、天津、山西、福建等地也进行了地热回灌方面的尝试。目前基岩热储回灌问题已基本解决，但在砂岩热储中还存在着回灌量小、回灌阻塞严重的瓶颈，地热尾水回灌率低下，是一种粗放的开发利用模式。

2008年，庞忠和等提出 CO_2-EATER（CO_2-增产地热模式），即将适量 CO_2 注入到储层，通过 CO_2-水-岩相互作用，促进储层中碳酸盐胶结物发生溶解，改善储层孔隙度和渗透率，达到提高尾水回灌率的目的。在这个过程中，CO_2 与矿物反应形成沉淀被封存于地下。采用天津地热田馆陶组热储为例进行了研究（Pang et al.，2010）。

参考文献

段忠丰，杨峰田，庞忠和. 2008. 深部煤矿地温场的形成机理与预测方法研究［M］// 虎维岳，何满朝. 深部煤炭资源及开发地质条件：研究现状与发展趋势. 北京：煤炭工业出版社，189-203.

顾慰祖. 2011. 同位素水文学［M］. 北京：科学出版社，576-590.

何丽娟，熊亮萍，汪集暘，等. 1995. 沉积盆地多期拉张模拟中拉张系数的计算［J］. 科学通报，40（24）：2261-2263.

何丽娟，胡圣标，汪集暘. 2001. 中国东部岩石圈热结构［J］. 自然科学进展，11（9）：966-969.

胡圣标，汪集暘，王屹华. 1994. 黑水 – 泉州地学断面东段深部温度与岩石层厚度［J］. 地球物理学报，37（3）：330-337.

黄少鹏，Pollack H N，沈伯瑜，等. 1995. 从钻孔温度看气候变化——方法介绍及实例［J］. 第四纪研究，（3）：213-222.

李亚敏，罗贤虎，徐行，等. 2010. 南海北部陆缘深水区的海底原位热流测量［J］. 地球物理学报，53（9）：2161-2170.

卢振权，Sultan N，金春爽，等. 2009. 青藏高原多年冻土区天然气水合物形成条件模拟研究［J］. 地球物理学报，52（1）：157-168.

栾锡武，秦蕴珊，张训华，等. 2003. 东海陆坡及相邻槽底天然气水合物的稳定域分析［J］. 地球物理学报，46（4）：467-475.

庞忠和，杨峰田，袁利娟，等. 2011. 新疆塔县盆地地热显示与热储温度预测［J］. 地质论评，57（1）：86-88.

邱楠生，胡圣标，何丽娟. 2004. 沉积盆地热体制研究的理论和应用［M］. 北京：石油工业出版社.

沈显杰，朱元清，石耀霖. 1992. 青藏热流与构造热演化模型研究［J］. 中国科学：B 辑 化学，（3）：311-321.

施小斌，周蒂，张毅祥. 2000. 南海北部陆缘岩石层热 – 流变结构［J］. 科学通报，45（15）：1660-1665.

石耀霖，朱元清，沈显杰. 1992. 青藏高原构造热演化的主要控制因素［J］. 地球物理学报，35（6）：710-720.

石耀霖. 1990. 大陆岩石圈的热结构及其意义［J］. 地球科学进展，6（2）：18-27.

汪缉安，王永玲. 1986. 辽河断陷地温、古地温特征与油气资源［J］. 石油学报，2：24-33.

汪集暘，黄少鹏. 1990. 中国大陆地区大地热流数据汇编（第二版）［J］. 地震地质，12（4）：351-366.

汪集暘. 1997. 近年来中国地热学的研究与展望［J］. 地球物理学报，40（增刊）：249-256.

汪集暘. 2007. 从我的经历看中国地热研究的发展［G］// 中国地球物理学会. 辉煌的历程：中国地球物理学会 60 年. 北京：地震出版社，297-300.

王良书，施央申. 1989. 油气盆地地热研究［M］. 南京：南京大学出版社.

王良书，李成，刘福田，等. 2000. 中国东、西部两类盆地岩石圈热 – 流变结构［J］. 中国科学：D 辑地球科学，30（增刊）：116-121.

熊亮萍，高维安. 1982. 隆起与拗陷地区地热场的特点［J］. 地球物理学报，25（5）：448-456.

徐行，施小斌，罗贤虎，等. 2006. 南海西沙海槽地区的海底热流测量［J］. 海洋地质与第四纪地质，26（4）：51-57.

易善锋. 1966. 世界地热测量情况简介［J］. 地质快报，4：10-13.

余恒昌，邓孝，陈碧琬. 1991. 矿山地热与热害治理［M］. 北京：煤炭工业出版社.

喻普之，李乃胜. 1992. 东海地壳热流［M］. 北京：海洋出版社.

张健，宋海斌，李家彪. 2005. 南海西南海盆构造演化的热模拟研究 [J]. 地球物理学报, 48（6）: 1357-1365.

张菊明, 熊亮萍. 1986. 有限单元法在地热研究中的应用 [M]. 北京: 科学出版社.

赵平, 汪集旸, 汪缉安. 1996. 热流和岩石生热率关系的研究 [J]. 地质科学, 297-306.

赵平, Kennedy M, 多吉, 等. 2001. 西藏羊八井热田地热流体成因及演化的惰性气体制约 [J]. 岩石学报, 497-503.

中国科学院地质研究所地热室. 1981. 矿山地热概论 [M]. 北京: 煤炭工业出版社.

朱元清, 石耀霖, 陆锦花. 1993. 构造热演化的数值模拟方法 [J]. 地球物理学报, 36（3）: 308-316.

Duan Z F, Pang Z H, Wang X Y. 2011. Sustainability evaluation of limestone geothermal reservoirs with extended production histories in Beijing and Tianjin, China [J]. Geothermics, 40（2）: 125-135.

He L J. 2015. Thermal regime of the North China Craton: Implications for craton destruction [J]. Earth Science Reviews, 140: 14-26.

He L J. 2014a. Permian to Late Triassic evolution of the Longmen Shan Foreland Basin (Western Sichuan): Model results from both the lithospheric extension and flexure [J]. Journal of Asian Earth Sciences, 93: 49-59.

He L J. 2014b. Numerical modeling of convective erosion and peridotite-melt interaction in big mantle wedge: implications for the destruction of the North China Craton [J]. Journal of Geophysical Research, 119（4）: 3662-3677.

Hu S B, He L J, Wang J Y. 2000. Heat flow in the continental area of China: a new data set [J]. Earth and Planetary Science Letters, 179（2）: 407-419.

Huang S P, Pollack H N, Wang J Y, et al. 1995. Ground surface temperature histories inverted from subsurface temperatures of two boreholes located in Panxi, SW China [J]. J. Southeast Asian Earth Sci., 12: 113-20.

Jin C S, Wang J Y. 2002. A preliminary study of the gas hydrate stability zone in the South China Sea [J]. Acta Geologica Sinica, 76（4）: 423-428.

Nissen S S, Hayes D E, Yao B C. 1995. Gravity heat flow, and seismic constraints on the processes of crustal extension: Northern margin of the South China Sea [J]. Journal of Geophysical Research, 100（B11）: 22447-22483.

Pang Z H, Reed M. 1998. Theoretical chemical geothermometry on geothermal waters: Problems and methods [J]. Geochimica et Cosmochimica Acta, 62（6）: 1083-1091.

Pang Z H, Yang F T, Duan Z F, et al. 2010. Integrated Geological sequestration and geothermal development: a case study of the Beitang Depression, North China Basin, China [C] //Proc. of the 13th International Symposium on Water-Rock Interaction (ISTP), Guanajuato, Mexico, Plenary Keynote Lecture, 31-36.

Pang Z H. 2005. Origin of sulfur compounds and application of isotope geothermometry in selected geothermal systems of China [M] //Pang Z.Use of isotopes to trace the origin of acidic fluids in geothermal systems, Technical Documents of the International Atomic Energy Agency, Vienna, Austria.

Pollack H N, Hurter S J, Johnson J R. 1993. Heat flow from the Earth's interior: analysis of the global data set [J]. Rev. Geophys, 31: 267-280.

Pollack H N, Huang S. 2000. Climate reconstruction from subsurface temperatures [J]. Ann. Rev. Earth Planetary Sci., 28: 339-365.

Qiu N S, Chang J, Zuo Y H, et al. 2012. Thermal evolution and Lower Paleozoic source rocks maturation in the Tarim Basin, Northwest China [J]. AAPG Bulletin, 96（5）: 789-821.

Qiu N S, Zuo Y, Chang, J, et al. 2014. Geothermal evidence of Mesozoic and Cenozoic lithosphere thinning in the Jiyang sub-basin, Bohai Bay Basin, eastern North China Craton [J]. Gondwana Research, 26（3-4）: 1079-1092.

Shen X J. 1996. Crust-Mantle thermal structure and tectonothermal evolution of the Tibetan Plateau [M]. Beijing: Science Press.

Wang J Y, Wang J A. 1988. Thermal structure of the crust and upper mantle of the Liaohe Rift Basin, North China [J]. Tectonophysics, 145: 293-304.

Wang J Y，Huang S P. 1991. The thickness of the thermal lithosphere in the Panxi Paleo-rift Zone，Southwestern China［M］//Cermak V，Rybaeh L.Terrestrial Heat Flow and the Lithosphere Structure.Berlin：Springer-Verlag，308-316.

Wang J Y，Huang S P. 1992. Preliminary classification on types of thermal structure of lithosphere in the continental area of China［M］//Wang S J，Zhou Y S，Advances in Geoscience，Beijing：China Ocean Press.

Wang J Y，et al. 1996. Geothermics in China［M］. Beijing：Seismological Press.

第六章
核地球物理学

铀元素是德国化学家克拉普罗特 1789 年发现的。1896 年，法国物理学家贝克勒尔发现它为天然放射性元素，两年后居里夫妇从沥青铀矿中发现镭，接着英国物理学家卢瑟福发现有射线发射，射线有 α、β 和 γ 三种，威尔逊使射线通过磁场发现 α 射线为正电性，β 射线为负电性，γ 射线不带电。1900 年多恩等发现镭衰变产生氡。紧随其后的多项衰变发现，总结出自然界的三个放射性衰变系列：铀系、钍系和锕系。

1938 年哈恩等用中子轰击铀，发现铀原子核产生裂变，并放出巨大能量，第二年约里奥 – 居里发现铀裂变的链式反应。1945 年 7 月 16 日在美国核试验场爆炸第一颗原子弹显示了核裂变能释放巨大能量。铀作为核武器和原子能工业材料，备受社会关注。

铀的化学性质活泼，属于分散元素，广泛分布于地壳、大气和水体，在地壳中的平均含量仅为百万分之二，形成工业可利用矿床的概率比其他金属元素小得多，即使形成矿床，其品位也很低，使用放射性勘查方法成为不可缺失的技术方法。其分散元素特性及其化学活泼特性，易与多种元素共生，又为放射性勘查方法寻找其他非放射性矿产提供了可能。铀系中的气体放射性元素氡容易在地壳中迁移或积累，使放射性方法寻找深部铀矿和相关矿床，以及用于勘查断裂、地震、滑坡等地质灾害，使之成为地球构造勘查的手段之一。1934 年 А.П.卡尔柯夫（А.П.KapukoB）著有《放射性地球物理方法在地质工作中的应用》，1937 年出现油田放射性测井，标志着放射性地球物理勘查方法初步形成。

1919 年卢瑟福第一次实现了人工放射性，使得用人工放射源激发的放射性地球物理勘查成为可能。进而形成了分别以天然放射性和人工放射性为基础的放射性地球物理勘探和核地球物理勘查，因其都是以核辐射场为基础，故统称核地球物理勘查（吴慧山，1998），2004 年考虑到以核辐射场为基础，刘光鼎主持编写中国地质大学地球物理系列教材时定名为《核辐射场与放射性勘查》。

中国早在 20 世纪 30 年代初就开始了放射性研究工作。1931 年北平研究院镭学研究所成立，严济慈任所长。1950 年改为中国科学院近代物理研究所，钱三强任所长。

第一节 初创时期的核地球物理勘探

一、中央决策

1949 年新中国成立后，为了经济建设和加强国防的需要，在全国范围开展了铀矿普查工作。1954 年在广西发现铀矿资源线索。地质部在向毛泽东主席和周恩来总理汇报时，毛主席兴奋地说："我们的矿石还有很多未发现吧！很有希望，要找！一定会发现大量铀矿"，"我们国家也要发展原子能"。同年底，在地质部矿产普查委员会下设第二办公室，专门负责指导铀矿普查找矿工作。在苏联专家的指导下，地质人员用中国科学院近代物理研究所组装的盖革计数管辐射仪在海城矿点进行矿化检查。

1955 年 1 月 15 日毛泽东主席主持召开中共中央书记处扩大会议，听取李四光、刘杰、钱三强等人汇报后，决定加快建设原子能工业。1 月 20 日签订《中苏合营在中国勘探放射性元素议定书》。4 月，地质部三局成立（现为中国核工业地质局），负责全国放射性矿产资源勘查规划编制、组织实施、成果资料管理，雷荣天任局长，李秀季任物探负责人。7 月成立中央三人领导小组（陈云、聂荣臻、薄一波），领导中国原子能事业，决定在全国对铀矿"扩大普查、加强勘探"。先后组建了中南 309、新疆 519 等 6 个大队。1955 年组建中苏合营以铀矿普查为主要任务的 703 航空物探大队，开展航空找矿工作。铀矿普查首先在湖南、江西和新疆逐步展开。

1956 年 11 月第二机械工业部成立，统一领导原子能工业建设。地质部三局整建制划归第二机械工业部。12 月与苏联签订援助中国勘查铀矿协定，苏联向中国出口仪器设备，派遣专家。

二、人才培养

自 1952 年起，中国先后向苏联派出留学生多人攻读核地球物理专业，其中有张玉君、华荣洲、吴慧山等。

1955 年，中国科学院地球物理研究所秦馨菱到北京地质学院任教。1956 年秋，在北京地质学院筹建放射性地球物理本科专业。1957 年，秦馨菱任石油物探教研室主任，讲授磁法勘探和放射性探矿。1958 年秦馨菱著《放射性勘探》，由地质出版社出版。为了适应放射性矿产勘探的需要和发展中国放射性勘探方法，1959 年秋，在苏联专家帮助下北京地质学院正式成立放射性矿产地球物理勘探专业，同时举办研究生班。1960 年第一届本科生毕业。是年冬，核子地球物理研究室成立，开始人工放射性方法研究。1965 年 8 月，放射性矿产地球物理勘探专业整建制并入成都地质学院（2001 年 5 月改名为成都理工大学）。

1956 年，地质部创办了太谷等三所中等专业地质学校，均设有放射性地球物理专业。1958 年太谷地质学校迁太原升格为地质专科学校。1959 年迁江西抚州，1978 年改为华东地质学院。现为东华理工大学，设有放射性地球物理专业。

1961 年，南京大学的铀矿地质专业开设放射性地球物理专门化。长春地质学院等院校地球物理专业也相继开设放射性勘探课程。

此外，20 世纪 50 年代后期，地质部地球物理探矿研究所还开办两期 γ 测井和 γ－γ 测井培训班。

三、建立研究机构

为了满足铀矿找矿迅速发展的需要，1956 年 10 月地质部三局组建仪器设计所，负责研究设计核辐射探测仪器，后陆续建立上海亚美电工厂、上海电子仪器厂、北京综合仪器厂等生产厂家。

1957 年，地质部地球物理探矿研究所成立，顾功叙任所长，下设核物探研究室，主要从事 γ－γ 测井、活化分析以及 γ 能谱找钾等研究工作，以及放射性勘查仪器研制等。

1959 年 3 月，第二机械工业部北京铀矿地质研究所（北京第三研究所）成立，佟诚任所长。积极利用全国地质力量，大力开展铀矿地质研究工作。该所第二研究室设有放射性物探研究组。1973 年改为物化探研究室，加强新技术应用研究，吴慧山任主任，1993 年改为研究中心。50 多年来，从理论到技术方法，为推动中国放射性地球物理勘查的发展做出了重要贡献。

20 世纪七八十年代，新技术、新方法不断涌现，找矿勘探工作量投入逐年增加。1975 年，新建了中南铀矿地质研究所（即 230 所），随后在其他大区，共建五个铀矿地质研究所。

1992 年中国核物理学会设立核测井专业委员会和铀矿地质委员会。

第二节　核辐射场的研究

地球及其空间充满核辐射。这里所说的核辐射是指原子和原子核衰变时放出的高能量粒子（或称射线）。其来源由三大部分组成：地壳的天然放射性元素和人工放射性元素核衰变放出的 α、β、γ 和 X 射线，来自外层空间的宇宙射线，以及人工核反应设施产生的中微子。核辐射场研究关系到人类的生活和生产，也是核地球物理用以进行矿产勘查、地质灾害评估和环境研究的基础。

一、宇宙线辐射场研究

奥地利物理学家 V.F 赫斯 1912 年证实宇宙射线的存在。大多数科学家认为是主要来自外层星际空间的高能量射线，其最高能量超过 10^{20} eV（其中太阳发生的能量在

10^{11}eV 以下）。宇宙射线中质子占 85% 左右，中子占 1%，其余为高能量的各种介子和中微子等。在大气层和固体地球表面与物质作用，生成多种放射性核素，如 ^{14}C、^{10}Be 等，是考古和近代地质构造研究的有效信息。宇宙射线的穿透能力较强，是地球表层地质体密度测量的有效方法，可以准确判别密度异常矿体的位置。

1947 年中央大学物理系周长宁进行了宇宙射线的探测试验，发表了《宇宙射线现象》。自 1955 年以来，国外有多次找矿报道 [1]。1980 年成都地质学院梁兴中等对宇宙射线辐射场进行了理论研究和用于找矿的文献调研。1988 和 1992 年王其亮和岳清宇等为了研究辐射环境，对全国的宇宙射线电离量的分布进行了调查，了解了空间分布、纬度分布和随海拔高度分布的基本情况（王其亮等，1992；岳清宇等，1988）。1993 年章晔和葛良全等对宇宙射线中的中子在地面形成的反射中子，以及宇宙射线与地表物质核作用产生的中子，合称反宇宙中子进行了研究，发现与地表含氢量关系密切，用于探测地层含水情况（在成都地区进行了实测）（葛良全，1995）。

20 世纪 30 年代发现中微子（A. W. Seanz and Huberall，1978），主要来自外层星际、太阳和地球天然放射性核素，以及各类核反应设施，是目前发现的 12 种基本粒子之一，地球 1cm^2 面积上每秒接受 10 万亿个中微子，可以穿透地球。1980 年南京大学施士元对太阳中微子和铀钍矿物中微子以及加速器中微子进行了研究，提出了探测深埋铀钍矿床的理论模型（施士元，1981）。1988 年以来研究中微子的物理学家四人获诺贝尔奖，预计中微子可能用于地球断层扫描，研究地质结构，寻找矿产。

1983 年一些欧洲和美国物理学家曾提出利用质子加速器产生的强大高能中微子束流，研究地球构造和矿产勘查（崔林沛，1986）。

二、地面 γ 辐射场的研究

地球自然放射性核素在地面和大气中形成的 γ 辐射场基本模型，早在 20 世纪 50 年代中期，苏联专家来华讲学，介绍到中国（北京地质学院放射性教研室，1959；白弟，1963）。主要对应于航空 γ 测量、地面 γ 测量、钻孔 γ 测量的计算和解释，针对不同地形、地貌或几何形状建立的 γ 辐射场基本模型。但都仅限于一次 γ 辐射场，即由放射性物质放出的，不考虑散射的 γ 射线形成的辐射场。基本模型至今仍在沿用，仅在计算方法上有所改进，如引进时用的特殊函数为金格函数。80 年代以后华东地质学院在井中 γ 辐射场计算时，引用了 F 函数和 G 函数，使结果有所改进。1986 年，为建设航空 γ 测量标准模型，华东地质学院卢存恒等对标准模型的造型进行了 γ 辐射场的理论设计。给出了优选模型参数，并提出用 U 函数求解。1991 年出版《铀矿物探 γ 场理论计算及其应用》（卢存恒，1991）。

1983—1990 年，国家环保局组织对全国环境（本底）天然放射性 γ 辐射水平进行了全面调查（全国环境天然放射性水平调查总结报告编写小组，1992）。发现中

① 连长云. 2015. 地质找矿新技术与新方法. 国外地质动态. 60（5）：1-9（内部刊物）。

国 γ 辐射水平的地理分布为南高北低与岩性相关，除广东阳江之外，新发现 5 片高值地区。

三、无限介质中 γ 辐射能量迁移研究

上述地面一次 γ 辐射场的计算，只考虑了 γ 射线的衰减规律，实际上 γ 射线在无限介质中穿过，即产生光电效应，康普顿散射和对子球效应，每次碰撞后的方向改变和能量损失都是任意的。多次碰撞后，使 γ 射线能量（谱）达到平衡状态。20 世纪 40 年代国外许多学者开始研究（如 Karr.F.R，1949）。50 年代后期随着散射 γ 测井和中子 γ 测井的引入中国，以及航空、地面 γ 能谱测量的定量解释的需要。从苏联引入多次散射核辐射场理论，并逐步开展研究（白弟，1963；煤炭部地质勘探研究所，1977；黄隆基，1985）。

20 世纪 70 年代，煤炭和石油部门根据散射 γ 测井定量解释的需要，研究了无限介质中点源 γ 辐射迁移理论，提出了迁移方程模型。考虑到 γ－γ 测井时探测器测到的能量平衡谱与源距相关，建立了扩散近似理论，从而研究了测定介质密度的 γ－γ 测井方法和测定介质有效原子序数的 γ－γ 测井方法（煤炭部地质勘探研究所，1977；黄隆基，1985）。80 年代，适应 γ 能谱测量定量解释的需要，进行了无限大和半无限大放射性物质层中 γ 射线多次散射的能量迁移研究。1991 年卢存恒研究出在 γ 射线谱达到平衡时，可用玻耳兹曼积分迁移方程表示（卢存恒，1991）。说明了 γ 射线散射迁移规律与射线能量和物质成分之间的关系。

第三节　γ 测量方法的应用与发展

一、中苏合办铀矿勘查

1955 年，中国与苏联签订了两项铀矿普查协议，在仪器和找矿技术上得到了基本保障。在全国组建了铀矿普查专门队伍。在苏联专家指导下，铀矿普查工作迅速展开。考虑在新疆地区主要以找砂岩铀矿为重点，在南方主要在花岗岩地区寻找外接触带波西米亚型花岗岩铀矿（朱训，2010）。当时找矿使用的放射性 γ 辐射仪都是从苏联引进的，找矿方法主要是航空放射性（总量）测量和地面 γ 测量。重点是寻找放射性异常，圈定矿化地段；其次是查明区域含铀性、铀源条件。事实证明，这些找矿方法十分有效，取得了可喜成果。发现了一批放射性异常点，经过勘探，1958 年提交了第一批储量（钱大都，2002；刘光鼎，2002；夏国治等，2004），1960 年向国家提交了 8 个可开采的铀矿基地。湖南衡阳汪家冲铀矿（413 铀矿）是 γ 测量找到的第一个矿岩铀矿床。湖南金银寨铀矿（320 铀矿）是中国最早发现和探明的，以铀为主，铀、钼共生的碳硅泥岩型大型铀矿床。浙江大洲铀矿是中国第一次使用综合物探勘查铀矿。

广东翁源坝子铀矿是中国第一个大型花岗岩铀矿。

在五年时间中，中国从无到有，在实践中建立起队伍。在找矿勘探中应用、研究和发展了多种 γ 测量方法，除航空和地面各种 γ 测量之外，1956 年在汪家冲铀矿勘探中，第一次使用 γ 测井，并用以计算储量；1957 年在金银寨铀矿勘探中，在苏联专家指导下，北京地质学院科研队和 309 大队合作第一次进行了 γ 辐射取样试验研究工作，并研制了仪器和装置，取得成功；第二年科研队在坝子铀矿继续工作，受到坑道内高氡浓度的影响，顺便开展了"炮眼法"和"平板法"的射气系数测量研究工作，取得成功；1961—1962 年在大洲铀矿，第一次进行放射性与电法、磁法综合找矿，1964 年组织推广应用。

二、自力更生发展铀矿勘探事业

1960 年 8 月，苏联政府中断中苏签订的勘查铀矿协议，停止援助，撤走专家。中国提出："依靠自己专家，自力更生，大力协同发展铀矿勘查事业。"一方面从其他地质部门抽调一批技术骨干加强铀矿地质队伍，另一方面组织中国科学院和地质部有关部门积极参与铀矿地质科研和普查工作。

（一）总结经验，提高技术

1960 年夏，北京地质学院放射性地质和放射性物探两个专业的第一届毕业生全部进入铀矿工作领域，从此中国培养的铀矿地质专业人才，支撑着铀矿事业的发展。

1961 年 6 月召开全国铀矿地质工作会议，提出："进一步提高工作质量，千方百计过技术关，加速扩大老矿区，顽强开辟新基地，建立巩固后方"的基本方针。9 月制定公布了 17 项铀矿地质普查、勘查工作质量要求的技术管理规定、规程和规范。10 月二机部三局的仪器设计所和北京核工程研究设计院的仪器自动化研究室合并组建第十研究所。同期，国家将北京综合仪器厂（261 厂）划归第二机械工业部。1963 年第十研究所并入北京综合仪器厂。

1961 年年中，北京铀矿地质研究所物探组着手制作 γ 测井和 γ 辐射取样双用模型（吴慧山，2011）。1962 年模型建成后，通过理论和试验对比，提高了解释水平。1964 年确定相应参数和 Z 量板，公布使用。同年，上海电子仪器厂研制出 FD-21 辐射取样仪，探测器为 J408 或 J104 盖革计数管，定标器有五组 8+2 型 10 进位单元组成。有可拉长手柄，配合抽条铅屏使用。1965 年正式决定用辐射取样代替刻槽取样，用于储量计算。

1963 年 3 月在北京香山召开了首次铀矿床会议，总结和研究了中国铀矿床特征和成矿规律，对进一步普查找矿提出了指导性意见。

1963 年冬，北京地质学院总结了国内近年来铀矿普查和勘探的技术成果，在原来讲义的基础上编著出版了《铀矿床放射性勘查》，成为在这一领域中国自编的第一本高校教材，也为广大放射性勘查工作者，从理论到方法技术，提供了系统参考资料。

1965 年北京综合仪器厂研制成功以碘化钠 ［NaI（Tl）］ 晶体和光电倍增管组成的

闪烁探测器的晶体管电路辐射仪（FD-117）。1967年上海电子仪器厂研制成功同类仪器FD-71，其探测灵敏度比使用盖革计数管的仪器高五倍，提高了地面谱查找矿能力和质量，是中国70年代以后使用的主要找矿 γ 辐射仪。1983年又研制成功数字式 γ 辐射仪FD-3013，加大了 NaI（Tl）的体积，与FD-71仪器相比，灵敏度提高了一倍，是FD-71的重要补充。

1966年，北京铀矿地质研究所与上海电子仪器厂联合研制成功中国第一台晶体管携带式 γ 射线能谱仪（FD-31），可以进行铀、钍两道分别测量，20世纪70年代改进为三道。80年代引进、吸收、改进生产为四道轻便 γ 能谱仪FD-3022，能自动扣除本底计数，计数归一化，直读元素含量，重量轻、适于野外使用，提高了对较弱 γ 异常和区域背景的研究能力，提高了铀、钍、钾的分辨与找矿能力。

为了提高 γ 编录和辐射取样工作效率，二机部第四设计院和北京综合仪器厂于1971年研制成功第一台定向测量辐射仪（FD-43）。北京铀矿地质研究所与上海电子仪器厂合作，参照反符合原理，1973年王庆国为首研制成功 FD-42 定向辐射仪。采用 NaI（Tl）晶体探测器，外侧套以环形塑料闪烁体，两个闪烁体的信号同时进入光电倍增管，周围 γ 射线通过塑料闪烁体后进入 NaI（Tl），引起两者同步计数。该仪器消除了周围 γ 场的影响，使用方便，在铀矿勘探和采矿中广泛应用，一直至今。电子学电路不断改进，但探测器的基本结构仍然保留。

（二）深入开展铀矿普查

一批20世纪50年代和后期发现的铀矿床，通过地质和物探工作又有新的发现（钱大都，2002）。例如会昌6722铀矿是1959年发现的一个异常点。1967年在此发现 γ 异常点227个和10条异常带，勘探到工业铀矿体。1980年向国家提交了大型花岗岩型铀矿床。至此，铀矿总储量基本满足了国家第一阶段国防建设的需要。

20世纪五六十年代，在氡气测量方法还不利于大规模用于普查找矿的情况下，找矿方法主要是航空 γ 测量方法和地面 γ 测量方法，但航空 γ 测量仪器的探测灵敏度不够理想，相比之下地面 γ 测量效果显著，特别是FD-71使用之后灵敏度有很大提高，对弱异常发现比较有利。此外，通过十多年的实践，理论认识和数据处理水平都有所提高。例如中南309大队在1968年前后，提出相对等值图的数据处理方法，可以有效消除不同岩石放射性差异的影响（吴慧山，1998）。这一方法在1970年推广使用，提高了找矿效果。

20世纪60年代，为了加强三线建设，在西藏、青海、四川地区开展铀矿普查，考虑到这些地区的地形和地貌特点，北京铀矿地质研究所组织汽车 γ 谱测量和地质考察研究队，吴慧山任队长，进行铀矿普查（吴慧山，2011）。由于汽车 γ 测量可用于普查、详查和异常追踪，用于人迹稀少、初次找矿地区比较有利。工作一年多，完成综测线12 132km，找到数百个铀矿异常点，发现十多个高氡地下热水异常。

三、开展地面 γ 测量普查油气田试验

苏联早在 20 世纪 20 年代就开始放射性方法寻找油气藏工作，60 年代成立全苏核地球物理和地球化学研究所，专门研究放射性方法寻找油气藏。阿列克谢也夫根据阿塞拜疆、土库曼、巴伏基里和萨拉托夫四个地区油田的统计，地面 γ 异常（周边高值、上方低值）与油气藏的吻合度达 60%~80%。西方国家在 50 年代也发现地下油田上方不同深度的等深平面上存在的放射性异常与地面放射性异常非常一致。放射性方法为寻找油气田的方法之一。

由于放射性方法寻找油气田成本低，见效快，比较符合 20 世纪 50 年代中国的国情，1955 年 7 月石油工业部甫一成立，即开始部署石油化探工作。1957 年引进苏联技术，分别在西北、西南和东部的一些油田普查地区进行地面 γ 测量，寻找油气田试验。同年石油部西安地质调查局和玉门分局各自建立了放射性找油地质队，在鄂尔多斯盆地马家滩—环县一带和酒泉盆地老君庙及周围地区进行寻找油气田试验。1958 年，石油部进一步调整了化探找油工作部署和研究方向，重点加强放射性直接找油。1959 年，地质部下属成立了专门队伍进行地面 γ 测量直接找油试验。60 年代初，先后在松辽、克拉玛依等四大盆地进行航空 γ 测量找油实验。持续十余年的放射性（γ 测量）找油试验工作，得出结论是："成效初显，问题突出。"1975 年第一次全国石油化探会议上正式宣布停止试验，使放射性方法找油试验中断（谢学锦等，2009）。

第四节　核地球物理勘查技术的大发展

为了增加铀矿资源的战略储备，在"文革"正酣的 20 世纪 60 年代的最后两年，中央决定加速铀矿普查与勘探。1970 年 1 月 5 日，二机部在北京召开"攻深找盲"铀矿普查工作会议。强调铀矿普查从地表 γ 普查转向找寻深部盲矿。为此要加强成矿规律研究和新技术、新方法的应用研究。除了加强北京铀矿地质研究所之外，从 20 世纪 60 年代末到 70 年代初，在六个大区先后成立 6 个区域性铀矿地质研究所，构成全国铀矿地质物探研究体系。同时，国家对铀矿勘查的投入也逐年增加。

20 世纪 70 年代开始，中国自己研制的各类放射性探测仪器，全部代替了苏联引进仪器。

新的仪器设备、新技术、新方法不断涌现，并逐步完善和规范。应用领域不断扩展。很快使我国核地球物理勘查方法进入全面应用与发展时期。

一、测氡技术

20 世纪七八十年代，高灵敏度累积测氡技术迅速发展，迅速用于普查深部盲矿。

1955年中国从苏联引进的野外测氡仪器为静电计，野外使用约束条件太多。1963年吴慧山、何永堂等在已知铀矿床进行过10m深孔（汽车钻）测氡试验，寻求提高探测灵敏度（吴慧山，2011），但效果不佳。为此，组织了全国从事氡研究的10多名科技人员，对国内外有关氡的资料文献进行了半年多的系统调研。到70年代末期，出现了多种累积测量氡及其子体的方法用于寻找铀矿。

（一）固体径迹探测器（SSNTD）技术

α径迹蚀刻方法是奥尔特（A.L.Alter）在1972年发明的专利技术。1974年6月，第二机械工业部情报所将这项专利技术介绍到国内。北京铀矿地质研究所物化探研究室经过三年的试验研究，1975年7月二机部三局在庐山召开物化探工作会议，吴慧山作"寻找深部铀矿的径迹蚀刻方法"报告。1976年，张银贵等研制成功的α径迹自动扫描仪，得到推广应用，推进了α径迹找矿方法的应用与发展。北京第三研究所于1977年、1979年先后出版《α径迹找矿》《α径迹找矿实例》（李秀季和吴慧山，1975；吴慧山和林玉飞，1987；吴慧山，1998）。

（二）钋–210测氡方法

钋–210指的是铀系中放射性核素$^{210}_{84}Po$，半衰期138.4天。其化学性质是最易形成胶体，形成后即附在沉淀物的表面，基本上不再离开，经过长时间累积（三年）与土壤氡达到平衡，取土制样后，测量钋–210放出的能量为5.301MeV α粒子活度，可以得到土壤氡的平均浓度。该方法是湖南二三〇研究所张庆文在1975年提出的[①]，经过与湖南305队合作研究近两年获得成功。在沉积类型两个铀矿区和花岗岩类型三个矿区试验，并与α径迹测量对比相吻合，异常稳定。测量精度达3.7×10^{-3}Bq（张庆文等，1988；童国民等，1983；郑作环，1979）。

（三）α聚集器方法

氡及其衰变子体均为短寿命α辐射体，α聚集器方法是α卡法、α膜法、α管法等多种收集α粒子探测器的总称（庞凤岐等，1983）。

α卡探测方法是1977—1978年由加拿大人卡德（J. W. Card）和贝尔（K. Bell）发明的，加拿大核子公司研制了α卡300型测量仪。1980年全套设备引入中国，经过方法试验和找矿试验，取得满意效果。由于α收集卡片可以重复使用，工作方便，成本较低，效率高，很快推广应用，1983年1月5日通过验收。

其后，为了提高探测灵敏度，对该方法进行了改进。北京铀矿地质研究所于铭强等用加大α卡的卡片面积、探测灵敏度有所提高。随后，成都地质学院华荣洲等采用"带电α卡"方法，改变了采样机理，提高探测灵敏度7~8倍（华荣洲，1984；葛静霞，1984）、贾文懿等改"带电"为"静电"，使α卡法既有自然α卡使用方便之处，又有带电α卡的高灵敏度（贾文懿等，1986），取得了明显效果。贾文懿等于1983

---

① 登载于湖南二三〇所内部刊物《放射性分析》，1975年3月。

年研制成功 α 卡测量仪（由重庆地质仪器厂投产）。1985—1986 年，地矿部在 10 多个下属部门推广应用，寻找地下基岩裂隙水，包括找矿在内，获得良好效果。

（四）活性炭吸附器测氡方法

活性炭的微细孔隙非常丰富，是氡的强吸附剂。20 世纪 60 年代，瑞典、芬兰等国曾使用活性炭吸附剂，测量土壤氡浓度的方法，寻找铀矿，或抽气吸附测 ^{214}Bi 的 β 射线。1977 年美国用活性炭吸附测氡技术，埋在土壤中累积吸附采样，测量氡子体 ^{214}Bi 放出的能量为 0.609MeV 的 γ 射线。中国于 70 年代后期开始研究。成都地质学院梁锦华等（1985）对活性炭测量土壤氡方法的最佳条件、影响因素进行了系统研究。测量 γ 总量或测量 0.609MeV 的 γ 射线或 ^{214}Pb 放出的能量为 0.352MeV 的 γ 射线，均可用以计算土壤氡浓度。由于野外使用方便，操作上又与 α 径迹、α 卡有许多相似之处，80 年代铀矿普查用得较多，更多的是作为综合找矿方法之一，提高了找矿效果。

（五）热释光探测器辐射测量法

对氧化物及碳酸盐人工晶体的热释光现象研究，1925 年就有报道。LiF（氟化锂）晶体对 γ 射线灵敏，作为 γ 射线热释光探测器。$CaSO_4$（Dy）对 α 射线灵敏，用作 α 射线热释光探测器。1965 年 6 月在美国斯坦福大学召开了第一次国际发光剂量学会议，以后发展迅速。中国热释光研究始于 1961 年。1975 年和 1980 年先后召开过两次规模较大的学术交流会议。70 年代用于找矿，主要作为 γ 射线热释光探测器。1982 年已有多种对 γ 射线灵敏的 LiF 热释光探测器产品在剂量学中广泛应用。目前使用的有 LiF（Mg、Cu、P）材料构成的 CΓR-200 系列 γ 射线热释光探测器（王寿山和王栽民，1996）。

土壤热释光在地质学中应用非常广泛。按照铀矿勘查的要求，在测点一定深度采集土壤样品，测量热释光强度。其优点是热释光强度与接收的辐射剂量呈线性关系，因为天然累计储存的放射性辐射剂量时间长，影响因素被均化，信息稳定。但土壤中结晶矿物的多少和种类，直接影响热释光的强度，一般土壤主要由造岩矿物组成：石英、长石、方解石等，存在差异，需要引起注意（王寿山和王栽民，1996；王南萍等，1996；程业勋等，1996）。1995 年郑公望（1995）在新疆某油田、1997 年王平、王南萍等在山东草桥油田进行热释光探测油田试验（王平和熊盛青，1997），均获得成功，异常显著。

（六）液体闪烁探测器测氡方法

液体闪烁探测技术始于 1950 年，当时主要用于测量低能量 β 射线，20 世纪 80 年代中期，西北地勘局用有机闪烁体作为溶质加入芳香族溶液，研制成功测氡的液体闪烁法（胡从恢和李洪壁，1989）。

（七）瞬时测氡技术

瞬时测氡技术是测氡的主要方法。20 世纪 50 年代，使用的是苏联电离室静电计。

这类仪器的缺点是易受潮引起漏电，很难在野外使用。60年代中期北京综合仪器厂研制生产成功 ZnS（Ag）闪烁室探测器 FD-118 型测氡仪，提高了探测精度，广泛应用于找矿和地震预测中的水氡测氡，但在测量高氡浓度时，较难消除闪烁室内氡子体沉积物的影响。1977年上海电子仪器厂研制成功 FD-3002 型瞬时测氡仪，能直接显示氡浓度值。1983年又研制生产了 FD-3016 型闪烁测氡仪，灵敏度有很大提高。80年代中期研制成功 FD-3017 型测氡仪，可直读土壤（水、气）中氡的浓度。由于使用方便、性能稳定、应用广泛，是各种地质工作中测氡的主要仪器（成都地质学院三系第二教研室，1979；刘光鼎，2002）。

（八）氡的迁移理论研究

氡是放射性重元素气体，其半衰期为 3.825 天。由于铀矿体与周围空间氡浓度差的存在，氡从矿体向外扩散，又由于地下深部存在地层压力梯度和温度梯度，而产生对流作用，使氡向地表垂直迁移。在自然条件下，扩散和对流往往是同时发生的。但在迁移过程中，不断发生衰变。考虑到这些因素，苏联和欧美建立了关于氡迁移的基本原理。1957年苏联专家来华讲学，带入中国（北京地质学院放射性教研室，1959；白弟，1963）。

自然条件下，在细砂模型中测得氡迁移的最快速度是 4.8m/d（唐岱茂等，1999），慢的是 3m/d（Gingrich，1984年）。20世纪70年代以后，找矿实践证明：埋深 200m、300m 的铀矿，在地表异常突出。于是 1975 年吴慧山提出"接力传递作用"，80年代又提出"地球化学晕迁移模型"（吴慧山，2011），其中提到镭的迁移距离在很大程度上决定氡的迁移距离。1995年编著出版的《氡气测量方法与应用》（吴慧山等，1995）进行了全面论述。铀矿石覆盖砂层的模型试验证实铀的微粒和氡一起向上垂直运移（程业勋等，2005）。

二、航空 γ 测量

航空 γ 测量始于 20 世纪 30 年代。中国于 1953 年成立（地质部）航空物探队，1955年成立中苏合营航空放射性测量物探队。1963年独立成立北京 703 航测队，统一承担全国航空放射性测量任务。1967年冶金部、1985年有色金属总公司相继成立航空物探队（杨光庆等，1994）。

（一）仪器装备的发展

20 世纪 50 年代装备的是从苏联引进的 γ 总量测量辐射仪 АСГМ-25。60年代中期北京综合仪器厂研制成功以碘化钠晶体为探测器的 FD-115 型航空 γ 辐射仪。1972年研制出中国首台 FD-123 型四道航空 γ 能谱仪，与航磁联机，装有高度计和六笔记录仪，经两年使用和生产性试验，1972年正式投入使用。从此中国航空 γ 测量由总量测量转入 γ 能谱测量阶段。但与国外先进技术相比，有较大差距。

1979年从美国引进 GAD-6/GSA-44 四道 γ 能谱仪，1982年和 1986年从加拿大引进 GR–800D 型（256/512 道）和 MCA–α 型（256/512 道）高灵敏度带微处理机的航空 γ 能谱仪。2002 年将 GR800D 升级为 GR820。核工业航遥中心 2002 年研制成功 703–1 型核应急航空监测系统，拥有放射性烟羽追踪和定向探测放射性功能，2013 年研制成功 AGRSS–15 型直升机载小型航放、航磁测量系统[1][2]。

引进设备使中国生产单位航空 γ 能谱测量装备达到国际同等水平，从此航空 γ 测量由过去主要任务是大比例尺寻找放射性异常点（带）阶段，发展成为大、中、小比例尺相结合高灵敏度的航空 γ 能谱测量。提高了找矿能力和应用范围，其主要任务是区域远景评价和综合找矿。

（二）建立标准模型

中国 γ 场的理论研究始于 20 世纪 50 年代（北京地质学院放射性教研室，1959；白弟，1963）。其后许多人对各种类型的 γ 场进行了计算。为了保证高灵敏度航空 γ 测量数据的正确，提出了飞机本底、大气本底（大气氡和宇宙射线）、康普顿散射的测量和修正方法（吴慧山，2011；程业勋等，2005）。

1986 年核工业航测遥感中心在石家庄大郭村机场建立国家航空 γ 能谱测量基准模型（吴慧山，1998）。模型为六边形柱体，每边长 7m，高 0.5m，密度大于 2.1g/cm^3。模型分本底（AP-B）模型、钾模型（AP-K）、平衡铀模型（AP-U）、平衡钍模型（AP-Th）和铀、钍、钾混合模型（AP-M）共 5 种，在机场一字排列，便于飞机起落和转换模型，进行测量。

（三）测量与数据处理

放射性方法寻找油气田，常见的是油气田形成的放射性异常微弱，异常幅度通常是背景场的 15%~25%，加上放射性的测量涨落误差，如果地面影响因素过大（如岩性、土壤、水体、地形等影响），可能超过异常变化。因此，在弱异常探测中，采用弱信息提取技术至关重要。1985 年以后，相继采用多元统计法（王平和熊盛青，1997）、消除干扰的钍归一化方法[3]、聚类分析法[4]（王平和熊盛青，1997）、地形影响改正方法（范正国和于长春，2005）、滑动平均方法[5] 和条带现象消除技术（张玉君，1990），提高了信噪比，取得良好效果。

三、核地球物理测井

核测井是 20 世纪 30 年代发展起来的，美国和苏联率先使用自然 γ 测井，40 年

---

① 地矿部航空物探遥感中心. 1990. 航空 γ 能谱寻找油气藏的方法技术和应用效果研究（内部资料）。
② 韩长青，李怀渊，陈国胜. 2011. 我国铀矿勘查物化探技术回顾与发展方向. 核工业航测遥感中心（内部资料）。
③ 同①。
④ 同①。
⑤ 同①。

代开始相继出现中子 γ 测井和放射性同位素示踪测井。放射性测井的优点是通过测井快速分析和确定地层中岩石矿物及其孔隙流体中各种化学元素含量，而且不受井内介质的限制。中国的放射性测井工作始于 20 世纪 50 年代。

（一）铀矿勘探 γ 测井

1956 年，在苏联帮助下，在湖南汪家冲铀矿勘查中，大量使用 γ 测井技术，确定铀矿层的厚度、空间位置和铀含量，全部用于储量计算（钱大都，2002）。

1963 年上海电子仪器厂设计生产出 γ 测井仪 FD-107，结束了测井仪依靠引进的状况。1967 年又研制生产了适用于野外 FD-61K 型 γ 测井仪；20 世纪 80 年代研制成功高灵敏度 FD-3019 测井仪，实现了自动化、归一化等精度测量。70 年代，北京综合仪器厂生产 γ 能谱测井仪 FD-121G（贾文懿，1998）。

20 世纪 60 年代开始使用中国自制的测井仪。70 年代建立了铀、钍、钾 γ 测井标准模型（吴慧山，2011；章晔等，1990）。60 年代以后，国外开始研究 γ 测井的分层解释方法，70 年代末广泛使用。此时，在中国也开展了 γ 测井资料分层解释法研究。80 年代，中国核工业地质局开始对 γ 测井分层解释进行重点研究。针对反褶积分层解释方法优越性和存在的问题，1983 年 10 月由中国核学会铀矿地质学会组织专题讨论。指出，反褶积法解释应用中，有时会出现负含量值；其次是西方诸国的铀矿厚度大，矿层与钻孔多呈正交或接近正交，和中国薄矿层较多、矿层与钻孔斜交较多有较大区别。经过两年（1984—1985 年）的研究与试验，郑宏池、秦积庚等提出了 3 种消除负值含量方法。华南 209 所刘清鉴对函数迭代法理论计算和实际应用进行了研究，编制出迭代法求解铀含量的全套程序，也在生产中试用 [①]（秦积庚，1985）。而后，还对直（斜）交孔的 γ 场理论和斜交孔迭代法解释和形态系统的计算、对负值含量问题作理论证明、模型试验方法对各种分层解释方法进行实证等问题进行了研究。1989 年编写了《γ 测井分层解释技术指南》，修订了《铀矿 γ 测井规范》。1993 年，华东地质学院汤彬出版专著《γ 测井分层解释法》，由原子能出版社出版，对铀矿 γ 测井和 γ 能谱测井的分层解释方法，从理论到实践进行了系统论述。

（二）钾盐勘探 γ 能谱测井方法

1963 年，根据当时寻找钾盐矿床的需要，地质部物化探研究所张玉君提出利用 γ 能谱测井，在井中找钾（张玉君，1996）。1965 年与上海地质仪器厂协作研制出首台电子管的 205 型单道 γ 能谱测井仪，年底赴云南勐野井钾盐矿区进行方法实验和仪器考验，解决了测井技术与方法解释问题。这项工作后因"文革"而中断。1968 年，国外文献才有 γ 能谱测井找钾的报道。

20 世纪 60 年代，世界钾盐总储量 50% 是在石油钻孔中发现的。钾盐成矿往往与油气有共生关系，1972 年中国地质科学院与江汉油田组织找钾会战。为此，对 205 型 γ 能谱测井仪进行了改装，测出了钾盐层异常。1974—1976 年研制成功集成电路

---

① 核工业总公司地质局. 1988. 铀矿伽马测井分层解释方法研究综合报告（内部资料）。

的 NC-75 型双道 γ 能谱测井仪和改进型 NC-76 型，提供四川、云南、山东和新疆等六省区进行找钾。1978—1979 年，与重庆地质仪器厂协作研制出小口径 3000m 深井 JHW-1 型四道 γ 能谱测井仪，作为定型产品（张玉君，1996）。1979 年和 1983 年，四川省 710 地质队利用 γ 能谱测井，揭示出富钾卤水及存在部位，并估算了卤水中钾含量（张玉君，1996）。

（三）煤田勘探核测井

1. 煤田 γ-γ 测井

煤层与煤田地层的各种岩石密度差异很大，为煤田 γ-γ 测井的基本依据。1957 年，地质部物探研究所在安徽濉溪煤田（褐煤），进行了 γ 射线测井、γ-γ 测井和中子 γ 测井三种方法试验工作（李昌国和张玉君，1987）。次年，与煤炭科学研究院协作在河北峰峰煤矿（烟煤和无烟煤）开展以 γ-γ 测井为主的多种方法综合测井试验，并举办了核测井推广培训班。1959 年，全国有一半以上的煤田测井队采用了 γ-γ 测井方法，是中国煤田测井技术的一项突破，有力地促进了无岩钻进工作的开展（叶庆生，1980）。γ-γ 测井是探测和划分各种标号煤层效果最好的方法，煤炭部规定每个钻孔都必须进行 γ-γ 测井。60 年代初渭南煤矿专用设备厂研制并批量生产"双道"放射性测井仪，同时进行 γ-γ 测井和自然 γ 测井。而后又研制了组合测井仪，包括 γ-γ、自然 γ 以及视电阻率和自然电位（刘永年，1982；中国煤田地质勘探史编委会，1993）。

长期以来，γ 射线在井内受到井径变化、钻井泥浆的影响，只用于解释煤层的厚度和深度。随后，与其他声、电测井参数综合研究，可以确定破碎带、岩溶裂隙带和陷落带，还可以确定岩石抗压强度以及分析煤的灰分（叶庆生，1980，1983）。

2. 自然 γ 测井方法

20 世纪 70 年代初，中国煤田地质队 129 队、安徽省煤田地质局三队等几个单位，应用自然 γ 测井曲线解释煤层、鉴别岩性、对比地层、确定地层泥质含量、确定蚀变带破碎带、分析煤的灰分、研究沉积环境等。70 年代以来，还对方法的理论基础进行了研究，对测井曲线的解释技术方法进行了规范整理，成为煤田测井的主要方法之一（李纪森，1994）。

3. 选择 γ-γ 测井方法

选择 γ-γ 测井方法是以 γ 射线与物质作用产生光电效应为基础的测井方法。1987 年黑龙江煤田地质研究所黄涤凡等用低能量（0.02~0.5MeV）γ 射线源、小源距、选择测量低能量段散射射线，发现其散射射线强度不仅与井壁介质密度有关，而且与原子序数有关，可用于分析有效原子序数不同介质层，用以划分煤层及其结构，分析煤灰的含量，有较高的分辨能力，但受井孔因素影响较大，因此要设置推靠装置（中国煤田地质勘探史编委会，1993；叶庆生，1980）。

4. 密度测井（补偿密度测井）

密度测井通常选用 ^{137}Cs γ 源，发射单能量（0.661MeV）γ 射线，在（井孔）均匀无限介质中多次散射形成平衡能量谱。1970 年美国生产出专利产品，1982 年中国在西安石油勘探仪器厂研制成功（中国煤田地质勘探史编委会，1993）。

5. 中子测井

1959 年使用钋–铍中子源在京西和开滦煤矿进行 n–γ 测井试验（中国煤田地质勘探史编委会，1993）。

20 世纪 70 年代末，西安煤田地质勘探分院周天华等开始研究煤田中子–热中子测井（中国煤田地质勘探史编委会，1993）。1982 年从国外引进的数字测井系统，均包含有中子–热中子测井。中国自 1984 年起逐步开展中子–热中子测井。

上述 5 种核测井方法与其他测井方法综合应用，在煤田勘探中可以不同程度地解决下列各方面的地质问题：有效地划分煤层；划分钻孔地质剖面；了解煤层的分合规律、冲刷现象及夹矸的变化情况；确定破碎带、溶蚀带和陷落带位置；分析地层的变化规律，确定构造形态，研究沉积环境；为露天煤矿采掘工艺选型及边坡稳定性提供了岩石强度资料（叶庆生，1983）。

6. 热中子俘获 γ 能谱测井

多元素测井是地质勘探工作者的奋斗目标，是跨世纪的主导技术。热中子可被 20 多种元素的原子核俘获，发生核反应，放出 γ 射线，是元素测井的重要方法。20 世纪 80 年代，斯伦贝谢公司和普林斯顿伽马技术公司，已有三种多元素测井仪提供商业服务。

煤炭部地质局与核工业原子能研究院核技术应用研究所合作，1991 年研制成功热中子俘获 γ 能谱测井仪。当年 8 月在山东煤田进行现场测井试验。计算出多种元素含量与岩芯取样化学分析结果基本相符。通过连续测井，可以准确划分煤层和岩性，在煤田和地质矿产勘查中可用于煤质分析、探测矿层中元素品位、岩性判别。

（四）油气勘探核测井

油气勘探中的核测井，是根据井壁岩石矿物及其孔隙流体的物理性质，研究井孔地质剖面，勘探石油、天然气和油田开发的地球物理方法，具有独特的优点，是唯一能在井下快速分析和确定岩石及其孔隙流体中各种化学元素含量的有效方法，而且不受井内介质限制。因此发展迅速，而且派生的方法众多，目前已达 40 余种。这项技术于 20 世纪 30 年代诞生在美国。

1956 年，地质部物探局和玉门油田合作，在苏联专家指导下，进行自然 γ 测井和中子 γ 测井，获得成功。同时举办了培训班，培养了第一批油田核测井人才。同期，在四川隆昌，蒋学明领导下进行油田自然 γ 和中子 γ 测井试验成功。1958 年由刘永年设计研制出 JD–581 型全自动测井仪系列，其中包括自然 γ 测井和中子 γ 测井、各种电测井以及井径、测斜等（傅诚德，2000）。

20 世纪 60 年代大庆第一个采用注水驱油开发，应用放射性同位素示踪测井技术，测量注水井分层注水（吸水）量。1964 年西安石油勘探仪器厂研制出测井用中子发生器（中子管）（梁峰，1994；梁峰等，1999）。70 年代研制成功碳氧比测井仪，测量注水开发地层的油水分界面（吉朋松等，1997）。

1965 年，中国首次进行水平井测井，使用泵推探测器下井，主要测井方法有自然 γ 测井、中子 γ 测井、井斜测井。90 年代研制成功铅杆输送电缆测井，其中有自然 γ 测井、自然 γ 能谱测井、岩性密度测井、补偿中子测井和电测井、井斜等。

1978 年引进美国 3600 系列数字测井仪。1980 年西安石油勘探仪器厂研制出 801 型数字测井系统，包括：自然 γ 测井、补偿密度测井、补偿中子测井、中子孔隙度测井和碳氧比测井等。

为了使中国测井技术由模拟测井技术进展到数字测井技术，从数据采集到数据处理完全计算机化。80 年代中又从美国引进数控七参数组合测井仪、数控生产测井仪和工程测井仪，使数据采集提高 5~10 倍，极大提高了测井质量。1993 年引进成像测井仪，更加适合中国陆相地层和碳酸盐岩地层的复杂性和非均匀性的测井，有利于确定油储的静态和动态特性（傅诚德，2000；吉朋松等，1997）。1997 年引进随钻测井仪（傅诚德，2000），可以随时纠正钻井方位，提高工作效率。

油田开发过程中储层状态的研究，是储层评价的另一个重要内容。大庆、胜利、吉林等油田对碳氧比 γ 能谱测井环境校正研究，以及胜利、河南和江汉油田使用中子寿命测井，获得了高精度的剩余油饱和度和残余油饱和度，为油田开发过程中的储层状态研究提供了有价值的资料（刘永年，1982）。

为了面向海洋石油开发，1981 年中国石油测井 –Dress Atlas 合作服务公司成立。1985 年，该公司与清华大学工程物理系合作，成立测井技术联合研究室，选定地面数控测井系统、补偿中子测井仪、自然 γ 能谱测井仪等作为第一批完成项目。到 1987 年，自制和进口使中国测井设备比较完善，技术水平相应提高。1994 年，中国海洋石油测井公司已有 15 个使用 CLS–3700 数控测井装备的测井队。

21 世纪初，中国油气勘探和油气开发使用的核测井方法，不下 10 余种（傅诚德，2000）。

1. 密度和岩性密度测井

密度测井是油气测井中 3 种计算孔隙度测井的主要方法之一。与其他测井方法组合，用于计算更多地质参数：如确定岩性和沉积相，确定地层岩石强度等。1986 年江汉测井研究所提出并研制了测井仪（钟振千等，1994）。

2. 放射性同位素示踪测井

20 世纪 50 年代玉门油田，70 年代后大庆、新疆等油田，90 年代中期，中国各油田，都相继应用放射性同位素示踪测井，年超万口测井次数，但示踪剂沾污问题特别严重。1998 年西安石油勘探仪器总厂研究所彭琥等对此进行了研究，提出"γ 能谱示踪注水剖面测井方法"（彭琥等，1998），获国家专利。

3. 超热中子测井

超热中子测井方法的优点是对地层含氢量的识别能力，主要用于测定地层的孔隙度，确定油水、油气接触面，缺点是源距小，受井内环境影响较大。1981 年江汉测井研究所，研制了贴井壁装置，同时使用美国 API 单位或以石灰岩孔隙度为单位进行刻度，在一定程度上克服了井径变化、井内泥饼等影响因素（黄隆基，1985）。

4. 热中子测井

热中子测井方法探测深度和探测精度都高于超热中子测井。早期都是单探测器热中子测井。1982年西安石油勘探仪器厂研制成功双探测器、双源距的补偿中子测井仪（CNL），用于确定地层孔隙度，判断地层岩性，与贴井壁测井相比，探测深度大、计数率高（精度高），适用于套管井测井，比较不利于气井测井（黄隆基，1985）。

5. 碳氧比 γ 能谱测井

1964年西安石油勘探仪器厂研制成功测井专用的中子发生器（中子管），是一个小型质子加速器，可以与进口仪器互换配置。70年代大庆油田用以研制成功碳氧比 γ 能谱测井仪 NP-3 型，中子源为井下脉冲中子发生器。1974年中国科学院原子能研究院与大庆油田合作，研制成功以高能量分辨率的锗半导体 Ge（Li）为探测器的碳氧比 γ 能谱测井仪，提高了解释成果的精确度和可靠性（傅诚德，2000；吉朋松等，1997）。80年代在胜利、辽河等各大油田应用，并由西安石油勘探仪器厂批量生产碳氧比测井用的脉冲中子 γ 能谱测井仪。1984年朱达智、栾士文等编著出版了《碳氧比 γ 能谱测井》。90年代中期，清华大学工程物理系通过实验研究，提出双探测器、双源距的补偿测井技术，消除了井内环境变化造成的影响。试验证明，双探测器碳氧比 γ 能谱测井，提高了测井灵敏度，扩大了应用领域，同时工作效率大大提高。

6. 中子寿命测井

中子寿命测井（NIL）也叫热中子衰减时间测井（TDT），在国际上始于1964年，美国1965年有商售中子寿命测井仪。1975年西安石油勘探仪器厂研制成功并投入生产。80年代该厂又研制出双探测器（或称双源距）两种（SMJ-A，SMJ-B）中子寿命测井仪（赵培华，2001）。与单探测器测井仪相比，采集数据丰富，精度提高。在地层水矿化度不高的情况下，还可以用来监测油层动态变化。中子寿命测井在中国注水采油中应用较多。

7. 元素测井

元素测井又叫地球化学测井，通过测井获取地层剖面中元素含量。主要指自然 γ 测井、自然 γ 能谱测井、中子（俘获）γ 能谱测井、中子活化测井和 X 射线荧光测井等。

中国油气勘探核测井工作中，由于及时引进国外先进仪器设备，所以从生产装备、技术水平和应用效果来看，与国际先进水平基本相当。但就研发水平来讲，还存在较大差距（彭琥，1994，2001）。

（五）其他矿产核测井

20世纪六七十年代山东省地矿局物探队曾用同位素中子源进行中子活化测井，做过铜矿测井，确定铜含量（曾繁超等，1994）。

70年代在四川峨边磷矿勘探中发现磷矿石含量与自然 γ 测井的 γ 射线强度是严格的线性关系，用自然 γ 测井确定磷矿品位，获得了满意的效果（曾繁超等，1994）。

（六）标准模型与刻度井

1. 实体刻度井建设（周关华和徐定国，1981）

核测井仪器的刻度是为了统一标准进行定量解释。1958 年美国石油协会（API）发表了核测井刻度标准井文件：APIRP33，实施测井行业规范化，统一自然 γ 测井和中子测井的量值单位。1959 年在休斯敦大学建成中子测井标准刻度井。随后，英国、加拿大、苏联等相继建立了标准刻度井。1976 年国际原子能机构（IAEA）建议其成员国在今后的 γ 测量中采用新的放射性元素含量单位平衡铀（Ur）单位。

1976 年，二机部地质局在石家庄模型站参照国际原子能机构推荐的标准模型参数，建立了一套三组标准模型，用于标定（刻度）自然 γ 测井仪、自然 γ 能谱测井仪和各种地面放射性测量仪，可以提供该仪器标定（刻度），以及 γ 能谱仪测定换算系数。还有一组为实验研究使用的不同孔径、地层倾角可变的叠层测井标准模型，供全国铀矿勘探使用的一级标准模型。

1984 年胜利油田选用花岗岩作为矿层，上层为水泥，下层为石灰岩，建成 2 口自然 γ 测井一级标准刻度井，10 口中子测井刻度井。同年河北煤田地质勘探公司，用铀镭平衡标准矿石粉，制成环状现场自然 γ 测井刻度器。1987 年大庆油田建立自然 γ 能谱测井标准刻度井，1983 年江汉测井研究所开始建设 5 个中子测井刻度井群，5 个补偿密度测井的刻度井群，还用铅块和镁块制成现场刻度器。1989 年完善，形成系列后，约有 12 个油田（厂、所）建设有刻度井和实验井，有效地提高了石油和煤田测井定量解释的精度，逐步形成以核测井为主的孔隙度测井系列，使核测井在整个油田测井生产活动中跃居各种测井方法之首（段康等，1994）。

2. 刻度井数字模拟研究

核测井实体物理模型刻度井，在实践中发挥了重要作用。但随着测井工作的发展，要求给出定量解释的参数越来越多，建刻度井周期长，通用性差，实体模型井也难以满足要求。天然岩块的纯度和均匀性难以满足要求，造成"标准"模块不标准。有的岩块密度可以相同，但又会对中子寿命测井、补偿中子测井造成困难；研究油藏条件和地质环境，又会涉及高温、高压和油水气混合层等，难以模拟。于是 80 年代开始研究使用计算机数学模型。计算机数学模型，在相当程度上弥补了实体物理刻度模型的不足。目前，计算机模拟主要有两种计算方法，即迁移方程的数值解法和粒子追踪统计模拟法（蒙特卡罗方法）[①]。

80 年代后期以来，国内许多石油部门应用国外成熟的大型通用计算程序（如 DOT、MCNP、MORSE 等），计算了各种 γ 测井和中子测井响应的模拟计算，取得了一些对实际工作有一定价值的结果。针对国内具体情况的基准实验研究正在进行中。

四、能量色散 X 射线荧光技术

放射性同位素低能 γ（X）射线源激发的能量色散 X 荧光分析技术是 1955 年法国

---

① 中国石油学会石油测井委员会. 1988. 核测井刻度技术咨询报告（内部资料）。

人提出的。60 年代得到迅速发展。1964—1966 年研制出多种轻便型 X 射线荧光仪，1968 年制成 X 射线荧光测井仪（成都地质学院核地球物理研究室，1978）。

人工激发放射性方法是核地球物理方法的又一领域。铍是 20 世纪 60 年代国家急需的一种金属，北京地质学院三系曾以（γ、n）核反应，用同位素锑 γ 射线作为激发源，研制专门测铍含量的地面测铍仪和 γ 中子测井仪（贾文懿和程业勋，1965）。但能够与人接近操作的只有低能射线。X 射线是应用广泛，易于防护的人工激发辐射方法。

能量色散 X 射线荧光测量，用放出低能 γ（或 X）射线的同位素或微型 X 射线管为激发源，使岩矿石的组成元素受激发放出特征 X 射线，这种使激发源与探测器合理的组装的仪器更轻便，适用于样品分析，适用于地面、岩矿露头和钻孔测井，是野外定性、定量测量元素含量的一种有效方法。可用于岩矿石样品、地（岩）表面、水下和钻孔中测量有用元素含量，确定矿层位置。

（一）轻便型 X 射线荧光仪

1974 年，成都地质学院核地球物理研究室程业勋、章晔等研制成功中国第一台携带式放射性同位素 X 射线荧光仪 [①]，灵敏度基本达到了国外同类产品的水平。该仪器由上海地质仪器厂投产。1978 年章晔等研制成功中国首台放射性同位度 X 荧光测井仪（成都地质学院核子地球物理研究室，1979）。此后，核工业 262 厂等单位相继推出各有特色的类似仪器。

20 世纪 80 年代，北京矿冶研究总院研制出 TXF-901 便携式多元素 X 射线荧光仪，一次同时测量 6 个元素含量。90 年代成都理工大学葛良全等研制出多种使用半导体探测器的新型多道轻便 X 射线荧光仪，直读多元素含量，灵敏度高达 $n \times 10^{-6}$。90 年代后期，在国家"863"计划青年基金支持下，成都理工学院研制成功水下 X 射线荧光探测系统（葛良全等，2001）。

（二）X 射线荧光测井仪

1995 年中国地质大学（北京）和成都理工学院、重庆地质仪器厂合作，程业勋、章晔等，研制出新型 X 射线荧光测井仪，仪器以正比计数管为探测器的 256 道 X 射线能谱分析仪。该仪器实现数字传输、计算机处理、自动校正等多种功能，可以同时测量多个元素含量（侯胜利等，1997）。2009 年葛良全等研制成功硅半导体探测器（Si-PIN）多道 X 射线荧光测井仪。软件配套，功能齐全，能量分辨率达 150eV，同时测量多种元素含量（葛良全等，1997）。

地质矿产部两次组织轻便型 X 射线荧光技术推广应用立项，自 1976 年到 1984 年举办三次培训班。1984 年由章晔等整理出版《X 射线荧光探矿技术》（章晔等，1984）。经过 40 年的努力，能量色散 X 射线荧光技术在地质、矿产等领域有广泛应用，并且开始扩大到于工业、农业环境等多个领域。

---

① 成都地质学院. 1974. 携带式放射性同位素X射线荧光仪研制总结报告（内部资料）。

第五节　在地质与矿产勘探中的应用

一、铀矿的普查勘探的新发展

适应世界形势变化，20 世纪 70 年代为了增加铀矿资源的战略储备，决定加速铀矿普查勘探。投入的工作量逐年增加，先后进行了南方花岗岩成矿规律编图和中国新生代成矿规律编图。施工操作逐步实现了机械化和自动化，大大提高了工作效率。累积测氡技术不断涌现。地面 γ 测量装备一新，引进高灵敏度航空 γ 能谱测量装备，使航测和数据处理达到国际同类先进水平。这一阶段的地质找矿成果十分突出。在华东、华北中新生代砂岩盆地和滇西地区第三系含煤和砂砾岩盆地中新发现了一批铀矿床。通过华北会战，探明了铀含量较高的连山关铀矿床，发现了沽源火山岩型铀矿。由于深部找矿技术的应用，南方一些老矿区储量也逐年扩大，成为中国铀矿储量增加的最快时期。

发现一批新的铀矿床：70 年代初，南方某花岗岩铀矿；1983 年，浙江第九地质大队找到浙江某地铀矿；核工业西北地勘局 224 大队于 1982 年在陕西丹凤陈家庄找到铀矿，1985 年在陕西商南光石沟找到铀矿；1987—1989 年，川西北地质大队 14 分队和物化探分队在四川若尔盖日龙沟找到铀矿（中型矿床）。

扩大原有铀矿床（钱大都，2002）：广东坝子铀矿，1962 年提交储量报告，1970 年后，通过地面 γ 测量、α 径迹测量和详细地质填图、放射性水化学测量等物化探方法，扩大了矿床规模；广东 2121 铀矿是 1956 年发现的，1976—1977 年进行 α 径迹和氡气测量发现新的工业矿体；江西 6722 铀矿是 1959 年发现并开始勘探，1980 年提交大型铀矿床；湖南金管冲铀矿是 1957 年航空 γ 测量发现的，1977 年开始，301 大队在矿区及外围系统开展地面 γ 测量、氡气、α 径迹、钋法及水化学方法找矿工作，见多处工业矿体；新疆乌什县萨瓦甫齐铀矿是 1958 年发现的为大型易浸砂岩沉积型铀矿，1980—1984 年新疆地矿局第八地质大队三分队在该区进行大比例尺详查，使全矿区由原来 5 个矿层扩大到 10 个。

1978 年以后，由于国际形势的缓和，对铀的需求大幅下降，而核电建设在中国还处于起步阶段，对铀的需求十分有限，形成了近期内铀资源相对富余的状态。"文革"10 年造成经济形势十分紧张。国务院和中央军委批准了核工业"在优先保证军用的前提下，把重点转移到为国民经济和人民生活服务上来"的方针，从此中国核工业进入一个新的发展时期。为适应国际国内形势，建立以军用民用为特征，以核动力为龙头的新型核工业体系。铀矿地质队伍按照"保军转民"的方针，开始对产业结构进行调整。提出"以铀为主，综合找矿，多种经营，搞活地质"的战略方针，保持精干铀矿地质队伍，钻硐探任务逐年下降，1997 年下降到 20 万米。

为了寻找大型砂岩型铀矿和扩大综合找矿的新需要，1990 年核工业航测加装了遥感装置，开始了航测与遥感同步调查。对引进的航空 γ 能谱测量系统进行了补充、改造、升级；对累积的航测资料进行了二次研发，1988 年编制了 1：100 万、1：200 万和 1：400 万《中国航空 γ 射线强度等值图》，1989 年编制了 1：100 万《中国航空放射性测量工作程度和异常点成果图》；1995 年编制了中国航空 γ 能谱测量技术标准《航空 γ 能谱测量规范》。

1991 年至 2010 年的 20 年间，共完成 60 多个重点测区的航空测量飞行任务，完成 1：5 万、1：10 万、1：20 万三种比例尺的测量面积约 170 万平方千米，基本上完成了全国 15 个铀成矿带和 10 个铀成矿远景区以及 13 个找矿有利地区的区域航空调查任务，发现了大批的航空放射性异常、高场、和航空放射性高点，以及大批的航磁异常点、带，还圈定了几十片铀矿找矿远景区 [1] [2]。

铀矿地质勘查方向上也进行了重大调整：从过去以寻找异常，提交铀资源量为主，改为以寻找战略选区为主，力争在 2000 年以前能选出几处万吨级储量的后备基地，以备核电站大发展时提供铀原料保证；在找矿类型上，重点放在寻找经济效益好的可地浸的层间氧化带砂岩型铀矿床兼顾硬岩铀矿。找矿重点地区也从南方转移到北方的中新生代砂岩盆地。核工业地质局提出"主攻砂岩，兼顾硬岩，一个重点（可地浸砂岩），兼顾两种类型（花岗岩和火山岩型）"的找矿方针。与中亚、俄罗斯以及蒙古已探明的砂岩铀矿对比研究决定，重点首先放在二连和伊犁盆地进行普查找矿。在航空 γ 能谱较弱异常显示区内，首先找到库提尔太（万吨级以上）铀矿床。勘探后实现了中国第一个地浸采铀生产基地。为此，2008 年 1 月 8 日，中核集团 216 地质大队荣获国家科技进步奖一等奖，实现中国地浸砂岩铀的成矿理论和找矿勘探技术的重大进展。同样在二连盆地，在航空 γ 能谱测量资料显示的铀成矿远景区内找到了大型铀矿床。航空 γ 能谱还在吐哈盆地、准噶尔盆地和鄂尔多斯盆地圈定了铀矿化远景区，使中国铀矿勘查技术步入新的阶段 [3]（朱训，2010）。

二、寻找油气藏的新发展

1975 年，宣布停止放射性方法找油试验。在此前后，1968—1982 年间，为发展非地震方法勘查油气工作，国外先后召开了三次放射性方法找油的研讨会，展示了令人鼓舞的成果：在油田上方，除了地面存在放射性异常外，在地下相等的地质平面上也存在垂直相同的放射性异常；发现放射性测量结果与油田对应的正确率达 70%~80%；油田上方的放射性异常重现性很好；对放射性测量的地面干扰因素（土壤、岩性、水体等）进行了研究，提出了多种校正方法。1982 年开始用航空 γ 能谱找油。

---

① 李怀渊，等. 2011. 航空物探测量的重大进展和技术创新. 核工业航测遥感中心（内部资料）。

② 韩长青，李怀渊，陈国胜. 2011. 我国铀矿勘查物化探技术回顾与发展方向. 核工业航测遥感中心（内部资料）。

③ 同①。

（一）地面勘查油气藏的新发展

中国自 1955—1975 年的 20 年间开展放射性方法找油，虽然起步并不算晚，也取得一些成果，但深入研究不够。进入 80 年代以后，随着国外放射性方法寻找油气田的发展，以及国内高灵敏度、多参数放射性测量仪器和方法的出现，放射性方法寻找油气田的工作重新提出，并迅速发展，1985 年中国召开"非地震、多参数地球物理地球化学方法寻找石油天然气"的汇报会。10 月，地质矿产部地球物理与地球化学研究所放射性测量组，开始在松辽盆地升平油田和塔里木盆地雅克拉探区进行放射性方法寻找油气田试验工作。到 90 年代初，在不同类型油田进行试验工作，都获得比较好的效果（王栽民等，1996）。

1988 年 6 月至 10 月，成都地质学院在玉门市以西的酒西盆地（全沙漠覆盖），使用活性炭吸附器方法和 α 杯方法，进行地面寻找油气田试验工作。结果与自然电位测量的低值所在位置基本吻合。90 年代初在四川盆地北缘（农田占 70% 左右），根据地震探测结果，该区有两个局部构造：一个为颖院构造、一个为清河构造，为已开采的天然气藏地区，气藏主要受裂缝控制。主要使用地面 γ 能谱测量和 α 杯法，结果发现氡、铀、钾异常特征明显。三者低值异常区相吻合的地区，即综合异常区，在颖院构造附近，范围大，连续性好，已完井的三口良好产气井均在低值异常区（葛君伟等，1996）。

核工业地质研究院 80 年代末到 90 年代在准噶尔盆地、鄂尔多斯盆地、塔里木盆地以及辽河油田、华北油田利用多种放射性方法进行油气普查的试验工作，均发现铀、镭、氡异常分布与油田构造有一定关系（吴慧山等，1992）。

自 1988 年开始，新疆石油管理局科技处组织在干旱半干旱的准噶尔盆地东部地区 4420km² 面积进行地面油气放射性勘查试验工作。总结出"多参数场统计找油方法"，即利用各参数场统计叠加，作多参数综合评价图。三年共综合解释出 54 个放射性多参数异常，归纳为 26 个异常片，划分出 9 个有利异常区。这 9 个异常区中，有两个与已知工业含油区完全相符；一个部分符合，三个部分见工业油流和低产油流，一个钻探未获油气，剩下两个待验证（刘东海，1991）。1993 年下半年，在准噶尔盆地西北缘中拐地区布置 200km² 内 1000 个物理点进行液体闪烁测氡技术、油气化探、氧化还原电位和激电四种方法同时试验。结果圈出 8 个液闪测氡异常，与其他三种物化探方法圈出的综合异常范围吻合较好。通过试验，总的认为，放射性方法成本低，速度快，效果较好。在可能的产油盆地，用放射性勘探筛选大面积异常，有特别明显的指导意义和经济效益。

南京大学地球科学系 1995 年在四川盆地中部 150km² 范围，按 1∶5 万精度勘查油气田，使用 5 种方法：地面 γ 能谱法、氡管法、α 卡法、α 径迹法、活性炭法，共完成 1176 个测点。采用 R 型因子分析方法，浓缩了信息，有利于对大量数据进行分析解释，突出异常，降低干扰，提高了放射性勘查的可信度。三个已知油井均落在低值区（王湘云等，1997）。

1996 年程业勋、秦大地主编出版《放射性方法勘查油气藏文集》，1997 年核工业地质总局编辑出版《核技术勘查油田研究论文集》，对上述工作成果给予高度评价。

（二）油气田放射性异常成因机理研究

油田上方放射性异常的分布形态，基本是油田上方低值、周边高值的基本模式，形成的"烟囱效应"是国内外普遍共识。形成的机理研究，国外始于 20 世纪 50 年代，中国始于 80 年代。

1987 年，王栽明等在总结国内外各种观点的基础上，从铀原子两种价态（正四价和正六价）结构出发，并考虑到镭易溶于水的特点，在油气田上方氧化还原条件下形成"烟囱效应"（王栽民等，1996）。蒋永一等（1988）认为，油田上方碳氢化合物上升与土壤作用，形成 $CaCO_3$ 壳盖，降低流体上升。吴慧山等（1991）认为，油田背斜翼部张扭裂隙发育，有利于地下水活动，使铀镭上升，在油田形成的（潜水面处）氧化还原界面，铀沉积，镭随水流至裂隙处上升，形成环状高值异常。葛君伟、贾文懿（1992）认为：放射性元素自身具有很强的垂直迁移能力，这种迁移是导致油气藏上方出现放射性异常的主要因素之一。

为深入研究地表放射性异常与油气田的关系，1991—1993 年，国家自然科学基金支持长春地质学院物探系"综合利用地面和测井资料对油气田放射性异常的探索"研究。首先，对在大庆等 9 个油气藏的 4 种主要类型放射性异常的特征进行了分析。通过放射性测井资料，获得油藏表面以上不同深度段平面放射性异常分布，发现油田表面以上不同深度的放射性异常与地表放射性异常形状相似，即自地下油田表面直至上方地面为相对低值，周边为相对高值。通过分析认为是含油盆地流体微运移循环形成"烟囱效应"异常模式的设想，可能是引起地表各种地球化学异常的基本原因（王平等，1995）。王平、熊盛青（1997）出版专著《油气放射性勘查原理方法与应用》。

2005 年，中国地质大学程业勋等受到 1988 年瑞典波利登公司和捷克布尔诺地球物理公司利用"地气法"寻找隐伏矿床的启示，结合氢迁移的理论研究，在 2005 年出版的《核辐射场与放射性勘查》（程业勋等，2005）中提出地壳的矿物岩石都是结晶体，在晶体直接气化出分子（或原子）之后（L. 鲍林和 P. 鲍林，1982），合成纳米级微粒，上升直至大气，构成地球物质扩散场，而储存于孔（裂）隙的油气田成为物质场中的阻挡（吸收）体，使上升物质微粒流体形成"烟囱效应"。事实证明不仅放射性元素，而且许多非放射性元素，如镍、钴、矾、钼等，也出现"烟囱效应"异常（秦大地和王栽民，1991）。

（三）航空 γ 能谱测量寻找油气田

地质部航测大队，20 世纪 50 年代末到 60 年代初，在一些已知油田地区，进行航空 γ 测量寻找油气田的试验工作。但由于仪器灵敏度较低有异常显示，难以用于寻找油气田工作。

1982 年地矿部航空物探遥感中心，从加拿大引进 256 道高灵敏度航空 γ 能谱测量系统，正式开始航空磁力和 γ 能谱综合勘查油气工作。1986 年地矿部立项进行"航空 γ 能谱寻找油气藏的方法技术和应用效果的研究"。由航空物探遥感中心承担，从 1986 年到 1990 年的五年内，完成调查面积约 12 万 km^2，飞行 17.2 万 km 测线，在胜利、华北、河南、苏北和大港等 8 个已知含油区和找油区，进行航空 γ 能谱试验和寻找油气工作。至 1990 年通过验证，探明油田 62 个。同时为综合评价含油远景区，优选靶区积累了资料，为油气综合勘查提供了快速、经济的重要方法[①]（王平和熊盛青，1997）。

80 年代后期，核工业航测遥感中心开始 γ 能谱勘查油气田的试验研究工作，其探测效果与已知油田符合率达 70% 左右。

（四）海洋放射性测量勘查油气田

油田形成的放射性异常，是在地下稳定环境下经过长时间放射性物质微粒上升累积形成的，异常形态非常稳定，利用深部 γ 射线测量寻找油气藏可以避免地面多种干扰因素。

20 世纪 90 年代，地矿部物探化探研究所在东海平湖地区进行热释光测量工作获得良好效果（刘海生，2001）。

1996 年在国家"863"项目支持下中国地质大学（北京）程业勋等研制成功海洋拖曳式多道（1024 道）γ 能谱仪。2000 年在渤海的渤中拗陷已知油田进行试验性测量，低值异常区与油田范围对应一致。周边为高值，异常明显（侯胜利等，2007）。

（五）存在的问题

根据国内外有关统计资料，油田上地面放射性油气勘探成功率为 60%~80%，平均为 79.7%。杨宁等认为是一种具有发展潜力的油气地表勘探方法（吴传芝等，2009）。但在中国地表，放射性油气勘探技术一直处于试验研究与初步应用研究阶段，对于它作为一种可以提供深部油气信息的地表勘探方法，仍有不同看法。但由于它具有经济、有效的特点，吸引着一代又一代油气地表勘探工作者为之付出努力（邱元德等，1992；吴传芝等，2009；赵改善，2015）。

三、寻找钾磷矿产

由于钾盐是盐类蒸发沉积的最后产物，较易溶解，除了极干旱地区外，地表很难找到。

中国寻找钾盐地质工作始于 20 世纪 60 年代初。1962 年 3 月在云南勐野井发现中国第一个固体钾盐矿，1965 年使用 γ 能谱测井，确定钾盐矿层位置和钾盐含量。1970 年在江汉油田在 3000m 深油井内发现杂卤石和钾芒硝。1972 年 γ 能谱测井在多地应用，寻找钾芒硝等钾盐矿床。

---

① 地矿部航空物探遥感中心．1990．航空 γ 能谱寻找油气藏的方法技术和应用效果研究（内部资料）。

（一）γ能谱测量找钾

为加速柴达木盆地的钾盐普查，青海地质矿产局自1981年起，相继在昆木、大达、察拉等盐滩开展了地面γ能谱测量的试验和试验性生产工作。证明该方法是钾盐普查工作中的一种快速而有效的方法（庞存廉，1986）。

1980年，地矿部航空物探总队用引进的高灵敏度四道γ能谱仪在河南驻马店西部地区，第一次进行普查钾盐试验飞行，发现一处富钾异常区，肯定了航空γ能谱测量寻找钾盐的有效性。

地质矿产部"七五"重点科研项目"我国钾盐成矿条件及找矿方向研究"的下属专题"利用高灵敏度航空γ能谱测量资料在柴达木盆地中部地区寻找钾盐的方法技术及成果研究"，由航空物探总队承担。利用测量资料进行了聚类分析、回归分析以及岩性归一化处理，编制了《柴达木盆地第四纪推断岩性地质图》《综合异常图》《钾盐找矿远景图》等10多种找矿图件。为扩大柴达木盆地的钾盐资源，提供了靶区和大量找钾线索。其中K-84-16I级找矿靶区（马海地区），经青海省地矿局地面检查，钻探见矿，为中型钾盐矿床（王德发，1989；张德华，1997）。

（二）γ能谱勘查磷矿

内蒙古第一物化探队1983年在磷酸盐透辉石型和基性超基性岩浆岩型地区，使用四道γ能谱仪，在盘路沟测得的铀、钍、钾及总道10条剖面平面图，清晰显示磷辉石矿脉的分布，异常明细，而且异常幅度高低与磷的含量相应，说明放射性元素与磷共生关系密切（沈茂良，1986）。

福建松溪县洋墩磷矿，该磷矿赋存于震旦纪变质岩和燕山花岗岩接触带，1961年福建物探大队和207地质队开展1∶1000磁测和1∶5000地面γ测量。异常带与P_2O_5矿带吻合，1971年探明磷矿石储量503万t，属中型矿床。

四、地下水源的探测

地下水分为土壤水、层间水、裂隙水和岩溶水。后两类地下水储量丰富，适于放射性方法找水。1952年日本在富士山地区，开始使用地面γ测量寻找地下裂隙水，获得成功。1965年，著有《放射能式地下水探查方法》。1974年，四川省适应抗旱需要，开始进行放射性方法找水试验。四川原子核应用研究所和在川的五机部勘测公司、冶金部成都勘察公司、成都地质学院等单位组成放射性探测地下水科研组，在简阳、内江、成都、彭山等已打成的20多口井的地面，使用闪烁辐射仪，进行跨井剖面测量，发现这些井有水、无水、涌水多或少、与地面γ射线异常有无或强弱，呈正相关关系。试验成功，方法可行[1]。

1980年以前找水，主要利用地面γ测量和地面γ能谱测量。1980年以后开始使用瞬时测氡和累计测氡方法，先后取得了丰硕成效（程业勋等，2005）。

---

[1] 四川省科委新技术试验站水利局农水处.利用地表γ射线找地下水.1977（内部资料）。

1975—1980 年，四川省召开三次放射性方法寻找地下水座谈会，1981 年中国核学会和中国地质学会联合召开"全国应用核技术寻找地下水源学术讨论会"，出版文集。1983 年地矿部地矿司编印《应用核技术寻找地下水源》（华珊，1983），发各省、市地质局。

1985—1986 年，地矿部向下属 10 个单位正式推广应用静电 α 卡技术，应用后统计成功率达 85%（华珊，1983；贾文懿等，1986）。

1975—1982 年的大量找水实践表明，在砂岩地区、红层地区、火山岩地区地下水探测都收到很好效果（华珊，1983；贾文懿等，1986）。1981—1995 年，在陕西长安、广东阳东、四川西昌、海南琼海以及甘肃武威等地区寻找热水，证明放射性累积测氡方法是有效方法（钱大都，2002）。

五、其他矿产与地质调查

铀属亲石元素，在地壳各圈层中的平均含量仅为百万分之二。但分布广泛，与多种矿物共生，构成多种矿物的找矿标志。

（一）寻找金矿

20 世纪 80 年代开始中国核工业地质局在"以铀为主，多种经营"思想的指导下，开始金矿勘查。80 年代中期首先在山东地区寻找金矿，较多使用放射性探测方法，开始了新的应用领域：放射性 γ 能谱测量、氡及其子体的测量，有利于寻找金矿破碎带、硅化带、石英脉型金矿、大型金－铀（钍、钾）建造型金矿（如秦岭变质岩金矿）以及侵入岩中金矿带等。

核工业北京地质研究院，1990 年承担国家重点黄金地质科技攻关项目"中国主要金矿类型及成矿远景预测"的三级专题"瑶沟等地区勘查金矿的放射性和非放射性气体地球化学方法的研究"[1]。1989 年到 1993 年还承担另一三级专题《冀北等地区应用车载（含地面）γ 能谱方法找金的研究》[2]，普查面积 4.91 万 km²。首先研究了测区铀、钍、钾异常与金矿的相关关系及分布特征，指导找金工作。两项工作找到 3 个矿体和 2 个远景成矿区。

核工业地质局航测遥感中心，1987 年选择太行—燕辽地区六个不同类型金矿床，做了 14 条综合剖面。发现钾异常宽，最稳定，与金矿化位置相同，说明钾高铀低是找金的主要标志。据此，在承德—平泉地区共发现金、银矿化异常点 20 处，选出远景区 13 片。1990 年承担国家重点黄金地质科技攻关项目下属三级专题"安徽省六安试验区应用航空 γ 能谱资料找金及成矿预测实验研究"[3]。采用 K/Th/U 表示的优化组合信息，

---

① 瑶沟等地区勘查金矿的放射性和非放射性气体地球化学方法的研究. 核工业北京地质研究院. 1993（内部资料）。

② 冀北等地区应用车载（含地面）γ 能谱方法找金的研究. 核工业北京地质研究院，1993（内部资料）。

③ 安徽省六安试验区应用航空伽马能谱资料找金及成矿预测试验研究成果报告. 核工业航测遥感中心，1993（内部资料）。

在测区经过检查取样发现金矿化点两处，异常点 17 处。预选Ⅱ级远景区 8 片，Ⅲ级远景区 4 片。

1986 年章晔提出一次测量亲铜元素特征 X 射线（砷系 7 种元素）总量，可以提高探测灵敏度[①]（葛良全等，1997），用于寻找金矿。1986 年四川攀枝花地质大队在龙背地区找到与金矿相关的 6 个异常点，1992 年广西第二地质队在凤山金牙金矿区和林县高龙淋滤型金矿区同样取得了满意效果。

（二）用于地质填图

20 世纪 80 年代高灵敏度航空 γ 能谱仪使用之后，许多学者利用 γ 能谱测量资料，确定大型隐伏断裂构造，圈定岩体分布、划分岩体边界、用于局部地质填图等。航空 γ 能谱测量，实质是铀、钍、钾的含量测量。铀、钍、钾均属亲石元素，它们在地壳各类岩石中的丰度及其组合元素具有特定的规律。1983 年地矿部物化探研究所区介甫等与广西第七地质大队合作，用航空 γ 能谱测量方法（在桂东南地区植被茂密，地面观测困难），以地质填图为目的，首次进行试验性生产飞行测量（欧介甫和张敬华，1989）。清晰地划分出 8 个岩体和 3 个岩浆侵入期次，获得了完整资料。

六、X 射线荧光方法用于矿产勘查

成都地质学院三系于 1974 年研制成功第一台便携式同位素源 X 射线荧光仪以来，一直坚持不懈地对仪器进行改进提高，70~80 年代办了三期培训班，使用的技术人员遍及地质及相关部门。截至 80 年代末，广泛应用于 20 多个省、市、自治区。主要用户为地质和采矿等行业。90 年代开始在工业、农业、环境等部门使用，90 年代中期以后用得最多的是地球化学找矿，作为常规样品分析的主要方法。

（一）寻找金矿

1978 年，有色地质勘查局 701 大队发现含金黄铁矿，金与铁关系密切，相关系数达 0.6954。利用 X 射线荧光测铁找金，结果发现 X 射线荧光圈出的铁异常都是金的矿化带。四川地矿局化探队，1987 年根据金砷相关系数达 0.7 在马脑壳和龙达其卡地区寻找金矿。马脑壳地区，区域化探金异常呈西北—东南展布，地质构造活动强烈，岩石破碎，根据砷异常，发现 4 条金矿带。

（二）寻找铜铅锌等多金属矿

新疆第六地质大队，1989 年开始使用 X 射线荧光方法，在玉西银矿、淖毛湖金矿以及多金属矿普查应用。如玉西多金属矿，是以银为主，铅、锌共生的多金属矿床。在新疆找矿国家"305"项目支持下，1989 年设想重点搞清楚矿体走向、范围、元素含量变化。1990 年发现银与铜的相关性很好（相关系数 0.98），于是采用铜线的特散比计算银的含量（与化学分析基本一致）。银的最高品位达 4000g/t；铅达 40%；锌达

---

① 成都理工大学，X 射线荧光测井技术研究的研究报告，2009，内部资料.

9%~17%。

（三）原位测定品位

中条山有色金属公司篦子沟铜矿，1988 年元月以来应用 X 射线岩壁测量含量代替刻槽取样，在百余个采场应用，完成万米以上岩壁测量，指导矿石开采，使矿石的损失率和贫化率逐年下降，1986 年贫化率为 22.4%。到 1990 年降为 9.3%，为资源回收、矿石贫化提供了有力支持。

中国地质大学（北京）物探系和成都地质学院三系共同承担地矿部"八五"科技成果重点推广应用项目"便携式 X 射线荧光技术原位测品位"。1991 年到 1993 年，多矿种现场应用，并召开现场会（或称培训班）两次，参加人员有地质队找矿人员和矿山技术人员。在应用中提高了技术水平和工作效率。如四川西北地质大队在宝兴县普查铜矿，福建闽西地质队在上杭紫金山铜矿勘查区，以及广西大厂锡矿、河南栾川钼矿、湖南锡矿山的锑矿。应用 X 射线荧光原位测品位，既及时又有利于指导采矿。

1987 年在总结实践经验的基础上，葛良全等编著出版了《原位 X 辐射取样技术》（葛良全等，1997）。

第六节　地质灾害的勘查

一、地震预测研究

（一）氡浓度用于地震前兆观测

苏联是开展水文地球化学（含氡）地震前兆和后效研究最早的国家之一。他们认为地球介质经受地球动力学任何过程的变化，必然要反映在一些流体化学最敏感的物流参量上，氡浓度的变化是最敏感的研究内容（张炜等，1988）。

1966 年邢台地震发生后，受其启发，邢台地震工作队中的中国科学院地球化学研究所和地质部水文地质工程研究所于 1968 年 7 月先后在邢台震区对地下水中氡浓度等进行测量，在较大的余震前也预测到水氡的异常变化，先后在 35 个观测点观测水氡变化，积累了科学探索的初步资料。从此拉开了地震前兆观测氡浓度变化的序幕。

1969 年 7 月 18 日发生渤海 7.4 级地震，震前分布在京津地区的一些水文地球化学观测台站观测到水氡浓度的明显变化，推动了京津冀及周边地区的氡浓度观测台站的建设和发展。1969 年 8 月，中央地震工作办公室组织总结了渤海地震前兆特征，使人们看到水氡有可能成为地震预测的重要标志。于是，在华北地区、南北地震带、郯庐地震带、闽粤地区和天山等地震带广泛开展了测氡工作。

1970 年 1 月 5 日，云南省发生了通海 7.7 级强烈地震，为检测余震，国家地震局昆明地球物理所先后在通海、昆明和滇西地区开展了地下水中氡浓度等项目的预测。

1971年5月，国家地震局首次召开了全国水氡学术讨论会。会议总结了几年来积累的水氡震例资料和震前异常特点，会后在天山地震带开辟了地震实验场，先后组织三次人造地震的爆破试验，取得了水氡爆破效应的试验资料。

1973年2月6日发生在四川省的炉霍7.6级地震，震前8天观测到水氡高值突跳达180%。震后又增建13个水氡观测点。

1974—1978年是中国观测水氡预测地震的试验研究工作经受大震考验的阶段，是总结震例特征、深入研究水氡异常机理与地震孕育过程内在关系、探讨预报方法的阶段。

至1981年，全国除台湾、西藏之外的29个省（市、区）均建有含氡浓度的观测站。1975年2月4日辽宁省海城7.3级地震，在震中附近及天津以东、辽东半岛西部以及山东北部的多个站点的水氡出现了明显的趋势异常、短期异常和临震大幅度突跳异常，成为这次地震震情估计的重要依据之一，在预报中起了积极作用。

1976年5月31日云南省发生龙陵7.4级地震时，已有水氡观测点20个，但只有3个水氡观测点有反映。

总之，1976年在中国大陆上连续发生了6次7级以上强震和多次中强地震，使中国的水氡监测预报研究工作经历了预报成功的喜悦和惨痛失败的教训，丰富了对水氡异常时空演变复杂过程的认识。1978年6月国家地震局组织召开了第三次全国水化会议，交流了多方面的经验和成果，决定进一步控制观测条件，提高数据质量，汇编了会议文集《地震地球化学论文集，1980》。到1978年初步形成了以64个台（其中12个Ⅰ类台，52个Ⅱ类台）为骨干的全国水化基本台网及大量的区域台和地方台，共计336个水氡观测的水化台站。

20世纪90年代后半期开始，水化观测进入数字化观测时代，统一组成地震地下流体观测台网，由75个国家台、86个区域台和556个地方台组成。其主要观测项目为水位、水温和水氡、水汞，约占流体观测项目的85%。

"七五"期间国家地震局组织地震预报方法实用化研究，制定了《中国地震分析预报方法指南》，对地震三要素预报的判定，全部实现了计算化，对数据处理提供了相关分析法、均值基线法、差分法、突跳频度叠加法等多种算法，实现了规范化。

（二）地震孕育期的氡异常研究

"八五"期间，国家地震局科技监测司组织对强震多震的11个省区发生的102次4级以上地震进行预报回顾研究，对与每次地震相关的异常动态特征进行统计，其结果显示：水氡具有长中短和临震异常，但异常幅度、地震强度和震中位置无明显相关关系。

前兆水氡异常分布与地震孕育发展的关系研究，显示了按照地震三要素提供预测的可能性。

1. 前兆水氡异常对震中区预测研究

（1）前兆水氡异常分布与活动断裂关系研究：20世纪80年代末，唐仲兴（1990）

统计了1969年以来，中国地震前兆水氡出现异常的点，发现有氡异常的点分布在与震中区相关的活动断裂带上。例如：1969年渤海地震发生在郯庐断裂与西北向断裂交汇部，华北地区水氡异常，主要分布在东西北向断裂带附近。1973年炉霍地震、1975年海城地震、1976年唐山地震，也有类似结果公布。

地震前期氡异常出现先后传播方向与时序也与构造关系密切。唐山地震前出现水氡异常顺序的路线，正好是依照天津至怀来的北西向构造线发展。氡异常出现先后地点"传播"速度，平均值35km/月。龙陵发生的7.4级地震和松潘7.2级地震，水中氡异常出现时间与距离的传播，其扩散速度均为30km/月，与唐山地震基本一致（李宣瑚，1981）。

（2）前兆水氡异常分布的区域性：1992年出版的《水文地球化学地震前兆观测与预报》中提出，中国与苏联的地震属于板内构造地震，震前出现的氡及水化异常，显示远距离效应，包括临震异常在内的前兆异常，可能分布在600~700km范围，1976年唐山地震前，在远离640km的江苏的青水江点观测到氡的多点突跳。

（3）水氡异常对强震危险区预测方法研究：根据氡异常进行强地震区中心预测，一直是经验判断，也就是把氡异常出现集中的地区作为强地震可能发生的地区。1992年，王吉易等提出"交汇法"（国家地震局科技监测司，1992）。2000年，又提出氡异常"动态图"强地震危险区识别方法（邢玉安和王吉易，2000）。

2. 前兆水氡异常对震级的预示研究

中国大地震都是构造地震，前兆异常都是大范围区域性。已有资料显示，7级以上地震的前兆异常都是在300~600km以远范围，而且预示时间长，都在1年以上，中期异常半年以上，短期异常半年以内，临震异常也在半月以上。出现异常数量多，一般占观测点50%以上。5~6级地震氡级水化异常出现范围、数量和预示时间相对降低。

3. 氡前兆大幅度突变异常对发震时间预测研究

1993年梅世蓉对地震前兆研究表明：各类前兆长期、中期趋势异常都有一个比较稳定的异常变化形态，非弹性变形及相应的微破裂发展是这种稳定、准同步发展的物理基础（梅世蓉等，1993）。然而，短临前兆却没有显示出与趋势异常形似的稳定性。而多样性、多变性没有相对集中的范围、没有确定的提前时间，是临短前兆的基本特征，正是地震短临预报特别困难的重要原因。

统计表明，水氡短临前兆异常，特别是临震前的大幅度突变异常可能有些规律可见。如1968年12月5日河北宁晋东汪4.0级地震前，临城镇内自流井氡值出现大幅度升降变化，最高值达9.0格/分，异常结束后10天发生地震。这是中国第一例临震突变现象。

总体来看，水氡单点突跳现象与地震并非一一对应，有突跳地震和有地震无突跳的情况也经常发生。这是日常预测中面临的实际困难。因此，把一定区域内多个测点的异常时序特征综合起来考虑，把长中期异常、中短期异常和短临异常结合起来研究，把单点突跳和区域性氡值突跳频度的变化结合起来分析，可能是克服这些困难的有效途径之一。

（三）根据氡异常值判断宏观地震烈度

判断地震烈度的标准依据是地表建筑物的破坏程度和人的感觉，但在人迹稀少地区难以进行。此外建筑物各不相同，震后受损也不一致，也难以用此作标准，因此有人建议用测量氡、汞等气体浓度定烈度（汪成民和李宣瑚，1991）。1988年11月6日云南耿马一带相继发生7.6级和7.2级强烈地震，都在无建筑无人居住的山区，地震烈度区的确定比较困难，1989年3月在地震现场考查中，使用FD-3017RaA测氡，测定穿过震区一条剖面的土壤中氡浓度，共测19个点。测试结果表明，破坏严重的震中氡析出率高，受影响之外地区氡浓度降低，大致与地震烈度区强弱相一致。

二、地质灾害的勘查

中国地处亚洲板块的东部，太平洋板块俯冲与印度洋板块的碰撞、挤压，使青藏高原隆起，华北、东北地壳拉张。加上太平洋季风气候，华北、西北荒漠化作用强烈，西南山区降雨集中，滑坡、崩塌、泥石流多发，东中部地面沉降，地裂缝广泛发育。2010年国家环境公报报道：全国可能发生的各类地质隐患22.92万处。

（一）氡气测量用于隐伏断层的勘查

断裂调查对城市建设和工程建设以及地震预测等都是非常重要的。地裂缝是地层断裂的一种，现有7个省200多个县市发现地裂缝危害。

20世纪80年代初，国家地震局科技监测司开始有计划、有组织地研究氡、汞、氦、二氧化碳等土壤气体测量，用于隐伏断层的勘查。确定隐伏断层位置，研究断层特性，分析断层的活动性，推动地震监测预报和地震工程评价。

北京八宝山断裂带是北京地区活动较强烈的断层带之一（汪成民和李宣瑚，1991）。为了查明八宝山隐伏活动断层，在这一地区布置两条横跨断裂带的氡浓度测量剖面。从1988年8月20日至1989年11月19日沿测线测量13次，其间，在200余千米范围内，先后发生4.2~6.1级地震6次。测量结果说明，地面氡浓度的变化与地震活动有关，反过来证明了该断层为活动断层。也可以用人工地震方法通过测量氡来进行判断。

江苏省泗洪县位于潍河下游，区内为全新统地层覆盖，地势平坦。郯庐断裂带纵横泗洪，主干断裂从城区通过，但具体位置并不清楚。1987年，布置横贯全城垂直断裂带三条长2700m的氡气剖面测量，1989年增加五条剖面，测线长8750m。根据氡气异常，经过钻探验证，基本查清通过本区的具体断裂带位置，为经济建设提供了依据（侍继成等，1991）。

西安地裂缝已成为一种灾害，给西安城市建设、工业生产和人民生活造成严重危害。1986年，国家地震局地质研究所和陕西地震局等单位用测氡方法进行断裂调查。到90年代，基本查明，认为西安地裂缝基本是构造成因的活动性地裂缝与深部断裂连通形成的（韩许恒和郁春霞，1997）。

（二）滑坡的勘查

地表斜坡岩体（土体）存在于软弱滑动面上，在自然作用或人为作用下，失去平衡，斜坡岩体沿软弱面下滑形成滑坡。滑坡探测的目的主要是查明滑坡体的周边界限和滑坡体的活动情况，以及滑动面的水文情况。

20世纪50年代，宝成铁路四川广元境内雨季发生较大滑坡，导致火车中断运行10天。80年代末铁道部科学研究院西北研究所，在滑坡体开展水文地质条件调查。考虑到静电 α 卡法对基岩裂隙水调查的有效性，决定在 K410 滑坡处尝试应用静电 α 卡法。共布置静电 α 卡与甚低频15条测线。测量结果经钻探证明：圈定了滑坡范围、界面和地下水分布，为排水整治滑坡工程提供了设计依据。

（三）矿山地质灾害的勘查

1. 采空区与陷落柱的探查

矿山采空区和陷落柱探查，80年代主要用电法。90年代，太原理工大学进行了理论与实验研究之后，开始在山西东山煤矿、阳泉煤矿和石圪节煤矿以及河北邯郸矿务局所属部分煤矿进行实际探查，主要利用测氡方法，异常明显，效果显著，为岩溶和矿山采空区以及出露的和隐伏的陷落探查，提供了又一种方法（唐岱茂等，1999）。

2. 地下煤层自燃的探测

地下煤层自燃严重破坏资源，污染环境，威胁安全生产。80年代以来，太原理工大学一直致力于研究氡气测量技术，用以探测地下火区。1997年和2002年研究了黄土、煤矸石和原煤受热增温与氡析出率的试验研究、氡的迁移研究，研制了解释软件，提高了探测精度（赵耀江和邬剑明，2002）。1990年在石圪节煤矿等地实测了地下火区，提供注浆灭火，获得成功（刘洪福等，1997）。

参考文献

L.鲍林，P.鲍林. 1982. 化学（上册）［M］. 北京：科学出版社.

白弟. 1963. 铀矿床放射性勘探［M］. 北京：工业出版社.

北京地质学院放射性教研室. 1959. 放射勘探方法（讲义）［M］.

成都地质学院核地球物理研究室. 1978. 放射性同位素X射线荧光分析技术［J］. 物探与化探，第四辑.

成都地质学院核子地球物理研究室. 1979. X射线荧光测井仪研制初步成果［J］. 物探与化探，（6）：45–49.

成都地质学院三系第二教研室. 1979. 放射性勘探仪器［M］. 北京：原子能出版社.

程业勋，王南萍，侯胜利. 2005. 核辐射场与放射性勘查［M］. 北京：地质出版社.

程业勋，章晔，王南萍，等. 1996. 土壤天然热释光测量在油田勘探中的初步应用［J］. 物探与化探，20（4）：288–294.

崔林沛. 1986. 借助中微子流对地球进行勘查的可能性［J］. 地质科技动态，（17）：17–21.

段康. 1994. 我国海洋测井技术回顾与展望［J］. 地球物理学报，37（2）：253–259.

范正国，于长春. 2005. 航空伽马能谱地形改正新方法及应用［J］. 物探与化探，29（1）：28–33.

傅诚德. 2000. 中国石油科学技术五十年（测井部分）［M］. 北京：石油工业出版社.

葛静霞. 1984. 电容充电加压式带电 α 卡测量试验［J］. 铀矿地质（科技情报），2（1）：78–82.

葛君伟，贾文懿. 1992. 放射性方法在我国找寻油气藏中的应用进展［J］. 物探与化探，16（4）：259–266.

葛君伟等. 1996. 油气化探中的放射性方法研究及初步应用［C］//程业勋，秦大地. 放射性方法勘查油气藏文集. 北京：原子能出版社.

葛良全，赖万昌，周四春，等. 2001. 海底 X 射线荧光探测系统的研制［J］. 成都理工学院学报，28（1）：80–85.

葛良全，周四春，赖万昌. 1997. 原位 X 辐射取样技术［M］. 成都：四川科学技术出版社.

葛良全，周四春，谢庭周，等. 1997. 新型 X 射线荧光测井仪的研制与初步应用［J］. 成都理工学院学报，24（1）：103–107.

葛良全. 1995. 反射宇宙中子法的应用研究［J］. 现代地质，9（3）：382–386.

国家地震局科技监测司. 1992. 水文地球化学地震前兆观测与预报［M］. 北京：地震出版社.

韩许恒，郁春霞. 1997. 氡射气测量在西安地裂缝勘察中的应用研究［J］. 工程地质学报，5（1）：65–71.

侯胜利，葛良全，程业勋，等. 1997. 新型 X 射线荧光测井仪及其应用［J］. 地球与勘探，33（5）：30–34.

侯胜利，刘海生，王南萍，等. 2007. 海洋拖曳式 Γ 能谱仪在渤海的应用［J］. 地球科学，32（4）：528–532.

胡从恢，李洪壁. 1989. 液体闪烁测氡技术在铀矿勘查中的应用研究［J］. 铀矿地质，（2）：107–111.

华荣洲. 1984. α 卡找矿法及其发展［J］. 铀矿地质（科技情报），3（2）：36–38.

华珊. 1983. 应用核技术寻找地下水源［J］. 地质矿产部铀矿地质科技情报网.

黄隆基. 1985. 放射性测井原理［M］. 北京：石油工业出版社.

吉朋松，庄人遴，林谦. 1997. 双晶 C/O 能谱测井［J］. 测井技术，21（2）：133–137.

贾文懿，程业勋. 1965. 半导体地面测铍辐射仪［J］. 原子能，12（12）：1060–1065.

贾文懿. 1998. 核地球物理仪器［M］. 北京：原子能出版社.

贾文懿，等. 1986. 静电 α 卡测量技术［G］//章晔，李淑仪. 勘查地球物理勘查地球化学文集，第四集，北京：地质出版社.

蒋永一，傅锦，徐贵来. 1988. 核技术探测油气田机理［J］. 铀矿地质，4（1）：36–39.

李昌国，张玉君. 1987. 我所核物探发展 30 年历史回顾［C］//张玉君地质勘查新方法研究论文集. 北京：中国大地出版社，48–51.

李纪森，李保华. 1994. 应用密度测井资料计算煤岩组分［J］. 石油物探，33（增刊）：64–71.

李秀季，吴慧山. 1975. 径迹探测技术及其在寻找铀矿上的应用［J］. 国外放射性地质，（2）：50–55.

李宣瑚. 1981. 水氡异常的扩散收缩现象［J］. 地震，（5）：41–43.

梁峰，吴军随，麻惠生. 1999. 耐高温长寿命测井中子管［J］. 测井技术，23（1）：62–64.

梁峰. 1994. 测井用系列密封中子管［J］. 测井技术，18（6）：446–449.

梁锦华，袁兆熊，张祖良，等. 1985. 活性炭测量系统的最佳条件选择和影响因素［J］. 铀矿地质，1（5）：46–51.

刘东海. 1991. 放射性方法在油气勘探中的应用研究［J］. 天然气地球科学，（5）：233–237.

刘光鼎. 2002. 20 世纪中国应用地球物理学［G］//朱尔明. 20 世纪中国学术大典. 福州：福建教育出版社.

刘洪福，白春明，舒祥泽，等. 1997. 用测氡技术探测煤矿地下火区的研究［J］. 煤炭学报，22（4）：402–405.

刘永年. 1982. 我国地球物理测井发展历史的回顾［J］. 测井技术，6（1）：1–5.

卢存恒. 1991. 铀矿物探 γ 场理论计算和应用［M］. 北京：原子能出版社.

梅世蓉，等. 1993. 中国地震预报概论［M］. 北京：地震出版社.

煤炭部地质勘探研究所. 1977. 选择伽马测井及其在煤炭中的应用［J］. 煤田地质情报，（5）.

欧介甫，张敬华. 1989. 桂东南地区航空多道 γ 能谱测量数据处理方法及地质填图［G］//贾文懿，章晔，李淑仪. 核地球物理勘查方法应用实例选编. 北京：地质出版社，1–9.

庞存廉. 1986. γ 能谱法在柴达木盆地钾盐普查中的地质效果［C］// 章晔，李淑仪，勘查地球物理勘查地球化学文集，第四集. 北京：地质出版社，53–58.

庞凤岐，李克勤，倪传珍，等. 1983. α 卡找矿初步试验［J］. 铀矿地质（科技情报）. 创刊号（1）：47–50.

彭琥，鲁保平，李白. 1998. 能谱示踪注水剖面测井的物理基础和方法原理［J］. 测井技术，22（6）：396–403.

彭琥. 1994. 从学科高度看核测井［J］. 测井技术，18（5）：318–325.

彭琥. 2001. 20 世纪 90 年代核测井进展［J］. 测井技术，25（1）：5–81.

钱大都. 2002. 中国矿床发现史·物探化探卷［G］. 北京：地质出版社.

秦大地，王栽民. 1991. 微量元素在油气勘查中的指示作用及其探测新技术［J］. 国外地质勘探技术，（5）：37–42.

秦积庚. 1985. 放射性勘探工作中的反褶积分层解释法［J］. 地球物理学报，28（3）：322–333.

邱元德，梁锦华，赵友清，等. 1992. 油气放射勘探的振兴与前景［J］. 石油地球物理勘探，27（3）：378–430.

全国环境天然放射性水平调查总结报告编写小组. 1992. 全国环境天然贯穿辐射水平调查研究（1983–1990年）［J］. 辐射防护，12（2）：96–121.

沈茂良. 1986. γ 能谱法在碳酸岩 – 透辉石磷矿上的试验效果［C］// 章晔，李淑仪，勘查地球物理勘查地球化学文集，第四集. 北京：地质出版社，61–67.

施士元. 1981. 中微子技术［C］// 全国核技术学术讨论会论文选编. 上海：上海科技出版社，20–24.

侍继成，翟炳松，张云升，等. 1991. 泗洪县地质构造的基本格和测氢验证［G］// 汪成民，李宣瑚，魏柏林. 断层气测量在地震科学中的应用. 北京：地震出版社.

唐岱茂，刘鸿福，段鸿杰，等. 1999. 氡气测量用于地表探测岩溶陷落柱的位置与范围［J］. 核技术，22（4）：223–227.

唐仲兴. 1990. 区域活动断裂对水化灵敏观测点的控制作用［C］// 国家地震局科技监测司. 地震预报方法实用化研究文集，水位水化专辑. 北京：地震出版社.

童国民，杨大华，吴林森，等. 1983. 001 矿区 210Po 法资料整理与异常解释初步效果［J］. 铀矿地质（科技情报），（1）：37–46.

汪成民，李宣瑚. 1991. 我国断层气测量在地震科学研究中的应用现状［G］// 汪成民，李宣瑚，魏柏林. 断层气测量在地震科学中的应用. 北京：地震出版社.

王德发. 1989. 航空 γ 能谱测量在普查盐湖型钾盐矿床中的应用［G］// 贾文懿，章晔，李淑仪. 核地球物理勘查方法应用实例选编. 北京：地质出版社，19–34.

王南萍，王平，程业勋，等. 1996. 第四纪沉积物天然热释光测量勘查深部油气藏的方法原理及应用［J］. 现代地质，10（4）：543–549.

王平，李舟波，戴丽君. 1995. 油田放射性异常成因研究［J］. 地球物理学报，38（4）：528–538.

王平，熊盛青. 1997. 油气放射性勘查原理方法与应用［M］. 北京：地质出版社.

王其亮，胡爱英，何苗挺，等. 1992. 宇宙辐射电离成分随高度和纬度的变化［J］. 中华放射医学与防护杂志，12（2）：74–78.

王寿山，王栽民. 1996. 介绍一种用于油气探测的热释光测量系统［G］// 程业勋，秦大地. 放射性方法勘查油气藏文集. 北京：地质出版社.

王湘云，石玉春，武耀诚. 1997. R 型因子分析在放射性方法勘查油气中的应用效果［J］. 物探与化探，19（2）：195–199.

王栽民等. 1996. 放射性方法在油气勘探中的应用研究［C］// 程业勋，秦大地. 放射性方法勘查油气藏文集. 北京：原子能出版社.

吴传芝，杨宁，李翻平，等. 2009. 地表放射性油气勘探技术研究现状分析 [J]. 勘探地球物理进展，32（4）：239–248.

吴慧山，林玉飞，白方生，等. 1995. 氡测量方法与应用 [M]. 北京：原子能出版社.

吴慧山，林玉飞，白云生，等. 1991. 关于油气放射性勘查模式的问题 [J]. 铀矿地质，7（4）：235–243.

吴慧山，林玉飞，韩逢明，等. 1992. 油气放射性勘查中若干问题的讨论 [J]. 铀矿地质，8（1）：35–42.

吴慧山，林玉飞. 1987. 关于径迹蚀刻测量的应用条件 [J]. 铀矿地质，（1）：59–64.

吴慧山. 1998. 核技术勘查 [M]. 北京：原子能出版社.

吴慧山. 2011. 吴慧山铀矿地质论文集 [M]. 北京：地质出版社，44.

夏国治，许宝文，陈云升，等. 2004. 二十世纪中国物探（1930–2000）[M]. 北京：地质出版社.

谢学锦，李善芳，吴传壁，等. 2009. 20世纪中国化探 [M]. 北京：地质出版社.

邢玉安，王吉易. 2000. 水氡动态图强震危险区预测的新方法 [J]. 地震，20（4）：1–6.

杨光庆，石青云，于百川. 1994. 中国航空物探的现状和发展 [J]. 地球物理学报，37（增刊1）：367–377.

叶庆生. 1980. 我国煤田测井技术发展概况及展望 [J]. 物探与化探，8（5）：13–18.

叶庆生. 1983. 核测井技术在我国煤田勘探中的发展与应用 [J]. 煤田地质与勘探，（2）. 58–64.

岳清宇，金花. 1988. 低大气层中宇宙射线电离量的分布测量 [J]. 辐射防护，8（6）：401–417.

曾繁超，徐凤曾，郑建屏，等. 1994. 用测井方法原位测定矿层品位 [J]. 物探与化探，18（5）：339–352.

张德华. 1997. 航空 γ 能谱测量发现乌勇布拉克硝酸钾盐矿床 [G] // 陈颙，刘振兴，邹光华，等. 地球物理与中国建设. 北京：地质出版社.

张庆文. 1988. 钋法找铀 [M]. 北京：原子能出版社.

张炜，王吉易，鄂秀满，等. 1988. 水文地球化学预报地震的原理与方法 [M]. 北京：地震出版社.

张玉君. 1990. 航放数据图像复原技术研究 [J]. 地球物理学报，33（4）：463–467.

张玉君. 1996. 钾盐勘查的综合 X 法技术 [C] // 刘光鼎，郭爱缨. 第30届国际地质大会论文集，第20卷，地球物理.

章晔，华荣洲，石柏慎. 1990. 放射性方法勘查 [M]. 北京：原子能出版社.

章晔等. 1984. X 射线荧光探矿技术 [M]. 北京：地质出版社.

赵改善. 1987. 直接勘探油气田的放射性方法 [J]. 油气藏评价与开发，（6）：97–106.

赵培华. 2001. 硼 – 中子寿命测井技术应用情况综述 [J]. 测井技术，25（3）：168–169.

赵耀江，邹剑明. 2002. 氡与自然发火关系研究 [J]. 太原理工大学学报，33（4）：389–392.

郑公望. 1995. 地表热释光找油机理的探讨 [J]. 核技术，18（8）：478–479.

郑作环. 1979. 用210Po普查铀矿 [J]. 放射性地质简讯，127（9）：8.

中国煤田地质勘探史编委会. 1993. 中国煤田地质勘探史（测井部分）[M]. 北京：煤炭工业出版社.

钟振千，等. 1994. 岩性密度测井原理及应用 [M]. 北京：石油工业出版社.

周关华，徐定国. 1981. 国内外测井仪器刻度简况及几点看法 [J]. 煤田地质与勘探，（3）：69–75.

朱训. 2010. 中国矿业史 [M]. 北京：地质出版社.

C. L. Cowan, A. W. Seanz, et al. 1979. Long–distance neutrino detection–1978 [M]. New York：Aw. Inst. of phys.

第七章
地球内部物理学

地球内部物理学是地球物理学的重要分支学科。它利用观测和采集到的各种地球物理场数据，研究地球内部的结构、物质的物理属性和物理状态及其化学组成与深层动力过程。俄罗斯地震学家伽利津（B.B.Golitsyin）、南斯拉夫地震学家莫霍洛维契奇（A.Mohorovicic）、美国地球物理学家古登堡（B. Gutenberg）等均为地球内部物理学形成做出了奠基性贡献。古登堡于1939年和1951年先后出版《地球的内部构造》和《地球内部物理学》2部专著。由于地球内部的结构及其物理、化学性质制约了地表地质构造的形成与演化、矿产资源分布以及地震、火山等地质灾害的发生等，因此地球内部物理学的研究与人类生存和可持续发展有着密切的关系。

傅承义于1946—1947年在美国 *Geophysics* 连续发表了一组关于地震波传播理论的先驱性论文，系统地解释了地震波的反射与折射、地震面波以及首波的传播问题。1960年在纪念该刊创刊25周年之际，傅承义被评为地球物理学经典论文的作者。他在1950年前后发表的《关于弹性波之传播理论与地震勘探的一些问题》一组论文，获得1956年中国科学院自然科学奖三等奖。这些工作为中国地球内部物理学早期发展奠定了坚实的理论基础。

中国地球内部物理学早期发展是从地震勘探工作起步的。1955年，按照党中央、国务院的部署，地质部承担了石油、天然气的普查和部分详查工作。地质部在原物理探矿管理处基础上组建了地球物理探矿局，中国科学院地球物理研究所副所长顾功叙兼任地球物理勘探局副局长、总工程师。1957年，中国科学院地球物理研究所与北京地质学院、地质部有关单位组建地质部松辽112物探队3分队（地震队）。在秦馨菱、曾融生指导下，阚荣举、滕吉文、何传大等人在松辽地区进行了自吉林省公主岭到科尔沁左翼中旗一带的地震勘探，这是大庆地区第一条石油地震勘探剖面，从而开启了大庆油田人工源地震勘探试验工作。

1958年，中国科学院地球物理研究所为实施第二个五年计划纲要，成立物理探矿研究室，将深地震测深作为研究工作的重点，区域设定在柴达木盆地和四川盆地。在石油工业部支持下，在柴达木盆地试验低频地震深部测深。在曾融生主持下，利用从

401

苏联引进并经改进的低频地震探测系统，揭示了沉积建造和结晶基底。同时对地壳结构进行研究，不仅首次得到了柴达木盆地基岩面的深度和起伏，而且利用莫霍面的反射波震相演求得地壳厚度。

1959年，中国科学院确定44项重大科研项目，其中之一"地球物理学科基本理论研究"，下设两个专题，其一"地壳及地球内部构造的研究"由傅承义任专题学科小组组长、张文佑任副组长。研究内容包括：大地构造物理学、地壳变动的观测、地壳构造及厚度、地震地质、地震波传播及实验、重力及固体潮、地球内部热能及温度分布、岩石磁性及古地磁学、地球基本磁场及其长期变化等。

1961年，中国科学院地球物理研究所组建地壳物理研究室，顾功叙兼任室主任，由副主任曾融生主持工作。下设地壳深部探测、高温高压和模型试验、天然地震、重力场、地电、地球人工源深部构造等研究组。在20世纪50年代末、60年代初，曾融生等在柴达木盆地和中国西北部地区的工作，揭开了中国地球物理学界研究地壳和上地幔结构的序幕。在1961—1964年间，在甘肃景泰地区利用2次矿山工业爆破进行低频地震观测，得到了地壳内部速度分布，发现了西北地区地壳深处存在一个有速度梯度的高速夹层（曾融生等，1965）。滕吉文等（1974）在对柴达木盆地壳、幔结构深化研究后，于70年代初提出了柴达木盆地东部沉积巨厚达19km。在中国首先给出了地震反射二维速度结构的分层剖面，开创了利用工业爆破和井中爆破等不同方式地面人工爆破进行壳、幔精细结构探测的先河，并建立起一支探测队伍。"柴达木盆地的地震波传播"项目荣获1978年全国科学大会奖。

20世纪60年代国际上地幔计划（1962—1970年），提出了对于地球科学发展具有里程碑意义的板块大地构造假说；70年代的国际地球动力学计划（1974—1979年），使板块大地构造理论逐渐趋于完善。板块大地构造说的确立，使地球内部物理学得到迅速发展。然而，在这一历史进程中，中国地球内部物理学的发展却与之失之交臂。直到70年代初，傅承义（1972）、尹赞勋（1973）才把板块大地构造学说介绍到中国。

青藏高原被称为全球（除南、北极之外）的第三极。在全球气候变化和全球构造研究中占有特殊地位。19世纪下半叶，一些外国探险家、科学家在青藏高原曾进行过各种探险和考察。20世纪50年代以来，国家对青藏高原环境和资源考察极为重视，相继在西藏、青海等地进行了一些科学考察和调查。1973年组建成立了中国科学院青藏高原综合科学考察队，刘东生、孙鸿烈先后任队长。1974年中国科学院地球物理研究所组建地球物理分队，王绍舟、滕吉文、姚振兴任负责人。1975—1978年中国科学院地球物理研究所先后组织了4次青藏高原综合地球物理科学考察，有国家地震局、地质矿产部门和高等院校等参加。1977年的考察是其中规模最大的一次。在这次考察中，在高原湖泊成功实施了水下大吨位人工爆炸，记录到来自70多千米深的壳、幔边界信息。在世界上，首次揭示了青藏高原壳、幔边界的速度结构。主管科技工作的方毅副总理发电报"科考队同志们很辛苦，很努力，要给予表扬"表示祝贺。12月，中国科学院青藏高原综合考察队获得了由华国锋总理颁发的国务院嘉奖令。

自20世纪80年代起，国际合作科学考察青藏高原的研究项目增多。中国科学院、中国地震局、中国地质科学院先后与法国、美国、德国、加拿大进行了合作，在揭示青藏高原岩石层结构、构造及其深部动力过程等方面取得了一批重大研究成果。"青藏高原及其邻近地区地球物理场特征与大陆板块构造研究"获得 1985 年中国科学院重大成果奖一等奖；"青藏高原隆起及对人类活动和自然环境影响的综合研究"获得 1987 年国家自然科学奖一等奖。1992 年，中国地质科学院与美国合作，进行壳、幔结构研究。其成果"青藏高原与喜马拉雅地壳结构"获 2000 年国家自然科学奖二等奖。2003 年 12 月，中国科学院成立青藏高原研究所，围绕青藏高原综合研究项目和计划，协调青藏高原科学研究活动。

1978 年，中国实行改革开放政策后，中国科学发展迎来了春天。在顾功叙、傅承义、曾融生等老一辈地球物理学家带领和扶持下，新生代中国地球物理学家逐步担起了承上启下的历史重任，中国地球内部物理学发展开始与国际计划全面接轨。高新技术（特别是电子计算机）的广泛应用，使得研究的深度和广度不断扩大。1980 年起，在国际上开始执行岩石层（圈）动力学和演化研究计划（1980—1989 年），研究岩石层的形成、演化和动力过程。该计划有两个显著特点，其一，研究目的是加强基础与应用之间的联系，不仅认识地球，而且要为资源和能源勘察和利用、保护和改善自然环境、减轻和预防地质灾害服务；其二，认为地球是一个系统，强调地球物理学、地质学、地球化学和大地测量学的综合研究。作为岩石层（圈）动力学和演化计划重要组成部分，1986 年国际岩石圈委员会倡议实施一项新的全球地学大断面计划（GGT），在全球范围内布设 195 条地学大断面，形成全球地学大断面网。中国成立了地学大断面工作组，承担了中国海陆的 11 条地学大断面，由地质矿产部、中国地震局和中国科学院等单位负责完成。

20 世纪 80 年代初，中国科学院地球物理研究所将"攀 – 西构造带地区地壳与上地幔结构、地球物理场特征及其成矿规律、地震活动和在工程建设中应用"列为重点研究课题。地矿部四川省地矿局同期也开展了综合地球物理研究。滕吉文等发现，攀—西构造带是一个被动"活化"的裂谷，于 1985 年在成都召开的"大陆裂谷与深层过程"国际讨论会上做了报告。1986 年，获中国科学院科学技术进步奖一等奖和国家"六五"科技攻关奖。1994 年滕吉文出版专著《康滇构造带岩石圈物理与动力学》。

1997 年 6 月，经国家科技领导小组批准，"九五"国家重大科学工程项目中国大陆科学钻探工程立项，这是继苏联和德国之后第三个超过 5000m 的科学钻探，也是全世界穿过造山带最深部位的科学深钻。该项目由中国地质调查局负责组织，在大别 – 苏鲁超高压变质带打出一口 5000m 科学深钻。2001 年开始正式实施，许志琴任工程总指挥，杨文采任副总指挥兼地球物理子工程负责人。2007 年 12 月通过国家验收。该工程建成了亚洲第一个深部地质作用长期观测实验基地，也是亚洲第一个大陆科学钻探和地球物理遥测数据信息库，亚洲第一个研究地幔物质的标本岩心馆和配套实验室。

20 世纪 80 年代至 21 世纪初，中国地球物理学家在地球内部物理学领域取得了一大批属于世界前沿的研究成果。在基础理论方面，出版了一批颇具影响的专著，如曾融生的《固体地球物理导论》（1984 年），傅承义、陈运泰、祁贵仲的《地球物理学基础》（1985 年），滕吉文的《固体地球物理学概论》（2003 年）和《岩石圈物理学》（2004 年），刘光鼎的《地球物理引论》（2005 年）等。

中国在全球构造中极具特色，中国海域、青藏高原以及大陆内部构造，在世界范围来说都是少有的。因此，揭示它们的形成和演化历史，无疑是对全球构造和大陆动力学理论的重大贡献，其意义不仅仅局限于理论方面。更重要的是，在解决油气、矿产资源的勘探和开发、地质灾害的预测和防治方面均具有重要的指导作用。

第一节　深部地球物理探测

一、深地震测深

深地震近垂直反射和地震宽角反射与折射剖面是利用人工源地震方法探测岩石层结构的一种方法，自 20 世纪 60 年代在中国西北拉开序幕以来，为适应资源开发、减轻地震灾害以及地球动力学研究的需要，深地震测深和研究工作得到稳步的发展。

除大量的宽角反射 / 折射探测剖面之外，在大陆强震区和典型构造区还开展了三维深地震测深工作，如 1988 年在唐山滦县 7.1 级地震区，1993 年在胜利油气区（张先康等，1994）。在探测资料解释方面，对 Pg 震相采用有限差分走时层析成像方法（王椿镛等，1997b；段永红等，2002），大大提高了地壳上部速度结构的解释精度。

（一）东部地区

1966 年邢台大地震后，中国科学院地球物理研究所、国家地震局（现中国地震局）等围绕地震发生区、资源开发、减轻地震灾害做了大量工作。20 世纪 70 年代至 80 年代，国家地震局地球物理勘探中心在华北地区实施了总长超过 10 000km 的地震剖面探测（孙武城等，1988）。这些剖面构成了华北地区密集的观测网。1990 年前后，辽宁省卢造勋等对辽南地区地壳与上地幔结构进行了研究，讨论了 1975 年海城 7.3 级地震发生的深部构造背景（卢造勋等，1990）。直到 2000 年，在中国东部地区共进行了 20 余次测深工作，剖面累计长达 15 000km 以上。

为了研究华北地区的壳、幔结构及其与资源和灾害的深层过程，滕吉文等于 1980 年前后进行了马鞍山—常熟—启东和华南连县—博罗地带的地壳与上地幔结构和速度分布研究，求得了这一地带的地壳与上地幔结构（滕吉文等，1985；郑晔和滕吉文，1989）。1988 年国家地震局地壳应力研究所在长江三峡地区实施了 4 条地震测深纵剖面以及一组非纵剖面（陈学波等，1994）。同年，国家地震局地球物理勘探中心在长白山天池火山区布设了三维空间深地震测深观测系统，利用层析成像技术重建了天池火山下三维地壳结构图像，确定了岩浆系统的存在和分布（杨卓欣等，2005）。1994年国家地震局地球物理研究所在大别造山带地区实施了庄墓—张公渡剖面，揭示了超高压变质带下方的构造环境的新证据（王椿镛等，1997a；Wang et al.，2000）。

为减轻地震灾害，中国地震局于 2002 年开始实施城市活动断层探测计划，在多个城市和地区开展了地震剖面探测。如在福州盆地、上海奉贤、西安地区、京津地区、海口市南部等各完成 1 条密集炮距、密集点距的剖面。

（二）西部地区

1975 年后，国际合作项目逐渐增多，直到 2000 年，在中国西部地区共完成 20 多次深部壳 – 幔结构的地震探测，剖面长约 15 000km。

滕吉文等于 1975 年在青藏高原，南起亚东，向北跨过雅鲁藏布江，直抵北部的纳木湖，以湖中水下爆炸完成了长达约 500km 的地震探测（Teng et al.，1981）。这是世界上第一条在青藏高原进行的人工源地震探测长剖面，不仅发现地壳中存在低速层，提出了壳、幔的分层结构，且进一步提出了印度洋板块与欧亚板块碰撞挤压过渡带的新理念。

在 1981—1982 年的中法合作中，滕吉文等分别在西藏高原南部和北部地区进行了人工地震探测。1982 年后，中国科学院地球物理研究所和国土资源部（原地质矿产部）地质科学院等单位，探测研究了攀西裂谷的形成、演化，提出了裂谷"活化"的地球物理证据（Teng et al.，1981）。

中国地震局组织，1982 年、1987 年和 2000 年中美合作先后在云南地区实施了"滇深 82"工程（阚荣举和林中洋，1986；Kan et al.，1986）、"滇深 86—87"工程（林中洋等，1993）以及"腾深 99"探测工程（王椿镛等，2002；Wang and Huangfu，2004）。1982 年实施青海门源—陕西金堆城剖面（张少泉等，1985；王椿镛等，1995）。1983 年在龙门山地区实施了唐克—蒲江—阆中三角剖面（陈学波等，1988）。1999 年中国地震局地球物理勘探中心在青藏高原东北缘实施了玛沁—兰州—靖边地震测深剖面（李松林等，2002；Liu et al.，2006）。2000 年，中国地震局地球物理研究所在川西藏东地区实施了资中—竹巴笼（沿北纬 30°线）和唐克—奔子栏 2 条地震测深剖面（王椿镛等，2003a，2003b；Wang et al.，2007）。2000 年，中国地震局地质研究所在新疆完成了库尔勒—托克逊—吉木萨尔等 4 条总长约 3150km 的地震剖面，这是基于储油构造和油储生成机理，以及挤压盆地深部构造和盆地构造演化的动力学研究而设立的项目。2004 年在西秦岭—东昆仑地区实施了马尔康—碌曲—古浪深地震测深剖面（张先康等，2007，2008）。

1992 年中国地质科学院实施了格尔木—额济纳旗宽角反射 / 折射剖面（崔作舟等，1995）。1998 年，中法合作实施了"共和—玉树地震调查与深部构造研究"项目（王有学和钱辉，2000）。1986—1989 年实施了地质矿产部"七五"重点科研项目"阿尔泰—台湾地学大断面综合调查与研究"的阿尔泰—泉州深地震测深剖面（崔作舟等，1996；袁学诚，1997；王有学等，2005）。

1997 年，国家 305 项目实施了新疆西部地学大断面计划，深地震测深剖面西昆仑泉水沟起，穿过塔里木盆地和天山，过独山子，至布尔津，近南北向展布，获得了自塔里木起，由南向北经过天山至准噶尔盆地的地壳结构剖面（杨主恩等，2011；Zhao et al.，2003）。

（三）大陆边缘海域

为研究沉积基底以下深部地壳结构特征，1980年，中美合作开展了声呐浮标折射地震探测（姚伯初和王光宇，1983）。1985年，中美合作在汕头到湛江之间的海区，开展了深部地壳结构探测。1998年，上海海洋局在东海南部地区完成了1条长725km的地震探测剖面。该剖面横穿大陆架、冲绳海槽、琉球群岛、琉球海沟进入菲律宾海。中国科学院南海海洋研究所通过对外合作方式，在南海北部用海底地震仪方法进行了地壳结构探测。

2001年，台湾海峡两岸合作，在南海东北部汕头外海域首次完成了1条海上放炮、陆上接收的海陆联合深地震探测剖面。2004年，中国科学院南海海洋研究所在香港外海域的担杆列岛海域进行了1次海陆联测的深地震探测实验。

2010—2013年间，中国地震局地球物理勘探中心与福建省地震局合作，在中国东南陆缘地域进行了由8条人工源地震深部探测剖面组成的三维壳-幔研究。

二、深地震反射剖面

深地震反射是利用人工源研究岩石层深部结构的主要方法之一，它把地震反射勘探技术应用于地壳结构的探测。早在1958年，中国科学院地球物理研究所与石油工业部合作，开始国内首次在青海柴达木（东、西）盆地地壳与上地幔结构探测（曾融生等，1960），1970年，又在河北省邢台地区的元氏—济南进行了地震反射地壳与上地幔结构的探测（滕吉文等，1974）。自1980年开始进行数字记录的深地震反射探测试验，到2010年，中国地震局地球物理研究所和地球物理勘探中心、国土资源部中国地质科学院、广州海洋地质调查局、中国海洋石油总公司深圳分公司、长春地质学院等单位共进行了20余次的探测。

中国地震局分别于1985年在1976年唐山地震区实施了2条深反射剖面（曾融生等，1988）；1990—1992年在1966年邢台地震区实施了3条深反射剖面探测（王椿镛等，1993，1994a；Wang et al.，1997）；1993年在河北延庆—怀来地区实施了2条深反射剖面；1998年在1679年三河—平谷8.0级震区实施了深反射剖面探测（张先康等，1996，2002）；1999年在天山北缘实施了通过玛纳斯7.7级地震区的深反射剖面探测（Wang et al.，2004）。

1985年底，广州海洋地质调查局与美国哥伦比亚大学拉蒙特—多尔蒂地质观测所合作对南海北部陆缘完成了长300km的地震反射剖面项目。1990年，地质矿产部在河南南阳盆地内实施了一条长188km的东秦岭地区深反射剖面（袁学诚等，1994）。1992年，中、美合作开展了"喜马拉雅和青藏高原深剖面及综合研究"项目，完成了横穿喜马拉雅山脉的深反射试验（INDEPTH-I）、横穿雅鲁藏布江缝合带的深反射（INDEPTH-II）、横穿青藏高原班公湖—怒江带，进入羌塘地块的深部综合探测

（INDEPTH-III）（Zhao et al., 1993；赵文津等, 1996）。

2002 年，在珠江口盆地采用特殊的长电缆地震装置采集了南海北部陆缘的第一条深反射地震剖面数据，全长 268 km。国土资源部于 1996 年在苏鲁地区进行了大规模的地质地球物理调查（杨文采等, 1999），1998 年实施了西昆仑深地震反射剖面（高锐等, 2000）。

2007—2008 年，中国地质科学院在跨越羌塘地体中央隆起区实施了 2 条深反射地震试验剖面，剖面结果刻画出印度和欧亚两大板块前缘汇聚的样式与深部过程。

为减轻地震灾害，中国地震局还在福州盆地、上海奉贤、乌鲁木齐西部、沈阳、西安以及跨银川断陷盆地、北京大兴和三河—平谷等地开展了深地震反射剖面探测。

三、大地电磁测深

中国大陆地区地壳内部电性结构信息来源于大地电磁测深探测的结果。中国已完成大地电磁测点有数万个，但其中大部分用于石油、天然气勘探和地下水及矿产资源勘探，仅少量应用于地壳、上地幔电性研究。据魏文博等（2010）统计，至 2010 年共有长周期和超长周期剖面 51 条，总长 27 397km，测点数 1574 个，它们主要分布在青藏高原及其东缘、东北缘地区，华北地区，极少数分布在东北地区、华东南地区和西北地区。

中国大陆地区地壳和上地幔电性结构，与大地构造环境及中、新生代以来的构造活动性有密切关系。中、新生代大型盆地地区，浅部为数千米厚的低阻沉积层，下伏电阻率高达 $1000\Omega \cdot m$ 左右的高阻层，在深约 15~25km 左右发育有几到十几欧姆米的壳内低阻层，壳内低阻层之下又为高阻层并延续至上地幔。在上地幔内部普遍存在高导层，电阻率值低至几到十几欧姆米，埋深最浅处在渤海湾及其周边约 50km，在新生代华北裂谷区及汾渭地堑平均埋深约 70~80km，中生代大庆盆地和鄂尔多斯盆地平均埋深 90km 和 120km（赵国泽等, 2010）。在华北基岩出露的隆起区，如山西隆起、燕山隆起、鲁西隆起等，往往缺失壳内低阻层，上地幔高导层深达 120~150km（刘国栋和刘昌铨, 1982；魏文博等, 2008）。

在华南的江南古陆，除小型中、新生代盆地外，大部分基岩出露地区地壳电阻率值高达几千欧姆米，除少数地区外没有壳内低阻层存在，上地幔高导层埋深从东南沿海 100~120km 向江南古陆内部加深至 200km 左右。

青藏高原及其周边地区地球内部电性结构比较复杂：在雅鲁藏布江缝合线以北的藏中和藏北高原，壳内存在一个电性梯度带，深度变化在 10~40km 之间。第二个电性梯度带出现在深度 50~70km 处。地壳上部为高阻体，电阻率多在 $1000\Omega \cdot m$ 以上，局部地区有低阻体，电阻率值 $10~40\Omega \cdot m$；中、下部地壳存在不连续的、规模较大的高导体，电阻率值小于 $10~15\Omega \cdot m$。上地幔顶部为中等导电层，电阻率值 $60~160\Omega \cdot m$，局部地段存在向地幔延伸的低阻通道，电阻率值 $4~16\Omega \cdot m$。

中国科学院地球物理研究所陈光明等最早在高原进行大地电磁测深，并取得了电性结构轮廓（Chen et al., 1981）。由于在雅鲁藏布江缝合线一带，地壳上部为高阻层，下伏规模巨大且不连续的高导体，电阻率值小于$10\Omega \cdot m$，顶界面起伏大，由东向西、由南向北倾伏。在雅鲁藏布江缝合线以南上地壳内存在规模较小的、互不相连的局部高导体，中、下地壳为中等电性层，电阻率值约$150\Omega \cdot m$。由于青藏高原壳内存在很厚的高导体，对电磁波强烈吸收，所以很难获得上地幔电性结构信息。从青藏高原东北缘的达日到鄂尔多斯盆地内部的靖边，长1000km范围内，除柴达木盆地外，普遍有低阻层存在，顶界埋深从20km至50km，底界深度从60km至120km，电阻率值十几到几十欧姆米。

从上述可见，中国大陆的地壳上地幔电性结构变化剧烈。在大型中、新生代盆地地区电性结构基本呈层状。在基岩出露的隆起区和稳定的陆台区浅部为高阻层，多数地区缺失壳内低阻层，上地幔高导层埋深120~220km。在青藏高原内部，壳内发育大量的、规模大小不等的高导体以及连续的电性梯度带，地壳电性结构复杂（刘国栋，1994）。

此外，利用网式大地电磁法在吉林和辽宁地区的7个测点上观测了上地幔电性结构。观测结果表明，上地幔电阻率总体上随深度增加而下降，在700km深度以上存在几个明显的低阻带，它们分别位于深度80~120km，200~250km，350~430km和600~700km。

四、宽频带地震观测和转换波探测

1984年美国制定了大陆岩石层地震台阵研究计划。在这一背景下，中国地震局将DR-100和DR-200数字地震仪引入中国的流动数字地震观测。中国地震局地质研究所邵学钟率先将DR-100数字地震仪用于天然地震转换波的地震测深研究。

为了跟踪和推进中国宽频带流动数字地震观测台阵的建设，中国地震局地质研究所刘启元研究小组于1989年研制成功GDS-1000宽频带流动数字地震仪。1992年在北京附近的延怀盆地开展了流动宽频带地震观测台阵成像的实验（刘启元等，1993）。首次发现了延怀盆地中上地壳的S波低速体。

1992年以后，中国宽频带流动地震台阵观测技术获得了迅速发展。国家地震局分析预报中心庄灿涛研究团队在宽频带流动数字地震仪的研制方面取得了一系列进展，以EDAS为标牌的各种宽频带数字地震观测系统的技术指标已经达到国际先进水平。其产品不但在中国地震测深工作中发挥了重要作用，而且远销国际市场。庄灿涛主持完成的"中国数字地震观测系统的设计、研制、生产、集成和推广应用"荣获2002年国家科学技术进步奖一等奖。

从20世纪90年代开始，以地壳上地幔速度结构成像为主要目标的宽频带流动地震台阵观测，几乎覆盖了中国所有主要构造区。2000年以后，中国地震局、中国科学院、北京大学、南京大学及中国地质科学院等单位大力引入最先进的观测设备，使中国拥有的宽频带流动地震观测设备总量超过了1000台的规模。中国地震局和中国科学院等单位则相继建立了地震台阵探测实验室，有力地推动了中国大陆岩石层宽频带流动地震台阵观测研究。

宽频带流动地震台阵观测技术推动了地壳上地幔速度间断面转换震相的成像研究。20 世纪 70 年代初期，国家地震局地质研究所邵学钟率先将地震转换波测深技术引入中国。并在中国的鲁西和北京地区开展地震转换波测深的试验（邵学钟等，1978）。此后，中国地震局地质研究所、江苏地震局、辽宁地震局等单位先后在唐山、邢台、三河、临沂、海城和溧阳等强震区以及辽西—内蒙古地区开展了一系列地震转换波测深研究，有力地推进了这些强震区地壳结构及孕震环境的研究。

20 世纪八九十年代，邵学钟及其研究团队开展了一系列转换波测深的理论和方法研究（邵学钟，1991；张家茹和邵学钟，1994）。他们针对地震转换波测深资料发展了相应的数字滤波、偏振分析、震相追踪识别方法和技术，有效地提高了地震转换波测深资料解释的可靠性。

1985 年刘启元和邵学钟发表了 PS 转换震相的合成理论地震图研究结果，随后刘启元等对远震 P 波转换震相进行了现代地震学研究。这些研究为后来中国接收函数方法的研究提供了重要经验。

1989 年后，中国学者用 PS—P 走时差方位分布确定转换界面的倾斜状态，并在各向异性介质 PS 转换波的分裂方面取得了重要进展。

地震转换波测深技术的发展引起了中国产业部门的关注。20 世纪 90 年代初期，国土资源部及石油勘探部门先后将地震转换波测深技术引入矿产资源的构造背景勘查。邵学钟及其研究团队采用地震转换波测深技术得到的中国塔里木盆地地壳结构，为产业部门油气勘探提供了有重要价值的研究结果。在此期间，利用三分量数字地震仪在西藏羊易地热田区记录到的近震转换波，查明了测区基底构造的基本特征，发现热田区不同方向断裂的交汇对热田具有明显的控制作用，这项工作为地震转换波测深开拓了新的研究方向。

第二节 地震层析成像和地球深部结构研究

一、体波走时层析成像与地球深部构造研究

1956 年，在国家科委组织制定的《1956—1967 年科学技术发展远景规划》中，已将"全国地震台网的建立"列入其中。自 1971 年开始，国家地震局着手在全国各地建立地震台网，并在地震危险区、重要国防与经济建设区域建立地震监测台网。加之在一些重点构造区流动数字地震台网（阵）的布设和运行，为研究地球内部结构，特别是体波走时层析成像研究积累了丰富的基础资料。

利用体波走时研究地壳与上地幔三维速度始于 20 世纪 70 年代末。北京大学宋仲和等利用远震与近震 P 波到时，计算理论走时曲线，获得与实际走时曲线相符合的速度结构（宋仲和等，1981，1985，1986）。1981—1986 年，利用 P 波初至及部分续至

震相的走时，先后反演得到北京—萨哈林、青藏高原和南北带、中国大陆及其边缘海域等地区的地壳与上地幔速度结构，揭示出地壳和上地幔地震波存在显著的横向不均匀性，其深度可达700km（宋仲和等，1981，1985，1986）。四川省地震局赵珠等采用走时和慢度相结合的方法以及利用P波初至、续至走时和P波与S波走时先后反演了华北地区、四川地区和西藏高原地壳上地幔P波和S波速度结构，得到这些地区分层地壳和上地幔速度模型（赵珠，1983；赵珠和张润生，1987）。

体波走时层析成像研究工作起步于20世纪80年代初。70年代末、80年代初，中国科学院地球物理研究所和国家地震局地球物理研究所联合成立课题组，在曲克信、刘福田领导下，最先把体波走时层析成像方法介绍到国内，并开展了深入研究，提出了震源位置和速度结构的联合反演的理论方法，随后又系统地提出一套体波走时层析成像的方法与算法。使用中国地震台网、区域地震台网（站），国际地震中心等记录到的远震、区域地震、地方震体波到时资料，于1986年发表了论文《华北地区的地震层面成像》，给出了中国第一批地球内部三维速度结构彩色图像（图4-7-1），使中国成为有此类成果的少数几个国家之一（刘福田等，1986，1989）。之后，又连续发表了中国大陆及其邻近地区、日本海及毗邻地区、中国南北带、四川、云南、京津唐渤大地震震源区、新疆及其毗邻地区、秦岭—大别造山带、华南及其海域、中国大陆西北造山带及其毗邻盆地、滇西特提斯造山带、大别—苏鲁造山带、哀牢山—红河断裂带及其邻区、大陆深俯冲带等重要构造带、西北太平洋岛弧带、中国边缘海及其邻域等区域的三维速度图像，揭示了中国大陆及其大陆边缘的板块俯冲带、板内裂谷带、碰撞构造带以及主要地震活动区地球内部许多重要结果（Liu et al.，1990；胥颐等，2006）。

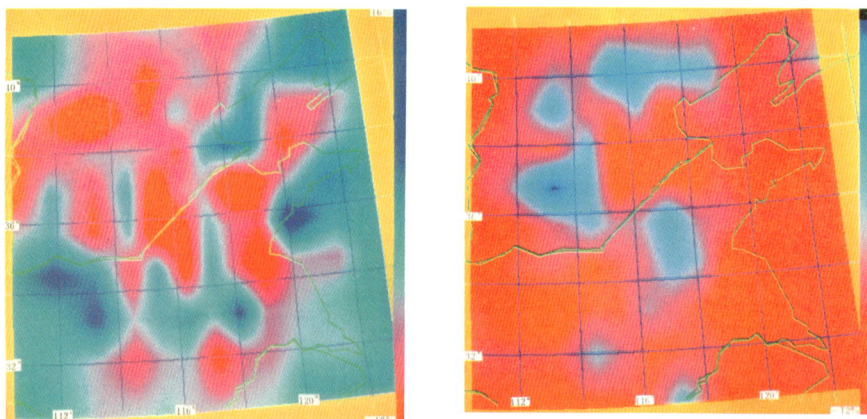

图4-7-1　华北地区的地震层面成像
（左为14km深度处的层面图像，右为75km深度处的层面图像）

进入21世纪以来，随着数字地震台网投入观测，高质量的地震走时数据迅速增长，特别是宽频带、大动态、三分量的数字地震记录基本实现数据共享，将发展的体波走时层析成像方法引入并广泛地应用于中国大陆、重要构造区及其地震多发区，分别获得大尺度、区域尺度和小尺度的许多较高分辨的层析成像结果（钟大赉等，

2000）。赵大鹏等（Zhao et al., 1992）发展的体波走时层析成像算法被大量应用于中国大陆及其各个地震多发区以及重要构造区。胥颐、徐沛芬、黄金莉、雷建设等分别获得南海东北部、中天山地区、黄海及其邻近地区、龙门山地区等地壳上地幔结构（钟大赉等，2000）。汪素云等（2001）利用 Pn 波到时资料，反演得到中国大陆 Pn 波速度分布。中国学者还获得了新疆及其邻区、青藏高原东北地区、川滇地区以及华北地区 Pn 波速度结构与各向异性分布。

二、地震面波层析成像与地球深部构造研究

在 20 世纪 80 年代之前，中国的面波研究主要是利用穿越不同构造块体的基式（基尔诺斯）地震仪面波记录，给出各个构造块体有代表性的地壳结构。1987 年后中美合作建立的中国数字地震台网（CDSN）开始运行，同时世界和邻国数字地震台网在中国周边的台站显著增多，提供了高质量的数字地震记录，面波层析成像研究在 20 世纪 90 年代取得了长足发展。进入 21 世纪，面波层析成像得到蓬勃发展并展示了良好的发展前景。

早期，曾融生和宋子安（1963）发表了《我国境内瑞利波的相速度》，进而确定中国不同地区的地壳厚度。1965 年宋仲和等（1965）利用面波研究了中国不同区域地壳结构和沉积层厚度变化。1981 年姚振兴等（1981）利用基式地震仪记录的基阶和一阶瑞利波研究了青藏地壳结构，发现巨厚的地壳（约 70 km）中部存在低速层。冯锐等（1981）利用窄带通滤波和互相关求取面波相速度的方法，给出了中国大陆五大块体的平均地壳模型及块体内的结构变化。

1980 年，中国科学院地球物理研究所琴朝智等研制的 763 型长周期地震仪通过鉴定，正式投入观测。20 世纪 80 年代至 90 年代初，763 型地震仪记录是国内面波研究的主要资料来源。利用全国 27 个基准台的 763 型长周期地震仪和几个世界地震台网（WWSSN）台站的面波记录，宋仲和等（1993）开展了中国大陆地壳上地幔三维 S 波速度结构的层析成像研究，并于 20 世纪 90 年代初发表了中国大陆各个不同区域的详细结果和讨论。中国科学技术大学徐果明等（2000）利用 763 长周期地震仪资料和双台法提取面波相速度频散曲线，对中国大陆东部的地壳上地幔速度结构作了层析成像；利用瑞利波振幅信息计算了中国东部的 S 波 Q 值结构；利用青藏高原周围的瑞利波资料，对青藏高原及邻近区域的三维 S 波速度结构作了层析成像研究。80 年代末，中国开始利用太平洋周边布设的美国地震研究观测台（SRO）和简化地震研究观测台（ASRO）数字地震台记录的勒夫波资料，用层析成像方法研究了太平洋上地幔结构的横向变化。

20 世纪 90 年代后期，中国已积累了比较丰富的数字地震面波资料，对中国大陆的地壳上地幔结构做了比较细致的层析成像研究。成都理工学院朱介寿等对中国及邻近区域开展了面波层析成像计算；滕吉文等（1995）利用瑞利波频散资料分别研究了中国西北地区、喜马拉雅和青藏地区、华南地区、东南大陆及陆缘地区的三维速度结构；胡家富等研究了内蒙古高原地区的岩石层结构。何正勤等（2001）对中国大陆及

邻区做了层析成像研究。

在面波层析成像的方法方面，傅淑芳、徐果明、石耀霖、朱良保、黄忠贤等做了大量的算法改进研究工作。

21世纪初，在大范围面波层析成像研究方面，朱介寿等（2002）采用面波频散及波形拟合方法，对东亚及西太平洋边缘海区域开展了层析成像研究。中国地震局地壳应力研究所黄忠贤等（Huang et al.，2003）利用瑞利波频散资料研究中国大陆及邻区的群速度分布图像和地壳上地幔速度结构；利用勒夫波频散资料对中国大陆及海域作了层析成像研究；根据台间面波衰减，反演得到中国大陆地壳上地幔的三维 Q 值结构。

在区域速度结构研究方面，自2002年以来，对云南地区、中国西部地区的地壳结构，青藏高原及邻区地壳结构、岩石层和软流层的厚度等做了大量的工作；开展了上扬子克拉通的壳幔速度结构和华北地区、中国东部海域的速度结构的研究。

在各向异性研究方面，黄忠贤等（Huang et al.，2004）利用频散资料反演研究了中国大陆瑞利波传播速度的方位各向异性。还有一些学者利用瑞利波和勒夫波给出的速度结构差异，研究了中国大陆及邻近海域的偏振各向异性。通过对比由瑞利波和勒夫波得出的速度结构研究了青藏高原及周边地区地壳上地幔的偏振各向异性。利用相速度资料研究了中国大陆瑞利波的方位各向异性。

在背景噪声层析成像方面，地震仪记录的背景噪声为地球结构研究提供了一种新的资料来源，21世纪初已受到很大关注。2008年郑斯华等（Zheng et al.，2008）对中国大陆作了背景噪声成像研究，从记录的背景噪声中提取了8~60s周期的瑞利波并反演得到了区域内群速度的分布。利用背景噪声瑞利波或勒夫波层析成像的方法，研究了川西藏东地区的地壳速度结构；利用背景噪声提取的群速度频散，研究了青藏高原南部及天山地区的地壳结构；利用川西密集台阵记录的噪声资料，反演了2~35s周期的瑞利波相速度分布，研究了川西地区的地壳结构。

三、体波接收函数成像与地球深部构造研究

中国接收函数方法的理论和应用研究在1990年后得到了迅速发展，并逐步形成了中国学者在这个研究领域的特色。

在理论研究方面，陈九辉（1997）发展了计算三维横向非均匀介质接收函数的马斯洛夫（Maslov）方法。田小波（2002）进一步发展了计算横向非均匀介质接收函数的有限差分技术。吴庆举等（2003）提出了提取时间域台站接收函数的维纳（Wiener）滤波方法和最大熵谱反褶积技术，有效提高了接收函数的分辨率。随后，一些研究将勘探地震学中的波动方程偏移成像技术引入接收函数的偏移成像。刘启元等进一步发展了接收函数与环境噪声非线性联合反演方法（Liu et al.，2014）。

在接收函数方法的应用研究方面，刘启元等（1997）用接收函数非线性反演方法得到中国数字地震台网台站下方地壳上地幔S波速度结构，并用接收函数方法得到了延怀盆地三维S波速度结构。吴庆举和曾融生（1998）研究了青藏高原地壳结构。进入21世纪后，随着流动宽频带数字地震台阵观测技术的发展，中国地壳上地幔结构的接收函

数研究形成了蓬勃发展的态势（杨毅和周蕙兰，2001）。我国的地球科学工作者先后在青藏高原、首都圈、大别山、新疆天山地区以及鄂尔多斯周边地区部署了一系列不同规模的流动地震台阵。接收函数方法为研究这些地区的地壳上地幔结构发挥了不可替代的作用，获得了一系列重要的新发现，为中国大陆动力学的研究、矿产资源探测和破坏性地震成因背景研究做出了突出的贡献。

第三节 地壳上地幔介质物性研究

一、密度结构研究

地球的密度是地球物理研究的经典内容之一。

1954 年，傅承义（1954）详细介绍了地球密度（径向分布）的研究方法。进入 20 世纪 80 年代后，地球密度的研究在中国得到迅速发展。中国科学院地球物理研究所叶正仁（1988）发展了一种反演地幔密度横向差异的方法，利用最新的重力位球谐系数及板块运动速度场数据，得到地幔内部中长波横向密度异常分布，并对地幔黏度结构做出约束。王石任和李瑞浩（1991）则利用 GEM10B 重力模型低阶系数，研究下地幔横向密度异常分布。

在区域尺度的地壳密度研究方面，1985 年，国家地震局地球物理研究所冯锐（1985）做了全国范围三维重力反演，给出至 120 km 深处上地幔密度分布，青藏高原及西部密度偏高，东部较低。同年，中国科学院地球物理研究所叶正仁和谢小碧反演得出：对于波长为几百千米的中短波重力异常，补偿密度并不是均匀地分布在整个地壳内，而是主要分布在地壳的中上部；1988 年，中国科学院测量与地球物理研究所张赤军等（1988）由地面、卫星重力资料确定中国大陆下方地球深部的异常密度。1997年，方剑和许厚泽（1997）由 S 波三维成像资料及重力实测资料，得到青藏高原岩石层密度分布不仅在纵向上不均匀，而且在横向存在明显的不均匀，岩石层密度分布与大地构造有明显相关的分区性。1998 年，侯遵泽等（1998）在对中国大陆布格重力异常多尺度分解的基础上，利用小波分析反演各种尺度意义下中国大陆地壳的密度异常，给出地壳中相对密度差异的空间分布；2009 年，柯小平等（2009）利用地震面波层析成像资料进行约束，对青藏高原地壳三维密度结构进行重力反演。

密度研究的一些理论问题也有进展。刘元龙等（1987）提出利用重力资料反演三维密度界面的质面系数法；汪汉胜提出深部大尺度单一密度界面重力异常迭代反演方法（汪汉胜等，1993）。进入 21 世纪，郝晓光等（2000）给出了水准椭球的"纬向密度"和"密度扁率"的定义，从数学上证明了地球的赤道纬向密度大于极点纬向密度，并初步计算出地球的密度扁率。给出地下密度变化三维反演的遗传算法，并应用于三峡水库第一次蓄水前后地下岩体密度变化研究。

二、介质各向异性研究

国际上地震各向异性研究始于 20 世纪 60 年代。从 1982 年到 2010 年，已经召开了 14 届国际地震各向异性专题研讨会。中国的地震各向异性研究主要是从 90 年代初开始的。20 多年来，各向异性研究得到了快速的发展。

1988 年，长春地质学院何樵登、徐中信和张忠杰（1988）提出利用各向异性介质弹性参数进行岩性勘探，并进行理论研究；利用远震的 PS 转换波，进行穿透裂隙介质的 PS 分裂研究。开展裂纹引起的各向异性介质中剪切波分裂的实验研究等。

20 世纪 90 年代，中国学者已从剪切波分裂角度开展各向异性的研究。国家地震局地质研究所姚陈等（1992）对唐山卢龙地区进行了剪切偏振与上地壳裂隙各向异性的研究。国家地震局分析预报中心高原等（1995）利用中美合作的唐山强地面运动流动台网资料，进行了详细的剪切波分裂研究；对海南省东方地区 1992 年孤立小震群的剪切波分裂进行研究，详细讨论了剪切波分裂的时间变化（Gao et al., 1998）；2004 年，编写了 SAM 分析技术软件。1997 年，王椿镛等（1997c）对大别造山带地壳剪切波分裂和介质各向异性进行了研究。

在岩石实验方面，开展了橄榄石晶格优选方位和上地幔地震波速各向异性的研究（金振民等，1994）。剪切波分裂对差应力变化响应的实验研究，获得了首例岩石"加载—失稳—破裂"完整过程的剪切波分裂实验观测（高原等，1999）。

对中国大陆的地壳上地幔各向异性研究始于 1992 年。郑斯华和高原（1994）使用 CDSN 宽频带记录波形资料，给出了中国大陆岩石层方位各向异性的初步图像。中国学者对青藏高原南部下方的剪切波各向异性和西藏定日—青海格尔木的上地幔各向异性进行了研究，这些研究的结果都显示出剪切波各向异性特征与上地幔深部介质的变形及地质构造有关。

通过分析剪切波分裂参数的变化，提取了震前应力释放的信息，发现震前应力释放的持续时间与发生地震的震级有密切的关联，并增加新的震例证实震前更长时间段的应力积累与震级的密切关联（Gao and Crampin, 2006）。通过对水库库区地震剪切波分裂的研究，使用四川紫坪铺水库周边的地震台网资料，水库水位变化对地震活动的影响及剪切波分裂参数变化的影响进行了探讨（张永久等，2010）。

中国学者研究围压作用下岩石样品中微裂纹的闭合特点，采用三轴压缩和渗流试验，开展了各向异性软岩的变形与渗流耦合特性研究。杨顶辉和张忠杰讨论了毕奥（Biot）和喷射流动耦合作用对各向异性弹性波的影响（Yang and Zhang, 2000）。

中国大陆的地壳上地幔各向异性研究发展较快。中国学者讨论了青藏高原及其部分邻区地震各向异性，认为青藏高原北部存在被熔体强化的岩石层各向异性（杨晓松等，2002）。王椿镛等根据远震剪切波分裂研究了青藏高原东部上地幔各向异性，并讨论了壳幔耦合型式（王椿镛等，2007；Wang et al., 2008）；李永华等对中天山的各向异性复杂性进行了讨论，分析认为天山存在双层各向异性结构（Li et al., 2010）。高原等（2010）多尺度多角度分析了华北地区的上地幔各向异性，探讨了壳幔耦合型式。王椿镛等（2014）研究了中国大陆上地幔各向异性和壳幔变形模式。

随着地震面波分析技术的发展，中国学者开始了使用地震面波研究地壳上地幔各向异性。使用其他分析技术探讨地壳各向异性或地幔顶部各向异性的研究开始增多（Huang et al.，2004；苏伟等，2008；易桂喜等，2010）。利用 Pn 波开展了南海东北部地区速度结构与各向异性的研究。使用接收函数方法分析了华北太行山区的地壳各向异性（胥颐等，2007）。

第四节　中国大陆岩石层结构和南极大陆深部构造研究

一、青藏高原

（一）20世纪八九十年代青藏高原深部构造研究

20 世纪 80 年代后，中国科学院、中国地震局和中国地质科学院等单位先后与法国、美国、德国、加拿大等国合作开展了不同科学目的的科学考察活动，并取得了一批重要研究成果。

1980—1982 年中法合作"喜马拉雅地质构造与地壳上地幔的形成演化"研究计划。1991 年中美合作的青藏高原隆起机制项目，首次在青藏高原布设由 PASSCAL 数字地震仪组成的地震观测台网，这是青藏高原深部构造研究的一座新的里程碑（曾融生等，1992）。1992—1998 年中法合作开展"东昆仑及邻区岩石圈缩短机制研究"项目。1992 年开始，与美国、德国、加拿大等合作开展"国际喜马拉雅和青藏高原深剖面研究"（INDEPTH）项目。1980 年，滕吉文等提出了青藏高原及其临近地区的地球物理场特征与大陆动力学模式，发现印度恒河平原北缘到青藏高原的雅鲁藏布江地带为陆 – 陆板块的碰撞挤压过渡带，于 1996 年发表了青藏高原整体隆升与地壳缩短增厚的物理 – 力学机制研究，1999 年，提出了喜马拉雅碰撞造山带的深层过程与陆 – 陆碰撞新模型（Teng，1981；滕吉文等，1996，1999）。1997 年赵文津等（1997）对 INDEPTH 项目的结果进行综合研究，提出雅鲁藏布江缝合带的"双陆内俯冲"构造模式，缝合带南、北分别存在着特征不同、规模不一的部分熔融层；并提出雅鲁藏布江缝合带地壳增厚的 4 种机制：地壳规模的俯冲增厚；上部地壳内的俯冲和背冲增厚；下地壳内的底部垫托增厚和挤压增厚；深部熔融体的向上挤入而引起的地壳增厚。1995 年中国地质科学院完成了格尔木—额济纳旗剖面的探测（崔作舟等，1995）。

（二）21世纪以来人工源深部探测研究

2000 年王椿镛等人完成的深地震剖面揭示了川西高原和四川盆地的地壳特征（Wang et al.，2007）。国家重点基础研究"大陆强震机理与预测"项目的探测结果显示，1920年海原8.5级大震区地壳上地幔存在明显的地壳结构异常（Liu et al., 2006）。

张先康等（2008）从四川红原至甘肃武威一线布设地震宽角反射与折射剖面。给出了阿尼玛卿缝合带东段及其两侧邻近区域的基底形态及展布特征。中国地质科学院地质研究所与中石化南方公司合作完成跨越了青藏高原东北边界的深地震反射剖面，揭示青藏高原东北缘盆山地带的岩石层精细结构（高锐等，2006a，2006b）。滕吉文等（2010，2014b，2014c）在中蒙边界阴山造山带穿过鄂尔多斯盆地、秦岭造山带中部和四川盆地东部地带，前后进行了2条各长达630 km和900km的剖面，取得了岩石圈层、块速度结构和断裂分布。发现秦岭造山带深部过程和动力学响应与华北克拉通和扬子克拉通各异，厘定了三大块体的特异结构和界域。

2009年中国科学院地质与地球物理研究所张忠杰等在东昆仑断裂带区域进行了三维宽角反射与折射地震探测，揭示了东昆仑断裂带下方存在2~4 km的莫霍面错断（Zhang et al., 2010）。同时，在青藏高原拉萨地块北部进行了人工源宽角反射与折射探测，获得了拉萨地块南北向裂谷带下方的结构特征，并推测南北向正断层（东西向伸展作用）与壳幔岩浆活动关系紧密。

（三）21世纪初期天然源地震观测研究

2005年，张先康等沿四川红原至甘肃武威一线布设了20个宽频带地震台站，获得了沿测线的接收函数剖面以及台站下方的S波速度结构（段永红等，2007）。2008年，王椿镛等沿青藏高原东部北纬30°线从西藏林芝至四川永川剖面布设了26个宽频带地震台站。结果显示：在羌塘地块和松潘—甘孜地块的下地壳普遍存在低速层，而四川盆地内下地壳则属于正常的速度分布（Wang et al., 2009）。

2009年，张忠杰等在垂直于龙门山断裂带进行了为期1年的天然地震台链观测，揭示出龙门山下方地壳存在15km以上的莫霍界面错断，50余千米差异的岩石层底界差异以及30余千米的地幔过渡带厚度变化（Zhang et al., 2010）。2010年，赵俊猛等通过青藏高原西部的两条宽频地震观测剖面。给出了印度板块向青藏高原之下俯冲的证据，清晰地确定了岩石层底界面的埋藏深度和起伏形态（Zhao et al., 2010）。

（四）大地电磁探测与地壳上地幔电性结构研究

2005年，中国地震局地质研究所汤吉等沿玛沁—兰州—靖边剖面进行了62个测点的大地电磁观测。对青藏高原东北部地区的大地电磁测深数据进行分析、处理，结果表明在研究区的中下地壳内普遍存在高导层，其成因一般为部分熔融，其中在羌塘中部地壳内的局部高导异常主要受流体的影响。

中国地质大学（北京）魏文博等（2006）对在西藏中、北部完成的德庆—龙尾错和那曲—格尔木超宽频带大地电磁深探测剖面资料作分析处理。结果表明，青藏中、北部以昆仑山断裂为界，其南北壳、幔电性结构有很大差异。2009年，魏文博等根据6条超宽频带大地电磁深探测剖面研究了藏南地壳和上地幔结构的三维变化特征。

2008年后，中国科学院地质与地球物理研究所白登海、成都理工大学王绪本等在青藏高原东北缘与四川盆地地带进行了大地电磁测深剖面观测，刻画了这一地域的壳—幔电性结构。这里正置青藏高原向东与上扬子地块的过渡带，提出了扬子块体西缘深部以松潘壳—幔韧性剪切带作为中、新生代以来的边界，并讨论了其间的大断裂分布特征（Bai et al.，2010；王绪本等，2013）。

二、华北克拉通

华北克拉通是中朝克拉通在中国大陆的部分，为地球上最古老的克拉通之一，在元古代由陆块拼合形成。自晚古生代以来，在北侧与中亚造山带的增生地体碰撞拼合，在南边跨过秦岭造山带与扬子克拉通碰撞拼合，成为东亚大陆的组成部分。约 2.5 亿年以来，作为环太平洋岩浆岩构造带的一部分，遭受了强烈改造，发生了大规模构造变形和岩浆活动，形成多种类型沉积盆地，伴随产生了大量金属矿产和油气资源。

对华北克拉通的岩石层结构和大陆动力学研究可以分为 2 个阶段：第一阶段是在 20 世纪完成的人工源地震探测、大地电磁测深和地学大断面探测研究；第二阶段是自 2000 年以来，以华北克拉通破坏为科学目标的地壳上地幔结构探测和研究（朱日祥等，2009，2011）。

探索导致华北克拉通破坏空间范围和动力学过程需要清楚认识岩石层地幔以及下伏软流层地幔构造属性和状态。中国科学院、中国地震局和高等院校先后建成地震台阵观测系统（实验室），对华北及相邻地区的地壳上地幔结构开展了密集的天然地震观测。包括：① 2000—2006 年，中国科学院地质与地球物理研究所的"华北内部结构探测计划"（NCISP）；② 2005—2006 年，辽宁地区探测；③ 2005—2007 年，南京大学渭河地堑探测；④ 2005—2007 年，北京大学渭河地堑和汾河地堑探测；⑤ 2005—2007 年，中国地震台阵试验计划；⑥ 2006—2014 年，鄂尔多斯—阴山造山带探测；⑦ 2007 年至 2011 年，国家自然科学基金委员会重大研究计划"克拉通破坏"，由中国科学院地质与地球物理研究所朱日祥主持。在前期探测研究的基础上，统一规划、部署了对华北拉通及邻区地壳上地幔结构的地震探测。作为主体的密集流动台阵天然地震探测剖面，覆盖华北克拉通及邻区，深度达到地幔底部。同时，以岩石层结构探测为目标，实施了大能量、长剖面的人工源宽角反射与折射地震探测和海陆联合人工源地震探测。

根据获得的原始资料，确定了华北克拉通全域的地壳结构和岩石层厚度，发现其东、西部地壳和岩石层地幔结构存在显著差异，从而明确了华北克拉通破坏主要发生在太行山以东的华北东部地域。华北克拉通中部下方存在低速带，提出该低速带为源于地幔过渡带或下地幔的上升热物质的"软流圈通道"；探测到地震各向异性参数的剧烈空间变化，以及其与岩石层结构差异的相关性；探测到地幔过渡带厚度和界面深度分布；发现了局部 660km 界面下沉区、多重界面区、410km 界面下沉区等多种特征构造；获得太平洋板块深俯冲滞留在上地幔底部，局部进入下地幔，以及存在局部热异常等新结果。根据这些结构证据，提出华北地区上地幔存在局部不稳定的地幔流动（Fang et al.，2010；Huang et al.，2008；李松林等，2011）。

根据壳 - 幔边界和岩石层内部结构、厚度的地区变化，上地幔地震波速度和地幔过渡带形态的不均匀性，以及复杂的地幔变形方式，提出太平洋板块俯冲导致的小尺度对流，俯冲板块、岩石层根以及周围地幔之间的相互作用诱发的不稳定地幔流动，构成了华北独特的区域地幔流动体系。这一地幔流动及其与岩石层的相互作用，使克拉通上地幔中熔流体含量增加和岩石层软化，最后导致了华北克拉通破坏。

三、华南及邻近海域

华南地区主要由扬子地块和华夏地块组成。该大陆地块经历过多期次的"拼合—裂解—再拼合"，具有复杂的地质构造特征。20世纪70年代以来，在华南地区开展了大量的深部地球物理探测研究，涉及深部地震探测、重力、深地震反射和宽频带地震探测等，揭示了华南地区重力异常与断裂带的展布特征；2008年，张忠杰等基于深地震测深、深地震反射和宽频带地震信息，得到了含华南地区在内的中国大陆地区莫霍面深度图像与地壳岩性结构（Zhang et al.，2008）。

20世纪70年代之后，中国地震局、中国科学院地球物理研究所、中国地质科学院等单位在华南地区进行了多个深地震测深剖面（滕吉文和胡家富，2000；熊绍柏等，1993；尹周勋等，1999）。

20世纪90年代以来，为了探测南海的石油和天然气水合物等资源，中国科学院南海海洋研究所通过国际合作在南海进行大量的深地震测深工作。1995年，台湾"中央研究院"在台湾周边地区布设了4条剖面。海上的剖面还包括在东海进行的重、磁、地震综合探测剖面。深地震测深的结果显示华南地区莫霍面与地形起伏具有明显的镜像相关性，从西到东，地壳厚度由50km减薄到20km；大陆部分华南地区的平均地壳厚度约为37km。

华南地区大陆部分的地壳P波平均速度为6.31km/s，比全球平均地壳P波速度6.45km/s要小，处于全球造山带与伸展区平均速度之间。台湾造山带和南海盆地北部的地壳平均速度较大，可能恰是对陆－海地壳差异的反映。华南地区的四川盆地是典型的克拉通型盆地。华南地区大陆部分Pn波速度的平均值为7.97km/s，比全球的平均值8.09km/s稍低，说明构造活动性比较强烈。

华南的陆内变形以"多动力、广分布"为特征，可能既受太平洋板块俯冲的影响，又受印度—亚洲大陆碰撞的控制。GPS资料显示华南地区现今最大主压应力方向为北西（北西西）—南东（南东东）向。通过截取西北向和东北向的2条地壳速度走廊发现，莫霍面沿北西向加深，下地壳逐渐增厚；北东向莫霍面形态变化不大。从速度结构的变化特征来看，华南地区构造变形的主方向是北西—南东向。西太平洋向华南地区俯冲的方向应该是北西—南东向。

1985年，中、美联合调查中国南海东部海洋地质剖面，北起广东大陆，经陆架（珠江口盆地）、陆坡（东沙群岛）直至深海平原。地质矿产部广州海洋地质调查局姚伯初等（1983）给出了这一剖面地壳结构的主要特征。1987—2010年，中国地震局和中国地质科学院在华南地区共完成14条深地震反射剖面，合计长度约2200km。

四、地学大断面

（一）全球地学大断面计划

全球地学大断面（Global Geosciences Transect，缩写为GGT）计划是20世纪80年代国际岩石圈研究计划的重要组成部分。国际岩石圈委员会于1986年倡议实施一项新的全球性地学大断面研究计划，并在国际岩石圈委员会下设立了GGT协调委员会。1988年，GGT协调委员会提出了195条地学大断面作为全球GGT计划，形成了全球性的地学大断面网。

GGT研究旨在将一个宽100km的走廊域里的地质、地球物理、地球化学资料综合反映到1条断面上，以表示现今地壳状态和地壳如何演化的。GGT提供的是1条具有三维断面的空间地质走廊，实质上是1条解释性的垂向大地构造图。

在GGT协调委员会组织与协调下，全球地学大断面研究计划取得了重要进展，研究成果在20世纪末期一系列国际会议上得到反映。国际岩石圈委员会建议GGT研究计划延长，朝着新的方向发展，包括数字化研究，把目前的地学断面数字化，以便国际交流与对比；在二维地学断面基础上做三维地壳模型研究；通过各断面的连接与交叉，建立全球的三维地壳构造。

GGT协调委员会提出的全球地学断面编图的基本格式与数字化编图基本技术，一直延续使用到2010年。GGT协调委员会要求各国编者在编制地学断面时，遵循一个共同的准则，以便世界上不同地区的地学断面可以直接对比。1987年，提出了全球地学断面编图的基本格式。各国学者实际运用中基本遵循了GGT协调委员会的建议格式，也进行了一些改动。中国学者创造性地将地球动力学模型列入地学断面中，帮助理解地壳的演化。

（二）中国地学大断面

国际岩石圈委员会中国委员会曾制定了总计11条地学大断面计划。该计划分别由中国国土资源部、中国地震局等部门完成。这些部门所属有关单位分14段完成了11条地学断面，累计全长约20 995km。见表4-7-1。在编制中国地学大断面过程中，积累了大量反映岩石圈深部物质三维结构与变形的宝贵资料，记录着中国大陆形成演化的历史与过程，已经成为知识创新的资源宝库。

表4-7-1　11条地学大断面计划

序号	断面名称	长度（km）	负责人	负责单位	完成时间
1	新疆断面南段：西昆仑（泉水沟）—塔里木—天山（独山子）	1200	肖序常，刘训，高锐	中国地质科学院地质研究所	1996—2000年
2	新疆断面北段：天山（库车）—准噶尔—阿尔泰（布尔津）	900	汪一鹏，杨主恩，张先康	中国地震局地质研究所	1996—2000年
3	青藏高原南段：亚东—格尔木	1400	吴功建，肖序常，李廷栋	中国地质科学院岩石圈研究中心，中国地质科学院地质研究所	1986—1990年

续表

序号	断面名称	长度（km）	负责人	负责单位	完成时间
4	青藏高原北段：格尔木—额济纳旗	900	王泽九，吴功建，肖序常，刘训，高锐	中国地质科学院岩石圈研究中心，中国地质科学院地质研究所	1991—1995 年
5	湖北随州—内蒙古喀喇沁旗	1200	孙武城，马宝林，宋松岩，胡鸿翔	中国地震局地球物理勘探大队	1987—1991 年
6	广州—巴拉望（岛）	1800	姚伯初，曾维军	地矿部广州海洋地质调查局	1986—1990 年
7	内蒙古满洲里—黑龙江绥芬河	1300	张贻侠，孙运生	地质矿产部长春地质学院	1991—1995 年
8	内蒙古东乌珠穆沁旗—辽宁东沟	960	卢造勋，夏怀宽	中国地震局辽宁省地震局	1987—1991 年
9	江苏响水—内蒙古满都拉	1200	马杏垣，刘昌铨，刘国栋	中国地震局地质研究所	1987—1991 年
10	上海奉贤—内蒙古阿拉善左旗	1700	孙武城，徐杰，杨主恩，张先康	中国地震局地球物理勘探大队	1987—1991 年
11	青海门源—福建宁德	2220	林中洋，蔡文伯，陈学波，王椿镛	中国地震局地球物理研究所	1987—1991 年
12	安徽灵璧—上海奉贤（HQ-13）	470	陈沪生，任纪舜，周雪清	地矿部华东石油地质局	1986—1990 年
13	北冰洋—欧亚大陆—太平洋（原黑水—泉州断面的延伸）	5000	袁学诚，A. S. Egorov，GEMOC	地矿部物化探局，俄罗斯全俄地质研究所，澳大利亚麦奎尔大学	1986—2000 年
14	云南遮放—宾川—江川—马龙	745	阚荣举、韩源	云南省地震局	1987—1991 年

注：除广州—巴拉望（岛）地学断面未出版外，其他地学断面均已经正式出版。

刘光鼎（1992）主编的《中国海区及邻域地质—地球物理系列图》对中国海及邻域的地形、地貌、地质构造、地壳及上地幔的结构与应力场特点进行了全面分析和深入总结。南海北部陆缘的地壳构造表明：从陆架、陆坡到深海平原地壳厚度呈 4 个台阶状减薄，反映地壳的拉张运动是以幕式方式进行的，第四幕将陆缘拉开，产生新洋壳；在引张力场作用下结晶的上地壳显著拉伸减薄；在上地幔隆起和地壳伸展过程中，原有的下地壳也显著伸展减薄。

（三）大断面数字化与数据库建设

GGT 协调委员会提出对这些基础资料采用数字技术建立相应的数据库，并通过互联网实现地学断面资料与国际的交换与共享，发布了《地学断面数字化编图指南》（Monger et al., 1990）。为适应对中国地学大断面采用数字技术建立相应数据库的要求，国土资源部"中国岩石圈三维结构数据库"项目所属"全球地学大断面"课题组将中国已经完成并公开出版的11条地学断面图，进行了数字化，建立了基于地理信息系统平台下的"地学断面数据库"（高锐等，2001）。

全球地学断面计划的实施极大地推动了全球岩石圈结构与构造演化研究。特别是数字化工作，促进了地质和地球物理资料最佳结合。2011年，全球地学断面图正在演变成表达地壳演化的三维图像。

五、南极大陆的深部构造研究

南极的苛刻环境给其壳幔结构的研究带来了重重困难。直到1959年，国际上才有人利用南极几个基地记录的8个面波记录定出东南极等几个沿海地点的地壳厚度。1962年和1967年，美国、苏联先后利用重力异常与地震资料计算了沿海和中心区域及南极山脉部分地区的地壳厚度；1978年至1982年，苏联、日本数次在南极洲进行了人工地震测深。

1991年，在国家"八五"科技攻关项目"南极大陆和陆架盆地岩石圈结构形成演化的地球动力学以及重要矿产资源潜力的研究"中，中国科学院地球物理研究所孔祥儒主持了二级项目"南极大陆固体地球物理场及深部构造研究"，其深部探测包括在南极洲进行电磁测深，并利用国际地震测深资料开展的研究。焦承民先后在长城站、中山站进行了两条测线的电磁测深探测，这是世界上首次在南极地区进行的电磁测深。孔祥儒、张建军与焦承民运用这些资料，分析了南极乔治王岛和普里兹湾附近地区的地下电性结构（孔祥儒等，1993，1994）。中国科学院地质与地球物理研究所束沛镒等利用日、美、智利等国在南极洲的地震台站资料，获得了南极半岛、东南极边缘横贯山脉、南极点、罗斯海下方的壳幔结构，分层详细，拟合效果良好，据有较好的可信度（束沛镒，2007）。

中国地球物理工作者在南极科考中，一方面拓展了中国的地球物理研究领域，另一方面也大大地提升了中国在南极事务中的地位和话语权。

第五节　地球内部物理学研究为国家的发展 战略需求服务

一、强烈地震发生深部构造环境研究

地震发生的深部构造环境研究主要是对地震活动性、地震地质、地球物理、地壳形变和地震现象的综合分析。发生在中国大陆的地震绝大多数都是大陆地震。1964年，中国科学院地球物理研究所为查明1955年9月21日拉鲊—鱼鲊地震区的结晶基底起伏和断层产状，进行了人工源地震探测，开启了在地震活动区地震探测的序幕（滕吉文，1988）。1966年河北邢台地震发生后，中国地球物理学家开始对中国大陆上强烈

地震发生的深部构造环境和介质物性进行大规模探测和研究。20 世纪 80 年代以后，采用多种现代的深部地球物理综合探测技术，对典型的强震区（华北地区、南北地震带、天山地区以及东北的辽南地区）进行了深入研究。自 20 世纪末开始，滕吉文等对地震孕育的深部介质和构造环境与地震预测关系进行了深入研究与探讨（滕吉文等，2009b；滕吉文，2010）。

（一）华北地区

华北地区自 20 世纪以来共发生 8 次 7 级以上的大震。根据穿过 1966 年邢台 7.2 级地震震中区的元氏—济南人工地震测深剖面资料，滕吉文等提出地壳结构的特征是：壳内存在高速夹层，剖面上有几条穿透地壳并延伸到上地幔顶部的高角度断裂，主震震中区下方存在断裂的局部错动和莫霍面局部上拱；华北地震层析成像结果表明，大震发生在高速与低速区的过渡带上。曾融生等（1988）认为在唐山地震的震源部位可能存在一个由脆性到塑性的过渡层，上地幔顶部的热物质向地壳迁移可能通过开平断裂产生，它对地震的发生有双重影响，在上部地壳附近产生张应力，同时软化开平断裂中的物质，以使走滑断层的滑动更加容易。

1992 年以来，用多种地球物理探测手段对华北几个大震震源区的地壳结构进行了详细探测和综合研究。王椿镛等（1993）对邢台地区深地震反射剖面进行了分析。华北大震区的断裂展布特征是：浅部存在张性断裂，中下地壳内存在高角度的隐伏断裂，但两者并不连通。震源位于深部隐伏断裂的顶部和深、浅断裂互不连接的空间范围之中；大震区存在中地壳的剪切滑脱面，该滑脱面似乎在震源部位被隐伏深断裂所阻挡。震源下方莫霍界面局部上隆。1966 年邢台大地震的震源位于深、浅部活动断裂与拆离带三者汇而不交的部位，是深部断裂向上扩展的结果（王椿镛等，1994b，1994c）。在华北其他一些大震区（例如 1679 年三河—平谷 8.0 级大震区），也发现类似的深—浅构造耦合关系。上述模式解释了华北现代的大震震源机制解以高角度走滑分量为主，主压应力场为北东东向，它不同于控制新生代裂谷、以北北东向为主的浅部铲式正断层（张先康等，2002）。

（二）南北地震带

南北带是一条强烈的地震活动带，在中国大陆中部的东经 101°~106° 之间。该带以西的强震活动带呈北西西—东西向展布，以东的强震活动带以北北东向为主，同时西部的地震强度和频度比东部地区约高 10 倍。鲜水河断裂带是 1 条左旋走滑断裂带。1992 年，许志琴等认为（许志琴等，1992），鲜水河断裂带是 1 条大型韧性平移剪切带。在印度板块的压应力作用下，鲜水河断裂带具有很强的活动性，伴随着频繁且强烈的地震。在近期发生了 1967 年侏倭 6.8 级、1973 年炉霍 7.9 级和 1981 年道孚 6.9 级等强烈地震，这些强震的震源机制解表明，鲜水河断裂带的强震大多都是在东西向主压应力作用下，断层以左旋平推运动所致。它们的震源深度分别为 8km、11km 和 12km。因此，鲜水河断裂及其其邻近地区的强烈地震发生在 10km 左右深度的层位内。

自 20 世纪 80 年代以来，中国对南北地震带的中段（龙门山断裂带及其附近）的深部构造开展了相当规模的科学研究，获得了重要的科学成果。实施了一批深地震测深剖面，如龙门山三角剖面（陈学波等，1988），川西藏东剖面（王椿镛等，2003a，2003b），大地电磁测深剖面（孙洁等，2003；Zhao et al.，2012），以及利用地震台站资料进行地震层析成像研究（孙若昧等，1991；Huang et al.，2002；Wang et al.，2003；王椿镛等，2008；Lei and Zhao，2009；Li et al.，2009；Wang et al.，2010；Wang et al.，2010b）。

2008 年汶川 8.0 级地震发生在青藏高原东部边界的龙门山构造带上。地震发生后，我国地球科学家在南北构造带及周边地区进行了大量的野外科学考察、深部地球物理探测和流动地震观测，在岩石圈结构与构造、强震发生的深部构造环境和动力学过程等方面获得了重要的进展（楼海等，2008；刘启元等，2009）。滕吉文等（2008）提出，在印度洋板块与欧亚板块碰撞、挤压下，高原深部物质向东流展，在受到以龙门山为西北边界的四川盆地阻隔后，一部分物质则转而向东南侧向运移；中、下地壳和地幔盖层物质以地壳低速层、低阻层（深 20~25km）为第一滑移面，以上地幔软流层顶面为第二滑移面，且在四川盆地深部"刚性"壳、幔物质阻隔下，深部地壳与上地幔盖层物质以高角度沿龙门山断裂带和四川盆地的耦合地带向上运移，且在龙门山地表 3 条断裂构成的断裂系向下收敛于 20km 左右深处汇聚，二者强烈碰撞、挤压、震源介质破裂；在物质与能量的强烈交换下，应力得到释放，故形成了这次 8.0 级地震（滕吉文等，2014a）。

（三）天山地区

天山北缘活动构造研究表明，该地区具有典型的大陆内部活动构造的特征，表现为平行山体的多排背斜和逆断层，其深部有一组逆冲断裂所控制。1996 年，王椿镛等（2001）通过位于天山北缘的 1906 年玛纳斯 7.7 级地震的震中区深地震反射剖面，揭示了玛纳斯背斜构造，认为乌鲁木齐山前拗陷下方 5km 和 20km 深度处存在 2 个滑脱面，地壳浅部则发育由滑脱面相连接的多排逆断裂 – 背斜带，揭示了该地区薄皮构造、地壳缩短和增厚的造山带变形特征。玛纳斯地震属于逆断层—褶皱带地震。它发生在准噶尔南缘断裂带上，由于滑脱构造的存在，第一排构造的地表破坏严重，第二排构造产生地表变形、褶皱和隆起。（Wang et al.，2004b）。

1997—1998 年，新疆伽师地区共出现 9 次震级为 6.1~6.8 级的强震群。2003 年 2 月在伽师强震群的东南侧又发生了 6.8 级强烈地震。中国学者利用联合反演技术得到了地震震源位置和地震区地壳三维速度结构，并很好解释了两者的关系。

二、油气资源预测

20 世纪 70 年代中期，滕吉文等发表文章，初步揭示了石油与天然气沉积巨厚和盆地形成、分布与深部地壳、上地幔结构及深部过程之间的联系（滕吉文等，1973；滕吉文，1974）。1982 年，滕吉文在中国科学院石化地球科学讨论会上做了《中国东部地区的地球物理场特征与含油气盆地的分布和形成》报告（滕吉文等，1983），对未知油、气区提出了沉积盆地底部与莫霍界面之间的"镜像"模式和某些远景预测。"七五"期间（1986—1990年），国家把塔里木盆地油气资源列为攻关项目。中国科学院组织各所联合攻关。滕吉文等基于盆地地质地球物理场对结晶基底、岩石圈结构刻画，对塔里木盆地油气远景和资源评价进行了系统研究，1991年出版了《塔里木地球物理场与油气》。这项工作于1992年获中国科学院一等奖。此后，他又在宏观上对油气沉积盆地的双相（陆相与海相沉积）、双层基底、双机混合成因与其形成的深部机制和第二深度空间油气形成与聚集，发表了颇有见地的看法（滕吉文等，2009c）。

2001年6月，刘光鼎向中国科学技术协会提交《关于中国油气资源第二次创业》的建议书，建议油气勘探的重点应由新生代向前新生代（中生代和古生代）转移。

20世纪三四十年代，全世界的石油都是在海相地层中找到的，因此学术界普遍认为只有海相地层才能找到石油，陆相地层不可能生石油。中国广泛分布的却是陆相沉积地层，按照海相生油理论，中国海相沉积地层古老，缺乏生油条件和稳定的储油环境。当时，中国找不到石油，被戴上了"贫油国"的帽子。然而30年代末孙健初发现的玉门油矿，却不是在海相地层而是陆相地层中。同样，潘钟祥在陕北、四川工作时发现，陆相沉积也能生油。1941年，他把这一理论在美国发表后，引起了很大轰动。陆相生油理论是中国对世界石油史的一个重大贡献。在这一理论指导下，20世纪五六十年代，中国先后发现了大庆、胜利、辽河等大型油田。到80年代，中国原油产量达到1.67亿吨，占世界第五，油气不但实现自给而且有余。这被刘光鼎称为中国油气的第一次创业。随着中国经济的高速发展，油气需求迅猛增长，自给已不足，到了90年代初，原油又开始进口，而且需求的增速超过了原油产量的增加。21世纪初，进口原油的数量已经超过了国家原油产量的1/3这一国际通行的安全警戒线。中国的油气资源必须寻求新的突破。在这一背景下，刘光鼎提出了中国油气第二次创业的建议。

以陆相生油理论为依据的中国油气第一次创业，主要是在新生代陆相碎屑岩沉积盆地找油，只有大庆是在中生代白垩纪，而其他更古老地层均没有涉及。二次创业就是要在前新生代，即中生代、古生代，乃至元古代更古老地层里找石油、天然气。

刘光鼎根据中国海、陆地球物理场综合探测结果，把对中国大地构造宏观格架及其演化历史的认识，简化为"三横两竖两个三角"（刘光鼎，2005）。所谓三横，即组成中国大陆诸块体（华北、扬子、华南、塔里木）之间的结合带，第一横，天山—阴山—燕山，近于东西方向，以北是蒙古，以南西边是塔里木，东边是华北。古生代以前，这里是蒙古洋，蒙古洋闭合，南北两面碰撞到一起，形成天山—阴山—燕山结合带；第二横，昆仑山—秦岭—大别山，也是东西向，这是个不同块体的结合带，塔里木、青藏、柴达木、松潘、华北以及扬子都在这一带；第三横，扬子与南华的界限，即南岭，基本上也是东西走向。两竖，在重力场中表现为密集的梯度带，反映出中国大陆地壳厚度的剧烈变化：一竖是大兴安岭—太行山—武陵山一线，这是地壳厚度变化很快的一个地带，另一竖是贺兰山—龙门山一线。这两竖把中国分成三块：中间一块是鄂尔多斯和四川，地壳厚度在45km左右，非常稳定；贺兰山—龙门山以西，地壳厚度从 50km 增加到 70km，全球地壳最厚的喜马拉雅就在这里，这个地壳增厚过程是在中生代时期完成的；兴安岭—太行山—武陵山以东，地壳厚度逐渐变薄，从 38km 向东减到冲绳海槽的 18km，这一减薄过程是在新生代完成的。两个三角系指柴达木、祁连山和松潘、甘孜地区。

"三横两竖两个三角"不仅明确地表现出现今中国大地构造的客观格架，而且蕴含着丰富的有关中国大陆形成演化的信息。在太古代和元古代时，中国出现四个陆核，即华北、扬子、华南和塔里木。华北最老，属太古代，距今 30 多亿年。扬子、华南和塔里木都是 10 几亿年前元古代形成的。这几个孤立于大洋之中的陆核相互聚敛、碰撞并结合到一起，到了古生代末印支期前后，形成了古中国大陆。特提斯域青藏高原则是在中生代时期形成的。在古全球构造的时候，陆核之间为海水覆盖，因此，中国有广泛的海相沉积地层存在；中国古陆形成后，海水退去，河流、湖泊沉积下来陆相地层，陆相地层主要是在新生代滨太平洋域形成的。

中国油气资源第一次创业就是在"三横两竖两个三角"的中间，即新生代陆相沉积盆地找油气，而第二次创业则是在"三横两竖两个三角"中间的新生代沉积盆地下面的中生代、古生代来找。海相有机质生烃比陆相优越，但是在中国古生代海相地层受到新生代多期造山运动的破坏、挤压和改造，其中油气藏受到了剥蚀和破坏，但是还会有残留盆地，或未受破坏部分，仍蕴藏有大量油气资源。不过，海相残留盆地的找油工作要比陆相难度大、情况更复杂。解决问题的关键是，充分认识区域约束局部，深部制约浅层的生油机制（刘光鼎，2012）。

21 世纪初，中国石油化工集团组织实施的重大科研项目"海相深层碳酸盐岩天然气成藏机理、勘探技术与普光气田的发现"，在川东北地区中生代三叠纪海相地层中发现了迄今为止中国规模最大、丰度最高的特大型整装海相气田——普光气田。这是中国海相油气勘探理论和实践的重大突破。这一重要成果获得 2006 年国家科学技术进步奖一等奖，并被评为 2006 年度"国家十大科技进展"之一（第二名）（张帅，2002）。

基于当今世界上油、气发展态势和中国油、气资源潜在前景，向地壳深部要油、气已为成必然。为了尽早建立由油、气能源战略储备基地，深化第二深度空间的油气勘探与开发是必由之路（滕吉文，2013）。

三、"攻深探盲"寻找大矿富矿

矿产资源保障能力是中国工业化、现代化进程中必须正视和破解的难题。我国矿产资源面临的严峻形势是：到 2020 年，大宗矿产储量只能保证 1/3；金属矿产资源的外需逐年增加，而国际市场上矿产资源已被跨国公司垄断；全国 600 多座大中型矿山，2/3 处于资源危机的困境。从我国矿产资源的东部、中部、西部与邻国的产量相比来看，产量寥寥无几，而且没有大型矿床，境内境外两重天。刘光鼎认为，从我国目前矿产资源分布情况来看，很多地区没有发现矿产资源是勘探的问题。解决这一问题的第一要务是在大地构造理论指导下，依据成矿机理，在盲区（覆盖区）和深部（地表以下 500~1500m 以下）找矿。

2003 年，滕吉文（2003）发表文章，基于金属矿均来自壳、幔深处的认识，从理论上论证了金属矿产资源形成与聚集深层过程。他还提出地壳深部岩浆岩基体与大型、超大型金属矿床的形成和找矿效应的评定（滕吉文等，2009a）。

2006 年 1 月，刘光鼎就如何加强我国金属矿的地质勘探工作，在《国土资源》上发表文章，提出要用科学发展观统领矿产资源工作。在地质找矿理论指导下，综合利用地球物理和地球化学方法，充分运用现代科学技术，探索矿产资源时空分布规律，"攻深探盲"，寻找大矿、富矿（刘光鼎，2006）。这一思路引起温家宝总理和国土资源部领导的高度重视。2006 年 4 月，滕吉文提出《必须迅速强化开展第二深度空间金属矿产资源地球物理找矿、勘探和开发的建议》，第二深度空间金属矿产资源系指深度为 500~2000m 范围内。这一建议于 2006 年 4 月由中国科学院院士工作局上报国务院。

2007 年 12 月，国土资源部发布了《关于促进深部找矿工作指导意见》（以下简称《意见》），其宗旨是，提高我国矿产资源保障能力，促进国民经济可持续发展，实现我国地质找矿向深部的战略延伸。《意见》明确指出深部找矿的战略目标，发现一批具有宏观影响的深部矿床，显著增加已有矿山接续资源储量，明显延长矿山年限。开展主要成矿区带地下 500~2000m 的深部资源潜力评价，重要固体矿产工业矿体勘查深度推进到 1500m。创新具有中国特色的深部成矿和找矿理论，建立深部找矿方法和技术体系。

根据多年来金属矿探矿方面取得的经验，刘光鼎提出将"一二三多"和"区域约束局部，深层制约浅层"作为找矿指导思想。

"一二三多"的"一"为指导原则，用活动论的岩石层板块构造理论作指导，"三横两竖两个三角"是块体拼合的遗迹，也是断裂作用与岩浆活动集中的地带。因此，中国宏观大地构造格架可作为固体矿产勘探的第一层次。"二"是抓住两个关键，岩石的物性和模型的建立。岩石物性是地球物理勘探的基础，是地质与地球物理之间的纽带。成矿模型是对矿产资源形成演化的认识，对于矿产资源从定性到定量研究的过渡。"三"是强调"三个结合"。首先是地质与地球物理的结合，以解决找矿勘探问题；其次，正演和反演相结合，以解决地球物理反演问题的多解性难题；再次，定性和定量相结合，以取得深刻的地质认识。"多"为多次反馈，逐步逼近正确认识。

"区域约束局部，深层制约浅层"，是中国科学院地质与地球物理研究所多年勘探工作经验的总结。刘光鼎将固体矿产资源找矿工作分为宏观（中国）、中观（区域）、微观（矿山）三个层次。把基础研究与找矿的实际应用结合起来。中国大陆岩石层结构、演化及大陆动力学等基础研究，为找矿应用研究提供依据和方法，这是宏观工作。在此基础上，使区域性中观研究（1∶50 万）能够深入地认识矿产资源空间分布，为微观研究（1∶5 万）对固体矿产资源的勘探开发提供依据。

参考文献

曾融生，滕吉文，阚荣举，等. 1965. 我国西北地区地壳中的高速夹层［J］. 地球物理学报，14（2）：94-106.

曾融生，阚荣举，何传大. 1960. 柴达木盆地低频地震探测结晶基底的工作方法［J］. 科学通报，10：313-316.

曾融生，陆涵行，丁志峰. 1988. 从地震折射和反射剖面结果讨论唐山地震成因［J］. 地球物理学报，31：383-398.

曾融生，陆涵行，丁志峰. 1988. 从地震折射和反射剖面结果讨论唐山地震成因［J］. 地球物理学报，31（4）：383-398.

曾融生，宋子安. 1963. 我国境内瑞利波的相速度［J］. 地球物理学报，12：148-165.

曾融生，吴大铭，T J Owens. 1992. 中美合作课题"青藏高原地壳上地幔结构以及地球动力学的研究"介绍［J］. 地震学报，14（增刊）：521-522.

陈九辉. 1997. 横向非均匀介质远震体波接收函数研究［D］. 北京：中国地震局地质研究所.

陈学波，陈步云，张四维，等. 1994. 长江三峡工程坝区及外围深部构造特征研究［M］. 北京：地震出版社.

陈学波，吴跃强，杜平山，等. 1988. 龙门山构造带两侧地壳速度结构特征［M］// 国家地震局科技监测司. 中国大陆深部构造的研究与进展. 北京：地质出版社：97-113.

崔作舟，陈纪平，吴苓. 1996. 花石峡—邵阳深部地壳的结构和构造［M］. 北京：地质出版社，49-168.

崔作舟，李秋生，吴朝东，等. 1995. 格尔木—额济纳旗地学断面的地壳结构与深部构造［J］. 地球物理学报，38（增刊）：15-28.

段永红，张先康，方盛明. 2002. 华北地区上部地壳的三位有限差分层析成像［J］. 地球物理学报，45（3）：362-369.

段永红，张先康，刘志，等. 2007. 阿尼玛卿缝合带东段地壳结构的接收函数研究［J］. 地震学报，29（5）：483-491.

方剑，许厚泽. 1997. 青藏高原及其邻区岩石层三维密度结构［J］. 地球物理学报，40（5）：660-666.

冯锐. 1985. 中国地壳厚度及上地幔密度分布（三维重力反演结果）［J］. 地震学报，7（2）：143-157.

冯锐，朱介寿，丁韫玉，等. 1981. 利用地震面波研究中国地壳结构［J］. 地震学报，3（4）：335-350.

傅承义. 1954. 地球的密度［J］. 地球物理学报，3：23.

傅承义. 1972. 大陆漂移，海底扩张和板块构造［M］. 北京：科学出版社.

高锐，马永生，李秋生，等. 2006a. 松潘地块与西秦岭造山带下地壳的性质和关系——深地震反射剖面的揭露［J］. 地质通报，25（12）：1361-1367.

高锐，黄东定，卢德源，等. 2000. 横过西昆仑造山带与塔里木盆地结合带的深地震反射剖面［J］. 科学通报，45（17）：1874-1878.

高锐，黄立言，骆团结，等. 2001. 深部地球物理探测数据库研究进展［J］. 地球学报，22（6）：481-485.

高锐，王海燕，马永生，等. 2006b. 松潘地块若尔盖盆地与西秦岭造山带岩石圈尺度的构造关系——深地震反射剖面探测成果［J］. 地球学报，27（5）：411-418.

高原，李世愚，周蕙兰，等. 1999. 大理岩的剪切波分裂对差应力变化响应的实验研究［J］. 地球物理学报，42：778-784.

高原，吴晶，易桂喜，等. 2010. 从壳幔地震各向异性初探华北地区壳幔耦合关系［J］. 科学通报，55（29）：2837-2843.

高原，郑斯华，孙勇. 1995. 唐山地区地壳裂隙各向异性［J］. 地震学报，17（3）：283-293.

郝晓光，许厚泽，刘大杰．2000．地球的密度扁率与纬向正常密度假说［J］．中国科学：D辑地球科学，30（4）：436-441．

何正勤，丁志峰，叶太兰，等．2001．中国大陆及其邻域地壳上地幔速度结构的面波层析成像研究［J］．地震学报，23（6）：596-603．

侯遵泽，杨文采，刘家琦．1998．中国大陆地壳密度差异多尺度反演［J］．地球物理学报，41：642．

金振民，Ji S C，金淑燕．1994．橄榄石晶格优选方位和上地幔地震波速各向异性［J］．地球物理学报，37：469-477．

阚荣举，林中洋．1986．云南地壳上地幔构造的初步研究［J］．中国地震，2（4）：50-61．

柯小平，王勇，许厚泽，等．2009．青藏高原地壳三维密度结构的重力正演模拟［J］．地球物理学进展，24（4）：1225-1234．

孔祥儒，张建军，焦承民．1993．西南极菲尔德斯半岛长城站地区深部电性结构［J］．南极研究，5（3）：40-47．

孔祥儒，张建军，焦承民．1994．东南极中山站地区大地电磁测深研究［J］．南极研究，6（4）：33-36．

李松林，赖晓玲，刘宝峰，等．2011．由诸城—宜川人工地震剖面反演结果看太行山两侧岩石层结构的差异［J］．中国科学：D辑 地球科学，41：668-677．

李松林，张先康，张成科，等．2002．玛沁—兰州—靖边地震测深剖面地壳速度结构初步研究［J］．地球物理学报，45（2）：210-217．

林中洋，胡鸿翔，张文彬，等．1993．滇西地区地壳上地幔速度结构特征的研究［J］．地震学报，15：427-440．

刘福田，李强，吴华，等．1989．用于速度图像重建的地震层析成像法［J］．地球物理学报，32（1）：46-61．

刘福田，曲克信，吴华，等．1986．华北地区的地震层面成像［J］．地球物理学报，29（5）：442-449．

刘光鼎．1992．中国海区及邻域地质–地球物理系列图（1：5 000 000）［M］．北京：地质出版社．

刘光鼎．2005．地球物理导论［M］．上海：上海科学技术出版社．

刘光鼎．2006．用科学发展观统领矿产资源工作［J］．国土资源，（1）：6-9．

刘光鼎．2012．中国油气资源勘探与可持续发展［J］．中国科学院院刊，3

刘国栋．1994．中国大陆岩石圈结构与动力学［J］．地球物理学报，（1）：65-81．

刘国栋，刘昌铨．1982．华北北部地区地壳上地幔构造及其与新生代构造活动的关系［J］．中国科学：B辑化学，（12）：1132-1140．

刘启元，Kind R，李顺成．1997．中国数字化地震台网的接收函数及其非线性反演［J］．地球物理学报，40（3）：356-368．

刘启元，李昱，陈九辉，等．2009．汶川Ms8.0地震：地壳上地幔S波速度结构的初步研究［J］．地球物理学报，52（2）：309-319．

刘启元，李志明，沈立人，等．1993．GDS-1000宽频带通用数字地震观测系统［J］．地球物理学报，36（5）：600-608．

刘元龙，郑建昌，武传珍．1987．利用重力资料反演三维密度界面的质面系数法［J］．地球物理学报，30（2）：186-196．

楼海，王椿镛，吕志勇，等．2008．2008年汶川Ms8.0级地震的深部构造环境——远震P波接收函数和布格重力异常的联合解释［J］．中国科学：D辑地球科学，38：1207-1220．

卢造勋，刘国栋，魏梦华，等．1990．中国辽南地区地壳与上地幔介质的横向不均匀性与海城7.3级地震［J］．地震学报，12（4）：367-378．

Monger J W H，武长得．1990．全球地学断面（GGT）编图指南［J］．中国地质科学院院报，21：295-308．

邵学钟．1991.地震转换波测深的现状及其发展方向［J］．地球物理学进展，6（4）：46-55．

邵学钟，张家茹，杨小峰，等．1978.利用地震转换波探测地壳上地幔构造试验［J］．地球物理学报，21（2）：89-100．

束沛镒. 2007. 用天然地震波形和面波频散研究南极洲的壳幔结构的回顾［G］// 中国地球物理学会. 辉煌的历程：中国地球物理学会 60 年. 北京：地震出版社，398–399.

宋仲和，安昌强，陈立华，等. 1986. 中国大陆和边缘海的上地幔 P 波速度结构［J］. 地震学报，8（3）：263–274.

宋仲和，安昌强，王椿镛，等. 1985. 青藏高原地区及南北带上地幔纵波速度结构［J］. 地球物理学报，28（增刊Ⅰ）：148–160.

宋仲和，陈国英，安昌强，等. 1993. 中国大陆及其海域地壳 – 上地幔三维速度结构［J］. 中国科学：B 辑化学，23（2）：180–188.

宋仲和，何志桐，徐果明. 1965. 我国大陆表面沉积层的研究［J］. 地球物理学报，14（3）：158–167.

宋仲和，朱介寿，安昌强，等. 1981. 北京—萨哈林剖面的地幔纵向速度结构［J］. 地球物理学报，24（3）：310–318.

苏伟，王椿镛，黄忠贤. 2008. 青藏高原及邻区的面波的方位各向异性［J］. 中国科学：D 辑地球科学，38（6）：674–682.

孙洁，晋光文，白登海，等. 2003. 青藏高原东缘地壳上地幔电性结构探测及其大地构造意义［J］. 中国科学：D 辑地球科学，33（增刊）：173–180.

孙若昧，刘福田，刘建华. 1991. 四川地区的地震层析成像［J］. 地球物理学报，34（6）：708–719.

孙武城，祝治平，张利，等. 1988. 对华北地壳上地幔的探测与研究［G］// 国家地震局科技监测司. 中国大陆深部构造的研究与进展. 北京：地质出版社，19–32.

滕吉文. 1974a. 柴达木东盆地的深层地震反射波和地壳构造［J］. 地球物理学报，17（2）：122–135.

滕吉文. 1988. 攀西构造带红格、鱼鲊地质结晶基底的断裂构造特征［G］// 中国攀西裂谷文集（3）. 北京：地震出版社.

滕吉文. 2003. 地球深部物质和能量交换的动力过程与矿产资源的形成［J］. 地球物理学报，大地构造与成矿学，27（1）：3–21.

滕吉文. 2010. 强烈地震孕育与发生地点、时间及强度预测的思考与探讨［J］. 地球物理学报，53（8）：1750–1766.

滕吉文. 2013. 第二深度空间（5000~100 000m）油气形成与聚集的深层物理与动力学响应［J］. 地球物理学报，56（12）：4164—4188.

滕吉文，阚荣举，刘道洪，等. 1973. 柴达木东盆地的基岩首波和反射波［J］. 地球物理学报，16（1）：62–70.

滕吉文，白登海，杨辉. 2008. 2008 汶川 Ms8.0 地震发生的深层过程及动力学响应［J］. 地球物理学报，51（6）：1385–1402.

滕吉文，冯炽芬，李金森，等. 1974b. 华北平原中部地区深部构造背景及邢台地震（一）［J］. 地球物理学报，17（4）：255–271.

滕吉文，胡家富，张忠杰，等. 1995. 中国西北地区岩石圈瑞利波三维速度结构与沉积盆地［J］. 地球物理学报，38（6）：737–749.

滕吉文，胡家富. 2000. 华南大陆 S 波三维速度结构与郯庐断裂带的南延［J］. 科学通报，45（23）：2492–2498.

滕吉文，李松岭，张永谦，等. 2014b. 秦岭造山带与沉积盆地和结晶基底地震波场及动力学响应［J］. 地球物理学报，57（3）：770–788.

滕吉文，李松岭，张永谦，等. 2014c. 秦岭造山带与邻域华北克拉通和扬子克拉通的壳、幔精细速度结构与深层过程［J］. 地球物理学报，57（10）：3154–3175.

滕吉文，皮娇龙，杨辉，等. 2014a. 汶川—映秀 Ms8.0 地震的发震断裂带和形成的深层动力学响应［J］. 地球物理学报，57（2）：392–463.

滕吉文，阮小敏，张永谦，等. 2009. 沉积盆地、结晶基底和油、气成因理念与第二深度空间勘探和开发［J］.

地球物理学学报，52（11）：2798–2817.

滕吉文，孙克忠，熊绍柏. 1985. 中国东部马鞍山—常熟—启东地带地壳与上地幔结构和速度分布的爆炸地震研究［J］. 地球物理学报，28（2）：155–169.

滕吉文，王夫远，赵文智，等. 2010. 阴山造山带–鄂尔多斯盆地岩石圈层、块速度结构与深层动力过程［J］. 地球物理学报，53（1）：67–85.

滕吉文，王谦身，刘元龙，等. 1983. 中国东部地区的地球物理场特征与含油气盆地的分布和形成［J］. 地球物理学报，26（4）：319–330.

滕吉文，姚敬金，江昌洲，等. 2009a. 地壳深部岩浆岩岩基体与大型、超大型金属矿床的形成及找矿效应［J］. 岩石学报，25（5）；1010–1038.

滕吉文，张中杰，杨顶辉，等. 2009b. 地震波传播理论与地震"孕育"、发生和发展的深部介质和构造环境［J］. 地球物理学进展，24（1）：1–19.

滕吉文，张忠杰，胡家富，等. 1996. 青藏高原整体隆升地壳短缩增高的物理–力学机制研究［J］. 高校地学学报，2（2）：212–233.

滕吉文，张忠杰，胡家富，等. 1999. 喜马拉雅碰撞造山带的深层动力过程与陆–陆碰撞新模型［J］. 地球物理学报，42（4）：481–495.

田小波. 2002. 横向非均匀介质中接收函数的数值模拟与偏移成像研究［D］. 北京：中国地震局地球物理研究所.

汪汉胜，陈雪，杨洪之. 1993. 深部大尺度单一密度界面重力异常迭代反演［J］. 地球物理学报，36（5）：643–650.

汪素云，T M Hearn，许忠淮，等. 2001. 中国大陆上地幔顶部 Pn 速度结构［J］. 中国科学：D 辑地球科学，31（6）：449–454.

王椿镛，常利军，吕智勇，等. 2007. 青藏高原东部地幔各向异性及相关的壳幔耦合型式［J］. 中国科学：D 地球科学，37（4）：495–503.

王椿镛，楼海，吕智勇，等. 2008. 青藏高原东部地壳上地幔 S 波速度结构——下地壳流的深部环境［J］. 中国科学：D 辑地球科学，38：22–32.

王椿镛，楼海，吴建平，等. 2002. 腾冲火山地热区地壳结构的地震学研究［J］. 地震学报，24（3）：231~242.

王椿镛，张先康，吴庆举. 1994b. 冀中拗陷内深地震反射剖面揭示的滑脱构造［J］. 科学通报，7：625–628.

王椿镛，张先康，吴庆举，等. 1994a. 邢台地震区地壳细结构研究及对地震构造的新认识［G］// 陈运泰，阚荣举，滕吉文，等. 中国固体地球物理学进展. 北京：海洋出版社. 31–40.

王椿镛，张先康，吴庆举，等. 1994c. 华北盆地滑脱构造的地震学证据［J］. 地球物理学报，37：613–620.

王椿镛，常利军，丁志峰，等. 2014. 中国大陆上地幔各向异性和壳幔变形模式［J］. 中国科学：地球科学，44（1）：98–110.

王椿镛，丁志峰，陈学波，等. 1997c. 大别造山带地壳 S 波分裂和介质各向异性［J］. 科学通报，42（23）：2539–2542.

王椿镛，韩渭宾，吴建平，等. 2003b. 松潘．甘孜造山带地壳速度结构［J］. 地震学报，25（3）：229–241.

王椿镛，林中洋，陈学波. 1995. 青海门源—福建宁德地学断面综合地球物理研究［J］. 地球物理学报，38：590–598.

王椿镛，王贵美，林中洋，等. 1993. 用深地震反射方法研究邢台地震区地壳细结构［J］. 地球物理学报，36：445–452.

王椿镛，吴建平，楼海，等. 2003a. 青藏高原东缘的地壳 P 波速度结构［J］. 中国科学：D 辑地球科学，33（增刊）：181–189.

王椿镛，张先康，陈步云，等. 1997a. 大别造山带地壳结构研究［J］. 中国科学：D 辑地球科学，27：221–

226

王椿镛，张先康，宋建立，等．1997b．大别造山带地壳上部速度结构的有限差分成像［J］．地球物理学报，40：495-502

王椿镛，邹景文，史钢，等．2001．反射地震剖面揭示的天山北缘地壳构造［G］//中国地震局活动断裂研究编委会．活动断裂研究理论与应用（8）．北京：地震出版社，1-8．

王石任，李瑞浩．1991．利用低阶卫星重力位系数研究下地幔横向密度异常分布［J］．地震学报，13：53．

王绪本，罗威，张刚，等．2013．扇形边界条件下的龙门山壳幔电性结构特征［J］．地球物理学报，56（8）：2718-1727．

王有学，W D Mooney，韩果花，等．2005．台湾—阿尔泰地学断面阿尔金—龙门山剖面的地壳纵波速度结构［J］．地球物理学报，48：98-106．

王有学，钱辉．2000．青海东部地壳速度结构特征研究［J］．地学前缘，7（4）：568-579．

魏文博，金胜，叶高峰，等．2006．藏北高原地壳及上地幔导电性结构—超宽频带大地电磁测深研究结果［J］．地球物理学报，49（4）：1215-1225．

魏文博，金胜，叶高峰，等．2010．中国大陆岩石圈导电性结构研究——大陆电磁参数"标准网"试验［J］．地质学报，（6）：788-800．

魏文博，叶高峰，金胜，等．2008．华北地区东部岩石圈导电性结构研究——减薄的华北岩石圈特点［J］．地学前缘，（4）：204-216．

吴庆举，曾融生．1998．用宽频带远震接收函数研究青藏高原的地壳结构［J］．地球物理学报，41（5）：669-679．

吴庆举，田小波，张乃玲，等．2003．计算台站接收函数的最大熵谱反褶积方法［J］．地震学报，25（4）：381-392．

熊绍柏，赖明惠，刘宏宾．1993．屯溪–温州地带岩石圈结构与速度分布［G］//李继亮．东南大陆岩石圈结构与地质演化．北京：冶金工业出版社，250-256．

胥颐，李志伟，郝天珧，等．2007．南海东北部及其邻近地区的Pn波速度结构与各向异性［J］．地球物理学报，50：1743-1749．

胥颐，刘建华，郝天珧，等．2006．中国东部海域及邻区岩石层地幔的P波速度结构与构造分析［J］．地球物理学报，49（4）：1053-1061．

徐果明，李光品，王善恩，等．2000．用瑞利面波资料反演中国大陆东部地壳上地幔横波速度的三维构造［J］．地球物理学报，43（3）：366-376．

徐中信，张忠杰．1988．各向异性介质中利用弹性参数进行岩性勘探的设想［J］．石油物探，27（2）：67-80．

许志琴，侯立玮，王宗秀，等．1992．中国松潘—甘孜造山带的造山过程［M］．北京：地质出版社．

杨文采，程振炎，陈国九，等．1999．苏鲁超高压变质带北部地球物理调查（I）—深反射地震［J］．地球物理学报，42（1）：41-52．

杨晓松，金振民，马瑾，等．2002．青藏高原北部异常SKS分裂成因的初步探讨——被熔体强化的岩石圈各向异性［J］．地球物理学报，45：821-831．

杨毅，周惠兰．2001．用接收函数方法研究中国及邻区上地幔间断面的埋藏深度［J］．地球物理学报，44（6）：783-792．

杨主恩，张先康，汪一鹏，等．2011．中国新疆阿尔泰–天山地学断面地质地球物理综合探测与研究［M］．北京：地质出版社，1-383．

杨卓欣，张先康，赵金仁，等．2005．长白山天池火山区三维地壳结构成像［J］．地球物理学报，48（1）：107-115．

姚伯初，王光宇．1983．南海海盆的地壳结构［J］．中国科学：B辑 化学，2：177-186．

姚陈，王培德，陈运泰．1992．卢龙地区S波偏振与上地壳裂隙各向异性［J］．地球物理学报，35（3）：

305–315.

姚振兴，李白基，梁尚鸿，等. 1981. 青藏高原地区瑞利波群速度和地壳构造［J］. 地球物理学报，24（3）：287–295.

叶正仁. 1988. 一种反演地幔横向密度差异的方法［J］. 地球物理学报，31：65–72.

易桂喜，姚华建，朱介寿，等. 2010. 用 Rayleigh 面波方位各向异性研究中国大陆岩石圈形变特征［J］. 地球物理学报，53（2）：256–268.

尹赞勋. 1973. 板块构造述评［J］. 地质科学，8（1）：56–88.

尹周勋，赖明惠，熊绍柏，等. 1999. 华南连县—博罗—港口地带地壳结构及速度分布的爆炸地震探测结果［J］. 地球物理学报，42（3）：383–392.

袁学诚. 1997. 阿尔泰—台湾地学断面论文集［G］. 武汉：中国地质大学出版社.

袁学诚，徐明才，唐文榜，等. 1994. 东秦岭陆壳反射地震剖面［J］. 地球物理学报，37：749–758.

张赤军，操华胜，罗少聪. 1988. 由地面、卫星重力资料研究岩石层密度［J］. 地球物理学报，31（6）：664–671.

张家茹，邵学钟. 1994. 中国地震转换波测深研究进展［G］//陈运泰. 中国固体地球物理学进展——庆贺曾融生教授诞辰七十周年. 北京：海洋出版社，135–138.

张少泉，武利军，郭建明，等. 1985. 中国西部地区门源—平凉—金堆城地震测深剖面资料的分析解释［J］. 地球物理学报，28：460–472.

张帅. 2002. 深化油气二次创业与"三海"战略［J］. 创新中国，12，3.

张先康，嘉世旭，赵金仁，等. 2008. 西秦岭—东昆仑及邻近地区地壳结构——深地震宽角反射／折射剖面结果［J］. 地球物理学报，51（2）：439–450.

张先康，王椿镛，刘国栋，等. 1996. 延庆—怀来地区地壳细结构——利用深地震反射剖面［J］. 地球物理学报，39（3）：356–364.

张先康，杨玉春，赵平，等. 1994. 唐山滦县震区的三维地震透射研究——中、上地壳速度层析成像［J］. 地球物理学报，37：759–766.

张先康，杨卓欣，徐朝繁，等. 2007. 阿尼玛卿缝合带东段上地壳结构——马尔康—碌曲—古浪深地震测深剖面结果［J］. 地震学报，29（6）：592–604.

张先康，赵金仁，刘国华，等. 2002. 三河–平谷 8.0 级大震区震源细结构的深地震反射探测研究［J］. 中国地震，18（4）：326–336.

张永久，高原，石玉涛，等. 2010. 四川紫坪铺水库库区地震剪切波分裂研究［J］. 地球物理学报，53：2091–2101.

张永久，高原，石玉涛，等. 2010. 四川紫坪铺水库库区地震剪切波分裂研究［J］. 地球物理学报，53（9）：2091–2101.

赵国泽，詹艳，王立凤，等. 2010. 鄂尔多斯断块地壳电性结构［J］. 地震地质.（3）：345–359.

赵文津，K D Nelosn，车敬凯，等. 1996. 深反射地震揭示喜马拉雅地区地壳上地幔的复杂结构［J］. 地球物理学报，39：615–628.

赵文津，Nelson D，INDEPTH 项目组，等. 1997. 雅鲁藏布江缝合带的双陆内俯冲构造与部分熔融层特征［J］. 地球物理学报，40（3）：325–336.

赵珠. 1983. 华北地区上地幔速度结构［J］. 地球物理学报，26（4）：341–354.

赵珠，张润生. 1987. 四川地区地壳上地幔速度结构的初步研究［J］. 地震学报，9（2）：154–166.

郑斯华，高原. 1994. 中国大陆岩石层的方位各向异性［J］. 地震学报，15（2）：131–140.

郑晔，滕吉文. 1989. 随县—马鞍山地带地壳与上地幔结构及郯庐构造带南段的某些特征［J］. 地球物理学报，32（6）：648–659.

钟大赉，丁林，刘福田，等. 2000. 造山带岩石层多向层架构造及其对新生代岩浆活动制约——以三江为例［J］. 中国科学：D 辑 地球科学，30（增刊）：1–8.

朱介寿，曹家敏，蔡学林，等．2002．东亚及西太平洋边缘海高分辨率面波层析成像［J］．地球物理学报，45（5）：647–664．

朱日祥，陈凌，吴福元，等．2011．华北克拉通破坏的时间、范围与机制［J］．中国科学：D辑 地球科学，41：583–592．

朱日祥，郑天愉．2009．华北克拉通破坏机制与古元古代板块构造体系［J］．科学通报，54：1950–1961．

Bai D H, Martyn J Unsworth, Max A Meju. 2010. Crustal deformation of the eastern Tibetan plateau revealed by magnetotelluric imaging［J］. Nature geoscience, 3：358–362.

Chen G M, Ren A H, Li Z S, et al. 1981. Amagnetictelluric on thc carth crust and upper mantle at nagqu and pagri, Xizang plateau. Proceedings of symposium on Qinghai–Xizang（Tibet）plateau（Beijing, china）［J］. Geological and Ecological studies of Qinghai–Xizang plateau, 1：771–782.

Fang L H, Wu J P, Ding Z F, et al. 2010. High resolution Rayleigh wave group velocity tomography in North China from ambient seismic noise［J］. Geophys. J. Int, 181：1171–1182.

Gao Y, Crampin S. 2006. A further stress–forecast earthquake（with hindsight）, where migration of source earthquakes causes anomalies in shear–wave polarizations［J］. Tectonophysics. 426：253–262.

Gao Y, Wang P D, Zheng S H, et al. 1998. Temporal changes in shear–wave splitting at an isolated swarm of small earthquakes in 1992 near Dongfang, Hainan Island, southern China［J］. Geophys. J. Inter. 135（1）：102–112.

Huang J L, Zhao D P, Zheng S H. 2002. Lithospheric structure and its relationship to seismic and volcanic activity in southwestern China［J］. J. Geophys. Res., 107（B10）：B02255.

Huang Z C, Xu M J, Wang L S, et al. 2008. Shear wave splitting in the southern margin of the Ordos Block, north China［J］. Geophys. Res. Lett., 35：L19301.

Huang Z X, Su W, Peng Y J, et al. 2003. Rayleigh wave tomography of China and adjacent regions［J］. J. Geophysical Research, 108（B2）：2073.

Huang Z, Peng Y, Luo Y, et al. 2004. Azimuthal anisotropy of Rayleigh waves in East Asia［J］. Geophys.Res. Lett., 31, L15617.

Kan R, Hu H, Zeng R, et al. 1986. Crustal structure of Yunnan Province, People's Republic of China, from seismic refraction profiles［J］. Science, 234：433–437.

Lei J, Zhao D. 2009. Structural heterogeneity of the Longmenshan fault zone and the mechanism of the 2008 Wenchuan earthquake（Ms8.0）［J］. Geochem. Geophys. Geosyst., 10：Q10010.

Li H, Su W, Wang C Y, Huang Z. 2009. Ambient noise Rayleigh wave tomography in western Sichuan and eastern Tibet［J］. Earth Planet. Sci. Lett., 282：201–211.

Li Y H, Wu Q, Jiang L, et al. 2010. Complex seismic anisotropic structure beneath the central Tien Shan revealed by shear wave splitting analyses［J］. Geophys. J. Int., 181：1678–1686.

Liu F T, Wu H, Liu J H, et al. 1990. 3–D velocity images beneath the Chinese Continent and adjacent regions［J］. Geophys. J. Int., 101：379–394.

Liu M J, Mooney W D, Li S L, et al. 2006. Crustal structure of the northeastern margin of the Tibetan Plateau from the Songpan–Ganzi terrane to the Ordos basin［J］. Tectonophysics, 420：253–266.

Liu Q, van der Hilst R, Li Y, et al. 2014. Eastward expansion of the Tibetan Plateau by crustal flow and strain partitioning across faults［J］. Nat. Geosci, 7（5）：361–465.

Teng J W. 1980. Characteristics of geophysical fields and plant tectonics of the Qinghai–Xizang planteau and its Neighbouring regions［J］. Chinese Journal of Geophysics,（3）.

Teng J W, Xiong S B, Sun K Z, et al. 1981. Explosion Seismological stady for velocity distribution and structure of the crust and upper mantle from Danxung to Yadong of the Xizang Plateau, Proceedings of symposium on Qinghai–Xizang（Tibet）plateau（Beijing, China）［J］. Geological and Ecological studies of Qinghai–Xizang plateau, 1：691–710.

Wang C Y, Chan W W, Mooney W. 2003. 3–D velocity structure of crust and upper mantle in southwestern China and its tectonic implications. J Geophys. Res, 108（B9）: 2442.

Wang C Y, Han W B, Wu J P, et al. 2007. Crustal structure beneath the eastern margin of the Tibetan Plateau and its tectonic implications. J Geophys. Res., 112: B07307.

Wang C Y, Huangfu G. 2004. Crustal structure in Tengchong volcanic-geothermal area, western Yunnan, China [J]. Tectonophysics, 380: 69-87.

Wang C Y, Lou H, Silver P, et al. 2009. Crustal structure variation along 30°N in the eastern Tibetan Plateau and its tectonic implications [J]. Earth Planet. Sci. Lett., 289（3-4）: 367-376.

Wang C Y, Yang Z E, Lou H, et al. 2004. Crustal structure of the northern margin of the Tien Shan, China, and its tectonic implications for the 1906 M~7.7 Manas earthquake [J]. Earth Planet Sci Lett., 223: 187-202.

Wang C Y, Zeng R S, Mooney M D, et al. 2000. Acrustal model of the ultrahigh-pressure Dabie Shan orogenic belt, China, derived from deep seismic-refraction profiling [J]. J Geophys Res, 105（B5）: 10857-10869.

Wang C Y, Zhang X K, Lin Z Y, et al. 1997. Crustal structure beneath Xingtai earthquake area in the North China and its tectonic implications [J]. Tectonophysics, 274: 307-319.

Wang C Y, Zhu L, Lou H, et al. 2010. Crustal thicknesses and Poisson's ratios in the eastern Tibetan Plateau and their tectonic implications [J]. J. Geophys. Res., 115, B011301.

Wang C Y., Flesch L M, Silver P G, et al. 2008. Evidence for mechanically coupled lithosphere in central Asia and resulting implications [J]. Geology, 36（5）: 363-366.

Wang Z, Zhao D P, Wang J. 2010. Deep structure and seismogenesis of the north-south seismic zone in southwest China, J. Geophys. Res., 115, B12334.

Yang D H, Zhang Z J. 2000. Effects of the squirt-flow coupling interaction on anisotropic elastic waves [J]. Chinese Science Bulletin, 45（23）: 2130-2138.

Zhang Z J, Yuan X H, Chen Y. 2010. Seismic signature of the collision between the east Tibetan escape flow and the Sichuan Basin [J]. Earth and Planetary Science Letters, 292（3-4）: 254-264.

Zhang Z, Zhang X, Badal J. 2008. Composition of the crust beneath southeastern China derived from an integrated geophysical data set [J]. Journal of Geophysical Research, 113（B4）: B04417.

Zhao D, Hasegawa A, Horiuchi S. 1992. Tomographic imaging of P and S wave velocity structure beneath northeastern Japan [J]. J Geophys Res, 97, 19909-19928.

Zhao G Z, Unsworth M J, Zhan Y, et al. 2012. Crustal structure and rheology of the Longmenshan and Wenchuan Mw7.9 earthquake epicentral area from magnetotelluric data [J]. Geology, 40（12）, 1139-1142.

Zhao J M, Liu G D, Lu Z X, et al. 2003. Lithospheric structure and dynamics processes of Tianshan orogenic belt and Junggar basin [J]. Tectonophysics, 376, 199-239.

Zhao J M, Yuan X H, Liu H B, et al. 2010. The boundary between the Indian and Asian plates below Tibet [J]. PNAS, 107（25）: 11229-11233.

Zhao W J, Nelson K D, Project Team. 1993. Deep seismic reflection evidence for continental underthrusting beneath southern Tibet [J]. Nature, 366: 557-559.

Zheng S, Sun X, Song X, et al. 2008. Surface wave tomography of China from ambient seismic noise correlation [J]. Geochem. Geophys. Geosyst. 9: Q05020.

第八章
地球动力学

地球动力学是地球物理学的一个分支。它以力学和现代计算机技术为工具，利用地球物理学、地质学、大地测量学以及卫星和遥感观测资料，研究地球整体运动及其内部和表面构造运动的驱动机制和动力学过程。它对地质和地震灾害的预测、大型工程场地安全评估以及矿产和油气田的开发具有十分重要的意义和价值。

Geodynamics（地球动力学）一词是勒夫（A. E. H. Love）在 1911 年《地球动力学的若干问题》中提出的。国际上地球动力学的发展以板块学说为界，可以分为两个阶段。王仁（1997）、臧绍先（1994）对中国 20 世纪 70 年代后地球动力学的发展和研究作了简要回顾。

20 世纪 20 年代，李四光（1926，1944，1996a）提出用力学观点和方法研究地质构造的成因和演化，并建立了"地质力学"学说，从而开创了地质构造运动、地震、地质灾害以及矿产分布规律研究的新思维。他按力学成因将地质构造分成不同的构造体系，并推测新华夏构造体系的 3 个沉降带存在广阔的储油前景，这一推测被大庆、胜利等油田的发现所证实。李四光认为构造运动以水平为主，并从巨型的纬向构造体系推测，自转速率的变化可能是地球构造运动的基本动力。在地震预报方面，他提出活动构造与地应力观测相结合的预报思想。1966 年邢台地震以后，地震预报的研究成为地学工作者的当务之急。在李四光的倡议下，于 1966 年 4 月组建了地质部地震地质大队（现为中国地震局地壳应力研究所），从事地应力观测，并开展了利用地应力预测地震的尝试。

板块学说是在 20 世纪 70 年代初由顾功叙、傅承义和尹赞勋介绍到中国的。

1972 年，中国科学院制定了"中国科学院青藏高原 1972—1980 年综合科学考察规划"。1975 年，中国科学院地球物理研究所组建地球物理科学考察分队赴西藏参加青藏高原综合科学考察，至 1977 年先后进行了三次。其间开展了人工地震、地磁、重力、地热、大地电磁测深等系列地球物理观测。而后又开展了中法合作研究。根据观测资料，滕吉文等人对大陆内部块体间耦合作用和深部过程进行了探讨（滕吉文等，1999）。1991—1992 年，中国地震局地球物理研究所与美国纽约州立大学宾汉顿分校合作，在曾融生和吴大铭领导下，在青藏高原沿青藏公路布设宽频带数字地震观测台网，取得了大量宽频带数字地震记录。曾融生利用这些宝贵的地震观测资料对青藏高原的深部构造进行研究，提出的印度次大陆与欧亚大陆碰撞的新模式。

在研究地球整体运动的理论方面，王仁和丁中一（1999）利用变形体力学首次对李四光提出的全球构造运动的驱动力源与地球自转速率的变化进行了分析，讨论了短期和长期地球自转速率变化对应力场和地表变形的影响以及驱动全球构造运动的可能性。1976年唐山地震后，王仁等（1980）提出了模拟地震迁移与危险区预测的思想和方法以及地震安全度的概念，并用这一方法研究了华北历史大地震的迁移，预测了唐山地震后北京地区的地震烈度，开创了地球物理方法之外研究地震迁移与危险区预测的新途径。20世纪70年代初，王仁等（1979）把固体力学引进北京大学地质系，培养了一大批具有力学基础的地质系大学毕业生。1981年成立了中国第一个地球动力学研究方向硕士点，培养了一批既具有地质又有力学基础的大学生和研究生。1993年，王仁等在北京大学创建了中国第一个地球动力学研究中心。该中心由地质系、地球物理系和力学系关注地球动力学问题的人员组成。王仁为中国地球动力学研究做出了重要贡献（图4-8-1）。

图4-8-1　1993年王仁在台湾大学应用力学研究所做地球动力学报告

20世纪70年代后期，大型电子计算机的出现，推动了中国地球动力学研究的迅速发展。1976年，王仁等在北京大学为全国地球科学工作者举办了第一个有限元方法学习班，为利用数值方法研究地球动力学问题创造了有利条件。1982年，石耀霖（1982）先后运用解析和数值方法探讨地质力学构造应力场问题；1986年和1987年，石耀霖和王其允进一步发展地球动力学中变形、热、孔隙流体耦合问题的数值计算（石耀霖等，1986，1987）；2003年，中国科学院研究生院建立计算地球动力学实验室，2010年成为中国科学院计算地球动力学重点实验室，现已成为中国地球动力学研究重要机构和国际学者交流的纽带，同时也是中国计算地球动力学高级人才的培养中心。

研究岩石物理性质的实验室建设始于20世纪60年代。中国科学院地质研究所首建构造力学实验室和高温高压实验室。70年代，国家地震局地质研究所、地球物理研究所，中国科学院地球物理研究所、地球化学研究所，北京大学，中国地质科学院地质力学研究所等单位相继建立了研究岩石物理性质、地震震源机制等高温高压实验室、岩石力学实验室。2008 年，北京大学成立了高温高压中心，进行岩石 – 矿物的物性和流变等实验研究。

1981 年，中国第一次地球构造动力学学术会议由中国力学学会、中国地球物理学会和中国地震学会联合组织在兰州召开。会议反映了中国在全球构造运动、地球内部运动，区域构造的力学分析，以及岩石破裂和地震机制等方面的主要研究成果。20 世纪 80 年代末，这项学术活动并入中国地球物理年会。1994 年 9 月，国际理论和应用力学协会、国际地震学与地球内部物理学协会和中国力学学会在北京召开了一次地球动力学中的力学问题国际研讨会，共有来自 9 个国家的 60 多位学者参加。有关文章由 *PAGeoph*（理论和应用地球物理）第 145 卷与第 146 卷分别刊出。2007 年，中国科学院研究生院、科技部、中国地震局和中国气象局等单位联合在北京举办了"地球科学计算机基础架构国际学术研讨会"（The International Workshop of Cyberinfrastructure for Geosciences）。此次会议展示了中国在超大规模有限元计算方面所取得的成果和技术，标志中国的地球动力学研究进入了一个崭新的阶段。

地球动力学与地质学、地球化学、天文学、大地测量等学科有密切关系。中国在地球化学动力学、天文地球动力学、大陆动力学等方面的进展和研究，从不同侧面丰富和推动着中国地球动力学的研究。

第一节　地球应力场

一、基本应力场

地球的基本应力场主要是指地球自身体力、热和日月引力产生的全球应力场。它是地应力场的主要部分。由于地应力测量的局限性（技术和经济条件），无法得到完整地球应力场的分布，因此借助于数学和力学手段，从地球模型了解可能的应力分布特征。由于地球介质、温度、流体分布的非均匀性以及初始条件难以确定，很难找到解析解，因此这方面研究主要集中在均匀弹性和分层均匀弹性或简单的黏弹性模型。

钱伟长和叶开沅（1956）将地球视为各向同性的均匀弹性球体，得到了地球在重力作用下的应力场解析解，揭示出地球的内部应力随深度增加，其水平分量大于垂直分量，二者之差在地表最大，地心为零。且垂直分量小于上覆岩层的压力。由于弹性模型的限制，在地表附近所得到的差应力超过了岩石的强度，与实际不符。1991 年，王连捷等（1991）在钱伟长和叶开沅工作的基础上，给出了满足库仑（Coulomb）屈服准则的简单的弹塑性解，克服了弹性解的这一缺陷。结果显示，在地下十几千米范围内，应力随深度基本呈线性增加；引力导致的垂直应力基本与覆盖压力相当，并且能够引起强大的水平地壳应力（钱伟长等，1956）。上面两种模型，由于没有考虑地球介质的实际分层物质结构，都不能解释地球深部的应力状态。

王仁和丁中一（1999）在均匀弹性地球模型的基础上，利用变形体力学对李四光提出的全球构造运动的驱动力源与地球自转速率的变化进行了严格的理论分析，给出了分层快速和慢速地球模型的理论解，揭示了短期和长期地球自转速率变化对应力场和地表变形影响的大小和量级，以及驱动全球构造运动的可能性。快速地球模型地球自转速率短期最大变化导致的应力远小于 1 Pa，不足以导致构造运动；慢速地球模型在减速过程中，两极和高纬度地区（48°以上）沿东西向和南北向均受拉，有利于极区的环向放射状和高纬度处张裂；低纬度地区沿东西向受压，沿南北向受拉，有利于那里的板块俯冲和北东或南西方向的剪切网络的形成。在加速过程中的应力，有助于低纬度地区（南纬和北纬 48°之间）形成洋脊。1986 年，丁中一和王仁（1986）利用弹性力学方法，给出了日月起潮力对含有一个液体内核的多弹性层地球作用下，静态位移场和应力场的解析解，并利用这个解计算了初步地球参考模型（PREM）的位移场和应力场。此外，还计算了这个模型的勒夫数和潮汐因子，其结果与观测结果符合非常好。吴庆鹏（2000）给出了日月起潮力在均匀弹性地球内引起的应力随时间和空间变化的解析公式。这些理论工作为研究起潮力对地震的发生奠定了基础。

由于地球介质不均匀和复杂地质构造分布，很难找到考虑这些因素的应力场的解析解。1988 年，张小平和绍建国（1988）将地壳分为不同的构造单元，利用三维弹性有限元方法，研究了重力和温度（热膨胀系数为常数）两种因素产生的全球地壳水平应力场特征，主要结果表明：地壳上部广泛存在着高水平应力，其值大于上覆岩层重力引起的侧压力；经向应力与纬度成反比，纬向应力与纬度无关，二者都随深度增加而增大。2008 年，陈绍林等（2008）建立了百万网格的 PREM 有限元地球模型，计算了自转速率快速变化和每年变化为 2×10^{-10} 时所引起的全球位移场和应力场分布特征以及地球椭率、地形高度对地表各个应力分量的影响。结果显示，经向应力与地形正相关，且相同高度在低纬度影响较大；纬向和经向的应力大小分别与地形在南北向和东西向的地形梯度直接相关。

随着计算机和网络技术的飞速发展，考虑非均匀介质和温度、流体等分布的基本应力场数值模拟已经成为可能。这对于深入认识基本应力场创造了条件。

二、古应力场

古构造应力场利用岩石构造变形特征来确定古应力方向，最早是由英国学者布赫（Bucher）于 20 世纪 20 年代初首创，他利用共轭剪节理来确定主应力方向。1947 年，李四光（1996a）进行了构造变形的组合规律和构造体系的研究，他从应力作用的角度进行了很有价值的定性分析。1975 年，苏联学者格佐夫斯基（Гэовский）首先利用共轭剪节理的野外产状求得 3 个主应力轴的空间产状数据，制定出了一套古构造应力场图件展示的方法，他将古应力方向分析和构造物理模拟作为构造物理学的主要内容。

从 20 世纪 80 年代起，中国地质大学（北京）、北京大学地质系相继为研究生开设了《构造应力场》课程，出版了相应的教材（万天丰，1988）。万天丰等扩展了确定主应力方向的研究方法，把原来仅仅依靠共轭剪切节理来确定主应力方向，发展为可以用褶皱的两翼产状，一组轴面与一组枢纽的产状，一组张节理与一组剪节理的产状，一组面理与一组线理的产状，岩墙群，同沉积断层组，或沉积盆地等厚线等方法，使古应力方向的确定可以在各类岩石变形条件下运用。万天丰等采集了大量具有同位素年龄的野外岩石样品，在透射电镜下进行位错密度的观测，发现在脆性变形条件下岩石的位错密度是可以达到一个稳定数值的，由地质现象所判断的某一时期构造作用强度与电镜下观测估算出的古应力值具有很好的相关关系。而且，只要晚期的构造作用不十分强烈，没有将矿物颗粒相变成其他新矿物时，后期构造作用常常使位错的距离加大，但并不会改变早期形成的晶内位错密度的数值。他们采用同构造期形成的石英和橄榄石作为古应力值测定的主要矿物。由此，就为中国大陆古应力值的估算打下了较可靠的基础。在全国大范围采样的基础上，初步获得了数以千计的中国大陆各地区中生代与新生代 6 个构造阶段的古应力方向与差应力大小的数据（万天丰，2004）。

1991 年，潘立宙（1991）详细介绍了 20 世纪 70 年代国外提出的利用断层擦痕和滑动资料确定古应力主轴方向的方法。1999 年，谢富仁等（1999）搜集了大量第四纪活断层的滑动擦痕资料和断层滑动方向，用拟合法推断了青藏高原东北边缘等地的第四纪构造应力场，注意到主应力方向分布特征与由地震资料得到的分布有相似之处，但也发现有些地区两种方法得出的方向有些系统变化。

1993 年，安欧和高国宝（1993）基于岩体正交异性弹性理论，在鲜水河断裂带沿7 条测线，利用 X 射线法，测量了岩体三维古构造残余应力，探讨了其对带内大地震的控制作用。

中国大陆各地质时期古应力场的定量研究至今仍处在初创阶段，急需大力加强测试工作。古应力值的测定面临着如何进一步提高数据精度的问题。以实测的古应力场和地质体数据为约束的条件越充足，数值模拟的结果就越可信，预测的价值也越大（陈志德等，2002）。

三、现今应力场

现今应力场是指地球目前状态下的内部应力分布。现今应力场的定量研究开始于20 世纪 60 年代，主要研究方法有震源机制分析、现场绝对应力测量以及反演等方法。

（一）震源机制分析

20 世纪 70 年代后期，中国许多区域地震台网相继建立，积累了大量小地震的记录。1973 年，李钦祖等（1973）最早利用这些小地震记录研究了地区构造应力场。20世纪 80 年代，许忠淮等（1992）发展出一个由许多小地震的综合断层面解推断区域应力场方向的模型，给出了中国大陆各地区地壳的主应力方向；他又根据美国哈佛大学的地震矩张量解和中国的深井孔崩落资料，编制了东亚地区地壳现今构造应力方向图（许忠淮，2001）。

中国台湾的叶义雄等（Lin, Angelier J, 1991）、吴逸民等（2008）根据大量地震的震源机制解资料推断的台湾地壳应力场方向表明，该区最大主压应力轴多是水平的，主要取 NW 方向，在台湾西部最大主压应力方向，从北到南呈现出向大陆方向散开的"扇形"分布特征。这说明台湾地区明显受到菲律宾海板块向北西方向的挤压作用。

（二）实地绝对应力测量

1969 年，中国地质科学院地质力学研究所与地质部地震地质大队合作，在北京房山开始用自制压磁应力计和应力解除法测量地下的绝对应力；1980 年 10 月，研究人员在河北易县首次用水压致裂法（孔深 87m）测量了地下的绝对应力（李方全等，1986）。此后，中国地震局地壳应力研究所多次用水压致裂法在一些较深的孔中测量了地下绝对应力，例如在云南剑川（孔深 800m）、四川自贡（孔深 818m）和长江三峡坝址附近（孔深 800m）。这些测量一般都能给出水平主应力的大小和方向。此外，有人分析了一批油田深井水压致裂资料，推断了华北一些沉积盆地内约 1000~4000m 深度处的绝对地应力大小随深度的变化（Li ZQ, et al., 1985；高建理等，1987）。

上述应力测量研究提供了中国首批对地壳浅层地应力绝对大小的初步认识。例如，①各测点的最大（S_H）和最小水平主应力（S_h）量值一般不等于由岩石自重估算的垂直应力 S_V；②在地壳浅层，S_H 和 S_h 多随深度大致是线性增大的，断裂带或破碎带会引起应力大小和方向随深度的不连续变化；③不同地区地壳浅层会处于不同的应力状态，例如，有的 $S_H > S_V > S_h$，有的可能 $S_H > S_h > S_V$，等；④对较深的孔（>500m），应力测量得到的主应力方向与由震源机制分析得出的主应力方向常是接近的。

20 世纪 80 年代后，中国学者（翟青山，1989）还用深井孔的孔壁崩落特征对主应力方向进行了推断。

1998—2005 年，中国实施了大陆科学钻探工程研究项目，在江苏东海县的研究主孔深 5158m。王连捷等（2005）用岩芯声发射测量法确定了 301~1531m 深度间的最大主应力及其方向；孙东生（孙东生等，2013）利用非弹性应变恢复法应变测量，确定汶川地震科学钻一号孔 1173m 处的最大主应力方向。

（三）S 波分裂与应力场

20 世纪 90 年代后，中国学者引进了国外根据地震 S 波（主要利用近震 Sg 波和远震 SKS 波）分裂观测资料，研究地球介质各向异性的方法探讨地壳和上地幔介质可能的各向异性。对于出现各向异性的原因，国外有人把它归结为构造应力场的作用。国内也有人用这个观点解释 S 波分裂（赖院根等，2006；高原等，2008）。但 S 波分裂的原因是否确实是由构造应力引起的，问题仍在研究之中。

（四）应力场反演

地球应力场的反演问题，一般说来是一个与时间、空间有关的非线性问题。王仁（1983）于 20 世纪 80 年代初对这个问题的反演方法进行了简单的回顾和论述。

1985 年，王仁和梁海华（1985）提出了利用有限元方法和线性叠加原理，以震源机制、地质观测和浅层应力测量资料为约束，反演区域边界作用力或位移的最小二乘方法。他们用这个方法反演出相邻板块对东亚的作用力及其应力场。许忠淮等（1992）于 1992 年提出了两种只根据区域内部应力方向观测结果反演区域边界作用力的方法，即约束反演法和应力张量拟合法，并反演了中国东部地区周围板块边界作用力的方向和相对大小。

对于与时间有关的应力场反演，1980 年王仁等（1982）提出了地震迁移和应力场演化的概念以及如何以地质学、地球物理学、岩石力学观测数据为约束，利用有限元模拟地震序列和反演应力场的思想和方法。并用这种方法研究了中国华北地区的应力场演化和历史地震迁移规律，以及 1976 年唐山 7.8 大地震后华北和北京地区的地震危险性。

对于非线性问题，目标函数可能存在多个极值。对此，石耀霖（1992）于 1992 年将遗传算法引入应力场的反演。安美建等（1998）以及朱守彪和石耀霖（2006）分别用这个方法研究了东亚部分地区现今构造应力场和中国大陆及邻区构造应力场的成因。王世民和王仁（1999）提出了一种基于薄壳牛顿黏性流体力学模型的运动学与动力学联合反演的遗传有限元方法，并利用北美板块内主应力方向、极长基线干涉测量（VLBI）、构造变形和应力数据，反演了北美板块构造变形和应力场。结果表明，北美板块中部的应力场在大小和方向上都是均匀的，且具有走滑型应力场特征。

第二节　岩石层与地幔动力学

一、岩石层力学性质及其强度

大量的观测事实表明，岩石层存在明显变形（尤其是板块边界），并在地质时间尺度表现出复杂的流变性。这种变形的大小除了与驱动力有关外，还与介质的力学性质及其强度有关。岩石层介质的形变机制主要有以下 4 类：弹性变形、脆性破裂、摩擦滑动及蠕变。

（一）实验室建设

20 世纪 60 年代，中国科学院地质研究所建立了构造力学实验室和高温高压实验室，主要研究褶曲、断裂形成机制。1966 年邢台地震后则以地震成因与前兆研究为主要方向。1978 年国家地震局地质研究所建立后，以构造力学实验室和高温高压实验室为基础，成立了构造物理实验室，主要研究方向为地震成因与地震动力学（马瑾，1994）。70 年代初，北京大学成立了岩石力学实验室，分析测试方法包括了电阻应变、光弹性、激光、云纹和光学散斑等。70 年代后期，中国科学院地球物理所建立了地学高温高压实验室，研制出三套具有国际先进水平的高温高压实验仪器设备；中国地质科学院地质力学研究所、中国科学院地球化学研究所成立了岩石力学和地球深部物质实验室，研究在不同温压条件下，地球内部物质的性质、状态、运动和演化规律。2008 年，北京大学成立了高温高压中心。

（二）岩石力学性质、摩擦滑动和破裂实验

岩石在高围压下弹性性质的研究工作始于 20 世纪 60 年代的中国科学院地球物理研究所（方蔚清，1962；高龙生等，1971）。其后，国家地震局地球物理研究所震源物理研究室陈颙等做了与地震学相关的大量岩石力学实验以及数学模拟，其结果丰富了对岩石脆性破裂过程，特别是结构和介质非均匀条件下破裂过程的认识，为深入理解地震机制和地震前兆机理提供了实验依据（陈颙等，1979）。岩石的脆性破裂过程及其伴生的物理现象涉及地震机制及地震前兆机理等问题的大部分工作集中在利用声发射、应变测量及其他技术，研究岩石或相似材料标本的变形和破坏过程（陈宗基等，1989），由此讨论地震过程特别是地震前兆问题。王仁等（1987）和黄杰藩等（1990）利用实时全息干涉计量方法和云纹法，研究了含预制裂纹岩石标本加载破裂的动态特征及其离面和面内位移场．赵永红等（1995）进行了岩石断裂过程显微观测实验研究，分析分支断裂的分布及随外力增加而扩展的过程，并结合断裂图像分形分析结果，将实验结果应用于地壳中大的断裂系统的演化过程以及地震的孕育发生过程。2002 年，马瑾等（2002）基于对含有不同断层组合的标本的声发射、应变和断层位移等一系列实验结果，讨论了断层几何与前兆偏离的关系，提出了断层相互作用的 4 种型式，并分析了其对应的构造和力学条件及其对地震活动性的可能影响。李世愚等（2000）利用光学透射方法，研究了含典型构造的大理岩标本破裂过程中微破裂的演化和集结特征，并讨论了其在地震前兆中的意义。焦明若等（2002）实验研究了滑动方向相同和相反的含障碍体平行断层的相互作用。

在非均匀断层的摩擦行为与地震成核方面取得的结果，有助于理解地震动力学过程的复杂性。马胜利等（2002）分析了断层粘滑失稳对应的声发射波形及断层位移，提出了非均匀断层的粘滑失稳存在两种不同的成核相。

由于实验室内的岩石样品尺度的局限性（厘米量级），不可能反映真实岩石中节理、裂隙的影响。20 世纪 70 年代后，国际上开展了大尺度岩石样品的岩石力学实验。耿乃光等（1990）在 1990 年总结了中国这方面的工作。许东俊等（1989）在鄂中远安断裂带附近进行了现场 $50 cm \times 60 cm \times 30 cm$ 样品的直剪实验，得到了天然断层面、软弱夹层面和节理裂隙面的摩擦系数，发现现场得到的断层泥的摩擦系数与实验室的结果相近。

（三）岩石流变实验与岩石层强度模型

人们对岩石层主要矿物和岩石进行的流变学实验，获得了关于岩石和矿物材料延性形变、水和氧逸度对矿物岩石流变性质影响的实验结果。中国研究者在下地壳和上地幔物质的流变性质方面也取得了有价值的成果。2000 年，刘俊来等（2000）系统分析了中上地壳主要岩石——花岗岩力学行为和变形机制随温度和压力条件的变化，讨论了大陆岩石层的强度和变形机制，并提出一种新的断层带模型。2002 年，何昌荣等

（2002）利用高温高压实验，研究了辉长岩的半脆性 – 塑性流变特征，获得了系统的流变参数，并讨论了其在岩石层强度和地震活动性中的意义。金振民等（1994，2001）在高温高压条件下，对上地幔物质榴辉岩和方辉橄榄岩的流变性质以及地幔橄榄岩动态部分熔融进行了实验研究，获得了榴辉岩的流变参数，并据此讨论了深俯冲大洋岩石层的流变性质。白武明等（1997）研究了在水和部分熔融共同存在的条件下，橄榄石聚合体的流变行为。赵永红等（2004，2009）研究了尖晶石的高温高压流变学性能、圣卡罗橄榄石单晶中含铁量与含水量之间的关系以及含水和含铁量对橄榄石集合体流变性的影响。

多矿物岩石的流变强度是岩石层流变性质的一个重要问题，常采用经验规律来研究。北京大学臧绍先等提出能量极小方法和采用分贝误差方法作为检验的判据，分析了组成矿物的含量及分布对岩石流变性质的影响，提出了新的经验流变规律公式，使之成为独立于上下界理论的一种新方法（臧绍先等，2003；Jiang Y et al.，2005）。2007 年，臧绍先等（2005）搜集了大量新的岩石实验资料，特别是分析整理了大标本及原地实验资料，建立了一个可以涵盖摩擦滑动、脆性破裂及蠕变的统一岩石层强度经验公式。这个公式既考虑了小标本的结果推广到大尺度的情况，又考虑了温度、压力、应变率和流体的作用。臧绍先等指出，计算岩石层流变强度时应该考虑摩擦滑动、脆性破坏和蠕变三种机制。这样得到的岩石层最大强度是传统计算结果的 1/3 左右。

数值模拟也是研究岩石流变的方法之一。 杨振涛等（2004）利用有限元方法计算了已知端元矿物流变性质时多矿物组成的岩石流变性，崔晓佳等（2008）利用有限元方法计算了随机分布多矿物组成的岩石流变性。

岩石层的流变结构是地球动力学的一个重要研究课题，由实验得到的岩石层结构一般仅是一维的，横向的非均匀性及其特征目前研究还很少。因此，开展三维流变结构的理论和实验研究无疑是定量地研究岩石层动力学，特别是大陆动力学的基础和方向。2002 年，臧绍先等（2002，2005）提出了建立岩石层三维流变结构的方法，给出了华北地区岩石层三维流变结构的初步模型，并在 GPS 观测应变率约束下给出了鄂尔多斯及其邻区岩石层三维流变模型。这些结果与其他地质、地球物理资料有较好的一致性，并已用于岩石层块体相互作用的研究。

二、地幔与地核动力学

地幔中存在对流的认识可追溯到 19 世纪初，但蓬勃发展却是在 20 世纪中期以后。自 20 世纪 70 年代以来，为了解决板块运动的动力来源和驱动机制，地幔对流的研究又重新活跃，并被置于严格的物理学基础之上。中国学者在这一领域的研究基本上与国际同步。

运用地幔对流解释全球尺度地球物理观测。1993 年，叶正仁等（1993）从基本的热对流方程出发，并结合地幔对流特点，特别考虑到自重及非线性影响，探讨地幔对流及其与表面观测的关系，发展了相应的数值方法。计算得到的长波大地水准面、地表地形、板块速度场水平散度与观测值符合程度较好。中国科学技术大学傅容珊和黄建华（1993）在一定的简化条件下，利用多种地球物理观测资料直接反演地幔对流模型，包括板块绝对运动极型场、地球大地水准面异常和地震层析结果提供的地幔密度分布横向不均匀相应的"刚性地球"水准面异常等。吴建平和刘元龙（1992）采用GEM10C的前50阶系数，计算了全球自由空气重力异常和地幔对流产生的岩石层底部应力场。通过对全球重力异常、应力场的分析，着重讨论了板块运动与地幔对流间的关系。孙荀英等（1994）分析了有海底扩张无海沟后退、有海沟后退无海底扩张以及海底扩张与海沟后退共存等3种情况下，俯冲板片运动与海沟迁移的关系。用幂律流体有限元方法计算海沟后退对地幔对流的影响。计算表明，对流环、高流动负压区以及低粘区的个数和位置，均受控于海沟是否后退以及海底是否扩张。王建和叶正仁（2005）利用动力学模拟方法，研究地幔对流对于大尺度岩石层内部应力场形成的作用。结果表明，大部分俯冲带及大陆碰撞带区域应力均呈现挤压特征，而东太平洋洋脊、大西洋洋脊及东非裂谷处应力状态均表现为拉张；并且绝大多数热点位置处于应力拉张区域。这与目前对全球构造应力状态的理解是一致的，表明地幔对流是造成岩石层内部大尺度应力状态及分布的一个重要因素。

在小尺度对流与地幔柱研究方面，傅容珊等（1994）于1994年建立了区域重力均衡异常的物理模型，假定区域重力均衡异常源于上地幔密度分布横向不均匀以及由上地幔小尺度对流产生的边界形变，导出了区域重力均衡异常和上地幔小尺度对流之间的相关方程，应用几种模型计算上地幔小尺度对流产生的作用于岩石层底部的拖曳力场。2004年，黄金水和钟时杰（2004）利用二维热对流有限元数值模型，对小尺度地幔对流对海底地形与热流的影响进行了详细研究。结果显示，对黏性与温度相关的牛顿流体，小尺度地幔对流可造成海底表面热流的增加，但对海底地形影响很小。刘洁等（2007）根据横跨天山的流动地震台阵记录的走时数据，利用地震层析成像技术和数值方法，研究了中国境内天山由于密度差异分布引起的上地幔小尺度对流，给出了对流的基本形态特征，结果表明上地幔小尺度对流对天山现今构造变形格局也起着重要作用。熊熊等（2010）利用区域均衡重力异常资料，反演了蒙古—贝加尔地区上地幔小尺度对流流场及作用于岩石层底部的应力场。结果显示，蒙古—贝加尔地区地幔流场及对流应力场分布与地表构造具有很好的相关性。许萍等（2006）利用密度异常驱动上地幔小尺度对流的数学物理模型，采用地震层析成像数据，计算得到了中国西北及周边地区上地幔对流模式。结果表明，对流流场的顶部在岩石层较薄的盆地区域呈现上升发散流动特征；岩石层较厚的山脉则对应了会聚下降的流动特征。同时，塔里木盆地处于拉张状态，驱动其上地幔物质南下向青藏高原北部西昆仑运动，以及北上向天山下部流动，这可能是天山隆升的原因之一。张健等（2001）利用地热学、流变学和重力学方法，计算了南海岩石层温度结构、流变特征及地幔对流格局。李荫亭（2000）研究了动态地幔柱尾管结构，从控制尾管结构的基本方程出发，给出了一个定常轴对称地幔柱温度和速度分布的近似分析解，得出影响尾管内温度分布的主导因素是地幔柱的热流通量，而尾管内上涌速度的大小则不仅取决于热流通量，主要是取决于地幔黏度随深度的变化方式。

在地幔对流理论与模型研究方面，1992 年，傅容珊等（1992）以板块绝对运动 AM1-2 模型为边界条件，探讨了不同的瑞利数下地幔热对流模型。结果表明，瑞利数小于 10 000（529.41）时，地幔对流呈现以板块驱动图式，运动的极型场和环型场由板块运动激发，两种场占有差不多相同的功率；当瑞利数增加到接近或略超过最低临界值时（约 1.5 倍），对流呈现出复杂状态。叶正仁（2003）利用有限元方法，研究上地幔 - 岩石层系统的变黏度小尺度对流。当黏度随温度变化较剧烈时，系统的最上部物质不参与对流，发育形成一个类似于岩石层的静止盖层。高热流、上升地形对应于对流的上升区；反之，低热流、下降地形与对流的下降区对应。傅容珊等（2005）发展了在上、下地幔不同黏性结构框架下，密度异常驱动地幔对流的物理模型。利用 Grands 和 S12WM13 等地震层析成像模型，推得地幔密度异常分布，反演了不同黏滞系数的双层地幔结构下地幔对流的模式。朱涛等（2006）将黏度的横向变化引入地幔对流模型中，并给出了变黏度地幔对流模型的数值解法。1996 年，叶正仁等（1996）提出了地幔混合对流理论，地幔内部的流动由两部分组成：一部分是由内部非绝热温度差异造成的自由对流；另一部分是由在地表运动的板块所激发。根据板块处于动力学平衡状态的观测事实，建立了相应的模型。数值结果表明，根据混合对流模型所预期的板块速度场，既能产生极型场，也能产生环型场，而且在空间分布特征及功率谱分布上与观测资料符合相当好。

北京大学王世民等（2001，2006）提出了板块绝对运动模型（T22A 模型），发现热点起源的下地幔物质在作与岩石圈板块方向相反的运动、并且板块运动在过去 4000 万年里保持不变，否定了过去 30 多年来广泛采用的热点固定假设，对研究地幔对流及流变结构、重建板块运动、分析真极移与全球参考系等都有极为重要的意义。相关研究成果不仅被 *Science*，*EPSL*，*JGR*，*GRL*，*GJI* 等国际期刊论文引用，而且由美国著名 *Natural History* 杂志专文介绍给公众，并被《在线大英百科全书》收录。

地核动力学研究在中国开始得较晚。1993 年，中国科学院地球物理研究所马石庄（1993）曾在柱坐标下进行磁流体动力学的不稳定性分析，考虑了流体在磁力、科氏力、浮力支配下，双扩散对流的失稳条件，说明了核幔边界下方可以存在流体静力稳定的化学边界层。2002 年，徐建桥等（2002）分别计算了在地球表面、核幔边界和内核边界上的内部负荷勒夫数。探讨了液核边界上压力和引力扰动导致的地球形变场的空间和频率分布特征。发现液核边界上流体压力和引力扰动会在不同程度上导致地幔、内核的形变和引力位扰动。2005 年，张捍卫等（2005）系统地对国外有关地核自转动力学的基本理论和概念进行了介绍和改进。

对于地核的研究大都将它们视为一个孤立的系统，很少考虑核幔边界之间的耦合影响。徐文耀（1994）认为应该考虑核幔的耦合效应，把地球作为整体加以研究。

三、板块驱动力

板块运动的驱动力或机制，一直是地球科学家寻求解决的课题。自 20 世纪七八十年代以来，中国学者在这一领域开展了许多研究。

1981年，中国科学院力学研究所谈镐生和关德相（1981）根据观测数据，提出了既适用于大陆板块也适用于海洋板块的统一经验运动公式：板块的运动速度与有效洋脊长度与海沟长度之和除以大陆面积与下沉条带两侧表面积之和成正比。根据这一公式，简化的力学分析表明，板块运动的驱动力来源于洋脊的推力和下沉条带的拉力，阻力主要为作用于板块大陆部分底面和下沉条带两侧面的黏性力。1979年，李荫亭和关德相（1979a）则从流体力学基本方程组出发，分析了大洋中脊下上涌流动的特点，得到了上涌流动结构的数学描述，算出了板块移动速度、上涌流动作用于板块的推力和输送的能量。这些结果均与地球物理得到的观测一致。从而论证了大洋中脊下深部地幔物质的上涌流动是洋底板块赖以新生的质量源泉，也是洋底板块能够克服各种阻力以近于恒定速度运动的力源。李荫亭和薛恩（1979b）基于上涌流动模式，用数值方法模拟洋脊裂谷深度和宽度，结果与观测符合很好。1985年，叶正仁和洪明德（1985）根据观测的板块运动速度，将板块分为有俯冲翼和没有俯冲翼两类。二者在速度上相差很大，并且运用边界层方法探讨地幔软流层对板块的作用。结果表明，在可以允许的地幔物质参数范围内，对于没有俯冲翼的一类板块，软流层的作用主要表现为驱动力而不是阻力；而对于有俯冲翼的运动速度较大的一类板块，软流层起着阻碍板块运动的作用。

经过多年研究，至20世纪80年代中后期，大部分研究者认为在板块俯冲处的负浮力可能是最主要的驱动板块运动的力源。1994年，臧绍先和宁杰远（1994）利用有限元方法及准动力学模型，计算了在不同运动学及热参数条件俯冲板块的负浮力，表明不同俯冲状态下负浮力不同。定量估计负浮力大小数值均在几十兆帕到100MPa，比已知其他驱动力大一个量级。他们还具体探讨了亚稳态橄榄石对俯冲带负浮力的影响，发现当深度小于400km或大于740km时，负浮力随深度而增加；在400~660km之间，受橄榄石相变影响。不同模型负浮力随深度变化有明显不同，亚稳态橄榄石的存在使负浮力随深度增加而减小，不利于俯冲带直接穿透660km间断面。

板块驱动机制与地幔对流、地壳应力有着不可分割的联系。2002年，孙荀英等（2002）利用数值方法研究了亚洲大陆下方的地幔流动场，由此推断其对亚洲地壳的作用力，从另一个角度研究板块驱动机制。傅容珊等（1998）则就一个更小的区域——青藏高原天山地区——探讨岩石层构造运动的地幔动力学机制，发现大尺度的地幔物质运移过程可能驱动中国大陆岩石层整体从西部南北运动为主转向东部地区以北东和南东方向运动。1996年，汪素云等（1996）对中国及其邻区周围板块作用力进行了详细研究，他们利用震源机制解推断的观测应力方向，反演中国大陆周围板块作用力的相对大小，得出印度板块作用力最大，次为太平洋板块。叶正仁和王建（2004）依据观测的GPS资料对中国大陆现今地壳运动进行动力学模拟，也得出相同结论。李祖宁等（2002）也对多种驱动力作用下东亚大陆形变及应力变化作了探讨。朱桂芝等（2009）采用依赖温度的黏度结构以及考虑海洋板块和大陆板块厚度差异等特征，以太平洋板块向欧亚板块会聚速率作为板块速度的主要约束，通过变化海沟后撤速度模型，数值模拟西太平洋板块向中国东北的俯冲过程。结果表明，大陆岩石层之下物质不断地水平向东的流动和推挤，可能成为海沟后撤的力源之一，地幔物质的这种东向流动可能与印度板块挤压碰撞欧亚板块有关，沿欧亚板块东缘的扩张构造，可能是太平洋－欧亚板块运动和印度－欧亚板块运动的综合效应。

第三节　地球动力学的应用

一、地震危险区预测与地震触发

地震的孕育和发生是地震断层或震源区应力缓慢积累和突然释放的过程。从地球动力学的角度看，研究地应力场特征及其变化是预测地震危险性的一个直接手段（李四光，1996b）。影响应力场的因素很多，根据不同因素，可以从不同角度对地震危险性进行预测。例如，断层活动性（李四光，1996b），几何形态（马瑾等，1996）和空间展布（张之立，1994），震源介质的力学性质（殷有泉等，1984），地下温度（安镇文等，1986；蔡永恩等，1992），流体压力（车用太等，2000）等。

（一）应力转移与地震危险区

从应力的角度对应力转移与地震危险区研究较多的是大地震后的"应力转移"与"地震触发"问题。

1976 年唐山大地震后，人们十分关心它会不会触发京津唐地区的破坏性地震。20世纪 80 年代初期，王仁等（1980，1982）基于弹塑性力学理论和有限元方法，首次提出了利用构造地质学、大地测量学、地震学和岩石力学提供的资料，反演唐山地震后的地应力场和探讨地震迁移的思路和方法。这种方法能够考虑岩石的弹塑性和复杂的地质构造背景以及孕育地震的应力场的影响。为了衡量一个地方地震危险性的大小，在这一方法中，定义了两个无量纲量：一个是地震安全度 G（断层的摩擦阻力与断层内剪应力之差与断层摩擦阻力的比值），用来反映一个地方地震危险性的背景，G越大，地震安全度越高；另一个是安全度变化 ΔG（地震后安全度减去地震前安全度之差），用来衡量对地震的触发程度。$\Delta G > 0$ 代表安全度增加；$\Delta G < 0$ 则减小。地震能否触发不仅依赖 ΔG 的大小，还与地震前这个地方 G 值或危险程度有关。王仁等利用这个方法预测了唐山地震后的地震危险区和北京的安全度，得出结论：北京地区在唐山地震后是安全的。开创了地球物理手段之外的研究地震迁移与危险区预测的新方法。这种方法早于目前国际上广泛使用的库仑应力变化法（ΔCFS）（Stein R S et al.，1987；刘桂萍等，2000；沈正康等，2003）。该方法仅适用于半无限空间、均匀（或分层均匀）、各向同性弹性位错震源模型。在理论上，安全度及其变化是地震触发的充分和必要条件，而 ΔCFS 仅是一个必要条件。

2009 年，胡才博等（2009，2012）在王仁等工作的基础上，从虚功原理出发提出了一个新的能够模拟应力场连续演化和地震迁移的动力学模型。模型中地震不是利用断层位错模拟的，而是在震前应力场作用下，断层材料软化或损伤的结果。这个模型不但能够模拟断层位错，还能得到断层内的应力降。并用这个模型研究了美国兰德（Lander）地震序列、中国1978年唐山和2008年汶川大地震的应力场演化和地震触发。结果表明，介质的不均匀性和断层的相互作用对地震触发和应力场演化的影响不容忽视；下地壳和上地幔黏性对地震断层的应力积累贡献很小，孕震应力主要源于构造加载。

2010年，石耀霖（石耀霖等，2010）以汶川地震为例，讨论了应力触发在地震预报中的应用，指出应当深入研究初始应力场、断层强度、孔隙流体压力以及震前断层蠕动对地震危险区预测的影响。

上述工作没有考虑地震后由于岩石的黏性导致的应力松弛对地震触发的影响。王启鸣和Tocsoz（1983）利用黏弹性的麦克斯韦有限元模型研究了土耳其北部北安纳托利亚断层的地震危险区和地震触发问题，并预测2000年至2020年该断层将进入新的地震活动期。蒋伟和宋惠珍（1987）采用同样的方法模拟了邢台、河间和唐山地震的应力场时空演化。

地震在力学上，可以视为非线性动力学系统的失稳问题，即地震断层在临近破裂时对于外部的加卸载响应最敏感。1991年，国家地震局地球物理研究所尹祥础和尹灿（1991）从这个角度，提出了利用加卸载响应比预测地震危险区和地震的方法。一个地区的加卸载可以通过固体潮实现，其响应可以选择与地震前兆有关的量，例如地形变、地震活动、地下水位、地电和地磁变化等。他们用这个方法，研究了1970—1988年间中国9个大于7级的地震，其中有7个在震前响应比明显上升；而在非震区，响应比基本不变。

1995年，陈培善等（1995）认为构造剪应力场是控制地震发生的主要因素，考虑到裂纹破裂过程中尖端塑性变形特征，并假设断层位错与尖端破裂强度、远场剪应力有关。在此基础上给出了直接利用地震观测资料，计算构造剪应力大小的简单公式。计算结果表明，全球的大震构造剪应力值大多数在5~20 MPa之间，有地区差异，平均为10MPa。他们利用该方法估计了中国的构造剪应力分布，并给出了可能的地震危险区（高剪应力区）。

（二）地球自转速率变化、固体潮对地震的触发

地球角速度变化能否触发地震至今仍是一个有争议的问题。1974年，虞志英等（1974）研究了地球自转速率季节性变化与地震的关系，得到在单一构造体系控制的地区，地震与地球自转速率季节性变化的关系表现良好，发震时间具有一定的相对集中性，而在多种构造体系的复合部位，这种集中性表现不明显。1981年，高建国（1981）从1920—1978年全球大于7级的地震频度与地球纬度有关中发现，纬度越低，地震频度越高，并用地球自转角速度变化引起的离心力特征对此现象进行了解释。

1981年，高锡铭和殷志山等（1981）把地球视为均匀介质，研究了固体潮应力对

地震的触发作用，并讨论了主应力和主应力轴随深度的变化。结论是潮汐平均应力与地震的发震时刻没有明显关系。潮汐最大剪应力对地震有一定的触发作用，斜滑型地震对潮汐最大剪应力的位相有极好的相关性。该文没有考虑断层面上的正应力和摩擦特性对地震触发的影响。1983 年，丁中一等（1983）采用 15 层弹性球对称地球模型的理论解，计算了由日月引潮力在地球内部产生的应力场和发震断层处的固体潮汐应力，并利用库仑破裂准则判断潮汐应力对断层地震的触发作用。对中国及其邻区 70 多个地震以及国外 72 个地震的研究表明，潮汐应力对浅源走滑地震触发作用明显，对浅源斜滑和倾滑地震的触发作用不明显。

二、矿产资源勘探

构造应力对于岩石矿床的形成和变化具有重要的影响和控制作用。

20 世纪 60—80 年代，以地质力学方法应用于地质研究和找矿成为这一时期的特点（李四光，1973），提出构造矿脉的等距性、构造交叉部位富集成矿和五层楼的分带等模式（杨开庆，1979；王治顺等，1999）。

20 世纪 90 年代以来，通过变形与平面应力的分析和实验，模拟流体成矿的动力学机理（周济元等，1977），应用韧性剪切带型金矿成矿模式在新区找矿获得成功（陈柏林等，2000）。王连捷在地应力测量及应力场模拟的基础上，对辽河油田进行了运移势场的计算，发现处于低势区及过渡区的油井，大部分产量丰富（王连捷等，1996）。

考虑到构造应力对成矿的影响，1995 年吕古贤（1995）提出了一种新的成矿深度计算方法，即从传统的成矿压力深度减去平均构造应力的影响。这样得到的成矿深度与传统方法得到的在构造差应力较大的地方会变浅。他利用这个办法得到山东玲珑金矿田的成矿深度在 1000m 到 3500m 之间。计算结果与实际矿床深度基本相符。

如何精确测算具有流变性质岩石的变形和应力，仅仅用固体力学已经不够。但是若考虑时间因素，则需要发展建立流变模型。它将带动地球动力学的深入发展和广泛的应用（刘瑞珣，2007）。

参考文献

安美建，石耀霖，李方全. 1998. 用遗传有限元反演法研究东亚部分地区现今构造应力场的力原和影响因素［J］. 地震学报，20（3）：225-231.

安欧，高国宝. 1993. 鲜水河断裂带古构造残余应力场对大地震的控制［J］. 地震地质，15（2）：139-147.

安镇文，朱传镇. 1986. 地热与地震关系的研究（二）——温度梯度对走滑断层破裂扩展的影响［J］. 地震学报，8（4）：382-392.

蔡永恩，殷有泉，王仁. 1992. 热状态对地震发生的影响［J］. 地球物理学报，35（2）：204-213.

车用太，刘五洲，鱼金子，等. 2000. 板内强震的中地壳硬夹层孕震与流体促震假设［J］. 地震学报，22（1）：93-101.

陈柏林，吴淦国，叶得金，等. 2000. 北山地区分析韧性剪切带型金矿床［J］. 中国区域地质，19（1）

17-28.

陈培善，白彤霞，肖磊．1995．根据环境应力场寻找中国大陆地区的潜在震源［J］．17（3）：294-304.

陈绍林，张怀，朱桂芝，等．2008．自转速率快速变化引起的全球位移场和应力场［J］．地震，28（4）：1-12.

陈颙，姚孝新，耿乃光．1979．应力途径，岩石的强度和体积膨胀［J］．中国科学：A辑 数学，（11）：1093-1100.

陈志德，蒙启安，万天丰，等．2002．松辽盆地古龙凹陷构造应力场弹-塑性增量法数值模拟［J］．地学前缘，9（2）：483-491.

陈宗基，石泽全，于智海，等．1989．用8000KN多功能三轴仪测量脆性岩石的扩容、蠕变及松弛［J］．岩石力学与工程学报，8（2）：97-118.

崔晓佳，张怀，石耀霖．2008．岩石宏观流变性质的数值模拟［J］．岩石学报，24（6）：1417-1424.

丁中一，贾晋康，王仁．1983．潮汐应力对地震的触发作用［J］．地震学报，5（2）：172-184.

丁中一，王仁．1986．引潮力的全球位移场和应力场［J］．地球物理学报，29（6）：578-596.

方蔚清．1962．岩石在高温高压下的弹性性质的研究［J］．地球物理学报，11（1）：28-45.

傅承义．1972．大陆漂移、海底扩张和板块构造［M］．北京：科学出版社.

傅容珊，林芬，黄建华．1992．板块绝对运动及地幔热对流［J］．地球物理学报，35（1），52-61.

傅容珊，黄建华．1993．利用多种地球物理观测资料直接反演地幔对流模型［J］．地球物理学报，36（3）：297-307.

傅容珊，黄建华，刘文忠，等．1994．区域重力异常和上地幔小尺度对流相关方程及对流拖曳力场［J］．地球物理学报，37（5）：638-646.

傅容珊，黄建华，徐耀民，等．1998．青藏高原-天山地区岩石层构造运动的地幔动力学机制［J］．地球物理学报，41：658.

傅容珊，王毅，黄建华，等．2005．黏滞分层地幔中密度异常驱动对流模型的研究［J］．地球物理学报，48（4）：824-833.

高建国．地球自转角速度变化触发地震的初步讨论［J］．科学通报，（5）：293-296.

高建理，丁建民，梁国平，等．1987．华北地区盆地内地壳应力随深度的变化［J］．中国地震，3（4）：82-89.

高龙生，葛焕称．1971．中国大陆岩石标本在高压下的弹性波速的初步研究［J］．地球物理学报，18（1）：27-38.

高锡铭，殷志山，王维忠，等．1981．固体潮应变张量对地震的触发作用［J］．地壳形变与地震，创刊号：5-16.

高原，吴晶．2008．利用剪切波各向异性推断地壳主压应力场：以首都圈地区为例［J］．科学通报，53（23）：2933-2939.

耿乃光，许东俊．1990．大尺度岩石力学实验的进展［J］．国际地震动态，4：1-5.

何昌荣，周永胜，桑祖南．2002．攀枝花辉长岩半脆性-塑性流变的实验研究［J］．中国科学：D辑 地球科学，42（9）：717-726.

黄金水，钟时杰．2004．牛顿流体小尺度地幔对流对海底地形与热流的影响［J］．科学通报，49（22）：2354-2361.

蒋伟，宋惠珍．1987．北京及邻区地震迁移的粘弹性有限元模拟［J］．地震学报，9（增刊）：337-351.

焦明若，张国民，马胜利．2002．含障碍体滑动方向相同平行断层失稳破坏应变场、声发射分布特征的研究［J］．地震学报，24（4）：357-365.

赖院根，刘启元，陈九辉，等．2006．首都圈地区横波分裂与地壳应力场特征［J］．地球物理学报，49（1）：189-196.

李方全，翟青山，毕尚煦，等．1986．水压致裂法原地应力测量及初步结果［J］．地震学报，8（4）：431-438.

李钦祖，王泽皋，贾云年，等. 1973. 由单台小地震资料所得两个区域的应力场 [J]. 地球物理学报，16：49–61.

李世愚，滕春凯，卢振业，等. 2000. 典型构造微破裂集结的实验研究 [J]. 地震学报，22（3）：278–287.

李四光. 1926. 地球表面形象变迁之主因 [J]. 中国地质学会志，5（3–4）：209–262.

李四光. 南岭东段地质力学之研究 [J]. 地质评论，9（5–6）：347.

李四光. 1973. 地质力学概论 [M]. 北京：科学出版社.

李四光. 1996a. Geology of China [M] // 李四光. 李四光全集，第一卷. 武汉：湖北人民出版社.

李四光. 1996b. 论地震 [M] // 李四光. 李四光全集，第七卷. 武汉：湖北人民出版社.

李荫亭，关德相. 1979a. 海底扩张的驱动机理 [J]. 中国科学：A 辑 数学，22（3）：281–292.

李荫亭，薛恩. 1979b. 洋脊中轴地形形成的动力学描述 [J]. 地球物理学报，22（3）：289.

李荫亭. 2000. 动态地幔柱尾管结构 [J]. 地球物理学报，43（1）：30–36.

李祖宁，傅容珊，郑勇，等. 2002. 多种驱动力作用下东亚大陆形变及应力变化 [J]. 地震学报，24：17.

刘桂萍，傅征祥. 2000. 1976 年 7 月 28 日唐山 7. 8 级地震触发的区域地震活动和静应力场变化 [J]. 地震学报，22（1）：17–26.

刘洁，刘启元，郭飚，等. 2007. 中国境内天山上地幔小尺度对流与造山作用 [J]. 中国科学：D 辑 地球科学，37（6）：728–735.

刘俊来，岛田充彦. 2000. 大陆地壳多震层成因与一个新的地壳断层带模式 [J]. 科学通报，45（10）：1085–1091.

刘瑞珣. 2007. 流变学基础模型的地质应用及启示 [J]. 地学前缘，14（4）：61–65.

吕古贤. 1995. 山东省玲珑金矿田成矿深度的研究与测算 [J]. 科学通报，40（15）：1399–1402.

马瑾. 1994. 我国构造物理学研究的进展 [J]. 地球物理学报，37（增刊）：182–195.

马瑾，马胜利，刘力强，等. 1996. 断层几何结构与物理场的演化及失稳特征 [J]. 地震学报，18（2）：200–207.

马瑾，马胜利，刘力强，等. 2002. 断层相互作用形式的实验研究 [J]. 自然科学进展，12（5）：503–508.

马胜利，马瑾，刘力强. 2002. 地震成核相的实验证据 [J]. 科学通报，47（5）：387–391.

马石庄. 1993. 旋转分层导电流体的双扩散磁流体动力学不稳定性 [J]. 地球物理学报，36（5）：579–588.

潘立宙. 1991. 确定古应力场的断层擦痕分析法力学原理 [J]. 地质力学研究所所刊，5–22.

钱伟长，叶开沅. 1956. 弹性力学 [M]. 北京：科学出版社.

沈正康，万永革，甘卫军，等. 2003. 东昆仑活动断裂带大地震之间的黏弹性应力触发研究 [J]. 地球物理学报，46（6）：786–795.

石耀霖，曹建玲. 2010. 库仑应力计算及应用过程中若干问题的讨论——以汶川地震为例 [J]. 地球物理学报，53（1）：102–110.

石耀霖. 1982. 运用平面弹性有限单元法分析帚状构造应力场 [J]. 地质力学研究所所刊，3：21–29.

石耀霖. 1992. 遗传算法及其在地球物理中的应用 [J]. 地球物理学报，35（增刊）：367–371.

孙荀英，王仁，王其允. 1994. 海沟后退对地幔对流的影响 [J]. 地球物理学报，37（6）：738–748.

孙荀英，张环，梁国平. 2002. 亚洲大陆下的地幔流动及其对亚洲地壳作用力 [J]. 地震学报，24：225.

谈镐生，关德相. 1981. 岩石圈板块的统一运动规律 [J]. 科学通报，26（15）：939.

滕吉文，张中杰，王光杰，等. 1999. 喜马拉雅碰撞造山带的深层动力过程与陆 – 陆碰撞新模型 [J]. 地球物理学报，42（4）：481–494.

万天丰. 1988. 古构造应力场 [M]. 北京：地质出版社. 156.

万天丰. 2004. 中国大地构造学纲要 [M]. 北京：地质出版社，387.

汪素云，许忠淮，俞言祥，等. 1996. 中国及其邻区周围板块作用力的研究 [J]. 地球物理学报，39：764.

王建，叶正仁. 2005. 地幔对流对全球岩石圈应力产生与分布的作用 [J]. 地球物理学报，48（3）：584–590.

王连捷，李朋武，崔军文，等．2005．中国大陆科学钻探主孔声发射法现今地应力状态的确定［J］．中国地质，32（2）：259-264．

王连捷，武红岭，王薇．1991．地球引力引起的地壳应力［J］．地质力学研究所所刊，24-31．

王连捷，张利容，袁嘉音，等．2006．地应力与油气运移［J］．地质力学学报，2（2）：3-10．

王启鸣，Tocsoz N M．1983．简单断层带上缓慢应力积累及松弛过程的有限元模拟［J］．地震地质，5（3）：43-53．

王仁，何国祺，殷有泉，等．1980．华北地震迁移规律的数学模拟［J］．地震学报，2（1）：33-42．

王仁，丁中一，殷有泉．1979．固体力学基础［M］．北京：地质出版社．

王仁，丁中一．1999．轴对称情况下地球自转速率变化及引潮力引起的全球应力场［M］//王仁．王仁文集．北京：北京大学出版社，225-239．

王仁，梁海华．1985．用叠加法反演东亚地区现代应力场［G］//国际交流地质学术论文集2——为二十七届国际地质大会撰写．北京：地质出版社，29-36．

王仁，孙荀英，蔡永恩．1982．华北地区近700年地震序列的数学模拟［J］．中国科学：B辑 化学，（8）：745-753．

王仁．1997．我国地球动力学的研究进展与展望［J］．地球物理学报，40（增刊）：50-59．

王治顺，朱大岗，熊成云，等．1999．地质力学的方法与实践：第二篇 构造体系各论（中国典型构造体系分论）［G］．北京：地质出版社．

吴建平，刘元龙．1992．卫星重力场、地幔对流应力场与板块运动关系的探讨［J］．地球物理学报，35（5）：604-612．

吴庆鹏．2000．均匀弹性地球模型内部固体潮应力场的数值计算［J］．北京大学学报：自然科学版，36（3）：400-405．

谢富仁，张世民，窦素芹，等．1999．青藏高原北、东边缘第四纪构造应力场演化特征［J］．地震学报，21（5）：502-512．

熊熊，单斌，王继业，等．2010．蒙古—贝加尔地区上地幔小尺度对流及地球动力学意义［J］．地球物理学报，53（7）：1594-1604．

徐建桥，孙和平．2002．液核动力学扰动引起的地球形变［J］．地震学报，24（4）：397-406．

徐文耀．1994．地球深部结构和动力学特征的地磁学研究［C］//马宗晋，等．现今地球动力学问题讨论会论文集．北京：地震出版社，106-121．

许东俊，耿乃光．1989．岩石和断层泥摩擦特性的现场大尺度试件实验研究［J］．地震学报，11（4）：424-430．

许萍，傅容珊，黄建平，等．2006．中国西北及周边地区上地幔密度异常驱动小尺度对流［J］．地震学报，28：513．

许忠淮，汪素云，俞言祥．1992．根据观测的应力方向利用有限单元方法反演板块边界作用力［J］．地震学报，14（4）：446-455．

许忠淮．2001．东亚地区现今构造应力图的编制［J］．地震学报，23（5）：492-501．

杨开庆．1979．构造带的特征与超基性岩体和铬铁矿的分布关系［J］．地质力学论丛．5：44-57．

杨振涛，宁杰远，赵永红．2004．多矿物岩石流变性的有限元计算［J］．岩石学报，20（6）：1469-1476．

叶正仁，白武明，滕春凯．1993．地幔对流的数值模拟及其与表面观测的关系［J］．地球物理学报，36（1）：27-36．

叶正仁，朱日祥．1996．地幔对流与岩石层板块的相互耦合及影响（Ⅱ）——地幔混合对流理论及其应用［J］．地球物理学报，39（1）：47-57．

叶正仁，洪明德．1985．地幔软流层对板块的作用：阻力还是驱动力［J］．地球物理学报，26（增刊）：651．

叶正仁，王建．2004．中国大陆现今地壳运动的动力学机制［J］．地球物理学报，47：456．

叶正仁. 2003. 上地幔变黏度小尺度对流的数值研究［J］. 地球物理学报, 46（3）: 335–339.

殷有泉, 张宏. 1984. 断裂带内介质的软化特性和地震的非稳定模型［J］. 地震学报, 6（2）: 135–145.

尹祥础, 尹灿. 1991. 非线性系统失稳的前兆与地震预报——响应比理论及其应用［J］. 中国科学: B 辑 化学, 5: 512–532.

尹赞勋. 1973. 板块构造述评［J］. 地质科学, （1）: 56–88.

虞志英, 罗时芳, 许世远, 等. 1974. 地球自转速度季节性变化与地震关系的初步分析［J］. 地球物理学报, 17（1）: 45–49.

臧绍先, 江燕, 魏荣强. 2003. 多矿物岩石经验流变规律: 与边界理论无关的能量极小方法［J］. 科学通报, 48（18）: 1990–1994.

臧绍先, 李昶, 宁杰远, 等. 2002. 华北岩石圈三维流变结构的一种初步模型［J］. 中国科学: D 辑 地球科学, 32（7）: 588–597.

臧绍先, 宁杰远. 1994. 俯冲带的负浮力及其影响因素［J］. 地球物理学报, 37: 174.

臧绍先. 1994. 我国地球动力学研究的发展和展望［J］. 地球物理学报, 37（增刊）: 114–127.

翟青山, 毛吉震, 张钧, 等. 1989. 根据钻孔崩落资料确定剑川地区应力场方向［J］. 地震地质, 11（2）: 46–52.

张捍卫, 许厚泽, 王爱生. 2005. 内核地球自转动力学理论的研究进展（I）——理论基础［J］. 地球物理学进展, 20（2）: 507–512.

张健, 熊亮萍, 汪集暘. 2001. 南海深部地球动力学特征及其演化机制［J］. 地球物理学报, 44（5）: 602–610.

张小平, 邵建国. 1988. 由重力和温度变化引起的地壳水平应力［J］. 地震学报, 10（3）: 281–288.

张之立. 1994. 断裂之间的相互作用和应力场计算［J］. 地震学报, 16（1）: 32–63.

周济元, 余祖成, 毛玉元, 等. 1977. 动力驱动矿液运移的若干问题与成矿预测［G］//中国地质科学院地质力学研究所. 地质力学文集. 北京: 地质出版社, （9）: 47–58.

朱桂芝, 石耀霖, 陈石, 等. 2009. 西太平洋板块向我国东北地区深部俯冲的数值模拟［J］. 地球物理学报, 52: 950.

朱守彪, 石耀霖. 2006. 中国大陆及邻区购走应力场成因研究［J］. 中国科学: D 辑 地球科学, 36（12）: 1077–1083.

朱涛, 马宗晋, 冯锐. 2006. 三维地震波速结构约束下的变黏度地幔对流及其动力学意义［J］. 地球物理学报, 49（5）: 1347–1358.

Bai W M, Mei S H, Kohlstedt D. 1997. Rheology of Partially Molten Olivine Aggregates Under Water-Saturated Conditions［J］. Continental Dynamics, 2（1）: 54–62.

Hu C, Zhou Y J, Cai Y E, et al. 2009. Study of Earthquake Triggering in a heterogeneous Crust Using a New Finite Element Model［J］. Seismological Research Letters, 80（5）: 744–752.

Hu C, Cai Y, Wang Z. 2012. Effects of large historical earthquakes, viscous relaxation, and tectonic loading on the 2008 Wenchuan earthquake［J］. J. Geophys. Res., 117. B06410.

Huang J F, Chen G L, Zhao Y H, et al. 1990. An experimental study of the strain field development prior to failure of a marble plate under compression［J］. Tectonophysics, 175: 269–284.

Jiang Y, Zang S X, Wei R Q. 2005. Decibel Error Test and Flow Law of Multiphase Rocks Based on Energy Minimizing Theory［J］. Earth and Planetary Science Letters, 235（1–2）: 200–210.

Jin Z M, Green H W II, Zhou Y. 1994. Melt topology in partially molten mantle peridotite during ductile deformation［J］. Letters to Nature, 372: 164–167.

Jin Z M, Zhang J F, Green H W II, et al. 2001. Eclogite rheology: implications for subducted lithosphere［J］. Geology, 29: 667–670.

Li Z Q, Cao X l, Chen J G, et al. 1985. Some considerations on the recent tectonic stress field of China［J］.

Tectonophysics, 117: 161–176.

Lin, Angelier J. 1991. Stress tensor analysis in the Taiwan area from focal mechanisms of earthquakes [J]. Tectonophysics, 200: 267–280.

Shi Y, Wang C Y. 1986. Pore pressure generation in sedimentary basins: Overloading versus Aquathermal [J]. Jour. Geophys. Res., 91: 2153–2162.

Shi Y, Wang C Y.1987. Two-dimensional modeling of P–T–t paths of regional metamorphism in simple overthrust terrains [J]. Geology, 15: 1048–1051.

Stein R S, Lisowski M. The 1979 Homestead Valley earthquake sequence, California: Control of aftershocks and postseismic deformation [J]. J. Geophys. Res., 88: 6477–6490.

Sun D S, Lin W R, Cui J W, et al. 2014. Three-dimensional in situ stress determination by anelastic strain recovery and its application at the Wenchuan Earthquake Fault Scientific Drilling Hole-1 (WFSD-1) [J]. Science China: Earth Sciences, 57 (6): 1212–1220.

Wang R, Zhao Y S, Chen Y, et al. 1987. Experiment and finite element simulation of X–type shear fracture from a crack in marble [J]. Tectonophysics, 144: 141–150.

Wang R. 1983. A short note on the inversion of tectonic stress fields [J]. Tectonophysics, 100 (1–3): 405–411.

Wang S M, Liu M. 2006. Moving hotspots or reorganized plates? [J]. Geology, 34 (6): 465–468.

Wang S M, Wang R. 1999. Joint invertion of the kinimatics and dynamics of the North American plate [J]. Tectonophysics, 302: 173–201.

Wang S M, Wang R. 2001. Current plate velocities relative to hotspots: implications for hotspot motion, mantle viscosity and global reference frame [J]. Earth and Planetary Science Letters, 189: 133–140.

Wu Y M, Zhao L, Chang C H. 2008. Focal mechanism determination in Taiwan by genetic algorithm [J]. Bull. Seism. Soc. Am., 98: 651–661.

Xu Z H, Wang S Y, Huang Y R, et al. 1992. Tectonic stress field of China inferred from a large number of small earthquakes [J]. J. Geophys. Res., 97 (B8): 11867–11878.

Zang S X, Wei R Q, Liu Y G. 2005. Three-dimensional rheological structure of the lithosphere in the Ordos and its adjacent area [J]. Geophys. J. Int., 163 (1): 339–356.

Zang S X, Wei R Q, Ning J Y. 2007. Effect of brittle fracture on the rheological structure of the lithosphere and its application in the Ordos [J]. Tectonophysics, 429: 267–285.

Zhao Y H, Ginsberg S, Kohlstedt D, et al. 2004. Solubility of Hydrogen in Olivine: Dependence on Temperature and Iron Content [J]. Contributions to Mineralogy and Petrology, 147: 155–161.

Zhao Y H, Liang H H, Huang J F, et al. 1995. Development of subcracks around compound fractures in rock specimen [J]. Special Issue of PAGEOPH: Mechanics Problems in Geodynamics, 145 (3/4): 759–773.

Zhao Y H, Zimmerman M, Kohlstedt D. 2009. Effect of Iron Content on the Creep Behavior of Olivine: 1. Anhydrous Conditions [J]. EPSL, 287: 229–240.

第九章
空间物理学

1957年7月1日—1958年12月31日国际地球物理年期间，苏联于1957年10月成功发射第一颗人造地球卫星，标志着人类进入了太空时代，一个新的学科——空间物理学开始形成。

中国科学院地球物理研究所所长赵九章积极倡议发展中国的人造卫星。1958年8月，中国科学院为实施中国的空间科技发展规划，成立"581"组，钱学森任组长，赵九章任副组长。1958年10月，赵九章率领中科学院高层大气物理代表团赴苏联考察访问，在考察的总结报告中提出："我国发展人造卫星一定要走自力更生的道路，要由小到大，由低级到高级。"随后几年，赵九章带领科技队伍进行探空火箭探测的研究，开展卫星的探索和预研，研制环境模拟设备和建立环境模拟实验室，开展遥测、跟踪定位技术研究。通过这些工作，培养人才、组建队伍，为中国人造卫星做了大量预研和基础工作。

1964年，中国运载火箭已有一定基础时，赵九章不失时机地上书周总理，建议国家立项正式开展中国人造卫星研制工作，受到了中央的重视。1965年中央批准了中国科学院"关于发展我国人造卫星的工作规划"。在1965年10月召开的中国第一颗人造卫星论证会上，赵九章作为卫星科学技术的总体负责人作了主要的论证报告。1966年1月中国科学院"651"设计院成立，赵九章担任院长。他对中国第一颗卫星的研制、返回式侦察卫星总体技术方案确定和关键技术研制任务落实以及对中国卫星系列发展规划制定都做出了重大贡献，是中国卫星事业的开创奠基人之一。

1959年底，中国科学院地球物理研究所决定，以地磁研究室磁暴组为基础，邀请北京大学、中国科学技术大学相关人员参加，组建以空间物理研究为主的磁暴理论研究组，赵九章亲自主持该组工作。磁暴理论研究组遵照赵九章提出的空间探测、地面观测、理论研究和模拟实验四条腿走路的研究方法，开创了磁暴、磁层、太阳风，辐射带及其模拟实验等课题研究，为中国空间物理学发展奠定了初步基础。直到1966年"文革"爆发，这一进程终止。

在老一辈地球物理学家、空间物理学家赵九章、陈宗器、桂质廷、梁百先、刘庆龄、吕保维、钱骥、朱岗崑等的工作基础上，经过几代人的不断努力，中国空间物理的观测已发展成为以地面观测为主，同时具有气球、火箭和卫星等自主观测能力的先进系统。在地面观测方面，形成了全国性的地磁和电离层观测站网，重点建成了沿东经120°北起漠河南至三亚的地磁和电离层观测链，并扩展到南极中山站和北极黄河站；建立了地基臭氧、气辉、VFH雷达、流星雷达、激光雷达和倾斜滤光片光度计等观测设备；建立了北京和广州2个宇宙线观测台。在20世纪八九十年代太阳活动22周峰年期间，中国科学院组织的重大项目"日地系统整体行为研究"进行了为期5年的日地空间物理联合观测，取得了较全面和系统的观测数据。在气球探测方面，中国科学院建立了气球探空系统，目前已具有大容量、高高度和长距离的探测能力。在火箭探测方面，中国的火箭探测自1958年在赵九章的倡导和组织下起步后，至今在气象火箭和探空火箭的研制、探测方面都有长足的发展。在气象火箭方面，中国先后研制了"T7"、"和平二号"、"和平六号"和"织女一号"4种型号，先后开展了多批次的中层大气探测，取得了大气风、温度、压力和密度的大量探测数据，为中层大气研究和国防部门提供了有价值的科学数据。在探空火箭探测方面，从20世纪60年代中期研制的T7A火箭到80年代中后期研制的织女号探空火箭，探空高度达到147km，为中国利用探空火箭开展科学和技术试验打下了良好的基础。在卫星探测方面，1970年成功发射第一颗人造卫星以后至1998年，先后发射了实践1号、实践2号、两颗气球卫星、实践4号科学卫星和实践5号等系列科学卫星，取得了高空大气密度、高能粒子环境及粒子事件效应等科学数据资料。此外，自1980年以来先后在通信卫星、气象卫星上搭载太阳X射线探测器、高能粒子探测器和静电电位差计，在中国首次获得了太阳X射线爆发和同步高度高能电子的资料，首次测量了太阳质子事件、重离子事件和银河宇宙线的异常成分。21世纪初，中国实施了地球空间双星探测计划，分别于2003年12月和2004年7月成功发射了近地赤道区卫星（TC-1）和极轨卫星（TC-2），在当时国际上地球空间探测卫星尚未覆盖的2个近地磁层活动区，取得了磁场、热等离子体、能量电子、波场、中性原子以及高能粒子的空间分布和时间演化过程等系统的观测资料。

这些探测和在此基础上开展的空间物理研究得到了迅速发展，获得了国际科学界及中国国家层面的认可。例如刘振兴主持的中国与欧洲空间局合作的"双星计划"项目在2010年9月获得国际宇航科学院颁发的杰出团队成就奖，同年获国家科技进步奖一等奖。中国的中高层大气、电离层、磁层、行星际物理研究在国际上占有重要地位。

第一节　中高层大气物理学

中高层大气是空间物理研究中与人类活动关系最为密切的层次之一，也是日地空间环境研究、预报和应用中的一个关键环节。自从第一颗人造地球卫星上天，中国科学家已认识到中高层大气物理学对空间活动的重要影响，并开展了广泛的、多层次的、多种手段的研究工作。从事中高层大气物理学研究的科研队伍和科研设备逐步完善，科研成果已达到国际先进水平，国际地位也得到显著提升。

一、中高层大气物理学的理论研究

早在 1958 年，赵九章就给相关科研人员讲授空间物理学，并于 1961 年组建了中层大气研究室，积极推进大气理论研究和应用工作。1965 年，赵九章编著的《高空大气物理学》（上册）出版，这为中高层大气物理学的研究人员提供了重要的理论依据和参考资料（空间科学与应用中心史编辑委员会，2003）。

从 20 世纪 60 年代开始，刘振兴利用火箭和卫星对高层大气探测的研究资料，提出一个新的流星理论和气体动力学区域划分的方法，主要结果发表在《中国科学》和《地球物理学报》上。陈耀武（1963）开始研究大气模式，他利用逐层逼近法，从卫星轨道阻尼数据计算出高层大气温度剖面，证明热层大气温度分布是不饱和的，其梯度随地方时、地理纬度及太阳活动指数而发生相应的变化。后来他开展了高层大气能量加热源的研究、扩散过程及成分的垂直动力传输研究等，提出了扩散分离高度是不固定的、有一个过渡层的概念，并给出了描述过渡层的垂直动力传输函数（陈耀武，1980）。

在 70 年代，孙超组建了大气理论研究组，并领导了中国标准大气模式的制定。陈哲明（1979）研究了地球与行星大气的起源、大气潮汐、热层大气结构和动力学问题，用大气特征模理论建立了热层大气影响函数，发表了多篇在国内外有影响的论文，得到国外著名空间科学家的高度评价。

从 80 年代开始，吕达仁等（1984）利用美国普拉特维尔（Platteville）MST 雷达进行了夏季强对流激发的中低层大气重力波特征观测和分析，获得了雷暴等强对流激发的波动谱与垂直结构，揭示了对流层顶上下的差别，这一结果被此后的不少重力波研究者引用和证实。邱时彦（1987）通过与西德进行合作研究，获得平流层中微量成分浓度及热化学常数等结果。吴永富（Wu and Widdel, 1992）在中高层大气湍流的研究中，将 chaff 火箭的三维速度场测量技术扩展到中层大气的湍流场的测量，首次从 chaff 火箭的测量中导出湍流耗散率和湍流扩散系数。

在 90 年代，黄荣辉和严邦良等（1993）用线性化全球原始方程谱模式研究地形强迫行星波的垂直传播特征，表明行星波的能量沿两支波导进行传播，在波从对流层向平流层传播中极地波导起主要作用。由于重力破碎产生的阻尼作用，地形强迫的行星波无论其波作用量或振幅均呈振荡状态。陈文和黄荣辉等（陈文和黄荣辉，1996a，1996b）利用变换欧拉平均方程讨论了行星波动力学。观测和模拟结果都表明，在北半球冬季准定常行星波的经向传播存在两支波导，即高纬度波导和低纬度波导。马瑞平等开展了中层大气动力学研究，建立了中高层大气数值模式，成功地模拟了赤道风场准 2 年振荡对平流层暴发性增温的影响，提出并论证了行星波跨赤道传播的新机制，研究了国际中层大气模式在中国上空的适用性（马瑞平，1995）。张辉军和吕达仁定量讨论了重力波和惯性重力波在风切变背景场中的传输特征，推导了相应的传输方程。数值结果表明，在强风切变存在的情况下，由于多普勒效应对波谱在上传过程中产生了显著的滤波效应，从而使波谱产生明显变化和相对于平均流的不对称传播效应（吕达仁和陈洪滨，2003）。易帆等通过分析 VHF 雷达数据，首次发现了大气重力波的临界层现象，这项工作的结论被用来解释观测到的重力波谱各向异性的现象；他与国外学者合作，通过分析 MF 雷达和 FPI 的观测数据，揭示了这两种探测技术在大气风场测量上存在差异的物理原因（张绍东和易帆，1996）。易帆和李钧（1991）由可压缩流体力学方程组出发，采用大气时变全球半谱模式近似理论建立了剪切流动中扰动的发展方程与声重波频散关系，发现剪切不稳定性倾向于激发短周期波动（易帆等，1993）。易帆和肖佐（1993，1994）在随机相位近似下推导了损耗大气中重力波场的非线性传播方程，该方程可作为研究中高层大气重力波能量收支平衡的出发点。庄洪春等研究了日地关系机制及空间电学，全面系统地建立了大气电性能的理论模式，获得大气电离率和电导率的理论计算模式、宇宙线电离源函数、雷电向大气充电的理论模式；研究了太阳活动、电离层电位、大气潮汐、大气密度变化等因素对大气电性能的影响；研究了大气对现代兵器的影响、声重波特性等（庄洪春，1984，1985）。

进入 21 世纪，中高层大气物理学的发展更加迅速。徐寄遥等（2003）在中高层大气遥感信息处理方法的研究工作中提出了新的大气反演方法和光谱信息处理方法；在大气模式研究方面，建立了包括光化学、动力学和辐射过程的自洽的全球三维模式和中高层大气的光化学、动力学和电动力学耦合的二维非线性模式；在中高层大气观测方面，利用 TIMED 卫星上搭载的 SABER 和 TIDI 探测器的观测结果，研究了中间层和低热层区域的温度和风场结构的长期变化特征，潮汐的半年变化、年变化和准 2 年变化等（Xu J Y, et al., 2009）。易帆通过分析自主研制的激光雷达观测资料，研究了武汉上空金属层的基本特征（张绍东和易帆，1998）；张绍东等先后建立了描述重力波和潮汐非线性传播过程的二维和三维数值模式（张绍东等，2001；黄春明等，2002；彭才华等，2006）；通过分析武汉 MF 雷达的观测结果，研究了武汉上空背景风场和潮汐运动的基本特征（张绍东等，2003）；并利用无线电探空仪数据从统计的角度研究了对流层和低平流层大气中惯性重力波和行星波的特征（鲁娴和张绍东，2015）。陈泽宇和吕达仁等（陈泽宇和吕达仁，2007）利用 TIMDE 卫星上搭载的 SABER 探测器获得的温度资料重构了 120° E 子午圈内中间层和低热层大气潮汐多个主要的频率分量，结果表明了迁移性成分对周日潮和半日潮的主要控制作用；陈泽宇和吕达仁等（2002）利用一个非静力平衡的可压缩流动力学模式与一个云模式相耦合，以一次中纬雷暴实测为个例，进行了三维穿透对流激发的平流层上传重力波的数值模拟研究，清晰地展现了穿透对流在对流层顶产生扰动时呈现的波含能子区、波激发子区和满足重力波偏振方程关系的波形成子区的清晰特征。刘仁强等（刘仁强和吕达仁，2008）利用中频雷达探测数据首次给出了一例潮汐非线性相互作用的图像，揭示了在非线性相互作用过程中潮汐水平风分量之间明确的相位差关系。

二、中高层大气物理学的探测技术和手段

1967 年中国科学院大气物理研究所和中国科学院上海光学精密机械研究所合作，研制成功中国第一台红宝石激光雷达。在此基础上，1980 年，大气物理研究所研制完成了中国第一台用于平流层气溶胶探测的红宝石激光雷达。20 世纪 90 年代中期，在中国科学院的支持下，大气物理研究所开始研制用于中层大气臭氧探测的大型 4 波长激光雷达系统，至 2001 年初步获得了北京上空平流层臭氧浓度分布（吕达仁，1996）。

吕达仁等主持完成了中国第一台自主开发的平流层大气晴空探测雷达的研制工作，并在极化交替和自适应信号提取等方面有重要创新。中层激光雷达在中国的其他单位也获得了发展应用，特别是中国科学院安徽光学精密机械研究所先后发展了平流层气溶胶和臭氧探测激光雷达，获得了较为系统的资料，提供了中国中东部上空的气溶胶和臭氧分布的信息。中国科学院武汉物理与数学研究所发展了中间层大气温度密度探测的瑞利散射激光雷达和钠原子激光荧光探测雷达，近几年已取得有价值的结果。武汉大学亦建立了类似的系统并取得了有价值的资料。至此，中国已在南北三地具备了中层大气区域性联合探测的条件（吕达仁，1996；王英鉴，1997）。

进入 21 世纪，中国在中高层大气物理学方面的观测设备的研制和建设方面更是发展迅速。易帆等（2007）在武汉大学先后研制出探测能力位居国际主流水平的钠荧光 / 瑞利激光雷达（2001 年），铁荧光 / 瑞利激光雷达和铁玻尔兹曼测温激光雷达（2003 年），瑞利 / 米 / 拉曼散射激光雷达（2006 年），以及钙原子激光雷达（2007 年）。铁激光雷达和钠激光雷达在武汉上空的共体积同步观测结果，发现钠层和铁层有非常一致的下沿结构。中国科学技术大学窦贤康等（2010）在发展了米 / 瑞利钠荧光双波长激光雷达和车载多普勒测风激光雷达 2 种先进的实验系统，并建立了相应的观测基地，组织进行了长期的观测，取得了大量宝贵数据。在利用自主观测数据基础上，并配合使用国内外其他数据，揭示了中国上空的突发钠层与流星注入以及电离层 Es 之间的强关联性。窦贤康、胡雄等（2006）在国家"863"计划高技术重大课题支持下，联合国内有关单位，研制车载（可重部署）钠层测风测温激光雷达、车载多普勒测风激光雷达、车载 FP 干涉测风仪、车载中频雷达、车载流星雷达、大气重力波成像仪、车载信息支持中心等先进设备，在廊坊站集成并具备了临近空间环境综合探测和服务能力，这些设备的联合观测，能够同时获得中高层大气物理学研究中所必需的多种物理参数，为深入研究中高层大气的物理规律提供了很好的机遇。

在子午工程的支持下，在北京（北方地区）、合肥（中部地区）和海南（南方地区）三个地区分别建成了激光雷达观测站，与 2 台全天空气辉成像仪以及 1 台 FPI 进行联合探测，其观测资料将成为空间环境灾害性事件预报的重要数据基础，为认识中高层大气的光化学、动力过程，研究热层、电离层和中层大气的耦合过程以及探索日地系统的耦合机制等提供良好的观测基础（Wang，2010）。

第二节　电离层物理学

电离层物理学是空间物理学的重要分支学科，但作为独立学科，电离层物理学的发端要远早于空间物理学的出现。一般认为，电离层观测与研究开创于 1924 年英国人阿普尔顿（Sir E. V. Appleton）和巴尼特（M. A. F. Barnett）及 1925 年美国人布雷特（G. Breit）和图夫（M. A. Tuve）分别对电离层无线电回波的实验观测。

大约 10 年后，中国开始电离层研究。1935 年中央研究院物理研究所陈茂康在上海用自行研制的单频高频探测仪器研究了电离层视高和强度；1937 年桂质廷在武昌进行了电离层垂直测量。中国早期电离层的科学观测和研究工作规模有限，专业人员稀缺。

自 20 世纪 50 年代以来，中国电离层观测研究有了很大发展，但其间也有过停滞和调整期。

一、起步阶段（1949—1966 年）

新中国成立伊始，中国电离层研究的起步以机构布局为主，并开展了相应研究工作。

（一）政府部门管辖的电离层研究机构

新中国成立后，根据电信事业发展的需要，人民政府十分重视开展电离层观测与研究。解放初期，人民政府接管了原重庆电波研究所，并于 1950 年 8 月改归中央邮电部管辖。1951 年 1 月，研究所大部分迁入北京并入邮电部电信科学研究所，成立电波传播研究组，吕保维任组长。1953 年，该研究组的一部分转入军事电子科学研究院，并成立无线电波研究室，吕保维任室主任。1958 年夏，该室又一分为三，分别转入中国科学院电子学研究所、国家科学技术委员会十院 19 所和邮电部电信科学研究院，组成相应的研究室。直到 1965 年 5 月，上述 3 个单位又合并成立了中国电波传播研究所，专门从事电离层电波传播研究至今。

这一时期，上述研究机构研制出电离层垂直测高仪，引进了自动测高仪等先进设备，改进了电离层 F 层临界频率的预报并开展电离层骚扰预报业务，还进行了电离层前向散射实验和核爆炸效应的观测等。

（二）中国科学院有关单位的电离层研究工作

1953 年 1 月，中国科学院地球物理研究所在上海佘山建立了电离层垂测站。为迎接国际地球物理年，1956 年该所又分别在兰州、武汉和广州新建了地球物理观象台。1957 年，为适应苏联第一颗人造卫星上天后的学科发展形势，地球物理研究所在赵九章的领导下进行了调整，成立了研究所二部，专门从事高空探测，并于 1963 年在河北廊坊建立了电离层垂测站，台站负责人是徐楚孚，开展了电离层垂测、卫星信号接收和测风等观测工作。1966 年该台撤销。

由中国科学院地球物理研究所和武汉大学等共同筹建的武汉电离层观象台（当时称地球物理研究所武汉地球物理观象台）于 1958 年独立为武汉高空大气物理研究所，直属中国科学院武汉分院。2 年后进行学科调整，专门从事电离层探测与研究部分，于次年与测量制图研究所、湖北机械研究所一道，3 所合并成立中国科学院测量与地球物理研究所。武汉电离层观象台的早期电离层研究以电离层垂直观测为主，从 1956 年接手武汉大学的观测工作至今，基本保持了不间断的电离层常规观测，取得了连续资料。此外，还开展了电离层不均匀结构和漂移的观测研究。在理论研究方面，武汉大学李钧等研究了电离层电波传播的等效屏理论及二次回波特性，并发展电离层漂移测量的相似衰落分析方法（李钧等，1981；李钧，1983；万卫星和李钧，1987）。中国科学院武汉物理与数学所黄信榆等（黄信榆和谭子勋，1984）研究了地电波速度分布对 A–H 公式的影响，并提出了电离剖面反演的新算法。

1958 年，中国科学院创办中国科学技术大学，从一开始成立就十分重视空间科学技术的发展和专门人才的培养，在应用地球物理系设立了高空物理专业，编写了一套高空物理与探空技术的讲义，其中赵九章等编写的《高空大气物理学》教材，对促进中国空间物理人才的成长起了积极的推动作用。

另外，中国科学院电子研究所内也设有电波传播研究室，并开展了电离层方面的研究。中国科学院各天文台的太阳物理研究室也注意电离层扰动的研究。

（三）高校的电离层研究工作

在高校的电离层研究中，武汉大学的工作历史悠久，规模较大，影响较广泛。早在 1946 年，桂质廷就在武汉大学成立了游离层实验室。该实验室一直坚持电离层垂直观测工作，直到 1956 年由中国科学院的武汉地球物理观象台建成并接管观测为止，取得了武汉地区较为连续和完整（约一个太阳活动周期）的早期电离层探测资料。在这一时期，武汉大学还建立了黄陂试验站，开展了电离层斜向探测研究。与此同时，武汉大学在学科建设中设立电离层及电波传播专业，培养本科生和研究生。1956 年，为迎接国际地球物理年，武汉大学邀请苏联专家来校讲学和协助开展研究工作。武汉大学还协助地球物理研究所建设了上海佘山垂测站，合作建立了武汉地球物理观象台，以开展国际地球物理年的活动。

北京大学也是中国较早开展电离层研究的高校，1958 年开始筹备，2 年后成立了地球物理系，设有高空与空间物理专业，培养了大批电离层物理及空间物理人才。这一时期，北京大学还首先在中国开展了磁流体波在电离层中传播的研究，建立了大容量低气压电离室，模拟电离层等离子体对天线辐射方向性图的影响。此外，北京大学还较早地进行了磁暴和电离层暴关系的研究。

二、停滞阶段（1966—1978 年）

"文革"期间，中国电离层观测研究没有大的发展，但有一些机构变动。其中，"文革"前夕（1966 年 2 月），从事高空探测与研究的中国科学院地球物理研究所二部从地球物理研究所中分出，组建为中国科学院应用地球物理研究所。1968 年，应用地球物理研究所划归国防科委，名为空间物理及探测技术研究所。1978 年回归中国科学院，并回迁北京。后来又与中国科学院空间科学技术中心的一部分合并成为现在的空间科学与应用研究中心。1970 年，武汉电离层观象台与所在的中国科学院测量与地球物理研究所一道划归国家地震局更名为武汉地震大队（研究所），直到 1976 年回归中国科学院，归属武汉物理研究所并在该所成立电离层物理研究室。

"文革"极大地阻碍了中国电离层研究工作的正常开展，特别是在电离层基础研究方面基本处于停滞状态，这时期几乎没有学术论文正式发表，只有少数单位能进行一些以解决工程任务中提出的有关问题为主的应用研究，包括研究与民用和国防工程建设有关的电离层模式、电离层扰动，以及与工程精度或可靠性有关的电波传播问题。

（一）电离层观测工作

由武汉电离层观象台及中国电波传播研究所管理的约 10 个电离层垂测站一直坚持进行常规观测，积累了大量电离层常规观测资料，基本保证了中国电离层垂测台网数据的连贯性。另外，在有关国防单位的领导或协助下，空间物理研究所等单位研制火箭、卫星的电离层探测载荷，取得一些新进展。

（二）电离层电波传播研究

中国电波传播研究所等单位根据工程建设的需要，开展了电离层电波传播的研究。通过接收火箭和卫星上的无线电信标，对电离层电波穿透传播做了大量观测工作，并在理论和实验上研究了电离层不均匀结构和火箭喷焰等扰动对测控雷达精度的影响。为配合中国高精度长波授时台的建设，陕西天文台、武汉电离层观象台、中国电波传播研究所，对地面－电离层波导的无线电波传播进行了大量的观测和理论研究。为改进远距离短波通信，武汉大学、中国电波传播研究所、中国船舰通信研究所等单位开展了电离层斜测试验和通信实时选频的实验研究，研制成功多种短波实时选频系统。中国电波传播研究所等单位筹建了大功率后向散射返回雷达观测站，并利用军用雷达初步开展了电离层非相干散射雷达的试验观测。配合中国核试验，武汉大学、中国电波传播研究所及武汉电离层观象台等单位，开展了电离层人工干扰及其对电波传播影响的大规模的实验观测（焦培南，1991）。

（三）地震电离层效应研究

1966 年，邢台大地震以后，与地震相关的电磁场异常及低层大气扰动现象吸引中国许多学者注意。有单位开展了地震及台风等自然灾害现象对电离层影响的观测和研究，推动了中国电离层扰动以及电离层与中低层大气耦合的研究，这为后来武汉电离层观象台开展电离层声重波观测与研究打下了基础（梁百先等，1994）。

三、发展阶段（1978—2000 年）

"文革"结束后，中国的电离层研究也进入了一个新的发展时期。1978 年，在新组建的中国空间科学学会的领导下，经全国电离层工作者的多次讨论，确定了中国电离层研究的目标和方向，就是"更好地认识和利用近地空间环境，与太阳物理研究相结合，以日地关系整体行为的研究为重点，把电离层研究作为日地关系研究中的重要一环，并探讨中国电离层的地区特征"。这一时期的电离层研究机构很少调整，较为稳定。其中，为适应中国极地研究的需要，国家海洋局于1989年组建了中国极地研究所（后改为中国极地研究中心），设立了极区高空大气物理研究室，专门从事极区电离层和空间物理研究。

这一时期的电离层研究中，突出了求实的精神，重视基础研究和实验观测。国内各单位协调合作，同时提倡开放、进取的精神，积极参与国际空间研究委员会（COSPAR）、国际无线电科学联盟（URSI）、国际大地测量和地球物理学联合会（IUGG）等国际学术机构组织的学术交流活动，并参加了一些著名的国际合作计划，如日地能量传输计划（STEP）、全球电离层热层研究计划（WITS）、全球声重波研究计划（WAGS）等。武汉大学、北京大学和中国科学技术大学等高等院校加强了电离层专业学生的培养，在一些高校和科研单位还设置了空间物理和高空大气物理方面的硕士点和博士点，一批学术思想活跃的青年人很快成长起来（肖佐，1997）。

总的来说，中国电离层研究在20世纪八九十年代发展速度较快，尽管期间随着中国经济形势的需要也经历了一些小的调整期。这一时期中国电离层研究的主要成果有：

（一）电离层探测台网建设

在已经长期运转的中国电离层垂测站网的基础上，更新了电离层垂直观测设备，特别是在海口、北京、武汉以及南极中山站等综合观测台站先后配置了多功能数字式电离层探测仪。空间科学与应用研究中心、武汉大学、电波传播研究所、武汉电离层观象台利用同步卫星的无线电信标测量技术开展了电离层TEC观测，电波传播研究所和武汉电离层观象台利用长波信号测量技术开展了低电离层观测，武汉电离层观象台、北京大学等单位利用短波授时信号开展了电离层多普勒观测。其中武汉电离层观象台建立了由3个观测站构成的、同时拥有高频多普勒接收机和卫星信标接收机的观测阵网，为开展电离层扰动传播研究做出了重要贡献。空间科学与应用研究中心还在海口进行了高空气球和火箭探测试验。此外，中国还在南极长城站、中山站建立了电离层垂测站，开展极区电离层观测研究。

（二）电离层联测

电离层科学研究机构利用电离层观测台网的多种观测设备，与太阳物理界合作，多次组织对太阳和地球物理重大事件进行有效的联合观测，如1980年云南日全食，1981年漠河日偏食，1987年横跨中国大部地区的日环食，1997年漠河日全食等，都组织进行了大规模联合观测。在第22周太阳活动峰年期间，中国科学院还有计划地组织了全国台网联测，对一系列重大太阳事件及其电离层效应，取得了比较全面、完整的观测数据。

（三）基础研究

这一时期的电离层物理基础研究也"再次"起步，在电离层观测新资料的利用及分析反演方法研究、电离层结构与变化规律的研究、电离层扰动与大尺度波动研究、电离层不规则结构特性与机理研究、电离层－磁层及电离层－大气层的耦合研究、电离层电波传播的研究等方面取得较高水平的研究成果。这期间中国学者在国内外学术刊物上公开发表了200多篇与电离层基础研究相关的学术论文（肖佐，1999）。

四、21世纪初的电离层研究

21世纪开始后，随着中国国力的不断增强，国家对科学研究的投入不断增加，极大地促进了电离层研究的发展。20世纪中国在电离层研究工作的积累和人才的培养，为21世纪电离层研究的飞速发展奠定了基础。为了适应这一时期的发展，中国的电离层研究机构也有些调整。2002年，为适应空间天气预报业务的需求，在中国气象局成立了国家空间天气监测预警中心，其中电离层监测与预报是该中心的主要业务之一。此外，解放军理工大学建立了空间环境教研室，总参气象局建立了气象水文空间天气总站，也都涉及电离层研究与预报业务。在中国科学院内，对电离层研究机构进行了学科调整。2004年，原隶属于中国科学院武汉物理与数学研究所的电离层物理研究室及武汉电离层观象台调整到中国科学院地质与地球物理研究所，与该所原地磁研究室合并，成立了新的地磁与空间物理研究室，主要从事电离层与地磁观测研究；武汉电离层观象台在武汉地区的电离层观测站和原属地质与地球物理研究所的漠河、北京和三亚3个地磁台合并，通过扩充电离层观测手段，形成了一个横跨中国南北的电离层与地磁观测链（Wan and Liu，2002）。

21世纪初，中国电离层观测能力建设也有巨大提升。中国电波传播研究所对原有9个垂测站进行了设备更新，并新建了青岛、苏州和曲靖3个电离层观测站。国家空间天气监测预警中心根据业务需要，在国内新建立了10余个电离层观测站，其中5个观测站拥有电离层垂测设备。中国科学院地质与地球物理研究所以漠河、北京、武汉、三亚4个观测站为基础，并将部分观测项目扩展到南极中山站和北极黄河站，建成了具有电离层、中高层大气和地磁综合观测的日地空间环境监测研究网络。在"九五"国家重大科学工程"东半球空间环境地基综合监测子午链"建设中，电离层观测是其中的重点项目，包括位于云南曲靖的非相干散射雷达、南极中山站的高频雷达、位于海南岛的超高频雷达，以及位于漠河、北京、武汉、海南岛、南极中山站的数字测高仪链，均为具有当今国际先进水平的电离层地基观测设备。此外，中国地震局、中国科学院、中国气象局等设置在全国各地的700余台GPS接收机，也提供了高时空分辨率的电离层TEC测量数据（Wan and Xiao，2006）。

进入21世纪，迎来了电离层基础研究成果的收获期。2000年以来，中国学者在国内外高水平的学术刊物上共发表了500余篇学术论文，受到了国际同行的高度评价。这一时期的主要研究成果涉及诸多的国际前沿领域，如电离层暴、电离层闪烁等电离层空间天气研究；电离层的季节变化、太阳活动依赖性及长期趋势等电离层空间气候学研究（Liu et al.，2011，2012）；电离层模式化研究（万卫星等，2007；Wan et al.，2012a，2012b）；极区电离层及电离层与磁层的耦合研究；电离层分布、逐日变化、扰动等电离层变化性研究；电离层与大气层垂直耦合等（Wan，2008，2010；Wan and Liu，2002；Wan et al.，2012a，2012b；Le et al.，2013；Liu et al.，2014）。

中国电离层研究，历经 70 余年的风风雨雨，20 世纪 30 年代即已起步并具有一定基础，新中国成立后又得到了较大发展，但发展过程崎岖。直到 20 世纪八九十年代，经过几代人的努力，中国的电离层观测和研究才逐步走上正轨，并在 21 世纪后进入收获期（万卫星等，2007；刘立波和万卫星，2014）。中国的电离层学科在当今国际学术界已有一定影响，部分研究成果已达到国际先进甚至领先水平。经过未来一段时间内的不断努力，中国电离层研究的整体水平必将处于国际学术界的前列（Wan，2010）。

第三节　磁层物理学

1957 年，苏联成功发射了第一颗人造地球卫星，从此人类进入了太空时代。1959 年在赵九章的领导下，中国科学院地球物理研究所成立了磁暴研究组，陈志强任组长，从此开创了中国磁层物理研究。此后北京大学、中国科学技术大学、武汉大学等单位陆续开展了磁层物理研究。在中国为发射人造地球卫星进行探索准备阶段以及还未发射科学探测卫星时期，中国地球物理学家首先利用实验室模拟和地面探测手段进行了磁层物理的探测研究。赵九章、徐荣栏、周国成（1963）着手建立了实验室模拟系统，探索带电粒子在地磁场中的运动规律，发表了中国在这一领域的首批研究结果。20 世纪 60 年代初，在赵九章领导下成立了磁暴理论研究组，成员包括刘振兴、章公亮、徐荣栏、都亨、濮祖荫、傅竹风等，开展了活跃的学术活动，发表中国最早期的磁暴和辐射带理论论文（濮祖荫和李文艺，1963；刘振兴和濮祖荫，1963）。

与此同时，随着观测技术的发展，地磁脉动研究在欧美引起广泛关注。地磁脉动与太阳风 – 磁层 – 电离层能量耦合过程有密切关系，因此成为研究磁层的重要手段。中国科学技术大学王水（1982）首先研究了赤道附近地球磁层中磁声重波沿重力场方向的传播特征。指出当波动频率小于截止频率 ω_c 时，磁声重波将在磁层中被反射，进而研究磁声重波与地磁微脉动之间的关系，指出沿着重力场方向向下传播的磁声重波，可能直接引起赤道附近的 Pc1 磁脉动。中国科学院地球物理研究所孙炜、杨少峰和中国科学院空间物理研究所陈斯文等，于 20 世纪 70 年代后期起积极应用先进的电子技术，自行制作了地磁脉动议，开始了地磁脉动的观测研究。他们以北京为常年观测点，北至漠河，南至海南，西至甘肃兰州、新疆喀什，海外到南极洲长城站、中山站，进行了多年、大范围的地磁脉动观测。这些工作把中国变化磁场的研究从准静态场的研究拓展到了波动场研究，在磁层的空腔共振、驻波模式和磁层顶的磁流体力学不稳定性方面，取得了重要进展（杨少峰和孙炜，1990）。

相对于地磁脉动，另一个磁层地面探测手段——天电的哨声与甚低频发射探测在中国被更多的单位所采用。中国科学技术大学王水、王友善、何友文（王水和王敬芳，1982）在黑龙江最北端的漠河接收到哨声、开始这一方向的探测研究。中国科学院地球物理研究所贺长明、陈鸿飞、朱岗崑等（1986），空间物理研究所高潮、武汉大学王敬芳、保宗悌等都开展了这方面的研究，他们的观测地域从漠河、哈尔滨，北京、合肥、武汉和珠三角地区直到海南，获得了世界上最低地磁纬度的哨声观测资料（王水和王友善，1983）。

改革开放以后，中国磁层物理研究开始了和国外的交流。20世纪80年代初，朱岗崑与日本旅美学者赤祖父（S.I. Akasofu）联合指导徐文耀进行了对磁层电流体系的研究，徐文耀（1984）、孙炜等（1986）逐步提出了一套空间环境的地面诊断方法，形成了借助计算机，由地面磁场数据分析高空影响地磁变化的电流体系研究方向。

1983年初北京大学濮祖荫（1983a，1983b）在 JGR 上发表了关于磁层顶 K-H（Kelvin-Helmholtz）不稳定性的2篇论文，发展了磁层顶 K-H 不稳定性的可压缩磁流体理论，并首次论证了太阳风通过磁层顶 K-H 不稳定波向磁层传输能量和动量，激发低频磁层脉动。随后，他进一步揭示了在磁层参照系中，能流的方向由磁鞘一侧（负能波），指向磁层一侧正能波（濮祖荫等，1987）。进而，他应用漂移动力学近似，建立了无碰撞空间等离子体中的 K-H 不稳定性理论（Pu，1989），发现在各向异性的等离子体中，K-H 不稳定性与水龙带不稳定性或磁镜不稳定性耦合，增长率显著增高。20世纪80年代中期，中国磁层物理学家开始了磁重联研究。中国科学院空间科学与应用研究中心付竹风和美国阿拉斯加大学李罗权合作，提出了磁层顶通量传输事件（FTE）的"多 X- 线重联"模型（Lee and Fu，1985），成为迄今 FTE 的主流模型之一。80年代末至90年代初，刘振兴和濮祖荫等提出和发展了"涡旋诱发磁重联"模型，该模型也成为 FTE 的流行模型之一（Liu and Hu，1988，Pu et al.，1990a，1990b；刘振兴和濮祖荫，1990a，1990b）。该项成果获得1995年国家自然科学奖三等奖和1993年中国科学院自然科学奖一等奖。90年代开始，磁层亚暴研究在中国日益受到重视。濮祖荫等（1992，1994）分析 GEOS2 数据，发现了亚暴膨胀相前夕近磁尾发生气球模不稳定性的观测证据。随后濮祖荫、洪明华等发展了气球模不稳定性理论，论证了地向减速的高速流可以显著地增强近磁尾气球模不稳定性，在此基础上提出了磁层亚暴的磁重联 - 电流中断全球耦合模型。该模型能解释中近磁尾亚暴爆发的一系列观测特征（濮祖荫等，1996，2000；洪明华等，1997；Pu et al.1997；Hong，1998；Pu et al.，1999），并与以后 Cluster、中国双星和 THEMIS 多卫星观测到的亚暴活动时序图像相符（Zhang et al.，2007a；Cao et al.，2008；濮祖荫等，2010）。这一成果和濮祖荫关于 K-H 不稳定性工作一起，获得2000年教育部高等学校科学研究成果奖（科学技术）一等奖、2001年国家自然科学奖二等奖。

中国磁层物理研究在立足国内的基础上，也积极开展了极区的探测研究。从首次南极科学考察队开始，中国科学院地球物理研究所就进行了连续的哨声连续定向观测和三分量地磁脉动观测。在朱岗崑的指导下，贺长明、孙炜及哨声 – 甚低频发射和地磁脉动两个学科组的研究人员完成了中国首次南极考察的地球物理—磁层物理资料的分析研究，包括长城站地区哨声活动特征（和哨声组）及由哨声观测探讨磁暴期间磁壳层为 2~3 之间电子浓度的研究，并对哨声导管在本地上空的形成过程做了分析和讨论。在对观测资料进行统计分析的基础上，就哨声类型、发生率、色散特征等作了描述，然后重点对磁暴期间 2 天的哨声活动作了较细致的分析，并由此推求出其传播途径上的电子浓度变化。观测到了磁暴期间等离子体层的倒空现象和其后的回填过程。计算了倒空的速率和向上的回填通量（贺长明等，1987）。

中国获得磁层物理的太空探测数据资料的开端是实践二号卫星，该卫星于 1981 年 9 月 20 日在酒泉卫星发射中心成功发射，卫星运行在近地点高度 237km，远地点高度 1622km，倾角 60° 的椭圆轨道上，轨道周期 103 分钟。实践二号卫星是一颗综合性的空间环境探测卫星。卫星的任务是对高能带电粒子环境、太阳高能电磁辐射、地球 – 大气辐射、大气密度等进行探测。在实践二号卫星上配置了 9 种 11 台科学探测仪器。实践二号卫星入轨后，探测仪器加电工作，地面接收站很快就收到卫星的探测数据，由于卫星自旋速率不断增大，导致卫星入轨后 13 天就不能工作了，空间环境探测器只取得了很少的探测数据（蔡金荣等，2006）。

实践四号卫星于 1994 年 2 月 8 日在西昌卫星发射中心成功发射，卫星运行在近地点高度 210km、远地点高度 36 125km、倾角 28.6° 的大椭圆轨道上，轨道周期 10.5 小时。实践四号卫星每天 2 次穿过辐射带，从辐射带下边缘（近地点附近）开始，通过内、外辐射带的核心地区，一直到达辐射带以外的区域，可以得到辐射带完整的分布数据，卫星在热等离子体充电问题最严重的地球同步轨道附近停留比较长的时间，有较多的机会了解热等离子体状态和卫星充电状况（蔡金荣等，2006）。

此外，中国还在应用卫星上搭载空间环境探测器进行空间探测。这些卫星包括通信卫星，气象卫星和资源卫星等。

中国磁层物理学家们还利用很多国外磁层探测卫星数据开展了磁层物理研究，这使得中国磁层物理的发展能够与国际保持同步。2001 年武汉大学邓晓华和日本 Matsumoto（2001）在 *Nature* 发表论文，分析 Geotail 卫星关于磁重联扩散区附近对 Hall 效应和哨声频段波动的观测。同年北京大学傅绥燕分析 CREES 数据发现，强大磁暴的环电流中，氧离子为主要成分（Fu et al，2001）。中国科学家与欧洲空间局的"Cluster（星簇）"卫星计划（Escoubet et al.，1997）有密切的合作关系。欧洲空间局 Cluster4 颗卫星于 2000 年发射。欧洲空间局在中国科学院建立了中国 Cluster 数据中心。中国磁层物理学家利用 Cluster 卫星数据取得了许多重要成果。例如肖池阶、王晓刚、濮祖荫等（2006）利用 Cluster 四颗卫星的观测数据，首次获得了三维磁重联存在磁零点的观测证据，论文发表于 *Nature Physics* 期刊，获得 2006 年教育部中国高校十大进展奖。继而肖池阶、王晓刚、濮祖荫等（2007）和何建森等（2008）又观测到磁零点对的观测证据。宗秋刚、周煦之等（2007）通过 Cluster 观测，确认了甚低频波对辐射带能量电子的加速效应。空间中心曹晋滨等（2006）确认了磁尾高速流与磁层亚暴的密切关系并观测到磁重联扩散区附近在重联前后存在哨声波（Wei et al.，2007）。上述几项工作均被欧空局列为 Cluster 的主要成果。其中关于磁零点和甚低频波加速辐射带能量电子的 2 项观测工作，2010 年被欧空局列入 Cluster 发射 10 周年内 5 项重大成果之中。此外，沈超、史全岐等提出了利用 Cluster 4 颗卫星的磁场观测研究磁场结构的几种分析方法。沈超等（Shen et al.，2003，2005，2007，2008）首次利用 Cluster 4 颗卫星的磁场观测分析磁场结构，获得磁尾电流片磁力线拓扑结构及其随亚暴的变化规律。通过对 Cluster 磁场观测数据的分析研究，发现磁尾电流片具有 3 种基本类型：标准电流片、扁型电流片、倾斜电流片，并分析了 3 类电流片在磁尾动力学演化过程中的不同作用（Shen et al.，2003，2007，2008）。史全岐发展了利用多卫星数据直接确定空间结构维数和运动速度矢量的方法（Shi et al.，2005，2006，2009），已被国内外学者成功地用于电流片、通量传输事件（FTEs）、磁重联 X– 线和三维磁零点的研究之中。

2003 年国家基金委批准实施地球科学部与数理学部交叉重大项目"地球空间暴多时空尺度物理过程研究"（项目负责人刘振兴，项目申请人刘振兴、濮祖荫、王晓刚）。该项目是国家对中国"地球空间双星计划"科学研究工作最主要的资助项目，执行时间为 2003 年 11 月至 2007 年 12 月，其科学目标是"以双星—Cluster 探测数据为基础，分析地球空间场和等离子体环境的三维结构和时空变化，深入研究地球空间暴的多空间层次、多时空尺度相互作用的基本物理过程，揭示地球空间暴的驱动和触发机理，建立符合观测实际的理论和预报模型"。项目的实施有力地推动了中国在多卫星探测数据的分析方法、磁层亚暴触发机理、磁层顶和磁尾无碰撞磁重联机制、磁层 – 电离层耦合和磁尾动力学等方面的研究工作，对培养和组织中国的磁层物理研究队伍起到了重要作用。中国学者在磁层物理研究中许多重要成果都是在该项目的资助下取得的。

在王水的倡导下，中国科学技术大学开展了空间等离子体物理的研究工作，他们自主发展了一套包括全粒子和混合模拟在内的粒子模拟方法，并在此基础上对地球磁层内的某些基本等离子体物理过程进行了比较系统的研究，如无碰撞磁重联、激波的结构和相关等离子体波动，以及其中带电粒子的加速。另外，他们还结合数值模拟的研究工作，开展了有关的观测资料分析研究工作。

第四节　行星际物理学

行星际物理学主要研究受太阳风等离子体和磁场输出影响的整个日球空间（从太阳大气到远至 100~150AU）内的物理现象。因此，也称之为日球物理学。地球"浸泡"在太阳风之中，地球空间环境将受到太阳活动及其太阳风变化的影响。因此，日球物理的研究在了解日地关系方面，特别是太阳风暴引发的太阳 – 行星际空间天气过程、变化规律以及地球空间系统和太阳系的响应变化及其预报方面有着重要的纽带作用，是日地系统研究中的一个必不可缺少的重要组成部分。

20 世纪 50 年代，中国科学院地球物理研究所磁暴研究组的胡岳仁（1959）、蒋伯琴（1960）、刘传薪（1961）、都亨（1961）、朱岗崑（1962）、章公亮（1962，1963）分析研究了太阳活动与地磁扰动及磁暴的关系，是中国研究日地空间行星际物理过程的先期探讨。

20 世纪 70 年代，中国科学技术大学王水等（1979）研究了国际空间探测发现的行星际磁场的扇形结构，指出这种结构可能是由赤道面上的大尺度涡旋波引起的。对于太阳偶极子基本磁场来说，行星际空间中赤道面为一中性片，但当有波动形式的扰动时，就可能在赤道面上出现磁场，而在相邻区域磁场呈相反极性，证明了存在一种涡旋状的波动，它刚性地随同太阳一起共旋。在不考虑黏滞性和热传导的简单模型下，这种波不衰减，可以稳定维持。按这种理论，扇形结构不是一种物质流，而是密度波。

20 世纪 80 年代初，徐文耀进行了对行星际磁场扇形结构的研究，发展了由地面磁场推断行星际磁场方向的方法（徐文耀和师恩琦，1987）。

随着人类空间飞行器能够到达的地方离地球越来越远，20 世纪 80 年代人类已经积累了相当多的关于磁层以外行星际空间的探测资料。1987—1995 年是空间物理进入从认识自然到能为社会的发展开始做出切实贡献的"硬"科学（Hard Science）时代转变的重要发展时期。在此期间，国际科联日地物理科学委员会（SCOSTEP）于 1990—1995 年组织了国际合作的日地能量计划（Solar Terrestrial Energy Program，STEP），了解日地系统各区域之间的能量和质量传输过程的定量耦合机制；至 1995 年，美国正式提出国家空间天气战略计划，这成为空间物理学科实现科学与应用结合，进入新的发展阶段——空间天气学新时期的标志性事件。在这个学科发展的历史大背景下，中国也拉开了日球物理发展的序幕。

20 世纪 80 年代中期，中国科学院空间科学与应用研究中心成立后即开始致力于日球物理研究，在章公亮的带领下，研究了太阳耀斑引起的日球扰动、地磁扰动以及行星际共转似稳结构、日冕物质抛射事件等。他最早开拓太阳耀斑引起的日球磁活动、太阳宇宙线传播、行星际似稳结构及其日冕物质抛射和日地扰动预报等领域。相关项目，1987 年先后获得中国科学院自然科学奖二等奖和国家自然科学奖三等奖。

随着行星际物理研究的发展，1987 年中国科学院空间科学与应用研究中心成立了日球物理研究室，章公亮为研究室主任。同年中心主任孙传礼倡导按学科领域成立比科研小组更具竞争力的项目组，中心批准成立了"行星际动力学研究集体"，魏奉思任项目负责人。该研究集体的工作有力地推动了中国行星际物理学研究的发展，集体自身也获得了巨大的发展。其间，章公亮多次出席国际会议并做报告。1989 年，该研究集体"扩散对流函数及太阳宇宙线传播"研究项目获得中国科学院自然科学二等奖，1991 年，该项目也获得了国家自然科学三等奖。

1993 年 8 月 23 日，以该研究集体为基础，成立了所级"日球物理数值开放实验室"，魏奉思研究员任开放实验室主任。在该实验室，章公亮、魏奉思负责主持了国家自然科学基金重大项目"日地系统能量传输过程研究"。1993 年底至 1994 年初，魏奉思负责起草中国空间物理发展规划建议，并上报国家科委基础司。他在该建议中首次提出子午工程的科学构想建议，在空间科学与应用研究中心的支持下，负责组织国内有关单位科学家联合提出"子午工程"建议。在王水、肖佐、王英鉴、张仲谋、徐文耀、万卫星、吴健、王敬芳、高玉芬、刘瑞源等建议组成员的长期共同努力下，于 1997 年 6 月由国家科教领导小组会议批准为国家重大科学工程。1994 年 12 月 5 日该实验室被批准为中国科学院开放实验室，正式对国内外开放。1995—1997 年魏奉思主持完成了"日地系统能量传输过程研究"项目。

在开拓和推动空间天气科学发展方面，中国日球物理学家也做出了自己的贡献。20 世纪 70 年代末期，他们就提出过类似空间天气的想法，如在《耀斑之后太阳风扰动的东、西不对称性》的报告中提出日地空间"气象条件"扰动变化问题（中国空间科学学会，1979；魏奉思，1980）；90 年代初，更指出空间天气学"作为一门新兴的系统科学，必将在人类跨世纪的步伐中应运而生"。作为一个发展中国家的中国地球物理学家，更关心基础研究对国家发展的回报，并推动了空间天气学的建立。

1999 年，以日球物理数值开放实验室为基础，中国科学院整合院内有关空间物理研究，成立了空间天气学开放实验室，进入中国科学院知识创新工程重点实验室。刘振兴任学术指导，魏奉思任主任。这是世界上第一个空间天气学实验室，比美国 NASA 下属的地外物理研究所成立的类似空间天气实验室还早了几年。从该实验室成立之年起，魏奉思主持完成了一系列国家自然科学基金重大、重点项目："日地空间灾害性过程及其对人类活动的影响"（至 2003 年）、"日冕物质抛射的行星际表现"（2003—2007 年）、"空间天气能量传输过程研究"（2009—2012 年）。2001 年和 2002 年，该实验室"行星际扰动传播研究"先后获得了中国科学院自然科学奖一等奖和国家自然科学奖二等奖。在该项研究中，他们通过在研究方法上的 8 项创新，如：边界元法引进太阳磁场计算，建立有限能量半空间太阳磁场算法；创近似能量法与空间衰变度处理物理解的适定性；提出观测、理论与模糊数学三者综合的磁扰预报方法，取得了在行星际扰动传播的自然现象、特性和规律方面具有重要原创意义的 5 个发现点，如：太阳活动引起的行星际扰动，在向地球传播的过程中都将向赤道低纬电流片方向偏转、会聚；电流片将阻碍它的跨越传播并产生地磁等空间环境变化中的电流片同异侧效应；太阳源表面上等离子体物质的输出存在受磁场控制的全球结构；按行星际磁云内部磁场旋转方式的不同划分正、负磁云新分类，负磁云引起的地磁、宇宙线强度下降效应比正磁云的大（Wei et al., 2003, 2006；Wang et al., 2010）。

2004 年，空间天气学开放实验室牵头组织编制了中国空间天气有关的发展战略研究建议（国家自然科学基金委员会，2004）。2005 年该实验室被批准为国家空间天气学重点实验室。在该实验室，冯学尚主持完成了"日冕 – 行星际 – 地磁因果链预报模式的初步研究"（2006—2009 年）、"太阳风暴的日冕/行星际过程的数值预报建模研究"（2011—2014）等国家自然科学基金重点项目。在这些研究中，他们建立了观测数据驱动的太阳风三维数值新模型。他们提出的太阳风暴三维数值模拟的时空守恒格式新模型，在适合太阳风暴传播的日地空间球壳计算区域上建立了并行自适应 SIP-AMR-CESE MHD 模式（Feng et al.，2007，2010，2011），首次实现了经度纬度方向并行和多面体网格下的自适应，很好地克服网格在两极的奇性与收敛性问题，被誉为是国际上最好的 3 个模型之一；他们提出的预报太阳风暴到达地球轨道时间的 2 种新模型，对行星际激波到达地球轨道时间的预报精度相当或优于目前被公认的国际一流模型，如美国空间天气预报中心此前所使用的模型。

随着这些研究的发展和研究队伍的成长，2008 年，在中国地球物理学会成立了空间天气专业委员会，魏奉思担任首任主任。由空间物理到空间天气，中国的地球物理学在太空的探索和应用方面都不断取得着新的进展。

2007—2010 年，由魏奉思负责一个咨询专家组，历时 3 年的研讨，最后魏奉思负责起草《我国空间天气保障能力发展战略建议》，由中国科学院学部报送国务院 [1]。

北京大学早在 20 世纪 80 年代初也开展了行星际 / 日球层物理方面的研究。以涂传诒为主的研究工作发现太阳风起伏中存在波动和湍流的二重性，发现太阳风加热的能源来自湍流串级能量，创建了描述太阳风湍流传输特性的"类 WKB 湍流理论"（Tu et al.，1984；Tu，1988）。该理论统一了对于阿尔芬脉动的波动描述与湍流描述之间的矛盾，揭示了太阳风中阿尔芬脉动的本质，解释了 Helios 飞船观测到的太阳风非绝热膨胀的现象，促进了国际学术界对太阳风湍流传输理论的研究。涂传诒和 Marsch（1995）于 1995 年发表了对太阳风的结构、波动和湍流的观测和理论的评论综述，该评论文章被克卢沃（Kluwer）学术出版社作为专著出版，现已成为该领域的重要参考文献。涂传诒和 Marsch（1997）提出了阿尔芬波的扫频耗散对太阳风源区的加热机制，成为太阳风起源波动供能的主流模型之一。21 世纪初，涂传诒和 Marsch（2001）合作研究了离子回旋波的共振耗散对太阳风质子温度热各向异性以及质子束流形成的重要作用。涂传诒等（2005）分析了 SOHO 飞船对冕洞的光球磁场、过渡区光谱成像的观测资料，发现太阳风起源于日冕漏斗状的开放磁结构，提出了太阳风起源的新图像：太阳风的物质和能量来源于对流驱动的磁重联。该研究成果作为 Research Article 发表在 2005 年的《科学》上。上述研究受到国家自然科学基金委多个面上项目的支持："太阳风的阿尔芬脉动模式"（1986—1989 年），"行星际空间等离子体离子加速和加热的能量转换机制"（1989—1992 年），"太阳风磁流体湍流的演化机制"（1993—1995 年），"近日冕阿尔芬波对太阳风的加速和加热效应及太阳风模型"（1996—1998 年），"回旋波供能的太阳风的多元流体模型"（1999—2001 年），"太阳风质子和重离子回旋波共振的准线性理论"（2002—2004 年），"色球磁圈起源的太阳风模型"（2006—2008 年）。上述科研成果分别两次获得国家自然科学奖二等奖（1989 年和 2001 年），并获得国际空间研究委员会（COSPAR）颁发的 Vikram Sarabhai（维克拉姆·萨拉巴依）奖章（1992 年）、首届王丹萍科学奖（1992 年）、

---

① 《我国空间天气保障能力发展战略建议》科发学部字［2010］32 号。

何梁何利科学与技术进步奖（2002年）和陈嘉庚科学奖（2006年）。

21世纪初，北京大学牵头，多个国内外科研机构参与，倡导提出了"夸父计划"，着眼于系统完整地探测日地空间扰动的因果链。"夸父计划"的基本思想由北京大学涂传诒在同航天集团张永维、北京大学肖佐和中国科学院空间科学与应用研究中心魏奉思讨论的基础上，于2003年1月24日在国家自然科学基金委地学部召开的"关于推动空间天气研究座谈会"上以文本形式提出。"夸父计划"由3颗卫星组成，其轨道设计和观测目标为：A星将位于L1点附近的晕（Halo）轨道，保证对太阳活动的连续观测和对地球磁层上游行星际扰动的连续监测；夸父B1+B2星将位于绕地极轨的大椭圆轨道上、周期共轭，以保证对北极极光24小时的连续观测。在国家自然科学基金委重点项目"夸父计划：'L1+极轨'日地空间扰动因果链探测计划（2004—2008年）"（项目由北京大学涂传诒负责，北京大学、中国科学院、中国科学技术大学和航天东方红卫星有限公司等单位参加）的支持下，完成了《"夸父空间探测计划"第一阶段预研报告》（Tu et al., 2008），2005年7月通过ILWS（国际与太阳同在）组织的国际专家评审，评价为"非常好"，被认为是代表了ILWS计划的真正精神。在此基础上，北京大学提交了《"夸父空间探测计划"—背景项目建议书》，2005年10月通过答辩被选为国防科工委"十一五"民用航天背景预研项目。2006年国防科工委下达"夸父计划"天地大系统综合论证的任务，北京大学是"夸父计划"的科学及应用目标、观测项目及轨道配置的牵头设计单位。北京大学牵头，国内外多部门参加，包括中国气象局、中国科学院、中国航天科技集团公司、山东大学威海分校等高校以及欧洲、北美的相关科学家，完成了"夸父计划"科学目标和科学载荷定义报告。"夸父计划"的天地大系统综合论证已由航天东方红卫星有限公司和北京大学联合有关单位和应用部门完成，由国防科工局验收，成为中国民用航天背景项目。"夸父计划"的科学目标和科学载荷定义报告的英文版本都交给了欧洲空间局和加拿大空间局，作为将来国际合作的参考文件。"夸父计划"的工程实施，列入"十二五"国家空间科学战略先导专项。后来因国际合做出现问题，该项目尚待进一步协调。

第五节　重大空间探测计划

20世纪末，中国科学家提出了2项重大科学探测计划，即"地球空间双星探测计划"与"东半球空间环境地基综合监测子午链"。进入21世纪后，这2项科学探测计划得以成功实施，并取得了重要科学成就，引起了前所未有的国际反响，成为国际上重大空间探测计划的重要组成部分。

一、地球空间双星探测计划

1997年初，中国科学院空间中心刘振兴为首的中国空间物理学家们提出了"地球空间双星探测计划"（简称"双星计划"，Double Star Program，DSP），该计划是针对地球磁层空间暴及其整体动态活动特征提出的，是中国第一个以科学目标为牵引立项的先进的卫星探测计划。该计划提出后，立即引起了国际空间界的关注和响应，欧洲空间局（简称欧空局，European Space Agency，ESA）提出与中国"双星计划"进行合作。2000年12月，国务院正式批准了"双星计划"。2001年7月9日，中国国家航天局局长和欧空局局长在巴黎欧空局总部正式签署了中欧双方关于"双星计划"的合作协议（图4-9-1），欧空局方面提供8台代表当今水平的空间探测仪器，并在卫星研制过程中的一些关键技术问题上提供帮助。随后，"双星计划"成立了科学工作队，刘振兴任队长，成员由中欧双方的有关科学家组成，定期举行工作会议和科学讨论会。

图4-9-1　2001年7月9日，在巴黎欧空局本部签署"双星计划"后合影（左起：刘振兴、中国航天局局长栾恩杰、欧空局科学项目部主任D.J.Southwood、欧空局局长A.Rodata）

　　"双星计划"由2颗卫星组成：近地赤道区卫星（TC-1）和极轨卫星（TC-2），运行于当时国际上地球空间探测卫星尚未覆盖的两个近地磁层活动区（近地赤道区和近地极区），这两颗卫星相互配合，构成具有明显特色的地球空间探测体系。并与欧空局的Cluster的4颗卫星协同探测，实现了人类历史上第一次对地球空间的"六点同时探测"，是中国与欧空局开展高层次、实质性的对等合作的重大国际空间科学探测计划。其科学目标是：和Cluster配合，观测和研究磁层空间暴驱动和触发的全球多时空尺度的物理过程，包括：①太阳风等离子体和能量通过磁层边界向磁层的传输过程；②磁层顶和磁尾的磁重联过程；③磁层等离子体在磁层顶、磁尾和极光区的加速过程；④磁层不同尺度结构的耦合过程；⑤磁层亚暴在磁尾爆发位置和突始（onset）过程；⑥磁暴过程及其磁层和电离层的效应。TC-1探测近磁尾的地球空间暴的物理过程及太阳风向磁层的能量输运过程；TC-2探测磁尾和极区电离层与大气层的耦合过程 [1]（Liu

———————————

[1]　http://sci.esa.int/Double-Star/31491-background-science/.

et al.，2005）。

中国科学院空间科学与应用研究中心空间天气学国家重点实验室承担了"双星计划"科学应用分系统的研制任务，由刘振兴主持工作。主要任务是制定双星的轨道和科学运行计划，处理双星的科学数据并向科学用户提供数据分析界面，组织科学研究工作。

"双星计划"的两颗卫星的轨道，赤道星 TC1，近地点约 700km，远地点约 $13R_E$，倾角约 28°；极轨星 TC2，近地点约 550km，远地点约 $7R_E$，倾角约 90°。两颗卫星上共载有 16 台科学探测仪器，其中中国自主研制 8 台，欧空局提供 7 台，中欧合作研制 1 台。TC1 于 2003 年 12 月 30 日成功发射；TC2 于 2004 年 7 月 25 日成功发射。刘振兴担任该项目首席科学家。中国方面共有 24 人被选任为项目合作科学家（Co-Investigator，Co-I），涵盖中国科学院空间科学与应用研究所、地质与地球物理研究所、电子所、北京大学、中国科学技术大学、武汉大学、极地研究所等单位 [1]。

"双星计划"是中国空间探测史上里程碑式的空间科学计划，和 Cluster 联合观测，取得了多项重大的科学技术成果和科学发现 [2][3]（Liu et al，2008），引起国际空间科学界的关注，例如首次观测到磁尾等离子体片的大尺度振荡（Petrukovich，2006）、弓激波前太阳风中的离子空洞（Parks et al.，2006）、向阳面磁层顶的分量磁重联（Pu et al.，2005，2007；Xiao et al.，2005；Wang et al.，2011）、中子星的壳层分裂（Schwartz et al.，2005），并与美国宇航局（NASA）的 IMGER 卫星一起，实现了从北、南两极对内磁层的成像观测 [4]（Lu et al.，2007）等。

"双星计划"取得了一系列重要的科学成就，是中国在国际顶级核心刊物发表专集和论文产出最多的空间计划，并分别于 2005 年和 2008 年，在 *Ann. Geophys.* 和 *J. Geophy. Res.-Space Phys.* 2 个国际期刊上出版了科学成果专辑。

中国空间物理学家分析双星和 Cluster 联合观测的大量科学探测数据，取得了很多具有原创性和创新性的成果，例如揭示了磁层亚暴发生的时序，首次观测到许多亚暴突始发生在近磁尾地向流转变为尾向流时（Liu et al.，2006，2007；Zhang et al.，2007b，2007c，2009），在不少亚暴事件中观测到磁尾磁重联发生在亚暴突始之前，在突始之后磁场偶极化向尾向传播，尾瓣重联提供亚暴释放的大部分能量（Zhang et al.，2007a；Cao et al.，2007，2008；Pu et al.，2010），这些成果对揭示磁层亚暴机制有重要意义（Liu et al.，2006；Cao et al.，2008）；首次从观测上确认分量磁重联的存在，并在向阳面低纬区占主导地位，首次观测到行星际磁场有南向分量时，分量重联（在向阳面低纬）和反平行重联（向阳面高纬）同时发生，获得大尺度 S− 型重联线的观测证据，并直接探测到行星际磁场北向时向阳面赤道区发生磁重联（Pu et al.，

[1] DOUBLE STAR DIRECTORY OF CLUSTER COMMUNITY MEMBERS，ESA 和中国科学院空间科学与应用研究中心，2006-07-06.

[2] http://www.cas.cn/xw/yxdt/201009/t20100927_2974658.shtml.

[3] http://sci.esa.int/double-star/40338-double-star-mission-extension/.

[4] http://www.cas.cn/xw/yxdt/201009/t20100927_2974658.shtml.

2005，2007；Xiao et al.，2005；Wang et al.，2011），这些结果受到学术界高度关注 [①]（Paschmann，2008）；首次在磁层顶通量传输事件（FTEs）中观测到从开放到闭合的 4 种拓扑结构，用实测数据验证了 FTEs 形成的时序多 X– 线重联理论（Pu et al.，2013）；首次探测到环电流区中性原子的三维分布和带电粒子投掷角分布的双环结构（Wang et al.，2011；Lu et al.，2005）；首次探测到低频电磁波导致的暴时高能电子通量剧烈减少现象（Cao et al.，2007；Cao et al.，2005）；首次在强磁暴期间观测到氧离子（O^+）为主要成分的近磁尾高速流，表明电离层 O^+ 可以直接由高速流带入环电流区域（Zong et al.，2008）；利用 TC–1 卫星等数据，发现等离子体片高速流 BBF 能够产生刹车电流楔，首次观测到 BBF 能够同时激发与场向电流有关的 TR Pi2 和与撞击有关的空腔模 Pi2 地磁脉动。高速流刹车是否能触发亚暴主要取决于高速流到来之前刹车区的条件（Cao et al.，2008，2010）。

利用双星离子探测数据建立了国际上第一个等离子体片内边界全球模型（Cao et al.，2011）；开发了 TC–2 载中性原子成像仪专有的反演模型，其主要创新点：①由于涉及反演的卷积积分方程的解不唯一，在选择最佳解的标准时采用了反演结果的回复图像与探测图像最接近程度作为评价标准（Lu et al.，2008a），得到很好的效果（Lu et al.，2010）；②开发的迭代方式不但从中性原子探测图像中反演出全球离子通量分布，还尝试反演得到了磁暴期间地冕逃逸层的中性气体密度分布（Lu et al.，2008b）；③反演模型可以适用于高时间分辨的中性原子探测图像，它不但适用于分析磁暴的演化过程，也可以用于分析亚暴的演化过程（Lu et al.，2013）。

据不完全统计，至 2011 年 5 月底，使用双星或双星 –Cluster 联合观测数据已发表的研究论文超过 150 篇，其中 SCI 论文 140 多篇。发表的论文被引用 500 多次。

"双星计划"还取得了一些重大技术成就。"双星计划"实现了中国空间探测有效载荷技术的突破，对地球空间开展了磁场、电磁波和宽能谱粒子以及中性原子成像的全面系统探测；高效集成了不同数据率、不同数据接口的多国多种有效载荷，实现了不同通信距离的变速率传输；实现了中国科学卫星应用系统技术的突破，建立了高效的、服务于跨国科学团队的科学运行和数据中心，建立了高效的跨国多站的数据接收、数据处理和快速分发的科学数据系统；"双星计划"是中国迄今为止磁洁净度最高、表面等电位一致性最高的卫星计划。通过双星计划的国际合作，促进了中国卫星平台技术的跨越发展。

在"双星计划"研制过程中，获授权的发明专利 7 项、实用新型专利 7 项；已受理的发明专利 4 项、实用新型专利 1 项；双星有效载荷和应用系统的计算机软件著作权登记证书共 40 项。"双星计划"获得了 2010 年国家科学技术进步奖一等奖。

"双星计划"在国际上产生了重要的反响。"双星计划"的 2 颗星成功运行后，2008 年 4 月，欧空局科学项目部主任 D. Southwood 教授在 EGU 的专题会议报告中指出，"双星计划"是一个非常成功的空间计划。在双星和 Cluster 多点探测的带动下，美国、

[①] http://sci.esa.int/double-star/40338–double-star-mission-extension/.

欧洲和日本都提出了新的多点探测计划，如 THEMIS，MMS，Cross-Scale，Scope 等，中国也提出了具有重要国际影响的"夸父计划"。由于实现了人类历史上第一次地球空间的"六点协调探测"，推进了对地球磁层中宏观和微观尺度动力学特性的研究和认识，"双星计划"与 Cluster 计划团队共同获得了国际宇航科学院 2010 年杰出团队成就奖。在获表彰的中欧合作团队 37 名成员中，中方 21 名。这是中国第一次在空间科学领域获得国际性的集体大奖[①]。由于在倡议并实现双星计划和推进双星-Cluster 联合探测方面的重要作用，以及在磁层物理研究工作中的杰出成绩，刘振兴和濮祖荫先后在 2000 年和 2010 年获得国际空间研究委员会（COSPAR）和印度空间研究组织联合颁发的 Vikram Sarabhai 奖；2012 年濮祖荫还获得了美国地球物理协会（AGU）国际奖。

二、东半球空间环境地基综合监测子午链

"东半球空间环境地基综合监测子午链"（简称"子午工程"）是中国空间科学领域开工建设的第一个国家重大科技基础设施项目（Wang，2010）。"双星计划"由中国科学院牵头，教育部、信息产业部、中国地震局、国家海洋局、中国气象局等共同参与建设，中国科学院空间科学与应用研究中心（简称空间中心）作为项目法人，牵头"子午工程"具体建设工作。"子午工程"利用沿东半球 120° E 子午线附近和北纬 30° N 附近的 15 个综合性观测台站，运用无线电、地磁、光学和探空火箭等多种探测手段，连续监测地球表面 20~30 km 以上到几百公里的中高层大气、电离层和磁层，以及十几个地球半径以外的行星际空间环境参数。它将为中国各类用户提供完整、连续、可靠的多学科、多层次的空间环境地基综合监测数据。

20 世纪 90 年代初，中国科学院空间中心魏奉思提出了沿中国东经 120°设置地面观测站以加强对空间环境监测和研究的概念，形成了"子午工程"方案的构想，在有关领导部门大力支持和中国空间天气领域专家的合力推动下，于 1996 年 7 月召开了全国"子午工程"方案研讨会并成立"子午工程"总体组，负责方案设计和争取立项，并作为中国空间物理发展规划建议附件，于 1997 年初上报国家科委。1997 年 6 月国家科技教育领导小组会议纪要确定子午工程为国家重大科学工程。2005 年 8 月，国家发改委批准"子午工程"项目正式立项。2006 年 10 月，"子午工程"列入国家高科技产业发展项目计划。

"子午工程"于 2008 年 1 月正式开工建设。在随后的几年中，各分系统及相应设备陆续建成并通过鉴定，2012 年 1 月正式运行。"子午工程"建立了正式的管理机制，在正常运行中已经积累了大量资料，提供有关单位并在此资料基础上在国内外学术期刊上发表论文多篇。

（一）"子午工程"的科学意义

空间环境一般是指地球表面 20~30km 以上的中高层大气、电离层、磁层、行星际

---

① Laurels for Team Acheivements，International Acadmy of Astronautics，http://iaaweb.org/content/view/143/243.

和太阳大气。它是由太阳不断向外输出巨大的能量和物质与地球相互作用形成。它的形态、结构和变化主要受到太阳活动制约。此外，地球系统动力学过程，如地震过程和火山活动等，以及人类的各种生产、空间和军事等活动也对地球空间环境施以重要影响，它是空间科学探测与研究的主要空间范围，也是现代人类航天、通信、导航定位和空间军事等高科技活动的重要场所。空间环境已经被普遍认为是地球除陆地、海洋、大气之外的第四环境，与人类活动和发展息息相关。

空间环境中的地球磁场力线接近地球子午线的分布，太阳电磁辐射（可见光、X 射线、紫外辐射等）沿子午线的天顶角效应，以及地球自转和绕日的公转效应，使地球空间环境具有随时间、随地域的全球三维结构。它们对磁层结构、电离层结构、带电粒子和等离子体输运过程等起重要的调控作用，虽然许多基本的空间物理过程起源于太阳扰动，但通过行星际介质首先或主要影响地球极区，然后沿子午圈发展，随着地球的自转，子午圈上的空间环境将经历白天和黑夜的变化，可以对地球上空的空间环境进行全球扫描。因而沿地球的子午线经圈配置空间环境监测链，对于了解近地空间环境的全球结构的时间和空间变化规律具有重要的科学意义。

中国空间环境的地基监测历史悠久，但是过去的地基监测多属单个台站对空间环境的特定区域或特定现象进行孤立的监测和研究，没有形成协调统一的观测体系。"子午工程"是对沿东半球 120° E 子午线附近，利用北起漠河、经北京、武汉，南至海南并延伸到南极中山站，以及东起上海、经武汉、成都、西至拉萨的沿北纬 30° N 附近共 15 个综合性观测台站，建成一个以链为主、链网结合的，运用无线电、地磁、光学和探空火箭等多种探测手段，连续监测地球表面 20~30km 以上到几百千米的中高层大气、电离层和磁层，以及十几个地球半径以外的行星际空间环境中的地磁场、电场、中高层大气的风场、密度、温度和成分，电离层、磁层和行星际空间中的有关参数，联合运作的大型空间环境地基监测系统。

综上所述，从极区到低磁纬地区（包括沿 30° 经度的主要地区）获取的同一时刻、时空连续的资料，特别是扰动期间，人们将能从中获得扰动演化过程的全面而细致的图像，将在日地耦合过程研究中发挥新的重要的作用；同时，子午工程将在很大程度上，在与国内其他部门的观测协同配合基础上，为中国航天、通信、导航和国家安全等高科技领域的空间天气预报开展服务并满足多种需求；其次，能为近地空间环境事件发生及演化的机制研究，为灾害性空间天气事件的建模提供新的更全面的观测依据。

（二）"子午工程"的建设目标和内容

1."子午工程"的目标

"子午工程"的科学目标是了解空间环境中的灾害性空间天气的变化规律，逐步弄清中国东经 120° E 子午链附近和 30° N 纬度链上空空间环境的区域性特征和全球变化的关系，与天基探测相结合，建立相应的空间天气因果链模式，发展综合性的预报方法，做出有重要原创性的科学成果。

"子午工程"的工程目标是建设与国际接轨，由具有世界先进水平的空间环境监测系统（包括非相干散射雷达、激光雷达、全天空成像光学干涉仪和探空火箭等大型先进科学装置）、数据与信息系统、研究与预报系统组成的东半球 120° E 附近空间环境地基综合监测子午链。未来将通过国际合作和西半球 60° W 附近的子午链构成环绕地球一周的、完整的空间环境地基监测子午圈，监测地球空间环境的全球变化。

"子午工程"的应用目标是为中国社会各类用户提供子午工程的地基观测数据、有关的空间天气模式、产品和成果；为减少或避免空间和地面技术系统以及人类健康遭受灾害性空间天气的损伤和破坏、为提高中国空间天气预报能力和服务水平做出重要贡献。

"子午工程"主要性能指标：

监测东经 120° 子午线附近（北起漠河，经北京，南到海南并延伸到南极中山站）和北纬 30° 附近（东起上海，西至拉萨）中国区域内地表及上空从 20km 到 1000km 范围的中高层大气、电离层、磁层和行星际空间环境参数以及全球变化及其变化；

利用网络准实时（不超过 25 小时）传输"子午工程"各台站（除南极中山站）监测数据。数据处理能力达到每日 10GB，3 年实现有效存储达到 12TB。在 50 个并发用户下，5MB 的数据下载时间不超过 2 分钟；

具有独立开展研制空间天气预报模式的能力，预测提前量至少为 1 天。提供相应的空间天气业务初级产品和预报产品，日处理数据 6GB 以上，每天给出空间天气的预报、警报或现报，满足专门用户的需求。

2. "子午工程"的建设内容

遵循空间环境变化的规律在"子午工程"初步设计以科学目标、工程目标和应用目标为指引，采取总体设计、分步实施、逐步到位和适度超前的设计思想。整个工程到从台站布局选址和监测仪器的选择；到监测数据的汇集、加工处理和存储与数据服务；再到数据的分析、研究建模；最后形成空间天气预报产品，提供预报服务，实现子午工程的科学、经济和社会效益。

"子午工程"是一个系统工程，它按照了解空间环境变化规律的要求，组织多个监测台站和多种不同类型的科学装置，对空间不同层次的环境进行同时性监测、研究和预报的一个系统科学工程。"子午工程"的总体设计必须考虑空间环境现象的空间特性、相关特性和时间特性。"子午工程"系统按功能可分为空间环境监测系统、数据与通信系统和研究与预报系统。

空间环境监测系统主要利用分布于东经 120° 附近的 11 个台站和北纬 30° 附近的 4 个监测台站，采用地磁（电）、无线电、光学和探空火箭等监测手段，在子午链上对地表、中高层大气、电离层和行星际实现三维立体观测。空间环境监测系统由四个分系统组成：地磁（电）监测分系统，无线电监测分系统，光学监测分系统，探空火箭综合监测分系统。

数据与通信系统把分散在东经 120 和北纬 30 附近的 15 个地面台站的 95 台监测仪器有机地联系在一起，实现地面台站的联合观测、数据传输和数据集中存储。数据与通信系统包括三个分系统：数据通信分系统，数据库分系统和数据服务分系统。

研究与预报系统是服务科研和空间天气预报，由科学运行、研究建模和预报服务三个分系统组成。

空间环境监测系统、数据与通信系统和研究与预报系统紧密相连，构成一个有机整体，共同实现子午工程科学和应用目标。

3. 承建单位承担任务

"子午工程"由隶属七部委的 12 家法人单位共同承担建设。

中国科学院空间科学与应用研究中心是项目法人、牵头单位，负责"子午工程"具体建设工作。承担的具体建设任务包括：空间环境监测系统中的无线电监测分系统、光学监测分系统和探空火箭监测分系统；数据与通信系统中的"子午工程"数据中心、北京节点站和海南节点站；研究与预报系统中的科学运行分系统和研究建模分系统

其他 11 家单位是中国科学院地质与地球物理研究所、大气物理研究所、国家天文台、中国科学技术大学；教育部北京大学、武汉大学；信息产业部中国电波传播研究所；国家海洋局中国极地研究中心；中国地震局地球物理研究所；中国气象局国家空间天气监测预警中心等。

4. "子午工程"的科学、社会和经济效益

子午工程为中国社会各类用户提供子午工程的地基观测数据、有关的空间天气模式、产品和成果；为了减少或避免空间和地面的技术系统以及人类健康遭受灾害性空间天气的损伤和破坏，为提高中国空间天气预报能力和服务水平做出重要贡献，为中国构建和谐社会、发展高科技保驾护航。

"子午工程"对中国空间环境地基综合监测系统的建设具有基础性、先导性的作用，它为在空间天气国际前沿重大自主创新提供平台，对于发展中国空间科学、增强综合国力、提高国家安全保障能力具有重要的意义，并可为国际空间科学合作做出重大贡献。"子午工程"将为中国建设独立自主的空间环境监测体系和空间天气保障体系奠定重要的地基方面的基础，符合中国赢得空间优势和信息优势，提高国家安全保障能力的战略需求，更是加强国家重大基础设施建设、增强综合国力、提高国家创新能力的一项重要举措。

5. 国际空间天气子午圈计划

以"子午工程"为基础，通过国际合作，向北延伸至俄罗斯，向南经过澳大利亚等国，并和西半球 60° 经线附近的子午链构成第一个环绕地球一周的空间环境监测子午圈，可实施由中国科学家率先创意并具有牵头引领地位的"国际空间天气子午圈计划"。这对大幅度提升中国在日地关系这一重要基础科学领域的国际地位具有重要战略意义，将使中国成为世界空间领域的先进国家之一。

国际空间天气子午圈计划将对增强全球空间环境监测能力具有深远的意义，其建成后将实现以下目标：协调全球空间天气联测及共同研究；向全世界科学界提供可使用的观测数据；支持基于空间天气科学公关和观测所需的密切协作；推动空间科学和技术的公众教育和科学普及。

参考文献

蔡金荣, 张立荣, 周晓东. 2006. 实践系列卫星空间环境探测的回顾 [C] // 中国空间科学学会空间探测专业委员会第十九次学术会议论文集(上册). 北京: 中国空间科学学会空间探测专业委员会, 423–427.

陈文, 黄荣辉. 1996a. 中层大气行星波在臭氧的季节和年际变化中输运作用的数值研究 (I) 常定流的情况 [J]. 大气科学, 20 (5): 513–523.

陈文, 黄荣辉. 1996b. 中层大气行星波在臭氧的季节和年际变化中输运作用的数值研究 (II) 波流相互作用的情况 [J]. 大气科学, 20 (6): 703–712.

陈耀武. 1963. 对高层大气模式的研究 [J]. 地球物理学报, 12 (1): 1–11.

陈耀武. 1980. 中层和热层大气的垂直动力传输及其影响 [J]. 地球物理学报, 23 (4): 353–367.

陈泽宇, 吕达仁, 刘锦丽. 2002. 中纬度夏季一次深厚对流过程的数值模拟研究: 高空热力层结和风切变影响 [J]. 大气科学, 26 (6): 744–750.

陈泽宇, 吕达仁. 2007. 东经 120° E 中间层和低热层大气潮汐及其季节变化特征 [J]. 地球物理学报, 50 (3): 691–700.

陈哲明. 1979. 大气潮汐全日振荡模本征值本征函数问题的数值计算 [J]. 地球物理学报, 22 (3): 237–242.

都亨. 1961. 关于 1942—1943 年, 1952—1953 年谱斑与重现磁扰的关系 [J]. 地球物理学报, 10 (2): 151–159.

国家自然科学基金委员会. 2004. 中国空间天气战略计划建议 [M]. 北京: 中国科学技术出版社.

贺长明, 陈鸿飞, 朱岗崑. 1986. 中国北方地区冬季哨声的传播特征 [J]. 地球物理学报, 29 (4): 313–318, 425–428.

贺长明, 董爱英, 朱岗崑. 1987. 南极长城站夏季哨声的观测与分析 [J]. 地球物理学报, 30 (2): 109–118.

洪明华, 濮祖荫, 王敬芳, 等. 1997. 亚暴膨胀相近磁尾位形不稳定性模型II. 中磁尾等离子体流与近磁尾亚暴活动的关系 [J]. 地球物理学报, 40 (2): 154–163.

胡雄, 龚建村, 刘佳, 等. 2006. 可重部署临近空间中高层大气观测站研究 [C] // 空间环境及其应用专题研讨会论文摘要集. 北京: 中国空间科学学会.

胡岳仁. 1959. 太阳自转对地磁场的影响(二) [J]. 地球物理学报, 8 (2): 123–131.

黄春明, 张绍东, 易帆. 2002. 温度扰动激发的重力波波包非线性传播过程的数值研究 [J]. 空间科学学报, 22 (4): 330–338.

黄荣辉, 严邦良. 1993. 用线性化全球原始方程谱模式研究地形强迫行星波垂直传播特征 [J]. 大气科学, 17 (3): 257–267.

黄信榆, 谭子勋. 1984. 含谷电离层频高图剖面分析 [J]. 地球物理学报, 27 (6): 503–510.

蒋伯琴. 1960. 太阳耀斑与磁暴的关系 [J]. 地球物理学报, 9 (1): 38–46.

焦培南. 1991. 高频返回散射频率管理系统 [C] // 第二届全国短波超短波通信学术会议论文集.

空间科学与应用中心史编辑委员会. 2003. 中国科学院空间科学与应用研究中心史(第一卷) [M].

李钧, 李利斌, 吴振华, 等. 1981. 一九八〇年二月十六日日全食电离层电子总含量的观测 [J]. 地球物理学报, 24: 252–256.

李钧. 1983. 电离层声重波引起的高频多普勒频移 [J]. 地球物理学报, 26: 1–81.

梁百先, 李钧, 马淑英. 1994. 我国的电离层研究 [J]. 地球物理学报, 37 (增刊): 51–73.

刘传薪. 1961. 日冕绿区与地磁扰动间的某些问题 [J]. 地球物理学报, 10 (1): 17–26.

刘立波，万卫星．2014．我国空间物理研究进展［J］．地球物理学报，57（11）：3493-3501．

刘仁强，吕达仁．2008．中纬度冬季低热层潮汐非线性相互作用的 MF 雷达观测［J］．空间科学学报，28（2）：142-151．

刘振兴，濮祖荫．1963．磁暴期间外辐射带结构的变化［J］．地球物理学报，13：187．

刘振兴，濮祖荫．1990a．涡旋诱发重联模型（Ⅰ）——动力学特性［J］．地球物理学报．33（1）：1-11．

刘振兴，濮祖荫．1990b．涡旋诱发重联模型（Ⅱ）——通量传输事件理论和模拟［J］．地球物理学报，33（3）：249-258．

鲁娴，张绍东．2005．中国中部低层大气行星波无线电探空仪的观测研究［J］．空间科学学报，25（6）：529-535．

吕达仁．1996．中层大气与大气探测，走向二十一世纪的中国地球科学［M］．郑州：河南科学技术出版社．

吕达仁，陈洪滨．2003．平流层和中层大气研究的进展［J］．大气科学，27（4）：750-769．

马瑞平．1995．中层大气行星波的跨赤道传播［J］．空间科学学报，15（3）：207-214．

彭才华，易帆，张绍东．2006．武汉上空背景 Na 层长期变化和夜间变化特征的激光雷达观测研究［J］．空间科学学报，26（1）：28-34．

濮祖荫，李文艺．1963．磁暴主相期间外辐射带结构的变化［J］．地球物理学报，13：97．

濮祖荫，Kivelson M G．1987．磁层顶的 Kelvin-Helmholtz 不稳定性（Ⅲ）：可压缩不稳定波的能量和动量输运［J］．空间科学学报，7（4）：255-261．

濮祖荫，付绥燕，李尧亭，等．1994．磁层亚暴膨胀相的近地触发模型［J］．空间科学学报，14（1）：30-38．

濮祖荫，洪明华，王宪民，等．2000．磁层亚暴的磁重联－电流中断－电离层、磁层耦合全球模型［J］．空间科学学报，20（增刊）：24-36．

濮祖荫，洪明华，王宪民，等．1996．亚暴膨胀相近磁尾位形不稳定性模型I．近磁尾位形不稳定性［J］．地球物理学报，39（4）：441-451．

邱时彦．1987．El Chichon 火山云内 HNO_3 浓度的异常增长［J］．科学通报，32（21）：1642-1642．

孙炜．1986．磁层亚暴期间高纬地区三维电流体系［J］．地球物理学报，29（4）：407-418．

万卫星，李钧．1987．由高频无线电波反射回波参数反演电离层运动和结构的高度剖面［J］．空间科学学报，7（2）：85-94．

万卫星，宁百齐，刘立波，等．2007．中国电离层 TEC 现报系统［J］．地球物理学进展，22（4）：1040-1045．

王水，方励之．1979．太阳风中的大尺度涡旋波［J］．中国科学：A 辑 数学，22（4）：373-383．

王水．1982．磁声重波在地球磁层中的传播［J］．地球物理学报，25（6）：483-491．

王水，王敬芳．1982．地球磁层中哨声导管的物理结构［J］．地球物理学报，25（2）：99-107．

王水，王友善．1983．低纬导管哨声［J］．地球物理学报，26（6）：515-524．

王英鉴．1997．我国中高层大气观测研究的新进展［J］．地球物理学报，40（增刊）：29-36．

魏奉思．1980．根据宇宙线 Forbush 下降计算地球轨道附近的耀斑击波［J］．地球物理学报，23（1）：1-12．

肖佐．1997．近年来中国电离层物理研究进展［J］．地球物理学报，40（增刊）：21-27．

肖佐．1999．50 年来的中国电离层物理研究［J］．物理，28（11）：661-667．

徐文耀．1984．磁扰日的 L 电流体系［J］．地球物理学报，27（4）：323-337．

徐文耀，师恩琦．1987．行星际磁场扇形结构对中低纬地磁场的影响［J］．地球物理学报，30（3）：226-235．

杨少峰，孙炜．1990．地球弓激波前的低频磁流体波［J］．地球物理学报，33（2）：239-241．

易帆，李钧．1991．剪切流动中短周期升重力波的产也与发展［J］．中国科学：A 辑 数学，36（4）：290-298．

易帆，李钧，熊健刚．1993．损耗大气中重力波的产生与发展［J］．地球物理学报，36（4）：409-416．

易帆，肖佐. 1993. 损耗大气中随机重力波场的传输方程 [J]. 空间科学学报，13（4）：278-281.

易帆，肖佐. 1994. 损耗大气中惯性重力波的非线性相互作用方程及其初步讨论重力波 [J]. 空间科学学报，14（2）：125-132.

张绍东，易帆. 1996. 极区中层惯性重力波临界层的 VHF 雷达观测 [J]. 空间科学学报，16（3）：227-232.

张绍东，易帆. 1998. 重力波波包在可压大气中的非线性传播 [J]. 空间科学学报，18（1）：39-51.

张绍东，易帆，熊东辉. 2001. 三维球坐标系下重力波波包非线性传播过程的数值研究 [J]. 空间科学学报，21（2）：141-147.

张绍东，易帆，胡雄. 2003. 武汉上空（30° N，114° E）潮汐及其相互作用的 MF 雷达观测 [J]. 空间科学学报，23（6）：430-435.

章公亮. 1962. 短论——太阳活动对地磁场影响的南北不对称性 [J]. 地球物理学报，11（1）：92-94.

章公亮. 1963. 耀斑日面位置与磁扰关系的不对称 [J]. 地球物理学报，12（1）：32-40.

赵九章，徐荣栏，周国成. 1963. 带电粒子在偶极磁场中的运动区域及其模型实验 [J]. 科学通报，（11）：56-57.

中国空间科学学会. 1979. 全国空间物理学术会论文集 [C]. 北京：科学出版社.

朱岗崑. 1962. 关于太阳质子爆发的地球物理效应——研究 1959 年 7 月及 1960 年 11 月日地关系重大事件纪要 [J]. 地球物理学报，11（2）：183-208.

庄洪春. 1984. 近地环境的电状态 [J]. 空间科学学报，14（1）：58-71.

庄洪春. 1985. 大气潮汐运动对大气电性能的影响 [J]. 中国科学：A 辑 数学，28（1）：88-96.

Cao J, Yang J, Yan C, et al. 2007. The observations of high energy electrons and associated waves by DSP satellites during substorm [J]. Nuclear Phys B, 166（suppl）：56-61.

Cao J B, Liu Z X, Yang J Y, et al. 2005. First results of Low Frequency Electromagnetic Wave Detector [J]. Ann Geophys, 23：2803-2811.

Cao J B, Ma Y D, Parks G, et al. 2006. Joint observations by Cluster satellites of bursty bulk flows in the magnetotail [J]. J. Geophys. Res., 111：A04206.

Cao J B, Duan J T, Du A M. 2008. Characteristics of mid-low latitude Pi2 excited by Bursty Bulk Flows [J]. J. Geophys. Res. 113, A07S15.

Cao J B, et al. 2010. Geomagnetic signatures of current wedge produced by fast flows in a plasma sheet [J]. J. Geophys. Res., 115, A08205.

Cao J B, Ding W Z, Reme H, et al. 2011. The statistical studies of the inner boundary of plasma sheet [J]. Ann. Geophys., 29：289-298.

Cao X, Pu Z Y, Zhang H, et al. 2007. Glassmeier, Dipolarization observed by TC1 and Cluster during substorm on September 14, 2004, Chinese [J]. J. Geophys.50（4）：995-1004.

Cao X, Pu Z Y, Zhang H, et al. 2008. Multi-spacecraft and ground-based observations of substorm timing and activations: Two case studies [J]. J. Geophys. Res-SPACE PHYSICS, 113.

Deng X H, Matsumoto H. 2001. Rapid magnetic reconnection in the Earth's magnetosphere generated by whistler waves [J]. Nature, 410：557-559.

Dou X K, Xue X H, Li T, et al. 2010. Qiu. Possible Relations between Meteors, Enhanced Electron Density Layers and Sporadic Sodium Layers [J]. J. Geophys. Res, 115：A06311.

Escoubet P, Schmidt R, Goldstein M L. 1997. Cluster-science and mission overview [J]. Space Science Reviews, 79：11-32.

Feng X, Zhang S, Xiang C, et al. 2011. A hybrid solar wind model762 of the cese+hll method with a yin-yang overset grid and an amr grid [J]. The Astrophysical Journal, 734（1）：50-61.

Feng X S, Zhou Y F, Wu S T. 2007. A Novel Numerical Implementation for Solar Wind Modeling by the Modified Conservation Element/Solution Element Method [J]. The Astrophysical Journal，655：1110-1126.

Feng X S, Yang L P, Xiang C Q, et al. 2010. Three-dimensional solar wind modeling from the sun to earth by a sip-cese MHD model with a six-component grid [J]. The Astrophysical Journal, 723：300–319.

Fu S Y, Wilken B, Zong Q G, et al. 2001. Ion composition variations in the inner magnetosphere：Individual and collective storm effects in 1991 [J]. J. Geophys. Res., 106, 29, 683–29, 704.

He J S, Zong Q G, Deng X H, et al. 2008. Electron trapping around a magnetic null [J]. Geophys. Res. Lett., 35 (14)：236–238.

Hong M H, Pu Z Y, Wang X M, et al. 1998. Configuration instability of the near-Earth magnetotail in the presence of an earthward plasma flow and substorm onset [M] // COSPAR Colloquium Ser.9 on Magnetospheric Research with Advanced Techniques, Oxford：Elsevier Science LTD, 143–151.

Le H, Liu L, Liu J Y, et al. 2013. The ionospheric anomalies prior to the M9.0 Tohoku-Oki earthquake [J]. J. Asian Earth Sciences, 62 (30)：476–484.

Lee L C, Fu Z F. 1985. A Theory of Magnetic-Flux Transfer at the Earths Magnetopause [J]. Geophys Res Lett, 12 (2)：105–108.

Liu L, Wan W, Chen Y, et al. 2011. Solar activity effects of the ionosphere：A brief review [J]. Chinese Science Bulletin, 56 (12)：1202–1211.

Liu L, Wan W, Chen Y, et al. 2012. Recent Progresses on Ionospheric Climatology Investigations [J]. 空间科学学报, 32 (5)：665–680.

Liu L B, Chen Y, Le H, et al. 2014. Some investigations on the ionosphere during 2012–2014 in China [J]. Chinese J. Space Sci., 34：648–668.

Liu Z X, Hu Y D. 1988. Local magnetic field reconnection caused by vortex in the flow field [J]. Geophys. Res. Lett., 15：752.

Liu Z X, Escoubet C P, Pu Z, et al. 2005. Preface Double Star-First Results [J]. Annales Geophysicae, 23：2707–2712.

Liu Z X, Zhang L Q, Shen C, et al. 2006. Global and multi-scale processes of magnetospheric substorm driven and trigger："Front model" of substorm trigger [J]. COSPAR.

Liu Z X, Zhang L Q, Ma Z W, et al. 2007. The statictical characteristics of the tailward flows in the near-Earth region explored by TC-1 [J]. China J Geophys, 50 (3)：655–661.

Liu Z X, Pu Z Y, Cao J B, et al. 2008. New progress of Double Star-Cluster joint exploration and study [J]. Science in China Series E：Technological Sciences, 51 (10)：1565–1579.

Lu D R, Valzandt T E, Clark W I. 1984. VHF Doppler radar observations of buoyancy waves associated with thunderstorms [J]. J. Amos. Sci., 41 (2)：272–282.

Lu L, McKenna-Lawlor S, Barabash S, et al. 2005. Electron pitch angle variations recorded at the high magnetic latitude boundary layer by the NUADU instrument on the TC-2 spacecraft [J]. Annales Geophysicae, 23：2953–2959.

Lu L, McKenna-Lawlor S, Barabash S, et al. 2007. Sheet stretching accompanied by field aligned energetic ion fluxes observed by the NUADU instrument aboard TC-2 [J]. Chin Sci Bull, 52 (12)：1719–1723.

Lu L, McKenna-Lawlor S, Barabash S, et al. 2010. Comparisons between ion distributions retrieved from ENA images of the ring current and contemporaneous, multipoint ion measurements recorded in situ during the major magnetic storm of 15 May 2005 [J]. J. Geophys. Res., 115, A12218.

Lu L, McKenna-Lawlor S, Barabash S, et al. 2013. Ring current ion-flux increasing correlate with serial substorms during a major storm of on 15 May, 2005 [C] // Proc. Asia Oceania Geoscience Society (AOGS) Meeting, Brisbane, 6.

Lu L, McKenna-Lawlor S, Barabash S, et al. 2008a. Iterative inversion of global magnetospheric ion distributions using energetic neutral atom (ENA) images recorded by the NUADU/TC2 instrument [J]. Ann. Geophy., 26 (6)：1641–1652.

Lu L, Mckenna-Lawlor S, Barabash S, et al. 2008b. Iterative inversion of global magnetospheric information from energy neutral atom (ENA) images recorded by the TC-2/NUADU instrument [J]. Science China Technological Sciences, 51 (10): 1731-1744.

Parks G K, Lee E, Hozer F, et al. 2006. Larmor radius size density holes discovered in the solar wind upstream of Earth's bow shock [J]. Phys Plasmas, 13, 050701.

Paschmann. 2008. Recent in-situ observations of magnetic reconnection in near-Earth space [J]. Geophys. Res. Lett., 35, L19109.

Petrukovich A A, Zhang T L, Baumjohann W, et al. 2006. Oscillatory magnetic flux tube slippage in the plasma sheet [J]. Ann Geophys, 24: 1695-1704.

Pu Z Y, Kivelson M G. 1983a. Kelvin-Helmholtz Instability at the Magnetopause: Solution for Compression Plasmas[J]. J. Geophys. Res., 88: 841-852.

Pu Z Y, Kivelson M G. 1983b. Kelvin-Helmholtz Instability at the Magnetopause: Energy Flux into the Magnetosphere [J]. J. Geophys. Res., 88: 853-861.

Pu Z Y. 1989. Kelvin-Helmholtz instability in collisionless space plasmas [J]. Phys. Fluids B V, 1440-1447.

Pu Z Y, Yan M, Liu Z X. 1990a. Generation of vortex induced tearing mode instability at the magnetopause[J]. J. Geophys. Res., 95: 10559-10566.

Pu Z Y, Huo P T, Liu Z X. 1990b. Vortex-induced tearing mode instability as a source of flux transfer events [J]. J. Geophys. Res., 95: 18861.

Pu Z Y , Korth A, Kremser G. 1992. Plasma and Magnetic Field Parameters at Substorm Onsets [J]. J. Geophys. Res., 97: 19341.

Pu Z Y, Korth A, Chen Z X, et al. 1997. MHD drift instability near the inner edge of the NECS and its application to substorm onset [J]. J. Geophys. Res., 102 (14): 397-406.

Pu Z Y, Korth A, Kang K B, et al. 1999. Drift ballooning instability in the presence of a plasma flow: A synthesis of tail reconnection and current disruption for the initiation of substorms [J]. J. Geophys. Res., 104: 10235.

Pu Z Y, Xiao C J, Zhang X G, et al. 2005. Double Star TC-1 observation of magnetic reconnection at the dayside magnetopause: A preliminary study [J]. Ann Geophysicae, 23: 2897-2901.

Pu Z Y, Zhang X G, Wang X G, et al. 2007. Global view of dayside magnetic reconnection with the dusk-dawn IMF orientation: a statistical study for Double Star and Cluster data [J]. Geophys Res Lett, 34: L20101.

Pu Z Y, Chu X N, Cao X, et al. 2010. THEMIS Observations of Magnetotail Reconnection Initiated Substorms on February 26, 2008 [J]. J. Geophys. Res. -Space Physics, 115: A02212.

Pu Z Y, Raeder J, Zhong J, et al. 2013. Magnetic topologies of an in vivo FTE observed by Double Star/TC-1 at Earth's magnetopause [J]. GEOPHYSICAL RESEARCH LETTERS, 40 (14): 3502-3506.

Schwartz S J, Zane S, Wilson R J, et al. 2005. A γ-ray giant flare from SGR1806-20: evidence for crustal cracking via initial timescales [J]. ApJ, 627: L129-L132.

Shen C, Li X, Dunlop M, et al. 2007. Magnetic field rotation analysis and the applications [J]. J. Geophys. Res., 112: A06211.

Shen C, Li X, Dunlop M, et al. 2003. Analyses on the geometrical structure of magnetic field in the current sheet based on Cluster measurements [J]. J. Geophys. Res., 108 (A5) .

Shen C, Liu Z X. 2005. Double Star Project Master Science Operations Plan [J]. Ann. Geophysicae, 23: 2851-2859.

Shen C, Rong Z J, Li X, et al. 2008. Magnetic Configurations of Tail Tilted Current Sheets [J]. Ann. Geophys., 26: 3525-3543.

Shi J K, Cheng Z W, Guo J G, et al. 2006. Field-aligned currents observed by Double Star TC2 in polar region [EB/OL] http://www.researchgate. net/publication/252233630_Field-aligned_currents_observed_by_Double_Star_TC2 _in_polar_ region.

Shi Q Q，Shen C，Pu Z Y，et al. 2005. Dimensional analysis of observed structures using multipoint magnetic field measurements：Application to Cluster［J］. Geophys. Res. Lett.，32：L12105.

Shi Q Q，Shen C，Pu Z Y，et al. 2006. Motion of observed structures calculated from multi-point magnetic field measurements：Application to Cluster［J］. Geophys. Res. Lett.，33：L08109.

Shi Q Q，Pu Z Y，Soucek J，et al. 2009. Spatial structures of magnetic depression in the Earth's high-altitude cusp：Cluster multipoint observations［J］. J. Geophys. Res.，114：A10202.

Tu C Y，Pu Z Y，Wei F S. 1984. The power spectrum of interplanetary Alfvenic fluctuations Derivation of the governing equation and its solution［J］. J. Geophys. Res.，89：9695-9702.

Tu C Y. 1988. The damping of interplanetary Alfvenic fluctuations and the heating of the solar wind［J］. J. Geophys. Res.，93（A1）：7-20.

Tu C Y，Marsch E. 1995. MHD structures，waves and turbulence in the solar wind：Observations and theories［J］. Space Science Rev.，73，1.

Tu C Y，Marsch E. 1997. Two-Fluid Model for Heating of the Solar Corona and Acceleration of the Solar Wind by High-Frequency Alfven Waves［J］. Sol. Phys.，171：363-391.

Tu C Y，Marsch E. 2001. On cyclotron wave heating and acceleration of solar wind ions in the outer corona［J］. J. Geophys. Res.，106：8233-8252.

Tu C Y，Zhou C，Marsch E. 2005. Solar Wind Origin in Coronal Funnels［J］. Science，308：519-523.

Tu C Y，Schwenn B R，Donovan C E，et al. 2008. Space weather explorer—The KuaFu mission［J］. Advances in Space Research，41：190-209.

Wan W，Liu L. 2002. Progresses in ionospheric research，2000-2002：A brief review［J］. Chinese J. Space Sci.，22（Supp）：99-110.

Wan W，Xiao Z. 2006. Ionospheric Weather and Climate—A Review on Chinese Works From 2004 to 2006［J］. Chinese J. Space Sci.，26（1）：112-121.

Wan W. 2008. A review on the ionospheric research：Chinese works during 2006-2008［J］. Chinese J. Space Sci.，28（5）：468-491.

Wan W，Liu L，Pi X，et al. 2008. Wavenumber-4 patterns of the total electron content over the low latitude ionosphere［J］. Geophys. Res. Lett.，35，L12104.

Wan W. 2010. A review of the ionospheric investigations in China：Progress during 2008-2010［J］. Chinese J. Space Sci.，30（4）：362-381.

Wan W，Xiong J，Ren Z，et al. 2010. Correlation between the ionospheric WN4 signature and the upper atmospheric DE3 tide［J］. J. Geophys. Res.，115，A11303.

Wan W，Ding F，Ren Z，et al. 2012a. Modeling the global ionospheric total electron content with empirical orthogonal function analysis［J］. SCIENCE CHINA Technological Sciences，55（5）：1161-1168.

Wan W，Ren Z，Ding F，et al. 2012b. A simulation study for the couplings between DE3 tide and longitudinal WN4 structure in the thermosphere and ionosphere［J］. J. Atmos. Solar-Terr. Phys.，s90-91：52-60.

Wang C. 2010. New Chains of Space Weather Monitoring Stations in China［J］. Space Weather，8：S08001.

Wang J，Pu Z Y，Fu S Y，et al. 2011. Conjunction of anti-parallel and component reconnection at the dayside MP：Cluster and Double Star coordinated observation on 6 April 2004［J］. Geophys. Res. Lett.，38（10）：45-48.

Wang Y，Wei F S，Feng X S，et al. 2010. Energetic electrons Associated with Magnetic Reconnection in the Magnetic Cloud Boundary Layer［J］. PRL，105：195007-1-195007-4.

Wei F S，Hu Q，Feng X S，et al. 2003. Magnetic reconnection phenomena in interplanetary space［J］. Space Sci. Rev.，107：107-110.

Wei F S，Feng X S，Yang F，et al. 2006. A new non-pressure-balanced structure in interplanetary space：Boundary layers of magnetic clouds［J］. JGR，111：A03102.

Wei X H, Cao J B, Zhou G C, et al. 2007. Cluster observations of waves in the whistler frequency range associated with magnetic reconnection in the Earth's magnetotail [J]. J. Geophys. Res., 112, A10225.

Wu Y F, Widdel H U. 1992. Saturated Gravity Wave Spectrum in the Polar Summer Lower Thermosphere Observed by Foil Chaff during Campaign "Sodium 88" [J]. J. Atmos. Sci., 49 (19): 1781–1789.

Xiao C J, Pu Z Y, Wei Y, et al. 2005. Multiple flux rope events at the magnetopause observations by TC–1 on 18 March 2004 [J]. Ann. Geophysicae, 23: 2897–2901.

Xiao C J, Wang X G, Pu Z Y, et al. 2006. In situ evidence for the structure of the magnetic null in a 3D reconnection event in the Earth's magnetotail [J]. Nature Physics, 2: 478–483.

Xiao C J, Wang X G, Pu Z Y, et al. 2007. Satell ite observations of separator–line geometry of three–dimensional magnetic reconnection [J]. Nature Physics, 3: 609–613.

Xu J Y, Smith A K, Ma R. 2003. Anumerical study of the effect of gravity–wave propagation on minor species distributions in the mesopause region [J]. J. Geophys. Res., 108: D34119.

Xu J Y, Smith A K, Liu H L, et al. 2009. Russell III, Estimation of the equivalent Rayleigh friction in mesosphere/lower thermosphere region from the migrating diurnal tides observed by TIMED [J]. J. Geophys. Res., 114: D23103.

Yi F, Zhang S D, Yu C M, et al. 2007. Simultaneous observations of sporadic Fe and Na layers by two closely-colocated resonance fluorescence lidars at Wuhan (30.5° N, 114.4° E), China [J]. J. Geophys. Res., 112: D04303.

Zhang H, Pu Z Y, Cao X, et al. 2007a. Escoubet, TC–1 observations of flux pileup and dipolarization–associated expansion in the near–Earth magnetotail during substorms [J]. Geophys. Res. Lett., 34: L03104.

Zhang L Q, Liu Z X, Ma Z W, et al. 2007b. The continuous tailward flow in the near–Earth magnetotail explored by TC–1 [J]. Chin Sci Bull, 52 (1): 1–6.

Zhang L Q, Liu Z X, Wang J Y, et al. 2007c. The distribution characteristics of the near–Earth plasma flow explored by TC–1 [J]. Chin Sci Bull, 53 (7): 843–847.

Zhang L Q, Liu Z X, Baumjohann W, et al. 2009. Convective bursty flows in the near–Earth magnetotail inside 13 RE, J. Geophy. Res.–Space Phys., 114, A02202.

Zong Q G, Zhou X Z, Li X, et al. 2007. Ultralow frequency modulation of energetic particles in the dayside magnetosphere, 34, art no L17106 [J]. Geophys. Res. Lett., 34, 17: L17106.

Zong Q G, Zhang H, Fu S Y, et al. 2008. Ionospheric oxygen ions dominant bursty bulk flows: Cluster and Double Star observations [J]. J. Geophys. Res–SPACE PHYSICS, 113, A7: A07S23.

第十章
海洋地球物理学

　　海洋地球物理是以物理学的思维与方法研究占地球 2/3 面积的海洋系统（刘光鼎，1997；金翔龙，2007；Jones，1999）。20 世纪地球科学迅猛发展，其中革命性的重大进展——海底扩张说与板块构造说的提出，引发了地球科学思想革命，从固定论向活动论的思维转变（刘光鼎，1992）。海底研究对于 20 世纪地球科学发展的贡献极为巨大，而海洋地球物理则是推动海底科学研究的重要原动力（金翔龙，2007）。所以，海洋地球物理在地球科学发展中占有十分重要的地位。它在 20 世纪有过辉煌的成就，推动过地球科学的进展，引发出地球科学的革命；在 21 世纪里，海洋地球物理研究仍然保持着前沿科学的地位，继续推动着地球科学的前进与发展（金翔龙，2007）。

　　20 世纪中叶，在半个多世纪海洋地球物理对海底大规模探测和持续研究的基础上，人类发现世界大洋海底存在着星球规模的巨型海底山系（洋脊 – 裂谷系）和相对于洋脊 – 裂谷系对称的大洋海底地磁条带（金翔龙，2007）。这两个重要的海底发现具有非凡的构造意义，海底形态系统测量与数据编绘所发现的海底山系（洋脊 – 裂谷系）是新洋壳生长的地方；海洋地磁详细测量所发现的大洋磁条带异常是度量洋壳年龄与探索海底扩张过程的重要依据。它们揭示出洋盆的形成和大洋构造的发育史，从而在大陆漂移的基础上孕育出海底扩张说——板块构造说——全球构造说，进而引起 20 世纪地球科学革命。岩石层板块构造说明确指出在全球范围内，洋脊（张性）、俯冲带（压性）和转换断层（剪切性）构成板块的边界。海底扩张——板块构造说的洋底发育观认为，海底扩张促使新洋底在扩张的洋脊处生成发育、驱动大洋板块向两侧迁移，像传动带一样，板块最终俯冲与消亡于大洋边缘处。

　　按照地球物理场分类，在海洋地球物理学中也可分为：海洋重力学、海洋地磁学、海洋电磁学、海洋地震学、海洋地热学等。它们与地球物理学中的重力学、地磁学、地球电磁学、地震学和地热学之间主要是观测空间的不同，从而其观测技术及处理、反演及其解释也与陆地有所差异，但基本原理是一致的。随着现代科技不断进步，地球科学迅速发展，海洋地球物理学从理论、方法、技术及应用都有新的拓展。本章中将按照以下内容介绍中国海洋地球物理学科的发展：海洋地球物理调查技术、海洋深部地球物理与大陆边缘动力学、海洋油气地球物理、海洋工程与环境地球物理、地震海洋学等。这说明，海洋地球物理已从原先只研究海底下固体地球圈层，拓展到研究海面以下水圈和固体地球圈层组成结构、运动学和动力学。

海洋地球物理是地球物理学的一个重要分支，新中国成立以来，新中国海洋地球物理事业从零开始，在学科发展、开发海洋、维护国家海洋主权和权益方面成绩斐然。21世纪是人类向海洋全面进军的新时代。中国作为一个海洋大国，面临着维护国家权益、保护海洋环境、开发海洋资源、发展海洋工程技术、保卫国家安全等一系列繁重的任务。同时，由于海洋特殊的工作环境，海洋地球物理事业的发展更有其不可替代的特殊地位（刘光鼎，1992）。

50年来，中国海洋地球物理工作，不仅在仪器设备、数据采集、资料处理和成果解释等方面都取得长足进展，建立了一支具有相当规模与先进水平的队伍，实现了老一代海洋工作者提出的"查清中国海、挺进三大洋、登上南极洲"的夙愿，对中国海的形成演化取得基本认识，对海底油气与多金属结核资源探查、环境保护和灾害防治做出了贡献，同时也为维护国家海洋权益开发利用中国海奠定了基础。主要取得以下成果：①先后发现渤海、黄海、北部湾、珠江口、东海陆架和琼东南等沉积盆地，并在南黄海以外的各个沉积盆地发现工业油气流，中国近海油气资源勘探开发取得重要突破；②对中国海地质地球物理工作进行了系统总结，其中以刘光鼎为主编的《中国海区及邻域地质地球物理系列图》为典型代表（刘光鼎，1992）；③完成"大陆架及邻近海域勘查和资源远景评价研究"和"126国土资源大调查"等一系列项目，建立了中国大陆架及邻近海域的信息库，为维护国家海洋主权和权益提供了重要科学依据；④20世纪80年代后期，开展了太平洋多金属结核的实地调查，获得了15km^{2}的"先驱投资者"开辟区。1990年开始对南极多学科的综合性考察，完成了"南极大陆和陆架盆地岩石圈结构、形成、演化和地球动力学以及重要矿产资源潜力研究"；⑤1996年启动的海洋"863"海洋地质调查与资源开发技术主题，开展高分辨率地震、多波多分量地震、海洋大地电磁等关键技术研究，取得了多项成果；⑥进行近海工程地质调查与评价，形成了技术方法系列，建立了国家标准。进入21世纪，随着海洋地球物理调查水平的提高，在边缘海形成演化、前新生代盆地、海洋环境研究方面加深认识，并在拓展深水油气、天然气水合物、地震海洋学等多个领域做出新的贡献（宋海斌和王家林，2009）。

第一节　海洋地球物理技术的发展

一、中国海洋地球物理技术发展历程

中国海洋地球物理技术的发展是与中国海洋地质地球物理调查事业的发展相同步

的，从海洋地球物理技术发展来总结，可大致分为三个阶段（国土资源部中国地质调查局，2000；英杰，2004；《中国海洋石油物探》编写组，2001）。

（一）创业起步阶段（1958—1978 年）

1958 年开始了中国近海综合调查与开发，海军以航海保证为目的的海图大量编绘与出版，从渤海开始继而是南海、东海陆架的油气资源初查、局部近岸地区海洋资源海洋环境调查是中国 20 世纪 50—60 年代海洋调查的主要标志。中国海洋地球物理调查也在这一时期开始了从无到有，从小到大，发展到初具规模的历程。

1958—1959 年，中国科学院、地质部、石油部和北京地质学院等单位协作，在天津塘沽组建了中国第一个海洋地震队，刘光鼎（北京地质学院）任队长，秦蕴珊（中国科学院海洋研究所）、鲍光宏（石油部）为副队长。当时利用海军"汾河"号登陆舰作为石油反射地震普查工作船，仪器设备及工作方法沿用陆地的，只是将陆上检波器进行了改造，使用的是"51"型地震仪，在渤海海域进行了海洋地震试验。1959 年 6 月获得了中国第一条海上地震剖面（塘沽—龙口），揭开了中国海洋地球物理调查的序幕。

1960 年，北京石油科学研究院海上地震勘探方法研究队开始从海南岛莺歌海至临高的浅海地震试验工作。

1960 年 5 月 12 日，地质部根据国家科委 1956 年编制的第一个十二年海洋科学发展规划，在天津塘沽组建了中国第一支海洋综合物探队伍——渤海综合物探大队（1962 年改名为地质部第五物探大队），开始了渤海石油物探工作。1964 年 4 月，地质部决定将长春地质学院海洋地质教研室、北京地质学院海洋物探教研室和地质科学院石油地质研究室成建制地调到南京，筹建海洋地质科学研究所。边筹建边工作，自力更生地改装并研制仪器设备，8 月就开展辽东湾地震调查，12 月 11 日批准正式成立海洋地质科学研究所。1965 年又将第五物探大队划归该所领导。在渤海地区用 6 年时间取得了一批可贵的地震和重力资料，首次划分了渤海地质的构造单元，确定了一批局部构造和含油气远景区（后多为进一步勘探证实）。这为渤海成为中国第一个海上石油基地起到了先导作用，其成果获得国家科委重大成果奖。

1967 年 5 月，石油部石油勘探指挥部 3206 钻井队首次在渤海西部海构造断裂带钻成海 1 井，井深 2441m，在 1615~1630m 井段测试，折算日产原油 35t，天然气 1914m³，这是渤海湾第一口发现井，也是中国海上第一口工业油气流井。

20 世纪 60 年代初，地质部第五物探大队和航空物探大队、中国科学院海洋研究所等，在北黄海进行了少量的地震和航空磁力测量，之后又在南黄海进行了地球物理探测。中国科学院海洋研究所以金翔龙、范时清为负责人的研究队在对南黄海开展地震试验调查和地质研究基础上确定了南黄海的构造框架。

从 20 世纪 60 年代中期至 70 年代中后期，海洋地球物理调查研究尽管受到"文革"严重干扰，但这一阶段，综合管理海洋事务的地质部海洋地质司，组建了科研和调查队伍，改造改装了近 20 艘各种吨位的星火、燎原、奋斗、海洋等科学调查船队、桩脚式与半升式钻井平台。这一阶段的特点是第一次在大陆架地区开展了以地球物理勘查为重点的地质综合调查研究与油气资源概查工作。在黄、渤海油气资源概查的同时，以刘光鼎为首的地质与地球物理学家向中央呼吁开展东海的综合地质地球物理调查，并得到批准，在刘光鼎、袁文光、王光宇等主持与组织下，全面开展中国海各项海洋地质地球物理调查，其中包括渤海、黄海、东海和南海，并开始对西沙、中沙群岛的海洋地质调查。

黄海、东海和南海的大陆架区地质地球物理综合调查主要由地质部组织进行。地质部在东海系统地进行了 38 万 km^2 的地震、重力、磁力的调查，完成测深 9760km，磁力 1 万余千米，重力 8600km 及地震 9600km。通过这些调查，证明了东海陆架盆地含油气前景良好，尤其是西湖凹陷和瓯江凹陷盆地。

（二）全方位大发展阶段（1979—1996 年）

改革开放以来，海洋地球物理调查进入了对外合作新阶段。其主要特点是：引进了一批先进的地球物理仪器设备及新技术、新方法；开展了一些国际合作研究项目。完成了一批国家及部委重要科研项目；油气勘探对外招标；使中国海洋油气产量从 1982 年不足 10 万 t 增长到 1996 年 9 月首次突破 1000 万 t，逐步进入海洋石油大国行列。与此同时，还开展了以与周边国家海域划界为目的的专项调查和以极地科考为目的的大洋调查。

大批先进的地球物理仪器设备，如卫星导航系统、数字地震仪、海洋重力仪、核子旋进磁力仪、多波束测深仪、深 – 浅地层剖面仪、旁侧声纳、单道地震仪、多道地震仪、地球物理资料计算机处理系统等，主要都是在这一阶段引进的，从而大大提升了中国海洋地球物理技术水平，有力地促进了中国海洋调查研究工作的进步。这个阶段通过国际合作和交流，如中日海底电缆路线调查，中韩的南黄海调查，中美和中德南海合作调查，中德渤海和东海调查等合作项目，极大地促进了中国海洋地球物理学科的发展。

中国海区的海洋油气勘探开发，促进了海洋油气产量大幅增长。对含油气区进行的 1∶100 万和 1∶20 万的地球物理调查，查明了东海含油气区（带）。东海西湖凹陷及局部构造的发现，体现了独立自主、自力更生精神，油气构造由朱夏以中国老百姓喜闻乐见的西湖名胜命名。1982 年，首先在东海的"龙井 2 井"获得了工业气流，平湖油气田和春晓油气田相继开采，实现了东海油气田的重大突破。

1970 年 10 月，北部湾开展以海上地震勘探为先导的综合地质地球物理调查，揭开了南海北部陆架找油的序幕。1975 年综合地质地球物理调查发现了珠江口盆地，1978 年 8 月 13 日，珠五井喷出高产工业油流，日产 195.7m^3，实现了中国南方找油的重大突破。1987 年开始，开展了南海南部海域综合地球物理调查，圈出万安、曾母两大含油气盆地。

中国首次大洋地质与地球物理科学考察始于 1983 年 5 月 7 日，历时 66 天，由国家海洋局派遣"向阳江 16 号"船，在西太平洋完成调查面积 80 万 km^2，重力测量

17 779km，磁力测量 2370km，并采集了多金属结核样品。其后，国家海洋局和地质矿产部在 80 年代在中太平洋和东太平洋 CC 区和 C 区进行 9 个航次多金属结核调查，共同圈定了结核富集区，90 年代对富集区又开展了加密勘察评价。

1984 年 11 月 20 日至 1985 年 4 月 10 日，中国派出"向阳江 10 号"科学考察船赴南极——南大洋科学考察，对南大洋和南极大陆首次进行地质与地球物理综合调查，又建立了中国首个极地科学考察基地——长城站。从 1984 年至 2011 年对南极 / 南大洋的科学考察已达 26 次。

从 1990 年开始的"八五"科技攻关项目（85-104），由国家海洋局、中国科学院、地质矿产部共同参与，这是以与周边国家海域划界为目的进行的专项调查，地球物理调查是其中的重点内容。对于南海海域，从 1979 年准备，直到 1987 年，地质部门开展了 1：20 万，多道地震、重力、磁力和测深等地球物理调查，涉及范围达 80 万 km²，并发现了海底锰结核和锰结壳。中国科学院南海研究所也对南沙海域进行多次综合性调查。

（三）深入提高阶段（1996—2010 年）

实施科技兴海战略，加强基础研究，高新技术攻关，与国际接轨，成为这一阶段海洋地质地球物理调查工作的鲜明特色。战略性、基础性的区域地质地球物理调查和编图，不同海域尤其是深水区的油气勘查和天然气水合物勘查、大陆架及邻近海域勘查、大洋多金属勘查和极地及大洋科学考察等，都取得了新进展。国家重点基础研究发展计划（"973"计划）、国家高技术研究发展规划（"863"计划）、中国专属经济区和大陆架勘测、南海油气资源和大洋等国家专项与科技攻关项目的实施，促使海洋地质地球物理调查工作发展到了一个新阶段，也使中国的海洋地球物理学科发展上了一个新的台阶。

1996 年 9 月，中央科技领导小组批准将海洋作为第 8 领域纳入国家高技术研究发展规划（"863"计划），海洋领域 3 个主题，其中与地球物理有关的是海洋探查和资源开发技术作为主题之一。该主题的研究目标中涉及地球物理的有两个方面：①海洋国土探查与资源评价技术研究，它包含海底地形地貌和地质构造探测技术研究及海洋矿产资源综合评价技术和海洋岩石层（圈）探测技术等两个方面；②海上大气田探测技术研究，它包含了海上天然气地震勘探技术和海洋地球物理测井成像等内容。

"十五"期间，以"863"计划中资源环境技术领域的"海洋资源开发技术"作为主题，开展了深水海域油气及天然气水合物资源勘探开发技术、东海油气田勘探开发关键技术、大洋矿产资源探测关键技术、海底立体探测和成像技术等 4 个专题的研究。其研究成果为中国深水盆地基础地质和油气资源评价提供了强有力的勘探手段，整体提升了中国大洋资源勘查技术水平，为天然气水合物资源调查与评价创造了条件。2007 年 5 月，国土资源部中国地质调查局在南海北部神狐海域获取了天然气水合物样品，标志着中国天然气水合物调查研究水平步入了世界先进行列。

2001 年 8 月 17 日，刘光鼎上书国务院，提出"关于中国石油资源二次创业"的建议，呼吁石油天然气二次创业应从突破前新生代海相碳酸盐岩地层开始。10 天后，温家宝总理做出批示："要重视油气资源战略勘查工作，争取在前新生代海相碳酸盐岩地层中有新的突破。"既为海域油气地球物理勘查指明了方向，也提出了更高要求。

2009 年，刘光鼎又提出了关于油气资源要关注海相，海洋和海外的"三海"战略，引起了有关部门的高度重视。

在专属经济区和大陆架勘测方面，1996 年 1 月 26 日，经国务院批准的"中国专属经济区和大陆架勘测"（HY-126）专项，在 1997—2002 年进行，由国家海洋局、地质矿产部、农业部、中国科学院、国家测绘总局和海军航保部负责实施，其中涉及地球物理的主要有多波束海底地形勘测、海洋地质地球物理补充调查及矿产等专项资源评价。按计划分别在黄海、东海、台湾东部海域和南海从北到南安排了 20 个区块地质地球物理场补充调查，提交了各区块地质和地球物理图件，在区域地质、地球物理场、构造区化及演化、油气和天然气水合物等矿产资源、地质环境和地质灾害方面，均取得了一批成果（详见《我国近海海洋图集——海洋地球物理》《中国海域构造地质学》等专著）。

远洋调查方面，在 20 世纪 80 年代和 90 年代，利用多种地球物理探测技术，经过 8 个大洋航次的勘查研究，国家海洋局和兄弟单位一起合作，查明了太平洋 CC 矿区多金属结核资源的分布规律，使中国最终获得了 7.5 万 km² 的开采权，成为世界上第五个深海先驱投资国、大洋矿区登记国。从国家"九五"计划后期开始，大洋调查转入中太平洋海山区高钴结核的勘探研究；从国家"十五"后期，又开始全球规模的海底热液硫化物勘探研究，其中地球物理调查是工作基础和主要手段。2000 年以来，国家海洋局第二海洋研究所联合国内 30 多家单位主持了 10 多个航次的大洋资源与环境调查，其中包括 2005 年中国首次环球科学考察；2007 年首次在西南印度洋脊和超慢速扩张洋脊发现海底热液硫化物活动区，并捕获实物样品。在 2009—2010 年的 DY-115-21 航次中，首次在西南印度洋脊实施综合地球物理调查，成功实施了大容量气枪阵的布设和激发作业及大规模海底地震仪测试实验，中国科学院地质与地球物理研究所研制的海底地震仪 6 个台次全部投放和回收成功，成为中国大洋地震探测的一个里程碑。

1997 年 3 月，国家海洋局批准在第二海洋研究所成立以金翔龙为主任的国家海洋局海底科学重点实验室。10 多年来，实验室在完成一系列国家级、部委级的重点项目，尤其在专属经济区和大陆架勘测以及远洋调查方面取得了重要成果。

二、海洋地球物理技术的发展

中国海洋地球物理调查事业的发展，与地球物理技术发展密不可分的（国土资源部中国地质调查局，2000；英杰，2004;《中国海洋石油物探》编写组，2001；刘振武等，2010；刘光鼎，2007）。

（一）海上导航定位技术

早期的海上定位方法是利用六分仪观测天体或陆岸标志来推算船位的，误差超过

1nmi（1nmi=1.852km）。20 世纪 50 年代出现无线电导航定位系统，多数为中程导航系统，使用范围 400~600km，定位精度 10~50m。

1964 年，美国发射海洋卫星导航系统（NNSS），1967 年向民间开放。NNSS 与精密的速度传感器耦合，并利用卡尔曼滤波和计算机技术形成组合系统，中国于 1985 年引进美国 Magnovox 的 MX–5000 系统发挥了重要作用。

1992 年，美国 GPS（全球定位系统）的 18 颗卫星发射组网后，它成为全天候、高精度、快速、实时、静位态定位的导航系统，应用广泛。但由于美国有关政策的实施，对实时高精度及动态定位带来不利影响，国内外相继提出了差分 GPS 技术和广域差分 GPS 技术及双星系统组合定位技术。差分 GPS 可实现优于 10m 的实时定位精度；广域差分 GPS 可实现在 1500km 范围内优于 10m 的伪差分定位；俄罗斯基于 GLONASS（格洛纳斯）同步卫星系统的双星系统的启用前景已被看好。

"十五"期间，在"863"计划资助下，国内单位紧密合作研制成功水下 DGPS 高精度定位系统。该系统在高稳定度时钟同步技术、低成本的水下精密授时技术、双向水深快速通信技术和多道无线电通信技术等方面取得了突破。海试表明，定位精度达到了国外同类产品水平，系统的研制成功也使中国成为世界上少数几个掌握水下高精度定位的国家之一。

（二）水深探测技术

1925 年，第一台回声测深仪结束了计测沉放海底铅锤钢索长度作为水深的历史。20 世纪 60 年代出现多波束回声仪后，多波束测深技术迅速发展，70 年代中期，美国率先推出 Seabeam 系统，法、英、德和挪威也先后推出 Hydrochart，Simord EM 和 Hydrosweep 等系列的多波束系统，以及 GLORIA 和 SEAMARC 海底侧扫系统，配合 GPS 和 DGPS 为主的综合导航定位技术，保证了测线定位技术到米级，水深测量精度误差在 0.2%~0.5%，鉴于多波束系统的全覆盖、高精度、高效率、集测深与侧扫技术、声呐技术和计算机技术于一体，可称为 20 世纪 80 年代以来海底地形探测技术的一次革命。

中国较快引进了上述多波束系统，承担了"我国专属经济区和大陆架勘测"专项任务和大洋多金属结核矿区的地形测量任务。特别是在"863"计划等有关项目的资助下，以国家海洋局第二海洋研究所为主，对引进的多波束测深系统进行消化，吸引和创新，在理论方面，出版了国内外首部多波束探测学术专著，制定了多波束海底地形地貌调查国家标准，填补了国内空白，初步建立了中国多波速测深系统；在仪器方面，自主研制了国内具有自主知识产权的浅水多波束测深系统；在资料处理及成图方面，实现了多波束数据处理关键技术的系列创新，拓展了规范特色的多波束自动成图技术，自主研发了多波束测深数据综合处理及成图系统系列软件，发展了系统独特的多波束数据处理与成图技术，总体的研究与应用水平达到了国际水平。

针对引进的深拖系统在近底探测方面存在定位技术、微地形探测技术和视声图像处理技术存在的问题，在国家"863"计划资助下，设计开发了海底声像和视像处理系统 SBMapper 和 SBImager，服务于大洋多金属结核和富钴结壳资源评价。

在国家"863"计划滚动资助下，研发出国内首套实时监控的多频海底声学原位测试系统，并建立了底质声学正反演模型，解决了海底声传播基础研究中声速、声衰减获取的技术瓶颈，为国家重大专项取得了多种频率的声速、声衰减原位测试资料。

（三）海洋油气地震勘探技术

在 20 世纪 50 年代末期及 60 年代初，中国开始海上地震勘探试验，使用的是经过改装的 51 型光点地震记录仪；60 年代，配备了苏式 60 道光点地震仪。1967 年以后，由法国引进 CGG59 型模拟磁带地震仪和国产的 DZ681，663 型模拟磁带地震仪代替了光点地震仪，逐步实现了单次覆盖到 4~6 次覆盖，并解决了炮缆的研制和改善了炮缆尾部结构，以投放炮缆方式控制炸药包的投放深度，保证了记录质量，由此深海地震单船作业代替了双船作业。20 世纪 70 年代初，中国科学院电工研究所配合海上地震队研制了海洋电火花震源，实现了海洋地震勘探由炸药震源向非炸药震源过渡。70 年代中期，中国开始引进法国 CGG 公司的数字地震船，配量有 48 道 SN338B 数字地震仪、48 道 AMG 等深电缆和高压蒸气枪震源，并配有综合卫星导航系统，由此开始，海洋地震使用的模拟磁带地震仪逐步被数字地震仪所取代。

1974 年 12 月，中国第一支新型海洋地震勘探震源——空气枪，在地矿部第一海洋地质大队研制成功，并在南黄海海区进行了海上试验；1977 年后发展到 6 枪、7 枪组阵。1975 年，在许多单位通力合作下，研制组装成功 HDK-24 型等浮电缆，并装备到数字地震勘探船上，进行作业。

进入 20 世纪 80 年代以后，引进配备了更先进的海洋地震勘探装备，如 1983 年改造的中海油滨海 511 船，具备了气枪容量 6500in^3，32 只气枪组合，可实现长超宽阵列，配备双套 DFS-V 数字地震仪，高密度记录磁带，240 道接收，可完成 60~120 次覆盖的二维、三维地震勘探的数据采集，开始跨入了三维数字采集的新阶段。

进入 90 年代以后，国内各海上勘探船进一步更新了地震勘探的数据采集设备，发展具国际先进水平的海底电缆勘探技术，代替原有的无线电遥测。1994 年中美合作建造了具有当代水平的海洋石油地震拖缆作业船，该船装有双 SLEEVE 气枪震源系统，可同时拖带 6 条 3000m 或 2 条 6000m 的数字电缆作业，并拥有美国的 TITAN-1000 地震记录系统、PS-6000 现场处理系统和 WISDOM 综合导航系统。通过有计划有步骤的改造，使中国相当数量的石油勘探船具备了做二维、三维海海洋地震勘探的能力。

2001 年，由中国石油天然气集团公司西安石油勘探仪器总厂承担了国家"863"计划研制出海洋多波地震勘探装备，经过海上试验，并在南海西部海区内开展科学研究。

目前中国的海洋地震探测技术的发展有几个方面：

1. 海上三维地震勘探技术

中国海上地震勘探始于 20 世纪 60 年代初的模拟光点记录地震仪时代，60 年代末进入模拟磁带记录地震仪时代，70 年代进入数字地震仪时代，至 21 世纪发展为全数字地震仪数字电缆时代。中国海上三维地震勘探开始于 20 世纪 80 年代，到目前已取得长足进步，可开展大规模双源多缆三维作业，为海上油气勘探开发发挥着非常重要的作用。

中国海上第一次三维地震勘探是1981年9月在南海北部湾盆地乌石16-1构造实施的，由美国GSI公司的R.C.Dunlap号进行地震采集作业，共完成三维地震测线2330km，线距100m，采集面积209km²。据统计，到2015年，中国海洋石油总公司在中国海域累计采集三维地震资料210 798km²。从1981年的第一块三维地震到2015年的几十万平方千米的三维地震资料，中国海上石油地震勘探技术不断发展、进步。

（1）海上三维地震采集技术

海上三维地震采集实质就是密二维。当CMP测线距满足空间采样的要求时，二维采集就变成了三维。三维地震采集和处理的资料可使倾斜地层的地震反射波在三维空间上准确归位，在三维空间上显示整个构造的形态。

1983年，经过多次技术改造，中国海洋石油总公司（以下简称中海油）的滨海511物探船配备了大容量多枪组合震源、DFS-V数字地震仪、高密度记录磁带、240道电缆、DMX现场预处理系统和NORSTAR综合导航系统，可进行三维作业控制，使中国海洋地震勘探由只能做二维数据采集，跨入了可做三维数据采集的新阶段。

1994年，中海油的滨海501物探船，配备了TITAN-1000数字地震仪，最大接收道数1920道，地震电缆为SYNTRON数字传输缆，震源为套筒（SLEEVE）节能枪，额定压力2250psi，总容量6000in³，综合卫星导航系统为WISDOM，可实施双源四缆接收的三维地震作业。1995年4月，滨海501在南海崖26-1构造上开展双源四缆三维地震采集作业，这是中海油第一次应用自己的船队实施多源多缆三维地震采集。

通过不断的技术装备引进和自主研制，到2017年，中海油已经拥有6艘拖缆物探船，1个海底电缆作业队，2艘多功能作业支持船，年采集能力三维地震资料45 000km²，二维地震资料20 000km，海底电缆采集三维地震资料2000km²，其中最大的地震勘探船HYSY720和HYSY721具备双源12缆每缆8000m的作业能力。

（2）海上三维地震资料处理技术

海上三维地震资料处理是指对覆盖观测面的三维空间地震数据进行处理，以充分地利用三维地震采集的有效信息，在三维空间中有效地压制随机和相干干扰，有效提高地震数据的分辨率和保真度以及真实三维空间归位，使叠加、偏移成像清晰，空间归位准确。

1986年从美国DEC公司引进VAX780小型标量计算机，配置美国DIGCON公司的DISCO地震资料处理系统，中海油的两个数据处理中心和研究中心开始少量的三维地震资料处理的探索和技术研究。到80年代末，可独立完成海上三维地震资料的批量处理。

90年代初，为了满足海洋石油大面积、大规模进行三维地震勘探的需要，引进了CONVEX3410和VAX6540向量计算机，配置法国CGG和美国CSD公司的地震处理系统，使处理能力大大提高，三维处理周期进一步缩短。

1991年中海石油研究中心在中国率先引进了美国CSD公司基于DEC公司Unix

工作站上的交互速度分析软件包 IVIS，开创了国内交互地震资料处理和分析的先河。至 90 年代中期，配备了多套 SUN10、SUN20、SGI Indigo2 等工作站和交互处理系统 FOCUS，其运算速度是中小型标量计算机的十几倍到上百倍。与此同时，中海油不断开发、完善和发展了大批应用软件，自行编制二维、三维定位导航资料处理软件包，地震海底电缆二次定位，拖缆实时定位计算，三维面元均化软件包，三维道内插值和一步法偏移模块，完善 $\tau-p$ 变换、中值滤波、全倾角波动方程偏移、$F-X$ 域去噪、"三高"处理、各类反褶积以及交互波阻抗反演软件包。

90 年代中后期，多 CPU 并行服务器的出现，使地震资料处理进入了并行处理的时代。

同时，叠前深度偏移处理技术开始兴起。1995 年，中海石油研究中心引进了一套以色列 PARADIGM 地球物理公司的二维叠前深度偏移处理系统 GeoDepth，当年就承担了莺歌海盆地乐东 22–1 构造的叠前深度偏移处理任务，完成了十几条测线的处理工作，解决了其浅层模糊带的成像问题。90 年代末，三维叠前时间和深度偏移广泛应用。

到 2017 年，中海油的两个数据处理中心和研究总院，拥有强大并行处理能力，可大面积连片处理数千平方千米的三维资料，年处理三维地震资料数十万平方千米，三维叠前时间偏移已经成为必须应用的常规处理流程，三维叠前深度偏移也广泛推广应用。

（3）海上三维地震资料解释技术

三维地震资料解释是对三维地震偏移数据体的三维空间的立体解释。自 1981 年中国海上油气勘探中有了第一块三维地震资料以来，解释工作经历了由人工计算解释绘图到人机交互解释绘图，由单一的构造解释到构造、地层、岩性联合解释，由单信息到多信息综合解释的发展过程。

20 世纪 80 年代初，三维地震资料解释工作是在纸介质上进行。通过手工方式，在纸介质的 inline 剖面，crossline 剖面和时间切片剖面上，识别层位和断层。人工编制构造图、等厚图、断裂系统图等各种解释成果图件。

1986 年，在中国海洋石油总公司的统一组织下，各地区公司和研究中心从美国 DEC 公司引进了操作系统为 VMS 的 VAX11–750 计算机，以及美国 DIGICON 公司的 DISCOVERY 软件系统用于地震资料解释后期的层位数字化拾取和绘图。这标志着地震资料解释开始借助计算机完成部分工作。

1990 年，从美国 GEOQUEST 公司引进 IES 二维三维地震资料解释系统，安装在 MICRO VAXll 计算机上。该系统是比较完善的人机交互系统。从此，中国的三维地震资料解释进入计算机人机交互解释时代。

1995 年，借助于"金轨工程"，引进了 GEOQUEST 公司的 IES 升级版解释软件 IESX，和 LANDMARK 公司的 OpenWorks 以及 JASON 公司的反演处理软件。从此以后，解释软件不断升级，计算机运算能力呈指数上升，三维地震资料解释工作全面计算机化。通过应用三维层位自动追踪、相干体断层分析、地震多属性融合、地质体雕刻、三维可视化等技术手段，大大提高三维地震资料解释工作效率和精度，为油气钻探和储量估算提供准确、具体、形象的数据和图件。

2. 海上中深层高分辨率地震勘探技术

1994 年，中海油南海西部公司在地震高分辨率采集和处理方面开展了研究，在南海北部东方区和莺东斜坡地区采用小容量气枪组合、较浅的震源沉放深度和电缆沉放深度，通过实验选择合理的施工参数，得到了较好的浅层高分辨率地震资料，在 2000m 左右深度上的地震资料频谱达到 10~120Hz。浅层可分辨 5m 左右的薄地层，可明显见到浅层含气储层的亮点、平点特征，为南海天然气勘探起到了重要作用。但是，勘探深度仅在 2000m 左右，与石油勘探的经济基底为 4000m 左右、天然气勘探的经济基底可达 6000m 甚至更深相比，浅层高分辨率地震的勘探深度 2000m 是不够的。

1997 年 11 月，为了进一步发展高分辨率地震勘探技术，提高探测深度，国家"863"计划将《海上中深层高分辨率地震勘探技术》列为"九五"重点研究项目。在承担单位中海石油研究中心、中海油服物探事业部和清华大学自动化系等有关单位共同努力下，该项目的技术研究取得了重要进展，高分辨率地震资料的品质明显改善，在 3500~4000m 左右的深度上地震波频谱达到 10~100Hz（中国海洋石油物探编写组，2001）。以莺歌海地区的地震波速计算，可在该深度上分辨 10m 左右的地层。该项技术广泛应用于渤海、南海的油气勘探，取得了很好的勘探效果，目前已成为海上地震勘探的常规技术。该项技术于 2003 年获得国家科技进步奖二等奖。

海上中深层高分辨率地震勘探方法研究，包括采集技术和处理方法两部分内容。

利用相干枪的原理，研制出频带宽、能量大、容量小、适用于海上中深层高分辨率地震勘探的相干组合震源。气枪总容量 1380in^3，能量（峰值)53.64bar.m，初泡比 40.95，高截频率 250Hz，最大穿透能力可达 6000m~8000m。震源沉放 3m、电缆沉放 4m 为最佳。

高信噪比和宽频带是高分辨率资料的重要指标。为了提高信噪比，研发了叠前双向去噪、自适应方向滤波、均值加权压制线性干扰、聚束滤波压制多次波、频谱法去多次波等去噪技术；为了保持有效带宽，研发了叠前子波处理、多尺度子波时变反褶积、基于谱模拟技术的谱白化、小波包分解地层吸收补偿、井外推信号重构、SVD 分解等提高分辨率技术；同时研究了高精度速度分析、协方差矩阵速度分析、少道叠加、Itstatk 迭代叠加、自适应倾斜面元叠加等处理流程。处理结果表明，在 2.5s 时间深度附近，有效频宽达到 10~100Hz。与常规剖面对比，高分辨率剖面反映的地质现象更清楚。在对常规采集的地震资料进行高分辨率处理后，与常规处理相比较，分辨率也得到了明显的提高（温书亮等，2000；何汉漪，2001）。

3. 深水区地震勘探技术

中国南海油气资源量预测约为 300 亿 t，占全国油气总资源量的近 1/3，其中大部分蕴藏于南海深水区。但是受水体深厚、海底崎岖、地质及储层结构复杂等因素影响，南海深水区油气勘探程度低，制约了深水区油气资源的勘探开发。正如著名的地球物理学家李庆忠所说"地震勘探技术是地质家寻找油气的'眼睛'"，在南海深水复杂地质结构条件下，油气勘探的发现强烈依赖于深水地震勘探技术的创新与应用。

进入 21 世纪，为了解决制约南海深水勘探的盆地结构、沉积储层、生烃潜力研究、目标落实等重大地质难题，中海油依托国家"863"计划课题"深水高精度地震勘探技术"、"973"课题"南海深水区复杂地质结构地震采集基础理论研究"、重大专项"南海北部深水区复杂地貌及地质结构的地震采集、处理、解释方案及参数优化研究"等重点项目，系统开展了深水区地震勘探基础理论及采集、处理、储层与油气预测关键技术攻关研究，加快了深水油气勘探步伐。

在深水区地震采集、处理、储层及油气预测方面创新形成的关键技术和成果包括：

（1）设计了面向深水采集的高分辨率气枪阵列立体组合震源、中深层大容量平行四边形立体组合震源。

在地震资料采集方面，由于气枪阵列震源端"鬼波"陷频，使得激发的地震子波有效频带变窄，地震资料分辨率降低。2012年李绪宣等首次提出高分辨率梯形立体阵列设计技术，设计了上、下两层枪阵梯形立体组合、延迟激发的高分辨率梯形立体组合震源，有效压制了震源端"鬼波"，拓展了频带宽度，提高了地震分辨率（李绪宣等，2012）。当年采用该震源在白云凹陷深水区采集二维测线270km，地震分辨率及成像质量比以往采集的资料明显提升。另外，针对深水区中深层信噪比低、成像差的问题，优化设计了中深层大容量平行四边形立体组合气枪震源，其激发的子波主脉冲大，穿透力强，频谱中低频能量丰富，大大增强了中深层信号能量。同时，还能够较好地压制"鬼波"，拓展子波频带宽度。2012年采用大容量平行四边形立体组合震源在长昌凹陷采集了二维测线474km，中深层的信噪比和成像品质较2005年剖面显著提高。

（2）研发了基于SRF深水海底多次波衰减、多次聚焦共反射面元叠加、变偏移孔径叠前保幅偏移成像等技术的深水地震资料处理关键技术。

针对深水起伏海底区绕射多次波发育，严重影响地震成像品质，并且常规方法难以有效压制的问题，多次波衰减处理中首先利用3DSRME技术衰减近道多次波，然后利用高精度RADON变换衰减中远道多次波，再次利用分频分时投影滤波法（FWD）衰减剩余高频绕射多次波，通过上述技术组合应用，有效地衰减了深水复杂海底导致的强绕射多次波及其残余高频能量，使有效波得到保护。该项技术获得发明专利1件（专利号：ZL200810117757.3）。

针对深水地震资料中深层信噪比低，成像品质差的问题，首次提出多次聚焦共反射面元叠加技术。该技术通过等旅行时叠加方式实现三维多次聚焦成像，并通过偏移/反偏移方式解决了该方法中的倾角歧视问题，在国际上是一种全新、有效的解决方案。此外，应用等旅行时面叠加方式能够同时输出高信噪比的零炮检距剖面和叠前道集。该项技术获得发明专利1件（专利号：ZL201210097757.8）。该项技术生产应用效果显著（李绪宣等，2013）。

在叠前偏移方面，常规基于道集域处理时，往往中深层低信噪比地震资料的成像效果较差，研发了变偏移孔径（时变+空变）叠前保幅偏移成像技术。通过采用双程波波动方程实现波场延拓，并采用逆时偏移方法实现有限差分成像。在首次提出拟空间概念的基础上，结合高精度吸收边界条件，在拟空间域实现逆时偏移归位。该技术克服了传统有限差分法的偏移倾角限制和速度场不能剧烈变化的局限，能够实现针对全倾角的偏移归位，同时能够适应速度场剧烈变化的情况，有效提高了成像精度。该项技术获得发明专利 1 件（专利号：ZL201010288431.4）。

另外，深水地震勘探中海水面反射"鬼波"严重限制了地震频带宽度，降低地震分辨率。为了有效压制"鬼波"，针对深水斜缆采集和常规"平缆"采集的地震数据，研发了基于波动理论的深水"斜缆"和"平缆"宽频处理技术。创新了基于波场延拓和迭代反演的"斜缆"和"平缆""鬼波"压制技术、基于波场延拓的"斜缆"缆深校正技术，有效压制"斜缆"资料和"平缆"资料的震源"鬼波"和电缆"鬼波"，使地震资料高、低频端能量均得到补偿，拓宽地震频带范围。应用该技术处理国内荔湾、长昌 – 宝岛以及海外巴西、冰岛等深水矿区的"斜缆"和"平缆"地震资料，有效压制了"鬼波"，拓展了频带宽度，提高了地震分辨率，获得宽频带地震数据，为后续构造解释、储层及油气预测提供了高品质的资料。另外，基于波场延拓的缆深校正技术还可用于海底电缆 OBC、海底节点 OBN 等方式采集的地震资料处理中，应用非常广泛。在实际应用中，成像质量显著改善（王建花和王艳东，2017）。

（3）创新了相空间属性分析技术、深水少井 / 无井相位异常油气检测技术等深水区无井少井储层及油气预测关键技术，在琼东南、珠江口盆地和海外刚果、尼日利亚等深水区的勘探技术支持中，储层与油气预测结果与实钻井高度吻合，很好地支持了井位目标评价及钻后研究。

基于深水区地震勘探关键技术研究成果，出版了专著《南海深水区地震采集技术研究与实践》（李绪宣和王建花，2014），"海上深水区复杂地质结构地震勘探关键技术创新与应用"成果获得中国地球物理学会 2013 年科技进步奖一等奖。

4. 多波地震勘探技术

海洋多波地震勘探一直是海洋油气地震勘探的重要发展方向，1998 年开始海上多波地震勘探方法专项研究，它包括资料采集、处理和解释应用等方面。中国海洋石油总公司在莺歌海盆地通过国际合作，摸索了应用多波勘探天然气的经验，获得了良好的转换波资料，取得高于纵波资料的分辨率和信噪比，能有效识别真假亮点，使得因气层影响造成的"地震模糊带"能清晰成像。

随着海上油气勘探的深入，以构造型为主的浅层优质油气勘探开发目标越来越少，勘探开发的对象逐步向深层、低阻、低孔、低渗、岩性等油气藏方面拓展，特别是非常规致密油气藏、页岩气、煤层气等新领域勘探蓬勃发展，带来了地震资料高精度成像，岩性、储层流体性质识别，储层的各向异性和裂缝识别等一系列不能用常规纵波地震勘探来解决的问题。近年来，随着现代信息和传感器技术的快速发展以及计算机成本的不断降低，多波多分量地震勘探技术越来越受到关注（王赟等，2017）。尤其在海洋油气勘探开发中，多波多分量地震勘探技术不仅利用纵波，还利用横波或转换横波，可以用来解决单一纵波勘探所不能解决的问题，在国内外得到广泛的应用。

中海油在多波多分量地震技术方面进行了长期的探索和实践。1998 年中海油与 Geco–Prakla 公司合作，在莺歌海盆地实现了我国首例海上二维多分量地震勘探，得到了 132 公里的二维四分量地震资料。在真假亮点的识别、气云纵波模糊带的成像、烃类检测等方面获得了成功的应用（张树林等，2000）。随之配套的二维三分量地震处理技术也得到了较快的发展，在转换波静校正、时空变速度比抽道集、DMO 等方面进行了有益的探索。并初步形成了一套具有自主知识产权的处理系统 OMS（傅旦丹等，1999，2003）。中海油用该系统成功地对莺歌海盆地多分量地震资料进行了处理，取得了和国外水平相当的处理成果。后来，又用这套处理系统，处理了 2000 年 ARCO 采集的一条二维多分量地震测线资料，在"模糊带"上获得了很好的处理效果。同年，中海油与 Phillips 公司合作，在蓬莱 19-3 勘探区进行了中国海上第一次的三维多分量地震勘探，勘探面积达 43km²。由于三维多分量处理技术尚未获得突破，未能获得预期的处理效果。中海油自 2003 年起陆续在海上采集了大量的海底电缆（OBC）三维多分量数据。但由于缺乏有效的三维多波多分量处理技术，这些 OBC 数据的转换波一直没有得到很好地利用。

面对上述问题，中海油在"十二五"期间设立自研课题"海上多波多分量地震处理关键技术及应用研究"，开展了海上三维多波多分量地震资料处理的关键技术研究和攻关：针对波场的矢量特征、转换波射线路径不对称以及双程时多时间尺度等问题，成功研发了矢量化的预处理技术、转换波速度建模以及叠前时间偏移成像等技术；集成了相对完善的弹性波成像 EWI 软件系统；建立了海上三维多分量地震资料处理流程。完成了 3 个靶区的三维四分量 OBC 地震资料的处理，取得了明显的效果。课题组经过技术创新，提出了一种基于偏移速度扫描的转换波速度建模方法，成功地解决了传统方法复杂构造抽取共转换点道集的难题，使得速度建模更准确，成像更清晰。通过转换波剖面和纵波剖面的对比，能够快速识别油气异常区，从而准确圈定油气赋存区范围。

5. 海上高精度地震勘探技术

海上高精度地震勘探技术是一套集采集装备、资料处理与解释技术为一体的地震勘探技术，其主要特点包括单检波器小道距无组合三维高密度采集、三维拖缆全网高精度声学定位及水平/深度双向高精度拖缆姿态控制。原始资料品质高，具有分辨率高、波场数学可描述性高的特点，成果具备分辨率高、信噪比高、保真性高与成像精度高的"四高"特征，广泛应用于海上复杂构造与复杂储层的勘探与开发。

国外海上高精度地震勘探技术起步早，为取得国产高水平海上地震勘探技术，中国海洋石油总公司在"十五"至"十二五"期间，在"863"计划与"油气重大专项"资助下，成功研制出海上高精度地震勘探技术。2004 年研制完成了单检波器拖缆地震采集试验样机，2005 年该试验样机在南海东部乐东海域取得国内首批国产装备采集的试验数据。2007 年研制出"海亮"拖缆地震采集系统工程样机和"海燕"拖缆声学定位与电缆姿态控制系统工程样机，2008 年该工程样机在南海西部海域取得国内首批国产装备采集的符合生产标准的二维地震数据。2009 年高精度地震采集装备首次装列滨海 521 工程物探船，完成了近万千米的地震勘探工作，其结果明显优于常规进口装备采集的结果。2009 年高精度地震采集工程样机在渤海海域取得国内首批国产装备采集符合生产标准的三维地震数据，2012 年完成了"海途"综合导航系统样机和"海源"气枪震源控制系统样机，2015 年在南海深水区海亮及海燕成套化装备系统完成国内首个"梨式"斜缆宽频地震采集，电缆最大沉放深度 60m，打破了国外电缆最大 30m 沉放深度的限制。高精度地震采集成套装备已装配了滨海 707 船、滨海 511 船，能够实现最大 16 缆采集，单缆最大道数为 1ms 4000 道，单缆最大传输率每秒 12.5MB/s 兆字节，性能指标与国际同步。

海上高精度地震采集资料分辨率高，波场可描述性高、波场能量水平高、数据量巨大，为发挥海上高精度地震采集资料的优势，克服资料处理难点，中国海洋石油总公司研制成功无损数据动态组合、多域联合去噪、压制"鬼波"和多次波、稳健高频补偿与各向异性叠前时间偏移等数百项高精度地震处理技术，与海上常规大道距组合资料相比，处理结果信噪比提高 1 倍，分辨率提升 15% 到 50%（赵伟等，2012）。

为充分发挥出高精度地震资料的优势，满足海上油气勘探开发的需求，中国海洋石油总公司研制成功高精度地震精细构造解释、高精度地震沉积相分析、高精度地震储层预测及流体检测等数百项技术，广泛应用于中深层复杂构造、薄互层岩性油气藏、盐下碳酸盐岩油气藏、中深层低孔低渗油气藏等各类复杂目标的勘探。2010 年发布了高精度地震解释技术《海上地震地质综合解释分析系统》（MIAS）。

6. 海上时移地震油藏监测技术

中国海上油气田的时移地震技术的应用研究始于 21 世纪初，"十五"期间中海油开展了"863"计划项目"海上时移地震油藏监测技术"研究，在渤海湾开展了水驱稠油油藏的时移地震监测试验。中海油湛江分公司针对海上气田的开发与气藏监测开展了长期的时移地震技术攻关研究。中海油研究总院开展了时移地震可行性评价的研究，优选出中国近海海域的目标油田，为后续时移地震技术的应用打下坚实的基础。2013 年，针对开发方案的调整优化问题，珠江口盆地西江 24–3 油田西江 24–1 区成功实施了时移地震项目。2015 年，继续开展了海上时移地震技术优化与应用工作，进一步完善和优化了关键技术体系，形成了 4 项关键技术，具备了在实际油田开展时移地震技术应用的能力。这 4 项技术是：海上时移地震可行性评价技术，海上时移地震高冗余度采集技术，海上时移地震一致性处理技术，海上时移地震差异反演及定量解释技术。

7. 海上井中地震技术

井中地震技术指将合适于井中地震数据采集的接收系统、地震能量激发系统分别或同时沉放在现有井中，进行地震数据采集，从而得到井下或者井地联合地震数据。从采集方式来看，井中地震主要包括井间地震和各种 VSP 等。VSP 和井间地震技术国外已进入商业化应用阶段。由于受海洋环境与海上平台的制约，井中地震技术应用于海上油田面临诸多难题：海上平台承重与有限的空间制约了井中地震采集的实施；斜井井中地震处理面临井间非共面的资料处理技术难题；斜井井中地震处理波场分离与偏移成像存在技术瓶颈等。

为此，中海油研究总院自"十五"到"十二五"期间，依托国家重大专项课题与中国海洋石油总公司科研课题，针对海上斜井条件的 VSP 和井间地震技术开展了持续的攻关研究，突破了斜井井中地震波场分离与偏移成像等技术瓶颈，形成了与之配套的海上 VSP 与井间地震采集设计、处理与综合解释的技术系列与软件平台，成功实现了秦皇岛 32-6 油田 8 条 Walkaway-VSP 数据的采集与处理（李绪宣等，2015），有效指导了油田井间构造与薄储层的精细描述。此外，首次成功实施了国内海上油田（垦利 10-1 油田，2015 年）斜井井间地震数据的采集、处理与综合解释，开拓了中深层油藏精细研究新思路。

8. 海洋石油地球物理成像测井技术

中国的海洋地球物理测井技术是伴随着我国海洋石油勘探开发而成长发展起来的。20 世纪 80 年代，中国海洋石油测井公司有计划地引进国外先进测井技术、装备和管理模式，历经"引进先进测井装备、产学研结合消化吸收集成创新"、"依托国家 863 计划、自主创新研制海上成像测井系统"和"研究与生产相结合、成像测井创新成果产业化"3 个发展阶段，逐步形成了研究、制造、作业、解释、培训"五位一体"的机制，先后研制成功 HCS-87 数控测井和 ELIS-I 成像测井地面以及部分下井仪器装备。于 2005 年研制并产业化开发出增强型测井成像系统 ELIS-II，该系统性能得到大幅度提高，并配合新型测井仪器的开发，集成并实现了多种测井新功能。

ELIS 成像测井系统的成功研制及应用，打破了国外公司多年来对海上测井服务市场的长期垄断，为中国海油走出国门，保证国家能源安全，进行油气勘探开发提供了一项重要的技术手段，并形成了一支高水平人才队伍，建成了一批测井研发基础设施，而且作为一个较高水平的测井技术平台，可有效支撑中海油未来高端、原创型测井技术的开发。

9. 海底地震仪（OBS）探测技术

海底地震仪作为固定在海底的地震波接收器日益广泛应用于海洋地震调查。它可以进行长偏移地震探测，深度可达几十千米，位置的固定降低了地形起伏和构造不水平造成解释的不确定性。由于来自浅部构造的 P 波被 OBS 设备记录为首波，提供了更精确的速度 - 深度曲线，同时深水中海底接收器的噪声低，适宜于深海勘探。此外，由于应用 OBS 的长期观测，还可以监测地震活动性和了解构造的活动性。

中国科学院地球物理研究所六室在郝维城、徐礼国领导下于 1984 年及 1989 年先后研制出浅海（200m）和深海（2000m）2 种三分量海底数字地震仪，动态范围 60dB，时间精度 10^{-2}s。并于 1989 年底在东海进行了海试（徐礼国等，1990）。"九五"期间，中国科学院地球物理研究所在"863"计划支持下，在刘福田、王广福领导下，在原来工作基础上研制出新一代大动态、宽频带、三分量数字海底地震仪（OBS863-1 型），动态范围 120dB，工作水深不小于 3000m，时间精度 10^{-7}s，回收率接近 100%（刘福田等，1999）。2000 年之后，在中国科学院地质与地球物理研究所（1999 年由中国科学院地球物理研究所、地质研究所合并而成）郝天珧领导下，在 OBS863-1 型海底地震仪进行了改进，性能指标得到进一步提升，功耗降低，从三分量扩展到四分量（增加水听器）采集，并使之工程化。工作水深达到 10 000m，使中国成为继日本之后世界上第二个能够探测万米水深海底地震的国家。

10. 海洋深部地震探测技术

长期以来中国海洋地震勘探主要在浅中层，对深部研究较少，1985 年 10~12 月，地

矿部与美国拉蒙特 – 多尔蒂地质观测所合作，利用哥伦比亚大学"康拉德"号与中国"海洋四号"，共同在南海北部开展双船折射、广角反射及其他地球物理方法的综合调查，这是中国首次合作开展的双船地震测深。采用的方法是合成排列剖面（SAP）和扩展排列剖面（EPS），此次调查结果取得了对南海北部地壳结构的深入认识。1998 年在"863"计划"820"主题资助下，中石化上海海洋石油局和国土资源部广州海洋地质调查局合作，依靠自己开发的技术成功地进行了东海陆架至菲律宾海的双船地震技术试验，完成了长达 1000km 的 SAP 和 ESP 剖面。此次试验与 1985 年相比，地震设备更先进，自主设计了遥控遥测系统，导航定位精度高，并同时开展了重磁测量，取得了对东海冲绳海槽地壳构造的重要认识。

关于海洋地震勘探软件、硬件方面的技术发展，中国基本上是按"引进，消化，吸收，创新"的方针进行，因而使物探技术有了较大的提高，并且通过产学研结合模式开始了中国地震软硬件的国产化进程。国产的光点地震仪、模拟磁带地震仪和各种类型的数字地震仪都已试制成功；150 计算机数字处理系统（DJS–11）、银河计算机处理系统（YH–1）、GRISYS 现场地震数据处理等软设备等的完成，都说明了这方面进展。然后用 PC 机组成集群（Cluster），再发展出图形处理器（GPU）并行提高计算处理能力。其中比较突出的有：

（1）KLSEIS 地震采集工程软件系统。形成了采集设计、模型正演、静校正和质量控制四大模块，适用纵波、横波、VSP、海洋拖缆等地震采集；

（2）GeoEast 地震数据处理解释一体化系统。具有常规地震资料、海上多波、VSP 处理和叠前储层预测及反演功能，应用效果与国际同类系统水平相当，并具有自身特色；

（3）大型地震数据采集记录系统。地震仪器标志性技术——高速数据传输能力达到 10MB/s 的国际领先水平，数据质量达到国际同类水平；

（4）复杂构造与中深层地震处理系统。具有完全自主知识产权的地震资料处理软件系统 MBP1.0，在国内外登记注册，处理模块包括层控块体建模，自适应叠加与偏移，层块体模型速度分析，高阶绕射叠前偏移等功能。在中深层的成像质量明显优于国外同类系统。（《中国海洋石油物探》编写组，2001；刘振武等，2010；刘光鼎，2007；王光宇和高哲民，1998）

（四）海洋重磁探测技术

1. 海洋重力测量（陈邦彦，1998；曾华霖，2005）

相比陆上，对海洋重力测量必须考虑以下几点：因航速变化、波浪起伏和机器振动造成的水平和垂直加速度的影响；因水平和垂直加速度周期相等而相位不等造成的交叉耦合效应；因载体相对地球运动，仅作用于重力仪上离心力变化影响重力大小的厄厄效应。

早期的海洋重力测量是将陆地重力仪放在防水罩内，沉入海底，由船上控制调平及读数或自动记录，其测量精度较高，可达到或小于 1mGal，但工作效率低，成本高，且只能在浅海工作。这一类重力仪亦称为海底重力仪。将重力仪安置在运动中的船上进行观测的海洋重力仪，称为船载重力仪或船舷重力仪。

中国的海洋重力仪研制从 20 世纪 60 年代开始，1963 年，中国科学院测量与地球物理研究所研制成第一代 HSZ-2 型海洋石英重力仪，70 年代生产了 3 种第二代重力仪，放在稳定平台上，能在较大风浪情况下进行工作；1975 年，北京地质仪器厂生产了 ZY-1 型振弦式重力仪，但非线性影响较大；1976 年，国家地震局地震研究所研制了 ZYZY 型海洋重力仪，这种转动型重力仪有交叉耦合效应，后来改进为 DZY-1 型海洋重力仪，采用了刚性结构及力平衡反馈系统，使交叉耦合效应减小，也可以在较大风浪中工作；1988 年，由中国科学院测量与地球物理研究所研制的 HZ 海洋重力仪，与 L-R 直线型海洋重力仪原理相同，为一对轴对称重力仪，采用电磁力平衡，硅油阻尼，有数字滤波及数字采集系统，基本上不受交叉耦合效应影响，经 3 次数千公里海上试验，在干扰加速度中等情况下，总精度为 1.39mGal，与美国、德国同类仪器相当。

1963—1979 年，石油部和地矿部分别改用西安石油仪器厂制造的 ZH-641 型和北京地质仪器厂研制的 SG 或 ZD 型海底重力仪。石油部海洋一大队在渤海作业，地矿部第一海洋地质大队和第二海洋地质大队分别在东海和南海作业，他们分别在渤海海域完成 1:2 万重力测量，黄海、东海的重力普查以及北部湾海区和珠江口海区的重力普查。

20 世纪 70 年代后期，引进了西德 KSS-5 型海洋重力仪，80 年代后期引进了美国拉科斯特-隆贝格（Lcoste-Romberg）公司 SL 船载重力仪。这两种重力仪具备数字连续记录和适应计算机处理功能，有高精度陀螺技术，可在中浪以下海况作业，观测精度在 1mGal 左右。此精度虽然低于海底重力仪，但可连续记录，工作效率高。80 年代以后，中国海域的重力测量基本上由这两类仪器测量所得。2010 年，中国地质调查局航空遥感中心引进航空重力仪（MAГ-1）系统，近海实验测量精度达 0.6mGal。

在海洋重力梯度测量中，自 20 世纪 70 年代美国海军公开了新型重力梯度仪和三维重力梯度测量技术，并在海洋石油勘探和航空重力测量中开始应用，目前中国也正在进行这方面研究。

20 世纪 60 年代以后，重力学有了一个新的分支——卫星重力学。1966 年，考拉（Kaula）首次利用卫星轨道摄动分析理论和地面重力资料建立 8 阶地球重力场模型，目前较新的模型是利用了 20 多颗卫星的轨道观测数据，由美国哥达德宇航中心发展的具有 360 阶位系数的 EGM96 地球重力场模型。同时直接利用海洋卫星 GEOSAT 测高数据转换表示的 30′×30′ 全球海洋重力异常并已得到广泛应用。

2. 海洋磁力测量（管志宁，2005）

中国海域的磁力测量是通过海洋磁测与航空磁测来完成的，两者各有优缺点。中国海洋磁测始于 20 世纪 70 年代，其仪器早期引进如美国大地测量公司生产的 G-801 核子旋进磁力仪，并投入生产使用。石油部使用这种仪器在 70 年代完成了 1:20 万渤海全区磁场测量。与此同时，地矿部、中国科学院海洋研究所、南海海洋研究所和国家海洋局第一海洋研究所和第二海洋研究所，也分别在黄海、东海和南海完成大量海洋磁测任务。

20 世纪 80 年代，国土资源部航空物探遥感中心在完成海域的航空磁测中，研制成 HC-85 跟踪式氦光泵磁力仪，其灵敏度优于 0.01nT，达到国际先进水平，并成为 90 年代以后主要使用的航空磁力仪。为了适应高精度磁测的需要，中国跟踪国际前沿，进行了航磁水平梯度仪器的研制，于 2002 年在研制成稳定的高灵敏度的 HC-2000 型航空氦光泵磁力仪基础上，用 3 个探头组成梯度测量系统，取得了沿测线和垂直测线高质量的水平梯度数据。

为了解决远洋及深海海洋磁测中磁日变改正这一难点，"十一五"期间，在国家 "863"计划资助下，国土资源部广州海洋地质调查局和广东省地震局合作，经过 3 年努力，研发了远海区低功耗全向性磁日变观测系统，并于 2008 年和 2010 年分别完成了浅海区和深海区的海上试验，获得成功，并且观测系统部件全部实现了国产化。

新的国产海底磁力仪样机也在"863"计划资助下，由国家海洋局第二海洋研究所研制成功，并于 2008 年的 DY115-20 航次中试验成功，其最大工作水深达 3104 m。

　3. 海洋重磁数据处理和解释

与引进的海洋地震数据处理解释系统不同的是，国内海洋重磁数据处理与解释方法及软件大部分是自行研制与开发。而且在资料整理、位场分离、重磁场正反演及重磁震资料的联合反演等方面，相比国外软件更具特色。

（五）海洋电磁法探测技术（何继善等，1998；赵国泽等，2007）

海洋电磁法探测技术在国外已有 20 多年历史，它对于研究地球深部结构及构造动力学，勘查油气、多金属结核等矿产资源以及海洋国土调查、环境与工程地质勘查，均具有重要意义。

海洋电磁法按场源可分为两大类：一是包括海洋大地电磁测深法和海洋自然电位法的天然场源海洋电磁法；二是包括时间域与频率域的海洋有控源电磁法、海洋直流电阻率法、海洋激发极化法和海洋磁电阻率法在内的人工场（主动场）源海洋电磁法。目前，国外应用较多的是海洋大地电磁法和海洋可控源电磁法（CSEM）。尤其是后者，它不仅可以应用于高阻油气藏的成像研究，有助于确定地震方法划分出储层是含油气还是含水，圈定油藏边界，已成为勘探流程中必要的内容；而且还可以用于海底热液硫化物矿床普查勘探，发现有价值的勘探目标。这方面研究已成一个海洋电磁法探测的一个热点。

中国海洋电磁探测始于 20 世纪末。在"九五"期间，在国家"863"计划资助下，中国地质大学负责，中南工业大学、广州海洋地质调查局、同济大学和长春科技大学等中南大学等参加，于 1998 年研制中国首台海洋大地电磁测深仪，并与 2000 年在中国东海开展了第一次海试，填补了国内海洋电磁研究的空白。2002 年，中国地质大学（北京）继续承担了"十五"国家"863"计划课题"海底大地电磁探测与电磁成像技术"和"海洋拖曳式人工源频率域电磁系统成像技术研究"，研发了新一代海底大地电磁仪和海洋频率域电磁处理软件，并于 2005 年和 2006 年分别在南海和黄海完成了海试。2006 年，中国地质大学（北京）承担了"十一五"国家"863"计划重大项目课题"天然气水合物的海底电磁探测技术"和"天然气水合物综合探测系统集成技术",开启了我国海洋可控源电磁探测研究的先河。在2010年的南海海试中取得了我国首批可控源电磁探测剖面二维反演数据,为后续的海洋电磁发展奠定了坚实的基础。2010年以后,随着国家海洋发展战略的确立,中国的海洋电磁法呈现出大发展态势,国内研究单位超过了10家。广州海洋地质调查局和中国地质大学(北京)合作,将海洋电磁方法逐步应用于中国南海天然气水合物的生产探测,为中国可燃冰的面积性勘查和试验开采做了大量的基础工作。2012至2017年,以中国石油集团东方地球物理勘探有限责任公司作为牵头和应用单位,联合了中国地质大学(北京)、吉林大学、中国海洋大学和中南大学等单位开展了面向深水油气的海洋可控源电磁探测装备研制,取得了阶段性研究成果。2016年,北京大学和中国地质大学(北京)联合开展了国家自然科学基金重点项目"海洋环境与目标的准静态电磁探测理论与方法",拓展了海洋电磁的应用范围。进入"十三五"以来,以广州海洋地质调查局作为牵头单位,联合中国地质大学(北京)、吉林大学和中南大学等单位开始了国家重点研发计划项目"深水双船拖曳式海洋电磁勘探系统研发",将海洋电磁的研究推向了一个新的高度。

第二节　海洋地球物理学重要成果与学科发展

一、海洋深部地球物理与大陆边缘动力学

海洋深部地球物理学科以地震、重磁、热流等方法和手段,研究大洋和洋陆边缘地壳深部和岩石层的结构、性质、成因等科学问题,是研究全球构造动力学的基础,也是探讨含油气沉积盆地形成演化和强活动地震带成因规律的基础。

国际上美、德、日、法、英、俄等国家海洋深部地球物理学科的研究水平较高,他们在洋中脊、俯冲带、被动陆缘等构造单元进行了许多海底地震仪探测,并利用长期投放的海底地震仪进行天然地震观测,2001年美、日等国计划建立长期的洋底地震观测网站(IODP IPSC Scientific Planning Working Group,2001)。

自1982年以来,张裂大陆边缘的研究表明存在两种端元:火山型张裂边缘和非火山型张裂边缘。反射地震剖面上向海倾斜层的发现,表明了火山型大陆边缘以大量的岩浆活动为特征;而伊比利亚(Iberia)大陆边缘属于非火山型张裂边缘,其中分布的蛇纹石化橄榄岩表明发育有剧烈的张裂作用。国际上对张裂大陆边缘的观测与模拟研究取得了长足的进展(Karner et al.,2007)。

中国的海洋深部地球物理研究近年取得了长足的发展。在广角反射/折射地震探测和地壳深部结构研究方面,中国早期进行过声呐浮标和双船扩展剖面(姚伯初等,1994),近年进行过数次海底地震仪探测(Yan et al.,2001;Qiu et al,2001;Wang et al.,2006)和海陆联测(丘学林等,2007),在天然地震层析成像和岩石层上地幔结构

研究方面，中国学者进行过面波（朱介寿等，2002）和体波（刘建华等，1996；胥颐等，2006）的层析成像，重磁探测和地壳密度/磁性结构的研究主要是采用常规的船载重力仪和磁力仪（郝天珧等，2004），也有专家利用卫星测高重力数据进行了大范围的研究（高金耀和金翔龙，2003），海底热流探针目前处于仪器研制和试验阶段（徐行等，2006），实测资料主要来自于油气盆地内的钻井测量（Shi et al., 2003）。

中国在南海北部进行了多次海底地震仪探测和海陆地震联测试验，近年在南海南部也完成了数条海底地震仪测线，并开始在南海深海盆和西南印度洋进行了大规模的三维网格的海底地震仪探测。中国的海底地震仪开始是通过合作借用西方先进国家的仪器，后来是购买引进和自行研制相结合，20 世纪末国产海底地震仪研制成功，使得国内可以投入使用的海底地震仪具有一定的规模，海底地震仪探测航次和研究成果也逐渐增多，呈现出良好的快速发展势头。

南海的北部大陆边缘至今未发现向海倾斜反射层，但早期的扩展排列剖面（ESP）探测表明存在较厚的下地壳高速层，至今对其类型的归属尚存在争议，利用共轭边缘的信息来探讨变形模式也处于初步阶段。"973"计划的执行，对南海大陆边缘动力学机制进行了深入的研究。

二、海洋天然气水合物地球物理

地球物理方法是海洋天然气水合物调查研究的主要手段，而地震方法发现的似海底反射层（BSR）被认为是识别天然气水合物发育的重要标志。20 世纪 90 年代以来，与 BSR 相关的地震研究蓬勃发展，无论是早期的振幅分析与波形模拟，还是后期的速度分析、AVO（振幅随炮检距变化）分析、走时反演（层析成像）、波形反演、衰减结构研究，均期望基于岩石物性求得天然气水合物、游离气的空间分布，进而获取估算天然气水合物蕴藏量的关键参数（Singh et al, 1993；Holbrook et al., 1996；马在田等，2003；宋海斌等，2003）。这些方法对 BSR 发育的天然气水合物矿藏的发现取得了很大成效。

由钻探发现，目前许多地震识别标志如 BSR 与天然气水合物矿藏之间并非完全对应，两者之间的内在联系及其响应机理尚不清楚。对伴生于断裂、泥底辟和泥火山等体系中的渗漏型天然气水合物，在地震剖面上代表了速度差的 BSR 并不明显（Lüdmann and Wong, 2003；Trehu et al., 2003）。因此，对渗漏型水合物的调查研究，通常无法用 BSR 来识别。天然气渗漏活动在海底和水体中形成了一系列地球物理异常，对这些异常指标的综合分析是寻找此类水合物的重要和有效的方法。海底天然气渗漏可直达地表，并在海底形成麻坑、泥火山、冷泉碳酸盐岩丘等，这些特征可以在海洋测深及其逆向散射数据上得到反映（William et al., 2003）；同时，含渗漏气泡及其沉淀的含水合物的沉积物声学异常，在地震剖面上可以显著地加以识别；渗漏天然气进入水体形成的气泡羽状体，在海底回声探测上有很好的显示（Sassen et al., 2004）；烃类渗漏在海面形成的油膜，在合成孔径雷达图像上可以得到有效反映（Sassen et al., 2001）。

随着研究的深入，地热流测量、大地电磁测量、海底地震仪、多波束测深、侧扫声呐等地球物理方法逐渐成为海洋天然气水合物调查研究的辅助手段。

通过多道地震调查研究，中国在南海北部陆坡发现了似海底反射层（BSR），研究了其振幅、波形特征、上覆的振幅空白带和地震速度结构等天然气水合物存在的地震信息，并圈定了 BSR 分布范围，为中国海洋天然气水合物资源调查评价提供了重要依据（宋海斌等，2001，2007；刘学伟等，2005；Wu et al.，2007；吴能友等，2007）。

三、深水油气地球物理

全球的海洋油气勘探表明，深水区具有广阔的沉积空间以及沉积堆积和促使油气成熟的条件，具有形成油气藏的巨大潜力（Anderson，2000；Pettingill and Weimer，2002）。深水油气是世界油气勘探的新领域，构成石油储量增长的重要部分。近 10 年来，随着海洋石油勘探和开发不断向深水海域推进，在墨西哥湾、巴西、西非、南里海和巴拉望海域陆坡区，取得了重要的油气发现。其中巴西坎波斯盆地、非洲西海岸、墨西哥湾等深水海区发现了一批大型油田，仅在墨西哥湾大于 300m 水深的区域就找到 104 个油田。深水油气地球物理采集、处理与解释取得长足的进展。

海洋深水区油气资源勘探已成为全球油气资源勘探的一个热点和难点，海洋深水区的地球物理勘探方法技术研究，已成为海洋地球物理一个新的学术生长点。南海北部陆坡是中国开辟油气新区的战略选区之一，近几年的调查显示南海北部的琼东南和珠江口等盆地普遍发育陆坡深水扇。中国海洋石油公司于 2006 年 6 月在珠江口白云凹陷的深水探井（荔湾 3-1-1，水深 1480m）获得了 1000 亿 m³ 资源量的发现，证实了南海深水区的巨大油气潜力（刘铁树和何仕斌，2001；杨川恒等，2000；张功成等，2006）。针对深水盆地沉积厚度大的特点，"十五"期间"863"计划课题采用了长排列记录、大容量气枪以及海底地震仪探测技术，不仅探测了盆地内部结构，还探测到了盆地下部的地壳结构。但仍需要发展一套与长排列大容量震源地震勘探技术匹配的处理方法技术，以解释深水区复杂构造的地震成像问题。陆坡深水区具有沉积厚、横向变化大、海底崎岖、水下滑坡及洋流动力的剥蚀不整合发育的特点，需要加强地球物理穿透能力、高精度成像和岩性预测技术的运用。

四、海洋工程地质环境地球物理

在中国，海洋地球物理方法已成为海洋工程地质环境调查、评价和研究的重要手段（刘保华等，2005；肖都，2007）。目前，以高分辨率声学探测技术应用最为广泛（金翔龙，2007），常用的方法包括多波束水深测量、侧扫声呐测量、高分辨率浅地层剖面测量等。其中，多波束和侧扫声呐技术在人工鱼礁、海底井场、填海和航道疏通、海底管线和沉船（水下考古）定位等工程勘查中广泛应用（肖都，2007；Charles，1985；Fish and Carr，2001；杨鲲等，2003；罗深荣，2003）。除声学探测方法外，海洋磁力探测在海底光缆、海底管线、井场和水下爆破物等位置的确定方面，显示了良好的效果，解决了当目标物被埋藏并且直径较小时声学方法（分辨率）受限制的问题。

上述应用在国外开展较早。

海底沉积物声学特性与海底沉积物类型、物理力学参数关系的研究由来已久。国外在 20 世纪五六十年代便开展了不同类型的海底对声源垂直反射的损失研究。出现多个理论模型来确定声学特征与沉积物物理性质（成分、粒度、孔隙度等）之间的关系，如高斯曼（Gassmann）模型、比特（Biot）模型等。哈密尔顿（Hamilton）等（Hamilton，1965）通过大量实验数据建立了声速与孔隙度的关系。随着高分辨率浅层声学探测技术的发展和广泛应用，如何利用声学信号定量描述海底表面物质的各种属性已成为研究的重点。

高分辨率声学探测技术在中国海洋工程环境勘查中也广泛应用（肖都，2007；杨鲲等，2003；罗深荣，2003）。一些研究表明，高分辨率浅地层测量在查明海底断层、埋藏障碍物等方面非常有效（王舒畋，2008）。海洋磁力探测技术方面，近年来国内学者也报道了相关的应用实例（梁瑞才，2001；钟献盛和裴彦良，2001；Yu et al.，2007）。

当前，应用于海洋地质工程环境的地球物理探测设备还主要是从国外引进，但在最近的几年中，中国在浅层高分辨率声学探测仪器研制方面取得了较大的进步。如自行研制的浅层高分辨率多道地震系统、超宽频海底剖面仪、高分辨率测深侧扫声呐系统等已用于中国近海海洋工程地质环境调查和研究中。

相对于国外学者在理论方法、计算算法等方面的进展，中国在声学与沉积物性质方面的研究则刚刚起步，一些学者发表了近海海域的测试和经验结果（卢博，1997；卢博等，2006；潘国富等，2006）。

五、地震海洋学

全球环境变化日益受到联合国、各国政府和科学家的极大关注。广阔的全球海洋变化则是全球环境变化的重要组成部分，海水温盐结构是物理海洋学研究的重要内容。基于海水层温度和盐度的时间、空间分布，可以研究海水层的精细结构、中尺度涡旋、海洋锋、侵入、海洋内波的形成等物理海洋学现象。这些现象的研究对全球环境变化分析、海洋交通运输、海洋军事活动、海水中营养物质的输送及鱼类分布的认识等具有重要作用。因此，对海水温盐结构的探测和研究从海洋学诞生起就得到海洋科学家的极大重视。

现代广泛采用的温盐测量方法如：抛弃式温度测量仪（XBT）、温盐深测量仪（CTD）和抛弃式温盐深测量仪（XCTD），所获数据具有较高的垂直分辨率，其垂直采样间隔可小于 1m。但是由于条件限制，这些测量的横向采样间隔往往很大，并且无法在短时间内采集到整个海洋深度的温盐数据。2003 年，霍尔布鲁克（Holbrook）等成功地利用反射地震方法得到了揭示海水层内部结构的地震叠加剖面，进而揭示了海洋锋处的温盐细结构（Holbrook et al.，2003）。该方法被称为"地震海洋学方法"，它具有较高的横向分辨率，是研究物理海洋学的新手段，具有广阔的发展前景。目前，众多国家的海洋地球物理学家和物理海洋学家开始在这一研究方向开展工作（Nandi et al., 2004；Tsuji et al., 2005；Holbrook and Fer, 2005；Paramo and Holbrook, 2005；Nakamura et al., 2006）。2006 年 2 月，欧盟启动大型研究项目"地球物理海洋学"，表明地震海洋学正在蓬勃发展。该项目集中了 6 个国家的科学家，以加的斯（Cadiz）湾为试验区，通过反射地震和物理海洋的联合观测，期望建立地震海洋学研究的校正数据集，推动地中海溢流与大西洋海水相互作用的关系研究以及地震海洋学的发展。

地震海洋学是通过传统反射地震勘探方法研究物理海洋学的一种新方法。相对于传统的接触式温盐深测量方法，该方法具有较高的横向分辨率和能快速对整个海水剖面成像的优点，是一种非常有前途的新方法。至今，反射地震方法在探测海洋锋温盐结构、刻画水团边界、海洋内波、黑潮等方面已取得众多研究进展（Nakamura et al., 2006）。

2004 年，宋海斌等开始地震海洋学方面的研究。主要研究区域包括伊比利亚岸外大陆边缘、加的斯湾、南海和台湾邻近海域，获得了地中海潜流形成的中尺度涡图像，发现了南海东北部内波发育、伊比利亚大陆边缘中尺度涡旋带有旋转臂等现象，并对涡旋电导率 – 温度深度剖面仪（CTD）资料的合成地震记录、南海东北部内波波数谱等进行了研究（Pinheiro et al., 2010；Ruddick et al., 2009；宋海斌等，2008）。这些工作基本上与国际同步，为国际上该学科体系的逐渐建立做出了贡献。目前国内的一些物理海洋学家已对该学科非常感兴趣，一些地球物理学家也开始涉足这一领域。地震海洋学必将为海洋科学、地球系统科学的发展做出重要贡献。

参考文献

陈邦彦. 1998. 海洋重力测量的几个特殊问题［C］// 陈颙，王水，秦蕴珊，等. 寸丹集——庆贺刘光鼎院士工作 50 周年学术论文集. 北京：科学出版社，11-21.

傅旦丹，于福江，李文奇，等. 1999. 海上二维多波地震处理系统 OMS［J］. 中国海上油气（地质），13（5）：324-327.

傅旦丹，何汉漪，朱宏彰，等. 2003. 海上多分量地震资料处理技术研究［J］. 中国海上油气（地质），17（4）：259-264.

高金耀，金翔龙. 2003. 由多卫星测高大地水准面推断西太平洋边缘海构造动力格局［J］. 地球物理学报，46（5）：600-608.

管志宁. 2005. 地磁场与磁力勘探［M］. 北京：地质出版社，54-85.

国土资源部中国地质调查局. 2000. 新中国海洋地质工作大事记（1994—1999）［M］. 北京：海洋出版社，1-111.

郝天珧，刘建华，郭峰，等. 2004. 冲绳海槽地区地壳结构与岩石层性质研究［J］. 地球物理学报，47（3）：462-468.

何汉漪. 2001. 海上地震资料高分辨率处理技术论文集［M］. 北京：地质出版社.

何继善，鲍光淑，朱自强. 1998. 海洋电磁法导论［C］// 陈颙，王水，秦蕴珊，等. 寸丹集——庆贺刘光鼎院士工作 50 周年学术论文集. 北京：科学出版社，32-41.

金翔龙. 2007. 海洋地球物理研究与海底探测声学技术的发展［J］. 地球物理学进展，22（4）：1243-1249.

李绪宣，王建花，顾汉明. 2012. 海上气枪震源阵列组合优化设计与应用［J］. 石油学报，33（增 1）：1-7.

李绪宣，王建花，张金森，等．2012.南海深水区地震勘探关键技术［C］.中国油气论坛——地球物理勘探技术专题研讨会．

李绪宣，王建花．2014.南海深水区地震采集技术研究与实践［M］.北京：科学出版社，50-76，236-250.

李绪宣，范廷恩，胡光义，等．2015.海上 Walkaway-VSP 技术研究与应用［J］.中国海上油气，27（2）：1-7.

梁瑞才．2001.磁法勘探在井场调查中的应用［J］.黄渤海海洋，19（1）：60-65.

刘保华，丁继生，裴彦良，等．2005.海洋地球物理探测技术及其在近海工程中的应用［J］.海洋科学进展，23（3）：374-384.

刘福田，王广福，徐礼国，等．1999.大动态、宽频带、三分量数字海底地震仪 OBS863—1 的研制［C］//中国地球物理学会．中国地球物理学会年刊 1999.合肥：安徽科学技术出版社，234.

刘光鼎．1992.中国海区及邻域地质地球物理系列图（1：500 万）及说明书［M］.北京：地质出版社．

刘光鼎．1997.中国海洋地球物理进展［J］.地球物理学报，40（增刊）：46-49.

刘光鼎．2007.中国海地球物理场与油气资源［J］.地球物理学进展，22（4）：1229-1237.

刘建华，吴华，刘福田．1996.华南及其海域三维速度分布特征与岩石层结构［J］.地球物理学报，39（4）：483-492.

刘铁树，何仕斌．2001.南海北部陆缘盆地深水区油气勘探前景［J］.中国海上油气（地质），15（3）：164-170.

刘学伟，李敏锋，张丰文，等．2005.天然气水合物地震响应研究——中国南海 HD152 线应用实例［J］.现代地质，19（1）：33-38.

刘振武，撒利明，董世泰，等．2010.中国石油天然气集团公司物探科技创新能力分析［J］.石油地球物理勘探，45（3）：462-471.

卢博，李赶先，孙东怀．2006.中国东南近海海底沉积物声学物理性质及其相关关系［J］.热带海洋学报，25（2）：12-17.

卢博．1997.南沙群岛海域浅层沉积物理性质的初步研究［J］.中国科学：D 辑 地球科学，27（1）：77-81.

罗深荣．2003.测扫声纳和多波束测深系统在海洋调查中的综合应用［J］.海洋测绘，23（1）：22-24.

马在田，耿建华，董良国，等．2003.海洋天然气水合物的地震识别方法研究［J］.海洋地质与第四纪地质，22（1）：1-8.

潘国富，叶银灿，来向华．2006.海底沉积物实验室剪切波速度及其与沉积物的物理性质之间的关系［J］.海洋学报，28（5）：64-68.

丘学林，陈颙，朱日祥，等．2007.大容量气枪震源在海陆联测中的应用：南海北部试验结果分析［J］.科学通报，52（4）：463-469.

宋海斌，耿建华，Wong H W，等．2001.南海北部东沙海域天然气水合物的初步研究［J］.地球物理学报，44（5）：193-202.

宋海斌，Matsubayashi O，Kuramoto S．2003.天然气水合物似海底反射层的全波形反演［J］.地球物理学报，46（1）：43-47.

宋海斌，董崇志，陈林，等．2008.用反射地震方法研究物理海洋 - 地震海洋学简介［J］.地球物理学进展，23（4）：1156-1164.

宋海斌，王家林．2009.海洋地球物理学的发展现状与展望［M］//中国地球物理学会．地球物理学学科发展报告（2008—2009）.北京：中国科学技术出版社，92-102.

宋海斌，吴时国，江为为．2007.南海东北部 973 剖面 BSR 及其热流特征［J］.地球物理学报，50（5）：1508-1517.

王赟，杨顶辉，殷长春，等．2017.各向异性地球物理与矢量场技术［J］.科学通报，62：1-11.

王光宇，高哲民．1998.我国海洋地震勘探的起步和发展［C］//陈颙，王水，秦蕴珊，等．寸丹集——庆贺刘光鼎院士工作 50 周年学术论文集．北京：科学出版社，1-10.

王建花，王艳冬．2017.一种利用波动方程反演压制斜缆地震数据鬼波的方法［C］//中国石油学会 2017 年物探技术研讨会论文集，330.

王舒畋. 2008. 浅层物探技术在近海灾害地质与工程地质调查中的应用［J］. 海洋石油，28（1）：6-12.

温书亮，张云鹏，何汉漪. 2000. 少道叠加在海上高分辨率地震资料处理中的应用［J］. 中国海上油气（地质），14（4）：283-287.

吴能友，张海啟，杨胜雄，等. 2007. 南海神狐海域天然气水合物成藏系统初探［J］. 天然气工业，27（9）：1-6.

肖都. 2007. 海洋物探方法技术在工程勘查领域的应用［J］. 物探化探计算技术，29（增刊）：280-284.

胥颐，刘建华，郝天珧，等. 2006. 中国东部海域及邻区岩石层地幔的P波速度结构与构造分析［J］. 地球物理学报，49（4）：1053-1061.

徐礼国，冉崇荣，张玉云，等. 1990. 海底数字地震仪简介［C］//地球物理研究所四十年编委会. 地球物理研究所四十年. 北京：地震出版社，187.

徐行，施小斌，罗贤虎，等. 2006. 南海西沙海槽地热测量及分析［J］. 海洋地质与第四纪地质，26（4）：51-57.

杨鲲，孙艳军，隋海琛，等. 2003. 声纳和浅剖在渤西管线物探调查中的应用［J］. 水道港口，24（1）：43-47.

姚伯初，曾维军，Hayes D E，等. 1994. 中美合作调研南海地质专报［M］. 北京：中国地质大学出版社，1-203.

英杰. 2004. 海洋地学前缘［M］. 北京：海洋出版社，104-132.

曾华霖. 2005. 重力场与重力勘探［M］. 北京：地质出版社，32-79.

张功成，刘震，米立军. 2006. 南海深水区无井少井凹陷地震一体化评价技术［J］. 中国海上油气（地质），20（5）：1-11.

张树林，李绪宣，姜立红. 2000. 海上多波多分量地震技术新进展与发展方向［J］. 物探化探计算技术，22（2）：97-107.

赵国泽，陈小斌，汤吉. 2007. 中国地球电磁法新进展和发展趋势［J］. 地球物理进展，22（4）：1171-1180.

赵伟，等. 2012. 海上高精度地震勘探技术［M］. 北京：石油工业出版社.

《中国海洋石油物探》编写组. 2001. 中国海洋石油物探（1960年—1998年）［M］. 北京：地质出版社，1-46.

钟献盛，裴彦良. 2001. 应用磁力仪探测海底电缆方法的探讨［J］. 海洋科学，25（9）：10-11.

朱介寿，曹家敏，蔡学林，等. 2002. 东亚及西太平洋边缘海高分辨率面波层析成像［J］. 地球物理学报，45（5）：646-664.

Anderson J E. 2000. Controls on turbidite sand deposition during gravity-driven entension of a passive margin：examples from Miocene sediments in Block 4，Angola［J］. Marineand Petmleum Geology，17（10）：1165-1203.

Charles Mazel. 1985. Sidescan sonar record interpretation［M］. New Hampshire：Klein Associates.

Fish J P，Carr H A. 2001. Sound Reflections（Advanced Applications of Side Scan Sonar）［M］. Orleans：Lower Cape Publishing.

Hamilton E L. 1965. Sound speed and related physical properties of sediments from Experimental Mohole（Guadalupe site）［J］. Geophysics，30：257-261.

Holbrook W S，Hoskins H，Wood W T，et al. 1996. Methane hydrate and free gas on the Blake Ridge from vertical seismic profiling［J］. Science，273：1840-1843.

Holbrook W S，Paramo P，Pearse S，et al. 2003. Thermohaline Fine Structure in an Oceanographic Front from Seismic Reflection Profiling［J］. Science，301（8）：821-824.

Holbrook W S，Fer I. 2005. Ocean internal wave spectra inferred from seismic reflection transects［J］. Geophysical Research Letters，32：L15604.

IODP IPSC Scientific Planning Working Group. 2001. Earth，Oceans and Life［M］. Washington D C：International Working Group Support Office.

Jones E J W. 1999. Marine Geophysics［M］. Chichester: Wiley Europe.

Karner G D, Manatschal G, Pinheiro L M. 2007. Imaging, mapping and modelling continental lithosphere extension and breakup［M］. London: Geological Society Special Publications, 282.

Lüdmann T, Wong H K. 2003. Characteristics of gas hydrate occurrences associated with mud diapirism and gas escape structures in the northwest sea of the Okhotsk［J］. Marine Geology, 201: 269–286.

Nakamura Y, Noguchi T, Tsuji T, et al. 2006. Simultaneous seismic reflection and physical oceanographic observations of oceanic fine structure in the Kuroshio extension front［J］. Geophysical Research Letters, 33: L23605.

Nandi P, Holbrook W S, Peatse S, et al. 2004. Seismic reflection imaging of water mass boundaries in the Norwegian Sea［J］. Geophysical Research Letters, 31: L23321.

Paramo P, Holbrook W S. 2005. Temperature contrasts in the water column inferred from amplitude versus–offset analysis of acoustic reflection［J］. Geophysical Research Letters, 32: L24611.

Pettingill H S, Weimer P. 2002. World wide deep water exploration and production: Past, present, and future［J］. The Leading Edge, 21（4）: 371–376.

Pinheiro L M, Song H B, Ruddick B, et al. 2010. Detailed 2–Dimaging of the Mediterranean Outflow and Meddies from Multichannel seismic data［J］. Submitted to Journal of Marine system, 79: 89–100.

Qiu X, Ye S, Wu S, et al. 2001. Crustal structure across the Xisha Trough, northwestern South China Sea［J］. Tectonophysics, 341: 179–193.

Royer T, Young W. 1999. The Future of Physical Oceanography（APROPOS）［R］. Univ. Corporation for Atmosphere Research Joint Office for Science Support. NSF.

Ruddick B, Song H B, Dong C Z, et al. 2009. Water column seismic images as smoothed maps of dT/dz［J］. Oceanography, 22（1）: 192–205.

Sassen R, Losh S L, Cathles III L. 2001. Massive vein–filling gas hydrate: relation to ongoing gas migration from the deep subsurface in the Gulf of Mexico［J］. Mar. Petro. Geol., 18: 551–560.

Sassen R, Roberts R R, Carney R, et al. 2004. Free hydrocarbon gas, gas hydrate, and authigenic minerals in chemosynthetic communities of the northern Gulf of Mexico continental slope: relation to microbial processes［J］. Chemical Geology, 205: 195–217.

Shi X, Qiu X, Xia K, et al. 2003. Characteristics of the surface heat flow in the South China Sea［J］. J Asian Earth Sci, 22（3）: 265–277.

Singh S C, Minshull T A, Spence G D. 1993. Velocity structure of a gas hydrate reflector［J］. Science, 260: 204–207.

Trehu A M, Bohrmann G, Rack F R, et al. 2003. Proc. ODP, Init. Repts［EB/OL］. 204. http://www–odp.tamu.edu /publications/204_IR/.

Tsuji T, Noguchi T, Niino H, et al. 2005. Two–dimensional mapping of fine structures in the Kuroshio Current using seismic reflection data［J］. Geophysical Research Letters, 32: L14609.

Wang T K, Chen M K, Lee C S, et al. 2006. Seismic imaging of the transitional crust across the northeastern margin of the South China Sea［J］. Tectonophysics, 412（3/4）: 237–254.

William W S, MacDonald I R, Hou R. 2003. Geophysical signatures of mud mounds at hydrocarbon seeps on the Louisiana continental slope, northern Gulf of Mexico［J］. Marine Geology, 198: 97–132.

Wu S, Wang X, Wong H. 2007. Low–amplitude BSRs and gas hydrate concentration on the northern margin of the South China Sea［J］. Marine Geophysical Research, 28（2）: 127–138.

Yan P, Zhou D, Liu Z. 2001. A crustal structure profile across the northern continental margin of the South China Sea［J］. Tectonophysics, 338: 1–21.

Yu B, Liu Y C, Zhai G J, et al. 2007. Magnetic Detection Method for Seabed Cable in Marine Engineering Surveying［J］. Geo–Spatial Information Science, 10（3）: 186–190.

第十一章
勘探地球物理学

　　勘探地球物理学（简称物探）是通过对地球物理场的观测和解释，来确定地下物质的性质、状态和结构，为资源勘查、工程建设和环境保护、地质调查等社会和经济发展目标服务的应用性科学技术。

　　地球物理场反映了地下介质的基本物理属性，主要有介质的密度、磁性、电性、弹性、放射性和温度等。

　　根据所研究和利用的物理属性参数的不同，现代勘探地球物理学形成了众多的学科分支，主要有基于地下岩石（层）密度差异的重力勘探；基于岩石矿体磁性差异的磁法勘探；基于岩石（层）电性差异的电法勘探；以岩石（层）弹性差异为基础的地震勘探；以岩石（层）放射性差异为基础的放射性（或核法）勘探；以及基于地层温度差异的地热测量等。上述的各种物性差异在物探资料上的反映统称地球物理异常。相对于以地面地质勘查和钻井岩心观察为主的地质勘查工作，勘探地球物理具有能够研究覆盖层以下的地质结构、物质的性质和状态的能力，勘探效率高，勘探效果好；其主要缺点是对研究对象的间接勘探，资料解释结果具有多解性。

　　根据应用目的和范围的不同，勘探地球物理学又可划分为矿产地球物理勘探、油气地球物理勘探、煤田地球物理勘探、工程地球物理勘探、水资源地球物理勘探、环境地球物理勘探、海洋地球物理勘探和区域地球物理调查等学科分支。

　　矿产地球物理以寻找地下金属和非金属矿藏为主要目的，如磁铁矿与围岩有磁性差异，铬铁矿密度大，硫化金属矿具有较强的电化学活动，铀矿有很强的放射性，于是可分别用磁法勘探、重力勘探、电法勘探和放射性方法去寻找它们。有很多矿藏的物理属性是多方面的，因此常采用多种方法或综合物探方法进行识别。

　　油气和煤田地球物理勘探以寻找石油、天然气和煤矿为主要任务。这些矿藏本身及其所在的地层与上覆地层（或围岩）存在弹性差异和电性等差异，因此可用地震勘探、电磁和测井等方法来勘查。由于能源在国民经济建设中举足轻重的作用，而石油、天然气的储集层通常深埋在数千米之下，所以油气地球物理勘探所需要的技术水平高，经费投入大，其理论、方法和技术应用也代表了勘探地球物理的最高水平。

工程、水资源和环境地球物理的勘查目标较浅，所用物探方法也比较接近，有时又称为浅层物探或"水工环"物探方法。"水工环"物探与区域性地质调查、工程地质环境调查、工程施工超前预测、施工质量监测、水资源及地质灾害调查研究等密切相关。城市地球物理是适应城市建设和发展而出现的新兴学科，研究内容和方法在很多方面与"水工环"物探方法类似，但在数据观测和噪声压制等方面需要针对城市环境复杂、交通、人口拥挤等特殊要求。

此外，按勘探地球物理活动所处位置的不同，勘探地球物理又分为地面、航空、海洋和地下地球物理等。航空物探有磁法、放射性、电磁法和重力测量等方法。快速、灵活、高效，不受地表条件的限制，对山区、河湖和海洋地区的勘探具有极大优势。地下物探方法主要在井中进行对地质体的声、电、辐射场以及岩层孔隙度、渗透率、密度等物理属性的测量。所得资料具有分辨率高、信噪比高和精度高的"三高"特性，还可对其他物探资料进行验证和标定。军事活动和考古工作也经常需要应用上述物探方法。

物探仪器装备研制和软件开发是物探工作能否顺利开展和成功与否的基础。

图4-11-1概括了勘探地球物理分支学科结构与应用范围。

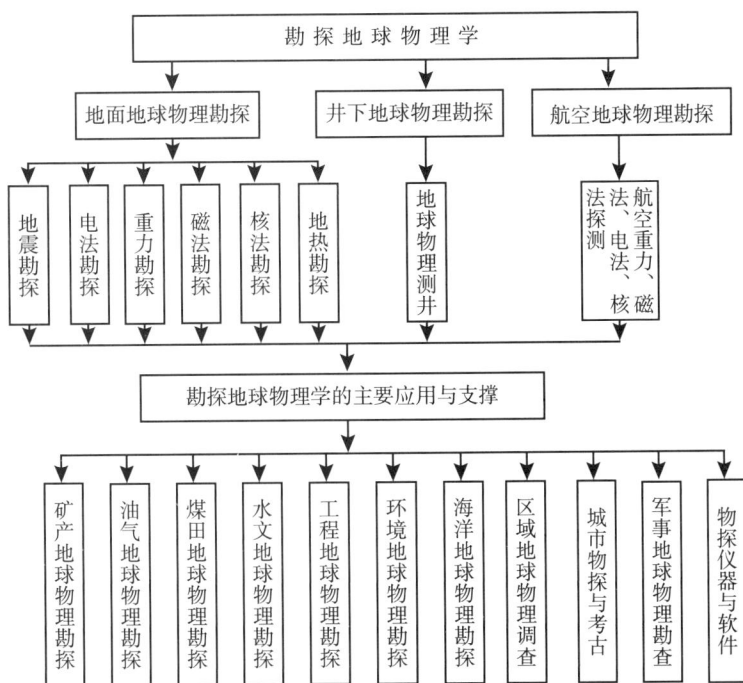

图4-11-1　勘探地球物理学的学科结构与应用范围

第一节　中国勘探地球物理学的发展与创新

一、中国勘探地球物理学的发展历程

中国的勘探地球物理学是新中国成立后在大规模经济建设和社会发展的推动下逐步形成发展起来的。在基础地质调查、矿产资源勘查、工程建设、灾害防治与环境保护等领域做出了重大贡献。中国现已成为地球物理勘探大国，并朝着具有自主创新能力和国际竞争力的地球物理勘探强国迈进。

新中国地球物理勘探事业70余年的发展历程，大致经历了3个发展阶段：建国初期至1978年的建设发展阶段；1979年至2000年的改革发展阶段；进入21世纪以后的科学发展阶段。

（一）建设发展阶段（1949—1978年）

建设发展阶段是新中国勘探地球物理的奠基和成长阶段。在此阶段，从无到有，从小到大逐步建立了新中国的物探生产、教育、科学研究和学科体系，在为国家提供急缺矿藏的勘查工作中发挥了关键作用。

在建设发展阶段又经历了勘探队伍的组建和技术人员培训（1949—1952年），勘探理论和技术方法的学习引进与吸收（1953—1960年），勘探理论和方法的自主创新，完善及应用（1961—1978年）3个历史过程。

1. 勘探队伍的组建和技术人员培训（1949—1952年）

1949年5月，上海刚解放，中国石油公司翁文波、赵仁寿、王纲道、孟尔盛、王曰才等立即重组了重力队。1949年冬，中央人民政府重工业部在长春的东北地质调查所成立物探室，由顾功叙、曾融生等为教员开办了为期半年的物探培训班。1950年3月，重工业部矿产测勘处、南京大学地质系、中央研究院地质研究所和中央地质调查所4个单位联合创办了华东军政委员会重工业部南京地质探矿专修学校，委任谢家荣为校长，该校下设物理探矿专修班，李善邦、秦馨菱、孟尔盛等为教员。1950年春，中国科学院地球物理研究所成立，顾功叙任研究员兼副所长，主持地球物理勘探的研究工作。1950年10月，石油管理总局在上海交通大学举办上海地球物理探矿培训班，学制2年。翁文波任主任，陆邦干任辅导员，赵仁寿、王子昌、纪尊爵、孟尔盛等任教员。为加快人才培养的速度，1952年秋，由中央统一分配的80余名当年各大学物理系和电讯系应届毕业生到石油和地质部门从事地球物理勘查工作，在北京为他们举办了短期培训班，翁文波、顾功叙、傅承义、孟尔盛、张传淦等任教员。技术人员的短期培训为新中国物探队伍的组建提供了技术骨干（夏国治等，2004）。

至1952年底，新中国首批重力队、磁力队、电法队、地震队等先后组建完成，并在河西走廊、准噶尔、吐鲁番、塔里木、陕甘宁、柴达木及四川等盆地的山前拗陷局部地区开始实施野外勘探工作（以重、磁、电法测量为主）。其勘探理念、方法技术和仪器设备等主要来自欧美国家。

2. 勘探理论和技术方法的学习、引进与吸收（1953—1960年）

1953—1960年，中国的勘探地球物理技术在整体上是向苏联和东欧国家进行学习、引进消化与吸收，体现在学科体系的建立、生产施工和管理以及仪器设备的引进、仿制与使用等各个方面。

在中、高等教育方面，从1952年起，为了更好地配合国家建设对工科教育体系的需要，国务院通过综合性大学的院系调整等战略性措施和步骤，按照苏联高度分工的专业教育体系相继组建成立了多所地质、石油、矿业学院和专科学校，在这些院校中先后设立了地球物理勘探和矿场地球物理专业，但其专业学科架构几乎全部采用了苏联的体制，关键的教材也来自苏联。1953年起陆续有苏联地球物理专家来华工作。1956年一批苏联学者和地球物理学专家来中国地质院校担任教授，其中有磁法勘探的罗加乔夫，重力勘探的云可夫，地震勘探的顾尔维奇和测井的车列明斯基等（夏国治等，2004）。这些学者的到来，为我国勘探地球物理专业学科建设起了指导和支撑作用。

野外地球物理勘查工作同样得到了苏联专家的合作与指导，如1954年协助地质部组建了第一个煤田测井队和航空磁测队（101队）。1955年2月中苏两国签订了关于在中国进行区域地质调查、矿产普查、航空磁测、石油地质调查、地球物理探矿等技术合作的合同。1956年，双方又签订了铀矿勘查领域的技术援助协定，并协助建立了铀矿地质及化验分析实验室。1956年10月，地质部成立中匈科学技术合作队（116队）和中苏技术合作队。此后，我国也陆续派出大批技术人员和留学生到苏联学习。

3. 勘探理论和方法的自主创新、完善及应用（1961—1978年）

1961—1978年，中国勘探地球物理走的是自力更生条件下的自主完善和应用发展的道路，勘探地球物理的学科建设并未因此期间存在的各种困难而完全停止，野外生产和仪器设备的研制也在有效地开展。主要表现在学科教材的自主编写、仪器装备的自主研制、物探技术的全面发展和勘探领域的扩展、取得了显著的勘探效果等4个方面。

一是高校教师着手编写勘探地球物理各学科的（试用）教材或讲义，如北京地质学院编写的《地震勘探》（北京地质学院，1962），《地球物理勘探法》（北京地质学院，1961），肖敬涌编写的《重力勘探》（肖敬涌，1965）；长春地质学院编写的《电法勘探》（长春地质学院，1962），成都地质学院编写的《磁法勘探》（成都地质学院，1976）和《金属矿地球物理勘探》（成都地质学院，1975）等。

二是物探仪器的自主研制及生产扩展到勘探地球物理的每个学科领域，并开始从欧美国家如法国、美国等进口仪器并仿制。通过10余年的努力，建成了一批地质、石油、矿山仪器厂，初步完成了我国物探仪器工业化生产布局，提升了物探仪器设备的科研能力及应用水平。西安石油仪器厂、重庆地质仪器厂、北京地质仪器厂、上海地质仪器厂、中国地质科学院物化探研究所和西安煤田地质研究所等研制的物探仪器，使各个物探分支学科和不同应用领域的物探仪器设备基本能够自给自足，保证了野外生产的正常进行，促进了先进勘探技术的应用和发展。

三是物探技术全面发展，勘探领域不断扩大。物探技术从地面扩展到海洋、空中和地下，海洋物探、航空物探和区域地质调查得到全面发展。

初期的海洋物探以物探船的建造和使用为开端，地质部第五物探大队负责海洋物探调查。1963年底，首批2艘海洋物探调查船由上海造船厂建成并交付使用，李四光部长将其命名为"星火一号"和"星火二号"；1965年上海求新船厂将2条渔船改装为物探船，被命名为"燎原一号"、"燎原二号"，在渤海海域进行物探工作；随后上海沪东造船厂又建造了"奋斗一号"、"奋斗二号"2艘新型物探船，可进行低速移动的地震测线作业。至此，第五物探大队成了拥有6艘海洋地质物探船的海洋物探队。1973年我国还先后建造了"奋斗三号"、"奋斗四号"地震勘探船和适用一类航区的"海洋一号"和"海洋二号"综合调查船。20世纪八九十年代又建造了更先进的"海洋三号"和"海洋四号"调查船，并陆续投入使用。海洋物探调查和资料处理技术同时得到发展。1974年，石油化工部石油物探局计算中心使用国产150电子计算机和自己编写的地震资料数字处理程序软件，成功地得到了国内第一条海上地震勘探数字处理剖面。1975年，第一海洋地质调查大队按国家计委地质局的要求在东海大部分海域开展了1：100万比例尺的地震、重力、磁力和测深等综合方法的区域地球物理调查，标志着我国海洋物探已可进行规模化勘探。

航空物探在我国陆地和海洋的区域地质大调查中具有十分重要的作用，也是勘探效果最显著学科之一。地质部航空磁测队在50年代使用的是苏联制造的AM-9П半自动Z航空磁力仪。随着FD-123型四道航空伽马能谱仪和BHC-10型半导体磁力仪（精度10nT）等设备在此期间的研制和使用，航测队已能在海区进行1：100万的航空磁测。

四是勘探效果明显，为国家找到了大批急需的不胜枚举的各种矿藏（朱训，1997）。在此期间，大庆、胜利、长庆等一批特大型油田的发现与探明一举甩掉了中国贫油落后的帽子，为我国的工业建设和经济发展奠定了坚实基础；中国"两弹一星"梦想的实现，也凝集了物探人员在寻找核矿产资源和其他必需矿藏方面的艰苦努力。

1955年中国科学院开始实行学部委员（现称院士）制，勘探地球物理学家顾功叙首批当选院士。

（二）改革发展阶段（1978—2000年）

1978年国家实行改革开放政策以后，"文革"期间停刊的《地球物理学报》《石油物探》《石油地球物理勘探》等学术期刊先后复刊，并创建了《测井技术》《物探化探计算技术》和《地球物理学进展》等一批新的学术刊物；高等院校的应用地球物理或勘探地球物理专业重新招生；在地质部和其他有关部委的组织下，由各校教师或跨校教师合作编写，课程指导委员会审订的各专业统编教材在20世纪八九十年代如雨后春笋般涌现；学位制度建立，学士、硕士和博士研究生招生规模从无到有不断扩大，培养模式和质量逐步与国际接轨；科研机构也得以恢复发展。翁文波、秦馨菱、刘光鼎于 1980 年、马在田于 1991 年当选中国科学院院士。1994 年中国工程院成立，何继善于 1994 年、李庆忠于 1995 年当选中国工程院院士。

对外开放政策使国际学术交流和交往蓬勃开展。1978 年 10 月 6 日，中国地球物理学会专家代表团去美国旧金山参加美国勘探地球物理学家协会（SEG）第 48 届年会，会上，石油部李庆忠、地质总局黄绪德做了报告。1979 年 SEG 首次派代表团到中国对地球物理界进行访问。1981 年，中美石油地球物理勘探联合学术讨论会于 9 月 7—11 日在北京举行，这是中美石油地球物理学家在中国举行的第一次学术交流会，从而恢复了中美两国地球物理勘探学家之间被中断了近 30 年的交往。1989 年 8 月 22—26 日，中国勘探地球物理联合会（SPG）（中国地球物理学会、中国石油学会和中国地质学会联合组成）与美国勘探地球物理学家学会（SEG）联合主办的"勘探地球物理北京（89）国际讨论会"在北京召开，同时举办了小型展览会。

中国勘探地球物理学界、工业界与世界其他各国的交往也同时频繁开展，其中包括外国公司来中国复杂地区承包勘探任务。至 1999 年底，中国海洋石油总公司已和 18 个国家的 70 多个公司签订了 142 个在中国南海、南黄海和渤海进行油气勘探开发的合同，其中包括大量物探工作。陆上勘探也引进了美、法、日、澳等国资金和技术力量，在 21 个省区开展了油气勘查工作。中国大的勘探公司，如中石油东方地球物理公司等于 1994 年走出国门，到世界各地承揽了大量勘探业务。20 世纪 90 年代以来，中国物探队已经进入俄、美、秘鲁、苏丹、伊朗、菲律宾、缅甸、土库曼斯坦等几十个国家的矿藏勘探市场。发展到今天，东方地球物理公司已成为世界陆地油气地球物理勘探的第一大公司。

在这一时期，国家从战略发展层面组织了南方海相碳酸岩油气"六五"、"七五"攻关，塔里木油气、天然气"八五"攻关，紧缺矿产、塔里木油气"九五"攻关等，从而使中国在地震、电法、重磁等地球物理勘探的理论、方法、技术领域，总体水平迅速赶上了当时国际先进水平。在弹性波勘探、三维三分量等地球物理勘探新方法、新技术等方面有所赶超。

地球物理勘探技术与设备更新换代，逐步接近与达到世界先进水平。而受经济发展和科学进步的推动，油气地球物理、海洋地球物理和航空地球物理发展更为迅速，其中最具代表性的是油气地球物理的发展。地震资料的采集、处理和解释全面实现了数字化，并向着高精度、高分辨率和高信噪比的目标快速发展。野外采集记录道数从 120 道提高到了千道以上，地震勘探方法从二维发展到了三维，并形成了垂直地震剖面（VSP）、井间地震、多波勘探等资料采集处理能力，地震数据解释具备了虚拟现实和三维可视化能力。提高了复杂地质、地球物理条件下地球物理勘探工作的适应性和有效性。

（三）科学发展阶段（2001 年以来）

进入 21 世纪以来，中国的勘探地球物理开始进入全面发展、协调发展和可持续发展的科学发展阶段。勘探领域和勘探目标向全面、多样化方向发展。大幅度提高了油气"增储上产"的潜力。勘探领域由过去陆相碎屑岩为主转向几乎所有可能的含油气区域和地层，包括岩性地层、火成岩与碳酸盐岩地层、前陆盆地、陆上新盆地、海域、成熟探区扩展和非常规油气（致密储层油气、页岩气、煤层气、天然气水合物等）等七大勘探领域。特别值得提及的是，以海相碳酸盐岩和页岩为目的层的找油气工作的决策、实施与突破，成为油气储量和产量的新增长点和勘探开发的新亮点。

在原油产量保持稳步增长的同时，产量的分区分布结构渐趋合理。形成了分布均衡的三大原油生产基地：东部的松辽、渤海湾陆地基地；西部的鄂尔多斯、柴达木、塔里木、准噶尔、吐哈、酒泉基地；海上的渤海海域与珠江口盆地等；四大天然气生产区：塔里木盆地的西气东输主力气区；柴达木盆地的涩—宁—兰管线气区；四川盆地的川气东送主力气区；鄂尔多斯盆地的陕—京管线气区（贾承造，2009）。

在"十一五"和"十二五"两个五年计划发展期间，中国矿产资源储量得到更快增长，页岩气逐步成为天然气的重要补充，"油气并举"局面开始显现，推动了能源结构优化。这十年油的年产量由 1.85 亿 t 增至 2.15 亿 t，天然气年产量由 586 亿 m³ 增至 1224 亿 m³，增长 112%。在鄂尔多斯、塔里木、四川、渤海湾、东海、琼东南等盆地取得一系列重大油气发现。鄂尔多斯盆地建成"西部大庆"油气田。页岩气在重庆涪陵，四川长宁取得历史性突破，探明储量 5441 亿 m³，实现了全球继北美之外的首个商业性规模开发。原油的具体增长见图 4-11-2。

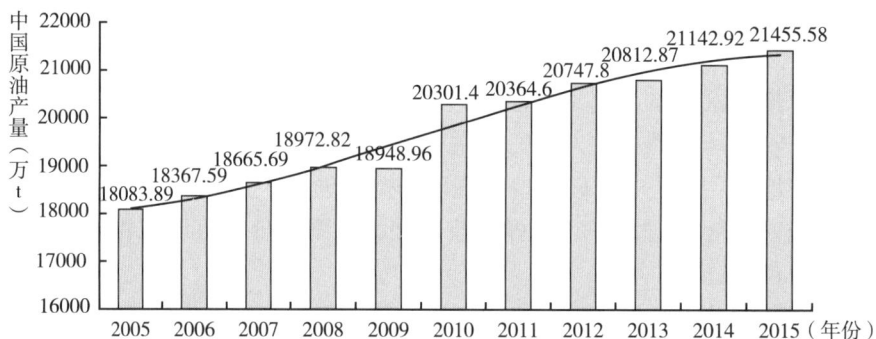

图4-11-2　2005—2015年中国原油产量增长图
（数据引自中国统计局网站）

油气地球物理勘探技术获得了全面进步，为油气的"增储上产"和持续发展提供了技术支撑。主要体现在：一是物探软件基本实现了国产化。基于计算机和工作站的物探软件开发取得了长足进步，在 20 世纪 90 年代后期，在地球软件公司开发的国产商品化地震处理和解释软件 GRISYS 和 GRIStation 的基础上，东方物探公司又开发了 GeoEest 地震处理解释一体化大型计算机系统软件（王宏琳等，2014）。中石化南京物探研究院开发了 iSeisMountain 地震采集工程软件，NEWS 油气综合解释系统、FracListener 微地震数据处理系统，川庆地球物理公司开发了 GeoMountain 山地采集、处理、解释系统等都达到了工业化应用水平。上述软件系统以及在资源、能源、工程、环保等其他部门和公司的物探人员研制的各类软件系统，凝聚了自计算机使用以来，特别是近 30 年以来中国产业部门、科研院所和高等院校广大科技人员的最新研究成果，促进了科研成果向生产应用的转化，并为物探队伍走出国门，参与国际竞争提供了强大的技术支撑。二是各类物探仪器装备从以前主要依靠进口和仿制，逐步转向走自主创新发展之路。东方地球物理公司的 KZ 系列可控震源除在国内应用外，还出口到国外 10 多个国家。LF–28 低频可控震源达到国际先进水平，自主研发的万道地震仪 ES109. 与外方合作研发的超万道有线地震仪 G3i、无线地震仪 HAWK，已规模化量产，基本替代了进口仪器；中煤科工集团西安研究院有限公司研制的 KDZ3113 矿井地震仪，YTZ3 存储式无缆遥测地震仪已取得防爆和煤安认证，应用效果好。重庆地质仪器厂生产 DUK–4 超级高密度电法测量系统，CZS 宽频带数字地震仪等设备的商品化程度高，在"水、工、环"物探邻域得到有效应用。三是物探国际化进程加快，国际话语权不断提升，东方地球物理公司通过重组，已成为国际最大的陆上地球物理勘探公司，在全球 60 多个国家和地区开展了物探技术服务；中石化地球物理公司重组整合后，成为国内第二大地球物理服务公司，为国外 30 余个国家提供地球物理服务。四是物探技术水平向更高层次发展。通过高密度地震采集，高覆盖次数地震观测，精细表层调查和精细速度建模技术，叠前时间域和深度域地震成像技术，RTM 逆时偏移技术，储层岩性识别和预测，地震资料的分辨率和信噪比得到进一步提高，复杂构造成像精度大幅度提升，复杂油气藏的勘探开发，开创了新局面（刘振武等，2010，撒利明等 2012，2016）。

海洋物探新技术在国家"863"计划、"973"计划和重大专项研究等项目的支持和海洋油气主管部门和物探人员的努力下，获得实质性进展。在高精度地震采集、处理，多次波压制、复杂地质体偏移成像和储层结构刻画及流体预测，海洋电磁应用等方面，达到了国际先进水平，降低了钻探风险。并自主研制了海洋勘探的专用设备。

"十二五"期间，在国家重大科研装备研制项目中，由中国科学院负责的"深部资源探测核心装备研发"研究专项，由中国科学院地质与地球物理研究所组织国内优势研究队伍具体实施，朱日祥、底青云主持。研究内容涉及卫星磁测荷载、航空超导全张量磁梯度测量装置、航空瞬变电磁勘探仪、探矿重力仪、多道大功率电磁勘探仪（MTEM）、金属矿地震探测系统、深部矿床测井系统、组合式海底地震探测设备等 8 套深部资源探测系统。中国科学院电子学研究所、测量与地球物理研究所、声学研究所等相关单位参与研制。均已圆满完预期目标，基本达到国际水平，部分有所赶超。集成的 8 套探测系统可用于找矿靶区优选和 4000m 深度范围内精细结构详查。海底地震仪探查深度达到 10km，并实现工程化，使中国在世界上继日本之后第二个具有 10km 深海海底地震仪探测能力的国家。为进一步推动中国自主研发深部探测装备的水平和可持续研发的能力，中国科学院决定在"十三五"（2016—2020 年）期间战略性先导科技专项（A 类）中设立"深地智能导钻理论与技术体系"，组织院内外相关单位共同完成。2016 年，中国科学院地质与地球物理研究所率先启动了预研项目"随钻方位声波成像与旋转导向关键技术研究"，圆满完成任务。

勘探技术向着综合协调发展的目标稳步前进。21世纪以来，地质勘探理论与方法、地球物理勘探理论和方法、钻井工程与工艺三者的结合有了决定性的改变。首先，我国的高等教育特别是研究生教育近年来规模扩大、质量提高，并向综合方向发展。勘探地球物理本科专业名称自2001年起改为勘查技术与工程，硕士研究生培养增加了面向实际生产和应用的工程硕士类别；此外，各油气部门与公司通过大量吸收研究生和进行在职研究生培养，职工中的研究生人数较以前成几倍和10多倍的增长，物探人员的学历结构得到优化和改善。具有地质、地球物理、钻探工程和较强数理基础、现代计算技术的双学科或多学科知识结构的博士、硕士研究生进入关键技术岗位或技术管理岗位。其次，2000年以后，国家石油公司重组完成，形成了中石油、中石化和中海油三大石油集团公司。可以说，21世纪以来，我国油气储量呈现的增长高峰期是勘探技术综合协调发展的直接结果。

徐世浙于2001年、杨文采于2005年当选中国科学院院士，彭苏萍于2007年当选中国工程院院士。

二、中国勘探地球物理学的学术创新

中国勘探地球物理学的上述发展和成就与勘探地球物理工作者的艰苦努力和创新活动密切相关的。其中许多著作和创新成果对世界勘探地球物理学科的发展亦是有力的促进。

刘光鼎于1958年开创了我国海洋地质与地球物理事业。1982年完成"中国海地质构造及含油气研究"，在中国近海大陆架地区发现六大新生代沉积盆地及一系列含油气构造。1986—1993年系统整理30年中国海洋地质资料，编制中国海区及邻域地质——地球物理系列图及专著；其中包括比例尺为1∶50万的系列图和比例尺为1∶100万的图册，展示了中国海区的地质地球物理特征和规律，指出中国海区经历了五幕演化史，即前寒武纪陆核形成并向克拉通发展，古生代古陆拼合；而中新生代又经受挤压、改造阶段，板缘聚敛、板内拉张阶段和板缘俯冲、板内沉降阶段。他为中国海区的研究做出了巨大贡献。以他为首的研究成果"中国海地质构造及含油气性研究"于1982年获得国家自然科学奖二等奖；"中国海区及领域地质——地球物理系列图及专著"于1995年获得国家自然科学奖二等奖。

1981年9月，马在田（Ma，1981）在北京召开的"中美石油地球物理勘探联合学术讨论会"上发表了著名的"高阶有限差分偏移"论文（中、英文稿），该文针对当时地震勘探偏移成像的精度低和不能对陡倾地质构造成像的世界难题，提出用分裂法把高阶近似微分方程分解为一系列低阶（二阶）方程，并用有限差分法交替求解这些二阶方程，最后实现了高阶方程的偏移成像，大大提高了有限差分法偏移成像的精度，增加了处理复杂陡倾地质构造的能力。该成果得到国际上波动方程偏移的先行者、著名地球物理学家克莱尔鲍特（Claerbout，1985）和美国勘探地球物理学家协会副主席、地球物理学家伊尔马滋（Yilmaz，2001）等学者的高度评价和广泛引用，成为20世纪后期国际上的热门研究课题之一。

彭苏萍主要从事矿井地质和工程物探研究。他的科研团队秉承"矿井地质工作要工程化，物探化"理念，把物探技术应用于煤田开发和灾害预测，20 世纪 90 年代，借助石油地震勘探先进技术，开发出接收纵波和转换波的三维三分量观测系统和具有自主知识产权的地震解释软件，建立了以钻探资料与三维地震勘探资料为基础的煤层顶板岩性综合反演解释技术，实现了煤矿巷道和采场顶板稳定性地质预测预报。其成果"煤层顶板稳定性地质预测技术与方法"获 1999 年国家科技进步奖二等奖。《煤矿高分辨三维地震勘探技术体系及在煤炭工业中的应用》成果被评为 2001 年中国煤炭工业科技进步特等奖和 2002 年国家科技进步奖二等奖。

罗延钟和张桂青（1988，1998）的专著《频率域激发激化法原理》是又一部很有特色和影响的著作，1988 年出版。1998 年，美国勘探地球物理学家协会（SEG）将其译成英文，出版发行。该书系统阐述了频率域的变频激电法、相位激电法和频谱激电法（复电阻率法）的理论和实际问题，并在频率域激发激化法的正演和反演中有许多创新研究，其中包括激化椭球上频谱激电的异常特征分析、视复电阻率频谱的近似反演和正演模拟、变频法电磁耦合的非线性近似校正等。该书既是经典专著又是很好的教材，对查找深部地球物理异常具有指导作用。

贺振华（1989）、王才经和何樵登等人的《反射地震资料偏移处理与反演方法》是中国全面论述各类偏移成像方法的最早著作，该书深入阐述了波动方程有限差分偏移、频率 – 波数域波动方程偏移、克希霍夫积分偏移、垂直地震剖面（VSP）偏移等的基本理论和实现方法，探讨了深度偏移、逆时偏移和微分方程反演的实现方法和问题。书中针对频率 – 波数（F–K）域偏移存在的严重边界效应和斯托特（Stolt，1978）称为的"危险的插值"问题，采用贺振华和加德纳（Gardner）提出的森克（Sinc）插值映射进行了彻底解决，大大提高 F–K 类偏移的信噪比和计算效率，并促进了快速 F–K 偏移和平面波 F–K 偏移方法的形成（He and Gardner，1985）。

李庆忠（1993）的专著《走向精确勘探的道路——高分辨地震勘探系统工程剖析》是中国学者关于高分辨、高精度地震勘探问题的全面而系统的论述。该书立论新颖，富有创意，对深入理解和认识地震勘探基本问题——信噪比和分辨率具有启发性，澄清了关于此问题的许多模糊认识。他提出了"视觉分辨率"和"视觉信噪比"的概念，界定了分辨率和信噪比的辩证关系，指出"信噪比是分辨率的基础，分辨率是由信噪比定义的"。进而强调"那种丢掉（地震）低频成分的、表面上看来主频较高的分辨率是假分辨率"。该书通过严谨的理论分析和详尽的数值模拟计算化解了人们在地震资料处理、解释和反演中遇到的种种疑惑，为人们区分真分辨率、视分辨率和假分辨率提供了依据，为实现高精度地震勘探指明了方向。

徐世浙（徐世浙，1995；Xu，2001）的专著《地球物理中的边界单元法》是一部有世界影响的著作，1995 年发行中文版，2001 年，SEG 将其译成英文出版发行。徐世浙把地下勘探区域的边界划分为单元，使得三维和二维问题分别简化成二维和一维问题，便于地质模型向计算机输入，并极大地减少了代数方程的个数，特别适合复杂地球物理问题的处理。该方法被广泛用于解决位场延拓，重力、磁力异常模拟，电阻率和激发激化法模拟，大地电磁模拟以及各类地震模拟问题。被 SEG 出版者誉为涉及勘探地球物理问题最多最综合的著作，是一部有关地球物理数值模拟与分析的杰出专著和教科书。

杨文采（1997）的《地球物理反演理论与方法》是中国首部全面论述地球物理反演的理论体系和方法技术的专著。由于地球物理反演既涉及众多抽象而艰深的数学、物理理论和方法，又需要以地球物理问题为目标，并利用先进的信息技术和计算机来实现复杂、耗时的反演计算，因此，地球物理反演的研究往往受研究者专业学科的局限，未能获得理想的成果与进展。杨文采在其著作中，以他在勘探地球物理、数理学科和信息技术等方面的理论功底和实际经验为跨学科的研究学者搭建了相互沟通理解的桥梁，使数理学家能迅速了解地球物理反演与现代数学的依存关系和现状，使地球物理学家能用现代数学和计算机工具解决地球物理勘探和工程问题。在书中，杨文采对诸多分散的、有时彼此矛盾的反演论著进行了总结和评述，使其构成相互支撑和补充的科学体系。该书还凝结了他在地球物理层析成像和非线性反演方面的特殊贡献。2012 年，杨文采（2012）出版《反射地震学理论纲要》，系统阐述了反射地震学的理论体系，使之反射地震学从油气勘查应用技术提升为一门应用科学。

赵政璋等的《储层地震预测理论与实践》是中国首部将地球物理学、地质学等学科结合起来的储层地震预测技术专著，以油气勘探为出发点，叙述了岩性油气藏勘探的地质理论和物探技术方法原理，立足地震、地质相结合来讨论储层地震预测问题，突出基础知识、突出勘探意识、突出对生产过程中容易忽视的问题的讨论，是一部理论与实践、地震与地质、技术与应用相结合的论著（赵政璋等，2005）。

何继善、柳建新等人的研究成果"均匀广谱伪随机电磁法理论及应用"于 2006 年荣获国家发明奖二等奖。这是到目前为止中国学者在勘探地球物理领域获得的与仪器和方法理论有关的最高发明奖项。该成果所涉及的技术是频率域电法勘探领域的原始创新，何继善（2005）的著作《双频激电法》详细阐述了频率域激电法的理论、方法、仪器与应用，是该发明的理论和技术基础。该项成果可为深部隐伏矿床和复杂地形山区矿产资源的勘探提供有效的勘察手段，为生产新型的相关地球物理仪器提供支撑。该技术是对传统电磁法方法的系统优化、创新，所发明的 2n 多频复合波技术，不仅适用于激电法，也适用于主动源电磁法。在激电法的应用中，可将原来的 2 个频率发展到多个，有利于进行矿与非矿异常区分；用于发展电磁法仪器时，具有设备轻便、观测精度高和抗干扰能力强等优点，已在国内外找矿工作中发挥了重要作用，并取得可喜成果。

赵邦六（2007）的《多分量地震勘探技术理论与实践》详尽描述了多分量地震技术的原理、技术特点与解决问题的优势，阐述了国内多波地震采集、处理、解释技术的新发展，从实践上对多分量地震勘探关键环节和作业工艺进行了描述，是指导多波地震勘探工作的指导性参考书。该书的出版，推动了多波地震技术在国内快速发展，已形成了多波资料采集处理软件，并促进在四川等探区采集了 4000 多平方千米的多分量三维资料。

撒利明等人的《缝洞储层地震识别理论与方法》比较系统地论述了碳酸盐岩缝洞型储层地震识别理论与方法，提出了缝洞型储层的地震物理模拟及分析方法，介绍了缝洞储层的地震识别的新技术，包括多波裂缝检测技术、逆散射成像技术等，是碳酸盐岩油气藏勘探的理论与实践相统一的专著（撒利明等，2010）。

赵殿栋等人的专著《走向精确勘探道路的实践与探索》是对李庆忠的高分辨率、高精度地震勘探的继承和发展，从采集、处理、解释三个环节阐述了"九五"以来发展形成的高精度三维采集处理解释技术，在胜利油田以高精度二次三维地震为依托，通过高精度地震资料处理和解释为隐蔽岩性油气藏勘探提供了有力支撑，为老区增储稳产奠定了坚实基础（赵殿栋等，2012）。

进入 21 世纪，中国地质科学院董树文牵头的"深部探测技术与实验研究"（SinoProbe）专项和船舰研究院陆建勋牵头的"国家基础工程极低频探地工程"（WEM）项目中，都强调仪器设备和探测方法技术一体化研究。底青云为在 SinoProbe 中承担的 SEP 和 WEM 知识创新预研中，在深部资源探测理论技术突破与应用方面取得了很大成绩。2013 年、2016 年科学出版社出版其 2 部专著《"地—电离层"模式电磁波传播特征研究》《地面电磁探测（SEP）系统及其在典型矿区的应用研究》。底青云为首的深部资源探测理论技术突破与应用研究集体荣获 2015 年度中国科学院杰出科技成就奖，底青云、方广有（中国科学院电子学研究所）、薛国强（中国科学院地质与地球物理研究所）为突出贡献者（底青云等，2016）。

第二节　资源地球物理勘探

资源地球物理勘探包括图 4-11-1 中的油气地球物理、金属与非金属矿产地球物理、煤田地球物理和水资源地球物理等（李正文和贺振华，2003）。

一、石油天然气地球物理勘探

油气地球物理勘探是通过研究沉积盆地的地层、构造、岩性和流体赋存状态来间接或直接寻找地下油气藏，为钻探提供布井井位，为油气勘探开发部署提供可靠依据。早期的油气勘探以查找沉积盆地中地质构造高部位的圈闭为主要目标，属于间接找油气方法；近期的油气勘探实践证明：除构造圈闭外，油气还可能聚集在具有良好封堵条件的地层、岩性圈闭中，如地层尖灭、断层封堵、岩性横向变化和古潜山顶部风化壳等圈闭。这类圈闭通常称作岩性圈闭、隐蔽圈闭或非构造圈闭。其显著特点是圈闭不一定处于构造的高部位，有时处于构造翼部甚至构造的低点。因此，寻找岩性圈闭需要在观念和理论方法上有比较大的转变和更新。此外，实际的油气圈闭往往既有构造圈闭又具岩性圈闭特征，人们称其为岩性 - 构造复合圈闭。同时，为了避免钻探打到水井和干井（空井）的风险，人们研究发展了直接确定圈闭中流体（油气水）性质的方法，这包括地震直接找油气技术、地震与测井和岩石物理测试数据综合分析解释、大地电磁法与地震法的联合应用等，后者利用的是电磁法对流体的较强识别能力和地震勘探深度大、精度高的优点。

1949年5月上海解放后，在原中国石油公司基础上，开始筹建中国第一个地震队，负责人是刘德嘉，先是对仪器、钻井、测量、计算人员进行培训。1951年3月。地震队在上海正式成立，技术指导翁文波，队长赵仁寿，副队长苏盛甫，队员潘祖福、陆邦干等。9月地震队从上海开赴陕北。第一地震队使用的仪器是美国仪器技术公司生产的便携式24道光点记录地震仪。1951年冬，正式开始野外作业，从而开创了新中国油气资源勘探的艰苦创业历程。

在中国油气地球物理勘探的发展进程中，值得记载的是大庆油田等一批特大型油田的发现。20世纪50年代后半期，中国油气物探、勘探重心由西部各大盆地开始东移，在华北、松辽、华东、江汉等盆地广泛开展了区域性油气地球物理勘查工作。尤其是松辽平原的勘探，利用地球物理方法发现了大同（后改为大庆）长垣，落实了高台子、太平屯、杏树岗、萨尔图和葡萄花等局部构造隆起。根据综合物探资料在高台子构造上部署的松基三井于1959年9月26日喷出工业原油，揭开了储量达数十亿吨的世界特大型油气田——大庆油田的勘探开发序幕。在大庆油田的发现与开发过程中，勘探地球物理起了先行者和关键性作用，松基三井井位的确定过程充分反映了这一历史事实。首先，地质部长春物探大队（后改名为东北石油物探大队，地质部第二物探大队）在松辽盆地勘查中，利用重力、磁法和电测资料于1958年年中圈出了具有巨大油气资源潜力的松辽盆地中央沉积拗陷；地质部东北石油物探大队根据电测资料，确定了位于中央拗陷中的大同镇局部隆起。1958年9月松辽石油勘探局、地质部长春物探大队和松辽石油普查大队共同建议将松基三井井位选定在"大同镇电法隆起"上；长春物探大队进一步利用勘探精度更高的地震反射法，完成了大同镇地区地震构造图的编制，确认大同镇高台子构造是局部圈闭。新补充的地震资料对松基三井井位选定起到了促进作用。1958年11月，石油部批准了选井报告，与先前井位相比稍有移动，最后选定在高台子屯和小西屯之间（萧德铭和杨继良，1999；赵殿栋，2009）。1959年4月11日，松基三井开钻，1959年国庆前喷出工业原油。

大庆油田发现过程中卓有成效的地球物理勘探工作，使人们认识到油气勘探工作需要物探与地质的密切配合，而先进的物探方法技术和相对独立的物探专业队伍，在油气勘探全过程中占有不可替代的先行地位。大庆油田发现的成功实践也标志着中国油气地球物理勘探进入了成熟应用和大力发展的新时期。

经过半个世纪艰苦卓绝的奋斗，大庆油田每年（到2000年）为国家稳定提供的原油产量达5000万吨以上；直到最近，其年产量仍能稳定在4000万t左右。大庆油田为我国的经济建设和社会发展做出了无可估量的巨大贡献。1982年"大庆油田发现过程中地球科学工作"项目获国家自然科学奖一等奖，获奖者代表共24人（石油工业部10人、地矿部9人、中国科学院5人）。其中从事物探工作的有顾功叙、翁文波、朱大绥、王懋基、余伯良等；2010 年"大庆油田高含水后期 4000 万 t 以上持续稳产高效勘探开发技术"项目获得国家科技进步奖特等奖，则显示了包括物探在内的新一代勘探开发者的新贡献和高水平。

2000 年以来，岩性油气藏成为勘探的热点，该类储层比较"隐蔽"，常规地震技术评价效果不明显，中石油、中石化、中海油等公司相继开展了高精度三维地震采集、叠前连片处理、目标处理、储层追踪和叠前储层预测技术攻关，发展了以河道砂体、砂砾岩体、浊积岩体和滩坝砂体等 4 种储集体类型为主要对象的隐蔽油气藏储层地震预测技术。为苏里格万亿方储量大气田（杨华等，2013）、姬塬亿吨级油田、环江亿吨级油田、渤海湾辽河、冀东、歧口凹陷、济阳凹陷、饶阳凹陷、松辽长垣、古龙、三肇、长岭亿吨级油田、四川须家河千亿方气田，以及新疆准噶尔腹部环玛湖亿吨级油田等大面积岩性油气藏的勘探提供了有力支撑。

海相碳酸盐岩地区油气勘探与突破，是中国油气储量和产量不断增长的新亮点之一，是贯彻党中央关于"稳定东部，发展西部"油气战略方针的关键步骤之一。2001 年，时任国务院副总理的温家宝在刘光鼎关于中国海相油气勘探二次创业的建议上批示"要重视油气资源战略勘查工作，争取在前新生代海相碳酸盐岩地层中有新的突破"这一指示，加快了西部深层海相碳酸盐岩地层油气勘探开发工作部署和大油气田成批发现的进程（牟书令等，2009）。典型例证之一是四川盆地东北部碳酸盐岩生物礁滩型大气田的接连发现。2003 年中石化勘探南方分公司的普光 1 井在二叠系长兴组和三叠系飞仙关组碳酸盐岩生物礁滩地层中发现工业气流后，接着进行了扩大勘探。至 2007 年，只用 5 年时间已累计提交探明地质储量 $3812.57 \times 10^8 m^3$，成为我国陆上发现的最大海相气田，为西部建设和"川气东送"的实现起了决定性作用。普光气田发现后，在川东北的龙岗和元坝等地区又相继发现了大型礁滩复合型气藏。普光等气田位于川东北大山区，地表起伏剧烈，地下构造复杂，目的层埋深大（5000m 左右），是数十年勘探遗留下来的"硬骨头"，物探工作十分艰巨。但通过勘探思路的转变和现代最新勘探技术的使用，终于迎来了现在的大好局面。其中物探思路的转变主要是由以往寻找单一的构造圈闭，转到寻找岩性 – 构造复合圈闭，因为礁滩地质体本身为岩性储层。现代新技术主要包括高精度三维地震资料的采集、处理和解释技术；地震相和沉积相的划分与转换；高精度地震成像和地球物理正反演结合的储层综合识别和流体预测等。这些高精度、高分辨率的三维地震成图成像和储层预测结果，为确定钻井井位和提高钻获含气储层的成功率提供了主要依据。新疆塔河油田也是与海相碳酸盐岩有关的大油田之一，但它以缝洞油气储层为主。沙 23 井首次在石炭系获工业油流，并在奥陶系见 10m 厚良好油气显示。1997 年在奥陶系打出高产油气流，1998—2004 年扩大了含油面积，2005 年起，开始进行大规模开发，至 2011 年，探明油储量达 $12.0 \times 10^8 t$，年产量 $735.0 \times 10^4 t$，是中国也是世界上第一个古生界奥陶系特大油田（康玉柱和康志宏，2013）。三维地震勘探和测井储层识别是塔河油田勘探开发应用的关键物探技术。岩溶缝洞储层建模和物探定量刻画等技术的发展和应用促进了成批具有规模储量的碳酸盐岩油气田相继发现，这包括塔中地区奥陶系和寒武系地层层系的油气藏，四川高石梯－磨溪地区的寒武系和震旦系气藏和鄂尔多斯靖边气藏。

中国复杂山地的地震勘探技术世界著名。它与中国西部三大含油气盆地—塔里木盆地、鄂尔多斯盆地、四川盆地的复杂地表地形和复杂地下构造密切相关，是物探人员在这些盆地长期进行地震采集、处理和解释技术攻关过程中产生的，并形成了独具特色的山地地震采集、处理和解释技术体系和计算机软件。为三大盆地油气储量和产量的增长发挥了重要作用。

中国非常规页岩气勘探开发在"十二五"期间获得重要突破。据国土资源部 2012 年预测，中国页岩气地质资源量为 $134.4 \times 10^{12} m^3$，技术可采资源量为 $25.08 \times 10^{12} m^3$，资源量十分丰富，对缓解中国化石能源的供需矛盾，具有极重要的战略意义。中国页岩气产量从无到有，在"十二五"期间得到有效增长，见图 4-11-3（郭旭升，2016）。页岩气田的成功勘探是地质、地球物理勘探、钻井（特别是水平钻井）等方法紧密配合的结果。地球物理勘探的作用体现在：①通过二维或三维地震勘探查明富含有机质页岩层的空间分布（储层厚度、埋深、横向展布等）；②查明页岩层的构造、断裂分布和岩性变化。涪陵焦石坝页岩气田的勘探开发实践证明：断裂及裂缝发育对页岩气保存起关键作用；③通过测井等评价页岩层孔隙度、总有机碳（TOC）含量等参数；④有利压裂区（甜点区）预测；⑤工程压裂监测（微震测量分析，压裂改造体积 SRV 估计）等。

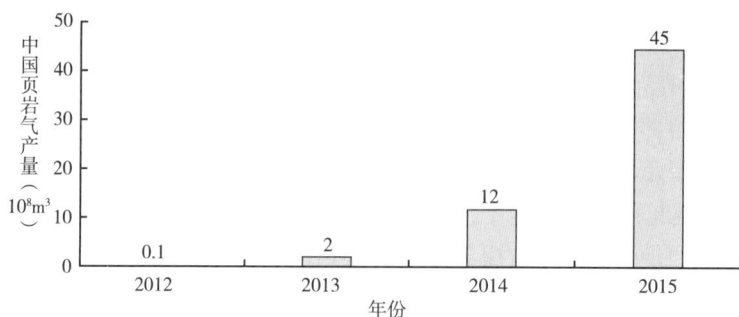

图4-11-3　中国页岩气产量增长图
（据贾承造，2016）

中国海洋油气物探的发展十分重要。海洋物探是从渤海的勘探起步的。渤海是我国的内海，面积 $7.7 \times 10^4 km^2$，平均水深 18m，最大水深 70m，具有良好的浅水海洋物探条件。渤海湾盆地（油气区）包括渤海湾海域和周边的陆地，总面积 20 万 km^2。这里所说的海洋物探特指在渤海湾海域开展的物探工作。渤海湾盆地的基底为前震旦系变质岩，最大深度 1 万 m。上覆元古界、古生界、中生界和新生界地层。主要生油层和储层为古近系沙河街组、东营组和新近系馆陶组、明化镇组等陆相碎屑岩层系和古生界海相地层。具有"古生古储"、"新生古储"、"上生下储"和"旁生侧储"等条件的古潜山也是良好储层，同样具有重要的油气勘探潜力。1958 年，中国科学院、地质部和石油部所属单位协作，组成了我国第一个海上物探队，在渤海做海上物探方法试验，揭开了我国海洋物探工作的序幕。1960—1965 年地质部渤海综合物探大队在渤海进行了海上重力和地震勘查，完成了 $7 \times 10^4 \text{km}^2$ 的区域性概查，在渤海盆地中划分出 5 个一级构造单元——辽东湾拗陷、渤海拗陷、冀东拗陷、黄骅拗陷与济阳拗陷向海延伸区以及渤海隆起等。其中渤海拗陷面积最大，断块圈闭和披覆背斜构造发育，有很好的油气勘探前景。1965 年起，石油部 646 厂在渤海开展地震等物探工作，在海域南部圈出 20 多个局部构造。1967 年 6 月首次在歧口 17-2 构造的海 1 井获得工业油气。此后经扩大勘探，至 1978 年，一批钻井如海中 1、4、12 井等获得良好油气显示，在石臼坨凸起的古潜山钻探中也得到良好效果。并查明了 428 西、海 4. 埕北和 427 号 4 个油田和渤中、岐口、渤东、黄河口、辽中、辽西、秦南、南堡和莱州湾等主要生油凹陷。证实了渤海海域是一个具有多生油层系、多储集类型、多油气藏类型的复合含油区。1980—1992 年，中国石油海洋分公司与日本石油开发株式会社进行了多轮合作，做了地震详查与精查，其中 1983 年 3 月在渤中 28-1 构造上钻获到寒武系碳酸盐岩地层中的高产油气流，并最终开发了渤中 28-1 和渤中 34-2/4 两个油田（《中国矿床发现史·物探化探》编委会，2002）。

2000 年以后中国海洋石油总公司在渤海湾的勘探开发中大量使用地球物理新技术，主要有地震资料的去噪声处理与多次波消减技术、三维地震叠前偏移成像和高精度储层识别及烃类检测技术等，提高了岩性—构造油气藏的勘探效果。新技术应用成为渤海湾油田储量和产量大幅提高的关键。至 2009 年底，渤海湾海域探明油储量 $20.9 \times 10^8 \text{t}$，天然气 $634 \times 10^8 \text{m}^3$；年产油 $1795.25 \times 10^4 \text{t}$，气 $39.03 \times 10^8 \text{m}^3$。2006—2015 年间天然气水合物（可燃冰）调查取得重大发现，圈定了 2 座千亿方级可燃冰矿藏（汪民，2017）。调查海域天然气水合物的主要地球物理标志是寻找似海底地震反射 BSR，它是判断海洋下部地层存在天然气水合物及其空间分布的重要证据（姜辉等，2008）。

二、煤田地球物理勘探

中国煤的产量位居世界第一位。2014 年煤产量达 $38.7 \times 10^8 \text{t}$（傅雪海，2016），同年的原油产量为 $2.1 \times 10^8 \text{t}$（图 4-11-2），按 1.0 t 重油折合 1.5t 标准煤计算，油 / 煤比仅为 0.08。考虑到原油的进口量增加和其他国产非化石能源的增长，在"十二五"末的中国能源结构中，煤占总能源的比例为 66%（董守华，2016），依然是最主要的能源。

煤田物探在增加中国煤储量和产量的过程中做出了重要贡献（具体成果见第四节）。所用的物探技术有重力、磁、电、地震、核物探、地温和测井等多种方法。其中直流电阻率法、地震法和测井是应用最多、效果最显著的勘查技术。

中国煤田物探在普查阶段的主要任务是扩大老煤区及发现新煤田。重点是圈定隐伏含煤盆地，查明控煤构造和确定煤层分布范围；在煤田的详查阶段，物探的主要任务是查明矿区深部构造，探测断层、侵入体、火烧区、岩溶、老窑、陷落柱，并提供矿区地下水文等资料。煤田物探新技术的应用，对完成煤田勘查任务，提高复杂地区

（黄土塬和卵石覆盖等）的找煤成功率起到了决定性作用。其中主要包括数字地震、高分辨率三维地震、井巷槽波地震；电磁测深、频率测深和坑道及钻孔电磁波透视等；核测井和电、声测井技术以及高精度重磁等方法。煤田勘探所用的地震仪器等设备必须具备防爆功能，因此研制专用安全仪器及配套软件十分必要。

例一，物探技术在河北开平大型煤田勘探中的作用。开平大型煤田位于河北唐山，总面积为 $1000km^2$，包括开平向斜和车轴山向斜 2 个煤产地。从 20 世纪 50 年代至 80 年代，经过多轮勘探工作，累计获得了 52×10^8t 的探明储量。开展的主要物探工作有 1：20 万比例尺的重力普查，详查时采用了 1：5 万比例尺的电测深、1：5 万及 1：2.5 万比例尺的地震测量以及测井等物探方法，这对进一步查明含煤盆地的地层、构造、断层分布、煤层埋藏深度，指导井位布置和结合钻井资料计算储量等起了关键作用（《中国矿床发现史·物探化探卷》编委会，2002）。

例二，多种物探方法在山西省太原市阳曲县煤田勘探中的作用。阳曲煤产地位于山西太原市北郊及阳曲县境内，地处太原盆地北缘，地质结构总体为单斜构造，盆地基底为奥陶系灰岩。含煤岩系为石炭系太原组和二叠系山西组，煤层埋深为 $300~700m$，可采煤层 5~6 层，总厚度 10~12m，煤质为中灰、低硫焦煤，是一座隐伏煤田。煤区面积为 $101km^2$。该区大面积黄土覆盖，基本上无基岩出露。20 世纪 70 年代，当地居民打井发现煤层，80 年代山西地矿局水文队打井时也发现了煤。1990—1993 年，山西省煤田地质局综合普查队在该区东部采用了电磁频率测深法。通过同时进行的 2 口钻井和测井工作，得到了煤层及围岩的主要物性特征。1994 年，山西省煤田地质局综合普查队结合黄土覆盖地区的特点，利用可控震源进行了地震勘查，并开展了 2 口井的垂直地震剖面法（VSP）勘探，获得了较精确的地震平均速度和层速度数据，为查明该区地质构造和隐伏煤层位置提供了更准确可靠的资料。1995 年底确定主煤层储量为 $10^8 \times 10^8t$（《中国矿床发现史·物探化探卷》编委会，2002）。

例三，综合物探在安徽省淮南煤田煤矿勘查中的效果。潘－谢煤矿位于安徽省淮南市淮河北岸平原区，总面积 $2600km^2$。主要含煤层系为二叠系，可采煤层 26 层，累计可采厚度 18.3~32.14m，以气煤、气肥煤为主。煤系地层被新生界疏松层覆盖，为隐伏煤田。物探方法以重力、电测深和地震勘查为主。物探与地质资料结合，探明了潘集、谢桥、顾桥、张集、新集等 10 余处井田，获得探明煤储量累计 160×10^8t。

潘－谢煤矿的勘探工作，从 20 世纪 50 年代开始持续到 80 年代，经过了煤炭部地质总局物探队、安徽省煤炭厅物探队等多个勘查单位（公司）的多轮回的细致工作，最终发现了大煤田。1957 年，煤炭部地质总局物探队进行的重力测量首先发现了覆盖层下的地质构造隆起；同年底华东煤田地质局电法队进行的 1：20 万比例尺的电测深，证实了构造隆起的存在，并建议进行钻井验证。1958 年 6 月，安徽省地质局蚌埠分局怀远地质队在马庄施钻见到二叠系下部的主要可采煤层，随后安徽省煤炭厅 120 队为验证电测资料，在二道河探区布钻 69 口，均在 80—90m 深度上见到煤层，揭开了大型煤田勘探开发的序幕。

1961 年，安徽省煤炭厅物探队在潘集地区 $1300km^2$ 范围内进行了 1：5 万比例尺的电测深；1959—1960 年，在丁集、潘集、唐集地区 700km² 范围内进行了 1 : 5 万比例尺的地震勘探；1965—1967 年，华东煤炭基建公司物探队在顾桥地区 2942km² 范围内作了 1 : 5 万比例尺的电测深，在潘集地区开展了 1 : 2.5 万比例尺的地震精查。由于资料充分，并且精度高，还为勘探单位节约了大量钻探经费，缩短了勘探周期 7 年。为此，于 1988 年和 1989 年获得了煤炭部和国家的相关奖励（《中国矿床发现史·物探化探卷》编委会，2002）。

例四，瞬变电磁法（TEM）勘测煤矿陷落柱的作用。含水陷落柱是造成煤矿井突水事故的主要原因之一。1984 年 6 月 2 日，河北省开滦范各庄煤矿 2171 综采工作面发生了罕见的矿井突水事故，在 21 小时内淹没了整个矿井，并殃及了邻近的四对矿井，损失巨大。经事后核查，事故原因是掘进面中遇到了含水陷落柱。继 2171 综采工作面出现含水陷落柱后，在 208 工作面又发现了另一个含水陷落柱（10 号）。为查明该陷落柱的空间分布和含水性，以便进行及时治理，决定采用以瞬变电磁法为主的物探技术进行探测。由于范各庄煤矿位于唐山市开平向斜的东南翼，其地层、构造和基底岩性与开平煤田基本相同。该区陷落柱的塌陷高度是指由奥陶系灰岩（基底）顶面到塌陷柱顶端的距离，一般为 200m 左右，陷落柱为椭圆柱形或圆锥形，椭圆长轴最大达 100m。通过对瞬变电磁法 TEM 观测资料的细致分析和解释，提供了 10 号陷落柱的空间形态和含水性的强、弱等属性，并为钻井所证实，为含水陷落柱的治理提供了重要依据（时作舟和赵育台，1997）。

例五，预防煤矿灾害的井下槽波地震勘探技术与无线遥测地震仪器研制。井下槽波地震勘探是预防煤矿灾害的一种有效的地球物理勘探方法（胡国泽等，2013）。1977 年进行槽波地震勘探试验使用的是煤炭部门研制的模拟记录地震仪。20 世纪 90 年代初，煤炭科学研究总院西安分院自行研制出 DYSD–Ⅰ遥测式槽波地震仪和 DYSD–Ⅲ多道遥测式矿井数字地震仪。2014 年前后北京中矿大地地球探测工程技术公司与中国地质大学（武汉）合作研制出 YTC9.6 槽波地震仪。中煤科工集团西安研究院有限公司自主研制了 KDZ3113 矿井地震勘探仪，并获得了防爆认证和煤矿安全认证，具备 240 道施工能力，其中的 YTZ3 型存储式无缆遥测地震仪在山西、陕西、山东等省内多个煤矿进行了槽波地震探测（姬广忠等，2013；吴海，2014）。

煤及煤系气今后的开发发展方向（傅雪海，2016）是由浅层向深层发展；由单层向多层开采发展；由地面向地面与井下结合立体开采发展；由中高级煤向低级煤开采发展；由陆地向海洋开采发展。这将进一步推动和促进与其相对应的煤田地球物理勘探技术向更高水平发展。

三、金属矿地球物理勘探

金属矿勘探地球物理是以查明与地质构造活动、岩浆活动、热液和沉积作用等有关的含矿岩石（层）的规模和时 – 空分布为主要目的。由于各类岩石的物理性质和成矿作用存在差异，因此，金属矿勘探地球物理发展了很多观测方法和仪器，并且具有很强的针对性和选择性，经常针对不同类别的岩、矿，使用不同的物探方法组合，或综合物探方法。例如，基性和超基性火成岩一般具有较强的磁性、较大的密度和较小的放射性特征，可将这些特征作为找矿标志，用磁法（或航磁）和重力法寻找与其相伴生的矿藏；酸性火成岩具有磁性小、放射性强等特点，可用放射性方法或磁法（低异常）等进行勘探；对于与岩浆、热液活动密切的矿藏，可采用电法测量；而与沉积作用有关的层控矿床，则可用地震等方法进行勘察。

例一，利用重力、磁法联合勘探，在新疆和西藏地区找铬铁矿及铜镍矿获得成功。新疆托里铬铁矿发现过程是：1961 年，地质部航空物探大队在托里—克拉玛依一带进行航磁测量，发现了第四纪砾石层下具有较强磁性的隐伏超基性岩体；1962 年，新疆物探队进行了专门地面磁测；1963 年，新疆物探队在鲸鱼形岩体上布置了高精度重力测量和扭秤测量，落实了大密度的铬铁矿异常（比围岩密度高约 $1.5g/cm^3$）；最后用钻井对上述异常进行验证检查以区分矿与非矿异常，结果在新疆托里地区发现了我国第一个中型隐伏超基性岩铬铁矿床（邓振球和庄道泽，1997）。利用类似的方法，1966 年用高精度重力测量和垂直磁测在西藏安多县东巧区找到铬铁矿。以后又在藏北、藏南扩大应用，找到了更多的铬铁矿床，使西藏的铬铁矿储量占到全国的一半以上（吴欣，1997）。

同样的物探方法在新疆寻找与基性及超基性岩体有关的隐伏铜镍矿时，也发挥了重要作用。比如 20 世纪 50 年代至 80 年代，在新疆喀拉通克大型铜镍矿的发现过程中，首先由航磁和地面磁测发现了与基性及超基性岩体有关的磁异常，再用高精度重力测量探测埋藏较深（约 300m）的含硫化铜镍矿岩体的重力异常，最后利用钻探检查验证，发现了大型铜镍矿。

例二，内蒙古自治区白音诺尔特大型铅锌矿床的发现。矿区内岩浆活动剧烈，热液活动频繁，具有利用电化学异常进行找矿的基础条件。1971 年辽宁物探队在矿区作了充电测量，1979 年又进行了激发极化面积测量，发现大量异常。经后期继续勘探，发现了特大型铅锌矿床。在矿床的发现过程中，激电法测量始终发挥着关键作用（闫国利，1997）。

例三，应用电法、核法等综合物探方法成功发现了河北张家口地区的大型 460 铀钼矿床。通过综合物探勘察，最终发现了品位高、规模大的铀钼矿床（杨忠廷，1997）。

2006—2015 年中国固体矿产勘查实现重大突破，奠定了重塑矿产勘查开发的资源基础，这 10 年间新发现 890 处大型矿产地和 1132 处中型矿产地。砂岩型铀矿在鄂尔多斯、伊犁、二连浩特等盆地获得重大发现；铜，铅锌，金、钨等矿种的找矿勘探均取得重大突破。西藏罗布莎老矿区新增富铬铁矿 $450 \times 10^4 t$，大幅度增长了极为紧缺的铬铁矿资源量（汪民，2017）。这其中，各类物探方法均是勘查工作的主力技术。

四、非金属矿地球物理勘探

非金属矿物探工作取得较好找矿效果的是部分非金属原料矿产和特种非金属矿产，其中主要有硫铁矿、石墨、石盐和钾盐、石膏、芒硝、磷、硼、滑石、金刚石等。在砷、水晶、云母、石棉、萤石、硅灰石、高岭土、石灰石等矿种上也有效果较好的少数案例。寻找非金属矿的物探方法主要按不同矿种或其伴生岩矿的物性差异进行选择。

例如，盐矿相对围岩具有低密度等特征，可利用重力测量法；对于钾盐矿，通常应用航空伽马能谱测量来发现异常，用地面伽马能谱测量查证异常并圈定矿体；硫化铁、石墨和砷矿的电性特征明显，硫化铁还有较强的磁性，因此可采用自然电位、电阻率和激发极化法以及磁法勘探；寻找与磁铁矿伴生的硼矿以及产生于基性岩中的磷矿时，可选用磁法。

中国富含钾、锂、硼等成矿元素的盐湖卤水主要分布在青藏高原（张西营等，2016）。但与含油气沉积盆地共生伴生的富钾卤水以及卤水中的锂、硼、碘等综合矿产，在中国中西部的江陵凹陷和四川盆地等地有相当丰富的资源量（何治亮，2016；徐国盛等，2012）。这些与含油气沉积盆地共生伴生的富含重要非金属矿产元素的卤水，可通过地震、测井等物探方法寻找和利用。并使非金属矿产的勘探开发从浅层扩展到地下数千米的深度，大大扩展了勘探领域。

例一，航空伽马能谱测量寻找新疆乌勇布拉克硝酸钾盐矿床获得成功。20 世纪 80 年代在新疆库尔勒—吐鲁番地区的乌勇布拉克硝酸钾盐矿床的发现过程中，物探人员根据富钾地段钾含量相对高，铀、钍含量相对低和异常不够突出等基本特征，利用铀／钾、钍／钾含量比的低值或钾／铀、钾／钍含量比的高值突出了钾异常，还在此基础上用数学方法形成了高阶的钾异常识别因子，最后发现了 30 万 t 级的乌勇布拉克硝酸钾盐矿床（张德华，1997）。

例二，湖南省城步苗族自治县铺头硫铁矿的发现。该矿床位于雪峰东南缘印支褶皱带城步—西岩向斜内。1972 年，湖南省地质局四一八队普查分队和物探组，通过自然电位、激电测深和直流电法扫面，发现 6 个自然电位异常，强度为负 300mV 左右。1976 年 3 月，四一八队根据先前设计的 4 个钻孔进行施工，在灰岩上部硅质岩中见到厚 6m 多的致密硫铁矿，有工业价值。1977 年向南增设 1 条横剖面和 8 个钻孔，结果孔孔见矿，厚度 4~11m，为下一步勘探奠定了基础。

1977 年，铺头矿区的苏家冲转入勘探，获工业加远景储量 457×10^4 t，在北部勘探的同时，南部用电法展开大面积普查，又发现一批明显自然电位异常，经钻探验证发现柿子冲新矿段，新增储量近 500×10^4 t，一个千万吨级的中—大型硫铁矿床终于发现。此隐伏硫铁矿的发现电法勘探起了关键作用（《中国矿床发现史·物探化探卷》编委会，2002）。

例三，电磁法结合化探发现了浙江省长兴县和平硼矿。和平硼矿位于泗安—长兴拗断褶皱中部，马金—乌镇深断裂北西。探明储量 5 万 t，氧化硼 B_2O_3 品位 5.74%，铅、锌可综合利用。

20 世纪 60 年代初期，浙江省第一地质队，1973—1978 年间浙江省嘉兴地质队，1982—1984 年第一地质队等，对硼矿进行了普查勘探。20 世纪 90 年代初，浙江物探与化探勘查院与第一地质队合作，用综合物化探方法，对硼矿进行建模研究，并用地面磁测和激发极化测深划分地层。据此，形成了如下的正确找矿思路和方法：结合化探资料分析元素的组合与分布；用地面磁测圈定劳村组安山玢岩的分布；用激发极化测深确定劳村组火山岩的盖层厚度和中上古生代不整合面（硼矿层位）的埋深与空间位置以及堰桥组砂岩分布范围与低阻、高极化异常的对应规律；根据化探硼异常、磁异常范围和激发极化测深异常的综合分析，指导钻探，在 8 口钻孔中有 5 口见矿（《中国矿床发现史·物探化探卷》编委会，2002）。

五、水资源地球物理勘探

水资源勘探地球物理（物探）主要用于寻找地下水。1950 年由顾功叙主持在北京石景山地区用电法找水开启了中国水文物探工作的先河。随后在城市、矿山、铁道沿线及农村广大地区为工农业建设及居民生活找寻地下水的过程中，物探工作获得巨大成功，物探技术也得到快速发展。其中 20 世纪 60 年代至 80 年代初期，物探找水技术主要使用直流电阻率法、充电法和电测井法。激发极化法（激电法）也是物探找水的主要技术之一，并在激电方法找水的应用理论基础及专业技术上有较多创新性成果。一些轻便被动源电法（如天然电场选频法等）及一些核物探法（如 α 卡法等）也成为中国水文物探常用方法；1985—1987 年，在河北南宫、曲周地区 370km^2 面积上，中国自己研制的双频航空电法系统，仅用 13 个架次飞行 56 小时，就完成了全区 1:5 万—1:10 万比例尺水质填图的数据采集工作。工作结果准确地给出了区内浅层咸淡水和古河道分布及其补给关系等重要资料；1997 年，中国引进了地面核磁共振方法，并在湖北、湖南、河北、内蒙古一些缺水或常规方法难以奏效的地段找水成功。

例一，黄淮海平原地区的电法找水获得巨大成功。黄淮海地区包括京、津、冀、鲁、豫、苏、皖七省市平原区 30 万 km^2 的面积，20 世纪 60—80 年代，有近 100 支物探队伍的近 1000 支电法和测井台班投入找水工作，成功地确定了 40 万口机井井位，为区内城镇、工矿、农业用水做出了巨大贡献（吴海成和张连，1997）。

例二，山西省太原市东山地区枣沟大型水源地的发现。1984—1986 年，由山西省地矿局第一水文地质工程地质队对该地区进行初勘，初步查明枣沟—后沟地段岩溶水丰富，水质优良，埋藏浅，交通方便，利于开发利用。从 1984 年至 1987 年，经过 4 年的物探工作，确定该地为一大型水源地。

物探工作的独特贡献在于：掌握了岩层分布规律，查明了覆盖层下奥陶系灰岩的厚度（10~450m）及分布规律（由山区向盆地逐渐加厚），并由钻孔验证确认（《中国矿床发现史·物探化探卷》编委会，2002）。

例三，内蒙古自治区鄂尔多斯哈头才当大型地下水源地的发现。哈头才当地下水源地位于华北地台西部鄂尔多斯盆地中东部，毛乌素沙漠东北部，为一大型地下水资源产地。

1988—1989 年，内蒙古地矿局第二物化探队在呼吉尔特一带萨拉乌苏组发育区，应用直流电阻率测深法，圈定萨拉乌苏组含水层分布范围和厚度，了解其富水性，并探测第四系下伏白垩系基岩起伏情况。两年完成 1:5 万面积测量 603km^2，各类物理测点 1490 个。水文物探测井共测钻孔 19 个，累计孔深 2784.45m。

通过综合物探资料的定性和定量分析，圈定出 300km^2 的富水区（哈头才当、臭柏巴拉、呼吉尔特和尔林滩 3 个富水区），并推断该区为大型供水水源地，建议进行详勘。1996年，内蒙古第二水勘院提交了勘查报告，探明潜水容积储量 $1.846 \times 10^{10}m^3$；承压水容积储存 $3.288 \times 10^{10}m^3$。可开采量：潜水水源地 $544km^2$，$20.536 \times 10^4 m^3/d$；承压水水源地 $468km^2$，$4.867 \times 10^4 m^3/d$，为一超大型地下水源地（《中国矿床发现史·物探化探卷》编委会，2002）。

六、地热勘查

地热是重要的能源资源和旅游资源之一。利用物探技术进行地热勘查，在新中国成立初期主要是通过石油、煤及其他矿产勘查钻井中的井温测量顺带发现一些地热异常区，如冀中、河南平顶山、安徽罗河等。1970年以后，逐步在全国各地开展了专项地热物探工作。我国地热田有3种主要类型：滇藏地区与新构造活动有关的高温地热田；东南沿海、中部地区与中生代花岗岩有关的中温地热田，以及京津地区古潜山型低温地热田。针对不同类型的地热田宜采用不同的综合物探方法。例如，1974年在西藏采用电测深为主的电法和重磁等方法圈出了羊八井地热田的分布范围；1984年在西藏当雄羊易地区用电测深、重、磁等方法圈出了低阻异常区，推断了区内活动构造，指出了主要热流通道，指导了这一高温地热田的勘查开发与远景规划；在广东阳江用电法、放射性等综合物探方法确定了花岗岩埋深及与热水有关的断裂构造分布，成功地打出了中温热水；在北京的小汤山、丰台、延庆等地热区，用物探方法指导热水井定位及深度设计，取得了良好效果。同时，在河北、海南、陕西等省也找到一批地热田（夏国治等，2004）。

1995年，李清林等（李清林，1997）在河南省南阳，首次采用重力、放射性、浅层地温、激电测深和五极纵轴电测深等综合方法，在约 $27km^2$ 范围内进行1∶5000比例尺的详查，获取了一系列与地热有关的地球物理异常，圈定了工作区内隐伏构造带、热异常区，并具体设计了钻探孔位和施工方案，给出了预设的成井指标（钻探深度650m、基岩顶面埋深600m、单井出水量 $15m^3/h$、水温 $40℃ \pm 2℃$ 等）。经1996年钻探验证，打出了两口自流地热井，实测各项指标均和设计指标一致或接近，基岩顶面埋深601m，两口井出水量分别为 $14m^3/h$ 和 $25m^3/h$，水温42℃和45℃。

李清林等在郑州市以大极距的激电测深和浅层人工地震勘探为主，结合浅层地温测量、放射性氡气测量、重磁面积测量等方法，相继在郑州市区的深源地热异常区、郑州南三李浅源地热异常区进行勘查研究和对比分析，得到了不同热源深度、不同地热成因条件下的两个不同地区的各种地球物理异常特征。而且，根据勘探结果，相继在上述两个地区成功地钻探了数口不同深度的地热井。在极其缺水的林州市，利用综合物探方法，结合区域水文地质调查，在市区内钻探出1口井深约590m，水温25℃，出水量约 $300m^3/h$ 的优质矿泉水井，并证实林州盆地下方赋存着含量极其丰富的岩溶地下水，并探测出岩溶地下水的两条主要的径流通道，为该市今后开采深层岩溶地下水奠定了极其重要的基础。

2015年6月，由浙江省地球物理地球化学勘查院负责在淳安县千岛湖旅游度假区亚山区块ZK1井位钻到一口温热矿水井。热储层在地下1360~1368m，井口水温

45.5~47.6℃，探明与控制资源量 528m³/d。经专家评审，命名为偏硅酸和锂的氟钡硫化氢温热矿水，并获得"5A级地热井"称号，对推动该区旅游业发展具有重要意义（行业资讯，2017）。

通过上述勘探实践，可以总结出与地热有关的地球物理异常具有如下特征：①地热分布与重力场、地磁场具有相关关系，但异常特征复杂，应用时需要针对具体问题进行分析；②地热分布一般与地震波传播的低速度场对应；③地热异常区具有低电阻率特征等。

第三节　工程与环境地球物理勘探

一、工程地球物理勘探

工程地球物理勘探，主要用于工程建设区场地隐伏断裂或破碎带探测、圈定基岩风化及喀斯特溶洞发育情况、地下岩土力学参数评价、地下埋藏物体探测，以及活动断裂等区域稳定性评价等。工程勘探地球物理在工程设计、勘查和施工的各个阶段都能发挥重要作用。

中国的工程物探始于 1950 年在北京官厅水库用电法勘测坝址。在地矿、铁道、公路、水利、电力、农业等部门有广泛应用。改革开放以来，在许多大型、特大型工程的建设中，包括公路、铁路、地铁、隧道、桥梁以及输电输油输气管线的选线；电站、港口、大坝、飞机场、跨江与跨海大桥、高层建筑与地下大型建筑的选址；核电站与海上油气钻井平台的工程设计等都离不开工程物探。

常规工程物探方法主要有地面重力法、磁法、电法、地震法、放射性测量和井下及航空磁测等，一些新方法新技术如高密度电阻率、探地雷达、面波地震、微动、微震及纵横波测井、浅层地震层析成像（CT 技术）等也有较多应用。其中多道瞬态面波技术为中国首创。中国物探工作者还创造了一套有效的隧道施工中的超前预报技术，该技术由地震反射负视速度分析、陆地声纳、探地雷达及水平声波剖面等方法组成（夏国治等，2004）。已在颉河、老爷岭、云台山等 20 余处铁路隧道施工中的超前预报，取得良好效果。

例一，应用地震法和地震 CT 技术检验黄河小浪底水电站工程坝基工程质量（孙雅芳等，1997）。

黄河小浪底水电站工程 1 号导流洞，位于工区的黄河北岸。1994 年 12 月，黄河水利委员会设计院物探总队采用地震波（低频弹性波）时距曲线法，沿洞壁做了波速测试。测试发现岩层破碎严重。1995 年 5~6 月先后在 F236 断层带发生了 2 处塌方，为保证坝基防渗墙工程质量，用弹性波 CT 探测技术进行了验证。

小浪底坝基混凝土（砼）防渗墙第一期工程总长度 259.5m，分布在坝基河床断面的右部，分 43 个槽浇筑施工。设计防渗墙宽度 1.2m，墙顶与河滩面平行，墙底以嵌入基岩为准，墙的深度随坝基覆盖层厚度变化，自岸边至河心 15~80m 不等。

对于防渗墙的工程质量检查，国内外一般采用钻孔取心办法。为了弥补钻孔取心代表性差的缺点，根据孔距的不同，分别做了地震波 CT（层析成像）和超声波 CT。

小浪底坝基防渗墙的弹性波 CT 检测工作，共做 25 个砼施工槽，17 个 CT 剖面，剖面总长度 146.8m，累计弹性波射线 1 万余条，并最后形成了 CT 成果图。经 10 个钻孔取心检验，效果良好。这说明用地震 CT 技术进行测量结合少量钻孔验证是可以检验坝基质量的。

例二，工程勘探地球物理在广东核电站核废料处置场选址工作中的应用（赵竹占，1997）。核废料处置场地的选择必须考察其长期的安全状况，这在很大程度上取决于放射性元素与生物圈之间的不同阻拦层的综合性能。因此，在相当长的时期内，如何防止核废料中的核素扩散和流失十分重要。科学处置的任务就是要将其核素控制在一定的时间（一般考虑为 300~500 年）和一定的密封空间内，以防止危及人类的安全。因此，要选择一个放置核废物的理想又可靠的地质环境，必须具备以下条件：被选地块是一个相对稳定区，无大的地震活动和构造运动；地质构造简单，尤其是断裂构造不发育；水文地质条件单一，岩土渗透率低，地下水埋藏深；岩土力学性质好，物理化学性质较稳定，岩土层要有一定厚度和面积等。为此，勘查地球物理需要了解掌握核废料场区的第四系地层厚度及分层，场区的基岩起伏形态及埋深，场区基岩的风化程度与垂直分带，场区内的断裂构造及其性质，区内地下水分布及其性质，以及场区稳定性评价、工程区划。

广东核电站位于大亚湾西岸，预选的核废物处置场位于核电站东 6km 的岭澳—长湾一带，属滨海低缓丘陵区，由于气候湿热，风化强烈、基岩部分出露地表，在低洼区覆盖厚薄不等的残积和洪积物，主要以砾石、亚黏土为主。针对核废物处置场选址的要求，所用物探方法以浅层地震勘查为主，辅以电法勘查和静电 α–卡测量等综合物探手段。

通过全区物探资料的综合解释，并结合工程地质、水文地质、环境地质资料，最后划分出 3 类区域，作为核废物处置场的选址参考。其中 I 类区为最佳场址，它位于长湾村西南坡，呈北东—南西展布，长 400m，宽 160m，面积 6400m^2，地形起伏不大，基岩埋深在地下 10~20m 之间。区内无断裂通过，地下水位在 14m 以下，岩土力学性质较好。

选择核废物处理场址的工程勘探地球物理的实践说明，结合勘探目的要求和具体的地质条件，选择实用的综合地球物理方法是能够完成该类复杂勘查任务的。

例三，高密度电阻率法在查明公路、隧道下方工程隐患中的应用。李有能利用高密度电法和地震层析法进行煤田采空区综合勘察（李有能，2011），按低电阻率和低速度两个特征圈定了煤田采空区范围。龚术等（龚术和张智，2016）在汕昆高速公路阳朔至鹿寨施工段勘察中发现：地下溶洞未被风化物和水充填时，显示高电阻率，而充填了的溶洞、暗河则显示低电阻率。根据这些特征，结合精细反演解释，确定充填溶洞和未充填溶洞。为后续工程开展提供了可靠的地球物理依据。李家春（李家春，2017）发现地下煤矿采空区在被水充填后具有低电阻率，而未被充填的具有高电阻率。他在利用高密度电阻率法勘察某地芙蓉隧道地下地质隐患时，通过低电阻率异常，识别出被水充填的煤矿采空区，后经钻孔证实。对防治采空区顶部应力失衡出现塌陷和地裂缝等潜在灾害性事故，提供了可靠依据。

近年来，在中国大规模的公路、桥梁、隧道、机场、建筑等工程建设中，对地下不良地质体如溶洞、暗河、断裂等的勘查需求日益增大，推动了工程地球物理勘探技术的发展和队伍建设。

二、环境地球物理勘探

环境、灾害调查和监测是环境勘探地球物理的主要任务，对保障国家经济建设和社会可持续发展具有愈来愈重要的作用。20世纪70年代以来，我国用物探方法对一些省会以上大城市进行了环境地质调查评价和地质灾害的预测与监测，开拓了城市物探新领域。对自然的和人为的环境危害的勘查是环境物探的重点工作之一。应用环境物探方法对水电站、核电站、油田和某些重要工业基地进行了地震烈度小区划分，为防震抗震提供了重要资料。在一些山区铁路和大江大河沿线进行了大量滑坡和泥石流危险因素勘测工作，其中著名的有在长江三峡大坝上游14个大型滑坡及链子崖危崖的物探工作（朱汝烈，1997）。对一些城市的地质灾害，如西安市的地裂缝，武汉、淮南、泰安等城市的岩溶塌陷，以及一些矿山井下水害等，用物探方法进行了勘查，查明了危险因素或灾害原因，为预防或治理提供了基础资料。在这些工作中，使用了高密度电阻率、探地雷达、浅层地震、井间声波、井间电磁波及井中电视等方法。在邯郸峰峰煤矿用井间电磁波及高精度井温测量等方法，查明井下涌水通道，实现注浆封堵，取得很大经济效益，是典型的成功案例之一。国家自然科学基金委员会自2008年起已连续多次对研究四川龙门山地区深部地质结构与发震机理的研究项目进行了资助。

在长江三峡链子崖地质灾害防治中，充分体现了各种环境物探技术的作用。链子崖位于长江三峡工程坝址上游26km处，链子崖陡壁高近100m，危岩体岩性为灰岩，崖底为软弱的煤系地层。在临江重力卸荷和数百年民间盲目挖煤采空的综合作用下，煤层顶板灰岩不均匀下沉、开裂。已形成数十条长而宽的构造深裂缝，一般宽数十厘米至2m（最宽达5m），延伸达100m以上，将岩体切割得支离破碎。历史上，一些岩体多次崩滑到江中，造成堵江断航灾害。自20世纪60年代起，经过多轮工程地质勘查，对地表裂缝分布等情况已基本查清。但危岩体深部结构和地表覆盖层掩盖下的隐伏地质情况尚存许多疑问。为防止大规模岩体崩滑入江阻航造成严重灾害，必须有效地实施地质灾害防治工程，以改善和提高该危岩体的稳定状态。为此，需要首先查明危岩体深部结构和覆盖层下的隐伏地质情况。

在链子崖危岩体防治工程的设计、施工全过程中，地球物理勘查始终发挥了重要作用。应用的主要方法有音频大地电场法、高密度电阻率法、岩石声波检测、浅层人工地震勘测、孔内电视及地质雷达等。

第四节　区域地球物理调查

一、区域地球物理调查的重要成果

区域（包括深部）地球物理调查是区域地质调查和区域性资源调查评价的重要组成部分，是政府主持的公益性、基础性物探工作的重要内容之一。

（一）完成各种比例尺、不同物探方法的区域物探调查

自 20 世纪 50 年代至 20 世纪末，完成了各种比例尺不同物探方法的区域物探调查，编制了相应比例尺的图件和说明书。具体成果见下表 4-11-1。

表 4-11-1　中国 2000 年前完成的区域物探调查（全国地质勘查规划编制研究组，2009）

物探方法	比例尺	测量面积（km²）	覆盖范围
重力测量	1：100 万	940×10^4	除部分边境地区的全国陆地
重力测量	1：50 万	138×10^4	中国中、东部陆地
重力测量	1：20 万	—	中国东部
航磁测量	1：100 万	1140×10^4	中国陆地和部分海域
航磁测量	1：20 万	472×10^4	中国中、东部陆地和部分西部盆地
航空放射性测量	1：20 万	400×10^4	中国中、东部陆地和部分西部盆地
航空物探测量	1：5 万	268×10^4	中国中、东部陆地为主

表 4-11-1 所列为新中国成立后，前 50 年的区域物探调查成果。各种比例尺的航空物探资料与图件为大庆油田、渤海湾盆地油气区、西部含油气盆地等的油气勘探和众多大、中型固体矿床的发现提供了重要基础资料；在寻找地下水、城市规划建设和大型工程的基底稳定性评价以及地质灾害防治等方面，做出了重要贡献。但各个时期测量结果的精度不同：一般说来，20 世纪 50~60 年代的资料精度较低；70~80 年代初期的资料精度为中等；1985 年以后的资料精度较高，可适应现代地质调查的需求，达到了国际先进水平（全国地质勘查规划编制研究组，2009）。因此，区域物探调查资料需要不断更新和补充。

（二）制订出新的区域调查规划并开展新一轮区域地球物理调查工作

1999 年国土资源部成立中国地质调查局，下设物探处，负责组织实施国家基础

性、公益性、战略性的物探工作。开始了新一轮区域地质调查工作，要求在区调工作中实现多参数、系列化、三维化、数字化数据收集和处理。新一轮区域物探的具体工作任务主要有：①尽快完成全国1：100万区域重力调查可测面积，逐步完成全国陆域1：25万区域重力调查；②紧密配合新一轮1：25万及1：5万区域地质调查，超前开展相应物探野外工作及综合研究。在区内缺少相应比例尺高精度航空磁测、航空放射性（航放）测量资料情况下，及时进行高精度航磁、航放工作；在地形平坦地区尽可能开展相应比例尺航空电法工作；③有计划地补齐可测空白区的区域性航磁、航放资料，更新以往低精度区域性航磁、航放资料，编制新一代高精度全国1：100万~1：250万航磁、航放成果图及说明书；④逐步开展区域性地温测量工作；⑤开展全国性区域岩矿物性调查工作，首先是调研我国物性工作现状及已有资料的可用性，提出工作方案；⑥对已取得的大量区域地球物理资料进行综合编图，开展深入的综合研究，为构造研究、矿产预测、环境调查等多目标服务；⑦在大地电磁测深工作效率提高、成本显著降低的条件下，有计划地开展以区域调查为主要目的的小比例尺面积的大地电磁测深工作。首先可用于西部地下水调查及成矿区带研究，最终实现全国深部电性调查；并在已有或补充深部地震剖面控制下，提供全国深部电性构造图；⑧在初步完成我国专属经济区大陆架勘测专项基础上，进一步完成整个管辖海域1：50万~1：100万综合地球物理调查。除常用的重力法、磁法、地震法外，还要发展海底电法技术，开展部分海区电法工作；⑨穿过地质构造的关键部位进行深部地球物理调查，参与国际深部地球物理大剖面工作。把深部地球物理资料的研究由剖面、地区性扩展到全国乃至更大范围。配合我国大陆科学钻探计划，进行事先、事后的深部地球物理调查工作及钻探过程中的深孔地球物理测井工作。

（三）1999—2010年国土资源大调查取得丰硕的资源调查成果

这一轮国土资源大调查中所取得的丰硕成果，为提高矿产资源保障能力做出了重要贡献。2010年非油气类矿产勘查投入303亿元，居世界第7位。国土资源大调查促使我国固体矿产资源量大幅增长，12年间，新发现矿产地900余处。新增资源量：铁矿石50×10^8t、铜3800×10^4t、铝土矿4.5×10^8t、金1800t、铅锌8300×10^4t。在开采强度不断加大情况下，铁、铜、铝、钾盐、金等保有储量分别比1999年底增长41%、28%、39%、88%和53%。在区域地质调查工作的支持推动下，2011年以前的10年中全国新增重要矿产资源量储量之和几乎占到新中国成立后50年总和的一半。在资源量消费迅猛增长的情况下，扭转了保有资源量消耗大于增长的被动局面，保证了资源储量稳定增长态势，基本稳定了重要矿产整体对外依存度，为提高国内矿产资源保障能力做出了重要贡献。初步形成藏中、滇西北、东天山铜多金属、祁曼塔格锡多金属、罗布泊钾盐、大场金矿等十大资源基地。12年间，大调查还科学地调查评价了全国地下水资源潜力、严重缺水地区地下水资源远景和重点地区地质环境状况，初步建立了一套地质灾害监测防治体系等。

（四）"十二五"期间的国土资源调查开启了全面摸清全国和各省区资源潜力的新局面

中国近年来社会经济发展迅速，对矿产资源量消耗量大，增速快，已成为世界上煤炭、钢铁、氧化铝、铜、水泥消费量最大的国家，对外依存度不断攀升。

2011—2015 年国土资源调查，摸清了各类重要矿产资源的潜力和各省区的资源家底，为国家和地方的发展奠定了资源基础。调查成果十分丰富。物探调查工作和物探配合地质的调查工作量巨大，成为资源调查的主力军。例如在新疆地区的调查中，国土资源部中国地质调查局累计投入资金 6.3 亿元，完成二维地震勘探 977.4km，地质调查井 14 口，参数井 2 口，电法调查 4690km，时频电磁调查 250km，地球物理综合剖面处理解释 14 000km^2。取得系列油气新发现，拓展了油气勘探新区，新层系和新类型，圈定了一批有利区块。在煤炭资源调查中，预测了我国垂（向）深 2000m 以浅的煤炭资源总量为 5.9×10^{12}t，提交煤炭资源量 1307×10^8t，发现煤产地 14 处，圈定含煤远景区 117 个，勘查靶区 103 个。全面评价了中国煤炭资源量：探获煤炭资源量 2.02×10^{12}t，保有资源储量 1.49×10^{12}t，其中，1000m 以浅煤炭资源总量 2.81×10^{12}t，可开发利用基础储量 2157×10^8t。并进行了煤炭资源的分级、分等、分类评价。为今后中国制定煤炭资源勘探开发政策提供了科学依据，为国家产业优化布局等提供了资源保障（中国地质调查局，2016）。

二、区域地球物理调查推动勘查技术水平的提高

区域地质地球物理大调查对推动勘查技术水平的提高具有重要作用。首先是航空物探技术和装备的全面进步，航空物探是区域地质地球物理大调查最重要的技术手段和物质保证。通过自主研发和引进，航空物探在测试仪器、资料处理、成果解释和解决勘探问题的能力等方面均达到了国际先进水平。由国土资源部航空物探遥感中心 2003 年研制的 HC–2000 航空氦光泵磁力仪，经专家鉴定达到了国际先进水平，大幅度提升了我国航空物探的技术水平。所形成的具有自主知识产权的航空物探数据处理、解释系统（例如 AirProbe 和 AGRSIS 处理、解释系统）提高了航空物探数据的处理、解释能力并达到了国际先进水平。2002 年编制完成的《中国及毗邻海域航空磁力 ΔT 异常图（1 : 500 万）》是资料最全、覆盖面积最大的航磁基础图件（王乃东，2002）。2003 年，熊盛青等关于"青藏高原中西部航磁概查"研究成果获得了国家科技进步二等奖。该项目的完成为青藏高原深部地质结构的研究提供了宝贵的基础资料。

在深部地质结构调查研究方面，物探方法的作用和技术进步也十分明显。比较典型的有赵文津等完成的"喜马拉雅地区深反射地震和雅鲁藏布江缝合带结构和构造研究"（获得 2000 年国家自然科学奖二等奖）；许志琴、杨文采等的"中国大陆科学深钻的科技集成与创新"，2008 年获得国家科技进步奖二等奖。

参考文献

北京地质学院. 1962. 地震勘探 [M]. 北京：中国工业出版社.

北京地质学院. 1961. 地球物理勘探法 [M]. 北京：中国工业出版社.

长春地质学院. 1962. 电法勘探 [M]. 北京：中国工业出版社.

成都地质学院物探系. 1976. 磁法勘探 [M]. 北京：地质出版社.

成都地质学院物探系. 1975. 金属矿地球物理勘探 [M]. 北京：地质出版社.

邓振球, 庄道泽. 1997. 物探方法在发现新疆富蕴喀拉通克大型铜镍矿床中的作用 [G] // 陈颙, 刘振兴, 邹光华, 等. 地球物理与中国建设. 北京：地质出版社, 108–110.

底青云, 等. 2016. 地面电磁探测（SEP）系统及其在典型矿区的应用 [M]. 北京：科学出版社.

地质装备. 2017. 浙江省探获首个5A级地热井 [J]. 地质装备, 18（1）：8.

董守华. 2016. 我国煤田地震勘探现状 [C]. 应用地球物理（英文版）编委会会议, 徐州.

傅雪海. 2016. 我国煤田地震勘探现状 [C]. 应用地球物理（英文版）编委会会议, 徐州.

龚术, 张智. 2016. 高密度电法在高速公路不良地质体勘探中的应用 [J]. 工程地球物理学报, 13（6）：765–774.

郭旭升. 2016. 涪陵页岩气田富集机理 [C]. 2016年四川盆地油气地质研讨会, 成都.

何继善. 2005. 双频激电法 [M]. 北京：高等教育出版社.

何治亮. 2016. 中国盆地旋回与油气勘探领域 [C]. 2016年四川盆地油气地质研讨会, 成都.

贺振华. 1989. 反射地震资料偏移处理与反演方法 [M]. 重庆：重庆大学出版社.

胡国泽, 滕吉文, 皮娇龙, 等. 2013. 井下槽波地震勘探 – 预测煤矿灾害的一种地球物理方法 [J]. 地球物理学进展, 28（1）：439–451.

姬广忠, 程建远, 胡继武, 等. 2013. 槽波探测技术新仪器软件开发及应用 [C]. 中国地球物理年会, 1085–1086.

贾承造. 2009. 中国油气勘探开发及其对地球物理技术的需求（大会报告）[R]. CPS/SEG北京2009国际地球物理会议暨展览.

姜辉, 岑芳, 于兴河. 2008. 天然气水合物的BSR影响因素分析 [J]. 天然气工业, 28（1）：64–66.

康玉柱, 康志宏. 2013. 塔河大油田勘探实践与技术创新 [M]. 北京：中国石化出版社.

李家春. 2017. 高密度电法在煤矿采空区勘察中的应用 [J]. 地质装备, 18（1）：29–31.

李清林. 1997. 地球物理勘探在地热资源研究中的应用 [G] // 陈颙, 刘振兴, 邹光华, 等. 地球物理与中国建设. 北京：地质出版社, 191–193.

李庆忠. 1993. 走向精确勘探的道路——高分辨地震勘探系统工程剖析 [M]. 北京：石油工业出版社.

李有能. 2011. 综合物探在煤田采空区勘探中的应用 [J]. 物探化探计算技术, 33（增刊）：138–140.

李正文, 贺振华. 2003. 勘查技术工程学 [M]. 北京：地质出版社.

刘振武, 撒利明, 董世泰, 等. 2010. 中国石油物探技术现状及发展方向 [J]. 石油勘探与开发, 37（1）：1–10.

罗延钟, 张桂青. 1988. 频率域激电法原理 [M]. 北京：地质出版社.

牟书令, 等. 2009. 中国海相油气勘探理论技术与实践 [M]. 北京：地质出版社.

全国地质勘查规划编制研究组. 2009. 中国地质勘查工作现状分析与发展规划研究 [M]. 北京：地质出版社, 19–27.

撒利明, 董世泰, 李向阳. 2012. 中国石油物探新技术研究及展望 [J]. 石油地球物理勘探. 47（6）：1014–1023.

撒利明，姚逢昌，狄帮让，等. 2010. 缝洞型储层地震识别理论与方法［M］. 北京：石油工业出版社.

撒利明，张玮，张少华，等. 2016. 中国石油"十二·五"物探技术重大进展及"十三·五"展望［J］. 石油地球物理勘探，51（2）：404-419.

时作舟，赵育台. 1997. 煤矿陷落柱的瞬变电磁法勘探技术［G］//陈颙，刘振兴，邹光华，等. 地球物理与中国建设. 北京：地质出版社，78-80.

孙雅芳，何宝民，李丕武. 1997. 弹性波测试技术在黄河小浪底工程中的应用验证［G］//陈颙，刘振兴，邹光华，等. 地球物理与中国建设. 北京：地质出版社，190-200.

汪民. 2017. 在中国地质矿产经济学 2016 年工作会议上的讲话［J］. 中国国土资源经济，30（1）：4-10.

王宏琳，赵波，罗国安. 2014. 石油物探计算机应用与软件开发［M］. 北京：石油工业出版社.

王乃东. 2002. 中国及毗邻海域航空磁力 ΔT 异常图（1∶5 000 000）［M］. 北京：地质出版社.

吴海. 2014. 防爆无线遥测地震仪在煤矿勘探中的应用［J］. 煤田地质与勘探，42（4）：86-89.

吴海成，张连. 1997. 黄淮海平原地下水的电法勘探［G］//陈颙，刘振兴，邹光华，等. 地球物理与中国建设. 北京：地质出版社，177-178.

吴欣. 1997. 用物探方法在西藏找到铬铁矿［G］//陈颙，刘振兴，邹光华，等. 地球物理与中国建设. 北京：地质出版社，103-104.

夏国治，许宝文，陈云升，等. 2004. 二十世纪中国物探［M］. 北京：地质出版社.

萧德铭，杨继良. 1999. 大庆地区勘探情况回顾［G］//大庆石油管理局. 大庆油田发现 40 年论文集. 北京：石油工业出版社，3-23.

肖敬涌. 1965. 重力勘探［M］. 北京：中国工业出版社.

徐国盛，陈美玲，刘为，等. 2012. 川西雷口坡组岩相古地理与富钾卤水预测［J］. 矿床地质，31（2）：309-322.

徐世浙. 1995. 地球物理中的边界单元法［M］. 北京：科学出版社.

闫国利. 1997. 激发极化在白音诺尔特大型铅锌矿床勘查中的作用［G］//陈颙，刘振兴，邹光华，等. 地球物理与中国建设. 北京：地质出版社，122-124.

杨华，王喜双，王大兴. 2013. 苏里格气田多波地震勘探关键技术［M］. 北京：石油工业出版社.

杨文采. 1997. 地球物理反演的理论与方法［M］. 北京：地质出版社.

杨文采. 2012. 反射地震学纲要［M］. 北京：石油工业出版社.

杨雪，宋俊磊，王典洪，等. 2017. 槽波地震勘探仪器的发展现状［J］. 煤田地质与勘探，45（1）：114-120.

杨忠廷. 1997. 综合物探方法在 460 铀钼矿床的应用［G］//陈颙，刘振兴，邹光华，等. 地球物理与中国建设. 北京：地质出版社，162-165.

张德华. 1997. 航空伽玛能谱测量发现乌勇布拉克硝酸钾盐矿床［G］//陈颙，刘振兴，邹光华，等. 地球物理与中国建设. 北京：地质出版社，156-158.

张西营，山发寿，石国成，等. 2016. 中国盐湖卤水主要成矿元素分布特征及其资源禀赋综合评价［J］. 盐湖研究，24（2）：1-11.

赵邦六. 2007. 多分量地震勘探技术理论与实践［M］. 北京：石油工业出版社.

赵殿栋，韩文功，丁伟. 2012. 走向精确勘探道路的实践与探索［M］. 北京：地质出版社.

赵殿栋. 2009. 地球物理在油气勘探开发中的作用［M］. 北京：石油工业出版社.

赵政璋，赵贤正，王英民. 2005. 储层地震预测理论与实践［M］. 北京：科学出版社.

赵竹占. 1997. 地球物理勘查在广东核电站核废料处置场选址中的应用［G］//陈颙，刘振兴，邹光华，等. 地球物理与中国建设. 北京：地质出版社，225-227.

中国地质调查局. 2016. 中国地质调查百项成果［M］. 北京：地质出版社.

中国矿床发现史·物探化探编委会. 2002. 中国矿床发现史：物探化探卷［M］. 北京：地质出版社.

朱汝烈. 1997. 长江三峡链子崖地质灾害防治中的物探工作［G］//陈颙，刘振兴，邹光华，等. 地球物理与中国建设. 北京：地质出版社，207-209.

朱训. 1997. 地质科学与地矿产业——中国地矿工作的过去和未来 [M]. 昆明：云南科技出版社.

Claerbout J F. 1985. Imaging the earth's interior [M]. London：Blackwell Scientific Publications.

He Z H，Gardner G H F. 1985. Interpolation in Fourier-transform domain with applications to F-k migration [M]// Advances in geophysical data processing. New York：JAI Press Inc.

Luo Y Z，Zhang G Q. 1998. Theory and application of spectral induced polarization [M]. Tulsa：Society of Exploration Geophysicists.

Ma Z. 1992 . Finite-difference migration with higher-order approximation [J]. Oriental Earth Science Series,1（9669）：255-268

Stolt R H. 1978. Migration by Fourier transform [J]. Geophysics，43（1）：23-48.

Xu S Z. 2001. The Boundary element method in geophysics [M]. Tulsa：Society of Exploration Geophysicists.

Yilmaz O. 2001. Seismic data analysis：processing，inversion，and interpretation of seismic data [M]. Tulsa：Society of Exploration Geophysicists，652-653.

第十二章
环境地球物理学

环境是人类生存和发展的必要条件，18世纪哲学家孔德（Comte，1798—1857年）把周围环境系统概括起来，称为"环境"。当代环境科学研究的环境范畴，主要是指人类生存环境。在《中华人民共和国环境保护法》中明确指出："本法所称环境，是指影响人类生存和发展的各种天然的和经过人工改造的自然因素的总体，包括大气、水、海洋、土地、矿藏、森林、草原、野生生物、自然遗迹、自然保护、风景名胜区、城市和乡村等"。

岩石圈（含土壤）、水圈（含地下水）、大气圈和生物圈构成地球物质循环的整体，是人类生存不可或缺的各个组成部分。由于人口迅速增加，对地球生态破坏加剧，为了合理利用和保护地球环境，出现了环境地质学。相应地兴起了涉及环境领域的水文学、工程地质学、地球物理学和地球化学。有史以来，地下（土壤和岩层）一直是人类处置废弃物和垃圾的场所。包括大气沉降物在内超过土壤自净（降解）能力的时候，就会构成土壤污染。

20世纪三四十年代，美国开始将工业废弃物以及污水、污油注入地下，以为是安全的，时隔二三十年后，由于地下环境的变迁，有的原来埋在河谷（山谷）地区，经历容器的腐蚀、洪水冲刷而扩散、深灌的污水上涌，造成新的泄漏污染。为进一步防治，在不得已的情况下，找到地球物理方法，探测再次造成的地下污染分布区域。这也是环境地球物理学分支学科建立的时代的呼唤（崔霖沛，2007；蒋宏耀，1997）。

1985年美国 *Geophysics the Leading Edge of Exploration* 发表地球物理经费情况报告中首次单独列出环境地球物理方面的经费支配。1988年《地球物理》杂志（*Geophysics*）刊登准备出版环境地球物理（*Environmental Geophysics*）论文集的征文广告，这是书刊上第一次使用"环境地球物理学"的名称。1993年中国地球物理学会决定成立环境地球物理专业委员会，1994年刘光鼎理事长提出"地球物理学科应在环境科学方面开拓新领域，逐步形成环境地球物理学"。至此，环境地球物理学在中国开始形成与发展。

环境地球物理学的研究对象和研究内容，随着环境建设的需要和认识的深化，仍处在发展之中。目前对其内涵和外延看法并不统一（程业勋和杨进，2005），归结起来，主要研究内容应当是自然成因和人为成因的环境问题：①自然环境灾害与变化的观测和预测；②人类生活与生产排放的废气、废水和固体废物引起的大气圈、水圈和岩石圈（含土壤）污染的探测和监测；③人为物质与能量污染引起的全球变化的研究与预测。

检测和监测这些灾害和污染物质的扩散是环境地球物理学当前的主要任务，能从地面无损遥测地下介质（含污染物）特性的三维变化，效率高、成本低，是目前没有比之更简便的探测方法，因而受到环境部门的重视。

第一节　中国环境地球物理的起步与发展过程

1989 年，中国科学院地球物理研究所张立敏、蒋宏耀发表文章《地球物理学的一个新领域——环境地球物理探测》，将中国环境地球物理学研究提上了日程（张立敏和蒋宏耀，1989）。1993 年 2 月 20 日，中国地球物理学会环境地球物理专业委员会成立，其宗旨是推动环境地球物理探测的发展和应用。以此为标志，环境地球物理学的学科地位在中国正式确立。学会主要领导都参与了筹建工作，常务副理事长夏国志兼任主任。1994 年，中国地球物理学会理事长刘光鼎提出"地球物理学科应在环境科学方面开拓新领域，逐步形成环境地球物理学"。随后，高等院校的地球物理专业逐步开设环境地球物理相关课程，有的学校开始培养研究生。许多地球物理学者发表文章，出版著作，介绍国内外环境地球物理的发展和成就（崔霖沛和吴其斌，1997；中国地球物理学会环境地球物理专业委员会，1997；王立群，1994；楚泽涵和任平，2002；夏国治等，2004）。专业委员会每年举办学术研讨会、举办培训班等。编著出版《环境与地球物理》《环境地球物理学概论》。自 1997 年开始组织举办"环境与工程地球物理国际学术研讨会"。

进入 21 世纪以来，城市生活垃圾填埋场、工业、矿山的废物堆放场的渗漏监测，地下水的污染检测等在全国已经展开。虽然为数不多，但已初见成效。

第二节　全球变化的研究

18 世纪 60 年代以蒸汽机发明为标志的工业革命，增强了人类利用和改造自然的能力。第二次世界大战之后，人类进入和平建设高潮，震惊世界的环境危害事件连续出现：如 1952 年 12 月伦敦烟雾事件，导致 4000 人死亡，形成世界性第一次环境问题高潮（20 世纪 50—60 年代）。

随着人口增加、生产规模不断扩大，排放"三废"（气体、液体、固体污染物）相应增加，生态破坏日益加剧。1972 年的斯德哥尔摩人类环境国际会议通过《人类环境宣言》，提醒发达工业国家要把环境保护提到议事日程上来。20 世纪 80 年代初开始出现的更为严重的第二个环境问题高潮，特点是引起全球性变化，温室效应、臭氧层破坏、酸雨范围不断扩大，环境事件密集。1992 年里约热内卢全球环境与发展大会就是在这个背景下召开的。要求各国政府和人民在发展经济改造自然提高生活质量的同时要保护环境，使人类能够持续发展（刘天齐，1996）。

随着中国经济的迅速发展，城市人口迅速增加，资源消耗以及对自然环境的改造日益增速，导致自然灾害和环境污染事件频发，生态破坏，生命财产损失巨大。

一、全球气温升高与极端气候频发

20 世纪 80 年代以来，联合国政府间气候变化专门委员会（IPCC）组织数百位科学家经过长期的观测、调查、实验和分析探讨，先后发布了 4 个"气候评估报告"。在其 1995 年发表的报告中指出：近 200 年观测证明，对流层水蒸气变化不大，二氧化碳变化显著。根据 2011 年、2015 年《世界气象组织 WMO 温室气候公告》，CO_2 等温室气体浓度不断升高。

1997 年，联合国根据 IPCC 报告要求各国签署《京都议定书》，其目的在于抑制温室气体排放，降低温室效应。但事与愿违，20 世纪 90 年代以来，二氧化碳不降反升，而且增幅更大，造成极端气候在各地频繁发生。2010 年比工业革命初期二氧化碳浓度增长 39%，甲烷增长 129%，一氧化氮增长 20%。2014 年比 1750 年二氧化碳增长 143%。

世界气象组织于 2011 年发布《2001—2010 年全球极端气候事件报告》（World Meteorological Organization，2011）指出：自 1850 年有观测现代气象记录以来，2001—2010 年是气温最高的 10 年，地球表面平均气温达 $14.47° ± 0.1℃$，比 1905—1910 年增高 0.88℃。自 1981 年以来气温升高最快。2008 年和 2010 年又由于拉尼娜现象的作用叠加气温最高，2010 年达 14.54℃。

气温增高导致极端气候频发。仅 2001—2010 年间许多地区遭受炽热和严寒的侵袭。欧洲降雪期延长（2009—2010 年）；非洲南部（2007 年）、澳大利亚（2005 年）等地均出现极端寒冬。2008 年 1 月中国南方 15 省 130 万平方千米被冰雪覆盖，持续低温，冰冻造成巨大损失。

气温升高加速水的循环，世界气象组织公布过去 20 年全球降雨和干旱状况：2001—2010 年降雨量高于 1961—1990 年的平均值。1956、2000 和 2010 年的年降雨量最多。2007 年以后的 10 年降水远远超过正常水量，洪流、水灾最多，2005 年欧洲东部、2008 年非洲、2010 年亚洲洪水泛滥导致巴基斯坦至少 2000 人死亡；2008 年总雨量仅为常年一半，多地遭受干旱面积大，持续时间长。中国新疆罗布泊 20 世纪 50 年代水面积 $2006km^2$，70 年代完全干枯。艾比湖水由 $1070km^2$ 缩小为 $522km^2$，鄱阳湖缩小 40%。

根据美国国家海洋和大气局统计，2001—2010 年是自 1855 年以来北大西洋热带飓风最活跃的 10 年，平均每年 15 次强飓风，2005 年出现 27 次强飓风。2008 年 5 月"纳尔吉斯"热带风暴侵袭缅甸，造成至少 13.8 万人死亡或失踪，800 万居民受灾。2007—2010 年三次风暴侵袭欧洲造成近 100 人丧生。

2001—2010 年是最热的 10 年，冰川融化、海冰缩小、永久冻土加速解冻。造成海平面持续上升，平均每年 3mm，2001—2010 年平均全球海平面比 1880 年升高 20cm。

2007 年 IPCC 公布专家组推断：2090 年到 2099 年间气温和 1980 年到 1999 年同期相比，平均上升 1.8~4℃；2011 年 IPCC 报告预测，如能保持 2000 年全球 CO_2 排放标准，到本世纪末，海平面将上升到 18~37cm，最高达 28~59cm。千年之后将上升 7m。

根据中国 1910—1984 年观测的 137 个气象站记录资料，反映 1951—1984 年比北半球平均气温略低，2011 年 1 月 16 日，中国《第二次气候变化国家评估报告》称：1900—2010 年中国瓦里关全球大气本底观测站记录：大气 CO_2 浓度达 398.8×10^{-6}ml/l，与全球平均值持平。1951—2009 年中国陆地平均增温 1.38℃，即每 10 年平均增温 0.23℃。沿海平面年平均上升速率为 2.6mm/a，高于全球平均速率 1.7mm/a（秦大河，2014 年）。今后，如果中国 CO_2 排放量能保持当今的中等水平，可以预计中国年平均温度，在 2020 年、2030 年和 2050 年将比 1980—1999 年的平均值约分别增长 0.9℃、1.5℃和 2.3℃。全年平均降水量将分别增加 2.3%、1.9% 和 3.7%（杜祥琬，2014）。

二、臭氧层破坏

大气中的臭氧层是 20 世纪初法国科学家法布里发现的。存在于平流层下部，距地面 20~30km，臭氧能大量吸收太阳辐射的紫外线（95%），保护地球生物免受紫外线灼伤。20 世纪 20 年代发现人类生活和生产使用的氟氯烷（CFCS）类产品进入大气，可在平流层保留 60~100 年，分解臭氧，使臭氧层变薄或出现空洞，1985 年，美国发表卫星观测资料分析证明臭氧迅速减少，南极上空臭氧量达到最低值（–15%）。1987 年赤道南北臭氧层减少 3%~4%。1993 年，观测到臭氧洞出现面积大于 3 倍美国本土面积（近 3000 万 km^2），使地球表面紫外线增强，导致生态失衡（程业勋和杨进，2005）。

三、酸沉降（酸雨）

酸雨又称酸沉降，是指 PH<5.6 的天然降雨、酸性气体以及颗粒物的沉降。1959 年，挪威鱼类学家因斯堪的纳维亚半岛鱼类消失研究提出"酸雨"概念。20 世纪 50 年代末北欧地区工业排放大量酸性气体，导致酸雨。20 世纪 80 年代扩大到中欧。同时，加拿大、美国酸雨猛增，包括中国在内的东亚、东南亚、南美以及非洲的尼日利亚、象牙海岸等都有酸雨危害。突出地区是欧洲、北美和中国，最严重地区是欧洲、北美中部和中国西南地区。

近年来中国华东、华南、华中也比较严重，华北地区也有出现（程业勋和杨进，2005）。1994 年对 77 个城市调查，《1995 环境公报》称，其中 PH<5.6 的酸雨区占 82%。

四、土地荒漠化和盐碱化

1949 年，法国科学家在研究撒哈拉沙漠南部森林被砍伐后出现荒漠化景观的过程后，提出荒漠化概念。所谓荒漠化是指土地不能在当地气候下存在，而且出现成沙过程。现今全球荒漠化土地面积多达 $3600 \times 10^4 km^2$，涉及 100 多个国家。主要分布在北纬地区、亚洲和非洲。

中国的荒漠化面积达 $262.2 \times 10^4 km^2$，占国土面积的 27.3 %，遍及 18 个省（市）的 481 县。近 50 年来由于气温增高以及在干旱地区开垦耕地等活动，使荒漠土地面积逐年以 1.5% 的速率在扩大。

荒漠化调查主要用遥感和卫星。1987 年中国航空遥感中心研究中国北方沙漠演变趋势及预测，为国土整治提供了依据。

土地盐碱化又叫盐渍化，根据中国科学院自然资源综合考察委员会在 20 世纪 80 年代初的调查估算，中国受盐碱化危害的农林牧土地面积有 $33.82 \times 10^4 km^2$。

中国利用地球物理方法进行土地盐碱化调查始于 20 世纪 50 年代后期，地质部对黄淮海平原进行地下淡水、碱水和盐渍土分布调查（丁惠生和邱兰，1992）。80 年代中国航空遥感中心进行了航空电磁场特征与土壤及其盐碱化的关系研究，得到不仅可以划分盐渍土的分布，而且可以得到地面以下几米深的信息，划分浅层地下淡水和碱水的分界线（蒋宏耀和程业勋，1997）。如今 GPS、GIS、RS 等技术（简称"3S 技术"）已经成为近年来水土保持监测工作的重点方法之一。从静态分析发展到动态研究，极大地推动了水土保持事业的发展。

极端气候变化造成洪灾频发，全球每年约有 250 亿 t 沃土流入大海，促进了"撒哈拉效应"的扩大。1997 年统计中国黄土高原水土流失面积近 $43 \times 10^4 km^2$，其他 25 省水土流失面积达 $182 \times 10^4 km^2$。2005 年至 2008 年中国水土流失与生态安全综合科学考察研究，估计中国约有 $360 \times 10^4 km^2$ 国土面积存在不同程度的水土流失现象。东北黑土地的保护、西南石漠化地质的抢救，十分迫切。

五、沙尘暴

沙尘暴是指大风将地面的尘沙扬起使空气浑浊，水平能见度小于 1km 的风沙天气现象。发生地与荒漠化地区分布基本一致。20 世纪三四十年代，北美洲沙尘暴频发。1934 年 5 月 12 日在美国和加拿大西北部，发生特大沙尘暴，刮起 3 亿 t 表土，横扫美国 2/3 领土，从西海岸到东北海岸，长达 2000km，宽 400km，损失冬小麦 51 亿 kg。60 年代的苏联西部和南部也是如此。

中国早在 3000 年前就有沙尘暴天气记载。1020 年宋真宗天禧四年四月丁亥日有"大风起西北，飞沙折木，昼晦数刻"的记载。2001 年发生 31 次沙尘天气，4 月 7~13 日强沙尘暴，起自甘肃敦煌、酒泉、蒙古国等地。受沙尘和扬沙影响，西宁、北京等八市空气质量严重污染至五级；郑州、兰州为中度污染，属四级；哈尔滨、重庆属三级；长沙、成都、上海等 20 城市有感，属二级。不受影响的仅有海口、北海、深圳

（高庆先和任陈海，2002）。

中国科学院寒区旱区环境与工程研究所和大气物理研究所专家对近50年来中国北方沙尘暴发生规律做过研究，认为与北方天气活动具有明显的年代变化特征，与气候的冷暖变化密切相关。根据国家气候中心统计：1961年至2013年春季（3至5月）中国北方每年发生沙尘天气的日数变化趋势如图4-12-1所示。可见沙尘暴逐年减少，90年代最少。中国林业科学研究院荒漠化所专家认为沙尘暴与荒漠化土地面积有关，1979年开始实施三北防护林工程，已有20%沙化土地得到治理，使沙尘日数以每10年1.7天的速度在减少（刘文静，2015）。

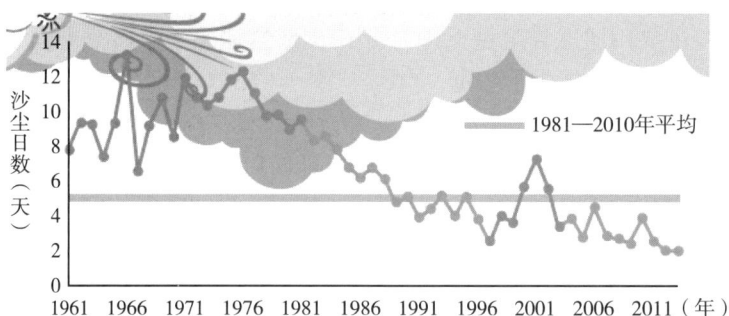

图4-12-1　1961—2013年春季（3—5月）中国北方沙尘日数变化趋势图

沙尘暴监测主要用激光、遥感、卫星。古地磁可以研究沙尘来源。如中科院地质与地球物理研究所岩石圈演化国家实验室，根据入侵中国的可能沙尘路径，分别布设采样点，进行为期1年（2009年4月—2010年3月）的大气降尘监测。表明降尘中磁性矿物含量由内蒙古向北京方向增多，很大程度上受到气象条件等因素的影响。但降尘样品和邻近土壤样品在磁性特征方面的差异，说明大气降尘并不完全来自自然源，更多的来自本地人类活动。

1972年联合国斯德哥尔摩人类环境国际会议之后，通过国际物理年、国际生物计划、世界气候研究计划、人与生物圈计划、国际水文计划以及国际岩石圈计划等研究计划的被动完成，对全球现状有所了解。1986年9月国际科联（ICSU）提交了《国际地圈生物圈计划：全球变化研究》（IGBP），目的是通过研究，认识整个地球系统的相互作用和发生的变化以及人类活动对它的影响，提高对未来十年至百年的全球重大变化的预测能力。

第三节　自然灾害的勘查

中国地处亚洲板块的东部，太平洋板块的俯冲和印度板块的碰撞、挤压，使青藏高原隆起；华北、东北地壳拉张形成华北、东北大平原，构成了中国大地构造和地形分布的基本轮廓，也成为中国地质灾害多发的根本原因。近代来，大量的不合理的经济工程活动，破坏了水资源和岩（土）体构造的应力平衡，加剧了土地退化、地面变形，促进了生态地质环境的恶化，灾害多发（段永侯，1997）。环保部发布《2010年中国环境状况公报》，指出全国可能发生各类地质灾害隐患多达22.92万处。《2013年中国环境状况公报》报道，2013年全国地质自然灾害共发生15 403起，比2012年增加7.1%。

中国地球物理应用于环境调查，可以认为始于20世纪50年代中期，寓于兴起的工程物探之中，目的在于查明致灾岩体（土）的地质环境和内部结构（郭建强，2003）。

一、斜坡岩体（土）位移隐患的勘查

斜坡岩土位移主要包括滑坡、泥石流和崩塌类灾害。三者在形成机理上虽有差别，但在许多情况下相伴而生迅速转化，难以区分。

中国泥石流研究，始于20世纪30年代，开始将泥石流作为水土保持工作的一部分进行研究。作为灾害研究滑坡和崩塌研究起步于50年代。由于长江航道整治和西部铁路、公路建设的需要，由交通部率先开始研究和探测（曾思伟和王树楷，2013）。

（一）铁路、公路沿线滑坡勘查

1953年交通部开始修建川藏公路，对古乡冰川泥石流进行详细调查和探测，当时主要应用电法。为塌方、泥石流、滑坡整治提供了基础资料（崔霖沛和吴其斌，1997；夏国治等，2004）。

20世纪五六十年代，铁路的修建遇到了许多岩溶和滑坡。铁道部的一、二、三、四设计院、铁道科学研究院都在这方面投入力量。如对宝成铁路著名的K410滑坡和K115西坡滑坡，1964年鹰厦线的K972滑坡，进行了全面综合勘查，为道路设计及边坡整治提供了资料。

同时，岩溶物探也在开始兴起。1956年五六月间，铁道部第四设计院在浏阳河大桥进行了岩溶探查。1956年、1957年，京广和陇海线路复线勘查中进行了多个地点的岩溶勘查。1965年，铁道部第四设计院和铁道科学研究院在四川王二屋基车站探查中，采用了电阻率法地面勘查溶洞和暗河。1966年初在浙江新安江水库，过坝铁路灵猴车站岩溶探查中，用物探做了长宽近2km的探查。1979年铁道部第二设计院使用无线电波透视仪急性岩溶的勘探。80年代初铁道部第一设计院引进梅洛斯电磁波探测仪器投入煤矿采空区的探查。

据1982年统计西部铁路沿线发生滑坡、泥石流、崩塌共4544处，分布在626km铁路、公路沿线，其中大型近1000处。川藏公路沿线滑坡419处，严重影响正常运行。在勘测中应用了多种物探方法（崔霖沛和吴其斌，1997），但主要是电法。

（二）新滩镇滑坡探查与成功预测

长江三峡重庆至宜昌段物探和工程地质人员在1952—1962年间，共查出崩塌、滑坡以及危岩体 283 处，滑动体积约 1.5 亿立方米，其中大型（1000 万立方米以上）25 处。

新滩镇江段江床窄，礁石林立，水流湍急，两岸危崖高耸。有记载的自汉永元十二年（公元 101 年）以来发生大滑坡 4 次之多。1030 年滑坡堵江 22 年，1543 年大滑坡，山崩五里，压居民百余户，堵江 82 年。

新滩镇滑坡位于长江西陵峡之兵书宝剑峡的出口处北岸，南岸为链子崖高危岩体，南北对峙构成新滩"鬼门关"，1982 年 8 月开始对滑坡体进行监测。1985 年 6 月 12 日凌晨 3 点 45 分至 4 点 20 分，历时 35 分的大滑坡，使总计 3000 余万立方米的崩塌堆积体整体滑移，高速飞下的土石将位于江岸的新滩镇全部摧毁，在江内激起 54m 高的巨浪，将对岸上的建筑卷入江中。由于及时准确预报，撤离果断，滑区内 457 户 1371 人无一人伤亡。如此大规模滑坡的准确预报，在国内外实属罕见，被誉为世界奇迹。

新滩镇滑坡处于黄陵背斜西缘，利用电测深和浅层地震，查清滑坡体的厚度（25~80m）和基岩面的分布。总趋势是东薄西厚，总体由北向南倾斜，倾角平均 23°。滑动方向直指新滩镇。本次预测预报成功得益于地层长期预测、物探准确探测、测量监控、临危预警等多种方法协作（郭建强，2003；曾思伟和王得楷，2013；夏望玲，1997；湖北省西陵峡岩崩调查工作处，1986）。

（三）链子崖"滑坡"防治中的勘查与监测

在新滩镇江段南岸，链子崖顶高程 180~500m 临江绝壁，俯视江面，雄险相伴。坚硬栖霞灰岩与下伏软弱的马鞍山组煤系地层构成上硬下软高陡险坡。链子崖南北长约 700m，东西宽 30~180m，为防治链子崖地质灾害，20 世纪八九十年代中国地质调查局地质矿产部水文地质工程地质技术方法研究所，应用多种物探方法进行勘查与监测。调查范围内的岩体被 17 条断裂和 62 条深大裂缝肢解。底部煤系中由于煤矿开采，进一步造成不均匀下沉，加剧危岩体中裂缝扩张发展，地下水发育，沿软弱的炭质泥岩和页岩夹层渗流，加剧崩塌和滑坡的险情。后期主要的物探工作是锚固钻孔内的裂缝和锚固后的质量监测，从起始到终结，物探勘查与地质调查以及工程施工相伴而行（连克等，1991；郭建强，2003；袁大祥，1994）。

进入 21 世纪以来，在链子崖危岩体已全面安装有微动、声发射监测等预警网络系统，极大提高了预测的可靠性（罗力，2013）。

（四）冻土区地面形变与滑坡的勘查

多年冻土是指持续三年或三年以上冻结不融的土层，分为上部活动层与下部冻结层，主要分布在中国西北和东北的高原和高纬度地区，引发地基滑坡和泥石流等地质灾害。青藏铁路长 1100km，其中 560km 处于多年冻土区。中南大学地球科学与信息物理学院等单位考虑到能对大面积冻土形变规律进行监测，研究了合成孔径雷达差分干涉测量技术（D-InSAR）和小基线集（SBAS）方法，用于冻土监测，获取了从羊八井到当雄铁路段冻土区的地表形变时间序列图。揭示了冻土区从 2007 年到

2010 年的季节性形变演化情况。以 1 年为周期，与气温变化规律相一致（李珊珊等，2013）。

吉林至黑河公路，通过小兴安岭腹地路段，属于高纬度冻土退化地区，滑坡严重。东北林业大学采用 GPS 和高密度电阻率对滑坡体地段，从 2010 年 6 月到 2011 年 8 月在滑坡体上同一位置（剖面）五次进行高密度电阻率测量，清晰显示不同时期，从地表到滑动面，电阻率值随季节性变化；而基底电阻率值基本不变，因为长期不融化（胡照广，2012）。

二、地面变形的地球物理勘查

地面变形主要包括地面塌陷、地面沉降和地裂缝等。

地面塌陷从形成机理上讲，可分为岩溶塌陷、黄土塌陷和采空区塌陷（温来福等，2014；张淑婷，2000；冉志杰等，2013）。若为柱状岩（土）体向下陷落，称为陷落柱（时作舟和赵育台，1997；魏茂生等，2012）。

（一）岩溶塌陷隐患的勘查

可溶性碳酸盐岩约占世界陆地 1/4 地区，均有地下水溶岩引起地面塌陷。中国岩溶分布广泛，据估计，近 40 年来发生较大规模塌陷 800 余处。

应用地球物理方法进行塌陷的勘查，从可查的文献记录，始于 20 世纪 70 年代末或 80 年代初。

1985 年，湘潭电机厂附近突然发生地面塌陷，出现 3 个陷坑，总面积达 $2000m^2$，陷坑周围形成系列裂缝，从而引起对隐患的勘查。1995 年，湖南省地球物理地球化学勘察院利用联合剖面的视电阻率，给出了剖面图和等值线图，显示此处岩溶发育明显，给出了断裂带规模、破碎带、含水性分布。推断出岩溶发育带，提供了预防和治理的依据（郭建强，2003；邹麦秀，1995；胡让全和黄健民，2014）。

（二）采空区的勘查

中国的许多矿山采用空场法、留矿法等开采方法形成大量的采空区，特别是自 20 世纪 80 年代以来的民采群空区更是大小不一、形态各异、层位复杂；由于设计资料丢失或不足，很多采空区无法确定其位置和边界，为采空区治理增加困难。

为了解决采空区造成的隐患，中国煤炭系统从 20 世纪 50 年代末、60 年代初开始对这些问题进行了勘查方法的试验，煤炭科学研究院 80 年代初用电阻率法在北京的门头沟煤矿探查地下废巷道和洞穴等老的采空区。圈出了该区 $1.8km^2$ 范围内的老窑洞分布，钻孔验证，效果良好，并相继向全国推广。

山西是产煤大省，越来越多的采空区引起地面塌陷、地面沉降，特别是附近城镇、村庄受到威胁。进入 21 世纪以来，山西省地质调查局做了大量调查（温来福等，2014；张淑婷，2000；冉志杰等，2013）。其中，哀垣煤矿附近村民住房出现裂缝，地面多处下陷。为此，布置 20 条测线，采用瞬变电磁法探测。在 8.790~9.070 线的 225~285m 之间出现低阻带异常，为 3 号煤层采空区，埋深 260m。

（三）地裂缝的勘查

地裂缝作为一种地质灾害现象，在世界许多国家普遍存在。中国已查明 26 个省市出现一定规模的地裂缝 100 多处 6000 多条。其中 80% 是构造地裂缝与强震区分布一致，活跃期也相吻合，它们是同一构造应力场作用的不同构造现象。

自 1960 年以来，西安相继发现了地裂缝带，用电法、化探气体法和放射性氡气方法进行勘查，发现地裂缝 8 条，1986 年开展了综合地质研究，其中，利用地震反射波，查明第四纪黄土平均厚度，并发现了第 10 条地裂缝（崔霖沛和吴其斌，1997；夏国治和许宝文，2004）。

近 20 年来，中国学者重点对汾渭地堑地裂缝成因问题进行了较系统的综合勘查与研究，提出了几种成因机理模型，并用 GIS 技术建立简单的预测、预报系统。各省地质调查研究院有目的、有针对性地开展了地裂缝的调查和研究（王景明等，2001），例如，20 世纪 90 年代起，江苏省地质调查研究院就对长江三角洲苏锡常地区 25 处地裂缝进行了详细勘查，建立了典型的地裂缝监测设施（龚绪龙和陈娟发，2012），获取了地裂缝形变系列数据。建立了较为完善的地面沉降、地裂缝监测网络系统，包含 GPS 监测点 239 座、基岩深标 12 座、分层标 7 组、水准控制剖面 260km，另有配套的地下水长期观测网，部分站点已实现了对灾情自动化监测和数据实时传送。这些基础设施已成为跟踪分析苏锡常地区地裂缝（包括地面沉降）活动性的窗口，也是与国内外学术交流的良好硬件平台。

（四）地面沉降的勘查

造成地面沉降的因素有地质因素和人为因素。中国现有 30 多个城市由于地下水过度抽取地面下沉。环境保护部《2013 中国环境状况公报》报道，2013 年新增 28 处。

监测地面沉降过去常用精密水准测量，但效率低、费用高。20 世纪 80 年代国家地震局在上海、苏州、昆山布设重力测网（崔霖沛和吴其斌，1997），用于调查上海及其附近地区地面沉降。通过 1987—1990 年的观测资料，证明地面下沉。西安观测网 7 年观测也有类似结论。近年来，以遥感（RS）、地理信息系统（GIS）、全球定位系统（GPS）相结合的 3S 技术为核心的监测系统应用在地面沉降检测中，认为确定高程精度可达毫米级，可能是一个好方法（高照忠等，2007）。

干涉雷达技术（INSAR）确定监测地面变形精度可达 5~10mm，目前应用比较广泛。2004 年中国航空遥感中心进行了"干涉雷达在地表变形监测中应用研究"，以及"华北—德州—天津地面沉降区调查与监测研究"，形成了干涉雷达地面沉降调查与监测技术流程和工作方法。在德州和天津试验区，查明了近 3 万 km^2 工作区内的地面沉降状况，准确标示了各沉降中心，编制了相应的地面沉降速率图件（葛大庆等，2006）。

三、水质变异——咸（海）水对地下淡水的污染

（一）地下咸水勘查

中国地下咸水勘查在 20 世纪 50 年代后期，与在黄淮海平原寻找地下淡水同时开始（丁惠生和邱兰，1992；王立群，1994）

黄淮海平原西北环山，东临大海，是由黄河、淮河、海河冲积洪积形成的中国东部最大平原。面积约 $30 \times 10^4 km^2$，其中耕地 2.9 亿亩，占全国耕地 18%，是重要的农业地区。1988 年 6 月，国务院总理李鹏在考察禹城县旱涝碱综合治理实验区时指出："中国农业的发展寄希望于黄淮海平原。"区内虽然水系发育，但属暖温带、半湿润、半干旱地区，历来旱涝交错，旱涝盐碱相继发生，生态脆弱，严重影响农业发展和人民生活。综合治理，首先必须查明地表和地下可用的水资源分布。

1. 黄淮海平原咸淡水勘查

20 世纪 50 年代以来，地质、石油、水利、煤炭、农业等部门的物探专业人员以及省、市、地、县的物探水利和相关部门，在黄淮海平原地区进行了多学科综合研究。至 80 年代末的 30 多年时间里，进行了水文地质和地球物理勘查（主要是电法和电测井）。1983 年，地质矿产部水文司和物探局要求河北、河南、安徽、江苏、山东水文地质工程地质队以及北京物探队、天津地质研究队等 8 个单位负责，收集了 50 年代以来各工业部门和各省在黄淮海平原所做的水文物探勘查资料，并对未做过电测深工作地区或精度未达到 1∶20 万比例尺要求地区，补做野外工作。在此基础上，按照 1∶20 万比例尺精度要求选取了电测深点 33 385 个，按照 1∶50 万比例尺精度要求，选取了电测井 2355 个钻孔资料。结合遥感、地质、水文地质资料，1986 年编制了全区地下淡水、咸水和盐渍土的定性、定量解释图件，并提交分省市水文物探综合研究成果报告。1987 年地矿部物探局和水文司共同发文要求汇编 1∶100 万比例尺的《黄淮海平原水文地质综合评价物探专题成果系列图》和编写《黄淮海平原电性特征与地下水》，由河北省第一水文地质工程地质队为牵头单位，河南等 6 省市水文物探为参加单位。丁惠生任主编，邱兰任副主编，1998 年完成图件和报告（丁惠生和邱兰，1992），查明了黄淮海平原不同深度的咸、淡水以及地表盐渍土的分布。1988 年 2 月国务院决定将黄淮海平原列为国家农业重点开发地区。由于 20 多年来淡水、微咸水的合理利用以及地表盐渍土地区的改造，黄淮海平原已成为中国农作物主产地之一。

查明低阻区地下咸水分布，有利于指导地下水开采以及地下咸水的利用和改造（满延龙，1997）。

2. 盐渍土调查与改良

黄淮海平原地处半干旱大陆性季风气候区，在地下水埋深小于 3.5~4m 的条件下，具有明显的蒸发作用，形成盐渍化土壤（每 100g 土壤中含盐量大于 0.2g）。

黄淮海平原盐渍土是农业发展的一大灾害，查明盐渍土的目的在于改良和消除其危害。物探资料编制的黄淮海平原 2~3m 深度的盐渍化土分布图，为盐渍化土改良提

供了依据（丁惠生和邱兰，1992）。例如海河冲湖积平原地区。1958 年以前盐渍土分布面积 1600 万亩，为了抗旱，只灌不排，到 1961 年盐碱地扩大到 2300 万亩。这一年根据物探、水文资料开始了根治海河的大型水利工程，按蓄泄兼施，洪涝分家，调整了水系，到 1977 年减少到 800 万亩；同样，沧州地区 60 年代开始根治多条排洪河道。1988 年，经物探调查，盐碱地已全部变为良田。

2001 年中国地质科学院水文地质环境地质研究所对孔隙地下水矿化度评价的地球物理方法进行了系统试验研究，确认含水地层电阻率值是电法探测评价地下水矿化度的有效参数。实验证明，矿化度的增加电阻率呈线性下降，特别是矿化度由 0.01~1g/L 变化时，电阻率变化 100 倍，非常有利于电法探测（郭建强，2011），是华北，东北和西北等干旱半干旱地区寻找浅层地下淡水和划分咸淡水的重要依据。

进入 21 世纪以来，利用航空电法，在松辽平原和西北荒漠地区寻找浅层地下水时，都能找到适当的电阻率值与对应的淡水区、过渡区与咸水区，效果显著（廖桂香等，2013；高敬语等，2013）。

（二）海水入侵

海水入侵在世界沿海国家比较普遍。中国沿海地区由于地下水过度开采，导致海水入侵已是普遍现象。渤海周边以及苏北沿海地区形成大面积海水入侵的咸水区。在沿海城市中大连是最早发生海水入侵的。地下岩溶和第四纪松散沉积岩，形成管状和面状入侵，使几百亩菜地抛荒。20 世纪 80 年代开始利用地面电法和航空电磁法对渤海周边、辽宁大连和江苏连云港地区进行海水入侵面积调查。给出了海水入侵面积和入侵程度的地区分布以及咸淡水分界，查明了入侵通道，为海水入侵防治提供了依据。

20 世纪 80 年代中后期，中国科学院地球物理所在山东莱州地区为海水入侵的防治开展了地面电测深和电阻率剖面为主的面积勘查。编制出视电阻率等值线图和剖面图。通过资料处理和地质解释，清晰显示了海水入侵通道（古河道），发现了两大过量开采淡水形成的漏斗（海王河和朱桥河地区），中心深度达 10~15m（陈昌礼和王光锷，1997）。

河北沧州地处滨海平原，1974 年 2 月到 1985 年 2 月直流电阻率法和探地雷达探测资料都显示地下水大漏斗不断加深。1974 年下降深度为 15m 左右，1985 年 65m。由于漏斗不断加深，不仅海水入侵，而且地面污水向地下水渗透，向漏斗区集中。

21 世纪以来，利用地球物理方法，对海水入侵进行动态监测研究中，确定监测指标，不仅可以判断海水入侵危害的程度，而且可以预测海水入侵发展变化的趋势，为治理海水入侵提供依据。

（三）地表水换水质量探测

杭州西湖是一个封闭型内陆湖泊，由五个连通的水体组成。由于自然和人为原因，矿化度增加，为了改善水质，从 1986 年 9 月开始，引钱塘江水入湖，为了了解和监测江水进入西湖后的运移和分布状况，以及换水的效果。浙江物化探大队用全自动电阻率测井法，将探测器固定在水下 70cm 的船傍，船沿测线行驶连续记录湖水的电阻率

（梁乃杰等，1989）。换水16天后，湖水平均视电阻率由$66\Omega\cdot m$升至$72\Omega\cdot m$；总体水质得到显著改善；并编制了等值线图，总结出西湖换水的数学模型。

1981年和1982年两年的11月是河水稳定季节，成都地质学院三系应四川省环境科学协会要求，监测成都市区三条河流：南河、沙河和府河水中铀含量是否安全。他们采用国际上一致认为灵敏度较高的裂变径迹探测技术，在3条河流的27个点采样测量。结果表明，3条河流河水的平均铀含量（1.82×10^{-4}mg/L）均低于国家规定的最大允许浓度（5×10^{-2}mg/L）标准（石柏慎等，1984）。

四、地下煤层自燃的探测

据报道，中国有半数煤矿有煤层自燃或有自燃危险因素。优质煤损失已达40亿t以上，仍以2000~3000t/a（a代表年）的速度增加，而且造成土地生态破坏，大气污染和人文活动受到影响。因此，1994年国务院发布"21世纪议程"将其列为重大自然灾害之一。

地球物理用于地下煤层自燃的调查开始于20世纪80年代中期。地质矿产部的地质遥感中心用航空红外遥感扫描探查宁夏汝箕沟煤层火灾，自1986年夏到1989年冬结束。结果是：昼夜航空热红外异常均有较弱活火区显示。夜间效果较好，能较准确推定活火区分布（李景华，1988）。

山西矿业学院20世纪80年代中期开始研究利用地球物理方法探测地下煤层自燃，以及生产矿井探测煤层自燃灾害。认为红外遥感适合大面积（几十平方千米以上）煤层自燃火灾普查。因为煤中铀含量一般比较高。20世纪80年代以来一直致力于测氡技术在地面探测煤层自燃火源位置及范围的研究与应用。改进了探测仪器，提高了探测精度，形成了一套完整的体系。目前，火源中心定位精度可达90%，边缘带定位可达85%；加大了探测深度，由原来的200m提高到500m或更深（赵耀江等，2003年）。1990年在石圪节煤矿霍家沟火区根据测氡异常打眼11孔，注浆灭火彻底成功（赵耀江和邬剑明，2002，2003）。

2002年在国家高技术研究发展计划课题支持下，中国国土资源航空物探遥感中心等单位联合对由内蒙古乌达煤矿地下煤层自燃进行探测研究。由于燃烧，煤和岩石的电磁性质有较大变化。采用遥感和航空电磁法、磁法进行探测，辅以地面氡气测量、电法测量和米测温，研究了煤火深度燃烧的磁异常三维反演、电性体反演；结合地面氡气测量、温度测量等，研究了燃烧裂隙，燃烧塌陷等相关信息；通过古乌达地下煤火测量，建立了地下煤火探测的三维分析模型，获得良好的效果。2006年，熊盛清等（2006）编著出版《地下煤层自燃遥感与地球物理探测技术应用研究》。

第四节　地下污染物的地球物理勘查

地下环境中污染物的迁移速度非常缓慢，一旦污染难以修复。因此，地下环境保护，关键在于预防。

1972 年在斯德哥尔摩召开联合国人类环境会议之后，1973 年 8 月，中国第一次召开全国环境保护会议，标志中国环境保护事业开始起步，同年颁布《工业三废排放标准》，1979 年 9 月颁布《中华人民共和国环境保护法（试行）》。其中规定在生产建设或其他活动中产生的三废（废气、废水、废渣）对环境造成污染和危害进行防治。1995 年全国人大通过《中华人民共和国固体废物污染防治法》，2003 年 1 月开始实施《中华人民共和国清洁生产促进法》，从源头控制污染物的排放。2006 年，国家提出经济建设与环境建设同步并重。

近 30 年来，随着经济和城市人口的迅速增长，废弃污染物排放量逐年增加：根据环境保护部发布的《2009 年中国环境状况公告》，1999 年工业废弃物产生量 7.8 亿 t，2007 年达 17.6 亿 t，增长率 15%，截至 2009 年废弃物积存量已达 80 亿 t（中国环境科学学会，2009）。

2007—2009 年环境保护部组织对全国污染源进行调查，2010 年发布《第一次全国污染源普查公报》，全国普查共完成 592.6 万个污染源调查。其中工业污染 157.6 万个，生活污染源 144.6 万个，农业污染源 289.9 万个，集中式污染治理设施 4790 个。取得污染源基本数据 11 亿个。通过普查，基本掌握了各类污染源的数量和行业、地区、流域分布。各类污染排放的主要污染物及其排放量、去向和污染治理设施的运行状况、治理水平和存在问题的情况。初步建立了数据信息库，分析分类说明：工业污染结构突出，主要集中在少数行业，经济发达地区排污总量较大。农业污染对水体影响度较高，在水体污染中化学需氧量、总氮、总磷分别占 43.7%、57.2% 和 67.4%（28.47 万 t）。为污染治理提供了基本依据。但有两个问题值得一提：①这次普查获得的数据中没有提到污染源对地下环境污染；②就全国来讲，水体污染重点在农业污染。而地下水，特别是城市地下水的污染，重点在城市的污染源。2009 年统计：中国大、中城市浅层地下水均不同程度地遭受污染，其中一半城市市区地下水污染较严重，全国多数城市地下水的水质量呈下降趋势。部分城市浅层地下水已不能直接饮用。其污染组分主要有三氮（NO_3^-、NO_2^-、NH_4^+）、酚、氰、重金属、总硬度及 COD（总需氧量）等。可见城市地下水的受污染成分也有不同。这些污染源主要来自城市的生产和生活垃圾。

截至 20 世纪末，中国受污染土壤的耕地面积达 2000 万 hm，约占总耕地面积的 1/5，每年因污染导致粮食减产估计为 1000 万 t。

地下污染，往往不易及时发现，直到危及生产和生活。如吉林工业废渣堆淋滤液渗入地下，导致几十平方千米内 1800 眼水井被污染而报废。

为了控制污染，用地球物理方法进行探测，是环境科学中唯一可行的分支学科。环境污染物质特别是剧毒物质在大气、水体和土壤中含量极低已构成有害污染，其形成的物性差异很小，但在地下水监测井内进行电阻率测井是有可能的。远距离遥测，目前尚有困难，有待进一步研究。实践表明，根据地下污染物的迁移和扩散规律，在污染源泄（渗）漏点到羽状扩散的过渡带，污染物浓度较高，是目前污染探测的主要目标体，也正是预防污染扩散的咽喉要地。

用地球物理方法勘查地下污染，中国起步较早，据报道早在 20 世纪 50 年代地质部下属物探人员，用电阻率方法在北京和包头等城市进行过工业废水对地下（水）污染的勘查研究（夏国治和许宝文，2004）。70 年代在大中城市和矿区对地下水污染监测，主要是在监测孔中进行电阻率和水温测量，发现异常后取水样分析。针对石油泄漏污染土壤也开展过试验性调查工作（王振东，2000）。

一、垃圾填埋场对地下污染的调查与研究

（一）垃圾填埋场渗漏探测

城市点状污染源包括：工业和生活排放的固体废物填埋（堆放）场、工业污水（液）沟塘等污染源。由于雨水淋沥或自身腐蚀形成废液下渗，造成土壤和地下水污染。

北京阿苏卫生活垃圾填埋场是 1994 年兴建的中国第一个卫生生活垃圾填埋场，地处燕山山脉向南倾斜冲积扇中部，北京市地下水的上游。第四纪底部黏土层隔水性能好，没有铺设塑胶层。底部设有渗沥液收集系统。1995 年发现下雨时坑内有积水现象。1999 年在地下水流经填埋场的下游，即离场 25m 的东南方向，各布置一条测线，用高密度电阻率法、探地雷达和高精度磁测方法同步测量（程业勋等，2004）。电阻率法的东南测线（560m 长）200m 处，深 9m 以下（约 20m 宽）出现（10~13）Ω·m 的低阻带，判断为渗沥液下渗引起。钻探证实后的随后两年，在填埋场周边实施了灌浆防渗墙建设。2007 年，中科院地质与地球物理研究所闫永利等用大地电磁法，沿近南北方向布设测线，横穿填埋场区，给出了划分污染程度的量化指标。说明：垃圾填埋场对周边土壤与深部地下水没有明显影响，表明防渗墙的作用显著。这是中国第一次使用地球物理方法探测指导防渗处理的成功实例（闫永利等，2007）。

进入 21 世纪，对地下污染的探测调查在全国多处逐渐展开，研究工作也随之进行。位于兰州市郊的龙坪和阳凹沟生活垃圾填埋场，均为就地堆放，未做任何地基处理，前者起用于 1989 年，后者起用于 1998 年。渗沥液流出沟口，地表可见。兰州大学 2007 年使用高密度电阻率法和探地雷达法进行地下污染状况调查。在填埋场渗沥液出口的河谷一级阶地高密度电阻率测量结果表明，在阶地 1.25m 以下深处出现不连续低阻异常为污染区（白兰和周仲华，2008）。

（二）工业污染的探测

宛川河属黄河的一级支流，在清水驿以上水清供人畜饮用和农田灌溉。下游沿河西岸建有 1 个氮肥厂和 3 个造纸厂，废水入河，水黄发臭。2007 年兰州大学在宛河工厂的对岸有卵石出露的河漫滩上，用高密度电阻率法测量。结果发现在河漫滩 150m 至阶地处，深至地下 32.8m 均为污染区（白兰和周仲华，2008）。

蒸发塘渗漏造成地下污染是比较常见的现象。新疆泽普石油化工厂的氧化蒸发塘，建于 1986 年，占地 4km²，分 10 个塘。1996 年，改扩建环评时，发现 1~10 塘均有渗

漏现象，需要查明渗漏点进行修复。

新疆综合勘察设计院，根据污染液多为含盐溶液，渗入底部洪积冲积砾砂土层，选用瞬变电磁法（TEM）、甚低频法（VLF）、自然电位法（SP）和浅层地震映像面波法（SWS）等，综合进行系统探测（王丽娟等，2003）。探测结果：瞬变电磁法（TEM）发现异常 15 个；浅层地震映像面波法（SWS）异常 12 个，其中 10 个与 TEM 一致，2 个与 VLF 一致；2 个 VLF 异常和 3 个 SP 异常。通过踏勘和对比，进行资料分析和地质解释，在该区共发现 16 个渗漏带（点），为蒸发塘的维修、保养和保护地下水免受污染提供了依据。

（三）污染源探测技术研究

上述高密度电阻率探测结果只是人为确定电阻率值，对地下环境污染区进行粗略划分。2012 年王迪等（2012）提出应用模糊数学隶属函数理论，可以给出地下污染区分辨的量化指标，对污染状况进行分级和分区划分。他们对占地 11 000m^2、以生活垃圾和建筑垃圾为主的通州简易垃圾填埋场，进行高密度电阻率成像观测。采用 Wenner 装置，电极距 3m，直接采用电阻率成像（EIS），深 10~20m，据 18 个钻孔取样验证，结论正确。

现代垃圾填埋场底部一般都铺设一层防渗塑料膜，又叫土工膜。但在垃圾填埋场压实过程，易出现裂缝或漏洞，为了修理方便需要确定其位置和深度。中国环境科学研究院固废所等单位，在 21 世纪初相继对垃圾填埋场底部，在有无塑料膜情况下进行了电学性质研究，为衬底塑料膜出现漏洞时，确定渗漏点平面位置的探测方法。此后，在此基础上，为确定塑料膜渗漏点的深度，进一步研究：采用电阻率二维层析成像技术，对 3 种装置排列（测深、温纳和偶极）进行计算。并在北京某生活垃圾填埋场实例证实；确定的深度为 16~17m，与实际深度（16m）基本相吻合（能昌信等，2004；龚育龄等，2010）。

2005 年，中国海洋大学提出"垃圾填埋场渗漏三维电学监测系统设计和模拟试验"研究。其目的在于对垃圾填埋场自始至终进行渗漏自动化监测。在垃圾填埋场初建时，将探测用的电传感器系统埋设在填埋场土工膜下面，成网格状分布。电学监测系统的供电、数据采集以及数据处理构成整体系统，按设计指令进行自动控制。可用于建场初期、运行期以及封场后的长时期适时监测。可以随时确定衬底的渗漏点位置以及出现渗漏液在地下的扩散状况，进行可视化数据对比，所有监测数据存入监测站数据库进行预警。该系统经过室内模拟试验获得成功（李鸿江等，2005；郭建等，2007）。

二、非水相物质地下污染的调查研究

非水相液体，对密度小于水的称为轻非水相液体（LNAPL），常见的有汽油、煤油等；对密度大于水的，称为重质非水相液体（DNAPL）。常见的有三氯乙烯、四氯乙烯等含氯溶剂，为良好的除脂物质，常用于电子工业、化学工业（刘雪松等，2010）。

1995 年春，北京朝阳区一以地下水为主要水源的自来水厂发现水源水中有汽油味。7 月地矿部中国地质科学院物探与化探研究所以氧化还原电位、磁化率和气烃（CH_4 和 C_2H_2）测量方法，同时进行面积勘查，目的在于确定污染范围，追索污染源头。4 种轻便方法得到的平面等值线图圈定的污染范围和高值异常区完全一致。确认第三加油站为高值异常核心，向东南方向延伸，直至自来水厂，与地下水流向一致（刘海生等，2003）。后经加油站核实，确认泄漏柴油 75t。

受油气污染的砂、土电阻率增高，而介电常数减小。因此，用雷达技术探测油气污染比较有利。1998 年曾昭发等考虑到当前对雷达资料解释多为目视判断，对复杂图像难以得到满意的结果。推导出探地雷达模型实验的相似性准则。提出了有利于确定污染范围和污染强度的资料处理方法。初步结果证明：①利用探地雷达方法能够有效地监测油气在地下的运移过程，并确定污染范围；②通过波形分析，可以定性地确定油气的污染强度；③根据相似性准则，提出利用较低频的探地雷达天线探测浅部油气污染比较有利（曾昭发等，1998）。

齐鲁石化公司多年前发现在乙烯装置区铺设的地下排污管道出现渗漏。该管道为铸铁管，直径 15.24~50.80cm 不等，埋深 1.5~2.5 m。污水废液主要成分为：石油、氨氮、挥发酯、苯和二氯乙烯等。流速慢，无压力。渗漏出污染物侵入地下土壤。2005 年中国海洋大学采用电阻率法、自然电位法和探地雷达法综合探测。结果表明受污染土壤的物性特征显示为电阻率增大，电位梯度（DELTV）为低电位，雷达波出现低频高幅特征的位置为排污管道的渗漏点（郭秀军等，2000）。

为了提高高密度电阻率技术探测轻非水相溶液污染的准确性，2008 年南京大学水科系根据高密度电阻率成像法可以同时获取大量电阻率数据，反映介质内部详细信息的特点，三维空间动态监测研究非水相液体（汽油、煤油等）的迁移和分布，进行了深入模拟研究。刘汉东等在三维砂槽内均匀布置 120 根电极，构成网格分布，污染物煤油从模型中央滴入（38 滴 /mL）。测得的电阻率反演计算成像。成像获取的数据与模型的实物对比说明：①高密度电阻率成像技术获取的煤油污染区域的范围、形状和直径与实际结果都比较接近，说明该技术用于探测确定多孔介质中轻非水相液体在地下污染的空间分布是有效的，而且可以确定污染区域内部污染的不均匀性；②三维空间和纵剖面上电阻率相对值随时间的变化过程，清楚地反映了轻非水相液体的污染过程。说明利用高密度电阻率成像技术动态监测多孔介质中轻非水相液体造成污染的迁移和聚积过程是可行的。业已形成了电阻率的四维模拟模型（刘汉乐等，2008）。

重质非水相液体污染物（DNAPL）造成地下污染已有记录，尚未见地球物理探测工作的相关信息。

三、珠江三角洲地下水污染源调查

中国 21 世纪议程指出：中国水资源不足，突出表现在北方干旱造成缺水，南方污染造成缺水。珠江三角洲是经济发达地区，也是污染严重地区，地下水污染比较突出，仅从地球物理调查几例管窥一斑。

珠江三角洲的特点是基岩出露地势较高，沟谷切割节理发育，地下水获得补给后，短途径流，便以泉或泻流向沟谷排泄。具有深度浅、与地表水循环交替强烈的特点。平原地区地势低洼平坦，河道发育，地下水埋深浅，因此地表水与地下的补、排关系复杂。雨季地表水位高，补给地下水。旱季有些地区地下水高于地表水，地下水补给地表水。与干旱地区不同，地下污染物的运移也有差别。所以地表水与地下水的污染交替强烈。2008年石家庄经济学院第一次对该地区部分地下水受污染的途径进行了地球物理勘查，主要使用探地雷达面波法和高密度电阻率法对三种类型7个污染源进行勘查工作（黄宁和刘国辉，2009）。

（一）污染源渗入污染

主要是废物垃圾填埋场和石油储库、加油站和化工类污染物间歇式进入地下水。

（1）广州大田山生活垃圾填埋场。位于大田山和荔枝山麓丘陵地带，未做任何基底处置。1987年开始使用，日均进垃圾2000t，渗沥液进入地下含水层，使其下游河沟水显混浊，高密度电阻率异常上边界与雷达反射波同向轴分布基本一致，反映地下水深至4.5m均有污染。

（2）黄埔蓝天航油库。该油库属于大型储油基地，在装卸过程中洒落地表的油料，在雨水冲淋下进入地下或河流，附近河沟能见到油污。在油库南侧处，探地雷达图像上出现有局部同向轴错断区域，为油料污染，深度约3m。高密度电阻率在近地表有显示。

（二）径流型污染

主要是地表河流污染水体渗流进入地下水。在两岸具有明显的切割条件下，导致污水体向河流两侧（岸）地下含水层和非饱和带扩散。

东莞市胡屋新村的袁家涌和双岗西太隆村东引河，河水浑浊，污染严重，河床地质结构相似。两河污染河岸地带的高密度电阻率显示的低阻异常边界与探地雷达探测图像上反射波同轴分布基本一致，明显反映存在河水的侧向渗入污染形成的地下水污染区域。

狮子洋为珠江三角洲入海河道，承接周边河道网流入的污染河水，但用以探测的高密度电阻率和探地雷达的图像上均未出现异常。说明入海河面较宽，流速较大。地表水同样污染，但对地下水影响并不明显。

（三）污水灌溉农田造成地下水污染

污水灌溉农田以及使用的农药和化肥造成垂向渗入污染。通过稔洲村3条电法剖面测量解释可知：此片菜地因长期浇灌严重污染的河水，污染物垂向下渗，由于土壤的过滤作用，在一定深度范围形成一个污染物聚集带。形成低电阻率异常区和雷达反射区，成为地下水的污染源区。

四、矿山地下污染调查

近年来，矿业界面临的重要课题，就是要使矿山从勘探开采到关闭的整个过程，

562

做到对环境影响最小，开采和矿场地最大限度地降低污染和有效地控制污染源，以及矿山封闭后原场地的处理。一般是：利用地球物理方法，即时圈出地下掩埋的废料和污染环境的液体，以利治理。

1999 年，辽宁工程技术大学资源与环境工程学院用瞬变电磁法在辽宁一个矿山的采矿场进行了试验性工作，目的在于对 5m 深的浅层地下水和土壤进行污染调查（张绍红和边祥山，2011）。使用大地电导率仪（EM31-MK2），不接地，工作频率为9.8kHz，发射线和接收两线圈中心距为 3.66m 采样记录间隔 0.5s。结果表明：测区西北部为未污染区域；北部和东北部为轻污染过渡区；采场中部和南部为污染区。其中有三个高值异常，可能是过去三个地下储水罐渗漏造成的局部重污染区。从等值线图可见，南部地下污染水体羽状向北扩散。为正南、东南、东北和西北 4 个钻孔所证实。

五、污染场地调查研究

场地土壤污染研究，中国起始于 20 世纪 60 年代。当时主要因为废液污染侵蚀地基，造成老厂房等建筑物损坏。直到 20 世纪 80 年代同济大学开始对污染土进行研究，提出了环境影响问题。

国外从 20 世纪 70 年代开始研究，关注点在环境保护，1985 年在荷兰召开国际土壤污染会议，为场地再使用中的环境风险把关。

中国和世界相似，随着城市化和工业化进程的加快，许多城市进行结构调整，大批工业、企业逐步关停转产或搬迁。这些搬迁和关停的工业，由于污染物的跑、冒、滴、漏，对场地土壤和地下水造成污染，将会造成后续者的健康与环境的潜在危险。

场地地下污染检测包括：地下土壤和地下水污染检测。中国在 2004 年颁布的《关于切实做好企业搬迁过程中环境污染防治工作的通知》中规定：对于已经搬迁和正在外迁工业区域，需尽快制定土壤环境状况调查、勘探、检测方案。2009 年环保部制定《场地环境监测技术导则》，2011 年完成《污染场地环境监测技术导则》（征求意见稿）。规定监测主要是地下土壤和地下水，或部分地表水和大气污染，以及有影响的深层土壤。但真正监测还处在起步阶段、试验性阶段（吴春发和骆永明，2011；许丽萍等，2012）。

快速准确查明地下污染土和污染水的分布范围和种类（有机物、无机物、酸碱、放射性等），是土木工程界关注的热点。国外 20 世纪 90 年代开始使用地球物理方法，而中国一直沿用打钻取样化验方法，直到 21 世纪开始才关注这一方法的应用。国外常用的地球物理方法有直流电阻率法、低频电磁法、瞬变电磁法和激发极化法等。直流电阻率法应用最多，效果最好。

保定市郊某村附近一块 200m×200m 的平地，过去是生活垃圾和建筑垃圾填埋场，地面已平整并覆盖土层，准备他用。对地下污染物进行清查、探测工作（王龙，2009）以高密度电阻率法、探地雷达法和高精度磁法为主，辅以激发极化法和瞬变电磁法。从探测结果来看，高密度电阻率、探地雷达和激发极化法效果比较好，有效地反映了浅表层污染物引起的异常。每个剖面图都可以划分出四个电性层，反映四个不同等级污染分带。瞬变电磁探测深度较大，对浅部特征反映不明显。高精度磁测无异常反映。类似的探测，近几年用高密度电阻率（成像）法在北京、武汉等多地回填土场地探测中都获得满意的效果（徐子东等，2011；尉斌等，2012）。

2006年，东南大学岩土工程研究所采用取污染土样在室内进行电阻率测量，认为可用以指导对污染程度的估计，而且电阻率测量对重金属污染土检测具有重要意义；上海岩土工程勘察设计研究院尝试采用电阻率测井（2012年）与其他方法并用，在上海一污染土检测中获较满意的效果（韩立华等，2006）。

杭州某住宅小区原为硫酸厂所在地，有储罐中硫酸液泄露侵入土壤。根据岩土工程报告称污染土可能埋深8m，采用高密度电阻率法进行面积测量。根据二维层析成像得到硫酸在地下造成的污染分布，根据三维反演得到两相邻的污染空间分布体。计算得到总污染土壤的体积约为222m^3，与土工的结果基本一致。提供了换土工作量（董路等，2008）。

六、垃圾填埋场选址勘查

自20世纪90年代以来，有多专家报道国外垃圾填埋场选址研究，或提出建议。基本设想归纳如下：垃圾填埋场选址应当是区域地质稳定，无洪水泛滥地区。如果是核废物处置场，还必须证明附近没有新构造运动、无降水漏斗或地质灾害发生，使废物对环境可能影响风险降到最低。选址每个环节都要用地球物理方法进行勘查和取样测试（赫英臣，1995；俞凋梅和朱百里，1999）。

选址可以利用卫星照片和已有的地质资料，以附近地下水和地表水不受污染为目的，主要是查明与填埋场相关的地质构造、水文地质详细情况。勘查方法主要是各种物探方法和勘探工程。

广东核电站核废物处置场选址：由浙江省地球物理技术应用研究所于20世纪90年代主要完成。由于核废料中有许多长寿命的放射性核素，要保证长时间安全。初选在核电站东，岭澳—长湾一带的海滨丘陵地区掩埋不深的基岩内。根据国际原子能委员会对核电站核废料处理规范要求。这次物探工作以浅层地震勘探为主，辅以激发极化和静电α卡测量方法。查清基岩埋深、断裂、地下水以及工程环境条件。根据物探资料、综合分析，最终优选3个区域，其中I区为最佳场址：位于长湾区村西南坡，地形起伏不大，基岩埋深在10~20m之间，区内无断裂通过，岩土力学性质较好，地下水位14m以下，稳定性最佳（赵竹占，1997）。

第五节　环境辐射危害历史的认识和调查研究

人类生活和生产环境中充满辐射，是人类社会关注的问题。辐射是指具有相当能量的高速运动的带电粒子和不带电粒子构成的辐射，一般是指原子和原子核衰变时放出的高能量粒子（或称射线），包括 α 粒子（或称射线）、β 粒子（或称射线）、γ 射线、X 射线、宇宙射线中质子和各种介子（如 μ 介子、π 介子等）以及中子。这些辐射是人类接受的环境辐射照射的主要来源。这种照射如果是来自人类身体之外，称为外照射；如果是放射性物质进入体内，引起肌体受到照射，称为内照射。

放射性辐射对人体健康的危害是在人们研究、利用放射性物质和放射源的过程中逐渐认识的。1945 年第一颗原子弹爆炸之后，至 1968 年各大国相继进行了 1972 次（其中 500 次大气爆炸）核爆炸试验，防止核辐射危害人类健康的呼声日益高涨，于是 1955 年成立联合国原子辐射效应科学委员会（UNSCEAR）对核爆炸可能造成的人类健康危害进行定量评价。1982 年 UNSCEAR 研究公布：公众受到辐射照射的主要成分是天然辐射，其中氡及其子体所致照射占 55%。而且氡存在于空气中，由呼吸道进入体内，比较集中沉积在肺部，已经成为公认的肺癌的致病因素，是当前环境辐射研究的重点（任天山和程建平，2007）

一、天然辐射外照射水平的调查研究

（一）宇宙射线的辐射水平

宇宙射线照射比较稳定，仅随海拔高度升高而增强，随着纬度不同也有变化。1982 年 UNCSEAR 以海平面为准，评估全球居民年人均照射有效剂量为 0.3mSv（任天山和程建平，2007）。

1947 年中国中央大学周长宁教授开展了宇宙射线的实验探测研究。以环境辐射水平为目的探测研究是在 20 世纪 80 年代陆续展开的。1983—1990 年，国家环保局委托中国原子能研究院，在不同海拔高度和地磁纬度地区进行实际探测，获得中国宇宙射线电离成分人均年有效剂量是 0.26mSv（全国环境天然放射性水平调查总结报告编写小组，1992a，1992b；岳清宇等，1988）。80 年代开始，王其亮等进行了系统研究。包括高度、纬度和气压变化研究，得到 31 个省市导致居民年人均有效剂量为 0.27mSv，低于世界估计的平均值（王其亮等，1992）。

宇宙射线随海拔高度增高而迅速增强。民航飞机的飞行高度都在 10km 左右，处于较高照射剂量范围（王其亮和崔圣裕，1995）。

（二）天然放射性元素辐射水平研究

天然放射性元素辐射水平，因岩石、土壤成分分布不同而变化。一般室内略高于室外，UNSCEAR1998 年报告，根据 23 个国家和地区的实测结果，估算的全球人均所受有效剂量 0.41mSv，2000 年增加到 0.48mSv。1998 年，国家环境保护局为了评价中国放射性环境质量，相继在全国组织开展了"全国环境天然贯穿辐射水平调查研究（1983—1990 年）"（全国环境天然放射性水平调查总结报告编写小组，1992a）；"全国土壤中天然放射性核素含量调查研究（1983—1990 年）"（全国环境天然放射性水平调查总结报告编写小组，1992b），在全国土地上（港澳台资料暂缺），调查了原野、道路、建筑物室内 γ 辐射剂量率和室内外宇宙射线剂量率（均指离地面 1m 处的空气吸收剂量率，下同）。

1992 年国家环保局发表利用塑料闪烁体探测器剂量仪实测的全国平均剂量率为 63.7nGy·h^{-1}。与上述世界 23 国的平均值相当，仅高 14%（全国环境天然放射性水平调查总结报告编写小组，1992a；潘自强，2001）。这次调查，除广东阳江之外，还新发现几处高辐射地区：河北马石山、福建鬼头山、广西花山—姑婆山、四川降扎温泉。永兴岛为全国最低值 3.6 nGy·h^{-1}（全国环境天然放射性水平调查总结报告编写小组，1992a；全国环境天然放射性水平调查总结报告编写小组，1992b）。

根据环保局本次调查资料计算，全国人均年受天然 γ 辐射照射有效剂量为 0.55mSv，加上人均年受宇宙射线照射，总计有效剂量为 0.81mSv，与国际水平基本相当。较高的是福建（1.07mSv）、西藏（1.55mSv）和青海（1.10mSv），大陆最低的是北京（0.68mSv）。

二、人类对氡危害的认识与剂量控制研究

直到氡发现 50 年之后的 1951 年人们才知道氡吸入体内和空气一样，经过体内循环后呼出，在体内停留时间不长。但吸入氡子体和氡在体内滞留期间产生的子体都是金属离子，沉积在肺部，不断衰变放出 α 粒子，对肺部机体产生损伤，是致癌的元凶（孙世荃，1996；任天山和程建平，2007；丘寿康，2001）。

（一）矿山氡危害的启示

自 15 世纪起，对氡危害的认识是从矿山矿工致病逐步开始的。

德国斯尼伯格矿山，1410 年开始开采银矿，第二次世界大战后大规模开采铀矿。16 世纪初在斯尼伯格矿工中观察到年轻矿工肺疾病死亡率罕见的高。20 世纪 30 年代才认识到，斯尼伯格矿工吸入高浓度氡是肺癌发生率高的可能原因（1940 年）（孙世荃，1996）。直到 1951 年才进一步发现氡的短寿命子体 ^{218}Po（RaA）和 ^{214}Po（RaC）的 α 衰变产生的 α 粒子，才是直接原因。

云南个旧锡矿采矿历史悠久。20 世纪 60 年代就发现矿工中患肺癌人数不断增多。1972 年对三个矿区的矿井进行氡浓度测量，氡及其子体浓度超过国家规定标准的 2.4 倍和 5.6 倍（云南锡业公司，1990）。1975 年 2 月 5 日周总理批示"一定要解决云锡矿工中肺癌问题"。1982 年中国医学科学院放射医学所，对不同工龄的矿工头发进行采样分析氡子体 ^{210}Po（钋–210）含量，发现矿工随工龄增加头发中 ^{210}Po 呈线性增加，说明氡的子体在体内具有累积效应。此外，还采样分析了肺癌矿工患者肋骨中的 ^{210}Po 和 ^{210}Pb，其含量是普通人群的 5 倍和 6.6 倍，同样说明吸入氡的累积效应。

（二）辐射防护剂量限值的研究

20 世纪 70 年代，国际放射防护委员会（ICRP）启动了低剂量辐射照射（人类生活环境水平）致癌研究。追踪观察了近 30 年。1989 年 ICRP 的第四委员会，更深入地研究了矿工与居民平均受氡子体照射剂量的累积效应，认为：居民在室内累积照射与矿工在井下累积照射相等剂量的效果基本相同。

2006 年 UNSCEAR 第 54 届会议，汇集了当代研究成果，向联合国大会提交的科学报告中指出：居民终身（75 岁）受到 100Bq·m^{-3} 照射将产生终生危险，即患肺癌的超额危险系数为 0.16/100Bq·m^{-3}。国际放射防护委员会于 1984 年建议居民住房内氡浓度的行动水平（限值标准）控制在 200Bq·m^{-3} 以内，补救行动水平控制在 500Bq·m^{-3} 以内，新建住房氡浓度限值应当更低（国际放射防护委员会，1997）。但各国制订的居室氡浓度限值水平有所不同（潘自强，1998）。中国制订的三类用房室内氡浓度限值的控制标准：居室内氡浓度（限值）控制标准（GB/T–16146–1995），对已建住宅定为 200Bq·m^{-3}，对新建住宅上限为 100Bq·m^{-3}；地下建筑室内氡及其子体控制标准（GB–16367–1996），对已建的建筑物定为 400Bq·m^{-3}，新建建筑物为 200Bq·m^{-3}；地热水应用建筑的放射卫生防护标准（GB–16367–1996），地热水中氡浓度控制水平 50~100kBq·m^{-3}，医疗应用地热水，水中氡浓度控制水平超过 300kBq·m^{-3} 时，医务人员进入治疗室时应采取相应的防护措施（潘自强，1998；程业勋，2008；尚兵等，2003）。

（三）大气氡浓度分布研究

1. 大气中氡浓度实测与估算

1983—1990 年由国家环境保护局组织，对跨 15 省的 21 城市以及一些特殊地点的空气中氡及其子体 α 潜能浓度进行调查研究。结果表明：这些城市室外大气氡浓度平均值为 16.9Bq·m^{-3}；氡子体 α 潜能浓度平均值为 5.55×10^{-8}J·m^{-3}。室内空气中氡浓度平均值为 41.1 Bq·m^{-3}。氡子体 α 潜能浓度平均值为 12.17 Bq·m^{-3}（全国环境天然放射性水平调查总结报告编写小组，1992c）。

2007 年潘自强在"氡及其子体健康危害与控制"的香山科学讨论会上提出：中国大气中的氡浓度平均值为 14Bq·m^{-3}，氡子体平衡当量浓度平均值为 8Bq·m^{-3}；室内氡浓度平均值为 24Bq·m^{-3}，氡子体平衡当量浓度平均值为 12 Bq·m^{-3}，均低于世界平均水平（程业勋，2008）。

2. 大气氡浓度变化研究

大气氡浓度变化与大气的温度、湿度、气压相关，一般是气温升高氡浓度降低。一年之中，夏季浓度低，冬季浓度高。一天之内，中午 12 时到下午 3 时氡浓度较低，夜间氡浓度相对较高。

20 世纪 80 年代，国家环保局组织，在武汉、临汾等南北分布的 12 城市进行室外 4 个季度的季节性氡及其子体浓度变化的连续测量；在太原等六大城市进行室内 4 个季度的季节性氡及其子体浓度变化连续观测研究。同时在太原、大同、临汾进行氡浓度日变化连续测量研究。结果表明：室外大气中冬、春季氡浓度较高，夏秋季较低。室内氡浓度季节性变化规律没有室外大气变化明显。但伊宁、临汾等北方城市冬季氡浓度最高，与韶关等南方城市不同。山西省境内太原等 3 城市氡浓度日变的趋势基本一致，为早晨最高，中午低，晚回升（全国环境天然放射性水平调查总结报告编写小组，1992c）。

1995 年 10 月到 1996 年 4 月，1996 年 10 月至 1997 年 4 月两次重复使用连续测氡仪，在中国地质大学（北京）院内进行浅层土壤氡季节性变化测量研究。分别埋置 1m、1.5m、2m 三种深度。结果表明三个深度变化趋势基本一致。说明 2m 深仍在气温变化影响范围。日变化不明显，但季节性变化分明。1 月份气温最低，地下氡浓度也是最低值（程业勋等，2005）。

（四）室内氡浓度的调查研究

1. 住宅室内氡浓度调查

瑞典赫尔菲斯特（Hullgvist）认为房屋与矿井类似。UNSCEAR1988 年确认北半球人类 80% 时间在室内，因此室内氡的照射备受关注。1977—1992 年加拿大、瑞典、法、英、美等 20 多个国家广泛进行了室内氡调查（任天山和程建平，2007）。

中国针对室内氡浓度先后做过两次大规模调查。第一次是 20 世纪 80~90 年代，涉及 9967 所住宅，第二次是 2000—2005 年抽样调查（尚兵，2007），范围涉及 17 个省的 20 个市及 6 个县，测量住宅 3098 所，结果是氡浓度超过 200Bq·m^{-3} 的占 0.7%，超过 400Bq·m^{-3} 的占 0.06 %。两次调查室内氡浓度有很大增幅，第一次的总平均值是 24Bq·m^{-3}，第二次是 44Bq·m^{-3}，增幅 1.8 倍。除海口以外各城市增幅基本相当，其中北京、上海、广州等大城市增幅都很大。据调查可能是因为近年来城市建筑普遍使用了铀含量较高的粉煤灰等矿渣发泡砖，是导致氡浓度增高的主要原因（尚兵等，2003）。

1989 年 11 月至 1990 年冬在延安地区进行 38 间窑洞内氡浓度调查（施锦华，1990 年）平均值为 32.6 Bq·m^{-3}，而黄土窑洞内均值为 52.4 Bq·m^{-3}，砖窑洞内为 24.5 Bq·m^{-3}。说明窑洞内比一般建筑室内氡浓度略高，而黄土窑洞更高（全国环境天然放射性水平调查总结报告编写小组，1992c）。

2. 地下建筑氡浓度调查

现代城市中地下建筑越来越多，氡浓度普遍高于地面建筑，但结构和通风换气条件不同差别也很大。例如，北京地铁虽然深度大，但混凝土厚实，氡屏蔽好，通风良好。北京 1、2 号线地铁测量过 28 个站平均氡浓度仅为 12Bq·m^{-3}（章晔等，1998）。

（五）土壤氡浓度研究

室内空气中的氡主要来自地基（程业勋等，2001；李家熙等，2000；任天山，2001），其次是建筑材料（王南萍，2001）和室外空气。瑞典铀含量比较高的花岗岩、伟晶岩和明矾岩分布广泛。1975 年最先开展国土氡浓度调查，编制出全国 GED 辐射图（又叫氡的地质潜势图）（程业勋，2008）。划分出 3 个氡浓度分区，为未来经济建设和建房安全提供了保障。

中国 20 世纪 90 年代开始对多个城市先后进行土壤氡浓度调查。90 年代初，中国地质科学院对北京城区 400km^2 系统进行土壤氡测量，给出了 400km^2 内氡的地质潜势图。划分出四个北东—西南向延展的氡地质潜势分区，与实测室内氡浓度分布基本一致。这是第一次小范围的试验（唐莉等，1999）。青岛海洋地质研究所作了"青岛市天然放射性环境地质调查与评价"（陈昌礼和刘庆成，1997）。辽宁地矿局区调队立项进行了"大连地区土壤天然放射性评价方法技术研究"（杨宏，1991）。1998 年，中国地质科学院在云南省个旧市 5 个区域进行了土壤和部分室内氡测量（卢伟，1995），湖北等五省环境检测站对各省石煤矿区进行辐射水平调查（李莹等，2005）。

　　建设部从房屋建筑和防氡需要出发，2003 年立项进行全国土壤浓度调查 [①]（核工业航空遥感中心，2004）；设想利用核工业航空 γ 能谱历年来测量得到的全国铀含量分布，换算出全国土壤氡浓度分布，再在全国 20 城市进行土壤氡浓度测量，设想获得全国氡地质潜势图或类似可用于建筑防氡参考使用的成果。但由于对影响氡迁移的地质参数了解不够，致使换算的土壤氡浓度普遍偏高。

参考文献

白兰，周仲华．2008．物探方法与污染场地中应用研究［D］．兰州：兰州大学．

陈昌礼，刘庆成．1997．关于环境氡地质填图［M］//蒋宏耀，程业勋．环境与地球物理．北京：地震出版社．

陈昌礼，王光锷．1997．电法勘查在环境污染调查中的应用［M］//蒋宏耀，程业勋．环境与地球物理．北京：地震出版社．

程业勋．2008．环境中氡及其子体的危害与控制［J］．现代地质，22（5）：857-868．

程业勋，刘海生，赵章元．2004．城市垃圾污染的地球物理调查［J］．工程地球物理学报，1（1）：26-30．

程业勋，王南萍，侯胜利．2005．核辐射场与放射性勘查［M］．北京：地质出版社．

程业勋，王南萍，刘庆成，等．2001．空气氡的大地来源理论研究［J］．辐射防护，21（3）：15-18．

程业勋，杨进．2005．环境地球物理学概论［M］．北京：地质出版社．

楚泽涵，任平．2002．环境地球物理学［M］．北京：石油工业出版社．

崔霖沛，吴其斌．1997．环境地球物理方法及其应用［M］．北京：地质出版社．

丁惠生，邱兰．1992．黄淮海平原电性特征与地下水［M］．北京：地质出版社．

董路，叶腾飞，能昌信，等．2008．ERT 技术在无机酸污染场地调查中的应用［J］．环境科学研究，21（6）：67-71．

杜祥琬．2014．应对气候变化的两个基本问题——应对气候变化战略的科学性及对中国发展的意义［J］．中国科学学报，29（4）：438-442．

段永侯．1997．中国分省地质灾害图集与主要地质灾害类型［J］．水文地质工程地质，24（4）：49-52．

高敬语，谭嘉言，朱占升，等．2013．音频大地电磁法在地下水质评价中的应用［J］．物探与化探，37（5）：895-898．

高庆先，任陈海．2002．沙尘暴［M］．北京：化学工业出版社．

高照忠，罗志清，魏海霞，等．2007．3S 技术在昆明市地面沉降监测中的应用［J］．地矿测绘，23（1）：27-29．

葛大庆，夏耶，郭小方，等．2006．利用相干目标 D-InSAR 技术监测地面沉降［J］．技术方法，122-126．

龚绪龙，陈娟发．2012．苏锡常地裂缝研究二十年——国体资源部"地裂缝地质灾害重点实验室"迎来新机遇［EB/OL］［2012-06-26］．http://www.cgs.gov.cn/gzdt/gzdongtai/15989.htm．

---

　　① 核工业航空遥感中心．中国航测土壤铀含量换算氡浓度研究．2004（内部资料）。

龚育龄，叶腾飞，董路，等. 2010. ERT 技术界定卫生填埋场边界的试验研究 [J]. 环境科学研究，23（3）：277-281.

郭健，郭秀军，杨发昌，等. 2007. 垃圾渗滤液污染地下环境三维电学监测系统研究 [J]. 中国海洋大学学报，37（增刊Ⅱ）：149-153.

郭建强. 2003. 地质灾害勘查地球物理手册 [M]. 北京：地质出版社.

郭建强，武毅，曹福祥，等. 2001. 西北地区孔隙地下水矿化度评价的地球物理方法研究与应用 [J]. 地球学报，22（4）：375-379.

郭秀军，孟庆生，王基成，等. 2000. 地球物理方法在含油工业污水管道渗漏探测中的应用 [J]. 地球物理学进展，22（1）：279-282.

国际辐射防护委员会，著. 1997. 住宅和工作场所氡 -222 的防护 [M]. 李素云，译；周永增，校. 北京：原子能出版社，1-26，50-55.

韩立华，刘松玉，杜延军. 2006. 一种检测污染土的新方法——电阻率法 [J]. 岩土工程学报，28（8）：1028-1029.

赫英臣. 1995. 固体废物安全填埋场地综合地质勘察技术方法研究 [J]. 水文地质工程地质，（1）：44-48.

湖北省西陵峡岩崩调查工作处. 1985. 新滩滑坡征兆及其成功的监测预报 [J]. 水土保持通报，（5）：1-9.

胡让全，黄健民. 2014. 综合物探方法在广州市金沙洲岩溶地面塌陷、地面沉降地质灾害调查中的应用 [J]. 物探与化探，38（3）：610-615.

胡照广. 2012. 基于 GPS 和电阻率监测的多年冻土地区滑坡运动机制研究 [D]. 哈尔滨：东北林业大学.

黄宁，刘国辉. 2009. 物探方法在珠江三角洲地区地下水污染调查评价中的可行性研究 [D]. 石家庄：石家庄经济学院.

蒋宏耀，程业勋. 1997. 环境与地球物理 [M]. 北京：地震出版社.

李鸿江，郭秀军，金春姬，等. 2005. 垃圾填埋场渗漏电学监测系统设计及室内模拟试验 [J]. 环境污染与防治，27（4）：311-313.

李家熙，朱立，刘海生. 2000. 氡的地质来源及其控制 [G] // 全国天然辐射照射与控制研讨会论文汇编. 北京：22-29.

李景华. 1988. 航空热红外遥感用于煤田自燃调查 [J]. 遥感信息，（4）：21-38.

李珊珊，李志伟，胡俊，等. 2013. SBAS-InSAR 技术监测青藏高原季节性冻土形变 [J]. 地球物理学报，56（5）：1476-1486.

李莹，江山，叶际达，等. 2005. 湖北、湖南、江西、浙江、安徽省石煤矿区环境天然 γ 辐射剂量率水平调查 [J]. 辐射防护通讯，25（4）：31-35.

连克，朱汝裂，郭建强. 1991. 音频大地电场法在地质灾害调查中的应用尝试——长江三峡链子崖危岩体隐伏地质结构的探测 [J]. 中国地质灾害与防治学报，2（增刊）：37-41.

梁乃杰，魏玉轮，吴志春. 1989. 杭州西湖初次换水观测结果的解释 [J]. 物探与化探，13（4）：281-289.

廖桂香，吴珊，西永在，等. 2013. 沙地区航空电磁法找浅层水和土壤盐渍化普查效果 [J]. 物探与化探，37（5）：899-910.

刘海生，侯胜利，马万云，等. 2003. 土壤与地下水污染的地球物理地球化学勘查 [J]. 物探与化探，27（4）：307-311.

刘汉乐，周启友，吴华桥. 2008. 轻非水相液体污染过程的高密度电阻率成像法室内监测 [J]. 地球物理学报，51（4）：1246-1254.

刘天齐. 1996. 环境保护 [M]. 北京：化学工业出版社.

刘文静. 2015. 沙尘暴未来不会增多 [N]. 北京日报，2015-5-20.

刘雪松，蔡五田，李胜涛. 2010. 重非水相液体污染机理与调查技术 [G] // 城市地质环境与可持续发展论文集，8. 25-8. 26.

卢伟. 1995. 居室氡气致癌与防治 [M]. 北京：地质出版社

罗力 . 2013. 三峡库区滑坡监测 GPS 统测网研究及应用［D］. 武汉：武汉大学 .

满延龙 . 1997. 航空电磁法［M］// 蒋宏耀，程业勋 . 环境与地球物理 . 北京：地震出版社 .

能昌信，董路，王琪，等 . 2004. 填埋场地电模型的电学特性［J］. 中国环境科学，24（6）：758-760.

潘自强 . 1998. 制定我国新辐射防护规定中值得研究的几个问题［J］. 辐射与防护，18（4）：269-279.

潘自强 . 2001. 我国天然辐射水平和控制中的一些问题的讨论［J］. 辐射与防护，21（5）：257-268.

丘寿康 . 2001. 有关氡危害与评价的认识问题［J］. 辐射防护，21（6）：3-7.

全国环境天然放射性水平调查总结报告编写小组 . 1992a. 全国环境天然贯穿辐射水平调查研究（1983—1990 年）［J］. 辐射防护，12（2）：96-121.

全国环境天然放射性水平调查总结报告编写小组 . 1992b. 全国土壤中天然放射性核素含量调查研究（1983—1990 年）［J］. 辐射防护，12（2）.

全国环境天然放射性水平调查总结报告编写小组（施锦华执笔）. 1992c. 我国部分地区空气中氡及其子体 α 潜能浓度调查研究（1983—1990 年）［J］. 辐射防护，12（2）：164-171.

冉志杰，杨歧焱，翟星，等 . 2013. 浅层地震勘探在地下采空区探测中的应用［J］. 勘察科学技术，（2）：56-60.

任天山 . 2001. 室内氡的来源水平和控制［J］. 辐射防护，21（5）：291-299.

任天山，程建平 . 2007. 环境与辐射［M］. 北京：原子能出版社，35-39.

尚兵，贺青华，王作元，等 . 2003. 中国室内氡行动水平的研究［J］. 中华放射医学与防护杂志，23（6）：462-465.

石柏慎，等 . 1984. 应用裂变径迹技术对成都市环境水中铀含量的测定［J］. 四川环保 .（9）.

时作舟，赵育台 . 1997. 煤矿陶核的瞬变电磁法探测技术［G］// 陈颙，刘振兴，邹光华 . 地球物理与中国建设 . 北京：地质出版社 .

唐莉，朱立，胡省英，等 . 1999. 氡地质潜势规律研究方法探讨［J］. 岩矿测试，18（1）：1-6.

王迪，尉斌，闫永利，等 . 2012. 垃圾填埋场地下环境污染检测方法技术研究［J］. 地球物理学报，55（6）：2115-2119.

王景明，王春梅，刘科 . 2001. 地裂缝及其灾害研究的新进展［J］. 地球科学进展，16（3）：303-313.

王丽娟，王支农，郝书军 . 2003. 地球物理方法在环保工作中的应用实例［J］. 勘察科学技术，（2）：58-63.

王立群 . 1994. 中国工程物探的现状与发展［J］. 地球物理学报，37（增刊）：385-395.

王龙 . 2009. 河北某垃圾填埋场检测的地球物理方法应用研究［D］. 北京：中国地质大学（北京）.

王南萍 . 2001. 中国天然石材放射性水平及影响因素［J］. 辐射防护，21（3）：22-24.

王其亮，崔圣裕 . 1995. 航空机组人员的职业照射及危险估计［J］. 中国辐射卫生，4（1）：9-11.

王其亮，胡爱英 . 1992. 宇宙辐射电离成分随高度和纬度的变化［J］. 中华放射医学与防护杂志，12（2）：74-78.

王振东 . 1991. 我国水文、工程、环境地质物探的现状、任务与发展趋势［J］. 中国地质，（9）：26-29.

尉斌，闫永利，马晓冰，等 . 2012. 应用 EIS 观测技术圈定垃圾填埋区范围［J］. 物探与化探，36（5）：861-864.

魏茂生 . 2012. 古城煤矿陷落柱发育特征及含导水性分析［J］. 山东煤炭科技，（4）：123-124.

温来福，郝海强，刘志远，等 . 2014. 综合物探在山西省某煤矿采空区探测中的应用［J］. 地球物理学进展，11（1）：112-117.

吴春发，骆永明 . 2011. 我国污染场地含水层监测现状与技术研发趋势［J］. 环境监测管理与技术，23（3）：77-80.

夏国治，许宝文，等 . 2004. 二十世纪中国物探（1930-2000）［M］. 北京：地质出版社 .

夏望玲 . 1987. 浅层地震反射法在新滩滑坡体勘探中的应用［J］. 工程勘察，（4）：54-57.

熊盛青，陈钺，于长春，等 . 2006. 地下煤层自燃物探遥感探测技术应用研究［M］. 北京：地质出版社 .

徐子东，师学明，傅庆凯，等 . 2011. 武汉某回填土堆场高密度电法污染调查研究［J］. 工程地球物理学报，

8（5）：542-546.

许丽萍，解子军，李韬，等. 2012. 污染土的现场测试方法适用性评价［J］. 上海国土资源，33（3）：54-56.

闫永利，马晓冰，袁国平，等. 2007. 大地电磁法在阿苏卫填埋场地下水污染检测的应用研究［J］. 地球物理学报，50（6）：1863-1868.

杨宏. 1991. 大连地区天然环境电离辐射水平调查与评价［J］. 物探与化探，15（1）：1-11.

俞涠梅，朱百里. 1999. 废物填埋场设计［M］. 上海：同济大学出版社.

袁大祥. 1994. 长江三峡链子崖危岩体防治方案建议［J］. 中国地质灾害与防治学报，5（增刊）：360-365.

岳清宇，金花. 1988. 低大气层中宇宙射线电离量的分布测量［J］. 辐射防护，8（6）：401-417.

云南锡业公司. 1990. 云南锡业公司矿工肺癌防治成果报告（1975-1989年）资料选编［G］.

曾思伟，王得楷. 2013. 泥石流研究与展望［J］. 甘肃科学学报，15（专辑）：10-14.

曾昭发，薛建，王者江，等. 1998. 探地雷达物理模拟相似性准则及监测油气污染试验［J］. 长春科技大学学报，28（4）：453-457.

张立敏，蒋宏耀. 1989. 地球物理学的一个新领域—环境地球物理勘探［C］// 中国地球物理学会，地球物理综合学术研讨会论文摘要集，8-9.

张绍红，边祥山. 2011. 应用低频电磁法在采矿废弃场地进行地电特征调查［J］. 物探与化探，35（2）：258-260.

张淑婷. 2000. 地球物理勘察技术在探测煤矿采空区中的应用［J］. 物探与化探，36（增刊）：83-87.

章晔，程业勋，侯胜利，等. 1998. 对北京市部分环境监测致肺癌物质氡气浓度的分析与对策［G］// 1998年中国地球物理学会第十四届学术年会论文集. 西安：西安地图出版社.

赵耀江，邹剑明. 2002. 氡与自燃发火关系的研究［J］. 太原理工大学学报，33（4）：389-392.

赵耀江，邹剑明. 2003. 测氡探火机理的研究［J］. 煤炭学报，28（3）：260-263.

赵竹占. 1997. 地球物理勘查在广东核电站核废料处置场选址中的应用［G］// 陈颙，刘振兴，邹光华. 地球物理与中国建设. 北京：地质出版社.

中国地球物理学会环境地球物理专业委员会. 1997. 我国环境问题与地球物理学［J］. 地球物理学报，40（增刊）：442-449.

邹麦秀. 1995. 湘机厂地面塌陷原因分析及电法在岩溶塌陷发育带预测中的应用［J］. 勘察科学技术，（6）：56-58.

World Meteorological Organization. 2013. The global climate 2001-2010：A Decade of climate Extremes［R］.

第十三章
考古地球物理学

　　早在 100 多年前，随着考古研究的发展，自然科学特别是地球物理学的原理、方法和技术开始引入考古领域。考古学与自然科学相关学科的密切关系不同于其他人文学科，这不仅是因为考古学的诞生就与借鉴地质学和生物学的方法有关，也因为考古学自开始出现到现在，利用自然科学相关学科方法进行研究的过程就从未间断过。今天，考古学已经逐渐演变成一个以人文科学研究为目的、包括大量自然科学研究方法的学科，而能否更加广泛、更加有效地在考古学研究中运用各种自然科学研究方法已成为 21 世纪衡量一个国家考古学研究水平极为重要的标尺之一。

　　经过 100 多年的科学实践，地球物理不但逐步扩大了它在这个领域里的活动范围，而且还为考古工作者扩大了视野和研究领域，从而形成了横跨自然科学和社会科学两个领域的一门新的学科——考古地球物理学。考古学是根据古代人类活动产生的实物史料（Material Remains），即遗迹和遗物，来研究人类古代社会历史的一门科学。由于古代各类遗迹和遗物大多埋没在地下，必须经过科学的调查发掘，才能被系统完整地揭示和收集。因此，考古学研究的基础在于田野调查发掘工作。由于考古地球物理学的方法技术具有对文物无损，探测深度深、范围大、速度快，在沙漠等人迹罕至地区或被土壤、植被、水等覆盖的地区都可进行工作的特点，它的作用在许多方面都是独特而不可替代的。中国是有着几千年文明历史的大国，几乎遍地都有文物，在工程建设大范围、大规模进行的今天，抢救性文物保护任务纷至沓来，考古地球物理学方面的工作必将越来越繁重，新方法、新技术的研究任务也必将越来越多，考古地球物理学的发展前景是十分广阔的。

　　自从有人类以来，人们就自觉或不自觉地在试图了解自己生活环境的发展变化和祖先的情况。开始可能只是一些世代相承的传说或神话。后来出现了文字，为这种传承提供了一种比较可靠而且还极为方便的手段。不过，许多文字的载体，如竹简、布帛、纸张之类，很难保存，一旦遇上天灾人祸，它们往往是在劫难逃。中国历史上失传的珍贵古籍难计其数，就连儒家视为经典的"五经"也不例外。"三易"当中的《连山》《归藏》早已遗失;《尚书》说是找到了，但关于它的真伪，至今仍然是学术界讨

573

论的话题。当然也有一些由难以毁坏的载体保存下来的文字资料，如商周青铜器上的铭文、刻在石头上的石经和刻在龟甲兽骨上的甲骨文等。况且，人类有文字记载的历史只是人类历史的几百分之一，即使在出现文字之后，也还有大量的人类遗存没有文字显示。考古学对于复原没有文字记载的原始社会和少数民族古代历史有其特殊作用。中国的考古工作起步很早，早在东汉时期（1—2世纪）就出现了研究古文经学及古文字学的"古学"，北宋中叶（11世纪）诞生的以研究青铜器和石刻为对象的"金石学"，可谓中国考古学的前身（中国大百科全书总编辑委员会《考古学》编辑委员会，1986）。

考古学作为一门现代科学学科起源于欧洲（McHenry，1993），这与现代自然科学在欧洲发展密不可分。考古学肇端于意大利庞贝（Pompeii）古城的发掘研究。庞贝位于意大利南部那不勒斯附近维苏威火山西南脚下10km处，始建于公元前6世纪。公元79年毁于维苏威火山大爆发。1876年，意大利政府开始组织科学家对庞贝古城进行有序发掘。经过100多年的持续工作，终于将庞贝古城原貌呈现于世人面前，为人们了解1900多年前古罗马的状况提供了实物资料。一些著名的考古学家也于同一时期在希腊等地进行了考古发掘，他们的工作奠定了现代考古学基础。

18世纪末到19世纪初，英国地质学家威廉·史密斯（W. Smith）、法国古生物学家乔治·居维叶（G. Cuvier）、英国地质学家查尔斯·莱伊尔（C. Lyell）发现了地层学原理（地层确定化石的年代），从而为建立地质年代表和地层系统奠定了科学基础。考古工作者将其应用于考古，给18世纪后期早期石器的发现和鉴定提供了手段。迄今，"地层层位学"已经成了考古学两大支柱之一。

用地球物理学的原理进行考古，最早可推英国考古学的奠基者、被誉为"英国考古学之父"的阿古斯塔斯·皮特·里弗斯（A. P. Rivers，1827—1900年）。他在英国多尔塞特（Dorset）地方考古中，曾用镐敲击地面，以便根据声音的变化来找壕沟。1896年，意大利科学家福尔杰雷脱（Folgheraiter）在研究意大利中部土斯卡尼（Tuscany）等地方的伊特拉斯坎（Etruscan）古代文化中，曾测量了属于该文化的陶器的磁矩，这是磁学首次被引入考古领域。

航空摄影进入考古领域，首推1907年英国对威尔特郡索尔兹伯里大石阵（Stonehenge）进行的观测。航空摄影比较广泛用于考古，是在第一次世界大战末期。当时，英、法、德等国考古工作者利用空军侦察地形所摄的航空照片来探寻地面古遗存。英国考古学家O.G.S.克劳福德（1886—1957年）的出色工作，为考古学的一个分支——航空考古学奠定了基础。

古地磁断代技术是法国人泰利埃（Thellier）于1936年提出来的，包括地层沉积磁性断代和考古地磁断代。前者是利用地层沉积磁性随地磁极性倒转而倒转的现象进行断代的技术，多用于古人类遗址的断代；后者是利用一些古器物的热剩磁进行断代的技术，如古窑、炉灶、砖瓦、陶瓷等的断代。古地磁断代技术的误差比较大，但后来出现一些能确定古遗存绝对年代的精确断代技术，如20世纪40年代的放射性碳素断代，1965年埃维尔登（Evernden）和寇惕斯（Curtis）引进的钾 – 氩法断代，以及热释光断代、裂变径迹断代、铀系法断代技术等，为考古研究提供了强有力的支持。

地球物理方法技术在考古中的广泛应用是在第二次世界大战之后。1946 年，埃特金生（R. Atkinson）在英国牛津郡使用电阻率法，探测了基岩和坑、沟的位置。1958 年，埃特肯（M. J. Aitken）首次采用质子磁力仪在英国进行考古勘探。后来，磁通门磁力仪、光泵磁力仪等高灵敏度仪器先后被用来进行大范围的、高分辨率的勘查。英国北部奥克尼群岛主岛上的一处新石器时代遗址——斯滕内斯立石遗址，就是 20 世纪 70 年代用梯度磁力仪成功地探测的。电磁法是 20 世纪 60 年代初开始应用的。目前用得最多的是探地雷达（GPR）和金属探测器（Metal Detector）探测。探地雷达由于灵敏度和空间分辨率都比较高，所以使用者甚多。金属探测器的探测深度虽然只有几米，但厘米级大小的金属都能探测出来，在考古发掘过程中还能及时指点发掘方向，是考古勘探中一个十分有用的工具。在电磁法引进考古领域之时，考古工作者在圈定突尼斯的古停车场工作中，还使用了重力法。

遥感是在 20 世纪六七十年代引进的，包括航空遥感和航天遥感。在航空遥感方面，Berlin 等曾用航空热红外探测了美国北亚利桑那州一个 700 年前废弃的农庄；80 年代初，法国人用航空红外探测塞纳河畔夏太内瑟塞纳被泥土覆盖的铁器时代农田，都取得很好的成果。美国和加拿大的合成孔径雷达 AirSAR 及 GlobeSAR，在考古方面很受欢迎。在航天遥感方面，1964 年，美国航空航天发射了 NIMBUS Ⅰ卫星，采用卫星及红外成像，在寻找古文明和极端干旱地区方面起到重要作用。1992 年，正是利用航天遥感，在南阿曼发现了早已消失了的"天方夜谭"（Arabian Nights）古城乌巴尔遗址。1981 年航空航天又发射航天飞机，上载合成孔径雷达 SIR-A，考古工作者用之勘查被丛林或沙漠覆盖的大型遗址，都获得成功（Adams et al., 1981）。1994 年曾借助航天飞机上成像雷达 SIR-C/XSAR 和 AIRSAR 考查了被丛林覆盖的柬埔寨吴哥古城，从而向世人展示了吴哥古城的昔日辉煌（邓飙等，2010）。不同的地物具有不同的光谱特征。在 20 世纪 80 年代开始出现了所谓高光谱遥感技术，即利用数十甚至数百个较窄的连续光波谱段，对目标物获取遥感数据的技术及相关的数据处理方法。由于其在区域地质制图和矿产勘探中应用得相当成功，后来成为一种重要的考古方法。

水底考古直到第二次世界大战后才得以真正起步，关键是科学技术问题。从 20 世纪 60 年代起，水底考古学的对象从沉积物、沉船，扩大到淹没在湖底、海中的城市、海港等遗址。目前水底考古采用的地球物理方法，主要是声学方法和电磁方法（包括可见光、红外、微波等），对于磁性遗存，磁法更是一种有效的手段。

地震勘探方法在寻找石油和天然气矿田方面使用极多，在考古方面也起着不可或缺的作用，如意大利考古工作者就用横波地震勘探方法在罗马附近寻找古墓；他们还用地震层析成像方法探查罗马圆形大剧场石柱的风化程度，为文物保护做出贡献。

1964 年，美国的全球定位系统（GPS）开始投入使用，为考古工作者便捷而准确地测定遗存所在位置的地理坐标提供了有力工具。从 20 世纪 60 年代中期开始发展起来的地理信息系统（GIS）也就逐渐应用于考古（齐乌云等，2005）。

目前国内外采用的所谓 3S 技术，把 GPS、RS（遥感）和 GIS 有机结合起来，运用综合地球物理勘查方法为考古研究提供最重要手段（阚瑷珂等，2008）。

中国考古地球物理方面的工作是新中国成立之后开始的。1956 年，在决定发掘北京明代十三陵中的定陵后，为了找到进入地宫的通道，曾在其上做过电阻率探测，可惜后来这项工作没能继续。20 世纪 70 年代末改革开放迎来了大规模经济建设新高潮，使得各地抢救性文物保护和发掘的任务十分繁重，地球物理学家和考古工作者开展了卓有成效的合作，考古地球物理各个领域的工作才又逐步开展，考古地球物理学是否作为一个学科的问题提上了日程。

考古地球物理学虽然有百年以上的发展历史，但其命名问题却经过相当一段时间的酝酿。首先是因为考古地球物理方面的科技成果长期没有一个合适的刊物予以发表。直到 1958 年，英国牛津才出现一个名为 *Archaeometry* 的刊物，使这方面的成果得以发表。"archaeometry" 一词在中国考古学界译作"科技考古学"，并作为考古学的一个分支学科（赵丛苍，2006）。科技考古学是从考古学角度出发，强调考古学科技层面的工作，包罗的内容非常宽泛，学科特色不明显。后来，欧洲一些考古工作者采用《考古勘探》（*Archaeological Prospection*）这个名词来表达考古地球物理方面的工作。1986 年，*Geophysics* 杂志编辑部就用这个名词编辑了一期考古地球物理方面论文的专辑（*Editorial of Geophysics*，*Archaeological Prospection*）。但是考古勘探这个词既不能反映地球物理学在考古学中应用的全貌，也没能准确表达学科的本质。实际上，就在这本专辑开宗明义的第一篇文章里，作者相当全面地讨论了这一学科的命名问题，提到了"考古地球物理"这个名词，而且认为对考古中的地球物理工作来说，这是一个最富有描述性的名词，即最贴切地表达了这个学科的本质，可惜他又以这个名词太烦琐为由，宁弃而不用。在中国正式规范采用"考古地球物理学"（archaeogeophysics 或 archaeological geophysics）这个术语，是 2000 年科学出版社出版了蒋宏耀、张立敏编著的《考古地球物理学》一书（蒋宏耀等，2000）。考古地球物理学立足于地球物理学、特别是勘探地球物理学，去解决考古学中的古遗存的勘探、测年、保护等问题。

第一节　陆地考古地球物理调查

早在 20 世纪初，中国就开始进行地球物理方面的工作。但考古地球物理方面的工作，却是新中国成立之后的事情（蒋宏耀和张立敏，1997）。

1956 年，在决定发掘北京明代十三陵中的定陵后，为了找到进入地宫的通道，曾在其上做过电阻率探测试验。由于当时中国正处于大规模经济建设，勘探地球物理学界都把全部精力投到国家急需解决的资源和工程勘探方面，对考古工作，既没有经验，也缺乏由此开拓一个新的研究领域的想法；再加上定陵发掘后，由于有些出土文物的保护问题未能得到很好地解决，中央决定暂不考虑大型古墓的发掘工作，因而做了一点试验之后，没能继续下去。直到 20 世纪 70 年代末改革开放后，大规模建设遍地开花，文物保护工作相对滞后，许多古墓和遗址尚未得到考古部门妥善处理，就被开挖或破坏了，各地抢救性文物保护和发掘的任务十分繁重。考古地球物理学方法在考古工作中应用才又逐步提上了日程。

考古地球物理方面的工作随即在各地铺展开来。80 年代，安徽省滁县地区文物保护科研所刘乐山和文化部文物局文物保护科技研究所黄克忠等，在一些即将或正在遭到破坏的墓葬和遗址上，开展地球物理勘查工作，取得了满意的结果（钟世航，2004）。这些工作具有开拓性意义，其后许多部门和单位也开始致力于这方面的工作，包括中国科学院、中国地质调查局、中国社科院考古研究所、浙江大学和成都理工大学等科研和教学单位积极投入力量，不但积累了丰富经验，同时也推动了考古地球物理学科的形成和发展。特别是浙江大学非常重视科技考古这一交叉学科的发展，在全国第一个建立了考古地球物理野外实验场地和高校内的物探考古研究室，购置了大量考古地球物理设备，为进一步开展系统研究奠定了基础（Chen，2014）。

一、古城墙遗址探测

城墙是中国传统社会城市的主要标志，其作为古老文明的象征，是中国传统文化的重要组成部分，它为都城学、城市学、规划学、历史学、文化学、军事学、建筑学、风水学、政治制度学等多门学科所研究。随着近年来聚落考古学的迅速发展，尤其是大遗址调查的需要，对城址的研究已引起学界的足够重视（何军锋，2009），而城墙更是作为城址的显著标志而存在。因此，针对古城墙遗址，需要进行广泛而深入的考古调查研究。

田野考古所面对的古城墙遗址主要是夯土城墙和砖石城墙两种类型。近些年，在中国用地球物理方法进行古城墙遗址探测的主要有下面几个例子：80 年代安徽省文物考古研究所进行寿春城遗址调查时，在双梗楼一带解译所定的城墙位置上，做了对称四极电阻率法，城墙与护城河都有清晰显示（蒋宏耀等，2000）；1990 年张寅生（1990）在开封宋代东京汴梁考古中应用电阻率法探测地下城墙；钟建分别在 2001 年和 2004 年应用磁力仪对山西陶寺遗址古城墙和山东教场铺城墙遗址进行了探测（中国社会科学院考古研究所考古科技中心，2005）；高立兵等在 2000 年应用探地雷达在商丘一处东周古城墙遗址进行勘探（高立兵，2000；高立兵等，2000）；闫永利和高立兵等（1998 年和 2004 年）应用高密度电阻率法在商丘东周城址进行古城墙遗址勘探（闫永利等，1998；高立兵等，2004）；沈鸿雁等人（2008）2008 年应用探地雷达和高密度电阻率法 2 种方法对晋阳古城城墙遗址进行了勘探研究。

浙江大学的考古地球物理工作者在田钢的带领下，从 2008 年开始通过选择分布在中国不同地域的浙江良渚古城墙、云南南诏古城城墙、陕西汉安陵陵邑城墙、新疆北庭故城城墙以及杭州临安故城城墙等较为典型的古遗址，开展了二维和三维地球物理探测试验，这些遗址分布于祖国的天南海北，时间跨度也很大，城墙与土壤性质与特征差异也不同，研究人员分析研究了如何根据实际情况，采用针对性强且更为合理高效的地球物理技术进行古城墙遗址的探测（赵文轲等，2012，2013）。

二、古建筑遗址勘查

1985 年开始，地质矿产部地球物理地球化学勘查所殷欣平、申斌（任宗华等，1994；申斌等，1988）及中国社会科学院考古研究所刘建国（1999）等先后对安阳殷墟进行地球化学、脉冲瞬变电磁、遥感考古勘查，发现了一些新的线索。

1987 年，江苏省镇江市博物馆与华东师范大学用遥感技术发现了镇江地区商周台形遗址 185 处（肖梦龙等，1989）。

1987—1988 年，安徽文物考古研究所与安徽省地矿局等单位合作，勘查战国时期楚国晚期都城——寿春古城遗址。这个地区在历史上是黄河及淮河洪水泛滥的地区，遗址遭到严重破坏，目前地面为农田。他们采用遥感技术进行研究，找到了寿春古城的城垣和护城壕（丁邦钧等，1991）。

1990 年，湖北文物考古研究所和武汉测绘科技大学用遥感技术研究了战国时期楚国郢都（现湖北荆州地区江陵北边的纪南城）和汉代郢城，得到了城址的形状、面积，发现了郢都宫殿西部的一条河道（朱俊英，1996）。

1996 年春，中国社会科学院考古研究所与美国哈佛大学合作，在河南省商丘市发现一处东周时期宋城遗址。随后，考古研究所与中国科学院地球物理研究所合作，用高密度电阻率法探测了城墙遗址，反演结果与实际相当一致（阎永利等，1998）。

新疆库尔勒至轮台之间的区域，处于汉代丝绸之路的北道，汉代轮台城和西域都护府所在的乌垒城都在这里。中国社会科学院考古研究所 1996 年利用 1959 年前后测绘地形图的航空摄影资料，对此处的古城遗址进行搜索，确定了 22 个古城的位置、形状和大小，其中不少与已发现的古城相对应（中国社会科学院考古研究所考古科技实验研究中心汉唐考古研究室，1997）。

1996 年以来，中国历史博物馆（现国家博物馆）与德国波鸿鲁尔大学合作，对河南偃师二里头商城、洛阳汉魏故城、新郑郑韩故城、山东临淄古城、城子崖古城、内蒙古辽上京、元上都（在今内蒙古锡林郭勒盟正蓝旗）等大型古城遗址进行了航空摄影，在地面难窥全豹的古城，一览无余，为考古工作提供了极大的方便（杨林，1999）。

进入 21 世纪以来，考古地球物理工作者继续在遗址勘测方面做出了贡献。武汉市黄陂区盘龙古城遗址是一处距今约 3500 年的商代大型城址，由于其东、南、西三面被盘龙湖环抱，因而得名。考古专家认为，在已发现的盘龙城宫城城外艾家嘴和府河河滩一带可能存在一个范围更大的城墙，而这一城墙才是盘龙城的主城墙。为了证实这一事实，中国地质大学（武汉）吴文贤等（2007）在前期验证试验的基础上，采用高精度磁法与高密度电法相配合，圈定了 2 个疑由古城墙和古墓葬引起的异常区，这一发现为盘龙城周边地区地下文物资源的调查和保护提供了新的资料。

山西晋阳古城遗址位于太原市晋源区，从春秋时期周敬王二十三年（公元前 497 年）赵简子派人开始建城，到宋太宗赵光义于太平兴国四年（公元 979 年）兴兵灭掉北汉之间的 1400 多年里，它或为都城，或为重镇，都是一个繁华的城市。在北汉灭亡后，赵光义立即在城的北边另筑新城，一把火把原来的城烧掉了。时至今日，历经 2500 多年的沧桑，这里的文化埋藏仍十分丰富。为了逐步弄清古城遗址的状况，西安石油大学及长安大学沈鸿雁、袁炳强等（2008）采用高密度电阻率法和探地雷达，对古城墙和护城河遗址、晋源镇的古建筑遗址、晋阳古城小殿台遗址、晋阳古城西城水门遗址及蒙山大佛采空区等处进行了探测，结果表明，方法的选择是正确的，这为进一步的工作打下了良好的基础。

1986 年，四川广汉三星堆遗址埋藏大批珍贵文物的 2 个祭祀坑被发现，引起了国内外的极大轰动，随后又发现了城墙等古城遗址。这一发现为研究 3000 多年前的古蜀国的情况，提供了实物资料。1988 年 1 月，该遗址被国务院公布为全国重点文物保护单位。2006—2007 年，中国地质大学（北京）洪友堂和成都理工大学苏永军等用多源遥感和高密度电阻率法勘探研究了三星堆遗址，都获得了较为满意的效果（洪友堂等，2006；苏永军等，2007）。

2012 年，浙江大学石战结等（2015）利用磁梯度和地质雷达研究了新疆高昌故城的地下古建筑遗址，通过和考古学家的探讨，认为该建筑群的风格具有里坊式的建筑特点，为该遗址的申遗文本撰写和规划保护制定起到了较好的帮助。

三、古矿坑、古窑址勘查

湖北大冶铜绿山古铜矿遗址是一个从西周到西汉时期开采的大型铜矿遗址，具有极其重要的历史和文物价值。1989 年，为了弄清矿坑内部情况，中国地质大学（武汉）对 7 号矿体的 3 个老窿区进行了探地雷达勘查，结果显示，老窿的范围比原来钻探所得的范围大，而且图像完整，补充了原勘探资料之不足（李大心，1994；朱俊英，1996）。

安徽南陵县有 1 个东周到西汉时期的古铜矿冶炼遗址，安徽省滁州市文物保护科研所用磁法找到了 2 个冶炼炉及与之相应的工作台（张寅生，1999）。安徽省文物考古研究所和安徽省滁州市文物保护科技研究所等单位，也用磁法成功地找到其他一些古矿坑、古窑遗址。

中国地质大学（武汉）阎桂林等专门研究了不同时代古窑址的磁性差异特性，为利用磁法开展古矿坑、古窑遗址提供了物理基础（阎桂林，1996）。

2010 年，浙江大学林金鑫（2011）在云南省腾冲县南诏古城遗址，利用平面快速磁梯度测量和三维地质雷达数据采集处理技术进行了古窑址的探测调查，其探测得到的相邻 2 个古窑址的位置和结构与考古工作者的人工钻探结果吻合较好，特别是窑址 Y2 的窑道和窑室之间的窑膛由于烧结面的影响具有很强的反射能量而使得异常较为明显。

四、古河道、古湖泊勘查

1980—1983 年，中国科学院与天津市合作，进行了"天津—渤海湾地区环境遥感试验"，采用航天、航空遥感，研究了这个地区的环境以及河道和海岸线的变迁。

1984—1986 年，中国科学院又在"六五"计划重大攻关项目"黄淮海平原综合治理和合理开发"中，列入"黄淮海平原水域动态演变遥感应用研究"课题，利用航天及航空遥感资料，研究了黄河、淮河、海河 3 条大河的河道、平原上的湖泊和海岸线的变迁。他们将航天航空资料、文献记载和实地考察结合起来，获得了丰富的成果（李涛，1985）。

罗布泊是中国西部极负盛名的湖泊，成书于战国时期的《山海经》里称之为"泑泽"，司马迁的《史记》称之为"盐泽"，郦道元《水经注》说"泑泽"就是"盐泽"，而且面积很大，"广袤三百里"。清代地图上明确无误地标上了它的位置。然而就是这么一个普通的内陆湖泊，到了近代，经 2 个外国人炒作以后，倒有些神秘起来了。1876 年，俄国人普尔热瓦尔斯基把罗布泊西南侧的喀拉和顺湖当作罗布泊，说是中国的地图错了。1900 年，瑞典人斯文·赫定考察后，否定了俄国人看法，认为中国地图没有错，只是罗布泊"游移"到喀拉和顺去了。

1959 年，中国科学院新疆综合考察队到罗布泊地区考察，认为喀拉和顺湖与罗布泊是由河道连通的 2 个湖，罗布泊不是"游移"湖。1980—1981 年中国科学院新疆分院组织罗布泊综合科学考察队，根据航天、航空遥感资料及地面调查确定，沿阿尔金山西侧，从西南到东北，依次排列了 3 个湖，即：台特马湖、喀拉和顺湖及罗布泊，它们之间都有干河道相通（夏训诚，1987）。航天相片还清晰地显示了罗布泊干涸的过程。因干涸而留下的几条湖岸线犹如人的耳轮，历历可数。

1996 年，在湖南省龙山县里耶镇一项工程施工中，发现一座古城遗址，2002 年进行抢救性发掘，确认古城修建于战国末年，楚国和秦朝相继使用，毁于秦末。研究成果显示，夯土城垣外围是古护城河，因年代久远，护城河被较厚的地表沉积物覆盖，部分河段可能与近代池塘交叠，且古城毁于秦末战乱，河底可能埋藏有珍贵文物。因此，确定护城河的位置，对遗址的进一步发掘和保护，具有重要意义。中国矿业大学（北京）何满潮等（2000）在采集护城河及池塘中沉积物的电阻率均低于其岸上和底部地层的电阻率，以及护城河与池塘中的沉积物在颜色等方面有明显的差别等数据资料后，采用高密度电法和改进的轻便取芯触探相结合的综合探查方法，实现了护城河的精确定位。

1411 年，明工部尚书宋礼在山东济宁南旺一带运河上修建了分水工程，在分水口两边分别设置十里闸和柳林闸控制南北分水量，配合水源工程，成功解决了京杭大运河跨越地形至高点的水源问题，带来了明清的漕运和商运的繁荣。南旺分水枢纽在京杭运河的发展史具有重要的历史价值和科学价值。根据文献资料和实地考察，南旺分水枢纽龙王庙及其附近的水利工程主要有 3 处：一是位于运河两岸的石鲅港；二是运河东岸小汶河两边的防冲墙；三是运河两岸河堤及岸上的镇水石兽。为了探测被掩埋的古代水利工程和与之相关的水工文物，中国水利水电科学研究院张念强（2008）、山东文物考古研究所吴双成等利用地质雷达对南旺分水枢纽遗址进行了探测。探测结果，发现了运河西岸石鲅港的位置及残留的条石，以及运河东岸的砖砌河堤和龙王庙内 2 个被掩埋的石雕水兽，为未来的考古发掘提供了重要依据。

在杭州市余杭区彭公乡河边，2009 年发现一处良渚时期的古水坝，据考古人员分析，其主要目的是防洪，它是迄今为止见到的中国最古老的水利工程。坝的基底挖有凹槽，为了确定凹槽的位置、大小及埋深，在考古发掘前，浙江大学石战结、赵文轲等利用超浅层反射地震技术对水坝的埋深和形态进行了探测，水坝的边坡和水槽形态在地震反射剖面上显示清晰，通过解释确定了凹槽的位置，得出凹槽宽约 7m，底界面深约 15m 的结论，为考古发掘提供了有价值的基础资料（赵文轲等，2012）。

浙江大学林金鑫等（2011）以良渚古城外古水系及文化堆积层调查为研究对象，利用大面积的连续磁法和放射性测量、局部地段的高密度电法详查、重点地段的探地雷达研究等综合地球物理方法得到的探测结果同洛阳铲考古勘探调查结果有很好的重合，显示了综合地球物理考古技术在古河道等古水系调查中的应用潜力。

五、古墓勘查

河南省固始县侯古堆是冲积平原上的一个大土堆，1978 年在这里发现一个陪葬坑。河南省博物馆为寻找主墓，邀请河南省地矿局物探队在此进行了磁法及电测深勘查，确定了主墓的空间位置。发掘结果证实物探推断正确（吴天成等，1988）。出土了许多文物，其中三乘肩舆是中国考古方面的首次发现。根据出土文物，考古方面认定，这是战国时期宋景公（前 516—前 451 年）的妹妹勾敔夫人的坟墓。

1981 年，地质矿产部物探化探研究所常勇等（1983）在秦始皇陵开展过土壤汞量测量，在封土堆上发现明显汞异常，证实墓内存在大量的水银，由此也说明司马迁在《史记·秦始皇本纪》里写的：秦始皇墓内曾"以水银为百川江河大海"的记载是正确的。2002 年，科学技术部将"考古遥感与综合地球物理探测技术"列入国家"863"计划课题。随之，中国地质调查局与陕西省考古研究所一起在秦始皇陵园进行了综合地球物理探测，通过高精度重力测量、高精度磁法测量、高密度电法测量、放射性氡气测量以及地震、地温、测汞、核磁共振法等，对秦始皇陵园的分布、墓室结构、保护程度进行了详测，得出地宫宫墙东西长约 145m，南北宽约 110m，墓室南北宽约 50m，东西长约 80m，高约 15m，推测墓室主体尚未坍塌，地宫中未进水。后来，用洛阳铲和钻孔对部分解释结果进行了验证，结果与前述解释结果大体一致。这进一步验证了地球物理学方法的效能，也为今后秦始皇陵开挖和保护提供了科学依据（刘士毅等，2005）。

1982 年文化部文物局文物保护科技研究所与安徽省滁县地区文物保护科技研究所合作，用电阻率法在安徽亳县找到一座古代砖室墓，发掘表明，墓的形状、大小与电法勘查结果基本一致，可惜破坏比较严重（张寅生，1987）。

茂陵是北京明代十三陵中明宪宗朱见深的墓。1988 年，中国科学院地球物理所王谦身、测量与地球物理研究所张赤军等对茂陵进行了重力法勘查。他们先在定陵上做了微重力和重力垂直梯度法试验，取得经验后，再到茂陵工作。为了使探测结果更加可靠，他们在茂陵上还做了 2 条地震剖面，发现在 13m 左右深处有一高速层，推测应是陵墓的石质顶板。根据重力及地震探测数据，并结合已知的定陵地宫的结构，他们给出茂陵地宫的初始模型，经过多次逼近的正演计算，得到与实测重力异常的最佳符合的结果，从而求得茂陵地宫平面图（王谦身等，1995）。

1994 年秋，中国科学院地球物理研究所张立敏与国家现代地质工程技术中心杨辟元、伍宗华等，在当时四川省云阳县故陵镇帽盒岭试图用地球物理和地球化学方法，寻找郦道元在《水经注》里提到的西周至春秋初期的楚国陵墓（郦道元，1984）。他们采用地震面波法、高精度磁测、大地电场岩性探测和地球化学勘查，其结果是几种方法相当一致地发现 2 个异常。一个比较大，在帽盒岭中心部位，推测是一个东西长约 20m，南北宽约 16m，底部海拔 162m，顶部海拔 166m 左右的古墓引起的，其顶部埋深约 9m；另一个较小，在前一异常的西北隅，推测也是古墓。1998 年，文物部门发掘帽盒岭古墓，在根据地球物理资料推测的古墓的西北角，发现一个战国时期的墓穴，穴内是纯净的浅黄色细沙，穴外是较结实的粉红色土。钻孔结果显示，在原定的两个古墓位置上都是青砂岩，而青砂岩四周竟都是泥岩。看来古墓可能就在这个塞在泥岩层里的青砂岩内，青砂岩可能就是人工构建的古墓建筑（蒋宏耀等，2000）。

浙江绍兴兰亭镇印山是《越绝书》记载的春秋时期的越国王陵，共有 4 座墓。为查清其中最大的一座墓的墓室位置与形式以便下一步发掘，华东师范大学姚萌等（2001）在此用地质雷达进行了探测。为了克服长江下游地区地下水位高、土壤潮湿致使目标回波信号幅度小、信噪比低的缺点，采用冲击脉冲雷达和线性调频雷达两种方式提高接收信号的信噪比，增加探测深度。他们还用回波能量相关方法辨别地下古代遗址的外形轮廓以确定目标位置；选择不同天线位置，对地下目标的反射特性参数做聚类处理；利用图像处理方法，使地下古墓轮廓线三维反演成像，并使位置误差最小。结果发现主墓室宽约 8m，长度在 30m 以上；墓室深度为探测地面以下 6~8m 处。经发掘验证，对照探测测线布置时所做的定位标志，误差在 1m 以内。探测结果非常成功，为古墓无损探测又提供了一种可行的方法。

山东章丘洛庄有一座汉代大型王陵，在主墓室还未发掘前，从陪葬坑内已经出土了大量陶器、铁器及青铜器皿等珍贵文物。为了确定王陵墓室及墓道的位置，山东省物化探勘查院杨宏智和山东省第一地质矿产勘察院吕小红等决定采用高精度磁法和高密度电法进行测量。探测结果发现几个磁异常和视电阻率异常，推测其中几个磁、电异常在位置上相互重合的异常是墓道及墓室引起的。发掘证明，他们的推断基本上是正确的（杨宏智等，2008）。

陕西西安西边的沣河西侧是周文王所建的丰京所在地，东侧则是周武王所建镐京所在地。2005 年 3 月，上海大学遥感与空间信息研究中心、中国煤炭地质总局航测遥感局、中国国家历史博物馆、陕西省考古研究所等单位根据考古工作者的建议，选择区内地势最高，地下水位较深，具有古人营建陵墓的条件的神禾塬区，作为高光谱遥感考古试验研究区。他们采用中国科学院上海技术物理研究所研制的具有 68 个光谱波段，高性能机载可见光、近红外、短波红外、热红外成像光谱仪，进行日航和夜航观测，并选择 12 处典型地物进行与飞行同步的地面光谱、红外温度、土壤水分等野外定标测试，形成空 – 地观测数据资料。结果圈定 11 处异常区，陕西省考古研究所利用洛阳铲选择其中 6 处便于工作且面积较大的异常区域进行考古勘探，共发现古代墓葬约46座，古代灰坑8座，近现代墓葬数百座，活土坑约10处（谭克龙等，2009）。

浙江大学王帮兵、田钢等于2006年、2011年分别在浙江绍兴宋六陵遗址、陕西汉唐陵墓、良渚反山墓地、宁夏西夏王陵，利用地质雷达和三维高密度电法对古墓的分布和地下墓室的结构进行了研究。在宋六陵考古调查中，发现"古树"以及地表建筑物会对雷达图像形成很强的"X"性交叉回波，而地表"石子路"会在高密度图像中形成"锥形异常"，而这些异常都曾引起误解释，他们在理论研究基础上总结出一套通过正反演识别和去干扰的方法技术（田钢等，2011）。在与陕西省考古研究院合作开展唐陵考古调查研究中，使用地球物理探测穆宗陵城墙位置以及寻找石刻雕像，研究发现黄土能引起明显的磁异常，而石刻雕像（灰岩材质）磁性非常弱，使用磁力仪在黄土中寻找石刻雕像时，陡坎等地形因素会产生明显的磁异常；说明在不同的地区，需要根据围岩和文物目标的物性特点选择合适的地球物理方法。在南方潮湿地区，史前遗址由于年代和建筑材料特点导致文物目标与周围岩土差异极小，增加了地球物理探测难度，浙江大学在该领域做了大量基础性研究和有益的尝试（林金鑫等，2014）。

六、其他地下遗存勘测

2010年，在杭州市余杭区临平镇发现一条良渚文化时期距今约5000年的独木舟，长7.35m，最宽处0.4m，埋深0.23m，是良渚文化首次发现的独木舟，也是国内考古发现的最长、最完整的史前独木舟。在独木舟出土之前，浙江大学地球科学系赵文柯等（2012，2013）对其进行了高频探地雷达探测，借助于地质雷达属性叠合技术，清晰地反映出独木舟的结构特点，为发掘提供了独木舟船体的完整性及其底界面状态的重要资料。

第二节　水下考古

中国拥有300多万平方千米的海洋国土，将近2万千米的海岸线以及众多的江河湖。自秦汉以来，由于海上丝绸之路的发展，中国的航海技术在历史上长期处于世界领先的地位。但水下考古方面，直到20世纪80年代，却几乎是一片空白。1987年，中国历史博物馆（现为中国国家博物馆）承担了国家下达的水下考古任务，在时任馆长俞伟超教授主持下，成立了水下考古学研究室（现为水下考古学研究中心），开始在中国四大海域——渤海、黄海、东海、南海以及云南抚仙湖等处，进行水下考古工作。据中国水下考古中心推测：南海古沉船不少于2000艘，再加上其他海域和内陆水域，中国的水下文物的数量应相当可观，水下考古工作具有极其广阔的前景。

水下考古的主要任务是寻找及研究沉没在水里的沉船等遗物和被水淹没的城镇遗址，因而和陆地考古一样，离不开水下探测和发掘。水下探测往往得借助海洋地球物理技术和方法，包括海（水）上导航定位技术、水深探测技术（多波束测深系统）、海洋地震勘探技术、海洋重磁探测技术和海洋电磁法探测技术等。

1991 年 7 月,辽宁绥中县渔民在绥中县三道湾海域打捞出一批元代瓷器,中国历史博物馆水下考古学研究室随即到那里进行了第一次水下考古调查。他们采用旁侧声纳、高精度磁测和浅地层剖面测量等方法,在水深 11m 的地方,发现一近南北向条状物,长约 25m,宽约 5m,有点像沉船。经水下实际考查,发现一条长约 21m,宽约 6m 的沉船。船上满载元代磁州窑的瓷器和铁器(鲁娜,1999)。1992 年 6~7 月,在地矿部航空物探遥感中心配合下,对该遗址进行了较大规模的第二次调查,探明了三道湾海域沉船分布情况,沉船遗址精确坐标位置。1997 年 6~7 月,聘请地矿部第一海洋地质调查大队,用浅地震剖面仪对沉船体进行了探测,以期探明沉船埋深情况。这一成果曾被评为中国 1993 年十大考古新发现之一。

1991 年至 1992 年在广东新会县对宋元海战沉船的调查。据史料载:元军大举南下攻宋,南宋最后一个皇帝赵昺逃到厓山(今广东新会县南 80 里海中的小岛)。1279 年(南宋祥兴二年)春,宋、元的海、陆大军在这一带决战,宋军大败,宋大臣陆秀夫背着不到 10 岁的小皇帝赵昺投海自杀,南宋灭亡。由此推测,在这一带海域,应有不少这次海战的沉船。调查结果,确实找到了宋代的沉船。

2001 年对广东阳江海域宋代商船"南海 I 号"的调查。"南海 I 号"是 1987 年广州救捞局与英国海洋探测公司在阳江附近海域寻找东印度公司沉船时发现的。2001 年,中国历史博物馆水下考古学研究中心与广东省文物考古研究所等单位合作勘查并定位沉船遗址,2002 年,打捞出 4000 多件文物,最后导致 2007 年"南海 I 号"的整体打捞,并将它安置到为之兴建的广东海上丝绸之路博物馆。这项考古工作将中国的水下考古科学技术水平提高到国际的前列(魏峻,2008)。

2013 年,国家水下文化遗产保护武汉基地采用声呐在丹江口水库探测均州古城遗址,获得该遗址的现状资料。

第三节　古遗存年代的测定

在考古工作中,准确测定遗址、遗物的年代是一个关键问题。确定年代的方法可分为相对年代测定和绝对年代测定两类。

一、相对测年法——古地磁定年

所谓相对测年法,系指将古遗存或考古事件放在一个正确、彼此相关的序列中,或者某个已知的事件顺序中,推定其时间上的先后关系。古地磁断代技术属于相对测年法,包括磁性地层学测年和考古地磁测年。

磁性地层学是根据岩石和沉积物的磁性特征来划分、对比地层的一门分支学科。在地球演化过程中,地球磁场在不断变化,有时会发生极性倒转(将与现代地磁场极性一致的古地磁场极性称正向极性，相反的称反向极性或极性倒转）。地层沉积过程中，含有的铁磁性物质受到地磁场作用被磁化后产生剩余磁性，将地磁场的变化记录在地层中。经过很多地磁学家的工作，已把地磁场极性变化按照年代顺序，制成地磁极性年表——国际地磁年表，表中绝对年龄是用放射性测年法测定的。根据年表，可以推算出某些考古标本形成的年代。这一方法主要用于旧石器时代古人类活动的年龄测定，测定的年龄范围在 3 万年以上。

1958 年夏，苏联科学院地质研究所大地构造及古地磁专家克鲁泡特金访华。之后在地质部副部长李四光的建议和中国科学院地球物理研究所副所长陈宗器领导下，成立了由北京大学、中国科学院地球物理研究所、地质研究所和地质部地质力学所科技人员组成的古地磁科研组，由北京大学地球物理系主任王子昌负责开展古地磁学的研究。他们立即在北京、河北、山东、四川、贵州、湖北、湖南等地进行地质调查，并采集从古生代寒武纪到中生代侏罗纪各个时期用于古地磁研究的岩石标本数百块。其中，除早古生代标本由苏联科学院大地物理研究所测量外，其余都在国内测量（马醒华，2012）。1960 年在《地球物理学报》上发表了他们研究古地极位置的初步结果（王子昌等，1960）。这是中国考古地球物理学第一个研究成果，也是《地球物理学报》发表的第一篇考古地球物理学方面的论文。次年，他们又在《地质学报》上发表了另一篇论文，是关于川滇红层古地磁的研究（王子昌等，1961）。1974 年，地质部地质力学所李普等对云南元谋人遗址的地层剖面进行了磁性地层学的研究，得出含元谋人化石层位的地质年代为 1.7Ma（李普等，1976）。此后，古人类遗址的磁性地层学的研究工作在北京周口店、蓝田等地相继开展（邓兴惠等，1965）。

河北泥河湾盆地磁性地层学测年始于 20 世纪 70 年代。因其在第四纪地质学、古生物学和人类早期演化中的重要地位而备受关注（朱日祥等，2007）。泥河湾盆地是东亚早期人类演化的重要地区和中国北方更新统典型剖面。由于缺乏同位素测年的合适材料和湖相沉积物磁性的复杂性，该盆地沉积物（包括文化遗址）的年龄存在较大争议。20 世纪末开始，中国科学院地质与地球物理研究所朱日祥领导的科研团队用自己开拓的实验技术和方法，对泥河湾沉积序列进行了磁性地层学研究，经过长达 10 多年的野外和实验研究，建立了泥河湾盆地年代地层格架，并在国际上首次确定了小长梁、马圈沟等旧石器时代遗址的年龄分别为 1.36Ma 和 1.32~1.66Ma，这是东亚高纬度地区迄今已被确认的最早的人类活动的遗迹。2004 年，这一结果发表在 Nature 杂志上（朱日祥等，2004），并入选美国出版的人类演化进展系列丛书（孙鸿烈，2010）。

考古地磁断代是基于古代器物（如古窑、炉灶、砖瓦、陶器等）的热剩磁进行断代的技术。古代器物在制作或使用中会含有少量铁磁性矿物质，高温烧结后，磁性完全消失。在冷却过程中，受到地磁场作用，又重新获得磁性（热剩磁），强度与当地地磁场强度成正比，方向（磁倾角、磁偏角）与当地地磁场方向一致。只要知道当地古地磁的变化规律，就可以通过测量热剩磁，进行断代。20 世纪 60 年代中期，中国科学院地球物理研究所邓兴惠、李东节等（1965）首先进行了北京地区地磁场长期变化研究。80 年代，魏青云等（1982）又在洛阳等地做了工作，取得了有意义的结果。

二、绝对测年法——放射性测年法

20 世纪 40 年代美国物理化学家利比（Willard Libby）发现，生命物质中存在有弱放射性、不稳定的碳同位素碳 14。碳 14 不断地形成于大气上层，在空气中迅速氧化，形成二氧化碳并进入全球碳。在这一循环中，所有有机体都会通过新陈代谢作用，使其体内的碳 14 浓度与大气中的碳 14 浓度保持动态平衡。一旦生物体死亡，碳 14 与周围环境的交换就会停止，碳 14 含量开始减少，衰减速度取决于半衰期。放射性元素的原子核有半数发生衰变时所需要的时间，叫半衰期。碳 14 的半衰期是 5568±30 年。通过了解样品中残留的碳 14 含量，就可以知道有机物死亡的年龄（应礼文，2001）。放射性衰变测量可在实验室中用辐射计数器或质谱仪进行。1955 年，中国现代考古学奠基人夏鼐把碳 14 测年法介绍到国内，并建立实验室，自六七十年代起开始使用，现已获得数据万余个。中山大学地质系自 80 年代建立碳 14 年代实验室以来，利用碳 14 测年技术对大量的考古样品进行了测试，获得了较好的成果（黎烈均等，1992）。目前中国科学院地质与地球物理研究所已建有古地磁年代学实验室和地质年代学测定系统，可开展高精度的年代学研究。

在很多珍贵文物中，因年代久远，碳 14 含量有限，常规测量方法有很大局限性。70 年代末，发展起来了加速器质谱测年技术（AMS）。AMS 碳 14 测年法有所需样品量少、精度高、省时、测定年代可达 10 万年等一系列优点，从而在考古学、物理学、地球与环境科学中得到了应用。90 年代初，北京大学原思训用 AMS 碳 14 法测定了出自兴隆县的纹饰鹿角年龄为 13065±270 年（BP）。这一结果，与同时收集的动物化石年代基本相符。

"九五"国家重点科技攻关项目"夏商周断代工程"于 1996 年 5 月 16 日正式启动，到 2000 年 9 月 15 日通过国家验收。夏商周断代工程是一个以自然科学与人文社会科学相结合的方法来研究中国历史上夏、商、周三个历史时期的年代学的科学研究项目，是一个多学科交叉联合攻关的系统工程。夏商周断代工程对传世的古代文献和出土的甲骨文、金文等材料进行了搜集、整理、鉴定和研究；对其中有关的天文现象和历法记录通过现代天文学给予计算从而推定其年代；同时对有典型意义的考古遗址和墓葬材料进行了整理和分期研究，并进行了必要的发掘，获取样品后进行碳 14 测年。通过碳 14 测年，解决了一系列年代问题，为考古分期三代年表的建立提供了有力依据（刘克新等，2001）。AMS 法也可以用于其他反射性元素计数。但是，AMS 法推广尚存一些困难，主要是造价昂贵，技术要求高（赵丛苍，2006）。

第四节　文物保护

中国的文物众多，特别是露在地面的文物，如石雕之类，由于长期日晒雨淋和空气污染，风化、腐蚀十分严重，敦煌、大同、龙门、大足等著名石窟，无不告警，文物保护自然提上了日程。考古地球物理在这方面也就开始发挥它的独特作用。

一、四川乐山大佛的保护

乐山大佛是从唐玄宗时开始，历时 90 年才完成的石刻工程，是世界上最大的石刻佛像。石佛表面风化严重，文物部门拟喷涂防风化剂来保护它。为了弄清其表面风化的程度和喷涂防风化剂后的效果，就必须采用无损检测技术。国家文物局黄克忠和铁道部钟世航等用直径为 1mm 的钢针做电极，用能在接地电阻高于 $500k\Omega$ 以上情况下进行正常测量的微测深仪，开展对称四极电测深测量，探测了喷涂前后的状态，证实喷涂效果是满意的（钟世航，1991）。

二、陕西彬县大佛寺石窟的保护

彬县大佛寺建于南北朝至唐代，是陕西省最大，也是最完整的石窟，但风化相当严重。为了保护好石窟，陕西省文物保护中心与德国巴伐利亚州文保局合作，准备采取固化和抗风化的措施。通过对文物外边风化岩石和未风化岩石超声波传播速度的测定，他们发现，未风化岩石中的超声波传播速度明显地高于风化了的岩石。于是，他们对用加固剂加固前、加固过程和加固后的风化岩石样品进行超声波测量，结果认为，用这种加固剂来加固被风化的文物是可行的（马涛等，1997）。

参考文献

常勇，李同. 1983. 秦始皇陵中埋藏汞的初步研究［J］. 考古，7：659–663.

邓飙，郭华东，王长林，等. 2010. 遥感技术在考古中的应用综述［J］. 遥感学报，14（1）：187–206.

邓兴惠，李东节. 1965. 北京地区史期地磁场及其变化的研究［J］. 地球物理学报，14（3）：181–196.

丁邦钧，李德文，杨则东. 1991. 遥感技术在寿春城遗址考古调查中的应用［G］// 科技考古论丛——全国第二届科技考古学术讨论会论文集. 合肥：中国科学技术大学出版社，136–141.

高立兵，王赟，夏明军. 2000. GPR 技术在考古勘探中的应用研究［J］. 地球物理学进展，15（1）：61–69.

高立兵，阎永利，底青云，等. 2004. 高密度电阻率法在商丘东周城址考古勘探中的应用［J］. 考古，7：72–78.

高立兵. 2000. 地面透射雷达（GPR）及其在考古勘探中的应用［J］. 考古，8：75–86.

何军锋. 2009. 试论中国史前方形城址的出现［J］. 华夏考古，2：63–70.

何满潮，韩雪，周旭荣，等. 2006. 里耶地下秦代古城护城河空间位置低损探查［J］. 工程地质学报，14（5）：661–664.

洪友堂，田淑芳，陈建平，等. 2006. 四川三星堆遗址多源遥感研究［J］. 国土资源遥感，（4）：3335.

蒋宏耀，张立敏. 1997. 我国考古地球物理学的发展［J］. 地球物理学报，40（增刊）：379–385.

蒋宏耀，张立敏. 2000. 考古地球物理学［M］. 北京：科学出版社.

阚瑷珂，王绪本. 2008. 3S 技术支持下的考古探测方法研究述评［J］. 国土资源遥感，77（3）：4–9.

黎烈均，梁致荣，刘彝筠. 1992. 一批考古、地质样品的 14C 年龄数据报道［J］. 中山大学学报（自然科学版），31（1）：137–139.

李大心. 1994. 探地雷达方法与应用［M］. 北京：地质出版社.

李普，钱方，马醒华，等. 1976. 用古地磁方法对元谋人化石年代的初步研究［J］. 中国科学，(6)：579-591.

李涛. 1985. 天津地区古河道的遥感图像分析［G］//天津－渤海湾地区环境遥感论文集. 北京：科学出版社，253-257.

林金鑫，田钢，石战结. 2014. 西夏陵陪葬墓的地球物理考古勘探研究［J］. 工程勘察，7：87-93.

林金鑫，田钢，王帮兵，等. 2011. 良渚遗址古水系调查中的综合地球物理方法［J］. 浙江大学学报（工学版），45（5）：954-960.

林金鑫. 2011. 综合地球物理考古方法的应用可行性研究［D］. 杭州：浙江大学.

刘建国. 1999. 安阳殷墟遥感考古研究［J］. 考古，7：69-75.

刘克新，李坤，马宏骥，等. 2001. 加速器质谱与环境科学［J］. 核技术，24（9）：783-786.

刘士毅，吕国印，段清波，等. 2005. 秦始皇陵地宫地球物理探测成果与技术［M］. 北京：地质出版社.

鲁娜. 1999. 探索蓝色文明——水下考古［J］. 地理知识，2：24-33.

马涛，和玲，Simon S.. 1997. 超声波技术在大佛寺石窟石质保护中的应用［J］. 文物保护与考古科学，9（2）：33-39.

马醒华. 2012. 中国古地磁研究50年——纪念王子昌先生诞辰一百周年［G］//王子昌先生诞辰百年纪念文集. 北京：北京大学出版社，17-28.

齐乌云，周成虎，王榕勋. 2005. 地理信息系统在考古研究中的应用类型［J］. 华夏考古，2：108-111.

申斌，边德芳. 1988. 应用物化探方法研究殷墟遗址［J］. 华夏考古，2：105-112.

沈鸿雁，袁炳强，肖忠祥，等. 2008. 晋阳古城遗址考古地球物理特征［J］. 地球物理学进展，23（4）：1291-1298.

苏永军，王绪本，罗建群. 2007. 高密度电阻率法在三星堆壕沟考古勘探中应用研究［J］. 地球物理学进展，22（1）：268272.

孙鸿烈. 2010. 20世纪中国知名地球物理学家［G］//钱伟长. 20世纪中国知名科学家学术成就概览，地学卷，地球物理学分册. 北京：科学出版社，419-428.

谭克龙，杨林，周日平，等. 2009. 西安神禾塬地区高光谱遥感考古研究［J］. 应用基础与工程科学学报，17（5）：675-682.

田钢，林金鑫，王帮兵，等. 2011. 探地雷达地面以上物体反射干扰特征模拟和分析［J］. 地球物理学报，54（10）：2639-2651.

王谦身，张赤军，周文虎，等. 1995. 微重力测量——理论，方法与应用［M］. 北京：科学出版社.

王子昌，邓兴惠，李溪光，等. 1960. 应用中国岩石天然剩余磁性研究古地极位置的初步结果［J］. 地球物理学报，9（2）：127-137.

王子昌，李存悌，邓兴惠. 1961. 川滇中生代红层的古地磁对比［J］. 地质学报，41（3-4）：325-341.

魏峻. 2008. 南海Ⅰ号沉船考古与水下文化遗产保护［J］. 文化遗产，1：148-153.

吴天成，高进戍，江宜生，等. 1988. 地球物理方法勘探古墓实例［J］. 物探与化探，12（2）：151-153.

吴文贤，王传雷，喻忠鸿. 2007. 地球物理方法在盘龙城（府河工区）考古调查中的应用［J］. 物探与化探，31（增刊）：32-34.

伍宗华，金仰芬，古平，等. 1994. 汞的勘查地球化学［M］. 北京：地质出版社.

夏训诚. 1987. 罗布泊科学考察与研究［M］. 北京：科学出版社.

肖梦龙，施玉平. 1989. 遥感技术在考古学中的应用［J］. 文物天地，3：38-40.

阎桂林. 1996. 考古磁学——磁学在考古中的应用［J］. 物探与化探，20（2）：141-148.

阎永利，底青云，高立兵，等. 1998. 高密度电阻率法在考古勘探中的应用［J］. 物探与化探，22（6）：452-457.

杨宏智，吕小红. 2008. 高密度电法结合高精度磁法在洛庄汉墓考古中的应用［J］. 华北地震科学，26（3）：

57~59.

杨林. 1999. 空中考古——内蒙古东部航空考古记 [J]. 地理知识，3：42-51.

姚萌，刘树人，杨燕. 2001. 基于探地雷达的古墓遗址探测及数据后处理方法 [J]. 遥感学报，5（4）：317~320.

应礼文. 2001. 新科技为考古学助力 [J]. 国外科技动态，387：32-34.

张念强，孔祥春，马建明，等. 2008. 探地雷达在南旺分水枢纽考古中的应用研究 [J]. 南昌工程学院学报，27（4）：60-63.

张寅生. 1987. 一种考古勘探的新技术——应用电阻率法勘探地下文物 [J]. 文物，4：71-75.

张寅生. 1990. 物探在考古勘探中的应用初探 [J]. 物探与化探，14（6）：444-451.

张寅生. 1999. 磁法考古探测应用机制及其应用效果 [J]. 物探与化探，23（2）：138-145.

赵丛苍. 2006. 科技考古学概论 [M]. 北京：高等教育出版社.

赵文轲，田钢，王帮兵，等. 2012. 新兴的科技考古勘探方法——考古地球物理 [J]. 科学，64（3）：13-16.

赵文轲，田钢. 2013. 地下古城墙遗址的地球物理探测 [J]. 科学，65（2）：38-41.

中国大百科全书出版社编辑部中国大百科全书总编辑委员会《考古学》编辑委员会. 1986. 考古学：中国大百科全书 [M]. 北京：中国大百科全书出版社.

中国社会科学院考古研究所考古科技实验研究中心汉唐考古研究室. 1997. 新疆库尔勒至轮台间古代城址的遥感探查 [J]. 考古，7：67-77.

中国社会科学院考古研究所考古科技中心. 2005. 科技考古第一辑 [G]. 北京：中国社会科学出版社，23-30.

钟世航. 1991. 用物探方法解决文物保护和考古中的某些难题 [J]. 地球物理学报，34（5）：635-643.

钟世航. 2004. 我国考古和文物保护工作中物探技术的应用 [J]. 文物保护与考古科学，16（3）：58-64.

朱俊英. 1996. 考古勘探 [M]. 北京：科学出版社.

朱日祥，邓成龙，潘永信. 2007. 泥河湾盆地磁性地层定年与早期人类演化 [J]. 第四纪研究，27（6）：923-944.

Adams R，Brown W E，Culbert T P. 1981. Radar mapping, archaeology, and ancient Maya land-use [J]. Science，213（4515）：1457-1463.

Chen R，Tian G，Lin J X，et al. 2014. Analysis of integrating ERT data of different array types: simulation study and observations on an archaeological site [C] // Proceedings of the 6th International Conference on Environmental and Engineering Geophysics，Xi'an，China，470-476.

Editorial of Geophysics. 1986. Archaeological Prospection（special issue of Geophysics）[J]. Geophysics，51（3）.

McHenry R. 1993. The New Encyclopedia Britannica（Macromedia）[M]. Chicago：Encyclopedia Britannica，Inc.

Shi Z j，Tian G，Richard Hobbs，et al. 2015. Magnetic gradient and ground penetrating radar prospecting of buried earthen archaeological remains at the Qocho City Site in Turpan，China [J]. Near Surface Geophysics，13（5）：477-484.

Wei Q，Li D，Cao G，et al. 1982. Intensity of the geomagnetic field near Loyang，China between 500 BC and AD 1900 [J]. Nature，296：728-729.

Zhao W K，Tian G，Wang B B，et al. 2012. Application of 3D GPR Attribute Technology in Archaeological Investigations [J]. Applied Geophysics，9（3）：261-269.

Zhao W K，Tian G，Wang B B，et al. 2013. 2-D and 3-D Imaging to Buried Prehistoric Canoe Using GPR Attributes: A Case Study [J]. Near Surface Geophysics，11：359-366.

Zhu R X，Potts R，Xie F，et al. 2004. New evidence on the earliest human presence at high northernl atitudes in northeast Asia [J]. Nature，431：559-562.

第十四章
军事地球物理学

　　地球物理学理论、方法与技术在军事领域中获得了广泛应用，并呈现出范围广泛而系统深入的持续发展态势。在中国，军事地球物理学（Military Geophysics）作为应用地球物理学的一个分支学科的学术地位正在形成（刘代志，2008）。

　　1942 年 1 月，美国地球物理学家海兰德（C. A. Heiland）发表文章《战争中的地球物理学》（Heiland，1942）。1958 年 7 月，美国国防部高级研究计划署（ARPA）要求国防分析研究所成立一个代号为"137 计划"的研究工作组，该工作组提交的研究报告中有一节专门讨论了"军事地球物理学"（Institute for Defense Analyses Advanced Research Projects Division，1991）。

　　军事地球物理应用研究始于第一次世界大战。二战期间，地球物理学在战争中得到了实际应用，首先是军事气象学。美军曾经在伏尔加河沿岸地区人工制造了 5 km 长的雾层掩护渡河；德国曾用人工造雾的方式掩护其军事目标，以免遭到盟军的轰炸；苏军强渡奥得河，德军炸毁上游水库大坝，淹没了苏军渡河出发地，使渡河严重受阻（陈颙和李娟，2003）。1945 年 7 月 16 日 12 时 29 分 21 秒（世界时），美国在新墨西哥州（北纬 33° 40′ 31″，西经 106° 28′ 29″）爆炸世界第一颗原子弹（即 Trinity）。著名地震学家古登堡根据加利福尼亚大学固定地震台站的地震记录图，准确给出起爆时间，与实际爆炸零时仅差 24 秒。古登堡发表文章，给出了地震学解释，这一结果使地震学名声大振（Gutenberg，1946）。

　　第二次世界大战结束后，一些西方国家相继建立地球物理战研究机构，研究各种环境改变技术。美苏等国秘密研究和发展地球物理武器（气象武器等已应用于实战，如人工造雾、消云消雾、人工降雨等）外，军事地球物理研究领域进一步拓宽。从军事气象到军事空间天气（为航空航天作保障），从法律学认可的军用地球物理技术（如军控核查中的核试验监测与识别）到军事工程地球物理（用于各种军事工程建设与环境评估中的地球物理方法技术），从军事情报侦测地球物理（各种遥感遥测与军事目标伪装等侦测反侦测中的地球物理方法技术）到军事地球物理环境监测与信息获取（为军事行动提供地球物理环境状态信息，如重力、地磁、电磁辐射等地球物理场参数；大气层、电离层、战区固体地球物理环境信息获取技术等），地球物理学已渗透到军事领域的方方面面（刘代志，2008）。

20 世纪 50 年代末、60 年代初，苏联地震学家发现，一次近百万吨级地下核试验能引起几百千米以外一未知地点的强烈有感地震。这一发现促使苏联国防部正式提出了地下核爆炸诱发异地地震的研究计划。经过 1960—1971 年近 12 年的大量试验（包括 1961 年新地岛 5000 万 t 级核试验），军方认为地下核试验产生的地震冲击波转化成为可控的武器是可能的。1987 年 11 月 30 日，苏共中央和苏联部长会议下达了第 1384—345 号命令，加速研究制造大地构造武器，这就是绝密的"墨尔库里斯 –18 计划"（即"水星计划"）。1990 年苏联解体，虽然水星计划受阻，但水星计划试验取得了"核爆炸产生的地下能量可以在离震中很远的地方积蓄起来，而且能量很大，如果以后再进行一次定向爆炸就能把这些地下能量全部释放出来"的结论，并把"技术瞄准"在这个结论上。1992 年水星计划宣布结束。目前俄罗斯军事地球物理研究包括地球物理场、地球物理武器和地球物理场武器研发新技术 3 个方面 [①]。

美国的地球物理武器研究以气象武器为重点和特色。早在 20 世纪 50 年代，美国军方就在一份研究报告中明确提出了"气象控制比原子弹还重要"的观点。从那时到现在，美军先后投资进行过数十个秘密的气象研究项目，其中包括制造地震的"阿耳戈斯"计划、制造闪电的"天火"计划、在飓风周围实施人工降雨，以此改变风暴方向的暴风雨计划等。自 20 世纪 60 年代以来，美国在地球物理武器的研究发展方面，已投入了近千亿美元；美国已在越南战争中试用了某些武器。而后开始研制"地球物理武器"集成系统。1993 年美国由海军和空军资助启动了"高频人工源极光研究计划"（HAARP），其目标是向地球电离层发射高频电磁波，使电离层升温，形成等离子体云，从而构成反导防御屏障，使航空、航天器和地面电子通信设备失效。这项活动会严重破坏大气层平衡状态，导致灾难性天气发生。1996 年和 2002 年建成的美国阿拉斯加和丹麦格陵兰基地，建有武器级别的天线阵列。结果表明，改变了试验场区局部地球物理环境和气象参数，首次制造出人造极光，观测到局部降水、臭氧浓度改变以及军事活动区通信导航的干扰信号。

除俄（苏）、美两国外，其他一些国家也开展了一系列军事地球物理研究，如军事基地的选址、环境评估等，特别是地球物理环境调查是其特色之一。

实际上，除核爆监测与军控核查、空间背景辐射监测、雷电监测定位与利用等一系列明显的军事地球物理研究与应用外（刘代志等，1998，2003），还有一些地球物理研究项目实际上也有军方背景。如板块大地构造的提出，就是多年由美国海军资助的海底与海洋地球物理调查（地磁测量、水声等等）结果之一。

未来战争中，用地球物理学方法改变环境，以达到一定的战术和战略目的，可能成为现实，比如用核爆炸的能量激发地震和海啸；试验人造磁暴对无线电通信、导航和雷达的影响；进行控制台风的试验，利用暴风雨袭击对方等。环境改变技术目前虽

---

① 陈英方，等. 2003. 军事应用地震（地球物理）学研究进展概况. 地震科技情报快讯，（11）.

然仍处于研究阶段，但是，它已在国际上引起普遍关注。1974 年，联合国裁军委员会第一次讨论了地球物理战问题。1976 年 12 月 10 日，联合国大会通过了《禁止为军事或任何其他敌对目的使用改变环境的技术的公约》。"9.11"事件后，美国重新掀起对地球物理战与地球物理武器的探讨 [1]（陈颙和李娟，2003）。2002 年 5 月，在华盛顿召开的美国春季地球物理年会中还特设地球物理与恐怖主义专题，探讨地球物理探测技术在反恐中的应用；2003 年澳大利亚勘探地球物理学家协会（ASEG）第 16 届会议上也设立了法证和军事地球物理学专题 [2]。

早在 20 世纪 50 年代，中国就开始关注地球物理学在军事方面的应用。继 1945 年美国第一颗原子弹爆炸成功后，美国又于 1952 年、1954 年先后在太平洋马绍尔群岛、比基尼岛进行了两次氢弹爆炸试验，后者威力相当于投放广岛原子弹的 750 倍，在世界上引起了广泛关注。1956 年中苏两国合作在中国建立地震台，以监测美国的核试验。为了验证地震方法侦察核爆炸的可能性，在中国科学院地球物理研究所李善邦领导下，从佘山地震台 1954 年伽里津地震仪的地震记录图中，查找到美国在太平洋马绍尔群岛、比基尼岛海域进行的第一颗原子弹爆炸试验，图上可以读出爆炸地震波震相，为实施地震核侦察提供了有力证据。是年，中国科学院成立了由赵九章（地球物理研究所）、马大猷（电子学研究所）、钱三强（原子能研究所）三人组成的核侦察领导小组，由竺可桢副院长直接领导。地球物理研究所承担的地震核侦察工作由赵九章直接领导。1961 年 7 月，中国科学院地球物理研究所成立第七研究室，傅承义任主任。自始，中国的地震核侦察和核爆炸地震效应观测工作进入了正式实施阶段。20 世纪六七十年代后，中国在核爆炸地震效应观测和国防工程防护、卫星侦察、气象、空间环境（空间物理与空间天气）等诸多领域广泛开展了与军事有关的地球物理研究。

军事地球物理学科建设，是在赵九章、李善邦、傅承义等老一辈地球物理学家关怀、指导和支持下，在刘光鼎、许绍燮等地球物理学家的参与和倡导下，刘代志等一批中青年地球物理工作者积极参与军事地球物理学科学研究、教学实践与人才培养工作。高等学校与科研院所携手，通过构建军事地球物理实验室，加强应用基础研究，拓宽了学术研究领域。中国地质大学设立了"军事地球物理"研究生招生方向；解放军信息工程大学增加了"军事地球物理环境"课程；中国海洋大学提出建立"军事地球物理海洋学"学科分支；中国地质调查局提出建立"军事遥感地质学"学科分支；广州海洋地质调查局提出建立"海洋军事地球物理中心"；《地球物理学进展》增设了军事地球物理专栏。

2005 年，中国地球物理学会国家安全地球物理专业委员会和陕西省地球物理学会军事地球物理专业委员会在西安成立。此前，已成立的"军事海洋学会"亦涉及军事

① 陈英方，等. 2003. 军事应用地震（地球物理）学研究进展概况. 地震科技情报快讯，（11）.

② ASEG 16th Conference and Exhibition：Growth Through Innovation，Preview ASEG，No.98，18，2003，或见：http://www.aseg.org.au/conference/Adelaide/default.htm.

海洋地球物理学研究方向。2007 年中国地球物理学会空间天气专业委员会在贵阳成立，其中涉及"军事空间天气学"研究方向的有关内容。军事地球物理学在中国逐渐形成（刘代志，2003；刘光鼎和刘代志，2003）。

中国军事地球物理学研究领域可概括为五个方面：地球物理与"两弹一星"、地球物理与作战保障、地球物理与国防工程、地球物理与武器系统运用环境、地球物理与非传统军事行动。

第一节　地球物理与"两弹一星"

"两弹一星"（"两弹一星"是核弹、导弹和人造卫星的简称）是中国科学家在党中央正确决策和中央专委有力领导下，在国防尖端科技领域做出的举世瞩目的重大贡献，从而奠定了中国的大国地位。在"两弹一星"元勋中就有中国地球物理学的开创者和奠基人之一、中国科学院地球物理研究所首任所长赵九章。中国地球物理学家不仅在中国的卫星研制中起了开路先锋的作用，在原子弹、氢弹等核武器研制、试验中也做出了重大贡献。

一、地球物理学为核武器研制寻找铀矿资源

中国的核工业是从研制核武器开始的。铀是研制核武器的原料，而铀矿的普查勘探是发展核武器的先行者，其中心任务是"查明铀资源，勘探铀矿床，提交铀储量"（《当代中国》丛书编辑委员会，1987）。

在铀矿普查勘探中，首先采用航空放射性物探方法和地面放射性物探方法进行普查。航空放射性物探是进行伽马（γ）测量的一种航空物探方法，具有速度快、成本低的优点，缺点是灵敏度低，受覆盖、地形等影响（章晔，1990）。

地面放射性物探主要是利用便携式 γ 辐射仪或 γ 能谱仪测量岩（矿）石的 γ（或 β+γ）射线总计数率或某一能量范围的射线计数率（即能谱），寻找放射性异常来发现放射性矿床的一种放射性物探方法。地面 γ 测量是铀矿普查的主要方法，中国的铀矿床大多是由地面 γ 测量发现的。

1957 年，航空 γ 普查即发现相山铀矿区；1958 年，地面 γ 普查发现了小丘源铀矿区。在放射性物探仪器研制方面也发展很快，先是仿制，然后是自主开发。1957 年 11 月，仿制苏 УР-4M 型找矿仪 100 台；1972 年，国产 FD-123 型航空 γ 能谱仪问世，与自制的模拟记录自动处理装置配套，形成航空 γ 能谱测量系统，从而解决了铀钍分辨问题。铀矿普查方法也由单一的 γ 测量逐步发展到综合方法普查，如 1962 年以后，即采用电法、磁法等普通物探方法寻找对成矿有利的隐伏构造、隐伏岩体和隐伏的铀矿，如广西大新矿床勘探，就采用电剖面、自然电位和电测深等方法探测含矿构造的产状及与矿化有关的金属硫化物的分布，指导布钻，加快了矿床勘探速度（《当代中

国》丛书编辑委员会，1987）。

二、地球物理学为中国人造地球卫星事业发展奠定了科学基础

1957年10月4日苏联成功发射人类第一颗人造地球卫星。1958年，毛泽东主席发出"我们也要搞人造卫星"的号召。中国科学院即成立581组，负责研究中国人造卫星问题，钱学森任组长，赵九章、卫一清任副组长。根据当时国内情况，发射卫星的条件尚不具备，应先从火箭探空搞起。赵九章、卫一清提出"以火箭探空练兵，高空物理探测打基础，不断探索卫星发展方向，筹建空间环境模拟实验室，研究地面跟踪接收设备"5项工作（江前进和黄艳红，2010）。1964年12月27日，赵九章上书周恩来总理，认为"所有的人造卫星，几乎都是与国防有关的……，中国亟需进一步准备发射侦察卫星、通讯卫星、气象卫星等工作"。中国科学院581组经过7年的预研，提出了第一颗卫星的方案设想及卫星系列设想。于1965年底，651设计院（即卫星设计院）成立，赵九章任院长。中国的卫星研制是以空间地球物理探测开始，同时研制箭（星）上仪器设备。后来的卫星发展过程也充分说明了这一点：地球物理应用一开始即为卫星上天打基础，为卫星发射作保障（气象、空间环境等），而卫星又为空间物理研究提供了良好的平台（如风云系列、实践系列和探测系列卫星，双星等）。

通过中高层大气探测，电离层、空间光辐射和磁层的探测与研究，获得空间环境状态及其变化（空间天气）方面的信息，为空间环境效应模拟提供依据。而卫星等空间飞行器的轨道变化、表面充电（包括内部充电）、材料腐蚀、电子器件损伤（包括微电子器件的单粒子事件效应等）、导航定位与通信等与空间环境变化密切相关。所以，地球物理学研究为中国卫星事业的发展起到了侦察兵的作用，奠定了坚实的科学基础。

三、地球物理学为导弹发射提供科学保障

地球物理学为导弹发射主要在两个方面提供科学信息保障：一是测地保障，重点在提供区域重力模型、重力的垂向偏差等参数；二是气象保障，除一般气象保障外，重点是提供高空风场、大气密度等参数。

在野外测地工作中，是以测站点的铅垂线为基准（铅垂线方向就是重力方向），而测量计算时又是以椭球面相应的法线为基准。由于地球内部（主要是地壳、岩石圈）的质量不均匀分布会引起重力方向的不规则变化。因此，在地面上各点的铅垂线同法线通常是有偏差的，偏差的大小和方向随点位的不同而做不规则变化。在地面某一点上铅垂线方向与相应椭球面的法线方向之间的夹角，称作这一点的垂线偏差。垂线偏差与该点的大地经纬度和天文经纬度有关，而导弹发射点的垂线偏差（或天文经纬度）和导弹瞄准方向的天文方位角是联系导弹发射坐标系与地心坐标系的基本参数，必须由测地提供。地球物理工作者通过重力测量，可以建立垂线偏差模型，在导弹快速机动发射时可实时提供导弹发射点的垂线偏差这一重要参数。

导弹发射阵地的重力场测量是地球物理为导弹发射提供的重要保障。弹道导弹关

机之前是依靠自身的制导系统进行飞行的。目前，弹道导弹大多用惯性制导方法，惯性制导主要是控制导弹在关机点的速度、弹道倾角、位置参数等。其中，关机点的速度是对射程起决定作用的参数。导弹关机点速度是通过惯性制导测量装置来测量导弹飞行的视加速度，由弹上计算机实时计算得出。虽然不同型号导弹的惯导测量装置有所不同，但都需要在导弹发射之前进行精确测试，以修正惯性测量装置的工具误差对导弹射击精度的影响。在测试过程中，由于许多参数都与重力加速度有关，因此必须精确测量惯性测量装置所在测试位置的重力加速度。与此同时，导弹发射阵地除了需要发射点（或导弹测试点）的重力加速度外，还需要在导弹发射阵地（首区）一定范围内进行大密度的重力测量，以便建立相应的重力场模型，求得该区域内高频重力异常，用于计算导弹飞行弹道上的扰动引力加速度。计算不同飞行弹道段上的扰动引力加速度可以采用不同的方法，需要用到不同的重力模型数据。在被动段的扰动引力加速度计算中，采用球谐位系数法最佳。球谐位系数是将地球引力位展开到 N 阶的球谐级数式中的系数，这些系数又是利用对卫星摄动运动的观测数据求得的。因此，弹道导弹的扰动引力加速度计算还需要卫星重力测量的保障（江前进等，2010）。

在导弹发射过程中的气象保障，主要有以下几方面的内容：一是发射阵地首区的风场参数，它会影响导弹的起竖；二是高空风场对导弹的姿度影响；三是飞行弹道上的雷电会影响弹上电子元器件、积雨云会影响再入弹头的烧蚀等；四是发射首区的能见度会影响导弹发射瞄准工作；五是大气密度的变化对导弹诸元计算的影响；六是核导弹末区的风场对放射性核素的扩散的影响。由此可见，气象保障对导弹发射与作战也非常重要。

从地球物理角度举例来说，主要是大气的基本物理参数，如空气密度、温度、大气压力、湿度、声速和风等，是影响导弹运动特性的重要参数。而要获取这些参数，就必须借助全球气象台网、探空气球、无线电探空仪（气象雷达等）、气象火箭、气象卫星等手段，并对观测结果进行处理与综合（A. A. 德米特里耶夫斯基等，2010）。

四、核爆炸效应的地球物理监测与核爆侦测

核爆炸实际上是自恃核裂变或核聚变（或两者兼有）反应瞬间释放出巨大能量产生的爆炸作用。核爆炸效应主要有冲击波、光辐射（或称热辐射）、早期核辐射、剩余核辐射（放射性沾染）和电磁脉冲。这几种效应也是几种杀伤破坏因素。核武器研制过程中，都要进行场地核爆炸试验，爆炸方式主要有三种：地面、空中和地下。

地面和空中核爆炸效应主要是冲击波产生的气压扰动（次声波）、冲击地震波和核电磁脉冲（NEMP）；如果是在电离层 D 层以上的高空核爆炸，还可以产生人造极光、人工辐射带、磁扰动、电离层扰动、电波传播异常、无线电噪声、哨音等。

在 1964 年 10 月 16 日中国首次核试验中（地面塔爆），中国科学院地球物理研究所承担了 4 项任务：地震效应观测，地震观测（地震波与当量、距离关系），空气中

气压波的测量和试验场区气象保障。和地震有关的科学工作由傅承义领导,试验组织、实施由许绍燮、张奕麟负责;气压波测量工作由孙超领导;气象保障工作由顾震潮领导。在这次试验中,地球物理学方法的最大贡献是:圆满完成气象保障任务,确保实验在最为有利的气象条件进行;用地震方法确认核爆炸成功并速报了爆炸当量。中国科学院地球物理研究所的工作受到国防科委表彰,顾震潮荣立一等功,许绍燮、曲克信荣立二等功,多人荣立三等功。

地下核爆炸主要产生地震波、地下水放射性污染、各种电磁现象等(乔登江,2002)。地下核爆炸瞬间产生的高温高压气体在围岩中形成强冲击波向外传播,并不断衰减,传播到一定距离以外就衰减成弹性波,以地震波的形式通过岩石层传播到很远的距离(郝保田,2002),并在爆心处形成空腔、烟囱。通过爆心附近自由场及地表质点位移、速度、加速度测量可以为诊断地下核爆炸景象与力学效应提供了物理基础,同时也为用地震方法远距离侦察地下核爆炸提供了可能。

1969年6月23日中国进行了首次地下核试验。地球物理学方法成为试验场最为重要的观测手段。自1969年至1976年,中国科学院地球物理研究所先后参加3次地下核试验。进行了地表和自由场运动参数位移、速度、加速度测量和零后爆心空腔、烟囱形成过程的监测,并探讨了地下核爆炸诱发地震的可能性。

20世纪50年代,美、苏相继在大气层中进行大规模核爆炸试验,引起了全世界的普遍关注。1958年夏,各国专家聚会日内瓦,探讨禁止核试验在技术上实行有效侦察与监督问题。地下核爆炸的探测主要靠地震方法,主要困难是爆炸信号和地震信号的识别。20世纪五六十年代,地震核侦察成为地震学的重要研究方向。傅承义在《关于学术方向的一些意见》(傅承义手稿)一文中指出,爆炸的远距离侦察的学术意义在于提高地震学的全面水平。1965—1976年,中国科学院地球物理研究所承担了地震核侦察国家任务。这项任务是在傅承义指导下,由许绍燮负责组织实施,技术层面工作由张奕麟负责。1965年12月24日成功速报了苏联在中亚地区进行的一次地下核试验。

地震核侦察的核心问题是爆炸信号的识别,其理论基础是爆炸和地震的震源机制不同。地震核侦察的核心问题是爆炸信号的识别,其理论基础是爆炸和地震的震源机制不同。在20世纪六七十年代早期识别工作中,中国科学院地球物理研究所逐步建立起一套行之有效的识别方法:定点对象法,初动判别法,P、S波比值法,震级比较法,周期与震级的关系等(详见本书第四篇第一章第六节)。早期的地震核侦察工作,首先是国家发展的战略需要,目的是打破超级大国对核武器垄断。中国地震学家走自力更生发展道路,边研究边实践,取得了很好的实践效果,为高层决策提供了重要依据。1978年,这项工作继续由国家地震局(1998年后中国地震局)地球物理研究所承担。

近年来,数字化地震台网(台阵)观测测技术的发展,进一步推动了地震核侦察研究。中国地震局地球物理研究所郑重、郝春月、徐志强等利用台阵数据,对其定位能力和提高定位精度方法进行了研究(郑重和徐志强,2000;郝春月等,2007)。此外，李学政对 3 次地下核爆炸诱发余震的观测结果进行了分析，取得了新的认识（李学政等，2004）；何永锋、陈晓非把目标区域内的小当量地下核爆炸事件作为经验格林函数（EGF），来估计发生在该目标区域内的可疑地震事件的相对震源时间函数（RSTF）。天然地震和地下核爆炸的震源物理过程的本质区别会通过震源时间函数表现出不同的特征。通过对 RSTF 的分析来研究是否为地下核爆炸，对地下核爆炸检测及识别提供了一条新途径（许绍燮等，1995；李学政等，2004；何永锋和陈晓非，2006）。

20 世纪 70 年代中期开始，国家地震局地球物理研究所开展了地震和核爆炸的自动识别研究。以往的核爆地震自动识别主要采用两类方法：一类是地震学的方法，即用震源深度、面波震级比等地震学特征参数来进行判别（吴忠良等，1994）；另一类是用统计模式识别方法对地震波进行自动解释，即用复倒谱、频率三次矩、谱比值等数学特征通过各种分类器来进行识别（傅京孙等，1990）。但是，识别结果均不够理想。20 世纪 90 年代开始，第二炮兵工程学院开始从事核爆地震模式识别研究（邹红星，1995）。1995 年开始，用地球物理与模式识别方法相结合的"灰箱"方法，在模式识别过程中，综合应用非线性科学与现代信号处理理论，提出一条有地球物理特色的核爆地震智能模式识别新思路（刘代志等，1998）。

近年来，核爆炸地震监测虽然进入了数字化时代，但是科学问题并没有发生根本变化。在 2007 年召开的"第 29 届监测研究回顾：地基核爆炸监测技术"会议上指出"天然地震和爆炸之间的常规的地震识别是禁核试研究中一个长期存在的目标"（Peter and Bettin，2007）。特别是低震级小当量核爆炸事件和化学爆炸的识别是当前禁核试研究面临的首要任务和挑战。为了迎接这一挑战，一方面要借助模式识别学科的发展成果，另一方面则要发展地震监测技术及监测网络建设，从地球物理的角度研究天然地震、地下核爆炸和化学爆炸的物理机理、信号的动力学特征等。

第二节　地球物理与作战保障

所谓作战保障，就是为遂行作战行动而采取的一切保障措施，即对作战提供各个层面（战略、战役、战术等）、各种形式（物质、能量、信息等）、各个维度（陆海空、天、太空等）的支持。中国人民解放军国防大学王保存指出，保障能力是部队战斗力的要素之一，是作战行动的命脉，具有重大战略意义。肖俊在 2003 年出版的《美国军队信息化建设研究》一书中指出，军队的保障系统应具备 6 种能力：战略投送能力、快速反应能力、独立保障能力、综合保障能力、战场机动与生存能力和后续补给能力。这些能力都和高科技密切相关。军事科学院刘诚专门分析了太空战的信息保障能力，包括在作战时空范围内为作战力量提供侦察监视、导弹预警、通讯中继、导弹定位、气象观测、战场测绘、控制指挥等信息。在陆海太空、信息化和电磁战的作战时空范围内，地球物理学在作战保障中的应用主要体现在情报侦测保障、气象探测保障、测地保障和空间天气保障等方面。此外，在军事地理、地质水文等方面，也有不少涉及地球物理方法与技术。

一、地球物理与情报保障

情报保障是作战保障的重要组成部分，特别是信息时代的高技术战争，无论是平时还是战时都离不开情报保障，情报保障贯穿战争的全过程。要进行情报保障，特别是高技术条件下的信息化战争，要获取情报除传统的方法外，越来越依靠现代侦测装备。因此，基于信息系统的体系作战更加依赖于情报侦测保障。在情报侦测中，地球物理理论、方法与技术发挥了重要作用，在军事地球物理学中形成了一个情报侦测地球物理研究方向。

在航天航空情报侦测中，目前使用最多的地球物理方法是可见光、红外摄影，雷达成像、多光谱、高光谱（超光谱）和各种电子侦察（包括核爆炸等专题侦察卫星）等。在航天航空情报侦测中所涉及的地球物理问题主要有3个方面：一是航天遥感侦测中地球大气层、电离层等对目标物的电磁辐射传输的影响；二是近地空间物理环境对目标定位的影响；三是各种地物目标的地球物理特征（如辐射特性、反射特性、密度、磁性、介电性等）。其中，最重要的是各种军事目标的地球物理特征在地球物理场上的表现，即地球物理异常场。而光谱特征、对电磁波的反射特性、地磁异常场特征等又是最有代表性的地球物理特征。

基于空基（机载）与天基（星载）的成像光谱仪，可从可见光到红外波段，在数百个窄波段（5~10nm）记录地物太阳反射或发射的光谱能量，分别成像形成空间－光谱的三维数据，具有地物精确识别各种军事目标的潜力。高光谱遥感技术既在植被研究和环境监测等领域有重要应用（Tong et al.，2004），而且在人工目标分类识别等军事情报侦测领域有独特优势（李智勇等，2003；易尧华等，2004）。此外，合成孔径雷达（SAR）是研究目标反射特性的情报侦测手段，是一种主动微波相干成像雷达，具有高分辨力和全天候、全天时、大面积、远距离的成像探测能力。SAR具有一定穿透植被和遮盖物的能力，很容易辨别地面的伪装目标和隐藏于山林中军事目标，如识别一般伪装的导弹地下发射井、识别云雾笼罩地区的地面目标，通过不同时相SAR图像检测目标变化情况（黄世奇和刘代志，2006；Bovolo and Bruzzone，2005；Bazi et al.，2005；Gamba et al.，2006）。

航空磁测方法是二战期间苏联科学家发明的，主要是用来探测德军的潜艇和水雷。当今，通过航天航空侦测技术探测局部地磁场的磁异常来获取情报仍然是一种有效的途径。20世纪80年代后，美国等根据卫星磁测资料绘制了一些地区的磁异常图，以获取有价值的经济与军事情报。美国曾于1980—1990年期间执行了代号为"磁铁"的航磁测量计划，目的是编制全球地磁图，实测精度达到±15nT（徐文耀，2003）。美国奥斯汀德克萨斯大学地球物理研究所于1994年在威尔逊（Wilson）及其邻区为环境灾害调查进行了航磁测量（管志宁等，2002），根据磁测结果确定了地面已无痕迹的全部油井的位置，圈定了幅度仅为 10nT 异常的废弃的铀矿加工厂和废矿坑。使用高精度磁力仪对特定军事区域进行航空磁测，可以通过获取局部区域的磁异常数据来确定磁性目标位置。

　　在地面进行情报侦测地球物理工作，主要是对军事目标所在的地球物理环境（包括各种地球物理信号的传播介质环境等）变化进行监测和对地球物理特征信息的获取与识别处理。在中国科研院所、高等院校都相继开展过这方面工作，如 1999 年 2 月 24 日某航空公司一架客机在途中失事，为了查明事故的原因，当时的国土资源部航遥中心受中国民航总局的委托前往事故现场，用 HC95 光泵高灵敏度磁力仪确定深埋在地下的飞机发动机残骸的位置和深度（何敬礼，1999）。北京市宛平城下游的永定河河道里，为了探测出施工区的地下是否遗弃炮弹，以便获得炮弹的确切位置、埋深等信息，曾使用 CSC-3 型悬丝式垂直磁力仪和 IGS-2/MP-4 型质子磁力仪，圈定出局部磁异常，推断出地下遗弃炮弹的位置及大致埋深（李远强和李祥强，2002）。在工程施工进行地基处理时，需要确定了该处存在的一个地下防空洞走向、形态大小等情况。因年代久远已无资料可寻，洞口洞内已掩埋阻塞。而防空洞体为钢筋混凝土结构，钢筋属于较强磁性体，对探测的磁异常数据进行解析延拓，精确地圈定其几何形态（温一波和石小平，1998）。

　　水面或水下所进行的情报侦测地球物理工作主要是声呐、电磁波、重力、磁法等探测。水中声呐是通信、导航、定位的主要手段（李启虎，2002）。沿海光电侦察技术（王泽和，2000），机载激光侦察水下目标技术（付伟和侯振宁，2001），高频地波超视距雷达（刘春阳和王义雅，2002）等技术手段也是水面（水下）情报侦测地球物理工作的重要方法技术。在水面或水下情报侦测地球物理工作中，主要是研究各种侦测方式和侦测信号分析与处理问题，如测向、目标识别等。此外，水面／水中磁场监测和目标定位与识别，海上重力与地磁导航等也是水面或水下情报侦测地球物理研究的重要内容。

二、地球物理与气象保障

　　军事活动与气象环境密切相关，气象保障是作战保障中的传统而重要内容。地球物理与气象保障主要体现在大气探测、大气物理和大气环境研究上。最早的军事地球物理研究就是军事气象研究。

　　新中国成立后，中国科学院地球物理研究所拥有众多中国顶尖的气象专家。1950 年，朝鲜战争爆发。该所与军委气象局合作成立联合天气分析预报中心（简称"联心"）和联合气候资料中心（简称"联资"），共同承担气象保障任务。60 年代，为中国的核试验工作保驾护航，为试验选择最佳气象条件。

　　大气环境条件对高技术战争中的武器系统如战略导弹、精确制导武器和自动化指挥作战系统（C4IRS）的影响，远远大于对常规武器的影响。美国等西方发达国家早已将气象保障列为国家安全的重要因素，大力开发天基遥感探测系统以提高实时获取气象信息的能力，实现联合作战部队气象信息的共享以形成信息优势。通过高技术气象装备的研制，特别是自动探测装备，如基于无人机平台的探空设备和远距离传输的微型地面传感器，以获取敌占区或封锁区的气象数据。

在气象保障中，首先是进行空中、地面大气探测。在空中大气探测中，气象火箭、气象卫星是常用的手段。其中，气象卫星提供的云图，能以便捷直观的形式提供大尺度范围的云的信息，特别是在资料稀少的地区，如海洋、沙漠等，卫星云图具有无以替代的优越性。卫星云图能综合反映大气内部的动力和热力发展变化过程，是天气预报最直观的信息来源，而云类识别与云团短时预测对导弹发射窗口的选择、空军与海军航空兵行动等军事气象探测保障具有十分重要的意义（王继光，2007）。此外，地球无线电掩星观测，可提供高达 60km 的精确大气剖面，据此可分析大气变化特点，建立局部地区大气模式，为导弹武器折射率修正提供气象保障（张训械等，2003）。此外，空军和海军对气象保障需求更加突出，空军需要各高度层高度场、风场、积冰区、颠簸区、不稳定指数等近 20 种气象要素和物理量场，这些气象环境信息是作战、训练、重大军事行动所需气象保障的主要依据。海军对气象环境信息需求也很大，如航母作战中飞机的起落需要知道甲板上最大的横向风速，所以，在飞行甲板上需要连续测量现场风速和方向，正确地预测甲板平面风速和方向。而且，许多武器系统也要受气象条件的影响，如雷达折射率依赖于空气温度、湿气和压力，雾、云和海面气溶胶会对激光指示器和光学传感器产生有害的影响等。

大气物理与大气环境的研究，是建立气象预报模型的基础，而全球战区尺度预报系统建设和战场尺度预报技术的开发是气象保障的发展方向，也是地球物理学在气象探测保障中重要应用前景所在。

三、地球物理与测地保障

测地保障内容主要包括各种军事地理信息、各种地球物理场（基础）图（如重力场、地磁场等）以及由此建立起来的各种模型。不管是几何大地测量还是物理大地测量，都是广义的地球物理学研究与应用领域。建立地理空间基础框架既是中国信息化建设的重要组成部分，是国防信息化建设的重要内容，它是包括数字化战场建设、战场监测、空间定位和指挥自动化系统运作的基础。它将传统意义上的国家基本地形图和大地坐标成果向信息时代的数字化方向发展。除了传统的测地保障外，以建立中国的数字地球为目的，从全球政治、经济、军事形势的变化和需求上建立有利于国家安全的独立自主的、全球性的空间基础数据体系，是信息化战争对测地保障需求的主要内容（刘代志，2005）。

中国科学院测量与地球物理研究所为中国第一颗人造卫星成功发射（1970 年 4 月 24 日），提供了卫星发射场与跟踪站的地心坐标、大地坐标及高程异常数据。该所在重力场的逼近理论和重力场高空赋值模式以及构制的虚拟单层密度理论模型等研究中，达到国际先进、国内领先水平，为中国远程武器发射做出了重要贡献（许厚泽和朱灼文，1984）。1987 年，许厚泽主持完成的"地球重力场逼近理论与高空赋值模式"项目获国家自然科学奖三等奖。

四、地球物理与空间天气保障

空间是 21 世纪人类航天、通信和空间军事等高科技活动的重要场所，空间环境是除陆地、海洋、大气之外，人类必须认真面对的第四环境。空间环境是指地球表面 20至 30km 以上的中高层大气、电离层、磁层、行星际空间和太阳大气。人们把源于太阳的空间环境的变化称为空间天气。空间天气对各类空间飞行器（包括导弹，特别是地对地弹道导弹）的设计、使用等有不可忽视的影响。地球物理学在空间天气保障领域的应用研究主要包括空间环境探测、空间物理和灾害性空间天气对空间、地面技术系统的影响。空间天气预报则是空间环境与空间物理研究的主要应用，也是为人类空间活动（当然包括军事活动）提供的重要保障。在空间环境探测方面，主要是利用地面探测手段（如地磁台、各种雷达、高层大气探测仪等）、探空火箭和科学卫星。

地球空间双星探测计划（简称"双星计划"）是中国自己提出的第一个空间探测计划并开展国际合作的重大科学探测项目。主要用于研究太阳活动、行星际扰动触发磁层空间暴和灾害性地球空间天气的物理过程，进而建立磁层空间暴的物理模型、地球空间环境动态模型和预报方法，为空间活动以及维护人类生存环境提供科学数据和相应对策（详见本书第九章空间物理学第五节重大空间探测计划）。

中国在空间科学领域实施的首个国家重大科技基础设施项目——东半球空间环境地基综合监测子午链（简称"子午工程"），2012 年 10 月在京通过国家验收，开始履行监测日地空间环境、服务空间天气预报的使命。

"子午工程"与"双星计划"以及有关应用卫星的搭载等天基空间探测系统相结合，构成分工合作、相辅相成的关系，通过各监测系统协同工作，可以全面获取空间环境各种信息，建立相应的空间天气因果链模式，发展综合性的预报方法，为做出有重要原创性的科学成果提供监测基础。

第三节　地球物理与国防工程

国防工程涉及范围广、内容多，涵盖了与国家安全紧密相关的大型工程。地球物理方法理论与技术在国防工程防护中发挥了十分重要的作用。

一、国防工程防护

国防工程地球物理探测包括地下隐蔽工程、地面大型工程、国家大型重点工程等场地选择与评价，复杂地质条件下的国防公路、电力管线、通信光缆的线路选择，滑坡、泥石流、地下洞穴、侵华日军遗弃的化学武器、雷弹等环境地质灾害隐患的监测、预测与治理，以及人防工程、隧道、桥梁、护坡、堤防、路基、机场跑道、锚杆锚锁、大型建筑物等的质量检测与评价，地下热能勘探、地下水源勘查和水质评价等。国防工程地球物理方法理论与技术，与工程地球物理勘探一样，重、磁、电、震一齐上。除了国防工程因对象特殊，需考虑一些特殊问题（如隐蔽伪装、抗打击加固及所涉及的地质环境条件等）外，国防工程地球物理学理论方法与技术（包括仪器设备）基本上与民用一致（龙凡，2006）。

20世纪60年代起，中国成功地进行了一系列核试验，国防和民防部门都十分关注和急需解决核爆炸的工程防护问题。70年代初的一次地面核爆炸试验中，工程兵司令部向中国科学院地球物理研究所正式下达了地下工程防护研究任务，内容包括：距爆心不同距离上地面质点运动及其随深度衰减规律；重要工程抗爆能力试验；振动对工程结构物的破坏和工事内人员的伤害。通过观测实验，对爆炸引起自由场质点运动和地下工程破坏机制有了一些规律性认识，完成了总结报告《（任务代号）效应试验地面接触爆炸引起的地运动总结报告》。

二、电磁脉冲防护

核武器或非核电磁脉冲弹在高空大气层爆炸能产生巨大的电磁脉冲（EMP）效应，可以使电力系统和高技术微型电路受到破坏，使低轨道卫星失灵，导致使经济和社会瘫痪，作战能力丧失。2004年，美国电磁脉冲威胁评估委员会的一封报告中指出，一旦美国遭到电磁脉冲攻击，有可能使美国陷入瘫痪。电磁脉冲攻击实际上已成为对手很可能使用的不对称打击手段。为此，美国对低轨道卫星采取了一系列防护措施：尽可能改变低轨道到高轨道；对卫星进行抗电磁脉冲加固，软装屏蔽筒；安装热辐射监测传感器预警。并采取了其他一些防范和补救措施（庞永军，2005）。

中国国防大学信息战研究所十分注重研究中国空间环境安全问题。指出空间系统，尤其是低轨道地球卫星极易遭到电磁脉冲破坏，对卫星的上行和下行链路、控制系统和基础设施应进行有效保护。开发了抗击电磁脉冲的保护工程，针对卫星导航、天基地基监测、目标跟踪、通信设施、导弹防御（尤其是洲际弹道导弹）系统提出了技术保护措施。对地基武器系统、通信系统进行抗电磁脉冲加固。

第四节　地球物理与武器系统运用环境

所谓武器系统运用环境，是指武器系统在作战空间中所处的状态。作战空间定义为：环境、要素和状态，它包括大气、陆地、海洋、空间、敌人和友方兵力、设施、气象、地形、作战区域和感兴趣区域内的电磁谱和信息环境。在武器系统运用环境中，地球物理学的应用主要体现在对环境的监测、探测、仿真研究和环境利用与改变等方面，对导弹武器系统而言，运用环境主要涉及武器系统的通信环境、导航定位环境、导弹测试环境和导弹阵地环境等。

2003年3月，美国空军在佛罗里达州试验了大型燃料空气炸弹，对地层状况可能造成较大危害，如山体滑坡、泥石流和地震灾害。而后又研制出钻地炸弹，直接攻击地面加固目标和地下设施，如地下发射井中的洲际弹道导弹。1997 年，美国美军装备了核钻地弹。在 21 世纪初，中国试验了一种中型钻地炸弹和小型核钻地弹，取得了满意的攻击效果（费肖竣，2003；凌云翔等，2005）。

一、地球物理与通信环境

武器系统的通信环境主要是指作战空间的电磁环境，包括各种人工与天然电磁干扰所形成的背景噪声环境和空间电磁环境（卫星通信、短波通信选频、超视距无线通信等主要涉及电离层状态，大的地磁扰动，如磁暴等）。

地球物理学在通信环境监测与探测领域的应用主要体现在电离层天气监测、研究和预报上，包括日冕物质抛射、磁层电场、粒子沉降等在电离层中的种种反映，即研究电离层天气及其产生原因，以便为指挥通信系统提供电离层天气预报（吴健和郭兼善，2006）。

二、地球物理与导航环境

武器系统平台和各种情报侦测平台需要定位，运行中载体需要导航。导航定位系统诸如地面无线电导航系统、天文导航系统、多普勒导航系统、卫星导航系统和惯性导航系统。使用最多的是卫星导航系统和惯性导航系统。

卫星导航系统，如美国 GPS、俄罗斯的 GLONASS 和中国的北斗系统等，是通过测量载体与卫星相对位置为载体提供位置、速度、时间信息。因卫星导航信号要穿过电离层，电离层的变化（如电离层电子浓度总含量 TEC 变化、闪烁等）使电波通过电离层时折射速度变慢，产生附加的时间延迟，导致测距不准；其次，导航信号通过电离层时还会产生相位变化，使测相导航系统产生误差。此外，由于电离层折射，导航信号在电离层中的传播路径产生弯曲，导致导航信号到达角的变化，使基于测角的测速系统产生测速误差（吴健和郭兼善，2006）。误差修正需要电离层效应改正模式，而模式的建立需要通过地基与天基空间监（探）测系统进行长期的、大量的电离层探测与研究。卫星导航定位系统最大缺点是战时隐蔽性差，易干扰。武器系统不宜单独使用卫星导航系统。

惯性导航系统是不依赖任何外界信息、不向外界辐射能量、也不受外界电磁干扰的自主导航系统。通过自身携带的加速度传感器测量运动加速度，经过积分获取速度、位置信息。其优点是更新速度快、抗干扰强、稳定性好、短时间精度高。由于惯性导航系统的导航信息是通过加速度积分得到的，积分误差随时间积累，导致长时间工作导航精度降低。

当今，单一的导航系统业已发展成熟，其优缺点分明。现代化战争对导航系统定位精度、可靠性和自动化程度要求越来越高，单一的导航系统已不能满足需要。将辅助导航信息引入惯性导航系统，对惯性导航的累积误差进行修正，如利用地磁场、重力场特征发展起来的地磁匹配惯性导航系统、重力辅助惯性导航系统，将有很好的应用前景。

（一）地磁匹配惯性导航系统

利用地磁场进行辅助导航，需要解决的关键技术主要有 4 项：一是小型化与高精度传感器的研制；二是平台磁干扰补偿与消除；三是基准图制备与匹配算法；四是地球变化磁场建模与预测。其中，地球变化磁场的建模与预测是目前制约地磁导航技术的难点之一。因为只有从传感器所测地磁场中精准地消去它的影响，才能拓展地磁导航的应用范围，提高导航精度。2004 年，航天科工集团三院 35 所李素敏、张万清发表文章（李素敏和张万清，2004），介绍地磁匹配制导的基本原理和开展的仿真实验研究。同时，第二炮兵工程学院（现为第二炮兵工程大学）王仕成科研团队开始巡航导弹地磁匹配相关技术的研究，而后多次承担国家自然科学基金以及国家、军内科研项目，发展表了一系列重要论文（吕志峰等，2014；王仕成等，2015；李婷等，2014），培养了多名博士、硕士。2006 年，西安测绘研究所彭富清发表文章，重点介绍了地磁导航的地磁模型研究现状以及地磁导航的军事价值（彭富清，2006）。2007 年，西北工业大学晏登洋等（2007）提出一种新的惯性 / 地磁匹配组合方案：以磁偏角和磁倾角作为匹配特征量进行图匹配，以地磁场模型解算地磁场强度的方式来得到精确位置信息。2007 年，中国船舶重工集团公司天津航海仪器研究所杨功流等（2007）提出一种地磁辅助惯性导航系统的数据融合算法；该所刘飞等（2007）研究了相关地磁匹配定位技术。2007 年，国防科技大学机电工程与自动化学院穆华等发表"船用惯性 / 地磁导航系统信息融合策略与性能"（穆华等，2007），哈尔滨工程大学、西北工业大学等也开展过类似研究。2007 年 4 月 17 日至 18 日，主题为"地球与空间微物理场研究及应用系统构建"的香山科学会议第 300 次学术讨论会在北京召开，"开展地磁场匹配定位导航数据库及共享应用研究"是本次会议的 4 个议题之一，与会专家强调地磁匹配导航技术研究的一个关键是"地磁匹配导航基准图数据库建立及应用研究"，获取高精度的地磁实时图，与三维数字化的地磁基准图匹配，理论上可实现"米级"的定位导航精度，地磁基准图数据库及相关研究成果还可广泛用于远洋运输、铁路、民航飞机、热气球、民用车辆、手机用户、水下机器人等系统的导航定位。2008 年，航天科工集团北京自动化控制设备研究所谢仕民等（2008）对国际上地磁匹配导航的研究情况及其关键技术作了简要介绍；同年 7 月，西北工业大学导弹精确制导与控制研究所周军等（2008）回顾了地磁导航技术的研究历程，综合分析了地磁导航技术采用的导航算法，指出了制约地磁导航技术发展的三大关键技术和当前的研究动向。2009 年、2013 年，第二炮兵工程大学刘代志科研团队先后承担国家自然科学基金项目"辅助导航地球变化磁场区域模型研究"、"中纬度局地电离层 TEC 与地磁变化场时空相关性分析与建模研究"。电离层电子浓度总含量（TEC），对电离层物理的理论研究及卫星定位、导航精度等应用研究均具有十分重要的意义。该团队发表了一系列论文（牛超等，2010；易世华等，2010，2013），培养了多名博士和硕士。

在国家"十一五"计划中，总装备部预研课题中出现了"地磁匹配制导"课题的方向，地磁匹配导航技术进一步受到关注。目前，国内从事地磁匹配研究的单位主要有航天部门、高等院校和科研院所等 20 多个单位。

（二）重力辅助惯性导航系统

早期潜艇导航主要是靠罗盘、计程仪、潮流等资料，推算潜艇位置，定位精度低。后来采用惯性导航系统（INS），基于测量潜艇加速度，通过积分加速度获取潜艇位置信息，使导航精度得到提高。目前的潜艇一般以惯性导航系统为基础来持续提供导航定位信息，但是 INS 的误差是随着时间不断积累的，因此长时间航行时需要对 INS 进行重调和校正。GPS 辅助导航、无线电辅助导航、天文辅助导航、水下地形辅助导航等都是常见的辅助导航方式。但 GPS、无线电、天文导航等需要潜艇定期上浮去接收外部信息，这样就增加了潜艇暴露的可能性。海底地形和海洋重力、地磁异常资料，都可以用于进行校正，只需潜艇要严格遵照设定的航线巡航。重力辅助导航在获取重力场信息时，不需要接近或浮出水面接收外部信号，也不向外发射信号，保障了潜艇的隐蔽性和自主性，可以满足战略潜艇"水下、长期、自主、全天候、高精度"导航要求。20 世纪 80 年代末，美国和苏联就相继开始研制战略潜艇的无源重力辅助导航系统。90 年代初，美国 Bell Aerospace 公司先后研发了重力梯度仪导航系统和重力辅助惯性导航系统。此后，美国海军联合 Bell Geospace，Lockheed Martin 等公司和研究机构开发了通用重力模块，包含了重力仪和重力梯度仪两种传感器，并在此基础上建立了重力无源导航系统。美国海军于 1998 年和 1999 年分别在水面舰艇和潜艇上对重力无源导航系统进行了成功的演示验证，后来将该系统装备于三叉戟核潜艇上。从 21 世纪初开始，国内一些高校及科研院所如中国科学院测量与地球物理研究所（中科院测地所）、北京大学、哈尔滨工程大学、海军工程大学、武汉大学、华中科技大学、东南大学等也开展了对重力辅助导航的研究，大部分为理论方法与仿真数据试验研究（张红梅等，2010；袁书明等，2004；吴太旗等，2007；闫利等，2009；童余德等，2012；武凛等，2009；Wu L et al.，2010，2011；刘繁明等，2004；王志刚和边少锋，2008；孙枫等，2009）。中科院测地所从 2000 年以来，对重力辅助导航的海洋重力场数据库、重力实时测量与处理方法、重力可匹配区划分、航线设计、不同重力匹配算法的优化设计和融合处理等方面进行了持续的研究。建立了中国海及其邻域的重力异常导航数据库，开发了重力辅助水下导航定位仿真系统，并在使用实测数据进行试验的基础上，在水面舰艇上开展了初步的重力辅助导航海洋试验。中国科学院测量与地球物理研究所许厚泽、王勇、王虎彪等通过船测和卫星测高技术获得高分辨率海洋重力异常资料，研究和改进了基于相关的匹配定位算法和卡尔曼滤波方法，实现了重力异常匹配辅助潜艇导航。郑晖等对重力 – 地磁联合辅助导航进行了研究和试验。武凛等对高精度惯导与重力匹配定位的组合导航定位系统开展了研究（许大欣，2005；许大欣等，2011；王虎彪等，2008；Wang H B et al.，2012；戴全发等，2008；Zheng H et al.，2013；Wu L et al.，2015）。

三、地球物理与武器系统测试环境

大型武器系统，特别是导弹武器系统在发射前都需要进行测试（如技术阵地的单元测试、综合测试，发射阵地的总体测试等）。武器系统测试除武器系统本身外，还包括各种地面技术设备，如导弹武器地面技术装备，包括导弹测试设备、发射控制设备、监控系统以及供电设备。在导弹测试设备中，易受测试环境影响的有电源遥控安全系统、火工品电阻测试仪、电气系统的检测设备以及监控系统等，这些地面技术装备在受灾害性空间环境影响时可能失去作用。如磁暴和磁亚暴，其破坏效应可导致一些军事装备、设施失去作战能力，磁暴对导弹制导系统中的信号变换、综合放大装置中任何一部分都可能产生破坏性的影响，如电源因高压烧毁或制导信号失真等，都可能导致导弹运行姿态失控。因此，对武器系统的测试环境同样需要进行监（探）测、识别和研究。

四、地球物理与阵地环境

所谓军事地球物理环境，是指所有军事活动所涉及的地球物理环境（如重力场、地磁场、近地空间物理环境等）和因军事设施（如导弹地下发射井、武器库、中心库等）的建立而形成的不同于天然条件的地球物理环境（重、磁、电、辐射等）。而阵地环境是一种典型的军事地球物理环境，它是武器系统运用的重要场所，是人工改造自然后产生的一种特殊军事地球物理环境。

阵地环境包括阵地水环境（地表水与地下水等），固体地球环境（包括地形地貌、地质构造），各种环境形成的地球物理场，如重力、地磁、电磁（包括电磁脉冲EMP、大地电磁、辐射与反散射特性）、放射性、弹性波、声波（包括次声、水声）。由于人工建造的阵地设施改变了原有的地球物理环境，使得军事目标易被发现而受到攻击，所以要进行阵地伪装。阵地伪装（包括假阵地设置）的效果如何，也即与原始自然环境的差异，特别是地球物理环境（重磁电、辐射反射特性等）差异，需要进行各种地球物理测量，以便评估阵地（及假阵地）的地球物理环境及阵地生存能力。

第五节　地球物理与非传统军事行动

所谓非传统军事行动是指军队为应对非传统安全威胁而在国内外采取的军事行动。非传统军事行动大致可分为五类：特殊矿产资源的勘探与开发、灾害救援行动、助民执法行动、维稳维和行动、军事打击行动。在这五类行动，地球物理方法技术的应用主要体现在特殊矿产资源的勘探和灾害救援行动上。

从抗洪抢险到地震、泥石流等灾害救援中，解放军快速、机动最早到达灾区，地球物理方法技术都发挥了重要作用。例如，在多次抗洪抢险中利用电法查找管涌和堤坝泄漏点位，在次生灾害的监测、预测中，利用电法、地震等方法进行现场评价等，都取得了明显效果。在抗旱救援中，各给水工程部队为地方找水打井，在有利地质条件下，首先就是用地球物理方法技术进行勘探，确定钻井点位，这也是勘探地球物理的传统应用。1979 年成立的中国人民武装警察部队黄金部队，在全国 25 个省、市、自治区开展矿产勘查，先后探明特大型岩金矿床、大型岩金矿床、大型砂金矿床、中型以下金矿数百处，为国家新建或扩建各类矿山近百座。且在地质灾害应急保障中扮演了"急先锋"角色（孙国，2006，2010；郑荣等，2013）。

第六节 军事地球物理学的发展趋势

面对军事斗争的整体形势，地球物理学研究及其相关技术在军事与国防建设领域将发挥越来越重要的作用。当前，各军事地球物理学研究领域迫切需要解决的一些问题，构成了军事地球物理学的未来发展方向。

一、军事空间物理学领域

地球空间包括地球磁层、电离层和中高层大气。随着空间科学和技术的不断发展，军事领域和军事行动的范围也在不断扩展，从近地空间扩展到了地球空间，进而日地空间和行星际空间。现代的军队已由陆、海、空军发展到空间部队（如俄罗斯的天军），地球空间已成为现代军事活动的重要场所。

地球空间环境包括：地球中高层大气环境、地球电离层环境和地球磁层环境。地球空间环境各要素的特性和变化，直接影响到各种卫星、火箭和导弹的正常运行和效能，预警目标的识别，军事通信和指挥系统，以及导航和定位的精度等（国家自然科学基金委员会，1996）。此外，国际上主要发达国家，正在利用地球空间环境的某些特性发展新的攻击武器和防御系统。

信息优势是实现所有其他联合作战能力的前提，美国历来重视与航天密切相关的空间环境和电波传播环境的测量与研究。除了美国国家海洋和大气管理局（NOAA）庞大的大气层和海洋数据库外，美军各兵种都有自己的空间环境和电波传播环境预测模型，成为保障信息优势的重要基础。

中国是一个空间大国，但还不是一个空间强国。面对西方空间信息优势和太空作战能力的严重威胁，中国国防现代化建设应加强地球空间环境对军事方面的科学技术研究，提高军事的保障和对抗能力，包括：①地球空间环境的监测，灾害性空间天气预警、预测和预报方法研究；②空间目标预警中的空间电磁辐射背景和目标识别研究；③地球空间环境对各类军事信息系统的影响、保障措施与对策；④利用空间环境特点进行攻击的防护与对抗手段。

二、军事大气物理学领域

大气环境条件对战争或军事行动具有极其重要的作用和影响。在高技术战争中天气条件对武器系统,如战略导弹、精确制导武器、C4IRS(以电子计算机网络为核心,集指挥、控制、通信、情报、侦察、预警功能于一体,技术设备与指挥人员相结合,对部队和武器系统实施自动化指挥的作战系统)的影响,远远大于对常规武器的影响。

美国等西方发达国家早就将气象保障列为军事的重要因素,大力开发以天基遥感探测系统提高实时获取气象信息的能力,实现联合作战部队气象信息的共享,以形成信息优势。美国于20世纪60年代即着手人工影响天气的研究和开发气象武器。美国空军拟定的《空军2025》计划正在实施,声称到2025年要人工控制天气。其长期目标包括强烈风暴的制造和控制引导,中高层大气、电离层的干扰等。同时为满足高技术武器装备对气象条件明显提高的需求,以及提高机动作战的气象保障能力,美国正全力进行全球战区尺度预报系统建设和战场尺度预报技术的开发。

大气物理研究是气象保障的基础研究领域。面对国际上的发展,中国应加强:①现代高技术战争条件下大气物理环境综合实验与应用基础理论研究,以及相应观测设备的研制;②开展平流层和中层大气物理环境研究;③高精度数值天气预报模式研究与应用试验。

三、军事海洋学领域

作为战场空间之一的海洋环境,与敌我双方的活动、对抗,装备的适应性,以至作战保障等都具有十分密切的关系。海洋环境要素信息获取和预测已成为控制海上战斗力,发挥武器装备最佳作战效能的关键,也是军事海洋学研究的基础。美国海军借助于舰船、飞机、潜艇、浮标、潜标和卫星遥感手段广泛搜集中国各海域的数据,已经构成了信息优势和严重威胁。在数值模拟方面,美国每天发布的全球天气、海洋环境场数值预报,分辨率不断提高,网格已小于1°。冷战结束后,美国战略重点移向近海,并将中国东海、黄海及南海列在其特别关注的12个热点海域名单上,已给中国造成了极大的安全压力。

面对国家对外交流的全球化和逐步融入世界经济体系的新形势,军事对海洋环境数据的需求急剧增加,海洋科学技术研究也有很大的进展。为了提高维护海洋安全的战略能力,捍卫国家领海和海洋权益,保护国家日益发展的海洋产业,海上运输和能源资源战略航道的安全,必须开展中国海上安全战略发展趋势和新的海洋监测、预报、保障技术及海军装备发展中的新技术、新方法等方面的研究。当前,应着重开展这几方面的研究:①中国近海及邻近大洋的环境背景场和重点海域中尺度现象的探测与分析研究;②海洋监测技术遥感技术研究;③数字海洋技术与综合海洋数据库及相关应用软件开发研究;④海洋环境监测、模拟与预报理论及方法研究。

四、军事空间遥感物理与监测领域

当前对地观测技术已成为国际太空竞争的重要热点之一。现有的高空间、高光谱、多角度、多时相、全天候的遥感对地观测技术，已使人类第一次能对自己赖以生存的星球作为一个整体来进行观测和研究，为人类社会的可持续发展做出巨大贡献。另一方面，出自各国自身的利益与安全的需要，自主的高效能对地观测技术已成为取得信息优势的关键。其中高光谱图像因其丰富的地表信息及其独特的谱像表示方式，在军事上具有很高的应用价值。

美国是高光谱遥感技术研究领先的国家，在军事应用研究方面规划很清晰，已经把包括高光谱遥感在内的多光谱遥感器的测试与评估纳入了新一轮的武器更新中（Fiscal Year 2004，2003；Department of Defense，2001）。已启动的美国国防部的高光谱遥感项目正在发展高光谱成像技术，作为国家遥感体系的组成部分，将使之在昼夜都具备快速精确的威胁鉴别能力和太空、空中及地面目标定位能力。此外，美国一直支持高光谱成像数据分析项目，研发高光谱数据分析工具，以形成高光谱自动处理系统（Air Force，2000）。美国空军、海军和陆军分别制定了各自的高光谱遥感仪与数据处理的研究计划（United States Air Force Scientific Advisory Board，1998；Crout and Kent et al.，2003；Army Hyperspectral R&D Consortium，2002），以满足美国在战略、战役和战术层次的应用需要。在加拿大、意大利和德国等其他一些国家，高光谱遥感技术也发展得很早很快，且易使用于军民两用的航空航天遥测平台。跟随世界遥感技术的前沿，中国也研发了几种航空高光谱成像仪，如 OMIS、PHI 等。近年来，高光谱遥感技术的发展前景也引发各领域的研究者参与高光谱技术的理论方法与应用研究，但国内主要是在植被研究和环境监测等领域，同时也开始了一些有军事应用前景的人工目标分类识别相关研究。长期以来，有的国家一直把中国当作潜在对手，进行有针对性的主动的导弹防御研究，发现即要摧毁。为在崎岖的地形和植被伪装条件下发现并摧毁中国导弹发射装置，美国发展了基于卫星及无人机平台的，包括高光谱成像、合成孔径雷达成像、磁寻的等先进多传感器系统的探测并摧毁新思想（Strategy and Doctrine Program in RAND's Project AIR FORCE，2001）。

国外对地观测技术发展迅速。法国 2002 年 SPOT–5 卫星分辨率为 2.5m。俄罗斯军用卫星进行摄影测量分辨率达 2m。美国的经营性商用小型卫星分辨率已达 1~3m，继 IKONOS II 号 1m 分辨率图像之后，Quickbird 卫星的分辨率已达 0.61m 左右。这些面对全球领域的对地监测手段，已对中国造成极大压力。人们从在网上可免费获取的 Google Earth 软件提供的图像中可以感受到这一点。

面对国际空间遥感监测的严峻形势，我国亟须开展以下研究工作：①研制和发射军民两用的高分辨率卫星星座，形成合理地覆盖各频谱段高、中分辨率，详、普查相结合的监视能力；②开展遥感物理理论与实验，以提高空间遥感监测信息处理能力；③开展侦测目标高光谱特性的基础研究、高光谱侦测效果评估研究。面对高光谱遥感可以穿透一定植被覆盖、精确鉴别物质成分的侦察威胁，一些传统的伪装器材可能不再发挥作用,在电磁波谱段上目标伪装必须打破传统的思维方式,加强对抗高光谱遥感侦察的伪装器材研究和目标仿真研究,在更宽的电磁波谱段上对目标实施保护,开展高光谱反侦察研究;④建立统一的地面台站系统和基于网络的天地一体化信息处理和分发系统,以便充分发挥国家遥感资源的效能。

五、军事固体地球物理领域

地球的重力场、磁场等基本地球物理场观测,高精度模型(地球重力场模型、地球磁场模型)的建立,以及相关理论、技术与方法研究在军事领域中有着广泛的应用。如导弹发射诸元计算与装订、重力辅助导航、地磁快速寻北、地磁匹配导航等。此外,区域目标磁异常侦察与反侦察,区域放射性本底调查与军控核查,地球壳层结构与地震波传播理论研究在军事工程地球物理勘查、军事目标探测、核爆地震自动识别等,都是固体地球物理学在军事领域中的重要研究内容和方向。目前应在以下几方面大力开展研究:①卫星重力与地面重力高精度、快速测量,导航定位定轨理论方法,地球重力场模型建立等;②高精度地磁场模型(包括地磁场变化模型)的建立与及时更新,重点区域地磁场精确测量(空中、地面),地磁场高精度、快速测量方法技术与仪器,局部磁场伪装与干扰理论方法与技术;③新地震波侦测方法与技术(陈颙等,2006),核爆地震模式识别,放射性监测与军控核查国家技术(核爆电磁脉冲、次声、水声等),天基核爆监测技术系统等(Army Hyperspectral R&D Consortium,2002)。

六、若干研究方向

从学科层次来说,军事地球物理学的研究方向应包括:①具有明显或潜在军事应用价值的地球物理理论、方法技术研究;②军事地球物理装备(仪器)设施研究;③军事地球物理学中的数据处理理论、方法和技术研究;④重大军事地球物理学问题研究。从军事应用部门或具体军事应用领域层次来看,由于军事地球物理学的研究任务多种多样,各有侧重,如海、陆、空和导弹部队,都有各自的研究重点,不能一概而论。目前的研究方向包括:①军事情报侦测保障中的地球物理问题研究(包括侦测与反侦测);②作战运用与保障(测地、气象、空间天气、遥感)中的地球物理问题研究;③军事地球物理环境监测与基础信息获取技术研究;④国防工程中的地球物理应用研究。

参考文献

陈颙,李娟. 2003. 2001 年地球物理学的一些进展 [J]. 地球物理学进展. 18(1):1-4.

陈颙,张尉,陈汉林,等. 2006. 地震雷达 [J]. 地球物理学进展. 21(1):1-5.

戴全发,许厚泽,许大欣,等. 2008. 基于卫星测高数据的重力匹配导航仿真 [J]. 武汉大学学报(信息科学版),33(2):203-207.

《当代中国》丛书编辑委员会. 1987. 当代中国的核工业 [M]. 北京:中国社会科学出版社,101-120.

A. A. 德米特里耶夫斯基，等. 2000. 外弹道学 [M]. 韩子鹏，等译. 北京：国防工业出版社，35–42.

费肖竣. 2003. 美国军队信息化建设研究 [M]. 北京：国防大学出版社.

傅京孙. 1990. 模式识别应用 [M]. 北京：北京大学出版社.

付伟，侯振宁. 2001. 机载激光侦察水下目标技术的发展现状 [J]. 激光与红外，31（2）：71–72.

管志宁，郝天珧，姚长利. 2002. 21世纪重力与磁法勘探的展望 [J]. 地球物理学进展. 17（2）：237–244.

国家自然科学基金委员会. 1996. 自然科学学科发展战略调研报告：空间物理学 [R]，北京：科学出版社.

郝保田. 2002. 地下核爆炸及其应用 [M]. 北京：国防工业出版社.

郝春月，郑重，郭燕平. 2007. 中国数字地震台网（CDSN）和IMS/PS台阵的监测定位能力评估 [J]. 地震地磁观测与研究，27（2）：56–63.

何敬礼. 1999. 高灵敏度磁力仪在寻找坠落飞机残骸中的应用 [J]. 物探与化探，23（6）：470–473.

何永锋，陈晓非. 2006. 利用经验格林函数识别地下核爆炸与天然地震 [J]. 中国科学：D辑 地球科学，36（2）：177–181.

黄世奇，刘代志. 2006. 基于散射特性的SAR图像目标变化检测研究 [J]. 信号与信息处理技术及其在生命科学中的应用，145–148.

江前进，黄艳红. 2010. 赵九章. 中国科学院人物传（第一卷）[M]. 北京：科学出版社，749–754.

李启虎. 2002. 进入21世纪的声纳技术 [J]. 应用声学，21（1）：13–18.

李素敏，张万清. 2004. 地磁场资源在匹配制导中的应用研究 [J]. 制导与引信，25（3）：19–21.

李婷，张金生，王仕成，等. 2014. 基于改进地磁熵的地磁适配区选择准则 [J]. 大地测量与地球动力学，34（5）：151–155.

李学政，刘文学，沈旭峰. 2004. 爆炸余震波形持时和余震事件频度模型 [J]. 地震学报，26（5）：539–546.

李远强，李祥强. 2002. 利用高精度磁法探测地下遗弃炮弹 [J]. 北京地质，14（2）：40–45.

李智勇，匡纲要，邹焕新，等. 2003. 基于特征层融合的高光谱图像异常检测算法研究 [J]. 遥感学报，7（4）：304–308.

凌云翔，邱涤珊，徐培德，等. 2005. 航天装备军事应用 [M]. 长沙：国防科技大学出版社.

刘春阳，王义雅. 2002. 高频地波超视距雷达述评 [J]. 现代防御技术，30（6）：38–46.

刘代志，王仁明，慕晓冬. 2003. 天基核爆信号识别处理系统技术方案研究 [J]. 核电子学与探测技术. 23（4）：292–295.

刘代志，邹红星，韦荫康，等. 1998. 地下核爆炸的自动识别研究 [J]. 核电子学与探测技术. 18（1）：12–16.

刘代志. 2003. 军事地球物理学刍议 [J]. 第二炮兵工程学院学报，17（4）：1–6.

刘代志. 2005. 国家安全与地球科学初探 [G]// 国家安全与军事地球物理研究. 西安：西安地图出版社，1–5.

刘代志. 2008. 军事地球物理学的过去、现在与未来 [G]// 地球物理环境探测和目标信息获取与处理. 西安：西安地图出版社，1–9.

刘繁明，孙枫，成怡. 2004. 基于ICCP算法及其推广的重力定位 [J]. 中国惯性技术学报，12（5）：36–39.

刘飞，周贤高，杨晔. 2007. 相关地磁匹配定位技术. 中国惯性技术学报，15（1）：59–62.

刘光鼎，刘代志. 2003. 试论军事地球物理学 [J]. 地球物理学进展，18（4）：576–582.

龙凡. 2006. 国家安全工程地球物理研究 [M]. 沈阳：白山出版社.

吕志峰，张金生，王仕成，等. 2014. 高精度地磁场模拟系统的设计与研究 [J]. 宇航学报，35（11）：1284–1290.

穆华，任治新，胡小平. 2007. 船用惯性/地磁导航系统信息融合策略与性能 [J]. 中国惯性技术学报，15（3）：322–326.

牛超，李夕海，刘代志. 2010. 地球变化磁场Z分量的混沌动力学特性分析 [J]. 物理学报，59（5）：3077–3087.

庞永军. 2005. 防范"太空珍珠港"袭击事件——美国卫星应对核电磁脉冲威胁的措施 [J]. 现代军事, 56–58.

彭富清. 2006. 地磁模型与地磁导航 [J]. 海洋测绘, 26 (2): 73–75.

乔登江. 2002. 地下核爆炸现象学概论 [M]. 北京: 国防工业出版社.

孙枫, 王文晶, 高伟, 等. 2009. 用于无源重力导航的等值线匹配算法 [J]. 仪器仪表学报, 30 (4): 817–822.

孙国. 2006. 武警黄金部队的发展历程和英雄业绩 [J]. 军事历史, (11): 55–60.

孙国. 2010. 1979 年, 武警黄金部队的成立 [J]. 传承, (7): 16–17.

童余德, 边少锋, 蒋东方, 等. 2012. 一种新的基于局部重力图逼近的组合匹配算法 [J]. 地球物理学报, 55 (9): 2917–2924.

王虎彪, 王勇, 陆洋等. 2008. 联合多种测高数据确定中国海及其邻域重力异常 [J]. 武汉大学学报 (信息科学版), 33 (12): 1292–1295.

王继光. 2007. 多光谱静止气象卫星云图的云类判别分析与短时移动预测 [D]. 长沙: 国防科学技术大学.

王仕成, 吕志峰, 张金生等. 2015. 基于半实物仿真的地磁导航等值线匹配算法评估 [J]. 北京航空航天大学学报, 41 (2): 187–192.

王泽和. 2000. 沿海光电侦察技术 [J]. 激光与红外, 30 (4): 195–197.

王志刚, 边少锋. 2008. 基于 ICCP 算法的重力辅助惯性导航 [J]. 测绘学报, 37 (2): 147–157.

温一波, 石小平. 1998. 磁法勘探解析延拓算法在探测地下洞穴中的应用 [J]. 云南大学学报 (自然科学), 20 (1): 47–50.

吴健, 郭兼善. 2006. 空间灾害性天气对通信、导航定位有什么影响? 空间天气十问答 [EB/OL]. http://www.spaceweather.ac.cn/chinese/document/ten.pdf.

吴太旗, 黄谟涛, 边少锋, 等. 2007. 直线段的重力场匹配水下导航新方法 [J]. 中国惯性技术学报, 15 (2): 202–205.

吴忠良, 陈运泰, 牟其铎. 1994. 核爆炸地震学概要 [M]. 北京: 地震出版社.

武凛, 胡维, 马杰, 等. 2009. 基于重力异常分析的重力梯度图制备方法研究 [J]. 华中科技大学学报 (自然科学版), 37 (11): 57–60.

谢仕民, 李邦清, 刘峰. 2008. 地磁匹配导航关键技术浅析 [J]. 飞航导弹, 2: 35–37.

徐文耀. 2003. 地磁学 [M]. 北京: 地震出版社.

许大欣. 2005. 利用重力异常匹配技术实现潜艇导航 [J]. 地球物理学报, 48 (4): 812–816.

许大欣, 王勇, 王虎彪, 等. 2011. 重力垂直梯度和重力异常辅助导航 SITAN 算法结果分析 [J]. 大地测量与地球动力学, 31 (1): 127–131.

许厚泽, 朱灼文. 1984. 地球外部重力场的虚拟单层密度表示 [J]. 中国科学: B 辑 化学 生物学 农学 医学 地学, 6: 575–580.

许绍燮, 张伯明, 朱乃昭. 1995. 全球地震监测系统 [G]// 陈运泰. 地球与空间科学观测技术进展: 庆贺秦馨菱院士八十寿辰. 北京: 地震出版社.

闫利, 崔晨风, 吴华玲. 2009. 基于 TERCOM 算法的重力匹配 [J]. 武汉大学学报 (信息科学版), 34 (3): 261–264.

晏登洋, 任建新, 牛尔卓. 2007. 惯性 / 地磁组合导航系统自适应卡尔曼滤波算法研究 [J]. 电光与控制, 14 (6): 74–77.

杨功流, 李士心, 姜朝宇. 2007. 地磁辅助惯性导航系统的数据融合算法 [J]. 中国惯性技术学报, 15 (1): 47–50.

易世华, 刘代志, 何元磊, 等. 2013. 变化地磁场预测的支持向量机建模 [J]. 地球物理学报, 56 (1): 127–135.

易世华, 刘代志, 李夕海, 等. 2010. 辅助导航地球变化磁场建模研究 [A]// 国家安全地球物理丛书 (六),

西安：西安地图出版社，96-100.

易尧华，梅天灿，秦前清，等. 2004. 高光谱影像中人工目标非监督提取的投影寻踪方法［J］. 测绘通报，
（2）：20-24.

袁书明，孙枫，刘光军，等. 2004. 重力图形匹配技术在水下导航中的应用［J］. 中国惯性技术学报，12（2）：
13-17.

张红梅，赵建虎，杨鲲，等. 2010. 水下导航定位技术［M］. 武汉：武汉大学出版社.

张训械，张冬娅，胡雄，等. 2003. 地球无线电掩星观测技术及其应用［C］// 中国空间科学学会空间探测
专业委员会第十六次学术会议论文集（上），95-101.

章晔. 1990. 放射性方法勘查［M］. 北京：原子能出版社.

郑荣，李萌，陈大波. 2013. 地灾应急保障"急先锋"——武警黄金部队与国土资源系统联合行动应急排灾
纪实［J］. 资源与人居环境，（6）：15-17.

郑重，徐志强. 2000. 海拉尔兰州核查地震台阵的勘址和地动噪声功率谱的计算［J］. 地震地磁观测与研究，
21（6）：11-18.

周军，葛致磊，施桂国，等. 2008. 地磁导航发展与关键技术［J］. 宇航学报，29（5）：1467-1472.

邹红星. 1995. 核爆炸和天然地震自动识别研究［J］. 第二炮兵工程学院学报，10（2-3）：8-12.

Air Force（U.S.A.）. 2000. DOD in-house RDT&E activities report：MightySat I program，MightySat II.1 program［R］.
8-9，FY2000.

Army Hyperspectral R&D Consortium. 2002. The Way Forward［R］. U.S. Army Topographic Engineering Center
Technical report，Number：ADA413170，05.

Bazi Y，et al. 2005. An Unsupervised Approach Based on the Generalized Gaussian Model to Automatic Change
Detection in Multitemporal SAR Images［J］. IEEE Transactions on Geoscience and Remote Sensing，43（4）：874-887.

Bovolo F，Bruzzone L. 2005. A Detail-Preserving Scale-Driven Approach to Change Detection in Multitemporal SAR
Images［J］. IEEE Transactions on Geoscience and Remote Sensing，43（12）：2963-2972.

Crout R L，Kent C. 2003. Current Navy Applications of Satellite Remotely Sensed Data［A］// Geoscience and Remote
Sensing Symposium（IGARSS'03），Vol.2：1026-1028.

Department of Defense（U.S.A.）. 2001. Space Technology Guide：Intelligence，Surveillance，and Reconnaissance［R］，
8-1~7，FY2001-01.

Fiscal Year 2004（U.S.A.）. 2003. President's budget submission for the Operational Test and Evaluation［R］，
Defense（OT&E，D）appropriation（0460）：R-2a Multi-spectral Sensors Test & Evaluation.

Gamba P，et al. 2006. Change Detection of Multitemporal SAR Data in Urban Areas Combining Feature-Based and
Pixel-Based Techniques［J］. IEEE Transactions on Geoscience and Remote Sensing，，44（10）：2820-2827.

Gutenberg B. 1946. The interpretation of records obtained from the New Mexico atomic bomb test［J］，Bull. Seism.
Soc. Am. 36：327.

Heiland C A. 1942. Geophysics in War［J］. American Journal of Physics，10（3）：127-134.

Institute for Defense Analyses Advanced Research Projects Division. 1991. Identification of Certain Current Defense
Problems and Possible Means of Solution，AD323409，1970 Group-4 document markings；DARPA ltr.，4.

Peter M Shearer，Bettina P Allmann. 2007. Spectral Studies of Shallow Earthquakes and Explosions in Southern
California［C］// 29th Monitoring Research Review：Ground-Based Nuclear Explosion Monitoring Technologies，656-663.

Strategy and Doctrine Program in RAND's Project AIR FORCE. 2001. Study of "Aerospace Operations Against Elusive
Ground Targets".

Tong Q X，Zhang B，Zhang L F. 2004. Hyperspectral remote sensing technology and applications in China［C］//
Proc. of the 2nd CHRIS/Proba Workshop，ESA/ESRIN，Frascati，Italy，28-30.

United States Air Force Scientific Advisory Board. 1998. Report on A Space Roadmap for the 21st Century Aerospace
Force［R］. Volume 1：Summary，19-21.

Wang H B, Wang Y, Fang J, et al. 2012. Simulation Research On A Minimum Root-Mean-Square Error Rotation-Fitting Algorithm For Gravity Matching Navigation [J]. Science China: Earth Sciences, 55 (1): 90-97.

Wu L, Ma J, Tian J W. 2010. A Self-adaptive Unscented Kalman Filtering for Underwater Gravity Aided Navigation [C] // Proceedings of IEEE/ION Position Location and Navigation Symposium, 142-146.

Wu L, Tian X, Ma H, et al. 2011. A Matching-Unscented Kalman Filtering for Gravity Aided Navigation [C] // Proceedings of SPIE 7th International Symposium on Multispectral Image Processing and Pattern Recognition, 8003: 80030P.

Wu L, Wang H B, Houtse Hsu, et al. 2015. Research on the Relative Positions-Constrained Pattern Matching Method for Gravity Aided Inertial Navigation [J]. Journal of Navigation.

Zheng H, Wang H B, Wu L, et al. 2013. Simulation Research on Gravity-Geomagnetism Combined Aided Underwater Navigation [J]. Journal of Navigation, 66 (1): 83-98.

大事记

公元前 2222 年（帝舜三十五年）

- "墨子曰，三苗欲灭时，地震泉涌"，见宋李昉等《太平御览》卷 880。这是我国最早有关地震的最早传说。

公元前 1831 年（约）

- 《竹书纪年》中有夏代帝发七年（约公元前 1831 年）"泰山震"的记载。这可能是世界上最早的地震文字记录。

公元前 12 世纪

- "周文王八年地动"，见公元前 3 世纪《吕氏春秋》。

公元前 950 年

- "周昭王末年，夜清，五色光贯紫微。"紫微即北极。这是我国古代最早关于北极光的记录。见《竹书纪年》《太平御览》（卷 874）和《古今图书集成·历象汇编·庶征典》卷 102。

公元前 780 年

- 《国语》卷一记载有"周幽王二年，西周三川皆震。……是岁也，三川竭，岐山崩。伯阳父曰：'周将亡矣！夫天地之气，不失其序，若过其序，民乱之也。阳伏而不能出，阴迫而不能蒸，于是有地震'"。不但记录了地震，伯阳父还探讨了地震成因，这就是所谓的"阴阳说"。

公元前 770—公元前 221 年（春秋战国时期）

- "上有慈石者，下有铜金"如同"母子相恋"。《管子·地数篇》《吕氏春秋·精通篇》都有磁石吸铁的记载。

公元前 722—公元前 476 年

- 《春秋》一书记录了山东西南的 5 次地震。

公元前 32 年

- 《汉书·天文志》记载："孝成建始元年九月戊子，有流星出文昌，色白，光烛地，长可四丈，大一围，动摇如龙蛇形。有顷，长可五六丈，大四围所，诎折委屈，贯紫宫西，在斗西北子亥间，后诎如环，北方不合，留一刻所。"这里流星即指极光。这是我国古代关于极光最确切的科学记录，几乎达到了现代极光观测站的记录标准。

公元 86 年（以下皆为公元）

- 东汉时期王充（27--97）所著《论衡》一书（大约成书于公元86年）流传至今有84篇。《论衡·是应篇》中有关司南的记载"司南之杓，投之于地，其柢指南"。《论衡·变虚篇》中称"地固将自动"，明确指出地震是自然现象。《论衡》还有"涛之起也，随月盛衰，大小满损不齐同"的论述，说明了海水的涨落与月亮的盈亏有关。

96 年

- 东汉张衡到骊山考察，作《骊山·温泉赋》，详细记述了温泉的治病、除秽、保健的功能，这是中国古代有关温泉治病的最早记录。

132 年

- 张衡发明了世界上第一台观测地震发生方位的仪器——候风地动仪。

724 年

- 中国唐代高僧、天文学家和大地测量学家一行（673—727），在河南平原地区组织进行了一次大规模子午线长度实测。得出地球子午线一度长为351.27唐里，折合成现代长度，约有百分之十几的误差。

762—779 年

- 唐代宝应、大历年间，窦叔蒙的《海涛志》是中国古代最早关于海洋潮汐规律和潮汐预报方法的科学论著。

1044 年

- 北宋文臣曾公亮和丁度奉旨编著的《武经总要》详细介绍了指南鱼的做法，并客观上揭示了磁倾角现象的存在。

1088 年

- 北宋学者沈括在其所著《梦溪笔谈》中指出"方家以磁石磨针锋，则能指南，然常偏东，不全南也"。这里不仅说明了磁针指南特性，而且肯定了磁偏角的存在。

1119 年

- 北宋朱彧所著《萍州可谈》"舟师识地理，夜则观星，昼则观日，阴晦观指南针"。表明中国在北宋时期指南针在航海中已获得广泛应用。

17 世纪下半叶

- 清初著名数学家、天文学家梅文鼎（1633—1721）在南京、苏州做过磁偏角测量。

1842 年

- 俄国沙皇政府的领土部门在北京设立地磁台（北纬39°56.8′、东经116°28.1′），主要负责气象观测，后进行地磁观测。

1874 年

- 3 月，法国天主教耶稣会在上海创建徐家汇天文台，开始地磁记录，1908 年地磁观测部分迁往昆山东南的陆家浜。

1885 年

- 香港皇家观象台之地磁台成立。

1897 年

- 日本国占领台湾后，在台北建地震台。而后又相继在台南（1898 年）、台中（1902 年）、台东（1903 年）等地建地震台。

1898 年

- 5 月，德国地理学家李希霍芬建议在德国占领的青岛按照德国汉堡海洋观象台模式建设青岛观象台，开始仅有气象观测。

1904 年

- 9 月，日本在大连设立关东气象厅气象观测所，包括地震观测。
- 上海徐家汇天文台增设了地震观测。

1905 年

- 日本在沈阳建立关东观测所奉天支所，包括观测地震。

1908 年

- 日本在长春架设过观测地震的仪器，地震记录未存。

1909 年

- 德国在青岛观象台添置地震、地磁及报时等设备。

1911 年

- 辛亥革命成功后，蔡元培任教育部长，创建中央观象台，天文学家高鲁任台长，下设历数、天文、气象、地震、地磁诸科。蒋丙然任地震地磁科科长。
- 德国在青岛正式建成皇家青岛观象台，建有中国第一座地磁观测室。

1912 年

- 南京临时政府成立，政府中设实业部，部下有矿物司设的地质科。章鸿钊任科长。后改为工商部设矿物司地质科。
- 翁文灏毕业于比利时鲁汶大学地质系，获博士学位。

1913 年

- 9 月，工商部矿物司地质科设立工商部地质调查所，同时成立工商部地质研究所。地质调查所所长丁文江兼任地质研究所所长。
- 翁文灏回国后，任职地质调查所。
- 12 月 21 日，云南省嶍峨县（今峨山彝族自治县）发生 7 级地震，云南省行政公署派省立甲种农业学校校长张鸿翼赴灾区调查。

1914 年

- 工商部与农林部合并为农商部。地质调查所改称农商部地质调查所。1 月，章鸿钊任地质研究所所长。

- 中央观象台气象科科长蒋丙然创办《气象丛报》，次年扩充为《观象丛报》，刊载内容有气象、地磁、地震和历象。
- 日本占领青岛，青岛观象台改名为青岛测候所。

1916 年

- 1 月，地质调查所一度改称地质调查局。同年 10 月，又改回地质调查所原称。丁文江任所长。
- 6 月，地质研究所的 30 名学生，经三年学习，21 人完成全部学业，18 人取得毕业证书，地质研究所停办。

1917 年

- 1 月 24 日，安徽省霍山县发生强烈地震，极震区烈度达 8 度。1918 年 4 月，农商部地质调查所派刘季辰前往调查，结束后提出调查报告《民国六年一至三月地震调查报告》。
- 王应伟在《观象丛报》第二卷第十期发表文章《地震之震度及震源距离》。
- 蒋丙然在《观象丛报》第二卷第十一期发表文章《地球磁力浅说》。

1918 年

- 秋，竺可桢以《远东台风的新分类》论文获美国哈佛大学博士学位，回到阔别 8 年的祖国。

1920 年

- 秋末，李四光自英国留学（1918 年获伯明翰大学自然科学硕士学位）回国后，应北京大学校长蔡元培之邀，任北京大学地质系教授。
- 12 月 16 日 20 时 05 分 53 秒，甘肃省东部海原县（现属宁夏回族自治区）发生 8.5 级地震，震中烈度达 12 度。这是中国历史上波及范围最广的一次地震。地震导致 20 多万人罹难。

1921 年

- 年初，北洋政府内务部、教育部、农商部联合派农商部地震调查所翁文灏、谢家荣等 6 人，赴海原地震灾区进行历时 4 个月的考察。这是我国历史上第一次现代科学意义上的地震考察。翁文灏发表《甘肃地震考》。
- 竺可桢在东南大学创建地学系，设地理、气象、地质三个组。竺可桢任系主任。

1922 年

- 8 月 10—19 日，第 13 届国际地质大会在比利时布鲁塞尔举行，翁文灏作为中国政府代表参加，并向大会提交翁文灏、丁文江等人论著 4 篇。翁文灏做了有关海原大地震与地质构造关系的报告，受到与会者的好评。
- 12 月 10 日，中国北洋政府正式收回青岛观象台，并更名为"胶澳商埠观象台"。

1923 年

- 翁文灏著《中国地质构造对地震分布区之影响》发表，文中有第一张中国地震分布图。

- 10 月，叶企孙在美国哈佛大学获哲学博士学位后，取道现代物理学发源地欧洲，参观了英、法、德、荷、比五国的物理学研究机构，1924 年 3 月回国，受聘东南大学物理系。

1924 年

- 2 月，青岛观象台始由中国接收，蒋丙然出任台长，高平子、竺可桢分别出任天文磁力科和气象地震科科长。

1925 年

- 1 月 27 日，翁文灏在北京天文学会讲演，题为"惠氏大陆漂移说"，介绍魏格纳的大陆漂移说，在中国第一次使用了"地球物理学"一词。
- 9 月，清华改制组建大学部，叶企孙受聘清华大学物理系。1926 年，任物理系主任、教授。
- 陈宗器毕业于东南大学物理系，师从叶企孙教授。

1926 年

- 5 月，李四光在中国地质学会第四届年会上，作题为"地球表面形象变迁的主因"的演讲，后在《中国地质学会志》第五卷第 3~4 期上发表。文中提出"地质力学"的概念，同时提出地应力的概念与地震预报关系。
- 11 月，第三届泛太平洋科学会议在日本东京举行。翁文灏等前往参加，提交《中国地壳运动》（翁文灏）、《中国温泉之分布》（章鸿钊）等论文。
- 李善邦毕业于东南大学物理系，师从叶企孙教授。

1927 年

- 4 月 26 日，中国学术团体协会代表刘半农教授与瑞典探险家斯文·赫定博士签订了中国西北科学考察"十九条合作办法"。双方组成"中国西北科学考察团"。外方团长斯文·赫定，中方团长徐炳昶。5 月，徐炳昶、斯文·赫定率考察团离开北京，拉开了历时六年多的西北科学考察的序幕。

1928 年

- 6 月 9 日，中央研究院在上海成立，蔡元培任院长。
- 11 月，中央研究院物理研究所在上海成立，丁燮林任所长。他亲自主持"新摆"和"重力秤"研究。
- 王应伟应青岛观象台台长蒋丙然邀请，到该台任气象地震科科长，后又兼任天文磁力科科长。
- 南京国民政府成立，地质调查所改隶农矿部。

1929 年

- 元旦，中央研究院气象研究所在南京成立，竺可桢任所长。
- 5 月，陈宗器受聘中央研究院物理研究所，任助理研究员。10 月参加第二批西北科学考察团。年末，作为瑞典地质学家霍涅尔（N. Horner）的助手，在内蒙古苏尼特左旗 7 处做过磁偏角测量。

- 9月9日，北平研究院和北平研究院物理学研究所同时在北平（现北京）成立。李煜瀛任院长，李书华副院长兼任物理学研究所所长。

- 清华大学设地理学系，翁文灏任系主任。1932年改名为地学系，分地理、地质、气象三科。

- 冬，应农矿部地质调查所所长翁文灏之请，清华大学物理系主任叶企孙推荐其在东南大学任教时的物理系毕业生李善邦，主持在北京西郊筹建地震台。

- 国立北平研究院物理研究所所长严济慈开展了大气光谱研究。这是当时从传统的气候、气象学孕育出现代高空大气物理学的新领域。

1930 年

- 9月20日13时02分02秒，中国自己建立的第一个地震台——鹫峰地震台观测记录到第一个地震，使用的是德国小型维歇特地震仪。在鹫峰地震台基础上成立地震研究室，李善邦任主任。出版《鹫峰地震研究室地震专刊》。

- 中央研究院地质研究所所长李四光在《地质评论》上撰文《扭转天平之理论》，介绍扭秤用于地质勘查的基本原理。

- 中央研究院物理研究所丁燮林所长发表文章，介绍用倒立摆测量重力加速度绝对值的方法。

- 12月农矿部与工商部合并为实业部。地质调查所改隶实业部。

- 年底，严济慈从法国归来，任北平研究院物理学研究所所长，开始有计划的测定中国领土的重力加速度，并开展了大气光谱学研究。这是当时从传统的气候、气象学孕育出现代高空大气物理学的新领域。

1931 年

- 2月，叶企孙、吴有训推荐清华大学物理系实验员贾连亨推荐到鹫峰地震台，成为李善邦助手。

- 初，李善邦被派往日本东京帝国大学地震研究所，学习地震学和地震测量学。

- 中央研究院气象研究所派金咏深筹建南京北极阁地震台，并派金咏深赴日本东京帝国大学，学习地震学。

- "九一八"事变后，李善邦、金咏深相继回国。

- 中国第一部地震学专著《近世地震学》由中国科学公司出版，作者是天文学家、地震学家王应伟。

1932 年

- 在中央研究院物理研究所所长丁燮林主持下，于南京紫金山筹建地磁台，1933年起进行绝对地磁测量，1936年开始相对地磁测量，1937年抗日战争全面爆发停记。

- 鹫峰地震台安装了世界最先进的电磁式地震仪。正式编辑出版《鹫峰地震台专刊》（季刊，后改半年刊）。

- 7月，为研究地震和台风的关系，中央研究院气象研究所在南京建成了中国第二个地震台——北极阁地震台，由金泳深主持。装备的仪器是维歇特地震仪和伽 – 卫式地震仪。《北极阁地震台季报》创刊。

- 1932—1933 年，第二届国际极年观测期间，中央研究院气象研究所在泰山和峨眉山设立两个高山气象观测站。

1933 年

- 1 月起，鹫峰地震台油印出版《地震月报》，用于国际地震资料交换。
- 2 月，至 1935 年 7 月，北平研究院物理学研究所张鸿吉和特约研究员、徐家汇天文台台长法国人雁月飞合作，使用荷 – 雁氏弹性摆，在东南沿海、华中及西南地区完成 173 个观测点的重力测量。
- 10 月，陈宗器参加由交通部组织的"绥新公路查勘队"，开始第二次西北科学考察活动，负责地理、水文、气象的考察工作。1935 年 2 月返回南京。
- 国际臭氧委员会将严济慈精确测定的臭氧层吸收系数定为标准值，称为"严济慈系数"。
- 清华大学设立特种研究事业委员会，主席叶企孙，负责留美生专修方向设置和招生考试工作。叶企孙执掌清华留美事业，成就了为新中国科技事业发展、特别是地球物理事业发展储备科技人才的伟业。顾功叙考取留美预备班，其志向由弹道力学改为地球物理学。1934 年留学美国，攻读勘探地球物理，开创了地球物理留学先河。

1934 年

- 清华大学物理系助教赵九章考取清华大学留美预备班，遵照恩师叶企孙意见由物理学改读高空气象学，师从竺可桢补习一年气象学。1935 年留学德国，主修动力气象学、高空气象学和海洋动力学。
- 秋，涂长望响应祖国召唤，中断在英国利物浦大学攻读地理学专业博士学位，应竺可桢之邀任中央研究院气象研究所研究员。

1935 年

- 清华大学霍秉权利用威尔逊（Wilson）云室，进行宇宙线观测研究，并发表了论文《镭 E 的 α 射线谱》。
- 中央研究院物理研究所陈茂康等人设计了一套单频的高频探测仪器，在上海用 6.2MHz 固定频率电波进行了电离层 E 层和 F 层虚高探测，这是中国最早的电离层观测和研究。

1936 年

- 1 月 5 日，时任中央研究院总干事长丁文江在湖南谭家山煤矿考察时，因煤气中毒逝世，终年 49 岁。
- 陈志强入中央研究院物理研究所工作，任南京紫金山地磁台管理员。
- 3—6 月，陈宗器率陈志强等人在中国东南沿海进行地磁测量，测点 16 处（由鲁如曾协助）。此为我国自己进行系统地磁测量的开始。
- 6 月 19 日，中国北部及远东、太平洋西部发生日全食，中国 9 个学术团体预先成立了中国日食观测委员会。其间与地球物理有关的观测有两项：青岛观象台的地磁观测；中央研究院在上海观测了日偏食的电离层效应。

- 9月，陈宗器得到斯文·赫定资助，在中央研究院的支持下，赴德国留学，在柏林大学自然科学研究院攻读地球物理学，并在波茨坦固体地球物理研究所从事地磁学研究。

- 秋，实业部（前农矿部）李善邦在湖南衡阳水口山铅锌矿做过两个月的扭秤试验。

- 实业部地质调查所丁毅等人在安徽当涂铁矿做电法勘探工作。

- 顾功叙在美国科罗拉多州矿业学院获地球物理硕士学位，成为我国第一位系统掌握地球物理勘探理论、技术和方法的地球物理学家。次年，应著名地球物理学家、地震学家古登堡邀请，到加州理工学院从事研究工作。

1937 年

- 6月，秦馨菱从清华大学物理系毕业，经叶企孙推荐到实业部地质调查所鹫峰地震台工作，作为李善邦助手。

- 8月，抗日战争爆发后，鹫峰地震台停止记录。

- 10月底，李善邦、秦馨菱赴湖南常宁水口山，首次把扭秤用于金属矿（铅锌矿）勘测。在野外工作近一年，发现了新矿体。

- 1937—1938年，华中大学理学院院长、物理系主任桂质廷利用脉冲垂测仪，进行了连续9个月的电离层系统的定时观测。

- 1937年至1939年，北平研究院物理学研究所在云南、贵州和广西等地连续3年进行重力测量。

1938 年

- 8月，赵九章在德国柏林大学完成博士学位论文《关于湍流风落分布参量的确定》，获博士学位，旋即回国，任职西南联大。

- 顾功叙由美国回国，应聘北平研究院物理研究所（已内迁昆明）。开始在云南、贵州两省12个铁、铜、铅锌及煤田开展我国早期的地球物理探矿工作。

- 方俊在德国耶那地震研究所进修后回国，任职经济部（前实业部）地质调查所，开展重力均衡与地球形状的研究。

1939 年

- 2月，王之卓获德国柏林工业大学航空摄影测量学博士学位，旋即回国，任职中山大学；陈永龄获德国柏林工业大学大地测量工学博士学位。秋，辗转回到昆明，任职西南联大。

- 7月，陈宗器离开德国，转赴英国，在伦敦大学应用地球物理学部学习地球物理探矿。

- 9月，李善邦、秦馨菱携带3台磁秤，在四川省綦江铁矿做物探工作。

- 年底，翁文波获英国伦敦大学应用地球物理学博士学位后回国，任职中央大学物理系。研制出了中国第一台地电测井仪和双磁针不稳定式磁力仪。

在四川巴县石油沟油矿做过电测井试验。

1940 年

- 年初，王子昌在德国哥廷根大学地球物理研究所获得博士学位，旋即回国，在大西南投入物探工作。
- 4 月，陈宗器自英国启程回国，11 月抵达中央研究院物理研究所南迁所在地广西丹洲，被任命为副研究员。
- 春，秦馨菱和方俊带磁秤和扭秤，在贵州西北威宁妈姑铁矿进行探测。
- 北平研究院、经济部地质调查所和中央大学共同发起，成立地球物理工作委员会（次年改名为中国地球物理工作委员会）。李书华任主任委员，尹赞勋任副主任委员。出版不定期刊物《地球物理专刊》，共出 3 期（1~3 号）。
- 1940—1943 年，顾功叙、王子昌等在滇东北到滇南的 10 个矿区（点）分别用自然电场法、电阻率剖面法、电测深法、磁法等方法进行探测。

1941 年

- 春，在地质人员发现攀枝花铁矿不久，李善邦、秦馨菱赴攀枝花地区进行地质考察、地形测绘和物探勘测，发现这一地区的铁矿含钛，具有重要开采价值。
- 春，陈宗器主持，在广西桂林筹建良丰地磁台。1942 年开始观测。
- 7 月，翁文波辞去中央大学教授职位，赴甘肃玉门油矿任工程师，直至 1946 年。
- 8—12 月，为研究日食与地磁场关系，陈宗器率陈志强、周寿铭、吴乾章以及福建气象局舒盘铭赴福建崇安，观测 9 月 21 日发生的日全食。这是中国首次独立进行的日全食地磁观测。

1943 年

- 6 月 21 日清晨，李善邦用自行研制的水平摆地震仪（定名为"霓式"地震仪）在重庆北碚记录到成都附近的一次地震。直到抗战胜利，北碚地震台共记录到 109 个地震。
- 夏，广西桂林良丰地磁台开始正式记录，陈宗器任地磁台主任，并晋升为研究员。

1944 年

- 5 月，中央研究院气象研究所所长竺可桢推荐赵九章任中央研究院气象研究所代所长。
- 傅承义获美国加州理工学院地球物理学博士学位，受聘于石油公司、地球物理勘探公司，做技术咨询工作。
- 谢毓寿受聘经济部中央地质调查所（前地质调查所），协助李善邦做地震调查。
- 李四光在《地质评论》第 9 卷第 5~6 期上摘要发表《南岭东段地质力学之研究》，这是首次在书刊上正式使用"地质力学"一词。

- 陈宗器在《学术汇刊》发表《中国境内地磁观测之总检讨》一文，对中国地磁学发展有重要指导意义。
- 下半年，良丰地磁台迁往重庆北碚。

1945 年

- 6 月，秦馨菱赴美国联合地球物理勘探公司等几家公司，学习地震勘探和电法、放射性测井。次年 9 月回国，任职中央地质调查所。
- 10 月，甘肃油矿局组建了我国第一个重磁力测量队，队长翁文波。沿甘肃河西走廊玉门到文殊山之间进行了 1∶10 万重磁力普测。在 Nature 杂志上发表《山根问题的研究》。
- 《地球物理专刊》第三号刊登李善邦论文《霓式地震仪原理及其设计制造经过》。
- 中央地质调查所从重庆回迁南京，北碚地震台也迁回南京，重建南京水晶台地震台。

1946 年

- 元旦，武汉大学理学院院长桂质廷创建的中国第一个电离层与电波传播实验室——武汉大学游离层实验室，开始对四川乐山的电离层进行常规观测。8 月，该实验室由乐山迁返武汉进行电离层长期正规观测，由此揭开了武汉大学空间物理和无线电物理研究的历史。
- 李善邦应英国文化委员会、剑桥大学和著名地震学家 H. 杰弗里斯邀请，以访问学者身份访问英国。次年，经美国回国。
- 6 月，中国石油公司在上海成立，统管全国石油勘探、开发和运销工作。翁文波调离玉门油矿回上海，任中国石油公司勘探室主任。
- 傅承义于 1946—1947 年在国际权威性杂志美国 Geophysics(《地球物理学》)上发表了 3 篇"地震波研究"系列论文，系统研究了地震波的反射与折射、面波以及首波的传播等问题。

1947 年

- 1 月，赵九章就任中央研究院气象研究所所长。
- 2 月，由陈宗器、顾功叙、王之卓、翁文波等人发起，筹备中国地球物理学会成立事宜，推举陈宗器为筹备主任。
- 春，傅承义应赵九章所长之邀回国，任中央研究院气象研究所研究员，主持地球物理研究工作，并兼任中央大学物理系教授。
- 5 月，南京水晶台地震台开始出地震观测报告。
- 秦馨菱和谢毓寿受中央研究院气象研究所赵九章所长委托，恢复原气象研究所北极阁地震台。
- 中央研究院物理研究所地磁研究部分合并到气象研究所。
- 8 月 3 日，中国地球物理学会成立大会在上海召开。出席大会的代表 26 人，实到 14 人，列席 4 人。大会通过了中国地球物理学会会章。首届理事会由 9 人组成：王之卓、李善邦、顾功叙、翁文波、陈宗器、方俊、王子昌、傅承义、赵仁寿；候补理事 4 人：石延汉、陈永龄、涂长望、吴乾章。监事 3 人：赵九章、吕炯、张宗瑛；候补监事 1 人：夏坚白。陈宗器为首届第一任理事长。

- 8 月 17 日，召开第一次理、监事联席会议，确定本会研究对象，即地球物理学之分科为：测地学、地震学、气象学、地磁与地电学、海洋学、火山学、水文学、地壳构造物理学、应用地球物理学。推定《地球物理学报》委员会委员 7 人：翁文波（干事）、方俊、李善邦、赵九章、陈宗器、顾功叙、傅承义。名词审订委员会委员 7 人：王之卓（主任）、秦馨菱、吕炯、陈志强、赵仁寿、王子昌、张宗瑛。

- 秋，重庆大学工学院院长冯简，乘代表中国出席巴黎联合国教科文组织国际会议之便，取道挪威，只身进入北极圈内地区开展考察。回国后，著有《余在北欧时所见之北极光》，成为中国赴北极考察第一人。

- 11 月，梁百先在《自然》（Nature）杂志发表文章，与英国著名科学家阿普尔顿（Appleton）各自独立发现电离层赤道异常现象（称 Appleton–Liang 异常）。

- 李善邦应邀在《美国地震学会会刊》（BSSA）上发表文章《过去二十五年中国地球物理工作之回顾》，介绍中国地震学、地磁学和地球物理勘探的发展情况和成果。

- 曾融生进入北平研究院物理学研究所，协助顾功叙做重力均衡研究的计算分析工作。曾融生于 1946 年毕业于厦门大学数理系。

- 中央大学物理系教授周长宁开展了宇宙线的实验探测研究，并发表了《宇宙线现象》的文章。

1948 年

- 4 月 20 日，中国地球物理学会确定学会刊物名称为《中国地球物理学报》（Journal of the Chinese Geophysical Society），用英文出版，主编翁文波。6 月出版第一卷第一期。

- 何泽庆从清华大学物理系毕业，到大连工学院（今大连理工大学）任教。1952 年参与创办东北地质学院地球物理勘探系。

- 10 月 9—11 日，中国科学社、中华自然科学社、中国地球物理学会、中国地质学会、中国气象学会等 10 个学术团体联合学术会议暨中国地球物理学会第一届年会在南京召开。在联合学术会议上傅承义对地球物理学作了概括介绍。10 日下午开始举行中国地球物理学会第一届年会，陈宗器主持。会上宣读论文 20 余篇。讨论并通过了修改会章等 10 个议案。按照会章规定，改选了 1/3 理事。新当选的理事是：赵九章、叶企孙、夏坚白，与留任的 6 名理事王之卓、顾功叙、方俊、李善邦、王子昌、赵仁寿一起组成新一届理事会。推举赵九章为中国地球物理学会首届第二任理事长，陈宗器为总干事，李善邦为会计。

1949 年

- 6 月，朱岗崑获英国牛津大学物理学博士学位，11 月回国任职中央研究院气象研究所。
- 9 月底，中央研究院气象研究所由上海迁到南京。
- 10 月 1 日，中华人民共和国宣告成立。
- 10 月，《中国地球物理学报》第一卷第二期出版。傅承义任主编（至第五卷）。该期发表了顾功叙、曾融生、张忠胤的《中国 208 处重力加速度测定和大陆均衡改正》等文章。
- 10 月，东北工业部在东北地质调查所成立物探室，并举办物探训练班，训练班设在北京华北大学工学院，顾功叙和曾融生任教。
- 11 月 1 日，中国科学院在北京正式成立，郭沫若任院长，陈伯达、李四光、陶孟和、竺可桢任副院长。

1950 年

- 3 月，华东军政委员会重工业部南京地质探矿专修学校创办，谢家荣任校长，该校下设物理探矿专修班，李善邦、顾功叙、傅承义、秦馨菱、曾融生、孟尔盛等任教。
- 4 月 6 日，中国科学院地球物理研究所在南京成立。所长赵九章，副所长陈宗器、顾功叙。该所系由原中央研究院气象研究所的气象和地磁部分、北平研究院物理研究所应用地球物理部分、经济部中央地质调查所地球物理研究室合并而成。地球物理研究所下设地震、地磁、气象、物探四个组。中国地球物理学会在该所办公。
- 6 月，《中国地球物理学报》（英文，中文摘要）复刊（第二卷），主编傅承义，每年出两期，第二卷第一期——竺可桢先生六旬寿辰纪念特刊。
- 7 月，陈宗器领导的南京北极阁地磁台开始完善，有正式地磁记录。
- 10 月，燃料工业部石油管理总局在上海交通大举办上海地球物理探矿培训班（高探一班），学制两年，翁文波任主任，陆邦干任辅导员，赵仁寿、王子昌、纪尊爵、孟尔盛等任教员。1952 年 8 月和 9 月，在北京又相继举办了两届，即高探二班和高探三班。
- 中国科学院地球物理研究所把中国地磁图编制工作作为地磁学研究重要课题，在陈宗器指导下，刘庆龄主持编图工作，参与者有陈宗器、刘庆龄、陈志强、周炜、胡岳仁、章公亮等。
- 中国科学院地球物理研究所顾功叙等在北京官厅水库及石景山地区，进行坝址勘查和电法找水工作。
- 年底，上海市军事管制委员会接管了徐家汇气象台和佘山天文台，成立了上海市和中国科学院共管的佘山天文观象台。1951 年易名中国科学院天地上海联合工作站，陈宗器为负责人。年底陈宗器调离，陈志强任该站地球物理部门负责人。

1951 年

- 李善邦在 40 年代设计的霓式地震仪基础上经过改进，研制成功"51"式地震仪，并批量生产。1953 年底，"51"式地震仪开始沿黄河流域装备兰州、包头等 11 个地震台。
- 8 月，《中国地球物理学报》第二卷第三期出版后停刊。
- 9 月 6 日，章鸿钊在南京逝世，享年 74 岁。

1952 年

- 1 月，中国科学院地球物理研究所把《地球物理学报》交由中国地球物理学会主办。
- 5 月，中国科学院地球物理研究所在南京建立的新中国第一个地震台——鸡鸣寺地震台开始观测。
- 8 月，中央人民政府地质部成立，李四光任部长。地球物理研究所副所长顾功叙借调到地质部，任地质矿产司副司长兼物探室主任。
- 9 月，经教育部批准，长春地质专科学校改名为东北地质学院，设有地球物理勘探专业。1958 年改名长春地质学院。
- 10 月 8 日，山西省崞县（今崞阳镇）发生 5.5 级地震，造成人员伤亡。中国科学院地球物理研究所、地质部派谢毓寿、徐煜坚等组成考察队赴震区进行考察和震情监测。这是新中国成立后第一次地震现场考察。
- 11 月，北京地质学院成立，设有地球物理勘探专业。
- 中国科学院地球物理研究所成立海浪研究组，开辟了中国海洋研究的新领域。

1953 年

- 1 月，中国科学院地球物理研究所在佘山建立了电离层垂测站。
- 2 月，中国科学院同意地球物理研究所在北京的建所工程。该所开始筹建北京地磁台（西郊白家疃村村南）、长春地磁台和广州地磁台。
- 3 月，为适应国家大规模经济建设需要，中国科学院地球物理研究所举办了第一届地震干部训练班，学员 25 人都是来自甘肃、陕西、山西和内蒙古的年轻干部。
- 中国科学院地球物理研究所派傅承义与曾融生和刘光鼎、谭承泽在北京地质学院创建中国第一个地球物理勘探教研室。
- 北京石油学院成立，设有地球物理勘探专业。
- 方俊主持中国科学院地理研究所大地测量组工作，用四摆仪在全国开展重力普测。
- 11 月，中国科学院地震工作委员会成立。李四光、竺可桢副院长分别兼任正、副主任，赵九章任秘书。下设综合组（组长李善邦）、地质组（组长张文佑）和历史组（组长范文澜）。

627

- 12 月，中国地球物理学会筹备委员会成立，赵九章任主任委员，陈宗器任秘书长。筹委会推荐傅承义等 11 人组成学报编辑委员会。会议决定学报名称改为《地球物理学报》，并决定学报恢复出版。
- 中国科学院地球物理研究所秦馨菱与曾融生研制出用于测量岩石标本磁化率的无定向磁力仪，其灵敏度达到 10^{-8}CGSM。

1954 年

- 7 月，甘肃山丹发生 7.0 级地震，中国科学院地球物理研究所、清华大学、国家计委等组成调查队，赴灾区调查。
- 8 月，中国科学院地球物理研究所开办第二期地震干部训练班，代理所长李善邦任班主任。
- 8 月，竺可桢连任中国气象学会理事长。
- 8 月，《中国地球物理学报》正式改名为《地球物理学报》，每年两期，自第三卷第一期恢复出版。
- 12 月，中国科学院地球物理研究所由南京迁到北京，所址在中关村。

1955 年

- 国务院决定，从 1955 年起，石油天然气的开发由燃料工业部石油管理总局和地质部承担，科学研究工作由中国科学院负责。
- 1 月，中国和苏联签订《中苏合营在中国勘探放射性元素议定书》。
- 4 月，苏联科学院访华代表团成员别洛乌索夫通讯院士在华期间，访问中国科学院地球物理研究所，就聘请苏联专家问题建立了联系。9 月，苏联地震地质专家戈尔什柯夫来华，帮助编制中国地震区划图。10 月苏联工程地震学家麦德维捷夫、地震仪器专家基尔诺斯、地震台站管理专家柯里达林来华，帮助中国开展地震工作。
- 5 月，卫一清任中国科学院地球物理研究所党委书记、副所长。
- 6 月，中国科学院学部成立大会在北京召开。选聘学部委员 233 人，其中地学方面的学部委员 24 人：李四光、杨钟健、竺可桢、黄汲清、谢家荣、尹赞勋、田奇镌、乐森璕、孙云铸、许杰、何作霖、张文佑、武衡、孟宪民、赵九章、侯德封、俞建章、夏坚白、顾功叙、涂长望、黄秉维、程裕淇、斯行健、裴文中。
- 6 月，中国科学院决定参加 "国际地球物理年" 活动，并成立国际地球物理年中国委员会。主任委员竺可桢，副主任委员赵九章、涂长望，秘书陈宗器，委员有 9 人。参加国际地球物理年的学科有：气象学、地磁学、太阳物理、经纬度测定、宇宙线、大气物理。
- 6 月，中国独立编制的第一套全国地磁图——《1950.0 年代中华人民共和国地磁图》（1∶800 万）正式出版，包括中国地磁等偏角线及其年变率图、地磁等倾角线及其年变率图、地磁等水平强度线及其年变率图、地磁等垂直强度线及其年变率图。

- 8月，地质部地球物理探矿局成立，何善远任局长，顾功叙任副局长兼总工程师。
- 在苏联地震专家果尔什可夫协助下，李善邦主持编制出中国第一幅1：500万《中国地震区域划分图》。

1956年

- 1月，国家测绘总局成立。
- 3月，全国石油地质委员会成立，李四光任主任，顾功叙是委员之一。
- 7月，中国科学院地球物理研究所与北京大学联合开办地球物理专门化。傅承义、王子昌一起组建了中国第一个地球物理教研室，并任教研室正、副主任。
- 10月，成都地质学院成立。
- 12月，由范文澜、李善邦主编的《中国地震资料年表》出版。
- 国家科委组织制订了《1956—1967年科学技术发展远景规划》。其中与地球物理学有关的有2项：第10项"地球物理、地球化学和其他地质勘探方法的掌握及新方法研究"、第33项"中国地震活动性及其灾害防御的研究"。
- 《西藏高原对于东亚大气环流及中国天气的影响》(叶笃正、顾震潮著)、《关于弹性波之传播理论与地震探矿的一些问题》(傅承义著)分别获中国科学院1956年度自然科学奖三等奖。

1957年

- 1月，由地质部地球物理探矿局主办的双月刊《地球物理勘探》(顾功叙主编)、冶金工业部地质局主办的《地质与勘探》半月刊创刊。
- 2月，中国地球物理学会第一次会员代表大会和中国科学院地球物理研究所学术委员会成立大会联合在北京举行。与会会员代表26人，学术委员会委员21人，会员、来宾及列席人员近百人。代表大会通过了中国地球物理学会会章，选举产生中国地球物理学会第一届理事会，理事20人，常务理事7人，理事长赵九章，副理事长翁文波，秘书长陈宗器。理事会第一次会议通过了学报编辑委员会组成人员，委员16人，主任委员顾功叙，副主任委员傅承义、翁文波、王子昌。
- 2月，地质部地球物理探矿研究所成立，顾功叙兼任所长。
- 6月，谢毓寿主编的《新的中国地震烈度表》正式发表。
- 7月，因国际地球物理年专门委员会出现"两个中国"的局面，中国决定退出国际地球物理年专门委员会。
- 7月，赵九章被聘任为国务院科学规划委员会海洋组组长。
- 7月，北京白家疃地震台建成正式投入观测，命名北京观象台。
- 8月，中国科学院测量制图研究室在南京成立，主任方俊。
- 10月4日，苏联成功发射世界上第一颗人造卫星。赵九章参加中国科学院召开的座谈会，发表讲话，提出我国开展人造卫星研究建议。

- 秋，为参加国际地球物理年观测，在刘庆龄主持下中国科学院地球物理研究所研制成功 57 型地磁记录仪，在中国地磁台站第一次用上了国产地磁仪器。
- 12 月，李善邦、徐煜坚等在苏联专家帮助下主编的《中国地震区域划分图及其说明》正式出版。
- 中国科学院增选学部委员，生物地学部有：王竹泉、冯景兰、傅承义。
- 地质部航空物探大队成立。
- 地质部根据中国东部地区航空磁测时发现一条磁异常带，结合地质资料，提出并确认郯（城）庐（江）深大断裂，在中国境内延伸 2400 多千米，这在地学界引起轰动。
- 在苏联帮助下建立了中国第一个重力测量基准网，包括重力测量基本网（简称"57 网"）和一等重力网两部分。
- 地质部做出石油普查战略重点东移的决定，从而揭开了大庆油田开发的序幕。中国科学院地球物理研究所与北京地质学院、地质部第二物探大队合作组建——二队三分队（地震队），曾融生带领阚荣举、滕吉文、何传大等人，用苏联中频地震仪工作站完成了松辽盆地第一条也是大庆地区第一条人工地震勘探剖面，南起吉林公主岭北抵内蒙古科尔沁左翼中旗。
- 1957—1958 年，方俊主持全国天文重力水准网的布设工作。在这一工作中，方俊发明的方格模板法引起了国际上广泛关注。

1958 年

- 1 月，中国科学院成立"581 组"，负责协调、计划人造卫星工作。组长钱学森，副组长赵九章、卫一清。同时成立技术组，由赵九章主持。
- 4 月。秦馨菱编写的教材《放射性测量》由地质部地球物理探矿局翻印内部出版。
- 8 月，中国科学院地球物理研究所所长赵九章提出要以物理化、工程化、新技术化为指导，建立和加强研究所技术力量。
- 8 月底、9 月初，中国科学院决定由力学研究所、自动化研究所和地球物理研究所分别成立第一设计院（总体设计、火箭研制）、第二设计院（控制系统）和第三设计院（探空仪器研制、空间环境研究等）。第三设计院由赵九章、钱骥领导。
- 北京大学成立地球物理系。
- 9 月，中国科学院创办中国科学技术大学，设应用地球物理系，赵九章任系主任。
- 9 月，中国科学院创办兰州地球物理专科学校，设立三部分：天气控制、高空物理和地震预报。校长由赵九章兼任。
- 10 月 16 日，中国科学院派出高层大气物理访苏代表团去苏联考察。团长赵九章，副团长卫一清，历时 73 天。
- 11 月，中国科学院、地质部、石油部和北京地质学院等单位协作，在天津塘沽组建了中国第一个海洋地震队，刘光鼎任队长，在渤海近岸进行了海上地震勘探方法试验。

- 中国科学院地球物理研究所与石油部合作，由曾融生主持，在柴达木盆地试验低频地壳测深工作。测得柴达木盆地地壳厚度 52km。这项工作于 1978 年获全国科学大会奖。

- 中国科学院测量制图研究室由南京迁至武汉武昌小洪山。

1959 年

- 2 月，中国科学院测量制图研究室更名中国科学院测量与制图研究所，所长方俊。

- 4 月 2 日，中国地球物理学会工作委员会召开第一次全体会议。工作委员会成员 31 人，13 人组成常务委员会。常务委员会主任顾功叙，副主任翁文波，秘书长陈宗器。会议决定对学报编辑委员会组成进行调整，委员 12 人，主任委员翁文波，副主任委员顾功叙、傅承义、王子昌。

- 4 月 16 日，赵九章出席由毛泽东主席召集的第十六次最高国务会议。

- 4 月，中国科学院地球物理研究所兰州分所成立。

- 中国科学院地球物理研究所在西苑开办中等专业技术学校——中国科学院科学技术学校。

- 9 月 26 日，黑龙江省肇州县松基 3 井喷出工业油流，从而揭开了储量达数 10 亿吨的世界特大型油气田——大庆油田的勘探开发序幕。

- 秋，在苏联专家帮助下，北京地质学院正式成立放射性矿产地球物理勘探专业。

- 中国科学院"581"组的研究实体改制为地球物理研究所二部。

1960 年

- 3 月 4 日，陈宗器在北京逝世，享年 62 岁。

- 4 月，李善邦主编的《中国地震目录》（第一、二集）出版。

- 5 月，地质部在天津正式成立我国第一支海洋综合物探队——渤海综合物探队，对渤海地区开展海洋石油物探工作。

- 7 月 18 日，广东河源新丰江水库坝区发生地震。中国科学院地球物理研究所、地质研究所和水电部共同组队前往考察。次年 5 月，中国科学院地球物理研究所组建河源地震考察队，建立新丰江水库区域地震台网。考察队队长谢毓寿。

- 9 月，由上海机电设计院研制的 T7 型探空火箭在安徽"603"火箭发射场升空。中国科学院地球物理研究所二部参与研制和探测工作。1960—1965 年共进行了 20 多次发射试验。

- 为纪念美国 *Geophysics*（《地球物理》杂志）创刊 25 周年，傅承义因其 1946—1947 年间在该刊发表的"地震波研究"一组论文，被该刊评为"地球物理学经典著者"。

1961 年

- 7 月，中国科学院地球物理研究所成立地震核侦察研究室，傅承义任室主任。
- 10 月 24 日，桂质廷在武汉逝世，享年 66 岁。
- 11 月，中国科学院测量及地球物理研究所成立，它由中国科学院测量与制图研究所、武汉高空大气物理研究所和湖北机械研究所合并组建而成，所长方俊。

1962 年

- 5 月 26 日，中国无线电通信和电波传播研究的创始人、中国赴北极科考第一人冯简在台湾逝世，享年 66 岁。
- 10 月，中国科学院土木建筑研究所在新丰江水库建立了中国第一个强震观测台站。
- 11 月，地质部主办的《石油物探》创刊。
- 中国科学院地球物理研究所谢毓寿奉命筹建中国科学院华北分院物理研究所工程地震研究室（山西大同），兼任室主任。

1963 年

- 5 月，国防科委第 21 研究所与中国科学院地球物理研究所正式签署有关我国首次核试验任务的 3 项协议书：地震效应观测、地震观测、空气中气压波的测量。
- 5 月，中国科学院土木建筑研究所更名中国科学院工程力学研究所，所长刘恢先。
- 7 月，地质部物化探研究所创办《物探化探快报》半月刊。
- 9 月，中国地球物理学会第二次会员代表大会和第二届学术年会在北京科学会堂召开。与会代表 80 余人，列席及来宾 300 余人。会议选出由 31 人组成的中国地球物理学会第二届理事会和 9 人组成的常务理事会。理事长顾功叙，副理事长翁文波，秘书长傅承义。会议决定了《地球物理学报》编辑委员会组成，主编顾功叙、副主编翁文波、傅承义、王子昌，编辑委员 11 人。会议确定《地球物理学报》自 1964 年第 13 卷第 1 期起改为季刊。
- 11 月，中国科学院测量及地球物理研究所《测量与地球物理集刊》创刊。共出版 13 期，于 1994 年停刊。
- 年底，首批两艘海洋物探调查船由上海造船厂建成并交付地质部第五物探大队使用，李四光部长将其命名为"星火一号"和"星火二号"。
- 中国科学院地球物理研究所在河北廊坊建立电离层观测站，负责人徐楚孚。1966 年撤销。

1964 年

- 自 1964 年起，《地球物理学报》改为季刊。
- 2 月 26 日，中国早期天文学家、气象学家、地球物理学家王应伟在北京逝世，享年 87 岁。

- 5 月，西北地震综合考察队成立，承担昌马地区地震烈度任务，建立了昌马区域地震观测台网。考察队以中国科学院地球物理研究所和兰州地球物理研究所为主组成，队长梅世蓉。

- 10 月 16 日，中国第一颗原子弹爆炸成功。中国科学院地球物理研究所承担了气象保障、核爆炸近场地震效应观测和气压波测量等任务，并用地震法速报（零后 10 余秒）核爆炸"当量"，获得成功。

- 12 月 27 日，赵九章致信周恩来总理，建议加快中国空间科学技术发展，开展卫星研制工作，制定发射卫星计划。

- 12 月，地质部海洋地质科学研究所在南京成立。

1965 年

- 3 月 20 日，中央专门委员会决定建立国家核侦察系统（"320"任务）。中国科学院地球物理研究所承担了用地震方法侦察核爆炸的任务。为此专门成立"320"组。12 月 24 日首次速报苏联的一次地下核试验取得成功。

- 中国科学院地球物理研究所顾震潮，在中国首次核试验中出色完成气象保障任务，荣立一等功。

- 赵九章编著的《高空大气物理学（上册）》出版。

- 中国科学院测量及地球物理研究所更名为中国科学院测量与地球物理研究所。

1966 年

- 1 月，中国科学院成立卫星设计院（651 设计院），赵九章任院长，钱骥任副院长。

- 2 月，中国科学院地球物理研究所一分为四：中国科学院地球物理研究所、中国科学院应用地球物理研究所、中国科学院大气物理研究所、中国科学院昆明地球物理研究所。

- 3 月 8 日，河北省邢台地区发生 6.8 级地震，震中烈度 9 度。当天周恩来总理接见地震工作者，提出要开展地震预报研究。中国科学院地球物理研究所、地质研究所、工程力学研究所等单位派出 53 人，由顾功叙率领赴震区监测震情，李善邦、傅承义、刘恢先先后到达邢台；石油部翁文波带队到邢台；国家测绘总局派出一个分队进行大地测量；地质部成立地震地质大队；国家科委派朱凤熙带工作组到现场组织工作。

- 3 月 9 日，周恩来总理到邢台地震灾区视察、慰问。

- 3 月 22 日，邢台地区宁晋东南再发生强震，震级达 7.2 级，震中烈度 10 度。

- 3 月，石油部编辑出版的《石油地球物理勘探》创刊。

- 4 月 1 日，地球物理研究所北京电信传输地震台网建成并投入使用。

- 4 月 29 日，周恩来总理视察邯郸、岳城水库等地，对地震工作指示：科学人员要抓住邢台地震不放，注意工厂、铁路和水库。

- 5 月，中国科学院地球物理局成立。
- 6 月，"文革"开始，《地球物理学报》第 15 卷第 2 期出版后停刊。

1967 年

- 5 月，中国科学技术大学固体地球物理专业应届毕业生组织的"红鹰战斗队"创办了油印刊物《地震战线》。时任中国科学院院长郭沫若应邀为《地震战线》书写刊名，并题字"把毛泽东思想红旗插上地震预报科学高峰"。1973 年该刊改为内部发行，共出 53 期。1981 年改名《地震》，公开出版发行。
- 12 月，国家科委、中国科学院地震办公室成立。

1968 年

- 10 月 26 日，赵九章横遭"四人帮"诬陷，愤然离世，终年 61 岁。

1969 年

- 1 月，中国科学院向地球物理研究所正式下达"首次全国地磁普测及 1970 年中国地磁图编制"任务（"3912"任务）。该项工作荣获 1978 年全国科学大会奖。
- 7 月 18 日，渤海发生 7.4 级地震，当晚周总理接见地震工作者，宣布成立中央地震工作小组，组长李四光，副组长刘西尧。

1970 年

- 1 月 5 日，云南通海发生 7.8 级地震。周恩来总理指示："要密切注视。地震是有前兆的，可以预测的，可以预防的，要解决这个问题。"
- 1 月，全国地震工作会议在北京召开，郭沫若、李四光到会讲话。
- 4 月 24 日 21 时 35 分，中国第一颗人造地球卫星"东方红 1 号"顺利升空。
- 中国科学院昆明地球物理研究所在邢台地震活动区的"元氏—济南"一线进行了地震反射精细结构探测，1972 年完成。

1971 年

- 1 月 27 日，翁文灏在北京逝世，享年 82 岁。
- 4 月 29 日，李四光在北京逝世，享年 82 岁。
- 8 月 2 日，在中国科学院地球物理局基础上成立国家地震局，由中国科学院代管。中国科学院地球物理研究所、地质研究所、工程力学研究所、测量与地球物理研究所整建制划归国家地震局。测量与地球物理研究所改名国家地震局武汉地震大队。
- 9 月，人造地球卫星环境手册编写组著《人造地球卫星环境手册》，由国防工业出版社出版。
- 10 月，新疆地震预报研究队成立，队长王树华，副队长梅世蓉、查志远。在新疆喀什、阿克苏地区开展工作。此工作于 1975 年结束。
- 由 24 个基准台组成的全国基本地震台网建成。
- 中国科学院地球物理研究所研制出中国地区地震走时表。

- 国家地震局成立震源机制会战小组，对中国 1933 年以来的大地震震源机制进行系统研究，王妙月任组长。1973 年出版研究成果《中国地震震源机制研究》(第一、二集)，1985 年获国家地震局科学技术进步奖二等奖。

1972 年

- 中国科学院制定"中国科学院青藏高原 1972—1980 年综合科学考察规划"。1973 年，中国科学院青藏高原综合科学考察队成立，拉开了青藏高原大规模综合科学考察序幕。
- 在山西临汾召开了全国地震中期预报科研工作会议，决定每年召开全国地震趋势会商会，这种形式一直延续至今。
- 中国科学院地球物理研究所成立震源物理研究室。
- 傅承义著《大陆漂移海底扩张和板块构造》一书出版，板块构造学说开始介绍到中国。
- 北京大学在地质地理系设立地质力学专业，王仁等一批力学家调入，从事地质力学、地球动力学研究。

1973 年

- 7 月，燃料化学工业部石油地球物理勘探局在河北徐水召开成立大会。
- 9 月，"文革"初期停办近 7 年的《地球物理学报》恢复出版。

1974 年

- 2 月 7 日，竺可桢在北京逝世，享年 84 岁。
- 4 月 4 日，丁燮林在北京逝世，享年 81 岁。
- 4 月，中国地球物理学会理事长顾功叙率中国地震代表团一行 10 人对美国、加拿大进行为期 30 天的访问考察。10 月，美国地震代表团一行 13 人对中国进行了回访。

1975 年

- 2 月 4 日，辽宁海城发生 7.3 级地震。中国成功地做出了短临预报，大大减轻了地震造成的损失，在国际上引起重大反响。
- 年初，中国科学院地球物理研究所组建地球物理科学考察分队，赴西藏进行考察，考察内容包括地震、古地磁和重力。
- 6 月，教育部和国家地震局联合发出《关于培养地震专业人员的通知》，决定在甘肃天水筹建地震学校；在若干重点高等院校设置有关专业；开办短训班和进修班。
- 11 月，中国第一部地震仪器专著《地震仪器概论》出版。中国科学院地球物理研究所编著，王耀文执笔。
- 陈运泰、林邦慧、林中洋等发表文章《根据地面形变的观测研究 1966 年邢台地震的震源过程》，得出半无限弹性介质地震引起的位移解析解，首次对大地震的观测资料进行了解释。
- 中国科学院地球物理研究所高龙生、葛焕称等研制成功 3×10^9 Pa 静水三轴压力容器，并开始了震源物理的实验研究。

- 在加拿大阿尔伯塔召开首届国际诱发地震讨论会，中国派出以刘恢先、马瑾为正、副团长代表团与会，代表团成员王妙月在会上宣读论文《新丰江水库地震震源机制及其成因探讨》。

1976 年

- 2 月 2 日，长春地质学院地球物理勘探系创办人之一、地球物理场论课程的创始人何泽庆，历经坎坷，英年早逝，终年 50 岁。何泽庆 1948 年毕业于清华大学物理系。

- 7 月 28 日凌晨 3 点 42 分，河北省唐山地区发生 7.8 级大地震，国家地震局震前没有发布预报。地震造成 24 万多人罹难，16 万多人重伤。正在这里进行地震考察的河北省地震局工作组 6 人、国家地震局测量大队 2 人不幸遇难，为地震事业献出了年轻而宝贵的生命，他们是贾云年、王素吉（女）、周士玖、阎栓正、黄钟、苏英俊、刘善福、孙凯平。

- 冬，天水地震学校正式招生，学制 2 年。

- 云南大学地球物理系成立（设地球物理专业与物理系气象专业）。云南大学继北京大学、中国科学技术大学之后，在中国第三个创办普通地球物理系的院校。

1977 年

- 1 月 13 日，叶企孙在北京逝世，享年 79 岁。

- 年初，中国科学院地球物理研究所组建青藏高原地球物理考察分队，队长王绍舟，副队长滕吉文、姚振兴，第三次进藏进行考察。来自全国各地 18 家单位共 228 人参加，考察内容包括重力、地磁、地震、大地电磁测深和人工地震。

- 8 月 6 日，国际大地测量与地球物理联合会（IUGG）在英国达勒姆召开特别大会，会议决定恢复中国席位。8 月 10 日，顾功叙率领中国地震代表团出席了 IUGG 下属的国际地震学与地球内部物理学协会（IASPEI）和国际火山学与地球内部化学协会（IAVCEI）在达勒姆召开的学术讨论会，陈运泰、董颂声、张裕明等 3 人宣读 3 篇论文。

- 傅承义出版《地球十讲》，系统阐述了早前提出的地震预报的"红肿理论"。

- 中国第二代烈度区划图公布，这是中国第一幅具有明确时间概念的地震区划图。

1978 年

- 3 月 26 日，中国科学院在北京八宝山革命公墓举行赵九章骨灰安放仪式。

- 3 月 18—31 日，全国科学大会在北京召开。中国科学院地球物理研究所王妙月被授以全国先进科技工作者称号，受到大会表彰。

- 4 月，江汉石油学院成立，设立石油地质勘探和石油地球物理勘探等 9 个专业。

- 5 月，国家地震局武汉地震大队改名国家地震局武汉地震研究所，其中重力学和武昌时辰站回归中国科学院，重新组建中国科学院测量与地球物理研究所，方俊任所长。

- 9 月 5 日，中国科学院和国家地震局协商并经国务院批准，将中国科学院地球物理研究所直接从事地震研究的力量划归国家地震局直接领导，更名为国家地震局地球物理研究所，所长顾功叙。非地震项目研究人员和部分管理人员留下，重建中国科学院地球物理研究所，所负责人傅承义、陈宗基。《地球物理学报》留在中国科学院地球物理研究所。

- 西安地质学院成立，设有地球物理勘探专业。

- 10 月，中国地球物理学会专家组一行 10 人赴美国旧金山参加美国勘探地球物理学家学会第 48 届年会。自始，中美两国勘探地球物理学界中断近 30 年的交往正式恢复。

- 中国科学技术大学重组地球与空间科学系。

- 12 月，方俊、许厚泽访问比利时皇家天文台，商谈中国和比利时固体潮合作观测事宜。

- 王子昌在北京逝世，享年 65 岁。

1979 年

- 4 月初，联合国教科文组织在巴黎召开国际地震预报学术讨论会，顾功叙率中国代表团一行 20 人出席会议，提交论文集 7 篇。顾功叙等 3 人还参加了地震预报问题专家工作会议。

- 8 月，中国正式加入国际地震中心（ISC），秦馨菱成为该中心指导理事会理事。

- 8 月，《地震学报》（季刊）在北京创刊，顾功叙任主编。

- 国家地震局成立了深地震测深协调小组，由其下属地球物理研究所、地壳应力研究所、兰州地震研究所、武汉地震研究所和 7 个省的地震人员组成。

- 10 月 30 日，地质部、中国科学院与法国国家科学研究中心在北京签订《关于喜马拉雅山地质构造和地壳上地幔的形成和演化的合作研究会谈纪要》。广角地震测深、大地电磁测深、地磁差分、大地热流及古地磁观测被纳入研究计划。

- 11 月，中国地震学会成立大会暨第一次全国地震科学学术讨论会在大连召开。选举产生中国地震学会第一届理事会。顾功叙任理事长，丁国瑜、卫一清、马杏垣、王仁、许绍燮、刘恢先、张进、高文学、翁文波、傅承义等 10 人任副理事长，陈鑫连为秘书长。

- 11 月，中国石油学会物探专业委员会成立，简称中国石油物探学会（SPG）。

- 12 月，国际大地测量与地球物理联合会（IUGG）第十七届大会在澳大利亚堪培拉召开。中国地球物理学会理事长、IUGG 中国委员会主席顾功叙率中国代表团一行 42 人首次参会。

- 12 月，国务院总理华国锋签发国务院嘉奖令"中国科学院青藏高原综合科学考察队在社会主义建设中成绩优异，特予嘉奖"。
- 李善邦撰写的中国第一部地震学专著《中国地震》出版。其后该书被评为 1977—1981 年度全国优秀科技图书。

1980 年

- 1 月，国家地震局分析预报中心正式成立，梅世蓉任主任。
- 1 月 24 日，中国和美国双方在北京签订了《中华人民共和国国家地震局和美利坚合众国国家科学基金会、美利坚合众国内政部地质调查局地震研究科学技术合作议定书》及其 7 个附件。国家地震局局长邹瑜代表中方签字，美国国家科学基金会会长、美国内政部地质调查局局长代表美方签字。议定书有效期 5 年。
- 4 月 29 日，李善邦在北京逝世，享年 78 岁。
- 5 月，青藏高原科学讨论会在北京举行。包括中国在内的 17 个国家近 300 名科学家与会。滕吉文做了题为"青藏高原及其临近地区的地球物理场特征与大陆板块构造"的大会报告。会后出版《青藏高原科学讨论会文集》（英文）2 卷。
- 7 月 3—9 日，中国地球物理学会第三次会员代表大会暨学术讨论会（第三届年会）在苏州举行。选举产生了第三届理事会，理事 69 名，常务理事 18 人，顾功叙任理事长，翁文波、傅承义、朱岗崑、方俊、赵文津、朱大绥任副理事长，傅承义兼秘书长。会议决定设立 4 个专业委员会：地磁与空高物理委员会、固体地球物理委员会、勘探地球物理委员会、仪器与观测技术委员会。新一届《地球物理学报》主编傅承义，副主编翁文波等 7 人，编委 40 人。
- 8 月，中国地球物理学会主办的全国首次古地磁学术讨论会在青岛召开。与会代表 72 人，收到论文 47 篇。
- 11 月 19 日，国务院批准地质部、中国科协、国家科委、外交部《关于参加国际岩石圈科研活动的请示报告》，由中国科协、中国地质学会组织国内有关单位的地质科学家组成国际岩石圈计划中国全国委员会。
- 12 月，中国地质学会成立勘探地球物理专业委员会。
- 中国科学院增选学部委员，地学部有：丁国瑜、马杏垣、王仁、王之卓、王曰伦、王恒升、王钰、王鸿祯、方俊、毛汉礼、业治铮、卢衍豪、叶连俊、叶笃正、孙殿卿、任美锷、刘东生、刘光鼎、关士聪、池际尚（女）、李春昱、李星学、朱夏、杨遵仪、吴汝康、谷德振、宋叔和、张伯声、张宗祜、张炳熹、陈永龄、陈述彭、陈国达、岳希新、周立三、周廷儒、周明镇、赵金科、郝诒纯（女）、侯仁之、施雅风、郭文魁、郭承基、涂光炽、陶诗言、秦馨菱、袁见齐、贾兰坡、贾福海、顾知微、徐仁、徐克勤、翁文波、高由禧、高振西、谢学锦、谢义炳、黄劭显、程纯枢、曾庆存、曾融生、董申保、谭其骧、穆恩之。陈宗基增选为中国科学院技术科学部学部委员。

- 1980—1982 年，地质矿产部和中国科学院与法国国家科学研究中心和国家天文地球物理研究院共同进行"西藏喜马拉雅山地质构造和地壳上地幔的形成和演化"的合作项目。地球物理有长周期地震观测、爆炸地震测深、地磁测量、重力、古地磁、大地电磁测深、地热考察等。
- 中国计量院研制成功激光绝对重力仪，测量精度达到 $\pm 16\mu Gal$。

1981 年

- 2 月，地质部石油物探研究所主办的《石油物探译丛》创刊。
- 5 月，国家南极考察委员会成立。
- 9 月，由中国地球物理学会和美国勘探地球物理学家学会共同发起在北京举行"中美石油地球物理勘探联合学术讨论会"。马在田的论文《高阶有限差分偏移》解决了偏移成像难题，受到高度评价。

1982 年

- 1 月，中国地球物理学会仪器与观测系统委员会正式成立，主任委员秦馨菱。
- 1 月，石油部《石油物探报》创刊。
- 《地球物理学报》自 1982 年第 25 卷第 1 期起由季刊改为双月刊。
- 2 月，《中国地球物理学会会讯》（不定期）创刊。其任务是报道学会工作及活动情况，反映会员的呼声和建议。
- 5 月，地质部改名为地质矿产部。
- 6 月，中国地球物理学会勘探地球物理委员会正式成立，主任委员朱大绶。
- 7 月，"大庆油田发现过程中地球科学工作"项目获 1982 年国家自然科学奖一等奖，获奖者代表共 23 人，石油工业部 10 人、地矿部 9 人、中国科学院 4 人。
- 7 月，李善邦主编的《中国地震目录、地震区域划分和地震活动特征》获国家自然科学奖三等奖。
- 9 月，大陆地震活动和地震预报国际学术讨论会在北京举行。会议由中国地震学会、联合国教科文组织、联合国救灾署、联合国环境规划署、国际地震学与地球内部物理学协会等组织联合发起和资助，有 23 个国家和地区的 104 位地震专家、学者与会。
- 10 月，中国地球物理学会固体地球物理委员会正式成立，主任委员傅承义。
- 中国地球物理学会地磁与高空物理委员会正式成立，主任委员朱岗崑。
- 刘光鼎主持的研究成果"中国海地质构造及含油气性研究"获得国家自然科学奖二等奖。

1983 年

- 2 月，阎志德、郭履灿在《科学通报》发表文章《论甘青川发震块体及其地震活动特征》，探讨甘青川块体及其地震活动特性。

- 3 月，陈宗基任中国科学院地球物理研究所所长、所务委员会主任，傅承义任名誉所长、所学术委员会主任。

- 5 月，国家地震局副局长高文学和美国地质调查局局长佩克（D. Peek）在北京签署了中美合作建设中国数字地震台网（CDSN）协议。

- 6 月 27 日至 7 月 17 日，中国地球物理学会在北京举办古地磁学习班，学员来自全国 38 个单位共 46 人。朱岗崐、谭承泽授课。教材是朱岗崐为中国科学院北京研究生院编写的《岩石磁学和古地磁学纲要》（内部资料）。

1984 年

- 年初，中国石油学会物探委员会成立，主任委员孟尔盛。

- 9 月，国务院科技领导小组批准，国家地震局地球物理研究所、工程力学研究所、中国科学技术大学地球和空间科学系、北京大学地质系四单位建立地震学联合科学基金会，安启元任主任，胡聿贤、陈颙任副主任。

- 10 月，中国地球物理学会第三届理事会第九次常务理事会议在北京召开。会议决定：中国地球物理学会的挂靠单位由中国科学院地球物理研究所改为国家地震局地球物理研究所。

- 12 月，中国首次派出国家南极考察队，赴南极洲乔治王岛。中国科学院地球物理研究所贺长明参加了南极长城站建站工作，并开展了哨声、地磁脉动观测。

- "国际地球观测百年（1882—1982）"纪念委员会授予佘山地磁台金质纪念章，授予北京白家疃、兰州、广州、拉萨、武汉、乌鲁木齐、长春 7 个地磁台银质纪念章。

- 曾融生著《固体地球物理学导论》，由科学出版社出版。

- 方俊专著《固体潮》一书出版。

- 翁文波在 1966 年邢台大地震后，致力于预测理论研究，提出信息预测新理论，出版专著《预测论基础》。

1985 年

- 1 月，中国地震学会第二届代表大会在北京召开，选举产生了第二届理事会，理事长陈运泰，副理事长丁国瑜、胡聿贤。

- 5 月，由国家测绘局组织实施的中国新的国家重力基准网"85 重力基准网"建成，通过鉴定。

- 7 月，国家教育委员会批准建立地震技术专科学校。

- 9 月，中国科学院地球物理研究所报送的"青藏高原及其邻近地区地球物理场特征与大陆板块构造"荣获中国科学院重大成果奖一等奖，主要获奖人员滕吉文、王绍舟、姚振兴等。

- 9 月，受国际岩石圈委员会委托，深部过程与大陆裂谷国际学术讨论会在成都召开。会议由中国岩石圈委员会主席团主席陈宗基和法国 F. C. Froidevaux 教授共同主持。参加这次会议的有 14 个国家的 55 名外国学者和 150 余名中国学者。会上交流论文 130 余篇。
- 傅承义、陈运泰、祁贵仲著《地球物理学基础》，由科学出版社出版。
- 《中国大百科全书·固体地球物理学·测绘学·空间科学卷》出版，主编傅承义。

1986 年

- 2 月，由中国科学院地球物理研究所陈宗基、滕吉文组织实施的攀西裂谷研究项目"攀西裂谷带的结构的动力学及演化"通过评审，认为学术水平已达到国际同类问题研究的较高水平。"攀西裂谷岩石圈结构动力学形成与演化及对成矿预测意义"项目获中国科学院科学技术进步奖一等奖。
- 3 月，张家诚主编的《地学基本数据手册》由海洋出版社出版。
- 春，中国正式派遣地震专家参加联合国裁军委员会（CCD）设立的"审议关于检测和识别地震事件的国际合作措施特设科学专家小组"（GSE）活动。
- 8 月 3 日，地球物理学名词审定委员会成立大会暨第一次审定工作会议在北京举行。地球物理名词审定委员会主任傅承义，副主任陈运泰，委员共 24 人。
- 9 月，在中国科学院野外台站工作会议上，中国科学院地球物理研究所建议在东经 120° 附近建立东亚地磁观测子午链。
- 中国科学院自然资源综合考察委员会等单位主持的"青藏高原隆起及其对自然环境与人类活动影响的综合研究"获 1986 年中国科学院科技进步特等奖、1987 年国家自然科学奖一等奖，39 人获奖，其中地球物理获奖人代表滕吉文。1989 年获陈嘉庚科学奖。
- 中国科学院地球物理研究所主办的《地球物理学进展》创刊。

1987 年

- 6 月，中国科学技术协会确定中国地球物理学会等 4 个单位为改革试点单位。中国地球物理学会的改革试点内容是：多单位支持和学会干部实行聘任制。中国地球物理学会主要支持单位为中国科学院、石油工业部、地质矿产部、国家地震局。
- 7 月，中国科学院空间物理研究所与中国科学院空间科学技术中心合并组建成立中国科学院空间科学与应用研究中心。
- 7 月，中国岩石圈委员会成立了由地质矿产部、国家地震局、中国科学院和石油部共同组成的中国地球科学断面协调委员会，赵文津、滕吉文任正、副组长。提出中国 11 条断面（14 段）计划。在 1989 年第 28 届国际地质大会期间，中国提交的中国 GGT 断面成果获得一致好评。

- 8月，由中国地质学会、中国岩石圈委员会、中国地震学会、中国国家自然科学基金委员会共同主办的"国际大陆岩石圈构造演化和动力学学术会议暨第三届全国构造地质学术会议"在北京举行。

- 10月，国家地震局和美国地质调查局合作建设的中国数字地震台网（CDSN）通过国际地震专家的技术评审和验收，正式投入运行。该台网由9个数字地震台组成，是当时世界上技术最先进的地震台网之一。

- 10月，顾功叙在中国科学院地学部第二次学部委员大会上提出两项建议：在中国建立开展深地震反射波探测地壳深部的研究计划项目；建议中国近期做出大陆科学钻井的长远规划。

- 12月2日，中国科协委托中国地质学会、中国气象学会、中国地理学会、中国考古学会、中国地球物理学会、中国科学技术史学会在北京科学会堂多功能厅举办中国西北科学考察60周年纪念会。

- 谢毓寿、蔡美彪主编的《中国地震历史资料汇编》，历时5年由科学出版社出版，共五卷七册700多万字。获1987年度中国图书奖，1989年获国家地震局科学技术进步奖一等奖。

- 国家地震局地球物理研究所在北京白家疃地磁台建成零磁空间实验室。

- 中国科学院测量与地球物理研究所研制出具有国际先进水平的CHZ海洋重力仪。

- 许厚泽当选为国际大地测量协会（IAG）地潮委员会主席（1987—1995年）。

- 国家地震局地球物理研究所陈运泰等人的研究项目"地震震源过程的理论研究"荣获国家自然科学奖三等奖。

- 陈运泰因其地球物理学科学研究成就荣获卢森堡大公勋章。

1988年

- 美国阿伦顿（Allenton Press, Inc.）公司与地球物理学报合作出版《地球物理学报》英文版。

- 7月，中国地球物理学会第四届理事会第一次会议在北京召开。选举产生第四届理事长翁文波，副理事长夏国治、蒋宏耀、曾融生、熊光楚，秘书长曲克信。同期，召开了第四届年会。

- 10月，世界数据中心（WDC）中国中心（WDC–D）和中国委员会成立。WDC–D中国委员会主任由中国科学院副院长孙鸿烈兼任。WDC–D下设地球物理学等9个学科中心，高美庆任地球物理学科中心主任。

- 10月，中国科学院与苏联科学院联合在北京召开第二届中苏亚洲–太平洋过渡带地质、地球物理、地球化学与找矿作用学术讨论会。中苏双方代表34人，交流论文21篇。

- 10月，美国勘探地球物理学家学会（SEG）在第58届年会上授予中国地球物理学会名誉理事长顾功叙荣誉会员称号。

- 12 月，中国地球物理学会授予美国著名勘探地球物理学家、美国勘探地球物理学家学会创始人 C. H. 格林为中国地球物理学会荣誉会员称号。
- 全球地学大断面（Global Geosciences Transect）协调委员会提出了 195 条地学大断面作为全球 GGT 计划，形成了全球性的地学大断面网。国际岩石圈委员会中国委员会曾制定了总计 11 条地学大断面计划。该计划分别由国土资源部、中国地震局等部门完成。

1989 年

- 1 月，由中国海洋石油总公司和中国石油天然气总公司合资的"中国海洋石油地球物理勘探联营公司"成立。
- 春，中国地球物理学会应中国石油天然气总公司和大庆石油管理局邀请，委派陆邦干、蒋宏耀、黄绪德、张立敏等组成的地球物理高级专家咨询团赴大庆总部，探讨保持和延长大庆油田稳产、高产期的科学技术问题
- 5 月，根据中国地球物理学会建议，中国科协在北京首次召开了"全国近期重大自然灾害预测及防御措施研讨会"，会议由中国地球物理学会承办。
- 5 月，中国科学院地质研究所汪集旸在意大利召开的"国际地热协会成立大会"上当选该协会主席团常委。
- 6 月，刘光鼎出任中国科学院地球物理研究所所长。
- 8 月 22—26 日，中国勘探地球物理联合会（UCEG）（中国地球物理学会、中国石油学会和中国地质学会联合组成）与美国勘探地球物理学家学会（SEG）联合主办的"勘探地球物理北京 '89 国际讨论会"（BISEG89）在北京召开。讨论会共分 4 个专题：复杂构造下的油气勘探、天然气的勘探方法、深埋矿产的勘探方法、环境与地质灾害。
- 9 月，"攀西裂谷带主要地质构造、地球物理特征及对矿产的控制"获地质矿产部一等奖。获奖人地质矿产部 4 人、中国科学院 1 人。
- 10 月 10—14 日，中国地球物理学会 1989 年综合学术讨论会（第五届年会）在中国科学技术大学召开。来自全国 104 家单位的 325 名代表与会。大会收到论文 375 篇。
- 10 月，由马杏垣主编、国家地震局《中国岩石圈动力学地图集》编委会编制的《中国岩石圈动力学地图集》出版。
- 10 月，中国极地研究所在上海成立。2003 年改名中国极地研究中心。
- 北京大学涂传诒"太阳风中阿尔芬脉动的波能串级理论"荣获 1989 年国家自然科学奖二等奖。
- 杨文采专著《地球物理反演与地震层析成像》获地质矿产部科技成果奖二等奖。
- 张立敏、蒋宏耀发表文章《地球物理学的一个新领域——环境地球物理探测》。

1990 年

- 1 月，中国地球物理学会同意傅承义辞去《地球物理学报》主编职务，由刘光鼎接任。傅承义为名誉主编。

- 4 月，为庆祝徐家汇 – 佘山地磁台建台 116 周年，由上海市地震局、上海市地球物理学会、中国地球物理学会和国际地磁与高空物理学协会（IAGA）联合发起在上海举办了国际地磁学学术讨论会。来自国内外的 95 位地磁专家、学者与会。

- 4 月，冶金工业部地球物理探矿公司更名为冶金工业部地球物理勘查院（简称冶金部物勘院）。

- 5 月，中国地球物理学会讨论通过：中国地球物理学会"青年科技奖评选条例"、"社会服务工作委员会条例"、"关于会员工作的若干规定"。

- 5 月，中国地球物理学会接纳美籍华人郭宗汾为中国地球物理学会通讯会员。

- 7 月，顾功叙编著的《地球物理勘探基础》一书由地质出版社出版。

- 10 月，中国科学院地球物理研究所、国家地震局地球物理研究所为纪念地球物理研究所成立 40 周年，编撰《地球物理研究所成立四十年》一书，由地震出版社出版。

- 10 月，中国地球物理学会第六届年会在武汉召开。

- 中国科学院空间科学与应用研究中心、中国科学院大气物理研究所、中国科学院地球物理研究所和国家地震局地球物理研究所四单位协商，一致决定共同筹集 10 万元奖励基金，设立"赵九章优秀中青年科学工作奖"。2002 年 9 月，基金扩大到 156 万，"赵九章优秀中青年科学工作奖"更名为"赵九章优秀中青年科学奖"。

- 第三代中国地震烈度区划图《中国地震烈度区划图（1990）：超越概率 50 年 10%》出版。

1991 年

- 2 月，滕吉文主编的《塔里木地球物理场与油气》一书由科学出版社出版。

- 5 月，中国地球物理学会讨论通过"中国地球物理学会会徽"图案。

- 7 月，丁国瑜主编的《中国岩石圈动力学概论》一书由地震出版社出版。

- 9 月 25 日，陈宗基在上海逝世，享年 69 岁。

- 9 月，中国地球物理学会和美国地学计算机学会（COGS）联合主办计算机在地学中的应用国际讨论会在北京召开。与会代表 569 人，包括境外 22 个国家和地区的 119 名代表。

- 10 月，中国地球物理学会第七届年会在北京召开。

- 10 月 26 日—12 月 3 日，中国地球物理学会应苏联科学院邀请，组团赴苏联进行考察和学术交流。

- 中国科学院增选院士，地学部有：马在田、马宗晋、叶大年、孙大中、孙枢、孙鸿烈、李吉均、李钧、李德仁、李德生、刘宝珺、安芷生、许厚泽、朱显谟、杨起、肖序常、吴传钧、汪品先、沈其韩、张弥曼（女）、陈庆宣、陈运泰、陈俊勇、陈梦熊、苏纪兰、欧阳自远、周秀骥、赵其国、赵柏林、袁道先、徐冠华、黄荣辉、盛金章、常印佛、傅家谟。

- 马在田主持完成的"波动方程法地震偏移成像理论与应用"获国家科技进步奖二等奖。
- 中国第一台超导磁力仪在中国科学院地球物理研究所开始运行。

1992 年

- 1 月 14 日，顾功叙在北京逝世，享年 84 岁。
- 5 月，中国地球物理学会天灾预测专业委员会成立及 1992 年天灾预测会议在北京科学会堂召开。天灾预测专业委员会下设综合、预测、总结 3 个组。翁文波任天灾预测专业委员会主任委员。
- 6 月，国家自然科学基金会批准设立"八五"重大项目"陆相薄互层油储地球物理理论和方法研究"。全国跨部门、跨学科的数十个研究集体和大庆油田参加，得到中国科学院、中国石油天然气总公司和大庆油田管理局的联合资助，由刘光鼎主持。
- 9 月，中国科协首届优秀学术期刊表彰大会在科学会堂召开，《地球物理学报》获一等奖。
- 10 月，在北京举行第二届大陆地震国际会议。会议由联合国国际减灾十年委员会秘书处、国际地震学和地球内部物理学会、国家自然科学基金会、中国地震学会、中国灾害防御协会共同发起和赞助，由国家地震局主办。来自 20 个国家和地区的 350 余位地震学专家、教授与会。
- 11 月，中国地球物理学会第八届年会在昆明召开。
- 刘光鼎主编《中国海区及邻域地质－地球物理系列图（1∶500 万）》出版。
- 马在田专著《地震成像技术》获第六届国家优秀科技图书奖一等奖。

1993 年

- 2 月，中国地球物理学会环境地球物理专业委员会成立大会在国家地震局地球物理研究所召开。会上选举夏国治为主任委员，蒋宏耀、曲克信为副主任委员。
- 8 月，中国地球物理学会五届一次理事会在北京召开。选举产生：理事长刘光鼎，常务副理事长夏国治，副理事长钟辛生、陈颙、何继善，秘书长曲克信。
- 10 月，中国科学院试行研究所所长招聘制，徐文耀被聘为地球物理研究所所长。
- 10 月，中国地球物理学会第九届年会在中南工业大学召开。
- 12 月，李四光地质科学颁奖大会在北京科学会堂举行。中国地球物理学会理事长刘光鼎获"科研荣誉奖"，副理事长何继善获"教师奖"，理事刘国栋获"科研奖"，王光宇获"野外奖"。地球物理学家获此殊荣尚属首次。

- 中国海洋石油总公司所属中国海洋物探公司成立。
- 中国科学院增选院士，地学部有：王水、文圣常、丑纪范、李廷栋、陈颙、赵鹏大、殷鸿福、郭令智、章申、程国栋。
- 梅世蓉、冯德益、张国民专著《中国地震预报概论》出版。
- 李庆忠专著《走向精确勘探的道路——高分辨地震勘探系统工程剖析》出版。
- 王仁等在北京大学创建了中国第一个地球动力学研究中心。
- 中国科学技术大学王水、胡友秋、吴式灿的研究项目"太阳大气动力学的数值模拟"荣获 1993 年国家自然科学奖二等奖。

1994 年

- 3 月，中国地球物理学会决定发展团体会员。
- 4 月 5 日，电离层物理与电波传播学家、中国科学院武汉物理研究所李钧院士在结束北京的项目答辩返回武汉的火车上，突发心脏病去世，享年 64 岁。
- 4 月，滕吉文著《康滇构造带岩石圈物理与动力学》一书由科学出版社出版。
- 6 月，美国勘探地球物理协会（SEG）北京联络处成立，组委会主任孟尔盛。
- 7 月，中国地球物理学会决定授予四届 70 岁以上理事王仁、孟尔盛、王敬尧为中国地球物理学会荣誉理事。
- 8 月，中国地球物理学会第十届年会在长春地质学院召开。年会首次组织了科技新闻发布会，刘光鼎院士、刘振兴院士分别介绍了地学攀登计划、海洋新技术以及中国空间科学研究进展情况。
- 9 月，中国石油天然气总公司在北京人民大会堂主持召开"翁文波院士'预测论'学术座谈会"。10 月，严济慈、黄汲清、王淦昌、傅承义、武衡等 17 位知名专家、学者，发布《为当代预测宗师翁文波先生组建科学基金会倡议书》。
- 9 月，中国地球物理学会与中国地质学会联合在北京召开了"水文、工程、环境物探国际学术讨论会"。
- 11 月 18 日，翁文波在北京逝世，享年 82 岁。
- 国际地磁学与高空物理学协会（IAGA）授予国家地震局地球物理研究所周锦屏"长期服务奖"。
- 中国工程院成立。

1995 年

- 10 月 30 日—11 月 3 日，中国地球物理学会第十一届年会在江汉石油学院召开。
- 中国科学院增选院士，地学部有：刘昌明、刘振兴、许志琴（女）、汪集旸、周志炎、於崇文、席承藩、秦蕴珊、巢纪平、戴金星。

- 中国工程院增选院士，与地球物理学有关的有：王思敬、刘广志、汤中立、李庆忠、郑绵平、韩德馨、翟光明。
- 刘光鼎主持的研究成果"中国海区及领域地质——地球物理系列图及专著"获得国家自然科学奖二等奖。
- 徐世浙专著《地球物理中的边界单元法》出版。2001年该书由美国勘探地球物理学家协会译成英文出版发行。

1996年

- 2月，国际大陆科学钻探计划组织（ICDP）正式成立，中国是发起国，也是首批三个成员国（中国、美国和德国）之一。
- 7月，中国签署了"全面禁止核试验条约"，承诺在海拉尔和兰州布设两个台阵形式的地震基本台。2004年建成，通过了由中国地震局主持，总装备部、总参谋部和外交部参加的验收。
- 8月，亚洲地震委员会（ASC）在唐山宣告成立，国家地震局地球物理研究所朱传镇任秘书长。2004年，朱传镇任主席。
- 9月，海洋作为第八领域纳入国家高技术研究发展规划（"863"计划），包括3个主题，其中与地球物理有关的820主题是海洋探查与资源开发技术。
- 10月，中国地球物理学会第十二届年会在西安召开。
- 10月，中国地球物理学会公布"评选青年优秀论文奖的暂行办法"和"评选科技发展奖的暂行办法"。这两个奖是由中国地球物理学会专款设立的顾功叙地球物理科技发展基金和傅承义地球物理学术基金实施的。顾功叙地球物理科技发展基金的宗旨是促进地球物理科技与国家经济建设的结合，奖励在发展学科和经济建设中做出重大贡献的科技工作者。傅承义地球物理学术基金的宗旨是促进地球物理基础和应用研究，特别是鼓励45岁以下年轻地球物理工作者的研究工作。
- 11月2日，严济慈在北京逝世，享年96岁。
- 11月17日，梁百先在武昌逝世，享年85岁。
- 12月，承担全国和全球大地震速报任务的中国大地震卫星速报台网（由9个地震台组成）建成，通过国家地震局的验收。
- 中国地球物理学会在美国注册成立了中国地球物理学会北美分会。
- 袁学诚主编的《中国地球物理图集》（中、英文）由地质出版社出版。
- 汪集旸专著《中国地热》（英文）出版。

1997年

- 1月，中国大地震卫星速报台网正式运行。
- 初，中国科学院空间中心刘振兴等提出了"地球空间双星探测计划"（简称"双星计划"）。2000年12月，国务院正式批准了双星计划。2001年7月9日，中国国家航天局和欧空局局正式签署了中欧双方关于双星计划的合作协议。
- 3月9日，中国科学院组织地球物理学家对中国漠河地区出现的日全食进行高精度重力观测，以探讨引力波被"屏蔽"问题，力图为引力波理论研究提供观测证据。观测精度尚不足以分辨异常变化。

- 5月，中国地球物理学会工程地球物理专业委员会成立，刘光鼎兼主任，赵永贵任常务副主任。

- 6月，中国地球物理学会信息技术专业委员会成立。

- 6月，经国家科技领导小组批准，"九五"国家重大科学工程项目中国大陆科学钻探工程立项。中外学者一致赞同把苏北东海县南部地区作为中国第一口大陆深井钻的靶区。

- 6月，谢鸿森著《地球深部物质科学导论》由科学出版社出版。

- 10月，纪念中国地球物理学会成立50周年大会在全国政协常委会议厅举行。夏国治常务副理事长主持，刘光鼎理事长做报告。大会做出表彰决定：关于表彰本会成立发起人、同龄会员的决定，傅承义、秦馨菱、方俊、孟尔盛、李德生、谢毓寿、王之卓、吴乾章、刘庆龄等9人受表彰；表彰献身地球物理事业45年以上的地球物理学会会员决定，曾融生、朱岗崑、王仁、刘承健等122人受表彰；表彰优秀地球物理期刊的决定，《地球物理学报》等15种期刊受到表彰。

- 11月，在中国地球物理学会的诞生地上海隆重举行中国地球物理学会成立50周年庆祝活动，同时举行中国地球物理学会第十三届年会。

- 12月17日，"赵九章铜像揭幕仪式暨赵九章诞辰90周年纪念会"在北京举行。500多位著名科学家和各界人士与会。钱伟长和王大珩为铜像揭幕。

- 中国科学院增选院士，地学部有：马瑾（女）、王德滋、田在艺、冯士筰、任纪舜、戎嘉余、吴国雄、张彭熹、林学钰（女）、童庆禧。

- 中国工程院增选院士，与地球物理学有关的有：陈毓川、金庆焕、胡见义、卢耀如、金翔龙。

- 长春科技大学地球探测与信息技术学院成立。

- 中国地球物理学会正式启动顾功叙地球物理科技发展奖、傅承义青年科技奖颁奖。

- 杨文采的《地球物理反演理论与方法》由地质出版社出版。

- 东京大学地球物理学教授盖勒（R. Geller）在美国《科学》（Science）上撰文，认为地震的发生是自组织临界过程，因而是不能预报的，引发了全球地震学界的一场大讨论。中国地球物理学家旗帜鲜明指出，"地震预测要知难而进"，对地震预报取得成功应持"审慎的乐观"态度。

1998 年

- 2月，潘裕生、孔祥儒主编《青藏高原岩石圈结构、演化和动力学》由广东科技出版社出版。

- 3月，国家地震局更名中国地震局。

- 4月，国土资源部成立，它由地质矿产部、国家土地管理局、国家海洋局、国家测绘总局合并组成。

- 5月5日，方俊在北京逝世，享年94岁。

- 6月，中国地球物理学会第五届理事会第二十五次常务理事会批准第十二届《地球物理学报》编辑委员会组成：主编刘光鼎，副主编陈颙等7人，编委51人。傅承义任名誉主编。

- 7月，刘光鼎等著《陆相油储地球物理导论》由科学出版社出版。

- 10月，中国地球物理学会流体地球科学委员会和信息技术委员会在北京成立。选举产生流体地球科学委员会主任杨玉荣，地震信息技术委员会主任郑治真。

- 10月，中国地球物理学会第六次会员代表大会在杭州召开。第六届常务理事选举产生：理事长刘光鼎，副理事长钟辛生、陈颙、何继善、曾绍金、周佰修，秘书长朱日祥。大会授予夏国治、叶叔华等12人荣誉理事称号。

- 10月，中国地球物理学会海洋地球物理专业委员会在杭州正式成立。刘光鼎任主任委员。

- 10月28日—11月1日，中国地球物理学会第十四届年会在杭州召开。

- 11月，由中国空间科学学会空间物理专业委员会、中国科学院空间科学与应用研究中心及中国地球物理学会地磁与高空物理委员会共同组织的"空间物理发展规划与战略研讨会"在北京召开。

- 12月29日，由中国科学院地球物理研究所主办，广州海洋地质调查局、同济大学海洋地质与地球物理系、南京大学海岸与海岛开放实验室、中国地震局地震科学联合基金会等单位协办的"地球物理重大研究领域进展报告会"在北京举行。

- 中国地震局、总参测绘局、中国科学院和国家测绘局等单位共同组织的"九五"国家重大科学工程建设项目中国地壳运动观测网络工程开工建设。

- 刘振兴、濮祖荫发表文章《蜗旋诱发重联理论及其应用》，系统研究了磁层顶边界层区的瞬时重联过程，建立了蜗旋诱发重联（VIR）理论和VIR通量传输事件模型。这一研究成果在空间物理中有广泛应用前景。

- 中国科学院地球物理研究所姚振兴主持完成的"地震波波形研究"荣获1998年中国科学院自然科学奖一等奖。

1999年

- 中国科学院地球物理研究所和地质研究所进行"整合"，合并后的名称为中国科学院地质与地球物理研究所。

- 9月18日，中国科学院地球物理研究所前所长赵九章、一室主任钱骥被中央授予"两弹一星"功勋奖章。

- 9月，《顾功叙文集》由地震出版社出版。

- 10月，中国地球物理学会第十五届年会在合肥召开。

- 11月，由中国科学院联合数字地球领域国内外机构、学者发起召开国际数字地球学会（ISDE）成立大会，随后举行了国际数字地球论坛。中国科学院院长路甬祥任创始主席。会后，徐冠华、陈运泰主编出版《国际数字地球论坛论文集》（英文，上、下卷）。

- 中国科学院增选院士，地学部有：伍荣生、吴新智、张本仁、张国伟，郑度、姚振兴、高俊、滕吉文、翟裕生、薛禹群。
- 中国工程院增选院士，与地球物理学有关的有：刘广润、许绍燮、邱中建、周世宁、倪维斗、裴荣富、鲜学福。
- 中国科学院整合院内有关空间物理研究，成立了"空间天气学开放实验室"，进入中国科学院知识创新工程重点实验室。2005年该实验室被批准为国家空间天气学重点实验室。
- 中国地震局成立中国地震预报评审委员会。
- 中国地震局地球物理研究所曾融生主持的研究项目"唐山震区的岩石圈构造及伸张盆地的动力学过程研究"获国家自然科学奖三等奖。

2000 年

- 1 月 8 日，傅承义在北京逝世，享年 91 岁。
- 1 月 14—17 日，由国家科技部主办、中国地球物理学会协办的香山科学会议第 133 次学术讨论会"特大自然灾害预测新途径、新方法研究"在北京香山饭店举行。
- 3 月，陈运泰、吴忠良等著《数字地震学》由地震出版社出版。
- 6 月 19 日至 25 日，俄罗斯欧亚地球物理学会（EAGO）和中国地球物理学会（CGS）等单位联合在莫斯科召开第二次中俄石油地球物理勘探技术交流会。52 个单位（中方 10 个）220 名（中方 29 名）专家学者与会。EAGO 授予刘光鼎、潘瑷、曲克信 EAGO 荣誉会员称号。CGS 授予赛伏斯基扬诺夫、戈戈年科夫、马努科夫 CGS 荣誉会员称号。
- 7 月，中国地球物理学会常务理事刘振兴院士在第 33 届国际空间研究委员会会议上荣获"国际空间研究奖（Vikram Sarabhai）"，以表彰他在空间研究领域的突出贡献。这是中国科学家在这一领域获得的最高国际奖项。
- 10 月，中国地球物理学会第十六届年会在中国地质大学（武汉）举行。
- 年底，中国地壳运动观测网络工程提前一年竣工验收。该项目开创了中国地学数据共享之先河。网络运行后被评为"2000 年中国基础科学研究十大新闻"之一。
- 1996—2000 年，一个覆盖全国的地震监测台网——国家数字地震台网建成。台网布局采用均匀分布的原则，由 152 个超宽频带和甚宽频带地震台站、2 个小孔径地震台阵、1 个国家地震台网中心和 1 个国家地震台网数据备份中心组成。
- 《地球物理学报》出版英文电子版（试刊）。
- 蒋宏耀、张立敏编著的《考古地球物理学》一书由地震出版社出版。
- 王绳祖等著《大陆动力学——网状塑性流动与多级构造变形》，由地震出版社出版。

2001 年

- 5 月，赵文津等著《喜马拉雅山及雅鲁藏布江缝合带深部结构与构造》，由地质出版社出版。

- 6 月 15 日，中国地球物理学会向中国科协报送刘光鼎院士关于"中国油气资源的二次创业"的建议，提出在前新生代（中生代和古生代）海相碳酸盐岩地层中找油气的战略构想。温家宝副总理 8 月 27 日、11 月 13 日两次批示，争取在前新生代海相碳酸盐岩中有新的突破。

- 《中国地球物理学会会讯》自 2001 年 6 月第（总）70 期开始，纸版和网络版并行出版。

- 7 月，中国数字地震观测网络项目立项。

- 8 月，中国大陆科学钻探工程开始启动。

- 8 月，傅容珊、黄建华著《地球动力学》由高等教育出版社出版。

- 9 月，武汉大学成立测绘学院。

- 10 月，北京大学成立地球与空间科学学院，陈运泰任首任院长。

- 10 月，中国地球物理学会第十七届年会在昆明召开。

- 11 月 7 日，中国地球物理学会联合中国环境科学研究院、中国科学院资源环境科学与技术局、中国海洋学会和中国气象学会共同主办的"新世纪城乡环境污染控制技术研讨会"在北京召开。

- 中国石油化工集团总公司成为中国地球物理学会主要支持单位。

- 中国科学院增选院士，地学部有：王颖、石耀霖、李小文、李崇银、金玉玕、胡敦欣、钟大赉、徐世浙、涂传诒。

- 中国工程院增选院士，与地球物理学有关的有：多吉、沈忠厚、范维澄、赵文津、韩大匡、谢和平。

- 胡聿贤主持编制的中国第四代烈度区划图《中国地震动参数区划图》出版。

- 北京大学涂传诒的研究项目"太阳风中磁流体湍流的本质"荣获 2001 年国家自然科学奖二等奖。

2002 年

- 4 月，云南大学成立资源环境与地球科学学院。

- 5 月 18 日，王之卓在武汉逝世，享年 93 岁。

- 中国科学技术大学成立地球与空间科学学院。

- 同济大学成立海洋与地球科学学院。

- 东华理工大学成立核工程与地球物理学院。

- 9 月 28 日，为了纪念中国地震学的开创者、为中国地震科学做出卓越贡献的地震学家李善邦先生诞辰 100 周年，中国地震学界在李善邦先生亲手创建的鹫峰地震台举行李善邦先生铜像揭幕仪式和纪念册首发仪式。

- 9 月，理论与应用地球物理研讨会暨国际著名地球物理学家郭宗汾教授八十寿辰庆贺活动在北京举行。郭宗汾是中国地球物理学会第六届理事会理事，中国地球物理学会北美分会创始人、首届理事长。1999年国庆50周年时，荣获中国政府颁发的"外国专家友谊奖"。

● 10月，中国地球物理学会第十八届年会在北海举行。

● 12月，中国石油集团东方地球物理勘探有限责任公司成立。主要从事国内外陆地、海上地震勘探及综合物化探有关的技术及装备研发和地球物理勘探服务。先后为50多个国家近200多家油公司提供技术服务，陆上物探市场份额已连续十年保持全球第一。

● 为减轻地震灾害，中国地震局开始实施城市活动断层探测计划，在多个城市和地区开展了地震剖面探测和深地震反射剖面探测。

● 中国国家数字地震台网正式承担"全国地震卫星速报台网"的大地震速报工作。

● 国家测绘局发起、总参测绘局和中国地震局参加，历时3年建成"2000国家重力基本网"。该网由259个重力点组成，其中重力基准点21个，基本点126个，重力引点112个。

● 中国科学院空间科学与应用研究中心魏奉思的研究项目"行星际扰动传播研究"荣获2002年国家自然科学奖二等奖。

● 彭苏萍主持的"煤矿高分辨三维地震勘探技术体系及在煤炭工业中的应用"成果被评为2001年中国煤炭工业科技进步特等奖和2002年国家科技进步奖二等奖。

2003年

● 2月，滕吉文编著《固体地球物理学概论》由地震出版社出版。

● 4月，徐文耀编著《地磁学》，由地震出版社出版。

● 4月，王谦身等编著《重力学》，由地震出版社出版。

● 6月29日—7月11日，国际大地测量与地球物理联合会（IUGG）第23届大会在日本札幌召开。会上，中国地球物理学会常务理事陈运泰当选新一届IUGG执行局委员，中国地球物理学会理事吴忠良当选IUGG下属国际地震学和地球内部物理学协会（IASPEI）副主席。

● 12月5日，秦馨菱在北京逝世，享年88岁。

● 《地球物理学报》自第46卷第3期开始，改版为国际标准的大开本。

● 8月，刘光鼎、涂光炽、刘东生等11名院士联名提出创建"大兴安岭中南段——一个重要的有色金属研究基地"建议。

● 10月，中国地球物理学会第七次会员代表大会在南京召开。大会选举产生：理事长王水，副理事长徐文荣、李绪宣、刘启元、王平、张永刚，秘书长朱日祥。大会决定：授予刘光鼎为中国地球物理学会荣誉理事长，授予刘振兴、何继善、何汉漪、钟辛生、赵化昆、曾绍金等6人为中国地球物理学会荣誉理事。

- 10 月，中国地球物理学会第十九届年会在南京召开。

- 11 月 8 日，中国地球物理学会地球电磁专业委员会在北京成立。专业委员会主任赵国泽，名誉主任刘光鼎。

- 12 月，中国科学院青藏高原研究所正式成立，姚檀栋任所长。

- 张培震等在《中国科学》上发表文章《中国大陆的强震活动与活动地块》，探讨活动地块的几何特征、运动方式及其对强震控制作用。

- 中国科学院增选院士，地学部有：邓起东、叶嘉安、刘嘉麒、朱日祥、李曙光、陆大道、陈旭、秦大河、贾承造、符淙斌。

- 中国工程院增选院士，与地球物理学有关的有：苏义脑、李焯芬、张铁岗。

- 中国地震局地球物理研究所胡聿贤等承担的"中国地震动参数区划图编制"获国家科学技术进步奖二等奖。

2004 年

- 2 月，中国地震学会设立李善邦青年优秀地震科技论文奖，用于奖励我国在地震科学领域从事基础、应用和开发研究工作中创做出优秀地震科技论文的青年科技工作者。自 2005 年起每年颁奖一次。

- 6 月，"首届环境与工程地球物理国际会议（ICEEG）"在中国地质大学（武汉）举行。

- 7 月，中国地球物理学会主办的英文期刊 *Applied Geophysics*（《应用地球物理学》）正式创刊，国内外公开发行，其前身是 1989 年试办的 *Bulletin of Chinese Geophysics*（《中国地球物理学会会志》）。

- 7 月，中国首个北极科考站黄河站在挪威斯匹次卑尔根群岛的新奥尔松（北纬 78° 55′，东经 11° 56′）建成，北极黄河站拥有全球极地科考中规模最大的空间物理观测点。

- 8 月 15 日，陈永龄在北京逝世，享年 94 岁。

- 9 月，朱日祥院士在《自然》杂志上发表对古人类定年的研究成果，第一次为 166 万年前东亚高纬度地区人类活动提供了年代学依据。

- 10 月，中国地震局中国地震台网中心成立。

- 10 月，中国地球物理学会第二十届年会在西安召开。

- 刘振兴院士于 1997 年提出的"地球空间双星探测计划"逐步实施。双星成功发射和"六点探测"的实现，被两院院士评为 2004 年国内十大科技新闻；刘振兴被评为全国十大创新英才。

- 中国地震局地震分析预报中心更名为中国地震局地震预测研究所。

- 中国科学院武汉物理与数学研究所的电离层物理研究室及武汉电离层观测台调整到中国科学院地质与地球物理研究所，与该所地磁研究室合并，成立地磁与空间物理研究室。

- 滕吉文等编著《岩石圈物理学》一书由科学出版社出版。

2005 年

- 1 月 12 日，中国地球物理学会、中国空间科学学会等 9 个学会联名倡议中国参与推动第二次国际地球物理年活动（2007—2008 年）。

- 4 月，中国大陆科学钻探工程完工，2007 年 12 月通过国家验收在苏北东海县南部大别－苏鲁超高压变质带上主孔钻探测井 5158m，取芯率 85%以上。2007 年 12 月通过国家验收。许志琴任工程总指挥，杨文采任副总指挥兼地球物理子工程负责人。

- 8 月，朱岗崑编著《古地磁学——基础、原理方法、成果和应用》一书由科学出版社出版。

- 8 月，中国地球物理学会第二十一届年会在吉林大学召开。

- 11 月，中国地球物理学会国家安全地球物理专业委员会成立大会暨首届国家安全地球物理学术讨论会在西安第二炮兵工程学院举行，国家安全地球物理专业委员会主任委员刘代志。

- 11 月，刘光鼎著《地球物理引论》由上海科学技术出版社出版。

- 中国科学院院士朱日祥荣获"2005 年第三世界科学院地学奖"。

- 中国科学院增选院士，地学部有：丁仲礼、王铁冠、吕达仁、杨文采、邱占祥、金振民、魏奉思。

- 中国工程院增选院士，与地球物理学有关的有：安继刚、袁士义、康玉柱、童晓光。

- 中国石油大学（北京）地球物理与信息工程学院、中国石油大学（华东）地球科学与技术学院成立。

2006 年

- 1 月，《地球科学大辞典》（应用科学卷和基础科学卷）由地质出版社出版，共收录词目 36 000 条，760 余万字。应用科学卷于 2005 年 11 月出版。

- 4 月，滕吉文在中国科学院院士建议中提出"必须迅速强化开展第二深度空间金属矿产资源地球物理找矿、勘探和开发的建议"，国务院办公厅《信息专报》第 49 期转载。

- 5 月，中国地质大学（北京）地球物理与信息技术学院成立，首任院长由刘光鼎兼任。中国地质大学（武汉）地球物理与空间信息学院成立。

- 5 月 12 日，刘庆龄在北京逝世，享年 91 岁。

- 6 月，"第二届环境与工程地球物理国际会议（ICEEG）"在中国地质大学（武汉）举行。

- 10 月，中国地球物理学会第二十二届年会在成都理工大学召开。

- 10 月，由中国地球物理学会勘探地球物理委员会、中国石油学会物探专业委员会和美国勘探地球物理学家学会联合主办的"2006 年 SPG/SEG 昆明国际地球物理会议"在昆明举行。

- 中国石油化工集团组织实施的重大科研项目"海相深层碳酸盐岩天然气成

藏机理、勘探技术与普光气田的发现"获得 2006 年国家科学技术进步奖一等奖，并被评为 2006 年度"国家十大科技进展"之一。

- 中国地球物理学会名誉理事长刘光鼎提出的"中国油气资源二次创业"科学建议，荣获"第五届中国科协优秀建议奖"一等奖。

- 何继善、柳建新等人的研究成果"均匀广谱伪随机电磁法理论及应用"荣获 2006 年国家科学技进术进步奖二等奖。

- 胡聿贤所著《地震工程学》（第二版）由地震出版社出版，同时在美国用英文出版。

2007 年

- 5 月，由国家自然科学基金会和大庆油田有限责任公司联合资助的"九五"重大项目"陆相油储地球物理理论及三维地质图像成图方法"，由国家自然科学基金会组织在京专家进行验收。

- 8 月，在中国科学院中国遥感卫星地面站、航空遥感中心和数字地球实验室基础上组建成立中国科学院对地观测与数字地球科学中心。

- 8 月，陈颙、史培军编著《自然灾害》一书出版。作为高等院校自然灾害通识课教材，多次再版重印。

- 9 月，为纪念中国地球物理学会成立 60 周年，《辉煌的历程：中国地球物理学会 60 年》一书由地震出版社出版。

- 9 月 25 日，庆祝中国地球物理学会成立 60 周年、纪念赵九章诞辰 100 周年暨 IGY+50—eGY 大会在北京大学召开，有 300 多人参加庆典。

- 10 月，中国地球物理学会第二十三届年会在青岛召开。

- 年底，中国科学院和法国科研中心批准成立中法生物矿化与纳米结构联合实验室。2010 年正式挂牌。中方负责人是中国科学院地质与地球物理研究所潘永信研究员。

- 由 12 个绝对重力观测点组成的中国地震绝对重力网建成。

- 全国地震科技大会在北京召开，会议发布《国家地震科学技术发展纲要（2007—2020）》。

- 2007—2010 年，国家发展和改革委员会启动中国大陆构造环境监测网络，这是继中国地壳运动观测网络工程后由中国地震局与总参测绘局、中科院、国家测绘局、中国气象局、教育部合作共建的国家重点科研项目。该项目于 2006 年 10 月立项。

- 中国科学院增选院士，地学部有：张经、杨元喜、姚檀栋、穆穆。

- 中国工程院增选院士，与地球物理学有关的有：彭苏萍。

2008 年

- 3 月，邓晋福等著《中国地球物理场特征及深部地质与成矿》，由地质出版社出版。

- 4 月，中国数字地震观测网络项目在京通过了由国家自然科学基金委员会、中国地震局、中国科学院、中国地质科学院、总参测绘局等单位的 19 名专家组成的专家组验收。该项目是我国有史以来最大的防震减灾工程。

- 5 月 12 日 14 时 28 分 04 秒，四川省阿坝藏族羌族自治州汶川县映秀镇与漩口镇交界处（北纬 31.01 度，东经 103.42 度）发生里氏 8.0 级大地震，矩震级 8.3 级，震源深度 10~20km，地震震中烈度达到 11 度。地震波及大半个中国及亚洲多个国家和地区，是中华人民共和国成立以来破坏力最大的地震，也是唐山大地震后伤亡最严重的一次地震。

- 5 月 21 日，国家汶川地震专家委员会成立，由来自中国地震局等 10 个单位的 30 位专家组成，马宗晋任主任。

- 6 月，"第三届环境与工程地球物理国际会议（ICEEG）"在中国地质大学（武汉）举行，会议主题是"近地表地球物理与人类活动"。

- 6 月 25 日，由中国地震局地球物理研究所、中国地震学会、中国地球物理学会联合举办的"纪念顾功叙先生百年诞辰座谈会"在国家地球观象台（原白家疃地震台）召开。

- 7 月，在北京召开的第 21 届国际摄影测量和遥感大会上，为纪念王之卓为国际摄影测量与遥感、地球空间信息科学做出的杰出贡献，特别设立"王之卓奖"。这是国际测绘界第一个以中国科学家名字命名的奖项。

- 9 月，中国科学院地质与地球物理研究所滕吉文、白登海等对汶川地震发生机理进行了探讨，在《地球物理学报》发表文章《2008 汶川 M_S 8.0 地震发生的深层过程和动力学响应》，被评为全国 50 篇"领跑论文"。

- 10 月，中国地球物理学会第二十四届年会在北京召开。

- 10 月，由中国地球物理学会陈宗器先生诞辰 110 周年纪念大会暨纪念文集首发式在北京举行。

- 国土资源部主持完成的"中国大陆科学深钻的科技集成与创新"获国家科学技术进步奖二等奖，主要获奖人许志琴、王达、杨文采等。

2009 年

- 1 月，中国空间科学领域第一个国家重点实验室空间天气国家重点实验室建成通过验收，实验室主任王赤，实验室学术委员会主任王水。

- 4 月，由中国石油学会和美国勘探地球物理学家学会主办、中国石油学会物探专业委员会承办、中国地球物理学会勘探地球物理委员会协办的"CPS/SEG 国际地球物理会议暨展览"，在北京国际会议中心隆重举行。会议的主题是"地球物理走向明天，机遇、挑战与创新"。

- 经国务院批准，为纪念 2008 年 5 月 12 日汶川大地震，自 2009 年起，每年 5 月 12 日定为全国防灾减灾日。

- 10 月，中国地球物理学会第二十五届年会暨纪念傅承义先生诞辰 100 周年在合肥召开。

- 10 月，中国地球物理学会地热专业委员会成立，汪集旸任名誉主任，庞忠和任主任。

- 12 月，第二届地球物理学名词审定委员会在北京成立，委员 43 名，陈运泰任主任，聘请 18 位院士担任顾问。
- 中国科学院增选院士，地学部有：周卫健（女）、郑永飞、莫宣学、陶澍、翟明国。
- 中国工程院增选院士，与地球物理学有关的有：马永生、袁亮、周守为。

2010 年

- 1 月，地球空间双星探测计划（双星计划）获得 2010 年度国家科学技术进步奖一等奖。"双星计划"是中国第一个以科学目标为牵引立项的卫星计划，也是中国第一个与航天先进国家合作的重大国际合作项目。
- 3 月 2 日，朱岗崑在北京逝世，享年 94 岁。
- 5 月，由中国地质大学（武汉）举办的"多尺度大陆地球动力学国际研讨会"在中国地质大学（武汉）召开。
- 6 月，由中国地球物理学会、中国国家自然科学基金委员会、中国地质大学（武汉）和成都理工大学主办的"第四届环境与工程地球物理国际学术会议"在成都理工大学举行。会议主题为"近地表地球物理与地质灾害"。
- 7 月，"十一五"国家重点图书出版规划项目《20 世纪中国知名科学家学术成就概览》地学卷地球物理学分册出版。地学卷主编孙鸿烈。
- 8 月，中国地球物理学会（CGS）与澳大利亚勘探地球物理学家学会（ASEG）签署合作协议。
- 10 月，中国地球物理学会、中国地震学会首次联合举办的学术大会（中国地球物理学会第二十六届年会、中国地震学会第十三次学术大会）在宁波召开。
- 12 月，中国地球物理学会第一届矿山地球物理专业委员会成立暨矿山地球物理新进展研讨会于在重庆召开。第一届矿山地球物理专业委员会名誉主任委员何继善，主任委员彭苏萍。
- 12 月，美国地球物理联合会（AGU）授予国际大地测量学与地球物理学联合会（IUGG）中国委员会主席 2010 年度美国地球物理联合会"国际奖"。该奖项由美国地球物理联合会在 2007 年设立，每年颁发一次，授予一位科学家或一个科研团体。陈运泰是中国第一位获该奖项者。
- 2008 年 5 月 12 日汶川大地震发生后，中国地震局地质研究所张培震在《地球物理学报》发表文章《2008 年汶川 8.0 级地震发震断裂的滑动速率、复发周期和构造成因》，被评为 2010 年"中国百篇最具影响国内学术论文"。

2011 年

- 9 月，"自然巨灾和现代文明的全球性问题 2011 年世界论坛"下设的一次专门会议"第一届地震预报国际讨论会和展览会"在土耳其伊斯坦布尔举行。
- 10 月，中国地球物理学会第二十七届学术年会在长沙召开。来自国内外的

570 多位专家学者 570 多人在会上做了学术报告，其中大会报告 14 篇。

- 10 月，由中国地球物理学会与美国勘探地球物理学家协会（SEG）主办、中国地质大学承办的重磁电（北京）2011 国际学术研讨会，在中国地质大学（北京）国际会议中心召开。

- 11 月，由中国石油学会物探专业委员会（SPG）、中国地球物理学会勘探地球物理委员会和美国勘探地球物理学家学会（SEG）主办的"SPG/SEG 深圳 2011 国际地球物理会议"在深圳举行。会议的主题为"复杂地表地球物理勘探技术"。

- 11 月，由中国地球物理学会地球电磁专业委员会主办、东华理工大学承办的"第十届中国国际地球电磁学术讨论会"在江西省南昌市举行。

- 中国科学院增选院士，地学部有：万卫星、石广玉、刘丛强、周忠和、郭华东、高山、龚健雅、傅伯杰、焦念志、舒德干。

- 中国工程院增选院士，与地球物理学有关的有：李晓红、苏万华、孙龙德、徐铼、张玉卓、赵宪庚。

2012 年

- 1 月 10 日，中国地球物理学会举办翁文波先生诞辰百年纪念大会。中国地球物理学会编辑出版《纪念翁文波先生百年诞辰文集》。

- 3 月，《地学大辞典》编委会成立，主编孙鸿烈。地球物理学卷主编滕吉文。

- 5 月 30—31 日，由北京工业大学地震研究所所长李均之教授和台湾"中央大学"教授刘正彦共同发起、北京工业大学主办的国际地震预测研讨会，在北京工业大学成功举行。

- 6 月，"第五届环境与工程地球物理国际会议（ICEEG）"在中南大学举行，主题是"地球物理与环境保护"。

- 7 月，北京青少年科技俱乐部组、北京五中和中国科学院对地观测与数字地球科学中心在北极布设 3 个测区共 33 个地磁测点，用 G856 磁力仪和 GPS 定位系统测量地磁场总强度。这是我国首次在北极地区进行地磁测量。

- 10 月，"东半球空间环境地基综合监测子午链"（简称"子午工程"）建成，通过国家验收。2005 年 8 月，国家发改委批准正式立项。2006 年 10 月，"子午工程"列入国家高科技产业发展项目计划，2008 年 1 月正式开工建设。由中国科学院牵头，教育部、信息产业部、中国地震局、国家海洋局、中国气象局等共同参与建设。魏奉思任子午工程科技委主任。

- 10 月，中国地球物理学会第二十八届学术年会在北京召开。本届年会与会人员 700 多人，共设 26 个专题。来自国内外的 406 位专家学者在会上做了学术报告，其中大会报告 12 篇。

- 10 月，中国地球物理学会第九次全国会员代表大会在北京举行。大会选举产生中国地球物理学会第九届理事会理事 116 人。陈颙当选理事长，常旭、陈晓非、曲寿利、王小牧、熊盛青、吴秋云当选副理事长，郭建当选秘书长。大会通过了新修改的《中国地球物理学会章程》。

- 12 月，邵学钟等著《地震转换波测深》，由地震出版社出版。
- 12 月，北京大学濮祖荫获 2012 年度美国地球物理联合会"国际奖"。
- 中国地球物理学会和陈宗器地球物理基金会商定，设立"陈宗器地球物理优秀论文奖"。
- 2012 年起，中国地球物理学会设立"中国地球物理学会科学技术奖"，包括"中国地球物理学会科学技术进步奖"（面向团体）和"中国地球物理学会科学技术创新奖"（面向个人）两个奖项。
- 杨文采的专著《反射地震学理论纲要》由石油工业出版社出版。

2013 年

- 6 月，陈运泰当选亚洲大洋洲地球科学学会（AOGS）主席（任期 2014—2016 年）。8 月，陈运泰被授予艾克斯福特奖（Axfort Award）。
- 6 月，丁仲礼主编的《固体地球科学研究方法》由科学出版社出版。
- 7 月，中国地球物理学会（CGS）、国际勘探地球物理学家学会（SEG）、澳大利亚勘探地球物理学家学会（ASEG）、韩国勘探地球物理学家学会（KSEG）和日本勘探地球物理学家学会（SEGJ）联合主办的 2013 首届亚太区近地表地球物理学术研讨会（NSGAPC）在北京举行。国内外专家、学者共计 308 人参加了会议，其中国内代表 238 人，境外代表 70 人。
- 9 月，由中国铁路工程物探与工程检测科技信息网和中国地球物理学会铁道分会（筹备）主办的中国铁路工程物探与工程检测年会暨中国地球物理学会铁道分会成立大会在兰州召开。会上协商推荐刘培硕为中国地球物理学会铁道分会主任，邢文宝为常务副主任。
- 10 月，中国地球物理学会第二十九届学术年会在昆明召开。来自中国、美国、意大利、英国等地的专家共 541 人在会上做了学术报告，其中大会报告 12 篇。
- 11 月 20 日，谢毓寿在北京逝世，享年 96 岁。
- 12 月，为纪念克罗地亚地震学家莫霍洛维奇发现地壳与地幔的分界面（莫霍面）100 周年，滕吉文等应邀为 *Tectonophysics*（《构造物理》）出版专刊撰写文章 *Investigation of the Moho discontinuity beneath the Chinese mainland using deep seismic sounding profiles*。该篇论文被评为 ScienceDrect 90 天下载次数最高的 10 篇论文之首。
- 《地球物理学报》荣获第三届中国出版政府期刊奖。
- 中国科学院增选院士，地学部有：王成善、王会军、吴立新、张培震、陈骏、金之钧、周成虎、郭正堂、崔鹏、彭平安。
- 中国工程院增选院士，与地球物理学有关的有：蔡美峰、陈勇、郭剑波、李阳、欧阳晓平、夏佳文、赵文智。

2014 年

- 3 月，由陈运泰等主编的《中国大陆地球内部物理学与动力学研究——庆贺滕吉文院士从事地球物理学研究 60 周年》由科学出版社出版。

- 4 月，由中国石油学会（CPS）与勘探地球物理学家学会（SEG）联合主办的"CPS/SEG 北京 2014 国际地球物理会议暨展览"在北京举办。此次会展的主题为"推动地球物理创新"。

- 6 月，由中国地球物理学会、国家自然科学基金委员会地球科学部、中国地质大学（武汉）、中南大学、成都理工大学和长安大学主办的第六届环境与工程地球物理国际会议（ICEEG）在西安召开，会议主题是"浅地表地球物理与城镇化"。

- 6 月，中国地球物理学会浅地表地球物理专业委员会在西安成立。夏江海任主任委员。9 月，《地球物理学报》开辟"浅地表地球物理"专栏。

- 10 月，中国地球物理学会第三十届学术年会与中国地球科学联合学术年会在北京市联合召开。国内外 1500 多人与会，共设 33 个专题，其中大会报告 6 篇。

2015 年

- 6 月，第二十六届 IUGG 大会在捷克首都布拉格举行。各国学者 3300 多人（中国学者约 70 人）与会。陈运泰、陈俊勇、吴国雄、吴忠良、陈晓非、李建平等获 IUGG 会士（Fellow）称号。

- 7 月，由中国地球物理学会（CGS）、国际勘探地球物理学家学会（SEG）、澳大利亚勘探地球物理学家学会（ASEG）、韩国勘探地球物理学家学会（KSEG）和日本勘探地球物理学家学会（SEGJ）联合主办的 2015 亚太区近地表地球物理学术研讨会暨展览在美国檀香山召开，中心议题是近地表地球物理新技术及其应用。170 多名专家与学者与会，中国地球物理学会代表团 42 人参加了会议并设展台，介绍中国地球物理学会。

- 7 月，中国地球物理学会在北京组织召开了《中国大百科全书》（第三版）地球物理学科编纂工作启动会议。中国地球物理学会理事长陈颙、《中国大百科全书》（第三版）地球物理学科委员会主任陈运泰等有关人员与会。

- 10 月，中国地球物理学会第三十一届学术年会在北京召开。国内外 1500 多人与会，共设 33 个专题，其中大会报告 4 篇。

- 中国科学院增选院士，地学部有：杨树锋、吴福元、沈树忠、张人禾、陈大可、陈发虎、陈晓非、郝芳、夏军、高锐。

- 中国科学院地质与地球物理研究所万卫星、刘立波、宁百齐的研究项目"电离层变化性的驱动过程"荣获 2015 年国家自然科学奖二等奖。